U0851528

铁路工程建设标准汇编

线路轨道工程

中 国 铁 道 出 版 社

2009 年·北 京

内 容 简 介

本汇编收录了工业企业标准轨距铁路设计规范、铁路轨道工程施工质量验收标准、铁路轨道设计规范、客运专线250 km/h和350 km/h钢轨检验和验收暂行标准、客运专线铁路轨道工程施工质量验收暂行标准、客运专线铁路轨道工程施工技术指南、客运专线无砟轨道铁路设计指南、铁路线路设计规范、客运专线铁路无砟轨道铺设条件评估技术指南、客运专线无砟轨道铁路工程施工质量验收暂行标准、客运专线无砟轨道铁路工程施工技术指南、客货共线铁路轨道工程施工技术指南、客运专线铁路无砟轨道充填层施工质量验收补充标准、高速铁路无砟轨道工程施工精调作业指南等铁路线路轨道工程相关标准,可供相关人员参考。

图书在版编目(CIP)数据

铁路工程建设标准汇编. 线路轨道工程/铁路工程技术标准所编. —北京:中国铁道出版社,2009.8
ISBN 978-7-113-09331-0

Ⅰ.铁…　Ⅱ.①铁…②铁…　Ⅲ.①铁路工程－工程施工－标准－汇编－中国②铁路线路－工程施工－标准－汇编－中国　Ⅳ.U215－65

中国版本图书馆CIP数据核字(2008)第169750号

书　　名:铁路工程建设标准汇编
　　　　　线路轨道工程

作　　者:铁路工程技术标准所　编

策划编辑:江新锡　许士杰
责任编辑:许士杰　　电话:(010)51873065　　电子信箱:syxu99@163.com
封面设计:冯龙彬
责任校对:张玉华
责任印制:李　佳

出版发行:中国铁道出版社(100054,北京市宣武区右安门西街8号)
网　　址:http://www.tdpress.com
印　　刷:北京盛通印刷股份有限公司
版　　次:2009年9月第1版　2009年9月第1次印刷
开　　本:787 mm×1 092 mm　1/16　印张:73.75　字数:1 785千
书　　号:ISBN 978-7-113-09331-0/TU·974
定　　价:235.00元

版权所有　侵权必究

凡购买铁道版的图书,如有缺页、倒页、脱页者,请与本社读者服务部调换。
电　　话:市电(010)51873170,路电(021)73170(发行部)
打击盗版举报电话:市电(010)63549504,路电(021)73187

前　言

铁路工程建设标准是落实铁路建设总体技术路线和目标控制要求的综合体现,是确定工程实施方案和系统技术措施的基本依据,是实现铁路建设科学化、规范化管理的重要保障。制定和实施标准,对及时总结先进、成熟、可靠、有效的科技创新成果和工程实践经验,确保工程质量和安全,促进技术进步,提高社会效益和经济效益,全面提升铁路建设水平等具有重要意义。

铁路工程建设标准包括铁路线路、轨道、路基、桥涵、隧道、站场、机务设备、通信、信号、电力、电力牵引供电、给水排水、房建与暖通、环境保护等专业,分为综合、勘察、设计、施工、验收等类别。截至2009年8月,现行铁路工程建设标准共计204项,其中国家标准7项、行业标准109项、技术指南18项、具有标准性质而未编标准号的规章和技术规定70项。

近年来,为全面落实“以人为本、服务运输、强本简末、系统优化、着眼发展”的建设理念,适应又好又快推进大规模、高标准铁路建设的需要,铁路工程建设标准工作建立了灵活机动、迅速有效的动态管理机制,铁路工程建设标准不断吸收成功的先进技术,其技术先进性、经济合理性、安全可靠性、时效性和可操作性得到了全面提升,为现代化铁路建设提供了强大的技术支撑。

为了方便铁路工程建设者学习、掌握铁路工程建设标准,并在铁路工程建设过程中准确地执行、运用标准,保证标准的权威性、严肃性落到实处,我们对现行铁路工程建设标准进行了系统整理,现汇编出版,供各级领导干部、工程技术人员、管理人员和施工操作人员使用。

铁路工程建设标准汇编收集了截至2009年8月发布的现行铁路工程建设标准,按专业共分为:综合(上)、综合(下)、工程测量、地质水文、线路轨道工程、路基工程、桥涵工程、隧道工程、站场枢纽工程、房屋建筑及给水排水工程、混凝土工程。

在铁路工程建设标准汇编整理过程中,对原版本中的内容进行了勘误,并按历次发布的局部修订文件进行了条文修订。同时,对标准中容易产生歧义的编排做了调整,以便读者准确理解标准的涵义。

科学技术在不断进步,铁路工程建设标准也会不断地更新、提高和完善。因此,读者在使用本标准汇编过程中,应注意相关工程建设标准的变化情况,并及时更新相应内容。

铁路工程技术标准所

2009年8月

总　目　录

中华人民共和国国家标准

计标〔1987〕2415 号

工业企业标准轨距铁路设计规范

GBJ 12—87

1987—12—21 发布　　　　1988—08—01 实施

国家计划委员会　发布

修订说明

本规范是根据原国家基本建设委员会(81)建发设字第546号通知的要求,由我部负责主编,具体由我部第三勘测设计院会同冶金部长沙黑色冶金矿山设计研究院、鞍山黑色冶金矿山设计研究院、机械部湘潭牵引电气设备研究所、煤炭部规划设计总院、化工部吉林化学工业公司铁路运输公司、广西壮族自治区煤矿设计院,共同对《工业企业标准轨距铁路设计规范》(TJ 12—74)(试行)进行修订而成。

在规范修订过程中,总结了原规范执行情况和存在问题,开展了比较广泛的调查研究工作,并广泛征求意见,对其中一些重大问题作了专题讨论。最后,由我部会同有关部门审查定稿。

修订后的规范共分14章和5个附录。修订的主要内容有:调整章节,充实内容,扩大适用范围,修改划分铁路等级的规定,取消厂外线和厂内线分类,修改不恰当的技术标准和规定,删去非本规范范围和过繁、不具体、缺乏实用意义以及技术陈旧的条文,补充缺漏和不完善的条文,增加新技术成果等。

在实行过程中,请各单位结合工程实践,认真总结经验,注意积累资料。如有需要修改、补充之处,请将意见和有关资料寄交铁道部第三勘测设计院(天津市北站),并抄送铁道部专业设计院(北京市西交民巷)以便修订时参考。

铁道部

1986年10月

CHINA RAILWAY PUBLISHING HOUSE TB

目　录

CHINA RAILWAY PUBLISHING HOUSE

主要符号

线 路

R——曲线半径；

l—— 减缓坡段长度（或货物列车长度）；

a——减缓坡段长度（或货物列车长度）内平面曲线偏角；

Δi_r——曲线阻力所引起的坡度减缓值。

路 基

h——路堤边坡高度；

m—— 道床或路基边坡坡率；

Δb——路基面每侧加宽值；

B——挡土墙基底宽度；

B'——挡土墙检算的截面宽度；

K——压实系数；

K_e——挡土墙滑动稳定系数；

K_o——挡土墙倾覆稳定系数；

σ—— 压应力；

〔σ〕—— 容许压应力；

τ—— 剪应力；

〔τ〕—— 圬工材料容许纯剪应力；

e—— 挡土墙基底合力偏心距；

e'—— 挡土墙检算截面的合力偏心距。

轨 道

h——外轨超高；

v_{max}——最高行车速度；

v_j—— 均方根速度；

N_i—— 各类列车次数；

G_i—— 各类列车质量；

V_i——实测的各类列车速度。

CHINA RAILWAY PUBLISHING HOUSE

桥梁和涵洞

Δh——根据河流具体情况分别考虑壅水、浪高、河弯超高、河床淤积、局部股流涌高等影响的高度；

h——涵洞净高；

Δ——墩台顶帽处的弹性水平位移；

L——桥梁跨度。

第一章 总 则

第 1.0.1 条 为贯彻国家有关铁路建设的方针政策，统一工业企业标准轨距(1 435 mm)铁路(以下简称“工业企业铁路”)工程及设备的设计原则和技术要求，充分发挥投资效益，特制定本规范。

第 1.0.2 条 本规范适用于新建、改建和扩建工业企业铁路设计。对工业企业在运营中经常移动的、半固定的、生产过程有特殊要求的以及自行运营的专设铁路，均可按各部制订的专业规范或补充规定设计。

工业企业铁路，凡列为全国铁路网规划的组成部分经有关部门批准者，可按路网铁路的有关设计规范进行设计。如在近期内主要承担工业企业运输时，对轨道及其他易于改变的建筑物和设备仍按本规范有关条文设计。

设计工业企业铁路时，还必须执行国家现行的卫生、防火、抗震、“三废”排放以及其他有关标准规范的规定。

第 1.0.3 条 工业企业铁路设计，必须从全局出发，与工业企业总布置、城乡建设、农田水利、铁路网以及其他交通运输系统相协调，保证工业企业生产运输需要，便于相邻工业企业共同使用，并兼顾沿线地方客货运输。

第 1.0.4 条 工业企业铁路设计，应积极采用安全可靠、经济效益显著的新技术、新工艺、新材料。

铁路设备配置，应结合各工业企业特点，符合生产流程，遵守路(铁道部所属的单位，下同)厂(工业企业，下同)统一技术作业规定，简化交接程序，提高运营效率。并应力求紧凑合理，充分利用地区公用设施，尽量节约用地，节约能源。

各种结构应广泛采用轻型和标准设计。适应快速施工，合理节约材料，并尽量使用钢材、复合材料、工程塑料等代替木材。

第 1.0.5 条 建设工业企业铁路必须进行铁路与其他运输方式的技术经济比选，提出建设的依据。

第 1.0.6 条 工业企业与全国铁路网、港口码头、其他企业、原料基地及厂矿生产单位间衔接的工业企业铁路，应按工业企业远期或最大设计能力所承担重车方向的货运量划分等级，采用表 1.0.6 的规定。

表 1.0.6 工业企业铁路等级

铁路等级	重车方向年货运量(Mt)
Ⅰ	4 及以上
Ⅱ	1.5 及以上至 4 以下
Ⅲ	1.5 以下

由于工业企业性质，与路网运输配合或其他原因不能按表 1.0.6 划定铁路等级时，应在设计任务书中明确，或在初步设计中提出论据，经审批确定。

运营期限不满十年的工业企业铁路不分等级，按本规范有关限期使用铁路的规定设计。

工业企业铁路各段所通过的货运量不同时，可考虑按各该段货运量相应的等级铁路标准设计，但应满足根据运输组织所确定的牵引定数的需要。

CHINA RAILWAY PUBLISHING HOUSE

以调车运行的工业企业铁路，可根据其作用或长度选定其技术标准：

一、自接轨点通往企业站（车场）间和企业站（车场）相互间的联络线路；工业企业通行线路；以及自接轨点或分岔处引向作业场范围外（不包括衔接的作业或停车线段）的衔接线路，其长度在 2 km 以上者，应按调车运行的联络线设计。

二、自接轨点或分岔处引向作业场范围外（不包括衔接的作业或停车线段）的衔接线路，其长度在 2 km 及以下者，以及其他连接线路，可按连接线设计。

第 1.0.7 条　各级铁路列车的最高运行速度，不得大于下列数值：

Ⅰ级铁路	70 km/h
Ⅱ级铁路	55 km/h
Ⅲ级铁路	40 km/h

第 1.0.8 条　工业企业铁路建筑物和设备的类型、能力及技术标准，应根据运输性质、设计运量（包括货运波动量）以及与路厂的发展互相配合确定。一般对易于改变的应按近期设计运量（包括货运波动量）进行设计，并宜考虑将来发展扩建的可能，对不易改变的应根据工业企业远期或最大设计能力所承担的运量确定。

对既有建筑物和设备，应考虑充分利用，不得轻易大拆大改；对过渡性或限期使用的建筑物和设备，应采用简易型式，满足运营期间需要。

第 1.0.9 条　工业企业铁路建筑限界，应符合现行的国家标准《标准轨距铁路建筑限界》的规定。

在个别情况下，如工业企业内使用特殊种类机车车辆或有其他特殊需要时，各有关部门可制订特种建筑限界，但如需要路网机车（包括调车机车）车辆进入时，应商得铁道部所属有关铁路局同意。

第 1.0.10 条　工业企业铁路与路网铁路接轨，在既有线上应与该管铁路局取得协议；在新线上应与该管铁路设计单位取得协议，在既有工业企业铁路上接轨，应与该管企业和铁路局取得协议。

CHINA RAILWAY PUBLISHING HOUSE

第二章　线　　路

第一节　区间线路的平面和纵断面

（Ⅰ）平　　面

第 2.1.1 条　设计线路平面的曲线半径，应因地制宜，由大到小，合理选用。

线路平面的曲线半径，一般宜采用 4 000、3 000、2 500、2 000、1 500、1 200、1 000、800、700、600、550、500、450、400、350、300、250 和 200 m。在特别困难条件下，可采用上列半径间 10 m 整倍数的曲线半径。

最小曲线半径应根据铁路等级结合行车速度和地形等条件比选确定，其数值不应小于表 2.1.1 规定。

表 2.1.1　最小曲线半径（m）

铁路等级	一般地段	困难地段
Ⅰ	600	350
Ⅱ	350	300
Ⅲ	250	200

注：限期使用的铁路，其最小曲线半径可采用Ⅲ级铁路的规定。

在个别情况下，经技术经济比选，可采用小于表 2.1.1 规定的最小曲线半径，但Ⅰ级铁路不得小于 300 m，Ⅱ级铁路不得小于 250 m。专为工业企业内部运输的铁路，在特殊困难情况下不得小于 180 m；厂矿区内当场地狭窄，只使用小型机车车辆，其固定轴距等于或小于 4 600 mm 时，最小曲线半径不得小于 150 m。

改建既有线和增建第二线时，曲线半径可采用非整米数，其最小曲线半径应结合既有铁路标准比选确定。在困难条件下，按上述标准改建将引起巨大工程的个别小曲线半径，可予保留。

第 2.1.2 条　设计新线不应采用复曲线。改建既有线，在困难条件下，为减少改建工程，可保留复曲线。与之并行的第二线，如有充分依据，也可采用复曲线。

限期使用的铁路，在困难情况下，有充分依据时，个别曲线可采用复曲线。

增建第二线时，两线线间距不变的并行地段平面曲线，宜设计为与既有线经过校正的同心圆曲线。

第 2.1.3 条　直线与圆曲线间应以缓和曲线连接，缓和曲线长度应根据曲线半径，结合该地段的行车速度和地形条件，按表 2.1.3 数值选用。有条件时，宜采用较长的缓和曲线。

改建既有线，在线路条件和建筑物限制等困难条件下，可在同一曲线的两端采用不等长的缓和曲线。

采用反向曲线变更线间距离时，如受最小圆曲线长度限制，可不设缓和曲线，但反向曲线的曲线半径：Ⅰ级铁路应大于 2 000 m，Ⅱ、Ⅲ级铁路应大于 1 000 m。

行车速度小于 30 km/h 的铁路，其曲线半径等于或大于 700 m 时，可不设置缓和曲线；小于 700 m 时，应设 20 m 的缓和曲线，但外轨超高不足 10 mm 者，亦可不设。

保留既有复曲线时,如两个圆曲线的曲率差在Ⅰ级铁路大于1/2 000、Ⅱ级和Ⅲ级铁路大于1/1 000时,应设置中间缓和曲线,其长度根据计算确定。在特别困难时,亦可保留复曲线原状。

表2.1.3 缓和曲线长度(m)

曲线半径(m)	缓和曲线长度					
	Ⅰ级铁路		Ⅱ级铁路		Ⅲ级及限期使用的铁路	
	(1) 70 (km/h)	(2) 60 (km/h)	(1) 55 (km/h)	(2) 45 (km/h)	(1) 40 (km/h)	(2) 30 (km/h)
4 000	20					
3 000	20					
2 500	20	20				
2 000	20	20	20			
1 500	20	20	20	20		
1 200	20	20	20	20	20	
1 000	20	20	20	20	20	
800	30	20	20	20	20	
700	30	20	20	20	20	
600	40	30	20	20	20	20
550	40	30	30	20	20	20
500	40	30	30	20	20	20
450	50	40	30	20	20	20
400	50	40	30	20	20	20
350	60	40	40	30	20	20
300	70	50	40	30	30	20
250			50	40	30	20
200					40	20
180					40	20
150					50	30

第2.1.4条 两缓和曲线间的圆曲线长度不得小于20 m。改建既有线和增建第二线时,在困难条件下,两缓和曲线间的圆曲线长度可减至14 m。

第2.1.5条 两相邻曲线间夹直线的最小长度,应根据铁路等级及地形条件按表2.1.5的数值选用。

改建既有线和增建第二线时,如按上述夹直线标准将引起大量工程时,Ⅰ级铁路亦可缩短至20 m。

表2.1.5 夹直线最小长度(m)

铁路等级	一般地段	困难地段
Ⅰ	50	25
Ⅱ	45	20
Ⅲ	40	20

注:限期使用的铁路可采用Ⅲ级铁路的规定。

第2.1.6条 增建的第二线,宜设在既有线一侧,如需换侧时,宜在曲线上或车站附近进行。

车站两端和桥隧地段线路的线间距变更，宜在附近曲线完成。条件不具备时，可在第二线用较大半径的反向曲线完成。

增建第二线时，区间直线并行地段的线间距不得小于 4 m；曲线地段的线间距，应根据曲线半径和超高条件按表 2.1.6 的规定加宽。

工业企业铁路与路网铁路并行时，直线地段线间距如两线间设高柱信号机，不应小于 5.3 m，如不设高柱信号机，可采用 5 m。曲线地段应按现行的国家标准《标准轨距铁路建筑限界》的规定加宽。

表 2.1.6 曲线线间距加宽（mm）

曲线半径（m）	外侧线路曲线超高大于内侧线路曲线超高时	其他情况	曲线半径（m）	外侧线路曲线超高大于内侧线路曲线超高时	其他情况
4 000	35	20	550	235	155
3 000	45	30	500	260	170
2 500	50	35	450	290	190
2 000	65	45	400	325	210
1 500	85	55	350	370	240
1 200	110	70	300	430	280
1 000	130	85	250	490	340
800	160	105	200	575	425
700	185	120	180	620	470
600	215	140	150	715	565

（Ⅱ）纵断面

第 2.1.7 条 线路的限制坡度，应根据铁路等级、牵引种类、地形条件和运输要求比选确定，并应考虑与邻接铁路牵引定数相协调，在采用限制坡度将引起巨大工程的地段，经过比选，可采用加力牵引坡度。

限制坡度和加力牵引坡度，一般不应超过表 2.1.7 所列数值。

限期使用的铁路可采用Ⅲ级铁路的规定。

个别情况下，如有充分依据，限期使用的铁路，采用蒸汽牵引的最大坡度可用到30‰。

表 2.1.7 线路最大坡度（‰）

铁路等级	限制坡度		加力牵引坡度	
	蒸 汽	内燃、电力	蒸 汽	内燃、电力
Ⅰ	15	20	20	30
Ⅱ	20	25	25	30
Ⅲ	25	30	25	30

加力牵引坡度宜集中使用，并应与有机务设备的车站邻接。

加力牵引坡度的数值应根据限制坡度，采用的机车类型和加力牵引方式计算确定。

轻重车方向货流显著不平衡，预计将来也不致发生巨大变化，且轻、重车方向采用不同的限制坡度可以节省大量工程时，经过检算和比选，在轻车方向可采用大于重车方向所采用的限制坡度，但不得超过该级铁路的最大坡度，并应满足下列要求：

一、列车制动安全；

二、在轻车方向列车运行速度不低于机车计算速度；

三、满足区间通过能力和输送能力的需要。

CHINA RAILWAY PUBLISHING HOUSE

改建既有线时，对局部超过限制坡度的地段，如因降坡将引起大量工程，且运营实践和牵引计算证明可以利用动能以不低于机车计算速度通过的坡度，可予保留。

增建第二线时，对既有线超过限制坡度的地段，可作为行车方向的下坡线。

第 2.1.8 条　最大坡度应包括下列坡度减缓（或折减）值：

一、平面曲线（指未加缓和曲线的圆曲线，下同）范围内的曲线阻力所引起的坡度减缓。其减缓值应按下列公式计算确定：

当曲线长度大于或等于货物列车长度时：

$$\Delta i_r = \frac{700}{R} \tag{2.1.8—1}$$

当曲线长度小于货物列车长度时：

$$\Delta i_r = \frac{12.2 \times \sum \alpha}{l} \tag{2.1.8—2}$$

式中　Δi_r——曲线阻力所引起的坡度减缓值（‰）；

R——曲线半径（m）；

l——减缓坡段长度，当其大于近期货物列车长度时，则 l 采用近期重车货物列车长度（m）；

α——减缓坡段长度（或货物列车长度）内平面曲线偏角（°）。

二、位于货物列车运行速度接近或等于计算速度的坡道上的小半径曲线范围内，应考虑机车黏着系数的降低所引起的坡度减缓。其坡度减缓值可按表 2.1.8—1 和表 2.1.8—2 采用。

表 2.1.8—1　电力、内燃牵引小半径曲线黏降坡度减缓值（‰）

最大坡度（‰） 曲线半径（m）	4	6	9	12	15	20	25	30
450	0.20	0.25	0.35	0.45	0.55	0.70	0.85	1.05
400	0.35	0.50	0.65	0.85	1.05	1.35	1.65	1.95
350	0.50	0.70	1.00	1.25	1.50	2.00	2.45	2.90
300	0.70	0.90	1.30	1.65	2.00	2.60	3.20	3.80
250	0.85	1.15	1.60	2.05	2.50	3.25	4.00	4.15
200	1.00	1.40	1.90	2.45	3.00	3.90	4.75	5.60
180	1.05	1.45	2.00	2.60	3.15	4.10	5.05	6.00
150	1.15	1.55	2.20	2.85	3.45	4.45	5.50	6.50

表 2.1.8—2　蒸汽牵引小半径曲线黏降坡度减缓值（‰）

最大坡度（‰） 曲线半径（m）	4	6	9	12	15	20	25
500	0.15	0.20	0.30	0.35	0.45	0.60	0.70
450	0.30	0.40	0.60	0.75	0.90	1.20	1.50
400	0.45	0.60	0.90	1.15	1.40	1.80	2.25
350	0.60	0.85	1.15	1.50	1.85	2.40	3.00
300	0.75	1.05	1.45	1.00	2.30	3.00	3.75
250	0.90	1.25	1.75	2.25	2.80	3.65	4.50

续上表

曲线半径(m) \ 最大坡度(‰)	4	6	9	12	15	20	25
200	1.05	1.45	2.05	2.65	3.25	4.25	5.25
180	1.10	1.55	2.15	2.80	3.45	4.50	5.55
150	1.20	1.65	2.35	3.05	3.70	4.85	6.00

三、采用各种牵引种类的铁路，位于货物列车运行速度接近或等于计算速度的坡道上长于500 m的隧道，其坡度不得大于最大坡度乘以表2.1.8—3系数所得的数值。位于曲线地段的隧道，应选进行隧道折减，再进行曲线减缓。

内燃、蒸汽牵引的铁路还应检算机车进入隧道的速度，如低于表2.1.8—4规定时，应在洞外设计加速缓坡。

表2.1.8—3　各种牵引种类的隧道内线路最大坡度系数

隧道长度(m)	电力牵引	内燃牵引	蒸汽牵引	
			单机牵引	双机牵引
501～1 000	0.95	0.90	0.90	0.85
1 001～4 000	0.90	0.80	0.80	0.75
>4 000	0.85	0.75	0.70	0.65

注：① 采用电力或内燃牵引时，最大坡度系数不分单、双机牵引，也不分单、双线隧道。
② 采用蒸汽牵引的双线隧道内线路最大坡度系数，不分单、双机牵引，均采用表内单机牵引数值。

表2.1.8—4　内燃蒸汽牵引列车通过隧道的最低速度(km/h)

隧道长度(m) \ 牵引种类	蒸　汽　牵　引		内燃牵引
	单线隧道单机牵引、双线隧道单、双机牵引	单线隧道双机牵引	
≤500	计算速度	计算速度	计算速度
501～1 000	25(但不小于计算速度)	30	计算速度
1 001～4 000	30	35	25
>4 000	35	40	25

注：蒸汽牵引的列车在相邻两隧道间走行不足30 s时，应作为一个隧道长度选取通过速度。

四、改建既有线，如按上述规定减缓(或折减)将引起巨大工程时，可按本规范第2.1.7条超限坡规定处理，或采取其他措施。

第2.1.9条　纵断面坡段的长度及连接，应符合下列规定。

一、纵断面宜设计为较长的坡段，一般不宜小于表2.1.9—1规定的长度，但因坡度减缓(或折减)而形成的坡段、缓和坡段、两端货物列车以接近计算速度运行的凸形纵断面的分坡平段和路堑内代替分坡平段的人字坡段以及枢纽线路疏解区，Ⅰ、Ⅱ级铁路可缩小至200 m，Ⅲ级及限期使用的铁路可缩小至100 m。

表2.1.9—1　坡　段　长　度

远期到发线有效长(m)	1 050	850	750	650	550	450
坡段长度(m)	500	400	350	300	250	200

CHINA RAILWAY PUBLISHING HOUSE

远期到发线有效长不足 400 m 时，坡段长度不应小于有效长的一半，但不得小于 100 m。

改建既有线和增建第二线时，在困难条件下，可采用 100 m 的坡段长度。

最小坡段长度必须满足设置竖曲线的要求。

相邻坡段宜设计为较小的坡度差，最大不得超过表 2.1.9—2 的规定。

表 2.1.9—2　相邻坡段的坡度差（‰）

铁路等级	远期到发线有效长度（m）					
	1 050	850	750	650	550	450 及以下
一　般　情　况　下						
Ⅰ	8(5)	10(6)	12(8)	15(10)	18(12)	20(14)
Ⅱ	10(6)	12(8)	15(10)	18(12)	20(14)	25(16)
Ⅲ			18	20	25	25
困　难　条　件　下						
Ⅰ	10(6)	12(8)	15(10)	18(12)	20(14)	25(16)
Ⅱ	12(8)	15(10)	18(12)	20(14)	25(16)	30(18)
Ⅲ			20	25	30	30

注：① 牵引机车功率等于或大于韶山Ⅰ型交流电力机车时，应选用不大于上表中括号内的数值。
② 限期使用的铁路相邻坡段的坡度差可采用Ⅲ级铁路的规定。

Ⅰ、Ⅱ级铁路相邻坡段的坡度差大于 4‰，Ⅲ级及限期使用的铁路大于 5‰时，应以圆曲线型竖曲线连接。竖曲线半径在Ⅰ、Ⅱ级铁路应为 5 000 m，Ⅲ级及限期使用的铁路应为 3 000 m。

改建既有线时，如有充分依据，其相邻坡段的坡度差可保留原数值。

竖曲线不应与缓和曲线重叠。

改建既有线和增建第二线时，如既有坡段系采用抛物线型竖曲线连接时，可保留不低于上列相应规定的既有线连接。在困难条件下，竖曲线可不受缓和曲线位置的限制。

第 2.1.10 条　有编解作业的车站和接轨站，在进站信号机前应设置起动缓坡，其长度不宜小于远期到发线有效长度。除地形困难者外，其他车站也宜设置。

第 2.1.11 条　增建第二线与既有线在共同路基上，线间距不大于 5 m 时，两线轨面高程宜为等高（曲线地段内轨面等高）。在困难条件下，个别地段可有不大于 30 cm 的轨面高程差，但在易受雪埋的个别地段轨面高程差不应大于 15 cm。道口处两线不宜有轨面高程差。在困难条件下，两线轨面高程差不应大于 10 cm。线间距大于 5 m 的并肩道口，在不增大两线间平台坡度的条件下，可加大两线轨面高程差。

改建既有线纵断面利用道砟起道时，起道高度不宜超过 50 cm。如需挖切道床以降低高程时，个别地点道床厚度可较规定减薄 5 cm。但最小道床厚度，土质路基不得小于 25 cm，右质路基不得小于 20 cm。

降低轨面高程不宜采用挖切路基的措施，仅在受建筑限界、建筑物构造限制及为消除路基病害地段，方可使用。

第二节　站场线路、联络线、连接线及其他线路的平面和纵断面

（Ⅰ）平　　面

第 2.2.1 条　车站正线的平面设计，应符合下列规定：

一、车站和车场应设在直线上。在困难条件下，可设在曲线上，其曲线半径：Ⅰ、Ⅱ级铁路不得小于 600 m，Ⅲ级铁路不得小于 500 m。在特殊困难条件下，Ⅰ、Ⅱ级铁路不得小于 500 m，Ⅲ级铁路不得小于 400 m。

有技术作业（列检、给水、补机摘挂、制动试验等）或装卸作业较多的站场，如设在曲线上时，宜采用较大的曲线半径。

为工业企业内部运输设置的车站和车场（有大量调车作业的车站和车场除外），在困难条件下，可布置在半径不小于 400 m 的曲线上；仅有 2 至 3 条配线时，可布置在半径不小于 300 m 的曲线上。

改建站场时，如有充分依据，可保留低于上述规定的曲线半径。

二、车站和车场不应设在反向曲线上。仅在特别困难条件下，能够符合安全运输的需要，又有技术经济依据时，方可设在反向曲线上，但其曲线半径：Ⅰ、Ⅱ级铁路不得小于 600 m，Ⅲ级铁路不得小于 500 m。

到发线按纵列式布置的车站，如设在反向曲线上时，每一运行方向的线路在有效长度范围内，不得位于反向曲线上。

三、曲线车站应减小曲线偏角。

四、车站道岔咽喉区范围内的正线，应设在直线上。

第 2.2.2 条　在曲线站场上，到发线的曲线半径应与车站正线的曲线半径一致。当车站正线采用规定最小的曲线半径时，位于正线内侧的到发线，可采用与车站正线为同心圆的非整米数的曲线半径。

第 2.2.3 条　牵出线应设在直线上。办理编解作业的调车牵出线，在困难条件下，可设在半径不小于 600 m 的曲线上，特别困难时，可设在半径不小于 500 m 的曲线上。仅供列车转线及取送作业的牵出线，在困难条件下，可设在半径不小于 300 m 的曲线上。

为工业企业内部运输设置的站场的牵出线，在困难条件下，可布置在半径不小于 300 m的曲线上，仅供列车转线及取送作业的牵出线，可设在半径不小于 200 m 的曲线上。

牵出线不得设在反向曲线上。改建站场有根据时，作为特殊情况，可保留既有牵出线上的反向曲线。

牵出线应有良好的调车瞭望条件。

第 2.2.4 条　装卸线应设在直线上。在困难条件下，可设在半径不小于 500 m 的曲线上，不靠站台的装卸线（易燃、易爆、危险品的装卸线除外）可设在半径不小于 300 m 的曲线上；如无车辆摘挂作业，可设在半径不小于 200 m 的曲线上。

第 2.2.5 条　调车运行的联络线，其平面可采用不低于Ⅲ级铁路区间正线的标准。

连接线、机车走行线、驼峰溜放部分的线路、三角线及其他线（除正线、联络线、连接线、到发线、调车线、牵出线及机车走行线以外的线路，下同）的曲线半径不应小于 200 m。在困难条件下，也不得小于 180 m。仅行驶固定轴距小于 4 600 mm 的机车时，可采用不

小于 150 m 的曲线半径。在连接线和其他线上，仅行驶固定轴距小于 3 500 mm 的机车时的曲线半径，不应小于 120 m。

第 2.2.6 条 站线（到发线、调车线、牵出线及机车走行线，下同）、连接线和其他线，可不设缓和曲线。

上述线路上两相邻曲线间夹直线长度，不应小于 10 m。为工业企业内部运输的这类线路，对不设外轨超高的反向曲线间，在困难条件下也可不设夹直线。

上述线路不得采用复曲线。改建站场在困难条件下，可保留复曲线。

第 2.2.7 条 道岔后的连接曲线，其半径不应小于相邻道岔的导曲线半径。

道岔与其连接曲线间应插入直线段。在调车运行的联络线、站线、连接线及其他线上，插入直线段不应小于曲线轨距加宽递减率为 3‰所需的长度。在困难条件下，曲线轨距加宽，当大于 10 mm 时，上述直线段可采用 3.5 m；当等于或小于 10 mm 时，可不插入直线段，曲线轨距加宽可在连接曲线范围内处理。

道岔与其相邻的缓和曲线间，可不插入直线段。

第 2.2.8 条 站修线、洗罐线、车辆洗刷线及竖壁式高架卸煤（货）线的卸车地段、转车盘、灰坑和检查坑及其前后不小于 6.5 m 的线段，均应设在直线上。

进入建筑物的线路，在建筑物门前应设置直线段。直线段长度：在机车修理库前不应小于进库最长机车的长度；在其他机车库前，不得小于 12.5 m；在车辆库前，不应小于进库最长车辆的长度，在其他建筑物前，不得小于进入该建筑物的最长机车或车辆的长度。改建时，在困难条件下，直线段长度可减小到 2 m；在特别困难条件下，其他建筑物门前可不设直线段，但线路进入的建筑物大门的建筑限界，应根据进入该建筑物的机车车辆长度和转向架中心销距（或固定轴距）计算其最大加宽值进行加宽。

（Ⅱ）纵 断 面

第 2.2.9 条 车站的车坪长度，应根据远期的车站布置形式和到发线有效长度计算确定。

第 2.2.10 条 车站坡度设计，应符合下列规定：

一、车站应设在平道上。必须设在坡道上时，其坡度不得超过 1.5‰。在困难条件下，中间站不得设在大于 2.5‰的坡道上。在特别困难的条件下，有充分依据时，不办理调车、甩车或摘下机车等作业的中间站，可设在不大于 6‰的坡道上。改建无调车作业的车站，可设在不大于 8‰的坡道上。

为工业企业内部运输设置的、且不办理调车及摘挂作业的车站，在困难条件下，可设在不大于 8‰的坡道上。

所有设在坡道上的车站，均应保证列车起动。

二、车站道岔咽喉区的坡度，宜与站坪坡度相同。在困难条件下，可将道岔咽喉区设在限制坡度减 2‰的坡道上，但不得大于 10‰，有编解作业的车站，不得大于 2.5‰。

改建车站的道岔咽喉区，在特别困难条件下，有充分依据时，可设在不大于限制坡度的坡道上。

车站道岔咽喉区外正线上的个别道岔和渡线，可设在不大于限制坡度的坡道上。

三、旅客乘降所的坡度，不宜大于 8‰。在困难条件下，可设在旅客列车能起动的坡道上。

第 2.2.11 条　驼峰、坡度牵出线、坡道上的道岔区以及与之相连接的调车线的纵断面，应根据所采用的调速工具及其控制方式设计。

平面调车的调车线道岔区，宜设在面向调车线的下坡道上，其坡度不应大于4‰。

车场道岔区以外的牵出线，应设在面向调车线不大于2.5‰的下坡道或平道上。在困难条件下，牵出线可设在面向调车线的上坡道上，但其坡度不得大于2‰。

用于摘挂作业的牵出线，在困难条件下，可根据该牵出线范围内相邻正线的纵断面设计，但坡度不得大于15‰，并应保证停车、起动和在坡道上作业的安全。

第 2.2.12 条　在作业区范围内的一般货物装卸线、漏斗仓线和高架卸煤(货)线、机车整备线和停放线以及客货车辆的检修、整备、停留的线路均应设在平道上。在困难条件下，可设在不大于1.5‰的坡道上。

建筑物内的线路、灰坑和检查坑及其前后一台机车长度范围内的线段、转车盘及其边缘至竖曲线起点不小于25 m 范围内的线段及其尽头线，以及车辆洗刷消毒、装卸有毒液体、压缩气体、易燃、易爆、危险品等的作业区范围内的线段，均应设在平道上。

第 2.2.13 条　机车走行线的坡度宜放缓，在困难条件下，可设计为不大于20‰，与其他线路立体交叉时，行驶蒸汽机车的不应大于25‰，行驶内燃、电力机车的不应大于30‰。

三角线的曲线范围内，坡度不应大于15‰。为工业企业内部运输设置的三角线，其坡度不得大于20‰。三角线的尽头线应设在平道或面向车挡不大于5‰的上坡道上。

第 2.2.14 条　调车运行的联络线的坡度，可根据行车量、作业性质、运输组织、机车类型及地形条件等确定，并应保证停车、起动。蒸汽牵引不得大于20‰，在困难条件下，不得大于25‰，电力、内燃牵引时，不得大于30‰。

连接线的坡度，应符合取送和转线调车的要求，尽量结合地形条件采用较缓坡度。在困难条件下，可设在能起动，但不大于20‰的坡度上。

连接建筑物、装卸场、栈桥及高架卸煤(货)线等的线路，自建筑物大门、设备或装卸作业区边缘起，至纵断面竖曲线起(讫)点之间，应有一段平道，其长度不应小于该线的一台最长机车或车辆的长度。改建时，在困难条件下，平道长度可减为2 m；在特别困难条件下，也可不设平道。

第 2.2.15 条　纵断面坡段的长度及连接，应符合下列规定：

一、站坪全长宜设计为一个坡段。有技术经济依据时，可设计为不同坡段组成的纵断面。在困难条件下，到发线的纵断面坡段长度不应小于远期到发线有效长度的一半。其他通行列车的线路，其纵断面坡段长度不应小于列车长度的一半。调车运行的联络线和其他线路，可采用不小于50 m 的坡度，但应避免竖曲线重叠。

改建既有车站，在困难条件下，有充分依据时，可保留纵断面原有的坡段长度。

二、相邻坡段坡度差及圆曲线型竖曲线半径，车站正线应采用与区间正线相同的标准。车站到发线在Ⅰ、Ⅱ级铁路上大于4‰时，应以半径为5 000 m 的竖曲线连接；在Ⅲ级及限期使用的铁路上大于5‰时，应以半径为3 000 m 的竖曲线连接。改建车站，在困难条件下，到发线的竖曲线半径，在Ⅰ、Ⅱ级铁路上可采用3 000 m；在Ⅲ级及限期使用的铁路上可采用2 000 m。调车运行的联络线和其他线路，当坡度差大于5‰时，应采用不小于2 000 m半径的竖曲线连接；但高架卸煤(货)线作业地段前的坡道，可采用不小于1 000 m半径的竖曲线连接。

第2.2.16条 道岔应设在竖曲线范围以外。在困难条件下,道岔可设在半径不小于5 000 m的竖曲线范围内。当竖曲线半径小于3 000 m时,仅可个别的在竖曲线范围内布置道岔的导曲线,道岔的辙叉和尖轨应布置在竖曲线之外。

第三节 桥和隧道范围内线路的平面和纵断面

(Ⅰ)平 面

第2.3.1条 特大桥和大桥宜设在直线上,在困难条件下,必须设在曲线上时,宜采用较大的曲线半径。跨度大于40 m或桥长大于100 m的明桥面桥和无砟桥面桥设于曲线上时,桥上的曲线半径对Ⅰ级铁路不应小于1 000 m。对Ⅱ、Ⅲ级铁路、限期使用的铁路以及站场线路、联络线和其他线路不应小于600 m,低于上述标准应有充分依据。

除困难条件下的道砟桥面桥外,同一座桥不应设在反向曲线上。

缓和曲线不宜设在明桥面和无砟桥面的桥上。

特大桥和大桥的桥头引线,如设在曲线上时,宜采用较大的曲线半径。

第2.3.2条 隧道宜设在直线上,如地形、地质等条件限制必须设在曲线上时,宜采用较大的曲线半径,但不宜设在反向曲线上。

(Ⅱ)纵 断 面

第2.3.3条 涵洞和道砟桥面桥可设在任何坡道上。明桥面和无砟桥面桥宜设在平道上。跨度大于40 m或桥长大于100 m的明桥面和无砟桥面桥必须设在坡道上时,其坡度对Ⅰ级铁路不宜大于4‰,其他各级铁路、限期使用的铁路、站场线路、联络线以及其他线路不宜大于6‰。在特别困难地段,当有足够的依据,并确保线路能锁定时,也可采用较大的坡度。

竖曲线不应设在明桥面和无砟桥面桥上。

第2.3.4条 隧道内的坡道,可设置为单面坡道或人字坡道,地下水特别发育的长隧道宜采用人字坡。隧道坡度不宜小于3‰,在寒冷地区地下水发育的隧道宜适当加大坡度。

第四节 车 站 分 布

第2.4.1条 新建铁路车站,应按下列要求分布:

一、根据工业企业总布置,结合采矿场、车间、仓库、堆场的布局和作业要求以及企业建设与生产特点分布车站,并适应企业远期生产发展和运输能力的需要;

二、兼顾沿线地方客货运输需要;

三、与铁路网、其他运输方式及城乡规划的发展相配合;

四、考虑技术作业站对相邻区间通过能力的影响,应根据其作业性质,减少相邻区间列车往返运行时分;

五、与其他工业企业协作以及岔线接轨的要求;

六、考虑地形、地质、水文等工程条件;

CHINA RAILWAY PUBLISHING HOUSE

七、蒸汽牵引铁路应考虑水源和机车耗水量所允许的给水站间距离。

第 2.4.2 条　新建铁路初期开设车站，应按近期工业企业生产建设运输、通过能力需要及地方客货运输要求确定。

第 2.4.3 条　改建既有铁路调整车站分布，应充分利用既有建筑物及设备。为满足通过能力的需要，可增设、称设或封闭个别车站，以及采取其他加强通过能力的措施。

第五节　铁路与道路的交叉

第 2.5.1 条　铁路与道路交叉，在下列情况，应设计为立体交叉，但对于初期运量不大，不影响行车安全时，可以缓建。

一、道口交通量达到国家现行规定经技术经济比较合理者；

二、结合排洪需要或地形条件设置桥涵立交，而不致过分增大工程者；

三、采用平交危及行车安全或确有特殊需要者。

第 2.5.2 条　新建、改建和扩建铁路与规划的道路交叉符合立体交叉条件时，可暂不设置立体交叉，但应结合规划考虑将来设置条件。

第 2.5.3 条　铁路与道路平面交叉时应设置道口，并应符合下列要求：

一、道口应设在瞭望条件良好的地点。通行机动车辆的道口，在距道口外不小于 50 m范围内机动车辆司机可看到道口两侧火车的距离以及火车司机可看见道口的距离，不得小于表 2.5.3—1 所列数值。

厂区内其他线路上道口的视距，可根据列车或调车运行速度，结合具体情况计算确定，但必须符合各部门有关安全的规定。

当道口不符合上述要求或交通量较大时，应设看守。

二、铁路与道路交叉，宜设计为正交，必须斜交时，交叉角不应小于45°。厂区内线路如受地形限制，交叉角可适当减小。

三、道口平台及连接纵坡。

1. 道口两侧道路的平台长度（从钢轨外侧算起），不宜小于表 2.5.3—2 的数值。

表 2.5.3—1　铁路与道路平交道口视距

铁路等级及分类	行车速度（km/h）	视距（m）	
		火车	道路机动车辆
Ⅰ	70	800	270
Ⅱ	55	700	230
Ⅲ级及限期使用的铁路	40	400	180
调车运行的联络线	30	300	150
	20	150	100

表 2.5.3—2　道口平台长度（m）

城市道路	公路	乡村道路	
	1～4 级	通行机动车辆	通行非机动车辆
20	16	13	10

注：① 在困难地段的 4 级公路平台长度可采用 13 m；

② 道口平台长度不包括竖曲线在内。

2. 连接平台的道路纵坡，不应大于表 2.5.3—3 的数值。

四、道口铺面宽度：城市道路，应与路面（包括人行道，不包括绿化带）同宽；各级公路，应与路基面同宽；乡村道路，通行机动车辆的不应小于 4.5 m，通行非机动车辆的宜为 1.5～3 m。

道口铺砌应因地制宜，选用易于翻修的铺面，如钢筋混凝土铺面板或料石等。

五、平交道口应设置防护设备，并满足下列要求：

1. 道口应有道口警标、司机鸣笛标及护桩，并根据需要设置栅栏；

2. 看守的道口应设置道口看守房和带有信号的栏木；

3. 电力牵引铁路的平交道口，在道口钢轨两侧适当距离的道路上应设限界架，其净高为4.5 m；

4. 交通繁忙的城市道口，应作个别设计。

六、改建的道口，在特殊困难条件下，经运营实践能保证安全者，可保留原状。

表2.5.3—3　连接平台的道路纵坡(%)

道路种类 \ 工程难易程度	一般	困难
城市道路	2.5	3.5
1～4级公路	3	5
乡村道路	3	6

注：在特殊困难条件下，连接平台的道路纵坡可酌量加大1%～2%，但位于海拔2 000 m以上或严寒冰冻地区的乡村道路，连接平台的道路纵坡不应大于7%。

CHINA RAILWAY PUBLISHING HOUSE

第三章　路　　基

第一节　一般规定

第3.1.1条　一般路基应按本章规定设计。下列情况的路基及其附属工程应考虑作个别设计：

一、工程地质、水文地质条件复杂或路基边坡高度超过本章第三节表3.3.2和第四节表3.4.1规定的路基；

二、修筑在陡坡（填料与基底均为不易风化岩石时，地面横坡等于或大于1∶2；其他情况等于或大于1∶2.5）上的路堤；

三、第六节指出的及其他特殊条件下的路基；

四、路基的防护加固和影响路基稳定的改移河道工程。

第3.1.2条　新建的特大桥和大中桥的桥头引线，水库和可能浸水地段的路基，其路肩高程应为设计频率水位加波浪侵袭高和壅水高（包括桥前壅水、河湾水面超高、水库回水及岸边涌水）再加至少0.5 m。设计洪水频率在重车方向年货运量为10 Mt及以上的Ⅰ级铁路和工业企业生产不允许中断行车的铁路应为1/100；重车方向年货运量为10 Mt以下的Ⅰ级铁路和Ⅱ、Ⅲ级铁路应为1/50；限期使用的铁路应为1/25；若观测洪水（包括调查洪水）频率小于上述规定时，则应按观测洪水设计。但当观测洪水的频率在重车年货运量为10 Mt及以上的Ⅰ级铁路和工业企业生产不允许中断行车的铁路小于1/300；重车方向年货运量为10 Mt以下的Ⅰ级铁路和Ⅱ、Ⅲ级铁路小于1/100时，则应分别采用1/300和1/100进行设计，限期使用的铁路可不考虑观测洪水位。

新建的小桥涵附近的路肩高程，应高出设计频率水位加壅水高度后至少0.5 m。设计洪水频率，Ⅰ、Ⅱ、Ⅲ级铁路应采用1/50，限期使用的铁路应采用1/25。

对淤积严重或有特殊要求的水库、应在初步设计中提出洪水频率标准报审。

第3.1.3条　路肩高程应高出最高地下水位或最高地面积水，高出的数值应视土的毛细水强烈上升高度和临界冻结深度来决定。如有困难时，亦可采取降低水位、设置毛细水隔断层等措施。

第3.1.4条　改建既有线与增建第二线铁路的路肩高程，应符合本章第3.1.2条和第3.1.3条要求。当改建既有线的设计水位高于既有线路肩高程，但又改建困难时，其路肩高程应在初步设计中确定。

第3.1.5条　厂矿作业区内线路的路肩高程，应结合具体情况与有关建筑物及场坪的设计高程相适应。

第3.1.6条　在易于积雪的地区，新建正线及站场的站坪宜设在路堤上，路堤高度不应低于当地不少于10年的每年最大积雪厚度的平均值，但在任何情况下，不应低于0.6 m。

第3.1.7条　路基及挡土墙作力学稳定性与强度检算时，列车活载采用“中—活载”，不考虑列车的冲击力、离心力、制动力和摇摆力。活载分布于路基面上的宽度，自轨

CHINA RAILWAY PUBLISHING HOUSE

枕底两端向下按45°扩散角计算。路基边坡的稳定系数不应小于1.25,如有充分依据时,可减小到1.15。

通行特重机车或特重车辆的线路,可按实际通行的最大活载设计。

第二节 路基面与基床

(Ⅰ)路 基 面

第3.2.1条 区间路基面宽度,应根据铁路等级、远期采用的轨道类型、道床标准、路基面形式、路肩宽度和线间距经计算确定。新建铁路的路肩宽度,Ⅰ级铁路的路堤采用0.6 m,路堑采用0.4 m,Ⅱ、Ⅲ级铁路均采用0.4 m。

新建铁路的区间直线路基面宽度,应采用表3.2.1的数值。

表3.2.1 区间直线路基面宽度(m)

铁路等级		单线						双线					
		非渗水土			岩石、渗水土			非渗水土			岩石、渗水土		
		道床厚度	路基面宽度		道床厚度	路基面宽度		道床厚度	路基面宽度		道床厚度	路基面宽度	
			路堤	路堑		路堤	路堑		路堤	路堑		路堤	路堑
Ⅰ	A	0.40	6.2	5.8	0.30	5.6	5.2	0.40	10.3	9.9	0.30	9.6	9.2
	B	0.40	6.2	5.8	0.25	5.4	5.2	0.40	10.3	9.9	0.25	9.4	9.0
Ⅱ		0.35	5.6	5.6	0.25	4.9	4.9						
Ⅲ		0.30	5.4	5.4	0.20	4.8	4.8						

注:① Ⅰ级铁路重车方向年货运量大于或等于10 Mt时采用I_A值,小于10 Mt时采用I_B值。

② 路堑自线路中心沿轨枕底部水平至路堑边坡的距离,一边不应小于3.5 m(曲线地段系指曲线外侧);另一边不应小于2.8 m。

③ 表中的非渗水土系指黏性土(细粒土和黏砂、粉砂)、碎石类土(含细黏土大于或等于15%)、砂类土(岩块、粗粒土)。

④ 年平均降水量大于400 mm地区的易风化泥质岩石,应按非渗水土考虑。

⑤ 限期使用铁路的路基面宽度,可根据采用的轨道类型而定,并应保持其路肩宽度不小于0.3 m。

第3.2.2条 区间单线曲线地段的路基面宽度,应在曲线外侧按表3.2.2的规定加宽,并在缓和曲线范围内递减。当无缓和曲线时,则应在曲线外轨超高的递减范围内递减。

区间双线曲线地段的路基面加宽值,应根据线间距、外轨超高、道床宽度及其边坡坡度、路拱形状等计算确定。

表3.2.2 曲线路基外侧加宽值(m)

铁路等级	曲线半径	加宽值
Ⅰ	400及以下	0.4
	400以上至450	0.3
	450以上至700	0.2
	700以上至3 000	0.1
Ⅱ	400及以下	0.3
	400以上至450	0.2
	450以上至1 200	0.1
Ⅲ	300及以下	0.3
	300以上至450	0.2
	450以上至1 200	0.1

注:限期使用铁路曲线路基的外侧加宽,可根据曲线外轨超高计算。

第3.2.3条 站场路基面宽度应按配线设计决定。从站场外侧的线路中心线至路基面边缘的宽度不应小于3 m。当改建或扩建站场条件困难时,可保留2.8 m;在梯线和平面调车牵出线经常有调车人员上下车作业的一侧,不应小于3.5 m。

CHINA RAILWAY PUBLISHING HOUSE

除正线、调车运行的联络线和牵出线以外的其他线路单线路基面宽度，可根据采用的道床厚度选用表3.2.3的数值。

调车运行的联络线路基面宽度及曲线路基面外侧加宽，应按相应行车量的铁路正线规定设计。

表3.2.3 其他线路单线路基面宽度(m)

道床厚度(m) \ 路基土种类	非渗水土	岩石、渗水土
0.25	5.2	4.8
0.20	5.0	4.7

第3.2.4条 因生产技术作业需要，线路采用暗道床时，其路基面宽度应根据具体情况进行设计，由线路中心线至道床顶面上道床槽边缘的距离，或至道床底面上纵向排水暗沟最近边缘的距离，均不得小于2 m。

第3.2.5条 非渗水土路基和用封闭层处理的路基面，应做成路拱。单线路基的路拱横断面应做成梯形，上宽2.1 m，高0.15 m，其底宽等于路基面宽度。曲线加宽时，路拱的上宽保持不变。

一次建筑双线路基的路拱横断面，应做成三角形；高0.2 m，底宽等于路基面宽度，曲线加宽时，仍应保持三角形。

单线或双线的路基为岩石、渗水土(年平均降水量大于400 mm地区的易风化泥质岩石除外)的路基面，应做成水平面，并高出其他土质路基的路肩，高出数值应按取消路拱和减少的道床厚度计算确定。

岩石、渗水土的路基与非渗水土路基相连接时，路基面应由非渗水土路基的路肩施工高程向渗水土路基的路肩施工高程用渗水土顺坡，其长度不宜小于10 m。

第3.2.6条 站场路基面应设有倾向纵向排水设备的横向坡度，根据站场路基面宽度、排水要求和路基填挖情况可设计为一面坡、两面坡或锯齿形坡的横断面。

表3.2.6 站场路基面横向坡度

路基土的种类	地区年降雨量(mm)	一个坡面最多线路数	横向坡度(%)
岩石、渗水土	350以下	8	0~1
	350~700	8	1~2
	700~1 000	6	1~2
	1 000以上	5	2
非渗水土	350以下	6~8	1~2
	350~700	4~6	2
	700~1 000	4	2~3
	1 000以上	3	2~3

路基面的横向坡度应根据土的种类、道砟种类和降雨量以及同一坡面上的线路数量按表3.2.6选用。

第3.2.7条 采用机械化养路的单线或双线路基，应于一侧或两侧每隔500 m左右，设置养路机械作业平台一处。平台尺寸应根据采用的养路机械设备类型确定。

(Ⅱ)基 床

第3.2.8条 路肩施工高程以下1.2 m以上部分为路基基床。基床分表层及底层两部分：重车方向年货运量为10 Mt及以上的Ⅰ级铁路由路肩施工高程以下0.5 m以上部分为基床表层，其下0.7 m为底层；重车方向年货运量为10 Mt以下的Ⅰ级铁路和Ⅱ、Ⅲ级铁路由路肩施工高程以下0.3 m以上部分为基床表层，其下0.9 m为底层。基床土的压实，应达到表3.2.8规定标准。

表3.2.8　基床土的压实标准

压实标准 \ 填料种类	细粒土和黏砂、粉砂	粗粒土（黏砂、粉砂除外）
基床部位	压实系数 K	相对密度 D_r
表　层	0.95	0.75
底　层	0.90	0.70

注：在年平均降水量低于400 mm地区 K 值可按表列系数减小0.05。

第3.2.9条　路堤基床为渗水土而其下部填料为非渗水土时，非渗水土顶面应做成4%横向排水坡。

路堤基床表层的填料，应按下列原则选用：

一、优先选用A组填料（路基土石填料分类，详见附录一附表1），其次为B组填料，但颗粒尺寸不得大于150 mm；

二、当选用B组填料的砂黏土时，在年平均降水量大于500 mm地区，其塑性指数不得大于12；

三、在困难条件下采用的C组填料，其细粒土含量大于30%的漂石土、卵石土、碎石土、砾石土和细粒土中的粉土、粉黏土，在年平均降水量大于500 mm地区，其塑性指数不应大于12，液限不应大于32%；

四、对不符合上述要求的填料，应采取土质改良措施，严禁使用D、E组做基层表层填料。

路堤基床底层的填料可选用A、B、C组。在困难条件下使用D组填料时，必须采取加强压实和防、排水措施。

路堤高度低于1.2 m的低路堤，自路肩施工高程下1.2 m范围内（包括天然地基）的土质及其压实，应符合第3.2.8条的规定。

路堑基床表层如换填渗水土，其底面应设横向坡度排水。

路堑基床表层上的密实度，应符合表3.2.8的规定。在年平均降水量大于500 mm地区，如为易风化泥质岩石及塑性指数大于12，液限大于32%的黏性土，应采取换填、改良土质等措施。

路堑基床换填及改良土质的深度为基床表层的全深度，宽度为每侧2 m，在曲线地段尚应按路基曲线外侧加宽值加宽。

第三节　路　　堤

第3.3.1条　路堤基床以下部分宜选用A、B、C组填料，如用D组填料时，必须采取适当措施，浸水部分宜选用渗水土作填料，如用细砂、粉砂作填料时应采取防止振动液化措施。

第3.3.2条　路堤边坡坡度应根据荷载、填料的物理力学性质、边坡高度和基底工程地质条件合理确定。

如路堤基底情况良好，路堤边坡最大高度及其坡度可按表3.3.2设计。

CHINA RAILWAY PUBLISHING HOUSE

表 3.3.2 路堤边坡坡度

填料种类	路堤边坡高度(m)			路堤边坡坡度		
	全部高度	上部高度	下部高度	全部坡度	上部坡度	下部坡度
一般细粒土	20	8	12	—	1:1.5	1:1.75
漂石土、卵石土、碎石土、粗粒土(细砂、粉砂、黏砂除外)	20	12	8	—	1:1.5	1:1.75
硬块石	8	—	—	1:1.3	—	—
	20	—	—	1:1.5	—	—

注:① 在设计中,如有可靠的资料和经验时,可不受本表限制。

② 用大于 25 cm 不易风化硬块石,边坡采用干砌者,其边坡坡度应根据具体情况确定。

③ 软块石的边坡坡度应根据其胶结物质成分、风化程度等决定。

第 3.3.3 条 路堤各部位均应分层铺填,均匀压实。

对岩块压实要求达到以锹镐挖动困难,用撬棍方能使之松动的密实状态。

对粗粒土(黏砂、粉砂除外)的压实,应按表 3.3.3 规定的相对密度 D_r,确定施工控制所要求达到的干容量。

第 3.3.4 条 对粉砂、黏砂土、细粒土的压实,应以表 3.3.4 规定的压实系数 K 为标准,其含水量应等于或接近最佳含水量,当含水量超过规定时,应采取排水疏干、松土晾干等措施。含水量过低时,应加水润湿。

表 3.3.3 相对密度

填筑部位		相对密度 D_r
基床以下部分	不浸水部分	0.65
	浸水部分	0.70
桥涵缺口、有护坡填土和重型架桥机吊梁行驶地段	基床以下部分	0.70

注:桥梁缺口,指桥台背后上方长度不小于桥台高度加 2 m 的范围,涵管缺口,指涵管两侧每边不小于涵管孔径两倍的长度范围。

表 3.3.4 压实系数

填筑部位		压实系数 K
基床以下部分	不浸水部分	0.85
	浸水部分	0.90
桥涵缺口、有护坡填土和重型架桥机吊梁行驶地段	基床以下部分	0.90

注:在年降水量低于 400 mm,K 值按表列数值减小 0.05。

第 3.3.5 条 用不同填料填筑路堤时,各种填料不得混杂填筑。每一水平层全宽,应采用同一种填料填筑。如将渗水土填在非渗水土上时,非渗水土表层应有向两侧不小于 4% 的横坡;如非渗水土填在渗水土上时,接触面可筑成平面,但当上下两层填料的颗粒大小悬殊时,可在分界面上铺设垫层。

当分层填筑困难时,应将渗水性弱的土填在堤心部分,两侧填筑渗水性强的土。

陡坡地段的半填半挖路基,应在路肩下 1.2 m、自线路中心两侧各不小于 2 m 宽度范围内挖除,换填与填方部分相同并符合基床要求的填料。

第 3.3.6 条 填筑路堤时,应根据填料类别、压实条件、路堤高度,预留 1% ~3% 的沉落量。

当路堤边坡高度超过表 3.3.2 规定的值时,应在设计中根据基底、填料的情况适当加宽路基面宽度,其每侧加宽值 Δb 可按公式(3.3.6)计算。

$$\Delta b = (0.01 \sim 0.02) h \cdot m \qquad (3.3.6)$$

式中 Δb——路基面每侧加宽值(m);

CHINA RAILWAY PUBLISHING HOUSE

h——路堤边坡高度(m)；

m——道床边坡坡率,各级铁路均采用1.5。

第3.3.7条　路堤坡脚外应设置不小于2 m宽的天然护道,在地质和排水条件良好或经济作物,高产田地段若采取一定措施足以保证路堤稳定时,可将天然护道宽度减小到1 m。

第3.3.8条　基底土密实,而地面横坡不陡于1∶10时,路堤可直接修筑在天然地面上。但在路堤高度低于1.2 m的地段,应清除草皮。

其他情况的路堤基底应按下列要求处理:

一、横向坡度为1∶10～1∶5时,应清除草皮。

二、横向坡度为1∶5～1∶2.5时,原地面应挖台阶,台阶的宽度不应小于1 m。

对基岩面上的覆盖层,一般应先清除,再挖台阶。覆盖层较厚且较稳定时,可予保留,在原地面挖台阶后填筑路堤。

三、横向坡度陡于1∶2.5或基底有松软地层时,应检算基底滑动稳定性,并采取稳定措施。

四、半填半挖和陡坡地段路堤,应排除靠山侧的地面水,并根据情况采取防渗加固措施。

基底有地下水影响路基稳固时,应拦截引排至路堤基底范围以外,或以不易风化的岩块填筑在路堤底部。

五、路堤基底为耕地或松土时,如松土厚度不大于0.3 m,应将原地面夯压密实;如松土厚度大于0.3 m时,应翻挖松土,并分层回填压实。

经过水田、池塘洼地或饱和粉细砂等松软地基时,应根据具体情况,采取排水疏干、挖除淤泥、抛填片石或砂、砾石等处理措施,以保持基底的坚固。

第四节　路　　堑

第3.4.1条　路堑边坡坡度应根据土的性质、工程地质和水文地质条件、施工方法和边坡高度,结合自然稳定山坡和人工边坡的调查及力学分析等综合决定。岩石边坡尚应考虑岩体结构、岩性、风化程度、岩理倾向、地貌形态等各种因素的影响。

在无地下水与无不良地质现象(即地质条件良好),边坡高度不超过20 m时,可参照表3.4.1的边坡坡度设计。

表3.4.1　路堑边坡坡度

土石名称		边坡坡度
一般均质黏土、砂黏土、黏砂土		1∶1～1∶1.5
中密以上的粗砂、中砂、砾砂		1∶1.5～1∶1.75
黄土	新黄土(Q_3、Q_4)	1∶0.5～1∶1.25
	老黄土(Q_2、Q_1)	1∶0.3～1∶0.75
碎石或角砾土卵石或圆砾土	胶结和密实	1∶0.5～1∶1
	中　密	1∶1～1∶1.5
岩　石		1∶0.1～1∶1

注:① 黄土路堑如边坡垂直高度等于或小于12 m,可采用一个坡度到顶;当边坡垂直高度大于12 m时,可采用阶梯式,中部设平台,阶梯高度宜为8～12 m。

② 如有可靠的资料和经验时,可不受本表的限制。

第3.4.2条　在松散的碎石类土、砂类土、黄土、易风化岩石和其他不良土质路堑中,应设侧沟平台,其宽度视边坡高度和土的性质而定,不宜小于1 m,如边坡已防护加固时,可不设平台。

由不同地层组成较深路堑,在边坡中部或地层分界处,宜设置带截水沟或挡水墙的平台,其宽度不宜小于1.5 m,截水沟应加固。在年平均降水量低于400 mm地区,边坡平台上可不设截水沟,平台宽度可不小于1 m。

第3.4.3条　弃土堆内侧坡脚至路堑边

CHINA RAILWAY PUBLISHING HOUSE

坡顶间的距离,视土质条件和边坡高度而定,宜为2~5 m。

第五节 路基排水

第3.5.1条 对路基有危害的地面水和地下水,应采取拦截、引排、疏干、降低等措施,以保证路基稳定和安全。

区间、站场以及其他线路的路基排水,应结合当地条件,统筹考虑,与沟渠、桥涵、隧道排水妥善衔接,与农田水利排灌系统、城镇和工业企业排水系统相配合,使经路合理并保证足够的排水能力。

第3.5.2条 当地面横坡明显,路堤的排水沟或路堑的天沟可仅在上方一侧设置。横坡不明显,宜在路基两侧设置排水沟。

路堑应在路肩两侧设置侧沟。路堑边坡平台可根据需要设置截水沟。

第3.5.3条 无弃土堆时,天沟边缘至堑顶距离不宜小于5 m。当土质良好、堑坡不高或沟内采取防渗措施时,不应小于2 m。

天沟、侧沟的出口,应向外偏斜引出,防止水流冲毁路基。

第3.5.4条 地面排水沟(槽)的转弯半径不应小于5 m,排水建筑物(包括小于2‰坡道上的侧沟)的纵向坡度不应小于2‰,平坦地段或反坡排水地段有困难时,可减至1‰,但如土质不良有可能引起路基病害时,应另行考虑。

在隧道外的排水沟坡度,应设计为向外的下坡。

路堑侧沟的水,不宜流入隧道。当隧道长度等于或小于300 m,洞外路堑的水量较小,且含泥量少,不易淤积,修建反向侧沟将增大土石方和圬工工程的困难条件下,路堑侧沟的水可经隧道流出。

第3.5.5条 侧沟、天沟和排水沟的横断面,应有足够的过水能力,除必要时需要按流量计算外,一般可采用底部宽度为0.4 m,其深度在Ⅰ级铁路上为0.6 m,其他各级铁路上为0.5 m,在干旱少雨地区和岩石路堑侧沟的深度可减为0.4 m,在砂类和碎石类土的路堑中,侧沟的横断面尺寸更可减少,如有根据时,亦可不设侧沟。反坡排水地段或坡度小于2‰的坡道的路堑中,其分水点的侧沟深度可减为0.2 m。边坡平台截水沟尺寸,根据需要确定,可采用底宽0.4 m,深0.2 m。

侧沟靠线路一侧边坡,宜为1:1,外侧边坡应与路堑边坡相同,但有侧沟平台时,外侧边坡可为1:1。在砂类土中,两侧边坡可为1:1~1:1.5。

天沟、排水沟的边坡,应视土质及边坡高度而定,黏性土可为1:1~1:1.5。

第3.5.6条 需按流量设计的侧沟、天沟、排水沟、急流槽以及其他排水设备,其横断面应按1/20洪水频率的流量计算,沟顶应高出上述流量水位0.15 m。在城镇、工业企业范围内的排水设备,如有充分依据,也可按当地规定的洪水频率设计。

天沟不应向路堑侧沟排水,如受地形限制,需引向路堑侧沟排水时,应在急流槽和进口进行加固,流量大时在出口处宜设有消能设备及防止水流冲刷道床的挡水墙。急流槽下游的侧沟断面,应按流量计算,并适当加大。

第3.5.7条 下列情况的侧沟、天沟和排水沟,应采取防止冲刷或渗漏的加固措施:

一、位于松软地层及易影响路基稳定的地段;

二、易产生基床病害地段的侧沟;

三、湿陷性黄土路堑的侧沟、天沟及边坡平台截水沟；

四、流速较大，可能引起冲刷的地段；

五、有集中水流进入天沟、排水沟的地段；

六、水田地区土质路堤高度小于0.5 m地段的排水沟。

第3.5.8条　站场内下列部位的线路及其附近场地，应适当加强路基排水。

一、蒸汽机车上煤水的整备线、待班线和机车库前线路；

二、紧靠长大建筑物的线路、仓库站台线、两站台夹一线的装卸线和车辆清洗线；

三、设有轨道电路的道岔集中区；

四、有加冰、上水和车辆清洗作业的线路；

五、采用暗道床的线路。

此外，还应注意排除立交桥下的线路路基的地面积水，必要时可设专用的抽水设备。

第3.5.9条　车场内横向排水设备之间的距离，在满足排出纵向汇水流量的各种下，应结合车场纵向坡度、纵横向排水建筑物深度等条件确定。

穿越线路的横向排水建筑物的坡度不应小于5‰。特别困难时，可根据具体情况设置。

站场内纵向和横向排水槽的底部宽度，不宜小于0.4 m，深度不宜超过1.2 m，如槽深超过1.2 m时，应适当加宽。

位于调车作业区、装卸作业区和工作人员通行地段的排水槽，应加盖板。

排水管(槽)的交汇点、高程改变处以及排水管的转弯处，应设检查井或集水井。

横向排水管的检查井间距，应根据地区降雨量、路基土的种类及管道的管径和横向坡度等确定，一般可跨越3~6条线路，但不宜大于40 m。

第3.5.10条　渗水暗沟及渗水隧洞的纵坡，不宜小于5‰，在困难条件下，可减为2‰，但必须加强防淤措施。

渗水暗沟、渗水隧洞的横断面尺寸，应视埋藏深度、排水要求、施工和维修便利而定，其宽度不应小于1.2 m。暗沟边墙和隧洞衬砌结构尺寸应由计算确定。

渗水暗沟的排水孔，应置于冻结深度以下不小于0.25 m。起截水作用的渗水暗沟，其基底应埋入隔水层内不小于0.5 m。边坡渗沟、支撑渗沟的基底，宜设置在含水层下的较坚实的土层内。

严寒地区渗水沟、渗水隧洞的出口，应采取防冻措施。

渗水暗沟，渗水隧洞的检查井，应设在平面转折和纵坡由陡变缓处，对较长的沟、洞，还应根据水文地质条件、施工和维修的要求设置检查井，其间距一般渗水暗沟约40 m，渗水隧洞约120 m。

兼起渗水作用的检查井的井壁，应设置反滤层。

第六节　特殊条件下的路基

第3.6.1条　滑坡地段路基，应根据滑坡类型，滑坡发生、发展的原因，组成滑坡体的岩、土类别与物理、力学性质，滑坡面的形态、产状、位置和水文地质条件等因素，合理选用以下防止变形措施，进行综合治理。

一、排除地面水：滑坡体外以拦截旁引；滑坡体内以防渗和引出为原则设置排水沟。

CHINA RAILWAY PUBLISHING HOUSE

二、采用支撑渗沟、渗水隧洞、水平钻孔或砂井与水平钻孔相结合的方式进行拦截、排除或疏导地下水。

三、在滑坡的适当部位设置抗滑桩、抗滑挡墙或其他形式的抗滑建筑物。

四、上部减重、下部加载反压。

五、清除滑坡体。

六、填塞滑坡体内裂缝；整平夯实滑坡体内积水洼地。

第 3.6.2 条 崩塌地段路基，应根据崩坍范围、岩体裂隙发育程度、山坡高度与陡度、岩块直径和破碎岩体所处位置等因素综合分析，选择遮挡、拦截、灌浆、压浆、支顶、嵌补、插别、锚固等防治加固措施，一般不宜刷坡。

第 3.6.3 条 在岩堆上建筑路基，宜低填浅挖。并应根据岩堆的规模、发展阶段、物质成份、稳定程度、下伏地形状态及水文地质条件，采取截、排地面水及地下水；清除上方不稳定的岩堆体；设置上、下支挡建筑物等措施。临河的岩堆，必要时尚应考虑做河岸防护工程。

第 3.6.4 条 浸水路堤的浸水部分，应采用渗水土填筑，若渗水土来源有困难时，亦可采用黏性土。当采用细砂、粉砂填筑时，应考虑采取防止振动液化的措施，并加强防护。

浸水部分的边坡坡度，一般情况可按不浸水时的边坡放缓一级。当用水稳性差的填料填筑的路堤或经常浸水较深时，应经稳定性检算确定。

路堤边坡应作好防护工程。防护工程及其导流建筑物的顶面高程，不应低于设计水位加波浪侵袭高加壅水高再加 0.25 m。

路堤两侧有水头差时，根据水文条件，必要时可设置过水建筑物，缩小路堤两侧水位差。

当堤身或基底有发生管涌条件时，应采取防止渗透变形的措施。

在河滩上取土时，应考虑防止路基被冲刷的措施。

第 3.6.5 条 水库路堤浸水部分，宜采用渗水土填筑，如有困难，必须用一般黏性土填筑时，应经稳定检算确定水下边坡坡度。

路堤边坡受水库波浪冲击的部分，应采取防浪加固措施；防护顶面高程为设计水位加波浪侵袭高加壅水高再加 0.25 m，底面高程为水库设计低水位减波浪影响深度（可采用 2 ~2.5 倍低水位时波浪高），并在防护顶面设置 1 ~2 m 宽的护道。

由于水库蓄水引起地下水位变化而影响路基稳定时，应采取相应防护加固措施。

第 3.6.6 条 在软土地基上填筑路堤，当路堤高度超过软土所能承受的最大填土高度（即极限高度）时，应采取稳定基底的措施，如换填、抛石挤淤、反压护道、砂垫层、挤密砂桩、砂井、石灰桩、桩架支挡或几种方法的综合。

反压护道高度不应超过极限高度，宜为路堤高度的 1/3 ~1/2，宽度应通过检算确定。

在泥沼地区修筑路堤，应根据泥沼类型、沉积厚度、稠度、泥炭的腐烂矿化程度、力学性质以及路堤高度，参照软土地基加固原则采取相应措施。

路堤预计沉陷到泥沼中的部分，宜以渗水土填筑，并高出积水面 0.5 m。

在软土及泥沼地基上建筑的路基面宽度，应根据地基后期下沉量进行加宽。

第 3.6.7 条 在裂土地段建筑的路基边坡，应按裂土（或重塑后）性质、软弱层和裂隙的组合、气候、水文、地质条件及天然或已有的裂土路基稳定边坡坡度等确定，可参照表 3.6.7 设计。

路堑、路堤坡面均应及时防护，并做好地表、地下排水。路基基床表层必须以符合要求的土壤填筑。

表 3.6.7 裂土路基边坡坡度及平台

路基类型 项目 边坡高度	路堑			路堤	
	边坡坡度	边坡平台	侧沟平台	边坡坡度	边坡平台
<6 m	1:1.5~1:2.0	可不设	1.0 m	1:1.5~1:1.75	可不设
6~10 m	1:1.75~1:2.5	>2.0 m	1.0~2.0 m	1:1.75~1:2.0	>2.0 m

第 3.6.8 条 盐渍土地区路基,盐渍土的含盐量在表 3.6.8 容许范围内时,可用作路堤填料,但必须注意含盐量的均匀性,路基基床以下的填土压实系数 K 应达到 0.9。当基底(包括天然护道部分)超过容许含盐量时应予铲除。

表 3.6.8 盐渍土路基容许含盐量

盐渍土名称	含易溶盐性质		容许含盐量(%)
	$\frac{Cl^{1-}}{SO_4^{2-}}$	$\frac{CO_3^{2-}+HCO_3^{1-}}{Cl^{1-}+SO_4^{2-}}$	
氯盐渍土	>2	—	5~8(一般为 5%,如加大压实系数,可提高其含盐量,但最高不超过 8%)
亚氯盐渍土	2~1	—	5(其中硫酸盐含量不超过 2%)
亚硫酸盐渍土	1~0.3	—	5(其中硫酸盐含量不超过 2%)
硫酸盐渍土	<0.3	—	2.5(其中硫酸盐含量不超过 2%)
碱性盐渍土	—	>0.3	2(其中易溶的炭酸盐含量不超过 0.5%)

注:氯盐渍土的容许含盐量,在干燥度大于 50,年平均降水量少于 60 mm,相对湿度小于 40% 的西北内陆盆地地区,路基填料和基底土均不受氯盐含量的限制。

在地下水位较高的地段,必须采取提高路堤、设置毛细水隔断层或降低地下水位的措施,防止路堤出现冻害和填土再盐渍化。

边坡表层易松胀、剥蚀者,应采取加固措施或适当加宽路基面。

第 3.6.9 条 在岩溶地区建筑路基,对影响路基稳定的溶洞,应分别采用堵塞(不得堵塞溶洞水出路)、疏导、截围、清爆和加固等方法处理。

第 3.6.10 条 对影响路基稳定的人工坑洞(如煤洞、古墓、枯井、掏砂坑、坎儿井等),应根据其位置、形状、大小、分布状况及其发展趋势,采取开挖回填夯实或灌浆、灌砂等防止坍塌的措施。必要时,尚需会同有关部门协商处理,采取措施。

第 3.6.11 条 多年冻土地区路基宜采用路堤。路堤基底为富冰冻土、饱冰冻土或含土冰层时,应采用保护冻土的原则。保护冻土的路堤最小高度:东北地区可采用1.5~2 m;西北地区可采用 1~1.5 m。两侧坡脚外一定范围内地表覆盖层不得破坏,并应加强地表排水,在基底铺设保温层以及设置保温护道。

在冻胀性土或地下冰地段的低填浅挖和不填不挖的路基,应根据冻土的土质和填土高度采用全部或部分挖除,换填渗水土。

排水沟至路堤坡脚(或保温护道坡脚)的距离不应小于 5 m,地下冰地段不应小于

10 m;天沟至堑顶的距离不应小于 10 m。

取土坑以及挖取草皮和临时运输便道的位置,应在坡脚 20 m 以外。

第 3.6.12 条 风砂地区应根据砂地类型、范围及移动规律,对路基及其两侧采取防止路基被风砂掩埋或吹蚀的防护措施。

路基两侧防护,应本着因地制宜,就地取材,以植物固砂为主,机械固砂为辅的原则,结合具体情况选用植物固砂、格状砂障、防护层、防砂栅栏、截砂沟等措施,进行综合治理。

路基本体应根据当地情况选用卵石、砾石、石屑、草皮、黏性土及其他不易被风吹蚀的适宜材料作防护层。

路基边坡宜采用一坡到顶。当边坡高度等于或小于 6 m 时,边坡坡度可采用1:1.75,大于 6 m 时,可采用 1:2。

路堑边坡坡脚,应根据两侧砂源和防护情况设置积砂平台,宽度不宜小于 3 m。

如一次暴雨量确能被砂吸收时,路基可不设路拱和排水设施。

第 3.6.13 条 路基可能遭受雪害的地段,应根据积雪的厚薄、位置的高低及风向,在路基单侧或双侧设置一定宽度的防护林带。防护林带内侧距路堑堑顶或路堤坡脚不应小于 20 m。

在不宜种植防护林的地段,可设置固定式或移动式防雪栅栏。固定式防雪栅栏的高度不宜小于 3 m,移动式的高度不宜小于 1.5 m。其位置距路堑堑顶或路堤坡脚外 30 ~ 50 m。

车站的站坪,如处在风雪流的积雪地段,亦应设置防雪设备。

第七节 路基防护及加固

第 3.7.1 条 易受自然作用破坏的路基边坡坡面,应根据边坡的土质、岩性、水文地质条件、坡度及高度等,选用坡面防护措施。

对易生长植物的边坡,宜采用种草籽、铺草皮及植树(灌木)防护;对植物不易生长的边坡可选用勾缝、抹面、喷浆、捶面、边坡渗沟、护坡和护墙等。

凡采用植物或抹面、捶面、喷浆等防护措施,以及在年平均降水量大于 400 mm 地区的较高黄土路堑,宜在坡脚设高 1 ~2 m 浆砌片石护坡或护墙。

第 3.7.2 条 当路基直接受水流冲刷或河岸岸坡受冲后影响到路基稳定时,应根据河流特性,河道的地貌、地质、线路位置以及水文等因素,选用适宜的防护、导流或改河措施。

路基边坡与河岸岸坡的冲刷防护工程常用类型,可参照表 3.7.2 选用。

表 3.7.2 冲刷防护工程常用类型及适用条件

防护类型	结构形式	适用条件		注意事项
		容许流速(m/s)	水流方向、河道地貌等	
植物防护	铺草皮	1.2 ~ 1.8	水流方向与线路近乎平行;不受各种洪水主流冲刷的浅滩地段的路堤边坡	
	种植防水林、挂柳		有浅滩地段的河岸	

CHINA RAILWAY PUBLISHING HOUSE

续上表

防护类型	结构形式	适用条件		注意事项
		容许流速(m/s)	水流方向、河道地貌等	
干砌片石护坡	单层干砌厚一般 0.25～0.35 m 双层干砌厚上层 0.25～0.35 m 下层 0.25 m	2～3	水流方向较平顺的河岩滩地边缘;不受主流冲刷的路堤;无漂浮物和滚石的河段	应设置垫层
浆砌片石护坡	厚 0.3～0.6 m	4～8	主流冲刷及波浪作用强烈处的路堤	有冻胀变形的边坡上,应设置垫层,有流木、流冰、滚石时应适当加厚
混凝土护坡	厚 0.08～0.2 m			
抛　　石	石块尺寸根据流速、波浪大小计算,一般为 0.3～0.5 m	3	水流方向较平顺,无严重局部冲刷的河段,已浸水的路堤及河岸	抛石厚度不应小于石块尺寸之两倍
石　　笼	镀锌铁丝编织成箱形或圆形笼内装石块	4～5	受洪水冲刷但无滚石的河段和大石料缺少的地区	
大型砌块	2 m×2 m×2 m 3 m×3 m×2 m	5～8	受主流冲刷严重的河段	常与脚墙配合使用
浸水挡土墙		5～8	峡谷急流和水流冲刷严重的河段	

第 3.7.3 条　冲刷防护工程的基础,应将基底置于冲刷深度以下不小于 0.5～1 m,或嵌入基岩内,如冲刷深度较深,水下施工有困难时,可考虑桩基、沉井等深基础,或因地制宜地采取其他适宜的平面防护措施。

第 3.7.4 条　设置导流建筑物改变水流方向,不使其冲刷路基时,河道必须有足够宽度,并应注意在设置后不致对农田、村庄和上下游线路产生冲刷。

挑水坝坝长不宜大于河床宽度的 1/4,坝的间距约为坝长的 1～2.5 倍,当水流较平顺时,可增至 3～5 倍。

第 3.7.5 条　挡土墙的计算荷载,一般情况下只考虑主要荷载的影响,在浸水和地震等特殊情况下,尚应考虑附加荷载和特殊荷载的作用。设计时应按表 3.7.5 所列的可能组合情况进行计算。

作用在墙背上的主动土压力,一般可按库伦土压力理论进行计算。若墙背俯斜较大,土体中可能出现第二破裂面时,应按第二破裂面计算土压力。墙背填料为黏性土时,可采用黏性土的力学指标或综合内摩擦角计算土压力。

折线型墙背上的主动土压力为各直线段墙背上的土压力相叠加,其下墙土压力可采

表 3.7.5　计算荷载

荷载类别	荷载名称
主要荷载	墙身自重力及位于墙顶上的恒载 墙背主动土压力 轨道和列车荷载及其产生的侧压力 基底的法向反力及摩擦力 常水位时静水压力及浮力
附加荷载	洪水位时的静水压力及浮力 洪水位退落时墙背填料的动水压力 波浪压力 温度变化的影响 冻胀压力 冰压力
特殊荷载	地震力 施工临时荷载

注:① 常水位系指每年大部分时间保持的水位。
② 波浪压力、冰压力和冰胀压力不同时计算。
③ 洪水和地震不同时考虑。

CHINA RAILWAY PUBLISHING HOUSE

用多边形或延长墙背法计算。

陡坡地段挡土墙，土压力应根据土层可能出现的滑动面和用库伦公式的破裂面分别计算，取其最大值作为墙背荷载。

墙前的被动土压力，一般可不考虑。仅当基础埋置较深，地层稳定，无水流冲刷或无人为因素扰动破坏时，结合墙身的位移条件，可采取适量的被动土压力值。

浸水挡土墙的墙身浮力，应根据基底地层的渗水情况，按下列原则确定：

一、位于砂类土、碎石类土和节理很发育的岩石地基，按计算水位的100%计算；

二、位于岩石上的地基（节理很发育的岩石除外），按计算水位的50%计算。

第3.7.6条 挡土墙的稳定性与强度检算，应符合表3.7.6的规定。

表3.7.6 挡土墙检算要求

全墙	滑动稳定系数 K_C	主 力	≥1.3
		主力+附加力	≥1.2
	倾覆稳定系数 K_0	主 力	≥1.5
		主力+附加力	≥1.3
	基底的合力偏心距 e	土质地基	≤$B/6$
		岩石地基	≤$B/4$
	基底压应力 σ	主 力	≤容许值〔σ〕
		主力+附加力	≤1.2×容许值〔σ〕
墙身截面	压应力 σ	主 力	≤容许值〔σ〕
		主力+附加力	≤1.3×容许值〔σ〕
	剪应力 τ	≤容许值〔τ〕	
	合力偏心距 e	主 力	≤0.3B'
		主力+附加力	≤0.35B'

注：① 表中 B 为墙底宽度；B'为计算截面处的宽度。

② 墙身截面当计算的最小压应力为负值时，应小于容许抗弯曲拉应力值。并应检算不考虑圬工承受拉力时受压区重分布的最大压应力，使其不超过容许值。

第3.7.7条 挡土墙基础埋置深度，应符合下列要求：

一、在冻结深度以下不小于0.25 m（不冻胀土除外），但不应小于1 m；

二、受水流冲刷时，应在冲刷线以下不小于1 m；

三、路堑挡土墙基础应在路肩高程以下不小于1 m，并应低于侧沟砌体底面不小于0.2 m；

四、在岩石地基上，应清除基岩的表面风化层。

墙基在斜地面其趾部埋入深度和距地面的水平距离，应符合表3.7.7的规定。

表3.7.7 在斜坡地面上墙趾嵌入地面的最小尺寸（m）

地层类别	墙趾距地面垂直高度	墙趾至斜坡地面水平长度
较完事的坚硬岩层	0.25	0.25~0.50
一般岩层（如砂页岩互层等）	0.60	0.60~1.50
松软岩层（如千枚岩等）	1.00	1.00~2.00
砂夹砾石及土层	≥1.00	1.50~2.50

当基础砌筑在较完整的硬质岩石斜坡上时，可将基础砌筑成台阶状。台阶基础的连接坡线与竖直线之间夹角，对于石砌圬工不

大于35°,对混凝土污工不大于45°。

第3.7.8条 挡土墙沿墙长每隔10~25 m,或与其他建筑物相连接处,应设置伸缩缝。在基底的地层变化处,应设置沉降缝。伸缩缝和沉降缝可合并设置。伸缩缝和沉降缝的缝宽均可采用0.02~0.03 m。缝内沿墙的内、外、顶三边填塞沥青麻筋或沥青木板,塞入深度不应小于0.2 m。

沿墙高及墙长应设置泄水孔,按上下左右每隔2~3 m交错布置。折线墙背的易积水处亦应设置。泄水孔的进水侧应设反滤层,厚度不小于0.3 m。在最低排泄水孔的下部,应设隔水层,不使积水渗入基底。遇有大股水流,应加大泄水孔,其出水口下部应采取防止水射流冲空基础的措施。

当填料或土层为冻胀性土时,应在最低排泄水孔至墙顶以下0.5 m高度内,填筑不小于0.3 m厚的砂砾石等渗水、不冻胀的填料。

第3.7.9条 对下列地段的路肩挡土墙,必须设置防护栏杆:

一、墙顶高出地面6 m,且连续长度大于20 m;

二、墙顶高出地面4 m,且位于车站范围或靠近居民集中点;

三、位于悬岩、陡坎或地面横向坡度陡于1∶0.75,且连续长度大于20 m。

第八节 改建既有线或增建第二线路基

第3.8.1条 增建第二线并行地段,应做好整个路基面的排水。除岩石(年平均降水量大于400 mm地区的易风化泥质岩除外)和渗水土可设计为水平面外,其他土质的路基面均应设计为向外倾斜3%~4%的横向坡度。当新路基面高出既有路基的非渗水土层面时,其高出部分用渗水土填筑,渗水土底面应做成倾向线路外侧3%~4%的排水横坡。

不等高的双线路基间,应考虑线间排水。

第3.8.2条 改建既有线或增建第二线的路堑边坡,可参照既有路堑的稳定边坡设计。当两线不等高时,设计两线间的边坡坡度必须考虑上线荷载的影响,必要时要放宽两线间距或采取支挡加固措施。

路堤边坡坡度,仍应采用本章表3.3.2所列数值。

第3.8.3条 改建既有线或增建第二线时,既有路基的路肩宽度Ⅰ级铁路路堤应采用0.6 m,路堑应采用0.4 m。困难地段路堤亦可采用0.4 m;Ⅱ、Ⅲ级铁路路堤路堑的路肩宽均应采用0.4 m,不足时可将既有路基外侧加宽,加宽有困难时,可将既有线中心线向第二线方向移动或采取设置挡砟墙、补角墙等措施。

加宽路堤时,填土顶宽不应小于0.5 m,底宽不应小于顶部的加宽值。填筑前,应将既有路堤边坡先挖宽为1 m的台阶。如有护坡,应先拆除。

用非渗水土加宽既有路肩时,应设置向外侧倾斜为3%~4%的排水横坡,用渗水土抬道,下面的非渗水土层面,应有向外侧倾斜为3%~4%的排水横坡。

对改建地段的路基病害,应结合工程要求一并处理。

CHINA RAILWAY PUBLISHING HOUSE

第四章　轨　道

第一节　轨道类型

第 4.1.1 条　轨道类型应按工业企业铁路的性质和特点、运量、铁路等级、机车和车辆的轴重等因素，合理地选择。

第 4.1.2 条　正线轨道类型，应根据铁路等级或近期调查运量，按照表 4.1.2 所列选用。

表 4.1.2　正线轨道类型

选用条件				Ⅰ		Ⅱ	Ⅲ
	铁路等级			A	B		
	年通过总质量密度（Mt·km/km）			15 及以上	15 以下～8	8 以下～4	4 以下
轨　道	钢　轨（kg/m）	新　轨		50	43	38	≥33
		旧　轨		≥50	50	43	38
	轨枕数量（根/km）	预应力混凝土枕（混凝土枕，下同）		1 680	1 600	1 520	1 520～1 440
		木　枕		1 760	1 680	1 600	1 520
	道床厚度（cm）	非渗水土路基	面　层	20	20	20	15
			垫　层	20	20	15	15
		岩石、渗水土路基		30	25	25	20

注：① 选用条件只取其中之一。

铁路等级作为选用条件时，Ⅰ级铁路重车方向年货运量等于或大于 10 Mt 者为 I_A，小于 10 Mt 者为 I_B。

计算年通过总质量应包括净载、机车和车辆的质量，并计入旅客列车质量；单线按往复总质量计算，双线按每一条线的通过总质量计算。

② Ⅲ级铁路轨道如行驶轴重大于 18 t 的机车时，应采用 38 kg/m 钢轨，混凝土枕应采用 1 520 根/km。

③ 非渗水土路基，宜采用双层道床，只有在垫层材料供应困难，且不致造成路基病害的情况下，才可采用单层道床，其厚度比用砂石路基标准增加 5 cm。

④ 采用错接接头或铺设短于 12.5 m 钢轨的轨道，每千米轨枕根数可按表 4.1.2 酌量增加。

⑤ 旧轨头部总磨耗或侧面磨耗不应大于附录三的规定。

⑥ 限期使用铁路的轨道类型，应按运量、机车车辆的轴重等条件确定。

第 4.1.3 条　站线（到发线、调车线、牵出线、机车走行线）轨道类型应根据其用途配合正线标准按表 4.1.3—1 选用。

其他线的轨道类型，应根据机车车辆的轴重按表 4.1.3—2 选用。

调车运行的联络线，其轨道类型可与相应行车量的等级铁路正线一致。连接线的轨道类型，可采用其他线的标准。

CHINA RAILWAY PUBLISHING HOUSE

表 4.1.3—1　站线轨道类型

铁路等级				I		Ⅱ	Ⅲ
				A	B		
线别				到发线			
轨道	钢轨(kg/m)	新轨		比正线轻一级,但不轻于 33 kg/m			
		旧轨		与正线同级			
	轨枕数量(根/km)	混凝土枕		1 520	1 440	1 440	1 440
		木枕		1 600	1 520	1 440	1 440
	道床厚度(cm)	非渗水土路基	无垫层	30	25	25	25
			面层	20	15	15	15
			垫层	15	15	15	15
		岩石、渗水土路基		25	20	20	20
线别				调车线、牵出线、机车走行线			
轨道	钢轨(kg/m)		新轨	43~38	38	38~33	38~33
			旧轨	43	43	43~38	43~38
	轨枕数量(根/km)	混凝土枕		1 440	1 440	1 440	1 440
		木枕		1 440	1 440	1 440	1 440
	道床厚度(cm)	非渗水土路基		25	25	20	20
		岩石、渗水土路基		20	20	20	20

注:① 表中铁路等级指正线选用的轨道类型所属的等级标准。

② 站线可采用单层道床,在路基土质不良地段或多雨地区的到发线,宜采用双层道床。

③ Ⅱ、Ⅲ级铁路轨道的调车线、牵出线、机车走行线的轨枕数量,如行驶轴重为 16t 以下的机车时,除Ⅱ级铁路木枕轨道仍应采用 1 440 根/km 外,均可采用 1 360 根/km。

④ 位于到发场内的机车走行线轨道类型,应采用相应铁路等级轨道到发线的标准;机务段或整备场内的机车走行线可采用其他线的轨道类型。

⑤ 道岔的道床厚度,不应小于与其连接的主要线路的道床厚度。

⑥ 驼峰调车场内自驼峰顶至调车线第一脱鞋器(或调车线上末位减速器)后 25 m,应铺设不轻于 43 kg/m 钢轨;铺设混凝土枕时,每千米不应少于 1 520 根,铺设木枕时,不应小于 1 600 根;道床厚度按 I_B 级铁路正线的标准铺设;驼峰推送线在经常有摘钩作业一侧的道床肩宽应为 2 m,另一侧为 1.5 m。

表 4.1.3—2　其他线轨道类型

最大轴重(t)		钢轨(kg/m)		混凝土枕或木枕数量(根/km)	道床厚度(cm)	
机车	车辆	新轨	旧轨		非渗水土路基	岩石、渗水土路基
16~21	20~25	38	43	1 440	20	20
16 以下	20 以下	38~33	43~38	1 360	20	20

注:① 行驶轴重大于 21 t 的机车或轴重大于 25 t 的车辆的线路,其轨道应另行设计。

② 改建时,其他线上可保留 38 kg/m 以下的钢轨,但不得轻于 32 kg/m。

第二节　钢轨及配件

第 4.2.1 条　工业企业各级铁路及各种线路应优先采用旧轨。

同一线路应铺设同一类型钢轨,困难时,可采用不低于该线标准的不同类型钢轨,但应集中铺设,调车线上采用铁鞋制动范围内不得铺设不同类型钢轨。

CHINA RAILWAY PUBLISHING HOUSE

第 4.2.2 条　长度为 1 000 m 以上的隧道内，宜采用耐腐蚀钢轨，或比隧道外轨道重一级的钢轨。

第 4.2.3 条　各级铁路及各种线路均应铺设 25 m 和 12.5 m 标准和长度钢轨，接头应采用对接；曲线内股使用缩短轨调整钢轨接头的位置。

铺设旧轨或铺设非标准长度的新轨时，钢轨的长度，正线、到发线、调车运行的联络线不得小于 9 m，其他线路不得小于 7 m。每种同长度同类型的钢轨应集中连续铺设。

当铺设非标准长度的新轨或铺设旧轨采用对接有困难时，可采用错接，两轨缝相错应大于 3 m；但绝缘接头处的两轨缝相错不应大于 2.5 m。

绝缘接头的轨缝不应小于 6 mm，不同类型钢轨的联结处，不得设置轨道电路的绝缘接头。

第 4.2.4 条　轨道上个别插入短轨时，其长度：正线及调车运行的联络线，不得小于 6 m；其他线路不得小于 4.5 m。

第 4.2.5 条　直线和半径大于或等于 350 m 的曲线轨距，均应为 1 435 mm；半径小于 350 m 的曲线轨距，应按表 4.2.5 加宽。

表 4.2.5　曲线轨距加宽(mm)

曲线半径(m)	加宽值	轨　距
$R \geqslant 350$	0	1 435
$350 > R \geqslant 300$	5	1 440
$300 > R \geqslant 200$	15	1 450
$R < 200$	20	1 455

按上述规定，轨距误差不得超过 $^{+6}_{-2}$ mm；其误差变化率正线不得大于 2‰；站线不得大于 3‰。

第三节　轨枕及扣件

第 4.3.1 条　新建、改建和扩建铁路应采用混凝土枕，但下列地段可暂铺设木枕：

一、正线上半径为 300 m 以下的曲线；

二、设护轮轨的桥或路肩挡土墙在护轮轨铺设范围内；

三、无砟桥的桥台挡砟墙范围内及基两端各 15 根轨枕；

四、转车盘、轨道衡、脱轨器及铁鞋制动地段；

五、位于容易损坏混凝土枕的生产作业环境下(如高温、重物碰砸等)的线路；

六、道岔(铺设混凝土岔枕的道岔除外)及其前后两端各 15 根轨枕(后端包括辙叉跟端以后的岔枕)。

上列地段间的长度短于 50 m 时，应设计成木枕地段。

正线采用木枕时，Ⅰ级铁路轨道用Ⅰ类木枕；Ⅱ、Ⅲ级铁路轨道可用Ⅱ类木枕。

调车运行的联络线，各级铁路的到发线，Ⅰ级铁路轨道的调车线、牵出线、机车走行线、通行轴重 16 ~ 21 t 的机车或轴重为 20 ~ 25 t 的车辆的连接线及其他线铺设木枕时采用Ⅱ类木枕；Ⅱ、Ⅲ级铁路轨道的调车线、牵出线、机车走行线、通行轴重 16 t 以下的机车或轴重 20 t 以下的车辆的连接线及其他线铺设Ⅲ类木枕。

木枕必须经过注油防腐，并应使用垫板。

同种类的轨枕应集中连续铺设，混凝土枕与木枕分界处，如遇有钢轨接头，应保持木枕或混凝土枕延至钢轨接头外 5 根以上。

第 4.3.2 条　符合下列条件之一的地段，正线及调车运行的联络线应增加轨枕数量。

一、在下列曲线(包括两端缓和曲线全长)地段:

1. 混凝土枕轨道,在电力牵引铁路半径为600 m及以下或蒸气、内燃牵引铁路在半径为400 m及以下的曲线地段;

2. 木枕轨道在半径为600 m及以下的曲线地段。

二、大于15‰的下坡制动地段。

三、长度为300 m及以上的隧道内。

增加的数量按表4.1.2所列轨枕根数,混凝土枕增加80根/km,木枕增加160根/km,条件重合时只增加一次。每千米最多铺设轨枕的数量,混凝土枕为1 840根,木枕为1 920根。

站线、连接线及其他线半径小于200 m的曲线地段,其轨道应增加轨枕数量,可按直线地段应铺设的数量,增加80根/km。

第4.3.3条 Ⅰ级铁路上,长度为1 000 m及以上的隧道和隧道整体道床的过渡段或特大桥桥头引线的线路,有条件时宜铺设预应力混凝土宽枕(混凝土宽枕,下同)。

站线及其他线,如生产作业需要,有充分依据时,也可采用混凝土宽枕。

铺设混凝土宽枕的地段,应符合下列条件:

一、曲线半径不应小于300 m;

二、路基坚实、稳定、排水良好。

第4.3.4条 到发线、站修线等有检车作业的线路,宜铺设平肩的混凝土枕。

第4.3.5条 混凝土枕及木枕使用的扣件,应根据确定的轨道类型选用。50 kg/m钢轨的轨道宜采用弹性扣件,43 kg/m及以下钢轨的轨道可采用刚性扣件。

混凝土宽枕及整体道床直线部分,可选用调高量较大的弹性或刚性扣件,整体道床曲线部分,应采用弹性扣件。

混凝土枕轨道,正线半径为600 m及以下和站线、调车运行的联络线、其他线路等半径为400 m及以下的曲线(包括两端缓和曲线全长)地段,在钢轨外侧采用70型扣板式扣件时应使用加宽铁座。

第四节 道 床

第4.4.1条 道床材料的选定应符合下列规定:

一、正线除垫层材料外,应采用碎石道砟。当碎石供应困难时,$Ⅰ_B$级铁路轨道可采用筛选卵石,Ⅱ、Ⅲ级铁路轨道可就地选用各种道砟材料。

站场内除正线以外的其余线路可就地选用碎石、筛选卵石、熔炉矿渣、天然级配卵石以及其他适于作道砟的材料,但双层道床的面层材料及暗道床应采用碎石、筛选卵石或熔炉矿渣等易于排水的道砟。

二、有砟桥梁上必须采用碎石道砟。

三、下列地段的道砟材料应为碎石,但Ⅱ、Ⅲ级铁路轨道可采用筛选卵石:

1. 桥长在10 m及以上的桥梁两端各30 m的引线上;

2. 隧道内及其两端各100 m的引线上。

四、站内正线、调车运行的联络线、到发线和调车场驼峰头部线路上的道岔,以及装设自动闭塞、电气集中和有轨道电路的道岔,道床材料应采用碎石或筛选卵石。

各种道砟材料均应符合现行的道砟材料技术条件的要求。

垫层材料可采用粗砂、中砂、卵石砂或石屑。

第 4.4.2 条 道床顶面宽度,应符合下列规定:

一、单线铁路正线道床顶面宽度采用表 4.4.2 规定。

二、调车运行的联络线为 2.9 m,半径为 400 m 及以下曲线外侧加宽0.1 m。

三、到发线为 2.9 m,调车线、牵出线、机车走行线、连接线及其他线为 2.8 m,曲线外侧不加宽。

表 4.4.2 正线道床顶面宽度(m)

铁路等级	直线或半径为 400 m 以上的曲线地段	半径为 400 m 及以下的曲线地段
Ⅰ	3.0	3.1
Ⅱ、Ⅲ	2.9	3.0

注:区间正线混凝土宽枕轨道的道床顶面宽度应符合本规范第 4.4.7 条的规定。

第 4.4.3 条 各类轨道的道床边坡均为 1:1.5,暗道床边坡应采用 1:1。垫层边坡坡脚距道床边坡坡脚应为 0.15 m。垫层顶宽为 2.3 m。

第 4.4.4 条 双线铁路正线及站场内线路的道床,均应分别按单线设计。在下列地点应采用渗水材料填平:

一、经常有调车作业和列车检修作业的线路间;

二、扳道作业较繁忙的道岔群范围内。

第 4.4.5 条 站线及其他线如生产作业需要,有充分依据时,可采用暗道床、整体道床或其他型式的道床。

第 4.4.6 条 混凝土枕端部埋入道床深度为 15 cm,其中部 60 cm 范围内,道床顶面应低于轨枕底 3 cm。

木枕轨道的道床顶面,应低于轨枕顶面 3 cm。

第 4.4.7 条 混凝土宽枕轨道的道床,由面砟带和底层组成。面砟带采用粒径 20 ~ 40 mm 的碎石道砟,其宽度为 95 cm,厚度为 5 cm,底层采用标准碎石道砟,其厚度在非渗水土路基上,不应小于 30 cm;在岩石、渗水土路基上,隧道内以及有砟桥面上,不应小于 20 cm。改建铁路的隧道,如按上述标准将引起大量改建工程时,底层厚度可酌情减小,但不应小于 15 cm。

区间正线混凝土宽枕的道床顶面宽度为 2.9 m,枕端埋入深度为 8 cm。隧道内以及有砟桥面上的道床顶面宽度,可根据具体情况设计。

第 4.4.8 条 桥梁上道砟槽内采用单层道床,从轨枕底至防水层分水点的道床厚度不宜小于 25 cm,在有困难条件下,可减至 20 cm。

桥梁两端各 30 m 引线上的道床厚度无论有无垫层,应与邻接轨道相同。

第 4.4.9 条 隧道内道床厚度应与隧道外单层道床相同。在改建铁路的隧道内,有困难时,木枕轨道的道床厚度可减至 20 cm。

道床砟肩至边墙(或高侧水沟)间应以道砟填平。

第 4.4.10 条 隧道内当采用整体道床时,应符合下列要求。

一、曲线半径为 400 m 及以上的地段,并符合轨道扣件调高量和保持轨距能力的要求;

二、整体道床的结构型式应根据地质及水文地质条件并结合具体情况,选用钢筋混凝土支承块式、整体灌筑式或其他结构型式;

三、整体道床必须结合隧道工程作好综合排

表 4.4.10 铺设支承块数目(对/km)

钢轨类型	线路平面	
	直 线	曲线(包括缓和曲线)
50 kg/m	1 680	1 760
43 kg/m	1 600	1 680

CHINA RAILWAY PUBLISHING HOUSE

水设计，确保基底干燥；

四、整体道床与碎石道床之间，应铺设道床弹性逐渐变化的过渡段；

五、整体道床的轨下支承块数目，可按表 4.4.10 所列数目铺设。

第 4.4.11 条　新建铁路和改建铁路曲线地段的外股钢轨，应分别按公式 4.4.11—1 和 4.4.11—2 设置超高。

$$h = \frac{7.6v_{max}^2}{R} \quad (4.4.11—1)$$

式中　h——外轨超高(mm)；

v_{max}——最高行车速度(km/h)；

R——曲线半径(m)。

$$h = \frac{11.8v_j^2}{R} \quad (4.4.11—2)$$

式中　v_j——均方根速度

$$v_j = \sqrt{\frac{\Sigma N_i G_i v_i^2}{\Sigma N_i G_i}}$$

N_i——各类列车次数(列/d)；

G_i——各类列车质量(t)；

v_i——实测的各类列车速度(km/h)。

曲线外轨最大超高不得超过 125 mm。

曲线外轨超高应在缓和曲线全长内递减顺接。未设缓和曲线者，可按不大于 2‰的递减率在直线段顺接；复曲线地段在正矢递减范围内进行顺接。

第五节　道　岔

第 4.5.1 条　道岔的轨型应与连接的主要线路的轨型一致；站线、调车运行的联络线、连接线及其他线上，在道岔钢轨强度不低于线路钢轨强度的条件下，可与线路的轨型不同，但应在道岔前后各铺一节与道岔同类型的钢轨，其长度不得小于 4.5 m。

第 4.5.2 条　道岔号数应符合现行的《铁路道岔号数系列》的有关要求，并按下列规定设计：

一、站内正线、调车运行的联络线、到发线及有路网机车进入的线路上，单开道岔不得小于 9 号(导曲线半径不小于 180 m)；

二、在上项所列以外的线路上，单开道岔不得小于 7 号(导曲线半径不小于 150 m)；

三、如条件困难，在仅行驶固定轴距为 3 500 mm 及以下机车车辆的站内正线、调车运行的联络线及到发线上，单开道岔可采用 7 号(导曲线半径不小于 150 m)，其余线路上，单开道岔可采用 6 号(导曲线半径不小于 110 m)；

四、新建、改建或扩建站场时，如在地面狭窄条件下，可根据需要合理采用交分道岔、交叉渡线、对称道岔、三开道岔或其他形式的道岔，其导曲线半径应符合上述各项单开道岔的导曲线半径规定；

五、改建站场时，道岔号数应符合上述各项要求，为了充分利用既有设备，在困难条件下，可保留使用机车车辆固定轴距所容许通过的既有道岔。

CHINA RAILWAY PUBLISHING HOUSE

第 4.5.3 条 相邻两道岔间插入钢轨的长度,应符合下列规定:

一、单开道岔不应小于表 4.5.3—1 及表 4.5.3—2 的规定。

调车运行的联络线,可按表 4.5.3—1 及表 4.5.3—2 相应行车量的等级铁路确定。

表 4.5.3—1 两对向单开道岔间插入钢轨的最小长度 f(m)

道岔布置	线 别	铁路等级	有列车通过两侧线路时		无列车通过两侧线路时
			一般情况	困难情况	
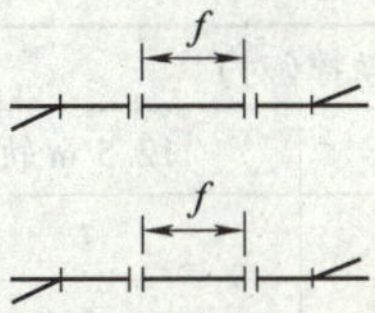	正 线	Ⅰ	12.5	6.25	6.25
		Ⅱ、Ⅲ	6.25	6.25	6.25
	到 发 线	Ⅰ	6.25	6.25	0
		Ⅱ、Ⅲ	4.5	4.5	0
	调车线、牵出线、机车走行线、连接线及其他线	Ⅰ、Ⅱ、Ⅲ	0	0	0

注:有固定轴距大于 2 600 mm 的机车车辆从道岔侧线进入另一道岔侧线时,两对向布置的 6 号单开道岔间必须插入一节不小于 4.5 m 的钢轨。

表 4.5.3—2 两顺向单开道岔间插入钢轨的最小长度 f(m)

道 岔 布 置	线 别	钢轨最小长度
	正 线	6.25
	到 发 线	4.5
	调车线、牵出线、机车走行线、连接线及其他线	0
	到 发 线	4.5
	调车线、牵出线、机车走行线、连接线及其他线	0

注:① 两顺向布置的 6 号单开道岔间,必须插入一节不小于 4.5 m 的钢轨。

② 道岔跟端后面两分路各顺向连接一组单开道岔时,应至少有一个分路在两道岔间插入一节不小于 4.5 m 的钢轨。

二、6 号对称道岔顺向布置时,或对向布置且有固定轴距大于 2 600 mm 的机车车辆通过时,两道岔间应插入一节不小于 4.5 m 的钢轨。

三、轨型不同的相邻两道岔间插入钢轨的最小长度和节数,除应符合上述一、二两项的要求外,还应满足设置不同类型钢轨绝缘(设轨道电路时)的需要。

第六节 轨道附属设备

(Ⅰ)轨道加强设备

第 4.6.1 条 曲线地段应按下列条件设置轨距杆或轨撑:

一、铺设木枕时,Ⅰ级铁路正线半径为 600 m 及以下;Ⅱ、Ⅲ级铁路正线半径为 400 m 及以下的圆曲线连同两端缓和曲线;Ⅰ级铁路站线曲线半径为 400 m 及以下;Ⅱ、Ⅲ级铁路站线为 300 m 及以下;以及连接线和其他线半径为 200 m 及以下的圆曲线全长按表 4.6.1 设置轨距杆或轨撑。

CHINA RAILWAY PUBLISHING HOUSE

调车运行的联络线，可按与其相应行车量的等级铁路正线规定设置。

二、铺设混凝土枕时，正线轨道可不设置轨距杆或轨撑。在行驶电力机车的区段，半径为 350 m 及以下的曲线地段可比照上表设置，但采用保持轨距能力强的弹性扣件时亦可不设置。

站线、调车运行的联络线、连接线及其他线，铺设混凝土枕时，可不设置轨距杆或轨撑，但半径为 200 m 及以下的曲线地段，应设置直径不小于 28 mm 的轨距杆（不用轨撑），其数量可按表 4.6.1 规定加倍。

表 4.6.1　轨距杆或轨撑安装数量

曲线半径（m）	轨距杆（根）		轨撑（对）	
	25 m 轨	12.5 m 轨	25 m 轨	12.5 m 轨
300 及以下	10	5	14	7
301 ~ 400	10	5	10	5
401 ~ 600	6 ~ 10	3 ~ 5	6 ~ 10	3 ~ 5

注：非标准长度钢轨地段可比照上表数字增减。

三、在装设轨道电路的轨道，应设置绝缘轨距杆。

第 4.6.2 条　导曲线上未设轨撑的既有道岔，改建站场时，宜在导曲线上补设轨撑或轨距杆。

第 4.6.3 条　下列地段的轨道，应设置防爬设备。

一、木枕轨道，正线应根据线路主要技术标准、列车运行情况按表 4.6.3 设置防爬器以锁定线路。

表 4.6.3　木枕轨道正线穿销式防爬器设置数量（对）

线路特征		非制动地段		制动地段			
		25 m 轨	12.5 m 轨	25 m 轨		12.5 m 轨	
				制动方向	反方向	制动方向	反方向
双线区间单方向运行的线路	重车方向	4	2	6	2	3	1
	轻车方向	2	1				
单线线路两方向运量大致相等地段		4	2	6	2	3	1
单线线路两方向运量显著不同地段	重车方向	4	2	6	2	3	1
	轻车方向	2	1	4	4	2	2

注：① 表中非制动地段未分列方向者为每个方向的数量。

② 碎石道床每对防爬器配 6 个防爬支撑，砂和卵石道床每对防爬器配 8 个防爬支撑，如为双方向锁定地段，则每组防爬设备由 2 对防爬器和 6 个或 8 个防爬支撑组成。

到发线、调车线、牵出线、机车走行线的全长上，以及道岔范围内应设置防爬设备，其他线可不设置。调车运行的联络线及连接线的防爬设备数量应根据列车运行情况，线路特征或用途、道床材料、轨枕布置等因素比照表 4.6.3 确定。

二、混凝土枕轨道，采用弹性扣件时，轨道可不设置防爬设备；采用非弹性扣件时，当线路坡度在 6‰及以下时，也可不设置防爬设备，但坡度大于 6‰及制动地段，应根据牵引种类、线路条件及轨道条件，比照木枕轨道，设置防爬设备。

三、在驼峰头部线路及主要道岔（正线、到发线和调车运行的联络线上的）、绝缘接

CHINA RAILWAY PUBLISHING HOUSE

头、桥梁(明桥面)前后各 75 m 的范围内,无论木枕或混凝土枕轨道均应设置防爬设备,但在厂区内为内部运输的上述地点设置防爬设备的前后长度可各采用 25 m。上述范围设置防爬设备,应根据其特点和线路条件比照表 4.6.3 确定。

(Ⅱ)护 轮 轨

第 4.6.4 条 护轮轨应用旧轨,正线铺设的护轮轨,在 50 kg/m 及 43 kg/m 轨道上,应采用不小于 38 kg/m 的旧轨;38～33 kg/m 轨道上应采用不小于 33 kg/m 的旧轨。护轮轨接头应用相同轨型夹板连接。

下列情况应铺设护轮轨:

一、特大桥及大中桥上;

二、桥长 10 m 及以上的小桥上,当平面曲线半径小于或等于 600 m,或桥高(轨底至河床最低处)大于 6 m 时;

三、跨越铁路、重要公路、城市交通要道的立交桥上;

四、多线桥上的各线;

五、立交桥下的轨道上,自轨道中心至立交桥的支柱距离小于 3 m 时;

六、路肩挡土墙及其两端各 5 m 范围内,墙顶高出地面 6 m,墙址下为悬崖陡坎或地面横坡陡于 1∶0.75 的山坡且连续长度大于 20 m 时,应铺设单侧护轮轨;

七、道口铺面宽度范围内。

(Ⅲ)标 志

第 4.6.5 条 线路、站场应根据需要设以下标志:

线路标志,包括公里标、半公里标、曲线标、圆曲线和缓和曲线的始终点标、桥号标、坡度标及路厂(矿)、工务段、领工区、养路工区、供电段以及电力段的界标等。

信号标志,包括警冲标、站界标、预告标、引导员接车地点标、放置响墩地点标、司机鸣笛标、作业标、减速地点标、补机终止推进标、机车停车位置标、机车清炉地点标、机车放水地点标以及电气化区段的断电预告标、合电预告标、接触网终点标、准备降下受电弓标、降下受电弓标和升起受电弓标以及除雪机用的临时信号标志等。

第 4.6.6 条 线路标志应按计算里程方向设在线路左侧,双线区段须另设线路标志时,应设在列车运行方向左侧。

信号标志设在列车运行方向左侧,其位置必须符合现行的国家标准《标准轨距铁路建筑限界》及有关规定。

线路、信号标志(警冲标除外)应设在距钢轨头部外侧不小于 2 m 处;不超过钢轨顶面的标志,可设在距钢轨头部外侧不小于 1.35 m 处。

CHINA RAILWAY PUBLISHING HOUSE

第五章　桥梁和涵洞

第一节　一般规定

第 5.1.1 条　桥梁按桥长分类为：

小桥——桥长 20 m 及以下；

中桥——桥长 20 m 以上至 100 m；

大桥——桥长 100 m 以上至 500 m；

特大桥——桥长 500 m 以上。

注：梁桥的桥长系指桥台挡砟前墙之间的长度；拱桥的桥长系指拱上侧墙与桥台侧墙间两伸缩缝外端之间的长度；刚架桥的桥长系指刚架顺桥跨方向外侧间的长度。

第 5.1.2 条　简支梁桥的跨度，应符合现行国家标准《铁路桥梁标准跨度》的规定。

第 5.1.3 条　排洪桥涵应按表 5.1.3 所列洪水频率进行设计或检算。

表 5.1.3　桥涵洪水频率

项　目	铁路等级及分类	设计洪水频率		检算洪水频率
		桥梁	涵洞	特大桥（或大桥）属于技术复杂、修复困难者或重要者
1	重车方向年货运量为 10 Mt 及以上的 Ⅰ 级铁路、工业企业生产不允许中断行车的铁路	1/100	1/50	1/300
2	重车方向年货运量为 10 Mt 以下的 Ⅰ 级铁路及 Ⅱ、Ⅲ 铁路	1/50	1/50	1/100
3	限期使用铁路	1/25	1/25	不作检算

若观测洪水（包括调查洪水）频率小于表 5.1.3 所列的设计洪水频率时，应按观测洪水设计，但(1)项的特大桥及大中桥不得小于 1/300，小桥和涵洞不得小于 1/100，(2)项的桥涵不得小于 1/100 的频率。限期使用铁路上的桥涵，不考虑小于规定频率的观测洪水。

当厂区主要建筑物或主要排水设施的设计洪水频率小于表 5.1.3 所列的设计洪水频率时，厂区内铁路桥涵的设计洪水频率应结合具体情况确定。

第 5.1.4 条　铁路列车的竖向设计活载，应采用中华人民共和国铁路标准活载（即中—活载），其图式如图 5.1.4 所示。

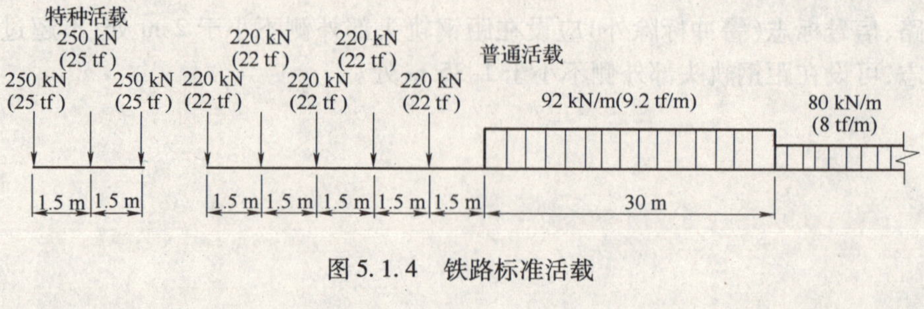

图 5.1.4　铁路标准活载

CHINA RAILWAY PUBLISHING HOUSE

设计中活载加载时,其标准活载图式可以任意截取。

工业企业内部运输的铁路桥涵及限期使用铁路上的桥涵,应按实际通行的最大活载进行设计。

通过架桥机的桥梁及架桥机架梁时通过的桥梁,均应按通过时的荷载加以检算。

第 5.1.5 条　跨越一条河谷,原则上设置一座桥涵,但在有利的情况下且依据充分时,可在滩地或支岔上分设桥涵。

当将邻近水流导入同一座桥涵排泄时,必须通过充分的方案比选,采取可靠的引水、防护冲刷措施。

桥梁中线宜与洪水流向成正交,避免桥头形成水袋,产生三角回流,威胁线桥安全。

第 5.1.6 条　一般桥梁宜设计为等跨,当交通和筏运有特殊要求以及地形、地质变化较大时,可考虑采用不等跨。

各级铁路上不宜采用明渠。

车站内及工业场地内的立交桥以及跨越交通繁忙道路的立交桥不应采用明桥面。桥下船、筏通行繁忙的桥不宜采用明桥面。位于重要城镇和大型工矿居住区的桥,应适当考虑造型美观。

铁路桥与公路桥以分建为宜,如需合建,应提出充分的依据和必要的比较方案报主管部门审批。

第 5.1.7 条　桥涵应优先采用石砌的、混凝土的、钢筋混凝土的和预应力混凝土的结构。当桥跨较大时,方可考虑采用钢梁。

第 5.1.8 条　桥台与路基连接处,应满足下列要求:

一、台尾上部伸入路肩最少 0.75 m;

二、锥体坡面距支承垫石顶面后缘不少于 0.3 m;

三、埋式桥台锥体坡面与台身前缘相交处高出设计频率水位不少于 0.25 m;

四、锥体顺线路方向的坡度,路肩下 0~6 m 不陡于 1:1、6~12 m 不陡于 1:1.25,大于 12 m 不陡于 1:1.5。如用大于 0.25 m(指石块最小边尺寸)的石块分层码砌时,全坡可采用不陡于 1:1的坡度;

五、钢筋混凝土刚架桥和桩排架桥的锥体坡面的坡度不陡于 1:1.5。

第 5.1.9 条　设计第二线桥涵和改建既有桥涵时,应保证在施工过程中运营线上的列车和建筑物的安全,尽可能不使列车运行间断,并应取得有关单位的协议。

改建既有线时,应考虑利用或加固或改建原有的桥涵,消除结构上的缺陷,满足排洪、载重(按该线通行的最大活载考虑)以及净空等方面的要求。

在既有线上封闭或增设桥涵时,必须要有足够的根据,并应取得有关方面的同意。

第二节　孔径及净空

第 5.2.1 条　过水桥涵的孔径应按规定频率的洪水进行计算。如河床可能发生冲刷时,计算中考虑桥下因冲刷而增加的流水面积,其容许冲刷系数(桥下需要的过水面积与供给的过水面积之比)不宜超过表 5.2.1 所列值。

为增加桥下过水面积,在稳定的河段可适当开挖,而冲淤变化明显的河段不得开挖。

表 5.2.1　容许冲刷系数

<table>
<tr><th colspan="2">河流类型</th><th>冲刷系数</th><th>附　注</th><th colspan="2">河流类型</th><th>冲刷系数</th><th>附　注</th></tr>
<tr><td rowspan="2">山　区</td><td>峡谷段</td><td>≤1.2</td><td>无　滩</td><td rowspan="3">山前区</td><td rowspan="2">稳定段</td><td rowspan="2">≤1.4</td><td rowspan="2"></td></tr>
<tr><td>开阔段</td><td>≤1.4</td><td>有　滩</td></tr>
<tr><td colspan="2">平　原　区</td><td>≤1.4</td><td></td><td>变迁性河段</td><td>按地区经验决定</td><td></td></tr>
</table>

注：宽浅河流平均水深小于或等于 1 m 时，容许冲刷系数按地区经验决定。

第 5.2.2 条　确定过水桥梁的孔径时应注意河床变形，不宜过多改变水流天然状态，并应考虑壅水、冲刷对上下游工农业生产及居民安全的影响。

人工渠道上的桥涵孔径不宜压缩，并尽量减少中墩，有可能时采用单孔跨过。

泥石流地区的桥孔，不宜压缩，也不宜过分扩大，应以单孔或多孔较大跨度的桥梁跨过，且不应在桥下开挖。

第 5.2.3 条　跨越铁路的立交桥涵和渡槽等，在确定其净高时，除应符合第 1.0.8 条的规定外，还应考虑桥下线路有无抬高以及立交桥涵和渡槽等是否可能下沉等情况。

第 5.2.4 条　铁路跨越道路的立交桥涵，其净空应符合现行的公路、厂矿和城市道路有关限界的要求，并应考虑工农业的需要以及桥下道路有无抬高和立交桥是否可能下沉等情况。

季节性过水的桥涵，有条件时可根据需要适当加大净空，以兼供行人、牲畜和车辆通行。

第 5.2.5 条　不通航亦无筏运的桥下净高，应符合表 5.2.5 中的规定。

表 5.2.5　桥下净空高度

序　号	桥的部位	高出"设计频率水位 $+\Delta h$"后的最小高度(m)	高出"检算频率水位 $+\Delta h$"后的最小高度(m)
1	梁　底	0.50	0.25
2	梁底(洪水期有大漂流物时)	1.50	1.00
3	梁底(有泥石流时)	1.00	—
4	支承垫石顶	0.25	—
5	拱圈和拱肋的拱脚	0.25	

注：桥涵设计中相应于设计洪水频率的水位或相应于检算洪水频率的水位，称为设计频率水位或检算频率水位。

表 5.2.5 中的 Δh 代表根据河流具体情况分别考虑壅水、浪高、河弯超高、河床淤积、局部股流涌高等影响的高度。

在洪水期无大漂流物通过的河流上，实体无铰拱桥(拱圈或拱肋)的拱脚，允许被"设计频率水位 $+\Delta h$"的水位淹没，但此水位不应超过拱的矢高之半，且距拱顶的净高不应少于 1 m。

有严重泥石流，或钢梁下在洪水期有大漂流物通过时，桥下净高应视具体情况采用大于表 5.2.5 中所列值。

第 5.2.6 条　通航和流筏桥孔的净空和设计通航水位，应与航运和筏运部门协商确定。

布置通航和筏运的桥孔时，应考虑河流变迁和不同水位时水流方向变化的影响。

在流冰或流木的河流上，应按实际调查的冰块大小或流木大小酌留富余量，作为确定

CHINA RAILWAY PUBLISHING HOUSE

桥下净空的依据。

第 5.2.7 条 过水涵洞宜设计为无压力者，其洞内顶点至设计频率水位的净高应按表 5.2.7 确定。

表 5.2.7 过水涵洞净空高度(m)

涵洞类型 / 涵洞净高 h(m)	圆涵	拱涵	矩形涵
≤3	$\geqslant \frac{1}{4}h$	$\geqslant \frac{1}{4}h$	$\geqslant \frac{1}{6}h$
>3	≥0.75	≥0.75	≥0.5

第 5.2.8 条 排洪涵洞的孔径，不应小于 1 m，但为路基或站场排水而设的无天然沟槽的涵洞孔径可根据计算结合具体情况确定。

当涵洞净高(或内径)h = 1 m 时，涵洞的长度不宜超过 15 m；

当涵洞净高(或内径)h = 1.25 m 时，涵洞的长度不宜超过 250 m；

当涵洞净高(或内径)h≥1.5 m 时，长度不受限制。

设于淤积较少的灌溉渠道上的涵洞，孔径不应小于 0.75 m。采用 0.75 m 孔径时，若涵洞净高 h < 1 m，涵洞长度不宜超过 10 m；若 h≥1 m，则长度不宜超过 15 m。

第 5.2.9 条 明桥面桥上应根据需要设置单侧或双侧带栏杆的人行道。道砟桥面的桥上应设置双侧带栏杆的人行道。

直线上铁路中心至人行道栏杆内侧的净距，明桥面桥和区间道砟桥面小桥为2.45 m，车站内的桥以及区间道砟桥面的特大桥和大中桥为 3 m，在梯线和牵出线经常有调车人员上下车作业的一侧为 3.5 m。

曲线上的净距，应根据现行的国家标准《标准轨距铁路建筑限界》规定加宽。

第 5.2.10 条 改建既有线桥涵时，桥下净空应符合新线设计标准；如抬高、扩孔确有困难并有充分依据时，可根据具体情况酌量降低标准。

第三节 结 构

第 5.3.1 条 铁路与公路两用桥的桥面系分开设置，在运输不繁忙的Ⅲ级铁路上，当设有看守人员和有保证安全的措施条件下，方可采用同一桥面系。

第 5.3.2 条 桥跨结构、墩台、涵洞，应根据有关部门的专门规范按运营阶段和施工阶段最不利组合的荷载进行强度、稳定、刚度等计算。

第 5.3.3 条 梁式桥跨结构在最不利组合的荷载作用下，其横向倾覆稳定系数不应小于 1.3。

第 5.3.4 条 为了保证桥跨结构具有必要的横向刚度，钢桥主桁(主梁)的中心距不应小于跨度的 1/20，板式拱的拱圈宽度不应小于计算跨度的 1/20，且不得小于 3 m。肋式拱的两外肋中心距应不小于计算跨度的 1/20，两拱肋的外缘距离不得小于 3 m。

第 5.3.5 条 梁式桥跨结构由于静活载(即未计冲击力的活载)所引起的竖向挠度，不应超过表 5.3.5 中的容许值。

表 5.3.5 梁式桥跨结构竖向挠度的容许值

梁式桥跨结构的类型		挠度/跨度
钢筋混凝土梁、预应力混凝土梁		1/800
钢 梁	桁 梁	1/900
	板 梁	1/700

拱桥的 1/4 跨度处，由于静活载产生的上下挠度(绝对值)之和不得大于计算跨度的 1/800。

第 5.3.6 条 墩台顶帽面处的弹性水平位移，应满足以下要求：

CHINA RAILWAY PUBLISHING HOUSE

顺桥方向和横桥方向 $\Delta \leqslant 5\sqrt{L}$。

式中 Δ——墩台顶帽面处的弹性水平位移(mm),包括由于墩台身和基础的弹性变形,以及基底土的弹性变形的影响;

L——桥梁跨度(m),当为不等跨时,L 采用相邻跨中较短梁跨的跨度。当 $L<$ 24 m时,L 按 24 m 计算。

第5.3.7条 桥涵基础埋入土中的深度,应根据地质、水文、冻结深度、冲刷深度和施工方法等因素确定。

墩台明挖基础和沉井基础的基底埋置深度,应符合以下规定:

一、除不冻胀土外,对于冻胀、强冻胀土,应在冻结线以下不少于 0.25 m,对于弱冻胀土,不应少于冻结深度的80%;

二、在无冲刷处(除岩石外)及设有铺砌防冲时,墩台基础的底面应置于地面以下不小于2 m,困难时不应小于1 m;

三、在有冲刷处,墩台基础的底面,应在附近最深冲刷线以下不小于表 5.3.7 所列安全值。

表5.3.7 墩台基底埋深安全值(m)

冲刷总深度(m)		0	5	10	15	20
一般桥梁		2.0	2.5	3.0	3.5	4.0
特大桥(或大桥)属于技术复杂、修复困难者或重要者	设计频率流量	3.0	3.5	4.0	4.5	5.0
	检算频率流量	1.5	1.8	2.0	2.3	2.5

注:冲刷总深度为自河床面算起的一般冲刷深度与局部冲刷深度之和。

建于抗冲性强的岩石上的基础,可不考虑上列规定;对于抗冲性能较差的岩石,应根据具体情况确定墩台基底的埋置深度。

涵洞基础除设置在不冻胀地基土上者外,涵洞出入口和自两端洞口向内各 2 m 范围内基底埋深:对于冻胀、强冻胀土应在冻结线以下 0.25 m,对于弱冻胀土应不小于冻胀深度的80%。涵洞中间部分的基底埋深可根据地区经验确定,严寒地区,当涵洞中间部分的埋深与洞口埋深相差较大时,其连接处应设置过渡段。冻结较深的地区,也可采取将基底至冻结线以下 0.25 m 处的地基土,换填为粗颗粒土(包括碎石类土、砾砂、粗砂、中砂,但其中粉黏粒含量≤15%,或粒径小于 0.1 mm 的颗粒≤25%)的措施。

第5.3.8条 运营荷载作用下,墩台基底的倾覆稳定系数不得小于 1.5,滑动稳定系数不得小于 1.3;施工荷载作用下墩台基底的倾覆稳定系数和滑动稳定系数均不得小于 1.2。

第5.3.9条 外静定结构的墩台基础总沉降量与墩台施工期间沉降量之差,不得超过下列容许值:

墩台均匀沉降量 $20\sqrt{L}$(mm)

相邻墩台均匀沉降量之差 $10\sqrt{L}$(mm)

式中 L 为相邻跨中较短梁跨的跨度(m),当 $L<24$ m 时,L 按 24 m 计算。

外静不定结构的相邻墩台均匀沉降量之差的容许值,应根据沉降对结构产生的附加应力的影响而定。

第四节　导流建筑物及防护工程

第 5.4.1 条　特大桥、大中桥必要时，应在桥址附近设置导流建筑物。

不没水的导流建筑物的顶面，应高出桥梁设计频率水位，并考虑水面坡度，其安全值至少为 0.25 m。必要时尚应考虑壅水高、波浪侵袭高、局部股流涌高、河弯超高和河床淤积等影响。

没水的导流建筑物的顶面，宜高出常水位。

导流建筑物的防护标准，应视其可能遭受水流、波浪、流冰、漂流物等的冲刷和冲击而定。

小桥涵的沟床应整理取直，必要时可采取铺砌加固。陡坡及水流湍急处应根据具体情况设置缓流设备。

第五节　养护及安全设施

第 5.5.1 条　桥跨结构应根据其型式和具体情况的需要设置固定或活动的检查梯、吊篮、围栏、防火或灭火设备、避车台以及其他专用设备。

桥涵处路堤高度超过 4 m 时，可根据需要在路堤边坡上设置简易台阶。

第 5.5.2 条　技术复杂、修复困难的特大桥、明桥面大桥及其他重要桥梁，应结合当地条件设照明、通信和航运信号装置，以及防守和管理人员使用的房舍和设备。

CHINA RAILWAY PUBLISHING HOUSE

第六章　隧　道

第一节　一般规定

第 6.1.1 条　隧道应修建为永久性建筑物。隧道内部轮廓应符合现行的国家标准《标准轨距铁路建筑限界》中的隧道建筑限界及远期轨道类型的规定。当既有隧道改建工程量较大或改建条件困难，或位于限期使用铁路上的隧道，以及有特殊需要时，可根据具体条件另行规定隧道建筑限界，但应按本规范第 1.0.8 条有关规定办理。

第 6.1.2 条　确定隧道位置时，应充分了解隧道地区的工程地质和水文地质情况，尽量避开地质复杂和不良地段以及对周围生产、生活用水的影响。如必须通过时，应有充分理由和切实可靠的工程措施。

傍山隧道应避免外侧复盖层过薄、河流冲刷和不良地质对隧道稳定的不利影响，傍山线路出现隧道群时，应与修建较长隧道方案进行技术经济比选确定。

第 6.1.3 条　隧道洞口的位置，应根据地形、地质、水文等条件，着重考虑仰坡和边坡的稳定，并结合洞外有关工程及施工、运营条件综合比较确定。隧道洞口不宜设在地质不良、排水困难的沟谷低洼处或不稳定的悬岩陡壁下。一般情况隧道宜早进洞晚出洞。

第 6.1.4 条　根据隧道长度，施工期限需设置辅助坑道时，可选用横洞、斜井、竖井和平行导坑。辅助坑道的断面尺寸，应根据运输要求、地质条件、支护类型、机具设备、人行安全和管路布置等因素确定。如作运营通风风道，则应核算其断面积。

辅助坑道的支护类型，在条件许可时，应采用锚喷支护。

辅助坑道不予利用时应妥善处理，不留后患。

第 6.1.5 条　隧道是否设置机械通风，应根据牵引种类、隧道平面和纵断面、隧道长度、行车速度和密度、气候条件以及洞口地形等因素综合考虑确定。

第二节　洞门和衬砌

第 6.2.1 条　隧道洞口应修建洞门，其结构形式及建筑材料选择，应因地制宜。在松软地层中，不宜采用斜交洞门。对于完整不易风化的硬岩，可只做洞门框。

采用斜交洞门时，其端墙与线路中心的夹角不应小于 45°。

第 6.2.2 条　洞门仰坡坡脚至洞门端墙顶帽背的水平距离，一般不小于 1.5 m。洞门墙顶宜高出仰坡坡脚，不小于 0.5 m。洞门端墙与仰坡之间水沟的沟底至衬砌拱顶外缘的高度，不应小于 1 m，水沟底下如有填土应紧密夯实。洞顶仰坡土石有剥落可能时，坡面应予清理加固。

洞门端墙、翼墙、挡土墙的基础，必须置于稳固地基上，并埋入地面下一定深度，土质地基埋入的深度不应小于 1 m。在冻胀性土壤上设置基础时，基底应埋于冻结线以下 0.25 m，或采取其他措施。

第 6.2.3 条 隧道在一般情况下应做衬砌，其结构类型及尺寸可根据围岩类别、埋藏深度、结构工作特点，并结合施工条件，通过工程类比和结构计算确定。

一般情况下，隧道衬砌宜采用整体式（模筑混凝土衬砌、砌体衬砌及复合式衬砌）。在中等及以上围岩中，可采用锚喷衬砌。通过软弱、膨胀性围岩宜采用复合式衬砌。

严寒地区宜采用曲墙式衬砌。中等以下围岩地段应采用曲墙式或带仰拱的曲墙式衬砌。

第 6.2.4 条 隧道洞口应设置模筑混凝土加强段，其长度不宜小于 5 m。围岩较差地段的衬砌，应向围岩较好地段延伸 5 ~ 10 m。边墙基础应设在稳定地基上，隧道底部设置铺底或仰拱，铺底厚度不得小于 10 cm。

第 6.2.5 条 位于曲线地段的单线隧道，其断面应加宽。除圆曲线部分按规定办理外，缓和曲线部分自圆曲线与缓和曲线的分界点，向缓和曲线方向延伸 13 m 范围内，采用圆曲线的加宽值。在缓和曲线中点向直线方向延伸 13 m 处，采用圆曲线加宽值的一半。自缓和曲线与直线的分界点向直线方向延伸 22 m 处，为开始加宽的起点，其余部分的加宽值，可根据以上三处的加宽值，按直线变化插入求得。采用台阶式加宽时，应满足上述要求。

第 6.2.6 条 隧道衬砌背后的空隙，必须及时回填密实，在不良地质地段、偏压地段及坍方地段，宜进行压浆加固。

第 6.2.7 条 隧道洞门和衬砌各部结构的截面最小厚度，不应小于表 6.2.7 所列的数值。

表 6.2.7 截面最小厚度(cm)

建筑材料种类	隧道和明洞衬砌			洞门端墙、翼墙和洞口挡土墙
	拱圈	边墙	仰拱	
混凝土	20	20	20	30
片石混凝土		50	50	50
浆砌粗料石或混凝土块	30	30		30
浆砌块石		30		30
浆砌片石		50		50

第 6.2.8 条 明洞一般适用于：洞顶复盖较薄难以用暗挖法施工地段；受坍方、落石威胁的洞口或路堑地段；有立交等特殊需要的地段。

明洞结构类型，应根据地形、地质、安全、经济以及施工条件等因素比选确定。

明洞顶回填土的厚度，应根据明洞的用途和要求而定，但不宜小于 1.5 m。

第三节 附属建筑物

第 6.3.1 条 在隧道两侧边墙上应交错设置避车洞。大避车洞宽 4 m、深 2.5 m、高 2.8 m，每侧相隔 300 m 设置一个。在大避车洞之间，每隔 60 m 设置一个宽 2 m、深 1 m、高 2.2 m 的小避车洞。隧道长度小于 300 m 时，可不设大避车洞；300 ~ 400 m 时可在隧道中间设大避车洞一个。采用整体道床或混凝土宽枕道床时，大避车洞一侧间距，可加大为420 m。

CHINA RAILWAY PUBLISHING HOUSE

避车洞应予衬砌,避车洞底面应与侧沟盖板顶面、人行道或道床面齐平。

第 6.3.2 条 当通信、信号和电力电缆等通过隧道时,宜设置电缆槽。电缆槽的布置和设置条件应符合有关专业的设计要求。通信、信号电缆和电力电缆必须分槽敷设。电缆槽应设置盖板,盖板顶面与避车洞底面或道床顶面齐平。如分槽敷设有困难时,电力电缆可沿隧道边墙架设,但应有防护措施。

第 6.3.3 条 隧道应根据需要设置照明、通信装置和人行道,以及供防守和管理人员使用的房舍和设备。

洞口应设置必需的检查设备和有关标志。

第四节 防水和排水

第 6.4.1 条 新建和改建隧道必须对地表水和地下水作妥善治理。隧道治水应采取以防、排相结合的综合治理措施。隧道内外应有完整的防排水设施,做到拱部不滴水、边墙不淌水、道床不积水,但在有冻害地段的隧道,应使拱部和边墙不渗水,衬砌背后不积水,以保证正常使用和行车安全。

第 6.4.2 条 隧道内应设排水沟。隧底设流入水沟的横向排水坡。衬砌背后设置竖向盲沟或排水管(槽)排水。如隧道内地下水较大和采用整体道床或混凝土宽枕道床时,宜设置双侧排水沟。当隧道全长在 100 m 及以下(干旱地区 300 m 及以下),且常年干燥时,亦可不设排水沟。

隧道内水沟坡度应与线路坡度一致。平坡地段排水沟底部应有不小于 1‰的坡度。隧底横向排水坡不小于 2% 。

寒冷及严寒地区冬季有水的隧道,水沟及其配套排水设施应能防寒,保证流水畅通。

第 6.4.3 条 混凝土衬砌应满足抗渗要求。混凝土的抗渗标号,严寒地区不宜低于 B_6,其余地区不宜低于 B_4。衬砌各类接缝应有防水措施。围岩破碎渗水易坍塌地段应采用注浆防水。防治衬砌漏水,亦可结合引排措施,敷设衬砌防水层。

第 6.4.4 条 隧道洞口范围内和明洞洞顶应设置必要的截水沟和排水沟。对隧道有影响的地表沟谷、坑洼积水,宜采用疏导、铺砌或填平措施,以防止或减少地表水渗入隧道。

CHINA RAILWAY PUBLISHING HOUSE

第七章　站场及客货运设备

第一节　一般规定

（Ⅰ）设备布置

第7.1.1条　站场及客货运设备应根据工业企业总布置、运量、运输组织、作业性质、地形、地质以及当地条件，并配合其他交通运输系统、工业企业建设程序进行设计。做到近期工程布局合理，运营便利，投资节省，并考虑远期发展，预留用地。

第7.1.2条　一般车站配线采用横列式布置，对规模较大、组成复杂的企业编组站（包括集配站），应根据运量、作业特点和当地条件可选用纵列式或混合式布置。

办理大宗货物作业的车站，应为组织直达列车创造条件。

装卸场及设备应根据地形条件、工业企业设备布置和作业要求可与车场纵列或横列布置。

第7.1.3条　工业企业铁路与路网铁路之间的交接作业的方式和地点，应根据技术经济比选和路、厂双方协商确定。实行货物交接时，交接作业宜在装卸地点办理；实行车辆交接时，交接作业应结合技术作业和商务作业，在企业站（场）、接轨站或单独设置的交接场办理。

第7.1.4条　旅客站房或候车室的位置，应与城镇规划及工业企业总布置相配合，设在车站靠居民区或工业企业的一侧。

设计旅客候车室的高程时，应配合线路、站前广场的高程，便于旅客上下车和行包搬运，并尽量减少工程量。

第7.1.5条　货场位置，宜靠近主要货源，符合货物流向，并与工业企业、居民点之间有便利的交通。

第7.1.6条　机务和车辆设备的位置，应方便作业，使机车、车辆出入段与列车到发及调车作业的交叉干扰最少。机车和车辆在站（场）内走行距离较短，且不妨碍机务和车辆设备与邻近车场的相互发展。机务设备通常应设在到发场道岔区以外，车辆设备宜设在调车场尾部外侧。

（Ⅱ）线路有效长度

第7.1.7条　货物列车到发线的有效长度，应根据输送能力和计算的列车长度，并结合地形条件确定。在有路网直达列车到发和与路网铁路整列交接的企业站（车场）上，应有部分到发线的有效长度与衔接的路网铁路车站到发线的有效长度一致。

旅客列车到发线的有效长度，应不短于旅客列车的实际长度另加列车停车附加距离30 m。客车车列停留线及整备线的有效长度，不应短于客车车列的实际长度另加附加距离 20 m。

第 7.1.8 条　在经常办理补机推进运转或加力牵引地段的车站上，到发线有效长度应较规定的有效长度增加相应台数的机车长度。

在蒸汽机车单机牵引区段给水站上水的到发线上，每个上水处应设一个水鹤，其位置应在出站信号机前方 50 m；如列车前部有附挂机车在某给水站有补水需要时，该给水站相应的运行方向应有一条线路在一个上水处设两个水鹤。在蒸汽机车双机牵引区段的给水站上，每个上水处应设两个水鹤。每个上水处设两个水鹤时，其中一个水鹤在出站信号机前方 50 m，而另一个水鹤在其内方相距一个机车的长度。

第 7.1.9 条　调车牵出线的有效长度，可按到发线有效长度设计。在困难条件下，调车作业较少时，可按到发线有效长度一半设计，但不得短于机车牵引作业车列的长度另加附加距离。

行车量不大（单线铁路为 18 对列车以下，双线铁路为 48 对以下），且本站调车作业量较小时，可利用正线、联络线及其他线路进行调车作业，其平、纵断面及瞭望条件等应符合调车作业的要求，并应有安全防护措施。

第 7.1.10 条　装卸线的有效长度，应按货运量、货物品种、作业性质、取送车方式以及一次装卸车数量等因素确定。

三角线的尽头线有效长度，不应小于进入该线的机车长度另加附加距离 10 m；单机牵引区段，不宜小于 35 m。

转车盘的尽头线从转车盘边缘主车挡，不应小于 5 m。

调车线和其他线的有效长度，应根据作业量和作业要求确定。如为尽头线时，在线路终端车挡前应有 10 m 附加距离（计入有效长度内）；在困难条件下，附加距离可小于 10 m，建筑物内线路终端车挡前可不考虑附加距离。当附加距离小于 10 m 时，应采取安全措施。

各种尽头线终端，均应设置车挡及车挡表示器（安全线及避难线可不设置车挡表示器）。

第 7.1.11 条　安全线的有效长度，不应小于 50 m。避难线的长度由计算确定。

（Ⅲ）线路中心线至建筑物和设备的距离及站场线路间距

第 7.1.12 条　工业企业铁路直线地段中心线至建筑物和设备的距离，不得小于表 7.1.12 的规定。在曲线地段应按现行的国家标准《标准轨距铁路建筑限界》规定加宽。

表 7.1.12　线路中心线至建筑物和设备的距离

<table>
<tr><th>序号</th><th colspan="2">建筑物和设备说明</th><th>高出轨面的距离（mm）</th><th>至线路中心线的距离（mm）</th></tr>
<tr><td>1</td><td colspan="2">立交桥柱、天桥柱、皮带通廊支架立柱、管道支架立柱、桥式起重机立柱等边缘</td><td>1 100 以上</td><td>2 440</td></tr>
<tr><td rowspan="2">2</td><td rowspan="2">雨棚边缘（不包括雨棚立柱）</td><td>至正线和超限货车进入的线路</td><td>1 100 以上～3 000</td><td>2 440</td></tr>
<tr><td>至超限货车不进入的线路</td><td>1 120 以上～3 850</td><td>2 000</td></tr>
<tr><td rowspan="2">3</td><td rowspan="2">高柱信号机、水鹤边缘</td><td>至正线和超限货车进入的线路</td><td>1 100 以上</td><td>2 440</td></tr>
<tr><td>至超限货车不进入的线路</td><td>1 100 以上</td><td>2 150</td></tr>
</table>

续上表

序号	建筑物和设备说明			高出轨面的距离(mm)	至线路中心线的距离(mm)
4	改建确有困难时信号机边缘	至正线		1 100 以上	2 100
		至站线		1 100 以上	1 950
5	接触网、电力照明和通信等杆柱边缘	杆柱位于正线和其他线路的一侧(下列两种情况除外)		1 100 以上	2 440
		杆柱位于站场最外侧线路的外侧		1 100 以上	3 000
		杆柱位于牵出线和梯线有调车人员作业一侧		1 100 以上	3 500
6	普通货物站台(站台面高出轨面 1 100 mm)边缘			1 100 及以下	1 750
7	旅客站台(站台面高出轨面 300、500 及改建时保留 1 100 mm 及以下)边缘			1 100 及以下	1 750
8	车库门、转车盘、洗车架以及专用煤水线、洗罐线、加冰线、机车走行线上建筑物边缘			1 120 以上	2 000
9	正对线路无出口的房屋和平行于线路的外墙的凸出部分边缘	位于线路有调车人员作业一侧	一般情况	3 000 及以下	5 000
			困难情况	3 000 及以下	3 500
		位于线路无调车人员作业一侧		3 000 及以下	3 000
10	正对线路有出口的房屋边缘	出口处有平行于线路的防护栅栏		3 000 及以下	5 000
		出口处无平行于线路的防护栅栏		3 000 及以下	6 000
11	设于调车线间的制动员室(正对线路无出口)的凸出部分边缘			3 000 及以下	2 440
12	扳道房、道岔清扫房(正对线路无出口)的凸出部分边缘			3 000 及以下	3 500
13	铁路进入的围墙和栅栏大门边缘	有调车人员随车进入		3 000 及以下	3 200
		超限货车进入		3 000 及以下	2 440
14	铁路进入的工业厂房大门边缘	超限货车进入		3 000 及以下	2 440
		超限货车不进入		3 850 及以下	2 000
15	跨线式装车仓等建筑物边缘	装车线中心线的一侧		5 000 以下	2 440
		装车线中心线的另一侧		5 000 以下	2 000
16	装卸油品栈台边缘	装卸线中心线靠栈台一侧		3 000 以上	1 750
				3 000 及以下	2 000
		装卸线中心线的另一侧		5 000 以下	3 500

注:① 建筑物和设备至铁路线路中心线的距离,在表中规定的高出轨面的距离范围以外,不应小于现行的国家标准《标准轨距铁路建筑限界》的规定。

② 道路边缘至铁路线路中心线的距离,不得小于 3 750 mm。

③ 跨越铁路的立交桥涵和渡槽等的墩、台、柱类,其边缘至梯线和牵出线经常有调车人员上下车作业一侧的线路中心线距离,不应小于 3 500 mm。

CHINA RAILWAY PUBLISHING HOUSE

第 7.1.13 条　工业企业铁路站场直线地段两相邻线路中心线间的距离,应符合表 7.1.13 的规定。在曲线地段,尚应按现行的国家标准《标准轨距铁路建筑限界》的规定加宽。

第 7.1.14 条　工业企业铁路上如运行超限货物列车,站内正线应保证通行超限货物列车;换挂机车的车站及区段内指定的三至五个中间站(包括给水站、补机终点站、凉闸站等），应满足超限货物列车的会让和越行，上述车站除正线外，单线铁路应另有一条线路，双线铁路上、下行应各另有一条线路，能通行超限货物列车。

表 7.1.13　站场线路间距

序号	线路名称及说明		线路间距(mm)
1	相邻两线路均需通行超限货车	线间无高出轨面 1 100 mm 以上的建筑物和设备	5.0
		线间装有高柱信号机	5.3
		线间装有水鹤	5.5
2	相邻两线路只有一条需通行超限货车	线间无高出轨面 1 100 mm 以上的建筑物和设备	5.0
		线间装有高柱信号机	5.0
		线间装有水鹤	5.2
3	相邻两线路均不通行超限货车	线间无高出轨面 1 100 mm 以上的建筑物和设备	5.0
		线间装有高柱信号机	5.0
		线间装有水鹤	5.0
4	其他线间（作业有特殊要求者除外）	线间无高出轨面 1 100 mm 以上的建筑物和设备	4.6
5	货物直接换装的线路间	线间无高出轨面 1 100 mm 以上的建筑物和设备	3.6
6	梯线与其相邻线间	线间无高出轨面 1 100 mm 以上的建筑物和设备	5.0
7	专供修理车辆用的线路间	线间设有电力照明和通信杆柱	7.0
		线间无高出轨面 1 100 mm 以上的建筑物和设备	6.0
8	牵出线与其相邻线间		6.5
9	线间设有或预留有接触网塔式柱的线路间		6.5
10	相邻车场间或 6～8 条线路的相邻线群间		6.5

注：① 改建站场在困难条件下，线间无高出轨面 1 100 mm 以上的建筑物和设备的到发线间、到发线与其相邻线间的距离，可采用 4.6 m。

② 表中序号 4，其他线间及其他线与其相邻线间的距离，如作业有特殊要求，应根据实际情况确定。例如装卸集装箱、长大笨重货物和散堆装货物的货物线间距离，应根据装卸机械类型、货位布置、道路及作业场地宽度和相邻线路作业性质等确定。

车站货物线与相邻线路的间距，当线间有装卸作业时，不得小于 15 m；线间无装卸作业时，不应小于 6.5 m。改建既有车站，在困难条件下，可不小于 5 m。

改建站场在困难条件下的两其他线间或门式起重机等跨越的两相邻线路间的距离，可采用 4.5 m。

③ 表列序号 8，在调车作业量不大的车站上和牵出线无调车人员上下作业一侧，牵出线与其相邻线间的距离，可采用 5 m。

CHINA RAILWAY PUBLISHING HOUSE

第 7.1.15 条　标准轨距铁路与 762 mm 窄轨铁路如有直接换装货物（超限货物除外）作业时，换装线的中心线间距离：

当两车辆底板在同一高程时，应为 3.2 m；

当两车辆底板不在同一高程时，用人工换装货物的，应为 3.2 m，用起重机吊装笨重货物时，应为 3.6 m。

第 7.1.16 条　在厂内如生产作业有特殊需要，工业企业的标准轨距铁路可与窄轨铁路套设在一起，形成套轨线路，但应有保证行车安全的设施。

（Ⅳ）接　　轨

第 7.1.17 条　新建工业企业铁路与路网铁路或另一工业企业铁路接轨时，接轨点的位置应根据运量、货流和车流方向、厂矿位置及其布局以及当地条件等进行全面比选确定，并应使主要方向的列车不改变运行方向通过接轨点。

一般情况下，货运量较大的工业企业铁路，有整列或大组车到发时，可接入接轨站的到发线；货运量较小的工业企业铁路可在调车线、指定的其他线或不繁忙的牵出线上接轨。

一般工业企业设一个铁路接轨点。对于大型工业企业，布局分散，流向复杂，作业量过大，有充分依据时，方可考虑增设接轨点，但不宜超过二处。

当有多条工业企业铁路接入一个车站时，应分区集中，合并引入，不宜过于分散。

第 7.1.18 条　新建工业企业铁路或其他岔线，不得与路网铁路或另一工业企业铁路的区间内正线接轨；特殊情况必须在区间内接轨时，须经铁路局或铁路局和工业企业铁路该主管单位同意，但在接轨地点应开设车站或设辅助所管理。

工业企业铁路或其他岔线与另一工业企业铁路均按调车方式办理行车时，经铁路局和该主管单位同意，可在中途接轨。

（Ⅴ）隔开设备

第 7.1.19 条　铁路线路在区间内平面交叉，以及工业企业铁路或其他岔线在区间或站内与正线、到发线接轨时，均应铺设安全线。但在站内与正线或到发线接轨处如受地形限制，或自工业企业铁路、其他岔线向站内方向为平道或上坡道时，可设置脱轨器或脱轨道岔代替安全线。工业企业铁路或其他岔线与站内到发线接轨，当站内有平行进路及隔开道岔并有联锁装置时，可不设安全线。

在进站信号机外制动距离内为超过6‰下坡道的车站，应在正线或到发线的接车方向末端设置隔开设备。

第二节　客运设备

第 7.2.1 条　在办理旅客乘降的车站上，应设置为旅客服务的房屋和设备，并预留远期扩建余地。旅客乘降所，应根据具体情况设置必要的服务设施。

第 7.2.2 条　旅客站台长度应按近期的旅客列车实际长度结合客流量确定。尽头式的旅客站台长度，应较上述规定增加机车和供机车出入所需的长度。在客流量较小的车站，站台长度可适当缩短。

旅客站台的宽度，应根据客流密度、行包搬运工具和站台上设置的建筑物和设备（如地道和天桥的出入口斜道，房屋，接触网、电力照明和通信杆柱等）的尺寸确定。旅客基本站台的宽度，在旅客站房或候车室范围内，由房屋凸出部分至站台边缘不应小于 12 m，在困难条件下，不得小于 6 m；在旅客站房或候车室以外不应小于 4 m。旅客中间站台的宽度不应小于 4 m。

旅客基本站台和中间站台的宽度，设雨棚时不得小于 6 m；设地道和天桥时应根据其出入口斜道宽度及斜道外缘至站台边缘的最小距离确定。旧站改建困难时，站台宽度可根据具体情况确定。

在旅客站台上，地道和天桥的出入口斜道外缘至站台边缘的最小距离，当有机动车搬运行包时应为2.5 m,用非机动车搬运行包时应为2 m;建筑物凸出部分至站台边缘至少2 m;柱类建筑物外缘至站台边缘至少1.5 m。

旅客站台的高度,当邻靠正线和通行超限货车的线路时,应采用高出轨面300 mm;当邻靠不通行超限货车的线路时,可采用高出轨面500 mm。

旅客站台应设在直线地段。在困难条件下,设在曲线地段时,位于曲线内侧的旅客站台,如线路有外轨超高,则须降低站台高度或提高线路,降低站台或提高线路的数值为外轨超高度的60%。

第7.2.3条 连接旅客基本站台与中间站台的平过道宽度,不得小于2.5 m。

第三节 货运设备

第7.3.1条 在车站上或装卸地点,应根据货运量、货物品种、作业性质设置有关货运设备。

运量大的大宗货物的装卸设备,宜适应直达列车、大组车的一次装卸量。

第7.3.2条 普通货物站台一般设置在货物线一侧。当有靠自身动力上下站台的机动车辆和可滚动的货物装卸时,可在货物线终端设置尽端式站台。尽端式站台可与平行于线路的普通货物站台联设,也可单独设置。

普通货物站台的高度,在铁路一侧应高出轨面1.1 m,在场地一侧应适应汽车底板高度,一般高出场地地面1.1~1.3 m。站台端部设置斜坡时,其坡度:使用机动车不应陡于1:10;使用非机动车应放缓,在任何情况下不得陡于1:12。

第7.3.3条 跨线式装车仓的溜槽底至轨面的高度,不得低于5 000 mm。溜槽宜做成活动式,以降低下落高度。

低货位及高架卸货线,应结合地形设置,其路基边缘顶面至堆积场地面的高度,宜采用1.5~2.5 m;路基顶面宽度,宜采用3.2~3.6 m。

第7.3.4条 货物堆积场、集装箱场、站台与仓库的长度和宽度,应根据货运量、各类货车平均净载重、单位面积堆货量、货物存放或周转期限、装卸机械类型、货位布置、通道数目和宽度以及每天装卸车次数等确定。

站台上设有仓库时,站台宽度还应根据仓库的宽度和仓库外墙建筑轴线至两侧站台边缘的距离确定。货物仓库的宽度应按仓库外墙建筑轴线间距离计算,常用的有9 m、12 m、15 m及18 m,有特殊需要时,应另行设计。

仓库外墙建筑轴线至站台边缘的距离,在一般情况下,当使用叉车时,铁路一侧不应小于4 m,场地一侧不应小于3.5 m;当人工搬运时,铁路一侧不得小于3.5 m,场地一侧不得小于2.5 m。有特殊要求时,应根据具体情况确定。

在货物站台上,柱类外缘至货物站台边缘的距离,应满足站台上的装卸和搬运车辆作业及通行的需要,且不宜小于2 m。

第7.3.5条 普通货物站台间布置有搬运车辆停靠和作业的场地及道路时,最近的两站台边缘间的距离根据道路宽度和两侧场地宽度确定,不宜小于18 m;普通货物站台与围墙间布置有场地和道路时,围墙至站台边缘间的距离根据道路宽度、场地宽度及道路与围墙间设排水沟的宽度确定,不应小于10 m。

第7.3.6条 在有大量货物装卸或交接的车站或装卸地点,根据需要设置轨道衡和

CHINA RAILWAY PUBLISHING HOUSE

与轨道衡有关的线路。

轨道衡宜设在装卸地点出入口、车场牵出线的道岔区附近、交接场或调车场外侧或进厂联络线一侧，并应满足车辆称重流水作业的要求。

轨道衡线应采用通过式布置，其长度应根据线路配置、轨道衡类型、称重方式和一次称重最多辆数等条件确定。

轨道衡两端线路应为平直线，并应加强其中紧靠衡器两端线路的轨道。平直线段和加强轨道的长度，应符合轨道衡技术说明书的要求，但在任何情况下加强轨道的长度，不得短于25 m。

轨道衡线与轨道衡磅房（门不正对线路）一侧的相邻线路中心线间距离，应根据磅房尺寸及现行的国家标准《标准轨距铁路建筑限界》确定；磅房凸出部分至超限货车不进入的轨道衡线的中心线，不应小于2 000 mm；至另一侧线路的中心线，不应小于2 440 mm。

CHINA RAILWAY PUBLISHING HOUSE

第八章　通信设备和信号设备

第一节　一般规定

第8.1.1条　设计工业企业铁路的通信设备和信号设备时,应按本章执行。通信设备的设计,还应符合现行的《工业企业通信设计规范》的规定。信号设备在特殊情况下,可按各部制订的有关规范或规定设计。

第8.1.2条　通信和信号设备的设计,应根据线路性质、运量、长度、采用的行车组织和调车作业方法,认真进行比选,并充分考虑备料、施工及维护方便,确定设备类型。

第8.1.3条　各种主要的通信、信号设备,应采用经规定审批单位批准的国内定型产品。当采用特殊的通信、信号设备时,应将方案论证、设备类型及主要技术要求,报送设计文件审批单位批准。

第8.1.4条　通信及信号设备,应装有防止强电及雷电危害的保安设备。

第二节　通信设备

(Ⅰ)专用通信

第8.2.1条　根据行车、运输、维护、管理的需要,工业企业铁路可分别设下列通信设备:

一、总调度电话;

二、列车调度电话;

三、站间行车电话;

四、货运调度电话;

五、电力调度电话;

六、各站电话;

七、养路电话。

并可按各工业企业运输、生产特点,设置其他专用通信设备或无线通信设备。

第8.2.2条　专用通信设备,应采用音频选号式总机,也可以采用共电式总机。在同一工业企业运输系统内,宜采用同一类型设备,专用通信设备应考虑备用设备。

第8.2.3条　总调度电话设于本工业企业主管铁路的处(部、公司)总调度室内,负责铁路管理、协调铁路运输、计划机车车辆运用检修等业务。分机可设于各种调度电话的值班员、机务段值班员、机车车辆检修主要车间、工务段调度、电务段调度、车站调度员及其他有关单位。

第8.2.4条　列车调度电话应设于行车调度员室内,为指挥行车的专用电话。分机可设于车站值班员、车站调度员、机务段(车间)值班员,列车段(车间)值班员处。

CHINA RAILWAY PUBLISHING HOUSE

第 8.2.5 条　站间行车电话为相邻站间办理行车、闭塞专用的直通电话，本回线内不得连接其他电话。

按调车运行时，应设调车联系用的直通电话。

第 8.2.6 条　货运量较大的工业企业铁路，根据需要可设货运调度电话。货运调度电话应设于货运调度员室内，分机可设于有货运员的车站，结合工业企业情况也可设于与铁路货运有关的生产车间（处、室）。

第 8.2.7 条　采用电力牵引的铁路，可设电力调度电话。电力调度电话应设于电力调度员室。分机可设于负责供电的变电站（所）接触网工区（工班）、电力机务段值班员。需要时，车站值班员可设无选叫设备的分机。

第 8.2.8 条　电气化铁路牵引用电和生产用电统一管理时，电力调度电话分机可接入用电单位。需要时，分机亦可设于上一级配、变电站（所）或电力调度处。

第 8.2.9 条　铁路沿线各车站、各单位为公务通信可设各站电话。每回线分机不应超过 15 台。回线应在适当地点引入电话站。

第 8.2.10 条　铁路沿线工务养护单位，可设养路电话。沿线道口看守房，桥、隧守护亦可装设养路电话。回线应在适当地点引入电话站。

第 8.2.11 条　各站、养路电话用户如有条件能装设本工业企业地区交换电话时，应首先考虑装设地区交换电话，可不再设各站、养路电话。

（Ⅱ）站 场 通 信

第 8.2.12 条　工业企业铁路车站根据行车、客运编解等作业需要，可分别设下列站场通信设备：

一、站场电话；

二、扳道电话；

三、站场扩音设备；

四、旅客扩音设备。

站场通信设备应采用共电式总机。按工业企业生产、运输特点，可设无线通信设备和其他站场通信设备。

第 8.2.13 条　交接站、编组站，可分别设下列指挥人员为中心的集中电话系统：

一、车站调度员；

二、车站（场）值班员；

三、线路值班员；

四、驼峰值班员；

五、货运调度员；

六、机务值班员；

七、列检值班员。

第 8.2.14 条　扳道电话应设于有扳道房的车站，除车站值班员、主任扳道员、扳道员外不得接入其他用户。

第 8.2.15 条　在编组站、交接站的各车场，按各作业系统的繁忙程度，可分设或合设有线扩音设备。需要时亦可在车场增设对讲设备。

(Ⅲ)地区通信

第 8. 2. 16 条 工业企业内部为业务通信联系用的地区电话,应统一考虑,铁路运输部门可不单独自成系统。在一个工业企业内部需设数个电话站时,铁路系统可考虑单独建立电话交换区。

第 8. 2. 17 条 工业企业的地区电话与接轨站铁路局的地区电话,经协商双方同意,可在负责办理交接业务的处所设置对方地区电话。

(Ⅳ)通信线路

第 8. 2. 18 条 工业企业铁路通信线路,可采用架空明线或电缆线路。电缆线路应以地下直埋为主。

第 8. 2. 19 条 采用电力机车牵引的工业企业铁路,通信线路应采取必要的防护措施。

第三节 信号设备

第 8. 3. 1 条 与路网直接衔接或经其他工业企业铁路与路网衔接的工业企业铁路的正线、联络线、站线等的信号显示,应与路网的信号显示一致。有路网机车作业的工业企业铁路上的信号显示,应与路网的信号显示方式一致。

设计信号设备时,应根据车站的电源可靠程度采用色灯信号机或臂板信号机。在同一车站或车场内,应采用同一类型的信号机。

在工业企业铁路较短,运量和作业量不大,采用调车运行的线路上,可不设置信号设备。

第 8. 3. 2 条 工业企业铁路的正线或联络线的区间闭塞方式,应采用自动闭塞或半自动闭塞。

双线区段,应采用自动闭塞。当运量增长较慢,或由于线路条件限制等原因,不宜采用自动闭塞时,可采用半自动闭塞。双线区段的自动闭塞或半自动闭塞,原则上应按单方向运行设计。

根据需要亦可采用调度监督或调度集中。

区间距离小于列车制动距离时,可设计区间照查闭塞。

注:区间照查闭塞是指两站(场)间进、出站信号机之间相互照查闭塞设备。

在只有一台机车作业的区段上,可用电话联系。

有路网直达列车运行的线路,在一个机车交路内,应采用统一的闭塞方式。

区间内正线上的道岔,必须与闭塞设备联锁。

第 8. 3. 3 条 站内信号设备应采用电气集中或电锁器联锁。

自动闭塞区段的车站,应采用电气集中联锁。

非自动闭塞区段内大站和电源可靠的其他车站,根据运输需要有条件的宜采用电气集中联锁。条件不具备时,可采用电锁器联锁。

CHINA RAILWAY PUBLISHING HOUSE

第 8.3.4 条　机械化、半自动化、自动化驼峰调车场，应采用驼峰道岔自动集中；简易、非机械化驼峰调车场，根据需要亦可采用驼峰道岔自动集中。

第 8.3.5 条　防护信号机应设于区间内铁路线路平面交叉处所。距安全线道岔尖轨尖端不得小于 150 m；未设安全线的距警冲标不得小于 150 m。

道口、桥梁、隧道，根据需要可设置遮断信号机。遮断信号机，应设于距防护地点不小于 50 m 的地点。

第 8.3.6 条　进站色灯信号机、防护信号机和遮断信号机，应装设预告信号机。臂板进站信号机根据需要装设预告信号机。

二架不同方向主体信号机之间距离小于制动距离时，可不装设预告信号机。

发车站出站信号机距接车站进站信号机的距离小于制动距离时，应在进站信号机开放后，方能开放出站信号机。

第 8.3.7 条　铁路与道路的平交道口，根据铁路运输和道路交通繁忙程度及瞭望条件，在看守道口上可装设不同的道口信号设备。

第 8.3.8 条　信号电线路应采用地下电缆。当与通信线路同杆架设时，可采用架空明线。当与其他电线路同杆架设时，应满足有关部门现行规定的要求。

第 8.3.9 条　瞭望条件困难而运输繁忙的非自动闭塞区段，可采用接近连续式或点式机车信号。

自动闭塞区段可装设连续式机车信号。

机车信号显示应与线路上列车接近的地面信号机显示相符，列车停车位置应以地面信号机为依据。

第 8.3.10 条　电力牵引区段所选用的轨道电路和电线路，应能防止牵引电流的干扰。

第 8.3.11 条　信号设备不得侵入现行国家标准《标准轨距铁路建筑限界》规定的铁路建筑限界（包括曲线加宽），但与机车车辆直接相互作用的信号设备，在使用中不得超过规定的侵入范围。

CHINA RAILWAY PUBLISHING HOUSE

第九章　机务设备和车辆设备

第一节　一 般 规 定

第 9.1.1 条　工业企业配备的机车、车辆的检修作业，在一般情况下，中小型企业宜委托铁道部系统或附近企业所属的机车、车辆厂、段进行检修，如无外委条件时，可在本企业设置机车、车辆的检修设备。大型企业宜自建机车、车辆的检修设备。

第 9.1.2 条　机车和车辆的检修设备，在一般情况下，应联合设置。当企业配备的机车、车辆数量较多，经技术经济比较，认为合理，或有特殊需要时，方可将机车和车辆的检修设备分开设置。

第 9.1.3 条　机务、车辆段（所）所需的大型机床、计量、锻铸、电镀、蓄电池、电机检修、机修等通用设备，有条件时，应利用本企业机修厂的设备，以提高企业经济效益。

第 9.1.4 条　机务、车辆段（所）总平面布置，应符合下列规定：

一、段（所）总平面布置，应根据生产工艺、防火、卫生、安全、通风、采光、绿化、环境保护等方面要求，结合地形、地质、气象等自然条件，使布置紧凑整齐、节约用地，作业方便，为生产和职工生活创造良好条件，并注意留有发展用地的可能性。

二、产生噪声、冲击震动的车间，应避免影响其他车间；向大气排放有害物质的车间，应布置在办公及生产主厂房的夏季最小频率风向的上风侧。

三、段（所）内线路、道路及厂房的布置，应使机车、车辆的进出和作业顺畅，配件运送、材料存取等便捷，尽量避免机车、车辆在段内走行时相互交叉干扰。

第 9.1.5 条　工业企业特种车辆的运用和检修设备，应按主管部的有关规范或规定设计。

第二节　机 务 设 备

第 9.2.1 条　企业配备机车，必须经过技术经济比选，并符合下列条件之一：

一、企业铁路运输工作量需要机车 1 台及以上者；

二、企业内部专用的铁路运输，外委机车不能承担者；

三、无外委条件者。

第 9.2.2 条　一个企业配备机车的牵引种类，宜为单一的，最多不应超过两种。

内燃机车的传动型式应为一种，机车内燃机宜为同一系列。

第 9.2.3 条　当企业配备机车时，宜在企业的机务段（所）内或主要作业场所附近设置机车整备设备。当企业无配备机车而由外委机车担当作业时，在企业内可不设机车整备设备。若作业场所距外委单位机车整备处所超过 10 km 时，则可根据需要在作业场所设置机车整备设备。

第 9.2.4 条　机车整备线间距应为 6 m。在同一车站或同一段、所内，不同牵引种类的机车进行整备作业时,电力与内燃机车的整备线应分开设置;电力、内燃机车与蒸汽机车的运转整备处所亦应分开设置,且其整备台位间的距离(纵向或横向)不应小于 20 m。

整备线的检查坑必须排水畅通。内燃、电力机车的整备检查坑两旁应为混凝土地坪,地坪标高与轨面齐平。

第 9.2.5 条　在蒸汽机车整备地点,应根据需要设置检查坑和清灰、化验以及供给燃料、水、软水剂、砂、润滑油脂、擦拭材料等设备,并在适当处所设置蒸汽机车放水设施。

第 9.2.6 条　在内燃机车整备地点,应根据需要设置检查坑、化验以及供给燃料油、润滑油脂、冷却水、砂、擦拭材料等设备。内燃机车冷却水应采用离子软水或加防蚀剂的蒸馏水。

第 9.2.7 条　在电力机车整备地点,应根据需要设置检查坑以及供给润滑油脂、砂、擦拭材料等设备。

第 9.2.8 条　在工业企业铁路上,当采用一端有司机室的机车时,列车单程运行距离为 40 km 及以上时,应设机车转向设备(但在列车对数小于 2 对/d 时,可不设转向设备);列车单程运行距离为 20 ~ 40 km 时,且在特殊条件下(例如长大下坡道、同一方向多急弯、大风砂、严寒地区等),每日列车正线逆向运行距离达 100 列车公里及以上时,亦可设机车转向设备。列车单程运行距离小于 20 km 时,不宜设置机车转向设备。

当采用两端有司机室的机车时,除同一方向多急弯考虑轮对偏磨可在机务段(站)设置一处转向设备外,一般情况下可不设转向设备。

第 9.2.9 条　机车库内外检查台位上,均应设置检查坑,其长度按采用的大型机车长度加 4 m 计算。

第 9.2.10 条　电力机车的中间技术检查棚内及整备线上,可安设高压接触导线,但必须装有分段绝缘和接地可靠的隔离开关以及与开关联锁的色灯信号,以确保作业人员的安全。

第 9.2.11 条　燃料贮存场地或贮油库,应能贮存 30 d 的运营备用量;若机车使用当地出产的燃料,或在企业的热电站、锅炉房及其他动力车间旁有容量很大的燃料场时,则运转整备处所的燃料贮存场,可减少到能贮存 10 d 的运营备用量。

燃料油罐的数量,不得少于 2 个。

视气候条件和砂源远近,宜贮存湿砂 3 ~ 6 个月的备用量。油脂材料、油线卷材料和擦拭材料,宜贮存 30 d 的备用量;但在企业内有上述材料的总仓库时,可减少到贮存 10 d 的运营备用量。

第 9.2.12 条　在机车折返的地点,应根据需要设置机车停留和检查用的线路,以及必要的机车运转整备设备。

第 9.2.13 条　机车定期检修的修程,应符合下列规定:

蒸汽机车分为大修、架修和洗修;

内燃机车分为大修、架修和定修;

电力机车分为大修、年修和定修。

机车各种修程的周期和停修时间,应根据其构造特点、运用条件、实际技术状态和检修技术水平,由企业主管部门确定。

第 9.2.14 条　机车的洗(定)修工作量每天达到 0.4 个修理台位时,可设置机车洗(定)修设备。机车的架(年)修工作量(包括受委任务)每天达到 0.7 个修理台位时,可设

CHINA RAILWAY PUBLISHING HOUSE

置机车架(年)修设备。

第9.2.15条　配备机车40台及以上,并在企业主管部门规划中指定作为大修基地的企业,可设置机车大修设备。其他企业的机车大修,宜委托有大修设备的企业或铁道部系统的修理工厂修理。

第9.2.16条　机车中间技术检查(介于两次洗、定修之间,属于机车运用状态),在采暖室外计算温度为 -9 ℃及以下地区和大风砂地区应设置中检库,多雨炎热地区则可设中检棚。机车的中间技术检查任务量较小时,宜与机车检修库合设。

第9.2.17条　机车检修库应按地形条件、检修工作量及技术作业过程采用贯通式或尽头式。机车检修库的主要尺寸,应按下列要求进行设计:

一、宽度:

1. 库线为三股道时:架、年修作业以27 m为宜;洗、定修作业以24 m为宜。

2. 库线为二股道时:架、年修作业以21 m为宜;洗、定修作业以18 m为宜;中检作业以15 m为宜。

大修机车的车库宽度,应根据机车类型、检修工艺确定。

二、高度:库内桥式起重机的走行轨面距库内股道轨面的高度,应根据现行的国家标准《标准轨距铁路机车车辆限界》的规定及远期采用机车的检修工艺所需吊起的最高部件的作业需要确定。

三、长度:应按所采用大型机车的检修工艺流程确定,并考虑远期发展的可能。

第9.2.18条　蒸汽机车的洗修库线,宜与机车的其他修理库线和车辆的修理库线相隔开;洗修工作量每天达不到一个台位时,可与蒸汽机车架修或车辆修理台位设在一个库内,但与内燃、电力机车的修理库必须隔开,隔开时应适当增加库宽、相应调整线路间距。

蒸汽机车的落轮坑,应设在洗修台位的延长线上;内燃机车的落轮坑,可设在定修台位上或其延长线上。

机车检修库的起重机吨位,应按检修工艺需要吊装的机车最大部件的重量考虑。

第9.2.19条　蒸汽机车洗修应设循环减温、温水洗炉等设备,但在不增加配属机车台数的情况下可不采用上述设备。

第9.2.20条　电力机车修理车库、中检库内不得安设高压接触导线,应设置低压直流牵车设备,或采用电缆引入等不升弓取电的方式。库线通入端,接触导线应有不小于10 m的无电区。其端墙结构应按接触网下锚要求设计。

第9.2.21条　工业企业铁路,当其里程长、运输任务量大或线路条件恶劣时,可设置救援设备。其主要的救援设备可采用轨道起重机。

第三节　车辆设备

第9.3.1条　为承担工业企业配备车辆的定期检修和日常维修保养,根据需要设车辆修理厂(车间)、段(车间)、列车检修所、车辆技术交接所、站修所、罐车洗刷所等。

第9.3.2条　当配备车数量超过300辆时(包括委修车数量)可设车辆大修设施,承担车辆的大、年修任务。在容易损伤车辆的特定的条件下,且有充分依据,配备车数量超过200辆时,也可设车辆大修设施。当配备车数量超过100辆时(包括委修车数量),可设车辆年修设施,承担车辆的年修、辅修任务。

CHINA RAILWAY PUBLISHING HOUSE

第9.3.3条　车辆修理设施的组成，应按修程、规模、设置形式和协作条件等因素合理确定。当单独设置时，车辆修理设施可设修车库、辅助生产车间（转向架、配件加修、轮轴、滚动轴承、挂瓦、制动、油线、机械加工、锻工弹簧等分间）、存车线、存轮场和仓库以及变（配）电所、锅炉房、压缩空气站、乙炔站、化验室、办公生活房屋等。

第9.3.4条　修车库（棚）的主要尺寸，应符合下列规定：

一、跨度应符合表9.3.4的规定。

表9.3.4　修车库（棚）跨度

库　别	修车线数量（线）	跨度（m）
大修、年修车库	2	18
	3	24(27)
辅修库（棚）或站修棚	2	18

注：括号内数字仅用于专门修理客车时的客车库跨度尺寸。

二、修车库长度应根据修车台位数、车辆类型和作业方式等确定，计算修车台位长度用的车辆长度，根据各企业的主型车确定。

三、桥式起重机走行轨面至库内线路轨面的高度，应根据现行的国家标准《标准轨距铁路机车车辆限界》的规定，以及架车高度、车顶作业需要、起重机结构尺寸和操纵室位置等确定。大、年修的修车库宜采用7.8～8 m；辅修库（棚）或站修棚宜采用6.6 m。

第9.3.5条　修车库起重机吨位应根据作业性质、吊运最大件重量确定。一般承担大、年修的修车库，可设15/3 t起重机。转向架间起重机吨位，应按吊运转向架的重量确定。修理客车转向架时可设10 t起重机；只修理货车转向架时可设5 t起重机。

第9.3.6条　在工业企业的技术作业车站或路厂联合车站以及运输上有特殊需要的地点应设列车检修所，承担列车的到发检查、列车制动试验、处理车辆故障以及与铁路办理车辆技术交接等。

第9.3.7条　在没有列检所的车站，且每日装卸车辆数在100辆以上，或虽不足100辆，但损坏车辆严重的地点，应设装卸检修所（爱车驻在所），检查车辆技术状态、处理车辆故障、宣传爱车并办理出入厂矿企业铁路的车辆技术交接和损坏车辆的赔偿手续。

在工业企业线内进行自装自卸，而没有列检所和装卸检修所（爱车驻在所）时，其交接量在200辆以上（一进一出合算一辆）的地点应设路厂车辆技术交接所，负责办理出入厂矿企业车辆的技术交接工作。

第9.3.8条　列检作业线路除按本规范第4.3.4条、第4.4.4条规定办理外，尚应设有下列设施：

一、列检作业的车场两端或一端，应铺设横向运输道路。

二、列检作业线应设带有固定式、移动式脱轨器的信号防护装置。

第9.3.9条　车辆辅修，轴检和临修通常在工业企业的车辆修理厂、段（车间）进行。如车站作业量较大，且距离修车基地较远，应设站修所（线），担当车辆的辅修、轴检和临修。

第9.3.10条　站修所宜设站修棚。采暖室外计算温度在－20 ℃及以下的地区可设站修库。如有特殊情况需要建库时，应经主管部门批准。

第9.3.11条　站修所宜设3 t电动单梁起重机，承担零部件吊运及轮对装卸，修车作业场地应为混凝土地面并应设条型架重车基础。

第9.3.12条　站修所应根据其工作范围、规模以及与车辆修理厂、段（车间）的距离等因素确定设置配件加修、制动、油线、挂瓦及装卸轮对设备等。

第9.3.13条　罐车洗刷所应设于石油及化工产品大量罐装、换装的地点或附近的车站。罐车洗刷所的规模应根据罐车洗刷任务量、类别、作业时间和工作班制及洗罐的不均衡性等确定。

第 9.3.14 条　罐车洗刷所应设洗罐棚(库)、洗罐台、洗罐线,并应根据需要设停放线和修理线。线路宜为尽头式,其长度根据任务量确定。洗罐线应采用整体道床,且有排油、排水设施。

根据气候条件、物料性质需建库时,必须采取有效的防爆、防火措施。

第 9.3.15 条　罐车洗刷所必须进行“三废”治理和综合利用,搞好环境保护。

洗罐棚(库)、油泵间等有爆炸危险的场所,各种管道及贮油、输油等设备均应采取防静电和防雷措施。

第 9.3.16 条　承担配属罐车整备工作的企业应设整备线和存车线。整备线的数量应根据自备罐车到发列车对数、整备时间及运输不均衡性确定。整备作业场地应以细道砟填平至轨枕面、且排水良好。并应设压缩空气管道和照明设备。存车线的数量应根据运输不均衡性、检修备用等因素确定。

CHINA RAILWAY PUBLISHING HOUSE

第十章 给水排水

第一节 一般规定

第 10.1.1 条 工业企业铁路给水站的给水设备能力，必须满足行车、生产、生活和消防用水的要求。

沿线车站、工区等处的生活用水，应根据其用水人数、水源、水质、地形及电力供应等情况因地制宜地解决。

第 10.1.2 条 工业企业铁路给水排水工程，应纳入工业企业给水排水统一规划系统，其主要规模应按铁路远期运量考虑。

铁路应尽可能利用当地工业企业和公用事业给水排水设施。是否单独设置给水排水系统，应进行方案比选确定。

第 10.1.3 条 铁路排水必须符合国家现行有关排放标准要求。

污水处理工程必须与主体工程同时设计、同时施工、同时投产。

第二节 给水

第 10.2.1 条 蒸汽机车牵引的区段，区间给水站的分布应根据线路情况、规定机型、机车交路、行车要求、作业站性质、水源条件等因素，保证以规定机型牵引满载货物列车在隔站停车的情况下顺利通过，并结合零摘、小运转、调车机车对给水的需要设置。

给水站间的耗水量，按列车牵引计算确定，但不得超过机车水柜容量的 85%，水柜容量在 28 m^3 以下时，则不超过 80%。

第 10.2.2 条 下列各处应设置给水设施：

一、铁路机务段（车间）内；

二、主要企业站机车整备线上；

三、机车作业需要补水的地点。

第 10.2.3 条 内燃、电力机车牵引的区段，应在机务段（车间）设置给水设备。

第 10.2.4 条 铁路主要生产技术作业用水量，应按表 10.2.4 办理，其他可按所在工业企业统一规定设计。

表 10.2.4 主要生产技术作业用水量

序号	用水种类	单位	用水量(m^3)	备注
1	有火机车在机务段（车间）停留	次	3	
2	调车机车	台·d	20～40	大站用大值
3	机车洗炉及补水	台	30～50	指温水洗炉间、洗修库等及补水

续上表

序号	用水种类			单位	用水量(m^3)	备　注
4	机车洗刷			台	1.5	
5	段内库线作业用水			条·d	5	
6	罐车洗刷	黏　油		辆	5~10	
		轻　油		辆	0.5~1	
7	车辆洗刷	客　车		辆	1.5	
		货　车		辆	3~5	
8	电镀车间			d	2~8	
9	滚柱轴承间			d	10	
10	配件架修间			d	5	
11	试验间			d	7.2	
12	管子间			d	10	
13	煮洗间			d	36	
14	蓄电池间			d	2~13	客车段、客车整备所、机务段用大值，通信楼用小值
15	油线间			处·d	4.2	
16	柴油机试验间			处·d	13	
17	水电阻试验			次·d	25	试验池更换水
18	罐车修车库			辆·d	60	
19	机械冷却用水	内燃机	循　环	kW·h	0.034	
			直　流	kW·h	0.068	
		空气压缩机(排水式)		kW·h	0.034~0.045	容量小用大值
		蒸汽涡轮机		kW·h	0.068	
20	固定锅炉用水	蒸发量4 t/h(蒸汽供暖)		台·d	57	包括洒煤用水；不包括工艺用汽耗水量
		蒸发量4 t/h(热水供暖)		台·d	37	
		蒸发量2 t/h		台·d	24	
		蒸发量1 t/h		台·d	20	
21	旅客列车用水			辆	1	按整列车辆数计算
22	煤台、煤场			处·d	4	
23	净、软水处理设备自耗水量			处·d	5%~10%	按产水量的百分数估计
24	一般车间			d	2~3	

第10.2.5条　铁路行车及生产用水水压应按表10.2.5办理，其他可按照所在工业企业统一规定设计。

第10.2.6条　蒸汽机车采用炉内软水时的给水水质及内燃机车冷却水水质，按表10.2.6—1及10.2.6—2办理。

表 10.2.5 行车及生产用水水压

序号	用水地点	自由水头(m)	备注
1	水鹤	6	从轨面算起
2	机务段(车间)	10	从轨面算起
3	客车给水栓	6	从轨面算起

表 10.2.6—1 蒸汽机车给水水质

序号	项目	单位	限度(不大于)
1	蒸发残渣	mg/L	400
2	总硬度	mg·当量/L	4.0
3	非碳酸盐硬度	mg·当量/L	1.0
4	钠、钾碱度	mg·当量/L	2.0
5	氯离子	mg/L	100

注:钾、钠碱度指标系指交路原水的平均值。

第 10.2.7 条 当蒸汽机车锅炉供水水质超过表 10.2.6—1 标准时,是否需要炉外处理,应结合全交路水质和水量等因素,并通过技术经济方案比选后确定。

第 10.2.8 条 生活用水水质要求(包括旅客列车上水的水质),必须符合国家现行的有关规定。

表 10.2.6—2 内燃机车冷却水水质

序号	项目	单位	限度(不大于)
1	总硬度	毫克·当量/升	0.05
2	氯离子	mg/L	5

注:当采用离子交换法时,离子交换柱进水浊度应小于5度。

第 10.2.9 条 铁路独立水源方案选择,应经技术经济比选确定。当条件相近时,应优先采用地下水。其每日产水量不应小于远期设计最大用水量的1.2倍。当采用地表水时,其每日设计采用的枯水流量不应小于远期设计最大用水量的1.5倍。

第 10.2.10 条 地下水取水建筑物采用管井时,应设置备用的管井,其数量可按生产井数的10%考虑,但至少设一座,其能力应与运用井中能力最大的一座相同。

供生活用水的管井,可不设备用井。

第 10.2.11 条 给水机械选择,应根据每日用水量、工作班制、水源能力和贮水调节能力等确定,并在符合节能原则下,在工业企业铁路全线内宜选用同一类型机械。

第 10.2.12 条 给水站的给水机械应有备用机组,其能力不应小于运用机组中最大的一台。

供生活用水的机械,一般只设运用机组,可考虑按全线同一类型机械总和的20%配置备用机组,但不应少于一台。

第 10.2.13 条 给水站的电源负荷标准,应按所在工业企业给水排水系统电源负荷标准办理。

在厂区外工业企业铁路区间给水站的给水机械和供沿线车站、工区用水的给水机械,可不设备用动力。

第 10.2.14 条 给水机械每昼夜的工作时数应根据工作班制而定,一班制不宜超过7 h,两班制不宜超过14 h,三班制不宜超过20 h。

第 10.2.15 条 给水站扬水管道一般铺设一条,不设备用贮水设备。如工业企业或地方公用事业统一配备两条及以上管道,且靠近铁路机车整备供水点时,可考虑就近在两个方向接管,每条均能通过远期每日最大设计流量的70%。

配水管道宜按枝状布置。

第 10.2.16 条 给水站、机车上水点同时上水的水鹤数量,应按实际需要确定,但不应小于表 10.2.16 的规定。

第 10.2.17 条 水鹤最大上水时分,不得超过表 10.2.17 的规定。

表 10.2.16　同时上水水鹤数量

序号	给水站性质及水鹤设置位置	同时上水个数
1	单方向的中间给水站正线及到发线上	1
2	双方向的中间给水站正线及到发线上	2
3	机务段(车间)内、主要工业站整备线上、机车作业需要补水的地点	1

注:双机牵引区段中间给水站正线及到发线上的水鹤,应考虑同一方向两台机车同时上水。

表 10.2.17　水鹤最大上水时分

序号	水鹤位置	最大上水时分(min)
1	区间中间给水站	15
2	机务段(车间)内、主要工业站整备线上、机车作业需要补水的地点	20

第 10.2.18 条　配水管道应设置计量装置,按照工业企业统一规定办理。

第 10.2.19 条　当由工业企业(包括地方公用事业)统一供水时,若其压力和流量能满足需要,经技术经济比选合理,可考虑采用管道直接供水方案。

第 10.2.20 条　水塔、山上水槽的容量,应为每日用水量的 1/6 ~ 1/4。当采用山上水槽时宜用较大值。设在厂区外工业企业铁路的区间给水站,又不设备用动力者,则其容量不应小于站每日用水量的 1/2。

铁路采用独立水源,而工业企业亦未统一配备消防用水,则贮水设备容量需另加一处火灾 1 小时的消防备用水量。

给水站的贮水建筑物的总容量,不应小于 100 m^3。

设在厂区外工业企业铁路供生活用水的贮水建筑物的容量,不应小于每日最大用水量。

第三节　排　水

第 10.3.1 条　铁路工业废水和生活污水的排除,必须统一规划排入工业企业(车间)或地方公用事业排水系统,不能统一排除时,宜将铁路部门污水统一排放。

第 10.3.2 条　排入工业企业(车间)或地方公用事业管道或其污水处理厂的污水,应满足其对排入系统水质的要求,不能满足时,应先进行相应的预处理。

第 10.3.3 条　未经处理的有害生产污水,不得采用渗坑、渗井排除。

CHINA RAILWAY PUBLISHING HOUSE

第十一章　电力供应

第一节　一 般 规 定

第 11.1.1 条　本章适用于工业企业铁路 10 kV 及以下的电力工程设计，不适用于电力牵引供电工程设计。

第 11.1.2 条　铁路的站场、厂、段、机械化装卸设备及装设机械通风的隧道必须供电。站场附近的办公房屋、文化生活房屋和职工住宅，也应供电。

第 11.1.3 条　工业企业铁路的电力供应，应优先采用本企业电源，有困难时也可采用地方电源。

第 11.1.4 条　电力工程应根据工程特点、规模和发展规划分期建设，以近期需要为主，适当考虑远期扩建的可能。高压电缆、高压架空线路的径路及导线截面，变、配电所的电力系统及房屋规模，应按远期确定，其他电力工程均按近期考虑。

第 11.1.5 条　自动闭塞、调度集中、调度监督、大站电气集中、调车区电气集中、驼峰电气集中、驼峰道岔自动集中、驼峰压缩机及驼峰区照明等用电设备属一级负荷；机车、车辆检修和整备设备、给水所、非自动闭塞区段小站电气集中联锁和色灯电锁器联锁，通信电源室、调度通信机械室、编组站(集配站)及洗灌站等用电设备属二级负荷。

第 11.1.6 条　一级负荷应由两个电源供电，当发生任何故障时，两个电源的任何部分应不致同时受到损坏。二级负荷一般由一回路 6 kV 及以上专用架空线供电。当有条件时，作到变压器或电力线路发生故障，能迅速恢复供电。

第 11.1.7 条　电力供应的电压选择，应采用国家标准电压，减少变电级数，简化结线，节约电能。

第二节　变、配电所

第 11.2.1 条　变、配电所的所址，宜靠近负荷中心，便于电力线路引入引出，不得设在地势低洼和经常积水地点。

所区内建筑物布置力求紧凑合理，便于检修巡视。

在电化区段，电力变、配电所应与牵引变电所合建。

第 11.2.2 条　室外变电所，不应设置在下列场所：

一、有腐蚀性气体的场所；

二、挑檐为燃烧体或难燃烧体的建筑物旁；

三、耐火等级为四级的建筑物旁；

四、附近有易燃物大量集中的露天堆场；

五、容易沉积可燃粉尘，可燃纤维、灰尘或导电尘埃且严重影响变压器安全运行的场所。

第 11.2.3 条　变压器室、电容器室应有良好通风，电容器室夏季室内温度不应大于

40 ℃,变压器室的出风口温度不宜大于45 ℃,进风和出风的温差不应大于15 ℃。

第11.2.4条 变电所贮油或挡油设施,应按下列要求设置:

一、室外变电所,单台变压器油量在1 000 kg及以上时,应设置能容纳100%油量的挡油设施。

二、室内变电所在下列情况时,变压器室应设置容纳100%变压器油量的挡油设施或将油排到安全处所的设施:

1. 变压器室位于容易沉积可燃粉尘及可燃纤维场所;

2. 变压器室附近有粮、棉及其他易燃物大量集中的露天堆场。

三、车间内变电所,应设置能容纳100%变压器油量的贮油设施。

第11.2.5条 移相电容器应按下列要求设置:

一、电容器装置载流部分(开关设备、导体等)的长期允许电流,不应小于电容器额定电流的1.3倍。

二、高压电容器一般装设在单独的房间内。

第三节 架空线路

第11.3.1条 路径的选择,应符合下列要求:

一、路径较短,便于施工和维护;

二、避开车辆碰撞、河洼、雨水冲刷或严重污染地带;

三、避开有爆炸物、易燃物或可燃液(气)体的生产厂房、仓库、贮罐等;

四、与站场和企业的规划相协调,通过市区应取得城建部门同意;

五、不妨碍信号瞭望和调车作业。

第11.3.2条 导线截面的选择,应符合下列要求:

一、按允许电压损失选择导线截面:

6~10 kV线路电压损失(自供电变电所二次侧出口至线路末端变压器一次侧入口),不宜超过供电变电所二次侧额定电压的5%。

0.38/0.22 kV线路电压损失(自变压器二次侧出口至用电设备受电端),不宜超过用电设备额定电压的5%。

表11.3.2 导线最小允许截面(mm^2)

导线种类	架空线路(kV)		
	0.38	10(6)	
		居民区	非居民区
铝绞线	16	35	25
钢芯铝绞线	16	25	16

注:① 交叉跨越导线最小允许截面,应符合第11.3.9条的规定。

② 居民区指厂矿地区、港口、码头、站场内(进站信号机内)、城镇等人口密集地区。

③ 非居民区指除居民区以外的其他地区。此外,虽有车辆、行人或农业机械到达,但未建房屋或房屋稀少的地区,也属非居民区。

二、按发热条件验算导线载流量时,钢芯铝绞线的允许温度为+70 ℃,钢绞线的允许温度为+125 ℃。

三、导线应符合机械强度要求,其最小允许截面应符合表11.3.2的规定。

CHINA RAILWAY PUBLISHING HOUSE

第 11.3.3 条　10(6)kV 架空线路绝缘子的选择,应符合下列要求:

一、直线杆采用针式或瓷横担绝缘子。

当采用针式绝缘子时,一般地区要求如下:

线路电压为 6 kV 时,采用 P－10 型绝缘子;

线路电压为 10 kV 时,采用 P－15 型绝缘子。

二、耐张杆上的悬式绝缘子应为 2 个(可以采用悬式和蝴蝶式绝缘子组成方式)。

三、绝缘子组装方式应防止瓷裙积水。

第 11.3.4 条　架空线路档距,应根据地形、电杆类型,经计算确定,在平原地区,宜采用表 11.3.4 中所列数值。

第 11.3.5 条　10(6)kV 架空线路在下列处所,应装设线路分段开关:

一、变、配电所引入及引出回路的第一或第二根电杆上;

二、架空线路与电缆线路接引处;

三、分支线路长度大于 500 m 的分支处;

四、环形网络的开口处。

第 11.3.6 条　架空线路不应跨越屋顶为易燃材料的建筑物,对其他建筑物也应避免跨越。在困难条件下,必须跨越时,导线最大弧垂或最大风偏时与建筑物的距离,不应小于表 11.3.6 所列数值。

表 11.3.4　架空线路档距(m)

线路电压(kV) 项　目	0.38	10(6)
居民区	40～50	60～80
非居民区		70～90

注:① 高低压导线共杆架设时,档距可采用 0.38 kV 数值。
　② 照明灯柱档距应根据具体情况确定。

表 11.3.6　导线与建筑物的距离(m)

线路电压(kV) 项　目	0.38	10(6)
垂直距离	2.5	3.0
水平距离(边导线)	1.0	1.5

第 11.3.7 条　导线至地面距离,在最大计算弧垂情况下应符合表 11.3.7 规定。

表 11.3.7　导线对地面的最小距离(m)

线路电压(kV) 线路经过地区	0.38	10(6)
居民区	6.0	6.5
非居民区	5.0	5.5
交通困难地区 (车辆、农业机械不能到达地区)	4.0	4.5

表 11.3.8　架空线路与弱电线路交叉角

弱电线路等级	一级	二级	三级
交叉角	≥45°	≥30°	不限制

CHINA RAILWAY PUBLISHING HOUSE

第 11.3.8 条　架空线路跨越弱电线路时,其交叉角应符合表 11.3.8 的要求。

第 11.3.9 条　架空线路与铁路、道路、河流、管道、索道及各种架空线路交叉、接近的规定,应符合表 11.3.9 规定。

第 11.3.10 条　接户线的设计,应符合下列规定:

一、10 kV 及以下接户线的档距不宜大于 25 m,超过 25 m 时应设接户杆。

二、导线截面应根据允许载流量选择:

1. 低压接户线应采用绝缘导线,截面不应小于表 11.3.10—1 所列数值。

2. 10(6)kV接户线铝绞线的截面,不应小于 25 mm^2。

三、接户线的线间距离:

表 11.3.9　架空线路与铁路、道路、河流、管道、索道及各种架空线路交叉或接近的规定

序号	项目		一		二		三				四		五		六	七
			铁路		道路		河流				弱电线路		电力线路(kV)		易燃易爆管道	一般管道索道
			标准轨距	窄轨	一、二级公路及城市一、二级道路	三、四级公路及城市三级道路	通航河流		不通航河流		Ⅰ、Ⅱ级	Ⅲ级	0.38及以下	10(6)		
1	交叉档导线最小截面		10(6)kV 采用钢芯铝绞线 25 mm²，0.38 kV 及以下采用铝绞线 35 mm²													
2	导线在交叉档内接头		不允许	不限制	不允许	不限制	不允许		不限制		不允许	不限制	不限制		不允许	
3	交叉档导线支持方式(针式绝缘子或瓷横担)		双固定			单固定	双固定		单固定		双固定	单固定	单固定		双固定	
4	导线最大弧垂时最小垂直距离(m)	项目／线路电压(kV)	至轨面 / 至电气化承力索		至路面		至常年最高洪水位	至最高航行水位的最高船桅顶	至水面	至冰面	至交叉处导线		至交叉处导线		至管道任何部分(导线在上面)	至索道任何部分(导线在上面)
		0.38 及以下	7.5 / 不允许	6.0 / 不允许	6.0		6.0	1.0	3.0	5.0	1.0		1.0	2.0	1.5	
		10(6)	7.5 / 3.0	6.0 / 3.0	7.0		6.0	1.5	3.0	5.0	2.0		2.0	2.0	3.0	2.0
5	最小水平距离(m)	项目／线路电压(kV)	电杆外缘至轨道中心		电杆外缘至路面边缘(不分等级)		边导线至斜坡上缘(线路与拉纤小路平行)				两线路边导线间(受限制地区)		两线路边导线间(受限制地区)		边导线至管、索道任何部分	
					开阔地区	受限制地区									开阔地区	受限制地区(在最大风偏情况下)
		0.38 及以下	2.45		0.5		最高电杆高度				1.0		2.5		最高电杆高度	1.5
		10(6)	3.0		0.5						2.0		2.5			2.0
6	其他要求		1. 架空线路与铁路平行时，导线最大风偏至扩大货物限界距离 10(6) kV 不应小于 1.5 m，0.38 kV 不应小于 1 m 2. 架空线路与铁路交叉时，交叉档两端电杆应有加强措施				不通航河流在枯水期导线下面有人通行时，应符合导线对地面最小允许距离的规定				开阔地区两线路边导线间应为最高电杆高度，长距离与弱电线路平行，应考虑对弱电线路的干扰				1. 在开阔地区边导线至一般管道间距应为最高电杆高度。 2. 交叉点不应设在管道检查平台或阀门处	

注：①跨越杆的悬垂线夹(跨越河流除外)应采用固定型。
②架空线路与弱电线路交叉，交叉点至最近一基电杆的距离宜靠近，但不应小于 7 m(城市的线路除外)。
③管、索道上的附属设施，均应视为管、索道的一部分。
④架空线路相互交叉时，电压高者在上，交叉档导线支持方式是对上方导线的要求。

1. 低压接户线的线间距离，不应小于表 11.3.10—2 所列数值。

表 11.3.10—1　低压接户线的最小导线截面

架设方式	档距(m)	绝缘铝线截面(mm^2)
由电杆上引下	10 以下	4.0
	10～25	6.0

表 11.3.10—2　低压接户线线间距离

架设方式	档距(m)	线间距离(mm)
由电杆上引下	25 及以下	150

2. 10(6)kV 接户线的线间距离，不应小于 450 mm。

四、接户线引入口对地距离，不应小于下列数值：

1. 低压接户线——2.5 m；

2. 10(6)kV 接户线——4 m。

五、低压接户线跨越道路时，导线最大弧垂至地面距离不应小于下列数值：

行车道路——6 m；

人行道——3.5 m。

六、低压接户线与建筑物的距离，不应小于下列数值：

与下方窗户的垂直距离——300 mm；

与上方阳台或窗户的垂直距离——800 mm；

与窗户或阳台的水平距离——750 mm；

与墙壁、构架的距离——50 mm。

第四节　防雷、接地

第 11.4.1 条　电力设备防雷的设计，应符合下列规定：

一、变、配电所防雷

10(6)kV 变、配电所，应在每段母线和每路架空引入、引出线上装设避雷器。母线上避雷器与主变压器的电气距离，不宜大于表 11.4.1 所列数值。

表 11.4.1　避雷器与 10(6)kV 主变压器的最大电气距离(m)

雷季经常运行的进出线回路数	1	2	3	4 及以上
最大电气距离	15	23	27	30

二、杆架或落地式变压器防雷

1. 10(6)kV 杆架或落地式变压器，应在高压侧装设避雷器。多雷区，在低压侧也宜装设一组避雷器保护。

2. 35/0.4 kV 变压器进线段可不设避雷线，其高、低压侧均应设避雷器。

三、架空线路防雷

1. 10(6)kV 及以上架空线路中电缆长度大于 50 m 时，应在两端装避雷器，小于或等于50 m时，可在一端装设。

2. 10(6)kV 及以上架空线路相互交叉或与较低电压线路、弱电线路交叉时，交叉档两端的钢筋混凝土电杆(共 4 基)不论有无避雷线均应接地。如交叉距离比表 11.3.9 所列数值大 2 m 及以上时，则交叉档可不接地；交叉点至最近杆塔的距离不超过 40 m 时，可不在此线路交叉档的另一杆塔上装设交叉保护接地。

CHINA RAILWAY PUBLISHING HOUSE

3. 10(6)kV 柱上断路器和负荷开关,应装避雷器,经常断路而又带电的柱上断路器、负荷开关或隔离开关,应在带电侧装设避雷器。

4. 不设防直击雷的建筑物,为防止雷电波沿低压架空线路侵入,在入户端或接户杆上应将绝缘子铁脚接地;但年平均雷暴日不超过 30 的地区,低压线路被建筑物屏蔽地区以及接户线距低压线路接地点不超过 50 m 者,绝缘子铁脚可不接地。

第 11.4.2 条　电力设备接地的设计,应符合下列要求:

一、不同用途和不同电压的电力设备除另有规定者外,应使用一个总的接地体,接地电阻应满足其中最小值的要求。

二、中性点直接接地的低压电力网中,电力设备的外壳宜采用接零保护。

三、由同一台发电机、变压器或同一段母线供电的低压线路,不宜同时采用接零、接地两种保护方式。在有困难时,不接零的电力设备或线段,应装设能自动切除接地故障的继电保护装置。

四、低压电力设备接地装置的接地电阻不宜超过 4 Ω。使用同一接地装置其总容量不超过 100 kVA 及以下的发电机、变压器及其供电的低压电力设备接地装置的接地电阻不宜大于 10 Ω。

五、在低压接零保护网络中,架空线路的干线和分支线的终端及沿线每 1 km 处,零线应重复接地。电缆和架空线在引入车间或大型建筑物处,零线应重复接地(但距接地点不超过 50 m 者除外)。

低压线路零线每一重复接地装置的接地电阻不应大于 10 Ω,在电力装置的接地电阻允许达到 10 Ω 的电网中,所有重复接地的并联等值电阻均不应大于 10 Ω。

第十二章　电力牵引供电

第一节　一般规定

第12.1.1条　本章适用于工业企业标准轨距电气化铁路1.5 kV直流制电力牵引供电设计。

运量大、线路长，或与全国铁路网电力牵引区段相衔接的工业企业铁路，有充分依据时，可采用25 kV单相工频交流制。

第12.1.2条　电力牵引供电设计包括供电系统、牵引变电所、馈电所和牵引网。牵引网包括接触网、馈电线、回流轨、回流线、加强线及捷接线。

第12.1.3条　工业企业电气化铁路牵引负荷属二级电力负荷。

第12.1.4条　电力牵引供电设计，应在满足安全可靠、经济合理的条件下，力求系统简单、技术先进和施工及运营方便。

设备材料应采用合格的标准产品或成套设备。

第12.1.5条　当牵引整流设备产生的谐波对通讯信号及电力设备的干扰与影响，超过有关规定值时，应采取防护措施。

第二节　供电计算

第12.2.1条　牵引变电所的数量和分布位置，应根据各规划时期的电力牵引计算结果，通过供电计算选择，并结合非牵引负荷、电源系统、车站发展和地方建设规划等情况，经技术经济比较确定。

第12.2.2条　牵引变电所应由两回电源线路供电，条件困难的或小型的牵引变电所，可只设一回专用电源线路。

第12.2.3条　牵引变电所的容量，应根据该所供电范围内机车车辆类型、列车组成、列车对数、运输组织、铁路线路特征及发展情况，通过计算确定。

牵引变电所整流设备的数量，应选用两台及以上，当任一台停电时，其余整流设备应能承担原有全部负荷。

第12.2.4条　电力牵引负荷的计算方法，应按下列情况选择：

一、工业企业电气化铁路与路网电气化铁路连接并由路网供电时，应按路网的计算方法。

二、工业企业电力牵引为独立系统时，可按单位运量能耗法或需用系数法计算；如电力牵引规模较大（工作电力机车超过25台）时，宜以单位运量能耗法或运行曲线分析法计算。

第12.2.5条　采用运行曲线分析法计算直流牵引电能总耗量时，应考虑下列系数：

一、机车自用电　　1.05～1.15

二、牵引网损耗　　1.20 ~ 1.25

三、其　　他　　1.05 ~ 1.15

第 12.2.6 条　计算电压降,应计入以下附加电阻:

一、接触导线磨耗增加的电阻,应为接触导线正常值的 20%;

二、牵引网因发热所增加的电阻,根据材质通过计算确定;

三、钢轨连接处增加的电阻,为同型钢轨(计算区段长度)电阻的 25%。

第 12.2.7 条　牵引网导线型号的选择:接触导线宜采用代铜电车线或铜电车线;加强线、馈电线、回流线应采用铝绞线或电缆;承力索宜采用镀锌钢绞线;牵引负荷较大时,也可采用铜绞线或代铜绞线。

牵引网导线截面的选择,尚应满足下列条件:

一、满足第 12.2.8 条导线发热条件;

二、保证电力机车正常运行的电压水平,牵引网最低电压不应低于 1 000 V。

第 12.2.8 条　接触网和馈电线等在载流最不利情况下,持续 20 分钟的温度:铝线、铝合金线不应超过 80 ℃;铜线不应超过 100 ℃。

第三节　牵引变电所

第 12.3.1 条　牵引变电所所址,除应按供电计算的要求进行选择外,尚应符合下列要求:

一、接近负荷中心;

二、进出线、运营管理及运输方便;

三、所址高程应高于频率为 1/50 的洪水位,无法满足要求时,应有防洪、泄洪措施;

四、少占农田,尽量不占良田,留有扩建余地;

五、不宜设于空气污秽地区,无法远离时,不应设于主导风向下风侧;

六、不应设于可能产生滑坡、塌落的地带,与排土场应有一定的安全距离;

七、应设于爆破危险区以外,必须设在以内时,应采取防护措施;

八、场区排水方便;

九、尽量避开地下金属管线密集的地带。

第 12.3.2 条　牵引变电所直流主接线应采用不分段或分段的单母线加旁路母线接线方式。

整流装置直流侧应装设直流快速开关,每段母线至少应有一个备用馈电柜。

第 12.3.3 条　牵引变电所建筑物的布置,应紧凑合理,充分利用地形,并应考虑进出线、排水、扩建和运行维护的方便。

牵引变电所应设整流室、直流配电室和控制室,并根据需要设交流高压配电室、蓄电池室、通风机室、检修间、材料备品间、值班休息室及卫生间等。

直流配电室每段母线宜预留 1 ~ 2 个馈电柜位置。

控制室不应与直流配电室合并,控制室与整流室不宜直接相邻。

整流变压器宜置于户外。

第 12.3.4 条　直流馈出线快速开关与整流设备的网侧断路器、直流侧快速开关及冷却设备,应在控制室集中操作。

CHINA RAILWAY PUBLISHING HOUSE

第12.3.5条　整流设备应装设下列保护装置：

一、整流设备内部短路；

二、整流设备外部短路；

三、整流变压器重瓦斯；

四、冷却风机事故停风及风压降低；

五、过负荷；

六、整流变压器超过允许温度及轻瓦斯；

七、整流装置出口风温超过允许值及整流元件故障；

八、过电压。

上述一至四款应作用于断路器或快速开关跳闸，五至七款作用于信号。

第12.3.6条　1.5 kV直流系统应装设直流接地保护装置，当发生接地故障时，瞬时断开向故障点供电的全部电源。

第12.3.7条　馈出线直流快速开关分闸电流整定值，不应小于线路上经常出现的最大负荷电流的1.3倍，同时线路上最小短路电流，不应小于该整定值的1.3倍。

第12.3.8条　每套整流设备网侧应装设交流电流表与有功电度表。直流侧应装设电流表与电压表；每段直流母线上应装设电压表；每回直流馈出线应装设电流表；负母线上宜装设总电流表。

带直流高电压的电流表与电表压，应加强防护。有条件时宜采用直流互感器。

第12.3.9条　牵引变电所交、直流系统应共用接地体，其接地电阻值不应大于0.5 Ω。

接地体和接地线不得利用自然接地体。

第12.3.10条　牵引变电所每段直流主母线上、每回架空直流出线出口处以及每回电缆直流出线转接至架空线处，应装设避雷器。

第12.3.11条　自用电变压器宜设两台，每台容量应满足变电所正常工作时全部自用电的要求。如从附近引入一个可靠的低压电源时，则可只设一台。

自用电变压器不宜向所外负荷供电。

第12.3.12条　整流室温度应满足整流装置环境温度不低于－10 ℃，不高于＋40 ℃的要求。

当整流室采用机械通风而周围环境较好时，宜采用机械排风、自然进风系统；周围环境较差时，应设置机械送、排风系统。保持室内正压，必要时送风系统应采取滤尘措施。

第四节　牵　引　网

第12.4.1条　牵引网计算气象条件，应根据当地的气象资料（一般采用10年一遇的数值）及附近既有线路的运行经验确定。

第12.4.2条　接触网的计算气温，可按下列原则确定：

一、季节调整张力时，夏季最高气温取＋40 ℃，最低气温取年最高与最低气温的平均值减5 ℃，冬季最高气温取年最高与最低气温的平均值加5 ℃，最低气温为年最低气温；

二、吊弦　定位器处于正常位置时，取年最高与最低气温的平均值，并应与全年经常出现的气温接近；

三、半补偿链形悬挂的接触线无弛度时,取年最高与最低气温的平均值减 5 ~10 ℃。

第 12.4.3 条　牵引网供电分区系统应满足运输作业要求,保证供电质量,满足系统保护要求,缩小停电范围,检修方便和作业安全。

装卸线、机车检查线、整备线、机车库线、车辆站修线和机车车辆停留线应与相邻接触网分段,并应装设带接地装置的分区开关。

主要站场与区间之间、由不同馈电线供电的分界处等应分段,并根据需要装设不带接地装置的分区开关。

第 12.4.4 条　接触网悬挂方式根据线路用途、行车速度、气象条件及维护检修要求等因素,可选用以下类型:

一、硬性简单悬挂;

二、季节调整的简单悬挂;

三、带补偿的简单悬挂;

四、季节调整的链形悬挂;

五、半补偿的链形悬挂;

六、全补偿的链形悬挂。

第 12.4.5 条　正弓受电区段内,接触线在任何情况下距轨面的高度,均应符合下列规定:

一、最高高度,不应超过 6 400 mm;

二、最低高度:

1. 列车最大装载高度为 4 800 mm 时,在区间或车站内为 5 500 mm,在桥隧建筑物内为 5 150 mm;

2. 列车最大装载高度为 5 300 mm 时,在区间或车站内为 5 700 mm,在桥隧建筑物内为 5 550 mm;

3. 在编组站和有调车作业的车站内,宜采用 6 000 mm。

第 12.4.6 条　旁弓受电区段内,接触线距轨面的高度宜采用 4 300 mm,任何情况下不应低于 4 150 mm,不应高于 4 450 mm。

第 12.4.7 条　接触线对轨面的坡度,当行车速度小于或等于 45 km/h 时不应超过 15‰;当行车速度大于 45 m/h 时不应超过 10‰。

第 12.4.8 条　固定线路接触网应采用钢筋混凝土支柱,个别情况下可采用钢支柱。

第 12.4.9 条　软横跨或硬横跨每跨的股道数,不宜超过 6 股。

第 12.4.10 条　受电弓和接触网的带电部分至桥、隧、煤台等建筑物的静态及动态的空气间隙,均不应小于 200 mm。

第 12.4.11 条　接触网跨距应根据悬挂类型、受电弓宽度、曲线半径和气象条件计算确定,但不得超过下列规定:

一、直线区段铜接触线最大允许跨距:

1. 带补偿的简单悬挂为 50 m;

2. 带补偿的链形悬挂为 65 m。

二、相邻两跨距之差,不宜大于其中大跨距的 1/3,在困难条件下,不应大于 1/2。

三、转换支柱的跨距应比允许跨距缩减 10% ~25% ,有中间锚定、分区绝缘器处的跨距和其他特殊情况的跨距可缩减 10% 。

第 12.4.12 条　直线区段接触线的"之"字值,宜为 250～300 mm。曲线区段接触线的拉出值,应根据曲线半径和跨距等经计算确定,一般为 150～350 mm。

第 12.4.13 条　接触网的锚段长度,应根据计算确定。

接触线固定锚结处与补偿器端的张力差,不应超过最大张力的 ±15%。

铜接触线单边补偿最大锚段长度:

简单悬挂不超过 600 m;

链形悬挂不超过 750 m。

第 12.4.14 条　补偿器处未经磨损的铜接触线的最大张力,应符合下列规定:

一、150 mm^2 为 14 700 N(1 500 kgf);

二、100 mm^2 为 9 800 N(1 000 kgf);

三、85 mm^2 为 8 300 N(850 kgf);

四、65 mm^2 为 6 370 N(650 kgf)。

第 12.4.15 条　正弓与旁弓受电转换处接触线的重叠长度,宜采用 60 m。

第 12.4.16 条　回流轨的轨端应进行电气连接,每一连接处的电阻值不应大于同型钢轨 3 m 长的电阻值。

回流轨尚应进行轨间和相邻线间电气连接,轨间宜每隔 200 m、线间宜每隔 400 m 连接一次。

第 12.4.17 条　接触网的钢柱、钢筋混凝土支柱上所有金属构件,应通过接地线接于钢轨。

在采用双轨条轨道电路的区段,接地线应通过火花间隙接于钢轨;在采用单轨条轨道电路的区段,接地线应直接接到回流轨上。

距接触网带电部分 5 m 以内的金属建筑物(如信号机柱、水鹤、桥栏杆等),应单独接地。

第 12.4.18 条　牵引网下列地点,应安装避雷装置:

一、馈电线与接触网的连接点;

二、车站每个独立电分段;

三、区间每隔 1～1.5 km 装设一组;

四、长隧道的两端和平洞口;

五、机车库的出口处。

避雷装置可采用角型放电间隙,接地线应接钢轨。

第 12.4.19 条　严禁利用有爆炸危险场所的轨道作回流轨。凡不回流的轨道与用作回流的轨道之间,必须装设两处可靠的轨端绝缘,第一绝缘点应设在分界处,第二绝缘点应设在爆炸危险场所以外,与第一绝缘点的距离应大于一列车的长度。

CHINA RAILWAY PUBLISHING HOUSE

第十三章　铁路行政区划分和房屋建筑

第一节　一般规定

（Ⅰ）铁路行政区划分

第13.1.1条　工业企业铁路的行政区划分，应根据铁路经营管理单位的情况，分别按照下列原则考虑：

一、工业企业自行经营管理的铁路，应根据其业务量及工业企业生产管理的具体情况，考虑设置运输、工务、通信、信号、电力供应、给水、机务车辆、电力牵引等管理和生产单位，并确定各单位的管辖范围和计算标准。

二、委托铁道部所属铁路局管理的工业企业铁路，可根据委托范围的业务量，参照现行的国家标准《铁路线路设计规范》中铁路行政区划分的规定，确定各级管理和生产单位及其管辖范围和计算标准。

（Ⅱ）房屋建筑

第13.1.2条　房屋设计应因地制宜，就地取材，必须符合"适用、经济、在可能条件下注意美观"的原则。

第13.1.3条　房屋设计规模应根据铁路运输业务量、技术装备、定员人数等条件确定。企业或铁路既有房屋应充分利用。性质相近或业务联系密切的生产、生活房屋可合并修建。

第13.1.4条　房屋集中地区，应有总体规划。总平面布置和竖向布置要紧凑合理，并应做好场区道路、绿化和管线综合等设计。

第13.1.5条　限期使用铁路不得修建永久性房屋，宜利用既有建筑物，如无房可供利用时，应根据铁路使用期限长短，确定修建半永久性或临时性房屋。

第二节　生产房屋

第13.2.1条　行车室应设在车站到发场（线）中部的一侧，在到达场和出发场上，行车室宜设在列车头部附近的车场一侧。

第13.2.2条　工业企业铁路编组站或集配站设置站调楼（室）时，宜设在车站适中且作业繁忙地点。有条件时，站调楼（室）可与行车室或信号楼合并修建，但在布局上应避免相互干扰。在大型编组站上的站调楼（室）宜设在驼峰附近。

站调楼（室）内的调度室，应有良好的采光、通风和瞭望条件。房间面积较大和调度台数量较多的调度室，其室内装修宜考虑吸音设施。

第13.2.3条　线路值班员室应设在调车区，便于作业联系和瞭望调车活动的地点。调车组休息室应设在调车区内，并尽量靠近线路值班员室或行车室，或与之合并修建。

第13.2.4条　设有驼峰的车站，应在到达场或到发场中部一侧，设置放风员休息室。在驼峰顶部附近、车辆溜放方向左侧应有调车员及提钩员休息室。采用铁鞋制动时，应在调车线群的适当地点设置制动员休息室。

上述房屋凸出部分至最近线路中心距离，应按本规范第7.1.12条表7.1.12中规定执行。

第13.2.5条　当工业企业铁路列车挂有守车时，应在出发场（或到发场）的守车停留位置附近，设置守车整备室。

第13.2.6条　扳道房或道岔的清扫房，应设在站线两端道岔区的适中地点。扳道房不宜朝向轨道布置，如不可避免，且至线路中心距离又小于或等于5 m时，应在扳道房门前设置安全防护栅栏。

扳道房或道岔的清扫房，应有良好的瞭望条件。房屋凸出部分至最近线路中心距离，应按本规范第7.1.12条表7.1.12中规定执行。

第13.2.7条　在列车乘务车队（车间）所在地，应设置派班室、车间办公室和乘务员休息室等用房。房屋位置应设在便于乘务员出、退乘的车站附近。

第13.2.8条　有路、厂交接作业的车站，如设置联合办公室时，有关运输的生产房屋宜合并修建。若分建时，亦应紧邻在一起，以利工作联系。

第13.2.9条　在办理客运业务的车站，应设置为旅客服务的候车、售票和办理行包等业务的用房。当车站同时办理零担货物托取而所需的零担仓库面积又不大时，亦可与旅客站房合并设计。对于车站的行车运转房屋也宜与旅客站房合并修建。

第13.2.10条　货运办公室宜设在货场进出口附近，装卸工休息室宜设在主要货区附近，两者有条件时可合并修建。

第13.2.11条　车站内的信号机械用房外墙面凸出部分边缘至邻近线路中心线的距离，一般距正线不宜小于7 m，距站线不宜小于5 m。

电气集中信号用房的控制台室，应设瞭望窗。

第13.2.12条　通信、信号领工区及工区应设在通信、信号设备集中的车站。通信与信号工区房屋可合并修建。通信与信号领工区房屋也可与工区房屋合建。

第13.2.13条　机务段或车辆段厂房建筑地点，宜避开低洼区、高填方区、地下采空区和其他不良工程地质地段。

机务段或车辆段段址处于半填半挖地带时，应将规模较大或荷载较重以及有室内吊车设备的厂房与辅助车间布置在挖方地带。

第13.2.14条　货物列车检修所的设计，应符合下列规定：

一、房屋位置应设在到发线中部外侧，室内地面不应低于到发线轨面标高，如房屋设在站台上或贴近站台边缘时，其室内地面不得低于站台面标高；

二、列检值班员室应有良好的瞭望条件；

三、列检充电室应有良好的通风和防爆设施。

第13.2.15条　变、配电所房屋的设计，应符合下列规定：

一、建筑物的耐火等级，除变压器室为一级外，不应低于二级；

CHINA RAILWAY PUBLISHING HOUSE

二、控制室和配电装置室应采用不易起尘的压光地面；

三、变、配电所各室的门，应便于设备搬运，出口的门均应向外开，变压器室的门应为非燃烧材料或难燃烧材料的实体门；

四、门窗及外墙的孔洞，应有防止雨雪和小动物进入室内的设施。

第 13.2.16 条　给水所的贮油间、消毒间宜单独设置。深井给水所室内净空高度若不能满足设备检修起吊要求时，应在屋面设置不小于 1 000 mm × 1 000 mm 吊装孔，孔洞中心应对准水泵中心。管井泵房和水泵井均应设置起重设备。

第 13.2.17 条　净水所的漂白粉库、混凝剂间、加药间的室内地面与墙裙，均应采取防腐蚀措施。液氯贮存间、加氯间应与其他房间隔开设置，并使房间门直通室外，门扇向外开放，以满足防爆要求。液氯贮存间尚应采取防日光强烈照射措施。

上述房间均应有良好的自然或机械通风。

第 13.2.18 条　软水所的离子交换软水间、再生剂贮存和配制间、化验室等，其室内地面与墙裙应采取防腐蚀措施。药剂软化化解间应采取除尘措施。

上述房间均应有良好的自然通风条件。

第 13.2.19 条　污水泵站的位置，应尽量远离或布置在住宅区或人口稠密区的夏季最小频率风向上风侧。含有便溺污水的泵站距其他房屋距离，不宜小于 25 m。污水泵房内宜有良好的通风条件。

第 13.2.20 条　人工或机械化养路工区、养路领工区的房屋，宜设在其管辖地段的适中位置。但在自然条件或生活条件困难地区，可将工区或领工区设在车站附近。

领工区房屋宜与工区房屋合并修建。

第 13.2.21 条　机械化养路工区的房屋，包括办公用房、汽车(或轨道车)库、机具库和燃油库等。

第 13.2.22 条　交通繁忙和视线条件差的铁路道口，大型桥梁、隧道建筑物、路基坍方落石和严重砂害地段等，如需派人看守应设值班看守房。

第 13.2.23 条　工业企业铁路的房产维修和管理机构，维护铁路治安机构(公安派出所)，应与企业内同类部门合并考虑。如铁路必须单独设置时，可根据具体情况确定。

第三节　生 活 房 屋

第 13.3.1 条　确定工业企业铁路职工的居住、生活福利、文教卫生等房屋的规模与数量时，应符合下列规定：

一、确定房屋规模和计算房屋数量，应依据设计年度中的近期定员；

二、房屋规划指标和面积定额，应按铁路所在省、自治区、直辖市的现行规定执行；

三、铁路生活房屋应优先考虑利用地方或工业企业的既有设施，当不能利用时，也要考虑与企业内的同类设施统一规划，统一设计，统一维修管理。

第 13.3.2 条　在机车、列车乘务组换班地点和机车折返地点，应设乘务员休息室或公寓。其每个房间居住人数，应根据乘务员类别确定。

乘务员公寓可根据需要附设专用食堂和浴室。

CHINA RAILWAY PUBLISHING HOUSE

第十四章 铁路用地

第 14.0.1 条 铁路用地必须按国家建设征用土地的现行有关规定执行。

分期修建的铁路建筑物和设备所需用地,应分期征用。将未来发展需用的土地划为保留用地,并明确在保留用地范围内,不得修建永久性房舍或其他建筑物以及种植多年成长的贵重林木等。

第 14.0.2 条 路基用地的宽度。路堑从堑顶边缘至用地界的距离,不应小于 1 m。路堤以天然护道外 1 m 为用地界。如有弃土堆、取土坑、天沟、排水沟时,则从最外边至用地界的距离不应小于 1 m。

第 14.0.3 条 在线路两侧,如有不良地质或人工坑洞等影响路基稳定时,应根据工程需要,确定用地范围。在遭受风砂和雪害地带,设计用地时,要考虑栽种防护林带,安装防砂栅栏或防雪栅栏的用地。

在风砂地区的个别情况下,可根据需要划出不得铲除植被的附加用地作为特殊地带。

第 14.0.4 条 通过林区的铁路,其用地宽度,应根据线路具体情况结合林区护林防火规定确定,一般由线路中心线算起每侧用地宽度:有林地带不应小于 40 m,无林地带不应小于 20 m。

第 14.0.5 条 桥梁墩台基础、导流建筑物、桥梁附近河床整治、防护、加固、改移河渠等的用地,应结合具体情况按工程需要确定用地范围。

第 14.0.6 条 隧道弃砟、排水、通风口及附属工程等,应统筹安排用地,保护好环境。

第 14.0.7 条 给水、排水建筑物用地,应注意环境条件。水源和给水所用地应适当留有发展余地。

第 14.0.8 条 距线路、站场较远的独立生活区,给排水设施、通信楼、水电段、供电段、牵引变电所等,可按建筑物的外围道路(包括侧沟)以外 1 ~ 5 m 或外墙边以外 5 m 为用地范围。

第 14.0.9 条 设置平交道、改移公(道)路的用地,还应考虑取弃土的需要。

第 14.0.10 条 沿线绿化和苗圃用地,应执行国家现行的有关规定。

第 14.0.11 条 弃土堆、取土坑、隧道弃砟、给排水管网、其他地下管线以及附属工程等所占用地,如能恢复供农业使用时,应归还地方,不划入铁路用地范围以内。

第 14.0.12 条 在用地范围的最外边缘,每隔 100 ~ 200 m 的距离及宽度变换处,设置用地界标。

第 14.0.13 条 在城镇划定铁路用地时,应与当地建设规划相配合,并取得协议。

附录一 铁路路基土石填料分类表

附表 1

填料 类	别	名称	符号	说明	填料组别	土石分类对照	
岩块	块石类	硬块石	R_h	粒径大于200 mm颗粒超过全重的50%,坚硬,不易风化	A		块石土
		软块石	R_s	粒径大于200 mm颗粒超过全重的50%	B、C、D		
		漂石土	R_bF	粒径大于200 mm颗粒超过全重的50%,圆状为主	A、B、C	碎石类土	漂石土
	碎石类	卵石土	R_sF	粒径大于20 mm颗粒超过全重的50%,圆状为主	A、B、C		卵石土
		碎石土	R_eF	粒径大于20 mm颗粒超过全重的50%,棱状为主	A、B、C		碎石土
粗粒土	砾石类	砾石土	GF	粒径大于2 mm颗粒超过全重的50%,圆状为主	A、B、C		圆砾土
		砂 砾	GS	粒径大于2 mm颗粒少于全重的50%	A、B		角砾土
	砂类	砾 砂	SG	粒径大于2 mm颗粒为全重的25%~50%	A、B	砂类土	砾 砂
		粗 砂	S_c	粒径大于0.5 mm颗粒超过全重的50%	A、B		粗 砂
		中 砂	S_m	粒径大于0.25 mm颗粒超过全重的50%	A、B		中 砂
		细 砂	S_f	粒径大于0.1 mm颗粒超过全重的75%	B		细 砂
		粉 砂	SM	粒径大于0.1 mm颗粒少于全重的75%,细粒土部分以粉粒为主	C		粉 砂
		黏 砂	SC	粒径大于0.1 mm颗粒少于全重的75%,细粒土部分以黏粒为主	B		
细粒土	粉土类	砂粉土	MS	塑性图A线以下,C线以左	B	黏性土	
		粉 土	M	塑性图A线以下,B、C线之间	C		
		黏粉土	MC	塑性图A线以下,B线以右	D		
	黏土类	砂黏土	CS	塑性图A线以上,C线以左,$I_p>4$	B		
		粉黏土	CM	塑性图A线以上,B、C线之间	C		
		黏 土	C	塑性图A线以上,B线以右	D		
		有机土	P_t	有机质含量大于5%	E		

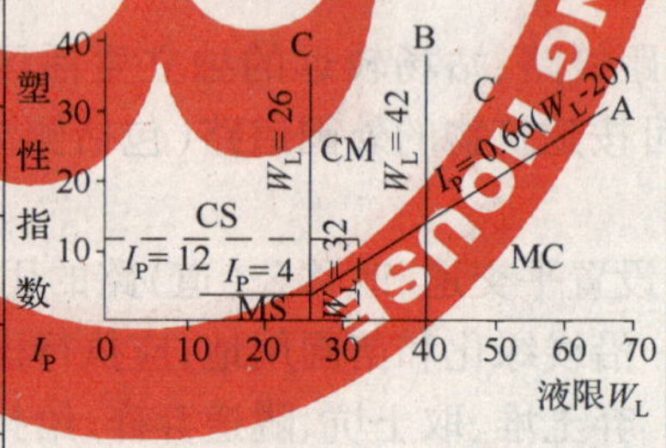

① 软块石填料组别:B组指不易风化的,C组指易风化的,D组指严重风化的。

② 漂石土、卵石土、碎石土和砾石土的填料组别是根据细粒土含量确定,含量在15~30%者为B组;含量大于30%者为C组。

③ 表内填料组别为A、B组者:A组指级配良好的($C_u\geqslant5$,$C_c=1\sim3$);B组指级配不良的($C_u<5$或$C_c\neq1\sim3$)。其中不均匀系数 $C_u=\dfrac{d_{ce}}{d_e}$;曲率系数 $C_c=\dfrac{d_{ae}^2}{d_{le}\times d_{ce}}$;$d_{10}$、$d_{30}$、$d_{60}$分别为颗粒级配曲线上相应于10%、30%及60%含量的粒径。

CHINA RAILWAY PUBLISHING HOUSE

附录二 土、石工程分级表

附 表 2

土石等级	土石类别	土石名称	钻1 m所需要时间			爆破1 m^3 所需炮眼长度(m)		开挖方法
			湿式凿岩一字合金钻头(净钻分钟)	湿式凿岩普通淬火钻头(净钻分钟)	双人打眼(工天)	路堑	隧道导坑	
Ⅰ	松土	砂类土、腐植土、种植土、软塑的黏性土						用铁锹挖,脚蹬一下到底的松散层,机械能全部直接铲挖满载者
Ⅱ	普通土	硬塑的黏性土、可塑的裂土、可塑的红黏土、新黄土、中密的碎石类土(不包括块石土、漂石土)、人工弃填土						部分用镐刨松,再用锹挖,以脚蹬锹需连蹬数次才能挖动的;机械需部分刨松方能铲挖满载者,或可直接铲挖,但不能满载者
Ⅲ	硬土	半干硬状态的裂土、半干硬状态的红黏土、老黄土、含土较多的块石土及漂石土、各种风化成土状的岩石						必须用镐先整个刨过才能用锹挖的,机械需普遍刨松或部分爆碎方能铲挖满载者
Ⅳ	软石	块石土、漂石土、岩盐、各种软质岩石:泥质砾岩、泥岩、泥质页岩、泥质砂岩、煤、凝灰岩、云母片岩、千枚岩		<7	<0.2	<0.2	<2.0	部分用撬棍或十字镐及大锤开挖,部分用爆破法开挖
Ⅴ	次坚石	各种硬质岩:硅质页岩、砂岩、钙质砾岩、白云岩、石灰岩、坚实的泥灰岩、软玄武岩、片岩、片麻岩、正长岩、花岗岩	≤15	7~20	0.2~1.0	0.2~0.4	2.0~3.5	用爆破法开挖
Ⅵ	坚石	各种极硬岩:硬玄武岩、致密的石灰岩、硅质砾岩、大理岩、石英岩、闪长岩、细粒花岗岩、正长岩	>15	>20	>1.0	>0.4	>3.5	用爆破法开挖

注:对软土(软黏性土、淤泥质土、淤泥、泥炭质土、泥炭)、风积砂及多年冻土等进行工程分级时,应结合具体施工情况另定。

CHINA RAILWAY PUBLISHING HOUSE

附录三　旧轨总磨耗或侧面磨耗限度

旧轨头部总磨耗或侧面磨耗，不应大于附表3的规定。

附表3　旧轨总磨耗或侧面磨耗限度(mm)

线　　别	钢轨类型(kg/m)	交料标准	交付运营标　　准
正线、到发线、有通行列车的联络线	50～43	8	9
	43～38	7	8
	38以下	5	6
上述以外的其他线路	43～38	10	12
	38以下	8	10

CHINA RAILWAY PUBLISHING HOUSE

附录四　习用的非法定计量单位与法定计量单位的换算关系表

CHINA RAILWAY PUBLISHING HOUSE

附　表　4

序号	量的名称	法定计量单位		原习用计量单位		单位量值的换算
		名　　称	符　　号	名　　称	符　　号	
1	距离、长度、高度、宽度、尺寸误差等	千　米 米 厘　米 毫　米	km m cm mm	公　里 米 厘　米 毫　米	km m cm mm	
2	面　　积	平方米 平方厘米 平方毫米	m^2 cm^2 mm^2	平方米 平方厘米 平方毫米	m^2 cm^2 mm^2	
3	体　　积	立方米 升 毫　升	m^3 l,L ml,mL	立方米 升 毫　升	m^3 L ml,mL	
4	平面角	度 分 秒 弧度	° ′ ″ rad	度 分 秒 弧度	° ′ ″ rad	
5	温　　度	摄氏度	℃	摄氏度	℃	
6	时　　间	日 时 分 秒	d h min s	日,昼夜 时 分 秒		
7	速　　度	千米每小时 米每秒 米每小时	km/h m/s m/h	公里/小时 米/秒 米/小时	km/h m/s m/h	
8	流　　量	立方米每秒 升每秒	m^3/s l/s,L/s	立方米/秒 升/秒	m^3/sec L/sec	

续上表

序号	量的名称	法定计量单位		原习用计量单位		单位量值的换算
		名称	符号	名称	符号	
9	质量 （重量）	兆吨 千吨 吨 千克 克 毫克	Mt kt t kg g mg	百万吨 万吨 吨 公斤 克 毫克	Mt t kg g mg	
10	密度	吨每立方米 千克每立方米 克每立方厘米	t/m^3 kg/m^3 g/cm^3	吨/立方米 公斤/立方米 克/立方厘米	t/m^3 kg/m^3 g/cm^3	
11	力,重力	兆牛 千牛 牛	MN kN N	吨力 公斤力	tf kgf	1kgf = 9.806 65 N≈10 N （用于不影响计算精度） 1 tf = 9.806 65 kN
12	线密度	兆吨每千米 千克每米	Mt/km kg/m	百万吨/公里 公斤/米	Mt/km kg/m	
13	压力,压强	帕	Pa	吨/米^2 公斤/厘米^2	tf/m^2 kgf/cm^2	1 tf/m^2 = 9.806 65 kPa 1 kgf/cm^2 = 98.066 5 kPa
14	列车阻力	牛每千牛 牛每吨	N/kN N/t	公斤/吨	kg/t	
15	力矩	牛米	N·m	吨—米 公斤—厘米		
16	蒸发残渣	毫克每升	mg/L mg/L	毫克/升	mg/L	
17	水质硬度	毫克·当量每升 摩〔尔〕每升摩 〔尔〕每立方米	mol/L, mol/L mol/m^3	毫克·当量/升		
18	电流	千安 安 毫安 微安	kA A mA μA	千安 安 毫安 微安	kA A mA μA	
19	电流密度	安每平方毫米	A/mm^2	安/平方毫米	A/mm^2	
20	电位 电压 电势	千伏 伏 毫伏 微伏	kV V mV μV	千伏 伏 毫伏 微伏	kV V mV μV	

CHINA RAILWAY PUBLISHING HOUSE

续上表

序号	量的名称	法定计量单位		原习用计量单位		单位量值的换算
		名　称	符　号	名　称	符　号	
21	电　阻	欧	Ω	欧	Ω	
22	表观功率	千伏安 伏安	kVA VA	千伏安 伏安	kVA VA	
23	功　率	千瓦 瓦 皮瓦	kW W PW	千瓦 马力 瓦 微微瓦		1 马力 =735.498 75 W
24	频　率	兆赫 千赫 赫	MHz kHz Hz	兆赫 千赫 赫		

CHINA RAILWAY PUBLISHING HOUSE

附录五　本规范用词说明

一、执行本规范条文时，对于要求严格程度的用词说明如下，以便在执行中区别对待。

1. 表示很严格，非这样作不可的用词：

正面词采用"必须"；

反面词采用"严禁"。

2. 表示严格，在正常情况下均应这样作的用词：

正面词采用"应"；

反面词采用"不应"或"不得"。

3. 表示允许稍有选择，在条件许可时，首先应这样作的用词：

正面词采用"宜"或"可"；

反面词采用"不宜"。

二、条文中指明必须按其他有关标准和规范执行的写法为，"应按……执行"或"应符合……要求或规定"。非必须按所指定的标准和规范执行的写法为，"可参照……"。

CHINA RAILWAY PUBLISHING HOUSE

附加说明

本规范主编单位、参加单位和主要起草人名单

主 编 单 位:铁道部第三勘测设计院

参 加 单 位:冶金工业部长沙黑色冶金矿山设计研究院
鞍山黑色冶金矿山设计研究院
国家机械工业委员会湘潭牵引电气设备研究所
煤炭工业部规划设计总院
广西壮族自治区煤矿设计院

主要起草人:徐秀岚 常大涤 芦 钧 张竟柱 胡人礼 刘祖培 黄柱邦
程锡麟 李振宗 李兴旺 李同禧 李树信 许志诚 田乐珊
李春琪 张仪和 戴凌云 于崇勋 方述世 陈木生 阎维恭
老林昆 李彦辉 张迺炎 沙福堂 程贻荪 叶景光

CHINA RAILWAY PUBLISHING HOUSE

中华人民共和国行业标准

铁建设〔2003〕127 号

铁路轨道工程施工质量验收标准

Standard for constructional quality acceptance of railway track engineering

TB 10413—2003

J 284—2004

2003—12—16 发布　　2004—01—01 实施

中华人民共和国铁道部　发布

前　言

本标准是根据铁道部《关于印发2001年铁路工程建设规范定额标准设计编制计划的通知》(铁建设函〔2001〕72号)的要求,在《铁路轨道工程质量检验评定标准》(TB 10413—98)基础上修订而成的。

本标准在编制过程中认真贯彻了"调整地位、验评分离、充实内容、严格程序、强化检测、明确职责"的指导思想,进行了深入的调查研究,总结了我国铁路轨道工程施工质量控制的实践经验,并广泛征求了有关方面的意见。本标准提出了铁路轨道工程的施工要求、质量保证措施、验收方法、验收程序和质量标准,明确了建设各方在施工质量控制中的职责,严格了材料进场验收和施工质量检测的程序及方法,体现了科学性和可操作性,突出了验标对铁路轨道工程施工质量的控制和提高新线开通速度的要求。

本标准应与《铁路混凝土与砌体工程施工质量验收标准》(TB 10424—2003)配合使用。

本标准共分14章,主要内容包括:总则,术语,基本规定,线路基桩,铺轨前铺砟,无砟道床,无缝线路轨道,有缝线路轨道,道岔及钢轨伸缩调节器,道口、防护栅栏,护轨,线路、信号标志,轨道加强设备,轨道工程观感质量评定等。

本次修订的主要内容如下:

1. 修改了标准的适用范围,将旅客列车设计行车速度由140 km/h提高到160 km/h。

2. 完善了工程施工质量验收的方法、程序和质量标准,取消了优良等级评定。

3. 无砟道床施工增加了钢筋、模板、混凝土、轨道板铺设、轨排组装架设、隔离层铺设、防水层、保护层及伸缩缝的验收标准。

4. 无缝线路施工增加了基地钢轨焊接、长钢轨铺设、铺砟整道、工地钢轨焊接、线路锁定、轨道整理、钢轨预打磨的验收标准。

5. 增加了无缝道岔铺设、钢轨伸缩调节器铺设和防护栅栏的验收标准。

6. 补充了道床参数指标检测和轨道动态检测等内容。

本标准以黑体字标志的条文为强制性条文,必须严格执行。

在执行本标准过程中,希望各单位结合工程实践,认真总结经验,积累资料。如发现需要修改和补充之处,请及时将意见及有关资料寄交中铁一局集团有限公司(陕西省西安市雁塔路北段1号,邮政编码:710054),并抄送铁路工程技术标准所(北京市羊坊店路甲8号,邮政编码:100038),供今后修订时参考。

本标准由铁道部建设管理司负责解释。

本标准主编单位:中铁一局集团有限公司。

本标准主要起草人:李兵选、杨荣庭、王秀成、朱同蜜、孙柏辉、穆俊山、吴正新。

目　次

1 总 则

1.0.1 为了加强铁路工程施工质量管理,统一铁路轨道工程施工质量的验收,保证工程质量,制定本标准。

1.0.2 本标准适用于旅客列车设计行车速度等于或小于160 km/h的客货列车共线运行的新建、改建标准轨距铁路轨道工程施工质量的验收。对于其他铁路的轨道工程,以及本标准未涉及的新技术、新工艺、新设备、新材料,其施工质量的验收应另行制定补充标准。

1.0.3 施工单位作为工程施工质量控制的主体,应对工程施工质量进行全过程控制;建设单位、监理单位和勘察设计单位等各方应按有关规定的要求对施工阶段的工程质量进行控制。

1.0.4 铁路轨道工程施工应贯彻国民经济可持续发展战略,做好环境保护、水土保持等工作,合理利用资源,并做到文明安全施工。

1.0.5 铁路轨道工程施工质量的检验检测工作取得的质量数据应真实可靠,全面反映工程质量状况。所用方法和仪器设备应符合相关标准的规定。

1.0.6 铁路轨道工程施工中所采用的承包合同文件和工程技术文件等对施工质量的要求不得低于本标准的规定。

1.0.7 铁路轨道工程施工质量的验收除应符合本标准外,尚应符合国家现行有关标准的规定。

CHINA RAILWAY PUBLISHING HOUSE

2 术　语

2.0.1 工程施工质量　constructional quality of engineering

反映工程施工过程或实体满足相关标准规定或合同约定的要求,包括其在安全、使用功能及其在耐久性能、环境保护等方面所有明显和隐含能力的特性总和。

2.0.2 验收　acceptance

工程施工质量在施工单位自行检查评定合格的基础上,参与建设活动的有关单位共同对检验批、分项、分部、单位工程的质量按有关规定进行检验,根据相关标准以书面形式对工程质量达到合格与否作出确认。

2.0.3 进场验收　site acceptance

对进入施工现场的材料、构配件、设备等按相关标准规定要求进行检验,对其达到合格与否作出确认。

2.0.4 检验批　inspection lot

按同一生产条件或按规定的方式汇总起来供检验用的由一定数量样本组成的检验体。

2.0.5 检验　inspection

对检验项目中的性能进行量测、检查、试验等,并将结果与标准规定要求进行比较,以确定每项性能是否合格所进行的活动。

2.0.6 见证　witness

监理单位或建设单位现场监督施工单位某过程完成情况的活动。

2.0.7 见证取样检测　evidential testing

在监理单位或建设单位监督下,由施工单位有关人员现场取样,并送至具备相应资质的检测单位所进行的检测。

2.0.8 平行检验　parallel acceptance testing

监理单位利用一定的检查或检测手段,在施工单位自检的基础上,按照一定的比例独立进行检查或检测的活动。

2.0.9 旁站　stop and supervision

在工程的关键部位或关键工序施工过程中,由监理人员在现场进行的监督活动。

2.0.10 工序　construction procedure

工程施工过程的基本单元。

2.0.11 交接检验　handing over inspection

由施工的承接方与完成方共同检查并对可否继续施工做出确认的活动。

2.0.12 主控项目　dominant item

对安全、卫生、环境保护和公众利益起决定性作用的检验项目。

2.0.13 一般项目　general item

除主控项目以外的检验项目。

2.0.14 抽样检验 sampling inspection

按照规定的抽样方案,随机地从进场的材料、构配件、设备或工程检验项目中,按检验批抽取一定数量的样本所进行的检验。

2.0.15 抽样方案 sampling scheme

根据检验项目的特性所确定的抽样数量方法。

2.0.16 计数检验 counting inspection

在抽样的样本中,记录每一个体有某种属性或计算每一个体中的缺陷数目的检查方法。

2.0.17 观感质量 quality of appearance

通过观察和必要的量测所反映的工程外在质量。

2.0.18 返工 rework

对不合格的工程部位采取的重新制作、重新施工等措施。

2.0.19 返修 repair

对工程不符合标准规定的部位采取整修等措施。

2.0.20 一般缺陷 ecumenic defect

对结构构件的受力性能或使用性能无决定性影响的缺陷。

2.0.21 严重缺陷 serious defect

对结构构件的受力性能或使用性能有决定性影响的缺陷。

2.0.22 型式检验 type inspection

确认产品或过程应用结果适用性所作的检验。

2.0.23 长钢轨 long rail

超过标准长度的钢轨(其中包括厂焊钢轨)。

2.0.24 单元轨节 rail link

一次锁定的连续轨条

2.0.25 设计锁定轨温 design stress-free temperature of rail

根据气象资料和无缝线路允许升温幅度、允许降温幅度,计算确定的无缝线路锁定轨温。

2.0.26 实际锁定轨温 actual fastening down temperature

无缝线路温度力为"零"时的钢轨温度。

2.0.27 CA 砂浆 CA sand mortar

由沥青乳剂和水、水泥、细骨料等混合而成的材料,称水泥沥青砂浆,简称 CA 砂浆。

2.0.28 钢轨胶接绝缘接头 glued insulated rail joint

由胶粘剂粘合的钢轨绝缘接头。

CHINA RAILWAY PUBLISHING HOUSE

3 基本规定

3.1 一般规定

3.1.1 铁路轨道工程施工现场质量管理应有相应的施工技术标准、健全的质量管理体系和施工质量检验制度。

施工现场质量管理检查记录应由施工单位在施工前按表 3.1.1 的规定填写，总监理工程师进行检查，并做出检查结论。

表 3.1.1 施工现场质量管理检查记录

<table>
<tr><td colspan="2">单位工程名称</td><td></td><td colspan="2">开工日期</td><td colspan="2"></td></tr>
<tr><td colspan="2">建设单位</td><td></td><td colspan="2">项目负责人</td><td colspan="2"></td></tr>
<tr><td colspan="2">设计单位</td><td></td><td colspan="2">项目负责人</td><td colspan="2"></td></tr>
<tr><td colspan="2">监理单位</td><td></td><td colspan="2">总监理工程师</td><td colspan="2"></td></tr>
<tr><td colspan="2">施工单位</td><td></td><td>项目负责人</td><td></td><td>项目技术负责人</td><td></td></tr>
<tr><td>序号</td><td colspan="3">项 目</td><td colspan="3">内 容</td></tr>
<tr><td>1</td><td colspan="3">开工报告</td><td colspan="3"></td></tr>
<tr><td>2</td><td colspan="3">现场质量管理制度</td><td colspan="3"></td></tr>
<tr><td>3</td><td colspan="3">质量责任制</td><td colspan="3"></td></tr>
<tr><td>4</td><td colspan="3">工程质量检验制度</td><td colspan="3"></td></tr>
<tr><td>5</td><td colspan="3">施工技术标准</td><td colspan="3"></td></tr>
<tr><td>6</td><td colspan="3">施工图现场核对情况</td><td colspan="3"></td></tr>
<tr><td>7</td><td colspan="3">交接桩、施工复测及测量控制网资料</td><td colspan="3"></td></tr>
<tr><td>8</td><td colspan="3">施工组织设计、施工方案、环保方案及审批</td><td colspan="3"></td></tr>
<tr><td>9</td><td colspan="3">分包方资质及对分包单位管理制度</td><td colspan="3"></td></tr>
<tr><td>10</td><td colspan="3">主要专业工种操作上岗证书</td><td colspan="3"></td></tr>
<tr><td>11</td><td colspan="3">施工检测设备及计量器具设置</td><td colspan="3"></td></tr>
<tr><td>12</td><td colspan="3">材料、设备管理制度</td><td colspan="3"></td></tr>
<tr><td colspan="7">检查结论：

总监理工程师 年 月 日</td></tr>
</table>

3.1.2 轨道工程应按下列规定进行施工质量控制：

1 工程采用的主要材料、构配件和设备，施工单位应对其外观、规格、型号和质量证明文件等进行验收，并经监理工程师检查认可。凡涉及结构安全和使用功能的，施工单位应进行检验，监理单位应按规定进行平行检验或见证取样检测。

2 各工序应按施工技术标准进行质量控制，每道工序完成后，施工单位应进行检查，并形成记录。

3 工序之间应进行交接检验，上道工序应满足下道工序的施工条件和技术要求。相关专业工序之间的交接检验应经监理工程师检查认可，未经检查或经检查不合格的不得进行下道工序施工。

3.1.3 轨道工程施工质量应按下列要求进行验收：

1 工程施工质量及验收应符合本标准和有关专业验收标准的规定；

2 工程施工质量应符合设计文件的要求；

3 参加工程施工质量验收的各方人员应具备规定的资格，各种检查记录签证人员应报建设单位确认、备案；

4 工程施工质量的验收均应在施工单位自行检查评定合格的基础上进行；

5 隐蔽工程在隐蔽前应由施工单位通知监理单位进行验收，并应形成验收文件；

6 涉及结构安全的试块、试件和现场检验项目，监理单位应按规定进行平行检验、见证取样检测或见证检测；

7 检验批的质量应按主控项目和一般项目验收；

8 对涉及结构安全和使用功能的分部工程应进行抽样检测；

9 承担见证取样检测及有关结构安全检测的单位应具有相应的资质；

10 单位工程的观感质量应由验收人员通过现场检查共同评定。

3.2 工程施工质量验收的划分

3.2.1 轨道工程施工质量验收划分为单位工程、分部工程、分项工程和检验批。

3.2.2 单位工程应按一个完整工程或一个相当规模的施工范围划分，并按下列原则确定：

1 正线轨道：一个区间（以站中心为界，含正线道岔），当区间内含有不同类型轨道时，也可按轨道类型划分；

2 站场轨道：一个站或大型枢纽的一个场（以最外方咽喉道岔为界，含站线道岔）。

3.2.3 分部工程应按一个完整部位或主要结构及施工阶段划分。

3.2.4 分项工程应按工种、工序、材料、施工工艺划分。

3.2.5 检验批可根据施工及质量控制和验收需要按长度、施工段（处）等进行划分。

3.2.6 轨道的分部工程、分项工程划分和检验批检验项目应符合表3.2.6—1～2的规定。

表3.2.6—1 正线轨道分部工程、分项工程、检验批划分和检验项目

分部工程		分项工程	检验批	检验批检验项目条文号	
类别	名称			主控项目	一般项目
线路基桩		基桩测设	2 km	4.0.2～4.0.5	4.0.6
道床	有砟道床（铺轨前铺砟）	铺底砟	5 km（宽枕1 km）	5.2.1～5.2.3	5.2.4
		预铺道砟		5.3.1～5.3.4	5.3.5～5.3.7
	板式无砟道床	底座钢筋	施工段	6.2.1	6.2.2
		底座模板	施工段	6.3.1～6.3.3	6.3.4～6.3.7
		底座混凝土	施工段	6.4.1～6.4.3	6.4.4、6.4.5、6.4.7
		轨道板铺设	20块	6.5.1～6.5.5	6.5.6
		CA砂浆模板	施工段	6.3.1	6.3.8
		CA砂浆配制灌注	施工段	6.6.1～6.6.3	
		防水层、保护层及伸缩缝	施工段	6.9.1～6.9.6	6.9.7～6.9.11

续上表

分部工程		分项工程	检验批	检验批检验项目条文号	
类别	名称			主控项目	一般项目
道床	支承块式无砟道床	支承块轨排组装架设	施工段	6.7.1、6.7.2	6.7.3
		道床板钢筋	施工段	6.2.1	6.2.2
		道床板模板	施工段	6.3.1、6.3.2	6.3.4、6.3.5、6.3.7
		道床板混凝土	施工段	6.4.1～6.4.3	6.4.4、6.4.6
		防水层、保护层及伸缩缝	施工段	6.9.1～6.9.6	6.9.7～6.9.11
	长枕埋入式无砟道床	底座钢筋	施工段	6.2.1	6.2.2
		底座模板	施工段	6.3.1～6.3.3	6.3.4～6.3.7
		底座混凝土	施工段	6.4.1～6.4.3	6.4.4、6.4.5
		隔离层铺设	施工段	6.8.1、6.8.2	6.8.3、6.8.4
		长枕轨排组装架设	施工段	6.7.1、6.7.2	6.7.3
		道床板钢筋	施工段	6.2.1	6.2.2
		道床板模板	施工段	6.3.1、6.3.2	6.3.4、6.3.5、6.3.7
		道床板混凝土	施工段	6.4.1～6.4.3	6.4.4、6.4.6
		防水层、保护层及伸缩缝	施工段	6.9.1～6.9.6	6.9.7～6.9.11
轨道	无缝线路轨道	基地钢轨焊接	500个焊头	7.2.1～7.2.6	7.2.7
		长钢轨铺设	2 km	7.3.1～7.3.3	7.3.4～7.3.6
		铺砟整道	5 km	7.4.1、7.4.2	7.4.3、7.4.4
		工地钢轨焊接	每个区间	7.5.1～7.5.5	7.5.6
		线路锁定	单元轨节	7.6.1～7.6.5	7.6.6、7.6.7
		轨道整理	5 km	7.7.1～7.7.4	7.7.5、7.7.6
		无缝道岔铺设	每组	9.2.1～9.2.7	9.2.8～9.2.12
		道岔铺砟整道	每组	9.4.1～9.4.7	9.4.8～9.4.10
		钢轨伸缩调节器铺设	每组	9.5.1～9.5.5	9.5.6～9.5.9
		钢轨预打磨	5 km	7.8.1、7.8.2	
	有缝线路轨道	轨排组装	2 km	8.2.1～8.2.11	8.2.12～8.2.17
		铺轨	2 km	8.3.1～8.3.4	8.3.5～8.3.9
		铺砟、整道	2 km	8.4.1～8.4.5	8.4.6～8.4.12
		有缝道岔铺设	每组	9.3.1～9.3.4	9.3.5～9.3.10
		道岔铺砟整道	每组	9.4.1～9.4.7	9.4.8～9.4.10
		钢轨伸缩调节器铺设	每组	9.5.1～9.5.5	9.5.6～9.5.9
线路附属	道口	道口铺设	每处	10.1.1～10.1.3	10.1.4～10.1.7
		道口防护设施	每处	10.2.1～10.2.3	10.2.4
	防护栅栏	栅栏安装	每个区间	10.3.1	10.3.2、10.3.3
	护轨	护轨铺设	每处	11.0.1～11.0.5	11.0.6～11.0.10
	标志	线路、信号标志	每个区间	12.0.1～12.0.3	12.0.4
	轨道加强设备	防爬设备	每个区间	13.1.1、13.1.2	13.1.3、13.1.4
		轨距杆、轨撑	每个区间	13.2.1、13.2.2	13.2.3

注：1　施工段指一个班次或作业循环的施工长度；

2　检验批长度均按单线计算。

CHINA RAILWAY PUBLISHING HOUSE

表 3.2.6—2 站场轨道分部工程、分项工程、检验批划分和检验项目

分部工程		分项工程	检验批	检验批检验项目条文号	
类别	名称			主控项目	一般项目
道床	有砟道床（铺轨前铺砟）	铺底砟	每股道	5.2.1～4.2.3	5.2.4
		预铺道砟	每股道	5.3.1～5.3.4	5.3.5～5.3.7
	板式无砟道床	底座钢筋	施工段	6.2.1	6.2.2
		底座模板	施工段	6.3.1～6.3.3	6.3.4～6.3.7
		底座混凝土	施工段	6.4.1～6.4.3	6.4.4、6.4.5、6.4.7
		轨道板铺设	20块	6.5.1～6.5.5	6.5.6
		CA砂浆模板	施工段	6.3.1	6.3.8
		CA砂浆配制灌注	施工段	6.6.1～6.6.3	
		防水层、保护层及伸缩缝	施工段	6.9.1～6.9.6	6.9.7～6.9.11
	支承块式无砟道床	支承块轨排组装架设	施工段	6.7.1、6.7.2	6.7.3
		道床板钢筋	施工段	6.2.1	6.2.2
		道床板模板	施工段	6.3.1、6.3.2	6.3.4、6.3.5、6.3.7
		道床板混凝土	施工段	6.4.1～6.4.3	6.4.4、6.4.6
		防水层、保护层及伸缩缝	施工段	6.9.1～6.9.6	6.9.7～6.9.11
	长枕埋入式无砟道床	底座钢筋	施工段	6.2.1	6.2.2
		底座模板	施工段	6.3.1～6.3.3	6.3.4、6.3.5、6.3.7
		底座混凝土	施工段	6.4.1～6.4.3	6.4.4、6.4.5
		隔离层铺设	施工段	6.8.1、6.8.2	6.8.3、6.8.4
		长枕轨排组装架设	施工段	6.7.1、6.7.2	6.7.3
		道床板钢筋	施工段	6.2.1	6.2.2
		道床板模板	施工段	6.3.1、6.3.2	6.3.4、6.3.5、6.3.7
		道床板混凝土	施工段	6.4.1～6.4.3	6.4.4、6.4.6
		防水层、保护层及伸缩缝	施工段	6.9.1～6.9.6	6.9.7～6.9.11
轨道	有缝线路轨道	轨排组装	每股道	8.2.1～8.2.11	8.2.12～8.2.17
		铺轨	每股道	8.3.1～8.3.4	8.3.5～8.3.9
		铺砟、整道	每股道	8.4.1～8.4.5	8.4.6～8.4.12
		道岔铺设	每组	9.3.1～9.3.4	9.3.5～9.3.10
		道岔铺砟整道	每组	9.4.1～8.4.7	9.4.8～9.4.10
线路附属	道口	道口铺设	每处	10.1.1～10.1.3	10.1.4～10.1.7
		道口防护设施	每处	10.2.1～10.2.3	10.2.4
	护轨	护轨铺设	每处	11.0.1～11.0.5	11.0.6～11.0.10
	标志	线路、信号标志	每个站场	12.0.1～12.0.3	12.0.4
	轨道加强设备	防爬设备	每个站场	13.1.1、13.1.2	13.1.3、13.1.4
		轨距杆、轨撑	每个站场	13.2.1、13.2.2	13.2.3

注：施工段指一个班次或作业循环的施工长度。

3.3 工程施工质量验收

3.3.1 检验批的质量验收应包括如下内容：

1 实物检查，按下列方式进行：

1）对原材料、构配件和设备等的检验，应按进场的批次和本标准规定的抽样检验方案执行；

2）对混凝土强度等，应按国家现行有关标准和本标准规定的抽样检验方案执行；

3）对本标准中采用计数检验的项目，应按抽查总点数的合格点率进行检查。

2 资料检查，包括原材料、构配件和设备等的质量证明文件（质量合格证、规格、型号及性能检测报告等）和检验报告、施工过程中重要工序的自检和交接检验记录、平行检验报告、见证取样检测报告、隐蔽工程验收记录等。

3.3.2 检验批合格质量应符合下列规定：

1 主控项目的质量经抽样检验全部合格。

2 一般项目的质量经抽样检验全部合格。当采用计数检验时，有允许偏差的抽查点，除有专门要求外，合格点率应达到80%及以上，且不合格点的最大偏差不得大于规定允许偏差的1.5倍。

3 具有完整的施工操作依据、质量检查记录。

3.3.3 分项工程质量验收合格应符合下列规定：

1 分项工程所含的检验批均应符合合格质量的规定；

2 分项工程所含的检验批的质量验收记录应完整。

3.3.4 分部工程质量验收合格应符合下列规定：

1 分部工程所含分项工程的质量均应验收合格；

2 质量控制资料应完整；

3 分部工程中有关安全及功能的检验和抽样检测结果应符合有关规定。

3.3.5 单位工程质量验收合格应符合下列规定：

1 单位工程所含分部工程的质量均应验收合格；

2 质量控制资料应完整；

3 单位工程所含分部工程有关安全和功能的检测和抽样检测资料应完整；

4 主要功能的抽查结果应符合有关标准规范的规定；

5 观感质量验收应符合要求。

3.3.6 当检验批质量不符合要求时，应按以下规定进行处理：

1 经返工重做的或更换构配件、设备的检验批，应重新进行验收；

2 当检验批的试块、试件强度不能满足要求时，经有资质的法定检测单位检测鉴定，能够达到设计要求的检验批，应予以验收。

3.3.7 通过返修或加固处理仍不能满足安全和使用功能要求的分部工程、单位工程，严禁验收。

CHINA RAILWAY PUBLISHING HOUSE

3.4 工程施工质量验收的程序和组织

3.4.1 检验批应由施工单位自检合格后，报监理单位，由监理工程师组织施工单位专职质量检查员等进行验收。监理单位应对全部主控项目进行检查，对一般项目的检查内容和数量可根据具体情况确定。检验批质量验收记录应按表3.4.1填写。

3.4.2 分项工程应由监理工程师组织施工单位分项工程技术负责人等进行验收，并按表3.4.2填写记录。

3.4.3 分部工程应由监理工程师组织施工单位项目负责人和技术、质量负责人等进行验收，线路基桩分部工程进行验收时，勘察设计单位项目负责人应参加，并按表3.4.3填写记录。

3.4.4 单位工程完工后，施工单位应自行组织有关人员进行检查评定，并向建设单位提交单位工程验收报告。

3.4.5 建设单位收到单位工程验收报告后，应由建设单位项目负责人组织施工、设计、监理单位项目负责人进行单位工程验收，并按表3.4.5—1～表3.4.5—4填写记录。

表3.4.1 ________检验批质量验收记录

单位工程名称				
分部工程名称				
分项工程名称			验收部位	
施工单位			项目负责人	
施工质量验收标准名称及编号				
施工质量验收标准的规定			施工单位检查评定记录	监理单位验收记录
主控项目	1			
	2			
	3			
	4			
	5			
	6			
一般项目	1			
	2			
	3			
	4			
	5			
施工单位检查评定结果	专职质量检查员 年 月 日 分项工程技术负责人 年 月 日 分项工程负责人 年 月 日			
监理单位验收结论	监理工程师 年 月 日			

CHINA RAILWAY PUBLISHING HOUSE

表 3.4.2 ________分项工程质量验收记录

<table>
<tr><td colspan="2">单位工程名称</td><td colspan="4"></td></tr>
<tr><td colspan="2">分部工程名称</td><td colspan="2"></td><td>检验批数</td><td></td></tr>
<tr><td colspan="2">施 工 单 位</td><td colspan="2"></td><td>项目负责人</td><td></td></tr>
<tr><td>序号</td><td colspan="2">检验批部位</td><td>施工单位检查评定结果</td><td colspan="2">监理单位验收结论</td></tr>
<tr><td>1</td><td colspan="2"></td><td></td><td colspan="2"></td></tr>
<tr><td>2</td><td colspan="2"></td><td></td><td colspan="2"></td></tr>
<tr><td>3</td><td colspan="2"></td><td></td><td colspan="2"></td></tr>
<tr><td>4</td><td colspan="2"></td><td></td><td colspan="2"></td></tr>
<tr><td>5</td><td colspan="2"></td><td></td><td colspan="2"></td></tr>
<tr><td>6</td><td colspan="2"></td><td></td><td colspan="2"></td></tr>
<tr><td>7</td><td colspan="2"></td><td></td><td colspan="2"></td></tr>
<tr><td>8</td><td colspan="2"></td><td></td><td colspan="2"></td></tr>
<tr><td>9</td><td colspan="2"></td><td></td><td colspan="2"></td></tr>
<tr><td>10</td><td colspan="2"></td><td></td><td colspan="2"></td></tr>
<tr><td>11</td><td colspan="2"></td><td></td><td colspan="2"></td></tr>
<tr><td colspan="6">说明：</td></tr>
<tr><td colspan="2">施工单位
检查评定结果</td><td colspan="4">分项工程技术负责人 年 月 日</td></tr>
<tr><td colspan="2">监理单位
验收结论</td><td colspan="4">监理工程师 年 月 日</td></tr>
</table>

CHINA RAILWAY PUBLISHING HOUSE

表 3.4.3 ________分部工程质量验收记录

单位工程名称					
施工单位					
项目负责人		项目技术负责人		项目质量负责人	

序号	分项工程名称	检验批数	施工单位检查评定结果	监理单位验收结论
1				
2				
3				
4				
5				
6				
7				
8				
9				
10				
质量控制资料				
安全和功能检验(检测)报告				
验收单位	施工单位		项目负责人　年　月　日	
	勘察设计单位		项目负责人　年　月　日	
	监理单位		监理工程师　年　月　日	

注：1　勘察设计单位参加线路基桩分部工程的验收；

2　质量控制资料核查、安全和功能抽查项目应按表 3.4.5—2 和表 3.4.5—3 确定。

表 3.4.5—1　单位工程质量验收记录

<table>
<tr><td colspan="2">单位工程名称</td><td colspan="5"></td></tr>
<tr><td colspan="2">开 工 日 期</td><td colspan="2"></td><td>竣工日期</td><td colspan="2"></td></tr>
<tr><td colspan="2">施 工 单 位</td><td colspan="5"></td></tr>
<tr><td colspan="2">项目负责人</td><td></td><td>项目技术负责人</td><td></td><td>项目质量负责人</td><td></td></tr>
<tr><td>序号</td><td>项　目</td><td colspan="4">验 收 记 录</td><td>验收结论</td></tr>
<tr><td>1</td><td>分部工程</td><td colspan="4">共　分部
经查,符合标准规定及设计要求　分部</td><td></td></tr>
<tr><td>2</td><td>质量控制资料核查</td><td colspan="4">共　项
经查,符合要求　项
不符合规范要求　项</td><td></td></tr>
<tr><td>3</td><td>安全和主要使用功能核查及抽查结果</td><td colspan="4">共核查、抽查　项
符合要求　项
不符合要求　项</td><td></td></tr>
<tr><td>4</td><td>观感质量验收</td><td colspan="4">共检查　项
评定为合格的　项
评定为差的　项</td><td></td></tr>
<tr><td>5</td><td>综合验收结论</td><td colspan="5"></td></tr>
<tr><td rowspan="2">验收单位</td><td>施工单位</td><td colspan="2">监理单位</td><td colspan="2">勘察设计单位</td><td>建设单位</td></tr>
<tr><td>（公章）
单位负责人
年　月　日</td><td colspan="2">（公章）
总监理工程师
年　月　日</td><td colspan="2">（公章）
项目负责人
年　月　日</td><td>（公章）
项目负责人
年　月　日</td></tr>
</table>

CHINA RAILWAY PUBLISHING HOUSE

表 3.4.5—2 单位工程质量控制资料核查记录

<table>
<tr><td colspan="2">单位工程名称</td><td colspan="3"></td></tr>
<tr><td colspan="2">施工单位</td><td colspan="3"></td></tr>
<tr><td>序号</td><td>资料名称</td><td>份数</td><td>核查意见</td><td>核查人</td></tr>
<tr><td>1</td><td>图纸会审、设计变更、洽商记录</td><td></td><td></td><td></td></tr>
<tr><td>2</td><td>工程定位测量、放线记录</td><td></td><td></td><td></td></tr>
<tr><td>3</td><td>原材料出厂合格证及进场检(试)验报告</td><td></td><td></td><td></td></tr>
<tr><td>4</td><td>施工试验报告</td><td></td><td></td><td></td></tr>
<tr><td>5</td><td>成品及半成品出厂合格证或试验报告</td><td></td><td></td><td></td></tr>
<tr><td>6</td><td>隐蔽工程验收记录</td><td></td><td></td><td></td></tr>
<tr><td>7</td><td>施工记录</td><td></td><td></td><td></td></tr>
<tr><td>8</td><td>工程质量事故及事故调查处理资料</td><td></td><td></td><td></td></tr>
<tr><td>9</td><td>施工现场质量管理检查记录</td><td></td><td></td><td></td></tr>
<tr><td>10</td><td>分项、分部工程质量验收记录</td><td></td><td></td><td></td></tr>
<tr><td>11</td><td>新材料、新工艺施工记录</td><td></td><td></td><td></td></tr>
<tr><td>12</td><td></td><td></td><td></td><td></td></tr>
<tr><td>13</td><td></td><td></td><td></td><td></td></tr>
<tr><td>14</td><td></td><td></td><td></td><td></td></tr>
<tr><td>15</td><td></td><td></td><td></td><td></td></tr>
<tr><td colspan="5">结论：

施工单位项目负责人 总监理工程师
年 月 日 年 月 日</td></tr>
</table>

注：核查人为验收组的监理单位人员。

CHINA RAILWAY PUBLISHING HOUSE

表 3.4.5—3 单位工程安全和功能检验资料核查及主要功能抽查记录

单位工程名称				
施 工 单 位				
序号	检查、抽查项目	份数	检查、抽查意见	核查、抽查人
1	锚固抗拔试验记录			
2	CA 砂浆试验记录			
3	钢轨焊接型式检验记录			
4	钢轨焊接周期性生产检验记录			
5	钢轨探伤检查记录			
6	线路锁定施工记录			
7	钢轨位移观测记录			
8	有砟道床力学参数测试记录			
9	轨道静态质量检查记录			
10	轨道动态质量检查记录			
11				
12				
结论： 施工单位项目负责人 年 月 日　总监理工程师 年 月 日　建设单位项目负责人 年 月 日				

注：1 检查、抽查项目由验收组协商确定；

2 核查、抽查人为验收组的监理单位人员。

表 3.4.5—4 轨道单位工程观感质量检查记录

单位工程名称				
施工单位				
序号	项目名称	质量状况	质量评定	
			合格	差
1	线路基桩			
2	有砟道床			
3	无砟道床			
4	轨枕			
5	钢轨			
6	道岔			
7	位移观测桩			
8	加强设备			
9	道口			
10	防护栅栏			
11	线路、信号标志			
12				
13				
14				
15				
检查结论： 施工单位项目负责人 年 月 日 总监理工程师 年 月 日 建设单位项目负责人 年 月 日				

注：观感质量评定为“差”的项目应返修。

CHINA RAILWAY PUBLISHING HOUSE

3.4.6　单位工程有分包单位施工时，分包单位应对所承担的工程项目按本标准规定的程序进行检查评定，总包单位应派人参加。分包工程完工后，应将有关资料移交总包单位。

3.4.7　当参加验收各方对工程施工质量验收意见不一致时，可请铁路建设行政主管部门或其委托的质量监督部门协调处理。

3.4.8　改建既有线和增建第二线工程中急需投产使用的项目，验收交接工作必须在开通使用前进行，验收不合格的工程严禁交付使用。

4 线路基桩

一般规定

4.0.1 正线应设置线路基桩。轨道工程施工前应进行线路贯通测量。

主控项目

4.0.2 基桩所用材料进场时,应对其规格、型式、外观进行验收,其质量应符合设计要求。

检验数量:施工单位全部检查;监理单位按施工单位抽检次数的10%进行见证检验,但至少一次。

检验方法:施工单位、监理单位查验产品合格证,观察检查。

4.0.3 基桩的设置位置及数量应符合设计要求。

检验数量:施工单位全部检查;监理单位按施工单位抽检次数的10%进行见证检验,但至少一次。

检验方法:仪器测量、观察。

4.0.4 基桩的测设精度应满足《新建铁路工程测量规范》(TB 10101)中线和高程测量精度的要求。

检验数量:施工单位全部检查,监理单位、设计单位全部检查。

检验方法:施工单位仪器测量,监理单位、设计单位检查测量资料。

4.0.5 基桩标志应设置牢固。

检验数量:施工单位、监理单位全部检查。

检验方法:观察检查。

一般项目

4.0.6 基桩的标示应设置齐全,色泽鲜明、清晰完整。

检验数量:施工单位全部检查。

检验方法:观察检查。

CHINA RAILWAY PUBLISHING HOUSE

5 铺轨前铺砟

5.1 一般规定

5.1.1 铺砟前应取得线下施工单位线路测量资料、中桩、基桩和水准点，并进行铺砟前路基面及隧道仰拱填充层顶面检查，复测线路中桩、基桩、路基面及隧道仰拱填充层顶面高程，形成交接记录。

5.1.2 施工单位应评估砟场建场检验、生产检验的有效性，检查出场检验报告。

5.1.3 轨道与道岔铺砟可合并验收，分别记录。

5.1.4 桥梁及顶面高于路肩的涵洞两端各30 m，预铺砟面应高于桥台挡砟墙或涵顶不小于50 mm，并做好顺坡。

5.1.5 路基与桥梁、路基与隧道、无砟道床与有砟道床，以及新筑路基与既有路基连接地段的预铺道砟应加强碾压，长度不应少于30 m。

5.1.6 双层道床底砟碾压后应满足设计厚度。

5.1.7 铺轨后应及时分层补充道砟并整道。

5.2 铺底砟

主控项目

5.2.1 底砟进场时应对其品种、外观等进行验收，其质量应符合现行《铁路碎石道床底砟》(TB/T 2897)的规定。

检验数量：施工单位、监理单位全部检查。

检验方法：施工单位、监理单位检查生产检验报告和产品合格证，观察检查。

5.2.2 底砟进场时应对其杂质含量和粒径级配进行检验。

1 杂质含量按现行《铁路碎石道砟黏土团及其他杂质含量试验方法》(TB/T 2328.17)进行试验，其含量的质量百分率不得大于0.5%。

2 底砟粒径级配应符合表5.2.2的规定。

表5.2.2 底砟粒径级配

方孔筛孔边长(mm)	0.075	0.1	0.5	1.7	7.1	16	25	45
过筛质量百分率(%)	0~7	0~11	7~32	13~46	41~75	67~91	82~100	100

检验数量：同一产地、品种且连续进场的底砟，每5 000 m^3为一批，不足5 000 m^3时亦按一批计。施工单位每批抽检一次，监理单位见证取样检测次数为施工单位抽检次数的20%，但每单位工程不少于一次。

检验方法：每批等距间隔4处取样，每次25 kg拌和均匀，分别进行粒径级配和杂质含量试验；监理单位检查施工单位试验报告，并进行见证取样检测。

5.2.3　底砟铺设应采用压强不小于 160 kPa 的机械碾压,压实密度不低于 1.6 g/cm^3。

检验数量:施工单位压实密度每 5 km 抽检 5 处,每处测 2 个点位;监理单位按施工单位抽检次数的 10% 进行见证检验,但至少一次。

检验方法:施工单位检算碾压机械压强,用灌水法检测压实密度;监理单位检查施工单位检算资料,并见证检测。

一 般 项 目

5.2.4　底砟厚度允许偏差为 ±50 mm,半宽允许偏差为 $^{+50}_{0}$ mm。

检验数量:每 500 m 抽检 1 处。

检验方法:尺量。

5.3　预 铺 道 砟

主 控 项 目

5.3.1　道砟材质应符合现行《铁路碎石道砟》(TB/T 2140)的规定。

检验数量:同一产地、同一级别的道砟,每 50 000 m^3 为一批,不足 50 000 m^3 时亦按一批计。施工单位每批抽检一次,监理单位全部见证检测。

检验方法:施工单位按现行《铁路碎石道砟》(TB/T 2140)中规定的方法进行检验,监理单位见证检测。

5.3.2　道砟进场时应对其品种、级别、外观等进行验收,其质量应符合现行《铁路碎石道砟》(TB/T 2140)的规定。

检验数量:施工单位、监理单位全部检查。

检验方法:施工单位、监理单位全部检查生产检验报告和产品合格证。

5.3.3　道砟进场时应对其粒径级配、颗粒形状及清洁度进行检验。

道砟进场时应对其粒径级配、颗粒形状及清洁度等进行检验,其质量应符合铁路碎石道砟相关技术条件的规定。

检验数量:同一产地、级别且连续进场的道砟,每 5 000 m^3 为一批,不足 5 000 m^3 时亦按一批计。施工单位每批抽检一次,监理单位见证取样检测次数为施工单位抽检次数的 20%,但每单位工程不少于一次。

检验方法:施工单位每批等距间隔 4 处取样,每次 35 kg 拌和均匀,分别进行粒径级配、针状指数、片状指数和杂质含量试验;监理单位检查施工单位试验报告,并进行见证取样检测。

5.3.4　正线道岔预铺道砟应采用压强不小于 160 kPa 的机械分层碾压,压实密度不得低于 1.7 g/cm^3。砟面平整度用 3 m 直尺检查不得大于 30 mm。预留起道量不得大于 50 mm。道岔前后各 30 m 范围应做好顺坡并碾压。

检验数量:施工单位每组道岔抽检 3 个点位、监理单位按施工单位抽检次数的 10% 进行见证检验,但至少一次。

检验方法:施工单位检算碾压机械压强,用灌水法检测压实密度,用 3 m 靠尺检查砟面平整度;监理单位检查施工单位检算及检测资料,并见证检测。

CHINA RAILWAY PUBLISHING HOUSE

一般项目

5.3.5 有缝线路单层道床轨道,铺轨前每股钢轨下预铺砟带宽度应不小于800 mm,厚度150~200 mm。

检验数量:施工单位每500 m抽检1处。

检验方法:尺量。

5.3.6 混凝土宽枕铺轨前铺砟应符合设计要求,厚度、半宽允许偏差为±50 mm,高程允许偏差为±5 mm。

检验数量:施工单位每100 m抽检1处。

检验方法:尺量、水准测量。

5.3.7 无缝线路铺轨前道砟摊铺应按中线铺设,并采用压强不小于160 kPa的机械碾压,压实密度不得低于1.6 g/cm^3。砟面平整度用3 m靠尺检查不得大于30 mm。

检验数量:施工单位砟面平整度每5 km抽检10处,压实密度每5 km抽检3次,每次测3个点位。

检验方法:检算碾压机械压强、观察检查、用3 m直尺测量平整度。

6 无砟道床

6.1 一般规定

6.1.1 无砟道床模板、钢筋、混凝土施工均应符合现行《铁路混凝土与砌体工程施工质量验收标准》(TB 10424)的有关规定。

6.1.2 底座伸缩缝与道床伸缩缝应上下对齐,宽度一致。

6.1.3 道床混凝土灌筑前,基底应清理干净。

6.1.4 无砟道床施工前应对线路中线、高程进行测量,调整闭合。根据需要增设控制基桩和加密基桩。控制基桩及加密基桩用道床同级混凝土埋设。

6.1.5 预应力混凝土梁徐变的残余变形量满足设计要求时,方可进行无砟道床施工。

6.1.6 无砟轨道与有砟轨道过渡段的施工,应在其线下过渡段施工完成并验收合格后进行。

6.1.7 轨枕、轨道板、支承块(含组合件)等轨道部件应工厂化生产,其质量应满足相关技术条件的要求。

6.1.8 钢轨支撑架应有足够的强度、刚度和稳定性,间距及安置应便于调整、拆卸和混凝土灌筑。

6.1.9 弹性支承块应在厂内将支承块、块下像胶垫板和像胶套靴胶粘组装成一体。组装好的支承块应用条带材料在承轨台两外侧各绑扎一道,以确保整体道床施工时三者之间相互密贴。

6.1.10 用钢轨支撑架架设钢轨时,应符合下列规定:

1 钢轨支撑架应架设牢固,并与钢轨垂直。每节12.5 m钢轨应安放支撑架5~6榀,25 m钢轨比照增加,应等间距布置,但在钢轨接头前后和曲线地段,应缩小支撑架间距。

2 据已测设的基桩,调整好钢轨的水平、轨距、高程和方向。各种扣件应组装正确,螺栓用测力扳手拧紧,扭矩应一致。

3 可用与道床同级的混凝土制成支墩代替部分支撑架。支墩应牢固嵌入基底。

6.1.11 道床混凝土达到设计强度70%后,方可进行铺轨作业。

6.1.12 底座与凸形挡台应同时施工,达到设计强度的80%及以上时,方可铺设轨道板,曲线地段底座超高设置应满足设计要求。

6.1.13 CA砂浆灌注应符合下列要求:

1 拌制CA砂浆,应依据温度、湿度等相关条件做配方试验并及时修正标准配合比。

2 板下CA砂浆灌注约2 h后,方可灌注凸型挡台四周的CA砂浆;每块轨道板下的CA砂浆应一次灌注完成。

3 CA砂浆在轨道板侧模和注入孔中的凸起高度超过轨道板底50 mm以上时,方可

CHINA RAILWAY PUBLISHING HOUSE

结束注入作业。

4 CA 砂浆强度可承受自重后，应及时撤除支撑螺栓和模板，以保证轨道板与 CA 砂浆间紧密接触；强度达到 0.7 MPa 后，方可承载。

6.1.14 CA 砂浆配制、施工时的适宜温度范围为 10 ℃ ~25 ℃，限界温度范围为 5 ℃ ~30 ℃。超过限界温度时应采取相应措施。

6.1.15 防水层、隔离层应按隐蔽工程检查验收，并严禁在雨雪和五级风以上时施工，施工环境温度条件为冷作时不低于 5 ℃，热粘时不低于 −10 ℃。

6.2 钢 筋

主控项目

6.2.1 钢筋原材料、加工、连接、安装检验必须符合现行《铁路混凝土与砌体工程施工质量验收标准》(TB 10424)第 5.2.1、5.3.1、5.4.2、5.5.1 条规定。

当设计要求钢筋骨架采取绝缘处理时，纵向钢筋与横向钢筋交叉点应采取绝缘处理措施，绝缘电阻应符合设计要求。

检验数量：施工单位全部检查，监理单位平行检验 10% 节点。

检验方法：500 V 兆欧表检测。

一般项目

6.2.2 钢筋的绑扎安装允许偏差应符合表 6.2.2—1 的规定。

检验数量：施工单位每施工段至少抽检 10 处。

检验方法：观察、尺量。

钢筋应平直、无损伤，表面无裂纹、油污、老锈。

检验数量：施工单位全部检查。

检验方法：观察。

钢筋加工允许偏差和检验方法应符合表 6.2.2—2 的规定。

钢筋骨架的绑扎应稳固，缺扣、松扣的数量不得超过应绑扎扣数的 5%。

检验数量：施工单位全部检查。

检验方法：观察和手扳检查。

表 6.2.2—1 钢筋的绑扎安装允许偏差

序号	项目	允许偏差(mm)
1	钢筋间距	±20
2	钢筋保护层厚度	+10 −5

表 6.2.2—2 钢筋加工允许偏差和检验方法

序号	名称	允许偏差(mm)	检验方法
1	钢筋长度	±10	尺量
2	弯起钢筋的弯折位置	20	
3	箍筋内净尺寸	±3	

6.3 模 板

主控项目

6.3.1 模板材料、加工、安装质量检验必须符合现行《铁路混凝土与砌体工程施工质量验收标准》(TB 10424)第 4.2.1、4.2.2 条规定。

6.3.2 PVC 管、PVC 篦、伸缩缝沥青板等预埋件的规格、质量、数量应符合设计要求。

检验数量：施工单位、监理单位全部检查。

检验方法：施工单位查验产品合格证、观察检查、清点；监理单位查验产品合格证并观察检查。

6.3.3 凸型挡台内设置的基准器底座的材质与加工精度应符合设计规定。

检验数量：施工单位全部检查；监理单位平行检验10%。

检验方法：施工单位查验产品合格证、观察检查、尺量；监理单位查验产品合格证，并抽检加工精度。

一般项目

6.3.4 模板拆除应符合现行《铁路混凝土与砌体工程施工质量验收标准》(TB 10424)第4.3.2条规定。

6.3.5 底座、道床板模板安装允许偏差应符合表6.3.5规定。

检验数量：施工单位每个基标处检查。

检验方法：尺量。

6.3.6 凸型挡台模板安装允许偏差应符合表6.3.6规定。

检验数量：施工单位每个凸型挡台检查一次。

检验方法：尺量。

表6.3.5 底座、道床板模板安装允许偏差

序号	项 目	允许偏差(mm)	备 注
1	高 度	±5	均为模板内侧面间的允许偏差
2	宽 度	±5	
3	位 置	±3	
4	凹槽的长、宽、高	±5	
5	中 线	2	
6	模板平整度	2	用1 m靠尺检查

表6.3.6 凸型挡台模板安装允许偏差

序号	项 目	允许偏差(mm)
1	圆形挡台直径	±3
2	半圆形挡台半径	±2
3	挡台中心偏离中线	3
4	挡台中心间距	±2
5	高度	+4

6.3.7 预埋件位置允许偏差为±10 mm。

检验数量：施工单位每个预埋件检查一次。

检验方法：尺量。

6.3.8 CA砂浆灌注前侧模及间隔板应止漏，涂刷脱模剂。直线侧模与轨道板间留10 mm观察缝，曲线内侧侧模与轨道板紧贴止漏，灌注前采取排气措施。

检验数量：施工单位每施工段检查一次。

检验方法：观察检查、尺量。

6.4 混 凝 土

主控项目

6.4.1 混凝土原材料检验必须符合现行《铁路混凝土与砌体工程施工质量验收标准》(TB 10424)第6.2节规定。

6.4.2 混凝土配合比检验必须符合现行《铁路混凝土与砌体工程施工质量验收标准》(TB 10424)第6.3节规定。

6.4.3 混凝土施工检验必须符合现行《铁路混凝土与砌体工程施工质量验收标准》(TB 10424)第6.4.1~6.4.3条规定。

CHINA RAILWAY PUBLISHING HOUSE

一 般 项 目

6.4.4 混凝土施工和表面质量检验应符合现行《铁路混凝土与砌体工程施工质量验收标准》(TB 10424)第 6.4.4 ~ 6.4.6 条和第 6.4.8 条规定。

6.4.5 底座中线、外形尺寸及表面平整度允许偏差应符合表 6.4.5 规定。

检验数量:施工单位每基标处检查一次。

检验方法:尺量。

表 6.4.5 底座中线、外形尺寸允许偏差

序号	项 目	允许偏差(mm)
1	底座高度	±5
2	底座宽度	±10
3	前后位置	±5
4	凹槽的长、宽、高	±5
5	中 线	3
6	底座与凹槽表面平整度	凹陷深度不得大于 2 mm/1 m,低洼长度不超过 50 mm

6.4.6 道床板中线、外形尺寸允许偏差应符合表 6.4.6 规定。

检验数量:施工单位每基桩处检查一次。

检验方法:尺量。

6.4.7 凸型挡台中线、外形尺寸允许偏差应符合表 6.4.7 规定。

检验数量:施工单位每个凸型挡台检查一次。

检验方法:尺量。

表 6.4.6 道床板中线、外形尺寸允许偏差

序号	项 目	允许偏差(mm)
1	道床板顶面宽度	±10
2	道床面与承轨台顶面相对高差	±5
3	道床板间伸缩缝宽度	±5
4	中 线	2

表 6.4.7 凸型挡台中线、外形尺寸允许偏差

序号	项 目	允许偏差(mm)
1	圆形挡台直径	±5
2	半圆形挡台半径	±3
3	挡台中心偏离中线	5
4	挡台中心间距	±3
5	挡台高度	$^{+5}_{0}$

6.5 轨道板(板式)铺设

主 控 项 目

6.5.1 轨道板进场时应对型号、外观进行验收,其四周边角无破损和掉块,板体无可见裂纹,质量符合设计。

检验数量:施工单位、监理单位全部检查。

检验方法:查验产品合格证和质量证明文件、观察检查。

6.5.2 凸型挡台内基准器的设置应符合设计要求。

检验数量:施工单位全部检查、监理单位见证检测 10%。

检验方法:查验产品合格证、仪器测量及弦量。

6.5.3 轨道板底面铺贴的弹性垫层材料质量应符合相关产品标准的规定。

检验数量:施工单位、监理单位全部检查。

检验方法:查验产品合格证和质量证明文件,观察检查。

6.5.4 轨道板与混凝土底座的间隙应为 40 ~ 100 mm,过渡段范围内应为 35 ~ 100 mm。

检验数量:施工单位每 20 块抽检 2 块,每块板下检查四角;监理单位平行检验 1 块。

检验方法:尺量。

CHINA RAILWAY PUBLISHING HOUSE

6.5.5 轨道板与凸型挡台的间隙应为不得小于30 mm,且两端间隙相差不得大于5 mm。

检验数量:施工单位每20块轨道板抽检2块;监理单位平行检验1块。

检验方法:尺量。

一般项目

6.5.6 轨道板安装位置允许偏差应符合表6.5.6规定。

表6.5.6 轨道板安装位置允许偏差

序号	项　　目	允许偏差(mm)
1	中　线	2
2	支承点处板顶高程	±1

检验数量:施工单位每20块抽检1块。

检验方法:尺量。

6.6 CA砂浆配制、灌注(板式)

主控项目

6.6.1 配制CA砂浆的水泥、乳化沥青、添加剂、铝粉、细骨料、水等原材料质量应符合产品标准规定。

检验数量:施工单位、监理单位全部检查。

检验方法:查验产品合格证和质量证明文件、观察检查。

6.6.2 CA砂浆灌注后应与轨道板、凸形挡台密贴,不得有空隙。

检验数量:施工单位、监理单位全部检查。

检验方法:观察检查。

6.6.3 CA砂浆的性能指标应符合设计和相关技术条件的要求,施工前应进行配合比选定试验。

检验数量:施工单位同一配合比的水泥沥青砂浆检查一次。

检验方法:施工单位试验检验;监理单位检查试验报告。

6.7 轨排组装架设(支承块式、长枕埋入式)

主控项目

6.7.1 支承块、长枕进场时,应对型号、外观进行验收,四周边角无破损、掉块,外观无可见裂纹,质量符合设计。

检验数量:施工单位、监理单位全部检查。

检验方法:查验产品合格证和质量证明文件、观察检查。

6.7.2 扣件进场时,应对型号、外观进行验收,质量应符合产品标准规定。

检验数量:施工单位、监理单位全部检查。

检验方法:查验产品合格证和质量证明文件、观察检查。

一 般 项 目

6.7.3　轨排组装架设允许偏差应符合表 6.7.3—1 ~ 2 规定。

表 6.7.3—1　轨排组装架设允许偏差

序号	检 查 项 目	允 许 偏 差
1	轨枕间距	±5 mm
2	轨　距	$^{+2}_{-1}$ mm，变化率不得大于 1‰
3	水　平	2 mm
4	扭　曲	2 mm（基长 6.25 m）
5	轨　向	直线不得大于 2 mm/10 m 弦，曲线见表 6.7.3—2
6	高　低	直线不得大于 2 mm/10 m 弦
7	中　线	2 mm
8	高　程	±5 mm
9	轨底坡	1/35 ~ 1/45

表 6.7.3—2　曲线正矢允许偏差（20 m 弦）

曲线半径（m）	缓和曲线正矢与计算正矢差（mm）	圆曲线正矢连续差（mm）	圆曲线正矢最大最小值差（mm）
≤650	2	3	5
>650	1	2	3

检验数量：施工单位扭曲、轨向、高低每个施工段各检查 10 个测点，其余在每个基标处检查一次。

检验方法：尺量。

6.8　隔离层铺设（长枕埋入式）

主 控 项 目

6.8.1　隔离层材料进场时，应对其规格、品种、外观进行验收，其质量应符合设计及现行《铁路混凝土桥梁桥面 TQF-Ⅰ型防水层技术条件》（TB/T 2965）规定。

检验数量：施工单位、监理单位全部检查。

检验方法：施工单位、监理单位查验产品合格证，观察检查。

6.8.2　隔离层材料进场应对其尺寸进行验收。

检验数量：同一厂家、品种、规格的卷材每 5 000 m 为一批，不足 5 000 m 亦按一批计。施工单位每批抽检 3 卷；监理单位按施工单位抽检次数的 10% 进行见证检验，但至少一次。

检验方法：施工单位尺量；监理单位见证检测。

一 般 项 目

6.8.3　隔离层的基底应平整清洁、干燥，不得有空鼓、空洞、蜂窝、麻面、浮砟、浮土和油污。

检验数量：施工单位全部检查。

检验方法：观察检查。

6.8.4　隔离层应铺贴平整，与底座表面、凹槽表面及侧面粘贴牢固，隔离层无破损，搭接处及周边无翘起、空鼓、皱折、脱层或封口不严等缺陷，搭接量符合要求。

检验数量：施工单位全部检查。

检验方法：观察检查。

6.9 防水层、保护层及伸缩缝

主控项目

6.9.1 防水层、保护层及伸缩缝所用材料进场时，应对其规格、品种、外观、尺寸进行验收，其质量应符合设计及现行《铁路混凝土桥梁桥面TQF-Ⅰ型防水层技术条件》(TB/T 2965)规定。

检验数量：同一厂家、品种、规格的卷材每5 000 m为一批，不足5 000 m亦按一批计。施工单位每批抽检3卷；监理单位按施工单位抽检次数的10%进行见证检验，但至少一次。

检验方法：施工单位查验产品合格证、观察检查、尺量；监理单位查验产品合格证并见证检测。

6.9.2 防水层不得渗水。

检验数量：施工单位、监理单位全部检查。

检验方法：施工单位雨后或注水观察，监理单位见证试验。

6.9.3 保护层混凝土强度应符合设计要求。

检验数量：施工单位每施工段取样；监理单位按施工单位抽检次数的10%进行见证检验，但至少一次。

检验方法：施工单位进行混凝土强度试验；监理单位检查施工单位试验报告并见证检测。

6.9.4 保护层混凝土施工应符合现行《铁路混凝土与砌体工程施工质量验收标准》(TB 10424)第9.9.3、9.9.4条规定。

6.9.5 梁端接缝处应设置不透水的伸缩缝，防水层应连续过渡。

检验数量：施工单位、监理单位全部检查。

检验方法：施工单位雨后或注水观察；监理单位见证试验。

6.9.6 防水层基底处理应符合本标准第6.8.3条规定。

一般项目

6.9.7 防水层铺贴平整，搭接处及周边无翘起、空鼓、皱折、脱层或封口不严等缺陷，搭接量符合要求。

检验数量：施工单位全部检查。

检验方法：观察检查。

6.9.8 保护层厚度不得小于40 m，排水坡度、伸缩缝间隔及嵌缝应符合设计，排水畅通。

检验数量：施工单位全部检查。

检验方法：观察检查、尺量。

6.9.9 梁端伸缩缝预埋钢板位置应准确，边压块榫口密贴，像胶止水带与边压块无缝隙，橡胶止水带外形尺寸符合设计要求，盖板平整。

检验数量：施工单位全部检查。

检验方法：注水并观察检查、尺量。

6.9.10 防水层的允许偏差和检验方法应符合表6.9.10的规定。

表6.9.10 防水层的允许偏差和检验方法

序号	项　目	允许偏差(mm)	检验方法(mm)
1	基层平整度	3	1 m靠尺检查
2	卷材搭接宽度	-10	尺量检查

检验数量：施工单位检查不少于 5 处。

6.9.11　保护层表面平整度允许偏差不超过 3 mm/m。

检验数量：施工单位检查不少于 5 处。

检验方法：1 m 靠尺检查。

TB CHINA RAILWAY PUBLISHING HOUSE

7　无缝线路轨道

7.1　一般规定

7.1.1　钢轨焊接应按照《钢轨焊接》(TB/T 1632.1~4—2005))的规定进行型式检验和生产检验,检验不合格,严禁施焊"

7.1.2　基地钢轨焊接应采用闪光焊接。长钢轨焊接应优先在工厂焊接,特殊情况下(如工期控制),经技术经济比选后,可在工厂化基地焊接,长钢轨焊接应符合下列规定:

1　焊接前轨端温度不宜低于10 ℃。

2　焊头应纵向打磨平顺,不允许横向打磨。

3　全长淬火轨焊头应进行淬火处理。"

7.1.3　新建铁路铺轨前应按设计要求精确测量线路中心线,并按铺轨机组作业要求用醒目颜色设置铺轨机组走行标示线或设置导向边桩及钢弦。

7.1.4　长钢轨铺设后应进行铺砟整道或单元轨焊接,第一次铺砟整道应随即进行。

7.1.5　铺轨后铺设的道床应使用大型养路机械分层铺砟整道。每层起道、捣固作业后,应进行1~2次动力稳定作业。

7.1.6　大型养路机械起道量不超过50 mm时可进行单捣作业,50~80 mm时应进行双捣作业。一次起道量不应超过80 mm。道床铺设厚度不足150 mm时不得进行捣固作业。

7.1.7　桥梁及隧道有砟道床进行动力稳定作业应遵守以下规定:

1　在桥上严禁起振,不得停振,作业频率应避开桥梁自振频率,稳定荷载适当减小。调整稳定作业参数应在距桥台耳墙外10~30 m范围内的路基上进行。

2　稳定车在桥上或隧道内的作业速度不应低于1 km/h。

3　经试验不允许使用大型养路机械进行稳定作业的T形梁,可通过压道稳定道床。

7.1.8　工地钢轨焊接宜采用闪光焊接,道岔内及两端与线路连接的钢轨锁定焊可采用铝热焊。工地钢轨焊接应符合下列规定:

1　气温低于0 ℃不宜进行工地钢轨焊接。刮风、下雨天气焊拉时,应采取防风、防雨措施。

2　钢轨焊头应根据焊接工艺要求进行焊后热处理。

3　锁定焊接需要插入短轨时,插入短轨长度应大于6 m,材质与原钢轨相同,焊后应保持原无缝线路技术状态和锁定轨温不变。

4　承受拉力的焊缝,在其轨温高于400 ℃时应持力保压。

5　工地闪光焊接,气温低于10 ℃时,焊前应用火焰预热轨端0.5 m长度范围,预热温度应均匀,钢轨表面预热升温至35 ℃~50 ℃才能进行焊轨作业,焊后应采取保温措施。

7.1.9　工地焊接完成后应检查焊好的接头,并标记编号,填写焊接记录报告。

7.1.10 线路锁定时,有砟道床轨下基础应达到初期稳定状态,道床断面应基本达到设计要求。

7.1.11 单元轨节长度应满足施工进度和铺设时应力放散最佳效果的要求,以900～2 000 m为宜,最短不得小于200 m。应力放散时,宜每隔100 m设一位移观测点。应力放散应均匀。

7.1.12 无缝线路大型养路机械作业轨温条件为:

1 一次起道量小于等于30 mm,一次拨道量小于等于10 mm时,作业轨温不得超过实际锁定轨温±20 ℃;

2 一次起道量在31～50 mm,一次拨道量在11～20 mm时,作业轨温不得超过实际锁定轨温－20 ℃～＋15 ℃。

7.1.13 铺设无缝线路的Ⅰ级铁路开通前应对全线钢轨进行预打磨作业。

7.1.14 钢轨预打磨应具备以下条件:

1 无缝线路经整理作业后,道床进入稳定阶段;

2 轨面高程及道床外观尺寸符合设计要求;

3 钢轨扣件齐全紧固。

7.1.15 无缝道岔的铺设应符合本标准第8章的有关规定。

7.2 基地钢轨焊接

主 控 项 目

7.2.1 待焊钢轨的类型、规格、质量应符合设计要求和产品标准的规定。

检验数量:施工单位、监理单位全部检查。

检验方法:查验产品合格证、质量证明文件,观察检查。

7.2.2 钢轨焊接接头的型式检验和周期性生产检验应符合现行《钢轨焊接接头技术条件》(TB/T 1632)的有关规定。

检验数量:施工单位按《钢轨焊接接头技术条件》(TB/T 1632)规定的数量检验。监理单位全部见证取样检测。

检验方法:按《钢轨焊接接头技术条件》(TB/T 1632)规定的方法进行检验。

7.2.3 钢轨焊头应进行探伤检查。焊头不得有未焊透、过烧、裂纹、气孔夹渣等有害缺陷。

检验数量:施工单位全部检查;监理单位按施工单位抽检次数的10%进行见证检验,但至少一次。

检验方法:施工单位观察检查、超声波探伤仪检查;监理单位检查施工单位探伤检查记录,并进行平行检验。

7.2.4 钢轨焊缝两侧各100 mm范围内不得有明显压痕、碰痕、划伤等缺陷,焊头不得有电击伤。

检验数量:施工单位全部检查;监理单位平行检验10%。

检验方法:施工单位观察检查;监理单位检查施工单位检验记录,观察检查。

7.2.5 轨底上表面焊缝两侧各150 mm范围内及距两侧轨底角边缘各35 mm范围内应打磨平整,不得打亏。

检验数量：施工单位全部检查；监理单位平行检验 10%。

检验方法：施工单位尺量；监理单位检查施工单位检验记录，并进行平行检验。

7.2.6 钢轨焊接接头应纵向打磨平顺，不得有低接头，钢轨焊头平直度应符合表 7.2.6 规定。

检验数量：施工单位全部检查；监理单位见证检测数量为施工单位检测数量的 10%。

检验方法：施工单位用 1 m 直尺测量；监理单位见证检测。

表 7.2.6 钢轨焊接接头平直度允许偏差

序号	项　目	允许偏差(mm)
1	轨顶面	$^{+0.3}_{0}$
2	轨头内侧工作面	±0.3
3	轨底(焊筋)	$^{+0.5}_{0}$

一 般 项 目

7.2.7 长钢轨出厂时，长钢轨及焊接接头编号标记齐全，字迹清楚，工厂应提供焊头质量检验合格证交施工单位。

检验数量：施工单位全部检查。

检验方法：用 1 m 直尺或专用平直度检查仪检查。

7.3 长钢轨铺设

主 控 项 目

7.3.1 长钢轨的类型、规格、质量应符合设计规定。

检验数量：施工单位、监理单位全部检查。

检验方法：查验产品合格证、质量证明文件，观察检查。

7.3.2 轨枕及配件的类型、规格、质量应符合设计和产品标准规定。

检验数量：施工单位、监理单位全部检查。

检验方法：查验产品合格证、质量证明文件、观察检查。

7.3.3 钢轨胶接绝缘接头的类型、规格应符合设计要求，质量应符合现行《胶接绝缘钢轨技术条件》(TB/T 2975)要求；其他高强度绝缘钢轨接头应符合相关技术条件。

检验数量：施工单位全部检查；监理单位按施工单位抽检次数的 10% 进行见证检验，但至少一次。

检验方法：施工单位查验产品合格证、观察检查、尺量并检测接头绝缘性能；监理单位查验产品合格证及施工单位检测记录、并进行平行检验。

一 般 项 目

7.3.4 轨枕应方正，间距及偏斜允许偏差为 ±20 mm。

检验数量：施工单位每 2 km 抽检 2 处，每处 5 根轨枕。

检验方法：尺量。

7.3.5 轨道中心线与线路设计中心线允许偏差为 30 mm。

检验数量：施工单位每 2 km 抽检 100 m，每 10 m 一个测点。

检验方法：尺量。

7.3.6 左右两股钢轨的胶接绝缘接头应相对，胶接绝缘接头轨缝距轨枕边缘不应小于

100 mm。

检验数量：施工单位全部检查。

检验方法：尺量。

7.4 铺砟整道

主控项目

7.4.1 道砟的材质、品种、级别、外观、级配、颗粒形状及清洁度等应符合本标准第 5.3.1 ~5.3.3 条规定。

7.4.2 道床经分层铺砟整道达到初期稳定状态时，力学参数应符合以下规定：

Ⅱ型枕：道床横向阻力不得低于 6.5 kN/枕；道床支承刚度不得低于 60 kN/mm。

Ⅲ型枕：道床横向阻力不得低于 7.5 kN/枕；道床支承刚度不得低于 70 kN/mm。

检验数量：施工单位每 5 km 各检测 1 处，每处 10 根轨枕，分别求取平均值监理单位按施工单位抽检次数的 10% 进行见证检验，但至少一次。

检验方法：施工单位用轨枕刚度仪等专用仪器检测；监理单位检查施工单位检测记录并见证检测。

一般项目

7.4.3 整道后的道床断面应基本达到设计要求，曲线外轨超高应按设计设置，并在缓和曲线全长范围内均匀递减。

检验数量：施工单位全部检查。

检验方法：观察检查、尺量。

7.4.4 轨道达到初期稳定阶段时，其静态几何尺寸允许偏差和检验方法应符合表 7.4.4 规定。

表 7.4.4 轨道静态几何尺寸允许偏差和检验方法

序号	项目	允许偏差(mm)	检验方法
1	高低	5	10 m 弦量
2	轨向	5	直线 10 m 弦量、曲线 20 m 弦量
3	扭曲(基长6.25 m)	5	万能道尺测量
4	轨距	+4 −2	万能道尺测量
5	水平	5	万能道尺测量

检验数量：每 5 km 抽检 2 处，每处各抽检 10 个测点。

7.5 工地钢轨焊接

主控项目

7.5.1 钢轨焊接接头的型式检验和周期性生产检验应符合本标准第 7.2.2 条规定。

7.5.2 钢轨焊头探伤检查应符合本标准第 7.2.3 条规定。

7.5.3 钢轨焊头外观检查应符合本标准第7.2.4条规定。

7.5.4 钢轨胶接绝缘接头焊接前应按规定测定电绝缘性能，并符合现行《胶接绝缘钢轨技术条件》(TB/T 2975)规定。

检验数量：施工单位全部检查；监理单位按施工单位抽检次数的10%进行见证检验，但至少一次。

检验方法：施工单位仪器测量，查验产品合格证；监理单位查验产品合格证、施工单位检测记录，并进行平行检验。

7.5.5 焊接接头平直度应符合表7.5.5规定。

表 7.5.5 钢轨焊接接头平直度允许偏差

序号	项　目	允许偏差(mm)
1	轨顶面	$^{+0.3}_{0}$
2	轨头内侧工作面	±0.3
3	轨底(焊筋)	$^{+0.5}_{0}$

检验数量：施工单位全部检查；监理单位按施工单位抽检次数的10%进行见证检验，但至少一次。

检验方法：施工单位用1 m直尺测量；监理单位见证检测。

一 般 项 目

7.5.6 工地焊接、焊头编号标记齐全，字迹清楚，记录完整。

检验数量：施工单位全部检查。

检验方法：检查记录，观察检查。

7.5.7 钢轨铝热焊焊缝距轨枕边不得小于100 mm。

检验数量：施工单位全部检查。

检验方法：尺量。

7.6 线 路 锁 定

主 控 项 目

7.6.1 单元轨节锁定前应按设计要求设置好钢轨位移观测桩，位移观测桩应设置齐全、牢固、不易损坏并易于观测。

检验数量：施工单位、监理单位全部检查。

检验方法：观察检查。

7.6.2 线路锁定时，实际锁定轨温必须在设计锁定轨温范围内。

检验数量：施工单位、监理单位全部检查。

检验方法：施工单位用轨温计测定并记录；监理单位检查施工单位记录，并旁站监理。

7.6.3 左右两股钢轨及相邻单元轨节的锁定轨温差均不得大于5 ℃。

检验数量：施工单位、监理单位全部检查。

检验方法：施工单位用轨温计测定并记录；监理单位检查施工单位记录。

7.6.4 同一区间内各单元轨条的最高与最低锁定轨温差不得大于10 ℃。长大隧道内距隧道口200 m范围无缝线路的设计锁定轨温宜与两端区间无缝线路的设计锁定轨温一致，隧道内相邻单元轨节的设计锁定轨温宜按锁定轨温差不大于5 ℃逐渐过渡。洞口轨

CHINA RAILWAY PUBLISHING HOUSE

温过渡段应加强锁定”。

7.6.5　线路锁定后,应及时在钢轨上设置纵向位移观测的“零点”标记。定期观测钢轨位移量并做好记录。位移观测桩处换算 200 m 范围内相对位移量不得大于 10 mm,任何一个位移观测桩处位移量不得超过 20 mm。

检验数量:施工单位、监理单位全部检查。

检验方法:施工单位尺量并记录;监理单位检查施工单位观测记录。

一 般 项 目

7.6.6　位移观测桩应编号,每对位移观测桩基准点连线与线路中线应垂直。

检验数量:施工单位每单元轨节抽检 2 对位移观测桩。

检验方法:观察检查。

7.6.7　缓冲区钢轨接头螺栓扭矩应达到 900 N · m,接头处钢轨面高低差及轨距线错牙偏差不超过 1 mm。接头轨缝应按设计预留。

检验数量:施工单位全部检查。

检验方法:测力扳手检测,尺量。

7.7　轨 道 整 理

主 控 项 目

7.7.1　道床达到稳定状态时,其状态参数应符合表 7.7.1 的规定。状态参数实测最小值与平均值之差不应大于 20% 。

检验数量:施工单位道床纵、横向阻力及支承刚度每 5 km 各检测 1 处,每处 10 根轨枕,分别求取平均值。有桥梁和隧道的区间应在桥隧范围内各抽检 1 处;监理单位见证检测施工单位检验数量的 20% 。

检验方法:施工单位用轨枕刚度仪等专用仪器检测;监理单位检查施工单位检测记录,并见证检测。

表 7.7.1　有砟道床稳定状态参数指标(平均值)

序号	项　　目	参数指标	
		Ⅱ型枕	Ⅲ型枕
1	道床支承刚度(kN/mm)	70	100
2	道床横向阻力(kN/枕)	9	10
3	道床纵向阻力(kN/枕)	10	12

7.7.2　无缝线路轨道动态质量应检查局部不平顺(峰值管理)和线路区段整体不平顺(均值管理)。轨道动态质量管理值应符合表 7.7.2—1 ~2 的规定。

表 7.7.2—1　轨道动态检查几何尺寸容许偏差值(峰值管理)

项　目 \ 速度(km/h)	160≥v>120				120≥v>100			
	Ⅰ级	Ⅱ级	Ⅲ级	Ⅳ级	Ⅰ级	Ⅱ级	Ⅲ级	Ⅳ级
高低(mm)	6	10	15		8	12	20	24
轨向(mm)	5	8	12		8	10	16	20
轨距(mm)	+6 −4	+10 −7	+15 −8		+8 −6	+12 −8	+20 −10	+24 −12

CHINA RAILWAY PUBLISHING HOUSE

续上表

项　目 \ 速度(km/h)	160≥v>120				120≥v>100			
	Ⅰ级	Ⅱ级	Ⅲ级	Ⅳ级	Ⅰ级	Ⅱ级	Ⅲ级	Ⅳ级
水平(mm)	6	10	14		8	12	18	22
扭曲(基长2.4 m)(mm)	5	8	12		8	10	14	16
车体垂向加速度(g)	0.10	0.15	0.20		0.10	0.15	0.20	0.25
车体横向加速度(g)	0.06	0.10	0.15		0.06	0.10	0.15	0.20

注:1　各项偏差等级划分及扣分标准:偏差等级一般分四级。Ⅰ级为保养标准,每处扣1分;Ⅱ级为舒适度标准,每处扣5分;Ⅲ级为临时补修标准,每处扣100分;Ⅳ级为限速标准,每处扣301分。

2　轨道动态质量用轨道检查车检查,以千米为单位进行动态评定,每千米扣分总数为各级、各项偏差扣分总和。扣分总数在300分及以下时为合格。

检验数量:建设单位、勘察设计单位、施工单位和监理单位全部检查。

检验方法:建设单位用轨道检查车全部检查。勘察设计单位项目负责人、施工单位项目负责人、技术负责人和监理单位总监理工程师参加。

表7.7.2—2　轨道质量指数(TQI)管理值(均值管理)

项　目	高　低	轨　向	水　平	轨　距	扭　曲	TQI
目标值	2.5×2	2.2×2	1.6	1.9	2.1	15.0

注:线路区段整体不平顺动态质量用轨道质量指数(TQI)评定。每200 m区段轨道质量指数(TQI)值应符合本表规定。轨道质量指数(TQI)超过管理值的线路应及时进行整修。

7.7.3　有砟轨道整理作业后,轨道静态几何尺寸允许偏差和检验方法应符合表7.7.3—1~2规定。

表7.7.3—1　有砟轨道整道允许偏差和检验方法

序　号	项　目		允许偏差(mm)	检验方法
1	轨　距		+4 −2	万能道尺量
2	轨　向	直线(10 m弦量)	4	尺量
		曲　线	见表7.7.3—2	尺量
3	水　平		4	万能道尺量
4	扭曲(基长6.25 m)		4	
5	高低(10 m弦 量)		4	尺量

表7.7.3—2　曲线20 m弦正矢允许偏差

曲线半径(m)	缓和曲线正矢与计算正矢差(mm)	圆曲线正矢连续差(mm)	圆曲线正矢最大最小值差(mm)
≤650	4	8	12
>650	3	6	9

检验数量:施工单位每5 km抽检2处,每处各抽检10个测点;监理单位见证检测数量为施工单位检测数量的20%。

7.7.4　无砟轨道整理作业后，轨道静态几何尺寸允许偏差和检验方法应符合表 7.7.4—1～2 的规定。

表 7.7.4—1　无砟轨道整道允许偏差和检验方法

序　号	项　　目		允许偏差(mm)	检验方法
1	轨　距		±2	万能道尺量
2	轨　向	直线(10 m 弦量)	≤4	尺量
		曲　线	见表 7.7.4—2	尺量
3	水　平		4	万能道尺量
4	高低(10 m 弦 量)		4	尺量
5	扭曲(基长 6.25 m)		4	万能道尺量

表 7.7.4—2　曲线 20 m 弦正矢允许偏差

曲线半径(m)	缓和曲线正矢与计算正矢差(mm)	圆曲线正矢连续差(mm)	圆曲线正矢最大最小值差(mm)
≤650	3	6	9
>650	3	4	6

检验数量：每 2 km 抽检 2 处，每处各抽检 10 个测点；监理单位按施工单位抽检次数的 10% 进行见证检验，但至少一次。

一 般 项 目

7.7.5　有砟轨道整理作业后，轨道静态几何尺寸、轨枕空吊板率允许偏差和检验方法应符合表 7.7.5 规定。

表 7.7.5　有砟轨道整道允许偏差和检验方法

序　号	项　　目		允许偏差(mm)	检验方法
1	中线		30(宽枕 10)	尺量
2	线间距	相邻正线和站线，站线和站线	±20	
		钢梁上	±10	
		线间距设计为 4.0 m 时	不得有负偏差	
3	轨面高程	路基上	$^{+50}_{-30}$	水平仪测量
		建筑物上	±10	
		紧靠站台	$^{+50}_{0}$	尺量
4	轨枕空吊板(不得连续出现)		8%	观察检查
5	道床厚度		±50	尺量
6	道床半宽		$^{+50}_{-20}$	
7	砟肩堆高		不得有负偏差	尺量

检验数量：每 5 km 抽检 2 处，每处各抽检 10 个测点。

CHINA RAILWAY PUBLISHING HOUSE

7.7.6　无砟轨道整理作业后，轨道静态几何尺寸允许偏差和检验方法应符合表7.7.6的规定。

表7.7.6　无砟轨道整道允许偏差和检验方法

序　　号	项　　目	允许偏差(mm)	检验方法
1	中　线	10	尺量
2	线间距	$^{+10}_{0}$	尺量
3	轨面高程	±10	水准仪测量

检验数量：每2 km抽检2处，每处各抽检10个测点。

7.8　钢轨预打磨

主 控 项 目

7.8.1　钢轨打磨后，应消除以下缺陷：

1　消除轨头表面在铺设作业时产生的碰伤、机具夹伤、锈蚀等缺陷；

2　消除轨头表面约0.3 mm厚的脱碳层。

检测数量：施工单位全部检查；监理单位平行检验10%。

检测方法：施工单位观察检查；监理单位检查施工单位检测记录，并进行平行检验。

7.8.2　预打磨后的钢轨顶面及内侧工作面纵向平直度1 m范围内不应大于0.3 mm。

检测数量：打磨列车测量仪器检测时，施工单位、监理单位全部检查。钢轨波纹磨耗测量仪检测时，每5 km为检验批，施工单位分别检验基地焊头、工地焊头和钢轨各1处。监理单位全部见证检测。

检测方法：施工单位用打磨列车测量仪器或钢轨波纹磨耗测量仪检测；监理单位见证检测。

CHINA RAILWAY PUBLISHING HOUSE

8 有缝线路轨道

8.1 一般规定

8.1.1 不同类型的轨枕不应混铺。同类型轨枕成段铺设最小长度,正线、到发线为 500 m;其他站线、次要站线为 200 m。

8.1.2 组装轨排时,轨端相错量应在铺轨前进方向一端量测:直线两轨端取齐,曲线相错量按计算确定。

8.1.3 铺设木枕应一端取齐。在区间直线地段,单线铁路沿线路计算里程方向左侧取齐,双线铁路沿列车运行方向的左侧取齐,曲线地段沿外侧取齐。邻近站台的轨道均在靠近站台的一侧取齐。木枕应预钻直径比道钉小 3 ~4 mm 的道钉孔。不得用归钉挤轨的方法调整轨距。

8.1.4 若钢轨接头落入第 8.3.4 条所列位置,当铺设 25 m 钢轨时,应用 2 根 12.5 m 钢轨调整接头位置;当铺设 12.5 m 钢轨时,应用 25 m 钢轨调整;困难条件下可插入非标准长度钢轨调整。无法调整时,应将接头焊接。

8.1.5 轨排质量检验后应做检验标识,出厂时应做产品标识。

8.1.6 曲线尾剩余的接头相错量,应利用钢轨长度偏差在曲线内调整消除(困难时可延伸至直线上)。必要时可在曲线尾插入一根相应缩短量的缩短轨,但不得用调整轨缝的办法消除相错量。

8.1.7 选定铺轨轨温及其相应的处理办法,应符合下列规定:

1 铺轨宜选择在最佳铺轨轨温范围内进行,并预留轨缝;

2 高于最佳铺轨轨温,但不超过最高允许铺轨轨温范围,需要铺轨时,可不留轨缝;

3 在低于最佳铺轨轨温下限或高于最高允许铺轨轨温时不得安排铺轨,否则在轨温恢复至最佳铺轨轨温范围后,必须重新调整轨缝。

8.1.8 在最佳铺轨轨温范围内铺轨时,预留轨缝值按下式计算确定:

$$a_0 = 0.0118(T_{max} - t)L - C \qquad (8.1.8)$$

式中 a_0——铺轨时预留轨缝(mm),如计算结果得负值,按零计;

T_{max}——钢轨可能达到的最高温度(℃),其值采用当地历史最高气温加 20 ℃;长度大于 300 m 的隧道内,最高温度可采用当地历史最高气温;

t——随铺轨进程测定的钢轨温度(℃);

L——钢轨长度(m);

C——钢轨接头阻力和道床纵向阻力限制钢轨自由胀缩的数值(mm);钢轨长度等于和小于 15 m 及长度大于 15 m 的 C 值分别为 2 mm 和 4 mm,但历史最高、最低轨温差大于 85 ℃地区,铺设钢轨长度大于 20 m 的轨道,C 值应采用 6 mm。

实际预留轨缝,应根据铺轨时轨排对中的偏移程度和平顺状态,按式(8.1.8)的计算值略予加大,加大值不宜大于 2 mm。钢轨绝缘接头在最高轨温时轨缝不得小于 6 mm。

新铺的轨道,其预留的轨缝尺寸应当日检查,并将检查结果的总偏差量在继续铺轨时加以调整消除。

8.1.9 新线铺轨完毕第一趟列车通过后按规定扭矩复拧一次接头螺栓,三天内每天复拧一次,初冬和入夏时应再进行复拧。各钢轨接头螺栓的拧紧度应相等。各螺栓扭矩应符合本标准第 8.2.17 条的规定。

8.1.10 铺轨时,轨排应对准中线就位。两轨排间应使用轨缝控制装置控制轨缝。接头螺栓应及时补足,并按规定扭矩拧紧。

8.1.11 铺设混凝土宽枕应严格按中线铺设。不应采用就地拨移的办法正位。连接轨排时,不得在钢轨接头处垫砟。

8.1.12 轨排组装时除按规定的轨距挡板、轨距调整块号码控制轨距外,尚应使用万能道尺验证,并可按轨距调整挡板和轨距块。

8.1.13 人工铺设龙口轨时,应待龙口解除约束稳定后,按实际长度锯切合龙轨。

8.1.14 木枕 K 型分开式扣件安装时,应符合以下规定:

1 螺纹道钉应旋入木枕,不得硬性击入。

2 根据接头位置调整枕木,选用接头垫板及接头扣件。在钢桥上使用时,应在铺轨后安装护木。

3 桥上按设计要求设置不扣紧轨底扣件。

8.1.15 设计速度为 120 km/h 以下的线路,人工铺砟整道至低于轨面设计高程 50 mm 左右时,应用大型养路机械进行整道作业。

8.1.16 路基与桥梁、路基与隧道、无砟道床与有砟道床、新筑路基与既有线路基连接地段 30 m 范围及路基换填地段应加强捣固。

8.1.17 大型养路机械起道作业应符合本标准第 7.1.7 条的规定。

8.1.18 桥梁及隧道有砟道床进行动力稳定作业应符合本标准第 7.1.8 条的规定。

8.1.19 新建铁路正线曲线超高应按设计设置。

8.1.20 轨道工程完工后,应进行动态质量检查。

8.2 轨排组装

主控项目

8.2.1 钢轨、轨枕、扣件及其连接配件进场时,应对其规格、型号、外观进行验收,其质量应符合设计及产品标准规定;铺设旧轨时应符合旧轨使用技术条件的规定。

检验数量:施工单位、监理单位全部检查。

检验方法:查验产品合格证、质量证明文件,观察检查。

8.2.2 轨枕的结构强度(静载抗裂强度和疲劳强度)应符合产品标准的规定。

检验数量:同一厂家、同一批次施工单位每 10 000 根抽检 1 次,不足 10 000 根按 1 次抽检;监理单位按施工单位抽检次数的 10% 进行见证检验,但至少一次。

检验方法:试验。

8.2.3 轨枕的型式尺寸(长度、高度、钉孔距和两承轨槽距离)应符合产品标准的规定。

检验数量:施工单位抽检 2%,监理单位全部见证检验。

CHINA RAILWAY PUBLISHING HOUSE

检验方法：尺量。

8.2.4 扣件的扣压力和疲劳强度应符合产品标准的规定。

检验数量：同一厂家、同一批次施工单位每 200 000 套抽检 2 套，不足 200 000 套按 2 套抽检；监理单位全部见证检测。

检验方法：试验。

8.2.5 扣件的型式尺寸应符合产品标准的规定。

检验数量：施工单位抽检 2%；监理单位按施工单位抽检次数的 10% 进行见证检验，但至少一次。

检验方法：尺量。

8.2.6 轨道扣件及连接配件的规格、型号、铺设数量应符合设计规定。

检验数量：施工单位全部检查；监理单位平行检验 10%。

检验方法：观察检查。

8.2.7 每千米轨枕铺设数量及规格、型号应符合设计规定。

检验数量：施工单位全部检查；监理单位平行检验 10%。

检验方法：对照设计文件、点数。

8.2.8 螺旋道钉锚固抗拔力不得小于 60 kN。

检验数量：施工单位每千米抽检 3 个道钉；监理单位按施工单位抽检次数的 10% 进行见证检验，但至少一次。

检验方法：施工单位进行抗拔试验；监理单位检查施工单位抗拔试验报告并见证试验。

8.2.9 同一类型的轨枕应集中连续铺设（不同类型钢轨接头处除外）。两木枕地段间长度小于 50 m 时，应铺设木枕。

检验数量：施工单位、监理单位全部检查。

检验方法：观察检查、尺量。

8.2.10 不同类型轨枕的分界处，应保持同类型轨枕延伸至钢轨接头外 5 根以上。木枕与混凝土宽枕之间，应用混凝土枕过渡，其长度不得少于 25 m。

检验数量：施工单位、监理单位全部检查。

检验方法：观察检查、尺量。

8.2.11 非标准长度钢轨应同一长度集中成段铺设。成段长度：正线轨道不得小于 500 m；站线同一股道可集中铺设两种不同长度钢轨。

采用非标准轨的最短长度：正线轨道，铺设 12.5 m 钢轨地段不得小于 11 m；铺设 25 m钢轨地段，当轨型为 43 kg/m 及以上时，不得小于 21 m；到发线上不得小于 10 m；其他站线、次要站线不得小于 8 m。

检验数量：施工单位、监理单位全部检查。

检验方法：观察检查、尺量。

一 般 项 目

8.2.12 螺旋道钉偏离预留孔中心不得大于 2 mm，与承轨槽垂直，偏斜不得大于 2°。

检验数量：施工单位每 2 km 抽检 10 个道钉。

检验方法：观察检查、尺量。

8.2.13　道钉圆台底应高出承轨槽面;弹条扣件 0 ~ 2 mm;扣板扣件 0 ~ 5 mm。

检验数量:施工单位每 2 km 抽检 10 个道钉。

检验方法:观察检查、尺量。

8.2.14　轨枕应方正。间距及偏斜允许偏差为 ±20 mm。

检验数量:施工单位正线每 2 km 抽检 2 处,每处 5 根轨枕;站线每股道抽检 10 根轨枕。

检验方法:尺量。

8.2.15　轨距允许偏差为 ±2 mm。轨距变化率:正线不得大于 1‰,站线不得大于 2‰。有缓和曲线时,在缓和曲线全长范围内递减;无缓和曲线时,在直线上按允许变化率递减。

检验数量:施工单位每 2 km 抽检 4 个轨排;各检查 3 个测点。

检验方法:尺量。

8.2.16　轨排接头相错量允许偏差应符合表 8.2.16 规定。

表 8.2.16　接头相错量允许偏差

检验项目			允许偏差(mm)	
			正线、到发线	其他站线
标准轨	相对式接头	直线	≤40	≤60
		曲线	≤40 加缩短轨缩短量之半	≤60 加缩短轨缩短量之半
再用轨和非标准长度钢轨	相对式接头	直线	≤40	≤60
		曲线	≤120	≤140
	相错式接头	直线、曲线	≥3 000	
		绝缘接头	≤2 500	

检验数量:施工单位正线每 2 km 抽检 8 个轨排;站线每股道抽检 4 个轨排。

检验方法:尺量。

8.2.17　轨排组装时,扣件安装应符合下列规定:

1　70 型扣件扭矩 100 ~ 120 N · m;

2　Ⅰ型弹条扣件扭矩在半径大于 650 m 时为 80 ~ 120 N · m;在半径小于等于 650 m 时应大于 120 N · m;

3　Ⅱ型弹条扭矩为 100 ~ 140 N · m;

4　轨距挡板应靠贴轨底安装正确,螺旋道钉丝杆涂油,各种扣件安装不良率不超过 8%。

检验数量:施工单位正线每 2 km 抽检 2 个轨排,各检查 5 个扣件;站线每股道抽检 10 个扣件。

检验方法:观察检查,测力板手检测。

8.3　铺　　轨

主 控 项 目

8.3.1　铺轨轨缝质量检验,当轨温未超过 $t \pm \dfrac{C}{0.011\,8\,L}$ 时,应按预留轨缝公式计算的 a_0

CHINA RAILWAY PUBLISHING HOUSE

值为准。检查结果应符合下列规定：

1　检查段内实际轨缝的平均值，以计算轨缝值为标准允许偏差为 ±2 mm；

2　轨温小于当地历史最高轨温时，不得有连续 3 个及以上的瞎缝；

3　不得出现最大构造轨缝（计算值等于最大构造轨缝时除外）。

检验数量：施工单位、监理单位全部检查。

检验方法：施工单位观察检查、尺量；监理单位检查施工单位的轨缝检查记录并观察检查。

8.3.2　轨道上个别插入的短轨，正线轨道不得小于 6 m，站线不得小于 4.5 m。道岔间插入的短轨应符合设计规定。调整桥上钢轨接头位置时，短轨应铺在距桥台尾 10 m 外。

检验数量：施工单位、监理单位全部检查。

检验方法：观察检查、尺量。

8.3.3　在信号机处的两钢轨绝缘接头应为相对式，轨缝不得小于 6 mm。位置应符合设计及下列规定：

1　出站（包括出站兼调车）信号机处绝缘接头可设在信号机前方 1 m 至后方 6.5 m 范围内；

2　调车信号机处绝缘接头可设在信号机前方 1 m 至后方 1 m 范围内；

3　安装在警冲标内方的钢轨绝缘接头除渡线外，应安装在距警冲标计算位置不小于 3.5 m、距警冲标实际位置不大于 4 m 的范围内；

4　绝缘接头不得设异型接头。

检验数量：施工单位、监理单位全部检查。

检验方法：观察检查、尺量。

8.3.4　下列位置不得有钢轨接头：

1　明桥面小桥的全长范围内；

2　钢梁端部、拱桥温度伸缩缝和拱顶等处前后各 2 m 范围内；

3　钢梁的横梁顶上；

4　设有温度调节器的钢梁的温度跨度范围内；

5　道口范围内。

检验数量：施工单位、监理单位全部检查。

检验方法：观察检查、尺量。

一 般 项 目

8.3.5　铺轨时轨道中线允许偏差为：普通轨枕 50 mm；宽枕 10 mm。

检验数量：施工单位每个中桩处均检查。

检验方法：尺量。

8.3.6　铺轨时，接头相错量允许偏差及检验数量与方法应符合本标准第 8.2.16 条规定。

8.3.7　铺轨时接头处的轨面高差和轨距线错牙：正线和到发线不得大于 1 mm，其他站线、次要站线不得大于 2 mm。

检验数量：施工单位每 2 km 抽检 10 个接头。

检验方法：观察检查、尺量。

8.3.8　接头螺栓扭矩应符合表 8.3.8 规定。

检验数量:正线每 2 km 抽检 10 个螺栓;站线每股道抽检 10 个螺栓。

检验方法:测力扳手检测。

8.3.9 接头螺栓丝杆应涂油。

检验数量:施工单位全部检查。

检验方法:观察检查。

表 8.3.8 接头螺栓扭矩标准

项 目	单 位	25 m 钢 轨						12.5 m 钢轨	
		最高、最低轨温差 >85 ℃地区			最高、最低轨温差 ≤85 ℃地区				
钢轨	kg/m	60 及以上	50	43	60 及以上	50	43	50	43
螺栓等级	级	10.9	10.9	8.8	10.9	8.8	8.8	8.8	8.8
扭矩	N·m	700	600	600	500	400	400	400	400

注:高强度绝缘接头螺栓扭矩不小于 700 N·m。

8.4 铺砟整道

主控项目

8.4.1 道砟的材质、品种、级别、外观、级配、颗料形状及清洁度等应符合本标准第 5.3.1 ~5.3.3 条规定。

8.4.2 正线曲线外轨最大超高单线不得大于 125 mm,双线不得大于 150 mm。超高应在缓和曲线全长均匀递减,未设缓和曲线时,应在直线上按不大于 1‰的坡度顺接。

站线连接曲线最大超高为 15 mm,但位于曲线车站到发线的连接曲线及曲线地段的最大超高为 25 mm。超高应在直线上按不大于 2‰的坡度顺接。

检验数量:施工单位全部检查,监理单位平行检验 10%。

检验方法:水平尺量。

8.4.3 无砟轨道静态几何尺寸允许偏差应符合表 8.4.3 的规定。

检验数量:施工单位正线每 2 km 各项均抽检 10 个测点,但每单位工程至少抽检一个曲线 10 个测点;监理单位按施工单位抽检次数的 10% 进行见证检验,但至少一次。

检验方法:尺量。

表 8.4.3 无砟轨道静态几何尺寸允许偏差

序号	检 验 项 目		允许偏差(mm)
1	轨距		±2
2	高低(10 m 弦量)		4
3	水平		4
4	扭曲(6.25 m 基长)		4
5	轨 向	直线(10 m 弦量)	4
		曲线	见表 7.7.4—2

8.4.4 线路整道后混凝土枕道床力学参数应达到以下标准:横向阻力不小于 6.5 kN/枕;支承刚度不小于 60 kN/mm。

检验数量:施工单位正线每 2 km 抽检 1 处,大桥、特大桥及 100 m 以上隧道各增加 1 处,每处 4 根轨枕,分别取平均值;监理单位按施工单位抽检次数的 10% 进行见证检验,但至少一次。

检验方法:施工单位用专用仪器测试;监理单位见证检测。

8.4.5 有缝线路轨道动态质量应检查局部不平顺(峰值管理),其允许偏差管理值应符合表 8.4.5 规定。

表 8.4.5　轨道动态检查几何尺寸容许偏差管理值(峰值管理)

项目 \ 速度(km/h)	120≥v>100				v≤100			
	Ⅰ级	Ⅱ级	Ⅲ级	Ⅳ级	Ⅰ级	Ⅱ级	Ⅲ级	Ⅳ级
高低(mm)	8	12	20	24	12	16	22	26
轨向(mm)	8	10	16	20	10	14	20	23
轨距(mm)	$^{+8}_{-6}$	$^{+12}_{-8}$	$^{+20}_{-10}$	$^{+24}_{-12}$	$^{+12}_{-6}$	$^{+16}_{-8}$	$^{+24}_{-10}$	$^{+28}_{-12}$
水平(mm)	8	12	18	22	12	16	22	25
扭曲(基长 2.4 m)(mm)	8	10	14	16	10	12	16	18
车体垂向加速度(g)	0.10	0.15	0.20	0.25	0.10	0.15	0.20	0.25
车体横向加速度(g)	0.06	0.10	0.15	0.20	0.06	0.10	0.15	0.20

注:1　各项偏差等级划分及扣分标准:偏差等级一般分四级。Ⅰ级为保养标准,每处扣 1 分;Ⅱ级为舒适度标准,每处扣 5 分;Ⅲ级为临时补修标准,每处扣 100 分;Ⅳ级为限速标准,每处扣 301 分。

2　轨道动态质量用轨道检查车检查,以千米为单位进行动态评定,每千米扣分总数为各级、各项偏差扣分总和。扣分总数在 300 分及以下时为合格。

检验数量:建设单位、施工单位和监理单位全部检查。

检验方法:建设单位用轨道检查车全部检查。施工单位项目负责人、技术负责人和监理单位总监理工程师参加。

一 般 项 目

8.4.6　接头螺栓扭矩应符合本标准第 8.3.8 条规定。

8.4.7　扣件扭矩及安装不良率应符合本标准第 8.2.17 条规定。

8.4.8　接头螺栓及扣件应涂刷有效期不少于 2 年的油脂。

检验数量:施工单位全部检查。

检验方法:观察检查。

8.4.9　有砟轨道静态几何尺寸允许偏差应符合表 8.4.9—1 ~4 的规定。

表 8.4.9—1　拨道允许偏差

序号	检验项目		允许偏差(mm)	
			正线、到发线	其他站线
1	中线		50(宽枕 10)	
2	线间距	正、站线,桥、隧	±20	
		钢梁桥	±10	
		正线间距为 4.0 m,倒装线间距为 3.6 m	不得有负偏差	
3	轨向	直线(10 m 弦量)	4	5
		曲线	见表 8.4.9—2	

表 8.4.9—2　曲线 20 m 弦正矢允许偏差

曲线半径(m)	缓和曲线正矢与计算正矢差(mm)		圆曲线正矢连续差(mm)		圆曲线正矢最大最小值差(mm)	
	正线、到发线	其他站线、次要站线	正线、到发线	其他站线、次要站线	正线、到发线	其他站线、次要站线
250 及以下		8		16		24
251 ~350		7		14		21
351 ~450	5	6	10	12	15	18
451 ~650	4	5	8	10	12	15
650 以上	3	4	6	8	9	12

CHINA RAILWAY PUBLISHING HOUSE

表 8.4.9—3 起道允许偏差

序 号	检 验 项 目		允 许 偏 差(mm)	
			正线、到发线	其他站线
1	轨面高程	有砟道床	$^{+50}_{-30}$(宽枕 ±30)	
		建筑物上	±10	
		紧靠站台的轨道	$^{+50}_{0}$	
2	轨面平整	高低(10 m 弦量)	4	5
		水平		
		扭曲(6.25 m 基长)		

表 8.4.9—4 改道允许偏差

序 号	检 验 项 目		允 许 偏 差(mm)	
			正线、到发线	其他站线
1	轨 距	轨距	$^{+6}_{-2}$	
		加宽递减率(‰)	1	2
2	接 头	错牙、错台	1	2
		接头相错量	40(曲线加缩短轨缩短量的一半)	
3	轨 枕	空吊板(不得连续)	8%	12%
		方正、间距	±20	

检验数量:施工单位正线每 2 km 各项均抽检 10 个测点,站线每股道各项均抽检 5 个测点,但每单位工程至少抽检一个曲线 10 个测点。

检验方法:观察检查、尺量、测力扳手检测。

8.4.10 无砟轨道静态几何尺寸允许偏差应符合表 8.4.10 规定。

检验数量:施工单位正线每 2 km 各项均抽检 10 个测点,但每单位工程至少抽检一个曲线 10 个测点。

检验方法:观察检查、尺量、测力扳手检测。

表 8.4.10 无砟轨道静态几何尺寸允许偏差

序 号	检 验 项 目		允 许 偏 差(mm)
1	轨道中线与设计中线差		10
2	线间距		±20 (正线线间距为 4.0 m 时,不允许有负偏差)
3	高 程		±10
4	接 头	错牙、错台	1
		接头相错量	40(曲线加缩短轨缩短量的一半)
5	轨 枕	间距	±10
		轨底坡	1/35 ~ 1/45

8.4.11 轨缝质量检验,应以轨缝检算值为准。当轨温超过 $t \pm \dfrac{C}{0.0118L}$ 时,轨缝检算值应分别不同情况计算确定。轨缝质量应成段检查,成段长度不宜大于 1 km。检查结果应

CHINA RAILWAY PUBLISHING HOUSE

符合下列规定：

1　检查段内实际轨缝的平均值，以轨缝检算值为标准允许偏差为 ±2 mm；

2　轨温小于当地历史最高轨温时，不得有连续 3 个及以上的瞎缝；

3　不得出现最大构造轨缝（检算值等于最大构造轨缝时除外）。

检验数量：施工单位全部检查。

检验方法：观察检查、尺量。

8.4.12　道床整理顶面宽度允许偏差为 $^{+50}_{\ 0}$ mm，厚度允许偏差为 ±50 mm。

检验数量：施工单位正线每 2 km 各抽检 10 个测点；站线每股道各抽检 5 个测点。

检验方法：尺量。

9　道岔及钢轨伸缩调节器

9.1　一 般 规 定

9.1.1　道岔施工前,应对站场控制测量进行复测。

9.1.2　道岔及钢轨伸缩调节器铺设前预铺道砟应符合本标准第5章的有关规定。

9.1.3　道岔因钢轨焊接、绝缘接头位置等影响道岔内配轨长度时,采购前应予明确。

9.1.4　钢轨伸缩调节器、12号及以上可动心轨辙叉道岔应在工厂内试组装并验收。出厂时,制造厂应对产品零部件依据相关条件进行检验,并提供产品合格证、铺设图和发货明细表。

9.1.5　道岔轨面高程应与连接的主要线一致,与另一线的轨面高差,应自道岔后普通轨枕起向站内顺接。顺接坡度不应大于该线最大设计限坡。

9.1.6　交叉渡线铺设时,四组单开道岔与主要连接线应在一个平面上,次要连接线上的道岔与前后连接线轨面高差,按规定顺坡,并兼顾相邻道岔。

9.1.7　再用道岔前后应铺设与道岔磨耗程度相近的钢轨,否则在接头1 m范围内打磨接头处轨面高低差及轨距线错牙。更换新道岔时应同时更换前后引轨。

9.1.8　道岔位置应按设计铺设。困难条件下,经统筹研究,可在不影响股道有效长度和不变更其他运营设备条件下,将道岔位置前后移动不得大于0.5 m。

9.1.9　与正线连接的道岔前后各50根、与站线连接的道岔前后各15根(含岔后长岔枕)轨枕的类型应与岔枕类型相同,每千米铺设根数及扣件应与连接线路标准一致。铺设无缝道岔时,直股前后线路过渡枕的型号、根数及间距,应符合铺设图的规定。

9.1.10　当道岔轨型与连接线路轨型不一致时,道岔前后应各铺一节长度不小于6.25 m与道岔同型的钢轨;在困难条件下,长度可减小到4.5 m。前后两道岔间距小于9 m,且道岔轨型不一致时,应用异型轨连接。

9.1.11　可动心轨辙叉道岔起道作业时,两股道应同时起平,保证可动心轨辙叉在一个平面上,做好道岔前后及道岔曲股顺坡。

9.1.12　可动心轨辙叉道岔改道作业时,应采用调整不同号码轨距挡块调整轨距,调整量不足时可加垫片调整,但厚度不得超过2 mm。

9.1.13　无缝道岔内钢轨焊接、道岔与无缝线路焊接,应在道床达到初期稳定状态、轨面高程、轨向和水平已基本达到设计标准时,方可施焊。

9.2　无缝道岔铺设

主 控 项 目

9.2.1　道岔及岔枕的类型、规格和质量应符合设计要求和产品标准规定。

检验数量:施工单位、监理单位全部检查。

检验方法:施工单位查验产品合格证和质量证明文件,观察检查、尺量、清点;监理单位查验产品合格证、质量证明文件、观察检查。

9.2.2 混凝土岔枕螺旋道钉锚固抗拔力不得小于 60 kN。

检验数量:施工单位每组道岔抽检 3 个道钉;监理单位按施工单位抽检次数的 10% 进行见证检验,但至少一次。

检验方法:施工单位进行抗拔试验;监理单位检查施工单位抗拔试验报告并见证试验。

9.2.3 查照间隔(辙叉心作用面至护轨头部外侧的距离)不得小于 1 391 mm;护背距离(翼轨作用面至护轨头部外侧的距离)不得大于 1 348 mm。

检验数量:施工单位、监理单位全部检查。

检验方法:尺量。

9.2.4 基本轨、尖轨轨面应无碰伤、擦伤、掉块、低陷、压溃飞边等缺陷。

检验数量:施工单位、监理单位全部检查。

检验方法:观察检查。

9.2.5 无缝道岔内锁定焊及与无缝线路锁定焊连时,必须在设计锁定轨温范围内进行。

检验数量:施工单位、监理单位全部检查。

检验方法:施工单位用轨温计测定并记录;监理单位旁站监理。

9.2.6 道岔内焊接接头平直度应符合本标准第 7.5.5 条的规定。

9.2.7 无缝道岔与相邻轨条的锁定轨温相差不得超过 5 ℃。

检验数量:施工单位、监理单位全部检查。

检验方法:施工单位用轨温计测量并记录;监理单位旁站监理。

一 般 项 目

9.2.8 混凝土岔枕螺旋道钉位置、高度应符合本标准第 8.2.12、8.2.13 条规定。

检验数量:施工单位每组道岔抽检 10 个道钉。

检验方法:观察检查、尺量。

9.2.9 无缝道岔铺设允许偏差应符合表 9.2.9 规定。

检验数量:施工单位全部检查。

检验方法:尺量。

9.2.10 道岔铺设应使限位器子母块居中,两侧间隙允许偏差 1 mm。

检验数量:施工单位全部检查。

检验方法:观察检查、尺量。

9.2.11 道岔紧固螺栓扭矩应为 100 ~ 120 N · m。扣件螺栓扭矩应为:Ⅰ型弹条扣件扭矩 80 ~ 120 N · m,Ⅱ型弹条扭矩 100 ~ 140 N · m.

检验数量:施工单位每组道岔抽检扣件、紧固螺栓各 3 个,涂油全部检查。

检验方法:测力扳手检测,观察检查。

9.2.12 道岔各类螺栓丝扣均应涂有效期不少于 2 年的油脂。

检验数量:全部检查。

检验方法:观察检查。

表 9.2.9 无缝道岔铺设允许偏差

序号	检验项目		允许偏差(mm)
1	道岔方向	直线(10 m 弦量)	4
		导曲线支距	±2
2	轨距	尖轨尖端	±1
		尖轨跟端	±1
		其他部位	$^{+3}_{-2}$
3	尖轨尖端至第一牵引点与基本轨密贴		缝隙≤0.2
4	尖轨其余部分与基本轨密贴		缝隙≤1
5	心轨尖端 460 mm 范围与翼轨密贴		缝隙≤0.5
6	心轨其余部分与翼轨密贴		缝隙≤1
7	顶铁与尖轨或可动心轨轨腰的间隙		≤0.5
8	尖轨跟端非工作边与基本轨工作边开口距离		±1
9	尖趾距离		+10
10	可动心轨辙叉咽喉宽		±3
11	轮缘槽宽度		$^{+1}_{-0.5}$
12	动程(尖轨、可动心轨)		±3
13	道岔头、尾接头相错量		≤15
14	岔枕间距、偏斜		+20
15	尖轨尖端相错量		≤10

注:尖趾距离为可动心轨辙叉的长心轨实际尖端至翼轨趾端的距离。

9.3 有缝道岔铺设

主控项目

9.3.1 道岔及岔枕的类型、规格和质量应符合设计要求和产品标准规定,再用道岔应符合再用道岔技术条件的规定。

检验数量:施工单位、监理单位全部检查。

检验方法:施工单位查验产品合格证和质量证明文件,观察检查、尺量、点数;监理单位查验产品合格证、质量证明文件、观察检查。

9.3.2 混凝土岔枕螺旋道钉锚固抗拔力不得小于 60 kN。

检验数量:施工单位每组道岔抽检 3 个道钉;监理单位按施工单位抽检次数的 10% 进行见证检验,但至少一次。

检验方法:施工单位进行抗拔试验;监理单位检查施工单位抗拔试验报告并见证试验。

9.3.3 查照间隔(辙叉心作用面至护轨头部外侧的距离)不得小于 1 391 mm;护背距离(翼轨作用面至护轨头部外侧的距离)不得大于 1 348 mm。

检验数量:施工单位、监理单位全部检查。

检验方法:尺量。

CHINA RAILWAY PUBLISHING HOUSE

9.3.4　绝缘接头轨缝不得小于 6 mm。

检验数量：施工单位、监理单位全部检查。

检验方法：尺量。

一 般 项 目

9.3.5　混凝土岔枕螺旋道钉位置、高度应符合本标准第 8.2.12、8.2.13 条规定。

检验数量：施工单位每组道岔抽检 10 个道钉。

检验方法：观察检查、尺量。

9.3.6　有缝道岔铺设允许偏差应符合表 9.3.6 规定。

表 9.3.6　有缝道岔铺设允许偏差

<table>
<tr><th>序号</th><th colspan="3">检　验　项　目</th><th>正线到发线</th><th>其他站线</th></tr>
<tr><td rowspan="2">1</td><td rowspan="2">道岔方向</td><td colspan="2">直线(10 m 弦量)(mm)</td><td>4</td><td>6</td></tr>
<tr><td colspan="2">导曲线支距(mm)</td><td colspan="2">±2</td></tr>
<tr><td rowspan="2">2</td><td rowspan="2">轨距</td><td colspan="2">尖轨尖端(mm)</td><td colspan="2">±1</td></tr>
<tr><td colspan="2">其他部位(mm)</td><td colspan="2">$^{+3}_{-2}$</td></tr>
<tr><td rowspan="4">3</td><td rowspan="4">轨距加宽及递减</td><td colspan="2">尖轨尖端至基本轨接头(‰)</td><td colspan="2">按设计图</td></tr>
<tr><td colspan="2">尖轨跟端(直向)向辙叉方向递减距离(m)</td><td colspan="2">按设计图</td></tr>
<tr><td rowspan="2">导曲线向前向后递减距离</td><td>直尖轨(m)</td><td colspan="2">按设计图</td></tr>
<tr><td>曲尖轨(m)</td><td colspan="2">按设计图</td></tr>
<tr><td>4</td><td colspan="3">尖轨非工作边最小轮缘槽(mm)</td><td colspan="2">−2</td></tr>
<tr><td>5</td><td colspan="3">顶铁与尖轨或可动心轨轨腰的间隙(mm)</td><td colspan="2">≤1</td></tr>
<tr><td>6</td><td colspan="3">尖轨跟端非工作边与基本轨工作边开口距离(mm)</td><td colspan="2">±1</td></tr>
<tr><td>7</td><td colspan="3">轨缘槽宽度(mm)</td><td colspan="2">$^{+3}_{-1}$</td></tr>
<tr><td rowspan="3">8</td><td rowspan="3">接头</td><td colspan="2">错牙、错台(mm)</td><td>≤1</td><td>≤2</td></tr>
<tr><td colspan="2">头尾接头相错量(mm)</td><td>≤15</td><td>≤20</td></tr>
<tr><td colspan="2">轨缝实测平均值与设计值差(mm)</td><td colspan="2">±2</td></tr>
<tr><td>9</td><td colspan="3">岔枕间距、偏斜(mm)</td><td colspan="2">±20</td></tr>
<tr><td>10</td><td colspan="3">尖轨尖端相错量(mm)</td><td colspan="2">≤10</td></tr>
</table>

检验数量：施工单位全部检查。

检验方法：尺量。

9.3.7　道岔紧固螺栓扭矩应为 100～120 N · m，扣件螺栓扭矩应符合本标准第 8.2.17 条规定，接头螺栓扭矩应符合本标准第 8.3.8 条规定。

检验数量：施工单位每组道岔抽检扣件、接头、紧固螺栓各 3 个，涂油全部检查。

检验方法：测力扳手检测，观察检查。

9.3.8　设计速度大于等于 120 km/h 的道岔，接头螺栓应采用 10.9 级螺栓，扭矩应为 700～900 N · m。

检验数量：施工单位每组道岔抽检扣件、接头、紧固螺栓各 3 个。

检验方法：测力扳手检测，观察检查。

CHINA RAILWAY PUBLISHING HOUSE

9.3.9　道岔各类螺栓丝扣均应涂有效期不少于2年的油脂。

检验数量：全部检查。

检验方法：观察检查。

9.3.10　木岔枕端头应经捆扎后使用，并在直股外侧取齐。

检验数量：施工单位全部检查。

检验方法：观察检查。

9.4　道岔铺砟整道

主 控 项 目

9.4.1　道砟的材质、品种、级别、外观、级配、颗粒形状及清洁度等应符合本标准第5.3.1～5.3.3条规定。

9.4.2　无缝道岔锁定前道床应达到初期稳定状态，并应符合本标准第7.4.2条的规定。

9.4.3　整道后的道岔应道床饱满，捣固密实。

检验数量：施工单位、监理单位全部检查。

检验方法：观察检查。

9.4.4　导曲线不得有反超高。

检验数量：施工单位全部检查；监理单位按施工单位抽检次数的10%进行见证检验，但至少一次。

检验方法：万能道尺量。

9.4.5　钢轨接头、尖轨尖端、跟部、辙叉心等部位不得有空吊板；其他部位不得有连续空吊板，空吊板率不得大于8%。

检验数量：施工单位全部检查；监理单位平行检验10%。

检验方法：观察检查、锤击。

9.4.6　道岔转辙器及尖轨安装应符合下列规定：

1　转辙器(或可动心轨辙叉)应扳动灵活；

2　尖轨无损伤，尖轨顶面宽50 mm及以上断面处，不低于基本轨顶面2 mm；

3　在静止状态下，尖轨尖端(或可动心轨辙叉)至第一牵引点应与基本轨密贴，间隙小于0.2 mm；其他地段小于1 mm。

检验数量：施工单位全部检查；监理单位平行检验10%。

检验方法：观察检查、尺量，仪器检查。

9.4.7　道岔整道允许偏差应符合表9.4.7的规定。

表9.4.7　道岔整道允许偏差及检验数量与方法

序号	检验项目	允许偏差(mm) 有缝道岔 其他站线	有缝道岔 正线、到发线	无缝道岔	检验数量	检验方法
1	水平	≤6	≤4		10个点	万能道尺量
2	高低(10 m弦量)	≤6	≤4		5个点	尺量
3	轨向(10 m)弦量	≤6	≤4		5个点	尺量

检验数量：施工单位全部检查；监理单位按施工单位抽检次数的10%进行见证检验，但至少一次。

一 般 项 目

9.4.8 道岔整道后允许偏差及检验数量与方法应符合表9.4.8规定。

9.4.9 道岔整理后，结构尺寸允许偏差应符合本标准第9.2.9或9.3.6条规定。

9.4.10 道床整理顶面宽度允许偏差 $^{+50}_{\ 0}$ mm，厚度允许偏差±50 mm。

检验数量：施工单位每组道岔测3个点位。

检验方法：观察检查、尺量。

表9.4.8 道岔整道允许偏差及检验数量与方法

序号	检验项目		允许偏差(mm) 无缝道岔	有缝道岔 正线、到发线	有缝道岔 其他站线	检验数量	检验方法
1	轨面高程与设计高程差	在有砟道床上	+50 −30			3个测点	水平仪测量
		在建筑物上	±10				
2	联结配件和扣件	滑床板与尖轨间离缝	≤1(每侧允许1处大于1 mm)	≤2(每侧允许1处大于2 mm)	≤2(每侧允许2处大于2 mm)	全部检查	塞尺量
		轨撑不密贴离缝					
		道钉浮离2 mm以上者	—	≤8%	≤10%		
		轨枕扣件不良者	≤6%	≤8%	≤10%		

9.5 钢轨伸缩调节器铺设

主 控 项 目

9.5.1 钢轨伸缩调节器种类、型号及技术条件应符合设计要求及产品技术条件规定。

检验数量：施工单位、监理单位全部检查。

检验方法：查验产品合格证和质量证明文件、观察检查。

9.5.2 钢轨伸缩调节器铺设位置应符合设计规定。

检验数量：施工单位、监理单位全部检查。

检验方法：施工单位对照设计图纸、尺量；监理单位检查施工单位检查记录，并观察检查。

9.5.3 铺设钢轨伸缩调节器时，应根据铺设时的轨温预留伸缩量，铺设后应做好伸缩起点标志。

检验数量：施工单位、监理单位全部检查。

检验方法：施工单位轨温计测量、尺量；监理单位观察检查。

9.5.4 钢轨伸缩调节器的尖轨刨切范围内应与基本轨密贴；尖轨尖端至其后400 mm处，缝隙不得大于0.2 mm，其余部分不得大于0.8 mm。

检验数量：施工单位、监理单位全部检查。

检验方法：施工单位尺量；监理单位检查施工单位检测记录并观察检查。

9.5.5 钢轨伸缩调节器铺设调整后，应达到基本轨伸缩无障碍，尖轨锁定不爬行。

CHINA RAILWAY PUBLISHING HOUSE

检验数量:施工单位、监理单位全部检查。

检验方法:观察检查。

一 般 项 目

9.5.6 钢轨伸缩调节器铺设应符合以下规定:

1 垫板、轨撑及螺栓安装齐全,螺母达到规定扭矩:尖轨轨撑扣件螺母扭矩应为 120 ~150 N·m,基本轨轨撑扣件螺母扭矩应为 60 ~80 N·m,铁垫板塑料套管连接螺栓螺母扭矩应为 300 ~320 N·m。

2 伸缩调节器两端、尖轨尖端、尖轨轨头刨切起点处,轨距允许偏差均为 ±1 mm。

检验数量:施工单位全部检查。

检验方法:尺量、塞尺及测力扳手检测。

9.5.7 轨枕应方正,间距及偏斜允许偏差为 ±20 mm。

检验数量:施工单位每组抽检 10 根轨枕。

检验方法:观察检查、尺量。

9.5.8 钢轨伸缩调节器轨道中线与设计中线允许偏差 30 mm。

检验数量:施工单位每组抽检 3 处。

检验方法:尺量。

9.5.9 钢轨伸缩调节器整道应符合以下标准:

1 轨向:单向调节器用 12.5 m 弦、双向调节器用 25 m 弦测量,每隔 1 m 检查 1 处,尖轨尖端至尖轨顶宽 5 mm 处范围内允许有 4 mm 的空线,其余范围内允许有 2 mm 的空线,不允许抗线;

2 轨面前后高低:用 12.5 m 弦测量不得大于 4 mm,每组抽检 3 处;

3 左右股钢轨水平差不得大于 4 mm,每组抽检 3 处;

4 在 6.25 m 测量基线内,轨面扭曲不得大于 4 mm。

检验数量:施工单位每组全部检查。

检验方法:观察检查、尺量。

10　道口、防护栅栏

10.1　道 口 铺 设

主 控 项 目

10.1.1　道口铺面板及其结构件材质应符合设计规定及产品质量标准。

检验数量：施工单位、监理单位全部检查。

检验方法：施工单位观察检查、尺量；监理单位检查施工单位检查记录。

10.1.2　道口位置应符合设计规定。

检验数量：施工单位、监理单位全部检查。

检验方法：对照设计文件、尺量。

10.1.3　道口范围内不得有钢轨接头，不能避免时，应予焊接。

检验数量：施工单位、监理单位全部检查。

检验方法：观察检查。

一 般 项 目

10.1.4　道口铺面板在钢轨头部外侧 50 mm 范围内应低于轨面 5 mm。其余面板应与轨面一致，允许偏差为 ±5 mm。

检验数量：施工单位全部检查。

检验方法：观察检查。

10.1.5　道口铺设几何尺寸允许偏差应符合表 10.1.5 的规定。

10.1.6　护轨轮缘槽宽度应为 70 ~ 100 mm，曲线里股应为 90 ~ 100 mm，深度应为 45 ~ 60 mm。

检验数量：施工单位全部检查。

检验方法：尺量。

表 10.1.5　道口铺设允许偏差

序　　号	检 验 项 目	允许偏差(mm)	检验方法及数量
1	板面接缝宽	<10	尺量，抽查 10%
2	相邻板面高差	<3	
3	道口宽度	±50	尺量，测 3 点以上
4	铺面板厚度	±10	尺量，抽查 10%

10.1.7　护轨应为连续的整体，并保持轮缘槽平顺；两端做成喇叭口，距护轨端 300 mm 处弯向线路中心，其终端距护轨工作边应不小于 150 mm。

检验数量：施工单位全部检查。

CHINA RAILWAY PUBLISHING HOUSE

检验方法:尺量。

10.2 道口防护设施

主 控 项 目

10.2.1 防护设施及标志的规格、尺寸、配筋、混凝土强度、涂料质量等均应符合设计要求。

检验数量:施工单位、监理单位全部检查。

检验方法:施工单位查验混凝土试验报告及钢筋检查证、观察检查、尺量;监理单位查验混凝土试验报告及钢筋检查证、检查施工单位检验记录,并观察检查。

10.2.2 防护设施设置显示方向正确。

检验数量:施工单位、监理单位全部检查。

检验方法:观察检查。

10.2.3 道口标志应齐全并符合国家相关规定。

检验数量:施工单位、监理单位全部检查。

检验方法:施工单位观察检查、尺量;监理单位检查施工单位检测记录,并观察检查。

一 般 项 目

10.2.4 防护设施及标志应设置准确、齐全、无损伤、涂料均匀、图案完整清晰、预留高度符合要求。

检验数量:施工单位全部检查。

检验方法:观察检查。

10.3 防 护 栅 栏

主 控 项 目

10.3.1 栅栏立柱、格栅材质及各部联结件应符合设计规定。

检验数量:施工单位全部检查;监理单位平行检验 10%。

检验方法:施工单位对照设计文件、观察检查、尺量;监理单位检查施工单位检验记录,并平行检验。

一 般 项 目

10.3.2 栅栏埋设位置正确、齐全、预留高度应符合设计要求。

检验数量:施工单位全部检查。

检验方法:观察检查、尺量。

10.3.3 栅栏涂料均匀,涂层应符合设计规定。

检验数量:施工单位全部检查。

检验方法:观察检查。

CHINA RAILWAY PUBLISHING HOUSE

11 护 轨

主 控 项 目

11.0.1 护轨、扣件的规格、型号、质量应符合设计要求。

检验数量:施工单位、监理单位全部检查。

检验方法:施工单位观察检查、尺量;监理单位检查施工单位检测记录,并观察检查。

11.0.2 护轨每个接头应不少于 4 个接头螺栓,螺母应在轮缘槽外侧。

检验数量:施工单位、监理单位全部检查。

检验方法:施工单位观察检查、尺量;监理单位检查施工单位检验记录,并观察检查。

11.0.3 有轨道电路时,护轨梭头连接处应设置绝缘接头。

检验数量:施工单位、监理单位全部检查。

检验方法:观察检查。

11.0.4 桥面护轨两端伸出桥台胸墙外不小于 5 m(在直线上桥长大于 50 m,曲线上桥长大于 30 m 的桥上为 10 m)后,应将其弯折交会于轨道中心,弯折部分的长度一般不小于 5 m,困难条件下不小于 3 m,特殊情况按设计要求办理。轨端应切成斜面结成梭头,固定在轨枕上,梭头超出台尾应大于 2 m。

检验数量:施工单位全部检查;监理单位平行检验 10% 。

检验方法:施工单位观察检查、尺量;监理单位检查施工单位检测记录,并进行平行检验。

11.0.5 其他地段的护轨(含单侧护轨),两端应伸出防护地段不小于 5 m 后再弯折。弯折部分的长度同桥面护轨。单侧护轨与双侧护轨相连时,相连侧护轨伸出防护段后应弯向道心,长度不小于 5 m,另一侧按规定做成喇叭口。

检验数量:施工单位全部检查;监理单位平行检验 10% 。

检验方法:施工单位观察检查、尺量;监理单位检查施工单位检测记录,并进行平行检验。

一 般 项 目

11.0.6 护轨的弯折部分弯度应一致,梭头斜面平整,坡度不得小于 1:1。

检验数量:施工单位全部检查。

检验方法:观察检查、尺量。

11.0.7 护轨铺设地段应符合设计规定。护轨应在轨道基本稳定后铺设。护轨的每根轨枕上应设置不少于 2 个道钉或扣件。当木枕净距等于或小于 150 mm 时,可每隔 1 根钉 2 个道钉。

检验数量:施工单位全部检查。

检验方法:对照设计文件、观察检查、尺量。

11.0.8 护轨与基本轨头部间距应为200 mm（基本轨为60 kg/m及以上和采用分开式K型扣件时为220 mm），允许偏差为±10 mm。

检验数量：施工单位全部检查。

检验方法：尺量。

11.0.9 护轨面高于基本轨面不得大于5 mm，低于基本轨面不得大于25 mm。

检验数量：施工单位全部检查。

检验方法：尺量。

11.0.10 在木枕护轨底加垫经防腐处理的木垫板时，其厚度不得大于30 mm，并应加钉固定。

检验数量：施工单位全部检查。

检验方法：观察检查、尺量。

CHINA RAILWAY PUBLISHING HOUSE

12　线路、信号标志

主 控 项 目

12.0.1　线路、信号标志的材质、规格、图案字样均应符合设计要求。

检验数量：施工单位、监理单位全部检查。

检验方法：施工单位对照设计文件、观察检查、尺量；监理单位检查施工单位检验记录，并观察检查。

12.0.2　标志的数量、位置、高度应符合设计要求。

检验数量：施工单位全部检查；监理单位平行检验10%。

检验方法：施工单位对照设计文件、点数、观察检查、尺量；监理单位检查施工单位检验记录，并进行平行检验。

12.0.3　标志设置牢固，标示方向正确。

检验数量：施工单位、监理单位全部检查。

检验方法：观察检查。

一 般 项 目

12.0.4　各种标志应设置端正，涂料均匀、色泽鲜明，图像字迹清晰完整。

检验数量：施工单位全部检查。

检验方法：观察检查。

CHINA RAILWAY PUBLISHING HOUSE

13 轨道加强设备

13.1 防爬设备

主控项目

13.1.1 防爬支撑和防爬器的类型、规格、质量均匀符合设计规定。

检验数量:施工单位抽检 10%;监理单位平行检验数量为施工单位检验数量的 10%。

检验方法:施工单位查验防爬设备合格证、点数、尺量;监理单位检查施工单位检验记录,并进行平行检验。

13.1.2 防爬支撑和防爬器的安装位置、数量、制动方向均应符合设计要求。

检验数量:施工单位全部检查;监理单位平行检验 10%。

检验方法:施工单位对照设计文件观察检查;监理单位检查施工单位检验记录,并进行平行检验。

一般项目

13.1.3 防爬支撑横断面不得小于 120 cm^2。

检验数量:施工单位抽检 10%。

检验方法:尺量。

13.1.4 安装防爬设备应作用良好,无失效。防爬器承力板、防爬支撑与混凝土轨枕间,应用经防腐处理的楔形木顶紧,其厚度不得小于 30 mm。

检验数量:施工单位每区间抽检 10%。

检验方法:观察检查、尺量。

13.2 轨距杆、轨撑

主控项目

13.2.1 轨距杆、轨撑的类型、规格、质量均应符合设计规定。

检验数量:施工单位抽检 10%;监理单位平行检验数量为施工单位检验数量的 10%。

检验方法:施工单位查验产品合格证、观察检查、点数;监理单位查验产品合格证,并进行平行检验。

13.2.2 轨距杆、轨撑的安装位置、数量应符合设计规定,轨道电路区段的轨距杆应绝缘。

检验数量:施工单位抽检 10%;监理单位平行检验数量为施工单位检验数量的 10%。

检验方法:对照设计文件观察检查、点数;监理单位检查施工单位检验记录,并进行平行检验。

CHINA RAILWAY PUBLISHING HOUSE

一般项目

13.2.3 轨距杆或轨撑无失效，丝杆应涂油。

检验数量：施工单位全部检验。

检验方法：观察检查。

CHINA RAILWAY PUBLISHING HOUSE

14 单位工程观感质量评定

14.0.1 观感质量由建设单位组织监理单位、施工单位共同进行现场评定。

14.0.2 观感质量检查项目评定达不到合格标准，应进行返修。

14.0.3 线路基桩标识齐全、清晰。

14.0.4 有砟道床：道床饱满、均匀，无杂物，断面正确，边坡整齐美观，路肩无散乱道砟、无杂草。

14.0.5 无砟道床：道床混凝土表面平整，色泽均匀，无污染，无明显错台、跑模、蜂窝麻面，外形轮廓清晰、线角顺直、排水流畅、基本不积水。

14.0.6 轨枕表面清洁、无污染，枕上扣件干净无杂物；木枕一端整齐。

14.0.7 钢轨远视平顺，轨向直线顺直，曲线圆顺，头尾不得有反弯或"鹅头"。

14.0.8 道岔的岔枕端头在直股外侧应整齐划一，侧股外侧应呈有规律增减。枕面及扣件清洁、无杂物。道岔钢轨直股平直，曲股圆顺，道岔内各种标识齐全、清晰。

14.0.9 位移观测桩设置应便于观测，标识齐全、清晰。

14.0.10 防爬设备作用良好，无失效，防爬支撑安装整齐美观。

14.0.11 道口铺面板平稳整齐，接缝严实，护轨安装牢固，联结件齐全。道口铺面板、轮缘槽清洁无杂物，排水流畅。道口防护设施及标志齐全、位置准确、无损伤，涂料均匀色泽鲜明，图案文字清晰完整。

14.0.12 防护栅栏埋设位置正确、齐全、涂料均匀，栅栏高度整齐划一。

14.0.13 各种线路、信号标志埋设端正，涂料均匀、色泽鲜明，图像字迹清晰完整。

CHINA RAILWAY PUBLISHING HOUSE

本标准用词说明

执行本标准条文时，对于要求严格程度的用词说明如下，以便在执行中区别对待。

(1)表示很严格，非这样做不可的用词：

正面词采用“必须”；

反面词采用“严禁”。

(2)表示严格，在正常情况下均应这样做的用词：

正面词采用“应”；

反面词采用“不应”或“不得”。

(3)表示允许稍有选择，在条件许可时首先应这样做的用词：

正面词采用“宜”；

反面词采用“不宜”。

表示有选择，在一定条件下可以这样做的，采用”可”。

《铁路轨道工程施工质量验收标准》条文说明

本条文说明系对重点条文的编制依据、存在的问题以及在执行中应注意的事项等予以说明。为了减少篇幅,只列条文号,未抄录原条文。

1.0.1 本标准的编制目的是为了加强的统一铁路轨道工程施工质量的验收。本标准不涉及工程决策阶段的质量、勘察设计阶段的质量和运营维修阶段的质量等。

本标准是政府部门、专门质量机构、建设单位、监理单位、勘察设计单位和施工单位对工程施工阶段的质量进行监督、管理和控制的主要依据。

由于施工阶段的质量控制是工程整体质量控制的关键环节,工程整体质量在很大程度上取决于施工阶段的质量控制,所以本标准根据铁路轨道专业的工程质量特性,规定了建设活动各方对工程施工质量控制的方法、程序、职责以及质量指标,藉以保证工程质量。

1.0.2 本标准适用于旅客列车行车速度为 160 km/h 及以下的客货共线运行的新建、改建标准轨距铁路。在标准体系中,本标准是铁路轨道工程专业施工质量验收的主体标准。客运专线、高速铁路的轨道工程以及本标准制订时没能纳入的新技术、新工艺、新设备、新材料等,应该在本标准的基础上制订补充规定。

1.0.3 《建设工程质量管理条例》分别规定了建设单位、勘察设计单位、监理单位和施工单位的法定质量职责和义务。本标准根据铁路轨道工程的专业特点,对建设各方在施工阶段的质量职责具体细化,均做出了明确规定,改变了几十年来一惯沿用的工程施工质量仅由施工单位一方负责的传统模式,促使各方共同保证工程质量的合格。

1.0.4 铁路工程施工点多线长、施工期较长,取弃土(砟)、污水(物)排放、噪声等对生态环境的影响很大。施工单位应在施工前制订有效的环保方案,施工期内最大限度地减少对环境的影响,施工结束后给予必要的恢复,切实做好环境保护和水土保持工作,保证国民经济的可持续发展。设计有要求的更应该全面按设计文件办理。

1.0.5 铁路工程施工质量检验检测工作,是工程质量管理的重要组成部分,也是工程质量控制的重要手段。客观、准确地检验检测数据,是评价工程质量的科学依据。判定工程施工质量合格与否,要体现质量数据说话的原则。其基础是质量数据必须真实可靠,并且能够代表工程施工质量情况。这就要求检验检测所用的仪器、方法和抽样方案必须符合相关标准或技术条件的规定,方法统一,数据才有可比性。另外,随着工程检测技术的发展,一些成熟可靠的新方法、新仪器不断出现,尤其是对工程实体质量的检测。使用新技术后,能减少检测工作量,提高检测精度,应该积极采用。但采用这些新技术应经过必要程序的鉴定。

1.0.6 本标准中规定的质量指标是合格标准。合格标准也就是控制施工质量的最低标准。达不到本标准所规定的质量要求的工程,其结构安全和使用功能就不能得到有效保证和满足，就是不合格的工程。所以本标准要求施工所采用的承包合同文件和其他工程技术文件等，对施工质量的要求不能低于本标准中的规定。

1.0.7 铁路工程施工过程中的环节多、影响工程质量的因素多，所以采用的标准规范就会很多。既有技术标准又有管理标准、既有国家标准又有行业标准、甚至还有国际标准和国外标准，本标准难以一一详列。一般情况下可根据工程实际情况，确定各种标准规范的采用与否。但是对于施工过程涉及到的、现行国家和铁道行业标准中有强制性执行要求的标准或标准条文则必须贯彻执行。

3.1.1 工程施工质量要体现过程控制的原则。施工现场应配齐相应的施工技术标准，包括国家标准、行业标准和企业标准；施工单位要有健全的质量管理体系，要建立必要的施工质量检验制度；施工准备工作要全面、到位。

施工前，监理单位（未委托监理的项目为建设单位，下同）要对施工单位所做的施工准备工作进行全面检查。这是对监理单位（建设单位）和施工单位两方提出的要求，是保证开工后顺利施工和保证工程质量的基础一般情况下，每个单位工程应检查一次。施工现场质量管理检查记录由施工单位的项目技术负责人填写，由监理单位的总监理工程师（建设单位项目负责人）进行检查验收，做出合格或不合格及限期整改的结论。

现场质量管理制度应包括现场施工技术资料的管理制度在内。

3.1.2 工程施工质量控制的要点有两个方面：一是对材料、构配件和设备质量的进场验场，二是对各工序操作质量的自检、交接检验。

（1）对材料、构配件和设备的进场验收应分两个层次进行。

进场验收：对材料、构配件和设备的外观、规格、型号和质量证明文件等进行验收。检验方法为观察检查并配以必要的尺量、检查合格证、厂家（产地）试验报告；检验数量多为全部检查。施工单位和监理单位的检验方法和数量多数情况下相同。未经检验或检验不合格的，不得运进施工现场。

试验检验：凡是涉及结构安全和使用功能的，要进行试验检验。试验检验项目的确定掌握两个原则：一是对工程的结构安全和使用功能确有重要影响；二是大多数单位具备相应的试验条件。施工单位试验检验的批量、抽样数量、质量指标应根据相关产品标准、设计要求或工程特点确定，检验方法符合相关标准或技术条件的规定。监理单位要按施工单位检验数量的一定比例进行见证、见证取样检测或平行检验。不合格的不得用于工程施工。

（2）对工序操作质量的自检、交接检验。

自检：施工过程中各工序应按施工技术标准进行操作，该工序完成后，对反映该工序质量的控制点进行自检。自检的结果要留有记录。这些结果可以作为施工记录的内容，有的也正好是检验批验收需要的检验数据，要填入检验批质量验收记录表中。

交接检验：一般情况下，一个工序完成后就形成了一个检验批，可以对这个检验批进行验收，而不需要另外进行交接检验。对于不能形成检验批的工序，在其完成后应由其完成方与承接方进行方接检验。特别是不同专业工序之间的交接检验，应经监理工程师检查认可，未经检查或经检查不合格的不得进行下道工序施工。其目的有三：一是促进前道工序的质量控制；二是促进后道工序对前道工序施工质量的保护；三是分清质量职责，避免发生纠纷。

3.1.3 作为铁路轨道工程施工质量验收的强制性条文，必须严格遵守。工程施工质量验收包括检验批、分项工程、分部工程和单位工程施工质量的验收。

1 铁路轨道工程施工质量验收依据的标准有两本：本标准和《铁路混凝土与砌体工程施工质量验收标准》（TB 10424—2003）。除两标准及两标准条文中提及的有关标准外，均不得作为验收依据。

2 按图施工是施工单位的重要原则，勘察设计文件是施工的依据，施工中不得随意改变勘察设计文件。如必须改变时，应按程序由设计单位修改，施工质量也应符合修改后的设计文件要求。

3 参加施工质量验收的各方人员，是指参加检验批、分项工程、分部工程、单位工程施工质量验收的人员，这些人员应具有相应的资格。本标准给出了原则性的规定，还应结合工程情况、管理模式等，在保证工程质量、分清责任的前提下具体确定。

4 施工单位是施工质量控制的主体，应对工程施工质量负责，其工程施工质量必须达到本标准的规定。其他各方的验收工作必须在施工单位自行检查合格基础上进行。

5 施工单位对隐蔽工程在施工完成后应先行检查，符合规定后通知监理单位验收。这一点对于保证工程质量及日后可能出现的质量事故的责任判定很重要，不能忽视。

6 为了保证对涉及结构安全的试块、试件的代表性和真实性负责，监理单位必须按本标准对各检查项目的规定，进行平行检验、见证取样检测或见证检测。且各检验项目中均有具体规定。涉及结构安全和使用功能的现场检测项目，监理单位应按规定进行见证或平行检验。见证或平行检验的数量各检验项目中也有具体规定。

7 检验批质量验收是对主控项目和一般项目的检查验收。只要这些项目的质量达到了本标准的规定，就可以判定该检验批合格。标准中的其他要求不在检验批质量验收中涉及。

8 对涉及结构安全和使用功能的重要分部工程的抽样检测，是这次标准修订增加的重要内容，以前的标准中没有这方面的要求。

9 为了保证见证取样检测及结构安全检测结果的可靠性、可比性和公正性、检测单位应具备有关管理部门核定的资质。对于特殊项目的检测，可由建设单位确定检测单位。

10 单位工程的观感质量相对涉及结构安全和使用功能的主体工程质量而言，应该是比较次要的。但是，对完工后的工程进行一次全面检查，对工程整体质量进行一次现场核实，是很有必要的。观感质量验收绝不是单纯的外观检查，也不是在单位工程完成后对涉及外观质量的项目进行重新检查，更不是引导施工单位在工程外观上做片面的投入。观感质量验收的目的在于直观地从宏观上对工程的安全可靠性能和使用功能进行验收。如局部缺损、污染等，特别是在检验批、分项工程、分部工程的检查验收时反映不出来，而后来又发生变化的情况，通过观感质量验收及时发现问题，提出整改，是一个不可缺少的质量控制环节。

3.2.1～3.2.6 明确单位工程、分部工程、分项工程的划分以及检验批的具体规模数量，是开展工程质量验收工作的重要基础，是提高验标可操作性的关键所在，在各级工程质量验收中必须严格执行。为了提高验收资料的系统性和完整性，方便检查、归档、验收，具体实施中，应对单位工程、分部工程、分项工程以及检验批进行编号，每一个检验批都应当有自己独立的一个号码。具体的编号方式参照《铁路工程施工质量验收标准应用指南》执行。

铁路轨道工程施工质量验收应按四级划分：单位工程、分部工程、分项工程、检验批。

单位工程：按一个完整工程，或一个完整工程中的相当规模施工范围，或几个完整工程组成的相当规模施工范围划分。

分部工程:按一个完整的部位、主要结构或施工阶段划分,由若干个分项工程组成。

分项工程:主要是按工种划分,有的也可按工序、材料、工艺等划分。由若干个检验批组成,特殊情况下仅含一个检验批。

检验批:是分项工程的组成部分。根据施工质量控制和验收需要,将一个分项工程划分成若干个检验批。检验批是施工质量验收的基本单元。

3.3.1 检验批质量验收内容包括实物检查和资料检查两部分。本标准对检验批质量验收的要求都是根据这两个方面做出的规定。

3.3.2 检验批质量合格的前提是主控项目和一般项目的质量经抽样检验合格。对于有允许偏差的一般项目抽查点除有专门要求外,规定在允许偏差内的点应达到80%及以上,其余抽查点可以超出允许偏差,但不得大于允许偏差的1.5倍。

3.3.3 分项工程质量验收是对其所含检验批质量的统计汇总。主要是检查核对检验批是否覆盖分项工程范围,不能缺漏。当然,如果检验批质量不合格也就不能进行分项工程质量验收。

3.3.4 分部工程质量验收包括以下三个方面的内容:

(1)分部工程所含分项工程的质量均应验收合格。这也是一项统计汇总工作。应注意核对有没有缺漏的分项工程,各分项工程验收是否正确等。

(2)质量控制资料应完整。这也是一项统计汇总工作,主要是检查检验批的验收资料、施工操作依据、质量记录是否完整配套,是否全面反映了质量状况。

(3)主要检查项目是否有缺漏、检测记录是否符合要求,检测结果是否符合本标准的规定和设计要求。

3.3.5 单位工程质量的验收是建设活动各方对施工质量控制的最后一关。分部工程质量、质量控制资料、检测资料及抽查结果、观感质量均应符合本标准的规定。

3.3.6 工程质量不符合要求的情况,多在检验批质量验收阶段出现,否则会影响相关分项、分部工程质量的验收。

1 对于推倒重做、更换构配件或设备的检验批,应该重新进行验收。当重新抽样检查后,检验项目符合本标准规定的,应判定该检验批合格。

2 个别试块试件的强度不能满足要求的情况,包括试块试件失去代表性、试块试件缺少、试验报告有缺陷或对试验报告有怀疑等。这种情况下,应由有资质的检测单位进行检验测试,如果测试结果证明该检验批的质量能够达到原设计的要求,则该检验批予以合格验收。

对于其他不合格的现象,因情况复杂,本标准不能给出明确的处理方案,由各方根据具体情况按程序协商处理。

3.3.7 采取返修或加固处理措施后仍然存在严重缺陷,不能满足安全和使用要求的分部、单位工程是不合格工程,严禁验收。

3.4.1～3.4.7 标准中规定的检验批质量验收记录表是通用格式。由于分项工程所含项目差别很大,实际操作过程中,往往发生漏检项目、项目名称不统一、质量描述不规范、检验数量不足等问题,所以检验批质量验收记录表采用统一格式是非常必要的。各检验批质量验收记录的专用表格和填写要求参照《铁路工程施工质量验收标准应用指南》执行。

工程施工质量验收的程序和组织应把握以下要点:

(1)施工单位自检合格是验收工作的基础;

(2)监理单位应对所有主控项目进行检查,对一般项目可根据施工单位质量控制情况确定检查项目;

(3)参加验收的各方人员应具务相应的资格,主要是能够负质量责任,当发生质量问题时具有可追溯性;

(4)勘察设计单位只参加单位工程和与勘察、设计文件有直接关系的分部工程的验收。

5.1.1 轨道工程开始施工前,线下路基、桥涵、隧道等主体工程及线路复测应已完成,此时形成的资料包括了平、纵断面及建筑物变更设计的重要内容,是铺轨工程重要、可靠的指导文件,应在建设单位的主持下,向有关施工单位办理接收。

5.1.2 根据《铁路碎石道砟》(TB/T 2140)和《铁路碎石道床底砟》(TB/T 2897)标准,砟场建场和生产质量管理均有严格的程序,施工单位、监理单位应对其有效性进行监督检查。

5.1.3 线路和道岔铺砟作业一般同时进行,为简化进场验收,将其合并。由于线路铺砟与道岔铺砟分属两个分部工程,故检查记录应分别填写。

5.1.5 本条所述地段是线路的薄弱环节。由于轨道垂向弹性在该部位的突变,导致列车通过时颠簸和振动加剧。该部位也是线下回填施工不易均匀处所,处于机械碾压与人工夯填的衔接段,工后沉降较为普遍,容易造成行车安全事故。因此在普通线路上对该段路基预铺道砟应进行碾压,既是提高开通速度对轨道弹性需要平缓过渡的要求,也保证了铺架机械通过时的安全。由于碾压机械进退场的缘故,对线路施工过程中预留道路问题,有关单位应事先予以考虑。

5.2.1 底砟层的主要功能是隔离道砟层和基床表层,防止上层道砟压损下层路基表层,同时对从道砟到基床表层的渗水起缓冲作用,防止基床表层在暴雨时被冲刷。

由于底砟的质量主要靠型式检验和生产质量管理程序控制,进场除要对其有效性进行监督检查外,还应进行出场检验项目的进场验收,本标准根据国家标准和现场实际,确定了进场检验项目、检验数量和检验方法。

5.3.1~5.3.3 有砟轨道碎石道砟的粒径级配、材质指标、试验检验、生产管理和交付验收在国家现行标准《铁路碎石道砟》(TB/T 2140)中有详细规定。施工单位、监理单位除对型式检验和生产质量管理程序进行监督检查外,还应进行某些出场检验项目的进场验收。本标准依国家标准和现行实际,确定了进场检验项目、检验数量和检验方法。

5.3.4 由于普通大型养路机械无法对道岔进行起道、捣固作业,而道岔人工铺砟整道又无法使道岔道床尽快进入稳定状态,使道岔道床相对薄弱,不利于道岔的养护维修,对无缝道岔的后续施工影响更大,因此要求正线上的道岔在预铺道砟时,应予分层碾压,并引入了压实密度的要求。

5.3.6 宽枕线路的道床由碎石道床加铺面砟带组成,面砟带厚度50 mm,宽度950 mm,粒径级配见说明表5.3.6。

说明表5.3.6 混凝土宽枕面砟带材料粒径级配

方孔筛孔边长(mm)	35	30	25	20	15	10
过筛质量百分率(%)	100	95~100	55~75	25~40	5~15	0~5

面砟带材料要求满足国家现行标准《铁路碎石道砟》(TB/T 2140)一级道砟的要求。除底层道砟按要求碾压密实做出超高外,面砟带的水平、超高、纵横向平整度,也要在铺设

时严格控制。

道床厚度是指在钢轨下(曲线为里股钢轨下)轨枕底面与路基面之间道砟(含底砟)的厚度。

5.3.7 本条是针对新建铁路一次铺设无缝线路长钢轨施工而言,铺轨前预铺道砟表面平整度、密实度直接影响轨道铺设质量和上砟整道后道床质量,故作出该条规定。

6.1.4 为保证无砟道床施工质量,施工前均应复测,尤其不同标段衔接部应互相延伸贯通测量,调整闭合,避免出现中线相错及断高现象。

6.1.5 桥梁梁体制成日期距无砟道床施工日期的时间不同,未完成的收缩徐变量也不同。收缩徐变主要影响梁长,如 32 mT 型梁,徐变终极值可达 17.8 mm。当然,梁长的变化也会影响到梁的上拱度。因此徐变量过大,必须影响无砟道床的质量和精度。为使这种影响降到适当的程度,并满足施工工期的要求,本标准规定,徐变量符合设计时,方可进行无砟道床施工。根据研究统计,制梁收缩徐变与时间的关系见说明表 6.1.5。

说明表 6.1.5　T 形梁收缩徐变与时间关系表

时　间 (d)	0	10	20	30	40	50	60	90	≥180
徐变完成百分率(%)	0	33	37	40	43	46	50	60	75

6.1.9 弹性支承块是由支撑块、块下橡胶垫板和橡胶套靴组装而成。三者之间胶粘组装不好,会产生离缝。由于从外观上无法检查判断,架挂浇筑之后,形成类似空吊板现象,经列车碾压下沉造成水平不良且难以处理,所以施工过程应严把此关。

6.1.12 凸形挡台是板式无砟道床所特有的,底座是支承结构,挡台是限位结构。其强度不足时,施工中极易磕碰损伤。

6.1.13 CA 砂浆是轨道板下及凸形挡台四周填充用的水泥沥青砂浆,它由沥青乳剂和水、水泥、细骨料等混合而成。使用它作为填充物的目的,其一是可部分提供轨道弹性,其次是可对下部结构变形在某一限度内进行修补。它具有耐热性、防雨、防冻害等特点,是板式轨道良好的填充物。

(1)CA 砂浆依据不同的温度区域设计标准配合比,但由于温度变化、各种材料性能的差异,尤其细骨料含水率的变化,其配合比也应随之变化。因此,事先进行搅拌试验,测定其各种温度条件下流动时间、可工作时分、膨胀率和泛浆率,确认其质量是非常必要的。施工中还应随时测定细骨料的含水率,及时再次修正配合比。

(2)板下 CA 砂浆固结后,方可灌注凸形挡台四周,固结时间约为 1 h,因此规定板下灌注 2 h 后方可灌注凸形挡台四周。

(3)尽管 CA 砂浆掺有膨胀剂,但其收缩仍不可避免。为使板下 CA 砂浆收缩不致产生不均匀空隙,及时解除支撑螺栓,使轨道板与 CA 砂浆接触紧密是必要的。

6.1.14 根据试验和实践经验,配制 CA 砂浆在适宜温度 10 ℃ ~25 ℃时其流动性最好,保持流动性的时间也较长。低于或高于此温度范围,流动性丧失很快。因此规定在拌制过程中,不应有过大的温升、温降。如果施工中连限界温度的要求都满足不了,就须采取减少或增加用水量,改变拌和时的环境温度,或采取增(降)温等措施。

6.3.5 ~6.3.6 在混凝土施工中模板因受外力作用,难免会产生变形变位,因此制定标准时按圬工验收标准适当提高了一档。

目前的精度,参照秦沈客运专线标准略微降低,与《铁路混凝土与砌体工程施工质量验收标准》相比，精度略有提高。

6.4.7 凸形挡台是板式无砟道床定位轨道板的特殊结构，它与底座施工时一同灌筑，实际上属于底座结构。但由于其施工精度要求较高，对轨道板安装质量起重要控制作用，因此将其质量检验单列一条。

6.5.1 轨道板进场验收参见说明表6.5.1。

说明表6.5.1 轨道板验收技术标准

序号	项 目	标准及允许偏差(mm)
1	长度	±5
2	宽度	±3
3	厚度	$^{+3}_{0}$
4	预埋塑料套管埋设位置	±1.0
5	普通钢筋位置	±5
6	预应力钢筋位置	±1.0
7	轨道板标记线位置	±1.0
8	翘曲	±3
9	承轨面平整度	≤1.0
10	底面平整度	≤5
11	承轨部位表面缺陷(气孔、粘皮、麻面等)	长度≤20，深度≤5
12	其他部位表面缺陷(干灰堆垒和夹杂物等)	长度≤100，深度≤10
13	四周边角棱角破损和掉块	0
14	内眼可见裂纹	0
15	板体及封端混凝土不露筋、无空洞、无石子堆砌	平整密实、整洁

6.6.1 CA砂浆的质量与原材料的质量紧密相关，因此材料管理是施工中至关重要的一项工作。各类材料生产厂家均应提供该产品的行业标准、检验数量和检验方法。施工单位应据此进行复验，确保原材料合格。监理单位应进行平行检验、见证取样检测或见证试验。

6.6.2 CA砂浆与轨道板的密贴程度，凸型挡台四周可以观察检查、尺量，而板底的密贴主要靠工艺控制。首先，灌注时要保证溢出高度；其次，要及时撤除支撑螺栓。

6.6.3 CA砂浆性能指标是工地试验、修正配合比的重要依据。本标准规定了标准养护条件下试件数量。CA砂浆抗压强度达到至少1.4 MPa(升高温度20 ℃时，约10 d)后，方可进行轨道铺设等作业。

6.7.1 支承块进场验收参见说明表6.7.1—1～2。

说明表6.7.1—1 普通支承块验收技术标准

序 号	检 查 项 目	允许偏差(mm)
1	预留孔中心间距	±2
2	预留孔直径	$^{+3}_{-2}$
3	承轨槽内边缘至预留孔中心间距	±2
4	承轨槽挡肩高	$^{+3}_{-1}$
5	承轨槽挡肩坡度	±2°
6	承轨槽面凹凸	±1
7	支承块长、宽、高	$^{+10}_{-5}$

CHINA RAILWAY PUBLISHING HOUSE

说明表 6.7.1—2　弹性支承块验收技术标准

序号	检验项目	标准及允许偏差
1	支承块承轨台表面	不允许有长度大于 15 mm、深度大于 5 mm 的气孔、粘皮、麻面等缺陷
2	承轨台外表面	不允许有长度大于 30 mm、深度大于 10 mm 的堆垒和夹杂物
3	表面裂纹	不得有肉眼可见裂纹
4	周边棱角破损长度	≤25 mm
5	底面不平度	≤1.5 mm
6	长度	±1 mm
7	宽度	±1 mm
8	预埋铁座与承轨台表面中线垂直度	±0.5°
9	预埋铁座与承轨台表面垂直度	±1°
10	预埋铁座间距	$^{+1.5}_{0}$ mm
11	铁座预埋高度	±1.5 mm
12	承轨台宽	±1 mm
13	承轨台坡度	1∶45～1∶35
14	支承块帽下高度	±1 mm
15	混凝土强度等级	≥C50
16	脱模强度	≥C38
17	支承块轨下截面抗裂强度检验值	≥65 kN

6.7.3　轨排架设调整后，经混凝土灌筑，轨道几何尺寸便固定下来，再想进行调整，是非常困难的。因此轨排架设、调整工序是确保轨道工程质量的重要工序。由于调整后的几何尺寸在混凝土灌筑过程中，因捣固、磕碰等因素，难免还有变化，因此调整时允许偏差，较最后检查验收允许偏差要严格许多。

7

本章以新建铁路一次铺设无缝线路为主进行章节划分和内容描述，随着无缝线路理论研究的不断深入，施工技术的不断发展，新建铁路一次铺设无缝线路将逐渐成为新建铁路发展的主要方向。新建铁路只有铺设无缝线路，才能保证轨道具有良好的平顺性，才能使新建铁路开通时的速度进一步提高。

7.1.4　长钢轨铺设方法说明：

根据国内外有砟轨道铺设无缝线路的经验，新线铺设长钢轨轨道可归纳为两类铺设方式。

第一类是引进国外的技术装备和作业方法，用铺轨车铺枕、铺轨。此种铺轨方式在国外已有较成熟的技术和装备，其中可分为单根轨枕铺设法和长轨排铺设法。

（1）单根轨枕铺设法：将长钢轨和轨枕运至工地，先将长钢轨拖卸在线路两侧底层道床上，再将轨枕按设计间距布放在底层道床上，然后用收轨装置将长钢轨收入轨枕承轨台，铺枕铺轨车边布枕、边收轨，随即上扣件，构成浮放在道床上的长钢轨轨道。

（2）长轨排铺设法：将长钢轨和轨枕组装成长轨排，用专用的运输机械将长轨排运送

CHINA RAILWAY PUBLISHING HOUSE

到工地,再用多台龙门吊将长轨排吊放在底层道床上,构成浮放在道床上的长钢轨轨道。

第二类是充分利用我国铁路轨道工程现有的工程机械和技术,并加以合理组合进行无缝线路长钢轨铺设施工,此法称为"工具轨换铺法",即先用钢轨轨枕双层运输车将临时轨排和长钢轨运至工地,再用常规铺轨机将轨排铺设在底层道床上,轨排铺完后铺轨机及钢轨轨枕运输车退至临时轨排铺设起点,拆除工具轨,用长钢轨推送装置将长钢轨直接推送入轨枕承轨槽,上好扣件完成长钢轨铺设施工。随后回收工具轨,运回铺轨基地再用。

秦沈客运专线采用的单枕铺设法有两种铺枕铺轨设备:一种是从美国坦帕公司引进的 NTC 型铺轨机组;一种是从瑞士马蒂萨公司引进的 TCM60 型铺轨机组。NTC 型铺轨机组由一台履带式拖拉机牵引走行,铺轨作业前在线路一侧作线路中心线的平行线,并钉设边桩,在边桩上拉导向钢弦,引导拖拉机沿线路中心线牵引铺轨机组走行。TCM60 型铺轨机组前端为履带走行器,铺轨前沿线路中心线用醒目颜色设置铺轨机组走行标示线,引导铺轨机组走行器沿标示线走行。

7.1.5 新铺设的长钢轨线路,已经具有无缝线路的特性,钢轨热胀冷缩,可能产生胀轨跑道或出现大轨缝等病害,危及行车安全和工程质量。因此,有砟轨道在铺设长钢轨线路后,应及时上砟整道,并进行工地接头焊接,尺快完成单元轨节应力放散(含拉伸)、焊联锁定形成无缝线路。

7.1.6 国外高速铁路修建经验表明,在铺枕铺轨之后,必须采用大型机械化整道作业车组进行分层上砟、起道、拨道、捣固、夯拍道床和动力稳定,才能使道床尽快进入初期稳定阶段,质量参数达到设计要求。分层上砟整道次数及起道量由枕下道床厚度及起道作业后道床的回落量和设备能力决定。

7.1.7 机养车前后转向架中心距为 11 m,转向架下的轴距为 1.5 m,则前后转向架间轴距实际为 9.5 m,起道与拨道实质上是在 9.5 m 长的轨道框架中部施加外力(见说明图 7.1.7),虽然机养车最大起道量及拨道量按目前机型可达 150 mm,但在轨道框架较短的情况下,采用极限起、拨道量极易造成钢轨竖向、横向硬弯。尤其拨道时,由于轨道框架横向刚度较大,拨道量越大,其回弹力也越大。当松开拨道夹钳后,由于回弹量,很难保持预定拨道量的准确,致使拨道质量受到影响。所以,针对目前使用的机械设备,对起、拨道量做了限制性规定。

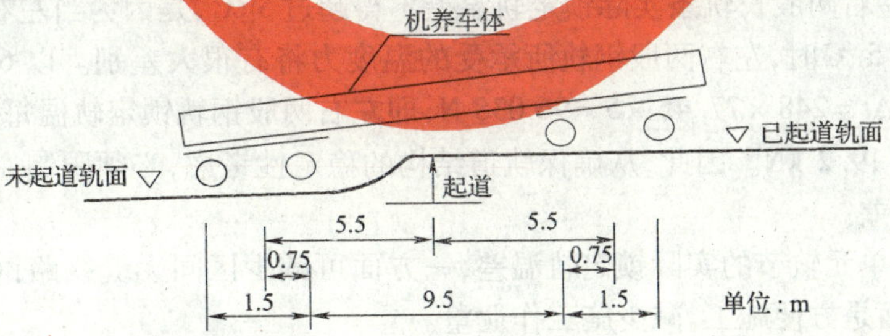

说明图 7.1.7

7.1.11 铺好轨枕、长钢轨之后,经过分层补砟、起道、拨道、捣固、动力稳定作业之后,道床阻力迅速提高,轨枕支承刚度具备了铺设无缝线路的条件。原则上,在无缝线路轨道锁定之后,不得对线路进行大的起、拨道作业,以免改变线路锁定轨温。

CHINA RAILWAY PUBLISHING HOUSE

7.1.13 在无缝线路地段使用大型养路机械作业时，应有作业轨温条件的限制。限制的目的是为了轨道的稳定和行车的安全。本条以起道量和拨道量的大小为限界，制定了作业轨温条件的限制范围。

7.1.14 在开通前预打磨钢轨，去除钢轨在轧钢和施工过程中造成的轨面微小不平顺，进一步提高全线钢轨的整体平顺性，已被国外无缝线路的实践证明是一项技术经济效益显著的成功经验，许多国家都广泛采用。为了控制轨道的初始不平顺，保证轨道的高平顺性要求，降低轮轨噪声，延长钢轨使用寿命，国外无缝线路轨道在开通前都要进行钢轨预打磨。近几年我国在环形道、广深、郑州进行的准高速和高速试验的实践充分证明了钢轨预打磨的优越性。在无缝线路的设计、施工时，必须重视钢轨的预防性打磨问题。

7.4.2 无缝线路与有缝线路的根本区别就在于钢轨内存在巨大的温度力。钢轨在自由状态下因温度变化而热胀冷缩，并不存在温度力。钢轨的温度力是在轨温发生变化，因线路被锁定钢轨不能自由伸缩的情况下产生的。所以，钢轨的温度力和各种阻力（轨道框架阻力、道床纵向阻力、道床横向阻力）相互存在。要保持轨道的稳定性，轨下基础（包括有砟轨道的道床及路基和无砟轨道的轨下基础）必须稳定，道床必须能提供足够的阻力和具有一定的弹性。本条对轨下基础和道床的要求，均是为了满足无缝线路稳定性的要求。

7.6.1 为了判明钢轨锁定后是否发生位移，当前较可靠的办法就是设置纵向位移观测桩。观测桩在区间埋设在路肩上，在站内可标设在站台上；也可利用线路两侧的接触网基础（杆）或在其他固定建筑物上设置。在钢轨铺设锁定之后，在与观测桩相对应的钢轨上做记号，作为观测钢轨爬行的观测零点。由于观测零点标记一定要在铺设锁定时作好，所以观测桩要在铺设无缝线路前埋设好。

7.6.2 实际锁定轨温是施工中进行线路整修乃至今后长期运营中进行线路维修的依据。实际锁定轨温是无缝线路施工最重要的技术指标，必须准确设定。

在新建铁路铺设无缝线路施工中，实际锁定轨温的确定主要分以下两种情况：

（1）在线路锁定施工中，当锁定作业时轨温在设计锁定轨温允许变动的范围之内时，现场实测的锁定作业轨温平均值即为该单元轨节的实际锁定轨温。

（2）在线路锁定施工中，当锁定作业时轨温低于设计锁定轨温允许变动的范围时，现场实测的锁定轨温平均值加钢轨拉伸换算轨温即为该单元轨节的实际锁定轨温。

7.6.3 规定左右两股长轨条实际锁定轨温差不得超过 5 ℃，是因为当左右两股长轨条实际锁定轨温差 5 ℃时，左右两股钢轨所承受的温度力将有很大差别。以 60 kg/m 钢轨为例，$\Delta P_t = EF\alpha\Delta t = 248 \times 77.45 \times 5 = 96\ 038$ N，即左右两股钢轨锁定轨温每差 1 ℃，所承受的温度力相差 19.2 kN。因此，从确保轨道结构的稳定性考虑，必须限制左右两股钢轨的实际锁定轨温差。

限制相邻单元轨节的实际锁定轨温差，一方面可减少区间无缝线路钢轨温度力的不均匀，另一方面是方便施工，减少施工作业量。

7.6.7 钢轨接头阻力是限制钢轨伸缩的重要因素。接头阻力与夹板螺栓的扭矩有关。扭矩愈大，螺栓拉力愈大，从而接头阻力愈大。

拧紧螺栓的扭矩为 $T = KDP$，考虑螺栓的实际拉力应小于容许拉力，取 $P = 200$ kN $= 2 \times 10^5$ N，则 $T = 0.21 \times 0.022 \times 2 \times 10^5 = 924$ N·m ≈ 900 N·m。

列车通过接头时，产生剧烈的振动和冲击，使螺栓松动，阻力下降。据北方交通大学测试，通过几趟车之后，阻力下降很大，以迎车端接头阻力下降偏大。$T=400\ \mathrm{N\cdot m}$ 时下降 38.1%，$T=600\mathrm{N\cdot m}$ 时下降 11.4%，$T=800\mathrm{N\cdot m}$ 时下降 6%。可见扭矩愈大，阻力下降愈小。因此，对于无缝线路缓冲区的接头螺栓扭矩，必须保持规定值 900 N·m。

8.1.1 我国铁路使用的轨枕种类主要有混凝土枕和木枕两种。轨枕按使用功能又分为普通轨枕、岔枕和桥枕。按结构强度，木枕分为Ⅰ、Ⅱ两级，混凝土枕分为Ⅰ、Ⅱ、Ⅲ及宽枕四种型号。由于技术进步，轨下支承结构方式不断增多，如轨道板式、浮置板式、弹性支承块式、长枕埋入式等各种不同类型，按照设计，各有标定的使用范围。但在实际施工中，如因特殊原因造成材料供需错位，应允许轨道采用与设计规定不同类型的轨枕，以保持工程能持续进行，减少损失。但替代应履行审批程序，本着以大代小、以强代弱或等强替换的原则，使替代后轨道强度不低于设计要求。同时，同类型轨枕应按本条规定集中一定长度铺设，以方便轨道维修管理。

8.1.4 钢轨接头落入禁止设置范围内的五种情况，采用调整接头位置或冻结的办法，可有效解决。而遇到道口宽度超过 25 m、暂时未设立交的情况下，可采用焊接解决。

8.1.5 轨排生产按照工厂化管理，视轨排为产品。因此轨排在吊离生产线前，应检验合格，并做出记录和检验标识。当轨排装车运往铺轨工地前，其安装部位已经明确，按照使用部位做出产品标识，使铺轨人员能核对铺入。由于两种标识的存在，便于产品质量追溯。

8.1.6 由于采用缩短轨的缩短量为一定数，缩短轨的根数确定后，该曲线采用缩短轨的总缩短量也是定数，它与实际缩短量之差为该曲线剩余缩短量。此缩短量如进入直线往往超过接头相错量的允许偏差，此时配轨计算就要考虑消除措施。钢轨长度公差在 3 mm 以内时，可视为同长度钢轨，但在使用时仍要注意左右股抵消。但在处理乘余缩短量时，公差成为有利因素，使用中可以单侧多用正或负公差钢轨，使公差累积抵消剩余缩短量。乘余缩短量过大时，也可增加一根缩短轨，然后再采用上法调整。

8.1.7 选定最佳铺轨轨温范围铺轨，铺轨后不需再调整轨缝。当低于最佳铺轨轨温下限铺轨时，计算预留轨缝值将超过最大结构轨缝，如按最大结构轨缝铺轨，在一定升温条件下将形成连续瞎缝。当高于最高允许铺轨轨温时，预留轨缝计算值为负值，如按"零"轨缝铺轨，在一定降温条件下将会出现连续大轨缝，甚至会出现切断接头螺栓的现象，危及行车安全。

各地区最佳铺轨轨温、允许铺轨最高轨温见说明表 8.1.7—1 ~2。

说明表 8.1.7—1 轨温差小于 85 ℃地区铺轨轨温资料(℃)

阻力限制胀缩值：12.5 m 轨 $C=2$ mm 最大构造轨缝值：$a_g=18$ mm

25.0 m 轨 $C=6$ mm

地 点	当地最高轨温 T_{max}	当地最低轨温 T_{min}	最佳铺轨轨温下限 $T_{max}-\frac{a_g+C}{0.0118L}$		最佳铺轨轨温上限 $T_{max}-\frac{C}{0.0118L}$		允许铺轨最高轨温 $T_{min}+\frac{a_g+C}{0.0118L}$	
			12.5 m 轨	25 m 轨	12.5 m 轨	25 m 轨	12.5 m 轨	25 m 轨
北 京	62.6	−27.4	均低于当地最低轨温	−18.8	49.0	42.3	均高于当地最高轨温	54.0
天 津	65.0	−22.9		−16.4	51.4	44.7		58.5
哈尔滨	59.1	−41.4		−22.3	45.5	38.8		40.0
齐齐哈尔	60.1	−39.5		−21.3	46.5	39.8		41.9
佳木斯	56.4	−39.6		−25.0	42.8	36.1		41.8

CHINA RAILWAY PUBLISHING HOUSE

续上表

地　点	当地最高轨温 T_{max}	当地最低轨温 T_{min}	最佳铺轨轨温下限 $T_{max}-\frac{a_g+C}{0.0118L}$		最佳铺轨轨温上限 $T_{max}-\frac{C}{0.0118L}$		允许铺轨最高轨温 $T_{min}+\frac{a_g+C}{0.0118L}$	
			12.5 m 轨	25 m 轨	12.5 m 轨	25 m 轨	12.5 m 轨	25 m 轨
嫩　江	58.1	-47.3	均低于当地最低轨温	-23.3	44.5	37.8	均高于当地最高轨温	34.4
牡丹江	57.2	-39.7		-24.2	43.6	36.9		41.7
安　达	59.5	-44.3		-21.9	45.9	39.2		37.1
长　春	59.5	-36.5		-21.9	45.9	39.2		44.9
延　吉	60.3	-37.1		-21.1	46.7	40.0		44.3
四　平	56.6	-38.7		-24.8	43.0	36.3		42.7
通　化	55.5	-36.3		-25.9	41.9	35.2		45.1
沈　阳	59.3	-33.1		-22.1	45.7	39.0		48.3
本　溪	57.3	-32.3		-24.1	43.7	37.0		49.1
丹　东	57.8	-31.9		-23.6	44.2	37.5		49.5
锦　州	61.8	-24.7		-19.6	48.2	41.5		56.7
呼和浩特	58.0	-36.2		-23.4	44.4	37.7		45.2
包　头	59.5	-32.8		-21.9	45.9	39.2		48.6
二连浩特	59.9	-40.2		-21.5	46.3	39.6		41.2
集　宁	55.7	-33.8		-25.7	42.1	35.4		47.6
满洲里	55.5	-46.9		-25.9	41.9	35.2		34.5
赤　峰	62.5	-31.4		-18.9	48.9	42.2		50.0
石家庄	62.7	-26.5		-18.7	49.1	42.4		54.9
张家口	60.9	-26.2		-20.5	47.3	40.6		55.2
唐　山	63.3	-22.6		-18.1	49.7	43.0		58.8
保　定	63.3	-23.7		-18.1	49.7	43.0		57.7
太　原	61.4	-29.5		-20.0	47.8	41.4		51.9
大　同	58.9	-30.5		-23.4	44.4	37.7		50.9
乌鲁木齐	60.7	-41.5		-20.7	47.1	40.4		39.9
塔　城	61.3	-39.2		-20.1	47.7	41.0		42.2
克拉玛依	62.9	-35.9		-18.5	49.3	42.6		45.5
吐鲁番	67.6	-28.0		-13.8	54.0	47.3		53.4
哈　密	63.9	-32.0		-17.5	50.3	43.6		49.4
库尔勒	60.0	-28.1		-21.4	46.4	39.7		53.3
格尔木	53.1	-33.6		-28.3	39.5	32.8		47.8
银　川	59.3	-30.6		-22.1	45.7	39.0		50.8
中　卫	58.5	-29.2		-22.9	44.9	38.2		52.2
西　安	65.2	-20.6		-16.2	51.6	44.9		60.8
延　安	59.7	-25.4		-21.7	46.1	39.4		56.0
徐　州	63.3	-22.6		-18.1	49.7	43.0		58.8
德　州	63.4	-27.0		-18.0	49.8	43.1		54.4

说明表 8.1.7—2 轨温差小于 85 ℃地区铺轨轨温资料(℃)

阻力限制胀缩值:12.5 m 轨 $C=2$ mm 最大构造轨缝值:$a_g=18$ mm

25.0 m 轨 $C=4$ mm

地 点	当地最高轨温 T_{max}	当地最低轨温 T_{min}	最佳铺轨轨温下限 $T_{max}-\frac{a_g+C}{0.011\,8L}$		最佳铺轨轨温上限 $T_{max}-\frac{C}{0.011\,8L}$		允许铺轨最高轨温 $T_{min}+\frac{a_g+C}{0.011\,8L}$	
			12.5 m 轨	25 m 轨	12.5 m 轨	25 m 轨	12.5 m 轨	25 m 轨
上 海	60.3	-12.1	均低于当地最低轨温	-14.3	46.7	46.7	均高于当地最高轨温	62.5
大 连	56.1	-21.1		-18.5	42.5	42.5		53.5
承 德	61.5	-23.3		-13.1	47.9	47.9		51.3
邢 台	61.8	-22.4		-12.8	48.2	48.2		52.2
运 城	65.0	-18.9		-9.6	51.4	51.4		55.7
喀 什	60.1	-24.4		-13.5	47.5	47.5		50.2
兰 州	59.1	-23.3		-15.5	45.5	45.5		51.3
玉 门	56.7	-28.2		-17.9	43.1	43.1		46.4
酒 泉	58.4	-31.6		-16.2	44.8	44.8		43.0
天 水	58.2	-19.2		-16.4	44.6	44.6		55.4
西 宁	53.5	-26.6		-21.1	39.9	39.9		48.0
汉 中	58.0	-10.1		-16.6	44.6	44.6		64.5
宝 鸡	61.6	-16.1		-13.0	48.0	48.0		58.5
安 康	61.7	-9.5		-12.9	48.1	48.1		65.1
郑 州	63.0	-17.9		-11.6	49.4	49.4		56.7
开 封	63.0	-15.0		-11.6	49.4	49.4		59.6
安 阳	61.7	-21.7		-12.9	48.1	48.1		52.9
许 昌	61.9	-17.4		-12.7	48.3	48.3		57.2
洛 阳	64.2	-20.0		-10.4	50.6	50.6		54.6
南 阳	63.2	-21.2		-11.4	49.6	49.6		53.4
信 阳	62.0	-20.0		-12.6	48.4	48.4		54.6
济 南	62.5	-19.7		-12.1	48.9	48.9		54.9
青 岛	56.6	-20.5		-18.0	43.0	43.0		54.1
兖 州	61.0	-19.0		-13.6	47.4	47.4		55.6
南 京	63.0	-14.0		-11.6	49.4	49.4		60.6
杭 州	62.1	-10.5		-12.5	48.5	48.5		64.1
金 华	61.2	-9.6		-13.4	47.6	47.6		65.0
合 肥	61.0	-20.6		-13.6	47.4	47.4		54.0
安 庆	64.7	-12.5		-9.9	51.1	51.1		62.1
蚌 埠	64.5	-19.4		-10.1	50.9	50.9		55.2
南 昌	60.6	-9.3		-14.0	47.0	47.0		63.5
九 江	61.0	-10.0		-13.6	47.4	47.4		64.6
武 汉	61.3	-18.1		-13.3	47.7	47.7		56.5

续上表

地点	当地最高轨温 T_{max}	当地最低轨温 T_{min}	最佳铺轨轨温下限 $T_{max}-\frac{a_g+C}{0.0118L}$		最佳铺轨轨温上限 $T_{max}-\frac{C}{0.0118L}$		允许铺轨最高轨温 $T_{min}+\frac{a_g+C}{0.0118L}$	
			12.5 m 轨	25 m 轨	12.5 m 轨	25 m 轨	12.5 m 轨	25 m 轨
宜　昌	63.9	-9.8	均低于当地最低轨温	-10.7	50.3	50.3	均高于当地最高轨温	64.8
福　州	59.8	-2.5		-14.8	46.2	46.2		72.1
邵　武	60.4	-7.9		-14.2	46.8	46.8		66.7
长　沙	63.0	-11.3		-11.6	49.4	49.4		63.3
衡　阳	61.3	-7.9		-13.3	47.7	47.7		66.7
广　州	58.7	-0.3		-15.9	45.1	45.1		74.3
韶　关	62.0	-4.3		-12.6	48.4	48.4		70.3
深　圳	58.7	0.2		-15.9	45.1	45.1		74.8
湛　江	58.1	2.8		-16.5	44.5	44.5		77.4
南　宁	60.4	-2.1		-14.2	46.8	46.8		72.5
桂　林	59.7	-5.0		-14.9	46.1	46.1		69.6
成　都	60.1	-5.9		-13.6	47.4	47.4		68.7
资　阳	59.2	-4.0		-15.4	45.6	45.6		70.6
内　江	61.1	-3.0		-13.6	47.4	47.4		71.6
绵　阳	57.1	-2.3		-17.5	43.5	43.5		72.3
重　庆	64.0	-2.5		-10.6	50.4	50.4		72.1
宜　宾	59.5	-3.0		-15.1	45.9	45.9		71.6
西　昌	59.7	-6.0		-14.9	46.1	46.1		68.6
贵　阳	61.3	-7.8		-13.3	47.7	47.7		66.8
遵　义	58.7	-7.1		-15.9	45.1	45.1		67.5
安　顺	54.3	-7.6		-20.3	40.7	40.7		67.0
桐　梓	57.5	-6.9		-17.1	43.9	43.9		67.7
昆　明	52.3	-5.4		-22.3	38.7	38.7		69.2
河　口	60.9	1.9		-13.7	47.3	47.3		76.5
拉　萨	49.4	-16.5		-25.2	35.8	35.8		58.1
日喀则	58.2	-25.1		-16.4	44.6	44.6		49.5
台　北	58.6	-2.0		-16.0	45.0	45.0		72.6
台　南	59.0	2.0		-15.6	45.4	45.4		76.6
香　港	56.1	0.0		-18.5	42.5	42.5		74.6
厦　门	58.5	-2.0		-16.1	44.9	44.9		72.6

铺轨时轨温、事后检查时轨温、检查时所处升温阶段或是降温阶段等与轨缝之间的关系较为复杂，现将原验标轨温、轨缝研究成果说明如下，供学习领会：

图中 EF 为预留轨缝计算式

$$a_0=0.0118(T_{max}-t)L-C \qquad \text{（说明 8.1.7—1）}$$

的轨迹线。当轨道处于零应力时，轨温轨缝关系点均在该线上，所以又称其为零应力线，

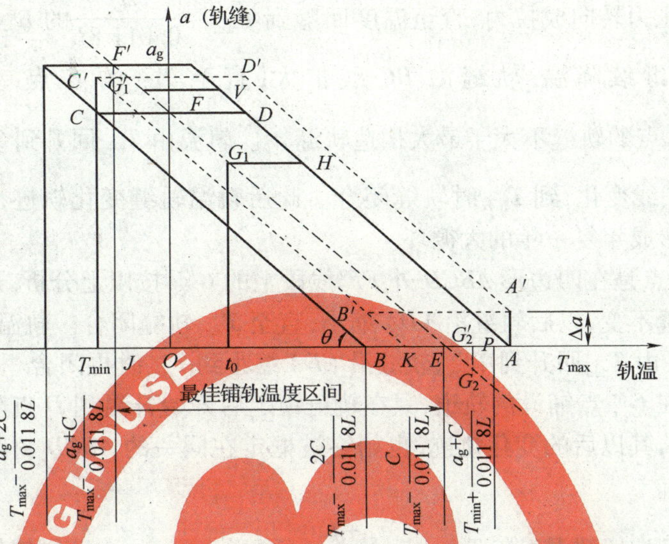

说明图 8.1.7　轨温、轨缝关系图

四边形周界线 $ABCD$ 是轨温轨缝变化的极限轨迹线。横坐标上各点的轨温为

$$J——T_{max}-\frac{a_g+C}{0.011\,8L}$$

$$B——T_{max}-\frac{2C}{0.011\,8L}$$

$$E——T_{max}-\frac{C}{0.011\,8L}$$

$$P——T_{min}+\frac{a_g+C}{0.011\,8L}$$

按以下分析，不同温度范围铺设的轨道，轨温轨缝变化的极限轨迹不同，而且在温度超过一定范围时铺轨，铺成的轨道质量将受影响。所以安排铺轨时，应考虑温度因素，并作相应处理，以完善轨道结构。

（1）在横坐标上选定 JE 温度区间铺轨，即

$$T_{max}-\frac{a_g+C}{0.011\,8L}\leqslant t\leqslant T_{max}-\frac{C}{0.011\,8L} \quad（说明 8.1.7—2）$$

当铺轨温度 t 为该范围的上限值时，按计算或由图可知，预留轨缝为零；为下限值时，预留轨缝等于最大构造轨缝 a_g。在 JE 区间任何温度时铺设，相应的轨温轨缝点应在 EF' 线段上，例如铺轨温度 t 为 t_0 时，其相应点为 G_1。轨道锁定后如升温，开始因受接头阻力遏制，钢轨不能伸长，轨缝不能缩小。当轨温升高到 $t_0+\frac{C}{0.011\,8L}$ 的 H 点时，钢轨积蓄的温度力与接头阻力平衡，呈极限状态。如继续升温，因接头阻力被克服，钢轨开始伸长，放散部分温度应力至与接头阻力再度平衡。在以后继续升温阶段，如是反复渐进，轨缝沿 HA 线缩小，直至 T_{max} 的 A 点时，轨缝闭合。此后轨温回落，进入降温阶段，开始时轨道先释放温度压力，待轨温回落到 $T_{max}-\frac{C}{0.011\,8L}$ 的 E 点时，压力散尽，轨道处于零应力状态。

CHINA RAILWAY PUBLISHING HOUSE

再继续降温,压力转向成拉力,直至温度回落到 $T_{max}-\dfrac{2C}{0.011\,8L}$ 的 B 点时,拉力与接头阻力平衡,此后继续降温,轨缝沿 BC 线扩大,直至 T_{max} 的 C 点,如 T_{min} 不小于 $T_{max}-\dfrac{a_g+2C}{0.011\,8L}$,$C$ 点的轨缝不大于最大构造轨缝 a_g。轨温由 T_{min} 回升到 T_{max} 阶段,同样可知,轨缝应沿 CDA 线变化,到 T_{max} 时轨缝闭合。此后轨温轨缝变化轨迹,始终框定在封闭曲线 $ABCD$ 内,形成年复一年的大循环。

假定铺轨点是在四边形 $ABCD$ 外 FF' 线段上的 G'_1,按以上分析,开始升温至 V 点,积蓄温度力,轨缝不变,以后轨缝沿 VDA 缩小,直至 T_{max} 轨缝闭合。轨温由 T_{max} 到 T_{min},轨缝沿 ABC 扩大。由 T_{min} 回升到 T_{max},轨缝沿 CDA 缩小到 T_{max} 时再闭合。与在四边形内的 G_1 点铺轨一样,在 G'_1 点铺设的轨道,只在轨道锁定后开始升温到 D 点阶段,轨温轨缝变化在四边形以外,其以后的变化轨迹,也始终被框定在同一的 $ABCD$ 封闭曲线内,并形成一年一次的循环。

综上分析,选定轨温 t 在 $T_{max}-\dfrac{a_g+C}{0.011\,8L}\sim T_{max}-\dfrac{C}{0.011\,8L}$ 范围铺轨,可使铺成的轨道在 T_{max} 时轨缝闭合,但轨端不顶紧受力。T_{min} 时,轨缝不大于最大构造轨缝。在其他任何轨温时,轨缝是相应的最小值。此外,还由于年最高轨温一般小于历年最高轨温 T_{max},年最低轨温大于历年最低轨温 T_{min},所以在一般情况下,如钢轨不发生不均匀爬行,轨道在年最高轨温时,轨缝并不闭合,有利检查养护,在年最低轨温时,轨缝也比 T_{min} 时小,可减小拉切接头螺栓的机会。所以轨温 t 在式(说明 8.1.7—2)范围内是最佳铺轨时间,一般情况应安排在此条件下铺轨。

(2)在横坐标上 EP 区间铺轨,即

$$T_{max}-\frac{C}{0.011\,8L}<t\leqslant T_{min}+\frac{a_g+C}{0.011\,8L} \qquad \text{(说明 8.1.7—3)}$$

铺轨点 G_2 在 FE 的延上线上,轨缝小于零。按式(说明 8.1.7—1)计算预留轨缝得负值按零计,即轨温轨缝变化起始点 G_2 应投影到横坐标上,为 G'_2 点。轨道锁定后开始升温到 T_{max},因升温积蓄的温度力不足以克服接头阻力,钢轨不能伸长,接头仍保持零缝不变,轨端不会顶紧受力。此后轨温回落到铺轨起始点 G'_2,压力放尽,钢轨应力为零,继续降温至 K($G'_2K=AE=EB=\dfrac{C}{0.011\,8L}$),温度拉力克服接头阻力,轨缝沿 KC' 扩大至 T_{min}。由 T_{min} 升温到 T_{max},轨缝将沿 $C'D'A'$ 变化。以后轨温轨缝变化轨迹将年复一年被框定在封闭曲线 $A'B'C'D'$ 内,轨缝不再闭合,而且在以后的任何温度时,轨缝都比在 $t<T_{max}-\dfrac{C}{0.011\,8L}$ 时铺设的轨道的轨缝大 Δa。增大值 Δa 相当于图中线段 $G_2G'_2$ 的量值,其计算式为

$$\begin{aligned}\Delta a&=G_2G'_2\\&=EG'_2\tan\theta\\&=(OG'_2-OE)\tan\theta\\&=\left[t-\left(T_{max}-\frac{C}{0.011\,8L}\right)\right]0.011\,8L\\&=C-0.011\,8(T_{max}-t)L\end{aligned}$$

轨缝扩大,增加接头的有害空间,影响轨道质量。所以在这种轨温条件下铺轨,除铺轨时不留轨缝,上紧接头螺栓,增加接头阻力以防止开始升温时轨端顶紧受力外,宜在轨温回落到式(说明 8.1.7—2)范围时,再按式(说明 8.1.7—1)调整轨缝,重新锁定轨道。

在这种条件下铺设的轨道,虽在 T_{max} 时轨缝不再闭合,轨缝普遍偏大,但在 T_{min} 时,轨缝仍不会大于最大构造轨缝,所以铺成轨道后如再调整轨缝有困难,也可不作处理,但因轨缝扩大值 Δa 是铺轨温度 t 的函数,所以 t 应随铺轨进程及时记录,列入竣工资料,作为检查轨缝尺寸的计算依据。

(3)当铺轨温度在 P 点,$t = T_{min} + \dfrac{a_g + C}{0.0118L}$ 时,按式(说明 8.1.7—1)预留轨缝为零。轨道锁定后,当轨温下降到 T_{min} 时,轨缝扩大到:

$$a_g = 0.0118(t - T_{min})L - C$$

$$= 0.0118\left[\left(T_{min} + \frac{a_g + C}{0.0118L}\right) - T_{min}\right]L - C$$

如 $t > T_{min} + \dfrac{a_g + C}{0.0118L}$,则轨温下降到 T_{min} 时,轨缝将大于最大构造轨缝。轨道结构不允许出现这种情况,所以铺轨温度不得大于 $T_{min} + \dfrac{a_g + C}{0.0118L}$。

当铺轨温度 $t = T_{max} - \dfrac{a_g + C}{0.0118L}$ 时,轨道锁定后,轨温上升到 T_{max},轨缝缩小到:

$$a_g = 0.0118(T_{max} - t)L - C$$

$$= 0.0118\left[T_{max} - \left(T_{max} - \frac{a_g + C}{0.0118L}\right)\right]L - C$$

铺轨时,轨缝即使按最大可能值预留,到 T_{max} 轨缝也将闭合为零。

如铺轨温度 $t < T_{max} - \dfrac{a_g + C}{0.0118L}$,则当轨温升高到 T_{max} 时,轨端将顶紧受力,普通轨道同样不允许存在这种情况。所以铺轨温度 t 也不得小于 $T_{max} - \dfrac{a_g + C}{0.0118L}$。

8.1.8 铺轨时预留轨缝大小,应满足锁定后的轨道在接头阻力和道床阻力挟制下,钢轨有足够的伸缩空间以放散部分温度力。在此基础上,因温度变化的轨缝,应始终处于相应温度时的最小尺寸,以改善轨道接头结构,缓解列车通过时轮对对轨端的冲击,本条预留轨缝计算公式就是据此要求拟订的。按该式计算所留的轨缝,可使锁定后的轨道,在钢轨达到历史最高温度时,轨缝闭合而轨端不顶紧受力,当轨温降至最低时,轨缝一般小于构造轨缝,最大时也不会超过最大构造轨缝,符合普通轨道对钢轨接头结构的基本要求,而且在轨温变化过程中,轨缝尺寸始终处于相应温度时的最小值。

铺轨时,预留轨缝计算值可查用说明表 8.1.8—1。

预留轨缝计算式中等号右侧第一项是钢轨随温度变化的自由伸缩量。轨道锁定后,钢轨伸缩只有在积蓄于钢轨内的温度力足以克服接头阻力时才能开始起动,然后再在伸缩过程中逐步克服道床纵向阻力,直至钢轨温度力和阻力相互平衡。所以钢轨的实际伸缩量,应是自由伸缩量减去 C 值。C 值按下式计算:

$$C = C_1 + C_2 = \frac{P_H L}{EF} + \frac{P_1 L^2}{4EF} \quad \text{(说明 8.1.8—1)}$$

式中　C_1——接头阻力限制钢轨伸缩量(cm)；

C_2——道床纵向阻力限制钢轨伸缩量(cm)；

P_H——钢轨接头阻力(N)；

P_1——一股钢轨下道床单位纵向阻力(N/cm)；

E——钢轨弹性系数(N/cm^2)；

F——钢轨断面积(cm^2)。

说明表 8.1.8—1　预留轨缝(mm)

$T_{max}-t$	25 m 轨		12.5 m 轨	$T_{max}-t$	25 m 轨		12.5 m 轨	$T_{max}-t$	12.5 m 轨
	C=4	C=6	C=2		C=4	C=6	C=2		C=2
14	0.0	—	0.0	50	11.0	9.0	5.5	84	10.5
16	0.5	—	0.5	52	11.5	9.5	5.5	86	10.5
18	1.5	—	0.5	54	12.0	10.0	6.0	88	11.0
—	—	—	—	56	12.5	10.5	6.5	—	—
20	2.0	0.0	1.0	58	13.0	11.0	6.5	90	11.5
22	2.5	0.5	1.5	—	—	—	—	92	11.5
24	3.0	1.0	1.5	60	13.5	11.5	7.0	94	12.0
26	3.5	1.5	2.0	62	14.5	12.5	7.0	96	12.0
28	4.5	2.5	2.0	64	15.0	13.0	7.5	98	12.5
—	—	—	—	66	15.5	13.5	7.5	—	—
30	5.0	3.0	2.5	68	16.0	14.0	8.0	100	12.5
32	5.5	3.5	2.5	—	—	—	—	102	13.0
34	6.0	4.0	3.0	70	16.5	14.5	8.5	104	13.5
36	6.5	4.5	3.5	72	17.0	15.0	8.5	106	13.5
38	7.0	5.0	3.5	74	18.0	16.0	9.0	108	14.0
—	—	—	—	76	—	16.5	9.0	—	—
40	8.0	6.0	4.0	78	—	17.0	9.5	—	—
42	8.5	6.5	4.0	—	—	—	—	—	—
44	9.0	7.0	4.5	80	—	17.5	10.0	—	—
46	9.5	7.5	5.0	82	—	18.0	10.0	—	—
48	10.0	8.0	5.0	—	—	—	—	—	—

注：本表中采用第 8.1.8 条的公式计算。

C 值的存在，反映了轨道结构的客观情况，其值大小主要决定于接头阻力，可由人们根据需要决定，但应兼顾以下两个要素：

(1)保证轨道稳定

钢轨伸缩时，需先克服接头阻力。在轨端不顶紧受力的条件下，轨道可能积蓄的最大温度力与接头阻力相等(道床阻力影响较小，可省略不计)。温度力是影响轨道稳定的有害因素，所以最大接头阻力需加以限制。

无缝线路要求，当轨温大于或小于锁定温度 20 ℃以上时，大部分线路作业被禁止。对普通轨道，在一般情况下，不禁止其日常养护作业。所以轨道可能积存的最大温度力，

CHINA RAILWAY PUBLISHING HOUSE

控制在 20 ℃温度变化所产生的增值范围之内，即 25 m 轨轨道接头阻力限制钢轨伸缩量不得大于 6 mm($0.0118 \times 25 \times 20 = 5.9$ mm)，以保障轨道稳定。在这种条件下的轨道，经采取适当措施后，一般线路作业不会破坏轨道稳定。

(2)有利于我国铺设 25 m 轨

根据上面的分析，C 值规定得小一些，对保持轨道稳定有利。但是，由于上紧夹板后所产生的接头阻力，可遏制钢轨伸缩，即接头阻力越大，C 值越大，因而同一长度钢轨的适用温差范围也越大。因此，选定 C 值的大小，对我国铁路轨道铺设 25 m 轨就有非常重要的意义。

钢轨接头的最大构造轨缝只有 18 mm，若钢轨长度按热胀冷缩规律任其自由伸缩，则 25 m 轨适用温差限制为

$$T_{max} - T_{min} = \frac{18}{0.0118 \times 25} = 61℃$$

我国除南方个别地区外，绝大部分地区的最大轨温差大于 60 ℃。因此，铺设 25 m 轨轨道，需用接头阻力来控制钢轨伸缩量，保证轨道在最高轨温时，轨缝闭合而轨端不顶紧受力，轨温降到最低时，轨缝不大于最大构造轨缝而拉切接头螺栓。按此要求，C 的需要值应按下式计算确定：

$$C = \frac{0.0118(T_{max} - T_{min})L - a_g}{2} \qquad \text{(说明 8.1.8—2)}$$

C 的需要值，由地区最大轨温差和铺设的钢轨长度决定。

根据气象记录资料，我国仅在齐齐哈尔以北地区，历年最大轨温差大于 100 ℃。按式(说明 8.1.8—2)计算，C 值采用 6 mm 可满足我国除齐齐哈尔以北以外全部地区铺设 25 m轨的要求。我国幅员广大，南北温差差别很大，如 C 值统一采用 6 mm，则在温差较小地区或采用的钢轨长度较短，则不仅在轨道构造上无实用意义，反而会因过大的接头阻力影响轨道稳定，增加施工和养护作业困难。因此，本规范根据不同地区温差和不同钢轨长度，把 C 值分为 6 mm、4 mm 和 2 mm 三级。按式(说明 8.1.8—2)计算，经适当调整后，不同 C 值的适用条件见说明表 8.1.8—2。

说明表 8.1.8—2　不同 C 值的适用条件

C(mm)	钢轨长(m)	$T_{max} - T_{min}$(℃)
2	轨长 <15	≤124
4	15≤轨长 <20	≤110
	15≤轨长 <25	≤85
6	20≤轨长 <23	85 ~ 110
	20≤轨长 <25	85 ~ 100

我国地区最大轨温差不超过 110 ℃。由上表可知，当 C 采用 2 mm，轨长不大于15 m；C 采用 4 mm，轨长不大于 20 m；C 采用 6 mm，轨长不大于 23 m 的轨道，不受地区温差条件的限制。其中轨长 20 m 作为 C 值采用 6 mm 的起点，是因为当 C 采用 4 mm 时，全国通用钢轨的长度不得大于 20 m。当轨长大于 20 m，C 值改用 6 mm，则 20 ~ 23 m 轨也能在全国通用了。

铺轨时，轨道方向不顺，高低不平，经整平顺直后的轨道，轨缝要缩小，所以预留轨缝

CHINA RAILWAY PUBLISHING HOUSE

应按本条计算公式的计算值略予加大,加大值视铺轨时对中质量和平顺状态酌定,不宜大于2 mm。

隧道内轨道,与洞外的自然条件不同,温差幅度小,特别是最高轨温与洞外区别很大。根据《铁路工程设计技术手册·线路》,隧道内最高轨温比洞外低20 ℃~30 ℃,本规范采用该资料的下限值,规定300 m以上的隧道内,按本条计算公式计算预留轨缝时,T_{max}采用当地历年的最高气温,不再加大,以减少轨缝,改善隧道内接头受力条件。隧道外轨温与气温的关系,随周围自然条件变化而变化,但在日照条件下,一般轨温比气温高。根据实测资料,夏季最高轨温,一般不超过最高气温加20 ℃。为保证在最高轨温时轨端不顶紧受力,所以式中的T_{max}采用历年最高气温加20 ℃。由于年最高温度低于历年最高温度,所以按本条计算公式计算值预留轨缝的轨道,如钢轨不发生不均匀爬行,从理论上分析,轨缝闭合的机会是绝无仅有的。

轨道电路的绝缘接头,按现行有关规定,在钢轨温度最高时,轨缝不应小于6 mm。轨缝有效空间减小,钢轨不能按设定条件伸缩,故绝缘接头应予冻结,其轨缝尺寸不再按本条计算公式计算确定。

8.1.9　新铺轨道,接头夹板与钢轨不能密贴吻合,列车通过时,在动载条件下,螺栓容易松弛,夹板松动,接头阻力随之降低,下降幅度视螺栓初始扭矩大小而不同。据有关测试资料,在接头的迎车端,当初始扭矩为300 N·m,动态下降30 %左右,扭矩为600 N·m时,下降15%左右。迎车方向轨端经轮对撞击,夹板与钢轨接触条件自行调整改善,螺栓经复拧至初始扭矩后,再通过列车时,接头阻力只下降2%。所以要求铺轨过车后复拧螺栓,以保持接头的规定强度。

春秋季轨缝不处于接近极大或极小状态,螺栓小有松弛,尚有空间容纳钢轨长度的过量伸缩,轨道不致产生额外的温度力。但在初冬和入夏时,轨缝趋近极限尺寸,所以螺栓扭矩必须符合规定要求,以保持接头阻力足以防止夏季轨端顶紧受力或冬季拉切螺栓。

轨道各接头阻力相同,是保持轨缝均匀的重要条件,所以接头的螺栓扭矩应保持相同。

8.1.10　轨排铺设偏中,在整道拨正时轨缝产生“挤小”效应。虽然轨缝计算时,已考虑此项因素,并予以修正,但铺轨过程中仍应尽量控制对中。影响轨缝正确保持的因素很多,但轨缝在铺设时初始值的正确设置仍是最主要的因素之一。

接头阻力和道床纵向阻力二因素中,接头阻力是影响轨缝的主要因素,因此及时补足螺栓,并拧紧扭矩就显得十分重要。

8.1.11　为保持枕底道床面完好,混凝土宽枕轨道宜用机械吊铺。吊放轨排时要求中线偏离值越小越好。当轨排落地发现中线偏离超限时,不得就地摆移轨排对中,避免轨排移动破坏道床断面。连接轨排若采用在钢轨接头处垫砟调整高程的办法,会造成空吊板的弊病。

人工铺设混凝土宽枕,尽量采用小龙门架等小型机具吊铺,根据混凝土宽枕轨道施工工艺要求,控制中线、高程是十分严格的。中线控制点,在直线地段每10 m设1个,曲线地段每5 m设1个;高程每10 m左右在边墙上设与轨顶高相同的高程点。

8.1.12　轨枕承轨槽及扣件工厂生产时均有公差。当各种公差处于最不利组合时,不能教条地按号码控制轨距,否则满足不了轨距允许偏差要求。因此强调使用轨距尺验证,并可调整号码。

8.1.13 铺轨过程经常遇到锯切龙口轨问题。由于龙口长度与轨温、接头阻力、扣件类型、道床材料、轨枕类型、钢轨类型及施工过程中工艺质量控制的好坏等紧密相关，事先计算的龙口长度与实际变化很难一致。因此，锯切龙口轨还是按实际丈量尺寸为宜。

8.1.14 对于木枕轨道，我国一直沿用道钉加铁垫板的联结方式。这种形式虽然简单方便，但道钉易松动，浮起，防爬能力和保持轨距的能力较差，铁垫板面积较小还易切割木枕，削弱了轨道强度和稳定性，增大了线路养护维修工作量。

为解决木枕轨道联结问题，1989 年推出了《木枕用 K 型分开式扣件》，并以 89(93)号铁道部令明确规定大、中桥明桥面的钢轨扣件应采用 K 型分开式扣件。这种扣件具有扣压力大，保持轨距强的优点，对增强木枕轨道的稳定性有很好的作用。

木枕分开式扣件采用螺纹道钉联结木枕与铁垫板。为确保联结的可靠性，在木枕上预钻道钉孔的位置及大小，必须严格控制，否则不但达不到预期效果，反而会导致扣件失去应有作用。

明桥面施工时，桥枕一般为线下单位铺设，习惯上桥枕铺设后护木随即安装。但铺轨时由于钢轨接头位置是不确定的，同时桥上设置接头有条件限制，一旦接头位置稍有变动桥枕难免要随之调整，造成护木重新拆铺，甚至报废。因此，护木还是以铺轨后安装为宜。

明桥面因为钢梁的梁长受温度影响较大，桥枕与钢轨间相对位移量也较大，较大跨度的钢梁上还设有钢轨伸缩调节器，也需要钢轨在桥枕上有较大的伸缩量，因此 K 型分开式扣件有部分是不扣紧轨底的，需根据具体设计要求设置。

8.2.8 用硫磺水泥砂浆锚固的螺旋道钉，经多年实践证明，抗拔力达 60 kN 以上，可满足扣压力要求，而且耐久性好。但是配合比和熬制温度控制不当，仍然会产生抗拔力不足的问题。因此抗拔试验是检验施工工艺是否合乎规程的重要手段，不可忽视。

8.2.9 我国新建和改建铁路轨道采用混凝土枕，但在必要时，并不排除铺设木枕轨道；而且混凝土枕因受构造限制，如《铁路线路设计规范》(GB 50090)第 6.3.1 条中涉及的个别地段，目前仍需铺用木枕过渡。所以在同一区段内，实际上存在同时铺设混凝土枕和木枕的情况。

混凝土枕和木枕轨道性能并不一致。不同轨枕轨道频繁交替，破坏了整体轨道结构的均匀性，恶化行车条件，同时也不利于铺设施工和养护作业，所以同一种类的轨枕应集中连续铺设，两个木枕地段间的长度小于 50 m 时，也应铺设木枕。在个别不同类型钢轨接头处，因构造需要，在混凝土枕间插入少许木枕，应视为个别处理的特殊情况。

半径小于 300 m 的曲线，由于列车产生的横向力较大，需要对扣件和混凝土轨枕进行加强。目前有关单位正在研究用于小半径曲线的轨枕及扣件，成功后方可纳入标准，故此仍维持原规范。

8.2.10 为使钢轨接头部位弹性均匀，改善轨道接头的受力条件，所以要求在钢轨接头前后，铺设过渡轨枕。混凝土宽枕与混凝土枕相邻处的接头，虽然轨枕种类相同，但由于其厚度、刚度差异较大，故也应比照过渡。

混凝土桥枕与普通混凝土枕混合使用时，轨枕同型，其刚度相近，可不拘泥于此规定。

8.2.11 根据《43～75 kg/m 钢轨供货技术要求》(TB 2344—93)的规定，新出厂的标准轨长为 12.5 m 的短尺轨的最小长度为 11 m，标准轨长为 25m 的短尺轨的最小长度按轨型 43 kg/m 轨为 21 m。再用轨的最小长度：一级为 10 m，二级为 8 m。

非标准长度轨无相应的缩短轨，曲线轨道选配钢轨铺成相对式接头困难较多，故不宜在曲线上使用。

8.2.13 对于使用调高扣件的轨道，螺旋道钉圆台底高出承轨槽面的高度，依据设计规定的调高量计算确定。

8.2.15 轨距是根据轮轨关系确定的。我国铁路直线轨距标准为 1 435 mm，它是钢轨头部顶面下 16 mm 处两股钢轨工作边的最小距离。

目前曲线轨距加宽标准，是经铁道科学研究院提出，在1983 年修改《铁路技术管理规程》时，采纳并公布实行的新标准。轨距变化率，按照运营部门的意见提高了 1 个百分点。而轨距考虑到轨排系工厂化生产，提高精度要求，不会增加成本且困难不大，同时为养护维修留出了调整量。因此做为过程控制指标，允许误差标准有较大提高。

8.2.16 相对式接头轨道，可减少车辆轮对对二股钢轨不对称冲击，造成水平不良和扭曲，而且轨道采用相对式接头，是机械铺设轨排的必要条件，所以如无特殊原因，轨道应采用相对式接头。

相对式接头轨道，为保持接头方正，轨缝正确，要求同一轨排除为调整曲线接头相错量需要配置不同长度钢轨外，应选用相差不大于 3 mm 的钢轨配对使用，并应前后左右随时调整抵消。累计相差量控制在 15 mm 内，是为了防止接头相错量不致太大。

在曲线内股插铺一定数量的缩短轨以后，到曲线末端仍会存在内股钢轨接头超前或错后现象，最大剩余相错量可达采用缩短轨缩短量的一半。如剩余相错量较小，一般利用钢轨长度偏差量，在曲线内调配两股钢轨，消除接头相错（困难时可延伸到直线上）。如剩余相错量大（采用 24.84 m 缩短轨时，最大相错量可达 80 mm），为缩短调整地段的长度（同一轨排两轨长度相差，正常情况不得大于 3 mm），可在曲线尾插入一根相应于剩余相错量的缩短轨，以减小或消除剩余相错量，使出曲线后的直线轨道，能选同长轨配对使用，以保持两钢轨接头位置相对良好。

消除曲线尾剩余接头相错量，切不可用增减轨缝尺寸的方法。因轨缝本身已存在一定偏差，如再引入较大偏差，势必导致轨缝技术状态不良。

当铺设再用轨或非标轨，因无标准缩短轨而利用钢轨长度差配成相对式接头时，由于钢轨没有固定的缩短量，接头允许相错量无法按上述规定计算。考虑到轨道标准较低，统一取最大缩短量，按上述规定计算允许相错量。标准缩短轨最大缩短量为 160 mm，直线地段允许相错量按线路等级分为 40 mm 与 60 mm 两种，故此情况下，按线路等级规定允许相错量分为 120 mm 和 140 mm。

8.2.17 本条对各种扣件的扣压力以控制扭矩的方式做了规定。在实际工作中，由于锈蚀或锚固组装不合，会出现扭矩虽然达标但扣压力仍然不足的假象。因此观察检查仍是有效的手段。比如 70 型扣板扣件双层弹簧垫圈应压平；Ⅰ、Ⅱ型弹条扣件的弹条中部前端下颏应靠贴轨距挡板等。

8.3.1 本条关于轨缝质量检验，特指施工过程中应“当日检查”的意思。此时轨温变化一般小于 $t \pm \frac{C}{0.011\,8L}$，理论上轨缝不会发生变化。因此仍以预留轨缝 a_0 值为准。如果轨缝实际发生了变化，就要考虑施工过程中工艺控制是否存在问题；如是否因涂油减少了接头摩擦阻力；螺栓是否补足且扭矩是否上紧；线路是否偏中或蛇形铺设严重，整道挤小了轨缝；轨缝实际预留值是否严格按实测轨温计算值设置；轨排扣件扣压力是否满足要求等。所以一定要认真解决施工过程工艺控制问题。

8.3.2 为调整钢轨接头位置或合拢龙口，插入个别短轨最小长度的规定是为保持轨道的必要强度，但为有效利用钢轨，以 12.5 m 轨的一半计算，并留了些余地，所以要求正线最小长度不短于 6 m；列车速度较低的轨道，可减小到 4.5 m。

调整桥上钢轨接头位置时，在离桥台尾 10 m 外插入短轨，是为保持桥上轨道结构完整、增加桥上安全度。

8.3.3 车站内线路和道岔间绝缘接头的设置位置应在铺轨前的配轨计算时加以考虑，否则可能会出现事后锯轨现象。若锯轨后形成的短轨长度不能符合规定要求，甚至会造成调整轨节返工。因此铺轨前应充分考虑绝缘接头设置要求。

8.3.4 钢轨接头落入禁止设置范围内的五种情况，除道口外，均与桥梁有关。桥上及其前后限制钢轨接头是为避免接头轨缝造成的冲击，使桥梁结构承受过大的附加力。因此，调整接头位置或弥合轨缝冻结，可有效解决问题。道口内有钢轨接头时，不仅增加安装护轨的困难，而且不易进行日常检查和养护，还因轨缝形成的冲击力使该处维修频度增大。所以道口内不得有钢轨接头。目前，一些次要铁路上，道口宽度还有超过 25 m 的情况，在无法调整的情况下，应将接头焊接。

8.3.7 接头处两轨面高差和轨距线错牙，增加了轨道在接头处的不平顺程度，严重恶化接头部位的工作条件，加剧列车通过接头的冲击，甚至会促使车轮轮缘爬上钢轨，导致车辆脱轨。所以铺轨时，需按规定严格掌握，必要时打磨平顺。

8.3.8 接头螺栓的拧紧程度，不仅决定了钢轨接头的整体性和强度，而且是约束钢轨伸缩，保证轨缝尺寸正确和均匀的决定因素。合理施加螺栓扭矩，是保障轨道接头构造符合要求，也是我国普通轨道能普遍铺设 25 m 轨的先决条件。规定的扭矩值是要求普遍达到和经常保持的目标值，因而无容许误差的规定，但要求扭矩衰减时，衰减值不得大于 100 N · m。所以应注意复拧恢复目标值。轨缝的均匀程度，主要取决于扭矩的均匀程度。

8.4.2 关于最大超高，铁科院 1978 ~ 1980 年研究结论认为，最高行车速度不大于 160 km/h线路的最大超高为 150 ~ 180 mm。国外时速 160 km/h 以下的铁路，特别是在客货列车共线运行铁路上，最大超高值一般均为 150 mm。曲线超高的最新调查资料表明，在旅客列车最高速度大于或等于 120 km/h 的地段，实设超高均远小于 150 mm。因此本标准仍采用我国历次规范的最大超高标准 150 mm。由于双线按上、下行分开行车，车速相差较小，因而最大超高可大一些。单线上、下行行车速度相差较大，因而最大超高应小一些。因此双线上取最大值 150 mm，单线略小一些为 125 mm。

站线上由于行车速度较低，一般不超过 45 ~ 55 km/h，因此站线的曲线可不设缓和曲线和曲线超高。但为了避免曲线出现反超高，加设曲线超高是有利的，故规定了站线曲线最大超高为 15 mm。个别车站位于曲线上，其到发线全部或大部处于曲线内。考虑到发线的通过速度较高，其最大超高略有提高为 25 mm，但应经速度检算且应与站台设计高程相适应。

8.4.5 针对开通速度不断提高的发展形势，新建铁路引入轨道检查车动态检查项目。由于新建铁路的特点，其线路质量的均衡提高需要一定的时间，验收以保证行车安全为目标，因此轨道检查车按照峰值管理，仅对线路局部不平顺检验项目进行检测和评价，并针对失格地段分析原因，提出纠正预防措施。

8.4.8 普通油脂降解期一般为 3 ~6 个月，为保证防锈效果，频繁的涂油作业其维修成本相当高,故规定采用有效期为不少于 2 年的油脂,为维修工作提供良好的条件。涂油部位为螺栓丝扣。

8.4.9 本条按轨道施工工序将允许偏差表分类列出,便于不同工序检验批检验时使用。当采用大型养路机械整道时,可将其合并综合检验。

规定相邻轨道中心线间距允许偏差,是为保障会车时保持有必要的安全距离。机车车辆基本限界宽度为 3 400 mm,加上列车两侧信号装置,总宽度为 3 600 mm。区间双线线间距如为 4 m,两线间会车净距仅 400 mm,加上列车蛇形摇摆侵入空间,这个净距不能再小,所以两线间距不得有负偏差,以确保行车安全。倒装线线间距为 3.6 m 时,不考虑列车侧灯,保留净距仅 200 mm,故也不得有负偏差。

本条规定的水平、扭曲允许偏差是静态管理要求,可用一般量具测定。实际检验时,可每 6.25 m 测定一处水平,即 12.5 m 轨的接头和大腰为测定点,25 m 轨还应增测两处小腰。水平偏差以一股钢轨为基准。另股钢轨高时为"+",低时为"-",绝对值超过允许偏差时应起道矫正。扭曲以前后两处的水平差变化量来表示,为简化管理,一般不作单独检查,可直接利用水平检查记录计算,以已测得的两相邻点的正负水平偏差的代数差计算决定。所以规定测定扭曲的范围,与水平测定的间距同为 6.25 m。

8.4.11 轨道锁定前后,钢轨受力条件不同。检验轨道在锁定状态的轨缝尺寸是否符合要求,不能按预留轨缝计算式计算核定,应以轨缝检算值作为测定标准。轨缝检算值可结合第 8.1.7 条条文说明,按以下规定计算确定:

(1)轨温 t 在 $T_{max}-\dfrac{a_g+C}{0.011\,8L}\sim T_{max}-\dfrac{C}{0.011\,8L}$ 范围铺设的轨道。

①升温阶段轨缝检算值按下式计算(可直接查用说明表 8.4.11—1):

$$a_j=0.011\,8(T_{max}-t_j)L \quad \text{(说明 8.4.11—1)}$$

式中 a_j——升温阶段轨缝检算值(mm),如大于 $0.011\,8(T_{max}-T'_{min})L-2C$ 的计算值,应采用该计算值为检算值,其中 T'_{min} 为当年最低轨温(℃);

t_j——升温阶段检查轨缝时,当时曾出现过的最高轨温(℃)。

②降温阶段轨缝检算值按下式计算(可直接查用说明表 8.4.11—2):

$$a'_j=0.011\,8(T_{max}-t'_j)L-2C \quad \text{(说明 8.4.11—2)}$$

式中 a'_j——降温阶段轨缝检算值(mm),如小于 $0.011\,8(T_{max}-T'_{max})L$ 的计算值,应采用该计算值为检算值,其中 T'_{max} 为当年最高轨温(℃);

t'_j——降温阶段检查轨缝时,当时曾出现过的最低轨温(℃)。

根据第 8.1.7 条条文说明,在此轨温区间铺设的轨道,轨温轨缝变化的极限轨迹为封闭曲线 $ABCD$。CDA 为升温阶段极限轨迹,轨迹顺 DA 变化时,轨道处于极限压力状态。ABC 为降温阶段的极限轨迹,轨迹顺 BC 变化时,轨道处于极限拉力状态。封闭曲线各边的分析式分别为

$$AB:\quad a_0=0.011\,8(T_{max}-T'_{max})L$$

$$BC:\quad a_0=0.011\,8(T_{max}-t)L-2C$$

$$CD:\quad a_0=0.011\,8(T_{max}-T'_{min})L-2C$$

$$DA:\quad a_0=0.011\,8(T_{max}-t)L$$

若以 a_j 和 a'_j 分别代表升温阶段和降温阶段的轨缝检算值,t_j 和 t'_j 分别代表升温阶段和降温阶段检查轨缝时的轨温,并以此分别替代以上各式中的 a_0 和 t,则在连续升温阶

段，轨缝沿 DA 缩小时，轨缝检算值可按式（说明 8.4.11—1）计算。该式仅适用于轨道处于极限压力状态，轨道只在连续升温时才处于极限压力状态。但在升温阶段轨温并不连续上升，在此阶段降温时，轨道只放散压力，轨缝一般不变，在这种情况下测得的轨温，不得作计算轨缝检算值的依据。所以式（说明 8.4.11—1）中的 t_j 应采用检查时曾出现过的最高轨温。升温阶段的最大轨缝，还应受 CD 线限制。所以按式（说明 8.4.11—1）计算结果，如大于 $a_j = 0.0118(T_{max} - T'_{min})L - 2C$ 计算值时，应采用该计算值为轨缝检算值。开始升温阶段，当 $T'_{min} < t_j < T'_{min} + \frac{2C}{0.0118L}$ 时出现这种情况。

说明表 8.4.11—1　轨缝检算值(一)(mm)

$T_{max}-t_j$	25 m 轨	12.5 m 轨	$T_{max}-t_j$	25 m 轨	12.5 m 轨	$T_{max}-t_j$	12.5 m 轨	$T_{max}-T'_{min}$	最大轨缝		
									25 m 轨		12.5 m 轨
									$C=4$	$C=6$	$C=2$
60	18.0	9.0	30	9.0	4.5	100	15.0	100	—	17.5	11.0
58	17.0	8.5	28	8.5	4.0	98	14.5	98	—	17.0	10.5
56	16.5	8.5	26	7.5	4.0	96	14.0	96	—	16.5	10.0
54	16.0	8.0	24	7.0	3.5	94	14.0	94	—	15.5	10.0
52	15.5	7.5	22	6.5	3.0	92	13.5	92	—	15.0	9.5
50	15.0	7.5	20	6.0	3.0	90	13.5	90	—	14.0	9.5
48	14.0	7.0	18	5.5	2.5	88	13.0	88	18.0	14.0	9.0
46	13.5	7.0	16	4.5	2.5	86	12.5	86	17.5	—	8.5
44	13.0	6.5	14	4.0	2.0	84	12.5	84	17.0	—	8.5
42	12.5	6.0	12	3.5	2.0	82	12.0	82	16.0	—	8.0
40	12.0	6.0	10	3.0	1.5	80	12.0	80	15.5	—	8.0
38	11.0	5.5	8	2.5	1.0	78	11.5	78	15.0	—	7.5
36	10.5	5.5	6	2.0	1.0	76	11.0	76	14.5	—	7.0
34	10.0	5.0	4	1.0	0.5	74	11.0	74	14.0	—	7.0
32	9.5	4.5	2	0.5	0.5	72	10.5	72	13.0	—	6.5
—	—	—	0	0.0	0.0	70	10.5	70	12.5	—	6.5
—	—	—	—	—	—	68	10.0	68	12.0	—	6.0
—	—	—	—	—	—	66	9.5	66	11.5	—	5.5
—	—	—	—	—	—	64	9.5	64	11.0	—	5.5
—	—	—	—	—	—	62	9.0	62	10.5	—	5.0

注：1　表中预留轨缝系按下式计算确定：

$$a_j = 0.0118(T_{max} - t_j)L$$

式中　a_j——升温阶段轨缝检算值(mm)，如大于 $0.0118(T_{max} - T'_{min})L - 2C$ 的计算值，应采用该计算值为检算值，其中 T'_{min} 为当年最低轨温(℃)；

t_j——升温阶段检查轨缝时，当时曾出现过的最高轨温(℃)；

L——钢轨长度(m)。

2　本表适用于铺轨时或调整轨缝时的轨温大于 $T_{max} - \frac{a_g + C}{0.0118L}$、小于 $T_{max} - \frac{C}{0.0118L}$ 的轨道，轨缝质量应在冬末入春后的升温阶段检查。

3　表中查得的检算值如大于相应轨温的最大轨缝，则应以最大轨缝值为该轨缝的检算值。

CHINA RAILWAY PUBLISHING HOUSE

说明表 8.4.11—2　轨缝检算值(二)(mm)

$T_{max}-t'_j$	25 m轨		12.5 m轨	$T_{max}-t'_j$	25 m轨		12.5 m轨	最小轨缝		
	C=4	C=6	C=2		C=4	C=6	C=2	$T_{max}-T'_{max}$	25 m轨	12.5 m轨
28	0.0	—	0.0	68	12.0	8.0	6.0	0	0.0	0.0
30	1.0	—	0.5	70	12.5	8.5	6.5	2	0.5	0.5
—	—	—	—	—	—	—	—	4	1.0	0.5
32	1.5	—	0.5	72	13.0	9.0	6.5	6	2.0	1.0
34	2.0	—	1.0	74	14.0	10.0	7.0	8	2.5	1.0
36	2.5	—	1.5	76	14.5	10.5	7.0	—	—	—
38	3.0	—	1.5	78	15.0	11.0	7.5	10	3.0	1.5
40	4.0	0.0	2.0	80	15.5	11.5	8.0	12	3.5	2.0
—	—	—	—	—	—	—	—	14	4.0	2.0
42	4.5	0.5	2.0	82	16.0	12.0	8.0	16	4.5	2.5
44	5.0	1.0	2.5	84	17.0	13.0	8.5	18	5.5	2.5
46	5.5	1.5	3.0	86	17.5	13.5	8.5	—	—	—
48	6.0	2.0	3.0	88	18.0	14.0	9.0	20	6.0	3.0
50	7.0	3.0	3.5	90	—	14.5	9.5	—	—	—
—	—	—	—	—	—	—	—	—	—	—
52	7.5	3.5	3.5	92	—	15.0	9.5	—	—	—
54	8.0	4.0	4.0	94	—	15.5	10.0	—	—	—
56	8.5	4.5	4.5	96	—	16.5	10.0	—	—	—
58	9.0	5.0	4.5	98	—	17.0	10.5	—	—	—
60	9.5	5.5	5.0	100	—	17.5	11.0	—	—	—
—	—	—	—	—	—	—	—	—	—	—
62	10.5	6.5	5.0	102	—	[illegible]	11.0	—	—	—
64	11.0	7.0	5.5	104	—	[illegible]	11.5	—	—	—
66	11.5	7.5	5.5	106	—	[illegible]	11.5	—	—	—

注:1　表中预留轨缝系按下式计算确定:

$$a'_j=0.0118(T_{max}-t'_j)L-2C$$

式中　a_j——降温阶段轨缝检算值(mm),如小于 $0.0118(T_{max}-T'_{max})L$ 的计算值,应采用该计算值为检算值,其中 T'_{max} 为当年最高轨温(℃);

t'_j——降温阶段检查轨缝时,当时曾出现过的最低轨温(℃);

2　本表适用于辅轨时或调整轨缝时的轨温大于 $T_{max}-\frac{a_g+C}{0.0118L}$、小于 $T_{max}-\frac{C}{0.0118L}$ 的轨道,秋后降温阶段检查轨缝使用本表。

3　表中查得的检算值如小于相应轨温的最小轨缝,则应以最小轨缝值为该轨缝的检算值。

在连续降温阶段,可与升温阶段作同样分析,轨道呈极限拉力状态,轨缝沿 BC 扩大,轨缝检算值可按式(说明 8.4.11—2)计算,式中 t'_j 应采用检查时曾出现过的最低轨温。在开始降温阶段,当 $T'_{max}>t'_j>T'_{max}-\frac{2C}{0.0118L}$ 时,轨缝最小,其值按 $a'_j=0.0118(T_{max}-T'_{max})L$ 计算。所以按式(说明 8.4.11—2)计算结果,如小于 $a'_j=0.0118(T_{max}-T'_{max})L$

计算值时，应采用该计算值为轨缝的检算值。

(2)轨温 t 在 $T_{max}-\dfrac{2C}{0.0118L}\sim T_{min}+\dfrac{a_g+C}{0.0118L}$ 范围铺设的轨道。

① 升温阶段轨缝检算值按下式计算(可直接查用说明表 8.4.11—3)：

$$a_j=0.0118(t-t_j)L+C \qquad (说明 8.4.11—3)$$

② 降温阶段轨缝检算值按下式计算(可直接查用说明表 8.4.11—4)：

$$a'_j=0.0118(t-t'_j)L-C \qquad (说明 8.4.11—4)$$

说明表 8.4.11—3　轨缝检算值(三)(mm)

$t-t_j$	25 m 轨		12.5 m 轨	$t-t_j$	25 m 轨		12.5 m 轨	$t-T'_{min}$	最大轨缝		
									25 m 轨		12.5 m 轨
	$C=4$	$C=6$	$C=2$		$C=4$	$C=6$	$C=2$		$C=4$	$C=6$	$C=2$
−20	—	0.0	—	22	10.5	12.5	5.0	60	13.5	11.5	7.0
−18	—	0.5	—	24	11.0	13.0	5.5	62	14.5	12.5	7.0
−16	—	1.5	—	26	11.5	13.5	6.0	64	15.0	13.0	7.5
−14	0.0	2.0	0.0	28	12.5	14.5	6.0	66	15.5	13.5	7.5
−12	0.5	2.5	0.0	30	13.0	15.0	6.5	68	16.0	14.0	8.0
−10	1.0	3.0	0.5	32	13.5	15.5	6.5	70	16.5	14.5	8.5
−8	1.5	3.5	1.0	34	14.0	16.0	7.0	72	17.0	15.0	8.5
−6	2.0	4.0	1.0	36	14.5	16.5	7.5	74	18.0	16.0	9.0
−4	3.0	4.5	1.5	38	15.0	17.0	7.5	76	—	16.5	9.0
−2	3.5	5.0	1.5	40	16.0	18.0	8.0	78	—	17.0	9.5
0	4.0	6.0	2.0	—	—	—	—	—	—	—	—
2	4.5	6.5	2.5	42	16.5	—	8.0	80	—	17.5	10.0
4	5.0	7.0	2.5	44	17.0	—	8.5	82	—	—	10.0
6	6.0	8.0	3.0	46	17.5	—	9.0	84	—	—	10.5
8	6.5	8.5	3.0	48	18.0	—	9.0	86	—	—	10.5
10	7.0	9.0	3.5	50	—	—	9.5	88	—	—	11.0
—	—	—	—	52	—	—	9.5		—	—	—
12	7.5	9.5	4.0	54	—	—	10.0	90	—	—	11.5
14	8.0	10.0	4.0	56	—	—	10.5		—	—	—
16	8.5	10.5	4.5	58	—	—	10.5		—	—	—
18	9.5	11.5	4.5	60	—	—	11.0		—	—	—
20	10.0	12.0	5.0	—	—	—	—	—	—	—	—

注：1　表中预留轨缝系按下式计算确定(符号意义同前)：

$$a_j=0.0118(t-t_j)L+C$$

2　本表适用于轨温 $T_{max}-\dfrac{C}{0.0118L}\sim T_{min}+\dfrac{a_g+C}{0.0118L}$ 范围铺轨或调整轨缝的轨道，轨缝质量应在冬末入春后的升温阶段检查。

3　表中查得的检算值如大于相应轨温的最大轨缝，则应以最大轨缝值为该轨缝的检算值。

CHINA RAILWAY PUBLISHING HOUSE

说明表 8.4.11—4　轨缝检算值(四)(mm)

$t-t'_j$	25 m 轨		12.5 m 轨	$t-t'_j$	25 m 轨		12.5 m 轨	$T'_{max}-t$	最大轨缝		
									25 m 轨		12.5 m 轨
	$C=4$	$C=6$	$C=2$		$C=4$	$C=6$	$C=2$		$C=4$	$C=6$	$C=2$
14	0.0	—	0.0	52	11.5	9.5	5.5	20	—	0	—
16	0.5	—	0.5	54	12.0	10.0	6.0	18	—	0.5	—
18	1.5	—	0.5	56	12.5	10.5	6.5	16	—	1.5	—
20	2.0	0.0	1.0	58	13.0	11.0	6.5	14	0.0	2.0	0.0
—	—	—	—	60	13.5	11.5	7.0	12	0.5	2.5	0.0
22	2.5	0.5	1.0	—	—	—	—	—	—	—	—
24	3.0	1.0	1.5	62	14.5	12.5	7.0	10	1.0	3.0	0.5
26	3.5	1.5	2.0	64	15.0	13.0	7.5	8	1.5	3.5	1.0
28	4.5	2.5	2.0	66	15.5	13.5	7.5	6	2.0	4.0	1.0
30	5.0	3.0	2.5	68	16.0	14.0	8.0	4	3.0	5.0	1.5
—	—	—	—	70	16.0	14.5	8.5	2	3.5	5.5	1.5
32	5.5	3.5	2.5	—	—	—	—	—	—	—	—
34	6.0	4.0	3.0	72	17.0	15.0	8.5	0	4.0	6.0	2.0
36	6.5	4.5	3.5	74	18.0	16.0	9.0	—	—	—	—
38	7.0	5.0	3.5	76	—	16.5	9.0	—	—	—	—
40	8.0	6.0	4.0	78	—	17.0	9.5	—	—	—	—
—	—	—	—	80	—	17.5	10.0	—	—	—	—
42	8.5	6.5	4.0	—	—	—	—	—	—	—	—
44	9.0	7.0	4.5	82	—	—	10.0	—	—	—	—
46	9.5	7.5	5.0	84	—	—	10.5	—	—	—	—
48	10.0	8.0	5.0	86	—	—	10.5	—	—	—	—
50	11.0	9.0	5.5	88	—	—	11.0	—	—	—	—
—	—	—	—	90	—	—	11.5				

注：1　表中预留轨缝系按下式计算确定(符号意义同前)：

$$a'_j=0.0118(t-t'_j)L-C$$

2　本表适用于轨温 $T_{max}-\dfrac{C}{0.0118L}\sim T_{min}+\dfrac{a_g+C}{0.0118L}$ 范围铺轨或调整轨缝的轨道，轨缝质量应在秋后降温阶段检查。

3　表中查得的检算值如小于相应轨温的最小轨缝，则应以最小轨缝值为该轨缝的检算值。

按式(说明 8.4.11—3)和式(说明 8.4.11—4)的计算结果，如大于 $0.0118(t-T'_{min})L-C$ 的计算值或小于 $C-0.0118(T'_{max}-t)L$ 的计算值时，应采用该计算值为检算值。

根据第 8.1.7 条条文说明，在此轨温区间铺设的轨道，轨缝变化的极限周界为 $A'B'C'D'$，最高轨温时轨缝不再闭合，而且在任何同一温度时，轨缝都比在 $t<T_{max}-\dfrac{C}{0.0118L}$ 铺设的轨道的轨缝大，增大值 $\Delta\alpha$ 计算式为 $\Delta\alpha=C-0.0118(T_{max}-t)L$，即封闭曲线 $A'B'C'D'$ 的纵坐标比 $ABCD$ 大 $\Delta\alpha$(见第 8.1.7 条条文说明)。因此，在连续升温阶段，轨缝沿 D'

A'缩小时，轨缝检算值的计算式为

$$a_j = 0.0118(T_{max} - t_j)L + \Delta a = 0.0118(t - t_j)L + C$$

在连续降温阶段，轨缝沿 $B'C'$扩大时，轨缝检算值的计算式应为

$$a'_j = [0.0118(T_{max} - t'_j)L - 2C] + \Delta a = 0.0118(t - t'_j)L - C$$

因最小轨缝和最大轨缝受 $A'B$ 线和 $C'D'$线限制，即最小轨缝为

$$0.0118(T_{max} - T'_{max})L + \Delta a = C - 0.0118(T'_{max} - t)L$$

最大轨缝为

$$[0.0118(T_{max} - T'_{min})L - 2C] + \Delta a = 0.0118(t - T'_{min})L - C$$

所以按式（说明 8.4.11—3）和式（说明 8.4.11—4）计算结果，如超过以上最大或最小值时，应以此最大或最小值为检查轨缝的检算值。

（3）检验轨缝质量，是按以下诸因素拟定的：

① 铺轨时，轨道实际锁定轨温，允许与理论计算轨温差 ±5 ℃，因此可能引入的最大误差量，25 m 轨为 ±1.5 mm，12.5 m 轨为 ±0.7 mm。此外，因铺轨时轨排对中不准，轨向不顺，轨道整正后对轨缝尺寸的影响。影响大小与轨长成反比，对 12.5 m 轨影响较大。所以检查段内的实际轨缝平均值，以轨缝检算值为准，统一规定允许误差为 ±2 mm。

② 因年最高轨温一般低于历年最高轨温，所以在正常情况下，轨缝不致闭合。但由于钢轨爬行，轨道出现瞎缝仍屡见不鲜。在升温过程，瞎缝处的轨端必然顶紧受力；如出现连续 3 个瞎缝，则中间 2 根钢轨的两端均无延伸空间，钢轨承受额外压力剧增，严重影响轨道稳定。所以规定，在轨温小于历年最高轨温时，轨道不得有连续 3 个及以上的瞎缝。

③ 轨道出现最大轨缝，在降温过程，要拉切接头螺栓，影响轨道强度，所以应禁止。

9.1.3 设计速度小于 120 km/h 的道岔，在采购计划上注明道岔号数、开向、轨型、图号即可，而无缝线路道岔和 AT60 型道岔（今后可能会有其他型号）则不能满足要求；无缝道岔因焊接方式不同会影响配轨长度的变化，AT60 型道岔直股或曲股设绝缘也会影响道岔内配轨长度变化，因此采购计划应予明确。

9.1.5 咽喉区两相邻线路由于受路基面横向坡度和不同道床厚度的影响，会造成轨面不等高而需要顺坡。由于道岔全长范围内的轨面高度和坡度应与主要连接线一致，因此顺坡只能从岔后普通枕开始。当顺坡落差不够时，可根据具体情况采取以下办法调整：

（1）调整道床厚度顺坡；

（2）顺接坡道可适当伸入线路有效长范围内，但伸入段的坡度不得超过规定的站坪限坡。

9.1.6 由于交叉渡线长岔枕（连接枕）的存在，为避免出现导曲线反超高，交叉渡线必须设在一个平面上，这就造成次要线路上的道岔轨顶面高于其连接线路的轨顶面。如果次要线路上另有道岔与其相邻且距离较短时，因顺坡高差不足相邻道岔的高程也需要相应抬高。

9.1.11 通过可动心轨辙叉道岔的列车速度一般都较高，故在整道作业中注意保持道岔的整体性和平顺性。要求起道作业用 2 台压机同时操作，两机相距不大于 5 根枕木孔，两股道要同时起平，以免一股起道影响另一股，形成空吊板。对每根岔枕均应在其两侧通长捣实，尤其应注意钢轨接头、辙叉和尖轨弹性可弯部分的捣实。

9.2.5 道岔钢轨焊接需按以下要求施工：

（1）道岔在焊接前要进行一次全面整修、捣固，使道床达到初期稳定状态，道岔各部

都处于良好状态。

(2)焊接顺序和焊接温度:

① 为便于焊接的施工操作,通常按先直股后曲股的原则顺序焊接。

② 无缝道岔最终要与无缝线路长轨条焊联,因此,道岔锁定焊接头必须在设计锁定轨温范围内,其他岔内接头的焊接可不受设计锁定轨温控制。道岔锁定焊接后,再进行无缝线路锁定焊。

9.3.1 对再用道岔的规定,作如下说明:

(1)尖轨在轨面宽50 mm以上部位才能完全承受车轮压力。当尖轨靠贴基本轨,使车轮由基本轨平顺地引渡到尖轨上,是从尖轨在顶宽20 mm处开始承压,至顶宽50 mm处,荷载由基本轨全部过渡到尖轨上。因此,根据轮轨关系计算,尖轨在顶宽20 mm处应比基本轨低2 mm,由此逐渐提高到顶宽50 mm处与基本轨同高,或略高出基本轨顶面。如该处尖轨低于基本轨,会影响车轮在尖轨与基本轨之间往返过渡的平顺性。同时还需考虑到,当车轮走上或离开基本轨时,车轮踏面外侧圆弧不得与基本轨头部圆弧碰切,以免挤大轨距或推翻基本轨。根据轮轨关系在最不利条件下计算,在尖轨顶宽50 mm处轨面如低于基本轨2 mm,就会发生这种情况。所以使用再用道岔的尖轨,要求在轨面宽50 mm及以上断面处,轨面不低于基本轨轨面1 mm。

(2)基本轨垂直磨耗后,不仅断面强度减弱,同时影响尖轨尖端不承力段和承力过渡段与基本轨面应保持的高差,尖轨前端易遭伤损,所以基本轨垂直磨耗不得超过限值。

曲线基本轨弯折点位置和弯折尺寸,决定轨向和轨距大小,对列车通过道岔的平顺性影响很大,所以在铺设前应矫正至符合要求。

(3)列车通过辙叉时,因受辙叉构造的影响,摇摆振动较大,如构件有些微裂纹,发展变化较快,严重时会导致辙叉断裂,危及行车安全。

辙叉心、辙叉翼磨耗和轨面剥落掉块,不仅影响结构强度,而且还增大车轮在辙叉翼和辙叉心之间往返过渡时的冲击力,影响列车过岔时的平顺性,辙叉也容易被轧伤。缺损越大,危害性也越大,所以应予限制。

9.3.3 查照间隔和护背距离的测量位置,道岔设计均有标注。查照间隔小于1 391 mm时,根据计算,在轮对最不利组合条件下将导致车轮进入导股。护背距离大于1 348 mm时,根据计算,在轮对最不利组合条件下轮对将被护轨和辙叉翼轨卡住,进而将护轨螺栓拉断。上述情况均会造成严重后果。因此检查发现稍有超限,必须及时处理。

中华人民共和国行业标准

铁建设〔2005〕66号

铁路轨道设计规范

Code for design of railway track

TB 10082—2005
J 448—2005

2005—04—25　发布　　　　2005—04—25　实施

中华人民共和国铁道部　发布

前 言

本规范是根据铁道部《关于印发〈2003 年铁路工程建设规范、定额、标准设计编制计划〉的通知》(铁建设函〔2003〕41 号)进行编制的。

本规范编制过程中认真总结了我国铁路轨道建设的经验和教训,借鉴了国内外有关标准的规定,在广泛征求意见的基础上,经反复审查定稿。

工程技术人员必须按照“以人为本、服务运输、强本简末、系统优化、着眼发展”的铁路建设理念,结合工程具体情况,因地制宜,充分发挥主观能动性,积极采用安全、可靠、先进、成熟、经济、适用的新技术,不能生搬硬套标准。勘察设计单位执行(或采用)单项或局部标准,并不免除设计单位及设计人员对整体工程和系统功能质量问题应承担的法律责任。

本规范共分 13 章,主要内容包括:总则,术语与符号,基本规定,轨道类型,钢轨及配件,轨枕及扣件,有砟道床,无砟道床,道岔,钢轨伸缩调节器,无缝线路轨道,有缝线路轨道,轨道附属设备和常备材料,另有 8 个附录。

本规范以黑体字标志的条文为强制性条文,必须严格执行。

本规范系首次编制。在执行本规范过程中,希望各单位结合工程实践,认真总结经验,积累资料。如发现需要修改和补充之处,请及时将意见及有关资料寄交铁道部经济规划研究院(北京市海淀区羊坊店路甲 8 号,邮政编码:100038),供今后修订时参考。

本规范由铁道部建设管理司负责解释。

本规范主编单位:铁道部经济规划研究院。

本规范主要起草人:韩启孟、高慧安、许有全、刘华。

CHINA RAILWAY PUBLISHING HOUSE

目　　次

CHINA RAILWAY PUBLISHING HOUSE
TB

1 总 则

1.0.1 为统一铁路轨道设计技术标准,使铁路轨道设计符合安全适用、经济合理、技术先进的要求,制定本规范。

1.0.2 本规范适用于铁路网中客货列车共线运行、旅客列车设计行车速度等于或小于160 km/h、货物列车设计行车速度等于或小于120 km/h的标准轨距铁路轨道的设计。

1.0.3 新建和改建铁路(或区段)的轨道设计,应根据设计线路在铁路网中的作用、性质、速度和客货运量确定轨道类型。

1.0.4 轨道结构宜采用无缝线路轨道,Ⅰ级铁路应一次铺设无缝线路。

1.0.5 轨道结构部件的选择应有利于降低路基应力,满足标准化、系列化和通用化的要求。

1.0.6 轨道结构应根据运输需要,均衡提高轨道整体结构的承载能力,并应符合质量均衡、弹性连续、结构等强、合理匹配的原则。

1.0.7 改建既有线和增建第二线,应在满足设计年度的输送能力和设计行车速度的前提下,充分利用既有轨道部件和附属设施。

1.0.8 **铁路轨道及附属设施的设置必须符合铁路建筑限界的有关规定。**

1.0.9 铁路轨道设计应重视环境保护,节约能源。通过城镇或居民密集区等地段的铁路轨道,应根据环境影响评价的要求采取减振降噪措施。

1.0.10 铁路轨道设计应充分考虑检测、养护、维修、抢修的需要,配备必需的设施设备。

1.0.11 铁路轨道设计除应符合本规范外,尚应符合国家现行的有关强制性标准的规定。

CHINA RAILWAY PUBLISHING HOUSE

2 术语和符号

2.1 术 语

2.1.1 轨道 track

路基面以上的线路部分,由钢轨、配件、轨枕、扣件、道岔、道床等组成。

2.1.2 有砟道床 ballast bed

用道砟铺设的道床。

2.1.3 无砟道床 unballast bed

不用道砟铺设的道床。

2.1.4 缩短轨 standard length short rail

用在曲线内股的短于标准长度的规定长度钢轨。

2.1.5 长钢轨 long rail

超过标准长度的钢轨(其中包括厂焊钢轨)。

2.1.6 单元轨节 rail link

一次铺设锁定的连续轨条。

2.1.7 钢轨胶接绝缘接头 glued insulated rail joint

由胶黏剂胶合的钢轨绝缘接头。

2.1.8 无缝道岔 gapless(welded or glued)turnout

对全部钢轨接头进行焊接、胶接或冻结的道岔。

2.1.9 跨区间无缝线路 super long continuous welded rail track

轨条长度跨越两个或更多区间,且车站正线上采用无缝道岔的无缝线路。

2.1.10 钢轨截面的平均温度 rail temperature

钢轨截面的温度。

2.1.11 最高轨温 highest rail temperature

根据30年来当地气象资料,确定其中最高气温,设计采用最高轨温等于最高气温加20 ℃。

2.1.12 最低轨温 lowest rail temperature

根据30年来当地气象资料,确定其中最低气温,设计采用最低轨温等于最低气温。

2.1.13 设计锁定轨温 design stress - free temperature of rail

根据气象资料和无缝线路允许温升、允许温降计算确定的无缝线路锁定轨温。

2.1.14 允许温升 allowable temperature rise range

无缝线路允许承受的最大升温幅值。

2.1.15 允许温降 allowable temperature drop range

无缝线路允许承受的最大降温幅值。

2.1.16 道床纵向阻力 longitudinal ballast resistance

CHINA RAILWAY PUBLISHING HOUSE

轨枕在道床中纵向位移时，道床对轨枕所产生的抵抗力。

2.1.17 道床横向阻力 lateral ballast resistance

轨枕在道床中横向位移时，道床对轨枕所产生的抵抗力。

2.1.18 CA 砂浆 CA sand mortar

由沥青乳化剂和水、水泥、细骨料等混合而成的材料，称水泥沥青砂浆，简称 CA 砂浆。

2.1.19 板式无砟道床 slab track

由轨道板、凸型挡台、CA 砂浆及基础垫层组成的无砟道床。

2.1.20 轨枕埋入式无砟道床 longitudinal track

由轨枕、道床板、隔离层、混凝土底座组成的无砟道床。

2.1.21 弹性支承块式无砟道床 low vibration track

由混凝土支承块、橡胶套靴、混凝土道床组成的无砟道床。

2.1.22 断轨力 force acting on the bridge due to pull apart (breaking) of the CWR

桥上无缝线路当长轨条突然折断时所产生的纵向力。

2.2 符 号

v——旅客列车设计行车速度

h——曲线超高

R——曲线半径

T_e——设计锁定轨温

T_{max}——当地历年最高轨温

T_{min}——当地历年最低轨温

$[\Delta T_c]$——轨道允许温升

$[\Delta T_d]$——轨道允许温降

ΔT_k——设计锁定轨温修正值

T_m——设计锁定轨温上限

T_n——设计锁定轨温下限

P_t——钢轨温度力（拉力或压力）

E——钢轨钢弹性模量

F——钢轨断面面积

α——钢轨钢线膨胀系数

λ——钢轨断缝值

P_j——接头阻力

r_1——每个节点扣件纵向阻力

r_2——每根轨枕道床纵向阻力

r——线路纵向阻力

q——每根轨枕道床横向阻力

3 基本规定

3.0.1 新建和改建铁路的轨道设计应满足运营的需要,并具有足够的强度、刚度和稳定性,轨道结构设计应符合少维修的原则。

3.0.2 钢轨的轨底坡应采用1:40。

3.0.3 直线地段两股钢轨顶面应水平。曲线地段外轨应设置超高,新建铁路按式(3.0.3—1)、改建铁路按式(3.0.3—2)计算,并应根据道床结构形式进行设置。

$$h=\frac{7.6v_{max}^2}{R} \tag{3.0.3—1}$$

$$h=\frac{11.8v_j^2}{R} \tag{3.0.3—2}$$

式中 h——外轨超高(mm);

R——曲线半径(m);

v_{max}——路段设计最高行车速度(km/h);

v_j——均方根速度(km/h),

$$v_j=\sqrt{\frac{\sum N_iQ_iv_i^2}{\sum N_iQ_i}}$$

N_i——一昼夜各类列车次数(列/d);

Q_i——各类列车质量(t);

v_i——实测各类列车速度(km/h)。

曲线外轨最大超高不应大于150 mm,单线铁路上下行行车速度相差悬殊时,不应超过125 mm。

曲线超高应进行旅客列车最大欠超高检查和货物列车最大过超高检查。对于无砟轨道,应检算远期提速后的欠、过超高。

3.0.4 曲线超高递减率的设计应符合下列规定:

1 新建铁路外轨超高应在缓和曲线全长范围内递减顺接;

2 改建铁路困难条件下,反向曲线超高顺坡可延伸至圆曲线上,但圆曲线始终点的未被平衡超高,不得超过本规范第3.0.5条的规定。改建铁路递减率顺坡可延伸至直线上或在直线上顺坡;设计速度大于120 km/h的轨道,递减率不应大于1/10 v_{max},困难条件下不应大于1/8 v_{max};设计速度等于或小于120 km/h轨道,递减率不应大于1/9 v_{max},困难条件下不应大于1/7 v_{max},当1/7 v_{max}大于2‰时,按2‰设置。

3 改建铁路特殊困难条件下可保留复曲线,复曲线应在正矢递减范围内,从较大超高向较小超高均匀顺坡。

3.0.5 曲线欠超高及欠超高与过超高之和允许值应满足表3.0.5的要求。

表 3.0.5 曲线欠超高及欠超高与过超高之和允许值(mm)

项目	欠超高允许值〔h_q〕		欠超高与过超高之和允许值〔h_q+h_g〕	
	一般	困难	一般	困难
120 km/h < v ≤160 km/h	≤70	≤90	≤120	≤140
v ≤120 km/h	≤75	≤90	≤125	≤140

注:过超高允许值不宜大于欠超高允许值,即〔h_q〕>〔h_g〕。过超高〔h_g〕不宜大于 50 mm。

3.0.6 曲线半径小于 350 m 地段的轨距,应按表 3.0.6 规定的数值加宽。

表 3.0.6 曲线轨距加宽值(mm)

曲线半径(m)	加宽值	轨距
300≤R<350	5	1 440
R<300	15	1 450

3.0.7 钢轨焊接接头平直度应符合表 3.0.7 的规定。

3.0.8 线路有砟轨道静态平顺度应符合表 3.0.8 的规定。

3.0.9 道岔有砟轨道静态平顺度应符合表 3.0.9 的规定。

表 3.0.7 焊接接头平直度(mm/m)

项目	120 km/h < v ≤160 km/h	v ≤120 km/h
轨顶面	$^{+0.3}_{0}$	$^{+0.3}_{0}$
轨头内侧工作面	$^{+0.3}_{0}$	±0.3
轨底面	$^{+0.5}_{0}$	$^{+0.5}_{0}$

表 3.0.8 线路有砟轨道静态平顺度(mm)

项目	高低	轨向	水平	扭曲(基长 6.25 m)	轨距
120 km/h < v ≤160 km/h	4	4	4	4	$^{+4}_{-2}$
100 km/h < v ≤120 km/h	4	4	4	4	$^{+6}_{-2}$
v ≤100 km/h 及到发线	4	4	4	4	$^{+6}_{-2}$
其他站线	5	5	5	5	$^{+6}_{-2}$
测量弦长	10 m			—	

注:1 轨距偏差不含曲线上按规定设置的轨距加宽值,但最大轨距(含加宽值和偏差)不得超过 1 456 mm;
2 轨向偏差和高低偏差为 10 m 弦测量的最大矢度值;
3 三角坑偏差不含曲线超高顺坡造成的扭曲量,检查三角坑时基长为6.25 m。

表 3.0.9 道岔有砟轨道静态平顺度(mm)

项目 / 直向过岔速度	高低	轨向		水平	扭曲(基长 6.25 m)	轨距	
		直线	支距			尖轨尖端	其他
120 km/h < v ≤160 km/h	4	4	2	4	—	±1	$^{+3}_{-2}$
100 km/h < v ≤120 km/h	4	4	2	4	—	±1	$^{+3}_{-2}$
v ≤100 km/h 及到发线	4	4	2	4	—	±1	$^{+3}_{-2}$
其他站线	6	6	2	6	—	±1	$^{+3}_{-2}$
测量弦长	10 m		—				

注:支距偏差为铺设支距与设计支距之差。

3.0.10 有砟轨道曲线静态圆顺度应符合表 3.0.10 的规定。

3.0.11 线路无砟轨道静态平顺度应符合表 3.0.11 的规定。

CHINA RAILWAY PUBLISHING HOUSE

表 3.0.10　有砟轨道曲线静态圆顺度(mm)

曲线半径(m)	实测正矢与计算正矢差		圆曲线正矢连续差	圆曲线最大最小正矢差
	缓和曲线	圆曲线		
800 < R≤1 600	3	4	4	7
1 600 < R≤2 800	2	3	4	6
2 800 < R≤3 500	2	3	4	5
R > 3 500	1	2	3	4
测量弦长	20 m			
测量位置	钢轨头部内侧面下 16 mm 处			

注:半径 R≤800 m 的曲线的静态圆顺度按有关规定执行。

表 3.0.11　线路无砟轨道静态平顺度(mm)

项　　目	高　低	轨　向	水　平	扭曲(基长 6.25 m)	轨　距
120 km/h < v≤160 km/h	4	4	4	4	±2
v≤120 km/h	4	4	4	4	+3 −2
测量弦长	10 m			—	

3.0.12　无砟轨道曲线静态圆顺度应符合表 3.0.12 的规定。

表 3.0.12　无砟轨道曲线静态圆顺度(mm)

曲线半径(m)	实测正矢与计算正矢差		圆曲线正矢连续差	圆曲线最大最小正矢差
	缓和曲线	圆曲线		
R≤1 600	3	4	5	6
1 600 < R≤2 800	2	3	4	6
2 800 < R≤3 500	2	3	4	5
R > 3 500	1	2	3	4
测量弦长	20 m			
测量位置	钢轨头部内侧面下 16 mm 处			

3.0.13　轨道动态平顺度应符合表 3.0.13—1 ~ 表 3.0.13—3 的规定。

表 3.0.13—1　120 km/h < v≤160 km/h 轨道动态平顺度

项　　目	平顺度	超　限　等　级		
		Ⅰ　级	Ⅱ　级	Ⅲ　级
高低(mm)	5	6	10	15
轨向(mm)	4	5	8	12
轨距(mm)	+5 −2	+6 −4	+10 −7	+15 −8
水平(mm)	5	6	10	14
扭曲(mm)(基长 2.4 m)	4	5	8	12

续上表

项　目	平顺度	超限等级		
		Ⅰ级	Ⅱ级	Ⅲ级
车体垂向加速度(g)	0.10	0.10	0.15	0.20
车体横向加速度(g)	0.06	0.06	0.10	0.15

注:1　表中轨道不平顺偏差限值为轨道不平顺实际幅值的半峰值;

2　道岔直股轨道不平顺按表评判;

3　$v \leq 160$ km/h 时,管理波长为 10 m;

4　平顺度为轨道结构的标准值;

5　超限等级为轨道动态评定标准,Ⅰ级每处扣 1 分,Ⅱ级每处扣 5 分,Ⅲ级每处扣 100 分,其轨道每千米扣分总数为各级、各项扣分总和;合格——扣分总数在 300 分以内,不合格——扣分总数在 301 分以上。

表 3.0.13—2　100 km/h < $v \leq$ 120 km/h 轨道动态平顺度

项　目	平顺度	超限等级		
		Ⅰ级	Ⅱ级	Ⅲ级
高低(mm)	7	8	12	20
轨向(mm)	7	8	10	16
轨距(mm)	+7 −5	+8 −6	+12 −8	+20 −10
水平(mm)	7	8	12	18
扭曲(mm)(基长 2.4 m)	7	8	10	14
车体垂向加速度(g)	0.10	0.10	0.15	0.20
车体横向加速度(g)	0.06	0.06	0.10	0.15

注:同表 3.0.13—1。

3.0.14　有砟轨道道床状态主要参数不应低于表 3.0.14 的规定。

表 3.0.13—3　$v \leq$ 100 km/h 轨道动态平顺度

项　目	平顺度	超限等级		
		Ⅰ级	Ⅱ级	Ⅲ级
高低(mm)	11	12	16	22
轨向(mm)	9	10	14	20
轨距(mm)	+11 −5	+12 −6	+16 −8	+24 −10
水平(mm)	11	12	16	22
扭曲(mm)(基长 2.4 m)	9	10	12	16
车体垂向加速度(g)	0.10	0.10	0.15	0.20
车体横向加速度(g)	0.06	0.06	0.10	0.15

注:同表 3.0.13—1。

CHINA RAILWAY PUBLISHING HOUSE

表 3.0.14　道床状态参数指标（平均值）

指标 \ 轨枕类型 \ 速度	80 km/h < v ≤ 120 km/h	120 km/h < v ≤ 160 km/h
	Ⅱ　型	Ⅲ　型
道床横向阻力 q（kN/枕）	9(6.5)	10
道床纵向阻力 r_2（kN/枕）	10(9)	12
道床支承刚度（kN/mm）	70(60)	100
道床密度（g/cm³）	1.7	1.7

注：1　表中括号内数字为开通速度 80 km/h 的参数指标；

2　既有铁路改建采用Ⅱ型枕且 120 km/h < v ≤ 160 km/h 时，道床稳定状态参数可采用：横向阻力 9 kN/枕，纵向阻力 11 kN/枕，支承刚度 70 kN/mm，道床密度 1.7 g/cm³。

3.0.15　旅客列车设计行车速度为 160 km/h 的正线轨道应设置线路基桩。

3.0.16　轨道结构设计应考虑信号设计对其道床电阻值的要求。

4 轨道类型

4.0.1 正线轨道类型分为特重型、重型、次重型、中型和轻型。设计时应按由轻到重逐步加强的原则，根据路段旅客列车设计行车速度及近期预测运量等主要运营条件按表4.0.1的规定选用。

表4.0.1 正线轨道类型

项目					单位	特重型	重型			次重型	中型	轻型
运营条件	年通过总质量				Mt	>50	25~50			15~25	8~15	<8
运营条件	路段旅客列车设计行车速度				km/h	160~120	160~120	≤120		≤120	≤100	≤80
轨道结构	钢轨				kg/m	75	60	60		50	50	50
轨道结构	轨枕	混凝土枕		型号	—	Ⅲ	Ⅲ	Ⅲ	Ⅱ	Ⅱ	Ⅱ	Ⅱ
轨道结构	轨枕	混凝土枕		铺枕根数	根/km	1 667	1 667	1 667	1 760	1 667或1 760	1 600或1 680	1 520或1 640
轨道结构	碎石道床厚度	土质路基	双层	表层道砟	cm	30	30	30		25	20	20
轨道结构	碎石道床厚度	土质路基	双层	底层道砟	cm	20	20	20		20	20	15
轨道结构	碎石道床厚度	土质路基	单层	道砟	cm	30	30	35		30	30	25
轨道结构	碎石道床厚度	硬质岩石路基	单层	道砟	cm	35	35	—		—	—	—
轨道结构	无砟道床	板式轨道		混凝土底座厚度	cm	≥15						
轨道结构	无砟道床	轨枕埋入式		混凝土底座厚度	cm	≥15						
轨道结构	无砟道床	弹性支承块式		混凝土底座厚度	cm	≥17						

注：1 年通过总质量包括净载、机车和车辆的质量，单线按往复总质量计算，双线按每一条线的通过总质量计算；

2 年通过总质量大于50 Mt的线路，根据实际的运营条件，经技术经济比选可采用60 kg/m的钢轨；

3 货物列车设计行车速度为120 km/h时，应采用特重型或重型轨道，且重型轨道应采用Ⅲ型混凝土枕；

4 设计行车速度小于160 km/h的改建铁路轨道，可采用Ⅱ型混凝土枕；

5 明桥面铺设木桥枕时，每千米铺设根数按《铁路桥涵设计基本规范》(TB 10002.1)进行设计；

6 弹性支承块式混凝土底座厚度系指支承块下混凝土厚度；

7 特殊情况下采用木枕时，铺设根数可根据设计确定。

4.0.2 站线轨道类型应根据站线的类别按表4.0.2的规定采用。

表 4.0.2　站线轨道类型

项　目					单位	到发线	驼峰溜放部分线路	其他站线及次要站线
钢　轨					kg/m	60、50 或 43	50 或 43	50 或 43
轨枕	混凝土枕			型　号	—	Ⅰ	Ⅰ	Ⅰ
				铺枕根数	根/km	1 520～1 667	1 520	1 440
	防腐木枕			型　号	—	Ⅱ	Ⅱ	Ⅱ
				铺枕根数	根/km	1 600	1 600	1 440
道砟道床厚度	土质路基	双层道砟	相应正线轨道类型	特重型	cm	表层道砟 20 底层道砟 20	表层道砟 25 底层道砟 20	—
				重　型				
				次重型				
				中　型		表层道砟 15 底层道砟 15		
				轻　型				
		单层道砟		特重型		35	35	其他站线 25 次要站线 20
				重　型				
				次重型				
				中　型		25		
				轻　型				
	硬质岩石路基、级配碎石或级配砂砾石基床	单层道砟		特重型		25	30	20
				重　型				
				次重型				
				中　型		20		
				轻　型				

注：1　钢轨系指新轨或再用轨（再用轨技术条件见附录 A）；

2　到发线（含到达线、出发线和编发线，下同）的钢轨，当正线为 50 kg/m 时，到发线采用 43 kg/m；当正线为 60 kg/m 及以上时，到发线应采用50 kg/m及以上的钢轨；

3　驼峰溜放部分线路（系指自峰顶至调车线减速器或铁鞋脱落器出口的一段线路）及延伸一节钢轨，宜采用 50 kg/m，作业量较小的小能力驼峰也可采用 43 kg/m 钢轨；

4　其他站线系指调车线、牵出线、机车走行线及站内联络线，次要站线系指除到发线及其他站线以外的站线；

5　到发线采用无缝线路轨道时，宜采用与到发线连接的道岔同类型钢轨；

6　采用 18 号单开道岔且铺设混凝土枕的线路上，应采用Ⅱ型及以上混凝土枕。

5 钢轨及配件

5.0.1　正线轨道上使用的钢轨,应按本规范表4.0.1的规定选用。

5.0.2　无缝线路轨道应采用50 kg/m及以上的焊接长钢轨,钢轨标准长度可为100 m、50 m或25 m,且优先采用100 m长定尺轨,长钢轨长度不应小于500 m。

正线轨道上道岔及钢轨伸缩调节器的钢轨应与正线轨道钢轨类型一致,强度等级及材质不应低于正线轨道钢轨,其尖轨应采用特种断面同类型钢轨。

5.0.3　60 kg/m及以上的钢轨宜采用抗拉强度大于880 MPa的钢轨,其尺寸允许偏差及平直度和扭曲允许值应符合相关规定。新建铁路曲线半径小于或等于800 m地段的重型、特重型轨道,新建和改建铁路曲线半径小于或等于500 m地段的次重型轨道,应采用全长淬火钢轨或高强度钢轨。

铺设无缝线路的曲线地段宜采用全长淬火钢轨。

5.0.4　长度大于或等于1 000 m的隧道内,宜采用耐腐蚀钢轨。

5.0.5　正线有缝线路轨道宜采用25 m标准长度的钢轨。

5.0.6　正线轨道不同类型钢轨必须采用异型钢轨连接。

5.0.7　钢轨接头螺栓和螺母的强度等级及垫圈类型应符合下列规定:

1　正线轨道钢轨接头螺栓应采用10.9级高强度接头螺栓,螺母应采用10级高强度螺母,垫圈应采用高强度平垫圈;

2　站线轨道钢轨接头螺栓应采用8.8级及以上高强度接头螺栓,螺母应采用10级高强度螺母,垫圈应采用单层弹簧垫圈。

5.0.8　次重型及以上轨道的绝缘接头应采用胶接绝缘接头。

5.0.9　下列位置不应有钢轨接头,如不可避免时,应将其焊接或胶接:

1　明桥面小桥的全桥范围内;

2　桥梁端部、拱桥温度伸缩缝和拱顶等处前后2 m范围内;

3　设有钢轨伸缩调节器钢梁的温度跨度范围内;

4　钢梁的横梁顶上;

5　道口范围内。

5.0.10　站线轨道上使用的钢轨,应根据站线的类别按本规范表4.0.2选用。

5.0.11　新建和改建铁路站线轨道的同一股道应铺设同类型的钢轨。困难条件下,除使用铁鞋制动的调车线外,其余站线可铺设两种不同类型的钢轨,并应采用异型钢轨连接。

5.0.12　到发线按有缝线路轨道设计时,宜采用25 m标准长度的钢轨,其余站线可采用12.5 m标准长度的钢轨。

6 轨枕及扣件

6.0.1 新建和改建铁路设计应根据本规范表 4.0.1 和表 4.0.2 的规定选用不同类型的混凝土枕。

6.0.2 曲线半径小于 300 m 的地段,正线应铺设小半径曲线用混凝土枕,站线宜铺设小半径曲线用混凝土枕。

6.0.3 设有护轨的有砟桥面,应铺设与线路轨枕同类型的混凝土桥枕。钢桥明桥面可铺设木桥枕。

6.0.4 道岔区应根据道岔的类型优先选用配套的混凝土岔枕。

6.0.5 在路基(或基底)坚实、稳定、排水良好的大型客运站内,宜铺设混凝土宽枕。混凝土宽枕铺设根数应为 1 760 根/km。

6.0.6 下列地段宜铺设木枕:

1 明桥面桥的桥台挡砟墙范围内及两端各 15 根轨枕(有护轨时应延至梭头外不少于 5 根轨枕);

2 正线铺设木岔枕的道岔及其前后两端线路各 50 根轨枕,站线铺设木岔枕的道岔前后两端各 15 根轨枕(均包括道岔后端辙叉跟端以后的岔枕);

3 脱轨器及铁鞋制动地段;

4 上列地段间长度不足 50 m 的区段。

6.0.7 铺设Ⅱ型混凝土枕或木枕的正线,加强地段及其铺设数量应符合下列规定:

1 下列地段应增加轨枕的铺设数量:

1)半径小于或等于 800 m 的曲线地段(含两端缓和曲线);

2)坡度大于 12‰的下坡地段;

3)长度大于或等于 300 m 且铺设木枕的隧道内。

上述条件重叠时,铺设数量只增加一次。

2 轨枕加强地段每千米增加的轨枕数量和最多铺设根数应符合表 6.0.7 的规定。

表 6.0.7 每千米增加的轨枕数量和最多铺设根数

轨 枕 类 型	Ⅱ型混凝土枕	木 枕
每千米增加的轨枕数量(根)	80	160
每千米最多铺设根数(根)	1 840	1 920

注:铺设Ⅲ型混凝土枕的线路不需增加轨枕铺设根数。

6.0.8 不同类型的轨枕不应混铺,在不同类型的轨枕分界处,如有普通钢轨接头,应保持同类型轨枕延伸至钢轨接头外 5 根及以上。

6.0.9 在木枕与混凝土宽枕、整体道床及其他新型轨下基础之间,宜用混凝土枕过渡(含道床过渡),其长度不宜小于 10 m;其他站线和次要站线困难条件下,可适当缩短。

6.0.10 与正线道岔相接的轨道,60 kg/m 及以上钢轨混凝土岔枕道岔的道岔区前后两端各 50 根(后端包括辙叉跟端以后的岔枕)轨枕应采用Ⅲ型混凝土枕,每千米铺枕根数及扣件类型应与正线标准一致。道岔与道岔之间应采用与岔枕类型相同的轨枕。

6.0.11 正线轨道使用的扣件应符合表6.0.11的规定。

表6.0.11 扣 件 类 型

轨道类型	特重型、重型	重型、次重型及中型	轻 型
轨枕类型	Ⅲ型混凝土枕	Ⅱ型混凝土枕	Ⅱ型混凝土枕
扣件类型	有挡肩轨枕用弹条Ⅱ型 无挡肩轨枕用弹条Ⅲ型	弹条Ⅱ型或Ⅰ型	弹条Ⅰ型

注:1 明桥面上宜采用分开式扣件;

2 宽枕可采用弹条Ⅱ型调高扣件或弹条Ⅰ型调高扣件。

6.0.12 站线混凝土枕轨道宜采用弹性扣件,木枕轨道宜采用分开式扣件,次要站线可采用普通道钉。

6.0.13 扣件的初始扣压力及弹程应符合表6.0.13的规定。

表6.0.13 扣件的初始扣压力及弹程

扣 件 类 型	弹条Ⅰ型扣件	弹条Ⅱ型扣件	弹条Ⅲ型扣件
单个弹条扣压力(kN)	≥8	≥10	≥11
弹 程(mm)	8~9	10	13

注:1 弹条Ⅰ型扣件的弹程,A型弹条为8 mm,B型弹条为9 mm;

2 扣件的轨距挡板、挡板座及绝缘轨距块号码配置见附录B。

6.0.14 铺设混凝土宽枕或无砟道床的轨道,可采用调高量较大的弹性扣件;铺设无缝线路的特大、大桥可采用小阻力扣件。

6.0.15 混凝土枕轨道的轨下橡胶垫板应与扣件配套使用,其型号宜按表6.0.15的规定选用。

表6.0.15 轨下橡胶垫板型号

钢轨(kg/m)	60或75			50		43	
橡胶垫板型号	60—10—11	60—10—17	60—12—17	50—10—9	50—7—9	43—10—7	43—7—7
静刚度(kN/mm)	90~120	55~80	40~60	90~130	110~150	80~110	100~130

注:弹条Ⅲ型扣件的橡胶垫板,静刚度为60~80 kN/mm。

CHINA RAILWAY PUBLISHING HOUSE

7 有砟道床

7.0.1　碎石道床材料应符合国家现行标准《铁路碎石道砟》(TB/T 2140)和《铁路碎石道床底砟》(TB/T 2897)的规定。Ⅰ、Ⅱ级铁路轨道的碎石道床材料应采用一级道砟。站线轨道可采用二级碎石道砟。

7.0.2　单线铁路正线道床顶面宽度应符合表7.0.2的规定,双线道床顶面宽度应分别按单线设计。无缝线路轨道半径小于800 m、有缝线路轨道半径小于600 m的曲线地段,曲线外侧道床顶面宽度应增加0.10 m。

表7.0.2　单线碎石道床顶面宽度

轨道类型	路段旅客列车设计行车速度(km/h)	道床顶面宽度(m)	
		无缝线路轨道	有缝线路轨道
特重型	$120 \leq v \leq 160$	3.50	—
重　型	$120 < v \leq 160$	3.40	—
重型、次重型	$v \leq 120$	Ⅱ型混凝土枕:3.30 Ⅲ型混凝土枕:3.40	3.10
中　型	$v \leq 100$	—	3.00
轻　型	$v \leq 80$	—	2.90

注:表中Ⅲ型混凝土枕系指长度为2.60 m。当采用长度为2.50 m的Ⅲ型混凝土枕时,道床肩宽不应小于长度为2.60 m的Ⅲ型混凝土枕的道床肩宽。

7.0.3　正线轨道道床边坡坡度应符合表7.0.3的规定。

7.0.4　无缝线路轨道砟肩应使用碎石道砟堆高15 cm,堆高道砟的边坡坡度应采用1:1.75。

7.0.5　Ⅱ、Ⅲ型混凝土枕地段的道床顶面应与轨枕中部顶面平齐,其他类型轨枕地段的道床顶面应低于轨枕承轨面3 cm。

7.0.6　正线轨道和站线轨道道床厚度应按本规范表4.0.1及表4.0.2的规定选用。

表7.0.3　正线道床边坡坡度

轨　道　类　型	道床边坡坡度
特重型、重型、次重型、中型	1:1.75
轻　型	1:1.50

7.0.7　混凝土宽枕轨道的道床应由碎石道床和面砟带组成,其材质应符合国家现行标准《铁路碎石道砟》(TB/T 2140)中一级道砟的规定。面砟带宽95 cm,厚5 cm,面砟带下应采用与混凝土枕道床相同的道床结构和道床厚度,枕端道砟埋深应为8 cm。粒径级配应符合表7.0.7的规定。

表7.0.7　面砟带材料粒径级配

筛孔边长(mm)	35	30	25	20	15	10
过筛质量百分率(%)	100	95~100	55~75	25~40	5~15	0~5

7.0.8　桥梁上碎石道床厚度应符合下列规定:

1　旅客列车设计行车速度大于120 km/h、等于或小于160 km/h时不应小于30 cm,小于或等于 120 km/h 时不应小于 25 cm；

2 桥梁与两端线路轨道的道床厚度应在桥台外 30 m 范围内顺坡。

7.0.9 隧道内轨道的碎石道床厚度应按表 4.0.1 的规定选用。道床砟肩至边墙(或高侧水沟)间应以道砟填平。

7.0.10 站线轨道的道床应分别按单线轨道设计，对下列轨道间及其外侧，应采用渗水材料填平至轨枕底下 3 cm：

1 经常有调车和列检等作业的调车线、推送线、牵出线、到发线和客车整备线轨道；

2 扳道和调车作业繁忙的咽喉区。

7.0.11 土质路基的到发线、驼峰溜放线路轨道道床应采用双层道砟，在少雨地区，可采用单层道砟；其余站线轨道道床宜采用单层道砟。硬质岩石、级配碎(砾)石或级配砂砾石基床路基应采用单层道砟。

7.0.12 到发线及设有轨道电路的其他线路轨道应采用碎石道砟道床，其余线路宜采用碎石道砟道床。

7.0.13 站线轨道道床顶面宽度应符合下列规定：

1 站线轨道按有缝线路设计时，道床顶面宽度应为 2.9 m，曲线外侧不加宽。

推送线经常有摘钩作业一侧的道床肩宽应为 2.0 m，另一侧应为 1.5 m。

调车线、区段站及以上大站的牵出线和有列检作业的到发线、客车整备线轨道外侧的道床肩宽应为 1.5 m。

2 混凝土宽枕道床顶面宽度宜为 2.9 m。

7.0.14 混凝土宽枕的站线轨道道床和面砟带及面砟带材质应符合本规范第 7.0.7 条的规定。

7.0.15 站线有砟道床的边坡坡度应为 1∶1.5。

7.0.16 有砟道床状态参数指标应符合本规范第 3.0.14 条的规定。

8 无砟道床

8.1 一般规定

8.1.1 无砟道床宜采用板式、轨枕埋入式和弹性支承块式等结构形式。正线轨道有条件时,特大桥、大桥及长度大于 1 000 m 的隧道内,宜采用无砟道床。根据运营需要和环境要求,经技术经济比选可采用减振无砟道床。

8.1.2 道床设计动轮载应采用 300 kN,扣件中心间距宜与同一区段轨道上的轨枕间距一致。

8.1.3 道床应设置防、排水系统,电力牵引区段应采取防迷流措施。

8.1.4 道床混凝土底座至轨底的高度不宜大于 65 cm,混凝土底座应设置伸缩缝,伸缩缝之间的距离不宜大于 12 m,伸缩缝位置应与板缝、梁缝一致。

8.1.5 道床混凝土结构应按国家现行标准《混凝土结构设计规范》(GB 50010)的相关规定设计。

8.1.6 无砟道床与有砟道床之间应设置过渡段。轨道过渡段与路基过渡段宜在同一部位上。轨道过渡段长度不宜小于 20 m。

8.1.7 桥上采用无砟道床时,应符合下列规定:

1 桥面应设置与混凝土底座连接的传剪器;

2 无砟道床的排水系统应与桥梁的排水设施连接;

3 在混凝土底座范围内,桥面不应设混凝土垫层、防水层及保护层;

4 无砟道床应按桥梁墩台沉降量及相邻墩台沉降量之差不大于 20 mm 设计。

8.2 板式无砟道床

8.2.1 板式无砟道床应由轨道板、乳化沥青水泥砂浆(以下简称 CA 砂浆)、混凝土凸型挡台(以下简称凸型挡台)和混凝土底座(以下简称底座)等组成。

8.2.2 根据运营要求及轨道的基础设施条件,可采用预应力混凝土或非预应力混凝土轨道板。露天区段应采用预应力混凝土轨道板;隧道内宜采用非预应力混凝土轨道板;路基地段应根据地质条件进行特殊设计。

8.2.3 轨道板的厚度不应小于 190 mm,宽度不宜小于 2 400 mm,长度不宜大于 5 000 mm。

8.2.4 轨道板上应设置定位及起吊螺母和 CA 砂浆灌注孔。

8.2.5 轨道板两端中部应设置与凸型挡台共圆心的半圆形缺口,半径宜为 300 mm。

8.2.6 轨道板的钢筋配置应按截面中心对称结构设计。

8.2.7 轨道板的截面承载能力应满足计算弯矩要求,且不允许混凝土开裂,但计算截面受拉边缘不得出现大于 $0.7f_t$ 的拉应力(f_t 为混凝土的抗拉设计强度)。

8.2.8 轨道板混凝土的设计强度等级不应小于 C60。

8.2.9 凸型挡台与轨道板两端中部缺口间的 CA 砂浆厚度不应小于 30 mm,间隙小于

30 mm时,应采用树脂填充。

8.2.10 凸型挡台应采用与底座相同的混凝土,其强度等级不应小于C40。

8.2.11 CA砂浆填充层允许厚度应符合表8.2.11的规定。

表8.2.11 CA砂浆填充层的允许厚度(mm)

项 目	线 型	标准厚度	最小厚度	最大厚度
普通板式无砟道床	直 线	50	40	100
	曲 线	60	40	100
减振板式无砟道床	直 线	40	30	100
	曲 线	50	30	100

8.2.12 CA砂浆的主要物理力学性能应符合表8.2.12的规定。

表8.2.12 CA砂浆的主要物理力学性能

序 号	项 目	单 位	性 能 指 标
1	抗压强度(1 d)	MPa	≥0.1
	抗压强度(7 d)	MPa	≥0.7
	抗压强度(28 d)	MPa	≥1.8
2	弹性模量	MPa	200~600
3	流动度	s	16~26
4	可工作时间	min	不少于30
5	膨胀率	%	1~3
6	材料分离度	%	<3
7	含气量	%	8~12
8	泛浆率	%	0
9	耐久性(抗冻性)	300次冻融循环试验后,相对动弹模量不得小于试验前的60%	

注:试验方法应符合附录C的规定。

8.2.13 桥梁端部的轨道板下应黏贴减振胶垫,胶垫厚度宜为25 mm,其物理力学性能应符合表8.2.13的规定。

表8.2.13 胶垫的物理力学性能

序 号	项 目		性能指标	试 验 方 法
1	硬度(邵尔A)		75~85	GB 531
2	静刚度(kN/mm)		2.7~4.4	TB/T 2629 附录A
3	压缩永久变形(%)		≤23	GB 1683
4	拉伸强度(MPa)		≥4.0	GB 528
5	扯断伸长率(%)		≥150	
6	撕裂强度(N/cm)		≥150	GB 529
7	耐水试验	吸水率(%)	≤1.5	GB/T 1690
		扯断强度(MPa)	≥5.4	
		扯断伸长率(%)	≥158	

CHINA RAILWAY PUBLISHING HOUSE

续上表

序　号	项　目		性能指标	试 验 方 法
8	疲劳强度	外　观	无变形、出皱、龟裂现象	TB/T 2629 附录 B
		变化量(mm)	≤1.5	
老化 70 ℃、72 h 后				
9	拉伸强度(MPa)		≥3.0	GB 528
10	扯断伸长率(%)		≥120	
11	撕裂强度(N/cm)		≥130	GB 529

8.3　轨枕埋入式无砟道床

8.3.1　轨枕埋入式无砟道床应由混凝土枕、混凝土道床板(以下简称道床板)、隔离层及混凝土底座等部分组成;隧道内可不设混凝土底座。

根据轨道减振要求,道床板下宜设置弹性垫板。

8.3.2　道床板应采用穿孔式混凝土枕,轨枕之间应采用钢筋串连。

8.3.3　道床板的型式尺寸应符合下列规定:

1　长度不宜大于 5 000 mm,宽度不宜小于 3 100 mm,隧道内可适当减小;

2　道床板横向边缘厚度不应小于 300 mm,枕间道床板顶面自中心向两侧应设 2% 的人字坡;

3　混凝土枕应埋入道床板内,在轨道中心线处轨枕顶面宜高出道床板面,其高度不应大于 20 mm。

8.3.4　道床板的结构设计应符合下列规定:

1　道床板截面设计承载能力应满足计算弯矩要求;

2　道床板的混凝土设计强度等级不应小于 C40。

8.3.5　道床板与底座之间应设置隔离层,厚度宜为 1 ~4 mm。

8.3.6　道床板下减振弹性垫板的主要物理力学性能应符合表 8.3.6 的规定。

表 8.3.6　弹性垫板的主要物理力学性能指标

序　号	项　目		性能指标	检 验 方 法
1	静刚度(kN/mm)		21 ±4.0	参考 TB/T 2626
2	拉伸强度(MPa)		≥3.9	ISO 1798
3	扯断伸长度(%)		≥150	
4	恒温压缩永久变形(%) (70 ℃ ±1 ℃,22 h,压缩 30%)		≤23	ISO 1856
5	橡胶成分定型分析		EPDM	
6	疲劳性能	外　观	无异常黏着、碎裂现象	GB 7764
		残余变形量(%)	≤8	GB 527
7	热空气老化后 (100 ℃、72 h)	静刚度变化率(%)	≤20	
		拉伸强度(MPa)	≥2.9	GB 3512
		扯断伸长度(%)	≥120	

CHINA RAILWAY PUBLISHING HOUSE

8.3.7 底座的型式尺寸应符合下列规定:

1 宽度应大于或等于道床板的宽度;

2 厚度不宜小于 250 mm;

3 长度宜与道床板相对应;

4 沿轨道纵向两端的中部应设置 1 000 mm × 700 mm × 130 mm 的凹槽。

8.3.8 桥上铺设轨枕埋入式无砟道床时,相邻道床的间隔及相邻底座的间隔宜为 80 mm。

8.3.9 底座结构设计应符合下列规定:

1 桥梁上相邻底座的间隔范围内应设置桥面防水层;

2 每块底座内应设置不少于 1 根的排水管(ϕ80 mm, PVC 管),其横向坡度应为 2%,并与基础的排水系统相连;

3 底座应按构造要求进行配筋设计;

4 底座混凝土设计强度等级应与道床板混凝土一致。

8.4 弹性支承块式无砟道床

8.4.1 弹性支承块式无砟道床宜在隧道内采用,并应采用相应的防污染和防老化措施。

8.4.2 弹性支承块式无砟道床应由混凝土支承块(以下简称支承块)、橡胶套靴、混凝土道床等部分组成。

8.4.3 支承块的长度不宜小于 60 cm,底面宽度不应小于 28 cm,承轨槽面至支承块底的高度不应小于 20 cm。

8.4.4 支承块截面设计承载能力应满足计算弯矩要求。

8.4.5 支承块混凝土设计强度等级不应小于 C50。

8.4.6 道床排水沟内侧边缘至轨道中心线距离不应小于 1.2 m。

8.4.7 道床混凝土设计强度等级不应小于 C40。

8.4.8 弹性橡胶套靴的主要物理力学性能除其刚度应满足设计要求外,其他指标宜符合国家现行标准《铁路混凝土轨枕下弹性垫板》(TB/T 2629)的规定。

8.4.9 混凝土支承块的橡胶套靴宜与混凝土块胶结,并应根据环境的减振要求调整橡胶套靴的支承静刚度。

8.4.10 曲线超高宜采用抬高外轨的方法设置。

CHINA RAILWAY PUBLISHING HOUSE

9　道　岔

9.0.1　道岔的设计应符合下列规定：

　　1　道岔号数应以辙叉角的余切值表示，并应符合国家现行标准《铁路道岔号数系列》(GB 1246)的规定；

　　2　正线道岔的直向容许通过速度不应小于区间线路的设计速度；

　　3　道岔设计应标准化、系列化；

　　4　交叉渡线的线间距应按 5 m、5.3 m、5.5 m 和 6.5 m 设计；

　　5　道岔设计应与轨下基础及电务转换设备相配套；

　　6　跨区间无缝线路的道岔应按无缝道岔设计，无缝道岔尖轨跟端的限位器子母块间的间隙、限位器和翼轨跟端间隔铁的强度应满足无缝线路的设计要求；

　　7　道岔设计应根据使用条件考虑大型养路机械作业要求。

9.0.2　**道岔号数选择应符合下列规定：**

　　1　**正线道岔的列车直向容许通过速度不应小于路段旅客列车设计行车速度。**

　　2　**列车直向通过速度为 100 ~ 160 km/h 的路段内，正线道岔不应小于 12 号。困难条件下，改建的区段站及以上大站可采用 9 号。**

　　3　**列车直向通过速度小于 100 km/h 的路段内，侧向接发列车的会让站、越行站、中间站的正线道岔不得小于 12 号，其他车站可采用 9 号。**

　　4　**列车侧向通过速度超过 80 km/h 的渡线道岔，应根据线间距、道岔间的夹直线长度等选用大号码道岔或特殊设计。**

　　5　**列车侧向通过速度超过 50 km/h，但不大于 80 km/h 的单开道岔不宜小于 18 号。**

　　6　**列车侧向通过速度不超过 50 km/h 的单开道岔不得小于 12 号。**

　　7　**侧向接发旅客列车的道岔，不应小于 12 号，困难条件下，非正线上接发旅客列车的道岔，可采用 9 号对称道岔。**

　　8　**其他线路的单开道岔或交分道岔不应小于 9 号。**

　　9　**驼峰溜放部分应采用 6 号对称道岔和 7 号对称三开道岔；改建困难时，可保留 6.5 号对称道岔。到达场出口、调车场尾部、货场及段管线等站线上，可采用 6 号对称道岔。**

9.0.3　**旅客列车设计行车速度为 160 km/h 路段，正线道岔应采用可动心轨辙叉单开道岔。**

9.0.4　**新建铁路正线不应采用复式交分道岔，改建铁路正线困难条件下需要采用时不应小于 12 号。**

9.0.5　道岔的扣件类型应与连接线路的扣件类型相同。

9.0.6　**列车直向通过速度大于 120 km/h 的道岔，应采用分动外锁闭装置。**

9.0.7　正线应采用混凝土岔枕的道岔，站线宜采用混凝土岔枕的道岔，改建铁路设计速度小于等于 120 km/h 的线路，困难条件下，可采用木岔枕道岔。

9.0.8 混凝土岔枕的渡线道岔，当线间距小于 5 m 时，岔枕应根据线间距特殊设计。

9.0.9 相邻单开道岔间插入的钢轨长度应符合下列规定：

1 两对向单开道岔间插入钢轨的最小长度不应小于表 9.0.9—1 的规定；

2 两顺向单开道岔间插入钢轨的最小长度不应小于表 9.0.9—2 的规定。

9.0.10 当道岔的轨型高于与其连接的线路轨型时，应在道岔前后各铺设长度不小于 6.25 m 与道岔同类型的钢轨或异型轨，在困难条件下不应小于 4.5 m，并不应连续插入两根及以上短轨。

表 9.0.9—1 两对向单开道岔间插入钢轨的最小长度(m)

道岔布置	线别		有列车同时通过两侧线时(f) 一般情况	有列车同时通过两侧线时(f) 特殊情况	无列车同时通过两侧线时(f)
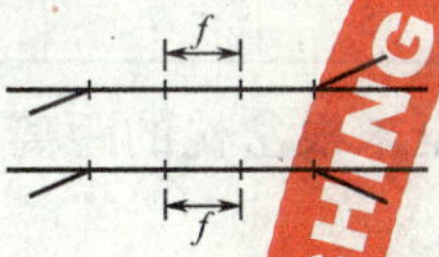	正线	直向通过速度 120 km/h < v ≤ 160 km/h	12.5	12.5	12.5
		直向通过速度 v ≤ 120 km/h	12.5	6.25	6.25
	到发线		6.25	6.25	0
	其他站线和次要站线		—	—	0

注：列车系指编成的车列，并挂有机车及规定的列车标志，不含未完全具备列车条件按列车办理的机车车辆。

表 9.0.9—2 两顺向单开道岔间插入钢轨的最小长度(m)

道岔布置	线别		木岔枕道岔(f)	混凝土岔枕道岔(f)
	正线	直向通过速度 120 km/h < v ≤ 160 km/h	—	12.5
		直向通过速度 v ≤ 120 km/h	6.25	8.0
	到发线		4.5	
	其他站线和次要站线		0	
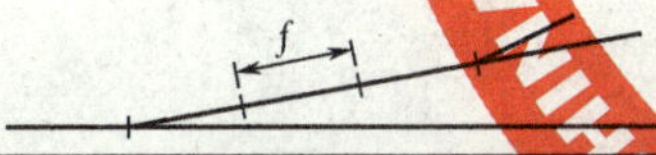	到发线		4.5	
	其他站线和次要站线		0	

注：1 在其他站线和次要站线上，木岔枕与木岔枕相接时，如一组道岔后顺向并连两组 9 号单开或 6 号对称道岔时，其中至少一个分路的前后两组道岔间应插入不小于 4.5 m 长的钢轨；

2 正线上两对向单开道岔有正规列车同时通过两侧线时，18 号单开道岔间插入钢轨长度不应小于 25 m；

3 到发线上两对向单开道岔有旅客列车同时通过两侧线时，插入钢轨长度一般情况下不应小于 12.5 m；

4 客车整备所线路采用 6 号对称道岔连接时，插入钢轨长度不应小于12.5 m；

5 当道岔的岔枕种类不同时，插入钢轨长度不应小于 12.5 m；

6 道岔间插入钢轨的长度除应符合表 9.0.9—1、表 9.0.9—2 及以上的规定外，尚应满足道岔结构的要求。

9.0.11 正线上的道岔不宜设在 I 级铁路路堤与桥台连接处的过渡段范围内，在困难条件下必需设置时，路基应采取加强措施或适当调整桥跨。

9.0.12 在正线和站线上，道岔至曲线间的直线段长度应按下列规定办理：

1 位于正线上的车站咽喉区两端最外道岔及其他单独道岔直向至曲线超高顺坡终点之间，路段设计速度大于 120 km/h 的线路不应小于 40 m，在困难条件下，不应小于

CHINA RAILWAY PUBLISHING HOUSE

25 m，路段设计速度 120 km/h 及以下的线路不应小于 20 m；

2　站线上的道岔前后至曲线的直线段长度，应根据曲线半径、道岔结构、曲线轨距加宽和曲线超高等因素确定。道岔前后至圆曲线最小直线段长度应符合表 9.0.12 的规定。

表 9.0.12　道岔前后至圆曲线最小直线段长度

序号	道岔前后圆曲线半径 R(m)	轨距加宽(mm)	最小直线段长度(m)					
			一般			困难		
			轨距加宽或曲线超高递减率 2‰			轨距加宽递减率 3‰		
			岔前	岔后		岔前	岔后	
			木、混凝土岔枕	木岔枕	混凝土岔枕	木、混凝土岔枕	木岔枕	混凝土岔枕
1	$R \geqslant 350$	0	2	2	0	0	2	0
2	$300 \leqslant R < 350$	5	2.5	4.5	2.5	2	4	2
3	$R < 300$	15	7.5	9.5	7.5	5	7	5

当道岔采用混凝土岔枕时，道岔后直线长度应为道岔跟端至末根岔枕的距离（L'）与表 9.0.12 所列最小直线段长度之和。

与道岔前后连接的曲线设有缓和曲线时，可不插入直线段。

道岔后的连接曲线，其半径不宜小于相邻道岔的导曲线半径。

10　钢轨伸缩调节器

10.0.1　轨道设计中不宜采用钢轨伸缩调节器(以下简称调节器)。当必须设置时,应符合下列规定:

1　温度跨度大于 100 m 的钢梁,每一温度跨度应铺设一组调节器;

2　温度跨度大于 120 m 的混凝土梁上铺设无缝线路时,调节器设置位置应按计算确定。

10.0.2　调节器应采用曲线型,根据轨道结构条件可选用 600 mm 或 1 000 mm 伸缩量的单向或双向调节器。

10.0.3　调节器基本轨伸缩过程中应与尖轨保持密贴,尖轨与基本轨平面连接,应满足列车运行条件下对线路平顺性的要求。

10.0.4　调节器范围内轨道几何尺寸允许偏差应符合正线轨道铺设标准的规定。

10.0.5　有砟桥上应采用与调节器配套的混凝土枕,并满足调节器安装和轨道承载能力的要求。

10.0.6　调节器设有护轨时,护轨类型宜与相邻轨道护轨类型相同。

10.0.7　曲线型调节器的布置应符合下列规定:

1　单向调节器的尖轨宜顺列车运行方向布置。

2　调节器不应设置在半径小于 1 500 m 的曲线上,也不宜设置在竖曲线上。

3　当调节器布置在梁端时,尖轨不可跨越梁端;当每跨或每联的两端都设置调节器时,不得将尖轨同时设在两端梁内。

4　混凝土桥梁上铺设无缝线路,根据设计可在桥梁中部设置双向调节器。调节器基本轨接头以外的线路宜采用小阻力扣件,其铺设长度应按计算确定。

5　调节器基本轨、尖轨接头距桥梁横梁、桥台胸墙或支座的距离不应小于 2 m。

10.0.8　伸缩预留量的设计应满足下列要求:

1　伸缩预留量应考虑温度变化产生的钢轨伸缩量、列车活载作用于梁而引起的钢轨纵向位移、轨道可能产生的爬行量等。

2　在无缝线路设计锁定轨温范围内铺设调节器时,其伸缩预留量应按设计伸缩量 1/2 计。

3　在无缝线路设计锁定轨温范围之外铺设调节器时,其伸缩预留量可按下式计算:

$$\Delta l = a/2 + \alpha l(T - T_s) \qquad (10.0.8\text{—}1)$$

式中　Δl——铺设调节器时,基本轨伸缩预留量(mm);

a——调节器设计预留量,为 600 mm 或 1 000 mm;

α——钢轨钢线膨胀系数,为 11.8×10^{-6}/℃;

l——无缝线路伸缩区长度,近似取 150 m;当梁轨之间不产生相对位移时,l 为梁的温度跨度;

T——铺设调节器时的轨温(℃);

T_s——无缝线路实际锁定轨温或设计锁定轨温(℃)。

4　有缝线路轨道铺设调节器时,其伸缩预留量可按下式计算:

$$\Delta l = a/2 + \alpha l(T - T_0) \qquad (10.0.8\text{—}2)$$

式中　l——梁的温度跨度;

T_0——当地中间轨温,$T_0 = (T_{max} + T_{min})/2$。

在 $T_0 \pm 5$ ℃范围内,Δl 按设计伸缩量的 1/2 计。

CHINA RAILWAY PUBLISHING HOUSE

11　无缝线路轨道

11.1　一般规定

11.1.1　铺设无缝线路轨道的桥、隧、路基等建筑物，应满足相应技术标准的要求。

11.1.2　Ⅰ、Ⅱ级铁路采用60 kg/m及以上钢轨时，应按无缝线路设计；采用50 kg/m钢轨时，宜按无缝线路设计。

11.1.3　无缝线路长轨条及缓冲区钢轨的联结应采用接头夹板和高强度螺栓。

11.1.4　铺设无缝线路的曲线半径不宜小于400 m；在半径小于400 m的地段铺设无缝线路时，应采取措施增大道床横向阻力，并进行特殊设计。

11.1.5　铺设无缝线路的坡度可不受限制，但轨条全长在连续长大下坡道、制动坡段及行驶重载列车坡段，应采取加强措施。

11.1.6　桥梁上铺设无缝线路应符合新建铁路桥上无缝线路设计的有关规定。

11.2　钢轨焊接

11.2.1　焊接用钢轨应符合本规范第5.0.2条的规定。

11.2.2　长钢轨焊接应优先在工厂焊接，特殊情况下(如工期控制)，经技术经济比选后，可在工厂化基地焊接。钢轨焊接应采用闪光焊。焊接质量、力学性能指标应符合国家现行标准《钢轨焊接接头技术条件》(TB/T 1632)的规定。

11.2.3　钢轨焊接接头平直度允许偏差应符合本规范第3.0.7条的规定。

11.2.4　铝热焊焊缝距轨枕边缘不得小于100 mm。

11.3　设计参数

11.3.1　最高轨温应按当地历年最高气温加20 ℃计，长隧道内最高轨温可按当地历年最高气温计。最低轨温应按当地历年最低气温计。

各地区设计最高最低轨温可按附录D选取。

11.3.2　扣件及有砟道床的设计参数应满足下列要求：

1　无缝线路缓冲区钢轨接头螺栓、螺母的强度等级及垫圈类型应符合本规范第5.0.7条的规定。

2　接头螺栓扭矩不应小于900 N·m，接头阻力应采用400 kN。

3　弹条扣件每个节点的纵向阻力 r_1 可按下式计算：

$$r_1 = 2p\mu \tag{11.3.2}$$

式中　p——每个扣件扣压力(kN)；

μ——扣件与钢轨、钢轨与胶垫综合摩擦系数，μ一般取0.8。

4　有砟轨道除特殊设计的桥上小阻力扣件之外，其他扣件的纵向阻力应大于道床纵向阻力。

5　有砟轨道道床设计参数应符合本规范第 3.0.14 条的规定。

11.3.3　计算轨道稳定性和强度、桥上无缝线路纵向力的有关参数可按附录 E～附录 H 取值。

11.4 锁定轨温

11.4.1　无缝线路设计锁定轨温应根据当地气象资料，无缝线路的允许温升、允许温降，并考虑一定的修正量计算确定。

11.4.2　设计锁定轨温宜根据下式进行计算：

$$T_e = \frac{T_{max} + T_{min}}{2} + \frac{[\Delta T_d] - [\Delta T_c]}{2} \pm \Delta T_k \quad (11.4.2)$$

式中　T_e——设计锁定轨温，在小半径曲线上宜取偏高值，在年轨温幅度较大的地区宜取偏低值；

T_{max}——当地历年最高轨温(℃)；

T_{min}——当地历年最低轨温(℃)；

$[\Delta T_c]$——轨道稳定性允许温升(℃)；

$[\Delta T_d]$——轨道强度允许温降(℃)；

ΔT_k——修正值，一般为 0～5 ℃。

11.4.3　设计锁定轨温范围宜为 10 ℃。桥上无缝线路或寒冷地区，当$[\Delta T_d] + [\Delta T_c] - (T_{max} - T_{min}) < 10$ ℃时，锁定轨温范围不应小于 6 ℃。

设计锁定轨温上限　$T_m = T_e + (3 \sim 5)$℃　(11.4.3—1)

设计锁定轨温下限　$T_n = T_e - (3 \sim 5)$℃　(11.4.3—2)

设计锁定轨温上、下限应满足下式条件：

$$T_m - T_{min} \leqslant [\Delta T_d] \quad (11.4.3—3)$$

$$T_{max} - T_n \leqslant [\Delta T_c] \quad (11.4.3—4)$$

钢轨温度力可按下式计算：

$$P_t = EF\alpha\Delta T \quad (11.4.3—5)$$

式中　E——钢轨钢弹性模量(MPa)；

α——钢轨钢线膨胀系数(1/℃)；

F——钢轨截面面积(mm^2)；

ΔT——钢轨温差(℃)。

钢轨最大温度拉力　$P_{tmax拉} = EF\alpha(T_m - T_{min})$　(11.4.3—6)

钢轨最大温度压力　$P_{tmax压} = EF\alpha(T_{max} - T_n)$　(11.4.3—7)

11.4.4　跨区间无缝线路和区间无缝线路，相邻单元轨节之间的锁定轨温之差不应大于 5 ℃，同一区间内单元轨节的最高与最低锁定轨温之差不应大于 10 ℃；左右股钢轨锁定轨温之差，速度为 160 km/h 及以下时或普通无缝线路不应大于 5 ℃。

11.4.5　隧道内距隧道口 200 m 范围无缝线路的设计锁定轨温宜与两端区间无缝线路的设计锁定轨温一致。隧道口轨温过渡区段应加强锁定。

CHINA RAILWAY PUBLISHING HOUSE

11.5 轨条布置

11.5.1 跨区间无缝线路和区间无缝线路的长轨条布置应满足下列要求：

1 跨区间无缝线路长轨条长度不受限制，区间无缝线路的长轨条长度应以车站最外道岔间的距离减两个缓冲区长度计算。

2 长轨条可由若干单元轨节组成。区间内单元轨节长度宜为 1 000 ~ 2 000 m，最短不应小于 200 m；每组无缝道岔应按一个单元轨节计。

3 下列地段宜单独设计为一个或数个单元轨节：

1）长大桥梁及两端线路护轨梭头范围之内；

2）长度超过 1 000 m 的隧道；

3）大跨度连续梁的两端设置调节器时，单元轨节长度应与每联连续梁长度相同。

11.5.2 普通无缝线路长轨条布置应符合下列规定：

1 长轨条长度不应小于 200 m。

2 下列地段宜单独布置长轨条，并在其两端设置缓冲区：

1）站内线路；

2）设有胶接绝缘接头的每个自动闭塞区间；

3）道岔与长轨条之间或两段长轨条之间；

4）小半径曲线钢轨伤损严重的区段；

5）其他特殊地段。

3 长大隧道长轨条接头宜设在距隧道口内侧 50 m 处；隧道群的长轨条宜连续布置，每座隧道距离隧道口内侧 50 m 范围，应按伸缩区要求加强锁定。

11.5.3 缓冲区宜设置 2 ~ 4 对同类型钢轨。

11.5.4 缓冲区和伸缩区不应设置在宽度大于 4.5 m 的道口上；伸缩区设在桥上时，长轨条接头宜设在护轨梭头范围以外。

11.5.5 单元轨节始、终端左右股钢轨接头相错量不应大于100 mm。

11.5.6 绝缘接头性能应符合国家现行标准《胶接绝缘接头技术条件》（TB/T 2975）的规定。胶接绝缘钢轨长度不宜小于 12.5 m。

11.6 轨道稳定性计算

11.6.1 轨道稳定性允许温度压力〔P〕应按下式计算：

$$[P]=\frac{P_w}{K_1} \qquad (11.6.1)$$

式中 P_w——轨道稳定性计算温度压力（N），计算方法见附录 E；

K_1——安全系数，一般取 K_1 = 1.25 ~ 1.3。

11.6.2 轨道稳定性计算允许温升〔ΔT_c〕应按下式计算：

$$[\Delta T_c]=\frac{[P]}{2E\alpha F} \qquad (11.6.2\text{—}1)$$

式中符号意义同前。

桥上、无缝道岔及制动区段轨道稳定性计算时，$[\Delta T_c]$应计入附加纵向压力和换算的附加温升，并应按下式计算：

$$[\Delta T_c]=\frac{1}{E\alpha F}\left\{\frac{[P]}{2}-P_f\right\} \qquad (11.6.2\text{—}2)$$

式中　P_f——桥上每轨、无缝道岔基本轨及制动区段钢轨附加纵向压力(N)；

其他符号意义同前。

11.7　轨道强度计算

11.7.1　作用在钢轨上的各种应力总和不得大于钢轨钢的容许应力：

$$\sigma_d+\sigma_t+\sigma_f\leqslant[\sigma] \qquad (11.7.1)$$

式中　σ_d——钢轨动弯应力(MPa)，计算方法见附录F；

σ_t——钢轨温度应力(MPa)；

σ_f——钢轨附加应力(MPa)，如桥上钢轨伸缩应力或挠曲应力、无缝道岔基本轨附加应力及制动区段的制动应力等；

$[\sigma]$——钢轨钢容许应力(MPa)，其值等于钢轨钢屈服强度σ_s除以安全系数K_2，$K_2=1.25\sim1.35$；不同强度级别钢轨$[\sigma]$值应按附录F取值。

11.7.2　轨道强度计算允许温降$[\Delta T_d]$应按下式计算：

$$[\Delta T_d]=\frac{[\sigma]-\sigma_d-\sigma_f}{E\alpha} \qquad (11.7.2)$$

式中　E，α——意义同前；

σ_d，σ_f——取拉应力计算值(MPa)。

11.8　桥上无缝线路

11.8.1　桥上无缝线路伸缩力、挠曲力应按附录H计算。

11.8.2　简支梁桥宜将无缝线路固定区设在桥上。大跨度连续梁桥应根据计算布置钢轨伸缩调节器。

11.8.3　桥上无缝线路设计应进行钢轨断缝检算。

$$\lambda=\frac{EF(\alpha\cdot\Delta T_{d\max})}{r}\leqslant[\lambda] \qquad (11.8.3)$$

式中　$\Delta T_{d\max}$——无缝线路最大温降(℃)，$\Delta T_{d\max}=T_m-T_{\min}$；

r——每股钢轨单位长度线路纵向阻力(N/cm)，无砟桥上$r=r_1$；有砟桥上当$r_1<r_2$时，$r=r_1$；

$[\lambda]$——钢轨折断允许断缝值，无砟轨道$[\lambda]=10$ cm，有砟轨道$[\lambda]=8$ cm。

11.8.4　有砟桥上无缝线路宜采用与桥梁两端路基无缝线路相同的扣件形式；无砟桥上无缝线路扣件形式和布置方式可单独设计。

11.9　无 缝 道 岔

11.9.1　跨区间无缝线路无缝道岔的设计锁定轨温应满足本规范第11.4.4条的规定。

11.9.2　无缝道岔钢轨接头可采用焊接或胶接。跨区间无缝线路宜采用焊接方式。

11.9.3　跨区间无缝线路应计算无缝道岔基本轨附加温度力、尖轨及可动心轨尖端位移等。

11.9.4　无缝道岔应进行轨道稳定性和强度检算,并应满足道岔限位器、间隔铁连接螺栓强度及转辙机械性能的要求。

11.9.5　桥上无缝道岔应与桥梁配合做个别设计。

11.10　伸缩区、缓冲区轨缝计算

11.10.1　伸缩区长度 $l_{伸}$ 可按下式计算:

$$l_{伸}=\frac{P_{t\max}-P_{j}}{r} \tag{11.10.1}$$

式中 $P_{t\max}$——钢轨最大温度拉力或压力(N),$P_{t\max}$ 按式(11.4.3—6)和式(11.4.3—7)计算;

P_{j}——接头阻力(N);

r——意义同前,有砟道床路基上为一股轨下线路纵向阻力(表3.0.14),

$$r=\frac{r_2}{2a}$$

a——轨枕间距,伸缩区长度宜按100 m计;

r_2——每枕纵向阻力。

11.10.2　无缝线路应计算缓冲区预留轨缝。长轨条与缓冲轨之间、两缓冲轨之间的预留轨缝值,应满足最高轨温时轨缝大于零,最低轨温时最大轨缝不超过构造轨缝18 mm。缓冲区预留轨缝值应按附录G计算。

11.11　位移观测桩布置

11.11.1　跨区间无缝线路、区间无缝线路按单元轨节等距离设置位移观测桩,桩间距离不宜大于500 m。单元轨节不足500 m整倍数时,可适当调整桩间距离。单元轨节位移观测桩可按图11.11.1设置。

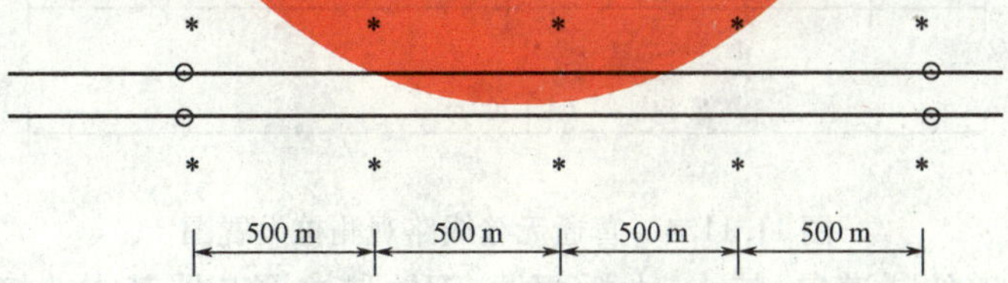

“*”表示位移观测桩,“⊙”表示单元轨节始端或终端。

图11.11.1　单元轨节位移观测桩设置图

11.11.2　跨区间无缝线路每组道岔应设置5对位移观测桩,在道岔前、道岔后、限位器、距离道岔前后50 m处各设1对位移观测桩。多组焊联道岔位移观测桩位置与单组道岔基本相同。位移观测桩可按图11.11.2—1~2设置。

CHINA RAILWAY PUBLISHING HOUSE

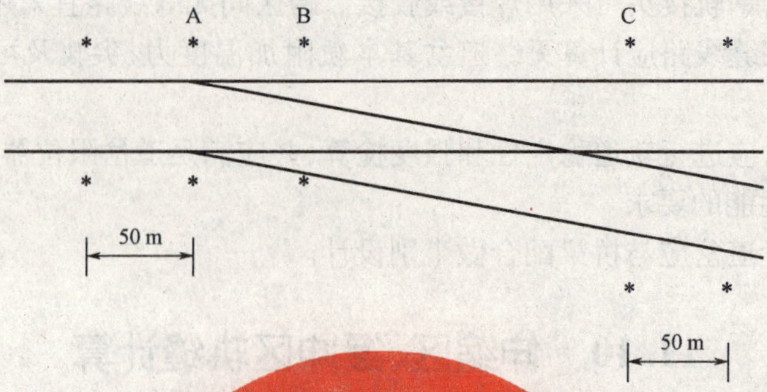

图 11.11.2—1　单组道岔位移观测桩设置图

11.11.3　跨区间无缝线路、区间无缝线路及普通无缝线路应在长轨条起、始点，距长轨条起始点 100m 位置各设 1 对位移观测桩。

11.11.4　普通无缝线路轨条长度不大于 1 200 m 时，应设置 5 对观测桩，观测桩可按图 11.11.4 设置。轨条长度大于 1 200 m 时，应适当增设位移观测桩，但桩间距离不应大于 500 m。

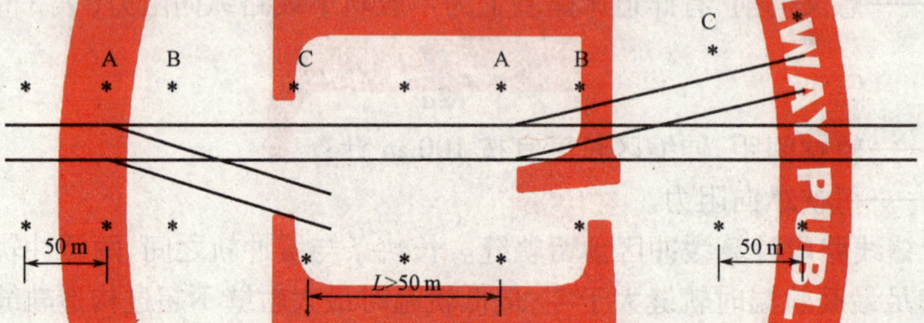

A、B、C 分别表示岔头、限位器、岔尾

图 11.11.2—2　多组道岔位移观测桩设置图

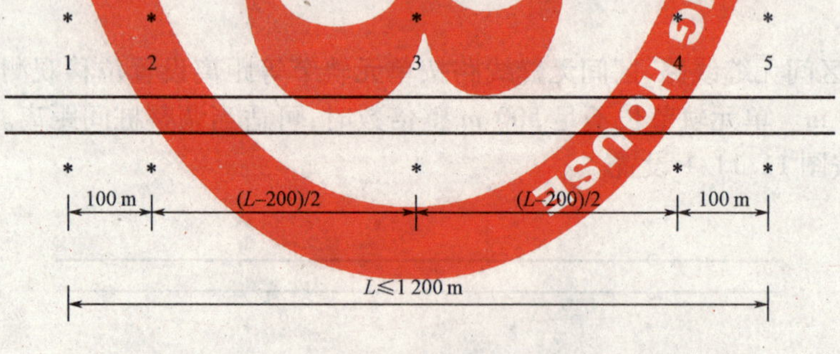

图 11.11.4　普通无缝线路观测桩设置图

11.11.5　长大隧道的隧道口，特大、大桥两端，钢轨伸缩调节器基本轨接头处和距离基本轨接头 100 ~ 150 m 处应增设位移观测桩。

11.11.6　位移观测桩应牢固稳定，有条件时可与线路基桩合并设置，或设置在线路两侧的固定构筑物上。

12　有缝线路轨道

12.0.1　有缝线路轨道钢轨接头应采用相对式。曲线地段外股应使用标准长度钢轨，内股应使用厂制缩短轨调整钢轨接头位置。两股钢轨接头相对偏差直线不应大于40 mm，曲线不应大于40 mm加缩短量的1/2。

12.0.2　钢轨接头螺栓扭矩应符合表12.0.2的规定。

表12.0.2　有缝线路轨道钢轨接头螺栓扭矩标准

项　目	单位	25 m钢轨						12.5 m钢轨	
		最高、最低轨温差>85 ℃			最高、最低轨温差≤85 ℃				
钢　轨	kg/m	60及以上	50	43	60及以上	50	43	50	43
螺栓等级	—	10.9	10.9	8.8	10.9	10.9	8.8	10.9	8.8
扭　矩	N·m	700	600	600	500	400	400	400	400
C　值	mm	6			4			2	

注：1　C值为接头阻力及道床阻力限制钢轨自由伸缩的数值；

2　高强度绝缘接头螺栓扭矩不小于700 N·m。

12.0.3　有缝线路轨道设计时钢轨接头轨缝宜按8 mm取值。铺设钢轨时的预留轨缝值，应根据钢轨长度与钢轨温度按式(12.0.3—1)计算。

$$a_0 = \alpha L(T_{max} - t) - C \qquad (12.0.3—1)$$

式中　a_0——铺设钢轨时的预留轨缝值(mm)；

α——钢轨钢线膨胀系数，取11.8×10^{-6}/℃；

L——钢轨长度(mm)；

T_{max}——当地历史最高轨温(℃)；

t——钢轨铺设时的温度(℃)；

C——钢轨接头阻力和道床纵向阻力限制钢轨自由伸缩的数值(mm)，其值应按本规范第12.0.2条选用，并应满足下式要求：

$$C \geqslant \frac{\alpha L(T_{max} - T_{min}) - a_g}{2} \qquad (12.0.3—2)$$

T_{min}——当地历史最低轨温(℃)；

a_g——构造轨缝，43、50、60、75 kg/m钢轨均采用18 mm。

12.0.4　轨缝应均匀设置，每千米轨缝总误差：25 m钢轨地段不得大于±80 mm；12.5 m钢轨地段不得大于±160 mm。钢轨绝缘接头轨缝不得小于6 mm。

12.0.5　采用不同类型钢轨铺设有缝线路轨道时，同一类型钢轨设计长度不宜小于200 m。

12.0.6　钢轨接头位置应符合本规范第5.0.9条的规定。

12.0.7　铺设混凝土枕的有缝线路轨道、道岔，使用弹性扣件时，可不设置防爬设备。

12.0.8　有缝线路正线（不含站内正线）轨道，应设置爬行观测桩。有防爬设备地段每500 m宜设置一对；无防爬设备地段每1 000 m宜设置一对。

CHINA RAILWAY PUBLISHING HOUSE

13 轨道附属设备和常备材料

13.0.1 曲线地段应按下列条件设置轨距杆或轨撑:

1 木枕线路正线曲线半径小于或等于 800 m 地段,站线曲线半径小于或等于 450 m 地段,采用普通道钉时应按表 13.0.1 的规定设置轨距杆和轨撑;采用分开式扣件时,可按表 13.0.1 的规定设置轨距杆。

表 13.0.1 轨距杆或轨撑设置数量

曲线半径(m)	轨距杆(根)		轨撑(对)	
	25 m 轨	12.5 m 轨	25 m 轨	12.5 m 轨
$R \leqslant 350$	10	5	14	7
$350 < R \leqslant 450$	10	5	10	5
$450 < R \leqslant 600$	6 ~ 10	3 ~ 5	6 ~ 10	3 ~ 5
$600 < R \leqslant 800$	根据需要设置			

2 混凝土枕线路,正线上电力牵引区段曲线半径小于或等于 600 m 和其他牵引区段半径小于或等于 350 m 地段,可根据需要按表 13.0.1 的规定设置轨距杆;站线可不设轨距杆或轨撑。

3 装设轨道电路时,应设置绝缘轨距杆。

4 调车场的木枕线路外侧安装减速顶时应设置轨距杆,连挂区每 12.5 m 钢轨不少于 3 根,顶群部位不少于 5 根,并设置不少于 4 对的轨撑。

13.0.2 防爬设备的设置应符合下列规定:

1 防爬器应按下列条件设置:

1)正线木枕线路采用普通道钉时,应按表 13.0.2—1 的规定设置防爬器,道岔、绝缘接头、桥梁前后各 75 m 范围内尚应根据需要增加防爬器的数量,采用分开式扣件时可减少防爬器的数量。

表 13.0.2—1 正线木枕轨道防爬器设置数量(对)

线路特征			非制动地段		制动地段			
			25 m 轨	12.5 m 轨	25 m 轨		12.5 m 轨	
					制动方向	反方向	制动方向	反方向
双线区间单方向运行的线路		重车方向	6	3	8	2	4	1
		轻车方向	2	1				
单线	两方向运量大致相等	每方向	4	2	6	4	4	2
	两方向运量大致相等	重车方向	6	3	8	2	4	1
		轻车方向	2	1	6	4	4	2

CHINA RAILWAY PUBLISHING HOUSE

2）站线木枕轨道防爬设备的设置应符合表 13.0.2—2 的规定。

表 13.0.2—2　站线木枕轨道防爬设备设置数量

站线类型	每千米轨枕根数	25 m 轨		12.5 m 轨	
		防爬器对数	防爬支撑个数（碎石道床）	防爬器对数	防爬支撑个数（碎石道床）
单方向使用的到发线、兼作到发线的机车走行线、有列车通过和整列转线的联络线	1 600/1 440	6/2	36	3/1	18
单方向使用或主要为单方向使用的进站方向有长大下坡的到发线、兼作到发线的机车走行线	1 600/1 440	8/2	48	4/1	24
双方向使用的到发线、牵出线、调车线及有列车通过和整列转线的联络线、兼作到发线的机车走行线	1 600/1 400	4/4	24	2/2	12
有列车通过的道岔、绝缘接头、桥梁（明桥面）前后各 75 m	1 600/1 400	6/4	36	4/2	24
驼峰溜放部分线路	1 600	8/2	48	4/2	24

注：1　防爬器对数栏中，分子和分母分别表示正、反方向的设置对数；

2　减速顶顶群区每 12.5 m 钢轨不应少于 5 对（3 正 2 反），一般布顶区不应少于 3 对（2 正 1 反），对反牵较多的线路反向防爬器每 12.5 m 钢轨不应少于 2 对，每对防爬器配 6 个防爬支撑；

3　木岔枕道岔除复式交分道岔外均应设置防爬器设备。

2　单方向锁定地段每对防爬器应设 6 个防爬支撑，双方向锁定地段每两对防爬器间（每个方向一对）应配 6 个防爬支撑。

13.0.3　护轨设置应符合下列规定：

1　下列地段应在基本轨内侧设置护轨：

1）特大桥及大中桥上；

2）桥长大于或等于 10 m，且曲线半径小于或等于 600 m 或桥高（轨底至河床最低处）大于 6 m 的小桥上；

3）双线桥的两线、分别设于分离式桥跨结构上的多线桥的各线以及铺设于同一桥跨结构（如整体刚架桥）上的多线桥的两外侧线；

4）跨越铁路、重要公路和城市交通要道的立交桥上；

5）轨道中心至立交桥支柱的距离小于 3 m 时，立交桥下的轨道上；

6）墙顶高出地面 2 m 且连续长度大于 10 m 和墙趾下为悬崖陡坎或地面横坡陡于 1∶1、连续长度大于 20 m 的山坡，以上路基地段及其两端各 5 m 的范围内，应在靠山一侧铺设单侧护轨；

7）道口铺面范围内；

8）单侧布顶顶群线路无防脱线功能时，另一侧应设护轨。

2　护轨应根据不同轨枕类型及结构要求选用。桥上护轨不得采用小于 43 kg/m 的钢轨，护轨顶面不得高于基本轨顶面5 mm，也不得低于基本轨顶面 25 mm。

3　护轨的扣件应与桥枕扣件配套使用。

13.0.4　线路及信号标志应符合下列规定：

1　铁路线路安全保护区标志、铁路线路安全保护标志及警示标志的设置，应符合相关标准的规定。

CHINA RAILWAY PUBLISHING HOUSE

2　线路标志包括公里标，半公里标，曲线标，圆曲线和缓和曲线的始终点标，桥梁标，坡度标，用地界标及铁路局（集团公司）、工务段、领工区、养路工区的界标，驼峰水平标桩，位移观测桩及线路基桩等。

3　信号标志包括警冲标、站界标、预告标、引导员接车地点标、司机鸣笛标、减速地点标、补机终止推进标、机车停车位置标、车挡表示器、道岔表示器等。

4　线路标志（用地界标、位移观测桩除外）应设在线路计算里程方向的左侧，双线区段须另设标志时，应设在列车运行方向的左侧，增建第二线的线路标志可比照双线区段设置。

5　线路标志（用地界标、位移观测桩除外）、信号标志（警冲标除外）应设在距钢轨头部外侧不小于2 m处；不超过钢轨顶面的标志，可设在距钢轨头部外侧不小于1.35 m处。

用地界标应设在铁路两侧用地界上，直线每200 m、曲线上每50 m及地界转角处应各设一个。

6　信号标志（警冲标除外）应设在列车运行方向左侧。

警冲标的设置应符合《铁路技术管理规程》的规定。

7　线路及信号标志应采用反光标志，并符合《线路及信号标志》（TB/T 2493）的规定。

13.0.5　旅客列车设计行车速度为160 km/h的线路，应设置线路基桩，并符合下列规定：

1　线路基桩的距离，直线地段宜为100～200 m，曲线地段宜为20 m，曲线上的直缓、缓圆、曲中、圆缓、缓直点和道岔中心、变坡点、竖曲线起终点均应增设一个。

2　线路基桩应设置在列车运行方向左侧的路肩上，距钢轨头部外侧的距离不得小于2.5 m。

3　基桩的测设精度应与线路的测量精度相同。

13.0.6　轨道常备材料应符合下列规定：

1　正线无缝线路轨道常备材料应按表13.0.6—1的规定备存。

表13.0.6—1　无缝线路轨道常备材料数量表

材料名称		常备数量
钢轨	标准轨	每个缓冲区备1根，有缩短轨时另备1根
	短轨	6.0 m钻孔及7.0 m无孔每工区各备1根
	胶接绝缘钢轨	每领工区4根（两端有孔和两端无孔各2根）
接头夹板		每工区4块
鼓包夹板		每千米1套
接头螺栓及垫圈		每千米12套
急救器		每千米1套
轨　枕		每千米2根
扣　件		每千米5套
防爬器		每千米5套

注：1　表中数量按单线计，双线时材料数量应加倍；
2　采用弹性扣件时可不备防爬器；
3　无绝缘轨道电路区段，胶接绝缘接头可适当减少。

2 正线有缝线路轨道常备材料应按表 13.0.6—2 的规定备存。

3 站线轨道常备材料应按表 13.0.6—3 的规定备存。

13.0.7 旅客列车设计行车速度 120 km/h 及以上的线路,应在线路两侧设置防护栅栏,并符合下列规定:

1 防护栅栏应沿线路走向设于铁路地界内的适当位置;

表 13.0.6—2 正线有缝线路轨道常备材料数量表

材料名称		每千米数量
钢轨	25 m	1 根
	12.5 m	2 根
接头夹板	25 m 钢轨	2 块
	12.5 m 钢轨	4 块
接头螺栓及垫圈		4 套
扣件		5 套
轨枕		2 根

注:1 表中数量按单线计,双线时材料数量应加倍;

2 有缩短轨的曲线,按总延长平均每千米备缩短轨 2 根。

表 13.0.6—3 站线轨道常备材料

材料名称	单位	数量	备注
钢轨	根/2km	1	25 m 钢轨
	根/km	1	12.5 m 及以下钢轨(包括缩短轨备用数量)
接头夹板	套/km	2	
接头螺栓及垫圈	套/km	2	
轨枕	根/km	1	
扣件	套/km	2	
异型钢轨	每种每 1~50 根备 1 根		
道岔	单开道岔每种每 1~100 组备 1 组,交分、菱形或特殊类型道岔每种每 1~50 组备 1 组		
岔枕	每 1~100 组备 1 组		

注:1 改建时站线轨道常用材料,新增钢轨、异型钢轨、配件、轨枕、交分、菱形或特殊类型道岔应按表 13.0.6—3 规定备存;新增单开道岔每种每 30~100 组备 1 组(含岔枕),新增型号者每种备 1 组;不足 30 组一般不备,但增加新型号者每种备 1 组。其中基本轨、尖轨、辙叉等常备材料,新建车站按每站新增道岔每种型号每 1~20 组备用辙叉 1 个,尖轨 1 对,基本轨 1 对;改建、扩建车站按每站新增道岔数量计算,每新增 30 组备用辙叉 1 个,尖轨 1 对,基本轨 1 对。

2 备料按工务段划分。

3 减速顶常备材料,应按减速顶安装顶数的 10% 的数量备存。

2 防护栅栏的高度不应小于 1.6 m;

3 有条件的地段可配合绿化,采用绿篱。

13.0.8 设有综合维修基地的线路,应根据需要配备大型养路机械。

附录A　旧轨使用、整修技术条件

A.0.1　旧轨分为以下三类。

1　再用轨：不需修理即可使用的钢轨；

2　待修轨：需经整修才能使用的钢轨；

3　报废轨：无法整修使用的钢轨。

A.0.2　再用轨分为一、二两级，其技术条件如表A.0.2。

表A.0.2　再用轨分级

项　目		一　级	二　级
伤损情况		无轻重伤	无轻重伤
每根钢轨长度		>10 m	>8 m
钢轨头部总磨耗或侧面磨耗	60 kg/m 及以上钢轨	≤10 mm	≤12 mm
	60 kg/m 以下～50 kg/m 钢轨	≤8 mm	≤10 mm
	50 kg/m 以下～43 kg/m 钢轨	≤6 mm	≤8 mm
	43 kg/m 以下钢轨	—	≤6 mm
低头及压堆		≤1 mm	≤2 mm
一侧飞边		≤2 mm	≤3 mm
波浪形磨耗		不明显	≤0.2 mm

注：仅侧面磨耗一项大于二级的规定尚能调边使用者，可作为二级再用轨调边使用。

A.0.3　一级再用轨可成段使用于次要正线及到发线；同一类型同等长度的再用轨，应连续使用不短于0.5 km。二级再用轨可成段使用于次要站线；每股道应使用同一类型同一长度的再用轨，特殊情况下长度应不超过2种。

A.0.4　待修轨根据具体情况，经调直、截锯、钻孔、刨切、打磨、焊接、焊补等整修后，即可分级使用。整修技术条件如下：

1　必须确认钢轨轻重伤部位及长度，截锯时必须去掉轻重伤部分，核伤钢轨不得截锯再用；

2　无缝线路长轨条截锯为再用短轨时，可更换下来以后锯断，亦可先用乙炔切割，更换下来以后锯头，但切口与锯口的距离不得小于100 mm；

3　截锯再用轨，应尽量减少长度档次，其标准长度由铁路局根据情况确定；

4　对较大飞边及波浪型磨耗，进行刨切或打磨；

5　剥落掉块长度超过15 mm，深度超过2 mm的，擦伤深度超过0.5 mm的，应进行焊补；

6　每根焊接的再用轨，焊缝不得超过一处，长度一般应为12.5 m或25 m；

7　硬弯应校直，用1 m直尺测量，矢度不得大于0.5 mm；

8　截锯再用轨，应利用机械锯断和机械钻孔（少量可除外），其容许误差为：

CHINA RAILWAY PUBLISHING HOUSE

1)长度——12.5 m以上钢轨为±10 mm,12.5 m以下钢轨为±6 mm;

2)截面——轨头部分左右偏差不大于0.5 mm,轨底部分左右偏差不大于1 mm,上下偏差不大于1 mm;

3)螺孔——孔径为±1 mm,位置为±1 mm。

A.0.5　无缝线路长轨条的再用与整修技术条件,应根据长轨条的技术状态及计划铺设的线路条件具体确定。

A.0.6　具有下列缺陷之一的旧轨,经审批后予以报废:

1　内部有暗伤或严重锈蚀达到重伤标准的;

2　每根钢轨截去伤损部分后,长度不足8 m,且不用于焊接和插入短轨的;

3　侧面磨耗超过二级的规定,不能调边使用的;

4　轻杂旧轨,每种类型不足0.5 km,且本局管内线路上已无同类型的;

5　经批准属于淘汰型的。

附录 B　轨距挡板、挡板座及绝缘轨距块号码配置

B. 0. 1　弹条Ⅰ、Ⅱ型扣件挡板和挡板座号码按表 B. 0. 1 配置。

表 B. 0. 1　挡板和挡板座号码配置

钢轨类型(kg/m)	轨距(mm)	挡板、挡板座号码								附　注
		外　侧		内　侧		内　侧		外　侧		
		挡板座	挡板	挡板	挡板座	挡板座	挡板	挡板	挡板座	
50	1 427	6	20	14	0	0	14	20	6	设计有 14 号、20 号两种轨距挡板,(0—6)、(2—4)号两种挡板座,配合使用可调整轨距: −8 ~ +16 mm
	1 429	4	20	14	2	0	14	20	6	
	1 431	4	20	14	2	2	14	20	4	
	1 433	2	20	14	4	2	14	20	4	
	1 435	2	20	14	4	4	14	20	2	
	1 437	4	14	20	2	2	14	20	4	
	1 439	4	14	20	2	4	14	20	2	
	1 441	2	14	20	4	4	14	20	2	
	1 443	4	14	20	2	2	20	14	4	
	1 445	2	14	20	4	2	20	14	4	
	1 447	2	14	20	4	4	20	14	2	
	1 449	0	14	20	6	4	20	14	2	
	1 451	0	14	20	6	6	20	14	0	
60	1 431	4(2)	10(10)	6(6)	2(4)	2(4)	6(6)	10(10)	4(2)	设计有 6 号、10 号两种轨距挡板,(0—6)、(2—4)号两种挡板座,配合使用可调整轨距: Ⅰ型 −8 ~ +12 mm Ⅱ型 −12 ~ +8 mm
	1 433	2(4)	10(6)	6(10)	4(2)	2(4)	6(6)	10(10)	4(2)	
	1 435	2(4)	10(6)	6(10)	4(2)	4(2)	6(10)	10(6)	2(4)	
	1 437	4(2)	6(6)	10(10)	2(4)	4(2)	6(10)	10(6)	2(4)	
	1 439	4(2)	6(6)	10(10)	2(4)	2(4)	10(10)	6(6)	4(2)	
	1 441	2(0)	6(6)	10(10)	4(6)	2(4)	10(10)	6(6)	4(2)	
	1 443	2(0)	6(6)	10(10)	4(6)	4(6)	10(10)	6(6)	2(0)	

注:1　表列号码为一般正常情况下的配合。如因制造公差不合轨距要求时,可根据实际情况予以调整;

2　表中不带括号的数字为使用Ⅰ型弹条Ⅱ型枕时的号码(TB/T1495),括号内的数字为使用Ⅱ型弹条Ⅲ型有挡肩枕时的号码(专线 3352);

3　当采用新Ⅱ型枕时,由于两承轨槽之间的距离缩小了 4 mm,因此1 435 mm标准轨距时应采用 1 439 mm 轨距的配置,其余轨距时类推。

B. 0. 2　60 kg/m 轨用弹条Ⅲ型扣件绝缘轨距块号码按表 B. 0. 2 配置。

CHINA RAILWAY PUBLISHING HOUSE

表 B.0.2　弹条Ⅲ型扣件绝缘轨距块号码配置表

轨距(mm)	左股钢轨		右股钢轨	
	外　侧	内　侧	内　侧	外　侧
1 427	13	7	7	13
1 429	13	7	9	11
1 433	11	9	9	11
1 433	11	9	11	9
1 435	9	11	11	9
1 437	7	13	11	9
1 439	7	13	13	7

注:上表系 60 kg/m 钢轨、Ⅲ型无挡肩混凝土枕配合使用Ⅲ型弹条扣件时的配置(专线(01)3328)。

附录 C　CA 砂浆试验方法

C.1　CA 砂浆抗压强度试验方法

C.1.1　试验设备包括压力试验机(100 kN)、百分表。

C.1.2　试验方法如下:

1　试件尺寸:70.7 mm×70.7 mm×70.7 mm。

2　把配制好的砂浆拌和30 min 后,注入模型内,表面抹平,按1 d、7 d、28 d 龄期分别进行单轴压缩试验。加载速率为0.5 mm/min,当压力不再上升时停止加载。

3　养生条件:20 ℃±3 ℃,(65±5)% RH。

C.1.3　每次试验做三个试件,三个试件抗压强度的平均值作为该组试件的抗压强度值,即

$$\sigma_b = \frac{\sigma_1 + \sigma_2 + \sigma_3}{3}$$

C.2　CA 砂浆弹性模量试验方法

C.2.1　试验设备包括压力实验机(100 kN)、百分表。

C.2.2　试验方法如下:

1　试件尺寸:70.7 mm×70.7 mm×220 mm

2　把配制好的砂浆拌和 30 min 后,注入模型内,表面抹平,28 d 龄期后进行弹性模量试验,试件养生条件:20 ℃±3 ℃,(65±5)% RH。

3　以 0.5 mm/min 的速率加载至抗压强度 σ_b 的 1/3,然后立即卸载,卸载速率与加载速率相同,如此重复 3 次,以第 4 次的加载曲线的数据计算弹性模量,即

$$E = \frac{\sigma}{\varepsilon} = \frac{\frac{1}{3}\sigma_b}{\frac{b-a}{h}} = \frac{\sigma_b h}{3(b-a)}$$

式中　h——试件的高度;

σ_b——试件的抗压强度;

a——试验的第 4 次加载开始时的变形;

b——第 4 次加载至 $\sigma_b/3$ 时的变形。

C.2.3　每次试验共做三个试件,三个试件弹性模量的平均值作为该试件的弹性模量值,即

$$E = \frac{E_1 + E_2 + E_3}{3}$$

C.3　CA 砂浆流动度与可工作时间试验方法

C.3.1　试验设备包括:特制漏斗,容积为 640 mL,上口径为 ϕ70 mm,下口径为 ϕ10 mm,

高度为(420 +30)mm;秒表。

C.3.2　试验方法如下:

1　流动度试验方法

1)把配制好的砂浆注入漏斗内,调整注入量,使上表面在标记线上;

2)打开出口阀门,同时开始计时,砂浆从漏斗全部流出所经历的时间即为砂浆的流动度——t(以 s 计)。

2　可工作时间试验方法

单次试验与流动度试验相同,但是同一试样要每隔 5 min 做一次,并绘出流动度曲线,即流动度与累计时间的对应关系。砂浆在流动度设计范围内所经历的时间即为砂浆的可工作时间——t(以 min 计)。

C.4　CA 砂浆膨胀率试验方法

C.4.1　试验设备包括带刻度 250 mL 的量筒、游标卡尺、玻璃板。

C.4.2　试验方法如下:

1　将流动度试验中拌和 20 min 的 CA 砂浆,注入 250 mL 的量筒到一定深度;

2　在量筒上面加盖一块玻璃板,用游标卡尺测量玻璃板至砂浆表面其深度 H_0,24 h 后再测量 CA 砂浆表面深度 H_{24};

3　根据测量结果,用下式计算其膨胀率:

$$膨胀率(\%) = 0.000\,314 \times (H_0 - H_{24}) \times D^2$$

式中　D——量筒直径(mm);

H_0——初始深度(mm);

H_{24}——24 h 后的深度(mm)。

C.4.3　每次试验共做三个试件,三个试件膨胀率的平均值作为该组试件的膨胀率。

C.5　CA 砂浆材料分离度试验方法

C.5.1　试验设备包括案秤、锯子、夹钳台。

C.5.2　试验方法如下:

1　制作 ϕ50 mm ×50 mm 的圆柱体砂浆试件,在砂浆龄期达 28 d 后,将其分成上、下两等分,分别称重。

2　根据称量结果,按下式计算材料分离度:

$$\begin{matrix}材料的\\分离度\end{matrix}(\%) = \frac{(下部单位容积质量 - 上部单位容积质量) \times 0.5}{上、下部平均单位容积质量} \times 100$$

C.5.3　每次试验共做三个试件,三个试件材料分离度的平均值作为该组试件的材料分离度。

C.6　CA 砂浆含气量试验方法

C.6.1　试验设备包括案秤。

C.6.2　试验方法如下:

1　把做流动度试验的 CA 砂浆拌和 30 min,倒入三角烧瓶(约 1 000 mL),测定其单位容积重量。

2　根据称量结果，按下式计算其含气量：

$$含气量(\%)=\frac{(理论单位容积质量-实测单位容积质量)}{理论单位容积质量}\times 100$$

$$理论单位容积质量=\frac{原材料总质量}{各使用材料的容积总和(质量/密度)}$$

C.6.3　每次试验共做三个试件，三个试件含气量的平均值作为该组试件的含气量。

C.7　CA 砂浆耐久性(抗冻性)试验方法

C.7.1　试验设备包括混凝土冻融循环试验机(-17 ℃～8 ℃)、动弹模量测定仪、案秤(感量5 g)。

C.7.2　试验方法如下：

试验按我国《普通混凝土长期性能和耐久性能试验方法》(GBJ 82—85)中抗冻性能试验(快冻法)标准执行。

1　CA 砂浆抗冻性试验采用 100 mm×100 mm×400 mm 的棱柱体试件。

2　每组 3 块，试件应在 28 d 龄期时开始冻融试验，试验前在温度 15 ℃～20 ℃的水中浸泡(包括测温试计)，浸泡时水面高出试件顶面 20 mm，试件浸泡 4 天后进行试验。

3　浸泡完毕后，取出试件，用湿布擦除表面水分，称重，并测定其横向基频和动弹模量的初始值。

4　将试件放入试件盒内(试件的侧面与底部垫放适当宽度与厚度的橡胶板)。在整个试验过程中，盒内水位高度始终保持高出试件顶面 5 mm 左右。

5　将试件盒放入冻融箱内，将装有测温试件的试件盒放在冻融箱的中心位置，并开始冻融循环试验。

6　冻融循环试验应符合下列要求：

1)每次冻融循环在 2～4 h 内完成，其中用于融化的时间不得小于整个冻融时间的 1/4；

2)在冻结和融化终了时，试件中心温度分别控制在 -17 ℃±2 ℃和 8 ℃±2 ℃；

3)每块试件从 6 ℃降至 -15 ℃所用的时间不得少于冻结时间的 1/2，每块试件从 -15 ℃升至 6 ℃所用的时间也不得少于整个融化时间的 1/2，试件内外的温差不超过 28 ℃；

4)冻和融之间的转换时间不超过 10 min。

7　试件一般每隔 25 次循环作一次横向基频和动弹模量测定。测量前将试件表面浮砟清洗干净，擦去表面积水，并检查其外部损伤及质量损失。测完后，立即把试件掉头重新装入试件盒内。试件的测量、称重及外观检查应尽量迅速，以免水分损失。

8　为保证试件在冷冻液中冻结时的温度稳定、均衡，当有一部分试件停冻取出时，另用试件填充空位。

9　冻融达到以下两种情况之一即停止试验：

1)已达到 300 次循环；

2)相对动弹模量下降到 60% 以下。

10　试件的相对动弹模量按下式计算：

$$P=\frac{F_n}{F_0}\times 100\%$$

式中　P——经 N 次冻融循环后试件的相对动弹模量，以三个试件的平均值计算（%）；

F_0——冻融循环试验前测得的试件动弹模量（MPa）；

F_n——经 N 次冻融循环后试件动弹模量（MPa）。

11　试件冻融后的质量损失率按下式计算：

$$\Delta W = \frac{G_n - G_0}{G_0} \times 100\%$$

式中　ΔW——经 N 次冻融循环后试件的质量损失率，以三个试件的平均值计算（%）；

G_0——冻融循环试验前的试件质量（kg）；

G_n——经 N 次冻融循环后的试件质量（kg）。

12　试件耐久性系数按下式计算：

$$K_n = P \times N/300$$

式中　K_n——试件耐久性系数；

N——达到第 9 款要求时的冻融循环次数；

P——经 N 次冻融循环后试件的相对动弹模量。

C. 7. 3　CA 砂浆耐久性（抗冻性）试验结果应包括冻融循环次数、相对动弹模量、质量损失率（参考值）、耐久性系数（参考值）。

CHINA RAILWAY PUBLISHING HOUSE

附录 D 各地区最高、最低轨温

表 D 各地区最高、最低轨温(℃)

地区	最高轨温	最低轨温	地区	最高轨温	最低轨温
北京	62.6	-22.8	满洲里	58.7	-46.9
天津	65.0	-22.9	赤峰	62.5	-31.4
上海	60.3	-12.1	加格达奇	57.3	-45.4
哈尔滨	59.1	-41.4	石家庄	62.7	-26.5
齐齐哈尔	60.1	-39.5	承德	61.5	-23.3
佳木斯	56.4	-39.6	张家口	60.9	-26.2
嫩江	58.1	-47.3	唐山	63.3	-22.6
牡丹江	57.2	-39.7	保定	63.3	-23.7
安达	59.5	-44.3	邢台	61.8	-22.4
长春	59.5	-36.5	太原	61.4	-29.5
延吉	60.3	-37.1	大同	58.0	-30.5
四平	56.6	-38.7	运城	65.0	-18.9
通化	55.5	-36.3	乌鲁木齐	60.7	-41.5
沈阳	59.3	-33.1	塔城	61.3	-39.2
本溪	57.3	-32.3	克拉玛依	62.9	-35.9
丹东	57.8	-31.9	吐鲁番	67.6	-28.0
锦州	61.8	-24.7	哈密	63.9	-32.0
大连	56.1	-21.1	库尔勒	60.0	-28.1
呼和浩特	58.0	-36.2	喀什	60.1	-24.4
包头	59.5	-32.8	兰州	59.1	-23.3
二连浩特	59.9	-40.2	玉门	56.7	-28.2
集宁	55.7	-33.8	酒泉	58.4	-31.6
天水	58.2	-19.2	蚌埠	64.5	-19.4
西宁	53.5	-26.6	南昌	60.6	-9.3
格尔木	53.1	-33.6	九江	61.0	-10.0
银川	59.3	-30.6	武汉	61.3	-18.1
中卫	58.5	-29.2	郴州	61.3	-9.0
西安	65.2	-20.6	宜昌	63.9	-9.8
延安	59.7	-25.4	福州	59.8	-2.5
汉中	58.0	-10.1	邵武	60.4	-7.9
宝鸡	61.6	-16.1	厦门	58.5	-2.0

CHINA RAILWAY PUBLISHING HOUSE

续上表

地区	最高轨温	最低轨温	地区	最高轨温	最低轨温
安康	61..7	-9.5	长沙	63.0	-11.3
郑州	63.0	-17.9	衡阳	61.3	-7.9
开封	63.0	-15.0	广州	58.7	-0.3
安阳	61.7	-21.7	韶关	62.0	-4.3
许昌	61.9	-17.4	深圳	58.7	0.2
洛阳	64.2	-20.0	湛江	58.1	2.8
南阳	63.2	-21.2	南宁	60.4	-2.1
信阳	62.0	-20.0	桂林	59.7	-5.0
济南	62.5	-19.7	成都	60.1	-5.9
德州	63.4	-27.0	资阳	59.2	-4.0
青岛	56.6	-20.5	内江	61.1	-3.0
兖州	61.0	-19.0	绵阳	57.1	-2.3
南京	63.0	-14.0	重庆	64.0	-2.5
徐州	63.3	-22.6	宜宾	59.5	-3.0
杭州	62.1	-10.5	西昌	59.7	-6.0
金华	61.2	-9.6	贵阳	61.3	-7.8
合肥	61.0	-20.6	遵义	58.7	-7.1
安庆	64.7	-12.5	安顺	54.3	-7.6
桐梓	57.5	-6.9	日喀则	58.2	-25.1
昆明	52.3	-5.4	台北	58.6	-2.0
河口	60.9	1.9	台南	59.0	2.0
拉萨	49.4	-16.5	香港	56.1	0.0

注:无缝线路设计时,可根据需要对当地气温资料做补充调查。

CHINA RAILWAY PUBLISHING HOUSE

附录 E　无缝线路轨道稳定性计算

E.0.1　无缝线路轨道的稳定性应满足钢轨内的实际升温幅度 ΔT 小于或等于允许的升温幅度 $[\Delta T_c]$ 的要求。无缝道岔、桥上铺设无缝线路时，$[\Delta T_c]$ 应计入纵向附加力的影响，即 $\Delta T \leqslant [\Delta T_c]$。

E.0.2　统一稳定性计算公式的基本假设：

1　假设轨道弯曲成各半波相同的多波形状，仅取一个最不利的半波作为计算对象。

2　假设轨道原始弹性弯为正弦曲线，即

$$y_{0e} = f_{0e} \sin \frac{\pi x}{l_0}$$

轨道原始塑性弯为半径 R_0 的圆曲线，即

$$y_{0p} = \frac{(l_0 - x)x}{2R_0}$$

3　假设在温度压力 P 作用下，轨道变形曲线为正弦曲线，即

$$y_f = f \sin \frac{\pi x}{l}$$

4　对于半径为 R 的圆曲线轨道，表示为

$$y_R = \frac{(l - x)x}{2R}$$

5　道床横向阻力采用三项式，表示为

$$q_{(x)} = q_0 - c_1 y_f + c_2 y_f^n \quad (n < 1)$$

6　节点阻矩对轨道刚度的加强用 β 表示，则轨道横向刚度为 βEI。

E.0.3　稳定性计算公式：

根据以上假设，用势能驻值原理导出如下基本公式：

$$P_w = \frac{\beta EI\pi^2 \cdot \dfrac{f + f_{0e}}{l^2} + \dfrac{4}{\pi^3} r_0 l^2}{f + f_{0e} + \dfrac{4}{\pi^3}\left(\dfrac{1}{R_0} + \dfrac{1}{R}\right) l^2} \tag{E.0.3—1}$$

$$l^2 = \frac{\omega + \sqrt{\omega^2 + \left(\dfrac{4r_0}{\pi^3} - \dfrac{\omega t}{f}\right) \cdot f\beta EI\pi^2}}{\dfrac{4r_0}{\pi^3} - \dfrac{\omega t}{f}} \tag{E.0.3—2}$$

式中

$$\omega = \beta EI\pi^2 \left(t + \frac{4}{\pi^3 R'}\right);$$

$$\frac{1}{R'} = \frac{1}{R} + \frac{1}{R_0};$$

P_w——计算两根钢轨温度压力(N)；

E——钢轨钢弹性模量，为 2.1×10^5 MPa；

I——两根钢轨对竖直中和轴线的惯性矩，

50 kg/m 钢轨　$I=2\times377=754$ cm^4

60 kg/m 钢轨　$I=2\times524=1\ 048$ cm^4

75 kg/m 钢轨　$I=2\times665=1\ 330$ cm^4

β——轨道框架刚度系数，采用1.0；

l——轨道弯曲半波长(cm)；

l_0——轨道原始弹性弯曲半波长(cm)；

f_{0e}——轨道原始弹性弯曲矢度(cm)；

t——轨道原始弹性弯曲的相对曲率(cm^{-1})，$t=f_{0e}/l_0^2$，t 为常量，其值根据无缝线路现场调查资料统计分析确定；

$1/R_0$——轨道原始塑性弯曲曲率(cm^{-1})；

f——轨道弯曲变形矢度，采用0.2 cm；

R——曲线轨道半径(cm)；

r_0——等效道床横向阻力，

$$r_0=q_0-\frac{\pi}{4}c_1 f+\frac{\pi}{2}c_n c_2 f^n \quad \text{(E.0.3—3)}$$

式中　q_0——道床初始阻力常数(N/cm)；

c_1 和 c_2——道床弹塑性系数，单位分别为 N/cm^2 和 N/cm^{n+1}；

c_n——积分常数。

根据实测资料并进行数理统计确定上述各值。Ⅱ型混凝土枕1 760根/km碎石道床当 $f=0.2$ cm 时，$r_0=84.1$ N/cm。

式(E.0.3—1)、式(E.0.3—2)即为修改后的统一稳定性计算公式。将现场调查后统计确定的轨道原始弯曲(塑性弯和弹性弯)代入式(E.0.3—1)和式(E.0.3—2)，可直接求得轨道稳定性临界半波长 l 和临界温度压力 P_w。

E.0.4　轨道稳定性允许温度压力由下式计算：

允许温度压力

$$[P]=\frac{P_w}{K_1} \quad \text{(E.0.4—1)}$$

式中　K_1——安全系数，$K_1=1.25$ 或 1.3。

允许升温幅度

$$[\Delta T_c]=\frac{[P]}{2E\alpha F} \quad \text{(E.0.4—2)}$$

式中　F——钢轨断面面积，

50 kg/m 钢轨 $F=65.8$ cm^2

60 kg/m 钢轨 $F=77.45$ cm^2

75 kg/m 钢轨 $F=95.037$ cm^2

计算桥上、无缝道岔及制动区段轨道稳定性时，$[\Delta T_c]$应计入附加压力和换算的温度幅度。

CHINA RAILWAY PUBLISHING HOUSE

附录 F　轨道强度检算

F. 0. 1　轨道强度应根据《铁路轨道强度检算法》(TB 2034—88)进行检算。

F. 0. 2　轨道强度检算的基本假设:

1　假设列车运行时,车轮荷载在轨道各部件中所引起的应力、应变,与量值相当的静荷载所引起的应力、应变相等,即车轮荷载具有准静态性质;

2　以速度系数、横向水平力系数、偏载系数分别反映车轮垂直动荷载、横向水平力和垂直力偏心、曲线内外轨偏载的影响;

3　假设轨道及基础均处于线弹性范围,列车轮系作用下轨道各部件的应力、应变,等于各单独车轮作用下的应力、应变之代数和;

4　视钢轨为连续弹性基础上的等截面无限长梁,梁的基础反力与各自弹性下沉之间成线性关系。

F. 0. 3　列车荷载参数应满足下列要求:

1　轨道垂直动荷载

车轮动荷载以当量静荷载最大可能值表达。直线轨道上的垂直当量静荷载应由下式计算:

$$\left.\begin{array}{ll} v \leqslant 120\ \text{km/h} & P_d = P_0(1+\alpha) \\ 120\ \text{km/h} < v \leqslant 160\ \text{km/h} & P_d = P_0(1+\alpha)(1+\alpha_1) \end{array}\right\} \quad (\text{F. 0. 3—1})$$

式中　P_d——车轮作用于钢轨上的垂直当量静荷载(kN);

P_0——静轮重(kN);

v——行车速度(km/h);

α,α_1——速度系数,电力机车 $\alpha=0.6v/100$,内燃机车 $\alpha=0.4v/100$,$\alpha_1=0.3\Delta v_1/100$。

2　轨道横向水平力系数 f

由于曲线轨道轮缘导向作用及直线轨道转向架的蛇行运动,在轮轨之间产生横向水平力及垂直力的偏心,使钢轨承受横向水平弯曲和扭转,由此而引起的轨头、轨底边缘应力相对其中应力的增量用横向水平系数 f 表示。不同曲线半径的 f 值见表 F. 0. 3。

表 F. 0. 3　横向水平力系数 f 值

直线	曲线半径 R(m)				
	300	400	500	600	≥800
1.25	2.0	1.8	1.70	1.60	1.45

3　偏载系数 β

列车通过曲线时,由于未被平衡的超高导致内轨或外轨偏载,由此而引起的钢轨附加荷载用偏载系数 β 表示。

$$\beta = \frac{2 \cdot \Delta h \cdot H}{S^2} \quad (\text{F. 0. 3—2})$$

式中　Δh——未被平衡的超高(mm);

H——机车或车辆重心高(mm);

S——内外股钢轨中心距(mm)。

我国机车重心高度最大为2 300 mm,两股钢轨中心距为1 500 mm,将其代入上式则简化为

$$\beta = 0.002\Delta h \quad (\text{F. 0. 3—3})$$

F. 0. 4 轨道特征参数应符合下列规定：

1 钢轨支座刚度 D

钢轨支座刚度 D 是使轨底面产生单位下沉而作用于支座上的压力。将钢轨支座视为由轨下“垫板、轨枕弹簧”与枕下“道床、路基弹簧”所组成的串联弹簧，则支座刚度由下式计算：

$$D=\frac{D_1\times D_2}{D_1+D_2} \qquad (\text{F. 0. 4—1})$$

式中 D_1——“垫板、轨枕弹簧”刚度，混凝土枕轨道即为轨下垫板刚度（N/mm）；

D_2——“道床、路基弹簧”刚度（N/mm），

$$D_2=\frac{r_2}{\gamma_q}=c\cdot e'\cdot b\cdot a_R$$

2 钢轨基础弹性模量 u

把钢轨视为连续弹性基础上的无限长梁，使钢轨产生单位下沉时，需要在单位长度钢轨上施加于基础的匀布荷载。u 由下式计算：

$$u=\frac{D}{a} \qquad (\text{F. 0. 4—2})$$

式中 a——轨枕间距（mm）。

根据实测资料的统计分析，建议 D、u 值见表 F. 0. 4—1 和表 F. 0. 4—2 所示。

表 F. 0. 4—1 钢轨支座刚度 D

轨枕类型	轨下胶垫刚度（kN/mm）	轨道类型	D（kN/mm）
Ⅱ型	110	重型，特重型	30
Ⅱ型	80	重型，特重型	27.2
Ⅲ型	80	重型，特重型	33

表 F. 0. 4—2 混凝土轨枕线路的 u、k 值

钢轨类型（kg/m）	轨枕根数（根/km）	D =33 kN/mm				D =30 kN/mm			
		u（N/mm²）	k（cm⁻¹） 钢轨垂直磨耗（mm）			u（N/mm²）	k（cm⁻¹） 钢轨垂直磨耗（mm）		
			0	3	6		0	3	6
75	1 667	55	0.010 99	0.011 09	0.011 25				
60	1 760					52.8	0.011 82	0.011 96	0.012 16
	1 667	55	0.011 94	0.012 09	0.012 28				
50	1 760								

钢轨类型（kg/m）	轨枕根数（根/km）	D =27.2 kN/mm				D =22 kN/mm			
		u（N/mm²）	k（cm⁻¹） 钢轨垂直磨耗（mm）			u（N/mm²）	k（cm⁻¹） 钢轨垂直磨耗（mm）		
			0	3	6		0	3	6
75	1 667								
60	1 760	47.9	0.001 153	0.011 67	0.011 86				
	1667								
50	1 760	47.9	0.001 293	0.013 09	0.013 29	38.7	0.012 26	0.012 41	0.012 60

F. 0. 5 轨道结构静力计算方法：

轨道结构的静力值宜按连续支承法计算，视钢轨为连续弹性基础上的无限长梁。

1 单个车轮作用下的计算

均匀连续弹性基础上的钢轨在车轮 P_0 作用下的挠曲曲线如图 F. 0. 5 所示。

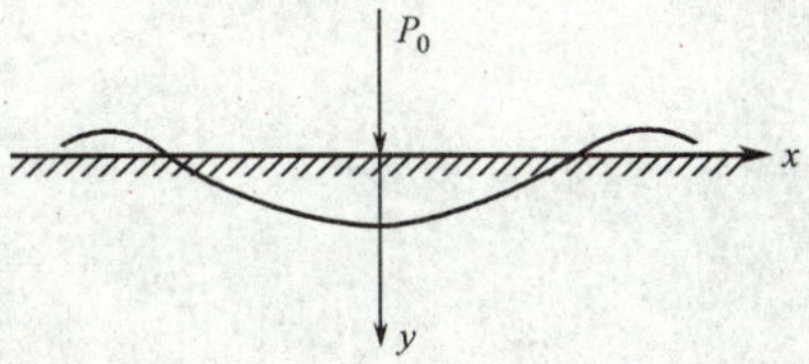

图 F. 0. 5

挠曲曲线的微分方程为

$$\frac{M}{EI}=\frac{1}{\rho}=\frac{-\dfrac{d^2y}{dx^2}}{\left[1+\left(\dfrac{dy}{dx}\right)^2\right]^{3/2}}$$

式中 ρ——挠曲曲线的曲率半径；

E——钢轨钢的弹性模量；

I——钢轨断面对其水平中和轴的惯性矩，各型钢轨 I 值见表 F. 0. 6—1。

由于钢轨承受荷载后的变形很小，分母中的 $\left(\dfrac{dy}{dx}\right)^2$ 项远比 1 小，可略而不计，于是得

$$M=-EI\frac{d^2y}{dx^2} \tag{F. 0. 5—1}$$

以 τ 表示钢轨内部的剪力，以 q 表示钢轨基础的反力强度，则

$$\tau=\frac{dM}{dx}=-EI\frac{d^3y}{dx^3}$$

$$q=\frac{d\tau}{dx}=-EI\frac{d^4y}{dx^4}$$

根据计算假设有 $q=yu$，于是得

$$yu=-EI\frac{d^4y}{dx^4}$$

令
$$k=\sqrt[4]{\frac{u}{4EI}} \tag{F. 0. 5—2}$$

k 为钢轨基础与钢轨的刚比系数，u 及 k 值见表 F. 0. 4—2。

故有
$$\frac{d^4y}{dx^4}+4k^4y=0 \tag{F. 0. 5—3}$$

解此四阶齐次微分方程，得

钢轨下沉 $y_0=\dfrac{P_0k}{2u}e^{-kx}(\cos kx+\sin kx)$

钢轨弯矩 $M_0=-EI\dfrac{d^2y}{dx^2}=\dfrac{P_0}{4k}e^{-kx}(\cos kx-\sin kx)$

枕上压力 $Q_0=qa=auy=\dfrac{P_0ka}{2}e^{-kx}(\cos kx+\sin kx)$

令
$$\eta_0=e^{-kx}(\cos kx+\sin kx)$$
$$\mu_0=e^{-kx}(\cos kx-\sin kx)$$

η_0、μ_0 分别为均匀连续弹性基础上无限长梁的下沉（压力）和弯矩影响线系数。如以

CHINA RAILWAY PUBLISHING HOUSE

y_0、M_0、Q_0 分别表示静轮重 P_0 作用下的钢轨静下沉量、静弯矩和静枕上压力，则得

$$\left.\begin{aligned} y_0 &= \frac{P_0 k}{2u}\eta_0 \\ M_0 &= \frac{P_0}{4k}\mu_0 \\ Q_0 &= \frac{P_0 ka}{2}\eta_0 \end{aligned}\right\} \qquad (\text{F.0.5—4})$$

2　轮系作用下的计算

根据力的独立作用叠加原理，可得静轮系作用下的钢轨静下沉、静弯矩和静枕上压力的算式，即

$$\left.\begin{aligned} y_0 &= \frac{k}{2u}\sum P_0\eta_0 \\ M_0 &= \frac{1}{4k}\sum P_0\mu_0 \\ Q_0 &= \frac{ka}{2}\sum P_0\eta_0 \end{aligned}\right\} \qquad (\text{F.0.5—5})$$

F.0.6　无缝线路钢轨强度检算：

检算轨道各部件的破坏强度时，车轮动荷载采用当量静荷载的最大可能值。考虑速度及偏载的因素，车轮动荷载应由下式计算：

$$\left.\begin{aligned} &v\leqslant 120\ \text{km/h} && P_d = P_0(1+\alpha+\beta) \\ &120\ \text{km/h} < v \leqslant 160\ \text{km/h} && P_d = P_0[(1+\alpha)(1+\alpha_1)+\beta] \end{aligned}\right\} \qquad (\text{F.0.6—1})$$

由轨道结构静力计算式（F.0.5—5）可知，钢轨弯矩 M_0 与车轮垂直静荷载 P_0 成正比，因此，在垂直当量静荷载的最大可能值 P_d 作用下的钢轨动弯矩 M_d 应按速度分档列出算式，即

$$\left.\begin{aligned} &v\leqslant 120\ \text{km/h} && M_d = M_0(1+\alpha+\beta) \\ &120\ \text{km/h} < v \leqslant 160\ \text{km/h} && M_d = M_0[(1+\alpha)(1+\alpha_1)+\beta] \end{aligned}\right\} \qquad (\text{F.0.6—2})$$

钢轨的强度条件是要求轨头及轨底的边缘荷载应力的最大可能值，不超过钢轨钢的屈服强度除以一定的安全系数所得出的容许应力。其表达式如下：

轨头

$$\sigma_{头d} + \sigma_t + \sigma_f \leqslant [\sigma] = \frac{\sigma_s}{K_2} \qquad (\text{F.0.6—3})$$

轨底

$$\sigma_{底d} + \sigma_t + \sigma_f \leqslant [\sigma] = \frac{\sigma_s}{K_2} \qquad (\text{F.0.6—4})$$

式中　$\sigma_{头d}$——轨头边缘荷载应力的最大可能值，

$$\sigma_{头d} = \frac{M_d f}{W_头} \qquad (\text{F.0.6—5})$$

$\sigma_{底d}$——轨底边缘荷载应力的最大可能值，

$$\sigma_{底d} = \frac{M_d f}{W_底} \qquad (\text{F.0.6—6})$$

$W_头$，$W_底$——轨头、轨底的截面系数，见表 F.0.6—1；

σ_t——无缝线路钢轨温度应力；

σ_f——钢轨附加应力；

σ_s——经标准拉伸试验所得出的钢轨钢屈服强度，根据国家钢轨钢试验资料统计分析结果，按极限强度 σ_b 的不同等级，σ_s 的取值不同，计算时，可按钢轨的钢号及相应的 σ_b，由表 F.0.6—2 查得；

K_2——安全系数，新钢轨 $K_2=1.25$，铝热焊及再用轨 $K_2=1.3\sim1.35$。

表 F.0.6—1　各型钢轨断面参数表

钢轨垂直磨耗 (mm)	钢轨断面参数	单位	钢轨类型		
			75 kg/m	60 kg/m	50 kg/m
	$b_{底}$	mm	150	150	132
0	$W_{头}$	mm^3	432 000	339 400	250 000
	$W_{底}$	mm^3	509 000	396 000	289 000
	I	mm^4	44 890 000	32 170 000	20 370 000
3	$W_{头}$	mm^3	420 000	318 000	242 000
	$W_{底}$	mm^3	496 000	385 000	283 000
	I	mm^4	43 280 000	30 690 000	19 460 000
6	$W_{头}$	mm^3	405 000	291 000	230 000
	$W_{底}$	mm^3	482 000	375 000	275 000
	I	mm^4	40 890 000	28 790 000	18 270 000

表 F.0.6—2　钢轨钢抗拉强度和屈服强度

序　号	抗拉强度 σ_b(MPa)	屈服强度 σ_s(MPa)
1	785	405
2	≥880	≥457

CHINA RAILWAY PUBLISHING HOUSE

附录 G　无缝线路缓冲区预留轨缝计算

G. 0. 1　无缝线路缓冲区宜设置 2～4 根缓冲轨，在其中部当设有胶接绝缘接头时，该处轨缝应保持不变，宜为 8～10 mm。需要计算的预留轨缝应为长轨条与缓冲轨之间的轨缝、相邻缓冲轨之间的轨缝。在最高轨温时两轨端不顶紧，在最低轨温时轨缝不应超过构造轨缝，螺栓不受弯。对于普通无缝线路、跨区间无缝线路、区间无缝线路，均应计算缓冲区预留轨缝。

1　长轨条一端伸缩量 $\Delta_{长}$ 由下式计算，见图 G. 0. 1：

$$\Delta_{长}=\frac{(P_{t\max}-P_j)^2}{2EF\cdot r} \tag{G. 0. 1—1}$$

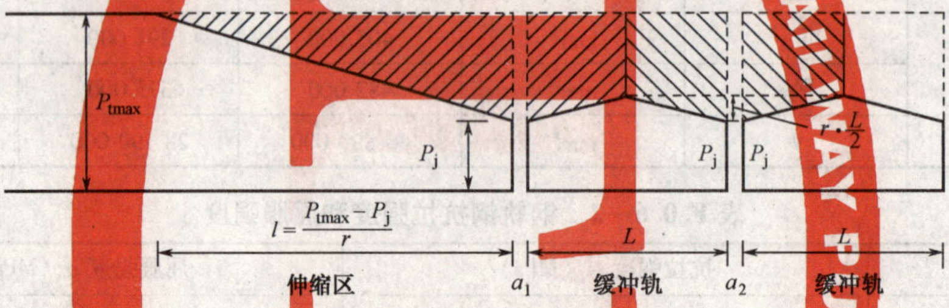

图 G. 0. 1　无缝线路轨缝示意图

2　缓冲轨一端伸缩量 $\Delta_{缓}$ 由下式计算，见图 G. 0. 1：

$$\Delta_{缓}=\frac{1}{2EF}\left[(P_{t\max}-P_j)\cdot L-\frac{1}{4}rL^2\right] \tag{G. 0. 1—2}$$

式中　$P_{t\max}$——钢轨温度拉力或压力的最大值(N)；

L——缓冲轨长度(m)；

其他符号意义同前。

3　预留轨缝的计算

冬季轨缝不应超过构造轨缝的条件：

$$a_1\leqslant a_g-(\Delta_{长}+\Delta_{缓})$$
$$a_2\leqslant a_g-2\Delta_{缓} \tag{G. 0. 1—3}$$

夏季轨缝不顶紧的条件：

$$a_g-a_1\geqslant\Delta_{长}+\Delta_{缓}$$
$$a_g-a_2\geqslant 2\Delta_{缓} \tag{G. 0. 1—4}$$

式中　a_1——长轨条与缓冲轨之间预留轨缝值(mm)；

a_2——相邻缓冲轨间预留轨缝值(mm)；

a_g——钢轨接头构造轨缝，取 18 mm；

$\Delta_{长}$——长轨条一端的收缩量或伸长量(mm)；

$\Delta_{缓}$——缓冲轨一端的收缩量或伸长量(mm)。

附录 H　桥上无缝线路轨道伸缩力、挠曲力计算

H.0.1　计算假设

1　桥梁固定支座能完全阻止梁的伸缩,不计活动支座对梁纵向位移的影响。

2　梁的温度变化为单方向的升温或降温,不考虑梁温升降交替变化的影响。

3　计算挠曲力时,简支梁按两跨梁上布置列车荷载计算,连续梁在边跨或在固定支座至一侧梁端的多跨梁上布置列车荷载计算。

4　不考虑伸缩力、挠曲力的相互影响,伸缩力、挠曲力分别计算。

H.0.2　计算参数

1　梁温度差取值应符合以下规定:

有砟轨道混凝土梁　15 ℃

无砟轨道混凝土梁　20 ℃

钢　　　　　　梁　25 ℃

2　有砟轨道线路(每轨)纵向阻力 r 取值应符合以下规定:

1)桥上无缝线路采用与桥梁两端路基无缝线路一致的轨道结构。

计算伸缩力,纵向阻力取 70 N/cm。

计算挠曲力,轨面无载时,纵向阻力取 70 N/cm;轨面有载时,机车下纵向阻力取 110 N/cm,车辆下纵向阻力取 70 N/cm。

计算断轨力,纵向阻力取 110 N/cm。

2)桥上无缝线路采用与桥梁两端路基无缝线路不同的轨道结构,且扣件的扣压力以及摩擦系数低于路基无缝线路时,线路纵向阻力 r 应按下式计算:

$$r = 2\xi P\mu / a \qquad (H.0.2—1)$$

式中　ξ——线路纵向阻力系数:

计算伸缩力取 0.65;

计算挠曲力,轨面无载时取 0.65;轨面有载时,机车下阻力系数取 1.0,车辆下阻力系数取 0.65;

计算断轨力取 1.0;

P——单个扣件的扣压力(N);

μ——钢轨与轨下胶垫的综合摩擦系数:

轨下胶垫为橡胶垫板时取 0.8;轨下胶垫为不锈钢复合胶垫或钢轨与铁垫板直接接触时取 0.5;

a——轨枕间距(cm)。

3　无砟轨道线路(每轨)纵向阻力计算应符合以下规定:

1)钢梁桥上采用 K 型分开式扣件,扣件布置形式为 1 紧——n 松——1 紧(螺母扭力矩为 80~120 N·m),线路纵向阻力 r 值应按下式计算:

$$r = \xi(P_1 + nP_2)/(n+1)a \qquad (H.0.2—2)$$

式中 ξ——线路纵向阻力系数：

计算伸缩力取0.75；

计算挠曲力，轨面无载时取0.75；轨面有载时，机车下阻力系数取1.15，车辆下阻力系数取0.75；

计算断轨力取1.0；

P_1——扣紧轨底的K型扣件节点阻力，取7 500 N；

P_2——不扣紧轨底的K型扣件节点阻力，取500 N；

a——轨枕间距（cm）。

2）混凝土桥梁无砟轨道，扣件的扣压力以及摩擦系数低于路基无缝线路时，线路纵向阻力 r 值应按式（H.0.2—1）计算。

式中 ξ——线路纵向阻力系数：

计算伸缩力取0.75；

计算挠曲力，轨面无载时取0.75；轨面有载时，机车下阻力系数取1.15，车辆下阻力系数取0.75；

计算断轨力取1.0；

P、μ、a 意义同前。

H.0.3 计算原理

各种桥跨结构伸缩力、挠曲力计算原理基本相同，因此主要以伸缩力为例，介绍当无缝线路固定区设在桥上，且相邻两孔梁的固定、活动支座同墩情况下的计算方法。

1 变形平衡方程

图H.0.3—1为单跨简支梁，梁因升温 ΔT 而伸长，梁的各截面向活动端位移，位移曲线见图中斜线 BG 所示，梁位移量由下式计算：

$$\Delta_i = \alpha \cdot l_i \cdot \Delta T \quad (H.0.3—1)$$

式中 Δ_i——梁截面 i 处的位移量；

l_i——截面 i 至固定支座的距离；

α——线膨胀系数，钢梁为 11.8×10^{-6}/℃，钢筋混凝土梁为 10×10^{-6}/℃。

梁各截面位移时，带动梁上道床、轨枕位移，轨枕位移使扣件阻力作用于钢轨并使钢轨向梁的活动端位移。钢轨位移受到桥梁两端线路纵向阻力的约束，活动端以外的线路纵向阻力阻止钢轨向桥外位移，使活动端附近钢轨产生压力；固定端以外的线路纵向阻力抵抗钢轨向活动端方向位移，使固定端附近钢轨产生拉力，从而形成钢轨伸缩力，见图H.0.3—1（1）所示的折线AB′K′DE′F。同理，若梁因降温而缩短，固定端附近钢轨产生压力，活动端附近钢轨产生拉力，其数值大小不变，符号相反。

钢轨因受伸缩力的作用，各截面向梁的活动端位移曲线见图H.0.3—1（2）所示的abkdef，其纵坐标即为任一截面 i 的位移量，由下式计算：

$$y_i = \sum\omega_i / EF$$

式中 y_i——钢轨截面 i 的位移量；

$\sum\omega_i$——钢轨截面 i 以左（或以右）的伸缩力图面积之代数和。图中伸缩力图所包围的面积有5个，$i=1\sim5$。

由于无缝线路固定区设在桥上，所以由伸缩力引起的钢轨拉伸变形和压缩变形的代数和等于零，即

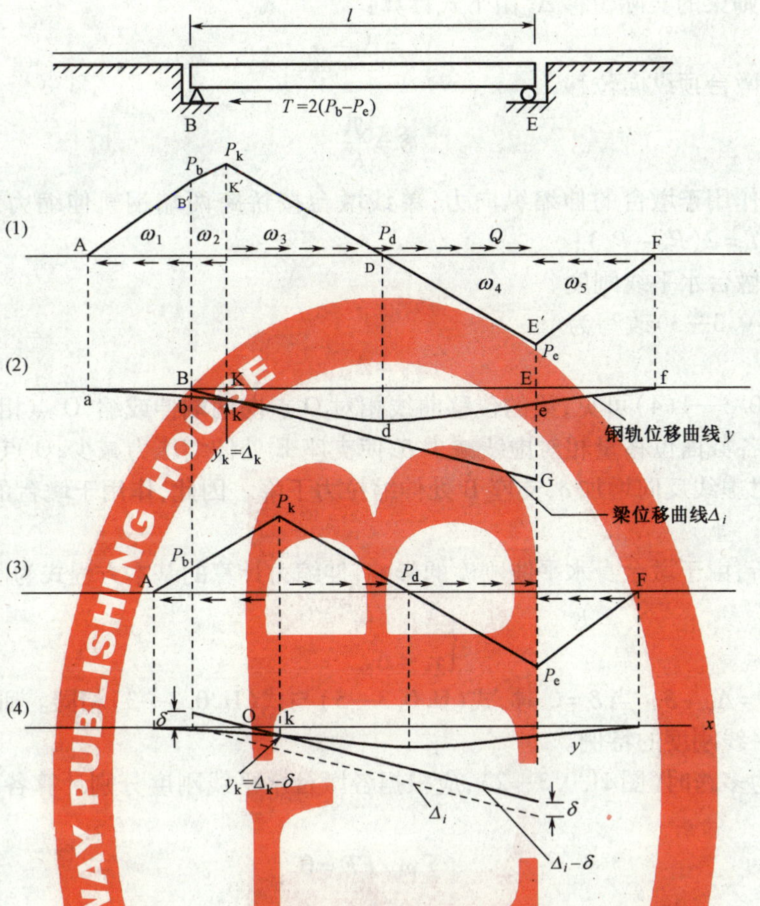

图 H.0.3—1　单跨梁增温时伸缩力及梁轨位移

$$\sum\omega_i/EF=0 \tag{H.0.3—2}$$

式(H.0.3—2)即为计算伸缩力的变形平衡方程式，也可以用 $y_a=0$ 或 $y_f=0$ 表示。也就是说，在梁的左侧或右侧路基上，伸缩力的始、终点，其钢轨位移应为零。

2　变形协调方程

仅根据变形平衡方程式计算伸缩力是不够的，还必须补充一个变形协调方程。

梁上线路纵向阻力的作用方向取决于梁、轨相对位移。如图 H.0.3—1(2)所示，梁的位移量 Δ_x 小于钢轨位移量 y_x 时，纵向阻力阻止钢轨向梁的活动端移动，见图 H.0.3—1(2)的 BK 段；当梁的位移量 Δ_x 大于钢轨位移量 y_x 时，纵向阻力使钢轨向梁的活动端移动，见图中的 KE 段。因此，梁上产生梁、轨位移相等的截面 K，K 点处线路纵向阻力改变方向，则以下变形协调方程式成立：

$$y_k=\Delta_k \tag{H.0.3—3}$$

由式(H.0.3—2)和式(H.0.3—3)即可计算简支梁伸缩力，需要求解的未知量为 l_0(或 P_1)和 l_{ki}(或 P_{ki})。

钢轨伸缩力反作用于梁并传至固定支座和墩台，由于墩台身水平线刚度的影响，墩台承受纵向力后将产生墩台顶位移。墩台顶位移又将使梁上钢轨伸缩力重新分布。图 H.0.3—1(3)、(4)为单跨梁台顶有纵向位移时伸缩力的分布。台顶位移使桥跨产生平移，其方向与梁伸缩方向相反。梁的实际位移曲线应向上平移 δ，与 x 轴交于 O 点，如图

中实线所示,则梁的实际位移 $\Delta_{\delta i}$ 由下式计算:

$$\Delta_{\delta i}=\Delta_i-\delta \qquad (H.0.3—4)$$

式中 δ——墩台顶纵向位移,

$$\delta=\frac{T}{K}$$

T——作用于墩台的伸缩纵向力,单线墩台按桥跨两端钢轨伸缩力之差计算,即 $T=2(P_b-P_e)$;

K——墩台水平线刚度。

将式(H.0.3—3)改写为

$$\gamma_k=\Delta_{\delta k} \qquad (H.0.3—5)$$

由图 H.0.3—1(4)可见,梁的位移曲线相对 O 点向两端伸或缩,O 点相当于不动点。O 点以右,梁各截面位移量相对虚线减少 δ,使支座 E 处伸缩压力减少;O 点以左,梁各截面位移量相对虚线反向增加 δ,支座 B 处伸缩拉力下降。因此,作用于墩台的纵向力也相应减小。

由上分析,由于墩台身水平线刚度的影响,伸缩力计算的基本方程式为

$$\begin{cases}\sum\omega_i/EF=0\\ \gamma_k=\Delta_{\delta k}\end{cases}$$

式中 $\Delta_{\delta k}=\Delta_k-\delta$。当 $\delta=0$ 时,式(H.0.3—5)与式(H.0.3—3)相同。所示 $\delta=0$ 是不计墩台身水平线刚度的特例。

当桥梁为多跨时(图 H.0.3—2),应根据各墩台水平线刚度分别计算各梁的位移,方程式为

$$\begin{cases}\sum\omega_i/EF=0\\ \gamma_{k1}=\Delta_{\delta k1}\\ \gamma_{k2}=\Delta_{\delta k2}\\ \gamma_{kn}=\Delta_{\delta kn}\end{cases}$$

式中 $\Delta_{\delta kj}=\Delta_{kj}-\delta_j, j=1\sim n$;

$\delta_j=\dfrac{T_j}{K_j}=\dfrac{2(P_j-P_{j+1})}{K_j}$。

方程的边界条件为:$x=0$(或 $x=0_1$)时,$\gamma=0, P=0$。伸缩力的始终点均满足边界条件。

H.0.4 计算方法

1 平衡微分方程

在钢轨计算长度范围内,截取一微段长度 dx,其所受的力如图 H.0.4—1 所示。

由静力平衡条件 $P+dP=P+r\cdot dx$ 得

$$\frac{dP}{dx}=r \qquad (H.0.4—1)$$

在力的作用下,dx 微段的变形量为 $d\gamma$,近似由下式表示:

$$\frac{d\gamma}{dx}=\frac{P}{EF} \qquad (H.0.4—2)$$

对上式进行微分,将式(H.0.4—1)代入,并注意到纵向阻力的正负方向,得

$$\frac{d^2\gamma}{dx^2}=\pm\frac{r}{EF} \qquad (H.0.4—3)$$

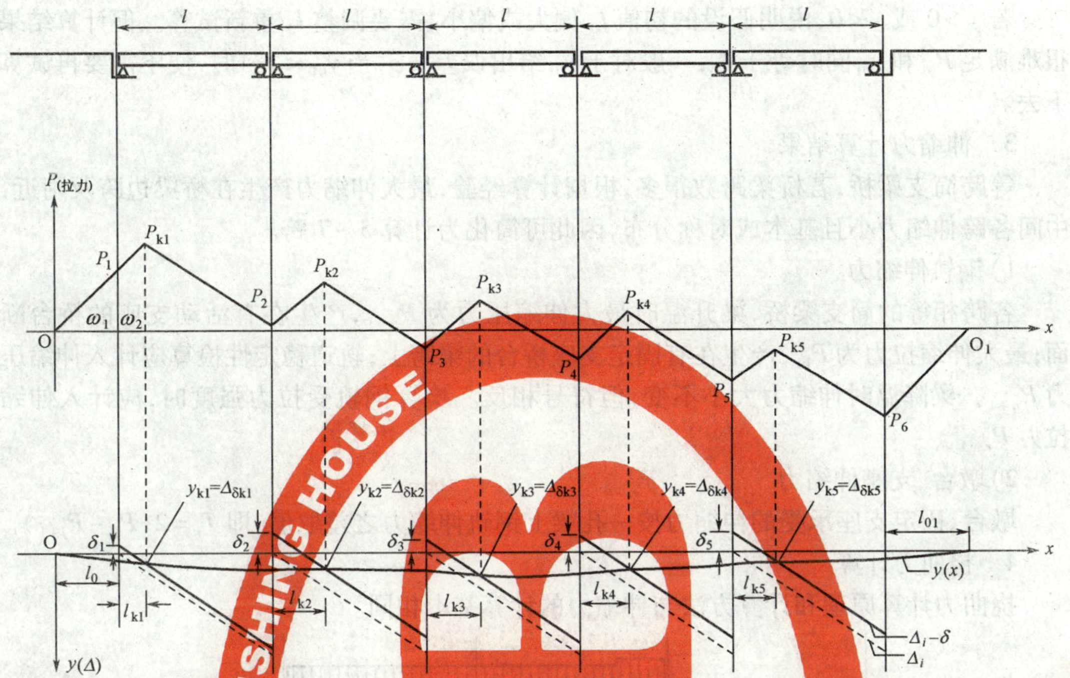

图 H.0.3—2　多跨梁增温时伸缩力及梁轨位移

式中　E——钢轨钢的弹性模量；

F——钢轨的断面面积；

r——线路纵向阻力；

y——钢轨位移。

式中 y 值等于计算截面以左（或以右）伸缩力引起钢轨位移量的代数和，如 $y_{k1}=y_0+y_1=\dfrac{\omega_1+\omega_2}{EF}=\dfrac{1}{2EF}[P_1l_0+(P_1+P_{k1})l_{k1}]$。

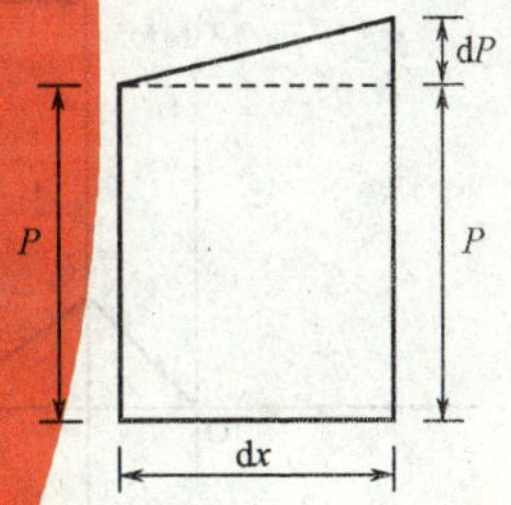

图 H.0.4—1

式（H.0.4—2）中，y' 为钢轨位移曲线的斜率，$y'EF$ 表示钢轨伸缩力，当 $y'=0$ 时，$P=0$。图中 $P=0$ 时，在钢轨位移曲线上的对应点，满足 $y'=0$ 的条件是钢轨位移的极值点。

式中 y'' 为钢轨位移曲线的拐点。当 $y''=0$ 时，y' 及 P 取得极值，见图中支座处及梁、轨位移相等处的各点 P_j、P_{kj}。y'' 还表示线路纵向阻力及作用方向。

2　计算伸缩力

计算 5 跨梁伸缩力，采用数值解法。计算可从固定端（或活动端）开始；假设 l_0，l_0 为坐标原点与固定支座桥台的距离，该处 $x=0$，$y_0=0$，$P_0=0$。

计算 P_1，$P_1=rl_0$。由式（H.0.2—1）计算 $y_{k1}=\Delta_{k1}$ 及 l_{k1}、P_{k1}，并求得 $P_2=P_{21}$。

计算 δ_1，$\delta_1=\dfrac{2(P_1-P_{21})}{K_1}$，由式（H.0.2—1）计算 $y_{k1}=\Delta_{\delta k1}$ 及 l_{k1}、P_{k1}，并求得 $P_2=P_{22}$。

再计算 δ_1，$\delta_1=\dfrac{2(P_1-P_{22})}{K_1}$，计算 $y_{k1}=\Delta_{\delta k1}$ 及 l_{k1}、P_{k1}，并求得 $P_2=P_{23}$。若 P_{23} 与 P_{22} 相等，则第一跨计算完毕。从 $P_2=P_{23}$ 开始，用同样方法计算第二跨，直到最后一跨及以外的路基，当 $x=0_1$ 时，$P_{01}=0$、$y_{01}=0$，说明满足方程式（H.0.3—2）的平衡条件，计算完毕。

CHINA RAILWAY PUBLISHING HOUSE

若 $y>0$ 或 $y<0$,说明假设的初值 l_0 偏大或偏小,需要调整 l_0 重新试算。但计算结果很难满足 P_{01} 和 y_{01} 同时等于零,一般对于 y_{01} 给出误差 $\pm\varepsilon$,当 $y_{01}<|\varepsilon|$ 时,便不需要再试算下去。

3 伸缩力计算结果

等跨简支梁桥,若桥梁跨数很多,根据计算经验,最大伸缩力产生在桥梁边跨及附近,中间各跨伸缩力小且基本成对称分布,因此可简化为计算 5~7 跨。

1)钢轨伸缩力

各跨相等的简支梁桥,梁升温时最大伸缩压力为 P_{n+1},产生在有活动支座的桥台断面;最大伸缩拉力为 P_{k1},产生在有固定支座桥台的梁跨上;轨道稳定性检算应计入伸缩压力 P_{n+1}。梁降温时伸缩力大小不变,但符号相反。检算钢轨受拉力强度时,应计入伸缩拉力 P_{n+1}。

2)墩台、支座伸缩力

墩台、固定支座承受的伸缩力按一孔梁上钢轨伸缩力之差取值,即 $T_j=2(P_j-P_{j+1})$。

4 挠曲力计算

挠曲力计算原理和计算方法与伸缩力的计算基本相同。

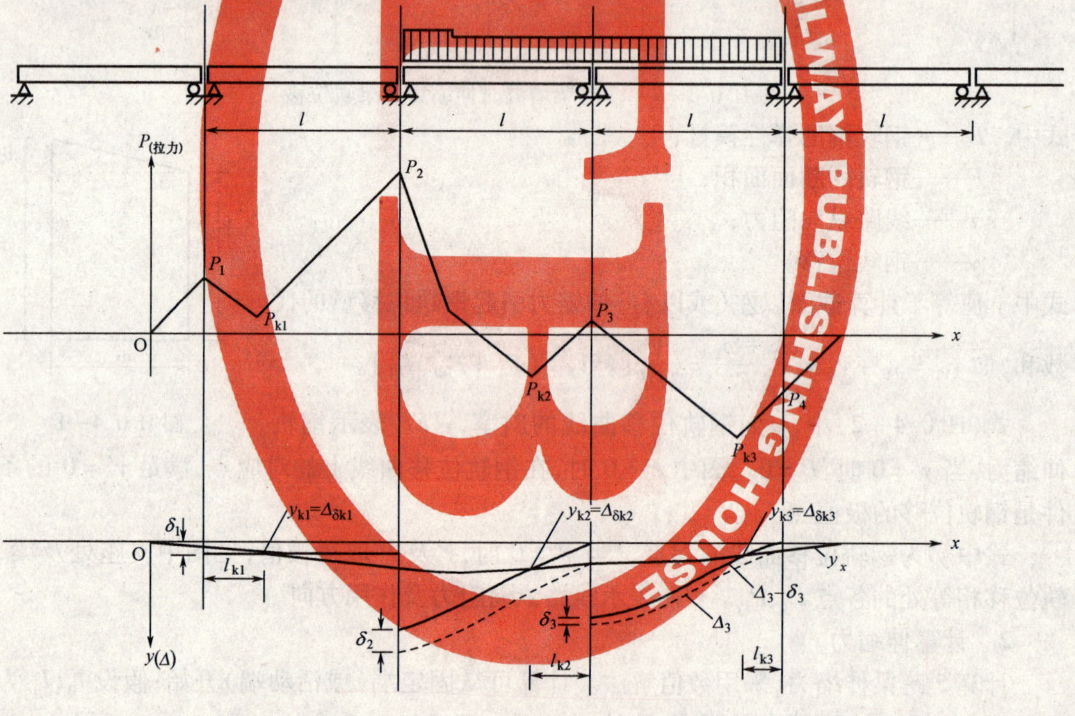

图 H.0.4—2 简支梁挠曲力及梁轨位移

简支梁挠曲力分布如图 H.0.4—2 所示,计算的基本方程式与伸缩力基本相同,即

$$
\begin{cases}
\sum \omega_i/EF=0 \\
y_{k1}=\Delta_{\delta k1} \\
y_{k2}=\Delta_{\delta k2} \\
y_{k3}=\Delta_{\delta k3}
\end{cases}
$$

式中 $\Delta_{\delta k1}=\delta_1$,$\Delta_{k1}=0$,$\delta_1$ 为车前方墩台顶位移引起的桥跨平移,

$$\delta_1 = \frac{2(P_1 - P_2)}{K_1}$$

$$\Delta_{\delta k2} = \Delta_{k2} - \delta_2 \qquad \delta_2 = \frac{2(P_2 - P_3)}{K_2}$$

$$\Delta_{\delta k3} = \Delta_{k3} - \delta_3 \qquad \delta_3 = \frac{2(P_3 - P_4)}{K_3}$$

Δ_{k2}、Δ_{k3}分别为列车荷载作用下梁挠曲在 K_2、K_3 点所引起的纵向位移。

计算略去列车后部桥跨在挠曲力作用下的桥跨平移。

简支梁钢轨最大挠曲拉力为 P_2；列车前方及列车作用的桥跨墩台、固定支座承受的挠曲力按一孔梁上钢轨挠曲力之差取值。

CHINA RAILWAY PUBLISHING HOUSE TB

本规范用词说明

执行本规范条文时，对于要求严格程度的用词说明如下，以便在执行中区别对待。

(1)表示很严格，非这样做不可的用词：

正面词采用“必须”；

反面词采用“严禁”。

(2)表示严格，在正常情况下均这样做的用词：

正面词采用“应”；

反面词采用“不应”或“不得”。

(3)表示允许稍有选择，在条件许可时首先应这样做的用词：

正面词采用“宜”；

反面词采用“不宜”。

表示有选择，在一定条件可以这样做的，采用“可”。

CHINA RAILWAY PUBLISHING HOUSE

《铁路轨道设计规范》条文说明

本条文说明系对重点条文的编制依据、存在的问题以及在执行中应注意的事项等予以说明。为了减少篇幅，只列条文号，未抄录原条文。

1.0.2 本规范是按照我国铁路网中客货列车共线运行，旅客列车设计行车速度等于或小于160 km/h 的1 435 mm标准轨距铁路常用机车、车辆、信联闭设备、标准轨距铁路机车车辆限界和建筑限界、运输性质和运营特点编制的。考虑受牵引特性、计算荷载、几何尺寸的限制，故本规范只适用于铁路网中1 435 mm标准轨距的铁路轨道设计。

客货列车共线运行是指线路的主要技术标准必须同时满足客、货两种列车的运输要求，这与"货运专线"和"客运专线"是有明显区别的。

提高列车速度始终是铁路交通运输技术发展的主要目标之一。随着我国人民生活水平的提高，时效观念的增强，提高客货列车速度已成为提高运输质量的重要内容。铁路科学技术的发展、技术装备的改善，为提高列车速度提供了物质基础。因此，根据《铁路主要技术政策》的要求，将主要干线的客货列车共线运行铁路的旅客列车最高设计行车速度提高到200 km/h。考虑到《新建时速200公里客货共线铁路设计暂行规定》是针对旅客列车最高行车速度200 km/h而制定的暂行规定，故本规范将旅客列车设计行车速度定为等于或小于160 km/h。

铁路轨道由于曲线超高的设置，一般最高列车行车速度与最低行车速度之差不宜超过50%，这样从运营条件分析方为经济。但列车作用于轨道上的荷载是动荷载，此动荷载的作用主要取决于列车轴重与行车速度，轴重大速度低与轴重小速度高的动力响应是相接近的，但轴重大对钢轨的接触应力加剧远超过轴重轻的，轴重大对轨面不平顺度的形成也远超过轴重轻的。列车行车速度高，由于列车运行对轨道振动加剧，对有砟道床石砟的粉碎会加剧；但轴重大对道床板结加快远超过轴重轻的列车作用。轮轨接触最大剪应力 τ_{max} 从本规范说明表4.0.1—2可以看出，其取决于车辆的轴重与轮径，最大轮轨接触剪应力不仅会加剧钢轨的疲劳，严重时还会造成轨面的伤损，从而危及行车安全。因此，在列车行车速度匹配的同时，列车轴重的匹配是不能忽视的。

1.0.3 按运量(包括客运量和货运量)划分铁路等级，是世界各国广泛采用的分级办法。修建铁路的经济效益，首先体现在运量上，如果没有运量，也就没有铁路的经济效益。铁路规范基本上都是以运量作为划分铁路等级的主要指标。随着铁路建设的技术发展，旅客列车行车速度不断提高，列车行车速度的高低，不仅与铁路运量密切相关，而且也是铁路运输在整个交通网内能否占据更大份额的至关重要因素。行车速度是铁路综合性技术指标，是铁路技术装备、技术标准、运营管理水平的重要标志，是铁路重大技术政策之一，它关系到铁路的运输能力、机车车辆购置、列车能时消耗、运输成本、客货在途损失等一系列技术运营指标，也关系到铁路工程费等经济指标。随着时间的推移，铁路设计水平、施工水平、检测水平、管理水平已与世界铁路先进水平相接近，线路开通速度达到设计速度就是上述水平的具体体现，也是我国铁路建设管理与国际接轨的一项重要措施。因此，旅客列车设计行车速度也是轨道类型划分的一项重要条件。

铁路运量是随着国民经济的发展逐渐增长的。铁路建设技术水平也随着时间的推移在不断提高。旅客列车行车速度也是铁路现代化的重要标志之一，轨道类型是确保设计速度与线路运营交付使用的速度一致的铁路构筑物中的一项关键设备。因此，轨道类型的选择应与设计线路在铁路网中的作用、旅客列车对数、旅客列车设计行车速度、轴重、线路等相匹配，以满足运输要求。将运量、列车行车速度作为划分轨道类型的依据是理所当然的。

1.0.4～1.0.5　轨道结构是确保铁路开通速度与设计速度的线路建筑物。在基础设施满足列车设计行车速度要求的前提下，轨道结构就是确定能否满足旅客列车设计行车速度的关键因素。一般以客运为主或全为客运的线路，轨道结构钢轨均在 60 kg/m 及以上。例如城市轻轨交通，尽管轴重很轻，但一般均选择 60 kg/m 及以上钢轨，这主要是为了确保旅客乘坐舒适和安全。客货共线铁路运量越大，钢轨应越重，才能满足运输强度的要求。

借鉴国外高速铁路建设和运营理论，结合我国秦沈客运专线建设实践，参考既有线提速经验。一般重载线路或旅客列车设计行车速度在 120 km/h 以上的铁路轨道采用无缝线路，既是运营要求也是旅客乘坐舒适和降低噪声的要求。考虑桥梁和隧道内，一是基础条件稳定，二是减少维修运营成本，可以选择整体道床式的无砟轨道。

轨道结构是由钢轨、扣件、轨枕及道床等部件组成。钢轨类型很多，常用的有 43 kg/m、50 kg/m、60 kg/m、75 kg/m 等型号钢轨；扣件分为弹性扣件、刚性扣件，其中扣件又由弹条、扣板、螺旋道钉、螺母、平垫圈、胶垫等组成；轨枕分为Ⅰ、Ⅱ、Ⅲ型混凝土枕、桥枕、岔枕，另外还有木枕等。这些轨道部件，强度、刚度、使用的耐久性均不相同，因此各部件的合理匹配十分重要。例如：60 kg/m 钢轨应使用弹性扣件，50 kg/m 钢轨根据运营需要可用弹性扣件，也可用刚性扣件。胶垫的应用也必须与列车运行所需轨道弹性相匹配。但这些部件的设计基准期不同，钢轨使用期一般在 15～20 年，混凝土枕设计基准期为 50 年，而扣件的使用期相对较短。不论使用期长短，轨道部件均会发生损坏，需要更换与修理。因此部件的标准化、系列化、通用化尤为重要，方便设备修理，缩短修理时间对运营的影响是轨道设计的一项基本技术准则。轨道部件的系列化是轨道结构合理匹配的科学原则。轨道部件的标准化、通用化是方便设备修理的必要条件；实现轨道部件的系列化是轨道结构能够最大满足列车平稳运行的充分条件。

1.0.6　轨道是由钢轨、扣件、轨枕及道床等组成，列车荷载由他们共同工作并传递给路基，因此各部件的精度应合理配套，整体结构共同提高，才能减少设备维修对运营的影响。车轮在轨道上连续通过，轨道设备的质量应该是在合格的基础上均匀一致，才能确保列车平稳运行，轨道质量均衡，系指轨道结构满足列车运行条件的基础上，轨道的质量状态基本一致，不出现忽好忽坏；这样机车车辆运行时，受力状态变化幅度最小，从而可延长列车部件的疲劳寿命，也会使线路轨道修理周期趋于一致，同时也可使轨道的修理工作量达到最大节省。结构等强是指轨道结构各部件强度在铁路运营期间，部件结构强度得以充分发挥，其使用周期内达到均匀损耗。弹性连续是指轨道结构的刚度趋于一致，使列车运行时不会造成列车因为轨道结构刚度不一致，引起列车摇晃致使旅客乘坐不适，甚至加剧列车的机械部件磨损。合理匹配是指轨道结构各部件受力合理，部件使用周期更经济。质量均衡、结构等强、弹性连续、合理匹配是提高轨道结构整体承载能力的前提,因此尤为重要。

1.0.7 改建既有线和增建二线,将拆换下来的能够再用的轨道部件经过整修在本线和次要线路上继续使用,是降低工程造价的合理措施。

1.0.8 现行国家标准《标准轨距铁路机车车辆限界》(GB 146.1)和《标准轨距铁路建筑限界》(GB 146.2)是对铁路建筑物和设备、机车车辆几何尺寸的限制,要求铁路一切建筑物和设备在任何情况下均不能侵入建筑限界,机车车辆的一切部位在任何情况下均不超出机车车辆限界,否则将危及行车安全和作业人员的人身安全。因此规定铁路建筑物和设备的限界应符合上述现行国家标准的规定。

1.0.9 环境是指以人类为主体的外部世界,即人类赖以生存和发展的物质条件综合体。人类环境包括自然环境和社会环境。《中华人民共和国环境保护法》所称的环境是:影响人类生存和发展的各种天然的和经过人工改造的自然因素的总体。因此,重视保护环境,构筑物与环境协调,才能形成不影响人类赖以生存和发展的物质条件综合体。

3.0.1 轨道是铁路运输的主要技术设备之一。它由钢轨、轨枕、道床、道岔、联结零件和防爬设备等主要部件组成。它的作用是引导机车车辆运行,直接承受由车轮传来的荷载,并把它传布给路基或桥隧构筑物。因此,新建和改建铁路的轨道结构,应具有足够的强度、刚度、稳定性和规定的几何形位,以保证列车按规定的速度安全运行,并满足少维修的原则要求。

3.0.2 钢轨的轨底坡是由铁垫板或轨枕承轨槽形成的。它是轮轨关系中轨道受力计算和轨道部件设计的一项重要参数。世界各国铁路轨道对钢轨的轨底坡大致分两种:一种为1:40,如我国、日本(见说明图3.0.2—1);另一种为1:20,如法国、德国等一些欧洲国家铁路(见说明图3.0.2—2)。轨底坡与轮缘踏面坡度相匹配,才能使轮轨受力更趋于合理,同时对钢轨的磨耗也会有利。我国车辆轮缘踏面为1:20至1:10,其对应轨底坡以1:40为合适。

另外,轨底坡与轨距、扣件受力均关系密切,以60 kg/m钢轨而言,若由1:40轨底坡改为1:20,两者引起的轨距差约9 mm,对扣件的横向力也有很大的影响。本规范考虑轨底坡在规范设计中一直没有规定,故本条给予了明确,以利设计者之用。

3.0.3 列车的行驶速度与外轨超高不相适应时,就会出现欠超高或过超高。设置超高时,不仅要保证旅客的乘坐舒适,同时要保证行车的稳定性。车辆在曲线上运行时,受到重力、离心力、风力等的共同作用,如说明图3.0.3—1所示。列车停止或以低速驶于超高很大的曲线轨道时,存在着倾覆的危险性。为保证行车安全,必须限制外轨超高的最大值。当上述诸力的合力 R 作用线通过轨道中心O时,车辆处于稳定状态。当存在着欠超高或过超高时,合力作用点的位置就会偏离轨道中心一定距离 e。要保证车辆的稳定性,就需保证在最不利的条件下合力作用线不会落在车轮支承点之外,即偏心距 e 要小于轨道中心距之半,$e < S_1/2$。

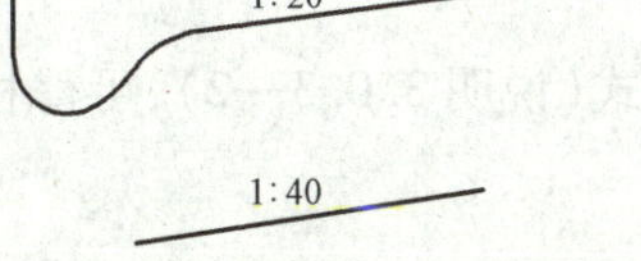

说明图3.0.2—1 中国、日本的轮缘踏面及轨底坡

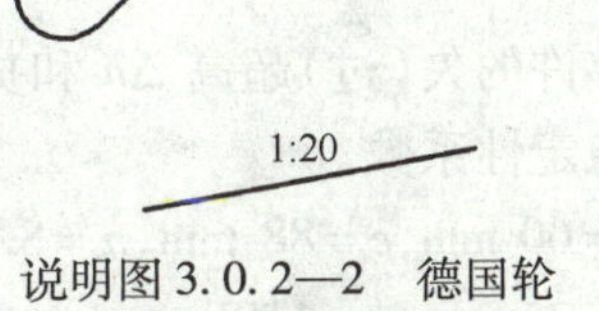

说明图3.0.2—2 德国轮缘踏面及轨底坡

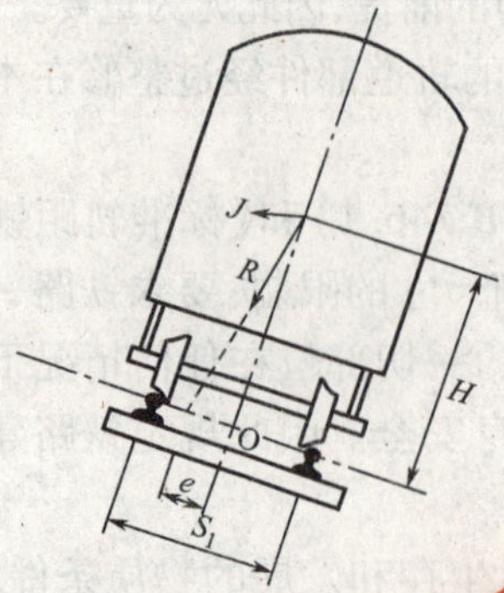

说明图 3.0.3—1

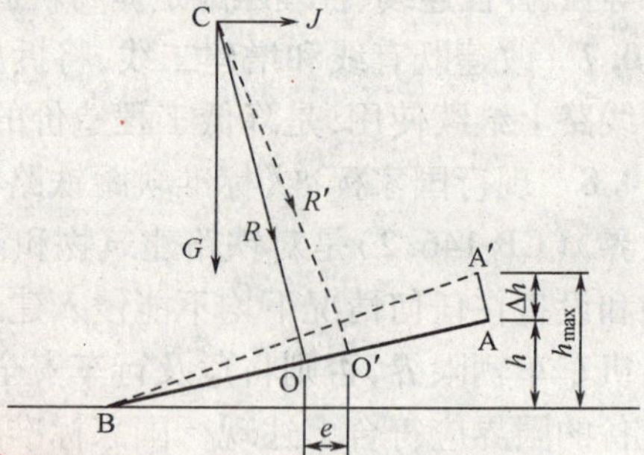

说明图 3.0.3—2

S_1 为两股钢轨轨头中心距,可视作车轮支承点间的距离。偏心距的大小直接影响车辆行驶的稳定程度,用稳定系数 n 表示车辆行驶的稳定性:

$$n=\frac{S_1/2}{e}=\frac{S_1}{2e} \qquad (说明 3.0.3—1)$$

当 $e=0$ 时,$n=\infty$,车辆处于绝对稳定状态;

当 $e=S_1/2$ 时,$n=1$,车辆处于临界稳定状态;

当 $e>S_1/2$ 时,$n<1$,车辆处于不稳定状态;

当 $e<S_1/2$ 时,$n>1$,车辆处于稳定状态。

为保证列车行驶的稳定性,超高设置应得当,务使 $n>1$,即 $e<S_1/2$。超高设置过大,当列车在曲线上以低速运行时,会使偏心距 e 增大,列车重量偏压在里股钢轨上,加剧里股钢轨磨耗甚至轨头压溃。如在曲线上停车,车体向内倾斜量也大,易滚易滑的货物可能产生位移,极端情况下可能造成列车倾覆,对行车安全不利。

偏心距 e 的大小与未被平衡超高 Δh 有一定关系。由说明图 3.0.3—2 可知,若外轨超高 h 与车速 v 相适应,合力 R 通过轨道 O。如有欠超高 Δh,合力 R' 将与轨顶面线相交于另一点 O′。如说明图 3.0.3—2 所示,CO 垂直于外轨超高为 h 的轨顶连线 BA,CO′垂直于外轨超高为 $h-\Delta h$ 的假想轨顶联线 BA′。

因∠OCO′=∠ABA′,△COO′与△BAA′相似,故

$$OO':CO=AA':BA$$

又 OO′=e(偏心距),CO=H(我国车辆重心至轨面的高度标准为:货车 $H=$ 2 220 mm,客车 $H=$2 057.5 mm),AA′=Δh,BA=S_1,故

$$\frac{e}{H}=\frac{\Delta h}{S_1} \qquad e=\frac{H}{S_1}\Delta h \qquad (说明 3.0.3—2)$$

将式(说明 3.0.3—2)代入式(说明 3.0.3—1)得

$$n=\frac{S_1^2}{2H\cdot\Delta h} \qquad (说明 3.0.3—3)$$

用容许的欠(过)超高 Δh 和货车重心高度 H 代入式(说明 3.0.3—2),可得相应的偏心距及稳定性系数。

$\Delta h=60$ mm,$e=88$ mm,$n=8.5$;

$\Delta h=75$ mm,$e=110$ mm,$n=6.8$;

$\Delta h=90$ mm,$e=132$ mm,$n=5.7$。

一般情况下，n不应小于3。当列车在曲线上停车时，其外轨超高全是过超高，在这种情况下应使稳定系数$n \geqslant 3$，求得容许的过超高，即是容许设置的最大超高。由式（说明3.0.3—3）得

$$h_{max}=\Delta h=\frac{S_1^2}{2Hn} \qquad (说明3.0.3—4)$$

将$n=3$，$S_1=1\,500$ mm，$H=2\,220$ mm代入上式，得$h_{max}=169$ mm。

由于还有其他因素，如风力、车辆不良等，本规范规定曲线外轨设计最大超高值不应大于150 mm，单线铁路上下行行车速度相差悬殊时，不应超过125 mm。

最大外轨超高为150 mm时，检算其稳定性：

$$n=\frac{S_1^2}{2H\cdot\Delta h}=\frac{1\,500^2}{2\times 2\,220\times 150}=3.38$$

可保证有足够的稳定性系数。

新建铁路曲线地段外轨超高为计算用砟量，采用平均速度v_j。将$v_j=0.8v_{max}$代入$h=11.8\frac{v_j^2}{R}$，则$h=7.6\frac{v_{max}^2}{R}$。

新建铁路外轨超高按$h=7.6\frac{v_{max}^2}{R}$的规定，主要用于计算曲线地段的道砟数量。

《铁路线路设计规范》（GB 50090—99）条文说明中曾提出过曲线道砟用量采用$h=7.1\frac{v_{max}^2}{R}$计算公式。

此公式是根据过去施工手段采用传统的手工和小型机械捣固道床作业，且轨道竣工时速度远低于设计速度情况下的调查，得出我国干线铁路的客货列车加权平均速度与最高设计速度之比远低于0.8，某些地区甚至低于0.6。这一结论与轨道开通速度远低于设计速度及施工手段是相匹配的。但随着时间推移，施工手段的大型机械化，轨道开通速度与设计速度一致是铁路建设水平与国际接轨以及铁路建设发展的必然趋势，按列车实际行车一般较设计速度降低10%～15%的国际铁路规律性的标准，选择列车平均速度为最高设计速度的0.8是合适的。故道砟数量计算采用$h=7.1\frac{v_{max}^2}{R}$是不合适的，而采用$h=7.6\frac{v_{max}^2}{R}$是符合铁路建设发展要求的，故本规范规定新建铁路曲线外轨超高应按式（说明3.0.3—5）计算。

$$h=7.6\frac{v_{max}^2}{R} \qquad (说明3.0.3—5)$$

改建铁路$h=11.8\frac{v_j^2}{R}$。

3.0.4 在一个缓和曲线上，超高顺坡、正矢递减和轨距加宽递减三者最好是同步的，超高顺坡应在整个缓和曲线内顺完。特别是若不在整个缓和曲线内顺完，超高进入直线段，会引起轨道不平顺；若顺入圆曲线会引起超高不足，为此，应于整个缓和曲线内顺完超高。由于既有线修建的年代不同，采用的标准不一，加之列车速度的提高，有的缓和曲线长度较短，为适应行车速度需要，对改建铁路困难条件下，允许将一部分超高顺坡延伸至直线上，但考虑直线上应有的平顺性，应给予必要限制，对于顺坡至圆曲线上的应满足容许的

CHINA RAILWAY PUBLISHING HOUSE

欠超高要求。

3.0.5　在任何一段曲线轨道上，外轨超高按平均速度计算确定并设置后，便成为固定设施，但由于列车通过的实际行驶速度或大于平均速度或小于平均速度，使外轨超高与行车速度不相适应，因而不可避免地会产生未被平衡的加速度（见说明图3.0.5）。

当列车以速度 v(m/s)通过半径为 R(m)、外轨超高为 h(mm)的曲线轨道时，因离心力而产生的离心加速度为$\frac{v^2}{R}$，因外轨超高而产生的向心加速度为 $g\cdot\tan\gamma = g\frac{h}{S_1}$，则由于列车通过速度 v 与外超高 h 不相适应而产生的未被平衡离心加速度 a 为

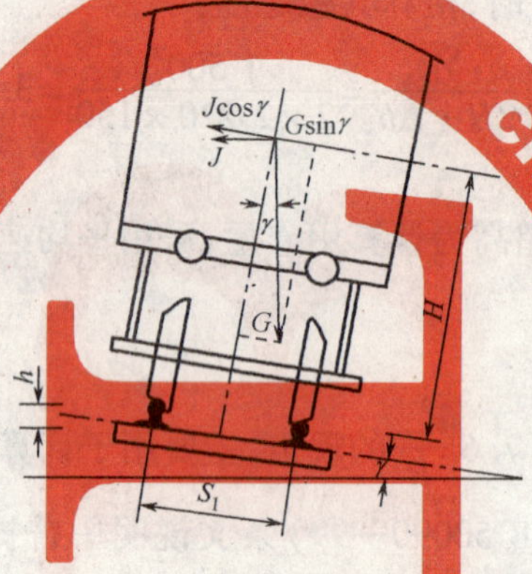

说明图 3.0.5

G—车辆重力(N)；h—外轨超高(mm)；γ—轨顶线与水平线夹角(°)；
S_1—两股钢轨中心线间距离(mm)；H—车辆重心在轨顶线以上的高度(mm)

$$a = \frac{v^2}{R} - \frac{gh}{S_1} \tag{说明 3.0.5—1}$$

如果 $v = v_0\left(v_0 = \sqrt{\frac{Nv^2}{\sum N}}\right)$，$\frac{v^2}{R} = \frac{gh}{S_1}$，$a = 0$，说明列车通过时无未被平衡的加速度；如果 $v > v_0$，$a > 0$，说明列车通过时有未被平衡的离心加速度，其值为$\frac{v^2}{R} - \frac{gh}{S_1}$；又如 $v < v_0$，$a < 0$，说明列车通过时有未被平衡的向心加速度，其值为$\frac{gh}{S_1} - \frac{v^2}{R}$。

未被平衡的离心加速度不宜太大，否则，不仅会影响列车行驶平稳，使旅客感觉不适，而且在高速行车条件下，还可使车辆失去稳定，危及行车安全。因此，必须规定一个合理的未被平衡的离心加速度容许值 a_0。令 v_{max} 为通过列车的最高行车速度，则

$$\frac{v_{max}^2}{R} - g\frac{h}{S_1} \leqslant a_0 \tag{说明 3.0.5—2}$$

g 采用9.81 m/s²，S_1 采用1 500 mm，代入式(说明3.0.5—2)，并把 v_{max}(m/s)改写成 v_{max}/3.6(km/h)，则得

$$11.8\frac{v_{max}^2}{R} - h \leqslant 153a_0 \tag{说明 3.0.5—3}$$

显然，式(说明3.0.5—2)左侧第一项为与 v_{max} 相适应的外超高，记为 h_{max}，第二项为与平均速度相适应的外轨超高，记为 h_0，两者之差为超高差，记为 Δh。在 $v_{max} > v$ 的情况下，Δh 为正值，称欠超高。而在 $v_{max} < v_0$ 的情况下，Δh 为负值，称过超高。欠超高和过超高是未被

CHINA RAILWAY PUBLISHING HOUSE

平衡的离心加速度和未被平衡的向心加速度的另一种表示方法，两者之间的关系为

$$\Delta h \leqslant 153a_0 \quad （说明 3.0.5—4）$$

（未被平衡加速度与超高关系，即 $\Delta h = \frac{S_1}{g}a$，$S_1 = 1\ 500$ mm，$g = 9.81$ m/s^2，$\Delta h = 153a$）

我国铁路经大量实践，规定未被平衡的离心加速度不得超过 0.4 ~ 0.5 m/s^2，特殊情况不得超过 0.6 m/s^2，以保证旅客舒适，即 $\Delta h = 153 \times (0.4 \sim 0.5)$，为 60 ~ 75 mm，困难情况可达90 mm。

另外，按行车的稳定性分析，欠超高使列车向外侧方向倾出，其安全率应为 4，即

$$\frac{h_q}{S_1} \cdot H \leqslant \frac{1}{4} \cdot \frac{S_1}{2} \quad （说明 3.0.5—5）$$

式（说明 3.0.5—5）中车辆重心高度，客车 $H = 2\ 057.5$ mm，货车 $H = 2\ 220$ mm。

故为保证旅客舒适，h_q 限制在 90 mm 以内是满足运营要求的。

$$h_q = \frac{S_1^2}{8H} \leqslant \begin{cases} 140 \text{ mm} \\ 120 \text{ mm} \end{cases}$$

过超高 h_g 为列车速度低而所设置的，超高过大时，称为过超高 h_g。过超高使列车向内侧方向倾倒，其危险性尤甚于欠超高。过超高的分析与欠超高同，但应小于欠超高，即 $h_g < h_q$。

我国一般限制在 30 ~ 70 mm，外国有用到 90 mm 的。

综合上述分析，本规范规定一般条件下，欠超高为 60 ~ 75 mm，困难条件下可用至 90 mm，过超高不宜大于 50 mm。

3.0.6 为使机车车辆能顺利通过小半径曲线，并尽量减少轮轨间的横向水平力，减少轮轨磨耗和轨道变形，因此曲线地段的轨距应有一定的加宽量。

小半径曲线轨距加宽值，不论按几何内接计算还是按力学内接计算，都与轨道的曲线半径和机车车辆的固定轴距等因素有关。因此，在已确定的车辆条件下，轨距加宽与曲线半径成反比。

我国曲线轨距加宽是按以下参数和理论计算的：

（1）车辆在列车中占大多数，以目前主型车辆中固定轴距较大的客车转向架按力学自由内接计算；

（2）对于机车，由于数量少，即使荷载的数值稍大，对钢轨磨耗和轨道变形的影响也不太严重，所以在保证行车安全的前提下，采用固定轴距最大的 FD（菲德）型蒸汽机车按最小运营半径条件核算；

（3）为保证行车安全，以车轮踏面在轨头上的覆盖量不应小于 30 mm 来确定最大加宽值；

（4）为简化轨道铺设工作，加宽档数尽可能少。

现行轨距加宽值是在铁科院的研究、试验和试铺的基础上确定的，经过多年的运营实践，证明所定的轨距加宽值与我国铁路的机车车辆的固定轴距是相宜的，完全可以保证电力、内燃、蒸汽牵引地段的行车安全，可减少行车摇晃，线路方向易于保持，减少改、拨道等养护维修工作量。为此，本规范仍延用了线路设计规范的轨距加宽值。

3.0.7 钢轨焊接接头是轨面不平直的控制部位。随着行车速度的提高对其平直度提出了更高要求。国家现行标准《钢轨焊接接头技术条件》（TB/T 1632）规定，用 1 m 直尺测

CHINA RAILWAY PUBLISHING HOUSE

量钢轨焊头的平直度，如说明表 3.0.7。

但考虑列车设计行车速度 120 km/h以下的轨道几何形位与运营条件的匹配，仅对轨头内侧工作面按 120 km/h 速度值为界限，即轨顶面、轨头内侧工作面的平直度，分别为 0.3 mm/1m和 ±0.3 mm/1 m，其他指标相同。

说明表 3.0.7　钢轨焊接接头平直度标准(mm/1 m)

焊头部位＼焊接方法	接触焊、气压焊(固定)	气压焊、(移动)铝热焊
轨顶面	+0.3 0	+0.5 0
轨头内侧工作面	0.3	0.5
轨底	+1.0 0	—

目前钢轨焊接质量较过去有很大提高。打磨钢轨焊头的机械水平已完全能够做到现场和工厂(基地)一致，基于平直度是满足列车运行需要，故本规范对焊头打磨标准不分焊接方法均采用基本一样标准，如本规范表 3.0.7 的规定。另外，无论是那种焊接，目前探伤检测手段已能满足运营要求，随着列车速度的提高，不能满足标准要求的焊接方法应禁止使用。

3.0.8～3.0.12　轨道的静态平顺度及曲线圆顺度，其标准主要参照《秦沈客运专线线路养护维修暂行规定》(运基线路〔2001〕274 号文)、《铁路线路维修规则》(铁运〔2001〕23 号部令)、《秦沈客运专线有砟轨道工程质量检验评定标准(试行)》(建技〔2001〕1 号文)、《秦沈客运专线桥上无砟轨道工程质量检验评定标准(试行)》(工管技〔2001〕97 号文)、《新建客货共线铁路设计暂行规定》(铁建设〔2003〕76 号文)相应的设计、施工、验收规定，提出本规范的标准。

圆曲线出现的正矢连续差，形成实际的轨道圆曲线的几何形位均为复曲线形式表现。20 m 为弦长，其正矢 $f=50\ 000/R$(mm)，R 以 m 计。连续差不同，轨向变化率不同。《铁路线路维修规则》表 3.7.6 规定：在曲线半径 350 m < R≤650 m 时，连续差为 8 mm，变化率为 0.8‰；R>650 m 时，连续差为 6 mm，变化率为 0.6‰。

(1)《新建客货共线铁路设计暂行规定》(铁建设〔2003〕76 号文)第 19 条规定的曲线半径如说明表 3.0.8。

说明表 3.0.8　线路平面曲线半径

铁路等级	Ⅰ			Ⅱ		
路段旅客列车设计行车速度(km/h)	160	140	120	120	100	80
推荐曲线半径(m)	2 500～5 000	2 000～4 000	1 600～3 000	1 600～3 000	1 200～2 500	800～2 000
最小曲线半径(m)	2 000(1 600)	1 600(1 200)	1 200(800)	1 200(800)	800(600)	600(500)

从上表分析，曲线静态圆顺度，速度以 120 km/h、曲线半径 R 以 800 m 为界限合适；小于 800 m 可参照《铁路线路维修规则》表 3.7.6 办理。

(2)速度与曲线半径划分范围分析：

① 按本规范第 3.0.3 条曲线外轨最大超高及表 3.0.5 的允许欠超高及欠超高与过超高之和的规定。

在最大超高 $h_{max}=150$ mm 时，欠超高 $h_q=75$ mm，速度为 120 km/h，$v=4.37\sqrt{R}$，R 为 754 m，困难条件 $h_q=90$ mm，$v=4.5\sqrt{R}$，则 R 为 711.1 m，选择 800 m 为确定正矢差分界合适。

速度 160 km/h 时，一般条件 $v=4.3\sqrt{R}$，困难条件 $v=4.5\sqrt{R}$，R 分别为 1 384、

1 264 m。

② 以速度差分析，v_{max}均为 80 km/h，由

$$R = 11.8\frac{v_{max}^2 - v_{min}^2}{[h_q + h_g]}$$

采用困难条件，160 km/h 时，$[h_q + h_g] = 140$ mm，$R = 1\ 618$ m；

140 km/h 时，$[h_q + h_g] = 140$ mm，$R = 1\ 112$ m；

120 km/h 时，$[h_q + h_g] = 140$ mm，$R = 674$ m。

上述分析，说明 76 号文件半径划分合适。

(3) 以圆曲线连续正矢差形成圆曲线为复曲线几何形位分析。

①《铁路线路维修规则》表 3.7.6 以 $R = 650$ m 为例，允许连续差 8 mm，轨向顺坡率 0.8‰，半径不同复曲线为 $R = 650$ m，$f = 50\ 000/650 = 77$ mm，$f \pm 8$ mm 时，其复曲线半径在 588 ~ 725 m 范围内变化，在标准半径 650 m 的 0.9 ~ 1.1 倍内变化。随着半径的加大，轨向顺坡率在减少，按本规范表 3.0.10 规定，$R < 1\ 200$ m时为 0.6‰，1 200 m $\leqslant R <$ 1 600 m时为 0.5‰，1 600 m $\leqslant R <$ 3 500 m 时为 0.4‰，$R \geqslant$ 3 500 m 时为 0.3‰。

半径变化范围：曲线半径为 2 800 m 时，标准正矢为 18 mm，连续正矢差 4 mm，半径变化 2 273 ~ 3 571 m。从上述分析看，最小半径均满足速度目标值要求。

综合分析表 3.0.10 圆顺度允许偏差，即满足轨向变化，正矢连续差引起的曲线半径变化，可以满足列车速度要求。

3.0.13 轨道设计动态平顺度标准，主要依据《秦沈客运专线线路养护维修暂行规定》(运基线路〔2001〕274 号)、《铁路线路维修规则》(铁运〔2001〕23 号部令)中的轨道各级偏差管理值。各平顺度标准表中的平顺度是指轨道结构设计时采用的标准轨道状态。其他的各级超限是能够保证列车按设计行车速度运行的偏差管理值，但超限处所应限制在一定数量范围内，且以扣分形式体现，超过规定的分数为失格轨道。

3.0.14 道床质量参数，常以道床密度、道床承载力、道床弹性、道床加速度、下沉或位移、几何形位、道砟物理力学性能和级配等表达。根据铁科院、中国铁路工程总公司、铁一局、西南交大等单位在 20 世纪 90 年代对铁路有砟轨道结构施工标准与工艺研究结果及秦沈客运专线轨道施工实践经验，道床密度、道床支承刚度、道床纵向阻力、道床横向阻力等参数，基本上可以体现道床能否满足列车开通速度的主要物理力学指标。

(1) 道床密度(g/cm^3)

① 灌水法：常规方法，但精度不高、测量工作量大并且速度慢。

② γ 射线仪：利用 137Cs 放射出的 γ 射线，在穿过不同介质时，其衰减程度与介质的性质、厚度、密度有关的原理，测量散粒体道床密度。

(2) 道床支承刚度(kN/mm)

道床支承刚度是用于评价道床弹性和承载力的力学指标，是指轨枕在道床的支承面上产生单位下沉所需的单股钢轨作用到轨枕上的荷载值。用支承刚度仪测量道床支承刚度。测量时将加力架安装在轨枕一端，以钢轨作支撑反力，在轨枕上加载，在加、卸载与位移关系曲线图上取位移量最大值与最终值之差，即为道床恢复变形的能力。由非侧限条件下道床所受垂直荷载与垂向位移关系曲线的斜率表示道床支承刚度 K。K 按下式计算：

$$K = \frac{P_{35} - P_{7.5}}{S_{35} - S_{7.5}}$$

式中 K——道床支承刚度(kN/mm);

P_{35},$P_{7.5}$——轨枕承受的荷载值(kN);

S_{35},$S_{7.5}$——轨枕承受 P_{35}、$P_{7.5}$ 荷载时道床的下沉量(mm)。

(3)道床横向纵向阻力(kN/枕)

道床横向阻力是指道床阻止轨枕沿线路横向位移的力,是保持无缝线路轨道稳定的重要条件。

用道床横向阻力加力架、卧式油压千斤顶、位移传感器测量道床横向阻力,加力架以钢轨作反力向轨枕上施加作用力。其测量原理、使用的加力装置、传感器及记录打印方式,与道床支承刚度相同。

同理,也可用于测量道床纵向阻力。

(4)铁科院 1998 年 3 月 27 ~ 30 日在京广下行线进行的有压花和无压花的Ⅲ型混凝土枕的道床纵横向阻力对比测试及对Ⅱ型混凝土枕的道床阻力试验,测试试验条件如说明表 3.0.14—1。

实测单根轨枕横向阻力,Ⅲ型平均在 12.78 kN/枕,均方差为 1.17;Ⅱ型枕平均在 10.03 kN/mm,均方差为 0.79。

纵向阻力Ⅲ型枕 18.13 kN/枕,均方差为 2.30;Ⅱ型枕 10.0 kN/枕。

说明表 3.0.14—1 测试轨道条件

枕型	地 段	砟肩(cm)	堆高(cm)	铺设根数(根/km)
Ⅲ	京广线 K790 +900	45	20 ~ 25	1 667
Ⅱ	京广线 K787 +550	50	10 ~ 15	1 840

(5)1999 年 4 月中国铁路工程总公司、铁一局和西南交大承担的铁道部科技研究开发计划《高速铁路有砟轨道结构施工标准与工艺研究》(合同编号 96G09)提供的成果报告,给出的道床横向阻力测定值如说明表 3.0.14—2。

说明表 3.0.14—2 道床横向阻力测定值

地 点	轨 枕	道 床(cm)	作 业 方 法	运营条件	2 mm 位移时横向阻力(kN/枕)		
					松散阶段	初期稳定阶段	稳定阶段
京九线龙川	Ⅱ	肩宽 50	分层补砟机养作业后			6.27	
京山线	Ⅲ型	肩宽 40	全部换新道砟,动力稳定			6.41	
大秦线	Ⅲ型	肩宽 40		稳定的道床			11.82
大秦线	Ⅲ型	肩宽 40 堆高 15		稳定的道床			12.35
大秦线	Ⅱ型	肩宽 40 堆高 15		稳定的道床			10.30
沪宁线 沪杭线	69 型,直线	肩宽 40	起道 40 mm 捣固后		4.75		
		肩宽 40	动力稳定			6.43	
		肩宽 40	运量 12 万 t			8.14	
		肩宽 40	起道之前	稳定的道床			12.8

CHINA RAILWAY PUBLISHING HOUSE

续上表

地 点	轨 枕	道 床 (cm)	作 业 方 法	运营条件	2 mm 位移时横向阻力(kN/枕)		
					松散阶段	初期稳定阶段	稳定阶段
沪宁线 沪杭线	69 型、直线	肩宽 45	起道 60 mm 捣固后		3.34		
		肩宽 45	动力稳定			5.31	
		肩宽 45	运量 12 万 t			6.83	
		肩宽 45	起道之前	稳定的道床			9.52

根据测试分析，Ⅲ型枕建议初期稳定阶段道床横向阻力不低于 7.5 kN/枕；稳定阶段道床横向阻力不低于 12 kN/枕。

道床纵向阻力与横向阻力有关。当横向阻力足够时，纵向阻力即达到设计标准，报告建议Ⅲ型枕道床稳定阶段的纵向阻力值不低于 14 kN/枕。

(6)根据铁一局、北京局、广铁集团、铁三院及北方交大《普通铁路有砟轨道铺设无缝线路道床阻力等参数试验研究》成果报告(铁建技字〔2002〕第 5 号)，当设计速度为 160 km/h、开通速度为 120 km/h 时，稳定阶段道床横向阻力Ⅱ型枕不低于 9.0 kN/枕(1 760 根/km)，Ⅲ型枕不低于 10.0 kN/枕(1 667 根/km)；纵向阻力Ⅱ型枕不低于 10.0 kN/枕，Ⅲ型枕不低于 12.0 kN/枕。

(7)铁道部《新建改建铁路开通速度 80 km/h 轨道工程施工暂行技术标准》(铁建设〔2002〕65 号)的第 4.1 条规定，竣工后混凝土枕道床横向阻力应大于或等于 6.5 kN/枕，纵向阻力应大于等于 9 kN/枕，支承刚度大于或等于 60 kN/mm。广铁集团和铁一局结合京九铁路龙东段复线新线开通 80 km/h 工程实测，开展了新建铁路开通速度 80 km/h 轨道等的试验研究，对铁建设〔2002〕65 号文的标准进行了验证。

(8)铁道部建设司《秦沈客运专线有砟轨道工程施工技术细则(试行)》(建技〔2000〕121 号)第 11.0.3 条表 11.0.3—4 道床状态参数指标(平均值)参数为：

枕下道床密度 ≥1.70 g/cm^3

枕下道床刚度 ≥100 kN/mm

道床横向阻力 ≥10 kN/枕

道床纵向阻力 ≥12 kN/枕

该项参数指标也得到了秦沈客运专线建设的实践证明。

(9)铁道部《新建客货共线铁路设计暂行规定》(铁建设〔2003〕76 号)第 63 条表 9 规定的道床状态参数指标为：

枕下道床密度 ≥1.7 g/cm^3

枕下道床刚度 ≥100 kN/mm

道床横向阻力 ≥10 kN/枕

道床纵向阻力 ≥12 kN/枕

(10)道床纵向阻力一般以每根轨枕的阻力或每延厘米分布阻力来表示。它是抵抗钢轨伸缩、防止线路爬行的重要参数。道床抵抗轨道框架纵向位移的阻力是由轨枕与道床之间的摩阻力和轨枕盒内道砟抗推力组成。纵向道床阻力还与道砟材质、粒径尺寸、道床断面形状有关，尤其与道床的密实程度有关。它也是无缝线路轨道结构计算的一项重要参数。

(11)道床的横向阻力是防止胀轨跑道、保持轨道稳定的重要因素。前苏联的研究结果表明,保持轨道的稳定性,道床横向阻力的作用占65%。

道床横向阻力由轨枕两侧及底部与道砟接触面之间的摩阻力和枕端的砟肩阻止横移的抗力组成。据北方交通大学的试验,在混凝土枕的轨道上,道床肩宽从300 mm起加宽,横向阻力随砟肩宽度的增加而增大,增加到550 mm达最大值,总阻力增加16%。若再加宽就不再增大了。日本堀越博士也做过这类试验,认为砟肩宽度超过400~460 mm后,道床横向阻力将不再增加,这主要与轨枕的长度、枕底接触面积和枕端截面不同有关。

(12)道床肩部堆高,一般可提高横向阻力10%~15%。

据英国铁路测试混凝土枕轨道,轨枕与石砟各接触面道床横向阻力大约为:枕底占30%~50%,枕侧占22%~52%,枕端占18%~28%。

为此,道床稳定阶段的参数指标,与道床密度、支承刚度、道床砟石材质,道床断面尺寸等均密切相关。

综合上述说明,本条把正线轨道有砟道床稳定状态的主要参数规定为表3.0.14。列车行车速度80 km/h $< v \leqslant$ 120 km/h应满足表中所列数值,括号内系指开通速度为80 km/h时的标准。

3.0.15　线路允许行车速度较低的曲线地段设置的基桩主要是为曲线养修,确保曲线的圆顺度而设置的。只要轨道水平、轨距、方向、扭曲等几何形位符合规定即可,但对轨面标高并不需要控制。随着列车行车速度的提高,电力牵引区段的弓网与轨面高度显得尤为重要。在列车速度高的情况下,随着振动的加剧,在接触导线上形成以弦的形态传播的横向波,同时受电弓遇到吊弦线夹和定位器的冲击将波反射,致使振动波振幅增大,振动波沿接触导线以其波速传播,即为接触线的波动传播速度,其定义为导线张力与密度比的平方根,表达式为

$$c=\sqrt{\frac{\tau}{\rho}}$$

式中　c——波动传播速度(m/s);

τ——接触导线的张力(N);

ρ——接触导线的密度(kg/m)。

日本的试验结果表明,当列车运行速度接近接触网的波动传播速度时,接触网和受电弓就很难维持接触,还有可能出现接触导线断线。在列车运行速度与接触导线波动传播速度的比值β系数达到0.7~0.8以上时,有相当长的吊弦间距周期。按照周期变动的力,接触导线难以急速变动。这导致受电弓通过时接触导线出现弯曲变形。

上述分析,在列车速度高的情况下,轨面与接触导线间距离就显得尤为重要了。因为线路方向及轨道标高的改移直接影响到电力牵引的弓网关系,同时影响列车运行速度,故本规范规定160 km/h的线路应设置基桩。

3.0.16　轨道电路是列控系统的基础设备。轨道电路参数标准除对轨道电路本身的安全、可靠有重要作用外,对业主来说,这个标准还会影响到设备的选型、设备投资、工程造价等重要经济指标。其中铁路轨道道床电阻也是轨道电路参数标准之一,道床电阻越大,轨道电路可设计得越长,最大电缆长度也长,列控地面信号中心间隔可增大,区间信号室可减少。因此电务信号设备设计与轨道结构设计宜共同协商道床电阻这一参数值。

CHINA RAILWAY PUBLISHING HOUSE

目前对轨道结构提出一个道床电阻值非常困难,特别是客货共线铁路受环境、湿度、污染程度等因素影响更大。因此本规范仅提出轨道结构设计时应考虑信号设计对其道床电阻值的要求。

4.0.1

(1)轨道类型划分原则和方法。轨道类型划分有两种方法:一是按铁路等级划分,另一是按运营条件划分。按铁路等级划分轨道类型,要求同一等级的铁路采用同一种轨道类型。但实际上同属一个等级的铁路,其近期运量增长速度却相差很大,有的在通车以后很快达到远期规模;有的在运营一段时期以后,才迅速增长;有的在很长时期内运量一直很小。所以轨道类型按铁路等级划分与实际需要有不完全相符的情况,造成轨道使用的不合理。按运营条件划分轨道类型,同一等级的铁路,可以采用不同类型的轨道;不同等级的铁路,也可采用同一类型的轨道。这样可以使轨道类型与运营条件相适应,故本规范按运营条件将轨道类型划分为特重型、重型、次重型、中型和轻型五种。

对Ⅲ型混凝土枕的每千米铺设根数,由 1 680 根/km 改为1 667根/km。经铁科院理论计算,Ⅲ型混凝土枕 1 600 根/km,道床状态参数均能满足列车荷载的要求,经京九铁路铺设试验也证明了是合适的。为使轨道有一定储备,实际采用 1 667 根/km,轨枕间距为 600 mm,也方便了施工与维修,且较 1 680 根/km 降低了建设费用和运营成本。对焊接接头与轨枕搭接的问题,由于钢轨焊接接头轨底施行打磨,且有标准要求,世界各国铁路对此也均无规定。实际由于钢轨焊接采用接触焊和气压焊时钢轨焊联后形成顶锻量,采用铝热焊时,由于焊粉填充,钢轨焊联后加长,经计算,1 680 根/km 较 1 667 根/km 焊缝与轨枕搭接的还多。另外,韩国修建的高速铁路采用 UIC60 kg/m 钢轨,其标准长度与中国一样均为 25 m,其每千米铺设根数为 1 667 根。我国秦沈客运专线、道岔岔枕布置均采用 600 mm 的轨枕间距。这一改进,经济效益十分显著。

(2)各种轨道类型部件的选定。轨道是由钢轨及轨下基础(轨枕、道床等)构成的一个整体结构,直接承受机车车辆荷载,并将其由钢轨经轨枕和道床传递给路基。在荷载作用下,轨道各组成部件均产生应力和变形,不同轨道结构,各部件的应力和变形有很大的差异。为使各部件的应力和变形不超过其容许值,必须选定各类轨道的钢轨类型、轨枕类型及配置根数和道床厚度等,使各类轨道在规定的运营条件下,既有足够的强度、寿命及合适的养护维修工作量,又符合国家的技术政策要求。

① 钢轨类型的选定。在轨道结构中,钢轨是最主要的部件。在划分轨道类型时,首先要根据运营条件选定钢轨类型,然后确定相应的轨枕类型及配置根数、道床材料和断面尺寸,使整体结构的各组成部分互相配套,充分发挥各自的工作性能。选定钢轨类型的主要因素是年通过总质量、行车速度、最大轴重及合理的轨道设备修理周期。

a. 钢轨类型与年通过总质量的适应关系。根据我国《铁路主要技术政策》的规定,干线应铺设 60 kg/m 钢轨的轨道结构,运煤专线可采用 75 kg/m 特重型钢轨的轨道结构。

随着轨道结构的重型化,在列车荷载作用下的钢轨基本工作应力相应降低。钢轨重量加大后,刚度提高,枕上压力减小,轨道结构受力有所改善。钢轨材质、轧制工艺以及热处理的技术提高,使钢轨的静力强度指标(主要指屈服强度和极限强度)又有很大提高。因此,按最大列车荷载(过去通常是选机车最大轴重,再考虑动力附加系数)作用下的钢轨最大基本工作应力和按钢轨静力强度指标考虑一定的安全系数所得出的钢轨容许应力而建立起来的钢轨静力强度条件已不再是确定钢轨类型的控制因素。当前,铁路运营部门选择钢轨类型的主要依据是：轨道大修周期所要求的钢轨安全使用寿命；养护维修条件和养护维修能力所期望的轨道正常养护维修工作量及日常维修费用；旅客列车的行车速度；线路每千米年通过总质量。

b. 钢轨安全使用寿命。钢轨上道后，由于材质、使用环境、运营条件及养护作业等诸多原因，在使用过程中个别钢轨的伤损、修复乃至更换是不可避免的。随着钢轨使用期限的延长，钢轨折损的数量会逐年增加。说明图 4.0.1—1 为我国京包线上行总长为146 km的某区段内，43 kg/m 普通碳素轨平均每千米累计折损根数随累计通过总质量增长而变化的情况。可以看出，当累计通过总质量超过 300 Mt 之后，平均每千米线路钢轨折损的数量明显增加。

钢轨折损是行车安全的最大隐患。折损数量愈多，行车的安全水准就愈低，修复、更换伤损轨的费用及占用中断行车时间、干扰运营所造成的经济损失就愈大。从行车安全、换轨修理的综合经济指标出发，当平均每千米线路钢轨的折损数量超过某一限度之后危及行车安全，被认定该批钢轨继续使用已无技术经济价值，必须成批更换下道并配合进行线路大修。一批钢轨从上道使用直至平均每千米线路钢轨累计折损根数达到某一规定限度之后成批更换下道的整个使用期限内，线路累计通过的总质量称为钢轨的安全使用寿命。在"使用寿命"之前加上"安全"二字时表示上述使用寿命时受一定的安全度指标所控制的。随着铁路的重要性、运输性质及行车速度的不同，对钢轨使用所要求的安全度指标是不同的。通常，国际上连通线路、大城市之间的主要干线、客运为主的线路以及高速线上，要求更高的安全度指标，这是因为在这些线路上一旦发生事故，损失最大、影响也最大。不同国家、不同铁路，不可能采用统一的钢轨使用安全指标。

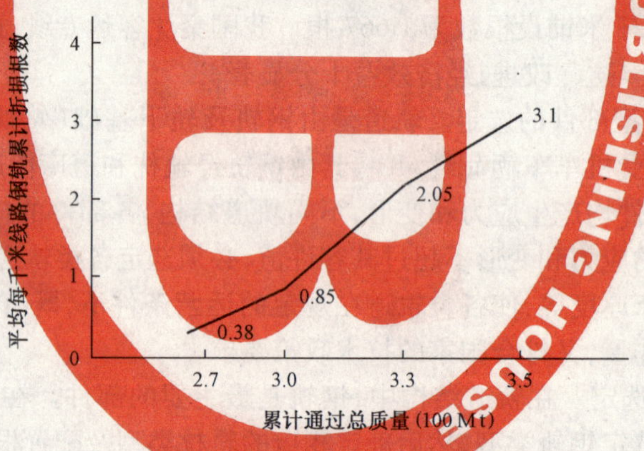

说明图 4.0.1—1

根据我国铁路长期运营经验，在过去钢轨标准长度 12.5 m 的有缝线路轨道区段，取钢轨累计折损数量 2 根/km 作为钢轨大修下道的参考标准，计算累计损伤度为 1，钢轨折损率为 1/60。前苏联最初规定，当每年钢轨单根更换量超过 1% ~2% 时，必须进行线路大修，后来由于钢轨质量的提高，又将这个比数降低到 0.5%。根据有缝线路轨道区段上钢轨伤损的统计资料，钢轨螺栓孔伤损占钢轨伤损总数的 31%，钢轨因材质伤损占 69%。采用标准长度 25 m 的钢轨之后，接头数量减少一半，在其他所有条件及累计通过总质量相同条件下，接头螺栓孔的折损数量可减少 1/2，即 15.5%。钢轨总折损数量也可减少 15.5%，按线性累计损伤原理，其计算累计损伤度也减少 15.5%。如仍按每千米线路钢轨累计折损数量 2 根/km(计算累计损伤度为 1)作为钢轨大修下道的标准，则仅将钢轨标准长度由 12.5 m 改成 25 m，钢轨的使用寿命可延长(1/84.5%)−1=18.3%。但应当指出，此时钢轨的折损率标准不再是 1/80，而是 1/40。这是因为采用 12.5 m 长的钢轨时，折损数量 2 根/km，占每千米钢轨数量的1/80，而采用 25 m 长的钢轨后，伤损数量 2 根/km，占每千米钢轨数量的 1/40。随着时间的推移，炼钢技术水平提高，因为钢轨材质而损伤的比例在明显减少，这也是前苏联把钢轨损伤由 1%～2% 降至 0.5% 的主要原因。

另外一种决定钢轨是否下道大修，是采用磨耗系数法，即

$$钢轨使用年限=\frac{轨头允许磨耗断面积}{平均年通过总质量\times磨耗系数}$$

磨耗系数为每通过百万总质量(t · km)所发生的轨头磨耗量(mm^2)。

另外，运营条件也是使钢轨下道的一项技术原则，即线路年通过总质量增加了，钢轨型号低于了年通过总质量的标准，也应更换与年通过总质量匹配的钢轨，下道的钢轨再利用到次要线上去。这是因为年通过总质量的提高，钢轨型号低，轨道的安全必然降低。

在采用了无缝线路之后，特别是采用了标准长度为25 m 的钢轨焊成的无缝线路轨道之后，不仅接头数量减少，而且几乎所有接头都由普通钢轨接头变成了焊接接头，此时接头损伤的数量会进一步减少。按过去的经验，无缝线路轨道钢轨接头部位，主要采用铝热焊的联合接头，其伤损几乎占联合接头伤损的 85%，后来采用了气压焊，联合接头伤损明显减少。例如津浦线下行线 60 kg/m 钢轨轨道，累计通过总质量约 605 Mt · km/km 时，铝热焊、气压焊、接触焊伤损比重分别达到 49.4%、7% 和 0.5%；铝热焊缝低塌严重，在通过总质量为 723 Mt · km/km 时达0.99 mm，是气压焊缝低塌量的 3 倍。但考虑日常维护及处理伤轨，铝热焊还是不可少的工艺。联合接头出现的伤损虽仍有相当数量，但和普通钢轨接头相比，其数量约可减少至 1/2。也就是说，25 m 轨有缝线路在接头部位出现的 15.5% 伤损，可进一步减少到 7.75%，使每千米钢轨的累计折损数(计算累积损伤度)又减少了 7.75%。如果仍按累积损伤度达到 1 作为钢轨大修下道的标准，按线性累积损伤原理，钢轨的安全使用寿命可延长 30.3%。

钢轨安全使用寿命通常用累计通过总质量表示。这与在年通过总质量不同线路上同种钢轨以年限表示的安全使用寿命是不同的，因为钢轨的安全使用寿命是确定换轨及线路大修周期的主要依据。根据运营条件，一般大修换轨的合理周期在 15～20 年。为满足运输需要，年通过总质量大的特重型、重型轨道上，必须采用重型钢轨；年通过总质量小的中型、轻型轨道上，可采用轻一级的钢轨。虽然不同类型钢轨满足的年通过总质量不同，但钢轨与轨道类型相匹配，同样可以达到合理的大修周期 15～20 年的要求。这也是在线路轨道年通过总质量提高后，钢轨虽然没有达到更换周期，也需要更换的一项因素。

根据我国 20 世纪 80 年代初的现场统计资料，标准长度12.5 m钢轨有缝线路的钢轨安全使用寿命为:43 kg/m 钢轨平均270 Mt，50 kg/m 钢轨平均 480 Mt，按钢轨疲劳累积损伤理论计算，60 kg/m钢轨平均为 840 Mt。根据前面的分析，如果是无缝线路，则钢轨安全疲劳使用寿命可提高 30.3%，相应值分别为 353 Mt、627 Mt 和 1 097 Mt。当时，60 kg/m 钢轨的安全使用寿命 840 Mt 完全是根据室内 60 kg/m 钢轨实物疲劳资料 *S—N* 曲线，按与43 kg/m轨、50 kg/m 轨相同的安全指标，用疲劳累积损伤理论推算出来的，与 20 世纪 90 年代初《延长运营钢轨使用寿命的研究——在线钢轨的服役寿命预测方法的研究》课题中，60 kg/m钢轨累计折损处数为 2 处时的累计通过总质量为 870～1 384 Mt，是大体一致的。从运营安全出发，考虑一定的安全储备，以及钢轨再利用，延长钢轨使用周期，故

《铁路线路维修规则》规定无缝线路轨道钢轨更换周期75 kg/m、60 kg/m、50 kg/m 钢轨通过总质量分别为900 Mt · km/km、700 Mt · km/km、550 Mt · km/km，有缝线路轨道钢轨更换周期分别为700 Mt · km/km、600 Mt · km/km、450 Mt · km/km；43 kg/m 钢轨有缝线路轨道为 250 Mt · km/km。

实际采用的铺设重型钢轨可以收到更大的经济效益，增加了线路轨道通过的总质量，同时也延长了线路轨道的使用年限，而且通过总质量的增长比钢轨重量增长要快。因为分摊到每百万吨公里总质量的金属消耗量，随着钢轨重量的增加而减少。因此，钢轨型号与轨道类型匹配，技术经济效益更为明显。

c. 轨道养护维修工作量及养护维修费用。轨道养护维修的主要作业是整治轨道几何状态的恶化，而轨道几何状态的恶化又与轨道结构的累积残余变形密切相关。从概念上说轨道结构的残余变形并不等于轨道几何尺寸的变化。国内外的运营观测资料表明，轨道的累积残余变形量愈大，残余变形的不均匀性也愈大，这种不均匀性所导致的轨道几何尺寸的变化也愈大，在轨道残余变形量与轨道几何尺寸的变化之间存在近似的线性关系。因此，轨道结构的累积残余变形量可以作为轨道几何状态恶化及为整治这种恶化所要求的轨道维修工作量及维修费用的评估指标。

在路基稳定、状态良好的既有线上，轨道结构的累积残余变形主要来自于道床层，国内外都进行过重复荷载下道床累积变形的试验研究。试验中同时测定道床工作系数、道床顶面压应力和道床中部（15 cm 深处）的振动加速度 a 及道床层的累积变形量，并记录相应的荷载作用次数，然后绘制道床顶面下沉 y（累积变量）与荷载作用次数 n 的关系曲线（见说明图 4.0.1—2），并分别求出不同工作阶段累积变形曲线下沉速率 β（10^{-5} mm/次）及相应的道床顶面压应力 p（10^5 N/m^2）与道床振动加速度 a（10 m/s^2）的平方的乘积 pa^2（10^7 N/s^4），再根据计算所得的各组对应的 β、pa^2 之值，绘制 β 与 pa^2 之间的关系曲线（见说明图 4.0.1—3）。不难看出道床顶面下沉率 β 与 pa^2 之间有近似的线性关系，即 $\beta \propto pa^2$。

说明表 4.0.1—1

工作阶段		荷载 P	β	p	a	a^*	pa^2	$p(a^*)^2$
		10 kN	10^{-5} mm/次	10^5 N/m^2	10 m/s^2		10^4 N/s^4	
密实阶段 I		2 ~ 15	3.67	0.971	0.1	0.153	9.71	22.7
相对稳定阶段 II	1	2 ~ 15	0.075	0.971	0.1	0.153	9.71	22.7
	2	2 ~ 17.5	0.228	1.133	0.1158	0.316	15.2	113
	3	2 ~ 20	0.472	1.295	0.138	0.526	24.6	358

注：a 频率 0 ~ 250 Hz，a^* 频率 2 ~ 10 000 Hz。

经进一步分析道床应力、振动加速度与列车轴重（影响道床顶面应力 p）、车辆走行部分参数 λ、行车速度 v、轨面平顺状态 ω、钢轨刚度 EI、轨下垫层弹簧刚度 u_1、钢轨基础弹性系数 u 及参与振动的轨枕、道床和路基的质量 m 之间的关系，并根据道床累积变形与累积通过总质量 T 成线性关系的试验规律，得出道床顶面累积下沉量 y 的计算公式为

$$y \propto pa^2 Tv\lambda\omega = pTv\omega \frac{u_1}{EIum} \qquad \text{（说明 4.0.1—1）}$$

上式表明，决定养护维修工作量及养护维修费用的道床顶面累积下沉量 y 与线路的

CHINA RAILWAY PUBLISHING HOUSE

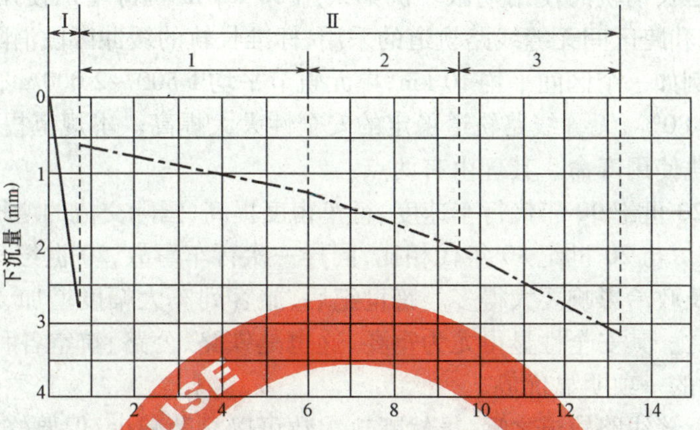

说明图 4.0.1—2 道床累积变形曲线

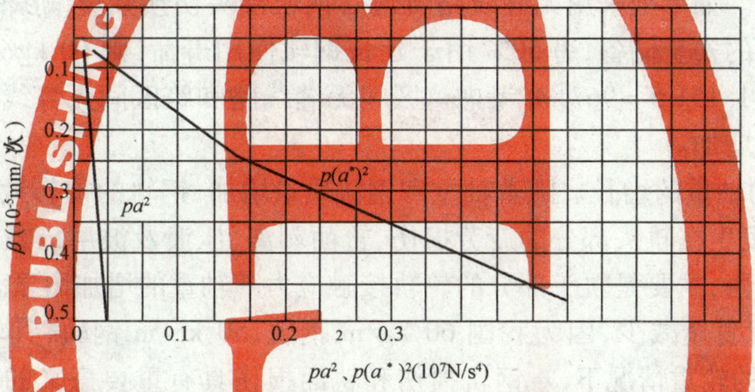

说明图 4.0.1—3 β 与 pa^2 关系曲线

通过总质量 T 成正比,与钢轨刚度(EI)、钢轨基础弹性系数 u 及参与振动的轨枕、道床、路基质量 m 成反比。为了维持轨道维修工作量在合适的范围内,年通过总质量大的线路就应当采用重型钢轨、坚实的轨下基础、重量大的轨枕、道砟材质优良的重型轨道结构。这就是从轨道养护维修工作量及维修费用的角度,说明钢轨类型必须与年通过总质量相应的另一基本思想。

经计算,在列车平均轴重、车辆走行部分参数、轨下胶垫及钢轨基础弹性系数、行车速度、年通过总质量等条件相同时,采用 60 kg/m 钢轨比采用 50 kg/m 钢轨的轨道养护维修工作量可减少 40%。在式(说明 4.0.1—1)中,钢轨质量的增加不仅直接改变 EI 值,而且还导致道床顶面应力 p 值的减小。

② 不同钢轨类型的年通过总质量界值的划分。钢轨类型必须与年通过总质量相适应。本规范主要根据我国 20 世纪 80 年代的运营试验资料经分析、计算提出有关数值,并概括 20 世纪 90 年代已经变化的,特别是 2000 年后的列车速度提高的运营条件作相应的调整。这主要表现在以下三个方面:

a. 关于轨道结构设计的安全度指标。“安全”是铁路运输永恒的主题,铁路各部门努力在基本设备、操作软件及管理规程的各方面采取加强措施,提高本行业运营的安全水准。铁路工务设备大力发展推广区间无缝线路和跨区间无缝线路,是提高轨道设备运营安全水准的重大举措,它可使钢轨折损率减少 31.5%,从而大大提高行车的安全性。这是采用上述措施所带来的技术经济效益。当然,这种效益也可用其他形式来表现,那就是提高钢轨类型、延长钢轨的使用期限。例如采用 60 kg/m 轨可增加使用寿命 30.3%，区间无缝线路轨道和跨区间无缝线路轨道的采用，标准长轨的缓冲区段消除，无缝线路轨道的伸缩区减少，例如一个区间平均 10 km，单元轨节平均 1 500 ~ 2 000 m，这使可能发生应力峰的处所减少 80%，无缝线路轨道稳定的安全性大大提高。本规范提高钢轨使用的安全水准，延长钢轨使用寿命。其理由有两点：

其一，随着 20 世纪 90 年代行车速度、行车密度提高，国际交流的增加，要求提高铁路运输的安全水准。与 20 世纪 80 年代相比，同样一次行车事故，20 世纪 90 年代所造成的经济损失、社会及政治影响要大得多。跨世纪后，旅客列车大幅度增加，行车速度提高也在向国际水平靠拢，其安全性显得尤为重要，这也是铁路、公路、航空各种交通之间，高安全性是铁路运输的一项明显优势。

其二，采用无缝线路轨道之后，虽然断轨次数可以显著减少，但要修复断轨较有缝线路轨道困难。它不仅在修复时需要锯轨、配轨、临时轨、重焊等复杂工作，必要时还要进行轨道的应力调整。如果把采用无缝线路轨道后钢轨接头伤损数量减少的 50% 作为提高钢轨使用可靠性的安全储备，另 50% 用于延长钢轨使用寿命，则 60 kg/m 钢轨的安全疲劳可按 840 Mt × 1.151 5 = 967 Mt 考虑。区间无缝线路和跨区间无缝线路轨道的安全使用寿命还能有所增加。

b. 列车平均轴重的增长。随着轴重和钢轨质量增加，钢轨的损伤愈来愈集中于钢轨的头部，疲劳源发生在轨头部分的疲劳损伤、轨面剥离、压溃及波磨已成为钢轨伤损的主要形式。究其原由，主要是轨头部分的轮轨接触应力随轴重的增加而显著增加，并不随钢轨质量的增加而明显减少，因为我国 60 kg/m 钢轨、50 kg/m 钢轨，其轨头圆弧半径为 300 mm，在相同的轮重情况下，对钢轨损伤和轨面损伤具有重要意义的轮轨接触最大剪应力 τ_{max} 可按下式计算：

$$\tau_{max} = 4.13\sqrt{\frac{P}{R}} \qquad \text{（说明 4.0.1—2）}$$

式中 τ_{max}——轮轨接触最大剪应力（kg/mm^2）；

P——轮重（kg）；

R——车轮半径（mm）。

概括我国机车车辆资料，几种典型的计算结果列于说明表 4.0.1—2。

说明表 4.0.1—2　轮轨接触最大剪应力

机车、车辆类型	轴重（轮重）（t）	车轮半径（mm）	τ_{max}（MPa）
货车 C_{75}	25（12.5）	420	225
货车 C_{64}	21（10.5）	420	207
货车平均轴重 17 t	17（8.5）	420	186
货车平均轴重 18.5 t	18.5（9.25）	420	194
前进型蒸汽机车	23（11.5）	750	162
东风$_4$ 内燃机车	21（10.5）	525	185
韶山$_1$ 电力机车	23（11.5）	625	177
韶山$_4$ 电力机车	25（12.5）	625	185

由说明表 4.0.1—2 表可以看出如下几点：

一是前进型蒸汽机车主动轮下的轮轨接触最大剪应力 τ_{max} 之值最小。在传统的轨道强度检算中，通常以该型机车主动轮为计算轮，并以该型机车的轴式作为轨道强度的荷载图式，检算轨道各部件的强度。但对重型钢轨的伤损具有决定意义的轨头伤损而言，前进型机车处于非常次要的地位。这就是前面所提到的“钢轨静力强度条件已不再是确定钢轨类型的控制因素”的验证。

二是对机车与车辆而言，尽管机车轴重仍普遍大于车辆，但其轮轨接触最大剪应力却普遍小于车辆。这样，在整个列车中，不仅机车较车辆数量少，机车车轮作用下的最大轮轨剪应力也小，这就是当今确定轨道结构中的钢轨类型时，特别重视车辆轮重而忽视机车轮重的原因。

三是对钢轨的疲劳累积损伤及钢轨的安全使用寿命而言，不但要考虑那些轴重大、作用次数少的荷载，而且更应考虑那些轴重居次，但作用次数很多的荷载，列车的平均轴重比列车的最大轴重对钢轨的疲劳累积损伤更具有控制意义。

四是对同一类型钢轨轨道，机车车辆轴重越大，相同速度条件下枕上压力也越大，加剧胶垫的破损、道床板结，加剧轨道状态的残余变形，对钢轨损伤影响亦不能忽视。因此，轴重也不宜过大。

从 20 世纪 80 年代到 90 年代，我国铁路随着载重 60 t 及以上的大型车辆投入使用和载重 30 t、40 t 小型车辆的相继淘汰，车辆的平均轴重已由接近 17 t 提高到 18 t。根据钢轨疲劳累积损伤计算原理，在其他条件不变的情况下，仅平均轴重由 17 t 提高到 18 t，标准长度 12.5 m 的 60 kg/m 钢轨有缝线路的安全疲劳寿命将由 840 Mt 降低到 660 Mt，由标准长度 25 m 的 60 kg/m 钢轨焊接成无缝线路，其钢轨安全使用寿命按前述理论提高 15.15%，即为 660×1.1515＝760 Mt。

c. 列车速度的提高。列车速度的提高会使轮轨重力附加荷载增加，加大钢轨各部分的应力，导致钢轨安全寿命的缩短。我国《铁路轨道强度检算法》用速度系数 α 计算行车速度对轮轨动荷载的影响。

$$P_\alpha = P_0(1+\alpha) \qquad \text{（说明 4.0.1—3）}$$

式中 P_α——车轮动荷载（t）；

P_0——车轮静荷载（t）；

α——速度系数，见说明表 4.0.1—3。

由于在强度检算中采用的是最大荷载，故在强度检算法中所给出的速度系数是不同种类机车的速度系数，而没有车辆的速度系数。钢轨疲劳寿命估算中起控制作用的是数量最多的车辆荷载而不是机车荷载，故不能用说明表 4.0.1—3 的速度系数来推算行车速度对钢轨疲劳寿命的影响。

说明表 4.0.1—3 速度系数 α

牵引种类	检算内容	
	检算钢轨	检算轨枕、道床、路基
内燃	0.4v/100	0.3v/100
电力	0.6v/100	0.45v/100
蒸汽	0.8v/100	0.6v/100

国际铁路联盟（UIC）通过试验，提出了计算列车（包括机车和车辆）动力附加荷载的统计经验公式：

$$\Delta P = 1.201 + 0.060P + 0.051(v-50)(S-0.5) \qquad \text{（说明 4.0.1—4）}$$

式中 ΔP——轴重动力附加值（t）；

CHINA RAILWAY PUBLISHING HOUSE

P——静轴重(t)；

v——行车速度(km/h)；

S——轨道几何质量指数，用线路方向的标准差表示：在轨道质量好的线路上，200 m 线路长度范围内的方向标准差值为 1～2 mm。

可以看出，当速度 $v=50$ km/h 时，速度的影响项为 0，可见式(说明 4.0.1—4)是以速度 $v=50$ km/h 时的动力附加值为基础，计算其他速度时的动力附加影响。

假定车辆静轴重为 23 t，在轨道质量好的线路上，列车速度每提高 10 km/h，轴重动力附加值为 0.225～0.765 t，为静轴重的 1.1%～3.3%，其值有限。

20 世纪 90 年代以来，特别是近几年来，我国客车速度提高的幅度比较大，而货车牵引质量大，速度提高不多，平均时速由 50 多千米提高到 60 多千米，提高的幅度约 10 km/h，故其轴重的动力附加增量有限。对于钢轨疲劳寿命的影响而言，起控制作用的恰恰是货车而不是客车，故一般不考虑速度提高的影响。目前既有线提速已由 140 km/h 提高到 200 km/h，货物列车的行车速度也有提高到 120 km/h 目标值的趋势，因此，无论是货物列车还是旅客列车设计行车速度的提高，轴重的动力附加增量均在明显增大，其速度系数也应做出相应调整，轨道结构强度应适当提高。

综上所述，60 kg/m 钢轨的安全疲劳寿命均为 760 Mt，50 kg/m 钢轨的安全疲劳寿命在轨道结构设计的安全度指标(或称可靠系数)及列车平均轴重变化之后，也可按相同的原理和比例进行估算，均为 435 Mt。按线路大修周期 15～20 年考虑，则 60 kg/m 钢轨的年通过总质量范围为 38～51 Mt，50 kg/m 钢轨的适用范围为 22～29 Mt。

特重型轨道的年通过总质量大于 50 Mt，而 60 kg/m 钢轨的适用上限为 51 Mt，仅接近其特重型轨道年通过总质量的下限边缘，故特重型轨道最好是采用 75 kg/m 钢轨。在目前 75 kg/m 钢轨产量、质量等条件有一定限制的情况下，也可采用 60 kg/m 钢轨。重型轨道的年通过总质量为 25～50 Mt，与 60 kg/m 钢轨的适用范围 38～51 Mt 大体相当，故可原则上配用 60 kg/m 的钢轨。《铁路线路维修规则》规定，无缝线路 60 kg/m 轨道，大修周期 700 Mt，以 20 年计，年通过总质量可满足 35 Mt；有缝线路轨道大修周期 600 Mt，相当于每年通过总质量为 30 Mt，现定 25～50 Mt 的年通过总质量匹配 60 kg/m 钢轨是有一定储备的。但若采用 50 kg/m 钢轨，则大修周期达不到 20 年。次重型轨道的年通过总质量为 15～25 Mt，可配用 50 kg/m 钢轨。中型、轻型轨道从钢轨使用寿命的角度来考虑，本可配用 43 kg/m 钢轨，因为 50 kg/m 钢轨的年通过总质量适用范围高于中型、轻型轨道的年通过总质量规定范围。所以本规范仍建议采用 50 kg/m 钢轨。站线轨道可按 43 kg/m 钢轨考虑，其理由如下：

其一，前面的分析已经指出，选择钢轨类型的因素有两个：一是钢轨安全使用寿命，另一个是轨道维修工作量。正线上使用 43 kg/m 的钢轨，轨道养护维修工作量太大，轨道几何质量低劣，影响行车安全。

据以往津浦线桑梓—济南段使用 50 kg/m 和 43 kg/m 钢轨的对比统计资料，其年通过总质量、钢轨类型和线路季度维修情况如说明表 4.0.1—4。

由说明表 4.0.1—4 可见，在相同运营条件下，铺设43 kg/m钢轨的线路，维修工作量较铺设 50 kg/m 钢轨线路轨道大，而线路质量也低得多。此外，从铁道部原工务局对京包、京山、石太及吉长等线 43、50 kg/m 钢轨的调查统计结果看，以保证行车安全为前提条件，新钢轨的平均使用寿命，43 kg/m 钢轨为 270 Mt，50 kg/m 钢轨为 500 Mt 左右。实践表明,50 kg/m 钢轨所能承担的累计通过总质量比 43 kg/m 钢轨大 70%,而轨重仅增加 15%。这也说明了较重的钢轨具有较大的刚度,在相同动荷载作用下产生较小的挠度因而能有较好的耐疲劳性能。从节约工程运营费方面分析 43、50 kg/m 钢轨的经济临界总质量,也可以得出类似的结果。

说明表 4.0.1—4　43 kg/m 与 50 kg/m 钢轨年通过总质量、钢轨类型调查

年通过总质量(Mt)		所属工区	钢轨类型(kg/m)		维修工作量(km)		线路质量分
上 行	下 行		上 行	下 行	计划维修	紧急维修	
19	26	桑梓(二)	50	50	—	150	66
		孙 庄	43	50	1 430		126

注:孙庄地区下行线的维修工作量约占总工作量的 30%。

其二,目前国内钢轨生产厂家已不再作为正常供货产品生产 43 kg/m 钢轨,故在订购钢轨时,如未事先签定 43 kg/m 钢轨的生产专项合同,就会买不到 43 kg/m 钢轨,导致供料、铺轨的困难。另外,由于 43 kg/m 钢轨生产批量减少,钢轨的单价也相应提高,钢厂宁愿生产批量大的 50、60 kg/m 钢轨。当前某些铁路建设中,建设施工单位将原设计中的 43 kg/m钢轨改用 50 kg/m 钢轨的情况已不少见。

其三,采用 43 kg/m 钢轨,只能用 70 型刚性扣件或 67 型拱形弹片式扣件,这两种扣件厂家已不再生产,钢轨夹板等与 43 kg/m 钢轨的联结零件采购也相当困难,这也是施工单位将原设计的 43 kg/m 钢轨改用 50 kg/m 钢轨的一项主要原因之一。

在轻型轨道中,本规范仍规定采用 50 kg/m 钢轨。

③ 对本规范标准评估。根据 1996 年年底的统计资料,我国铁路线路年通过总质量的情况如说明表 4.0.1—5。

按本规范标准,要求铺设 60 kg/m 或 75 kg/m 钢轨的线路延长为 16 927.3 km,应铺 60 kg/m 钢轨的为 25 047.1 km,应铺 50 kg/m 钢轨的 11 350.2 km,可铺 50 kg/m 或 43 kg/m 钢轨的为 22 599.0 km。

说明表 4.0.1—5　线路年通过总质量延长公里统计资料

年通过总质量(Mt)	>50	50~25	25~15	<15
线路延长(km)	16 927.3	25 047.1	11 350.2	22 599.0

1996 年底,我国不同类型钢轨的铺设延长公里如说明表 4.0.1—6 所示。

说明表 4.0.1—6　不同类型钢轨的铺设延长公里

钢轨类型(kg/m)	75	65	60	50	43	其 他
铺设延长(km)	147.7	367.5	34 072.2	32 947.5	8 376.9	750.1

比较说明表 4.0.1—5 及说明表 4.0.1—6 的资料,可见本规范的标准尚留有一定的余地,是符合我国实际的。

④ 轨枕配置标准。轨枕配置标准应与运营条件相适应,并与轨道各部件合理匹配,以求在最经济的条件下保证轨道具有足够的强度和稳定性。

20 世纪 60 年代以前我国铁路多使用木枕,多年来的实践证明,现行木枕配置标准是适宜的。随着我国铁路和建设事业的发展,混凝土枕的铺设数量逐年增多。现对轨枕配置根数作一说明。

a. 我国轨枕每千米配置标准:钢轨标准长度 12.5 m、25 m、50 m 系列,与前苏联一致,一般有缝线路上,其钢轨接头和第一孔,轨枕间距 a、b、c(中间),均以 60 根或 80 根为等级差，其以每千米铺设 1 600、1 680、1 760、1 840、1 920（前苏联到2 000根/km）等。欧洲各国钢轨标准长度 18 m、36 m、72 m 系列，轨枕间距一般为 600 mm，每千米铺设 1 667 根，曲线地段根据强度要求按 60 根一级增加。我国一般是参照前苏联的轨枕配置，在运输繁忙的Ⅰ级铁路上，轨枕的配置根数要有适宜的密度。混凝土枕设计制造技术的发展，按其运营条件不同，由原来的Ⅰ型混凝土枕发展至Ⅱ型、Ⅲ型混凝土枕，轨枕长度也由 2. 5 m 发展至Ⅲ型枕的 2. 6 m，且枕底面积也加宽了。Ⅲ型枕枕底宽为300 mm，而Ⅱ型枕底宽为 280 mm，这样道床纵、横向阻力Ⅲ型较Ⅱ型增加，轨枕长度增加，基床表面应力 2. 6 m 长枕较 2. 5 m 降低 10% ~12%。为此，一般干线上铁路轨道铺设Ⅱ型混凝土枕为 1 760 根/km，铺设Ⅲ型混凝土枕为 1 667 根/km。这样既减少了新建铁路工程的工程量，也减少了养护维修工作。一般混凝土枕与钢轨配套的技术原则，50 kg/m 钢轨宜配置Ⅱ型混凝土枕，60 kg/m 及以上钢轨宜配置Ⅲ型混凝土枕。

对于Ⅲ型混凝土枕，20 世纪 90 年代中期，铁道部建设司曾组织于京九铁路做过每千米 1 600 根、1 667 根、1 680 根的配置铺设试验。实践与理论相吻合，铺设Ⅲ型混凝土枕，每千米 1 600 根即可满足运营要求，考虑安全储备及施工维修方便，采用枕间 600 mm，每千米 1 667 根配置为合适。后该配置于既有铁路轨道广泛使用。

另外，采用混凝土枕每千米配置对无缝线路轨道而言，即是厂焊接头与轨枕承轨槽面搭接的影响。由于钢轨打磨技术的发展，钢轨接头焊接轨底打磨均能达到标准要求，世界各国均无所谓“搭接”限制规定。每千米轨枕配置根数在无缝线路轨道上与钢轨标准长度 25 m 还是 18 m 也无技术上的联系。例如韩国的高速铁路，就采用 1 667 根/km。实际上，由于钢轨焊接的顶锻量的原因，焊缝并不在钢轨标准长度的位置上，这样实际 1 680 根/km 的焊缝与轨枕承轨槽“搭接”较 1 667 根/km 更多。为此，本规范铺设Ⅲ型混凝土枕选用 1 667 根/km 是符合运营条件的。从方便捣固作业的角度，轨枕配置不宜过密。在国外，轨枕配置一般为1 667 ~1 720 根/km。随着列车行车速度的提高、钢轨重量的提高、混凝土重量的增加，广泛采用Ⅲ型混凝土枕的趋势将成为必然。

b. 以不同轨枕间距对钢轨、道床、路基应力的影响，分析轨枕配置标准。

(a)不同轨枕间距对钢轨应力的影响

为了分析不同轨枕间距对钢轨应力的影响，按下式进行钢轨应力计算：

$$\sigma = \frac{P}{4W}\sqrt[4]{\frac{4EIa}{D}} \qquad \text{（说明 4. 0. 1—5）}$$

式中 σ——钢轨应力（Pa）；

a——轨枕间距（m）；

W——钢轨截面模量（m^3）；

I——钢轨的惯性矩（m^4）；

P——轮重（N）；

E——钢轨钢的弹性模量，为 2.1×10^5 MPa；

D——钢轨支点弹性系数（N/m）。

对于 50 kg/m 钢轨，轨枕间距采用 54、57、63 和 70 cm 四种数（各相当于 1 840、1 760、1 600、1 440 根/km）作了计算。如间距为 54 cm 的钢轨应力为 100，其他轨枕间距的钢轨应力增加的百分比如说明表 4. 0. 1—7。

由说明表 4.0.1—7 可知，当轨枕间距从 54 cm 增加到 70 cm 时，钢轨应力增加不到 10%，而当轨枕间距从 54 cm 增加到57 cm或 63 cm 时，钢轨应力增加的比例更小。

说明表 4.0.1—7　不同轨枕间距的钢轨应力增加比例（%）

道床系数（MPa/m）	轨枕间距（cm）			
	54	57	63	70
40	100	101.8	104.6	107.7
60	100	101.4	104.0	107.0
80	100	101.2	103.6	106.6

注：钢轨应力系指钢轨底部边缘应力。

（b）不同轨枕间距对枕底道床应力的影响

有荷载轨枕下的道床应力，按下式计算：

$$\sigma = \frac{Pa}{F}\sqrt[4]{\frac{CF}{8EIa}} \qquad \text{（说明 4.0.1—6）}$$

式中　F——轨枕支承面积（m^2）；

C——道床系数。

设道床系数 C =80 MPa/m，如以间距为 54 cm 的道床应力为基数，其他轨枕间距的道床应力增加的百分比如说明表 4.0.1—8 所示。

说明表 4.0.1—8　不同轨枕间距道床应力增加比例（%）

轨枕间距（cm）	54	57	63	70
道床系数为 80 MPa/m 时	100	103.5	105	120

由说明表 4.0.1—8 可见，轨枕间距从 54 cm 增加到 57 cm，即轨枕配置从1 840根/km 减至 1 760 根/km 时，道床应力只增加 3.5%。其增加比例虽较钢轨应力为大，但在每千米相差 80 根轨枕的情况下，道床应力的变化还是极小的。

（c）不同轨枕间距对路基面应力的影响

国外曾对不同轨枕间距和道床厚度的路基面应力进行试验，测定结果如说明表 4.0.1—9。

说明表 4.0.1—9　不同轨枕间距和道床厚度的路基面应力

轨枕间距（cm） / 路基面应力（kPa） / 道床厚度（cm）	54		57		63	
	σ_0	σ_1	σ_0	σ_1	σ_0	σ_1
30	63	49	67	49	69	50
40	56	43	57	47	59	43
50	51	41	51	43	51	40

注：σ_0 为承载轨枕下的路基面应力；σ_1 为邻近轨枕下的路基面应力。

由说明表 4.0.1—9 可见，不同轨枕间距对路基面应力的影响有限。当道床厚度为 30 cm 时，轨枕间距从 54 cm 增加到 63 cm，路基面应力增加不到 10%，而道床厚度 40 cm 及以上时，不同轨枕间距对路基面应力基本上没有影响。

从以上分析可知，混凝土枕配置标准比木枕的配置标准（1975 年以前的规定，混凝土枕与木枕相同）每千米减少 80 根左右时，钢轨、道床和路基面应力的增加都很有限。就稳定性来说，由于混凝土枕在道床中的纵、横向阻力和扣件的扣压力较大，稳定性远高于木枕轨道。各类轨道的轨枕配置标准规定如说明表 4.0.1—10。

CHINA RAILWAY PUBLISHING HOUSE

说明表 4.0.1—10　各类轨道Ⅱ型混凝土轨枕配置标准规定

轨道类型	特重型	重　型	次重型	中　型	轻　型
每千米根数	—	1 840	1 760 ~ 1 680	1 680 ~ 1 600	1 600 ~ 1 520

c. Ⅲ型轨枕的合理配置。根据优化轨道结构、实现各部件性能的合理匹配、提高轨道结构整体承载能力的要求，本规范中，特重型、重型轨道采用Ⅲ型混凝土枕。Ⅲ型轨枕与Ⅱ型轨枕相比，Ⅲ型轨枕的轨下断面承载能力提高 43%，枕中断面负弯矩承载能力提高 65%。因此，Ⅲ型轨枕的每千米铺设根数可以适当减少。另外，Ⅲ型轨枕的轨枕重量、轨枕底面积、轨枕侧面积和轨端面积的增加，提高了轨枕的横向阻力、纵向阻力，提高了线路的稳定性；轨枕质量增加，还可以减缓传递给道床的冲击和振动荷载；轨枕的加长，降低基床表面的动应力，同时也改善了轨枕的自身受力，改善了道床的工作条件，提高了散粒体道床结构的稳定性。

从加强轨道整体结构考虑，每千米轨枕配置根数多一点，有利的是轨道结构得到加强，不利的是轨枕配置多了会增加捣固作业工作量，故匹配尤为重要。从轨道养护维修的捣固作业要求以及轨道结构的弹性连续、质量均衡、部件合理匹配考虑，每千米轨枕配置根数不宜过多。根据既有铁路轨道铺设实践，Ⅱ型混凝土枕以 1 760 根/km 为宜。Ⅲ型轨枕和Ⅱ型轨枕相比，枕底更宽，在相同的枕间距条件下枕底侧缘之间的净间距更小。另外，轨下断面的轨枕高度也增大，这样更不利于捣固工作。因此，从捣固作业要求、轨枕承载能力匹配考虑，Ⅲ型轨枕的枕间距应当比Ⅱ型轨枕更大些，也就是Ⅲ型轨枕的每千米配置根数应比Ⅱ型轨枕更少些。

轨枕配置根数、轨枕间距和枕底侧缘净距的计算结果如说明表 4.0.1—11。

说明表 4.0.1—11　轨下断面枕底侧缘净间距

轨枕配置根数（根/km）		1 840	1 760	1 720	1 667	1 680	1 600
轨枕间距（cm）		54.3	56.8	58.1	60.0	59.5	62.5
枕底侧缘净间距（cm）	Ⅱ型轨枕	26.8	29.3	30.6	32.5	32.0	35.0
	Ⅲ型轨枕	24.3	26.8	28.1	30.0	29.5	32.5

注：Ⅱ型轨枕轨下断面枕底宽 27.5 cm，Ⅲ型轨枕为 30.0 cm。

由说明表 4.0.1—11 可以看出，每千米轨枕配置根数，Ⅱ型枕 1 840 根的枕底接触面积较Ⅲ型枕 1 667 根还少，与Ⅲ型枕1 600根/km 配置相当。为此，本规范特重型、重型轨道最高行车速度为 120 ~ 160 km/h、等于或小于 120 km/h，采用Ⅲ型混凝土枕时，铺设根数为 1 667 根/km。重型、次重型轨道最高行车速度等于或小于 120 km/h，采用Ⅱ型混凝土轨枕时，铺设根数为 1 667 ~ 1 760 根/km。

⑤ 道床厚度。碎石道床的厚度是指直线地段或曲线地段内轨枕底与路基面之间的道砟层和底砟层的总厚度。本规范补充规定了采用级配碎（砾）石基床表层的单层道砟厚度标准，其主要是根据国外和我国秦沈线实践经验。道床应有足够的厚度，使由钢轨、轨枕传下来的车轮压力经道床的扩散而大大减小，以使在列车重复荷载作用下所产生的道床下沉、道砟和路基面应力均不超过容许值，以延缓轨道永久变形。所以在确定道床厚度时，必须考虑机车车辆荷载的大小，钢轨、轨枕类型，轨枕间距，道砟粒径和级配对压力传递的特征，以及路基面的容许承载能力。道床中压力分布方式如说明图 4.0.1—4。

列车荷载传递给路基面的压力随道床厚度增加而逐渐减少、均匀，轨道的变形也逐渐

CHINA RAILWAY PUBLISHING HOUSE

减少。当厚度达到 $h = a/2\tan\beta$(cm)时,沿线路轨道方向的路基面上的所承受的压力可大致均等,然而沿轨枕方向路基面所受压力仍不均等。根据计算,要使路基面在纵横向所受压力大致均等,道床厚度将达到70~80 cm,但事实上并无必要。由于道床内的应力分布比较复杂,因此对道床厚度的要求,只要相邻轨枕的压力传到路基面上相互重叠就差不多了(约 $h>25$ cm)。

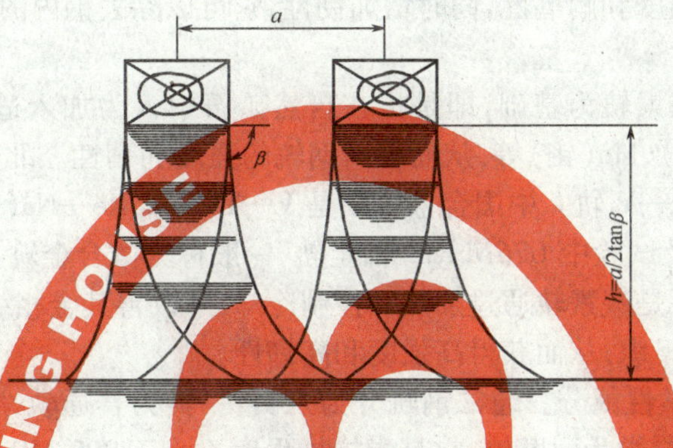

说明图 4.0.1—4

此外,在一条线路上,路基土质不尽相同,其承载能力也不是各处都相同,而且差异甚大(根据测定,土质路基面的容许承载力,按照土质不同,自 0.02 ~0.2 MPa)。轻型轨道的双层道床厚度 15/20 cm,现场反映道床的面砟厚度不足,特别是铺设混凝土枕地段宜适当加厚,以增加道床的弹性和抗剪能力,减小轨道变形。考虑到道床的总厚度,基本上是合适的,不宜增大。同时,根据宝成线等底砟层厚仅 15 cm 的实践看,还是可行的。轻型轨道所承担的通过总质量和列车的走行速度均较小,在不致造成底砟层变形、不减弱其隔离、保温防冻和渗水过渡等作用的条件下,将轻型轨道双层道床的厚度定为道砟层20 cm,底砟层15 cm。

4.0.2 本条根据目前正线使用特重型、重型钢轨的情况,对原《站规》规定的到发线要采用比正线轻一级的新轨或同级旧轨做了修改。

到发线一般只作接发列车之用,只有在个别情况下才办理通过列车。但列车速度因受所连接的道岔的侧向通过速度控制,虽然较正线通过列车速度低,到发线接发列车速度也有很大提高。为此,当正线为60 kg/m 及以上钢轨时,到发线应采用50 kg/m 及以上的钢轨,这样利于到发线实现少维修之目的。

另外,为实现站线少维修之目的,本规范做了站线轨道采用Ⅰ型混凝土枕的规定。

5.0.1

(1)钢轨分类

① 按质量分。我国现行钢轨类型按2003 年国家现行标准《43 ~75 kg/m 热轧钢轨订货技术条件》(TB 2344)分为 43、50、60、75 kg/m 四种类型,以适应不同运营条件的使用要求。各型钢轨的理论质量见说明表 5.0.1。

② 按钢种分。钢轨可以分为碳素轨、合金轨和热处理轨三种。

说明表 5.0.1 钢轨的理论质量(kg/m)

钢轨类型	43	50	60	75
理论质量	44.653	51.514	60.643	74.414

碳素钢轨是指仅用自然的原铁矿石冶炼的钢轨钢轧制的钢轨,其化学成分为原铁

矿石所含，不含人为加入的稀有金属元素。碳素轨主要以碳、锰两元素来提高强度，改善韧性。前苏联和美国多采用高碳、低锰类碳素轨，而欧洲、日本则采用高锰、中碳类碳素轨。我国碳素轨与欧洲、日本的锰、碳含量相近。

碳是铁以外的主要成分，钢的抗拉强度、耐磨性及硬度均随含碳量的增加而增加，但钢中含碳量偏多，钢质变脆，其塑性指数（伸长率、断面收缩率和冲击韧性）会显著降低。

锰可提高钢的强度和耐磨性，同时增加韧性，它可以除去钢内的有害氧化铁和硫化夹杂物。

合金轨则是以碳素轨为基础，即是指在自然矿石中人为加入适量的合金元素，如 V（钒）、Ti（钛）、Cr（铬）、Mo（钼）等，从而提高钢轨的强度和韧性。北美和前苏联的合金轨多为 Cr—Mo 轨或 Cr—V 轨。中国合金轨则是 V—Ti 轨和 Re—No（钵、铌）轨。例如目前使用的 $U75V^b$ 钢轨及试验中 $U76NbRE^b$ 稀土轨，一般称为微合金轨。

热处理轨则主要是碳素轨通过加热和控制冷却，来改善其金相结构，通过热处理细化晶粒，形成细珠光体组织，从而获得高强度和高韧性。

③ 按钢轨的力学性能分。通常钢轨分为三类：一类为普通轨，它是指抗拉强度不小于 800 MPa 的钢轨；二类为耐磨轨，它是指抗拉强度不小于 900 MPa 的钢轨；三类为高强度轨，它是指抗拉强度不小于 1 100 MPa 的钢轨。

④ 按钢轨钢金相组织分。通常钢轨分为珠光体、贝氏体和马氏体钢三大类。

上述钢轨分类，钢轨钢各有特色。碳素钢生产成本最低，但其金相组织是较粗大的珠光体，因此其强度和韧性并不是最理想的；合金钢轨钢是利用 Mn、Cr、Mo、V 等元素来提高其强度，改善其韧性，可以获得细化珠光体组织，比碳素钢轨钢综合力学性能要好，但其焊接性能不如碳素钢轨钢，而且生产成本也高；热处理钢轨钢主要是通过热处理获得细微珠光体组织，到目前为止世界各国普遍认为这是综合性能最好的钢轨钢，但其热处理设备投资较大。

钢轨通过热处理，可进一步提高普通碳素钢轨或合金钢轨的各项机械性能，使其抗拉强度、金属表面的疲劳强度、韧性、耐磨性、抵抗高应力下的塑性变形能力等均高于普通碳素钢轨或合金钢轨。目前我国铁路铺设的全长淬火钢轨主要有 U71Mn 全长淬火钢轨及 PD_2、$U75V^b$ 全长淬火钢轨。

通常，在相同的运营条件下，钢轨越重、断面越大，相应的刚度也随之增大。从理论计算得知：增加钢轨刚度，只能减小钢轨的动弯应力和轨道各部件的应力，却无法减小轮轨接触应力。钢轨刚度越大，越易发生接触型疲劳伤损。所以钢轨的重型化必须与强韧化、纯净化、精度化同时进行。全长淬火钢轨是我国目前较易获得的强韧化钢轨，也是强化钢轨的一个发展方向。

（2）钢轨类型的选用

钢轨类型的选择不仅是一个技术问题，同时也是一个经济问题，选型时应根据有关规定、运营条件要求、合理的修理周期等条件确定。本条规定“正线上使用的钢轨，应按本规范表 4.0.1 的规定选用”，详细的分析说明已在本规范第 4.0.1 条的条文说明中给出，此处不再赘述。

本条根据我国 1985 年后制定的钢轨系列标准、铁路正线的实际铺轨运营情况以及近些年来客货列车提速、广深准高速铁路运营和秦沈客运专线建设实际情况，明确了各型轨道应采用的钢轨类型（轻型轨道不再采用 38 kg/m 钢轨，特重型轨道采用75 kg/m或

60 kg/m钢轨),对重型钢轨机械性能提出了较高要求。这与我国铁路科技进步和发展是一致的,也是可行的。

根据运营条件不同,应选择不同钢种的钢轨。例如,作为客运专线,应选择强度不宜过高的钢轨,这主要是为及时消除钢轨的波浪磨耗,易于打磨,经常保持钢轨的平顺性,从而延长钢轨波浪磨耗的修理周期。如果钢轨强度高,过硬,列车运行过程中,如同对轨面进行冷加工,钢轨表面强度和硬度也会提高,形成波浪磨耗后,很难打磨,甚至会造成打磨出新的轨面波浪。但对于小半径曲线地段,由于钢轨侧磨严重,则应选择高强度、耐磨钢轨。值得注意的是,铺设无缝线路轨道,应选用焊接性能好的钢种钢轨。

5.0.2 无缝线路轨道采用的标准长度钢轨越长,焊接接头越少,不仅可以减少焊接接头不平顺处数,还可减少钢轨焊接的强度薄弱点。目前我国钢轨制造厂鞍钢、包钢、攀钢三厂,已由国家投资75亿元引进生产线,实现LF炉外精炼、VD真空脱气、大方坯连铸、炼钢生产线改造;采用步进式炉加热,万能轧制生产线改造;高压水除磷,平立复合矫直,四面压力矫直,加工生产线改造;并使用超声波探伤、涡流探伤及激光等自动检测设备。生产钢轨长度可为25 m、50 m、100 m的钢轨。

采用工厂(基地)接触焊的长钢轨,既有线轨道大修,一般焊接长钢轨250 m。进入20世纪90年代,由于工务装备技术发展,开始使用500 m钢轨运输车。郑州、北京、呼和浩特等铁路局实现了厂(基地)焊长钢轨500 m;郑州局小李庄焊轨厂,设计焊长为500 m,实际焊长可达750 m。长轨条越长,现场联合接头越少,利于减少薄弱环节。

道岔及钢轨伸缩调节器是正线轨道上的薄弱环节,为此,其钢轨强度等级不宜低于线路轨道。过去很长时间道岔尖轨采用普通钢轨刨切而成,此种尖轨横向刚度小,高度与基本轨同高,列车通过道岔时,特别是侧向通过时,容易将基本轨撞出鹅头,且在转辙部分形成构造三角坑,不利于列车平稳通过道岔。采用特种断面尖轨,其优点是增加了尖轨横向刚度,并消除了转辙部分的构造三角坑。

5.0.3 全长热处理钢轨是钢轨钢的一种。作为使用者,应该要求钢轨能够满足轨道结构的力学性能需求。为此,本规范规定重型及以上轨道采用60 kg/m及以上钢轨。运量较大,平面条件较差,宜采用高强度钢轨。

近些年来列车速度提高,钢轨波浪磨耗加剧,为利于钢轨打磨,及时消除轨顶面的不平顺,从而延长钢轨波磨形成周期,确保列车平稳运行。根据《铁路主要技术政策》"客运专线和干线采用60 kg/m钢轨轨道结构,主要干线可采用60 kg/m的淬火钢轨或微合金轨。运煤专线可采用75 kg/m淬火钢轨轨道结构"的要求,干线和快速、高速铁路采用抗拉强度高于880 MPa的60 kg/m钢轨,主要干线采用可焊性好的全长淬火钢轨。据世界各国铁路部门总结的经验,凡是钢轨使用寿命是由疲劳因素决定的地段,如果使用十分耐磨的钢轨,其使用寿命反而短。这是因为耐磨使最大剪应力基本上固定集中发生在同一区域(轨面下5~7 mm)。如果有磨耗,其最大剪应力随磨耗而不断下降,不会在同一处固定不变。所以很多国家用打磨钢轨、修整轨头踏面外形的办法,使最大剪应力区在耐磨的轨头内向下移动,改善应力分布。美国从1957年开始打磨钢轨,打磨车通过一次即可从轨头上磨下0.25~0.5 mm的金属层,这样同时还可以消除轨面的不平顺,利于列车平稳运行,改善轮轨作用关系。澳大利亚、欧洲、日本高速铁路及重载轨道均采用打磨的办法。这也是世界各国以客运为主,列车速度高、平纵断面条件较好,而不采用更高强度钢轨的原因之一。对于重载轨道也是同样的道理。另外,由于无缝线路已是目前次重型及以上轨道结构的基本形式，故钢轨钢的可焊性能也尤为重要。对于半径较小的曲线地段，采用60 kg/m 及以上全长淬火钢轨。重载铁路的小半径曲线轨道上，应发展高强度热处理合金轨。一般线路应以 50 kg/m 钢轨替代43 kg/m钢轨。

另外，《“九五”期间铁路四大干线提速规划》（铁办〔1997〕29 号）附件的主要技术措施中明确要求：“正线钢轨全部采用60 kg/m钢轨，小半径曲线及大坡道地段应尽量采用全长淬火钢轨。提速区段正线全部铺设区间或跨区间无缝线路。”各铁路局在小半径曲线上的使用结果表明，全长淬火钢轨的耐磨性和使用寿命可比普通碳素钢轨高 1～2 倍。1996 年国家计委下发的钢轨出厂基本价格中，全长淬火钢轨出厂基本价格比普通钢轨约高 10%，可见采用全长淬火钢轨具有明显的技术经济效益。目前全长淬火钢轨的加工工艺已经解决，质量控制标准已颁布了《热处理钢轨技术条件》（TB/T 2635—2004），对全长淬火钢轨的使用提供了技术基础。

铁道部 1998 年编制了《时速 200 公里客运专线 60 kg/m 钢轨暂行技术条件》，其中钢轨拉伸性能、钢轨的抗拉强度和伸长率如说明表 5.0.3—1。

说明表 5.0.3—1　抗拉强度、伸长率和轨头踏面硬度

钢　号	抗拉强度 σ_b（MPa）	伸长率 δ_5（%）	轨头踏面中心线硬度（HB）
U71Mn，UIC900A	≥880	≥10	260～300
PD_3，BNbRE	≥980	≥9	280～320

另外，钢轨轨头踏面中心线上的表面硬度值应符合上表的规定，在同一根钢轨上，其硬度值变化范围应不大于 30 HB。

世界各国使用钢轨的型式尺寸，均按本国铁路的轮轨关系确定，我国钢轨使用的运量等级相对国际铁路联盟 UIC 标准钢轨略多一些。目前欧洲高速铁路为实现联运，又制定了欧洲统一标准，即 EN 标准。

轨道由钢轨、轨枕、道床、道岔及联结零件等构成。轨道结构的各部件相匹配与钢轨和轨枕有关。中国的 60 kg/m 钢轨与 UIC 60 kg/m 钢轨的型式尺寸基本相近，钢轨断面轨顶曲线半径一致，曲线段长度仅半径 300 mm 段相差 1 mm，其他并无区别。从轮轨作用关系计算分析，UIC 60 kg/m 钢轨轨底边缘高为 11.5 mm，弹条扣压处轨底上缘坡度为 1∶14，而中国钢轨轨底高为 12 mm，弹条扣压处轨底上缘陡于 UIC 60 kg/m 轨，为 1∶9，这使扣件扣压钢轨轨底高度相差近 1 mm，这样我国目前使用Ⅲ型弹条是不适合 UIC 60 kg/m钢轨的。国际铁路联盟 UIC 的轨底坡采用 1∶20，而中国铁路轨道轨底坡采用 1∶40，两者不同轨底坡，相对于60 kg/m钢轨轨距相差近 9 mm，为此中国的混凝土枕将不能使用，要重新设计。

另外，UIC 60 kg/m 钢轨道岔采用的特种断面尖轨为 73 kg/m，而中国 60 kg/m 钢轨道岔采用的特种断面尖轨为 82.016 kg/m，两者相差一个等级。UIC 尖轨尖端距基本轨顶高度为 21 mm，因其轨距线为轨顶下 14 mm 处。而我国《技规》规定道岔尖轨尖端距基本轨顶高度为 23 mm，这是由于我国铁路轨道轨距线为轨顶下 16 mm。这样若把中国 60 kg/m钢轨断面型式改为 UIC 60 kg/m 轨型，不仅会引起扣件、轨枕、道岔的全面改动，并且中国铁路现行机车车辆与 UIC 轨道标准不匹配。

中国 60 kg/m 钢轨轨高 176 mm，而 UIC 60 kg/m 钢轨轨高172 mm，其他尺寸也较 UIC60 kg/m 略大，因此中国 60 kg/m 钢轨在刚度和强度方面均优于 UIC60 kg/m 钢轨。钢轨详细尺寸见说明图 5.0.3—1 及说明图 5.0.3—2。

综合上述分析，中国铁路钢轨轨型断面，经数十年的运行实践，应该是符合我国铁路

CHINA RAILWAY PUBLISHING HOUSE

客运专线和客货共线的运营要求。由于钢轨的材质随着时间的推移和制造技术的进步，也在不断提高，目前钢轨钢的化学成分等标准均借鉴欧洲的 EN 标准，为此本规范只对 60 kg/m及以上钢轨的抗拉强度提出宜采用高于880 MPa的钢轨的规定。

小半径曲线的钢轨磨耗及疲劳伤损是控制钢轨使用寿命的主要因素，同时也是一个综合性的问题。列车在曲线运行时，附加动压力及轮轨间的相对滑动与曲线半径成反比，所以曲线半径越小，钢轨磨耗越严重。疲劳伤损的发生则与车轮偏载作用于钢轨的过载压应力和钢轨的材质有关。现将上海局 1989～1993 年现场观测到的钢轨侧面磨耗率列于说明表 5.0.3—2。1984～1994 年鹰厦线钢轨伤损率统计资料列于说明表 5.0.3—3。

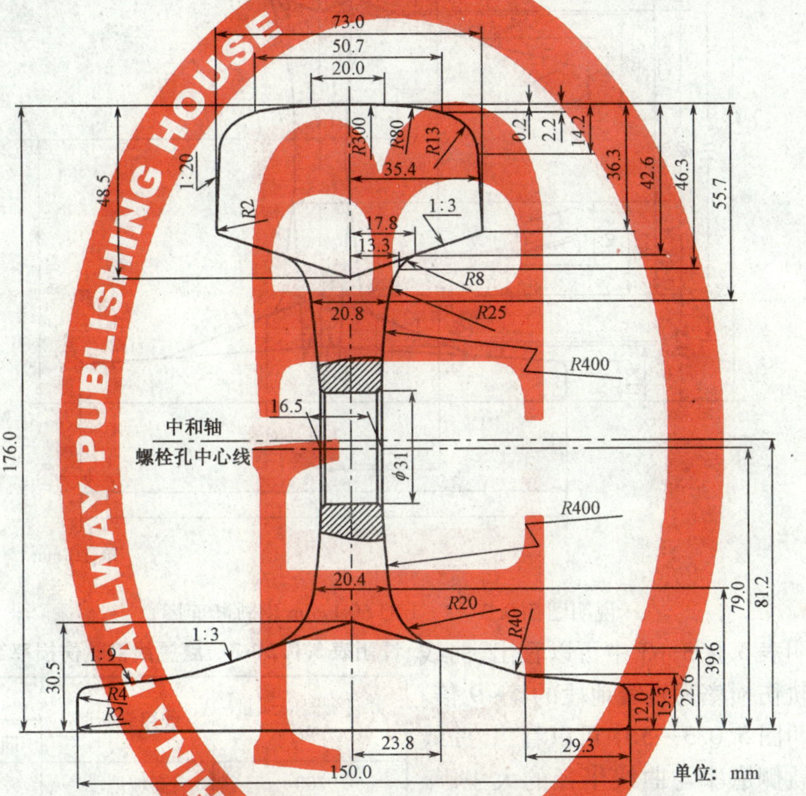

CHINA RAILWAY PUBLISHING HOUSE

说明图 5.0.3—1 中国 60 kg/m 钢轨断面图

从说明表 5.0.3—2 中可以看出，60 kg/m 钢轨，沪杭线曲线半径 650 m < R≤900 m 时，侧面磨耗率为 0.84 mm/10 Mt 以下；当曲线半径 400 m < R≤650 m 时，侧面磨耗率为 1.49 mm/10 Mt 以上，均为 650 m < R≤900 m 时的 1.8 倍以上。

说明表 5.0.3—2 钢轨侧磨耗率（mm/10 Mt）

线　别	轨型（kg/m）	曲 线 半 径 （m）			
		R = 600	R = 900	R = 1 200	1 200 < R≤1 400
津浦/沪宁	60	1.17/1.72	0.71/1.04	0.68/1.00	0.43
线　别	轨型（kg/m）	曲 线 半 径 （m）			
		R = 400	400 < R≤650	650 < R≤900	900 < R≤1 200
沪杭/浙赣	60	1.59/3.80	1.49/3.55	0.84/2.00	0.42/1.00

注：表中钢轨均为 U71Mn 钢轨。

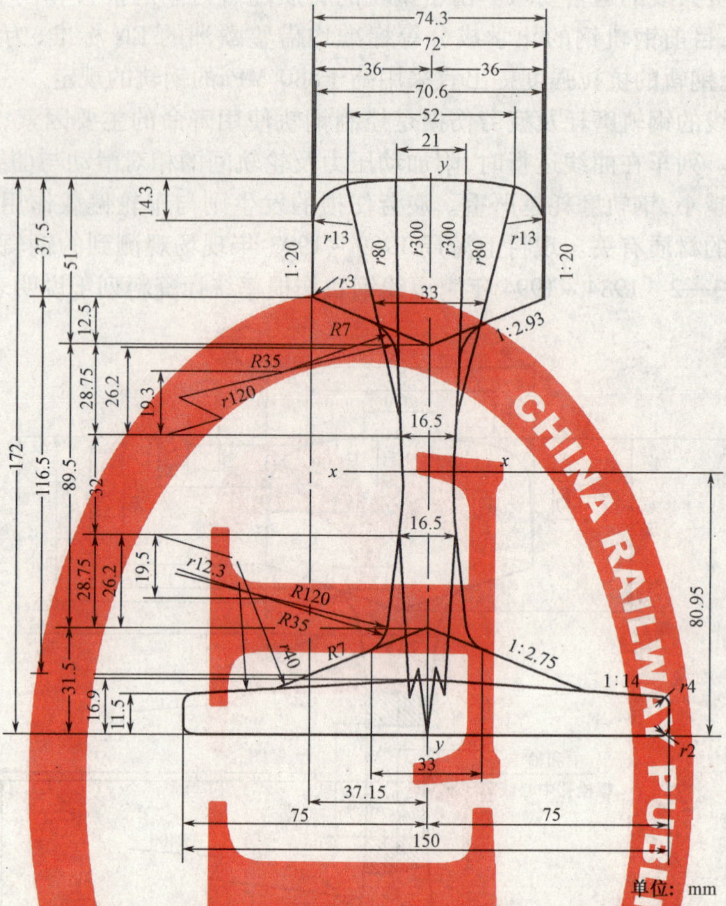

说明图 5. 0. 3—2　UIC 60 kg/m 钢轨断面图

从说明表 5. 0. 3—3 中可以看出，曲线地段的钢轨伤损率为直线地段的 6 ~ 9 倍。

从说明图 5. 0. 3—3 中可以看出，曲线地段的钢轨侧磨率与曲线半径的大小、年通过总质量的大小和钢轨材质有关。同样的曲线半径，年通过总质量越大，钢轨的侧磨率也越大（意味着钢轨使用寿命越短）。如 $R = 600$ m，同是 60 kg/m（U71Mn）钢轨，当年通过总质量为 40、50、60、70 Mt 时，相应的钢轨侧磨率分别为 0. 38、0. 48、0. 52、0. 65 mm/月。当 $R = 600$ m，年通过总质量为 60 Mt 时，PD_2 与 U71Mn（60 kg/m 钢轨）的侧磨率分别为 0. 25、0. 52 mm/月，后者为前者的 2 倍多。当 $R \leqslant 700$ m 时，60 kg/m钢轨的侧磨率迅速增长；当 $R < 400$ m 时，50 kg/m 钢轨的侧磨迅速增长。

说明表 5. 0. 3—3　鹰厦线钢轨伤损率统计（根/km）

累计通过总质量（Mt）	线路纵断面	线路平面	
		曲线	直线
200	高坡地段	5. 54	0. 65
200	一般地段	1. 37	0. 23
350	高坡地段	10. 29	1. 17
350	一般地段	4. 00	0. 54

注：由于鹰厦线曲线半径过小，曲线钢轨伤损率偏高。

根据上述分析，同时考虑到我国全长热处理钢轨的生产供应情况，本条规定："新建铁路曲线半径小于或等于 800 m 地段的重型、特重型轨道，新建和改建铁路曲线半径小于或等于 500 m 地段的次重型轨道，应采用全长淬火钢轨或高强度钢轨。"以确保行车安

CHINA RAILWAY PUBLISHING HOUSE

全，节约钢材，减少轨道养护维修工作量。

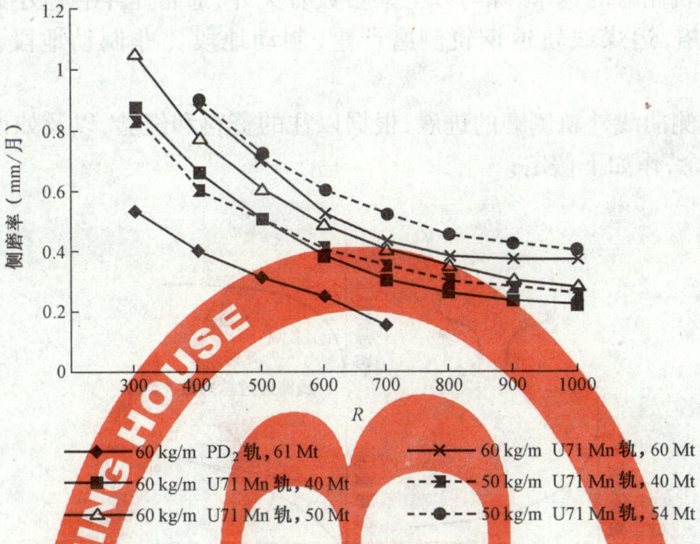

说明图 5.0.3—3　不同曲线半径与不同通过总质量的钢轨侧磨率

铺设无缝线路轨道时，单元轨节不可避免地要伸入曲线，若曲线部分因磨耗等原因更换，就必然导致锯轨，增加养护维修的不便和工作量，故本条考虑钢轨可焊性，增加了“铺设无缝线路的曲线地段宜采用全长淬火钢轨”的规定。

由于重型及以上轨道的年通过总质量较大，根据曲线上钢轨磨耗情况及沪杭、津浦、浙赣线的曲线钢轨磨耗实际调查，本次规范编制将重型、特重型轨道在曲线上使用的钢轨材质由原来的“耐磨轨”改为“全长淬火轨或高强度钢轨”，并把使用地段由 $R \leqslant 700$ m 改为 $R \leqslant 800$ m。

我国铁路曾试铺过 U70MnSi 钢轨，其含硅量为 0.85% ~1.15%。现场也有人将其称为高硅轨或耐磨轨，但目前 U70MnSi 钢轨基本无供货。另外关于耐磨钢轨的定义，不同科技资料的内涵也不同，例如冶金部门专家董志洪先生编著的《高技术铁路与钢轨》一书中，抗拉强度不小于 800 MPa 的钢轨为普通轨；第二类高强轨，是指抗拉强度不小于 1 000 MPa的钢轨。颜秉善和王其昌教授编著的《钢轨力学与钢轨伤损》一书，把抗拉强度 σ_b =735 ~833 MPa 视为普通轨；σ_b = 883 ~1 030 MPa 为耐磨轨，σ_b =1 080 ~1 226 MPa 为特级轨。德国费列茨·法森拉斯主编的《铁路轨道理论和实践》一书中，提出当轴重超过 220 kN 时，钢轨分类为：

标准钢轨：最小抗拉强度 690 MPa，用于直线和曲线半径≥800 m的地段；

耐磨钢轨：最小抗拉强度 880 MPa，用于直线和曲线半径≥500 m的地段；

硅锰钢轨：最小抗拉强度 980 MPa，用于曲线半径≥300 m 的地段；

铬锰钢轨：最小抗拉强度 1 080 MPa，用于曲线半径≥250 m 的地段。

据上述分析，本规范将耐磨轨改为高强度钢轨。

钢轨磨耗的进展，一般是在铺设运营初期速度快，随着累积通过总质量的增加而逐渐变慢，到某一程度（例如通过总质量达 100 ~200 Mt）时，变为恒定磨耗状态。这是由于受到通过列车车轮的加工硬化作用，而使钢轨轨头顶面硬化，以及由于轮轨接触面吻合的良

CHINA RAILWAY PUBLISHING HOUSE

好，而使接触压力减小的缘故。

至于曲线外轨侧磨的速率，除与以上诸参数有关外，通常是半径越小越快，大轴重是轻轴重的 3 ~ 4 倍，运煤线轨道钢轨侧磨严重，制动地段比非制动地段要提高 25% ~ 50% 。

为研究和预测曲线外轨侧磨的进展，根据以往的资料和经验，以及如说明图 5. 0. 3—4 所示的基本概念，作如下假定：

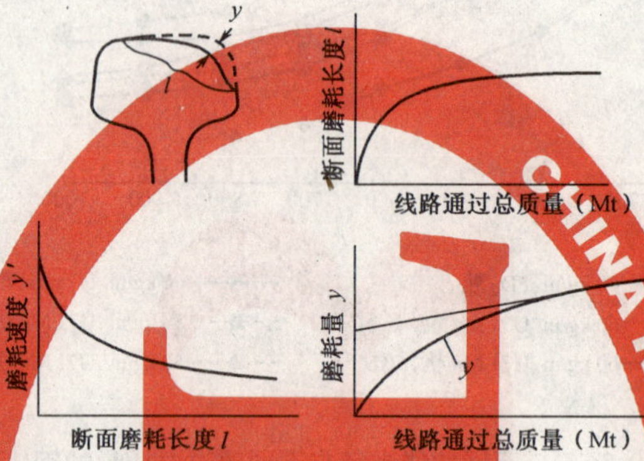

说明图 5. 0. 3—4

(1) 钢轨磨耗分为初期磨耗和通过 100 ~ 200 Mt 总质量后的恒定磨耗期。

(2) 恒定磨耗期的磨耗速度与曲线半径成反比，即

$$\gamma_1' = \beta / R \qquad \text{（说明 5. 0. 3—1）}$$

(3) 初期磨耗期的磨耗速度

$$\gamma_2' = \frac{\gamma\alpha}{R^2} e^{\frac{\alpha}{R}T} \qquad \text{（说明 5. 0. 3—2）}$$

(4) 全磨耗与累计通过总质量的关系，由式（说明 5. 0. 3—1）和式（说明 5. 0. 3—2）得

$$\gamma = \frac{\gamma}{R}(l - e^{-\frac{\alpha}{R}T}) + \frac{\beta}{R}T \qquad \text{（说明 5. 0. 3—3）}$$

式中 γ——磨耗量；

R——曲线半径；

T——累计通过总质量；

α——磨耗收敛系数；

β——恒定磨耗系数；

γ——初期磨耗系数。

α、β 和 γ 各系数通过观测确定后，按式（说明 5. 0. 3—3）计算外轨磨耗量，其结果如说明图 5. 0. 3—5。显然，由外轨磨耗曲线便可预测钢轨的使用寿命。

据上述说明，本条确定曲线半径 800 m 为界是合适的。

5. 0. 4 长隧道内通风较差，空气潮湿，在饱和湿度下，普通钢轨及其零配件极易发生锈蚀，即使采用比隧道外重一级的钢轨，其使用寿命也较隧道外钢轨短，故本条规定："长度大于或等于 1 000 m 的隧道内，宜采用耐腐蚀钢轨。"此处的耐腐蚀钢轨系指具有耐腐蚀性能的钢轨，而不是具体的钢轨牌号。以前我国铁路曾试铺过武钢生产的 WP_1（普通含铜碳素钢轨钢）、WP_2（含铜高硅钢轨钢）含铜钢轨（现已不生产），现场也有人将其称为耐

CHINA RAILWAY PUBLISHING HOUSE

腐蚀钢轨,但这与本条所指的是有区别的。考虑耐腐蚀钢轨的实际供应情况,在条件不具备时,也可采用与隧道外轨道钢轨类型一致的强度较高的钢轨。

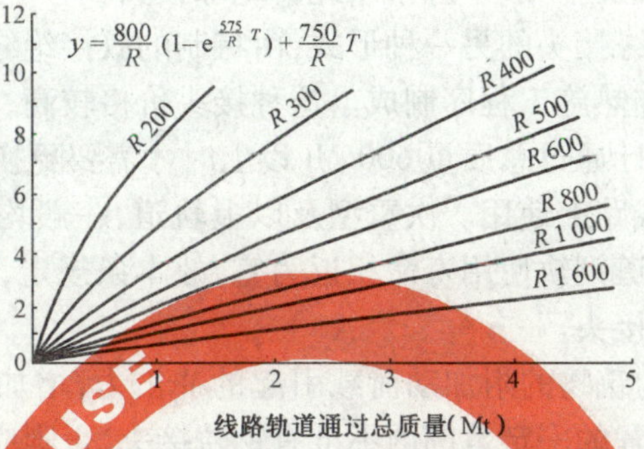

说明图 5.0.3—5

另外,钢内增加铜元素,耐腐蚀性能提高了,但强度性能无法提高。

5.0.5 有缝线路轨道的钢轨接头是轨道的薄弱环节。在钢轨接头处,由于轨线不连续,机车车辆的振动加剧,钢轨损伤增加,轨道病害也随之增加。在无缝线路轨道的焊接接头处虽然轨线连续,但在钢轨焊接接头处易出现马鞍型磨耗。因此,钢轨应尽可能长一些,以减少有缝线路轨道的接头和无缝线路轨道的焊接接头。同时,由于受预留轨缝长度和运输的限制,钢轨又不宜过长。

过去国家标准规定 60 kg/m 钢轨和 75 kg/m 钢轨只有 25 m 一种标准长度。为减少无缝线路轨道的焊接接头,已把 60 kg/m 钢轨和 50 kg/m 钢轨标准长度增加到 50 m、100 m;43 kg/m 钢轨有 25 m 及 12.5 m 两种标准长度。本条规定"正线有缝线路轨道宜采用 25 m 标准长度的钢轨"。

根据计算,25 m 钢轨适用的最大轨缝限制轨温差为 100 ℃,而我国尚有小部分地区的历史最大轨温差大于 100 ℃,故在这些地区铺设 25 m 钢轨时应做特殊设计。

5.0.6 一条铁路,由于各区段的运营条件不同,轨道类型也不可能完全一致,不同类型钢轨的联结也就在所难免。过去采用异型夹板联结异型钢轨接头,但接头强度低,而且轨头断面突变,顶面、侧面均不平顺,对行车安全和养护维修不利。现多采用异型钢轨联结。对于站线轨道,往往由于道岔轨型和材料的关系,会在一股站线上出现不同轨型,考虑异型夹板强度低,采用异型轨联结为宜。

5.0.7 钢轨接头夹板、接头螺栓及螺母是钢轨的主要配件,接头螺栓拧紧后应使夹板与钢轨联结密贴牢固,在气温变化引起钢轨伸缩时,又可使轨端在两夹板之间作少量纵向移动。为使轨道具有足够的强度和稳定性,确保行车安全,接头螺栓及螺母、垫圈应按本条文的规定采用。

在国家现行标准《钢轨用高强度接头螺栓与螺母》(TB/T 2347)中,将接头螺栓分为 10.9 级和 8.8 级,螺母均为 10 级。

5.0.8 在自动闭塞区段上,闭塞分区分界点的钢轨接头应设置绝缘接头。绝缘接头有普通绝缘接头和胶接绝缘接头两种。普通绝缘接头由绝缘夹板、接头螺栓、螺母、轨端绝缘片、槽型绝缘片、螺栓绝缘管垫等组装而成。由于结构上的原因,此种接头的强度及接头阻力较低,使用中易出现低接头、绝缘件被挤压变形或损坏。一般累计通过总质量 150 Mt

CHINA RAILWAY PUBLISHING HOUSE

左右时就需更换，且更换时需工务、电务两家配合施工，工作量较大。若在无缝线路轨道上使用，更换时的气温条件还受无缝线路轨道的锁定轨温限制。另外，更换次数多对保持无缝线路轨道的稳定不利。一般不宜采用此种绝缘接头。

胶接绝缘接头是绝缘接头的另一种形式，由特制的胶接绝缘槽板、绝缘套管、夹板、接头螺栓、螺母等经特殊加热施工程序制成。这种接头价格较高，但整体性好、强度高、接头阻力大、寿命长，一般累计通过总质量600 Mt以上时才需要更换，特别适合在无缝线路轨道，尤其在跨区间无缝线路上使用。次重型及以上轨道，一般均应铺设无缝线路，考虑绝缘接头宜尽量与正线轨道钢轨使用寿命相近为宜，故本条规定，“次重型及以上轨道的绝缘接头应采用胶接绝缘接头。”

5.0.9 为了减少某些构筑物的附加动荷载引起的冲击力，增加构筑物的稳定性，所以条文规定在某些构筑物位置的一定范围内不准有钢轨接头，否则应予焊接或冻结。

6.0.1 轨枕的种类按材质可分为混凝土枕、木枕和钢枕三类。我国目前主要使用混凝土枕，钢枕只是在我国窄轨铁路上曾使用过，在初期的提速道岔上，为配合电务转换设备也曾采用。

本规范规定“新建及改建铁路设计应根据本规范表4.0.1和表4.0.2的规定选用不同类型的混凝土枕”，是由于混凝土枕具有强度高、道床纵横向阻力大、稳定性好、使用寿命长等特点，可减少现场的养护维修工作量，并节省大量的优质木材。

目前我国普通混凝土枕可分为Ⅰ、Ⅱ、Ⅲ型。各种类型混凝土枕的承载能力不同。Ⅱ型枕与Ⅰ型枕相比，其轨下断面承载能力提高了13%，枕中断面负弯矩承载能力提高了40%；Ⅲ型枕与Ⅱ型枕相比，其轨下断面承载能力提高了43%，枕中断面负弯矩承载能力提高了65%。

不同类型的混凝土枕，其设计条件各不相同，因此按照不同轨道类型合理选用不同类型的混凝土枕，是保证混凝土枕充分发挥其功效及正常使用的前提，同时也是确保轨道强度、减少铺设及养护维修工作量和降低造价的有效方式，因此新建和改建铁路设计应根据本规范表4.0.1和表4.0.2的规定选用混凝土枕。

6.0.2 正线上由于列车运行速度高，运量大，在小半径曲线地段养护维修工作量较大，因而应加强轨道结构，延长设备的使用寿命。但由于普通轨枕难以满足使用要求，为此需要采用专门的小半径曲线用混凝土枕及配套的扣件。近年来，相关单位已进行了试验，取得了较好的效果，技术已较为成熟，因而规定正线的小半径曲线地段应铺设小半径曲线用混凝土枕。对于站线，由于情况较为复杂，本规范规定宜采用小半径曲线用混凝土枕。

6.0.3 设有护轨的有砟桥面，应铺设与连接线路轨枕类型相同的桥枕，主要是为了安装护轨，并与线路的弹性相近。目前我国的混凝土桥枕主要分为Ⅱ型和Ⅲ型，并与同类型的混凝土轨枕对应使用，其中Ⅲ型桥枕又分为有挡肩桥枕和无挡肩桥枕两种，分别与有挡肩Ⅲ型混凝土枕和无挡肩Ⅲ型混凝土枕对应，明桥面目前主要采用木桥枕。

6.0.4 目前道岔的基础可分为木岔枕、混凝土岔枕、混凝土支承块和钢岔枕等几种。1996年既有线提速以前，我国的铁路道岔以采用木岔枕为主，同时铺设了少量的有挡肩混凝土岔枕。1996年以后，无挡肩混凝土岔枕迅速得到推广使用。由于混凝土岔枕具有稳定性好、使用寿命长、道岔组装方便的特点，可极大地减少现场的养护维修工作量，取得了良好的使用效果。采用混凝土岔枕的缺点是当路基出现病害时，整治困难，且要求的道

CHINA RAILWAY PUBLISHING HOUSE

岔间插入钢轨长度较长，轨道高度也较大，因此本规范规定，应优先采用混凝土岔枕。混凝土支承块主要用于整体道床。

6.0.5 混凝土宽枕具有整齐美观、轨道稳定性好的特点，轨道稳定后，养护维修工作量也较少，但铺设初期整道工作量较大，缺少专用的机具，养护维修不便。

由于混凝土宽枕轨道质量的好坏与铺设地段的地基处理、施工质量及配套的防排水构筑物有密切的关系，当地基条件不好、排水不畅或施工质量不好时，将引起轨道病害，且整治相当困难。由于目前还没有一套成熟、有效的作业方法和专门的养修机具，因而对混凝土宽枕的使用应作出限制，《铁路线路设计规范》(GB 50090—99)规定："基底坚实、稳定，排水良好的隧道内可铺设混凝土宽枕"，但由于隧道内施工困难，混凝土宽枕厚度制造公差难以克服铁道部已停止了在隧道内使用混凝土宽枕，因此本规范规定只能在站内采用混凝土宽枕。

6.0.6 由于混凝土枕的设计使用条件和与木枕的连接等问题，下列地段宜铺设木枕：

(1)明桥面桥的桥台挡砟墙范围及其两端各 15 根轨枕(有护轨时应延至梭头外不少于 5 根轨枕)铺设木枕，是为了维持这一段范围内的轨道弹性，保持桥上及桥台路基之间的线路平顺。

(2)道岔是铁路轨道的重要设备，不仅直接影响列车的通过速度，同时也在线路的养护维修工作量中占了较大的比重，在木岔枕道岔两端铺设一定数量的木岔枕，主要是为了缓和车轮对道岔的冲击，使道岔与线路的弹性平稳过渡。由于正线和站线在列车运行速度、运量等方面有较大的差异，同时也为了缩短站坪长度、节省造价，因此对正线道岔和站线道岔分别作了规定。

(3)脱轨器、铁鞋制动地段，受现有设备限制，目前需铺设木枕。

(4)两铺设木枕的地段间不足 50 m 的地段应铺设木枕，主要是考虑轨道弹性的平稳、连续，并方便设计、施工和养护维修。

6.0.7 轨道在曲线、陡坡地段的工作条件比平直线路差，承受的外力也比较复杂，在隧道内轨道养护条件差，故轨道在曲线、陡坡地段和隧道内均应加强。增加轨枕的铺设根数，可增大轨道的纵横向阻力，减少钢轨和道床应力，有利于保持轨道的稳定和提高轨道强度，这是我国目前轨道加强的主要形式。

(1)关于加强范围的确定

① 曲线地段。由于各种类型的轨道是与其运营条件相适应的，受破坏力较大的轨道，其抵抗破坏的能力也应较强，因此对各类轨道曲线加强的临界半径作了统一规定。

列车通过曲线时，由于钢轨受垂直力和水平力的偏心作用，将增大钢轨的应力，其增大值与曲线半径的大小成反比。根据实测，曲线半径从 800 m 减少到 300 m 时，横向水平力系数增大 42%，而曲线半径大于 800 m 时，横向水平力系数与直线接近。因此，从横向水平力与曲线半径的关系来看，从半径 800 m 开始加强是合适的，现场多年的实践也证明该值是合适的。

② 陡坡地段。在坡度大于 12‰的坡道上，上坡时需加大列车牵引力，下坡时需经常制动，这些均将增加作用在钢轨上的纵向力，引起轨道的爬行，坡度越大和采用多机牵引时，轨道爬行越严重。故要求在坡度大于 12‰的下坡地段增加轨枕铺设数量，增强轨道的抗爬能力。

③ 隧道内。在隧道内，轨道的养护条件差，潮湿且通风不良时，钢轨、木枕容易腐蚀

和出现空吊，甚至失效，降低了轨道强度，为保持轨道的正常状态，减少养护维修工作量，故需加强。

根据对宝成线宝略段和天兰线的现场调查，长度在 300 m 以下的直线隧道或明洞内，轨道不受洞外气候的影响，通风流畅，容易保持干燥，维修工作量较小，故不予加强。

(2)加强标准的确定

轨枕的加强标准是指在本规范表 4.0.1 中所规定的铺枕根数的基础上每千米所增加的轨枕根数。

① 轨枕外形尺寸及自重不同，在道床中抵抗纵横向阻力的能力也不同，混凝土枕比木枕要强得多，而Ⅲ型枕又比Ⅱ型枕强。

有关实测资料表明，即使木枕每千米的配置根数比Ⅱ型混凝土枕多 160 根，其道床的纵、横向阻力仍小于Ⅱ型混凝土枕。而Ⅲ型混凝土枕每千米的配置根数比Ⅱ型混凝土枕少 80 根，但其道床的纵、横向阻力仍大于Ⅱ型混凝土枕。所以不同类型轨枕的加强标准不需一致，纵、横向阻力大的轨枕加强标准可以低一些，反之则应该高一些。

② 扣件的扣压力越大，轨道的防爬能力越强。由于混凝土枕主要采用弹性扣件，每个扣件的扣压力为 8 ~ 11 kN，木枕轨道采用分开式扣件时，扣压力与混凝土枕基本相当，但当采用普通道钉时，扣压力就较低。由于混凝土枕轨道的抗爬行能力比木枕轨道要强得多，所以混凝土枕的加强标准可以比木枕低一些。

③ 多年的实践证明，木枕每千米增加 160 根，Ⅱ型混凝土枕每千米增加 80 根是合适的。Ⅲ型混凝土枕由于强度较高，纵、横向阻力较大，根据实际使用经验，不需增加铺设根数。

④ 最多铺枕根数的确定，一要考虑轨道加强的要求，二要考虑养护维修的要求。从加强轨道整体结构的方面考虑，轨枕根数配置多一些有利，但从轨道养护维修的要求以及保持轨道的弹性均匀方面考虑，轨枕的配置根数不能过多。养护维修方面，必须保持捣固作业所必须的轨枕间的净距，同时考虑到重型及以上轨道采用大型养路机械进行养护维修作业的要求以及道床阻力受道床肩宽、轨枕埋深、密实程度、脏污程度等较多因素的影响，不同线路的道床阻力值变化范围较大等实际情况，本条表 6.0.7 规定各型轨枕每千米的最多铺设根数为：Ⅱ型混凝土枕为 1 840 根，木枕为 1 920 根。

6.0.8　由于不同类型的轨枕型式尺寸、承载能力、适用范围各不相同，为保持轨道弹性的连续，方便设计、施工和养护维修，因而要求同一类型的轨枕应集中连续铺设。

为保持钢轨接头前后轨道的弹性一致，减缓列车对钢轨接头的冲击，在不同类型的轨枕分界处，如遇钢轨接头，应保持同类型轨枕延至钢轨接头外 5 根以上。

6.0.9　刚性道床与弹性道床之间应有过渡段，并采用混凝土枕（也含道床厚度的纵坡过渡），其长度以道床厚度纵坡过渡控制不宜小于 10 m，其他站线和次要站线受出岔点或其他条件控制时可适当缩短。

6.0.10　60 kg/m、75 kg/m 钢轨道岔的混凝土岔枕强度高、刚度大，当道岔与Ⅱ型枕线路连接时，将造成较大的弹性不均匀，因此为保持道岔前后的弹性均匀过渡，延长道岔及岔枕的使用寿命，提高列车过岔时的稳定性，特规定在道岔前后各铺设 50 根Ⅲ型混凝土枕过渡。为避免道岔区的道岔之间轨枕类型变化较大，保证轨道的弹性，特规定道岔之间的轨枕类型与道岔的岔枕类型相同，60 kg/m、75 kg/m 钢轨道岔之间采用Ⅲ型枕，50 kg/m 钢轨道岔采用Ⅱ型枕。

6.0.11 扣件是联结钢轨与轨枕的重要部件，其作用是保持钢轨在轨枕等轨下基础上的正确位置及钢轨与轨枕的可靠联结，阻止钢轨的纵横向移动，为轨道结构提供一定的弹性，因此扣件不仅要具备足够的强度和扣压力，还应具有良好的弹性和一定的调整能力。扣件类型不同，使用范围也不同。只有根据不同轨道类型合理选用不同类型的扣件，才能充分发挥扣件的性能，达到经济合理的目的。

由于铁科技函〔2002〕56 号文已发布 70 型扣板式扣件作废，因此我国混凝土枕主要采用不分开式弹性扣件。现场的多年使用实践，也证明采用弹性扣件可提高轨道强度，并显著减少现场的养护维修工作量。

弹条Ⅰ型扣件是我国铁路干线的主型扣件，多年来取得了良好的使用效果，但由于扣压力和弹程较小，强度安全储备不足，扣件残余变形较大，因此规定其在最高行车速度小于或等于120 km/h的重型及以下轨道使用。

弹条Ⅱ型扣件是在弹条Ⅰ型扣件的基础上开发的，除弹条外，其余部件与弹条Ⅰ型扣件相同。该扣件的初始扣压力大于等于 10 kN，具有扣压力大、强度安全储备高、残余变形小等优点，可在重型、特重型轨道上使用。

弹条Ⅲ型扣件是一种无螺栓扣件，与Ⅲ型无挡肩混凝土枕配套使用。扣件的初始扣压力不小于 11 kN，弹性好，零部件少，安装方便，可减少现场的养护维修工作量，适宜于大运量、高密度的运输条件，应在重型、特重型轨道上使用。但该扣件调高困难，扣压力损失时难以调整。

对于木枕轨道，我国大量采用铁垫板加普通道钉的方式，它具有简单、方便的特点，但道钉容易松动、浮起，防爬能力及轨距保持能力差，铁垫板也容易切割枕木，在中型及以上轨道使用时，将大大削弱轨道强度和稳定性，显著增加线路的养护维修工作量，因而本规范取消了正线木枕轨道的扣件类型。混凝土枕用扣件主要技术性能见说明表 6.0.11。

说明表 6.0.11 混凝土枕扣件主要技术性能

扣件类型			弹条Ⅰ型扣件 A 型弹条	弹条Ⅰ型扣件 B 型弹条	弹条Ⅰ型调高扣件	弹条Ⅱ型扣件	弹条Ⅲ型扣件
单个弹条初始扣压力(kN)			>8	9	>8	≥10	≥11
弹性变形量(mm)			9	8	9	10	13
抗横向力能力(kN)（疲劳 200 万次）			60	60	60	70	70
扣件节点静刚度(kN/mm)			90 ~ 120	90 ~ 120	90 ~ 120	60 ~ 80	60 ~ 80
调距量(mm)			−4 ~ +8	−4 ~ +8	−4 ~ +8	−8 ~ +12	−8 ~ +4
调高量(mm)			≤10	≤10	≤20	≤10	0
扣紧控制方式			测力扳手与肉眼观察相结合，第二点接触				安装工具
一套（半根轨枕）扣件的防爬阻力(kN)	垫板压缩量(mm)	0	12.0	14.3	12.8	16	17.6
		1.5	11.5	12.6	11.5	13.6	16.0
		3.0	10.1	10.9	10.1	11.2	14.3
		5.0	8.36	8.7	8.36	8	12.1

弹条Ⅰ型扣件的螺母扭矩应为 80 ~ 120 N · m，弹条Ⅱ型扣件的螺母扭矩应为 100 ~

CHINA RAILWAY PUBLISHING HOUSE

140 N · m。

6.0.12　站线轨道由于列车运行速度低，运量小，因而对混凝土枕轨道推荐采用弹性扣件，主要指弹条Ⅰ型扣件，对木枕轨道推荐采用分开式扣件（包括弹性扣件和K型扣件）。对于次要站线，由于使用几率较少，速度更低，为求经济，可以采用普通道钉。

6.0.13　扣件的扣压力和弹程值是根据各种扣件的使用条件设计确定的，本条文主要是为了方便无缝线路等的设计。

扣件的防爬阻力应大于轨枕的道床阻力，以保证钢轨的稳定。从说明表6.0.11可以看出，目前的弹性扣件均可满足此项要求。无缝线路设计，扣件节点的纵向阻力可以通过扣件的扣压力换算得出，见本规范第11.3.2条的规定。此处的扣压力指扣件的初始扣压力，使用过程中扣压力的损失可通过加强现场的养护维修等方式进行控制。

6.0.14　混凝土宽枕轨道可以采用与混凝土枕相同的扣件（弹条Ⅰ型或弹条Ⅱ型扣件），但由于混凝土宽枕轨道养护维修困难，采用调高量较大的扣件可以方便养护维修。无砟道床轨道，由于对施工精度要求较高，且出现病害时难以整治，为方便施工和养护维修，可以采用调高量较大的弹性扣件或分开式弹性扣件，以方便养护维修。长大桥上的无砟道床，可采用小阻力扣件，主要是为了满足桥上无缝线路的设计要求。

6.0.15　橡胶垫板是混凝土枕轨道绝缘、缓冲部件，其主要作用是为轨道提供弹性，同时也是钢轨与轨枕间的绝缘层，橡胶垫板的使用应与扣件相配套。本规范根据《铁道混凝土枕轨下用橡胶垫板技术条件》（TB/T 2626）的规定增加了各橡胶垫板的静刚度值，以方便无缝线路等的设计。

根据《铁道混凝土枕轨下用橡胶垫板技术条件》（TB/T 2626）的规定，60、75 kg/m 钢轨用橡胶垫板分为三种，其中60—10—17 用于直线或半径大于等于600 m 的曲线，60—10—11 用于半径小于600 m 的曲线，60—12—17 用于钢轨接头部位。

弹条Ⅲ型扣件用橡胶垫板，与以上不同，应按专线(01)3328 图纸选用。

7.0.1　道床是轨道的重要组成部分，是轨道框架的基础，它承受来自轨枕的压力并均匀地传递到路基面上；提供轨道的纵横向阻力，保持轨道的稳定；提供轨道弹性，减缓和吸收轮轨的冲击和振动；提供良好的排水性能，以提高路基的承载能力及减少基床病害；便于轨道修理作业，校正线路的平纵断面。为此，对道床材料的要求，应能满足上述功能，道砟应具有质地坚韧，有弹性，不易压碎和捣碎，排水性能好，吸水性差；不易风化，不易被风吹动或被水冲走。我国轨道使用碎石道砟。

（1）国家现行标准《铁路碎石道砟》（TB/T 2140）按道砟材料性能及参数指标将道砟分为一级和二级。碎石道砟的技术参数有：反映道砟材质的参数，如抗磨耗、抗冲击、抗压碎、渗水、抗风化、抗大气腐蚀等材料指标参数，为道砟材质分级提供了法定依据；反映道砟加工质量参数，如道砟粒径、级配、颗粒形状、表面状态、清洁度等加工指标。

（2）碎石道砟属于散粒体，其级配是指道砟颗粒的分布。道砟粒径的级配对道床的物理力学性能、修理工作量有重要影响。现行标准是按级配要求，可保证道砟产品有最佳的颗粒组成。级配道砟由于道砟粒径相互配合以及道砟颗粒之间的填满，使得道砟有更好的强度和稳定性，也利于道床作业。

（3）道砟颗粒形状及清洁度对道床的性能有重要影响。一般而言，棱角分明、表面粗糙的颗粒，对集料具有较高的强度和稳定性。近于立方体的颗粒比扁平、长条形颗粒有较高的抗破碎、抗变形、抗粉化能力。一般用针状指数和片状指数来控制长条形和扁平颗粒的含量。凡长度大于该颗粒平均粒径 1.8 倍的称针状颗粒；厚度小于平均粒径 1.8 倍的称片状颗粒。

(4)道砟中的土团、粉末或其他杂质对道床的承载能力是有害的，须控制其数量。土团是指那些泡水后出现软化，丧失其强度的颗粒，粉末会脏污道床，加速道床的板结，影响道床排水。标准规定黏土团及其他杂质含量的质量百分率不大于 0.5%；粒径 0.1 mm 以下的粉末含量的质量百分率不大于 1%。

(5)目前路网铁路的有砟轨道全部采用碎石道床。碎石道砟的粒径级配、材质指标、试验检验及道砟的生产管理和交付验收，在国家现行标准《铁路碎石道砟》(TB/T 2140)中都有详细规定。该标准中还规定了一级道砟和二级道砟的使用范围。在国际上铁路正线有砟轨道禁止使用石灰岩道砟，但考虑我国地域广阔，有些地区很难找到花岗岩、玄武岩等硬质砟石，从经济上考虑，标准人为地划分了二级砟石。既有铁路轨道运营证明了二级道砟容易粉化，致使道床板结形成道床病害，增加轨道修理工作。随着列车速度的提高，加之无缝线路轨道的广泛铺设，对轨道的形位尺寸要求越来越严格。为此，本条规定Ⅰ、Ⅱ级铁路轨道应采用一级道砟。

(6)底砟材料国内过去用河砂，没有材质标准，只是参照前苏联砂道床的材质标准，对砂中石英砂的含量有所要求。纵观世界各国的底砟层材料，除了前苏联采用河砂之外，其他国家都是采用天然或人工破碎的砂、砾石材料。底砟层的主要功能是隔离碎石层和基床表层，防止上层碎石和下层路基土颗粒之间的相互掺混，对从碎石到基床表层之间的渗水性能起过渡作用，防止基床表层在暴雨时被冲刷，防止地下水通过毛细管作用向上渗透，对基床表层起保温防冻作用。当然，底砟层本身要有足够的承载能力，底砟层材料要有足够的抗冲击、抗压碎、抗磨耗功能。

底砟层材料的粒径级配是根据我国道砟材料的粒径级配按道砟层界面上的隔离过滤准则确定的。在底砟层与基床表层的界面上，不仅要满足隔离过滤准则，而且还要满足渗水准则。国家现行标准《铁路碎石道床底砟》(TB/T 2897)中，对底砟材料的粒径、级配、材质指标及生产、验收检验都有详细的规定。

7.0.2 道床断面包括道床厚度、顶面宽度及边坡坡度三个主要特征。

道床厚度是指直线上钢轨或曲线上内轨中轴线下轨枕底面至路基顶面的距离。其说明已在轨道类型条文说明中有详细阐述；道床边坡坡度在下一条也有文字说明，此处就不再赘述了。

本条制定道床顶面宽度的主要依据：

(1)国家现行标准《无缝线路铺设及养护维修标准》(TB 2098)已将一般地段的道床顶面宽度规定为 3.3 m，砟肩宽40 cm，在桥头路基、连续长大坡道及年轨温变化幅度大于 90 ℃的地区等特殊地段，道床顶面宽度 3.4 m(砟肩宽 45 cm)，并且砟肩堆高 16 cm。该项标准是在 20 世纪 80 年代以前我国无缝线路发生过大量胀轨跑道事故后制定的。此标准对确保无缝线路运营安全起到了重要作用。

(2)为了提速的需要。由于行车速度的提高，在直线上因转向架的蛇行及在曲线上因过超高、欠超高所引起的轮轨横向力显著增加。在相同的方向、水平不平顺条件下，高速时所引起的轮轨横向力比低速时要大得多，因而对轨道的横向强度及稳定性构成威胁。增加砟肩宽度，堆高砟肩，是线路提速后提高轨道横向抗力的主要措施。说明表 7.0.2—1 为一些国家速度提高后砟肩宽度和砟肩堆高的变化情况。

CHINA RAILWAY PUBLISHING HOUSE

说明表 7.0.2—1　高速、提速轨道的砟肩宽度(cm)

国　家	线　路　类　型	砟　肩　宽　度
法　国	一般线路,TG 高速铁路	53,60(堆高 10 cm)
日　本	既有线,高速新干线	40,50～55
德　国	既有线,ICE 列车高速线	40,50
中　国	特重型轨道无缝线路,广深准高速铁路	40,45(堆高 15 cm)

我国目前铁路干线提速的目标值已由 140 km/h 改为 200 km/h。这些线的通过总质量比广深准高速铁路要大得多,轨温变化幅度也比广深地区要大。因此,有更进一步提高砟肩宽度标准的要求。

(3)在采用Ⅲ型混凝土枕时,既要考虑到轨枕质量、支承底面积和端面积的增大而达到的轨枕横向阻力的增加,也要考虑到推广Ⅲ型轨枕的主要目的是加强轨道整体结构的承载能力、提高横向稳定性。根据大秦线Ⅱ型枕既有道床断面和Ⅲ型轨枕砟肩宽 40 cm,无堆高道床断面的轨枕横向阻力的实测资料(见说明表 7.0.2—2),Ⅲ型轨枕的横向阻力增大(11.62/10.2)－1＝13.9%。

说明表 7.0.2—2　Ⅲ型轨枕横向阻力实测结果对比

工况	轨道条件						测试根数	平均阻力(kN/根)	比值
	钢轨(kg/m)	轨　枕	扣　件	肩　宽(cm)	堆　高(cm)	边　坡			
1	60	Ⅱ型	弹条Ⅰ型	61.9	16.8	1:1.76	20	10.27	100
2	75	Ⅲ型有挡肩	弹条Ⅱ型	40	0	1:1.75	20	11.62	113

如Ⅱ型轨枕按 1 760 根/km,Ⅲ型轨枕按 1 667 根/km 计算。用Ⅲ型轨枕砟肩宽度 40 cm时单位轨道长度上的道床横向阻力比采用Ⅱ型轨枕既有道床断面时增大约 8%。根据这一测试结果,我们认为在重型轨道 120 km/h $< v \leqslant$ 160 km/h 时采用Ⅲ型轨枕 1 667 根/km、砟肩宽 40 cm 的方案合适。

(4)1998 年郑武间时速 200 km/h 试验,对Ⅲ型轨枕道床横向阻力的测试表明,1 667 根/km的Ⅲ型轨枕方案应该是最合适的方案;90 年代中期建设司于京九线Ⅲ型轨枕 1 667 根/km铺设实践也有力地说明,道床肩宽不少于 40 cm 是合适的。

(5)道床肩宽部分所分担的道床横向阻力约占总阻力的1/3。轨枕横移挤动砟肩的道砟棱体的阻力,见说明图 7.0.2—1。

$$b = H\tan(45° + \phi/2)$$

式中　H——轨枕端部高度;

ϕ——摩擦角,一般 $\phi = 35° \sim 50°$。

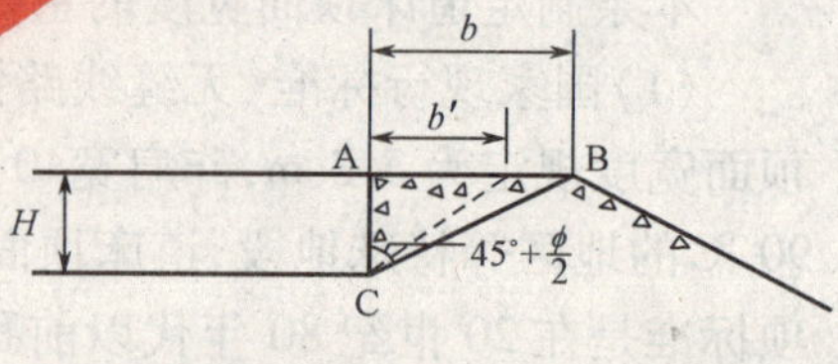

说明图 7.0.2—1　道砟阻力

北方交大在混凝土枕轨道上对砟肩加宽进行了测试,从30 cm的肩宽起测,道床横向阻力随砟肩宽度的增加而加大。增加到 55 cm 达最大值,总阻力值增加 16%。若再加宽,阻力将不再增加。日本崛越博士也做过这类试验,认为砟肩宽度超过 40～46 cm 后,道床横向阻力将不再增加。国外道床肩宽和轨枕横向阻力的试验资料表明(见图 7.0.2—2),砟肩宽度从 40 cm以下增加到 40～45 cm 是轨枕横向阻力增长最快的阶段,砟肩宽度大于 45 cm 之后,轨枕横向阻力的增长趋于平缓。因此,有些国家对砟肩宽度规定了限值:美国为

CHINA RAILWAY PUBLISHING HOUSE

50 cm；日本为55 cm；前苏联为45 cm；我国普通线路过去规定为30 cm，无缝线路轨道不小于40 cm，$R<800$ m 的曲线外侧、制动地段、桥头路基、年轨温差大于90 ℃地区为50 cm。

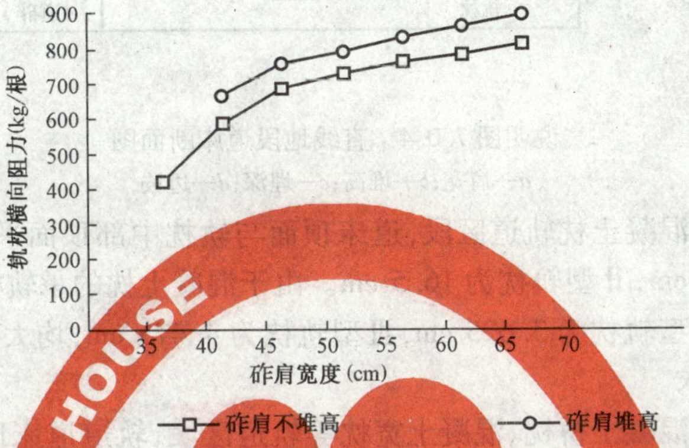

说明图7.0.2—2　轨枕横向阻力与砟肩宽度及砟肩堆高关系曲线

(6)秦沈客运专线建设相关规定砟肩宽度采用45 cm，施工检测资料表明Ⅲ型混凝土枕，1 667根/km配置，其道床横向阻力完全满足横向10 kN/枕阻力的标准。《京沪高速铁路设计暂行规定》中砟肩宽度为50 cm。

为此，本条表7.0.2规定重型以上无缝线路轨道砟肩宽度选用45～50 cm，道床顶面宽度在3.4～3.5 m，其主要目的是满足一次铺设无缝线路轨道及开通速度达到设计速度要求。

7.0.3～7.0.4　砟肩堆高是提高轨枕横向阻力，提高线路横向稳定性最经济、最有效的手段。根据广深线的实测资料(见说明表7.0.4)，在砟肩宽度相近的情况下(48 cm)，砟肩堆高10 cm与平砟肩相比，轨枕横向阻力增加9.01/7.65－1＝18%。根据国外的资料(见说明图7.0.4)，在砟肩宽度为40 cm时，砟肩堆高5 cm时增加75/68－1＝10%，砟肩宽度50 cm时增加78/72－1＝8%。这是本条采用砟肩堆高的主要依据。

说明表7.0.4　砟肩堆高对轨枕横向阻力影响实测资料

工况	轨道条件						测试根数	平均阻力(kN/根)	比值
	钢轨(kg/m)	轨枕	扣件	肩宽(cm)	堆高(cm)	边坡			
1	60	Ⅱ型	弹条Ⅰ型	46.4	10	1:1.67	20	9.01	100
2	60	Ⅱ型	弹条Ⅰ型	49.0	0	1:1.49	20	7.65	84.9

正如前面所指出的，国家现行标准《无缝线路铺设及养护维修标准》(TB 2098)规定在某些特殊地段采用砟肩堆高16 cm，我国广深准高速铁路采用砟肩堆高15 cm。秦沈客运专线道床也采用这一标准，实践表明这一堆高值便于保持及养护维修，列车速度在200 km/h及以下时不会由于列车风力引起飞砟，故本规范规定堆高15 cm。

为了保持轨道结构在列车往复振动下的稳定性，以减少养护工作量，道床应有适当的边坡坡度。根据调查资料分析，从目前养护条件来看，在现行速度下，配合上述有关道床的规定(厚度和宽度以及材料)，本条将中型及以上轨道规定为1:1.75，轻型道床因运量小，行车速度也较低，可以稍陡，故规定为1:1.5，以节约投资。道床肩宽、堆高及边坡如说明图 7.0.4。

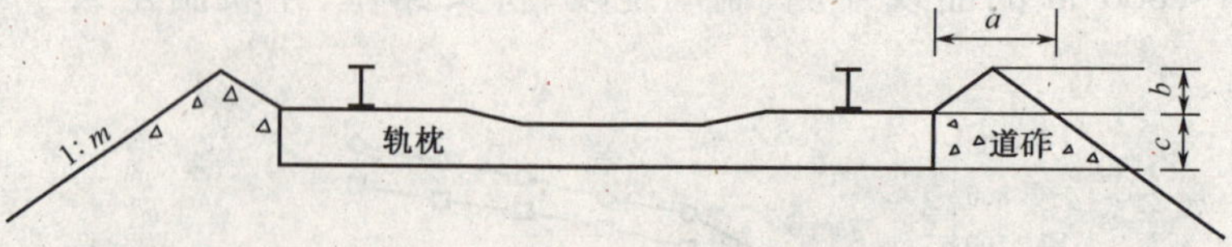

说明图 7.0.4　直线地段道床断面图

a—肩宽;*b*—堆高;*c*—埋深;*d*—边坡

7.0.5　本规范规定混凝土枕轨道区段,道床顶面与轨枕中部顶面平齐。这样,Ⅲ型轨枕的枕端埋深为 18.5 cm,Ⅱ型轨枕为 16.5 cm。由于混凝土枕的承轨槽高于轨枕中部的枕顶面,其高度差值Ⅱ型轨枕为 3.625 cm,Ⅲ型轨枕为 4.475 cm,均大于 3 cm,能满足轨道电路绝缘电阻的要求。

在混凝土岔枕、混凝土桥枕、混凝土宽枕等轨道区段,轨道道床顶面应低于轨枕承轨面 3 cm,以保证轨道电路绝缘电阻的需要。

7.0.7　混凝土宽枕线路的道床由碎石道床加铺面砟带组成,面砟带厚 5 cm。

(1)道床结构及厚度。自推行Ⅲ型混凝土轨枕中间部分不掏挖等技术措施之后,道床工作条件有所改善,道床顶面的轨枕压应力及通过道床传给路基顶面的压应力都有相应的降低,以适应运量、轴重和速度增长的需要。而混凝土宽枕的尺寸及枕底砟带支承方式没有改变。Ⅱ型轨枕、Ⅲ型轨枕及宽枕的枕底支承面积如说明表 7.0.7—1 所示。

说明表 7.0.7—1　Ⅱ、Ⅲ型轨枕及宽枕的枕底支承面积

轨枕类型	Ⅱ型轨枕		Ⅲ型轨枕	宽　枕
支承方式	中部掏空	满支承	满支承	砟带支承
枕底支承面积(cm^2)/比例(%)	4 970/100	6 588/132.6	7 720/155.0	10 298/207.0

可见,Ⅲ型轨枕满支承的枕底支承面积已为Ⅱ型轨枕中间掏空时枕底支承面积的 1.55 倍,有了较大改善。而宽枕的枕底支承面积仍为Ⅱ型枕中间掏空时的 2.07 倍,没有改变。所以,在宽枕道床的面砟带下采用与混凝土枕道床相同的道床结构和道床厚度,是对宽枕道床的加强措施之一。

宽枕道床只能以"垫砂"方式进行起道、维修,道床难于清筛和更换,因此,不仅要求宽枕道床的碎石道砟采用一级道砟,而且还要求道床有较好的工作条件,以延长道床的使用寿命。在宽枕线路上采用比混凝土枕线路较薄的道床,是不利于延长道床的使用寿命的。这是本次规范编制中在砟带下采用普通碎石道床的原因之一。

(2)面砟带。宽枕要求枕底有较均匀的支承状态,以使宽枕有合理的受力条件。另外,宽枕的枕底支承状态在铺设之后难于调整,要求在铺设时做到轨枕支承状态均匀。而采用粒径较小的面砟带支承方式,是达到枕底均匀支承的最好形式。面砟带厚度 50 mm 作为枕底支承均匀性调整层已足够。砟带宽度 950 mm,宽枕的支承长度与以往Ⅱ型轨枕中间掏空时的轨枕支承长度相同,适合于轨道(包括宽轨枕本身)的受力及荷载传递方式。

面砟带材料要求满足国家现行标准《铁路碎石道砟》(TB/T 2140)一级道砟的要求,以保证面砟带有足够的抗冲击、抗磨耗、抗压碎、抗腐蚀等性能。面砟带的粒径级配如说明表 7.0.7—2 所示。

把面砟带材料的最大粒径控制在 20~40 mm，对总厚度仅为 50 mm 的砟带铺设较为有利。由于说明表 7.0.7—2 所示的级配范围较宽，可以保证砟带有较好的压密性能，提供较优的施工作业质量和作业效果，有利于延缓运营使用中的砟带材料的破碎。

说明表 7.0.7—2　面砟带材料粒径级配

方孔筛孔边长（mm）	35	30	25	20	15	10
过筛质量百分率（%）	100	95~100	55~75	25~40	5~15	0~5

7.0.8 路基上的道床厚度按道床中压力的扩散角及路基面的允许应力计算确定。混凝土桥上的道床基础为刚性基础，比路基土有更高的承压应力，因而传统的设计思想认为，在石质路基及混凝土桥等刚性基础上，可以比土路基采用较薄的道床厚度。其实，道床除了起扩散分布荷载的作用之外，还有其他多方面的功能，如增加轨道弹性、延缓道砟颗粒的破碎和粉化、隔离振动和减少噪声等。在混凝土桥上，正是上面提到的这些功能，对道床的厚度起着控制作用。法国 TGV 线路规定，“在石质路堑地段，除应保持和土路基地段相同的碎石道砟厚 32 cm 之外，还应在道砟和石质路基之间铺 20~30 cm 厚的小碎石垫层”，正是基于这种考虑。

德国客货共线运行的高速铁路规定，桥上最小道床厚度为 40 cm。法国 TGV 线路上，规定碎石厚度为 35 cm，其下再加 10 cm 厚的垫砟层，其总厚度 45 cm。日本东海道新干线，原先桥上道床厚度采用 20 cm，与普通线路无区别，后来发现道砟破碎、粉化、道床脏污，很快失去弹性，不得已在砟下加铺厚 2.5 cm、弹性刚度为 4.5 t/cm 的胶垫。在后来修建的山阳、上越等高速线路上，采用桥上道砟厚 30.4 cm、砟下胶垫厚 2.5 cm。高速列车的轴重轻，传递道床顶面的准静态压应力小，但由于冲击和振动的加剧，使置于刚性基础上的道床工作条件恶化，此时道床的弹性、道床的减振和降噪的要求已对道床的厚度起着决定性的作用。

在我国铁路干线上规定桥上道床厚度亦应与行车速度和轴重相匹配，保持桥上道床适当的厚度是必要的。本规范规定，桥上道床厚度，新建铁路设计行车速度小于等于 120 km/h时不应小于 25 cm，设计行车速度大于 120 km/h 时不应小于 30 cm；改建铁路困难条件下不得小于 20 cm。

线桥连接部位是轨道的薄弱环节。由于轨道垂向弹性在该部位的突变，经常导致列车通过时的颠簸和振动，是行车安全事故的多发地点。因此，要求连接部位的轨道弹性有一个较为平缓的过渡。在高速铁路上，通常对这一段的路基填筑和轨道结构作出某些特殊的规定。本条规定在 30 m 的长度范围内对线路和桥上道床厚度差进行顺坡，也正是考虑这种弹性的平缓过渡。

7.0.9 隧道内的道床基础为石质路基或混凝土仰拱，均为刚性基础，符合本规范表 4.0.1 中岩石、渗水土路基的条件，故其道床厚度应按表中单层道床的有关标准采用，并应按远期的轨道类型预留道床厚度。隧道内由于宽度有限，照明条件差，隧道技术检查和轨道的维修养护都比较困难。为此道床肩至边墙（或高侧水沟）间应以道砟填平，以便于洞内维修养护人员工作和行走，以及待避列车时便于进入避车洞。

7.0.10 站内各种线路的道床一般应分别按单线设计，以节省道砟。但在编组站、区段站上经常有调车作业和列检作业的调车线、列发线、牵出线、客车整备所的客运及技术整备线间及其外侧和扳道作业或调车作业繁忙的咽喉范围内，为了作业的安全与便利，又不影响排水，应采用渗水性材料(最好采用与面层相同而粒径较小的材料)将线路道床间及最外线路外侧的洼垄填平，为抽换轨枕方便而填至轨枕底下3 cm。

7.0.11　非渗水土路基，采用单层道砟。易造成各种路基病害，为防止路基病害发生，到发线、驼峰溜放部分的线路宜采用双层道床。当年降雨量为1 000 mm以下，且不造成路基病害的情况下，可采用单层道床。其他站线、次要站线道床较薄，不宜再做成双层。这是因为面砟太薄易与底砟混杂，而底砟太薄又易变形，失去反滤作用，因此应做成单层道砟道床。

7.0.12　道床是轨枕的基础，其功能除将列车荷载传递给路基外，还应排水良好。提高轨道电阻，以确保轨道电路畅通。因此，本条规定到发线及设有轨道电路的其他线应采用碎石道床，确保道床排水良好，减少路基病害。

7.0.13　混凝土枕与木枕道床顶宽采用统一标准的理由：

(1)道床的顶面宽度决定于其肩宽，道床肩的作用为：①阻止道砟从枕端下面挤出；②提高轨道横向阻力，这对于保证无缝线路的稳定性有重要意义，增加肩宽有助于保证捣固效果和防止道床坍落。但对轨道横向阻力来说，由于主要依靠轨枕底面与道砟的摩擦力(占全阻力的65%)，增加肩宽虽可提高轨道的横向阻力，但只是一个方面。从节约土石方数量来说，道床肩不宜太宽。据长沙铁道学院和广州局在京广线所作的测定资料看，木枕和混凝土枕轨道的道床肩宽同为30 cm，当轨枕横移0.2 cm时，后者比前者的横向阻力大1倍左右。

站线道床顶面宽度，由于站线行车量小、速度低、横向力小，故道床顶宽不论是混凝土枕或木枕均规定为2.9 m，曲线外侧道床可不予加宽，在驼峰调车场的推送部分，自摘钩地点至峰顶，调车人员经常在此地段来回走行，为了安全及作业方便，道床肩宽应予增加。根据现场经验，在有摘钩作业一侧的道床肩宽加宽到2.0 m，另一侧为1.5 m。

(2)混凝土宽枕的道床宽度一般采用2.9 m，如因紧临该线路旁侧有其他构筑物(排水槽或站台墙等)时，其间可用道砟填平。

7.0.14　混凝土宽枕由于底面积大，道砟应力小，通过道床传到路基面的应力也小，而且均匀，又由于混凝土宽枕轨道刚度大，故要求枕下道砟均匀支承，避免应力集中。至于面层，还用来调整混凝土宽枕轨道高低水平。

为使混凝土宽枕轨道的道床具有一定的密实性和均匀性，同时有良好的排水性能及在列车振动下不易被粉化，站线上的混凝土宽枕轨道的道床应由不低于一级碎石道砟道床加面砟带组成。碎石道砟道床的厚度按本规范表4.0.2的规定采用。

7.0.15　为了保持轨道结构在列车往复震动下的稳定性，减少养护工作量，道床应设有适当的边坡坡度。比照正线的轻型轨道，站线道床边坡采用1∶1.5。

8.1.1　无砟道床系指不用道砟铺设的道床。采用道砟的道床，具有结构简单、铺设容易、更换方便和弹性良好的特点，所以能延续采用至今，成为传统的轨道结构。但在应用中，由于道砟是松散的碎石，在列车作用下，道砟的磨损、坍塌、局部陷入路基等，导致轨道变形加剧，产生不平顺，故每隔一定时间就需要进行养护维修。道砟的变形是引起轨道不平顺的主要因素，约占轨道变形的80%以上。随着行车速度和运输量的提高，轨道的维修工作更趋频繁，特别是在一些繁忙的干线上，行车间隔时间短，进行维修工作更为困难，有时甚至不可能进行维修作业。另外，在长大隧道内作业极为不便，长大桥梁上作业危险性大。传统的轨道结构与铁路运营要求的差距暴露的越来越明显。

CHINA RAILWAY PUBLISHING HOUSE

基于上述原因，世界铁路都在研究加强轨道结构，使之具有较高的稳定性，从而减少轨道养护维修工作量。数十年来，改善轨道结构的工作一直在进行着。改善的途径可以归纳为两个方面：一是加强轨道部件，如采用混凝土枕、弹性扣件、硬质道砟，采用无缝线路等；二是改变轨下基础的构造，如采用新型轨下基础。

新型轨下基础的分类，国内外不尽一致。目前各国铁路已铺设和试铺的新型轨下基础归纳为以下三种类型：

(1)无砟型新型轨下基础

取消传统的道砟层，以混凝土或钢筋混凝土作为钢轨的基础。混凝土可在现场浇筑，也可采用预制件，或是两者相结合。这一类型适用于坚实基础，如石质隧道、桥梁、高架铁道和地下铁道等。用于土质路基或地质不良的基底上时，基底需要加强处理。另外，还有日本采用的板式轨道，德国铁路采用的轨枕埋入式轨道及博格板式轨道。

(2)固结道砟型新型轨下基础

在传统轨道的道砟层中灌注流体的固结材料填充道砟或部分道砟的空隙，流体的固结材料硬结之后，松散的道砟便结成为整体。日本、德国及我国的铁路采用的沥青道床就是这一类型的轨道结构。

(3)保留道砟型新型轨下基础

松散体的道砟层是轨道变形积累的主要来源，这是它的缺点。但另一方面，道砟层提供了轨道必要的弹性，有减振和降噪的作用，因此，在少维修的新型轨下基础中仍保留道砟层的类型，即采用宽枕或框架式轨枕，以加大轨下部件在道砟层上的承压面积、降低道砟所承受的压力，起到减缓道砟变形的作用，从而减少轨道的养护维修量。但这种结构，特别是宽枕，道床易板结，不易维修。

上述三种类型轨下基础，各国试铺的轨道结构不尽相同。但使用较为成熟的大体上是日本的板式轨道，用得较多的是德国铁路的轨枕埋入式及地下铁道内用的弹性支承块式轨道。德国在使用轨枕埋入式轨道过程中，由于整体式预应力混凝土与普通混凝土道床板共同构成，轨枕徐变收缩及混凝土道床板的收缩，使枕与板之间形成裂缝，目前德国又把整体式轨枕改为双块式枕(Rheda2000)。秦沈客运专线上成功地试铺了板式轨道和轨枕埋入式两种无砟轨道，同时于秦岭隧道内也铺设了弹性支承块式。鉴于上述三种无砟轨道在我国均有应用，故本规范列入了板式、轨枕埋入式和弹性支承块式三种结构形式。

铺设无砟道床要求有坚实稳固的基础，桥梁的混凝土桥面即隧道内石质或仰拱基础能为无砟道床提供这样的条件。另外，在桥上进行维修作业，不仅有作业人员的危险，使用大型养路机械还存在着与动力稳定车振动频率的协调问题。隧道内轨道维修困难，尽管隧道设有照明，但仍不如露天照度充分，轨道维修作业有诸多不便。而采用无砟道床，可大大减少轨道维修的工作量。据日本和德国采用无砟道床的轨道维修统计，无砟道床较有砟道床轨道修理作业降低在70%以上，甚至更多。秦沈客运专线在狗河、沙河、双河特大桥上进行了板式轨道和轨枕埋入式轨道的铺设，其桥长均在700 m以上；原《铁路线路设计规范》规定"基底坚实、稳定、排水良好，长度大于1 000 m，且曲线半径大于或等于400 m的隧道内可铺设整体道床或其他新型轨下基础。"

为此，本规范规定为正线轨道有条件的及长大桥梁和隧道内，宜采用无砟道床。

8.1.2 无砟轨道是一种少维修轨道，但结构和部件一旦发生损坏，修复十分困难。为此，在结构设计中,考虑使用期内最不利荷载条件,采用较大的强度安全储备,使整体结构和部件安全可靠、经久耐用。

在"九五"国家重点科技攻关计划专题子项目"高速铁路无砟轨道结构设计参数的研究"中,利用车辆轨道有限元动力分析模型,对不同运营条件下(高速列车采用德国 ICE-2 型机车,中速列车采用 SS_8 型电力机车和 DF_{11} 型内燃机车)无砟轨道的轮轨动力响应进行了计算分析。对比结果,轮轨最大荷载由 ICE-2 型机车控制。

ICE-2 型机车的轴重为 195 kN,故设计静轮重为 $P_0 = 1/2 \times 195 = 97.5$ kN。

动载系数 α 的确定主要参照国外高速铁路无砟轨道的设计经验。日本新干线板式轨道结构设计一般为 3.0,英国 PACT 型无砟轨道采用 3.5。考虑客货共线列车轴重的实际状况,故设计动载系数采用 2.4~3.0,由此得出设计动轮载 P:

$$P = \alpha \cdot P_0 = 3.0 \times 97.5 = 292.5 \approx 300 \text{ kN}$$

基于客货共线采用的平面最小半径较大,故在结构设计中采用了较大的设计动轮载,而不考虑横向力叠加作用下的荷载效应。

SS_8 型和 DF_{11} 型机车轴重分别为 220 kN 和 230 kN,速度在160 km/h,这样轮轨力动载系数在 2.4~3.0 和 2.4~2.6 之间,因此设计动轮载 P 选 300 kN 还是合适的。我国秦沈客运专线采用的无砟道床极端动荷载为 375 kN。

扣件中心间距,秦沈线参考日本一般采用 625 mm,客货共线轨道为受力与连接线路一致,并与梁跨尺寸匹配,为此,本规范提出宜与同一区段轨道上的轨枕间距一致。

8.1.3 道床是采用混凝土浇筑而成,良好的排水设施,可以防止水浸入混凝土腐蚀钢筋,同时还避免因混凝土内存水引起冻胀,从而延长无砟道床使用寿命。采用防迷流措施目的是使无砟道床的道床电阻不会因迷流形成而降低,以确保轨道电路安全使用。另外,电力牵引区段由于电感应及迷流作用,也会引起混凝土电化腐蚀,从而降低无砟道床使用寿命。

8.1.4 道床混凝土底座底至轨底的高度由无砟道床结构确定,应具有一定高度,以减缓基础表面应力。但过高反而会加大基础荷载,原则上无砟道床的高度宜低于有砟道床。65 cm 的高度是在保证混凝土底座有足够扩散列车荷载及满足与基础连接牢固的尺寸要求确定的。

混凝土道床浇筑后,由于水泥水化作用所发出的热量逐渐散发,会引起混凝土体积的收缩;混凝土凝固后,由于环境气温的变化,会产生伸缩变形或温度应力。这种非荷载因素,使混凝土道床有可能产生垂直于线路方向的裂缝。这种裂缝多产生于施工过程或运营初期,以后并不发展,不影响道床正常使用。但是,如有地表水渗入,则对基底可能起到破坏作用。为此,在道床设计中要考虑按一定间隔设置伸缩缝,使道床能自然伸缩。

伸缩缝的间距与道床混凝土的强度、道床与基岩间的摩擦系数,以及环境气温变化幅度等因素有关。

当混凝土的伸缩仅受基岩摩擦力的作用时,则道床分段长度的控制条件为

$$l = \frac{f_{tk}}{2 \cdot \gamma \cdot \phi}$$

式中 l——伸缩缝间距离;

f_{tk}——混凝土抗拉强度标准值;

γ——混凝土的容重;

CHINA RAILWAY PUBLISHING HOUSE

ϕ——摩擦系数，对一般土质取 1.5。

由此确定 C40 混凝土道床的分段长度一般不应大于 30 m。

当混凝土道床因温度变化产生伸缩而又受到约束时，就会形成温度应力。此时，不产生裂纹的条件为

$$\sigma = E \cdot \alpha \cdot \Delta t \leqslant f_{tk}$$

式中 E——混凝土的弹性模量；

α——混凝土的线胀系数；

Δt——道床混凝土温度变化值(℃)。

混凝土收缩量与水源品种、用量、水灰比和养生条件有关。干硬性混凝土的收缩系数较塑性混凝土为小。为了减少混凝土收缩，道床应尽量采用干硬性混凝土，并控制水泥用量和注意养生。

事实上，影响道床混凝土开裂的因素较多。除以上所述外，施工质量、基岩的不均匀性和凹凸不平等也会有较大的影响，且道床与基岩的摩擦系数并不一致，也较难准确，故计算值与实际往往出入较大。为克服这种困难，曾对已修的隧道整体道床横向裂缝情况进行过调查统计。道床横向裂缝平均间距为 6.85 m。根据统计分析，确定整体道床伸缩缝的间距在隧道进(出)洞口 300 m 范围内为 6.25 m，距洞口 300 m 以远的地段则为 6.25 ~ 12.5 m。有横洞的隧道，应考虑横洞的影响。

隧道内混凝土道床裂缝间距统计如说明表 8.1.4。

当隧道衬砌需设置沉降缝时，整体道床相应也要设置伸缩缝。伸缩缝还应错开钢轨接头。

伸缩缝可用 2 cm 厚木板浸沥青或预制沥青板填隔。混凝土底座伸缩缝也可采用顶面拉槽方法，深度在底座厚度的 1/2 ~ 1/3左右。

另外，日本的板式轨道混凝土底座伸缩缝间距规定在 12 m 以内。

说明表 8.1.4 道床横向裂缝间距统计表

裂缝位置距洞口的距离(m)	裂缝平均间距(m)		
	采石场隧道	大灰场隧道	西山口隧道
0 ~ 100	8.2	8.0	5.2
101 ~ 200	9.0	11.4	6.2
201 ~ 300	10.4	11.0	10.9
301 ~ 400 以上	11.0	—	9.0

综上分析，本规范规定伸缩缝间距不宜大于 12 m。

8.1.5 无砟道床的外荷载是按轮轨的动力作用确定的，根据设计动轮载对轨道板、道床板及支承块进行结构静力计算。道床混凝土结构按国家现行的《混凝土结构设计规范》(GB 50010)规定进行设计。道床混凝土结构及构件的正截面容许有限拉应力出现，但不超过混凝土抗拉设计强度值的 0.7 倍，且在外荷载作用下混凝土结构不容许发生裂纹。其结构配筋均依据《混凝土结构设计规范》，并按其办理。

8.1.6 根据轨道结构应均衡提高整体结构承载能力，并应符合质量均衡、弹性连续、结构等强、合理匹配的原则，一般无砟轨道多用于桥梁和隧道内，其路基均设置过渡段。而无砟道床刚度大于有砟道床，为使列车通过该处不发生因轨道刚度突变造成列车急剧摇晃，为此有砟道床与无砟道床之间衔接必须设置过渡段，其长度应与路基过渡一致，以避免基础刚度陡变给列车运行带来不利。

8.1.7 桥上采用无砟道床时，混凝土底座应与桥面进行结构连接，一般采用传剪器。传剪器分为刚性传剪器和柔性传剪器。从施工及结构性能要求分析及国内外的实践经验

看，以采用栓钉传剪器为宜，传剪器技术条件应符合《圆柱式焊钉》(GB 10433)的规定。

为使无砟道床的排水系统充分发挥作用，其排水设施应与桥梁排水设施形成一个系统。

8.2.1 板式轨道是日本铁路轨道广泛应用的一种无砟轨道形式，且被实践证明能够满足运营要求，较有砟道床维修工作量可减少70%以上，大大节约了运营支出。该项技术于20世纪80年代初由西南交大王其昌教授以《板式轨道》一书介绍到我国。日本铁路1966年开始研究，高速铁路用和窄轨用的几种形式的轨道板：M型轨道板，每块预制的混凝土板支承在两端四个支座上作为梁使用，板与支座之间有橡胶垫板，当基础发生变形时，可改变橡胶垫层厚度加以调整。钢轨是用弹性扣件直接固定在混凝土板上。二是L型轨道板，预制的混凝土板支承在沿钢轨方向呈带状的混凝土基座上。三是A型轨道板，也是目前日本广泛应用的，其轨道板沿钢轨方向长为4 950 mm，宽度有2 340 mm(标准轨距铁路用)和2 000 mm(窄轨铁路用)两种。轨下截面标准厚度在190 mm。德国1967年在福赫海姆—班堡线路也试铺设了三种类型的无砟轨道，该线路的列车运行计算速度为200 km/h。第一种是轨道板长5.17 m、宽2.40 m、厚0.18 m，重5.38 t，是双向预应力混凝土结构，设在抗压强度1.96 MPa的聚苯乙烯混凝土保温层上。第二种轨道板尺寸与第一种板相同，也是双向预应力混凝土结构，不同的是板置于厚度为30 cm，用黏结材料处理过的砂砾层上。板块的连接方法采用一种有足够承载能力的铝热焊接套管接头，为的是承受弯矩和横向力。第三种是框架式轨道板。但上述形式均未推广。德国铁路主要采用的无砟道床是轨枕埋入式，但由于存在一些不足，开始采用双块式混凝土枕形成道床板。

英国从1960年开始研究无砟轨道，法国1946年就开始研究，1965年意大利在米拉诺地下铁道也采用了轨道板，各国大体类似，但应用最广，且被实践证明能够满足运营要求的，还是日本铁路使用的板式轨道。此种轨道结构在我国秦沈客运专线自行研究设计，并与日本合作进行了成功的试验。故本规范将板式轨道纳入无砟道床。

轨道板分为预应力混凝土结构和普通混凝土结构两种，一般长度不超过5 m，主要是考虑施工起吊，其重量在5 t左右。乳化沥青水泥砂浆是由水、乳化沥青、水泥、砂子及外加剂混合而成，其主要起到传力及减振，提供轨道弹性作用。混凝土凸型挡台为轨道板铺设定位基准并承受纵横向力。混凝土底座为扩散轮轨动载及均匀分布提供功能。

8.2.2 露天轨道区段，气候条件较隧道内恶劣，风、雨、污染较为严重，故应采用不容许裂纹的预应力混凝土轨道板。隧道内相对露天外部条件要好一些，因而采用框架式普通混凝土轨道板，且还可以降低造价。路基地段主要因为地质条件，其基础不如桥梁及隧道内均匀，应根据路基条件进行特殊设计。

8.2.3 轨道板的型式尺寸，根据国内外研究资料分析，规范规定的尺寸对施工和制造、铺设吊装及运营使用是合适的。厚度若小于190 mm，由于客货共线轮轨作用力较大，加之配筋较多，满足构件保护层厚度标准困难。轨道板宽度超过2 400 mm，虽然能降低轮轨动荷载对基础的作用应力，且利于轨道板结构受力分配，但会提高造价，增加板的重量，给施工带来不便。

8.2.4 轨道板设置定位及起吊螺母是为便于铺设施工，CA砂浆流动度规定为16～26 s，靠自重流入板下进行填充。施工时，板与底座间隙周围用挡板，板上预留CA砂浆灌注孔的同时还有排气孔，以使CA砂浆填充饱满。

8.2.5 轨道板两端中部设置与凸型挡台共圆心的半圆形缺口，是为了精确定位轨道板铺设位置。板的缺口与凸型挡台间的间隙用CA砂浆填充。

8.2.6 轨道板的钢筋按截面中心对称结构设计，其目的是避免预应力偏心，以减轻轨道板徐变上拱的形成，确保轨道板的平整度。

8.2.7 轨道板结构设计说明如下：

(1)截面设计弯矩

根据设计动轮载对大板进行结构静力计算。利用车辆/轨道有限元动力分析模型，沿轨道纵向采用弹性地基叠合梁法、沿轨道横向采用弹性地基梁法以及轨道连接条件和整体弹性等计算方法进行钢轨、扣件、轨道板、CA砂浆、底座顶面的动荷载、动弯矩等内力计算，再考虑轨道板在制造、运输和施工等不同阶段的承载弯矩，得出轨道板结构设计用截面弯矩。计算结果作为结构设计的主要依据，同时参考国外铁路的相关资料，类比后确定轨道板的截面设计弯矩。

(2)轨道结构设计

根据确定的截面设计弯矩，按国家现行的《混凝土结构设计规范》(GB 50010)相关规定进行轨道板结构设计。其设计条件为计算正截面受拉边缘容许出现不大于$0.7f_t$(f_t为混凝土的抗拉设计强度)，并不容许混凝土开裂。

由于轨道板的厚度与长度和宽度相对比较薄，比例分别为1/26和1/12左右，应重视防止制造时引起的轨道板翘曲。因而在设计时将钢筋对称布置，以保证预应力钢筋的偏心距为零，同时严格控制预应力钢筋竖向位置公差。经计算，该项公差宜控制在不大于±2 mm。从设计上消除轨道板的徐变上拱。

(3)降低轨道板预应力措施

由于预应力钢筋不设置偏心距，要求轨道板正截面在使用荷载作用下，受拉边缘不出现拉应力。这样只能加大轨道板截面的预压应力，其结果是会造成轨道板结构混凝土所承受预压应力过大，甚至超过混凝土自身容许的比例极限强度范围，致使轨道板混凝土在预应力作用下出现潜在的内部纵裂，在外荷载叠加作用下形成轨道纵裂病害，降低轨道板使用寿命。纵裂的出现会降低轨道板的刚度，严重时会造成轨道板的局部破坏，故采用容许混凝土正截面出现有限拉应力，从而达到降低预应力之目的，并配有适当的非预应力钢筋，以提高轨道板的承载能力。

8.2.8 轨道板混凝土强度等级宜与区段混凝土轨枕一致，故本规范规定轨道板混凝土强度等级不应低于C60。另外，日本新干线轨道也采用C60混凝土(日本混凝土试件是棱柱强度，其C50换算为中国标准即为C60)。

8.2.9 凸型挡台对轨道板不仅起定位作用，同时也起到防止轨道板爬行的作用，为避免把凸型挡台撞坏，轨道板缺口与凸型挡台间应有足够厚度的CA砂浆。根据日本的铺设经验，CA砂浆厚度不小于30 mm，若厚度不足30 mm，应改用强度较高的树脂填充。

8.2.10 凸型挡台与混凝土底座为一体，因此应与混凝土底座强度等级一致，均为C40。

8.2.11 参照日本新干线板式轨道CA砂浆填充厚度标准，结合秦沈客运专线的铺设实践，提出了本规范CA砂浆填充厚度标准。

8.2.12 CA砂浆作为填充调整缓冲层使用，既要满足强度要求，又要满足弹性要求。

日本对CA砂浆强度分析如下：

(1)轮重作用下的压应力

CHINA RAILWAY PUBLISHING HOUSE

在轮重作用下的压应力,按下式计算:

$$\sigma_{max} = K_p \cdot y_{max}$$

式中 K_p——CA 砂浆的弹性模量;

y_{max}——在轮重作用下 CA 砂浆垫层的最大下沉量。

山阳新干线在设计轮重作用下的轨道板挠度,根据结构分析的结果,在轨道板的中部是 0.061 mm。该值即为 CA 砂浆垫层的受压变形。作为设计值用的 CA 砂浆的基础系数 $K_p = 125\ kg/cm^3$,由此可以算出 CA 砂浆的最大压应力 σ_{max} 为

$$\sigma_{max} = 0.006\ 1\ cm \times 125\ kg/cm^3 = 0.76\ kg/cm^2$$

这个数值被单轴压缩试验所得的结果所证实。根据这些,在轮重作用下轨道板下面的 CA 砂浆所需要的强度,采用了1 kg/cm^2。

(2)轴向力作用下的压应力

① 高架桥上作用到凸型挡台的最大应力为 $\sigma_{max} = 13\ kg/cm^2$,挡台的实际最大压应力可能达到 16 kg/cm^2;

② 隧道内作用到凸型挡台的最大应力约为 15 kg/cm^2。

(3)CA 砂浆所需要的强度

CA 砂浆所必需的强度,就一般地区而言,设计规定为 $\sigma_{c28} = 10\ kg/cm^2$(1 MPa)。随着近年来对严寒地区所用 CA 砂浆的研制,对其抗冻融性能和强度均在技术上作了提高,目前日本规范规定 CA 砂浆 28 d 的容许强度不低于 1.8 MPa。

根据铁科院对 CA 砂浆性能的研究及秦沈客运专线的板式轨道试铺,提出能够满足我国铁路要求的 CA 砂浆强度指标,即1 d应达到 0.1 MPa、7 d 应达到 0.7 MPa、28 d 应不低于 1.8 MPa。其弹性模量在 200 ~ 600 MPa。

CA 砂浆可以注入的时间(即可使用时间),是指对充填材料应具有的适当流动性的时间。这种可注入时间越长,对施工的限制就越小。一般至少希望大于 30 min。

流动时间如果低于 16 s,就会增大材料的离析,导致质量劣化和强度降低,而如超过 26 s 就难以注入,因此,对流动时间应加以限制。

CA 砂浆注入并凝固后,一般有 2% ~3% 的收缩,虽然加入膨胀剂(铝粉)是必要的,倘若过于膨胀,就会有把已经整正好了的轨道板拱起的危险,因之规定了膨胀剂的用量。故本规范规定膨胀率限制在 1% ~3% 。

CA 砂浆若有泛浆,则在流动中材料分离,就不能保证填充性。为防止部分材质变态,规定了泛浆率为 0。

材料分离会降低 CA 砂浆强度,必须给予限制。

含气量具有一定程度,可提高 CA 砂浆的抗冻性。

一种材料的耐久性有很多参数可以体现,但最主要的冻融试验是表征材料耐久性重要指标。

本规范为确保 CA 砂浆具有足够的承载能力和耐久性,规定了表 8.2.12 的 9 项主要指标。

8.2.13 桥梁端部其基础从混凝土桥台与土质路基不同刚度陡变,因此于桥梁端部采取减振缓解基础刚度陡变。其措施是在轨道板下黏贴 25 mm 厚的橡胶垫,其物理力学性能与枕下橡胶垫相近。本规范依据秦沈客运专线桥梁端部的橡胶垫性能,同时参考混凝土枕下橡胶垫的物理力学指标及《高速铁路轨道部件暂行技术条件》(报批稿),确定桥梁端

部橡胶垫物理力学指标。

8.3.1 轨枕埋入式无砟轨道，主要是参照德国铁路上采用的“Rheda”型无砟道床结构。1972年德国在拉达车站修建了无砟轨道试验段，采用B70S型混凝土枕铺设在已经浇筑好的混凝土底座上，在混凝土枕之间采用设钢筋骨架并浇筑混凝土，形成道床板，如说明图8.3.1—1。设在曲线轨道上时，与板式轨道刚好相反，其超高由道床板形成，而板式轨道的曲线超高则由混凝土底座形成。

桥梁上应设混凝土底座，底座与道床板之间应设隔离层，隧道内由于无砟道床直接与基岩接触，故不设混凝土底座直接浇筑混凝土。

线路通过居民区应采取减振措施，一般在道床板下设弹性垫层。

轨枕埋入式无砟道床结构设计，在安全可靠、技术经济合理的前提下，道床结构高度不大于同区段有砟道床高度。轨枕埋入式无砟轨道结构图如说明图8.3.1—2。

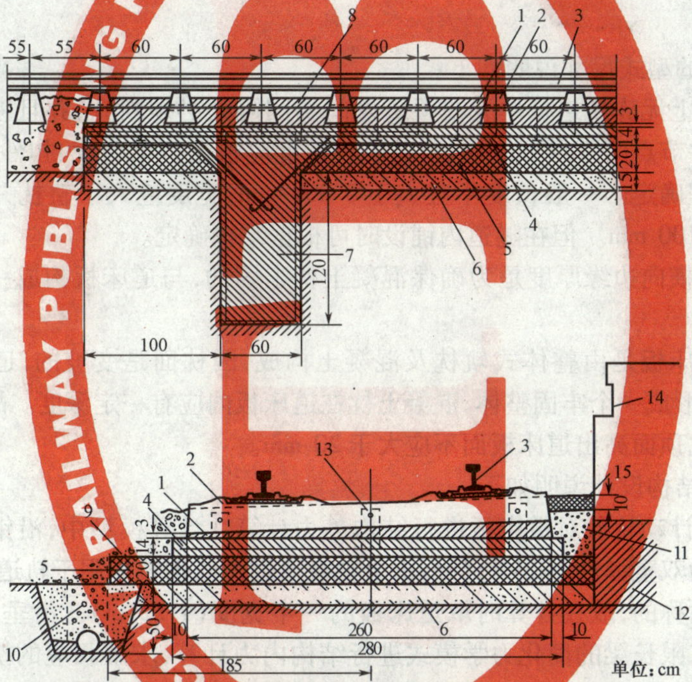

说明图8.3.1—1 德国拉达车站无砟轨道结构形式

1—250号调平和填充用的混凝土；2—B70S型钢筋混凝土枕，间距60 cm；3—UIC60型钢轨；4—350号连续配筋式混凝土板；5—聚苯乙烯泡沫混凝土；6—水泥混合土层；7—350号地桩墙；8—纵向杆；9—涂刷沥青漆（2 kg/m²）；10—排水暗沟；11—填筑的砂砾层；12—墙基；13—箍筋；14—站台；15—沥青胶结砂砾层

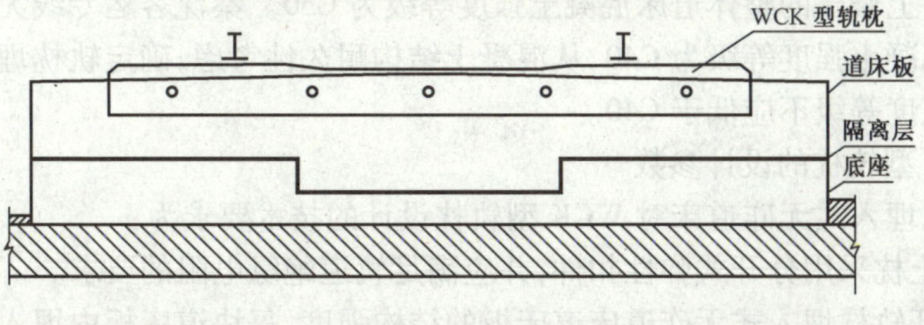

说明图8.3.1—2 轨枕埋入式无砟轨道结构横断面图

从说明图 8. 3. 1—2 上可以看出，轨枕埋入式无砟道床结构中底座的设置，不仅解决了道床板与梁体的连接问题，增加了结构的整体刚度，而且通过在底座两端设置凹槽，限制其上部道床板的纵、横向移动。

轨枕埋入式无砟道床在德国铁路铺设使用的过程中，随着时间的推移，预应力混凝土枕收缩徐变，道床为普通混凝土，其收缩变形也是必然的，两者的弹性模量也不一致，预应力混凝土枕与普通混凝土道床间的裂缝加剧。目前德国铁路又研究了双块式普通混凝土枕替代了预应力混凝土枕，以缓解枕与道床间裂缝出现。但由于双块间采用钢筋连接，混凝土块不能采用蒸养，避免钢筋腐蚀。加之普通混凝土块，采用电热养生，造价难于接受。自然养生，效率低，存放场地增加，也是造价提高的因素。另外，采用普通混凝土块，无砟道床配筋加大，其经济性难于承受。考虑秦沈客运专线已进行了试验，城市轨道也有应用，故本规范将其列入无砟道床一种形式。

8.3.2 道床板内采用的混凝土枕应设置穿孔，目的是用钢筋串连，以固定混凝土枕的位置。

8.3.3 道床板的型式尺寸说明如下：

(1) 由于桥上无砟轨道板单元在梁跨之间的间隔处必须断开，并且考虑到每块道床板长及钢轨扣件节点间距尽可能均匀，道床板长度应根据桥梁跨度、扣件节点间距、混凝土收缩变形合理确定。一般长度不宜大于 5 000 mm，宽度应大于轨枕并具有一定的肩宽，不宜小于 3 100 mm。但在隧道内铺设时可根据结构确定。

(2) 道床板横向边缘厚度是为确保混凝土枕牢固的，与道床板构成一整体。并应设置排水人字坡。

(3) 由于道床板是由整体式轨枕及混凝土构成，因枕面是变坡的，道床板面设排水坡，并要与轨枕形成一个牢固整体，混凝土枕在道床板内应有一定深度。故本规范规定轨道中心线处轨枕顶面高出道床板面不应大于 20 mm。

8.3.4 道床板结构设计说明如下：

(1) 根据设计动轮载对道床板进行结构静力计算。计算模型中，沿钢轨纵向将钢轨与道床板简化为双重弹性基础叠合梁，由于轮载通过两股钢轨作用于轨道上，荷载相应道床板中心线是对称的，故在计算时取道床板的一半宽度(1. 55 m)。沿垂直钢轨方向，采用弹性基础上有限长梁的简化力学模式进行结构内力计算，求解相应的挠曲微分方程可得出道床板的纵、横向载面最大弯矩。

(2) 道床板混凝土强度等级是根据《高速铁路高架桥上无砟轨道关键技术的试验研究》专题室内实尺无砟轨道模型的静、动载试验结果，并参照国外铁路无砟道床工程实践经验确定的。德国 1972 年在拉达站试验时，道床板混凝土底座强度等级为 C35，我国以前在普通线路上修建的整体道床混凝土强度等级为 C30。秦沈客运专线无砟道床桥面混凝土垫层的混凝土强度等级为 C40，从混凝土结构耐久性考虑，确定轨枕埋入式无砟道床板的混凝土强度等级不应低于 C40。

(3) WCK 型轨枕的设计参数

桥上轨枕埋入式无砟道床对 WCK 型轨枕设计的技术要求为：

① 混凝土枕采用分开式弹性扣件，并应满足轨道绝缘电阻的要求。

② 为保证轨枕埋入式无砟道床道床板的结构强度，每块道床板内埋入的轨枕间的串联钢筋预设孔直径不宜大于 40 mm。

③ 在预应力混凝土枕结构配筋设计中，需要同时考虑轨下截面与中间截面的承载能力。对于埋入道床板内的穿孔轨枕，由于轨枕与道床板成为一个整体结构，轨枕的轨下截面底部位于道床板的中和轴附近，该截面不是轨枕设计的控制截面；轨枕中间截面的承载能力则需要满足道床板横向截面设计弯矩的要求。

8.3.5 轨枕埋入式无砟道床在一般情况下，道床板与底座之间只设置 1 ~ 2 mm 的隔离层，以实现道床板的可修复性。在德国铁路上，轨枕埋入式无砟道床的道床板与底座之间也有采用双层无纺土工布作隔离层的。我国秦沈客运专线上采用的隔离层为铁路混凝土桥面上用的 TQF-Ⅰ型防水层，其技术条件与《铁路混凝土桥梁桥面 TQF-Ⅰ型防水层技术条件》(TB/T 2965)相同。考虑无砟轨道与有砟轨道之间的弹性过渡或铺设地段特殊减振的需要，可在道床板与底座之间设置一定厚度的弹性垫层。

8.3.6 道床板下减振弹性垫板的主要物理力学性能是参照《高速铁路轨道部件暂行技术条件》(报批稿)给定的标准。该标准是铁科院和专业设计院相关专家概括我国铁路枕下橡胶垫板及参考国外铁路轨道减振胶垫性能的基础上研究提出的，即本规范表 8.3.6 所列指标。

8.3.7 混凝土底座尺寸在宽度上应与道床一致，厚度应能确保动轮荷载的均匀传递及传剪器正常发挥作用。为防止道床板移动，沿轨道纵向两端的中部设置 1 000 mm × 700 mm × 130 mm 的凹槽。

8.3.9 混凝土底座的排水设施应与基础的排水连成一体。道床板是在轨枕之间配置钢筋骨架后浇筑在混凝土底座上，两者强度应一致。

8.4.1 弹性支承块式无砟道床，由于混凝土块下穿有橡胶套靴，若铺设露天区段，易受风、沙、雨水污染，从而降低橡胶套靴的使用寿命，故一般此类无砟道床结构多用于地下铁和隧道内。但由于隧道内气体潮湿，机车排放废气、废油等污染，故应对橡胶套靴采取防污染、防老化措施，以延长支承块使用寿命。

8.4.2 支承块下设橡胶套靴，其目的就是为了减振。在地下铁道和隧道内的应用较为普遍，主要是露天污染老化影响较大，不宜采用。我国铁路在西安—安康线秦岭隧道进行了铺设，天津城市轻轨的津滨线也采用了此种结构。由于其减振效果一般在 10dB 之内，所以多用于一般减振地段。

支承块用橡胶套靴隔离，因此其轨下截面应满足本规范第 8.1.2 条规定的设计动轮载 300 kN 所引起外荷载弯矩要求。

8.4.3 ~ 8.4.5 采用《预应力混凝土枕计算方法》和《铁路轨道强度检算法》(TB 2034)计算支承块上动轮压力，视支承块为刚体，按国家现行《混凝土结构设计规范》(GB 50010)进行支承块混凝土结构设计。秦岭隧道内铺设的支承块型式尺寸为 600 mm × 328 mm × (193 ~ 207) mm。德国采用双块式埋入整体道床，支承块为 650 mm × 280 mm × 200 mm。考虑客货共线铁路轨道的实际情况，本规范从施工和轨道结构构造要求，其尺寸确定为长度不宜小于 60 cm，底宽不应小于 32 cm，高度不应小于 20 cm。混凝土设计强度等级，若采用分开式扣件，设有铁垫板，应不低于 C50；若为不分开式扣件，考虑承轨槽混凝土有压溃的可能，其设计强度等级应不低于 C60。

8.4.6 ~ 8.4.7 道床排水沟边缘至轨道中心线距离不应小于 1.2 m，主要是考虑支承块应有足够的长度。道床混凝土是弹性支承块式无砟道床结构的重要组成部分，它承担传递动轮荷载的任务，依据道床结构计算，其混凝土强度不应低于 C40。

CHINA RAILWAY PUBLISHING HOUSE

8.4.8～8.4.9 弹性橡胶套靴的主要物理力学性能中的刚度，给定 30～80 kN/mm 的刚度范围，其原因是橡胶套靴的刚度应根据轨道减振要求计算确定。其他指标应按国家现行《铁路混凝土轨枕下弹性垫板》(TB/T 2629)规定办理。

支承块与橡胶套靴胶结会延长其使用寿命，一般橡胶套靴的使用寿命理论上可达 30～40 年。

8.4.10 由于弹性支承块式无砟道床不设底座，以支承块与钢轨形成轨道框架，确定几何形位，曲线设置超高时，应抬高外轨至设计超高，浇筑混凝土道床。

9.0.1 道岔是把轨道分为两条或以上的设备，交叉是两条轨道在同一平面上相互交叉的设备，但我国习惯上将道岔和交叉统称为道岔。

道岔是特殊的轨道设备，不仅直接影响列车运行安全，而且使用寿命也较线路的其他设备短，现场的养护维修工作量也较大，同时道岔的号数、主要尺寸及道岔间插入钢轨的长度也直接影响线路和站场的设计，为便于道岔与线路的连接，并方便运营和现场铺设，应对道岔的设计作出原则性的规定。

(1)世界各国对道岔号数的表示方法不尽相同，我国以辙叉角的余切值表示。辙叉角是指辙叉两工作边的夹角，当辙叉为曲线时，指辙叉工作边曲线跟端切线间的夹角。本条文的规定主要是为了方便道岔及站场设计。

(2)道岔是影响列车运行速度的关键设备，随着道岔技术水平的提高，目前的道岔直向容许通过速度已能够达到区间线路的列车运行速度，本条文的规定主要是为了保证列车的正常运行，使道岔不会成为限速点。

(3)道岔由于是易损设备，需要不断地养护维修和更换，因而道岔的标准化和系列化就显得十分重要。标准化主要指两个方面：一是道岔的主要尺寸应实现标准化；二是道岔的零部件应标准化。道岔主要尺寸的标准化，有利于站场的设计、既有道岔的更换，零部件的标准化，可以增强其通用性，减少现场的备品数量，并方便现场的养护维修。

系列化是指道岔应系列配套，如单开道岔各号数应成系列，同号数各种类型的道岔应成系列，这样才能满足各种条件下的使用要求，并保证标准的统一，便于轨道系统设计。

(4)交叉渡线是相邻两线路间由两条相交的渡线和一组菱形交叉组成的设备，可代替两组渡线使用。由于其结构紧凑，节省用地，在困难条件下使用，可以缩短站坪长度，具有较好的经济性。交叉渡线的设计，与两线的线间距密切相关。目前的交叉渡线设计，主要根据现行《铁路车站及枢纽设计规范》中站内线间距的规定，线间距分为 5、5.3、5.5 和 6.5 m 计 4 种类型，当出现其他线间距时，应按个别设计处理。

交叉渡线根据开向的不同，可以有 10 种形式。我国既有线提速以前，交叉渡线均采用木岔枕，由于可以现场钉道，交叉渡线的设计均给出了 10 种布置形式。提速以后，广泛推广采用混凝土岔枕，由于混凝土岔枕的交叉渡线结构较为复杂，当交叉渡线的形式变化时，可能引起配轨、道岔零部件和岔枕的变化，考虑到绝大多数的交叉渡线均为两线平行的形式，因而目前混凝土岔枕的交叉渡线均按两线平行设计，以简化交叉渡线的选用和制造。当出现其他形式的交叉渡线时，可特殊设计。

(5)道岔与岔枕和转换设备是密不可分的，只有相互配套才能保证道岔的正常铺设和转换。道岔的岔枕可分为木岔枕和混凝土岔枕两种。木岔枕较为简单，按长度和数量订货后即可铺设，而混凝土岔枕由于钉孔距的不同，每种道岔必须与专用的岔枕配套使用。电务转换设备(主要指安装装置和锁闭装置)也与道岔的具体型号有关，必须协调配

CHINA RAILWAY PUBLISHING HOUSE

套,才能保证道岔的正常使用。

(6)跨区间无缝线路道岔,应与线路钢轨焊联,因此必须采用无缝道岔。无缝道岔的限位器和翼轨跟端的间隔铁起着传递温度力的作用,因而必须具有足够的强度,尖轨、心轨也应具有足够的允许位移,避免发生卡阻,影响正常的转换,并满足跨区间无缝线路的设计要求,以确保行车安全和道岔的稳定。

(7)道岔由于结构复杂,使用过程中需要进行养护和维修。目前线路的养护已越来越多的采用大型养路机械。对于道岔,目前也广泛采用大型道岔捣固车,因此道岔设计应充分考虑大机作业的要求,预留大机作业的条件。

9.0.2 道岔是控制行车速度的关键设备,道岔号数一旦确定,再要改变将会引起站场改造的巨大工程或严重影响正常运营。道岔号数的选择,一般根据列车的运行方式和路段旅客列车设计行车速度以及要求的道岔侧向容许通过速度来确定。

我国铁路单开道岔的号数系列为9、12、18号,1998年研制了30号,道岔号数的选用一般应符合该系列的规定。

(1)既有线提速以前,我国铁路的列车运行速度一般不超过120 km/h,因此各种道岔的直向容许通过速度一般也不超过120 km/h。既有线提速以后,编制了系列提速道岔,将60 kg/m钢轨道岔的直向容许通过速度提高到了160~200 km/h,考虑设备分级使用的原则,目前60 kg/m钢轨的道岔已按120 km/h、160 km/h和200 km/h的直向容许通过速度分级,因此道岔的选用应保证道岔的直向容许通过速度满足该路段旅客列车的设计行车速度,以确保列车运行安全,并达到经济合理。

(2)根据国家现行标准《铁路道岔的容许通过速度》(TB/T 2477),在列车直向通过速度等于或大于100 km/h的路段内,9号单开道岔(9号提速道岔除外)均不能满足列车直向通过速度的需要,为此本规范规定在列车直向通过速度为100~160 km/h的路段内,正线道岔不得小于12号。改扩建车站时,既有线区段站及以上的大站有些9号道岔改造困难,可以保留。

(3)对于列车直向通过速度小于100 km/h的路段内,有接发正规列车的会让站、越行站、中间站的正线道岔号数不得小于12号,区间出岔的线路所、编组站的列车到达或出发引线的正线上的单开道岔,有条件的也应采用12号,没有条件的可采用9号,区段站、编组站及由正线出岔但无列车侧向进出的线路,在列车直向通过速度满足路段速度的条件下,可采用9号,以减少工程投资。

(4)当列车以较高速度通过渡线道岔时,由于要通过反向曲线,在曲线的变点将引起列车的冲击振动。为避免振动的叠加,要求两曲线间的夹直线长度需满足一定长度的要求。我国的道岔设计一般按0.4v(v为列车通过道岔侧线的速度)控制。当不能满足要求时,道岔一般采用缓和曲线的平面线型,将两道岔的导曲线对接,此时道岔号数需根据线间距等计算确定,道岔也需特殊设计。因此本规范规定侧向通过速度超过120 km/h的渡线道岔,应根据线间距、两道岔曲线间的夹直线长度等选用或特殊设计。我国以前的道岔号数一般不超过18号,提速以后,设计了30号、38号等,目前,大号码道岔一般指超过18号的道岔。

(5)我国18号单开道岔的侧向容许通过速度原为80 km/h,但经过京秦线的提速试验和多年的运营实践,当列车侧向通过速度为80 km/h时,晃车严重,旅客的旅行舒适度较差,因而《铁路道岔容许通过速度》(TB/T 2477)中将18号道岔的侧向容许通过速度定为75 km/h,《铁路线路设计规范》(GB 50090—99)也按此速度执行,但由于现场多年以来一直按80 km/h的速度执行,降低侧向容许通过速度对运输影响较大,为此18号提速道岔的侧向容许通过速度仍按80 km/h执行。本规范将18号道岔的侧向容许通过速度重新修改为80 km/h,旅客的旅行舒适度可通过加大道岔的导曲线半径等方式解决。

(6)我国12号道岔(AT可弯尖轨,导曲线半径350 m)的侧向容许通过速度为50 km/h,因此规定侧向通过速度不超过50 km/h的正线道岔应采用12号。

(7)用于侧向接发旅客列车的道岔,为了适应旅客列车起停快并保证旅客的旅行舒适度,故规定不应小于12号。在条件困难时,非正线上出岔的的旅客列车到发线上,可采用9号对称道岔。

(8)由于我国标准轨距铁路单开道岔的号数系列中最小的号码为9号,同时由于其他站线的运量、速度均较低,因此规定其道岔号数不应小于9号。

(9)对称道岔较同号数的单开道岔全长短,导曲线半径大,三开道岔能开通三个方向的进路。这两种道岔均可缩短咽喉区长度,节省用地,提高作业效率,故本条规定驼峰溜放部分应采用6号对称道岔和7号三开道岔。

由于6号对称道岔较6.5号对称道岔全长短,辙叉角大,导曲线半径相同,因而在用地受限制的情况下更为适用,根据我国的《铁路道岔号数系列》(GB/T 1246),应采用6号对称道岔。对于既有驼峰溜放部分的6.5号对称道岔,如全部更换成6号道岔,将引起站场的极大改造,增加建设投资,且对驼峰调车场的干扰较大,为此规定在改建时,可以保留6.5号对称道岔。

用对称道岔布置的站场咽喉区,因小半径曲线增多,养护维修困难,另外咽喉区布置紧凑将限制远期发展,因此其使用范围应加以限制,故规定"到达场出口、调车场尾部、货场及段管线等站线上,可采用6号对称道岔"。

9.0.3　采用可动心轨辙叉,可以有效提高道岔的直向容许通过速度,延长道岔的使用寿命,改善旅客的乘座舒适度,但造价较高,投资较大。根据国内的使用经验,12号固定型辙叉的单开道岔,其直向通过速度最高可达160 km/h,速度再高时需采用可动心轨道岔。《新建客货共线铁路设计暂行规定》(铁建设〔2003〕76号)规定,"旅客列车设计行车速度为160 km/h、200 km/h路段,正线道岔应采用60 kg/m钢轨可动心轨道岔",因此本规范规定列车直向通过速度为160 km/h的线路应采用可动心轨辙叉单开道岔。

9.0.4　一组复式交分道岔由于能同时开通四个方向进路,可代替两组单开道岔,故大站上采用复式交分道岔可缩短咽喉区长度,节省工程费用,减少用地。但由于复式交分道岔结构复杂,稳定性差,养护维修工作量较大,其直向容许通过速度也难以达到连接线路的标准,因此规定正线上不宜采用,困难条件下需要采用时,也应尽量加大道岔号数,满足正线最低行车速度的要求,因此规定不应小于12号。

9.0.5　我国"75"型道岔主要采用普通道钉,"92"型道岔主要采用刚性扣板,既有线提速以后,道岔普遍采用线路使用的弹条Ⅰ、Ⅱ、Ⅲ型扣件,本条规定主要是为了保持轨道弹性的连续,并方便现场的养护维修。

9.0.6　道岔采用分动外锁闭装置,可以提高道岔的安全性,降低转换阻力。本条文主要是根据《铁路信号设计规范》(TB 10007)的规定,以方便道岔的选用。

9.0.7　道岔采用混凝土岔枕,可以提高道岔的稳定性,延长道岔的使用寿命,减少现场的养护维修工作量。目前混凝土岔枕已比较成熟并大量推广使用,也取得了良好的使用效

CHINA RAILWAY PUBLISHING HOUSE

果。但混凝土岔枕道岔要求的道岔间插入钢轨的长度较长，在大站使用时，有可能增加站坪长度，加大站场的建设投资，同时当路基条件不好出现病害时，整治也较困难，因此规定设计行车速度超过120 km/h的线路上应采用混凝土岔枕道岔，其他线路（包括站线）宜采用混凝土岔枕道岔。

9.0.8 目前混凝土岔枕的最大长度是4.8 m，当渡线道岔的线间距小于5 m时，两组道岔的岔枕相碰，影响铺设，且现场难以处理，因此规定混凝土岔枕应特殊设计。

9.0.9 相邻道岔间插入直线段的目的是为了减缓列车过岔时的冲击振动，以提高旅客的舒适度，有时也是道岔结构所限。列车通过速度不同，插入钢轨的长度也不同。正线上行车速度较高，其插入的直线段长度可长一些，到发线可短一些，其他站线和次要站线因无列车通过，且行车速度较低，一般可不插入钢轨。

两对向单开道岔间的插入钢轨长度，可不受道岔结构限制，主要考虑列车通过时的平稳性以及方便今后站场的改造和养护维修。当道岔直向通过速度大于160 km/h时，需考虑列车通过前一组道岔导曲线所产生的振动，应在到达后一组道岔导曲线前消失而不与后一组道岔所产生的振动叠加，因此插入钢轨的长度按《新建时速200公里客货共线铁路设计暂行规定》（铁建设函〔2003〕439号）的要求确定。当道岔直向通过速度大于120 km/h但小于等于160 km/h时，插入钢轨长度为12.5 m。但18号道岔当有正规列车同时通过两侧线时，由于列车运行速度较高，规定插入钢轨的长度为25 m。当道岔直向通过速度小于120 km/h时，插入钢轨的长度与《铁路车站及枢纽设计规范》（GB 50091—99）相同，到发线有正规列车同时通过两侧线时为6.25 m，无正规列车同时通过两侧线时可不插入钢轨，其他站线和次要站线也不插入钢轨。

两顺向单开道岔间的插入钢轨长度，对木岔枕道岔，与《铁路车站及枢纽设计规范》（GB 50091—99）相同。对于混凝土岔枕道岔，当道岔直向通过速度超过160 km/h时，按《新建时速200公里客货共线铁路设计暂行规定》（铁建设函〔2003〕439号）的规定，取为25 m。根据目前的混凝土岔枕道岔标准图，12号道岔间最小插入钢轨长度为8 m，9号道岔间最小插入钢轨长度为6.25 m，但均需取消道岔后端的短枕，道岔需特殊布置，给设计、施工和养护维修造成不便，因此本规范加大了混凝土岔枕道岔间的插入钢轨长度，当道岔直向通过速度大于120 km/h但小于等于160 km/h时，规定为12.5 m，道岔直向通过速度小于120 km/h时和站线，规定为8 m。

在其他站线和次要站线上，如一组道岔后并列顺向连接两组9号单开或6号对称道岔时，由于第一组道岔辙叉后长岔枕与相连的两组道岔转辙器的木枕布置不一致，并影响转辙设备的安装，因此必须至少在一个分路的前后两组道岔间插入不短于4.5 m的短轨，才能满足基本铺设要求。以上规定可适用于两组同种类岔枕的连接。

9.0.10 道岔由于结构复杂，养护维修工作量较大，为此应尽量避免列车对道岔的冲击，当道岔轨型与线路轨型不同时，应将钢轨的变化点移至道岔之外，以保证道岔区的弹性均匀，因此规定在道岔两端应插入短轨。但插入两根及以上短轨，对轨道的稳定性影响较大，应尽量减少铺设短轨的数量，因此规定不应连续插入两根及以上短轨。

9.0.11 道岔不应设置在路堤与桥台的连接处，主要是由于路基与桥台的刚度相差较大，为了避免弹性的不均匀，从而影响道岔的使用寿命，增加现场的养护维修工作量。

10.0.1 钢轨伸缩调节器（以下简称调节器）主要铺设在大跨度简支梁或连续梁桥的轨道上。梁因温度变化产生的伸缩或列车荷载作用产生的纵向位移以及混凝土梁的收缩、徐变等,致使轨道也发生纵向位移。

设计桥上无缝线路时,若由于梁轨间的相互作用致使墩台结构尺寸明显增大,圬工量明显增加,或桥上无缝线路纵向力位移、钢轨折断断缝超过容许值,根据桥上无缝线路设计锁定轨温无法满足规定的要求时,应考虑在桥上设置调节器。桥上设置调节器,应根据桥梁墩台、支座及线路情况,经过不同设置方案的比较分析,合理地确定调节器位置和数量。

我国铁路桥涵设计规范规定:对于温度跨度大于100 m的钢桥,每一温度跨度应设置一组调节器。对于其他桥,应根据具体情况设置调节器。德国DS804和DS899/59规范规定:(1)有砟桥,固定支座设在一端的连续梁,在其活动端设置调节器的长度,圬工梁和结合梁大于90 m,钢梁大于60 m。中间墩上设有固定支座的连续梁,在其活动端设置调节器的长度,圬工梁和结合梁总长大于120 m,但固定支座至活动端最大长度不大于90 m;钢梁总长大于120 m,但固定支座至活动端最大长度不大于120 m。(2)无砟桥梁长大于100 m时应设置调节器。结合我国桥上铺设无缝线路的经验,本规范规定:温度跨度大于100 m的钢梁,每一温度跨度应设置一组调节器;温度跨度大于120 m的混凝土梁上铺设无缝线路时,调节器的设置应按计算确定。对于大跨度混凝土梁等其他桥梁、普通线路轨道,根据具体情况设置调节器。

温度跨度是指相邻两联(或跨)梁固定支座之间的距离,或与桥台毗邻梁的固定支座至桥台胸墙的距离。

钢轨伸缩调节器应尽量少用或不用。这是因为:其一,在梁轨相对位移较大的桥上铺设无缝线路时,为减小梁轨相互作用力,在调节器的一侧或两侧,采用小阻力扣件,可以形成较长的伸缩区。这样虽然在一定范围内缓解了梁轨相互作用力,但在长大桥上还存在一定长度的无缝线路固定区,仍产生较大的纵向力,不能消减梁轨相互作用力。其二,调节器是线路上活动接头,调节器的制造、铺设、使用和养护质量直接影响线路平顺性和列车运行速度,增加设备费用和维修费用。其三,已经铺设双向调节器的混凝土连续梁,最大联长为296 m,其温度跨度最大为180 m,最小为88 m。但根据观测,其伸缩量很小。因此混凝土梁桥上,设置调节器的条件还有待深入研究。在长大桥梁上设计无缝线路,应尽量将无缝线路固定区设在桥上,无缝线路固定区也便于维修管理。

10.0.7 曲线型钢轨伸缩调节器构造特点是尖轨用AT轨制造,轨头非工作边按照一定的曲率半径刨切成圆弧。基本轨为普通钢轨,铺设时按照导向轨撑自然弯曲成与尖轨相同的曲率半径。在基本轨与尖轨共用的铁垫板上,尖轨轨撑和基本轨轨撑起到保持尖轨与基本轨密贴的作用。为了降低基本轨伸缩阻力,应按计算降低基本轨轨撑螺栓扭矩。而尖轨要求为固定,轨撑螺栓按规定拧紧,尖轨尖端为藏尖式,一般情况下,尖轨尖端一般顺重车方向或列车运行方向布置,但也可以逆向布置。

10.0.8 在无缝线路设计锁定轨温范围之外铺设调节器时,其伸缩预留量计算式中l为伸缩区长度。由于调节器纵向阻力较小,加上采用小阻力扣件,因此伸缩区长度较长,约为150 m。在150 m范围内钢轨的伸缩量实际等于自由伸缩量的1/2。但考虑到行车状态下扣件阻力还有所降低,对伸缩区长度有影响,因此调节器预留伸缩量按伸缩区自由伸缩量计算。

当梁轨之间不产生相对位移时,例如梁、轨温度差很小,可忽略不计,或连续梁两端铺设调节器情况下,由于梁、轨伸缩基本同步,计算伸缩预留量时l取梁的温度跨度。

11.1.1～11.1.2 轨道平顺是列车高速运行的必要条件,无缝线路是实现轨道平顺所必须采取的重要技术措施。为确保列车运行平稳、旅客乘坐舒适、降低噪声污染、减少设备机械磨损、延长钢轨使用寿命,新建和改建的Ⅰ级铁路,采用60 kg/m及以上钢轨时应铺设无缝线路,应铺设跨区间无缝线路。铺设无缝线路的轨道必须具有稳定的基础,即要求桥梁、路基、隧道建筑物应坚实、稳定,刚度均衡,路基工后沉降小,严格控制路桥(涵)过渡段不均衡下沉,以及道床稳定状态的参数指标应达到本规范第3.0.14条的标准。

11.1.4 我国在既有铁路上,20世纪60年代就开展了小半径曲线的试铺工作。在成都局成昆线半径400 m曲线上铺设无缝线路,在呼和浩特铁路局京包线半径400 m的曲线上铺设无缝线路等,使用情况均良好。实践证明,目前于我国客货共线铁路上铺设无缝线路的平面条件,即曲线半径不宜小于400 m是合适的。但在城市轨道交通和国内外铁路还有在更小的曲线半径上铺设无缝线路的。

在小半径曲线上铺设无缝线路所采取的加强措施,如增大曲线外侧道床肩宽、堆高砟肩、加设轨距拉杆、增加轨枕根数、采用耐磨钢轨、适当提高锁定轨温等。我国幅员辽阔,南方北方年轨温幅度之差高达40 ℃之多,有的铁路穿越山区,小半径曲线居多,且与坡道重叠。为充分发挥无缝线路的优越性,应根据当地年轨温幅度、线路条件、列车运行情况,并结合运输强度等,分析对钢轨使用寿命的影响,合理地选择确定无缝线路的最小曲线半径。

11.1.5 我国对于允许铺设无缝线路的坡度原则上不作限制,但为了防止线路爬行,规定应在≥12‰的连续长大坡道、制动地段及行驶重载列车的坡段采取的加强措施,如增加轨枕根数、加设防爬器、采用耐磨钢轨或高强度钢轨等。

11.1.6 2003年铁道部发布了《新建铁路桥上无缝线路设计暂行规定》(铁建设函〔2003〕205号),但还需在设计运营实践中不断补充、完善。

大跨度桥上铺设无缝线路,其长轨条长度多与联长相同。当简支梁或连续梁的固定支座一端与引桥或路基衔接时,长轨条可由正桥延伸到引桥或路基上。此种情况应计算衔接处伸缩力。钢结构桥上铺设无缝线路,应采用K型分开式扣件。钢结构桥在上述衔接处、伸缩纵梁或拱上结构的伸缩缝处,为了减少列车荷载作用下由于梁纵向位移而使梁、轨受力,K型分开式扣件可不扣紧轨底或放松扣件螺栓扭矩到60～80 N·m。但为了保证钢轨不发生爬行和确保行车安全,根据我国经验,扣紧扣件的部位,其总长度不应少于梁上长轨条长度的1/3。需要指出,K型扣件这种布置方式是在时速不超过120 km时得出的,当列车运行速度大于120 km/h时,有待进一步验证和研究。

桥上铺设无缝线路涉及桥梁和轨道的设计,在桥梁与轨道结合部,还有些技术问题尚待深入研究。例如:(1)为了提高轨道的整体性和连续性,要求桥上无缝线路轨条长度尽可能地长。为此,桥梁结构设计时,对于大跨度多孔简支梁,在可能的条件下宜改为按成联设计;同理,连续梁桥的设计也宜尽量加大每联梁的长度。(2)有砟轨道道砟传递纵向力问题。有试验表明,墩台、支座承受的纵向力小于一孔梁上固定支座与活动支座处钢轨纵向力之差。(3)合理确定混凝土梁桥上铺设钢轨伸缩调节器的温度跨度等。

11.3.3、11.6及附录E

1978年铁道部发布了"统一焊接长钢轨轨道(无缝线路)稳定性计算公式的建议",简称统一公式,长沙铁道学院(现中南大学)为主编单位。此后,统一公式广泛应用于国

CHINA RAILWAY PUBLISHING HOUSE

内无缝线路的设计、科研和教学。随着重型轨道结构的应用，统一公式在计算参数和公式应用方面有待完善。

1996 年中南大学提出了修改的统一稳定性计算公式，应用在提速线及秦沈客运专线无缝线路设计中。原统一公式假设原始弹性弯曲矢度与半波长度平方之比为常量，即 $t=\frac{f_{0e}}{l^2}$，t 为常量。轨道正弦曲线半波长 l，是由附录 E 式（E.0.3—1）温度压力 P 对 l 求偏导数，即 $\frac{\partial P}{\partial l}=0$ 求得：

$$l^2=\frac{\beta EI\pi^2}{r_0}\left[\left(\frac{1}{R_0}+\frac{1}{R}\right)+\sqrt{\left(\frac{1}{R_0}+\frac{1}{R}\right)^2+\frac{(f+f_{0e})r_0}{\frac{4}{\pi^3}\beta EI\pi^2}}\right] \quad \text{（说明 E—1）}$$

并由 $t=\frac{f_{0e}}{l^2}$ 用反复叠代的方法得出 l，再由 l 计算 P。但上式 l 不是满足 P、l、t 三式时 P 取最小值 P_{min} 的惟一解。

改进后的统一稳定性计算公式认为，满足温度压力 P、臌曲半波 l 及 t 三式的数学模型，可用二元函数条件极值方法求得。t 通过现场调查、统计分析得到，t 及修改后的 l 计算式〔见附录 E 式（E.0.3—2）〕，满足温度压力 P 取得极小值的条件，同时也免除了反复叠代的计算步骤。

关于稳定性计算参数中的原始弯曲矢度、弦长和曲率，其形成原因复杂，几何形状具有很强的随机性。轨道上存在的原始弯曲分弹性弯和塑性弯两种。但在一个半波上，弹性弯和塑性弯各占多少是很难区分的。弹性弯可能是由于温度压力的作用或列车横向力的作用而产生的，假设这种弯曲与变形曲线相同，为正弦曲线。而塑性弯可能是在钢厂内形成或由于焊接不良、撞击等原因产生，架设为圆曲线时计算所得 P 值较小，比较安全。塑性弯曲对于降低轨道的稳定性比弹性弯曲更为显著，原始弯曲矢度 f_0 等于弹性弯曲矢度 f_{0e} 和塑性弯曲矢度 f_{0p} 之和，其中波长 l_0 的数值是通过现场实测分析确定的。为了有所区分，一般在冬季所测原始弯曲认为多是塑性弯曲，而夏季高温时所测原始弯曲认为多是弹性弯曲和塑性弯曲之和。统一公式建议的原始弯曲 f_0 为 5～6 mm，弹性弯曲和塑性弯曲各占一半，原始弯曲半波长 l_0 为4 m左右，是基于 50 kg/m 钢轨无缝线路轨道调查资料提出的。

由 l^2 计算式（E.0.3—2）可知，l^2 值是与轨道框架刚度和道床横向阻力之比直接相关的。刚度增大，l^2 值增加，相应的弹性弯曲曲率减小。这说明框架刚度愈大，轨道愈难弯曲。因此，轨道弹性弯曲曲率，60 kg/m 钢轨比 50 kg/m 钢轨小，75 kg/m钢轨比 60 kg/m 钢轨小。道床横向阻力愈大，l^2 值愈小，相应的弹性弯曲曲率增大。反之，也说明道床横向阻力愈小，就愈难保持较大的弹性弯曲。因此，轨道原始弯曲的计算参数，应根据调查资料按不同的轨道条件予以合理确定。

随着我国 60 kg/m 钢轨无缝线路轨道铺设范围逐年扩大及铺设数量的逐年增加，钢轨制造、焊接及轨道施工技术也在不断提高。为此，中南大学曾在我国主要干线的 5 个地区，于冬夏两季分别进行了现场实测调查，对每一弯曲波形分别用 3～8 m 的不同弦长测量其正矢，取得了 3 445 个子样。经过对实测数据的统计分析，确认原始弯曲（塑性弯和弹性弯）矢长比、矢度与弦长平方比服从极值 I 型分布，根据统计特征提出了 60 kg/m 钢

CHINA RAILWAY PUBLISHING HOUSE

轨混凝土枕无缝线路原始弯曲参数。原始弯曲的矢长平方比为 2.103×10^{-6}，其中塑性弯曲占83%，弹性弯曲占17%。此参数仅作为75 kg/m、50 kg/m 钢轨无缝线路轨道稳定性计算的参考。

道床横向阻力是保持轨道稳定的最主要因素。道床横向阻力取值的正确与否直接关系到稳定型计算结果的精确度。至今，国内外都是通过现场实测来取得道床阻力值。但由于影响因素很多，如道砟材质、道砟粒径级配、道床密实程度、脏污程度、道床断面尺寸以及气候条件等，各地所测道床阻力具有较大的差异。统一公式规定的道床横向阻力主要是在Ⅰ型混凝土枕、每千米1 760 根或1 840 根线路上所测。以实测平均值减去两倍标准方差，经过回归分析确定，道床横向阻力最小可能值表达式如下：

$$q=q_0-c_1y+c_2y^n \quad \text{（说明 E—2）}$$

式中 q——单位长度道床横向阻力（N/cm）；

y——轨枕横向位移量（cm），稳定型公式中以 f 表示；

q_0——轨枕初始阻力常数（N/cm）；

c_1,c_2——道床弹、塑性系数（N/cm^2、N/cm^{n+1}）；

n——小于1的常数。

经验表明，采用这一道床横向阻力表达式，与试验曲线具有良好的相关性。统一公式中，混凝土枕1 840 根/km、道床肩宽40 cm 时，

$$q=15.0-444y+583y^{\frac{3}{4}} \quad \text{（说明 E—3）}$$

在推导稳定性公式过程中，道床变形能 A_3 对位移 f 取偏导数，得

$$\frac{\partial A_3}{\partial f}=\frac{2}{\pi}\left(q_0-\frac{\pi}{4}c_1f+\frac{\pi}{2}c_2c_nf^n\right)l=\frac{2}{\pi}r_0$$

式中 r_0——等效道床横向阻力，

$$r_0=q_0-\frac{\pi}{4}c_1f+\frac{\pi}{2}c_2c_nf^n \quad \text{（说明 E—4）}$$

c_n 为积分常数，当 $n=3/4$ 时，$c_n=0.526$。

将 q_0、c_1、c_2、c_n 及 n 值代入式（说明 E—4），求得等效道床阻力 $r_0=89.2$ N/cm。换算为1 760 根/km 轨枕线路时，$r_0=84.3$ N/cm。秦沈客运专线设计采用 $r_0=84.5$ N/cm。

本规范道床横向阻力参数，采用统一公式的建议值，即式（说明 E—3），Ⅱ型混凝土枕1 760 根/cm 有砟道床等效横向阻力 $r_0=84.3$ N/cm，Ⅲ型混凝土枕1 667 根/cm 可根据试验和计算采用不低于Ⅱ型枕的等效道床阻力值。其理由之一，2002 年铁一局、北方交大等单位在广州、北京、郑州局干线上进行了大量测试，初步分析结果表明：此项参数与Ⅱ型轨枕、位移2 mm、横向阻力平均值减2.5 倍标准方差相近，略低于Ⅲ型轨枕横向阻力，说明在Ⅱ型轨枕线路上可以继续使用此参数，在Ⅲ型轨枕线路上采用此参数偏于安全。之二，道床横向阻力由轨枕端部阻力、轨枕底面摩阻力、轨枕侧面摩阻力组成。轨枕端部阻力与道床肩宽、砟肩是否堆高有关，是使得轨枕地面和侧面产生摩阻力的重要因素。本规范当铺设Ⅲ型轨枕、速度大于160 km/h 时，道床肩宽已由40 cm 增加到45 cm。Ⅲ型轨枕比Ⅱ型轨枕每千米布置少93 根，但仅从单位长度内枕底有效摩擦面积来计算，Ⅲ型轨枕比Ⅱ型轨枕高31%以上。因此，这都将有助于道床横向阻力的提高。

由于道床是散粒体结构，它在反复变化的横向荷载作用下会产生变形积累，这种变形积累过程随轨枕的位移量而不同。试验表明，轨枕的初始变形量不超过2 mm 时，道床变

CHINA RAILWAY PUBLISHING HOUSE

形积累是逐渐减小的,道床变形具有弹塑性特征,直到道床被压实,变形积累即停止。因此,通常认为道床弹塑性变形范围在 2 mm 以内。为了控制轨道残余变形的积累量不致太大,统一公式采用 2 mm 作为轨道变形的容许位移量,以 $f=2$ mm 计算等效道床横向阻力。

关于框架刚度系数 β 的影响,计算结果表明:β 由 1 提高到 1.5,临界温度压力 P_w 在直线、$R=2\,000$ m 和 $R=400$ m 曲线上分别提高 6.7%、2.6% 和 1.9%。因此 β 采用 1 对计算结果影响不大。钢轨对竖直轴的惯性矩 I 及钢轨断面面积 F 均按垂直磨耗 0 mm 时取值,对于计算影响很小,且偏于安全。

11.3.3、11.7 及附录 F

根据《铁路轨道强度检算法》(TB 2034—88)进行轨道强度检算。轨道强度检算包括对于钢轨强度、轨枕强度、道床顶面压力、路基面压力等承载能力的检算。无缝线路设计需要检算列车荷载作用下的钢轨应力。在准静态荷载假设前提下,轨道结构静力计算方法,除了本规范规定的连续支承法之外,还有点支承法。两种方法的计算结果差别不大,均能满足工程要求。

(1)点支承法

① 轨道特征参数——道床系数 C

道床系数 C 是使道床顶面产生单位下沉时,作用于道床顶面单位面积上的压力。C 应由下式计算:

$$C=\frac{\sigma_z}{\bar{y}_g}=\frac{Q_z}{e'\cdot b\cdot\alpha_R y_g}\text{(MPa/mm)}\qquad\text{(说明 11.7—1)}$$

式中　σ_z——作用于道床顶面单位面积上的压力(MPa);

$\bar{y}_g$——轨枕底面的平均下沉量(mm);

Q_z——枕上压力(MPa);

e',b——半根轨枕的有效支承长度和平均宽度(mm);

y_g——轨下断面的枕底下沉量(mm);

α_R——轨枕挠曲系数,

$$\alpha_R=\frac{\bar{y}_q}{y_q}$$

② 点支承法计算

a. 单个车轮作用下的计算

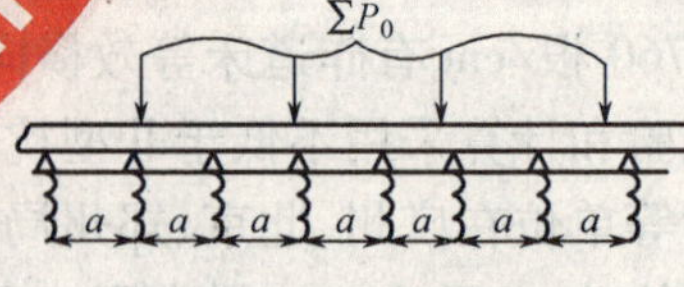

说明图 11.7

等弹性点支座上长梁的计算模式如说明图 11.7 所示。在单个车轮 P_0 作用下的静弯矩、静下沉及枕上静压力,可用差分方程解连续梁求得,其算式如下:

$$\left.\begin{aligned}&\text{钢轨静弯矩}\quad M_0=aP_0\mu\\&\text{钢轨静下沉}\quad y_0=\frac{1}{D}P_0\eta\\&\text{枕上静压力}\quad Q_0=P_0\eta\end{aligned}\right\}\qquad\text{(说明 11.7—2)}$$

式中　μ,η——等弹性点支座上无限长梁的弯矩及下沉(支座压力)影响线系数,可根据钢轨基础与钢轨的刚比系数 k 及距离系数 ξ' 由有关计算表格中查得(见

CHINA RAILWAY PUBLISHING HOUSE

《铁路轨道强度检算法》(TB 2034—88)附表),其中

$$\left.\begin{aligned} k &= \frac{Da^3}{24EI} \\ \xi' &= \frac{x}{a} \end{aligned}\right\} \qquad (说明 11.7—3)$$

式中 x——邻轮至计算轮的距离(mm)。

b. 轮系作用下的计算

根据力的独立作用叠加原理,静轮系作用下钢轨静下沉、静弯矩和枕上静压力的算式为

$$\left.\begin{aligned} y_0 &= \frac{1}{D}\sum P_0\eta \\ M_0 &= a\sum P_0\mu \\ Q_0 &= \sum P_0\eta \end{aligned}\right\} \qquad (说明 11.7—4)$$

(2)关于计算参数

① 列车荷载参数——速度系数 α

《铁路轨道强度检算法》(TB 2034—88)中所采用的速度系数 α,是在 $v \leqslant 120$ km/h 时,主要指货车机车的速度系数,它是根据 20 世纪 70 ~ 80 年代的实测数据确定的,$\alpha = 0.6v/100$,其值偏大,不适用于 $v > 120$ km/h 的计算。

在 120 km/h $< v \leqslant 160$ km/h 时,根据广深线客车机车 DF_{11} 的试验资料,其 α_1 值虽比 $v \leqslant 120$ km/h 的 α 值小,但和国外高速铁路在这一速度范围内客车机车的动力附加系数相比仍然是大的。根据我国客货共线的实际情况,只能采用我国客车机车的试验资料,而不能采用国外的数据,故采用 $\alpha_1 = 0.3\Delta v_1/100$。

② 钢轨支座弹性系数 D

《铁路轨道强度检算法》(TB 2034—88)中,对于Ⅰ级铁路,Ⅰ型或Ⅱ型混凝土枕、橡胶垫板为 110 kN/mm 时,采用值 $D = 30$ kN/mm。这个值是产生最不利计算荷载时的统计最小值。

由式 $D = \dfrac{D_1 \times D_2}{D_1 + D_2}$ 可得 $D_2 = \dfrac{D_1 \times D}{D_1 - D}$,式中 D_1、D_2 分别为垫板刚度和道床支承刚度。

将 D 及 D_1 代入,计算得 $D_2 = 41.25$ kN/mm。

Ⅲ型轨枕与Ⅰ型、Ⅱ型轨枕枕底有效支撑面积之比分别为 1.34 和 1.31,则 $D_2 = 41.25 \times 1.34 = 55.275$ kN/mm。当胶垫刚度 $D_1 = 80$ kN/mm 时,得

Ⅱ型枕钢轨支座刚度 $D = \dfrac{80 \times 41.25}{80 + 41.25} = 27.2$ kN/mm

Ⅲ型枕钢轨支座刚度 $D = \dfrac{80 \times 55.275}{80 + 55.275} = 32.7$ kN/mm (取 $D = 33$ kN/mm)

值得说明的是,在 $v > 120$ km/h 条件下,本规范规定采用的各计算参数,有的是参照了国外相同速度范围的数据,结合国内试验以及检算等得出的,如 α 系数。有的仍沿用《铁路轨道强度检算法》(TB 2034—88)的规定值,如偏载系数 β、横向水平力系数 f 等。要科学地确定这些计算参数,还应做大量的试验和分析工作。除了速度提高的影响之外,还有机车、车辆种类、型号、性能变化、线路平纵断面影响等。又如道床支承刚度具有很强的随机性,应根据试验资料的统计特征值确定更为合理。科学地确定这些计算参数还有

另一层面的意义，就是使得理论计算结果，在保证有足够的安全储备的情况下，更加符合实际轨道工况，以便达到经济合理的目的。

③ 制动区段钢轨附加应力（拉力或压力），一般采用10 MPa计算。

④ 安全系数K_2

《铁路轨道强度检算法》（TB 2034—88）规定，新钢轨$K_2=1.3$，旧钢轨$K_2=1.35$。本规范规定安全系数$K_2=1.25\sim1.35$，主要考虑以下因素：

a. 我国在年温度幅度90 ℃以内的地区已有广泛铺设无缝线路的实践，其中包括区间、桥上及跨区间无缝线路的无缝道岔。根据计算和试验，桥上钢轨附加纵向力换算温度值为8 ℃左右；无缝道岔基本轨温度附加力与道岔号数、道岔结构等有关，为温度力的30%～50%。K_2取值应基本满足上述铺设条件。

b. 钢轨材料质量有了提高，建议新钢轨$K_2=1.25$，再用轨$K_2=1.3\sim1.35$。

c. 铝热焊接头抗拉屈服强度、冲击韧性、伸长率均比母材低，约为母材的70%～80%。在采用铝热焊的无缝线路上，建议K_2取1.3～1.35。

11.4.1　无缝线路的基本结构形式为温度应力式，即随着轨温的变化，钢轨内产生相应的温度应力。任意温度下钢轨内产生的温度拉应力为$\sigma_{(t拉)}=E\alpha(T_e-T)$，温度压应力为$\sigma_{(t压)}=E\alpha(T-T_e)$。

11.4.2、11.7.2　设计锁定轨温T_e计算式（11.4.2）是一个经验公式。式中第一项为当地中间轨温，第二项中$[\Delta T_d]>[\Delta T_c]$。加上第二项是为了提高锁定轨温，使高温时固定区轨道稳定性更好。在铺设混凝土岔枕的无缝道岔区，道岔后部线路条件与一般区间相同；辙叉部分轨道横向刚度、道床横向阻力均较大，轨道稳定性最好；道岔尖轨尖端至跟端部分，除产生温度压力之外，还产生附加温度压力。轨道稳定性可取用区间轨道稳定性计算值，附加温度压力按相应的计算方法计算并与温度压力叠加。但附加温度压力是局部存在、并呈非均匀分布，因此可按稳定性计算得出的弯曲变形半波长换算为均匀的附加压力，以减少附加压力的作用。第二项中$[\Delta T_d]$为轨道强度允许温降，按式（11.7.2）计算。式中$[\sigma]$为钢轨钢容许应力，由钢轨屈服强度σ_s除以安全系数求得。钢材屈服强度在没有屈服阶段时，用$\varepsilon_s=0.2\%$时的应力作为屈服强度。但据有关资料，U75V[b]钢轨σ_s为880 MPa，按此值计算$[\sigma]$、$[\Delta T_d]$，无法将其用于式（11.4.2）的T_e计算。又据铁道科学研究院金化所在2002年为在秦沈客运专线采用包钢生产的60 kg/m、PD_3、非淬火钢轨，对其进行检验，检验结果σ_s为560～575 MPa。根据运营线上的经验，在采用U71Mn钢轨、$\sigma_s=457$ MPa情况下设计无缝线路时，钢轨强度检算能满足要求。因此，本规范建议抗拉强度不小于880 MPa的钢轨，σ_s的取值不低于457 MPa。式中第三项是考虑地区年轨温幅度差异、缓冲区轨缝计算等对于第一、二两项之和的修正值。因此，在年轨温幅度大的地区，如若最高轨温出现次数很少，而最低轨温出现次数多、低温季节持续长，T_e可选择偏低值。相反，南方地区最高轨温出现次数多、高温季节持续长，T_e可选择偏高值。

此外，根据试验，列车碾压使新钢轨残余应力释放，从而降低实际锁定轨温约为5 ℃～8 ℃。这个值在设计锁定轨温时应予以考虑，但没有统一的方法。考虑的方法如：ΔT_k取正值，从轨道稳定性计算结果中减去这个值，加大安全系数K_1等。可从三者中之一解决或由三者综合分担。

11.4.3　无缝线路轨道的设计锁定轨温是指钢轨无温度应力状态下的轨温。由于单元轨节的锁定需要一定的时间，因此在采用滚筒法放散应力时，规定把单元轨节两端落槽就位时的轨温平均值作为锁定轨温。在采用拉伸器、滚筒法放散应力时，锁定轨温等于拉伸量换算的轨温差加上轨温平均值。因此，设计锁定轨温应有一个范围。从无缝线路轨道的运营管理来说，同一区间内的各单元轨节应有尽量一致的锁定轨温。但在施工操作上，是很难做到的。为此，在保证无缝线路轨道强度和稳定的前提下，应提供合适的设计锁定轨温范围。

钢轨的实际轨温，将随气候变化、风力大小、日照、线路走向等因素而变化。钢轨的实际轨温与实际锁定轨温之差，称为无缝线路轨道的轨温变化幅度，也称轨温差。适当控制轨温的变化幅度，可使钢轨内部形成的压应力和拉应力更为合理。因此，选定设计锁定轨温是无缝线路轨道设计极其重要的内容。

11.4.4 跨区间无缝线路的轨条长度不受限制。随着轨条长度的不断延伸，铺设无缝线路的各个地区年轨温幅度将会有差异。因此，无缝线路不可能只有一个设计锁定轨温。例如，北京至上海年轨温幅度从85.4 ℃变化到72.4 ℃，两地之间的无缝线路设计锁定轨温可以有多个。规定同一个区间（两站之间）单元轨节最高与最低锁定轨温之差不大于10 ℃，则可按当地年轨温幅度设计锁定轨温。同时也规定了相邻单元轨节锁定轨温之差不大于5 ℃，这就实现了不同年轨温幅度条件下设计锁定轨温的递变。同一区间内单元轨节最高与最低锁定轨温之差不大于10 ℃，便于按锁定轨温进行无缝线路维修作业和管理。

11.5

在设计无缝线路轨条布置时，遇长隧道、曲线半径小的地段，可分别采用耐腐蚀钢轨、全长热处理钢轨或高强度钢轨，以延长钢轨使用寿命。但这样也会造成线路钢轨材质不一致，增加不同材质钢轨的焊接和养护工作。因此，在山区铁路隧道多、小半径曲线多的区段，可考虑设计成普通无缝线路。若采用区间无缝线路或跨区间无缝线路，经技术经济比较，同一区间内的长轨条宜采用同一材质的钢轨。

跨区间无缝线路单元轨节长度应根据线路条件、工点情况、施工工艺等因素综合研究确定。单元轨节的长度受施工时间长短、施工期间轨温变化、拉轨、垫滚筒、撞轨、钢轨落槽工序等影响较大。低温使用拉伸器拉伸钢轨、放散应力、锁定作业时，轨条愈长或温差愈大，要求拉伸器的行程和拉力也愈大。此外，滚筒阻力对应力放散效果也产生影响。因此单元轨节长度应合理确定，否则会影响铺轨质量。但过去由于焊轨设备及运输工具的限制，一般厂焊长钢轨均在250～500 m，近些年来由于焊接条件的改善，钢轨制造厂引进先进的工艺技术，标准长度轨已达50 m，甚至可以做到出厂100 m。另外，从养修的角度，跨区间无缝线路轨道也不同于普通无缝线路轨道。考虑铺轨机械、大型养路机械、移动接触焊机等技术应用的不断扩大，故本规范推荐单元轨节长度宜为1 000～2 000 m。

11.8

桥上的无缝线路轨道与路基上的不同，钢轨除受温度力作用外，还受桥上附加纵向力作用。梁因温度变化而产生伸缩，在列车荷载作用下梁因挠曲而产生纵向位移。在明桥面上，梁的这种纵向变形将通过梁轨之间的联结约束，使钢轨受到纵向力的作用。在有砟桥上，道床也会对梁轨之间的相对位移产生约束作用。把因梁的伸缩而引起的钢轨纵向力称之为伸缩力；把因梁的挠曲而引起的钢轨纵向力称之为挠曲力。这些力同时又反作用于梁跨和固定支座，使桥墩台产生弹性变形，墩顶发生纵向位移。此外，如果桥上发生断轨，温度力和伸缩力得到释放，也会通过梁轨间的约束使墩台和固定支座受到断轨力的作用。所有这些可归结为梁轨的相互作用。通过对梁轨相互作用的分析，求得梁的位移分布、钢轨的位移分布和纵向力分布、墩台受力和墩顶位移，对钢轨和墩台进行强度和稳定性检算。桥上无缝线路结构设计，就是设法减少这些附加纵向力的作用，必要时采用钢轨伸缩调节器，对梁轨相互作用力进行调节。梁温度差为桥上无缝线路伸缩力计算时所采用的梁最大日温差。

低温时，桥上钢轨产生温度拉力和伸缩力，一旦钢轨折断，温度力和伸缩力按纵向阻力梯度放散，在钢轨折断处形成较大断缝。断缝的大小与线路纵向阻力、温度拉力及钢轨折断位置有关。低温时，活动端桥台处钢轨产生最大伸缩拉力，固定端桥台处产生最大伸缩压力。但伸缩力所引起的钢轨变形量很小，可略去不计。

合理地确定断缝允许值很重要。断缝允许值定得大了，影响行车安全；定得小了，就需要加大桥上线路纵向阻力，从而导致桥梁和轨道承受的纵向力增大，将限制桥上铺设无缝线路。特别是在年轨温幅度大的地区，这种影响更为显著。我国1973年在铁科院环形试验基地进行了列车通过钢轨断缝的安全试验，试验线路为直线、木枕、碎石道床、50 kg/m钢轨，以拉开大轨缝代替断缝。试验表明：当设置的断缝为136 mm时，以2辆60 t重车溜放通过断缝，最高速度85 km/h，钢轨垂直位移10 mm；当设置的断缝为91 mm时，以解放型机车单机通过断缝，速度80 km/h，钢轨垂直位移17.6 mm；设置的断缝110 mm时，以解放型机车单机低速通过断缝和以4辆60 t重车溜放通过断缝共计11次，速度为5～80 km/h。试验中同时观测到，随着列车通过次数增多，道床坍塌、接头下沉、轨头压溃。试验虽然未能测到钢轨水平位移，但分析表明，车轮行至断轨处的送轮端时，送轮端钢轨产生水平位移形成错牙，致使车轮撞击迎轮端钢轨，在曲线上尤为突出，危及行车安全。日本曾在新干线进行过试验，认为应限制钢轨水平位移量，以减小横向力的作用。日本规定桥上无缝线路钢轨允许断缝：50 kg/m钢轨为5 cm，60 kg/m钢轨为6.9 cm。据此，我国在1986年铁道部发布的《桥上无缝线路设计办法》中规定：桥上无缝线路钢轨允许断缝为8 cm，困难条件下无砟桥可放宽至10 cm。考虑到列车高速运行条件下的安全，秦沈客运专线和高速铁路设计暂规都规定允许断缝取7 cm。但在秦沈线桥上无砟道床无缝线路设计中遇到困难，放宽到10 cm。列车安全通过断缝的允许值是比较难以界定的参数，实际上在最低轨温断轨又恰逢列车到来的几率比较低，使钢轨折断也不会立即收缩形成计算的大轨缝，断轨后轨道电路立即中断信号显示红灯。当前轨道结构已经有了很大程度的强化以及多年来已经取得桥上无缝线路设计和运营经验。鉴于以上诸多因素，本规范规定允许断缝值：无砟桥上10 cm，有砟桥上8 cm是可行的。

11.9

为便于施工和养护维修，无缝道岔设计锁定轨温与区间无缝线路轨道的设计锁定轨温应一致，因此用于跨区间无缝线路的道岔必须满足跨区间无缝线路轨道的允许温升和允许温降要求。一般无缝道岔多用可动心轨道岔，在尖轨跟端用限位器控制尖轨与基本轨的相对位移，在心轨与翼轨间用间隔铁螺栓使其联结牢固。当轨温变化较大时，限位器和间隔铁处的联结螺栓均承受较大的剪弯应力。采用固定型辙叉时，与区间正线钢轨可采用胶接的办法。近年来我国引进奥地利技术，也可用特制的金属介质将辙叉钢轨与普通钢轨焊接，其受力两者基本接近。因此，为保证跨区间无缝线路轨道的安全，道岔的各联结件，尤其是限位器和间隔铁处的联结螺栓必须牢固、耐久、可靠。另外，考虑道岔基本轨附加纵向力及道岔铺设施工经常不能与正线轨道同步，除将一组道岔划分为一个单元轨节之外，还将道岔前后一段长度的钢轨与道岔同设在固定区内。

跨区间无缝线路中的无缝道岔，位于无缝线路的固定区，其基本轨温度力的平衡状态与无缝线路固定区温度力的平衡状态是相同的。但道岔里股钢轨，如导轨、尖轨、可动心轨及其连接轨，只有一端承受温度力，如同伸缩区，并将一部分温度力通过间隔铁、岔枕、扣件等传递给基本轨，使基本轨承受附加力。全焊的无缝道岔，其直股和侧股钢轨均与区间无缝线路长轨条焊联；半焊的无缝道岔只有直股钢轨与区间无缝线路长轨条焊联。

无缝道岔计算，与道岔号数、道岔结构形式、道岔单组铺设或相接铺设、岔枕及扣件、半焊或全焊道岔等有关，但计算原理相同。

无缝道岔计算，主要有两轨相互作用法和当量参数法。

(1)两轨相互作用法

① 计算假定

a. 道岔辙叉角较小，长轨条 1—3、心轨和翼轨 3—5、导轨 5—7 与基本轨 a_1—a_3 接近平行，同样，2—4、4—6、6—8 与 a_2—a_4 接近平行，计算时可采取分离两股钢轨分别计算；

b. 无缝道岔从锁定轨温开始一次升温或降温；

c. 计算基本轨的附加温度力时，暂不考虑其内存在温度力，待计算得出结果后再与温度力叠加；

d. 导轨伸缩对岔枕施加纵向力，基本轨及其连接件对岔枕起支承作用，岔枕产生微量弯曲，略去岔枕相对基本轨转角所产生的扣件阻矩的影响；

e. 导轨、长轨条和基本轨的扣件及岔枕在道床中的纵向阻力为位移的非线性函数，在计算模型上以约束弹簧表示。

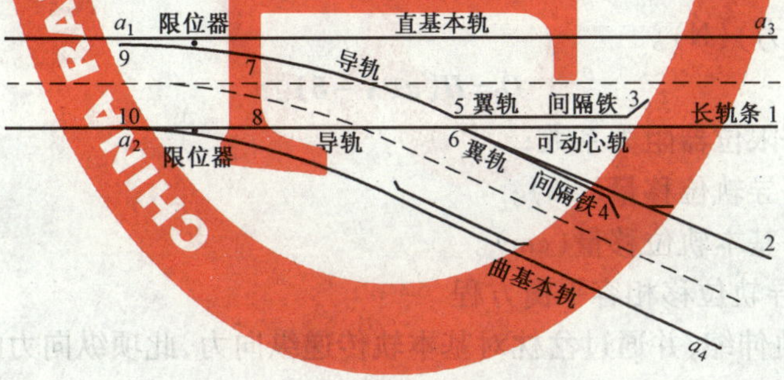

说明图 11.9.3—1 可动心轨道岔示意图

② 计算模型

升温和降温情况纵向力计算模型实质上相同，说明图 11.9.3—2 表示升温情况。设导轨、基本轨及岔枕的位移分别为 λ_1、δ 及 Δ。说明图 11.9.3—2 中 P_t 为温度力(kN)，Q(kN)为限位器阻力，r_1、r_3(N/cm)分别为导轨和心轨、翼轨阻力，r_2、r_4(N/cm)分别为基本轨阻力及导轨通过岔枕、扣件对基本轨施加的纵向力。

③ 计算原理和方法

道岔处于无缝线路固定区，其基本轨为无限长，而导轨为半无限长。随着轨温的变化，导轨在有限长的一端克服阻力而伸缩，相应放散部分温度力，并通过联结件(限位器)

CHINA RAILWAY PUBLISHING HOUSE

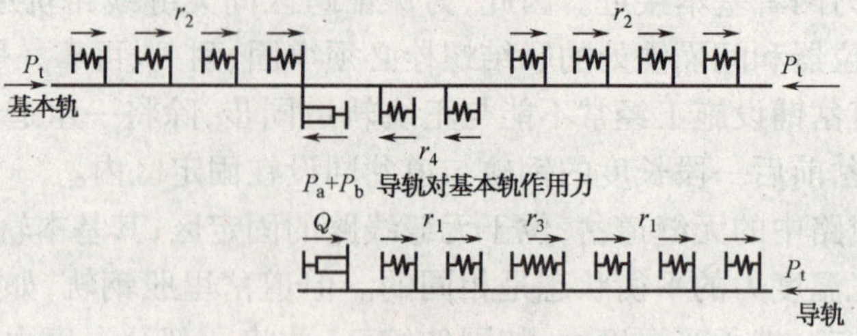

说明图 11.9.3—2　道岔两轨相互作用计算模型

和岔枕、扣件对基本轨施加纵向力,因而基本轨除承受温度力外,还承受导轨的作用而产生附加温度力。

若可动心轨道岔的翼轨加长,与心轨跟端用间隔铁锁定,相互不产生相对位移,则计算道岔导轨和基本轨附加温度力和位移量的未知量各 2 个,运用以下 4 个平衡方程恰能求解:

a. 作用于导轨力的平衡方程

$$r_1\sum_{i=1}^{3}x_i + r_3\sum_{i=3}^{5}x_i + r_1\sum_{i=5}^{7}x_i + Q - P_t = 0 \qquad \text{(说明 11.9.3—1)}$$

式中 r_1——导轨阻力(N/cm);

r_3——辙叉阻力(N/cm);

Q——限位器阻力(N);

P_t——温度力(N)。

b. 限位器力的平衡方程

导轨通过限位器,对基本轨施加纵向力(P_a+P_b),其值等于基本轨通过限位器作用于导轨上的反力 Q,即

$$Q-(P_a+P_b)=0 \qquad \text{(说明 11.9.3—2)}$$

式中 P_a,P_b——导轨通过限位器,分别作用于基本轨上的压力(或拉力)和拉力(或压力)(N)。

且

$$Q=H[a(\lambda-\delta)]n$$

式中 H,a,n——限位器阻力系数;

λ——导轨位移量(cm);

δ——基本轨位移量(cm)。

c. 基本轨与导轨位移相容平衡方程

轨温变化导轨伸缩,并通过岔枕对基本轨传递纵向力,此项纵向力的传递必须具备以下条件:导轨的扣件纵向阻力大于岔枕在道床中纵向位移阻力,则导轨在岔枕上位移的同时,带动岔枕在道床中位移;岔枕纵向位移量 Δ 大于基本轨的纵向位移量 δ,因而此项纵向力仅限于一定长度范围内存在,此范围的距离为 l_k,即从限位器的中心至导轨和基本轨的 K 截面之间的距离。基本轨在 K 截面处,其位移量 δ_k 与其下岔枕位移量 Δ_k 相等,作用在基本轨上的纵向阻力为零。而超出 l_k 范围,基本轨位移量 δ 大于岔枕位移量 Δ,则作用于基本轨上的纵向阻力改变方向。

因岔枕位移量 Δ 与导轨位移量 λ 存在以下关系:

$\Delta=\beta\lambda$($\beta=0.7\sim0.9$,混凝土岔枕地段取 $\beta=0.8$)

又因为在基本轨的 K 截面上 $\Delta_k=\delta_k$,则

$$\delta_k = \beta\lambda_k \quad \text{（说明 11.9.3—3）}$$

此式称为基本轨与导轨位移相容方程。

d. 作用于基本轨力的平衡方程

基本轨受力平衡，必满足作用于基本轨上的纵向力所产生的拉伸变形和压缩变形相等，即

$$\sum\delta_i = 0$$

$$r_2\sum_{i=a_1}^{01}x_i - P_a - P_b - r_4\sum_{i=01}^{k_i}x_i + r_2\sum_{i=k_1}^{a_3}x_i = 0 \quad \text{（说明 11.9.3—4）}$$

式（说明 11.9.3—1～4）为道岔附加温度力和位移量计算的基本平衡方程。

若可动心轨道岔的翼轨与心轨跟端未锁定，两者有相对位移，因而翼轨与心轨的相对位移量未知，对应基本轨截面纵向力未知，相应未知量增加 2 个，补充翼轨与心轨力的平衡方程及基本轨与心轨或长轨条位移相容方程可获得 6 个未知量的解（参见铁道部科学研究院铁建所《超长无缝线路道岔纵向力的计算》，1996 年 8 月），则无缝道岔的翼轨与心轨有相对位移的情况，纵向力和位移量的分布也能计算。

运用上述 4 个方程式，能求得 4 个未知量。因纵向阻力均为位移的非线性函数，为计算基本轨的附加温度力和导轨心轨位移量，在计算截面上取一微段长度，建立静力平衡方程，其导出二阶常系数非线性微分方程。微分方程组的表达式见本规范附录 E 桥上无缝线路纵向力计算。其二阶方程代表纵向阻力，一阶方程代表纵向力，零阶代表位移，需用数值解法求得各未知量。

（2）当量参数法

道岔是一个整体结构，道岔的导轨、辙叉、心轨与基本轨之间通过岔枕、扣件和其他部件而相互联结，道岔各部件的受力与变形也将受到道床阻力的影响，因而在计算无缝道岔受力与变形时，要考虑各个部件对无缝道岔受力与变形的影响。

为便于叙述，将道岔的导轨、辙叉、心轨，统称为"里轨"。造成道岔"里轨"产生伸缩位移和基本轨承受附加温度力的根本原因是道岔辙叉跟端的里侧长钢轨承受有巨大的温度力。这一温度力的一部分在克服了各种阻力之后使里轨产生位移，另一部分通过尖轨跟端结构（限位器），岔枕的弯曲刚度、钢轨扣件的阻矩、道床传给基本轨。显然，道岔"里轨"的伸缩位移与道岔基本轨的附加温度力是相互关联、互为影响的。计算时，应当首先算出"里轨"的伸缩位移，因为，在得知"里轨"伸缩位移后，才能确切地知道限位器的接触状况、岔枕的弯曲变形，进而求得道岔基本轨的附加温度力及道岔其他部件的受力情况。

① 里轨伸缩位移计算

阻止道岔"里轨"伸缩的影响因素主要有：道床阻力、岔枕刚度和扣件阻力与阻矩。其次尖轨跟端结构也是一个因素，不过它只在道岔尖轨跟端处起作用，相当于一集中阻力。由于道岔结构复杂，各部尺寸变化较大，因而除尖轨跟端外，阻止道岔"里轨"伸缩的阻力各处均不相同。为此，采用"当量阻力参数"进行有关计算。其单位当量纵向阻力 p 为

$$p = p_0 + p_a + p_b \quad \text{（说明 11.9.3—5）}$$

式中 p_0——道岔各部分单位道床纵向阻力，

导轨辙叉心轨部分 $p_0 = \dfrac{r_0}{2a}(l-b)$

基本轨部分 $p_0 = \dfrac{r_0}{2a}(L-l+b)$

尖轨部分 $p_0=\frac{r_0L}{2a}$

p_a——岔枕刚度单位换算阻力，

全焊道岔 $p_a=\frac{6E'I'}{(3lb^2-4b^3)a}f=K_1\frac{f}{a}$

p_b——钢轨扣件阻矩单位换算阻力，

$$p_b=\frac{2M}{ab}$$

r_0——岔枕单位枕长道床纵向阻力；

l——基本轨中心距；

b——道岔"里轨"与基本轨中心距；

a——岔枕间距；

L——岔枕长度；

M——扣件阻矩；

$E'I'$——岔枕横向水平刚度；

f——计算点"里轨"的位移值。

"里轨"伸缩位移与单位当量阻力 p 呈非线性关系，且单位当量阻力 p 中还包含有位移值 f，因而道岔"里轨"伸缩位移需叠代试算求出。

此外，当单位当量纵向阻力 p 大于道岔钢轨扣件单位推移阻力 p_c 时，则道岔"里轨"将沿轨下垫板（垫片）滑移，这时应取 $p=p_c$。若已知道岔两端承受的温度力 P_t 和尖轨跟端摩阻力 P_m 时，试算求解道岔"里轨"伸缩位移需先假设"里轨"产生伸缩位移的范围 x 值，并假定岔（轨）枕之间的单位当量纵向阻力为 P 为常量。然后，从位移范围的最后一根轨枕开始，按图解法求解各枕处钢轨的伸缩位移（说明图 11.9.3—3）。

说明图 11.9.3—3

由于枕间阻力为常量，最后轨枕 n 的单位当量纵向阻力为

$$P_n=p_0+p_a+P_b=\frac{P_m}{a}+\frac{K_{1n}f_n}{a}+\frac{2M}{ab_n} \qquad \text{（说明 11.9.3—6）}$$

由温度力图可求得 n 点的伸缩位移为

$$f_n=\frac{\Omega_n}{EF}=\frac{a^2p_n}{2EF}=\frac{a(P_m+K_{1n}f_n+2M/b_n)}{2EF}$$

上式整理后式中 Ω_n 为轨枕 n 间隔内释放的温度力图面积，得

$$f_n=\frac{aP_m+2Ma/b_n}{2EF-K_{1n}a} \qquad \text{（说明 11.9.3—7）}$$

如果最后一根轨枕为长岔枕，则

$$f_n=\frac{ar_0(l_n-b_n)/2+2Ma/b_n}{2EF-K_{1n}a} \qquad \text{（说明 11.9.3—8）}$$

K_{1n}、l_n、b_n 值为 n 点相应的数值。

求得此处的 f_n 值后，其相应的单位当量纵向阻力 p_n 值也就确定了，从而可求得

$$P_n=ap_n \qquad \text{（说明 11.9.3—9）}$$

同理，下一个岔枕间隔的 p 值也可假设成常数，其值为

$$p_{n-1}=p_0+p_a+p_b=\frac{r_0(l_{n-1}-b_{n-1})}{2a}+\frac{K_{1(n-1)}f_{n-1}}{a}+\frac{2M}{ab_{n-1}} \qquad \text{（说明 11.9.3—10）}$$

这时的 $K_{1(n-1)}$、$l_{(n-1)}$、$b_{(n-1)}$ 均为 $n-1$ 点的相应值。

由温度力图又可求得 $n-1$ 点的伸缩位移，即

$$f_{n-1}=\frac{\Omega_n+\Omega_{n-1}}{EF}=\frac{a^2p_n/2+(ap_n+ap_n+ap_{n-1})a/2}{EF}$$

$$=\frac{3a^2p_n+a^2p_{n-1}}{2EF}$$

$$=\frac{3a^2p_n+a[r_0(l_{n-1}-b_{n-1})/2+K_{1(n-1)}f_{n-1}+(2M)/b_{n-1}]}{2EF}$$

$$=\frac{3a^2p_n+a[r_0(l_{n-1}-b_{n-1})/2+2M/b_{n-1}]}{2EF-K_{1(n-1)}a} \qquad \text{（说明 11.9.3—11）}$$

进而由 f_{n-1} 求得 P_{n-1} 值，即

$$P_{n-1}=P_n+p_{n-1}a=(p_n+p_{n-1})a \qquad \text{（说明 11.9.3—12）}$$

以此类推，可算出各个岔枕处的 f_i、p_i 和 P_i。一直算到尖轨跟端处（或限位器）后第一个岔枕，求得相应的 f_i、p_i、P_i。进而求出尖轨跟端处（或限位器）的 $P_0=P_1+p_1a$，a 为尖轨跟端（或限位器）距第一号岔枕间距。若说明图 11.9.3—3 中

$$P_0\approx P_t-P_m \qquad \text{（说明 11.9.3—13）}$$

则可认为假设的 x 值就是里轨的伸缩区长度。若不等，则说明各岔枕处的 f_i 值不符合实际情况，要重新假定 x 值进行计算，直到满足要求。

进行所有计算时要逐点检查 p_i 是否大于扣件单位长度推移阻力 p_c，若 $p_i\geqslant p_c$，则取 $p_i=p_c$ 进行计算。

尖轨跟端（或限位器）处位移 f_0 为

$$f_0=f_1+\frac{(P_1+P_t-P_m)a'}{2EF} \qquad \text{（说明 11.9.3—14）}$$

② 基本轨附加温度力计算

无缝道岔“里轨”温度力主要通过尖轨跟端结构、岔枕的弯曲刚度、钢轨扣件阻矩三种方式传递到道岔基本轨。其计算方法分别为：

a. 辙跟结构传力 P_m，$P_m = EFa\Delta t'$，$\Delta t'$为限位器子、母块接触后轨温的变化幅度，在限位器子母块接触前，$P_m = 0$。

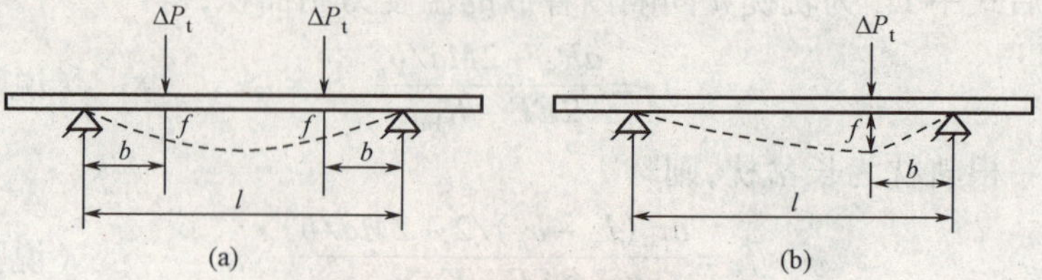

说明图 11.9.3—4

b. 岔枕刚度传力 ΔP_t，根据材料力学的基本原理（说明图 11.9.3—5），通过岔枕刚度传递到基本轨的附加纵向力为：

固定辙叉无缝道岔及全焊的可动心轨道岔（见说明图 11.9.3—4a）：

$$\Delta P_t = \frac{6E'I'}{(3lb^2 - 4b^3)} f = K_1 f \quad \text{（说明 11.9.3—15）}$$

ΔP_t 分配到直股基本轨的温度力（见说明图 11.9.3—4b）为

$$\Delta P_t = \frac{3E'I'(l-b)}{(bl-b^2)^2} f \quad \text{（说明 11.9.3—16）}$$

半焊的可动心轨道岔的侧股基本轨：

$$\Delta P_t = \frac{3EIb}{(bl-b^2)^2} f \quad \text{（说明 11.9.3—17）}$$

c. 通过扣件阻矩 M 传递的附加纵向力为

$$\Delta P_t' = \frac{2M}{b} \quad \text{（说明 11.9.3—18）}$$

由以上三式计算的附加纵向力在相应位置叠加，就得出总的附加温度力 ΔP。

考虑到道岔基本轨道床纵向阻力的影响，在岔枕点传到基本轨的附加温度力为

$$\Delta P_i = \Delta P_t + \Delta P_t' - Q \quad \text{（说明 11.9.3—19）}$$

由道岔“里轨”传到基本轨上的附加温度力都是以集中力的形式作用在基本轨的尖轨跟端与岔枕点上，而在计算基本轨各岔枕点的附加纵向力 ΔP_i 时已把道床纵向阻力 Q 考虑进去。也就是说，凡在基本轨岔枕点上作用有力 ΔP_i 时，此处的道床纵向阻力已被克服掉。若再作用有其他力时，此枕应视为无纵向道床阻力的岔枕，岔枕间距 a 范围内的基本轨应视为无道床纵向阻力的钢轨。以间隔铁尖轨跟端结构及三根长岔枕参与传力为例来计算、绘制基本轨附加纵向力图（说明图 11.9.3—5）。尖轨跟端处基本轨被传给 P_m 的附加力，尖轨跟端后各岔枕分别传递给基本轨相应的 ΔP_i 值，且 ΔP_i 值最大不超过 $P_c - Q$，P_c为钢轨扣件的推移阻力。

若参与传力的长岔枕根数为 n，参照说明图 11.9.3—3 可求得绘制基本轨附加温度力图所需的相应数值：

$$x_0 = \frac{P_m^2}{2(nap_0 + P_m)} \quad \text{（说明 11.9.3—20）}$$

$$x_1 = \frac{\Delta P_1^2 + 2\Delta P_1(P_0 a + P_m - x_0)}{2(nap_0 + P_m + \Delta P_1)} \quad \text{（说明 11.9.3—21）}$$

$$x_2 = \frac{\Delta P_2^2 + 2\Delta P_2(2P_0 a + P_m - \Delta P_1 - x_0 - x_1)}{2(nap_0 + P_m + \Delta P_1 + \Delta P_2)} \quad \text{（说明 11.9.3—22）}$$

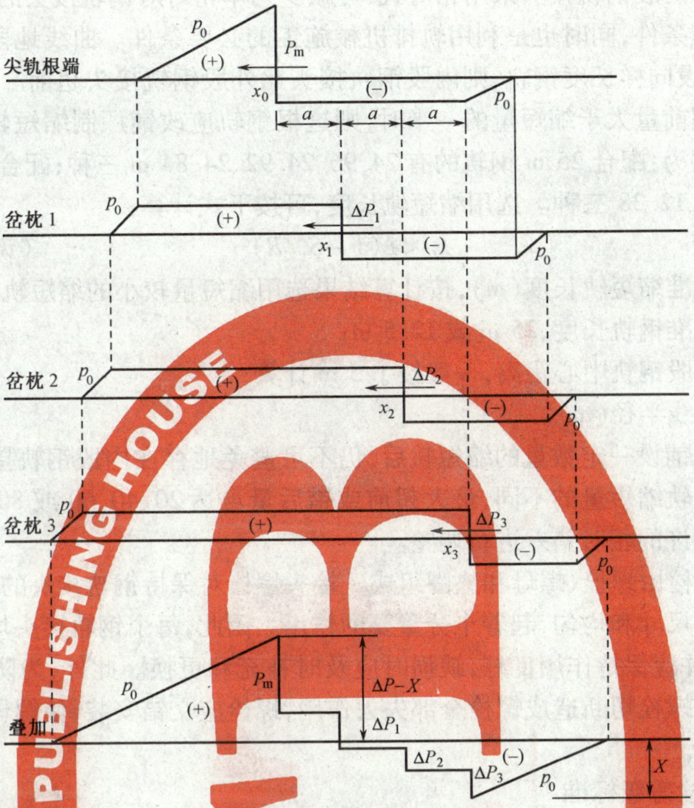

说明图 11.9.3—5

$$x_3=\frac{\Delta P_3^2+2\Delta P_3(3P_0a+P_m+\Delta P_1+\Delta P_2-x_0-x_1-x_2)}{2(nap_0+P_m+\Delta P_1+\Delta P_2+\Delta P_3)} \quad \text{（说明 11.9.3—23）}$$

$$x_i=\frac{\Delta P_i^2+2\Delta P_i\left(iP_0a+\sum_{k=0}^{i-1}\Delta P_k-\sum_{k=0}^{i-1}x_k\right)}{2\left(nap_0+\sum_{k=0}^{i-1}\Delta P_k\right)} \quad \text{（说明 11.9.3—24）}$$

$$X=-\left(x_0+\sum_{i=1}^{n}x_i\right) \quad \text{（说明 11.9.3—25）}$$

$$\Delta P_i=\sum_{i=0}^{n}\Delta P_i \quad \text{（说明 11.9.3—26）}$$

式中 n——参与传力的长岔枕根数；

a——岔枕间距；

i——尖轨跟端后岔枕序号；

P_m——尖轨跟端结构传递的阻力，$P_m=\Delta P_0$；

P_0——基本轨单位道床纵向阻力；

ΔP_i——第 i 序号岔枕传递的附加温度力。

由此可以算出无缝道岔基本轨附加温度力的最大拉力与最大压力值、尖轨与可动心轨尖端的伸缩位移、限位器与翼轨间隔铁联结螺栓承受的剪力以及绘制基本轨附加纵向力的分布图。

CHINA RAILWAY PUBLISHING HOUSE

12.0.1　轨道的两股钢轨接头采用相对式，可减少列车轮对对钢轨接头的冲击次数，改善行车和轨道修理条件，同时也是利用轨排机械施工的必要条件。曲线地段内股长度短于外股长度，如铺设同样长度钢轨，则内股钢轨接头比外股钢轨接头超前。为使接头相对，曲线内股每当超前量大于缩短量的一半时，则这根钢轨应改铺厂制缩短轨。我国铁路采用的缩短轨长度为：配合 25 m 钢轨的有 24.96、24.92、24.84 m 三种；配合 12.5 m 钢轨的有 12.46、12.42、12.38 三种。选用缩短轨长度，可按下式计算：

$$L_0 < L(1 - S_1/R) \qquad (说明 12.0.1—1)$$

式中　L_0——标准缩短轨长度(m)，按计算结果选用缩短量较小的缩短轨；

L——标准钢轨长度，25 m 或 12.5 m；

S_1——两股钢轨中心距离，一般按 1.5 m 计算；

R——曲线半径(m)。

在曲线内股铺设一定数量的缩短轨后，仍不可避免地存在内股钢轨接头超前或错后的现象。按缩短轨缩短量的不同，最大超前或错后量可达 20、40、60 或 80 mm，具体由施工部门按设计容许的相对错差进行调整。

12.0.2　接头螺栓由螺栓、螺母和垫圈组成。接头螺栓对保持钢轨接头的整体性和强度，保证轨缝的应有尺寸和均匀，起着十分重要的作用。因此，每个钢轨接头均应按螺栓孔配齐和拧紧螺栓，并应保持作用良好，缺损时应及时补充和更换。此外，为防止列车脱轨将一个接头的全部螺栓切断造成螺栓全部失去作用，螺栓应交错安装，使螺母一端分别处于一股钢轨的两侧。

(1)接头螺栓等级标准

我国铁路 1985 年以前钢轨接头螺栓的国家标准将其分为三级，1985 年以后实行其中的两个等级。本条所指螺栓等级是国家标准《钢轨用高强接头螺栓、螺母》(GB 5098)中规定的等级。螺栓分 10.9 和 8.8 两级。10.9 级螺栓直径为 24 mm，8.8 级螺栓直径为 24 mm 和 22 mm 两种。螺母均为 10 级。螺栓的标称等级之小数点前数字，如 10.9 级之 10 为 $\sigma_b/100$，其小数点后数字之 9 为 $10 \cdot \sigma_s/\sigma_b$。

说明表 12.0.2—1　接头螺栓各部尺寸(mm)

螺栓等级	螺杆长	带螺纹部分		无螺纹部分杆径	长圆径	螺杆帽厚	螺母厚	适用范围
		杆长	纹径					
10.9	160	66	24	22.051	32	16	24	75 kg/m 轨
	135	60	24	22.051	32	16	24	60 kg/m 轨
	145	60	24	22.051	32	16	24	50 kg/m 轨
8.8	145	60	24	22.051	32	16	24	50 kg/m 轨
	145	50	22	20.376	30	15	22	43 kg/m 轨

说明表 12.0.2—2　接头螺栓主要机械性能

螺栓等级	抗拉强度 σ_b(N/mm^2)	屈服强度 σ_s(N/mm^2)	洛氏硬度 HR(min/max)	伸长率 δ_5(%)	螺栓等级标志
10.9	1 040	940	34/41	9	螺杆帽为平锥头
8.8	830	660	25/35	12	螺杆帽为半圆球头，加两圆凸棱

CHINA RAILWAY PUBLISHING HOUSE

(2)接头螺栓扭矩

为保证预留轨缝的技术条件要求,接头螺栓扭矩应达到本条的规定值。规定的扭矩值,是要求普遍达到和经常保持的目标值,因而无容许误差的规定,但要求在扭矩衰减时,衰减量不得低于规定值 100 N·m 以上。如果接头螺栓扭矩很低,在夏季会使轨端互相挤压,产生很大的顶力,再加上同接头处存在的不平顺使行车时产生很大的水平力,对接头部位的稳定很不利;在冬季会形成大轨缝,可能拉弯甚至拉断接头螺栓。根据室内外静动载试验,扭矩与阻力的关系见说明表 12.0.2—3。

说明表 12.0.2—3 螺栓扭矩与接头阻力的对应关系

T_N(N·m)		300	400	500	600	700	800	900	1 000
P_H(kN)	43 kg/m 轨 ϕ22 mm 螺栓	140	180	220	260				
	50 kg/m 轨 ϕ24 mm 螺栓	150	200	250	300	370	430	490	
	60 kg/m 轨 ϕ24 mm 螺栓	130	180	230	280	340 (390)	400 (450)	460 (510)	(570)

注:在年轨温差大于或接近 90 ℃地区的 60 kg/m 钢轨无缝线路缓冲区,为能按标准预留轨缝,可采用表中括号内的 P_H 值。

为使接头螺栓扭矩普遍达到和经常保持规定的目标值,除作业时要按规定拧紧接头螺栓外,还必须注意解决扭矩衰减问题。

(3)钢轨接头阻力与钢轨基础阻力

钢轨接头阻力由钢轨与夹板之间的摩阻力提供,由此计算缓冲区预留轨缝,设计缓冲钢轨配置。

钢轨基础阻力指道床阻力。道床纵向阻力值,有缝线路预留轨缝有关计算木枕一般采用 64 N/cm,混凝土枕一般采用91 N/cm。道床纵向阻力如说明表 12.0.2—4。

(4)轨缝变化三阶段与 C 值

轨温变化与轨缝变化之间的关系可分为三阶段。

第一阶段:钢轨接头阻力未被克服前,随着轨温变化在钢轨全长范围内产生温度力。

说明表 12.0.2—4 道床纵向阻力

线路条件		单根轨枕下道床纵向阻力(N)	一股钢轨下单位道床纵向阻力(N/cm)	
			1 840 根/km	1 760 根/km
木枕	正常条件下	7 000	64	62
	捣固作业后	4 000	37	35
混凝土枕	正常条件下	10 000	91	87
	捣固作业后	7 000	64	62

在温度力不大于接头阻力的条件下,钢轨不能伸缩,轨缝仍保持原有状态。温度力与接头阻力之间的关系为

$$P_t \leqslant P_H \qquad \text{(说明 12.0.2—1)}$$

$$P_t = \alpha E t_H F \qquad \text{(说明 12.0.2—2)}$$

式中 P_t——钢轨内部温度力(N);

P_H——钢轨接头阻力(N)；

α——钢轨钢线膨胀系数，$\alpha = 11.8 \times 10^{-6}/℃$；

E——钢轨钢的弹性模量，$E = 2.1 \times 10^{7} N/cm^{2}$；

t_H——按相应接头阻力换算的轨温变化量(℃)；

F——钢轨断面积(cm^2)。

第二阶段：钢轨接头阻力被克服后至钢轨基础阻力被克服前，轨缝为有限制地变化。

在钢轨接头阻力被克服后，道床纵向阻力(如道床纵向阻力大于扣件阻力时，则为扣件阻力)，开始工作并限制钢轨伸缩。随着轨温持续变化，在温度力作用下，钢轨接头附近道床纵向阻力首先被克服，并逐渐向钢轨中间陆续被克服。阻力被克服部分的钢轨陆续有限制地伸缩。在道床纵向阻力陆续被克服过程中，轨温变量与轨缝变化量可用以下两式表示：

$$t_D = \frac{P_D l}{\alpha E F} \quad \text{(说明 12.0.2—3)}$$

$$a_D = \frac{p_0 l^2}{E F} \quad \text{(说明 12.0.2—4)}$$

式中　t_D——第二阶段以内轨温变化量(℃)；

a_D——第二阶段以内轨缝变化量(cm)；

P_D——道床纵向阻力，采用 $P_D = 64$ N/cm；

l——钢轨每端有伸缩部分的长度(道床纵向阻力被克服部分长度)，最长为半根钢轨长(cm)；

α——钢轨钢线膨胀系数，$\alpha = 11.8 \times 10^{-6}/℃$；

E——钢轨钢的弹性模量，$E = 2.1 \times 10^{7}$ N/cm^2；

F——钢轨断面积(cm^2)。

从以上两式可以看出，在第二阶段内，轨温变化量与钢轨有伸缩部分的长度呈线性关系，而轨缝变化量与钢轨有伸缩部分的长度平方成比例关系，即呈非线性关系。

第三阶段：钢轨基础阻力全部被克服后，轨缝按自由伸缩变化。

12.0.3　有缝线路轨道钢轨轨缝设计时，应采用最大构造轨缝的一半，且留有一些安全余量，故采用 8 mm 为宜。

铺轨时预留轨缝大小，应满足锁定后的轨道，在接头阻力和道床阻力控制下，钢轨有足够的伸缩空间以放散部分温度力。在此基础上，因温度变化的轨缝，应始终处于相应温度时的最小尺寸，以改善轨道接头结构，缓解列车通过时轮对对轨端的冲击。本条 $\alpha_0 = \alpha_L(T_{max} - t) - C$ 公式就是据此要求拟订的。按该式计算所留的轨缝，可使锁定后的轨道，在钢轨达到历史最高温度时，轨缝为 0 而轨端不顶紧受力，当轨温降至最低时，轨缝一般小于构造轨缝或不超过构造轨缝，符合有缝轨道对钢轨接头结构的基本要求。

预留轨缝计算式中等号右侧第一项是钢轨随温度变化的自由伸缩量。轨道锁定后，钢轨伸缩只有在积蓄于钢轨内的温度力足以克服接头阻力时才能开始起动，然后再在伸缩过程中逐步克服道床纵向阻力，直到钢轨温度力和阻力相互平衡。所以钢轨的实际伸缩量，应是自由伸缩量减去 C 值。C 值按下式计算：

$$C = C_1 + C_2 = \frac{P_H l}{E F} + \frac{p_D l^2}{4 E F} \quad \text{(说明 12.0.2—5)}$$

式中 C_1——接头阻力限制钢轨伸缩量(cm);

C_2——道床纵向阻力限制钢轨伸缩量(cm);

P_H——钢轨接头阻力(N);

p_D——一股钢轨下道床单位纵向阻力(N/cm);

E——钢轨钢弹性模量(N/cm^2);

F——钢轨断面面积(cm^2)。

C 值的大小主要决定于接头阻力。钢轨伸缩时,需要先克服接头阻力。在轨端不顶紧受力的条件下,轨道可能积蓄的最大温度力与接头阻力相等(道床阻力影响较小,可省略不计)。温度力是影响轨道稳定的有害因素,所以最大接头阻力需加以限制。

根据上述分析,C 值规定得小些,对保持轨道稳定有利。但由于接头阻力可遏制钢轨伸缩,阻力大,C 值也大,因而同一长度钢轨的适用温差范围也大。因此,选定 C 值的大小,对铁路轨道扩大铺设 25 m 轨范围有重要意义。

C 值由地区最大轨温差和铺设的钢轨长度决定的。据北方交大范俊杰教授的理论推导,铺设有缝线路轨道时,应首先对钢轨接头阻力的 C 值进行提供计算,用以确定夹板螺栓扭矩,这对新建铁路和既有线轨道轨缝调整都十分有利。

当地轨温差超过 100 ℃时,应对 25 m 标准长度轨铺设做加强措施设计。

12.0.4 本规定的每千米轨缝总误差,是按单个轨缝误差 ±2 mm 考虑的最大限度值,其中包括测量轨温时的误差、测量轨缝时的误差、铺设轨排和现场预先准备轨组时纵向和横向不平顺产生的误差等。在铺设或更换钢轨作业中,要努力减少单个轨缝的误差等。在铺设钢轨作业中,应努力减少单个轨缝的误差,尽量减少轨缝总误差。

12.0.7 铺设混凝土枕的轨道、道岔,使用弹条扣件时,因扣件的技术性能良好,能保持较大的防爬阻力,故可不设置防爬设备。使用其他扣件时,在胶垫压缩之后,其防爬阻力将大幅度降低,在坡度较小地段尚能阻止爬行,但在坡度较大等特殊地段就不同了。为此,本规范规定铺设混凝土枕的有缝线路轨道、道岔,使用弹性扣件时,可不设置防爬设备。

12.0.8 爬行观测桩要埋设牢固,并应以轨缝符合标准及线路无爬行为基准,在观测桩上标记清楚,确保能准确地检查与掌握线路爬行情况。

13.0.1 车轮作用在钢轨上的水平力有:

(1)车辆通过曲线时的离心力和转向力。

(2)车辆在直线地段由于蛇行运动产生的水平力。

(3)由于轮缘急剧冲击钢轨而产生的水平冲击力。

其中以转向水平力最大,通常约为轮重的 35%,在较大横向水平力的作用下,有可能发生钢轨横移和向外倾斜。为防止轨距扩大,保持曲线轨道的稳定和行车安全,曲线地段应设置轨距杆或轨撑。

轨道抵抗横向力能力与钢轨类型、轨枕根数以及中间扣件的类型有关。木枕轨道采用普通道钉时,由于扣压力小、木枕的强度较低,抵抗横向力的能力较弱;采用分开式扣件,抵抗横向力的能力与混凝土枕线路相当。

在小半径曲线地段,为提高轨道结构的稳定性,延长设备使用寿命,减少现场的养护维修工作量,本规范保持了《铁路线路设计规范》(GB 50090—99)和《铁路车站及枢纽设计规范》(GB 50091—99)中小半径曲线地段设置轨距杆或轨撑的条文。

当线路外侧安装减速顶时,在车辆轮缘的冲击下,加大了对轨道的横向力,为保持其轨距，也应设置轨距杆或轨撑。

13.0.2　列车运行时，由于各种原因产生的纵向力，使轨道纵向产生爬行。运营实践认为：

(1)轨道爬行与列车运行速度、机车和车辆轴重有关，速度越高，轴重越大，爬行量越大。

(2)轨道爬行与列车的制动方式及坡道的大小、长度有关，电力机车采用电阻制动的地段比其他机车的爬行量大。

(3)轨道爬行与轨枕类型、铺设数量及扣件类型有关，扣件的防爬阻力和安装密度大，则爬行量小。

(4)双线地段，由于单方向行车，轨道的爬行方向与列车运行方向相同，而且在运行下坡道方向爬行量大。

(5)单线区间，发生双方向爬行，在运量不等的情况下，重车方向的爬行量大，特别在重车下坡地段的爬行量更大。

本规范保留了《铁路线路设计规范》(GB 50090—99)和《铁路车站及枢纽设计规范》(GB 50091—99)中木枕轨道防爬设备布置的条文。对于混凝土枕轨道，当采用弹性扣件时，一般可不设防爬器。由于70型扣板式扣件已经作废(铁科技函[2002]56号)，今后混凝土枕线路将主要采用弹性扣件，因此本规范取消了混凝土枕轨道设置防爬设备的条文。

13.0.3　护轨的作用是当机车车辆在桥头、桥上或路基挡土墙处有护轨地段脱线时，护轨可将车轮引导、限制于护轨与基本轨之间，另一侧的车轮保持在轨枕头上或护木内，不至在设置护轨的范围内发生翻车事故。故本条规定护轨应根据不同轨枕类型及结构要求选用。

护轨顶面不得高于基本轨顶面5 mm，主要是考虑到有砟桥面预应力混凝土枕的结构需要，而且也可以满足机车车辆限界要求。护轨顶面不得低于基本轨顶面25 mm，主要是根据我国机车车辆车轮轮缘顶点至踏面最小距离为25 mm，当列车脱轨时不至越过护轨而确定的。桥上护轨类型的规定，主要是考虑我国铁路钢轨的使用情况及混凝土桥枕的设计图纸确定的。

13.0.4　自2005年4月1日起施行的《铁路运输安全保护条例》，对铁路线路安全保护区、铁路线路安全保护标志及警示标志的设置作出了规定，因此以上安全设施的设置必须符合国家和行业相关标准的规定。

线路标志是用来表明铁路建筑物及设备的状态或位置的标志，因机车司机位置在左侧，为使司机瞭望方便，所以标志应设在列车运行方向的左侧。为不妨碍列车的顺利通过，标志应设在机车车辆限界外，故规定线路标志、信号标志应设在距钢轨头部外侧不少于2 m处。对曲线标等不超过钢轨顶面的标志，为不妨碍某些特种车辆(如除雪车、底开门车等)在工作状态时顺利通过，可设在距钢轨头部外侧不小于1.35 m处。

警冲标对行车安全有特别重要的意义，故其安设位置按现行《技规》的规定办理。

13.0.5　当列车运行速度较高时，由于曲线半径较大，传统的养护维修方式已难以适应，为此有必要设置线路基桩，以方便现场的养护维修，提高轨道的保养精度。

(1)线路基桩是用混凝土或金属制成，直线地段双线埋设于轨道中间、单线埋设于左股路肩上，曲线地段埋设于曲线左股轨道的路肩上，其测设精度与线路的测量精度相同的永久性标志。

CHINA RAILWAY PUBLISHING HOUSE

（2）基桩布设的距离直接影响其经济性，因此在直线上应少一些，在曲线上应多一些，并在曲线的控制点增设基桩。

（3）基桩的设置应统一，并不得侵入限界。

13.0.6 为保证安全和不间断运输，方便现场的抢修和养护维修，轨道材料应有一定的备用数量，其备用率主要是根据历年轨料伤损的情况分析确定的。

本规范保持了《铁路线路设计规范》（GB 50090—99）和《铁路车站及枢纽设计规范》（GB 50091—99）中的常备材料，但为了满足一次铺设无缝线路的要求，本规范增加了无缝线路轨道的常备材料的规定。轨道常备材料的数量主要依据现行《铁路线路维修规则》（铁运〔2001〕23 号）的规定。

13.0.7 设计行车速度 120 km/h 及以上的线路，应在线路两侧设置防护栅栏，主要是为了行车安全，防止意外事故的发生。

防护栅栏的位置应在铁路用地界以内，一般可设在路堤排水沟外 1 m 及路堑堑顶外 2 m（有天沟时在天沟外 1 m）。由于线路两侧的地形条件较为复杂，为方便设计和施工，本规范对防护栅栏的位置未作具体的规定。

栅栏高度的规定主要是考虑防护要求，以成人高度为参考标准。《高速公路交通安全设施设计及施工技术规范》（JTJ 074—94）规定为 1.6 ~ 1.8 m。《关于印发〈第五次大面积提速调图有关规章制度标准暂行规定〉的通知》（铁运〔2004〕26 号）中规定，栅栏立柱以上部分的高度为 1.8 m，因此本规范规定栅栏的高度应不小于 1.6 m。

采用绿篱有利于环境保护，且耐久、经济，因而有条件的地段可与绿化结合，选择合适的小乔木或灌木，与刺铁丝配合，形成绿篱。

CHINA RAILWAY PUBLISHING HOUSE

中华人民共和国行业标准

铁建设〔2005〕402 号

客运专线 250 km/h 和 350 km/h 钢轨检验及验收暂行标准

2005—06—02　发布　　　　2005—06—02　实施

中华人民共和国铁道部　发布

前　　言

本暂行标准是根据《铁路客运专线钢轨道岔及牵引供电等主要装备工作会议纪要》(铁科技函〔2004〕718 号)的要求,借鉴秦沈客运专线钢轨检验及验收的经验编制而成的。

本暂行标准共分 7 章,主要内容包括:总则、术语、型式检验、驻厂质量监督和检验、批量检验、进场验收、质量责任和异议处理等。

本暂行标准为首次编制。在编制过程中结合了我国生产钢轨的质量控制经验,广泛征求了有关方面的意见。本暂行标准提出了客运专线钢轨用户型式检验、驻厂质量监督和检验、批量检验和进场验收等方面的要求,明确了各方在客运专线钢轨质量控制过程中的职责。

在执行本暂行标准的过程中,希望各单位结合工程实践,认真总结经验,积累资料。如发现需要修改和补充之处,请及时将意见及有关资料寄交铁道科学研究院(北京市海淀区大柳树路 2 号,邮政编码:100081),并抄送铁道部经济规划研究院(北京市海淀区羊坊店路甲 8 号,邮政编码:100038),供今后修订时参考。

本暂行标准由铁道部建设管理司负责解释。

本暂行标准主编单位:铁道科学研究院、铁道部产品质量监督检验中心。

本暂行标准主要起草人:周清跃、周镇国、张银花、陈朝阳、王卫东、安天生。

CHINA RAILWAY PUBLISHING HOUSE

目　　录

CHINA RAILWAY PUBLISHING HOUSE

1 总 则

1.0.1 为确保客运专线钢轨的质量,统一客运专线250 km/h和350 km/h钢轨的检验和验收标准,特制定本暂行标准。

1.0.2 本暂行标准适用于国内钢厂生产的250 km/h、350 km/h客运专线60 kg/m钢轨用户的型式检验、驻厂质量监督和检验、批量检验以及进场验收。

1.0.3 客运专线钢轨用户的型式检验、驻厂质量监督和检验、批量检验以及进场验收等工作取得的数据应真实可靠,实际反映客运专线钢轨的质量状况。所用方法和仪器设备应符合相关标准的规定。

1.0.4 钢轨生产厂(以下简称钢厂)应按客运专线钢轨暂行技术条件的要求组织生产。钢轨的出厂检验应由钢厂质量监督部门进行并出具质量证明书。

1.0.5 客运专线用100 m长定尺钢轨的运输和装卸应符合铁道部有关规定。

1.0.6 客运专线钢轨用户的检验和验收应符合本暂行标准和国家现行有关标准。

CHINA RAILWAY PUBLISHING HOUSE

2　术　语

2.0.1　型式检验

确认产品或过程应用结果适用性所作的检验。

2.0.2　检　验

对检验项目中的性能进行量测、检查、试验等，并将结果与标准规定要求进行比较，以确定每项性能是否合格所进行的活动。

2.0.3　检验批

按同一生产条件或按规定的方式汇总起来供检验用的一定数量样本组成的检验体。

2.0.4　批量检验

按照规定的抽样方案，随机从出厂或进场的材料、构配件、设备或工程检验项目中，按检验批抽取一定数量的样本所进行的检验。

2.0.5　抽样方案

根据检验项目的特性所确定的抽样数量和方法。

2.0.6　抽样程序

使用抽样方案判断批合格与否的过程。

2.0.7　一次抽样方案

由样本量和判定数组[A_c,R_e]结合在一起组成的抽样方案。

2.0.8　合格判定数 A_c

在计数验收抽样中，合格批的样本中允许的不合格或不合格品的最大数目。

2.0.9　不合格判定数 R_e

在计数验收抽样中，不合格批的样本中不允许的不合格或不合格品的最大数目。

2.0.10　A类不合格

单位产品的极重要质量特性不符合规定，或者单位产品的质量特性极严重不符合规定。

2.0.11　B类不合格

单位产品的重要质量特性不符合规定，或者单位产品的质量特性严重不符合规定。

2.0.12　判别水平

判别生产过程稳定性不符合规定要求之能力大小的等级。

2.0.13　进场验收

对进入施工现场的材料、构配件、设备等按相关标准规定要求进行检验，对其达到合格与否作出确认。

CHINA RAILWAY PUBLISHING HOUSE

3 型式检验

3.0.1 国内钢厂完成钢轨生产的现代化技术改造,并按客运专线钢轨暂行技术条件的有关要求组织生产,其产品质量稳定后,可向铁道部申请进行用户的型式检验。

3.0.2 用户的型式检验应由铁道部组织路内有关技术部门完成。承担用户型式检验的技术部门应根据检验结果、驻厂质量监督和检验的情况以及生产合格率等内容提出质量评定报告。其结果应由铁道部主管部门组织、以会议的形式进行审查。审查通过后,钢厂可为客运专线供轨。

3.0.3 同一钢厂通过 350 km/h 客运专线 60 kg/m 钢轨暂行技术条件要求的型式检验后,再生产同钢种的 250 km/h 客运专线或其他用钢轨可不再进行型式检验。

3.0.4 供型式检验用样轨的生产设备和工艺应与实际生产客运专线钢轨的相同。

3.0.5 型式检验样轨应随机从经过精整矫直的成品实物钢轨中切取,并且不再对这些样轨做任何机械加工或热的处理。所有试样均不应取自"过渡"区域(即由两炉及两炉以上钢水混合浇铸部分)。

3.0.6 型式检验的项目、取样部位和数量、试验方法见表 3.0.6。

表 3.0.6 型式检验项目、取样部位、数量及试验方法

序号	检验项目	取样部位	取样数量	试验方法
1	化学成分及残留元素	随机取样。成品钢轨全断面或轨头拉伸试样取样部位	1个	GB/T 223 或 GB/T 4336
2	成品轨氢含量	从连浇中的第一炉的任一注流的第一个钢坯的最后部分切取,或在一个连浇中氢含量合格的最先浇铸的任一注流的第一个钢坯(未经缓冷)的最后部分所轧制的钢轨上切取。 在热锯处取样。 测氢试样在轨头中心制取	1个	现行测氢方法标准
3	总含氧量	随机取样。 取样部位见技术条件图 3 规定	3个	现行测氧方法标准
4	拉伸	随机取样。 取样部位见技术条件图 4 规定	1个	按 GB 228 规定 试样 $d_0=10$ mm,$l_0=5d_0$
5	硬度	随机取样	1个	随机切取 200 mm 长的钢轨试样,轨头顶面磨去 0.5 mm 表层,在中心线上进行。试验点不少于 10 个,试验方法按 GB/T 231.1 规定
6	显微组织	随机取样。 取样部位见技术条件图 4 规定	1个	按 GB/T 13298 的规定进行
7	脱碳层	随机取样。 取样部位见技术条件图 1 规定	1个	在轨头表面规定部位,测量连续封闭铁素体网深度

CHINA RAILWAY PUBLISHING HOUSE

续上表

序号	检验项目	取样部位	取样数量	试验方法
8	非金属夹杂物	随机取样。 取样部位：在钢轨头部距轨顶面 10 ~ 15 mm 纵向切取，检查面应平行于轨顶面且面积不小于 200 mm^2	1 个	按 GB/T 10561 中 ASTM 评级图方法 A 评定
9	低倍组织	随机取样。 取样部位：全断面试样	1 个	GB/T 226
10	落锤	随机取样	1 个	见相应技术条件 5.6
11 - 1	尺寸	在距轨端 300 mm 处测量	随机抽取 10 支钢轨	采用样板（参照 TB/T 2344—2003 以及 prEN13674 - 1:2002(E)）检测
11 - 2	平直度	(1) 钢轨全长。 (2) 在钢轨两端和中部 3 个位置测量。垂直方向的平直度在踏面中心线上测量；水平方向的平直度在距离轨顶面下约 20 mm 左右的侧面进行	随机抽取 10 支钢轨	(1) 对自动检测数据进行核查。 (2) 按技术条件的规定，对 250 km/h客运专线钢轨：轨端及轨中均采用 1.5 m 直尺及塞尺进行手工复查。对 350 km/h 客运专线钢轨：端头采用 2.0 m 直尺，轨中采用 1.5 m 直尺及塞尺进行手工复查
11 - 3	扭曲	在钢轨两个轨端测量	随机抽取 10 支钢轨	采用技术条件要求的扭曲尺测量
12	表面质量	(1) 轨头、轨底部位涡流自动探伤结果； (2) 人工肉眼检查钢轨全表面	随机抽取 10 支钢轨	(1) 自动检测； (2) 肉眼检查
13	超声波探伤	全长	随机抽取 10 支钢轨	(1) 检查 10 支钢轨探伤结果； (2) 检查探伤设备工作状况，包括缺陷标定和灵敏度
14	轨底残余应力	从 3 个不同的炉号和不同的连铸流号中切取 6 个残余应力试样。 取样部位在至少距轨端 3 m 处	6 个	见技术条件 5.8
15	断裂韧性	从 3 个不同的炉号和不同的连铸流号中的 3 个样轨中各取 5 个断裂韧性试样。 在至少距轨端 3 m 处按技术条件图 D.1 切取	3 × 5 个	见技术条件 5.9
16	疲劳裂纹扩展速率	从 3 个不同的炉号和不同的连铸流号中的 3 个样轨中各取 2 个疲劳裂纹扩展速率试样。 在至少距轨端 3 m 处按技术条件中图 9 规定切取	3 × 2 个	见技术条件 5.10
17	试样疲劳	从 3 个不同的炉号和不同的连铸流号中的 3 个样轨中各取 2 个疲劳试样。 在至少距轨端 3 m 处按技术条件图 10 规定切取	3 × 2 个	见技术条件 5.11

注：1　表中所指技术条件为《350 km/h 客运专线 60 kg/m 钢轨暂行技术条件》以及《250 km/h 客运专线 60 kg/m 钢轨暂行技术条件》。根据不同的客运专线等级采用不同的技术条件。

2　其中 1 ~ 10 项、14 ~ 17 项不得出现不合格项点；11 ~ 12 项按表 4.0.6 规定判定。

4 驻厂质量监督和检验

4.0.1 客运专线钢轨的生产应实行驻厂质量监督制度。

4.0.2 铁道部驻厂钢轨质量监督站(以下简称质监站)代表铁道部对钢厂钢轨生产的制造方法、设备和工艺进行检查,对生产过程进行监督,对成品钢轨的外观质量进行抽检,对单据进行审核。根据质量监督和检验结果,对合格批次的钢轨应在质量保证书上加盖质监站印章,未盖质监站印章的钢轨不得出厂。

4.0.3 钢轨制造方法、设备和工艺应满足下列要求:

1 钢轨的制造方法应符合客运专线钢轨暂行技术条件的规定。

2 去氢防白点工艺应符合下列规定:

1)应采用在线定氢方法对每炉钢水氢含量进行测定。

2)应在中间包中进行钢水定氢,第一炉应取两个定氢样。

3)钢水氢含量超过规定要求后(大于 $2.5\times10^{-4}\%$)应对钢坯进行缓冷或等温处理,此时轧制的钢轨每炉应进行成品氢检验,热锯钢轨氢含量应小于等于 $2.0\times10^{-4}\%$。

4.0.4 检查钢轨检测中心设备运行应符合下列规定:

1 钢轨检测中心设备(平直度检测设备、超声波探伤设备、涡流探伤设备等)的各项检测指标参数应准确、可靠,运行平稳。

2 应采用平直度自动检测装置对钢轨进行检测,钢轨的平直度应达到技术条件规定的要求。

3 超声波探伤设备应符合下列规定:

1)应采用具有规定人工缺陷的标准样轨在运动状态下检查和校准超声波探伤设备。

2)灵敏度应达到 $\phi2.0$ mm 平底孔的要求。

3)横向扫查范围应达到轨头部位不少于其横断面的70%,轨腰部位不小于60%,轨底部位则不小于轨底与轨腰连接处的宽度(约宽25 mm)。

4)扫查范围:钢轨长度方向应100%探测,不应有盲区。

4 涡流探伤设备应满足下列要求:

1)应沿钢轨全长,对轨底面进行自动检测。设备故障时可进行人工检查。

2)涡流探伤设备的灵敏度应达到表4.0.4所示的人工缺陷尺寸。每侧轨底边缘的盲区宽度不应大于5 mm。

表4.0.4 人工缺陷的尺寸(mm)

缺陷深度	缺陷长度	缺陷宽度
1.0	20	0.5
1.5	10	0.5

4.0.5 监督生产过程应满足下列要求:

1 炼钢过程

炼钢过程应以炼钢厂的技术操作规程及相关标准为依据进行监督。主要监督内容有:LF炉的化学成分控制、离站温度;VD(或RH)炉的保压情况、氢氧含量、化学成分控制、离站温度;连浇的浇注温度、电磁搅拌频率、钢坯拉速、二次冷却、喷水情况、钢坯质量、切头切尾情况。

平均每生产1 000 t～1 500 t监督检查应不少于1次。在正常情况下，白班应至少抽查1次。

在监督检查过程中，发现有违反操作规程和未达到技术标准要求的，应及时作出记录，并立即与炼钢厂有关技术人员协商解决。

2　轧钢及精整生产过程

应以大型厂（或轨梁厂）的技术操作规程及相关标准为依据进行监督。主要监督内容有：钢坯加热温度和时间、高压水除鳞效果、轧制温度、热锯取样及试验过程和结果、热预弯、复合矫直、钢轨加工情况（锯切、钻孔、定尺等）。

平均每生产1 000 t～1 500 t监督检查应不少于1次。在正常情况下，白班至少应抽查1次。

在监督检查过程中，发现有违反操作规程和未达到技术标准要求的，应及时作出记录，并立即与大型厂（或轨梁厂）有关技术人员协商解决。

3　理化性能检验

应以理化性能检验操作规程和相关标准为依据进行检查。主要检查试验设备状态、操作方法、试验记录、标定、计算值以及试验结果的真实性等。

每月检查应不少于4次。

在监督检查过程中，发现有违反操作规程和未达到技术标准要求的，应及时作出记录，并立即与实验室有关技术人员协商解况。

4.0.6　成品钢轨外观质量的抽检应符合下列规定：

对成品钢轨进行外观质量的抽检应符合表4.0.6的规定。

连续生产1 000 t～1 500 t应作为一个批次。每批次至少应抽查10支钢轨。

质监站工作人员应按计划到现场实地抽查，并如实填写《成品钢轨外观质量抽查记录》，厂区代表应在确认后签字，并作为原始纪录存查。

当所抽检的10支钢轨中有1支（或多于1支）A类不合格或2支（或多于2支）B类不合格时，应判定该批为不合格批。

不合格的钢轨可由生产方进行挑拣和再加工，由质监站进行第二次抽检（为最终抽检），抽检样本仍应为10支，如仍有不合格出现（判定方法与前同），则该批次不得作为客运专线用钢轨发货。

4.0.7　单据审核应满足下列要求：

1　生产过程单据审核：质监站人员在抽查工艺过程时，应审核其原始单据，并应与标准或规程对照，做好记录，同时要求厂区代表签字确认。

2　质量证明书审核：质监站应审核生产厂送达的钢轨产品质量证明书，并应与相应的监督和检验结果进行核对，对合格的钢轨产品质量证明书加盖质监站印章，对不合格的钢轨产品质量证明书要分析原因，监督钢厂更正。

表4.0.6　钢轨外观质量检查的抽样方案、技术要求、检验方法及仪器设备

序号	项　目	技 术 要 求	不合格类别	样本量 n	判定数		检验方法要求说明	仪器设备名称
					A_c	R_e		
1	表面裂纹	钢轨表面不应有裂纹，轨底下表面不应有横向划痕	A	10	0	1	目测	—

CHINA RAILWAY PUBLISHING HOUSE

续上表

<table>
<tr><th rowspan="2">序号</th><th rowspan="2" colspan="2">项　目</th><th rowspan="2" colspan="2">技 术 要 求</th><th rowspan="2">不合格类别</th><th rowspan="2">样本量 n</th><th colspan="2">判定数</th><th rowspan="2">检验方法要求说明</th><th rowspan="2">仪器设备名称</th></tr>
<tr><th>A_c</th><th>R_e</th></tr>
<tr><td>2</td><td colspan="2">导卫板刮伤</td><td colspan="2" rowspan="5">最大允许深度:钢轨踏面0.35 mm,其他部位0.5 mm;导卫板刮伤最多只允许有2处,最大宽度为4 mm;与轧辊直径等距的周期性热轧痕可作为1处认可,并且可以修磨,但在轨冠部位其修磨数每40 m不应多于3个</td><td>B</td><td>10</td><td>2</td><td>3</td><td rowspan="7">目测。用钢直尺测量刮伤宽度,用深度千分尺测量缺陷深度及修磨深度</td><td rowspan="7">钢直尺
深度千分尺</td></tr>
<tr><td>3</td><td colspan="2">磨痕、热刮伤</td><td>B</td><td>10</td><td>2</td><td>3</td></tr>
<tr><td>4</td><td colspan="2">纵向线纹</td><td>B</td><td>10</td><td>2</td><td>3</td></tr>
<tr><td>5</td><td colspan="2">折叠、轧痕</td><td>B</td><td>10</td><td>2</td><td>3</td></tr>
<tr><td>6</td><td colspan="2">氧化皮压入</td><td>B</td><td>10</td><td>2</td><td>3</td></tr>
<tr><td>7</td><td colspan="2">纵向及
横向冷划痕</td><td colspan="2">最大允许深度:钢轨踏面和轨底下表面0.3 mm;钢轨其他部位0.5 mm</td><td>B</td><td>10</td><td>1</td><td>2</td></tr>
<tr><td>8</td><td colspan="2">表面缺陷修磨</td><td colspan="2">最大允许修磨深度:钢轨踏面0.35 mm;钢轨其他部位0.5 mm。钢轨10 m长范围内表面缺陷不应多于3处,每10 m可修磨1处</td><td>B</td><td>10</td><td>2</td><td>3</td></tr>
<tr><td>9</td><td colspan="2">钢轨高度</td><td colspan="2">±0.6 mm</td><td>B</td><td>10</td><td>2</td><td>3</td><td rowspan="7">在距轨端300 mm处测量。按照暂行技术条件的规定,用通用量规、量具或钢轨样板进行</td><td rowspan="7">游标卡尺
钢直尺
钢卷尺
钢轨样板
(参照TB/T 2344—2003以及prEN13674—1:2002(E))</td></tr>
<tr><td>10</td><td colspan="2">轨头宽度</td><td colspan="2">±0.5 mm</td><td>B</td><td>10</td><td>2</td><td>3</td></tr>
<tr><td>11</td><td colspan="2">轨头顶部断面</td><td colspan="2">250 km/h 钢轨:±0.6 mm
350 km/h 钢轨:±0.3 mm</td><td>B</td><td>10</td><td>2</td><td>3</td></tr>
<tr><td>12</td><td colspan="2">轨腰厚度</td><td colspan="2">$^{+1.0}_{-0.5}$mm</td><td>B</td><td>10</td><td>2</td><td>3</td></tr>
<tr><td>13</td><td colspan="2">轨底宽度</td><td colspan="2">±1.0 mm</td><td>B</td><td>10</td><td>2</td><td>3</td></tr>
<tr><td>14</td><td colspan="2">轨底边缘厚度</td><td colspan="2">$^{+0.75}_{-0.5}$ mm</td><td>B</td><td>10</td><td>2</td><td>3</td></tr>
<tr><td>15</td><td colspan="2">断面不对称</td><td colspan="2">±1.2 mm</td><td>B</td><td>10</td><td>2</td><td>3</td></tr>
<tr><td>16</td><td colspan="2">轨底凹陷</td><td colspan="2">≤0.3 mm</td><td>B</td><td>10</td><td>2</td><td>3</td><td rowspan="2">用直尺、角尺和塞尺测量</td><td rowspan="2">直尺、角尺和塞尺</td></tr>
<tr><td>17</td><td colspan="2">端面斜度(垂直、水平方向)</td><td colspan="2">≤0.6 mm</td><td>B</td><td>10</td><td>2</td><td>3</td></tr>
<tr><td rowspan="9">18</td><td rowspan="9">钢轨平直度</td><td></td><td colspan="2">轨端0 m~1.5 m或2 m部位:</td><td rowspan="5">B</td><td rowspan="5">10</td><td rowspan="5">2</td><td rowspan="5">3</td><td rowspan="9">在钢轨两端和中部3个位置,用钢直尺靠量。垂直方向的平直度在踏面中心线上测量;水平方向的平直度在距离轨顶面下约20 mm左右的侧面进行</td><td rowspan="9">1.5 m或2.0 m钢直尺和塞尺</td></tr>
<tr><td>垂直方向</td><td>250 km/h 钢轨</td><td>350 km/h 钢轨</td></tr>
<tr><td>(向上)</td><td>≤0.5 mm/1.5 m</td><td>≤0.4 mm/2 m</td></tr>
<tr><td>(向下)</td><td>≤0.2 mm/1.5 m</td><td>≤0.2 mm/2 m</td></tr>
<tr><td>水平方向</td><td>≤0.7 mm/1.5 m</td><td>≤0.6 mm/2 m</td></tr>
<tr><td></td><td colspan="2">轨身:</td><td rowspan="4">A</td><td rowspan="4">10</td><td rowspan="4">0</td><td rowspan="4">1</td></tr>
<tr><td></td><td>250 km/h 钢轨</td><td>350 km/h 钢轨</td></tr>
<tr><td>垂直方向</td><td>≤0.35 mm/1.5 m</td><td>≤0.25 mm/1.5 m</td></tr>
<tr><td>水平方向</td><td>≤0.6 mm/1.5 m</td><td>≤0.45 mm/1.5 m</td></tr>
<tr><td>19</td><td colspan="2">钢轨扭曲</td><td colspan="2">钢轨端部和距之1 m的横断面之间的相对扭曲不应超过0.45 mm</td><td>B</td><td>20</td><td>2</td><td>3</td><td>用扭曲尺测量</td><td>扭曲尺</td></tr>
</table>

CHINA RAILWAY PUBLISHING HOUSE

5 批量检验

5.0.1 由铁道部组织路内相关技术部门,按一定频次对客运专线钢轨进行抽样检验。批量抽检结果(报告)应及时上报铁道部主管部门,作为评价批供货质量水平的依据。

5.0.2 每个钢厂生产的前5万t钢轨,应按每1万t 1次进行抽检,以后生产的钢轨应按每年(或10万t)1次进行抽检。

5.0.3 抽样方案应满足下列要求:

1 质量检验样本应按《周期检验计数抽样程序及表》(GB 2829—2002)中判别水平Ⅱ的一次抽样方案抽取(见表5.0.6)。

2 抽检样本应从经钢厂检验合格的近期产品中随机抽取,钢厂应提供必要的条件。

3 样本应按表5.0.6规定的样本数,从钢厂检验合格的某个批或若干批中抽取并进行检查,抽取样本的方法应满足所得到的样本能代表本周期制造水平的要求。

4 试样的取样部位见表3.0.6的规定。

5 力学性能样本应包括拉伸试样(测定抗拉强度、断后伸长率)、硬度试样(测定钢轨踏面硬度)。试样应从随机抽取的合格钢轨样本中抽取,每炉次应取1个拉伸试样和1个硬度试样。

6 化学成分及残留元素分析试样应从随机抽取的合格钢轨样本中抽取,每炉次应取1个试样。

7 成品钢轨中气体含量分析试样应从随机抽取的合格钢轨样本中抽取,每炉次应取1个试样。

8 内部材质性能检验试样应包括显微组织、脱碳层、非金属夹杂物、低倍组织试样。试样应从随机抽取的合格钢轨样本中抽取,每炉次应取1个试样。

9 落锤检验试样应从随机抽取的合格钢轨样本中抽取,每炉次应取1个试样。

5.0.4 应在热锯处取样或从随机抽取的合格钢轨样本中取样。

5.0.5 试样的抽取应满足下列规定:

1 抽取的样品,应立即做好标记、封存,所有标记必须清晰。

2 对所抽样品,生产方不应更换、调整和再加工。

3 所抽样品一般应由抽样人员负责带至检验地点。对不便携带的样品应由钢厂在规定的时间内寄、送至指定的检验地点。

5.0.6 检验内容及方法应符合表5.0.6的规定。

5.0.7 检验结果的判定应符合下列规定:

1 力学性能、化学成分及残留元素、气体含量、内部材质性能、落锤检验等的判定方案为:

A类项点的为[3;0,1]。

B类项点的为[3;1,2]。

CHINA RAILWAY PUBLISHING HOUSE

当同时满足A类项点、B类项点的判定方案时,应判该次相应组别检验为合格,否则应为不合格。

2 综合判定:当同时满足上述各项检验组别中A类项点、B类项点的判定方案时,应判该次该种产品质量检验为合格,否则应为不合格。

表5.0.6 判别水平Ⅱ的一次抽样方案、技术要求、检验方法及仪器设备

组别	项目	技术要求	不合格类别	样本量 n	判定数 A_c	判定数 R_e	检验方法要求说明	仪器设备名称
一、力学性能	拉伸强度(MPa:) EN260、U71Mn U75V、U76NbRE	≥880 ≥980	A	3	0	1	拉伸试验按照GB/T 228的规定进行。试样直径为ϕ10 mm	万能试验机
	断后伸长率(%): EN260、U71Mn U75V、U76NbRE	≥10 ≥10 热锯取样检验时,允许断后伸长率比规定值降低1%(绝对值)	A	3	0	1		
	硬度(HBW10/3000) EN260、U71Mn U75V、U76NbRE	260~300 280~320	B	3	1	2	轨头顶面磨去0.5 mm表层,试验点不少于10个,试验方法按GB/T 231.1规定进行	布氏硬度计。试样长度为200 mm
二、化学成分及残留元素	C(%)	EN260:0.63~0.77 U71Mn:0.63~0.78 U75V:0.69~0.80 U76NbRE:0.70~0.81	A	3	0	1	用化学分析的方法,按照GB/T 223进行	红外碳硫仪。ICP-AES发射光谱仪等
	Si(%)	EN260:0.08~0.52 U71Mn:0.13~0.37 U75V:0.48~0.72 U76NbRE:0.58~0.92	A	3	0	1		
	Mn(%)	EN260:0.75~1.35 U71Mn:1.05~1.45 U75V:0.70~1.10 U76NbRE:0.95~1.35	A	3	0	1		
	P(%)	≤0.30	A	3	0	1		
	S(%)	0.008~0.030	A	3	0	1		
	V(%)	U75V:0.03~0.09	A	3	0	1		
	Nb(%)	U76NbRE:0.015~0.055	A	3	0	1		
	Al(%)	≤0.004	B	3	1	2		
三、气体含量	氢含量	成品钢轨氢含量应小于等于2.0×10^{-4}%	A	3	0	1	成品轨氢含量检验在热锯处随机取样	RH-4定氢仪
	氧含量	成品钢轨总含氧量应小于等于20×10^{-4}%	B	3	1	2	在钢轨的头部取样	按现行方法测量

CHINA RAILWAY PUBLISHING HOUSE

续上表

组别	项　目	技 术 要 求	不合格类别	样本量 n	判定数 A_c	判定数 R_e	检验方法要求说明	仪器设备名称
四、内部材质性能	显微组织	钢轨全断面的显微组织应为珠光体(允许有少量的铁素体)组织，不应有马氏体、贝氏体及晶界渗碳体	A	3	0	1	在轨头部位取样，试验方法按GB/T13298的规定进行	金相显微镜
	脱碳层	连续封闭铁素体网深度不应超过0.5 mm	B	3	1	2	在轨头表面规定部位，测量连续封闭铁素体网深度	
	非金属夹杂物	250 km/h钢轨：A(硫化物)类不超过2.5级，D(球状氧化物)类不应超过1.5级 350 km/h钢轨：A(硫化物)类不超过2.0级，D(球状氧化物)类不应超过1.0级	B	3	1	2	按GB/T 10561中方法A和ASTM评级图评定	
		250 km/h：B(氧化铝)、C(硅酸盐)不应超过1.5级 350 km/h：B(氧化铝)、C(硅酸盐)不应超过1.0级	A	3	0	1		
	低倍组织	按美国铁路工程保养协会AREMA第四章第2部分《钢轨技术条件》中的规定执行	A	3	0	1	热酸浸，按GB/T 226进行	肉眼
五	落锤试验	试样经打击一次后不应有断裂现象	A	3	0	1	试验在10 ℃以上的室温下进行。钢轨试样长度不小于1.3 m，其表面不应有缺陷	落锤试验机

CHINA RAILWAY PUBLISHING HOUSE

6 进场验收

6.0.1 钢轨的进场验收应由施工单位、监理单位及建设单位负责。

6.0.2 进场验收的内容如下:

1 审查技术文件:应对生产厂提供并经铁道部驻厂质监站盖章的产品质量证明书进行形式审查。施工单位、监理单位全部检查。

2 复查钢轨外观质量:施工单位收到钢轨后,每万吨应抽取20支钢轨(不足万吨按万吨计),应按表4.0.6规定对其外观质量进行复查(钢轨扭曲除外)。监理单位见证检查。

3 客运专线钢轨的进场验收除满足上述要求外,尚应符合《客运专线铁路有砟轨道工程质量验收标准》的相关规定。

CHINA RAILWAY PUBLISHING HOUSE TB

7　质量责任及异议处理

7.0.1　钢厂应保证钢轨的质量符合客运专线钢轨暂行技术条件的要求，承担《中华人民共和国产品质量法》规定的质量责任和义务。

7.0.2　对进场验收以及在规定的质量保证期内、正常使用条件下出现的质量问题，建设或运营单位应及时以书面形式通知供货单位，严重的或数量较大的质量问题应同时报铁道部有关部门。有质量问题的钢轨实物应妥善保存，必要时应进行取样分析检验。

7.0.3　供货单位应在收到建设或运营单位的质量异议书面通知后3个工作日内给予回复，并及时协调钢厂与建设或运营单位处理钢轨质量异议。当建设或运营单位与钢厂对钢轨质量异议问题无法达成一致时，应由国家认定的检测机构仲裁，检验费由责任方承担。

CHINA RAILWAY PUBLISHING HOUSE

中华人民共和国行业标准

铁建设〔2005〕160号

客运专线铁路轨道工程施工质量验收暂行标准

2005—09—17　发布　　　　2005—09—17　实施

中华人民共和国铁道部　发布

前　　言

本暂行标准是根据铁道部《关于印发〈2005 年铁路工程建设标准编制计划〉的通知》(铁建设函〔2005〕84 号)的要求,为满足客运专线铁路建设需要、实现质量一流的目标而进行编制的。

本暂行标准在编制过程中,总结了我国铁路建设的成功经验,学习和借鉴了国际先进标准,充分体现了客运专线铁路的技术特点和质量要求,坚持了"调整地位、验评分离、充实内容、严格程序、强化检测、明确职责"的编制原则。本暂行标准具有以下特点:

1. 突出了单位工程综合质量评定、实体工程质量及主要功能核查要求;

2. 强调了工程施工质量必须达到设计要求的结构安全、使用功能和耐久性能,主体结构质量实现零缺陷,满足设计使用年限内正常运营的需要;

3. 明确了建设各方在工程施工质量控制过程中的具体质量职责,可操作性强;

4. 规定了工程施工应采用先进的技术、设备和工艺,保证质量,保障安全;

5. 规定了质量检测应采用先进、成熟、科学的方法和手段,质量数据做到全面、真实、可靠;

6. 统一了工程施工质量验收记录等资料管理与保存的要求;

7. 提出了对参加客运专线铁路工程施工及验收的各方人员进行上岗培训的要求。

本暂行标准应与客运专线有关技术标准配合使用。验收过程中,当涉及结构安全、系统功能部分的设计文件或设计规范的要求与本暂行标准有差异时,应以标准高者为依据。

本暂行标准共分 11 章,内容包括:总则、术语、基本规定、线路基桩、有砟道床、基地钢轨焊接、有砟轨道、道岔、钢轨伸缩调节器、线路及信号标志、单位工程综合质量评定等。

在执行本暂行标准过程中,希望各单位结合工程实践,认真总结经验,积累资料。如发现需要修改和补充之处,请及时将意见及有关资料寄交中国铁道建筑总公司(北京市复兴路 40 号,邮政编码:100855),并抄送铁道部经济规划研究院(北京市海淀区羊坊店路甲 8 号,邮政编码:100038),供今后修订时参考。

本暂行标准由铁道部建设管理司负责解释。

本暂行标准主编单位:中国铁道建筑总公司。

本暂行标准参编单位:石家庄铁道学院、中铁十一局集团有限公司、中铁工程设计咨询集团有限公司、铁道科学研究院、铁道第三勘察设计院、中铁一局集团有限公司。

本暂行标准主要起草人员:况　勇、李向国、康　琳、许建军、吴启新、张　庆、岳渠德、曾树谷、刘增杰、王　菁、闫红亮、赵陆青、朱同蜜、杨竞雄。

CHINA RAILWAY PUBLISHING HOUSE

目 次

1 总 则

1.0.1 为加强客运专线铁路轨道工程施工质量管理,统一客运专线铁路轨道工程施工质量的验收标准,保证工程质量,实现建设一流客运专线铁路的目标,制定本暂行标准。

1.0.2 本暂行标准适用于旅客列车设计行车速度200~350 km/h的标准轨距客运专线铁路有砟轨道工程施工质量的验收。无砟轨道工程施工质量的验收应按客运专线无砟轨道工程施工质量验收标准执行。

本暂行标准未涉及的新技术、新工艺、新设备、新材料,其施工质量的验收应符合相关标准的规定。

1.0.3 客运专线铁路轨道工程施工质量必须达到设计要求的结构安全和使用功能,主体结构质量实现零缺陷,满足设计使用年限内正常运营的需要。

1.0.4 施工单位作为工程施工质量控制的主体,应建立健全质量保证体系,对工程施工质量进行全过程控制;建设单位、监理单位、勘察设计单位等各方应按有关规定分工负责。

1.0.5 客运专线铁路轨道工程施工应贯彻国民经济可持续发展战略,合理利用资源,做好环境保护、水土保持等工作。

1.0.6 客运专线铁路轨道工程施工应采用先进的设备和工艺,保证工程质量。

1.0.7 客运专线铁路轨道工程施工应制定相应的安全技术措施,严格遵守安全技术规程,确保施工安全。

1.0.8 客运专线铁路轨道工程应采用先进、成熟、科学的检验检测手段,质量数据必须真实可靠,全面反映工程质量状况,所用方法和仪器设备应符合相关标准的规定,质量检测人员必须具有规定的资格。

1.0.9 客运专线铁路轨道工程的各类质量检测报告、检查验收记录和其他工程技术管理资料,必须按规定及时填写,并且严格履行责任人签字确认制度。施工质量验收资料的归档整理应符合有关规定。其中,检验批、分项工程质量验收记录,建设单位、施工单位、监理单位均应长期保存;分部工程、单位工程质量验收记录,建设单位应永久保存,施工单位应长期保存;其他资料应按相关规定保存。

1.0.10 客运专线铁路轨道工程施工中所采用的承包合同文件和工程技术文件等对施工质量的要求不得低于本暂行标准的规定。当设计要求的质量指标高于本暂行标准的规定时,应按设计要求办理。

1.0.11 参加客运专线铁路轨道工程施工及验收的各方技术、质量、监理和管理人员等,应经过施工质量验收标准的专门培训,合格后方可上岗。

1.0.12 客运专线铁路轨道工程施工质量的验收除应符合本暂行标准外,尚应符合国家现行有关标准的规定。

2 术　语

2.0.1　工程施工质量　constructional quality of engineering

反映工程施工过程或实体满足相关标准规定或合同约定的要求，包括其在安全、使用功能及其在耐久性能、环境保护等方面所有明显和隐含能力的特性总和。

2.0.2　验收　acceptance

工程施工质量在施工单位自行检查评定的基础上，参与建设活动的有关单位共同对检验批、分项、分部、单位工程的质量按有关规定进行检验，根据相关标准以书面形式对工程质量达到合格与否做出确认。

2.0.3　设计使用年限　design service life

设计人员用以作为结构耐久性设计依据并具有足够安全度或保证率的目标使用年限。设计使用年限应由业主或用户与设计人员共同确定，并满足有关法规的要求。

2.0.4　进场验收　site acceptance

对进入施工现场的材料、构配件、设备等按相关标准规定要求进行检验，对其达到合格与否作出确认。

2.0.5　检验批　inspection lot

按同一生产条件或按规定的方式汇总起来供检验用的，由一定数量样本组成的检验体。

2.0.6　检验　inspection

对检验项目中的性能进行量测、检查、试验等，并将结果与标准规定要求进行比较，以确定每项性能是否合格所进行的活动。

2.0.7　见证　witness

监理单位或建设单位现场监督施工单位某过程完成情况的活动。如见证检验、见证检测、见证试验等。

2.0.8　见证取样检测　evidential testing

在监理单位或建设单位监督下，由施工单位有关人员现场取样，并送至具备相应资质的检测单位所进行的检测。

2.0.9　平行检验　parallel acceptance testing

监理单位利用一定的检查或检测手段，在施工单位自检的基础上，按照一定的比例独立进行检查或检测的活动。

2.0.10　旁站　stand－by

在工程的关键部位或关键工序施工过程中，由监理人员在现场进行的监督活动。

2.0.11　工序　constructional procedure

施工过程中具有相对独立特点的作业活动，或由必要的技术间隙及停顿分割的作业活动，是组成施工过程的基本单元。

2.0.12　交接检验　handing over inspection

由施工的承接方与完成方共同检查并对可否继续施工做出确认的活动。

2.0.13 主控项目 dominant item

工程中的对安全、卫生、环境保护和公众利益起决定性作用的检验项目。

2.0.14 一般项目 general item

除主控项目以外的检验项目。

2.0.15 抽样检验 sampling inspection

按照规定的抽样方案,随机地从进场的材料、构配件、设备或工程检验项目中,按检验批抽取一定数量的样本所进行的检验。

2.0.16 抽样方案 sampling scheme

根据检验项目的特性所确定的抽样数量和方法。

2.0.17 计数检验 counting inspection

在抽样的样本中,记录每一个体有某种属性或计算每一个体中的缺陷数目的检查方法。

2.0.18 观感质量 quality of appearance

通过观察和必要的量测所反映的工程外在质量。

2.0.19 综合质量评定 overall quatiy assessment

在检验批、分项、分部工程质量验收的基础上,对单位工程的质量控制资料、实体质量和主要功能以及观感质量进行的核查及评定。

2.0.20 返工 rework

对不合格的工程部位采取的重新制作、重新施工等措施。

2.0.21 返修 rehabilitation

对工程不符合标准规定的部位采取整修等措施。

2.0.22 型式检验 type inspection

确认产品或过程应用结果适用性所作的检验。

2.0.23 长钢轨 long rail

超过标准长度的钢轨(其中包括厂焊钢轨)。

2.0.24 单元轨节 rail link

一次锁定的连续轨条。

2.0.25 设计锁定轨温 design stress - free temperature of rail

根据气象资料和无缝线路允许升温幅度、允许降温幅度,计算确定的无缝线路锁定轨温。

2.0.26 实际锁定轨温 actual fastening down temperature of rail

无缝线路温度力为“零”时的钢轨温度。

2.0.27 钢轨胶接绝缘接头 glued insulated rail joint

由胶黏剂胶合的钢轨绝缘接头。

CHINA RAILWAY PUBLISHING HOUSE

3 基本规定

3.1 一般规定

3.1.1 客运专线铁路轨道工程施工现场质量管理应有相应的施工技术标准、健全的质量管理体系和施工质量检验制度。

施工现场质量管理检查记录应由施工单位在施工前按表3.1.1的规定填写，总监理工程师进行检查，并做出检查结论。

表3.1.1 施工现场质量管理检查记录

<table>
<tr><td>单位工程名称</td><td colspan="2"></td><td colspan="2">开工日期</td><td></td></tr>
<tr><td>建设单位</td><td colspan="2"></td><td colspan="2">项目负责人</td><td></td></tr>
<tr><td>设计单位</td><td colspan="2"></td><td colspan="2">项目负责人</td><td></td></tr>
<tr><td>监理单位</td><td colspan="2"></td><td colspan="2">总监理工程师</td><td></td></tr>
<tr><td>施工单位</td><td></td><td>项目负责人</td><td></td><td>项目技术负责人</td><td></td></tr>
<tr><td>序号</td><td colspan="3">项目</td><td colspan="2">内容</td></tr>
<tr><td>1</td><td colspan="3">开工报告</td><td colspan="2"></td></tr>
<tr><td>2</td><td colspan="3">现场质量管理制度</td><td colspan="2"></td></tr>
<tr><td>3</td><td colspan="3">质量责任制</td><td colspan="2"></td></tr>
<tr><td>4</td><td colspan="3">工程质量检验制度</td><td colspan="2"></td></tr>
<tr><td>5</td><td colspan="3">施工技术标准</td><td colspan="2"></td></tr>
<tr><td>6</td><td colspan="3">施工图现场核对情况</td><td colspan="2"></td></tr>
<tr><td>7</td><td colspan="3">交接桩、施工复测及测量控制网资料</td><td colspan="2"></td></tr>
<tr><td>8</td><td colspan="3">施工组织设计、施工方案、环境保护方案及审批</td><td colspan="2"></td></tr>
<tr><td>9</td><td colspan="3">分包方资质及对分包单位管理制度</td><td colspan="2"></td></tr>
<tr><td>10</td><td colspan="3">主要专业工种操作上岗证书</td><td colspan="2"></td></tr>
<tr><td>11</td><td colspan="3">施工检测设备及计量器具设置</td><td colspan="2"></td></tr>
<tr><td>12</td><td colspan="3">材料、设备存放与管理制度</td><td colspan="2"></td></tr>
<tr><td colspan="6">检查结论：
总监理工程师　　年　月　日</td></tr>
</table>

3.1.2 轨道工程应按下列规定进行施工质量控制：

1 工程采用的主要材料、构配件和设备，施工单位应对其外观、规格、型号和质量证明文件等进行验收，并经监理工程师检查认可。凡涉及结构安全和使用功能的，施工单位应进行检验，监理单位应按规定进行平行检验或见证取样检测。

2 各工序应按施工技术标准进行质量控制，每道工序完成后，施工单位应进行检查，并形成记录。

3 工序之间应进行交接检验，上道工序应满足下道工序的施工条件和技术要求。相关专业工序之间的交接检验应经监理工程师检查认可，未经检查或经检查不合格的不得

CHINA RAILWAY PUBLISHING HOUSE

进行下道工序施工。

3.1.3 轨道工程施工质量应按下列要求进行验收:

1 工程施工质量应符合本暂行标准和相关专业验收标准的规定;

2 工程施工质量应符合设计文件的要求;

3 参加工程施工质量验收的各方人员应具备规定的资格,各种检查记录签证人员应报建设单位确认、备案;

4 工程施工质量的验收均应在施工单位自行检查评定合格的基础上进行;

5 涉及结构安全的试块、试件和现场检验项目,监理单位应按规定进行平行检验、见证取样检测或见证检测;

6 检验批的质量应按主控项目和一般项目进行验收;

7 对涉及结构安全和使用功能的分部工程应进行抽样检测;

8 承担见证取样检测及有关结构安全检测的单位应具有相应的资质;

9 单位工程的综合质量应由验收人员通过检查共同确认。

3.2 工程施工质量验收单元的划分

3.2.1 客运专线铁路轨道工程施工质量验收单元划分为单位工程、分部工程、分项工程和检验批。

3.2.2 单位工程应按一个完整工程或一个相当规模的施工范围划分,正线轨道按一个区间(以站中心为界、含正线道岔)划分,当区间内含有不同类型轨道时,也可按轨道类型划分。

3.2.3 分部工程应按一个完整部位或主要结构及施工阶段划分。

3.2.4 分项工程应按工种、工序、材料、施工工艺划分。

3.2.5 检验批可根据施工及质量控制和验收需要按长度、施工段(处)等进行划分。

3.2.6 客运专线铁路正线轨道工程的分部工程、分项工程划分和检验批检验项目应符合表3.2.6的规定。

表3.2.6 正线轨道分部工程、分项工程、检验批划分和检验项目

分部工程		分项工程	检验批	检验批检验项目条文号	
类别	名称			主控项目	一般项目
线路基桩	线路基桩	基桩测设	2 km	4.0.4～4.0.7	4.0.8
道床	有砟道床	铺底层道砟	5 km	5.2.1～5.2.3	5.2.4～5.2.6
		上砟整道	5 km	5.3.1～5.3.3	5.3.4、5.3.5
		道岔铺砟整道	组	5.4.1～5.4.4	5.4.5～5.4.7
轨道	基地钢轨焊接	基地钢轨焊接	500个焊头	6.0.4～6.0.11	6.0.12
	有砟轨道	铺枕铺轨	2 km	7.1.3～7.1.9	7.1.10～7.1.13
		工地钢轨焊接	一个区间	7.2.5～7.2.11	7.2.12～7.2.14
		设置位移观测桩	单元轨节	7.3.3、7.3.4	7.3.5
		线路锁定	单元轨节	7.4.5、7.4.6	7.4.7
		轨道整理	5 km	7.5.5～7.5.8	7.5.9～7.5.13

CHINA RAILWAY PUBLISHING HOUSE

续上表

分部工程		分项工程	检验批	检验批检验项目条文号	
类别	名称			主控项目	一般项目
轨道	道岔	铺道岔	组	8.1.6～8.1.10	8.1.11～8.1.13
		设置位移观测桩	组	8.2.1、7.3.3、7.3.4	8.2.1、7.3.5
		道岔焊接及锁定	组	8.3.4～8.3.10	8.3.11、8.3.13
		道岔整理	组	8.4.2～8.4.5	8.4.6～8.4.10
	钢轨伸缩调节器	铺钢轨伸缩调节器	组	9.1.4～9.1.9	9.1.10～9.1.12
		设置位移观测桩	组	9.2.1、7.3.3、7.3.4	9.2.1、7.3.5
		工地钢轨焊接	组	9.3.3～9.3.6	9.3.7
		轨道整理	组	9.4.2～9.4.5	9.4.6～9.4.9
线路及信号标志	线路及信号标志	线路及信号标志	一个区间	10.0.2、10.0.3	10.0.4

注：检验批长度均按单线计算。

3.3 工程施工质量验收

3.3.1 检验批的质量验收应包括如下内容：

1 实物检查，按下列方式进行：

1）对原材料、构配件和设备等的检验，应按进场的批次和本暂行标准规定的抽样检验方案执行；

2）对混凝土性能指标的检验，应按国家现行有关标准和本暂行标准规定的抽样检验方案执行；

3）对本暂行标准中采用计数检验的项目，应按抽查点数符合本暂行标准规定的百分率进行检查。

2 资料检查，包括原材料、构配件和设备等的质量证明文件（质量合格证、规格、型号及性能检测报告等）和检验报告、施工过程中重要工序的自检和交接检验记录、平行检验报告、见证取样检测报告等。

3.3.2 检验批合格质量应符合下列规定：

1 主控项目的质量经抽样检验全部合格。

2 一般项目的质量经抽样检验全部合格。其中，有允许偏差的抽查点，除有专门要求外，80% 及以上的抽查点应控制在规定允许偏差内，最大偏差不得大于规定允许偏差的 1.5 倍。

3 具有完整的施工操作依据、质量检查记录。

3.3.3 分项工程质量验收合格应符合下列规定：

1 分项工程所含的检验批均应符合合格质量的规定；

2 分项工程所含检验批的质量验收记录应完整。

3.3.4 分部工程质量验收合格应符合下列规定：

1 分部工程所含分项工程的质量均应验收合格；

2 质量控制资料应完整；

CHINA RAILWAY PUBLISHING HOUSE

3 分部工程中涉及安全及功能的项目检验和抽样检测结果应符合有关规定。

3.3.5 单位工程质量验收合格应符合下列规定：

1 单位工程所含分部工程的质量均应验收合格；

2 质量控制资料应完整；

3 实体质量和主要功能应符合相关标准、规范的规定和设计要求；

4 观感质量验收应符合要求。

3.3.6 当工程质量不符合要求时，应按以下规定进行处理：

1 经返工重做的或更换构配件、设备的检验批，应重新进行验收；

2 当对试块试件的试验结果有怀疑，或因试块试件丢失损坏、试验资料丢失等无法判断实体质量时，应由有资质的法定检测单位对实体质量进行检测鉴定，凡达到设计要求的检验批可予以验收。

3.3.7 通过返修或加固处理仍不能满足安全使用要求的分部工程、单位工程，严禁验收。

3.4 工程施工质量验收的程序和组织

3.4.1 检验批应由施工单位自检合格后，报监理单位，由监理工程师组织施工单位专职质量检查员等进行验收。监理单位应对全部主控项目进行检查，对一般项目的检查内容和数量可根据具体情况确定。检验批质量验收记录应按表3.4.1填写。

3.4.2 分项工程应由监理工程师组织施工单位分项工程技术负责人等进行验收，分项工程质量验收记录应按表3.4.2填写。

3.4.3 分部工程应由监理工程师组织施工单位项目负责人和技术、质量负责人等进行验收，线路基桩分部工程进行验收时，勘察设计单位项目负责人应参加。分部工程质量验收记录应按表3.4.3填写。

3.4.4 单位工程完工后，施工单位应自行组织有关人员进行检查评定，并向建设单位提交单位工程验收报告。

3.4.5 建设单位收到单位工程验收报告后，应由建设单位项目负责人组织施工、设计、监理单位项目负责人进行单位工程验收，并按表3.4.5填写记录。单位工程验收包含综合质量验收的内容，综合质量验收应符合本暂行标准第11章的有关规定。

CHINA RAILWAY PUBLISHING HOUSE

表 3.4.1 ______检验批质量验收记录

单位工程名称				
分部工程名称				
分项工程名称			验收部位	
施　工　单　位			项目负责人	
施工质量验收标准名称及编号				
施工质量验收标准的规定			施工单位检查评定记录	监理单位验收记录
主控项目	1			
	2			
	3			
	4			
	5			
	6			
一般项目	1			
	2			
	3			
	4			
	5			
施工单位检查评定结果	专职质量检查员　年　月　日 分项工程技术负责人　年　月　日 分项工程负责人　年　月　日			
监理单位验收结论	监理工程师　年　月　日			

表 3.4.2 ______分项工程质量验收记录

单位工程名称			
分部工程名称		检验批数	
施 工 单 位		项目负责人	
序 号	检验批部位	施工单位检查评定结果	监理单位验收结论
1			
2			
3			
4			
5			
6			
7			
8			
9			
10			
11			
说明：			
施工单位 检查评定结果	分项工程技术负责人 年 月 日		
监理单位 验收结论	监理工程师 年 月 日		

CHINA RAILWAY PUBLISHING HOUSE

表 3.4.3 ________分部工程质量验收记录

<table>
<tr><td colspan="2">单位工程名称</td><td colspan="5"></td></tr>
<tr><td colspan="2">施 工 单 位</td><td colspan="5"></td></tr>
<tr><td colspan="2">项 目 负 责 人</td><td></td><td colspan="2">项目技术负责人</td><td>项目质量负责人</td><td></td></tr>
<tr><td>序　号</td><td>分项工程名称</td><td>检验批数</td><td colspan="2">施工单位检查评定结果</td><td colspan="2">监理单位验收意见</td></tr>
<tr><td>1</td><td></td><td></td><td colspan="2"></td><td colspan="2"></td></tr>
<tr><td>2</td><td></td><td></td><td colspan="2"></td><td colspan="2"></td></tr>
<tr><td>3</td><td></td><td></td><td colspan="2"></td><td colspan="2"></td></tr>
<tr><td>4</td><td></td><td></td><td colspan="2"></td><td colspan="2"></td></tr>
<tr><td>5</td><td></td><td></td><td colspan="2"></td><td colspan="2"></td></tr>
<tr><td>6</td><td></td><td></td><td colspan="2"></td><td colspan="2"></td></tr>
<tr><td>7</td><td></td><td></td><td colspan="2"></td><td colspan="2"></td></tr>
<tr><td>8</td><td></td><td></td><td colspan="2"></td><td colspan="2"></td></tr>
<tr><td>9</td><td></td><td></td><td colspan="2"></td><td colspan="2"></td></tr>
<tr><td>10</td><td></td><td></td><td colspan="2"></td><td colspan="2"></td></tr>
<tr><td colspan="3">质量控制资料</td><td colspan="2"></td><td colspan="2"></td></tr>
<tr><td colspan="3">实体质量和主要功能检验(检测)报告</td><td colspan="2"></td><td colspan="2"></td></tr>
<tr><td rowspan="3">验
收
单
位</td><td>施工单位</td><td colspan="5">项目负责人　　　　　　年　　月　　日</td></tr>
<tr><td>勘察设计单位</td><td colspan="5">项目负责人　　　　　　年　　月　　日</td></tr>
<tr><td>监理单位</td><td colspan="5">监理工程师　　　　　　年　　月　　日</td></tr>
</table>

注:1　勘察设计单位应参加线路基桩分部工程的验收;

2　质量控制资料核查、实体质量和主要功能抽查项目应按表 11.1.1 和表 11.2.1 确定。

CHINA RAILWAY PUBLISHING HOUSE

表 3.4.5 单位工程质量验收记录

<table>
<tr><td colspan="3">单位工程名称</td><td colspan="5"></td></tr>
<tr><td colspan="3">开 工 日 期</td><td colspan="2"></td><td colspan="2">竣工日期</td><td></td></tr>
<tr><td colspan="3">施 工 单 位</td><td colspan="5"></td></tr>
<tr><td colspan="3">项目负责人</td><td></td><td>项目技术负责人</td><td></td><td>项目质量负责人</td><td></td></tr>
<tr><td>序号</td><td colspan="2">项 目</td><td colspan="4">验 收 记 录</td><td>验收结论</td></tr>
<tr><td>1</td><td colspan="2">分部工程</td><td colspan="4">共 分部
经查,符合标准规定及设计要求 分部</td><td></td></tr>
<tr><td>2</td><td rowspan="3">综合质量验收</td><td>质量控制资料核查</td><td colspan="4">共 项
经查,符合要求 项
不符合要求 项</td><td></td></tr>
<tr><td>3</td><td>实体质量和主要功能核查</td><td colspan="4">共核查 项
符合要求 项
不符合要求 项</td><td></td></tr>
<tr><td>4</td><td>观感质量验收</td><td colspan="4">共检查 项
评定为合格的 项
评定为差的 项</td><td></td></tr>
<tr><td>5</td><td colspan="2">综合验收结论</td><td colspan="5"></td></tr>
<tr><td rowspan="2">验收单位</td><td colspan="2">施 工 单 位</td><td colspan="2">监 理 单 位</td><td colspan="2">勘察设计单位</td><td>建 设 单 位</td></tr>
<tr><td colspan="2">(公章)
单位负责人
年 月 日</td><td colspan="2">(公章)
总监理工程师
年 月 日</td><td colspan="2">(公章)
项目负责人
年 月 日</td><td>(公章)
项目负责人
年 月 日</td></tr>
</table>

CHINA RAILWAY PUBLISHING HOUSE

4 线 路 基 桩

一 般 规 定

4.0.1 轨道工程施工前应进行线路贯通测量,并按客运专线铁路有关规定和设计文件要求测设线路基桩。

4.0.2 基桩应满足牢固、可靠、不易被破坏和易于观测的要求。

4.0.3 基桩位置、编号及测量记录应列入竣工资料。

主 控 项 目

4.0.4 基桩所用材料进场时,应对其规格、型式、外观进行验收,其质量应符合设计要求。

检验数量:施工单位、监理单位全部检查。

检验方法:查验产品合格证、观察检查。

4.0.5 基桩的设置位置及数量应符合设计要求。

检验数量:施工单位全部检查;监理单位见证检测 10% 。

检验方法:施工单位仪器测量、观察检查;监理单位见证检测。

4.0.6 基桩的测设精度应符合设计要求。

检验数量:施工单位、监理单位、设计单位全部检查。

检验方法:施工单位仪器测量;监理单位、设计单位检查测量资料。

4.0.7 基桩标志应设置牢固。

检验数量:施工单位、监理单位全部检查。

检验方法:观察检查。

一 般 项 目

4.0.8 基桩的标示应设置齐全,色泽鲜明、清晰完整。

检验数量:施工单位全部检查。

检验方法:观察检查。

CHINA RAILWAY PUBLISHING HOUSE

5 有砟道床

5.1 一般规定

5.1.1 铺砟前应取得线下施工单位线路测量资料、中桩、基桩和水准点,并进行铺砟前路基面(含桥梁、隧道)检查,复测线路中桩、基桩及路基面(含桥梁、隧道)高程,形成交接记录。

线下工程施工完成后,应对施工过程中产生的垃圾进行回收处理。隧道在交由轨道工程施工前应进行全面清洗除尘。

5.1.2 设计时速 200 km 客运专线应采用一级碎石道砟;设计速度为 200 km/h $< v \leqslant$ 250 km/h及 300 km/h$\leqslant v \leqslant$350 km/h 客运专线应采用特级碎石道砟。

5.1.3 道砟应按规定进行建场检验、生产检验和出场检验。建场检验和生产检验由铁道部指定单位进行,出场检验由采石场进行。

5.1.4 底层道砟可采用道砟摊铺机一次摊铺压实成形,或采用其他布砟机配合碾压机进行铺设。

5.1.5 长钢轨铺设后道床应使用大型机械化整道作业车组按设计要求及时分层上砟、整道,整道作业车组的作业参数应按满足道床达到初期稳定状态的要求,进行合理的选择和组合。

5.1.6 桥梁及隧道地段的有砟道床进行稳定作业应遵守有关规定。

5.1.7 道岔预铺道砟应采用机械分层铺设、分层碾压,整道应采用道岔专用大型起道、拨道、捣固车和风动卸砟车等设备进行。

5.2 铺底层道砟

主 控 项 目

5.2.1 道砟材质应符合铁路碎石道砟相关技术条件的规定。

检验数量:同一产地、同一级别的道砟,每 50 000 m^3 为一批,不足 50 000 m^3 时亦按一批计。施工单位每批抽检一次,监理单位全部见证检测。

检验方法:施工单位按现行铁路碎石道砟技术条件中规定的方法进行检验,监理单位见证检测。

5.2.2 道砟进场时的粒径级配、颗粒形状及清洁度应符合铁路碎石道砟相关技术条件的规定。

检验数量:同一产地品种且连续进场的道砟,每 5 000 m^3 为一批,不足 5 000 m^3 时亦按一批计。施工单位每批抽检 1 次;监理单位按施工单位检验次数的 20% 进行见证检验。

检验方法:施工单位采用筛分、专用量规检测或特定检验;监理单位检查施工单位检验报告,并进行见证检验。

5.2.3 底层道砟应采用压强不小于 160 kPa 的机械碾压,道床密度不应低于 1.6 g/cm^3。

检验数量:施工单位道床密度每 5 km 抽检 5 处,每处测 2 个点位;监理单位按施工单位检验次数的20%进行见证检验。

检验方法：施工单位检算碾压机械压强，用道床密度仪或灌水法检测道床密度；监理单位检查施工单位检算资料和检测记录，并进行见证检测。

一般项目

5.2.4　底层道砟厚度宜为150 mm，单线宽度一般为4.5 m。

检验数量：施工单位每千米抽检4处。

检验方法：观察检查、尺量。

5.2.5　砟面应平整，其平整度允许偏差为20 mm/3 m，砟面中间不应凸起。

检验数量：施工单位每千米抽检4处。

检验方法：观察检查、3 m靠尺量。

5.2.6　桥梁两端各30 m范围内预铺道砟砟面应高出桥台挡砟墙顶面50 mm以上，并做好临时砟面顺坡。桥上的预铺道砟砟面应高出盖板，并应与两端桥头的砟面取平。

检验数量：施工单位全部检查。

检验方法：观察检查、尺量。

5.3　上砟整道

主控项目

5.3.1　道砟材质应符合本暂行标准第5.2.1条的规定。

5.3.2　道砟进场时的粒径级配、颗粒形状及清洁度应符合本暂行标准第5.2.2条的规定。

5.3.3　道床经分层铺设、起道、捣固、稳定作业后，道床达到初期稳定阶段时，道床支承刚度不应小于70 kN/mm，道床横向阻力不应小于7.5 kN/枕。

检验数量：施工单位以5 km作为一个检验批，每千米检测2根轨枕，求平均值；监理单位按施工单位检验次数的20%进行见证检验。

检验方法：施工单位用专用仪器检测；监理单位检查施工单位检测记录，并进行见证检测。

一般项目

5.3.4　整道后的道床断面应符合设计要求，曲线外轨超高应按设计要求进行设置，并应在缓和曲线全长范围内均匀递减。

检验数量：施工单位全部检查。

检验方法：观察检查、尺量。

5.3.5　轨道达到初期稳定阶段状态时，轨道静态几何尺寸允许偏差和检验方法应符合表5.3.5的规定。

表5.3.5　轨道静态几何尺寸允许偏差和检验方法

序号	项　目	允许偏差(mm)	检验方法
1	高低	4	10 m弦量
2	轨向	4	直线10 m弦量，曲线20 m弦量
3	扭曲(基长6.25 m)	4	轨距尺量
4	轨距	±2	轨距尺量
5	水平	4	轨距尺量

检验数量：施工单位每5 km抽检2处，每处各抽检10个测点。

5.4 道岔铺砟整道

主控项目

5.4.1 道砟材质应符合本暂行标准第5.2.1条的规定。

5.4.2 道砟进场时的粒径级配、颗粒形状及清洁度应符合本暂行标准第5.2.2条的规定。

5.4.3 预铺道砟应采用压强不小于160 kPa的机械碾压，道床密度不应低于1.7 g/cm^3。

检验数量：施工单位道床密度每组道岔抽检3个点位；监理单位全部见证检测。

检验方法：施工单位检算碾压机械压强，用道床密度仪或灌水法检测道床密度；监理单位检查施工单位检算资料和检测记录，并进行见证检测。

5.4.4 道岔焊接前，道岔范围内Ⅲ型枕的道床支承刚度不应小于70 kN/mm，道床横向阻力不应小于7.5 kN/枕。

检验数量：施工单位每组道岔前、直股后和侧股后各检测2根轨枕，分别对道床支承刚度、道床横向阻力求平均值；监理单位全部见证检测。

检验方法：施工单位仪器测量；监理单位检查施工单位检测记录，并进行见证检测。

一般项目

5.4.5 预铺道砟砟面应平整，其平整度允许偏差为10 mm/3 m。

检验数量：施工单位每组道岔抽检4处。

检验方法：观察检查、3 m靠尺量。

5.4.6 预留起道量不应大于50 mm。

检验数量：施工单位每组道岔抽检4处。

检验方法：尺量。

5.4.7 道岔前后30 m范围应做好顺坡并碾压。

检验数量：施工单位每组道岔抽检4处。

检验方法：观察检查。

CHINA RAILWAY PUBLISHING HOUSE

6　基地钢轨焊接

一 般 规 定

6.0.1　钢轨焊接接头必须按客运专线铁路钢轨焊接的有关要求进行型式检验和生产检验。

6.0.2　基地钢轨焊接应采用闪光焊。

6.0.3　在长钢轨焊接前应根据设计要求编制配轨计划表。配轨时应选用断面不对称公差基本一致的钢轨相对焊接。

主 控 项 目

6.0.4　待焊钢轨材质应符合设计要求和《客运专线 250 km/h 和 350 km/h 钢轨检验及验收暂行标准》的规定。

检验数量:施工单位、监理单位全部检查。

检验方法:查验钢轨产品合格证、质量证明文件,必要时建设单位、施工单位和监理单位共同对生产厂家见证取样检测。

6.0.5　待焊钢轨外观、类型、规格应符合设计要求和《客运专线 250 km/h 和 350 km/h 钢轨检验及验收暂行标准》的规定。

检验数量:施工单位、监理单位全部检查。

检验方法:查验钢轨产品合格证、质量证明文件,尺量、观察检查。

6.0.6　钢轨焊接接头的型式检验应符合客运专线铁路钢轨焊接的有关要求。

检验数量:施工单位按客运专线铁路钢轨焊接的规定数量检验;建设单位、监理单位全部见证取样检测。

检验方法:施工单位按客运专线铁路钢轨焊接的规定进行检验;建设单位、监理单位检查施工单位型式检验报告,并进行见证取样检测。

6.0.7　钢轨焊接接头的生产检验应符合客运专线铁路钢轨焊接的有关规定。

检验数量:施工单位按客运专线铁路钢轨焊接的规定数量检验;监理单位全部见证检验。

检验方法:施工单位按客运专线铁路钢轨焊接的规定进行检验;监理单位检查施工单位生产检验报告,并进行见证检验。

6.0.8　钢轨焊头应进行探伤检查。焊头不得有未焊透、过烧、裂纹、气孔夹渣等有害缺陷。

检验数量:施工单位全部检查;监理单位见证检验 10% 。

检验方法:施工单位观察检查、探伤仪检查;监理单位检查施工单位探伤检查记录,并进行平行检验。

6.0.9　钢轨焊缝及两侧各 100 mm 范围内不得有明显压痕、碰痕、划伤等缺陷,焊头不得

CHINA RAILWAY PUBLISHING HOUSE

有电击伤。

检验数量:施工单位全部检查;监理单位平行检验 10% 。

检验方法:施工单位观察检查;监理单位检查施工单位检验记录,并进行平行检验。

6.0.10 轨底上表面焊缝两侧各150 mm范围内及距两侧轨底角边缘各35 mm的范围内应打磨平整,不得打亏。

检验数量:施工单位全部检查;监理单位见证检验 10% 。

检验方法:施工单位观察检查、尺量;监理单位检查施工单位检验记录,并进行平行检验。

6.0.11 钢轨焊接接头应纵向打磨平顺,不得有低接头,钢轨焊接接头平直度应符合表 6.0.11 的规定。

表 6.0.11 钢轨焊接接头平直度允许偏差(mm/1m)

序号	部 位	旅客列车设计行车速度 v(km/h)	
		200	$200 < v \leqslant 250$ 及 $300 \leqslant v \leqslant 350$
1	轨顶面	$^{+0.3}_{0}$	$^{+0.2}_{0}$
2	轨头内侧工作面	$^{+0.3}_{0}$	$^{+0.2}_{0}$
3	轨底(焊筋)	$^{+0.5}_{0}$	$^{+0.5}_{0}$

注:1 轨顶面中符号"+"表示高出钢轨母材轨顶基准面;
2 轨头内侧工作面中符号"+"表示凹进;
3 轨底(焊筋)中符号"+"表示凸出。

检验数量:施工单位全部检查;监理单位见证检验 10% 。

检验方法:施工单位用 1 m 直尺或专用平直度检查仪检查;监理单位检查施工单位检验记录,并进行平行检验。

一 般 项 目

6.0.12 长钢轨及焊接接头编号应标记齐全,字迹清楚,记录完整。

检验数量:施工单位全部检查。

检验方法:检查记录,观察检查。

CHINA RAILWAY PUBLISHING HOUSE

7 有砟轨道

7.1 铺枕铺轨

一般规定

7.1.1 长钢轨铺设宜采用单枕铺设法，铺轨作业前应按设计要求精确测量线路中心线，并按铺轨机组作业要求用醒目颜色设置铺轨机组走行标示线或设置导向边桩及钢弦。

7.1.2 长钢轨铺设后，第一次铺砟整道应随即进行。

主控项目

7.1.3 长钢轨的类型、规格、质量应符合设计要求。

检验数量：施工单位、监理单位全部检查。

检验方法：查验产品合格证和质量证明文件、观察检查。

7.1.4 轨枕及其扣配件类型、规格、质量应符合设计及产品标准规定。

检验数量：施工单位、监理单位全部检查。

检验方法：查验产品合格证和质量证明文件、观察检查。

7.1.5 轨枕的外观质量和各部尺寸应符合产品标准的规定。

检验数量：施工单位抽检 2%；监理单位见证检测 10%。

检验方法：施工单位用刻度 1 mm 的钢尺及其他专用工具测量、观察检查；监理单位检查施工单位记录，并进行平行检验。

7.1.6 扣件的扣压力应符合产品标准的规定。

检验数量：施工单位抽检 2%；监理单位见证检测 10%。

检验方法：施工单位用弹条扣压力测定仪测定；监理单位检查施工单位记录，并进行平行检验。

7.1.7 扣配件的型式尺寸应符合产品标准的规定。

检验数量：施工单位抽检 2%；监理单位见证检测 10%。

检验方法：施工单位尺量；监理单位检查施工单位记录，并进行平行检验。

7.1.8 轨枕及其扣配件的铺设数量应符合设计要求。

检验数量：施工单位全部检查；监理单位见证检测 10%。

检验方法：施工单位对照设计文件、点数；监理单位检查施工单位检查记录，并进行平行检验。

7.1.9 钢轨胶接绝缘接头的类型、规格、铺设位置应符合设计要求，并应按相关技术条件测定电绝缘性能。

检验数量：施工单位全部检查；监理单位见证检测 10%。

检验方法：施工单位查验产品合格证、观察检查、尺量、仪器测量；监理单位查验产品合格证和施工单位检查记录,并进行见证检测。

一般项目

7.1.10 轨枕应正位,并与轨道中心线垂直。枕间距为600 mm,允许偏差为±20 mm,连续6根轨枕的距离为3 m±30 mm。

检验数量:施工单位每千米抽检100 m。

检验方法:尺量。

7.1.11 轨道中心线与线路设计中心线应一致,允许偏差为30 mm。

检验数量:施工单位每2 km抽检100 m,每10 m一个测点。

检验方法:尺量。

7.1.12 左右两股钢轨的钢轨胶接绝缘接头应相对铺设,且绝缘接头轨缝绝缘端板距轨枕边缘不宜小于100 mm。

检验数量:施工单位全部检查。

检验方法:尺量。

7.1.13 联结轨枕时应符合下列要求:

1 绝缘轨距块的配置,应符合设计要求;

2 各种零件应安装齐全,位置正确。

检验数量:施工单位每千米抽检100 m。

检验方法:尺量、观察检查。

7.2 工地钢轨焊接

一般规定

7.2.1 工地钢轨焊接宜优先采用闪光焊,道岔钢轨锁定焊接可采用铝热焊。

7.2.2 钢轨焊头必须按客运专线铁路钢轨焊接的有关要求进行型式检验和生产检验。

7.2.3 气温低于0 ℃时不宜进行工地钢轨焊接。气温低于10 ℃时,距轨端50 cm范围的钢轨焊前应加热升温至35 ℃~50 ℃才能进行焊轨作业,焊后应采取保温措施。

7.2.4 工地焊接完成后应检查焊好的接头,并标记编号,填写焊接记录报告。

主控项目

7.2.5 钢轨焊接接头的型式检验应符合本暂行标准第6.0.6条的规定。

7.2.6 钢轨焊接接头的生产检验应符合本暂行标准第6.0.7条的规定。

7.2.7 钢轨焊头探伤检查应符合本暂行标准第6.0.8条的规定。

7.2.8 钢轨胶接绝缘接头焊接前应测定电绝缘性能,并应符合相关技术条件的规定。

检验数量:施工单位全部检查;监理单位见证检测10%。

检验方法:仪器测量。

7.2.9 工地钢轨焊接应符合长钢轨布置图,其加焊轨长度不得小于12 m。

检验数量:施工单位、监理单位全部检查。

检验方法:尺量、观察检查。

7.2.10 焊缝及两侧各100 mm范围内不得有明显压痕、碰痕、划伤等缺陷,焊头不得有电击伤。

检验数量：施工单位、监理单位全部检查。

检验方法：观察检查。

7.2.11　钢轨焊接接头应纵向打磨平顺，不得有低接头，工地钢轨焊接接头的平直度应符合表 6.0.11 的规定。

检验数量：施工单位全部检查；监理单位见证检测 10%。

检验方法：用 1 m 直尺或专用平直度检查仪检查。

一 般 项 目

7.2.12　左右股单元轨节锁定焊接头宜相对，相错量不宜大于 100 mm。

检验数量：施工单位全部检查。

检验方法：尺量。

7.2.13　单元轨节起止点不应设置在不同轨道结构过渡段以及不同线下基础过渡段范围。

检验数量：施工单位全部检查。

检验方法：观察检查。

7.2.14　工地钢轨焊接接头编号应标记齐全，字迹清楚，记录完整。

检验数量：施工单位全部检查。

检验方法：观察检查。

7.3　设置位移观测桩

一 般 规 定

7.3.1　位移观测桩应满足牢固、可靠、不易破坏和易于观测的要求。

7.3.2　位移观测桩位置、编号及观测记录应列入竣工资料。

主 控 项 目

7.3.3　位移观测桩的式样、规格和材料应符合设计要求。

检验数量：施工单位、监理单位全部检查。

检验方法：对照设计文件、观察检查、尺量。

7.3.4　位移观测桩应预先设置牢固，对数、位置符合设计要求。在单元轨节两端就位后应立即进行标记，标记应明显、耐久、可靠。

检验数量：施工单位、监理单位全部检查。

检验方法：对照设计文件、点数、观察检查。

一 般 项 目

7.3.5　位移观测桩应编号，每对位移观测桩基准点连线与线路中线应垂直。

检验数量：施工单位全部检查。

检验方法：观察检查、方尺量。

CHINA RAILWAY PUBLISHING HOUSE

7.4 线路锁定

一般规定

7.4.1 线路锁定时,道床应达到初期稳定状态,道床断面应基本达到设计要求,外轨超高按设计设置。

7.4.2 单元轨节长度应根据线路条件、工点情况、施工工艺等因素综合研究确定,一般宜为1 000~2 000 m。

7.4.3 线路锁定前应掌握当地轨温变化规律,根据作业区段的时间间隔,选定锁定线路的最佳施工时间与施工方法。

7.4.4 线路锁定后,应立即在钢轨上标记位移观测"零点"位置,并每月观测钢轨位移情况并做好记录。位移观测桩处相对位移换算轨温加上原锁定轨温超出设计锁定轨温允许范围时,应及时查明原因并进行处理。

主控项目

7.4.5 应力放散时,应每隔100 m左右设一位移观测点,观测放散时钢轨的位移量,应力放散应均匀。

检验数量:施工单位、监理单位全部检查。

检验方法:施工单位尺量、观察检查;监理单位检查施工单位施工记录,并观察检查。

7.4.6 线路锁定时,实际锁定轨温应在设计锁定轨温范围内,相邻单元轨节间的锁定轨温之差不应大于5 ℃,同一单元轨节左右股钢轨的锁定轨温差不应大于3 ℃,同一区间内单元轨节的最高与最低锁定轨温之差不应大于10 ℃。

检验数量:施工单位、监理单位全部检查。

检验方法:施工单位用轨温计测定并记录;监理单位检查施工单位记录。监理单位旁站监理。

一般项目

7.4.7 轨道纵向位移"零点"标记应齐全,标记大小应适当、一致,色泽均匀、清晰。

检验数量:施工单位全部检查。

检验方法:观察检查。

7.5 轨道整理

一般规定

7.5.1 铺设无缝线路之后至线路开通之前应进行轨道整理作业,使道床逐步进入稳定阶段,线路达到验交标准。

7.5.2 在线路验收前,应对全线钢轨进行预打磨作业。打磨列车到达工地后,根据轨面状态,可采用列车运行打磨、成形打磨等方式进行作业。

7.5.3 验收时,应由轨道检查车进行轨道动态检测(道岔及钢轨伸缩调节器与轨道一并进行)。

CHINA RAILWAY PUBLISHING HOUSE

7.5.4　轨道整理作业应在规定的轨温范围内进行。

主控项目

7.5.5　道床达到稳定状态时，道床状态参数指标应符合表7.5.5的规定。

表7.5.5　道床状态参数指标（平均值）

旅客列车设计行车速度 v(km/h)	枕下道床密度 (g/cm^3)	枕下道床刚度 (kN/mm)	道床横向阻力 (kN/枕)	道床纵向阻力 (kN/枕)
200	≥1.70	≥100	≥10	≥12
200＜v≤250	≥1.75	≥110	≥10	≥12
300≤v≤350	≥1.75	≥120	≥12	≥14

检验数量：施工单位以5 km作为一个检验批，每千米检测2根轨枕，求平均值，要求每一实测值与批平均值之差不超过平均值的20%，有桥梁和隧道的区间应在桥隧范围内至少抽检10根轨枕；监理单位按施工单位检验次数的20%进行见证检验。

检验方法：施工单位仪器测量；监理单位检查施工单位检测记录，并进行见证检测。

7.5.6　全线钢轨预打磨作业后，应检查钢轨平直度和钢轨横断面尺寸。钢轨平直度应符合设计要求。钢轨头部工作边实际横断面与理论横断面相比允许偏差为±0.3 mm。

检验数量：施工单位每1 000 m检测一次；监理单位全部见证检测。

检验方法：施工单位仪器测量；监理单位检查施工单位记录，并进行见证检测。

7.5.7　有砟轨道静态平顺度铺设精度标准及检验方法应符合表7.5.7的规定。

表7.5.7　有砟轨道平顺度铺设精度标准（mm）及检验方法

序号	项目	旅客列车设计行车速度 v(km/h)		检验方法
		200	200＜v≤250及300≤v≤350	
1	轨　距	±2	±2	轨检小车检测
2	高　低	3	2	
3	水　平	3	2	
4	扭曲（基长6.25 m）	3	2	
5	轨　向	3	2	

注：扭曲基长为6.25 m，但在延长18 m的距离内无超过表列的扭曲。

检验数量：施工单位每5 km抽检2处，每处各抽检10个测点；监理单位按施工单位检验次数的20%进行见证检验。

7.5.8　轨道整理作业后，动态质量应检查局部不平顺（峰值管理）和线路区段整体不平顺（均值管理）。轨道动态检查项目应按正线轨道不平顺管理值有关工程验收的规定检验。

检验数量：建设单位、勘察设计单位、施工单位和监理单位全部检查。

检验方法：建设单位用轨道检查车全部检查；勘察设计单位项目负责人、施工单位项目负责人、技术负责人和监理单位总监理工程师参加。

一般项目

7.5.9　轨面应远视平顺，轨向应直线顺直、曲线圆顺，钢轨编号及标记应正确齐全、字体

CHINA RAILWAY PUBLISHING HOUSE

端正、字迹清晰。

检验数量：施工单位每千米抽检 100 m。

检验方法：观察检查、尺量。

7.5.10 道床应饱满、清洁无杂物、砟面整齐，道床断面和轨枕埋深等应符合设计要求，线路中部道床顶面不得有粒径小于 30 mm 的道砟颗粒。

检验数量：施工单位每千米抽检 4 处。

检验方法：尺量、观察检查。

7.5.11 线路钢轨经过预打磨后，表面应平顺，无斑点。

检验数量：施工单位全部检查。

检验方法：观察检查。

7.5.12 道床厚度、砟肩宽度及堆高允许偏差应符合表 7.5.12 的规定。

检验数量：施工单位每千米抽检 5 处。

检验方法：尺量。

表 7.5.12 道床厚度、砟肩宽度及堆高允许偏差

序号	项 目	允许偏差（mm）
1	道床厚度	−20
2	砟肩宽度	±20
3	砟肩堆高	不得有负偏差

7.5.13 轨面高程、轨道中线、线间距允许偏差及检验方法应符合表 7.5.13 的规定。

检验数量：施工单位每 5 km 抽检 2 处，每处各抽检 10 个测点。

表 7.5.13 轨面高程、轨道中线、线间距允许偏差及检验方法

序 号	项 目		允许偏差（mm）	检 验 方 法
1	轨面高程与设计比较	一般路基上	±20	水准仪测量
		在建筑物上	±10	
		紧靠站台	$^{+20}_{0}$	
2	轨道中线与设计中线差		30	尺 量
3	线间距差		$^{+20}_{0}$	

7.5.14 线路开通前应清除线路污染和垃圾，隧道内应进行全面清洗除尘。

检验数量：施工单位全部检查。

检验方法：观察检查。

CHINA RAILWAY PUBLISHING HOUSE

8 道　岔

8.1 铺　道　岔

一般规定

8.1.1 道岔铺设位置应符合设计要求。道岔应在无缝线路固定区,岔内钢轨相对位置应符合设计要求。

8.1.2 订购道岔时,应根据设计图纸,确定岔内钢轨焊接与胶接接头的数量与位置,并明确焊接方法,对道岔钢轨长度预留量等作技术处理。

8.1.3 道岔应在工厂内预组装并验收。出厂时,制造厂应对产品零部件依据相关技术条件进行检验,并提供出厂合格证、铺设图和发货明细表。

8.1.4 正线道岔应采用专用机械铺设法或换铺法进行铺设。

8.1.5 铺岔完成,经自检、电务互检合格后,电务应及时安装转辙及锁闭装置。安装转辙装置时,工务、电务应配合施工。转辙及锁闭装置未安装前,应用钩锁器固定尖轨,直向限速15 km/h 通过,侧向禁止通过工程列车。

主控项目

8.1.6 道岔的类型、规格和质量应符合设计要求和产品标准规定。

检验数量:施工单位、监理单位全部检查。

检验方法:查验产品合格证和质量证明文件、观察检查。

8.1.7 岔枕的类型、规格、质量、铺设数量和布置应符合设计要求。

检验数量:施工单位、监理单位全部检查。

检验方法:查验产品合格证和质量证明文件、观察检查。

8.1.8 道岔基本轨、尖轨、辙叉及配件应按道岔设计文件铺设。

检验数量:施工单位、监理单位全部检查。

检验方法:观察检查、尺量。

8.1.9 道岔转辙器安装应符合设计要求。

检验数量:施工单位、监理单位全部检查。

检验方法:观察检查、尺量。

8.1.10 辙叉安装后应符合设计要求。

检验数量:施工单位、监理单位全部检查。

检验方法:观察检查、尺量。

一般项目

8.1.11 道岔轨道中心线应与其连接轨道的中心线重合,零配件安装正确齐全,标记正确、齐全、清晰。

检验数量:施工单位全部检查。

检验方法:观察检查、尺量。

8.1.12 螺栓的扭力矩应符合设计文件要求。

检验数量:施工单位每组道岔抽检扣件、紧固螺栓各3个,涂油全部检查。

检验方法:测力扳手检测、观察检查。

8.1.13 道岔各部分允许偏差应符合设计要求。

检验数量:施工单位全部检查。

检验方法:观察检查、尺量。

8.2 设置位移观测桩

8.2.1 位移观测桩各项质量按本暂行标准第7.3节的规定检验。

8.3 道岔焊接及锁定

一 般 规 定

8.3.1 在焊接岔内钢轨接头时,应按设计顺序焊接。道岔与两端无缝线路焊接应在道床基本达到稳定状态、轨面高程、轨向和水平已基本达到设计标准时,方可施焊。焊连及锁定过程中应采取措施始终保持限位器子、母块位置居中,尖轨方正。

8.3.2 道岔焊接应按客运专线铁路钢轨焊接的有关要求执行。

8.3.3 焊接完成后应检查焊好的接头,并打上焊接标记,填写焊接记录报告。

主 控 项 目

8.3.4 道岔内钢轨接头采用铝热焊时,应先调整好道岔全长及各焊缝,18号道岔全长允许偏差±10 mm,大于18号道岔全长允许偏差±20 mm,各焊缝宽度允许偏差±2 mm。

检验数量:施工单位、监理单位全部检查。

检验方法:施工单位尺量;监理单位查验施工单位检查记录,并进行见证检测。

8.3.5 道岔胶接绝缘接头焊接前应测定电绝缘性能,并应符合其相关技术条件的规定。

检验数量:施工单位全部检查;监理单位全部见证检查。

检验方法:仪器测量。

8.3.6 无缝道岔内锁定焊接及道岔与两端无缝线路锁定焊接应同日在设计锁定轨温范围内进行。

检验数量:施工单位、监理单位全部检查。

检验方法:施工单位用轨温计测定并记录;监理单位检查施工单位记录。监理单位旁站监理。

8.3.7 无缝道岔与相邻轨条的锁定轨温差不应大于5 ℃。

检验数量:施工单位、监理单位全部检查。

检验方法:施工单位用轨温计测定并记录;监理单位检查施工单位记录。

监理单位旁站监理。

8.3.8　钢轨焊头必须进行探伤检查,焊接质量应符合相关技术条件的规定。

检验数量:施工单位全部检查;监理单位全部见证检测。

检验方法:施工单位观察检查、探伤仪检查;监理单位检查施工单位探伤记录,并进行见证检测。

8.3.9　焊缝及两侧各100 mm范围内不得有明显压痕、碰痕、划伤等缺陷,焊头不得有电击伤。

检验数量:施工单位、监理单位全部检查。

检验方法:观察检查。

8.3.10　道岔工地钢轨焊接接头平直度允许偏差应符合表6.0.11的规定。

检验数量:施工单位全部检查;监理单位全部见证检查。

检验方法:用1 m直尺或专用平直度检查仪检查。

一 般 项 目

8.3.11　钢轨铝热焊焊缝距离轨枕边缘不应小于100 mm。

检验数量:施工单位全部检查。

检验方法:尺量。

8.3.12　道岔内焊接接头应打磨平顺、光洁。

检验数量:施工单位全部检查。

检验方法:观察检查、尺量。

8.3.13　轨道纵向位移"零点"标记应齐全,标记大小应适当、一致,色泽均匀清晰。

检验数量:施工单位全部检查。

检验方法:观察检查。

8.4　道 岔 整 理

一 般 规 定

8.4.1　一般规定同本暂行标准第7.5.1条~第7.5.4条。

主 控 项 目

8.4.2　线路开通前,岔区道床应达到稳定状态,其状态参数指标应符合表7.5.5的规定。

检验数量:施工单位每组道岔前、直股后和侧股后各检测2根轨枕,求平均值,要求每一实测值与平均值之差不超过平均值的20%;监理单位全部见证检测。

检验方法:施工单位仪器测量;监理单位检查施工单位检测记录,并进行见证检测。

8.4.3　导曲线应圆顺,不得有反超高。

检验数量:施工单位全部检查;监理单位全部见证检查。

检验方法:仪器测量、观察检查。

8.4.4　道岔(直向)静态平顺度铺设精度标准及检验方法应符合表8.4.4的规定。

检验数量:施工单位全部检查;监理单位全部见证检查。

8.4.5　道岔整理后的动态质量检查应符合本暂行标准第7.5.8条的规定。

表 8.4.4 道岔(直向)静态平顺度铺设精度标准(mm)及检验方法

序号	项目	旅客列车设计行车速度 v(km/h)		检验方法
		200	200 < v ≤ 250 及 300 ≤ v ≤ 350	
1	轨距	±1	±1	轨检小车检测
2	高低	3	2	
3	轨向	3	2	
4	扭曲(基长 6.25 m)	3	2	
5	水平	3	2	

一般项目

8.4.6 道岔直股方向与其连接的线路应一致,远视直顺;侧股方向与其连接曲线应连接圆顺。

检验数量:施工单位全部检查。

检验方法:仪器测量、观察检查。

8.4.7 道床应饱满,道床断面和岔枕埋深等符合设计要求,标记正确齐全、字迹清晰,清洁无杂物,砟肩、边坡和中部砟面整齐。

检验数量:施工单位全部检查。

检验方法:尺量、观察检查。

8.4.8 道岔钢轨经过预打磨后,表面应平顺,无斑点。

检验数量:施工单位全部检查。

检验方法:观察检查。

8.4.9 道床厚度、砟肩宽度及堆高允许偏差应符合表 8.4.9 的规定。

检验数量:施工单位每组道岔抽检 5 处。

检验方法:尺量。

表 8.4.9 道床厚度、砟肩宽度及堆高允许偏差

序号	项目	允许偏差(mm)
1	厚度	−20
2	砟肩宽度	±20
3	砟肩堆高	不得有负偏差

8.4.10 道岔起道以设计高程为准,其轨面应与线路平顺连接。道岔轨面高程允许偏差及检验数量与方法应符合表 8.4.10 的规定。

表 8.4.10 道岔轨面高程允许偏差及检验数量与方法

检验项目		允许偏差(mm)	检验数量	检验方法
轨面高程与设计高程差	在有砟道床上	±20	3 个点	水平仪测量
	在建筑物上	±10		

检验数量:施工单位全部检查。

CHINA RAILWAY PUBLISHING HOUSE

9 钢轨伸缩调节器

9.1 铺钢轨伸缩调节器

一 般 规 定

9.1.1 钢轨伸缩调节器应在工厂内试组装并验收。出厂时,制造厂应对产品零部件依据客运专线铁路钢轨伸缩调节器相关技术条件进行检验,并提供出厂合格证、铺设图和发货明细表。

9.1.2 伸缩调节器的铺设应在道床达到初期稳定后进行。

9.1.3 在铺设钢轨伸缩调节器时,可先用钢轨代替钢轨伸缩调节器预铺轨排,经补砟、机养、稳定道床后再换铺钢轨伸缩调节器。

主 控 项 目

9.1.4 钢轨伸缩调节器的种类、型号、方向应符合设计要求,质量应符合其技术条件的规定。

检验数量:施工单位、监理单位全部检查。

检验方法:查验产品合格证和质量证明文件、观察检查、尺量。

9.1.5 钢轨伸缩调节器设计长度(包括钢轨伸缩调节器自身长度及其两端对轨枕、扣件有设计要求的范围)范围内的轨道部件应符合设计及各自技术条件的规定。

检验数量:施工单位、监理单位全部检查。

检验方法:查验产品合格证和质量证明文件、观察检查、尺量。

9.1.6 钢轨伸缩调节器的铺设位置应符合设计要求。

检验数量:施工单位、监理单位全部检查。

检验方法:对照设计图纸、尺量。

9.1.7 钢轨伸缩调节器基本轨、尖轨及配件应按设计铺设。

检验数量:施工单位、监理单位全部检查。

检验方法:对照设计图纸、尺量。

9.1.8 钢轨伸缩调节器的螺栓扭力矩应符合规定。

检验数量:施工单位全部检查;监理单位平行检验 10% 。

检验方法:施工单位测力扳手测量;监理单位检查施工单位测量记录,并进行平行检验。

9.1.9 钢轨伸缩调节器两端设计长度范围内的扣件扣压力应满足设计要求。

检验数量:施工单位抽检 2% ;监理单位平行检验数量为施工单位检验数量的 10% ,但不少于 1 组。

检验方法:施工单位用弹条扣压力测定仪测定;监理单位检查施工单位记录,并进行平行检验。

一般项目

9.1.10 钢轨伸缩调节器零配件安装正确,标记齐全、准确、清晰,表面平整,棱线平直,无飞边。

检验数量:施工单位全部检查。

检验方法:观察检查、尺量。

9.1.11 钢轨伸缩调节器两端设计长度范围内的轨枕应方正,枕间距允许偏差为±20 mm,连续6根轨枕的距离为3 m±30 mm。

检验数量:施工单位全部检查。

检验方法:观察检查、尺量。

9.1.12 钢轨伸缩调节器轨道中心线与线路设计中心线应一致,允许偏差为30 mm。

检验数量:施工单位在钢轨伸缩调节器自身长度范围内抽检3处,在两端设计长度范围内,各抽检2处。

检验方法:尺量。

9.2 设置位移观测桩

9.2.1 位移观测桩各项质量按本暂行标准第7.3节的规定检验。

9.3 工地钢轨焊接

一般规定

9.3.1 钢轨伸缩调节器轨型和钢种与区间线路相同时,应按区间线路钢轨焊接工艺和焊接参数进行焊接;不同时,应按客运专线铁路钢轨焊接的有关要求执行。

9.3.2 焊接完成后应检查焊好的接头,并打上焊接标记,填写焊接记录报告。

主控项目

9.3.3 在应力放散后锁定线路时,应根据轨温计算预留伸缩量,并及时做好伸缩起点标记。

检验数量:施工单位、监理单位全部检查。

检验方法:施工单位用轨温计测定并记录;监理单位检查施工单位记录,并旁站监理。

9.3.4 钢轨焊头必须进行探伤检查,焊接质量应符合相关技术条件的规定。

检验数量:施工单位全部检查;监理单位全部见证检测。

检验方法:施工单位观察检查、探伤仪检查;监理单位检查施工单位探伤记录,并进行见证检测。

9.3.5 焊缝及两侧各100 mm范围内不得有明显压痕、碰痕、划伤等缺陷,焊头不得有电击伤。

检验数量:施工单位、监理单位全部检查。

检验方法:观察检查。

CHINA RAILWAY PUBLISHING HOUSE

9.3.6 工地钢轨焊接接头平直度允许偏差应符合表 6.0.11 的规定。

检验数量:施工单位全部检查;监理单位全部见证检查。

检验方法:用 1 m 直尺或专用平直度检查仪检查。

一般项目

9.3.7 伸缩起点标志标记应齐全,标记大小应适当、一致,色泽均匀、清晰。

检验数量:施工单位全部检查。

检验方法:观察检查。

9.4 轨道整理

一般规定

9.4.1 一般规定同本暂行标准第 7.5.1 条~第 7.5.4 条。

主控项目

9.4.2 线路开通前,道床应达到稳定状态,其状态参数指标应符合表 7.5.5 的规定。

检验数量:施工单位在钢轨伸缩调节器两端设计长度范围内各抽检 5 根轨枕,分别对各参数求平均值,要求每一实测值与批平均值之差不超过平均值的 20%;监理单位全部见证检测。

检验方法:施工单位仪器测量;监理单位检查施工单位检测记录,并进行见证检测。

9.4.3 钢轨伸缩调节器铺设调整后,应达到基本轨伸缩无障碍,尖轨锁定不爬行。

检测数量:施工单位、监理单位全部检查。

检测方法:观察检查。

9.4.4 钢轨伸缩调节器静态铺设精度标准应符合客运专线铁路钢轨伸缩调节器的相关技术要求。

检验数量:施工单位、监理单位全部检查。

检验方法:尺量、弦量。

9.4.5 轨道整理后的动态质量检查应符合本暂行标准第 7.5.8 条的规定。

一般项目

9.4.6 道床应饱满,道床断面和轨枕埋深等符合设计要求,清洁无杂物,各种标记齐全、字迹清晰,砟面整齐。

检验数量:施工单位全部检查。

检验方法:尺量、观察检查。

9.4.7 钢轨经过预打磨后,表面应平顺,无斑点。

检验数量:施工单位全部检查。

检验方法:观察检查。

9.4.8 道床厚度、砟肩宽度及堆高允许偏差应符合表 7.5.12 的规定。

检验数量:施工单位每组钢轨伸缩调节器抽检 2 处。

检验方法:尺量。

CHINA RAILWAY PUBLISHING HOUSE

9.4.9　轨面高程、轨道中线、线间距允许偏差及检验方法应符合表9.4.9的规定。

表9.4.9　轨面高程、轨道中线、线间距允许偏差及检验方法

序号	项　目		允许偏差(mm)	检验方法
1	轨面高程与设计比较	一般路基上	±20	水准仪测量
		在建筑物上	±10	
2	轨道中线与设计中线差		30	尺量
3	线间距差		+20 0	

检验数量:施工单位每组钢轨伸缩调节器抽检2处。

CHINA RAILWAY PUBLISHING HOUSE

10　线路及信号标志

一般规定

10.0.1　正线应根据设计需要设置下列标志：公里标，半公里标，百米标，平面曲线标，圆曲线、缓和曲线和竖曲线的始终点标，桥梁标，隧道标，坡度标，信号标志等。

主控项目

10.0.2　线路及信号标志的材质、规格、图案字样均应符合设计要求。

检验数量：施工单位、监理单位全部检查。

检验方法：施工单位对照设计文件、观察检查、尺量；监理单位检查施工单位检验记录，并观察检查。

10.0.3　各种标志的数量、位置、高度及标示的方向应符合设计要求，标志应设置牢固。

检验数量：施工单位全部检查；监理单位平行检验10%。

检验方法：施工单位对照设计文件、点数、观察检查、尺量；监理单位检查施工单位检验记录，并进行平行检验。

一般项目

10.0.4　各种标志应设置端正，涂料色泽鲜明，图像字迹清晰、完整。

检验数量：施工单位全部检查。

检验方法：观察检查。

CHINA RAILWAY PUBLISHING HOUSE

11 单位工程综合质量评定

11.1 单位工程质量控制资料核查

11.1.1 单位工程质量控制资料应齐全完整,全面反映工程施工质量状况。

11.1.2 单位工程质量控制资料核查应由监理单位组织施工单位进行,并按表11.1.2填写记录。

表11.1.2 单位工程质量控制资料核查记录

单位工程名称				
施工单位				
序号	资料名称	份数	核查意见	核查人
1	图纸会审、设计变更、洽商记录			
2	工程定位测量、放线记录			
3	原材料出厂合格证及进场检(试)验报告			
4	施工试验报告			
5	成品及半成品出厂合格证或试验报告			
6	施工记录			
7	工程质量事故及事故调查处理资料			
8	施工现场质量管理检查记录			
9	分项、分部工程质量验收记录			
10	新材料、新工艺施工记录			
结论: 施工单位项目负责人 年 月 日		总监理工程师 年 月 日		

注:核查人为监理单位人员。

11.2 单位工程实体质量和主要功能核查

11.2.1 单位工程完成后,应由建设单位组织勘察设计、监理、施工单位对单位工程实体质量和主要功能进行核查,并按表11.2.1填写记录。

11.2.2 单位工程实体质量和主要功能核查方法和数量:

1 线路基桩复测:建设、监理、施工单位确定检验数量;

2 钢轨位移观测桩复测:建设、监理、施工单位确定检验数量;

3 轨道动态质量检查的方法和数量应符合本暂行标准第7.5.8条的规定。

11.2.3 结构实体质量和主要使用功能达不到设计要求的单位工程严禁验收。

表 11.2.1　单位工程实体质量和主要功能核查记录

单位工程名称				
施 工 单 位				
序　号	资 料 名 称	份 数	核查意见	核查人
1	线路基桩复测			
2	钢轨位移观测桩复测			
3	轨道动态质量检查			
4				
5				
6				
7				
8				
9				
结论： 施工单位项目负责人　　　总监理工程师　　　建设单位项目负责人 年　月　日　　　年　月　日　　　年　月　日				

注：核查项目由验收组协商确定。

11.3　单位工程观感质量评定

11.3.1　观感质量评定由建设单位组织设计、监理、施工单位共同进行现场评定，并按表 11.3.1 填写记录。

表 11.3.1　有砟轨道单位工程观感质量检查记录

单位工程名称				
施 工 单 位				
序　号	项 目 名 称	质 量 状 况	质量评定	
			合格	差
1	线路基桩			
2	有砟道床			
3	钢　轨			
4	轨枕及扣件			
5	道　岔			
6	钢轨伸缩调节器			
7	位移观测桩			
8	线路及信号标志			
9				
10				
检查结论： 施工单位项目负责人　　　总监理工程师　　　建设单位项目负责人 年　月　日　　　年　月　日　　　年　月　日				

11.3.2　观感质量检查项目评定达不到合格标准，应进行返修。

11.3.3　线路基桩观感质量合格标准：

标识齐全，色泽鲜明、清晰完整。

11.3.4　有砟道床观感质量合格标准：

道床饱满、均匀，无杂物，断面正确，边坡整齐、美观，路肩上无散乱道砟、无杂草。

11.3.5　钢轨观感质量合格标准：

远视平顺，轨向直线顺直，曲线圆顺，头尾不得有反弯或“鹅头”。

11.3.6　轨枕观感质量合格标准：

表面清洁、无污染，枕上扣件干净无杂物。

11.3.7　道岔观感质量合格标准：

直股方向与其连接的线路一致，远视直顺；侧股方向与其连接曲线连接圆顺。岔枕枕面及扣件清洁、无杂物。道岔内各种标识齐全、清晰。

11.3.8　钢轨伸缩调节器观感质量合格标准：

表面平整，棱线平直，无飞边。标记齐全、准确、清晰。

11.3.9　位移观测桩观感质量合格标准：

设置应便于观测，标识齐全、清晰。

11.3.10　线路及信号标志观感质量合格标准：

埋设端正，涂料均匀，色泽鲜明，图像字迹清晰、完整。

CHINA RAILWAY PUBLISHING HOUSE

本暂行标准用词说明

执行本暂行标准条文时，对于要求严格程度的用词说明如下，以便在执行中区别对待。

(1)表示很严格，非这样做不可的用词：

正面词采用“必须”；

反面词采用“严禁”。

(2)表示严格，在正常情况下均应这样做的用词：

正面词采用“应”；

反面词采用“不应”或“不得”。

(3)表示允许稍有选择，在条件许可时首先应这样做的用词：

正面词采用“宜”；

反面词采用“不宜”。

表示有选择，在一定条件下可以这样做的，采用“可”。

CHINA RAILWAY PUBLISHING HOUSE

《客运专线铁路轨道工程施工质量验收暂行标准》条文说明

本条文说明系对重点条文的编制依据、存在的问题以及在执行中应注意的事项等予以说明。为了减少篇幅，只列条文号，未抄录原条文。

1.0.1 本暂行标准的编制目的是为了加强和统一客运专线铁路轨道工程施工质量的验收。本暂行标准不涉及工程决策阶段的质量、勘察设计阶段的质量和运营维修阶段的质量等。

本暂行标准是政府部门、专门质量机构、建设单位、监理单位、勘察设计单位和施工单位对工程施工阶段的质量进行监督、管理和控制的主要依据。

由于施工阶段的质量控制是工程整体质量控制的关键环节，工程整体质量在很大程度上取决于施工阶段的质量控制，所以本暂行标准根据铁路轨道专业的工程质量特性，规定了建设活动各方对工程施工质量控制的方法、程序、职责以及质量指标，藉以保证工程质量。

1.0.2 本暂行标准适用于旅客列车设计行车速度 200～350 km/h 的标准轨距客运专线铁路有砟轨道工程施工质量的验收。在标准体系中，本暂行标准是客运专线铁路有砟轨道工程专业施工质量验收的主体标准。本暂行标准制订时没能纳入的新技术、新工艺、新设备、新材料等，应该在本暂行标准的基础上制订补充规定。

需要说明的是，验标所界定的"验收"含义为：工程施工质量在施工单位自行检查评定的基础上，参与建设活动的有关单位(建设单位、施工单位、监理单位、勘察设计单位)共同对检验批、分项、分部、单位工程的质量按有关规定进行检验，根据相关标准以书面形式对工程质量达到合格与否作出确认。与铁路建设项目竣工交接验收不是一码事。铁路建设项目竣工交接验收是按有关文件规定的办法进行的。可以说，验标的施工质量验收是建设项目竣工交接验收的一个组成部分。

1.0.4 《建设工程质量管理条例》分别规定了建设单位、勘察设计单位、监理单位和施工单位的法定质量职责和义务。本暂行标准根据客运专线铁路有砟轨道工程的专业特点，对建设各方在施工阶段的质量职责具体细化，均做出了明确规定，改变了几十年来一惯沿用的工程施工质量仅由施工单位一方负责的传统模式，促使各方共同保证工程质量的合格。它强调施工单位作为工程施工质量控制的责任主体，应对工程施工质量进行全过程控制；建设单位、监理单位、勘察设计单位和施工单位等各方应按验标、有关法律法规和合同的规定及要求对施工阶段的工程质量分工负责，风险共担。

1.0.5 客运专线铁路工程施工点多线长、施工期较长，取弃土(砟)、污水(物)排放、噪声等对生态环境的影响很大。施工单位应在施工前制订有效的环保方案，施工期内最大限度的减少对环境的影响，施工结束后给予必要的恢复，切实做好环境保护和水土保持工作，保证国民经济的可持续发展。设计有要求的更应该全面按设计文件办理。

1.0.8　客运专线铁路工程施工质量检验检测工作，是工程质量管理的重要组成部分，也是工程质量控制的重要手段。客观、准确的检验检测数据，是评价工程质量的科学依据。判定工程施工质量合格与否，要体现质量数据说话的原则。其基础是质量数据必须真实可靠，并且能够代表工程施工质量情况。这就要求检验检测所用的仪器、方法和抽样方案必须符合相关标准或技术条件的规定，方法统一，数据才有可比性。另外，随着工程检测技术的发展，一些成熟可靠的新方法、新仪器不断出现，尤其是对工程实体质量的检测。使用新技术后，能减少检测工作量，提高检测精度，应该积极采用，但采用这些新技术应经过必要程序的鉴定。

1.0.9　工程施工及验收的有关资料，反映了工程施工全过程的质量状况，是评价和追溯工程施工质量的主要依据，应当充分重视和做好其规范整理和归档保存工作。国家标准《建设工程文件归档整理规范》（GB/T 50328—2001）对检验批、分项工程、分部工程、单位工程质量验收记录的保存单位和保管期限做出了明确的规定。其中，保管期限分为永久、长期、短期三种。“永久”是指需要永久保存；“长期”是指保存期限等于该工程的使用寿命；“短期”是指保存20年以下。其他文件、规章的规定也需遵照执行。鉴于施工过程文件资料数量繁多，应采用先进的信息化手段，以提高工作效率和保存质量。

1.0.10　本暂行标准中规定的质量指标是合格标准。合格标准也就是控制施工质量的最低标准。达不到本暂行标准所规定的质量要求的工程，其结构安全和使用功能就不能得到有效保证和满足，就是不合格的工程。所以本暂行标准要求施工所采用的承包合同文件和其他工程技术文件等，对施工质量的要求不能低于本暂行标准中的规定。

1.0.11　客运专线铁路的建设标准和技术要求比一般铁路要高得多，特别是要实现建设国际一流客运专线铁路的目标，更需要建设各方充分做好技术和管理方面的准备。施工质量验收标准是保证工程施工质量的强制性标准，作业人员应全面理解和掌握，并准确执行，要加强培训和考核，持证上岗。

1.0.12　铁路工程施工过程中的环节多、影响工程质量的因素多，所以采用的标准规范就会很多。既有技术标准又有管理标准，既有国家标准又有行业标准，甚至还有国际标准和国外标准，本暂行标准难以一一详列。一般情况下可根据工程实际情况，确定各种标准规范的采用与否。但是对于施工过程涉及的、现行国家和铁道行业标准有强制性执行要求的标准或标准条文，则必须贯彻执行。

2

术语包括通用术语和专业术语两部分。通用术语是铁路工程各专业在工程施工质量验收工作中共用的、列在前面的那一部分；专业术语是具有专业特点的、列在后面的那一部分。术语的解释不一定是其理论涵义，可能与其他标准中的解释不尽一致。列出术语及其解释的主要目的是为了在工程施工质量验收工作中统一其内容和界定其范围等，避免产生理解上的不同甚至歧义。

需要说明的是，验标中并列给出了“见证”、“见证取样检测”两个术语。从理论上讲，“见证”的范畴较大，包括“见证取样检测”在内。国家标准《建设工程监理规范》（GB 50319—2000）、铁道行业标准《铁路建设工程监理规范》（TB 10402—2003）中，列有“见证”术语，没有列“见证取样检测”术语；国家标准《建筑工程施工质量验收统一标准》（GB

50300—2001）中列有“见证取样检测”术语，没有列“见证”术语。考虑到两个术语的使用特点，予以全部列出，但应区别使用。“见证取样检测”术语的定义在国家标准和其他有关标准中已经定型，并规定了许多特定的使用条件，且已广泛使用。“见证取样检测”多适用于能够取样的重要原材料、重要结构的试件检测。对于不取样或不能取样的现场检测项目，以及施工单位进行检验、检测、试验，监理单位见证就可以的项目，用“见证”（检验、检测、试验）较为合适，用“见证取样检测”就不太合适。并列给出“见证”、“见证取样检测”两个术语，便于使用，与相关标准规范并不矛盾。当然，如果有必要要求监理单位自己做的检验，那就还是规定平行检验。

3.1.1 工程施工质量要体现过程控制的原则。施工现场应配齐相应的施工技术标准，包括国家标准、行业标准和企业标准；施工单位要有健全的质量管理体系，要建立必要的施工质量检验制度；施工准备工作要全面、到位。

施工前，监理单位要对施工单位所做的施工准备工作进行全面检查。这是对监理单位和施工单位两方提出的要求，是保证开工后顺利施工和保证工程质量的基础。一般情况下，每个单位工程应检查一次。施工现场质量管理检查记录由施工单位的项目技术负责人填写，由监理单位的总监理工程师进行检查验收，做出合格或不合格及限期整改的结论。

现场质量管理制度应包括现场施工技术资料的管理制度在内。

3.1.2 工程施工质量控制的要点有两个方面：一是对材料、构配件和设备质量的进场验收；二是对各工序操作质量的自检、交接检验。

（1）对材料、构配件和设备的进场验收应分两个层次进行。

进场验收：对材料、构配件和设备的外观、规格、型号和质量证明文件等进行验收。检验方法为观察检查并配以必要的尺量、检查合格证、厂家（产地）试验报告；检验数量多为全部检查。施工单位和监理单位的检验方法和数量多数情况下相同。未经检验或检验不合格的，不得运进施工现场。

试验检验：凡是涉及结构安全和使用功能的，要进行试验检验。试验检验项目的确定掌握两个原则：一是对工程的结构安全和使用功能确有重要影响；二是大多数单位具备相应的试验条件。施工单位试验检验的批量、抽样数量、质量指标应根据相关产品标准、设计要求或工程特点确定，检验方法符合相关标准或技术条件的规定。监理单位要按施工单位检验数量的一定比例进行见证、见证取样检测或平行检验。不合格的不得用于工程施工。

（2）对工序操作质量的自检、交接检验。

自检：施工过程中各工序应按施工技术标准进行操作，该工序完成后，对反映该工序质量的控制点进行自检。自检的结果要留有记录。这些结果可以作为施工记录的内容，有的也正好是检验批验收需要的检验数据，要填入检验批质量验收记录表中。

交接检验：一般情况下，一个工序完成后就形成了一个检验批，可以对这个检验批进行验收，而不需要另外进行交接检验。对于不能形成检验批的工序，在其完成后应由其完成方与承接方进行交接检验。特别是不同专业工序之间的交接检验，应经监理工程师检查认可，未经检查或经检查不合格的不得进行下道工序施工。其目的有三个：一是促进前道工序的质量控制；二是促进后道工序对前道工序施工质量的保护；三是分清质量职责，避免发生纠纷。

3.1.3 作为铁路轨道工程施工质量验收的强制性条文，必须严格遵守。工程施工质量验收包括检验批、分项工程、分部工程和单位工程施工质量的验收。

(1)客运专线铁路有砟轨道工程施工质量验收的依据是本验标和有关专业验标,各项验标均具有强制性。除此之外,均不得作为验收依据。

(2)按图施工是施工单位的重要原则,勘察设计文件是施工的依据,施工中不得随意改变勘察设计文件。如必须改变时,应按程序由设计单位修改,施工质量也应符合修改后的设计文件要求。

(3)参加施工质量验收的各方人员,是指参加检验批、分项工程、分部工程、单位工程施工质量验收的人员,这些人员应具有相应的资格。本暂行标准给出了原则性的规定,还应结合工程情况、管理模式等,在保证工程质量、分清责任的前提下具体确定。

(4)施工单位是施工质量控制的主体,应对工程施工质量负责,其工程施工质量必须达到本暂行标准的规定。其他各方的验收工作必须在施工单位自行检查合格基础上进行。

(5)为了保证对涉及结构安全的试块、试件的代表性和真实性负责,监理单位必须按本暂行标准对各检查项目的规定,进行平行检验、见证取样检测或见证检测,且各检验项目中均有具体规定。涉及结构安全和使用功能的现场检测项目,监理单位应按规定进行见证或平行检验。见证或平行检验的数量各检验项目中也有具体规定。

(6)检验批质量验收是对主控项目和一般项目的检查验收。只要这些项目的质量达到了本暂行标准的规定,就可以判定该检验批合格。标准中的其他要求不在检验批质量验收中涉及。

(7)对涉及结构安全和使用功能的重要分部工程的抽样检测是验收标准增加的重要内容,以前的标准中没有这方面的要求。

(8)为了保证见证取样检测及结构安全检测结果的可靠性、可比性和公正性,检测单位应具备有关管理部门核定的资质。对于特殊项目的检测,可由建设单位确定检测单位。

(9)单位工程的观感质量相对涉及结构安全和使用功能的主体工程质量而言,应该是比较次要的。但是,对完工后的工程进行一次全面检查,对工程整体质量进行一次现场核实,是很有必要的。观感质量验收绝不是单纯的外观检查,也不是在单位工程完成后对涉及外观质量的项目进行重新检查,更不是引导施工单位在工程外观上做片面的投入。观感质量验收的目的在于直观地从宏观上对工程的安全可靠性能和使用功能进行验收。如局部缺损、污染等,特别是在检验批、分项工程、分部工程的检查验收时反映不出来,而后来又发生变化的情况,通过观感质量验收及时发现问题,提出整改,是一个不可缺少的质量控制环节。

3.2.1~3.2.6 明确单位工程、分部工程、分项工程的划分以及检验批的具体规模数量,是开展工程质量验收工作的重要基础,是提高验标可操作性的关键所在,在各级工程质量验收中必须严格执行。客运专线铁路轨道工程施工质量验收应按四级划分:单位工程、分部工程、分项工程、检验批。

单位工程:按一个完整工程,或一个完整工程中的相当规模施工范围,或几个完整工程组成的相当规模施工范围划分。

分部工程:按一个完整的部位、主要结构或施工阶段划分,由若干个分项工程组成。

分项工程:主要是按工种划分,有的也可按工序、材料、工艺等划分。由若干个检验批组成,特殊情况下仅含一个检验批。

检验批：是分项工程的组成部分。根据施工质量控制和验收需要，将一个分项工程划分成若干个检验批。检验批是施工质量验收的基本单元。

3.3.1 检验批质量验收内容包括实物检查和资料检查两部分。本暂行标准对检验批质量验收的要求都是根据这两个方面做出的规定。

3.3.2 检验批质量合格的前提是主控项目和一般项目的质量经抽样检验合格。对于有允许偏差的一般项目抽查点除有专门要求外，规定在允许偏差内的点应达到80%及以上，其余抽查点可以超出允许偏差，但不得大于允许偏差的1.5倍。

3.3.3 分项工程质量验收是对其所含检验批质量的统计汇总。主要是检查核对检验批是否覆盖分项工程范围，不能缺漏。当然，如果检验批质量不合格也就不能进行分项工程质量验收。

3.3.4 分部工程质量验收包括以下三个方面的内容：

(1)分部工程所含分项工程的质量均应验收合格。这也是一项统计汇总工作，应注意核对有没有缺漏的分项工程，各分项工程验收是否正确等。

(2)质量控制资料应完整。这也是一项统计汇总工作，主要是检查检验批的验收资料、施工操作依据、质量记录是否完整配套，是否全面反映了质量状况。

(3)主要检查项目是否有缺漏、检测记录是否符合要求，检测结果是否符合本暂行标准的规定和设计要求。

3.3.5 单位工程质量的验收是建设活动各方对施工质量控制的最后一关。分部工程质量、质量控制资料、检测资料及抽查结果、观感质量均应符合本暂行标准的规定。

3.3.6 工程质量不符合要求的情况，多在检验批质量验收阶段出现，否则会影响相关分项、分部工程质量的验收。

(1)对于推倒重做、更换构配件或设备的检验批，应该重新进行验收。当重新抽样检查后，检验项目符合本暂行标准规定的，应判定该检验批合格。

(2)个别检验批试块试件的强度不能满足要求的情况，包括试块试件失去代表性、试块试件丢失或缺少、试验报告有缺陷或对试验报告有怀疑等。这种情况下，应按规定程序由有资质的检测单位进行检验测试。如果测试结果证明该检验批的质量能够达到原设计要求，则该检验批予以合格验收。

应该说以上两种情况的处理，没有降低工程的质量标准，不会影响结构安全和使用功能，还是属于正常验收的范围。

对于其他不合格的现象，因情况复杂，本暂行标准不能给出明确的处理方案。由各方根据具体情况按程序协商处理。

3.3.7 采取返修或加固处理措施后，仍然存在严重缺陷，不能满足安全和使用要求的分部、单位工程，是不合格工程，严禁验收。

3.4.1～3.4.5 工程施工质量验收的程序和组织应把握以下要点：

(1)施工单位自检合格是验收工作的基础；

(2)监理单位应对所有主控项目进行检查，对一般项目可根据施工单位质量控制情况确定检查项目；

(3)参加验收的各方人员应具备相应的资格，主要是能够负质量责任，当发生质量问题时具有可追溯性；

(4)勘察设计单位只参加单位工程和与勘察、设什文件有直接关系的分部工程的验收。

4.0.1　根据《京沪高速铁路设计暂行规定》(铁建设〔2004〕157号)、《新建时速200～250公里客运专线铁路设计暂行规定》的有关规定,高速客运专线应设置线路基桩,其目的是为施工和养护维修中平面和高程测量提供基准的控制桩。

5.1.2　该条引自《京沪高速铁路设计暂行规定》(铁建设〔2004〕157号)、《新建时速200～250公里客运专线铁路设计暂行规定》的有关规定。

5.1.3　该条参照《350 km/h客运专线特级碎石道砟暂行技术条件》的有关规定。

5.1.6　每层道床起道、捣固作业后,应进行1～2次动力稳定作业,稳定车在路基上工作速度一般为0.6～0.9 km/h,由下层至上层速度逐层降低。从路基向桥上进行动力稳定时,应在上桥前30 m范围内把加载值逐渐降低50%,并在下桥后30 m范围内再把加载值逐渐提高到原来的数值。隧道中采用在桥上同样的方法处理。稳定车在桥上进行动力稳定应避开桥梁自振频率,工作速度不得低于1 km/h,在桥上不得开始起振,也不宜结束动力稳定作业。

5.2.3　道床密实程度是衡量道床状态和评定道床作业效果的重要参数之一。根据以往工程实践,道床密度在自然状态下即可达到1.4 g/cm^3,要求底层道床应略为压实,故规定"道床密度不应小于1.6 g/cm^3"。

5.2.5、5.4.5　预铺道砟表面平整度直接影响长钢轨轨道和道岔铺设质量,故严格规定表面平整度的控制标准。

5.3.3、5.4.4、7.5.5　道床状态参数引自《京沪高速铁路设计暂行规定》(铁建设〔2004〕157号)、《新建时速200～250公里客运专线铁路设计暂行规定》和《新建时速200公里客货共线铁路工程施工质量验收暂行标准》(铁建设〔2004〕8号)的有关规定。

5.4.3　该条规定"道床密度不应小于1.7 g/cm^3",要求铺岔前岔位枕下道床经分层压实接近稳定状态的道床密度,是因为预铺道砟厚度已超过大机养路捣镐深度,道床密度依靠分层压实达到,以保证铺岔后经末次上砟整道和轨道整理即可达到验收标准。

6.0.1　《钢轨焊接》(TB 1362)中规定,出现下列情况之一时应进行型式检验:(1)焊轨组织初次生产;(2)正常生产后,改变焊接工艺,可能影响焊接接头质量;(3)更换焊轨设备;(4)钢轨生产厂、或钢轨型号、或钢轨牌号、或钢轨交货状态改变,首次焊接时;(5)生产检验结果不合格;(6)停产1年后,恢复生产前。

出现下列情况之一时应进行生产检验:(1)连续焊接500个接头;(2)焊机工况变化,对某个焊接参数进行修正之后;(3)焊机出现故障、记录曲线异常,故障排除之后;(4)焊机停焊钢轨1个月以上,开始焊接生产前。

6.0.3　《350 km/h客运专线60 kg/m钢轨暂行技术条件》中对标准轨质量检验规定:轨头宽度允许偏差为±0.5 mm,轨底宽度允许偏差为±1.0 mm,断面不对称允许偏差为±1.2 mm。如将两根断面不对称偏差过大的钢轨相对焊接,其相错量超过1 mm,严重影响焊机对轨质量。如按轨头工作边对正,轨底会出现严重错牙,将影响轨距挡块安装,造成轨距超标和轨向不良。因此钢轨进货后,应逐根测量断面尺寸,尤其是断面不对称的钢轨,按0.3 mm为一级分类。配轨时,选用同级钢轨或断面不对称偏差不大于0.3 mm的钢轨相对焊接,以确保焊头质量。

6.0.11、7.2.11　钢轨焊接接头平直度标准参照《钢轨焊接》(TB/T 1632—2005)、《京沪高速铁路设计暂行规定》(铁建设〔2004〕157号)、《新建时速200～250公里客运专线铁路设计暂行规定》的有关规定。目前钢轨焊接质量较过去有很大提高，打磨钢轨焊头的机械水平已能达到现场和基地（工厂）一致。由于平直度是满足列车高速运行的基本条件，故本暂行标准对焊接接头平直度不分焊接方法均采用同一标准。

7.1.12、7.2.12、7.2.13、7.2.14 该四条标准引自《京沪高速铁路设计暂行规定》（铁建设〔2004〕157号）、《新建时速200～250公里客运专线铁路设计暂行规定》的有关规定。

7.4.2、7.4.6 该两条标准引自《京沪高速铁路设计暂行规定》（铁建设〔2004〕157号）、《新建时速200～250公里客运专线铁路设计暂行规定》的有关规定。

7.5.2 参照国外经验，新建无缝线路在开通运营前，有必要打磨钢轨。预防性打磨钢轨的作用是：

（1）避免钢轨表面微小缺陷的发展扩大，推迟可能发生的波形磨耗，延长钢轨寿命；

（2）消除钢轨轧制过程中形成的长波不平顺和轨面的斑点，提高线路平顺性；

（3）使钢轨轨面粗糙度适应列车速度，减少轮轨相互作用产生的噪音。

7.5.5 道床状态参数指标根据《京沪高速铁路设计暂行规定》（铁建设〔2004〕157号）和《新建时速200～250公里客运专线铁路设计暂行规定》中的有关标准制定的。

7.5.7 正线有砟轨道静态平顺度铺设精度标准参照《京沪高速铁路设计暂行规定》（铁建设〔2004〕157号）《新建时速200～250公里客运专线铁路设计暂行规定》的有关规定。

8.1.3 道岔应在工厂内预组装并验收，内容如下：

（1）道岔应在制造厂内进行预组装和调试，按厂内组装试铺验收技术条件的 规定检验合格，并在各部分打上组合标记，经采购方确认后，按要求分解或部分分解发运；

（2）经制造厂检验合格的道岔出厂时，应提供铺设图，并由质检部门签发出厂合格证，其标识和包装应符合相关规定。

9.1.1 钢轨伸缩调节器应在工厂内试组装并由采购方验收，并应符合如下要求：

（1）各部件尺寸应符合设计，不得超过允许误差。

（2）钢轨伸缩调节器在厂内组装并由采购方验收，应进行伸缩量试验，伸缩量不应小于设计值。基本轨及尖轨伸缩阻力应符合客运专线铁路钢轨伸缩调节器相关技术要求。

（3）成组交货的钢轨伸缩调节器出厂时，制造厂技术检验部门应对产品零部件依据相关条件进行检验，并签发出厂合格证，提供铺设图和发货明细表。

CHINA RAILWAY PUBLISHING HOUSE

铁路工程施工技术指南

经规标准〔2005〕110 号

客运专线铁路轨道工程施工技术指南

TZ 211—2005

2005—09—22 发布　　2005—09—22 实施

铁道部经济规划研究院　发布

前　　言

本技术指南是根据铁道部《关于印发〈2005年铁路工程建设标准编制计划〉的通知》(铁建设函〔2005〕84号)的要求进行编制的。

本技术指南在编制过程中,认真总结我国铁路建设的经验和教训,学习和借鉴国际先进标准,以施工质量验收标准为依据,重点对施工过程中的工艺、方法、措施和质量控制目标作出了规定,反映了工程施工的新技术、新材料、新工艺、新方法,突出了客运专线铁路的技术特点。本技术指南是客运专线铁路轨道工程施工的指导性技术文件。

根据铁道部《铁路工程建设标准管理办法》(铁建设〔2004〕143号)关于铁路工程建设标准体系调整的要求,为鼓励技术创新,促进技术进步,指导施工企业根据自身技术、装备、管理水平和市场定位需要制订技术要求更高、针对性更强、内容更为具体的企业标准,编制了本技术指南。今后铁道行业将不再发布新的施工规范。本技术指南严格按照标准编制程序组织编制,分别对编制大纲、征求意见稿、送审稿、报批稿组织路内外专家进行了审查。

本技术指南共分13章,主要内容包括:总则、术语、环境保护、施工准备、基地钢轨焊接、有砟轨道铺轨铺砟、工地钢轨焊接、应力放散及无缝线路锁定、正线道岔及钢轨伸缩调节器铺设、钢轨胶接绝缘接头、轨道整理及钢轨预打磨、轨道常备材料、工程竣工等,另有14个附录。

在执行本技术指南过程中,希望各单位结合工程实践,认真总结经验,积累资料。如发现需要修改和补充之处,请及时将意见及有关资料寄交中铁一局集团有限公司(陕西省西安市雁塔路北段1号,邮政编码:710054),并抄送铁道部经济规划研究院(北京市海淀区羊坊店路甲8号,邮政编码:100038),供今后修订时参考。

本技术指南主编单位:中铁一局集团有限公司。

本技术指南参编单位:中铁三局集团有限公司、中铁四局集团有限公司、中铁十一局集团有限公司、中国铁道建筑总公司、中铁工程设计咨询集团有限公司、铁道第二勘察设计院、铁道第三勘察设计院、铁道第四勘察设计院。

本技术指南主要起草人:朱　飚、李兵选、杨竞雄、朱同蜜、孙柏辉、高慧安、王家林、伍　林、耿　锦、朱晓夷、张宁南、郝洪波、陈清林、况　勇、张　蕾、张　庆、赵陆青、康　琳、扈慧丽、杨进华、刘桢和、陈仲华、王　菁。

CHINA RAILWAY PUBLISHING HOUSE

目　次

CHINA RAILWAY PUBLISHING HOUSE

CHINA RAILWAY PUBLISHING HOUSE

1 总　则

1.0.1　为统一客运专线铁路轨道工程施工技术要求,加强施工管理,保证工程质量,制定本技术指南。

1.0.2　本技术指南适用于旅客列车设计行车速度200~350 km/h标准轨距客运专线铁路轨道工程施工。无砟轨道工程施工尚应符合无砟轨道客运专线铁路工程施工的有关规定。

1.0.3　客运专线铁路轨道工程施工应积极采用技术先进、经济合理、安全可靠的装备、工艺、材料和施工方法。

1.0.4　各种轨道部件质量应符合与客运专线设计行车速度相适应的国家或铁道部现行有关标准。特定的轨道部件应按设计标准采购,并经鉴定合格后方可使用。

1.0.5　施工现场宜保持整洁,注重环保,防止污染环境,做到文明施工。

1.0.6　施工中应认真作好原始记录,积累资料,不断总结经验,提高轨道施工技术水平。

1.0.7　客运专线铁路轨道工程施工除应符合本技术指南的要求外,尚应符合国家现行的有关强制性标准的规定。

CHINA RAILWAY PUBLISHING HOUSE

2 术　语

2.0.1　长钢轨　long rail

超过标准长度的钢轨(其中包括厂焊钢轨)。

2.0.2　单元轨节　rail link

一次锁定的连续轨条。

2.0.3　设计锁定轨温　design stress free temperature of rail

根据气象资料和无缝线路允许升温幅度、允许降温幅度,计算确定的无缝线路锁定轨温。

2.0.4　实际锁定轨温　actual fastening down temperature of rail

无缝线路温度力为“零”时的钢轨温度。

2.0.5　钢轨胶接绝缘接头　glued insulated rail joint

由胶粘剂胶合的钢轨绝缘接头。

CHINA RAILWAY PUBLISHING HOUSE

3 环境保护

3.0.1 施工期间所产生的振动噪声、粉尘、烟雾、污水和废弃物等排放，应符合国家和地方相关环保的现行法规和相关设计规定。

3.0.2 在制定施工方案及选址时，大临工程宜利用荒地，少占农田。

3.0.3 铺轨基地应有良好的排水系统，生活污水排放和垃圾处理等应符合当地政府相关规定。

3.0.4 施工现场各种材料的存放必须规范、有序。

3.0.5 道砟装卸宜采取降尘措施。

3.0.6 应使用符合环保要求的机械设备和工艺。

3.0.7 应合理安排施工时间，减少噪声扰民。

CHINA RAILWAY PUBLISHING HOUSE TB

4 施工准备

4.1 设计文件核对及技术交底

4.1.1 轨道施工前,应熟悉已批准的施工设计文件(包括变更设计文件),接收与轨道施工有关的已竣工工程及变更设计资料,并进行核对。

4.1.2 施工前应进行技术交底。

4.2 施工调查

4.2.1 调查沿线道砟来源、供砟方式、道砟运输条件及道砟储备场设置条件。

4.2.2 调查沿线水源、电源供应情况及使用当地电网的可能性等。

4.2.3 调查大型铺轨机械通过地段的限界情况。

4.2.4 收集沿线水文气象资料。

4.2.5 了解与轨道工程有关的工程进展情况、质量状况及对轨道工程的影响。

4.3 编制实施性施工组织设计

4.3.1 铺轨前应编制实施性施工组织设计,对施工过程的质量控制及进度计划提出明确的要求,并制定作业指导书。

4.3.2 实施性施工组织设计应包括以下主要内容:

1 编制依据及原则;

2 工程概况;

3 机构设置及劳动力组织;

4 主要施工方法及施工安排(包括施工顺序、施工进度),制定各季节焊接、铺设长钢轨的技术措施和铺轨进度计划的实施方案;

5 轨道部件用料计划和供料方式;

6 铺轨、焊轨基地设置,沿线临时工程,通讯及行车方案;

7 生产及生活用水、用电供应方案;

8 施工机械及试验检测设备配置计划;

9 工程运输组织(含长钢轨运输)及机车车辆配置计划;

10 工期、施工安全、质量保证、文明施工及环境和劳动保护等措施。

4.4 轨道部件的质量检验及储存

4.4.1 客运专线铁路有砟轨道部件包括:钢轨、轨枕、联结零件、道砟、道岔、钢轨伸缩调节器和线路附属设备等。

4.4.2 各类轨道部件生产厂家均应具有生产资质,并按照相关标准规定的批量,出具产品检验合格证,并提供质量保证书。采购方应提供质量复验证明书。

4.4.3 施工单位应对进场的轨道部件按《客运专线铁路轨道工程施工质量验收暂行标准》规定进行抽样检查。

4.4.4 轨料存放场基底应平实,并有良好的排水系统。

4.4.5 钢轨应分类垛码,并符合下列规定:

1 钢轨起吊应缓起、轻落并保持钢轨基本平直。

2 钢轨应逐根丈量,并测量断面尺寸。不同长度和断面尺寸公差级别的钢轨应分类垛码,并予以标识。

3 每垛钢轨应竖立标牌,标识产地、类型、规格、数量。

4 钢轨垛底应承垫架空,支垫应与钢轨垂直放置,间距5 ~7.5 m。上下层同位,垛码层数应保证钢轨不伤损变形。

4.4.6 轨枕应分类垛码,并符合下列规定:

1 垛码混凝土枕应上下同位,层间承轨槽处应垫以小方木或其他材料,其顶面应高出挡肩或预埋件顶面 20 mm。

2 木枕存放场内应有消防设施。

4.4.7 道砟储存应符合下列规定:

1 存砟场的设置和存砟数量应满足施工进度的要求。

2 堆砟场地面应进行硬化。

3 清洁的道砟堆应予覆盖或入库存放。

4 不得使用履带式设备堆砟。当使用胶轮装载机进行堆砟和装车作业时,装载机不得在同一砟面上反复行走。砟堆高度不宜超过 3 m。

5 被污染的道砟未经处理干净不得上道。

4.4.8 道岔、钢轨伸缩调节器及其配件应配套成组或按部件分类放置、垛码整齐。

4.4.9 其他轨道部件存放应符合相关规定。

4.4.10 铺轨前,应按铺轨进度计划,落实各种轨道部件来源,其供货进度应与施工进度相配合,并有一定数量的储备。

4.5 施工人员培训及机械准备

4.5.1 施工队伍作业人员应进行岗前培训,经考试合格后持证上岗。

4.5.2 轨道工程施工前应根据施工方法配备焊轨、道砟摊铺、长钢轨及轨枕运输、铺枕及铺轨、大型养路机械及补砟、应力放散及锁定、钢轨预打磨等设备。

4.6 检测机构设置及相应设备

4.6.1 施工前应根据质量控制需要设置经认证的检测机构,并配备相应的检测设备。

4.6.2 试验检测设备主要包括:钢轨焊接接头(以下简称钢轨焊头)质量检测设备、有砟道床状态参数指标检测设备、轨道几何尺寸检测设备、轨温计等。

4.6.3　各施工检测设备要在使用前预加校验，不合格者不得使用。

4.7　线路基桩设置

4.7.1　预铺道砟前应按设计设置好线路基桩。

4.7.2　线路基桩材质、标准、设置位置、数量和精度应符合设计要求。

4.7.3　线路基桩应在贯通测量后设置，测量误差应在限差内调整闭合，设置精度应符合相关技术标准规定。因路基沉降等致使基桩变位应及时修正测量资料。

4.7.4　线路基桩应设置牢固，标识清晰、齐全、便于观看，并绘制布设平面示意图和线路基桩表描述其位置、外移距离和高程。

4.8　铺轨前与线下施工单位交接

4.8.1　铺轨前，路基、桥、隧及过渡段应有检验合格资料，并提供沉降变形观测资料及评估报告。

4.8.2　铺轨施工单位应接收线下施工单位的线路测量资料及控制桩，核实中线贯通情况，并复测线路基桩和路面高程。中线桩、线路基桩、水准点应钉设齐全，缺损者应在铺轨前补齐。

4.8.3　铺轨施工单位与线下施工单位交接应在铺轨一个月前进行。

4.8.4　线路复测应符合客运专线铁路测量相关规定。

CHINA RAILWAY PUBLISHING HOUSE

4.9　铺 轨 基 地

4.9.1　铺轨基地宜设置在既有车站附近，应根据工程规模、施工方法及进度要求按经济技术比选确定，并有富余生产能力。

4.9.2　铺轨基地的设施和布置应符合下列规定：

1　基地设施宜永临结合，少占农田，注意环境保护，并充分利用现有水源、电源及运输通道。

2　基地联络线的坡度和曲线半径，应根据地形、运量和作业方法确定。有长轨列车通过的线路曲线半径不宜小于300 m，道岔不宜小于9号，最大坡度不宜大于正线的最大坡度，并按有关规定设置安全设施。

3　铺轨基地应修建消防通道，相邻料堆间，应根据作业需要，留有不小于0.5 m的距离，场内堆置物与轨道及龙门吊走行线间应留有安全距离。

4　采用基地焊轨时，应设置焊轨生产线和标准轨、长钢轨存储场地，满足长钢轨生产需要。

5　基地内应配备机械检修、钢轨焊接质量及轨道部件相关检测设施。

6　基地内临时工程的设置，应尽量避免影响站后工程施工。

7　基地内尽头线应设车挡。电器设备应加装安全保护装置。管线应采取防磨损、防撞击措施。起重设备使用前应通过安全检验。

8　基地内轨道标准、股道布置、线路平纵断面和建筑限界，应满足大型机械和机车车辆的作业、停放、进出及检修要求。

5 基地钢轨焊接

5.1 基地钢轨焊接设备组成

5.1.1 基地钢轨焊接应配备轨端除锈、钢轨焊接、焊缝正火、冷却、钢轨校直、焊缝打磨、探伤等设备。

5.2 长钢轨焊接

5.2.1 待焊钢轨应符合客运专线铁路钢轨相关技术条件的规定。

5.2.2 基地钢轨焊接应采用接触焊。

5.2.3 焊接设备操作人员必须经过专业培训,熟悉钢轨焊头质量标准,经有关部门考核合格,并获得操作合格证。

5.2.4 操作人员必须严格执行焊接设备的操作规程,并按型式检验确定的作业参数操作。

5.2.5 长钢轨焊接基本工艺流程见图5.2.5。

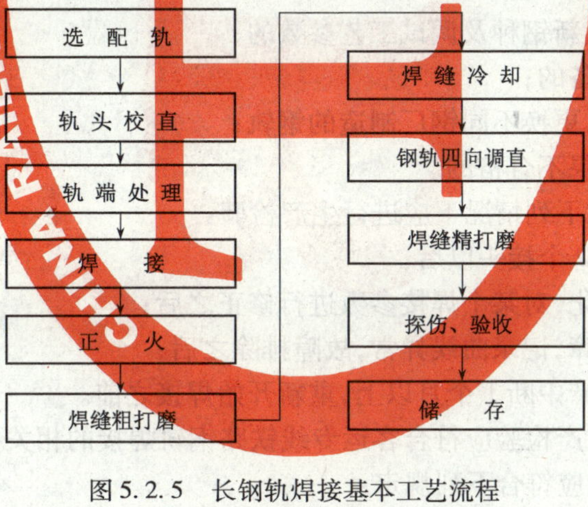

图 5.2.5 长钢轨焊接基本工艺流程

5.2.6 长钢轨焊接前应根据设计要求编制配轨计划表。

5.2.7 配轨时应选用断面不对称、公差基本一致的钢轨相对焊接。长钢轨首尾断面的不对称偏差不得大于 0.6 mm。

5.2.8 根据配轨要求及调直情况等对钢轨进行截锯。钢轨硬弯经矫直后,用 1 m 直尺测量其矢度不应大于 0.2 mm。

5.2.9 清除轨端0.5 m范围内的污垢,待焊轨端面及钢轨与电极接触部位应打磨除锈,使金属光泽露出达 80% 以上。

5.2.10 当环境温度低于10 ℃时,焊轨前两轨端加热温度应符合客运专线铁路钢轨焊接

CHINA RAILWAY PUBLISHING HOUSE

的相关要求。

5.2.11 钢轨进入焊机前,应检查除锈作业质量,除锈质量不良时,应退回重新除锈。

5.2.12 钢轨进入焊机后,在对头过程中,应注意必须以工作面为基准。轨头工作面错位偏差不应大于0.2 mm,轨底边缘错位偏差不应大于1 mm。

5.2.13 焊机电极表面必须光洁、平整,发生灼伤后应及时处理,必要时应更换。

5.2.14 每焊完一个焊接接头应对电极进行清理,不得留有尘渣。每焊完一条长轨应清理一次电极及护板。

5.2.15 焊接结束后,应立即对焊接接头进行标识。接头标识应与钢轨标记、焊接记录或报表对应。标识应在焊接接头前方3 ~5 m处的轨腰部位,标识符号应清晰、端正。

5.2.16 焊接接头温度低于500 ℃时方可正火加热。轨头加热的表面温度应控制在900 ℃ ±20 ℃,轨底角表面温度应控制在800 ℃ ~900 ℃。

5.2.17 焊后矫直应在焊接接头热处理后进行,热态或冷态下均可矫直。焊接接头热态矫直温度应低于400 ℃,并预留上拱量;冷态矫直温度应低于50 ℃,矫后1 m长度宜有0.3 ~0.5 mm的上拱量。不宜反复多次矫直。

5.2.18 精磨前,焊接接头及两端1 m范围内温度应控制在50 ℃以下。

5.3 检 验

5.3.1 钢轨焊接接头检验分型式检验和生产检验,应包括以下内容:

1 型式检验。在下列情况下应进行型式检验:

1)钢轨焊接接头试生产;

2)采用新轨型、新钢种及调试工艺参数的;

3)更换焊轨设备的;

4)首次焊接时,更换不同钢厂制造的钢轨;

5)生产检验结果不合格的。

2 生产检验。在下列情况下应进行生产检验:

1)连续焊接500个接头以后;

2)焊接工况变化,对某个焊接参数进行修正之后;

3)焊机出现故障,记录曲线异常,故障排除之后;

4)钢轨焊接生产中断1个月以上,重新开始焊接之前。

3 型式检验和生产检验应符合客运专线铁路钢轨焊接的相关要求。

5.3.2 钢轨出厂检验应符合下列规定:

1 每个钢轨焊头均应进行超声波探伤检查:

1)钢轨探伤前应将焊头轨温冷却到50 ℃以下。

2)钢轨焊头不得有未焊透、过烧、裂纹、气孔、夹砟等有害缺陷。

3)经探伤检查不合格者应锯切重焊。

2 每个钢轨焊头均应进行外观检查,其结果应符合下列规定:

1)钢轨焊头应纵向打磨平顺,不得有低接头。用1 m直尺测量钢轨焊接接头平直度允许偏差应符合表5.3.2规定。

CHINA RAILWAY PUBLISHING HOUSE

2）钢轨焊头轨顶面及侧面应予打磨。轨头及轨底上圆角在1 m范围内应圆顺。母材打磨深度不得超过0.5 mm。

3）钢轨焊头在轨底上表面焊缝两侧各150 mm范围内及距两侧轨底角边缘各35 mm的范围内应打磨平整。

4）焊缝两侧各100 mm范围不得有明显的压痕、碰痕、划伤等缺陷。焊头不得有电击伤。

表5.3.2　焊接接头平直度允许偏差（mm/1 m）

序号	部　位	旅客列车设计行车速度 v（km/h）	
		200	$200<v\leqslant250$ 及 $300\leqslant v\leqslant350$
1	轨顶面	$^{+0.3}_{0}$	$^{+0.2}_{0}$
2	轨头内侧工作面	$^{+0.3}_{0}$	$^{+0.2}_{0}$
3	轨底（焊筋）	$^{+0.5}_{0}$	$^{+0.5}_{0}$

注：1　轨顶面中，符号“+”表示高出钢轨母材规定基准面。
2　轨头内侧工作面中，符号“+”表示凹进。
3　轨底（焊筋）中，符号“+”表示凸出。

5.4　长钢轨存放、装车及运输

5.4.1　长钢轨编号应符合以下要求：

1　长钢轨应由焊轨厂按照配轨表的要求进行编号，并具有可追溯性。

2　焊轨时应在每个焊头附近钢轨外侧轨腰上标明钢轨工作边位置（左股或右股）、长钢轨编号及焊头编号。

3　配对装车时应编写单元轨节铺轨流水号，并作好相应记录。

4　长钢轨编号应用油漆标记。编号应色泽鲜明，字体端正、清晰、大小统一。

5.4.2　长钢轨存放应符合以下要求：

1　合格的长钢轨应分左右股钢轨整理堆码，并标明其长度。

2　长钢轨存放台要平整、稳固，各层钢轨之间应采用钢轨支垫，支垫跨距7.5 m，上下对齐，与各层钢轨垂直放置。

3　长钢轨放置应整齐、平直、稳固。

5.4.3　长钢轨装车应符合以下要求：

1　长钢轨装车前应核实待装长钢轨编号，左右股长度应符合配轨计划。

2　吊装长钢轨时各龙门吊应同步作业，缓起，轻落，保持钢轨基本平直。

3　长钢轨的装车按配轨表要求分左右股对称吊装，按卸车顺序依次排放。

4　长钢轨装车后必须加固锁紧。

5.4.4　长钢轨运输应按超长货物组织运输，并制定安全措施。在运输中要建立运行监护、停车检查制度。

CHINA RAILWAY PUBLISHING HOUSE TB

6　有砟轨道铺轨铺砟

6.1　一 般 规 定

6.1.1　有砟轨道施工时，铺枕、铺轨作业区与铺砟整道作业区的距离不宜过长。施工应采用一次铺设跨区间无缝线路的“流水作业法”。有砟轨道施工基本工艺流程见图6.1.1。

6.1.2　有砟轨道铺枕应符合下列技术标准：

1　轨枕铺设间距为600 mm。轨枕间距应均匀，允许偏差为 ±20 mm；连续6根轨枕的距离为3 m，允许偏差为 ±30 mm。

2　轨枕应正位，并与轨道中心线垂直。

6.1.3　有砟轨道铺轨应符合下列技术标准：

1　轨道中心线与线路设计中心线应一致，允许偏差为30 mm。

2　单元轨节起止点不应设置在不同轨道结构过渡段以及不同线下基础过渡段范围。

6.1.4　正线碎石道砟的等级、材质、粒径、级配、颗粒形状和清洁度等应符合设计要求和相关技术条件规定（见附录P）。

6.1.5　无缝线路锁定前，线路应达到初期稳定状态，并应符合下列规定：

1　初期稳定阶段轨道几何尺寸允许偏差应符合表6.1.5的要求。

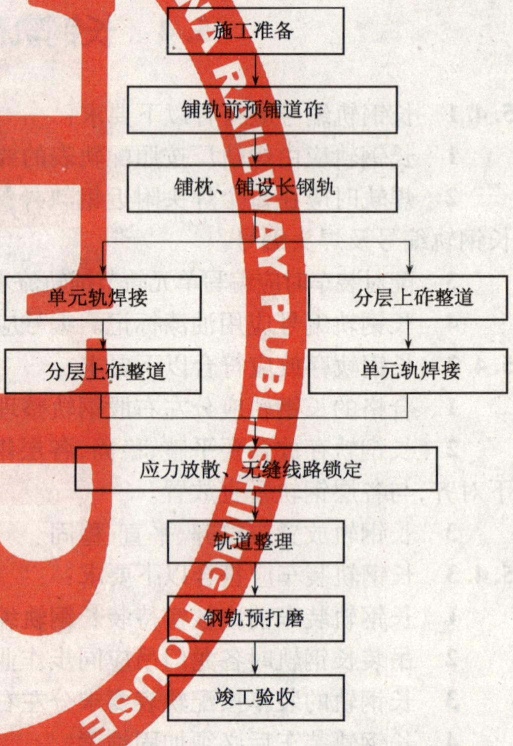

图6.1.1　有砟轨道施工基本工艺流程

CHINA RAILWAY PUBLISHING HOUSE

表6.1.5　初期稳定阶段轨道几何尺寸允许偏差（静态）

	轨距	水平	轨向	高低	扭曲
幅值（mm）	±2	4	4	4	4
弦长（m）	—	—	10	10	基长6.25

2　轨面高程及道床断面应符合设计要求，道床厚度宜比设计厚度小40 mm。道砟数量宜符合设计断面要求。

3　道床状态参数指标：

道床横向阻力不应小于 7.5 kN/枕。道床支承刚度不应小于 70 kN/mm。

6.2　铺轨前铺砟

6.2.1　路基面(含桥梁、隧道)经检验合格后,方可预铺道砟。

6.2.2　作业机械应符合下列规定:

1　运砟车辆不宜长距离频繁行驶在基床表面上,不得破坏路基基床表层。

2　道砟车辆在基床表面行驶时,应做到缓行缓停,禁止突然加速、急刹车和急速转弯。载重运行速度宜控制在 15 km/h 左右。

3　雨天禁止车辆在基床表面上行驶。

6.2.3　铺轨前铺砟可采用道砟摊铺机一次摊铺压实成形,或采用其他布砟机配合碾压机进行铺设,整平压实过程中应避免破坏路基面。

6.2.4　铺轨前铺砟厚度宜为 150 mm,单线宽度一般为 4.5 m。砟面应平整,中间不应凸起。

6.2.5　桥梁两端各 30 m 预铺道砟厚度应高出桥台挡砟墙顶面不小于 50 mm,并作好砟面顺坡,桥上预铺道砟厚度应高出盖板,并与两端桥头砟面持平。

6.2.6　铺轨前铺砟主要设备由摊铺机或布砟机、压实机械、自卸车、装载机等组成。铺轨前铺砟施工基本工艺流程见图 6.2.6。

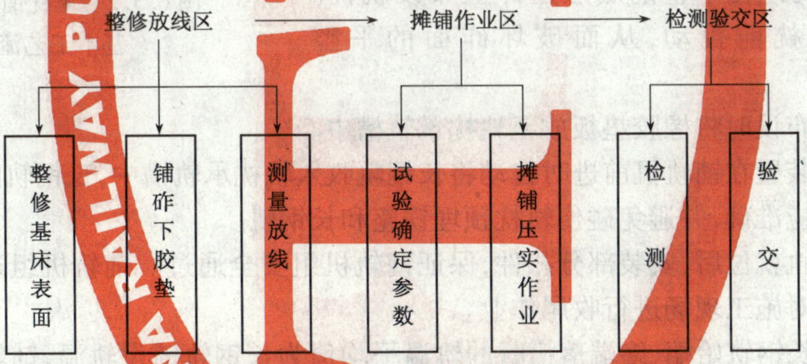

注:铺设砟下胶垫按设计执行。

图 6.2.6　铺轨前铺砟施工基本工艺流程

6.2.7　正线道砟摊铺压实后,应符合下列规定:

1　砟面外形:铺砟宽度、厚度等断面尺寸应符合设计规定。

2　表面平整度:用 3 m 直尺测量,各方向误差不应大于 20 mm;轨枕中部的道床不得凸出。

3　道砟摊铺压实后,密度不宜小于 1.6 g/cm^3。

6.3　铺 枕 铺 轨

6.3.1　正线轨道铺设宜采用单枕铺设法,主要设备由牵引车、铺轨机、枕轨运输列车、运枕龙门吊等组成。

CHINA RAILWAY PUBLISHING HOUSE

6.3.2 单枕铺设法施工基本工艺流程见图 6.3.2。

6.3.3 单枕铺设法施工作业应符合以下要求：

1 铺轨作业前应按设计要求精确测量线路中心线，并按铺轨机作业要求用醒目颜色设置铺轨机走行标示线或设置导向边桩及钢弦。

2 按枕轨运输列车技术要求装载长钢轨和轨枕。长钢轨装车完毕后要保证其锁定牢固，轨枕装车时严禁发生碰损、装偏、倾斜、漏垫支垫物等现象。

3 机车推送铺轨列车进场时，运枕龙门吊应在铺轨机上锁定牢固。

4 在底层道砟上按纵向 10 m、横向 3 ~ 3.25 m 间距成对布放拖轨滚筒，牵引车或长钢轨拖放车在长钢轨推送装置的配合下，将长钢轨沿滚筒方向拖放到线路两侧。

5 轨枕转运宜分层进行，避免各运输平车之间由于载重悬殊而产生车面高差。

6 铺轨机沿线路中心线匀速前行，轨枕布设装置按规定间距在平整的底层道砟上布设轨枕。应避免在布枕前扰动，从而破坏砟面的平整性。

7 轨枕布设时将橡胶垫板放至轨枕承轨槽中。

8 收轨装置在铺轨机前进时自动将长钢轨收入轨枕承轨槽中，长钢轨间用临时联接器连接，就位应准确，并避免碰伤轨枕预埋铁座和长钢轨。

9 长钢轨就位后，安装部分扣件，保证铺轨机组安全通过。铺轨机组通过后要及时补充扣件，并对施工现场进行收尾作业。

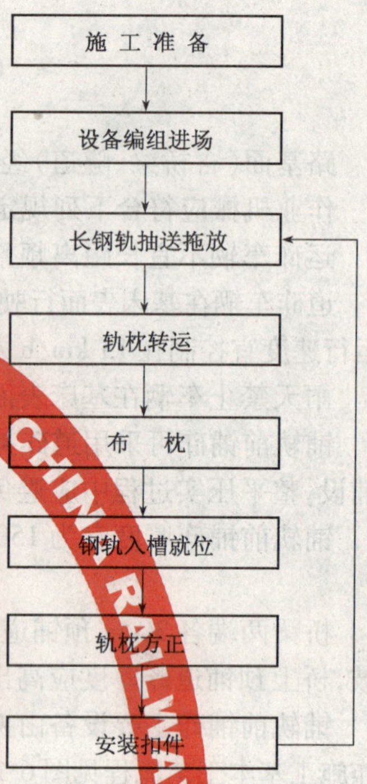

图 6.3.2 单枕铺设法施工基本工艺流程

6.3.4 每节长钢轨始端、终端落槽时的轨温平均值为长钢轨铺设轨温，铺轨时应及时记录。

6.4 分层上砟整道

6.4.1 铺轨后应使用大型机械化整道作业车组分层上砟、分层整道。

6.4.2 长钢轨铺设后应及时上砟整道或进行单元轨焊接，为确保线路稳定，第一次上砟整道应及时进行。

6.4.3 曲线外轨超高应按设计设置。

6.4.4 曲线外轨超高应在缓和曲线全长范围内均匀递减。

6.4.5 分层上砟整道施工主要设备包括风动卸砟车、机械化整道作业车组（简称 MDZ 车组。由起道、拨道、捣固作业车，配砟整形作业车，动力稳定作业车等设备组成）。分层上砟整道施工基本工艺流程见图 6.4.5。

CHINA RAILWAY PUBLISHING HOUSE

6.4.6 MDZ 作业车组分层上砟整道应符合下列规定：

1 起道、拨道、捣固作业轨温，应在长钢轨铺设轨温 −20 ℃ ~ +15 ℃范围内进行。

2 起道：第一、二次起道量不宜大于 80 mm，第三、四次起道量不宜大于 50 mm。每次起道作业后轨枕头外侧应有足够道砟，以保证长轨轨道的稳定性。

3 拨道：一次拨道量不宜大于 50 mm。

4 捣固：起道量 50 mm 以上时，宜选择双捣作业；起道量 50 mm 以下时，宜选择单捣作业。插镐深度（从枕下算起至镐尖）应不小于起道量。在有砟桥上，枕下道砟厚度不足 150 mm 时，不能进行捣固作业。

5 捣固作业结束前，应在作业终点划上标记，并以此开始按不大于 2‰的坡度递减顺坡，一般不在圆曲线上顺坡。严禁在缓和曲线上顺坡结束作业。

6 动力稳定：每层道床起道、捣固作业后，应进行 1 ~ 2 次动力稳定作业，稳定车在路基上工作速度一般为 0.6 ~ 0.9 km/h，由下层至上层速度逐层降低。从路基向桥上进行动力稳定时，应在上桥前 30 m 范围内把加载值逐渐降低 50%，并在下桥后 30 m 范围内再把加载值逐渐提高到原来的数值。隧道中采用在桥上同样的方法处理。稳定车在桥上进行动力稳定时应避开桥梁自振频率，工作速度不得低于 1 km/h，在桥上不得开始起振，也不宜结束动力稳定作业。

7 捣固作业时应同时夯拍道床边坡或砟肩。

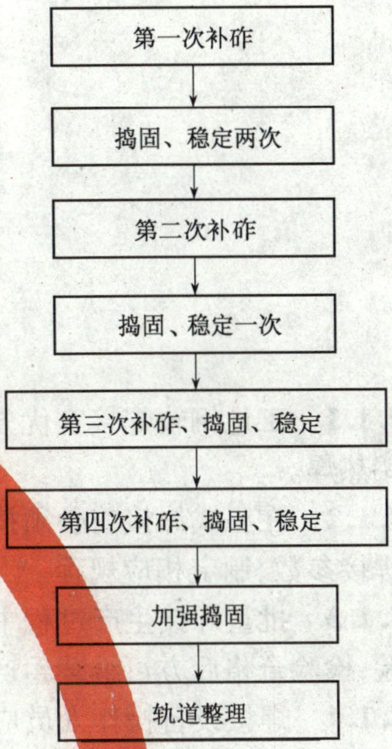

图 6.4.5 分层上砟整道施工基本工艺流程

CHINA RAILWAY PUBLISHING HOUSE

7　工地钢轨焊接

7.1　一般规定

7.1.1　工地钢轨焊接宜优先采用接触焊，道岔内及两端与线路连接的钢轨锁定焊可采用铝热焊。

7.1.2　在正式焊接前必须按客运专线铁路钢轨焊接的相关要求通过焊头型式检验，确定焊接参数，制定相应规程。

7.1.3　批量焊接生产过程中，应按客运专线铁路钢轨焊接的相关要求进行周期性生产检验，检验合格后方可继续生产。

7.1.4　焊接设备操作人员应符合本技术指南第5章规定。

7.1.5　焊接设备操作应符合本技术指南第5章规定。

7.1.6　气温低于0 ℃时不宜进行工地焊接。刮风、下雨天气焊接时，应采取防风、防雨措施。中雨、大雨和风力大于4级时不应进行焊接作业。

7.1.7　气温低于10 ℃时，焊前应用火焰预热轨端0.5 m长度范围，预热温度应均匀，钢轨表面预热升温为35 ℃～50 ℃，焊后应采取保温措施。

7.1.8　承受拉力的焊缝，在其轨温高于400 ℃时应持力保压。

7.1.9　左右股单元轨节接头相错量不宜超过100 mm。

7.1.10　工地钢轨焊接应符合长钢轨布置图，其加焊轨长度不得小于12 m。

7.1.11　工地焊接完成后应做好以下工作：

1　检查焊好的接头，并打上焊接标记，填写焊接记录报告。

2　将轨道恢复到正常状态并清理焊接现场。

CHINA RAILWAY PUBLISHING HOUSE

7.2　接　触　焊

7.2.1　工地钢轨焊接采用接触焊时，应采用工地钢轨接触焊作业车。

7.2.2　工地接触焊应有以下主要设备：工地钢轨接触焊作业车，拉轨、锯轨、打磨、正火、调直、探伤等设备。

7.2.3　工地接触焊施工基本工艺流程见图7.2.3。

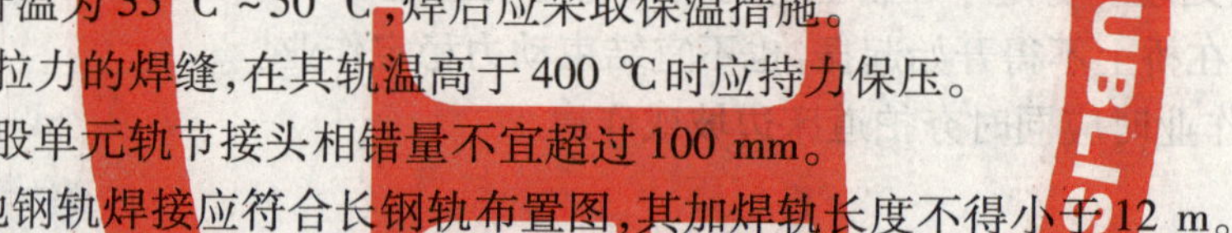

图7.2.3　工地接触焊施工基本工艺流程

7.2.4　接触焊作业工艺应符合下列规定：

1 通过型式检验确定工艺参数。

2 拆除待焊轨头前方全部长钢轨及轨头后方 10 m 范围内的扣件,并校直钢轨。

3 根据轨枕和扣件类型适当垫高待焊轨头后方的钢轨,以确保焊头轨顶平直度。

4 待焊轨头前方长钢轨下每隔 12.5 m 安放一个滚筒,以便钢轨可以纵向移动焊接。

5 打磨两焊接轨轨端和焊机电极钳口轨腰接触区,呈现光泽后方可施焊。

6 根据轨枕和扣件类型,在钢轨下加楔子将两焊接轨端抬起一定高度,便于焊机对位夹轨。

7 推进移动焊轨车初定位;由吊机的液压系统吊起焊机精确定位。

8 焊机夹紧钢轨并自动对正。焊机自动焊接钢轨、顶锻并推除焊瘤。

9 正火应在焊接接头不受拉力的条件下进行。

10 焊缝区域冷却到 400 ℃以下时,焊轨作业车方可通过钢轨焊头。

11 焊头打磨应在焊缝温度低于 200 ℃时进行,打磨过程中应保持轨头的外形轮廓,打磨长度不应超过焊缝两侧各 450 mm 的限度。轨底上角、下角应打磨圆顺。

12 焊缝及焊缝两侧 1 m 长度范围内的轨顶面、轨头内侧面应使用仿型打磨机精细打磨,打磨温度不应大于 50 ℃。

13 采用手砂轮粗打磨时,应纵向打磨,使火花飞出方向与钢轨纵向平行。打磨过程中,不应使砂轮在钢轨上跳动,从而冲击钢轨母材。不应出现打磨灼伤。

14 作业车焊完后,应用相应机具对钢轨焊缝进行正火、打磨、平直度检查和超声波探伤等。

7.3 铝 热 焊

7.3.1 工地铝热焊应有以下主要设备:砂模、坩锅、支架、焊前加热装置、焊后保温装置(低温条件下)、锯轨机、钢轨拉伸器、推瘤机、打磨机、对正设备和钢轨探伤仪器等。

7.3.2 铝热焊基本工艺流程见图 7.3.2。

7.3.3 进点前应根据设备材料清单检查并落实必备的工具、材料和设备,到达焊轨现场应对现场条件进行综合调查并采取必要的防护措施。

7.3.4 钢轨铝热焊焊缝距离轨枕边缘不应小于 100 mm。

7.3.5 钢轨端头应做外部处理:拆除焊头每侧 3 ~ 4 根轨枕的扣件和垫板,除去接头下方有碍作业的道砟,检查钢轨端头,并用钢丝刷清洁钢轨端头 100 ~ 150 mm,使其满足铝热焊要求。

7.3.6 调整轨缝使其满足焊接工艺要求。用对正设备从垂直和水平两方向对正两轨端。

7.3.7 装配砂模不得使用受潮的部件,应使钢轨端头间隙位于装有砂模底板的底托盘的正中央,严格按照操作工艺涂抹防漏泥。

7.3.8 预热前应记录钢轨的温度,按焊接工艺及焊剂要求进行预热,并准确计时。

7.3.9 确认坩锅干燥、清洁、无裂纹,确认焊药包包装袋密封、干燥和无破损。全包焊药应慢慢地旋转着倒入坩埚。

7.3.10 浇铸完毕后按规定时间拆模。拆除砂模后应尽快推瘤。

7.3.11 热打磨应符合下列规定:

1 打磨焊缝时,应在钢轨踏面上保留适量高出钢轨的焊头金属。

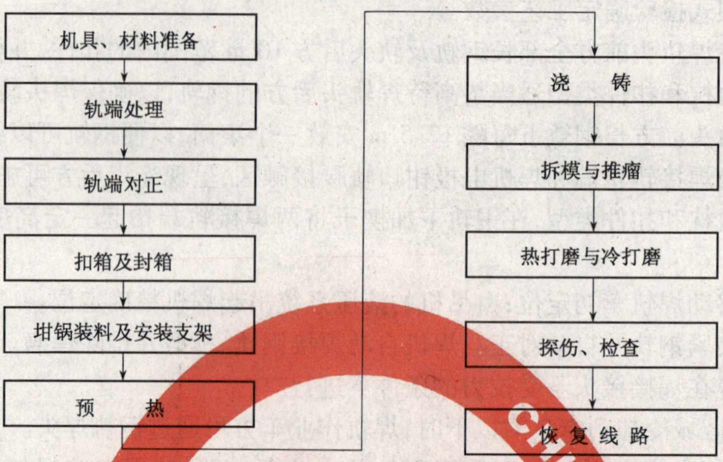

图 7.3.2　铝热焊基本工艺流程

2　在焊缝温度未降至 350 ℃以下时,不得解除钢轨拉伸器和对正设备。

7.3.12　冷打磨应符合下列规定:

1　在焊头温度降至 50 ℃以下进行。

2　应使打磨焊头的平直度和轨头轮廓达到技术标准要求。

3　不得在某一处过渡打磨,避免损伤钢轨。

7.4　焊接质量检验

7.4.1　每个焊接接头都应在焊后(焊缝冷却到 50 ℃以下)进行超声波探伤,发现不合格应切除重焊。

7.4.2　每个焊接接头焊好后应按规定进行外观检查,并作好记录,在接头附近作好标记。

7.4.3　工地钢轨焊接接头平直度允许偏差应符合表 7.4.3 的规定。

表 7.4.3　钢轨焊头平直度允许偏差(mm/1 m)

序　号	部　　位	旅客列车设计行车速度 v(km/h)	
		200	200 < v ≤ 250 及 300 ≤ v ≤ 350
1	轨顶面	$^{+0.3}_{0}$	$^{+0.2}_{0}$
2	轨头内侧工作面	$^{+0.3}_{0}$	$^{+0.2}_{0}$
3	轨底(焊筋)	$^{+0.5}_{0}$	$^{+0.5}_{0}$

注:1　轨顶面中,符号"+"表示高出钢轨母材规定基准面。

2　轨头内侧工作面中,符号"+"表示凹进。

3　轨底(焊筋)中,符号"+"表示凸出。

CHINA RAILWAY PUBLISHING HOUSE

8　应力放散及无缝线路锁定

8.1　一 般 规 定

8.1.1　无缝线路锁定应具备以下条件:

1　道床达到初期稳定,轨道质量应符合本技术指南第6.1.5条规定。

2　按设计要求设置钢轨位移观测桩。

3　施工轨温应在设计锁定轨温范围以内或以下时施工。

8.1.2　无缝线路锁定应符合下列规定:

1　无缝线路实际锁定轨温应控制在设计锁定轨温允许范围内。

2　无缝线路锁定时必须准确确定并记录锁定轨温。相邻单元轨节间的锁定轨温差不应大于5 ℃,左右股钢轨的锁定轨温差不应大于3 ℃,同一区间内单元轨节的最高与最低锁定轨温差不应大于10 ℃。

3　单元轨节长度应满足施工进度和铺设时应力放散最佳效果的要求,以1 000～2 000 m为宜,最短不得小于200 m。

4　胶垫应方正无缺损,扣件安装齐全,扣压力应符合设计要求。

8.2　钢轨位移观测桩的设置

8.2.1　位移观测桩应按设计设置。单元轨节起终点的位移观测桩宜与单元轨节焊接接头对应,纵向相错量不得大于30 m。位移观测桩应与电务设备错开。

8.2.2　位移观测桩应设置齐全、牢固可靠、易于观测和不易破坏。

8.2.3　跨区间无缝线路的位移观测桩按里程前进方向顺序编号,编号方法为"×—×",横线前数字为单元轨节的顺序号,横线后为单元轨条内的桩号,编号均以阿拉伯数字标注,并在桩号右上方标"#"号。

8.2.4　观测桩在区间内应埋设在路肩上,在站内和站台侧可在站台墙上设置。观测桩距道砟坡脚和路肩边缘均应大于0.3 m。当路肩宽度不足时,可埋于路肩中心,但应满足大型养路机械作业要求。

路基上位移观测桩埋设深度应符合设计要求。

8.2.5　位移观测桩也可利用线路两侧的接触网基础(杆)、线路基桩或在其他固定建筑物上设置。

8.2.6　桥上位移观测桩可设置于桥梁固定支座附近稳固的桥面挡砟墙(无砟轨道范围内为桥面边墙)上。标记必须稳固、耐久、可靠,便于观测。

8.2.7　位移观测桩位置、编号及观测记录应列入竣工资料。

8.3　线路锁定施工工艺

8.3.1　无缝线路应力放散及锁定应有以下主要设备：钢轨拉伸器、撞轨器、锯轨机、滚筒、轨温计、工地焊接设备等。

8.3.2　无缝线路施工工艺流程应根据施工作业时的轨温采用以下方法：

1　滚筒法：当施工作业时的轨温在设计锁定轨温范围内时，采用此种方法。滚筒法施工基本工艺流程见图 8.3.2—1。

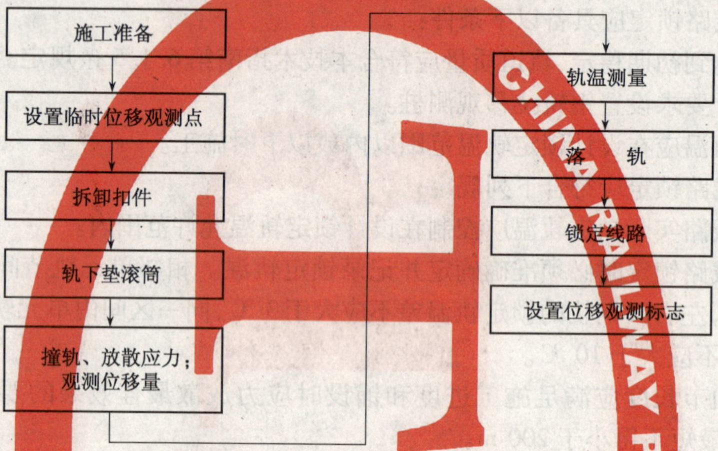

图 8.3.2—1　滚筒法施工基本工艺流程

2　拉伸器滚筒法：当施工作业时的轨温低于设计锁定轨温时，采用此种方法。拉伸器滚筒法施工基本工艺流程见图 8.3.2—2。

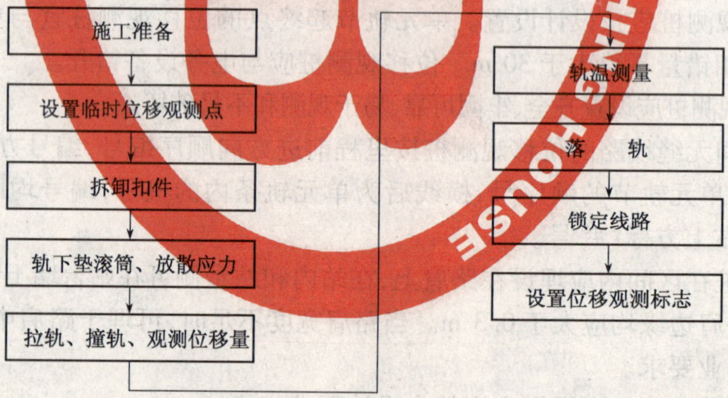

图 8.3.2—2　拉伸器滚筒法施工基本工艺流程

8.3.3　无缝线路施工工艺应符合下列规定：

1　线路锁定前应掌握当地轨温变化规律，根据作业区段的时间间隔，选定锁定线路的最佳施工时间。

2　测量轨温时，要对钢轨的不同位置进行多点测量，取其平均值。

3　拆除待放散单元轨节的全部扣件，每隔一定距离垫入一个滚筒，每隔一定距离设

CHINA RAILWAY PUBLISHING HOUSE

置一台撞轨器。

4 放散应力时,应每隔100 m左右设一个临时位移观测点,以便观测钢轨的位移量,及时排除影响放散的障碍,达到应力放散均匀、彻底。

5 在单元轨节的终端,每股钢轨设置一台拉伸器,必要时撞轨,使拉伸量传递均匀。

6 钢轨拉伸量应按下式计算:

$$\Delta L = \alpha \cdot L \cdot \Delta t \tag{8.3.3}$$

式中 ΔL——单元轨节拉伸量(mm);

α——钢轨钢线膨胀系数,取0.011 8;

L——单元轨长度(m);

Δt——设计锁定轨温与锁定作业轨温之差(℃)。

7 钢轨拉伸量达到计算值后,拉伸器保压,撤出滚筒,安装扣件,锁定线路。这时的锁定作业轨温加上钢轨拉伸换算轨温为实际锁定轨温。

8 线路锁定后,应立即在钢轨上设置纵向位移观测的"零点"标记,按规定开始观测并记录钢轨位移情况。

9 两股钢轨宜同步锁定,线路锁定后才能撤除拉伸器。

10 拉伸器撤除后,已锁定单元轨节自由端会产生回缩量。下一单元轨节拉伸锁定时,应将该回缩量计入单元轨节拉伸量。

11 锁定日期及实际锁定轨温应列入竣工资料。

8.3.4 无缝线路有下列情况之一者,应放散或调整应力后重新锁定线路,使其符合设计要求,并应按实际锁定轨温及时修改有关技术资料和位移观测标记。

1 实际锁定轨温超出设计锁定轨温范围。

2 不符合本技术指南8.1.2条第2款的规定。

8.3.5 无缝线路缓冲区设置应满足下列要求:

1 缓冲区接头应方正,左右股轨端相错量不应大于40 mm。

2 缓冲区应与相邻单元轨节同时锁定,接头预留轨缝应符合设计规定,接头螺栓应涂油,安装齐全,螺母扭矩应达到900 N·m。

3 缓冲区钢轨接头轨面及内侧工作边要求平齐,误差不超过0.5 mm。

8.3.6 无缝线路完工后,应备齐下列资料:

1 平面布置图及配轨图表;

2 铺轨日期、时间与实际锁定轨温记录;

3 无缝线路纵向位移观测记录表(附录L);

4 工地接触焊机焊接记录表、铝热焊接记录表及工地钢轨焊接接头超声波探伤记录(附录A、B、E);

5 铺轨编号与焊缝编号对照表(附录M);

6 无缝线路单元轨应力放散拉伸情况记录表(附录J);

7 无缝线路基本技术状况登记表(附录K);

8 其他技术资料。

9 正线道岔及钢轨伸缩调节器铺设

9.1 一般规定

9.1.1 道岔及钢轨伸缩调节器铺设位置应符合设计要求。道岔应在无缝线路固定区，岔内钢轨相对位置应符合设计要求。

9.1.2 订购道岔时，应根据设计图纸，确定岔内钢轨焊接与胶接接头的数量与位置，并明确焊接方法，对道岔钢轨长度预留量等作技术处理。

9.1.3 道岔应在工厂内预组装并验收，内容如下：

1 道岔应在制造厂内进行预组装和调试，按厂内组装试铺验收技术条件的规定检验合格，并在各部分打上组合标记，经采购方确认后，按要求分解或部分分解发运。

2 经制造厂检验合格的道岔出厂时，应提供铺设图，并由质检部门签发出厂合格证，其标识和包装应符合相关规定。

9.1.4 无缝道岔应按设计规定的锁定轨温范围进行锁定焊接。

9.1.5 焊连及锁定过程中应采取措施始终保持限位器子、母块位置居中，尖轨方正。

9.1.6 钢轨伸缩调节器应在工厂内试组装并由采购方验收，并应符合下列规定：

1 各部件尺寸应符合设计，不得超过允许公差。

2 钢轨伸缩调节器在厂内组装并由采购方验收，应进行伸缩量试验，伸缩量不应小于设计值。基本轨及尖轨伸缩阻力应符合客运专线铁路钢轨伸缩调节器的相关技术要求，达不到要求应重新整治，直到合格。

3 成组交货的钢轨伸缩调节器出厂时，制造厂技术检验部门应对产品零部件依据相关规定进行检验，并签发出厂合格证，提供铺设图和发货明细表。

9.1.7 正线道岔应采用专用机械铺设法或换铺法进行铺设。铺岔完成，经自检、电务互检合格后，电务应及时安装转辙及锁闭装置。安装转辙装置时，工务、电务部门应配合施工。转辙及锁闭装置未安装前，应用钩锁器固定尖轨，直向限速 15 km/h 通过，侧向禁止通过工程列车。

9.2 道岔运输与铺设

9.2.1 道岔运输和铺设过程中，应注意对路基基床表层及预铺道床的保护。

9.2.2 道岔的装卸应符合下列规定：

1 岔枕、道岔组件及箱装零配件，应按规定使用起重机械装卸。起吊时绳索吊点应布置在工件重心的两侧，禁止单点起吊长大组件，保证道岔部件不变形。

2 卸下的岔枕、道岔的主要部件堆放场地应平整，并防止岔枕预埋套管内进入杂物。

9.2.3 铺岔前预铺道砟应符合下列规定：

CHINA RAILWAY PUBLISHING HOUSE

1　道砟的等级、材质、粒径、级配、颗粒形状和清洁度等应符合设计要求和相关技术规定(见附录P)。

2　应采用压强不小于160 kPa的机械分层碾压,密度不宜小于1.7 g/cm^3,厚度宜比设计低30 mm,砟面平整度用3 m直尺检查,各方向误差不应大于10 mm,道岔前后30 m范围应作好顺坡并碾压。

9.2.4　道岔铺设可采用下列方法:

1　专用机械铺设法主要设备有斜板运输车、专用铺岔设备和焊轨设备等。专用机械铺设法施工基本工艺流程见图9.2.4—1。

图9.2.4—1　专用机械铺设法基本工艺流程

2　专用机械换铺法主要设备为轨道吊、龙门吊、门架单元组合式换铺设备和焊轨设备等。专用机械换铺法施工基本工艺流程见图9.2.4—2。

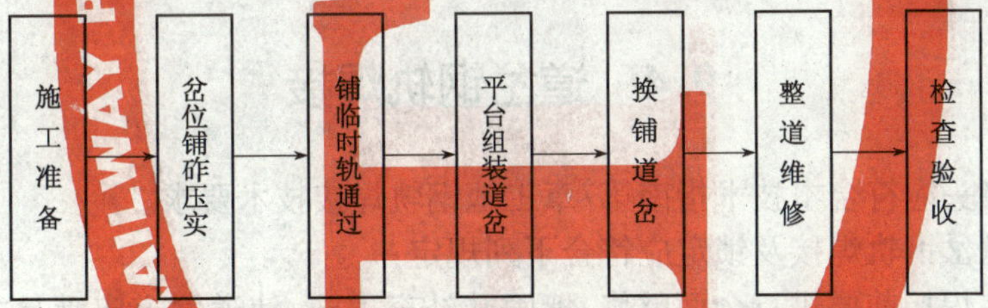

图9.2.4—2　专用机械换铺法施工基本工艺流程

9.2.5　道岔铺设标准及允许偏差除应符合设计规定外,还应满足下列要求:

1　摆放岔枕应先确定左、右开别,在组装平台上标记出各岔枕的位置,然后按岔枕编号及规定间距摆放岔枕。铺设钢轨应先直股后曲股,先转辙后辙叉。

2　相邻两正线岔尾直接相连的道岔,铺设轨温宜相近,相差不得超过10 ℃。

3　安装拆卸Ⅲ型弹条时必须使用专用工具,不允许敲击装卸。

4　按规定要求标记轨距、支距、查照间隔、道岔规格、岔位编号。

9.3　铺岔后上砟整道

9.3.1　铺岔后上砟整道的主要设备包括道岔专用大型起道、拨道、捣固车,稳定设备及风动卸砟车等。

9.3.2　铺岔后上砟整道施工基本工艺流程见图9.3.2。

9.3.3　道岔整道作业应满足以下要求:

1　道岔不得使用小型机具进行起道、拨道、捣固作业。

CHINA RAILWAY PUBLISHING HOUSE

2　道床顶面应低于轨枕承轨面40 mm。

3　轨面高程应符合设计要求并与正线轨面高程一致，允许偏差为 ±20 mm。

4　道床断面应符合设计要求，道床厚度不得小于设计厚度 20 mm，道床一侧肩宽允许误差为 ±20 mm，砟肩堆高不得有负偏差。

5　道岔（直向）静态铺设允许偏差应符合表 9.3.3 的规定。

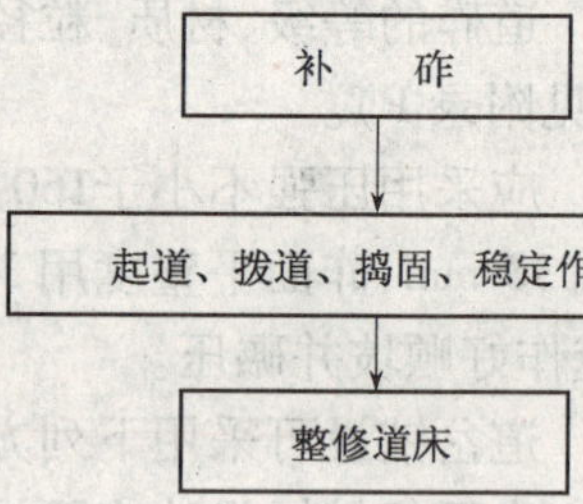

图 9.3.2　上砟整道施工基本工艺流程

表 9.3.3　道岔（直向）静态铺设允许偏差（mm）

序号	项　目	旅客列车设计行车速度 v(km/h)		检验方法
		200	$200<v\leq250$ 及 $300\leq v\leq350$	
1	轨　距	±1	±1	轨检小车检测
2	高　低	3	2	
3	轨　向	3	2	
4	扭曲（基长 6.25 m）	3	2	
5	水　平	3	2	

6　道岔导曲线不得有反超高。

7　道岔查照间隔、轨距等允许偏差应符合相关技术条件规定。

9.4　道岔钢轨焊接

9.4.1　焊接接头应符合本技术指南第7章工地钢轨焊接技术要求。

9.4.2　无缝道岔钢轨焊接及锁定应符合下列规定：

1　道岔在焊接前要进行全面整修、捣固并补充道砟，使道岔道床满足本技术指南第 9.3.3 条的要求。

2　在焊接岔内钢轨接头时，应按设计顺序焊接。

3　道岔内采用铝热焊时，应先调整好道岔全长及各焊缝，使道岔全长偏差不大于 ±20 mm，各焊缝宽度的偏差不大于 ±2 mm。

4　道岔内钢轨锁定焊接前应进行应力放散，应力分布应均匀。

5　道岔内锁定焊接及道岔与两端无缝线路锁定焊接应同日在设计锁定轨温范围内锁定和焊接。

6　道岔锁定后应及时进行全面整修，并符合本技术指南第 9.3.3 条规定。

9.4.3　道岔与无缝线路焊接应符合以下要求：

1　道岔与两端无缝线路焊接应在道床基本达到稳定状态、轨面高程、轨向和水平已基本达到设计标准时，方可施焊。

2　道岔两端与无缝线路长轨条的焊接，应在设计锁定轨温范围内进行，并应准确记录实际锁定轨温。

3　无缝道岔侧线应按设计要求焊接或锁定。

4　无缝道岔与相邻轨条的锁定轨温差不应大于5 ℃。

CHINA RAILWAY PUBLISHING HOUSE

9.5　钢轨伸缩调节器铺设

9.5.1　钢轨伸缩调节器在工厂内试组装并验收合格后应整组发运。发运前应将伸缩调节器组装件固定为一个整体。产品标识和包装应符合客运专线铁路钢轨伸缩调节器的相关技术要求。装卸作业时严禁摔、砸、碰、撞。

9.5.2　在铺设钢轨伸缩调节器时,可先用钢轨代替钢轨伸缩调节器预铺轨排,经补砟、机养、稳定道床后,再换铺伸缩调节器。

9.5.3　铺设钢轨伸缩调节器应根据锁定时的轨温计算并准确预留伸缩量。

1　在设计锁定轨温范围内铺设时,预留伸缩量为设计伸缩量的1/2。

2　在设计锁定轨温范围之外铺设时,预留伸缩量可按下式计算:

$$\Delta l = \frac{a}{2} + \alpha \times L \times (t - t_s) \tag{9.5.3}$$

式中　Δl——铺设钢轨伸缩调节器时,基本轨预留伸缩量(mm);

a——钢轨伸缩调节器设计伸缩量(600 mm 或 1 000 mm);

α——钢轨钢线膨胀系数,取0.011 8;

L——无缝线路伸缩区长度,约150 m;

t——铺设钢轨伸缩调节器锁定时的轨温(℃);

t_s——无缝线路设计锁定轨温(℃)。

3　钢轨伸缩调节器铺设后应立即作好伸缩起点标志。

9.5.4　铺设钢轨伸缩调节器时,宜先铺单股并以线路上已有轨道作基准控制方向,另一股以此为基准控制轨距。

9.5.5　钢轨伸缩调节器铺设就位,调整其方向、轨距、水平达到规定要求后,再上紧全部螺栓。

9.5.6　尖轨、基本轨与两端长轨条焊接后,按规定打磨平整。

9.5.7　铺设后应及时进行全面整修。

9.5.8　钢轨伸缩调节器铺设允许偏差应符合客运专线铁路钢轨伸缩调节器的相关技术要求。

CHINA RAILWAY PUBLISHING HOUSE

10 钢轨胶接绝缘接头

10.0.1 钢轨胶接绝缘接头应符合下列规定：

1 钢轨胶接绝缘接头的各项技术性能应符合客运专线铁路胶接绝缘接头的相关技术要求，并具有型式检验合格证明书。

2 胶接钢轨的钢厂、钢种、轨型应与线路钢轨相同。

3 用于制作胶接绝缘接头的钢轨，必须经过探伤检查，并应采用同一根钢轨锯开胶接。道岔内胶接绝缘钢轨长度按设计配轨要求确定。胶接端的端面垂直度偏差及水平偏差均不大于0.15 mm。对轨后用1 m直尺检查：轨顶允许偏差为$^{+0.2}_{0}$ mm，轨头侧边允许偏差为±0.3 mm。胶接绝缘钢轨全长范围内不得有硬弯。

10.0.2 钢轨胶接绝缘接头铺设应符合下列规定：

1 钢轨胶接绝缘接头铺设（焊接）前应按规定测定确认其电绝缘性能。

2 搬运、铺设、焊连钢轨胶接绝缘接头时严禁摔、撞。

3 铺设钢轨胶接绝缘接头应避免扣件与绝缘接头螺栓接触。

4 两股钢轨的绝缘接头应相对铺设，相错量应符合相关规定。绝缘轨缝绝缘端板宜设于轨枕盒中央，距轨枕边缘不应小于100 mm。

CHINA RAILWAY PUBLISHING HOUSE

11　轨道整理及钢轨预打磨

11.1　一般规定

11.1.1　铺设无缝线路之后至线路开通之前，道床应逐步进入稳定阶段。通过检测，对于不能满足本技术指南第11.1.3条规定的线路，应用大型养路机械等对轨道及道岔进行轨道整理作业。

11.1.2　轨道整理达标基本工艺流程见图11.1.2。

图11.1.2　轨道整理达标基本工艺流程

11.1.3　有砟轨道经全面整道达到验收标准时，应符合下列规定：

1　轨面高程符合设计要求，允许偏差：在路基上为±20 mm；在建筑物上为±10 mm；紧靠站台的轨道不得有负偏差。

2　线间距允许偏差为：$^{+20}_{0}$ mm。车站线间距应与站台误差协调调整。

3　有砟轨道静态铺设允许偏差见表11.1.3—1。

4　道床达到稳定状态，其状态参数指标应符合表11.1.3—2规定。

表11.1.3—1　有砟轨道静态铺设允许偏差（mm）

序号	项目	旅客列车设计行车速度 v（km/h）		检验方法
		200	200＜v≤250及300≤v≤350	
1	轨距	±2	±2	轨检小车检测
2	高低	3	2	
3	水平	3	2	
4	扭曲（基长6.25 m）	3	2	
5	轨向	3	2	

注：扭曲基长为6.25 m，但在延长18 m的距离内无超过表列的扭曲。

表11.1.3—2　道床状态参数指标（平均值）

测试值 / 设计速度　项目	枕下道床密度（g/cm^3）	道床支承刚度（kN/mm）	道床横向阻力（kN/枕）	道床纵向阻力（kN/枕）
v=200 km/h	≥1.70	≥100	≥10	≥12
200 km/h＜v≤250 km/h	≥1.75	≥110	≥10	≥12
300 km/h＜v≤350 km/h	≥1.75	≥120	≥12	≥14

CHINA RAILWAY PUBLISHING HOUSE

5　道床断面应符合设计要求，道床厚度不得小于设计厚度 20 mm，道床一侧肩宽允许偏差应为 ±20 mm，砟肩堆高不得有负偏差，边坡应整齐美观。

6　扣件的轨距块顶严靠紧，离缝者不得大于 6%；扣件紧固，扣压力小于规定者不得大于 8%；胶垫无缺损，偏斜量大于 5 mm 者不得大于 8%。

11.1.4　道岔及钢轨伸缩调节器经整理作业后应符合本技术指南第9章相关规定。

11.1.5　线路动态质量检测应符合轨道动态质量检测的相关规定。

11.1.6　对无缝线路长轨条位移情况每月观测一次，并填写记录。位移观测桩处相对位移换算轨温加上原锁定轨温超出设计锁定轨温允许范围时，应及时查明原因并进行处理。

11.2　无缝线路轨道整理

11.2.1　轨道整理应作好以下各项工作：

1　根据设计要求，在规定的作业轨温范围内，应对线路进行至少两遍精细调整，使之达到验交标准。

2　对不符合设计要求的道床断面，应进行整修，堆高砟肩，拍拢夯实。

3　缓和曲线、竖曲线区段应调整圆顺。

4　整修打磨不平顺焊缝，提高轨面平顺性。

5　调整轨距，补齐扣、配件。

6　测取钢轨爬行量，复核锁定轨温。

11.2.2　轨道整理主要施工设备包括配砟整形车，起道、拨道、捣固车，动力稳定车；小型起道、拨道、捣固机；风动卸砟车等。

11.2.3　轨道整理基本工艺流程见图11.2.3。

11.2.4　大型养路机械作业轨温应符合下列规定：

1　一次起道量不大于30 mm，一次拨道量不大于10 mm时，作业轨温不得超过实际锁定轨温 ±20 ℃。

2　一次起道量在31～50 mm，一次拨道量在 11～20 mm时，作业轨温不得超过实际锁定轨温 $^{+15}_{-20}$ ℃。

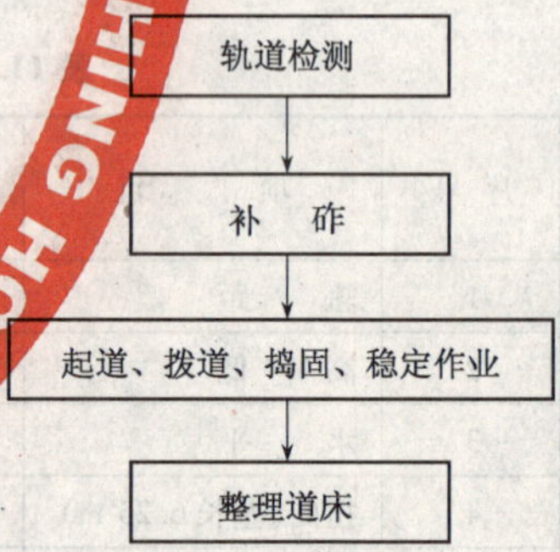

图 11.2.3　轨道整理基本工艺流程

11.2.5　无缝线路及道岔的整理作业应按以下要求进行：

1　高温时不应安排影响线路稳定性的整理作业。高温时可安排矫直钢轨、整理扣件、整理道床外观、钢轨打磨等作业。

2　进行无缝线路整理作业，必须掌握轨温，观测钢轨位移，分析锁定轨温变化，按实际锁定轨温，根据作业轨温条件进行作业，严格执行“作业前、作业中、作业后测量轨温”制度，并注意作好以下各项工作：

1）在整理地段按需要备足道砟；

2）起道前应先拨正线路方向；

3）起、拨道机不得安放在铝热焊缝处；

4）扒开的道床应及时回填、夯实。

3　无缝线路整理作业，必须遵守下列作业轨温条件：

CHINA RAILWAY PUBLISHING HOUSE

1）当轨温在实际锁定轨温 30 ℃以下时，伸缩区和缓冲区禁止进行整理作业。

2）在跨区间无缝线路上的无缝道岔尖轨及其前方 25 m 范围内综合整理，允许在实际锁定轨温 ±10 ℃内进行作业。

4　无缝线路应力放散和调整后，应按实际锁定轨温及时修改相关技术资料和位移观测标记。

5　桥上无缝线路整理作业应注意做好以下各项工作：

1）按照设计文件规定，保持扣件布置方式和拧紧程度。

2）单根抽换桥面枕，在实际锁定轨温 $^{+10}_{-20}$ ℃范围内进行。

3）对桥上钢轨焊缝应加强检查，发现伤损应及时处理。

4）对桥上伸缩调节器的伸缩量应定期观测，发现异常爬行，应及时分析原因并整治。

6　扒道床、起道、拨道作业轨温条件如下：

1）在实际锁定轨温 ±10 ℃范围内，可进行不影响行车的扒道床、起道和拨道作业。

2）在实际锁定轨温 $^{+15}_{-20}$ ℃范围内，连续扒开道床不得大于 50 m，起道高度不得大于 40 mm，拨道量不得大于 20 mm。禁止连续扒开枕头道床。

3）在实际锁定轨温 +20 ℃范围内，连续扒开道床不得大于 25 m，起道高度不得大于 30 mm，拨道量不得大于 10 mm。禁止连续扒开枕头道床。

7　无缝线路养护维修及故障处理参照铁路客运专线维修相关规定执行。

11.2.6　轨道的质量检验有以下内容：

1　轨道静态检验设备采用便携式轨道几何尺寸检测仪；动态检测采用轨道检查车。

2　质量检验标准应符合《客运专线铁路轨道工程施工质量验收暂行标准》的规定。

11.2.7　无缝线路整理作业应作好以下质量检验记录：

1　无缝线路基本技术状况登记表（附录 K）；

2　无缝线路纵向位移观测记录表（附录 L）。

11.3　钢轨预打磨

11.3.1　在线路验收前，应对全线钢轨进行预打磨作业。

11.3.2　钢轨全线预打磨应具备以下条件：

1　无缝线路经整理作业后，道床进入稳定阶段。

2　轨面高程及道床外观尺寸应符合设计要求。

3　钢轨扣件齐全紧固。

4　钢轨焊接接头的平直度应达到表7.4.3规定。

11.3.3　打磨列车到达工地后，根据轨面状态，可采用列车运行打磨、成形打磨等方式进行作业。打磨列车的使用和管理按其操作手册及维修保养手册的相关规定执行。

11.3.4　钢轨全线预打磨施工基本工艺包括以下内容：

1　主要设备：打磨列车、人工操作的钢轨波纹研磨机。

2　打磨工艺应符合下列规定：

1）打磨前，应调整好打磨头的偏转面和对钢轨的施压力。

2）打磨前用安装在打磨列车上的测量设备对整个打磨段上的钢轨进行纵断面的

零位测量。

3）道岔尖轨及可动心轨、辙叉和钢轨伸缩调节器尖轨，应用人工操作的钢轨波纹研磨机进行打磨，严禁用普通打磨列车打磨。

11.3.5　钢轨预打磨后应符合下列规定：

1　消除钢轨微小缺陷及锈蚀等。

2　消除钢轨在轧制过程中形成的轨面斑点及微小不平顺。

3　消除轨头表面的脱碳层。

4　钢轨表面应光滑、平顺、无斑点，使其适应列车速度。钢轨顶面平直度 1 m 范围内允许偏差为 $^{+0.2}_{0}$ mm。

5　钢轨头部工作面实际横断面线型应符合理论横断面线型。

11.3.6　质量检验应符合以下要求：

1　检验机具包括直尺、塞尺、钢轨平直度测量仪、波纹磨耗测量仪、钢轨头部横断面绘图仪和打磨列车上的测量仪器。

2　在使用打磨列车时，必须用安装在打磨列车上的测量设备做打磨后测量。

3　打磨后的钢轨应达到本技术指南第11.3.5条的要求。

CHINA RAILWAY PUBLISHING HOUSE

12　轨道常备材料

12.0.1　轨道常备材料应按表12.0.1数量备存。交接地点与接收单位商定。

表 12.0.1　轨道常备材料数量

材料名称		备料数量
混凝土枕		每单线千米 2 根
混凝土枕扣件及其垫板		每单线千米 5 套
断轨急救器		每单线千米 1 套
臌包夹板		每单线千米 1 套
25 m 无孔轨		每个综合工区 6 根
6 m 有孔短轨		每个综合工区 6 根
6.25 m 有孔胶接绝缘轨		每个综合工区 6 根
25 m 无孔胶接绝缘轨		每个综合工区 6 根
接头螺栓及垫圈		每个综合工区 36 套
接头夹板		每个综合工区 24 块
道岔	整组道岔	单开道岔每 1～100 组备 1 组
道岔	岔枕	每 1～100 组备 1 组
道岔	辙叉	新建车站每站新增道岔每种型号每 1～20 组备 1 个
道岔	辙叉	改、扩建车站每站新增 30 组道岔备 1 个
道岔	尖轨	新建车站每站新增道岔每种型号每 1～20 组备 1 对
道岔	尖轨	改、扩建车站每站新增 30 组道岔备 1 对
道岔	基本轨	新建车站每站新增道岔每种型号每 1～20 组备 1 对
道岔	基本轨	改、扩建车站每站新增 30 组道岔备 1 对
钢轨伸缩调节器	整组钢轨伸缩调节器	轨道部件每 1～100 组备 1 组
钢轨伸缩调节器	轨枕	每 1～100 组备 1 组
钢轨伸缩调节器	尖轨	每种型号每 1～20 组备 1 对
钢轨伸缩调节器	基本轨	每种型号每 1～20 组备 1 对

12.0.2　轨道常备材料的质量检验应按本技术指南第4.4节轨道部件进场检验的规定进行。

CHINA RAILWAY PUBLISHING HOUSE

13 工程竣工

13.0.1 轨道工程施工完毕,应按《客运专线铁路轨道工程施工质量验收暂行标准》(铁建设〔2005〕160号)自检合格后,方可申报验交。

13.0.2 编制工程竣工文件,并备齐下列主要竣工资料:

1 工程竣工验收报告。

2 竣工工程数量汇总表。

3 单位工程质量验收资料。

4 施工小结。

5 变更设计资料。

6 正线轨道铺设材料汇总表。

7 站线轨道铺设材料汇总表。

8 轨道部件出厂合格证。

9 站线平面布置竣工图。

10 工程日志。

11 无缝线路总布置图〔(比例1∶10 000),附线路锁定日期、时间、实际锁定轨温及缓冲区实留轨缝尺寸〕。

12 纵向位移观测桩位置图及观测记录。

13 钢轨焊接记录和焊缝质量检查记录。

14 铺轨编号与焊缝编号对照表。

15 放散应力记录表。

16 线路基桩表。

17 其他有关技术资料。

CHINA RAILWAY PUBLISHING HOUSE

附录 A 工地接触焊机焊接记录表

线 名		区 间		股 别		日 期	年 月 日	
轨 型		熔炉号		天 气		气 温	℃	轨温 ℃
长轨编号		焊头里程				焊头编号		
焊接操作	电 压	V	高电压	V	低电压	V		
	开始烧化送进速度	mm/s	终了烧化速度	mm/s	焊接时间	s		
	高压烧化时间	s	低压烧化时间	s	末期高压烧化时间	s		
	加速烧化时间	s	带电顶锻时间	s	无电顶锻时间	s		
	高压不稳定烧化时间	s	油压	MPa	顶锻量	mm		
	操作人员		备注：或附计算机记录					
外观检查	轨面： mm/m；内工作边： mm/m；底面： mm							
			检查与结论：					
焊接操作人员：		质检员：		技术主管：				

附录 B　铝热焊接记录表

<table>
<tr><td>线 名</td><td></td><td>区 间</td><td></td><td>股别</td><td></td><td>日 期</td><td colspan="3">年　月　日</td></tr>
<tr><td>轨 型</td><td></td><td>熔炉号</td><td></td><td>天 气</td><td></td><td>气 温</td><td>℃</td><td>轨温</td><td>℃</td></tr>
<tr><td>长轨编号</td><td></td><td>焊头里程</td><td colspan="3"></td><td>焊头编号</td><td colspan="3"></td></tr>
<tr><td rowspan="4">焊接操作</td><td colspan="2" rowspan="2">执行人</td><td colspan="2" rowspan="2"></td><td rowspan="2">预热</td><td>时间</td><td colspan="3"></td></tr>
<tr><td>状况</td><td colspan="3"></td></tr>
<tr><td rowspan="2">轨缝</td><td>头</td><td>mm</td><td>反应时间</td><td>m　s</td><td>拆模时间</td><td colspan="3">m　s</td></tr>
<tr><td>底</td><td>mm</td><td>保温时间</td><td>m　s</td><td>整修结束</td><td colspan="3">h　m　s</td></tr>
<tr><td rowspan="4">焊接情况</td><td colspan="2">型　号</td><td colspan="2"></td><td rowspan="2">液化石油气</td><td>高　压</td><td colspan="3">MPa</td></tr>
<tr><td colspan="2">编　号</td><td colspan="2"></td><td>低　压</td><td colspan="3">MPa</td></tr>
<tr><td colspan="2">物理状况</td><td colspan="2"></td><td rowspan="2">氧气</td><td>高　压</td><td colspan="3">MPa</td></tr>
<tr><td colspan="2">焊接反应</td><td colspan="2"></td><td>低　压</td><td colspan="3">MPa</td></tr>
<tr><td>外观检查</td><td colspan="9">轨面：　　mm/m；内工作边：　　mm/m；底面：　　mm</td></tr>
<tr><td colspan="5"></td><td colspan="5">检查与结论：</td></tr>
<tr><td colspan="10">焊接操作人员：　　　　质检员：　　　　技术主管：</td></tr>
</table>

CHINA RAILWAY PUBLISHING HOUSE

附录 C　钢轨焊头落锤试验记录表

锤头质量 1 000 kg　　落锤高度　　m　轨型　　炉罐号　　气温　　℃

撞击次数 / 挠度（mm） / 编号	1	2	3	断口情况

记录：　　　　　　检验：　　　　　　　　　　　　　　年　　月　　日

CHINA RAILWAY PUBLISHING HOUSE

附录 D　钢轨焊头静弯破断载荷记录表

轨型　　　　　　　　　　静弯试验机型号

编　号	轨头受压(kN)	轨头受拉(kN)	挠　度(mm)	断口情况

记录:　　　　　　　　　　检验:　　　　　　　　　　年　　月　　日

CHINA RAILWAY PUBLISHING HOUSE

附录 E　工地钢轨焊接接头超声波探伤记录

<table>
<tr><td colspan="2">线　别</td><td></td><td>区　间</td><td colspan="2"></td><td>焊缝里程</td><td></td><td>上 下 行</td><td></td></tr>
<tr><td colspan="2">长 轨 号</td><td></td><td>股　别</td><td colspan="2"></td><td>焊头编号</td><td></td><td>焊接方法</td><td></td></tr>
<tr><td colspan="2">检查部位</td><td colspan="3">波　形　显　示</td><td colspan="3">伤　损　情　况</td><td colspan="2" rowspan="9">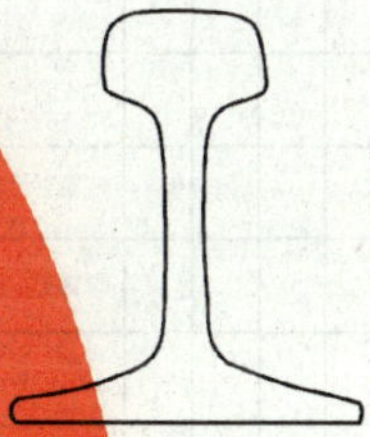</td></tr>
<tr><td rowspan="2">轨
头</td><td>内侧</td><td colspan="3"></td><td colspan="3"></td></tr>
<tr><td>外侧</td><td colspan="3"></td><td colspan="3"></td></tr>
<tr><td colspan="2">轨　腰</td><td colspan="3"></td><td colspan="3"></td></tr>
<tr><td colspan="2">三角区</td><td colspan="3"></td><td colspan="3"></td></tr>
<tr><td colspan="2" rowspan="3">轨　底</td><td colspan="2">波形显示</td><td>横向移距</td><td>前后移距</td><td colspan="2">伤损情况</td></tr>
<tr><td colspan="2"></td><td></td><td></td><td colspan="2"></td></tr>
<tr><td colspan="2"></td><td></td><td></td><td colspan="2"></td></tr>
<tr><td colspan="3">第　　次焊接</td><td>备 注</td><td colspan="4"></td></tr>
<tr><td colspan="2">检　查</td><td colspan="2"></td><td>记 录</td><td colspan="2"></td><td>日　期</td><td colspan="2">年　　月　　日</td></tr>
</table>

附录F 焊轨厂接触焊机焊接长轨记录

线名： 焊机型号： 轨型： 日期： 年 月 日

日期	钢轨编号	转换开关位置	电压(V)	高电压(V)	低电压(V)	开始烧化送进速度(mm/s)	终了烧化速度(mm/s)	焊接时间(s)	高压烧化时间(s)	低压烧化时间(s)	末期高压烧化时间(s)	加速烧化时间(s)	带电顶锻时间(s)	无电顶锻时间(s)	高压不稳定烧化时间(s)	油压(MPa)	顶锻量(mm)	操作人员签字	备注

质检员： 技术主管：

注：或附计算机记录

附录G　厂焊长钢轨质量检验合格证

长钢轨编号:　　　　　　　　　　轨型:　　　　　　　　　　产品长度:

型式检验报告编号:　　　　　　　　　　　　　　　　周期性生产检验报告编号:

焊头编号	1 m不平直度(mm)			焊缝两侧100 mm范围内的外观				探伤结果	备注
	轨顶面	内侧工作边	轨底	压痕	碰痕	划痕	电击伤		
检验结果:									

外观检验员:　　　　探伤检验员:　　　　质检工程师:　　　　焊轨厂公章　　　年　　月　　日

注:1　股别按里程前进方向区分左股或右股。

2　一式二联,第一联由焊轨厂质检部门存档,第二联由铺轨单位列入竣工资料。

附录H　焊轨厂钢轨焊接接头超声波探伤记录

钢轨编号：　　　　　　　　　　轨型：　　　　　　　　　　产品长度：

焊头编号	轨　　头		轨　　腰		三　角　区		轨　　底		探伤结果
	波形显示	伤损情况	波形显示	伤损情况	波形显示	伤损情况	波形显示	伤损情况	

探伤：　　　　　　　　质检工程师：　　　　　　　　主管工程师：　　　　年　　月　　日

CHINA RAILWAY PUBLISHING HOUSE

附录 J　无缝线路单元轨应力放散拉伸情况记录表

区　间		单元轨编　号		起止里程	
单元轨长度(m)		放散日期		天　气	
应力放散方　法					
始端锁定轨温	左股：　℃ 右股：　℃	终端锁定轨温	左股：　℃ 右股：　℃	锁定作业轨温	左股：　℃ 右股：　℃
拉伸量	左股：　mm 右股：　mm	拉伸换算轨温	左股：　℃ 右股：　℃	实际锁定轨温	左股：　℃ 右股：　℃

测点编号		1	2	3	4	5	6	7	8	9	10
测点间距(m)											
左股	计划位移量										
	实际位移量										
右股	计划位移量										
	实际位移量										
备注											

制表：　　　　复核：　　　　年　月　日

CHINA RAILWAY PUBLISHING HOUSE

附录K 无缝线路基本技术状况登记表

共　页第　页

<table>
<tr><th>序号</th><th colspan="2">项　目</th><th colspan="4">技术状况</th></tr>
<tr><td>1</td><td colspan="2">单元轨节(道岔)编号</td><td colspan="4"></td></tr>
<tr><td>2</td><td colspan="2">铺设地段</td><td colspan="4">线　　区间(上、下行)</td></tr>
<tr><td>3</td><td colspan="2">单元轨节起讫里程</td><td colspan="4">DK　　至DK　　净长　　m</td></tr>
<tr><td rowspan="2">4</td><td rowspan="2">单元轨节长度</td><td>左股(m)</td><td colspan="4"></td></tr>
<tr><td>右股(m)</td><td colspan="4"></td></tr>
<tr><td>5</td><td colspan="2">铺设日期、时间</td><td colspan="4"></td></tr>
<tr><td rowspan="4">6</td><td rowspan="4">应力放散及锁定</td><td>锁定时始端轨温</td><td>左股：　℃
右股：　℃</td><td>锁定时终端锁定轨温</td><td colspan="2">左股：　℃
右股：　℃</td></tr>
<tr><td>拉伸前轨温</td><td>左股：　℃
右股：　℃</td><td colspan="3"></td></tr>
<tr><td>拉伸量</td><td>左股：
右股：</td><td>拉伸换算轨温</td><td colspan="2">左股：　℃
右股：　℃</td></tr>
<tr><td>锁定作业轨温</td><td>左股：　℃
右股：　℃</td><td>实际锁定轨温</td><td colspan="2">左股：　℃
右股：　℃</td></tr>
<tr><td>7</td><td colspan="2">焊接方法</td><td colspan="4">左股：
右股：</td></tr>
<tr><td>8</td><td colspan="2">工地焊接数量</td><td colspan="4">左股：
右股：</td></tr>
<tr><td>9</td><td colspan="2">绝缘接头类型、数量和里程</td><td colspan="4"></td></tr>
<tr><td>10</td><td colspan="2">平剖面简图</td><td colspan="4"></td></tr>
<tr><td>11</td><td colspan="2">附注：</td><td colspan="4"></td></tr>
</table>

制表：　　　　复核：　　　　　　年　月　日

附录 L　无缝线路纵向位移观测记录表

___线___至___区间，DK ___+___至 DK ____+____　单元轨节编号____锁定日期____　建桩日期______

日期	时间	气温	轨温	纵向位移量（mm）														实际锁定轨温（℃）	备注
				1		2		3		4		5		6		7			
				左	右	左	右	左	右	左	右	左	右	左	右	左	右		

观测单位：　　　　观测人：　　　　技术主管：

年　月　日　　　　年　月　日

注：1　左右股以顺行车方向划分。

2　顺行车方向纵向位移为"+"；逆行车方向纵向位移为"-"。

CHINA RAILWAY PUBLISHING HOUSE

附录 M　铺轨编号与焊缝编号对照表

线名：　　　　线　　　　段　　　　线别：

铺轨编号	长钢轨出厂编号		联合接头编号	厂焊接头起止编号	铺轨起讫里程	附注
	左股					
	右股					
	左股					
	右股					
	左股					
	右股					
	左股					
	右股					
	左股					
	右股					
	左股					
	右股					

施工单位：　　　　制表：　　　　复核：　　　　年　月　日

CHINA RAILWAY PUBLISHING HOUSE

附录 N　线路基桩表

__________线__________至__________段__________线别：　　　　No：

桩　号	里　程	桩间距（m）	距设计中心线距离（m）	高　程	设置位置		附　注
					左	右	

制表：　　　　　　　　　　复核：　　　　　　　　　　　　　　　　　　　年　　月　　日

注：面向里程前进方向："左"在线路左侧；"右"在线路右侧。

CHINA RAILWAY PUBLISHING HOUSE

附录 P 铁路碎石道砟技术要求

P.0.1 铁路碎石特级道砟应符合下列技术要求：

1 道砟由开山块石破碎筛分而成，颗粒表面全部为破碎面。

2 道砟材质性能参数指标应符合表P.0.1—1的规定。

表 P.0.1—1 特级道砟材质性能参数指标

性 能	参 数	指标	评 估 方 法
抗磨耗、抗冲击性能	洛杉矶磨耗率 LAA(%)	≤18	至少有两项指标满足要求
	标准集料冲击韧度 IP	≥110	
	石料耐磨硬度系数 $K_{干磨}$	>18	
抗压碎性能	标准集料压碎度 CA(%)	<8	两项指标同时满足要求
	道砟集料压碎率 CB(%)	<17	
渗水性能	渗透系数 P_m(10^{-6}cm/s)	>4.5	至少有两项指标满足要求
	石粉试模件抗压强度 σ (MPa)	<0.4	
	石粉液限 LL(%)	>20	
	石粉塑限 PL(%)	>11	
抗大气腐蚀性能	硫酸钠溶液浸泡损失率	<10	均应满足要求
稳定性能	密度(g/cm^3)	>2.55	
	容重(g/cm^3)	>2.50	
软弱颗粒	饱水单轴抗压强度(MPa)	≤20	(含量少于10%)

3 道砟粒径级配应符合表 P.0.1—2 的规定，其粒径级配曲线如图 P.0.1 所示。

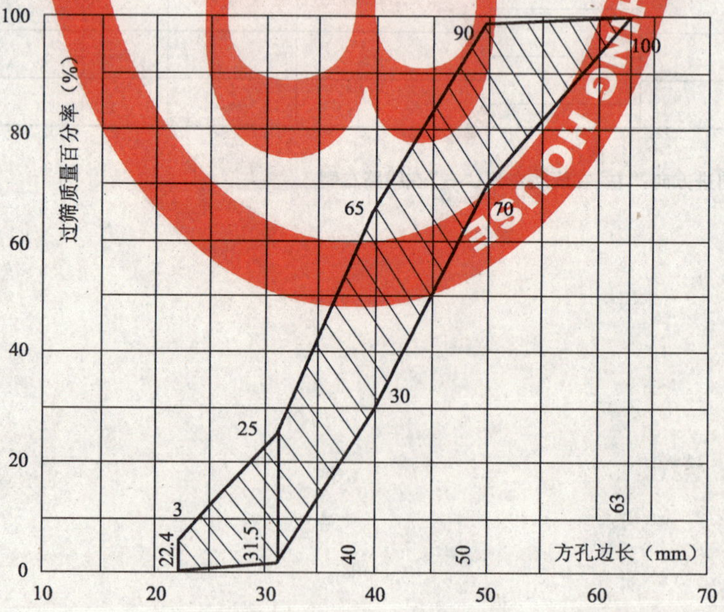

图 P.0.1 道砟粒径级配曲线

CHINA RAILWAY PUBLISHING HOUSE

4　道砟颗粒形状和清洁度应符合下列指标：

1）针状指数不大于20%，片状指数不大于20%。

2）粒径0.063 mm以下的粉末含量的质量百分率不大于0.5%，粒径0.5 mm以下的颗粒含量的质量百分率不大于0.6%。

3）出厂道砟须经清洗，不得含黏土团及其他杂质。

表 P.0.1—2　道砟粒径级配

粒　径	〔筛分机底筛和面筛筛孔边长（mm）〕31.5～50					
级　配	方孔筛孔边长（mm）	22.4	31.5	40	50	63
	过筛质量百分率（%）	0～3	1～25	30～65	70～99	100
颗粒分布	方孔筛孔边长（mm）	31.5～50				
	颗粒质量百分率（%）	≥50				

P.0.2　铁路碎石一级道砟应符合下列技术要求：

1　道砟由开山块石破碎筛分而成。

2　道砟材质性能参数指标应符合表 P.0.2—1 的规定。

表 P.0.2—1　一级道砟材质性能参数指标

性　能	参　数	指标	评 估 方 法
抗磨耗、抗冲击性能	洛杉矶磨耗率 LAA（%）	<27	至少有两项指标满足要求
	标准集料冲击韧度 IP	>95	
	石料耐磨硬度系数 $K_{干磨}$	>18	
抗压碎性能	标准集料压碎度 CA（%）	<9	两项指标同时满足要求
	道砟集料压碎率 CB（%）	<18	
渗 水 性 能	渗透系数 P_m（10^{-6}cm/s）	>4.5	至少有两项指标满足要求
	石粉试模件抗压强度 σ（MPa）	<0.4	
	石粉液限 LL（%）	>20	
	石粉塑限 PL（%）	>11	
抗大气腐蚀性能	硫酸钠溶液浸泡损失率	<10	均应满足要求
稳 定 性 能	密度（g/cm^3）	>2.55	
	容重（g/cm^3）	>2.50	
软 弱 颗 粒	饱水单轴抗压强度（MPa）	≤20	（含量少于10%）

3　道砟粒径级配应符合表 P.0.2—2 的规定，其粒径级配曲线如图 P.0.2 所示。

表 P.0.2—2　道 砟 级 配

方孔筛孔边长（mm）	16	25	35.5	45	56	63
过筛百分率（%）	0～5	5～15	25～40	55～75	92～97	97～100

4　道砟颗粒形状及清洁度指标：

1）针状指数不大于30%，片状指数不大于30%。

2）黏土团及其他杂质含量的质量百分率不大于0.5%。

3）粒径0.1 mm以下的粉末含量的质量百分率不大于1%。

CHINA RAILWAY PUBLISHING HOUSE

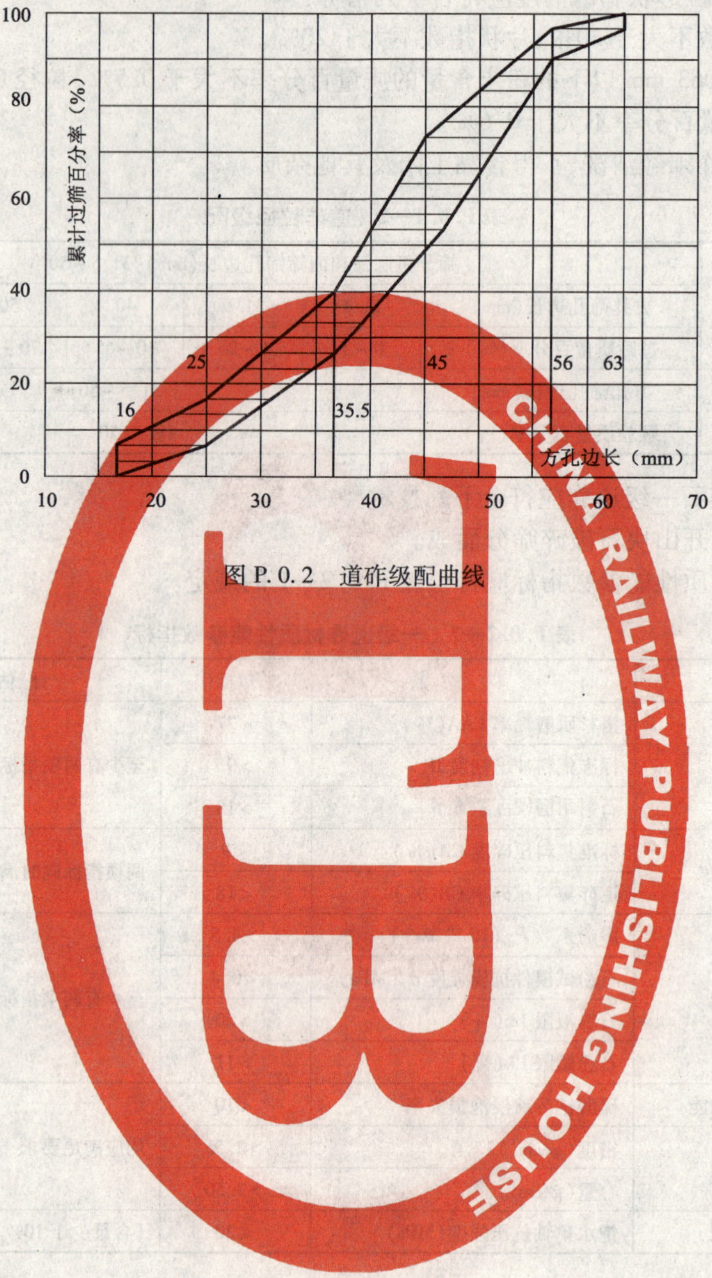

图 P. 0. 2　道砟级配曲线

CHINA RAILWAY PUBLISHING HOUSE

本技术指南用词说明

执行本技术指南条文时，对于要求严格程度的用词说明如下，以便在执行中区别对待。

(1)表示很严格，非这样做不可的用词：

正面词采用“必须”；

反面词采用“严禁”。

(2)表示严格，在正常情况下均应这样做的用词：

正面词采用“应”；

反面词采用“不应”或“不得”。

(3)表示允许稍有选择，在条件许可时首先应这样做的用词：

正面词采用“宜”；

反面词采用“不宜”。

表示有选择，在一定条件下可以这样做的，采用“可”。

CHINA RAILWAY PUBLISHING HOUSE TB

《客运专线铁路轨道工程施工技术指南》条文说明

本条文说明系对重点条文的编制依据、存在的问题以及在执行中应注意的事项等予以说明。为了减少篇幅，只列条文号，未抄录原文。

4.4.5、5.2.7　标准轨质量检验规定：轨头宽度允许偏差为 ±0.5 mm，轨底宽度允许偏差为 ±1.0 mm，断面不对称允许偏差为 ±1.2 mm。如将两根断面不对称偏差过大的钢轨相对焊接，其相错量超过 1 mm，就会严重影响焊机对轨质量。如按轨头工作边对正，轨底会出现严重错牙，将影响轨距挡块安装，造成轨距超标和轨向不良。因此钢轨进货后，应逐根测量断面尺寸，尤其是断面不对称的钢轨，按 0.3 mm 为一级分类。配轨时，选用同级钢轨或断面不对称、偏差不大于 0.3 mm 的钢轨相对焊接，满足第 5.2.7 条规定，确保焊头质量。

4.4.4、4.4.5　钢轨垛码层数应视基底坚实程度决定，扣放一般不宜超过 6 层，如场地限制需高层堆码时，应加强支垫。要求基底平整、坚实，并在基底密铺枕木提高承载力，基底四周应有良好的排水设施，确保钢轨垛不会下沉造成钢轨变形受损。

4.4.7　客运专线铁路对道砟颗粒形状、级配和清洁度的要求十分严格，道砟出场前清洗干净的道砟运到存砟场储存的全过程应防止污染、离析和碾碎。堆砟场地面硬化以混凝土地面为主，防止铲装时将泥土铲入。砟堆覆盖或入库存放是为了防止杂物和粉尘渗入，污染道砟。用胶轮装载机堆砟，并不得在同一砟面上来回行走是为了防止采用推土机履带在砟面上行走，碾碎道砟。堆砟高度的限制是防止道砟从砟堆边坡滚下产生离析。如果道砟在存储过程中被污染，上路前应用水重新清洗。

4.7

线路基桩是指为控制、核查线路设计中心线和高程而设置在线路一侧供施工和养护维修使用的标桩。线路基桩在铺轨前是检查线下（路基、桥梁、隧道等）工程符合设计中心线和路面高程的依据，可准确确定设计中心线来指导铺轨，又不因铺轨铺砟而淹埋。轨道整理时又可精确控制轨道中心线的位置及轨面高程，是施工和线路养护维修的重要依据，在施工中必须加强保护，严禁损坏。如因路基沉降等原因造成变位应及时修正测量资料，确保基桩准确性，并列入竣工资料移交接管单位。

5.3.2　参照《钢轨焊接》（TB/T 1632—2005）制定。

表 5.3.2、表 7.4.3　钢轨焊接接头是轨面平直度的关键控制部位，随着行车速度的提高对其平直度提出了更高的要求。

目前钢轨焊接质量较过去有很大提高，打磨钢轨焊头的机械水平已能达到现场和基地（工厂）一致。由于平直度是满足列车高速运行的基本条件，故本技术指南对焊头平直度部分焊接方法均采用同一标准,并参照《铁路轨道工程施工质量验收标准》(TB 10413—2003)及《新建时速200公里客货共线铁路工程施工质量验收暂行标准》(铁建设〔2004〕08号)和《京沪高速铁路设计暂行规定》(铁建设〔2004〕157号)关于钢轨焊头平直度允许偏差制定本标准。随着列车速度的提高,凡是不能满足标准要求的焊接方法和打磨设备都应禁止使用。

钢轨焊接接头参照《钢轨焊接接头技术条件》(TB/T 1632—91)第3.11.2条、第3.11.3条、第3.11.4条制定。

5.4.1 长钢轨在工厂焊接时尚不能确定其铺设位置,只能进行长钢轨编号及焊头编号。长钢轨配对装车时应再编写铺轨流水号(铺轨编号),现场铺轨后再确定其铺轨起讫里程和联合接头编号。上述资料均应准确记录在《铺轨编号与焊缝编号对照表》(附录M)中,与每个焊头焊接记录、超声波探伤记录、质量检验记录应一致,确保每个焊头都具有可追溯性。

6.1.1 新铺设的长钢轨线路,已经具有无缝线路的特性,钢轨热胀冷缩,可能产生胀轨跑道或出现大轨缝等病害,危及行车安全和工程质量。因此,有砟轨道铺设跨区间无缝线路,应采用流水作业法,在铺设长钢轨线路后,应及时上砟整道或进行单元轨节联合接头焊接,尽快完成单元轨节应力放散(含拉伸)、焊联锁定成无缝线路。

在设计锁定轨温范围内铺设长钢轨,可先进行单元轨焊接,再分层上砟整道,道床达到初期稳定状态后及时焊联锁定无缝线路。在高于或低于设计锁定轨温范围铺设长钢轨,则应先上砟整道,确保道床稳定后再焊接钢轨,按设计锁定轨温进行应力放散及无缝线路锁定。

钢轨预打磨是指新建无缝线路开通运营前为避免钢轨表面微小缺陷的发展扩大,对全线钢轨工作面进行的打磨。

6.1.5 道床进入初期稳定阶段即可铺设无缝线路,故对施工过程中轨道水平、轨向、高低、扭曲和道床断面允许偏差适当放宽,对道床密度和纵向阻力不作规定。无缝线路锁定后还需进行2~3次大机捣固、稳定作业,继续提高道床状态参数进入稳定阶段,再经过轨道整理作业达到验收标准。轨道质量逐渐提高,道床由松散、密实到稳定的变化规律,符合新线施工的具体情况。

6.2.2

3 因雨天路基表面潮湿,极易破坏路基表层,故禁止车辆行驶。

6.2.7 铺轨前摊铺道砟表面平整度直接影响长钢轨轨道铺设质量,故严格规定表面平整度"用3 m直尺测量,各方向误差不应大于20 mm"的检测方法,以确保底层道砟摊铺质量。道床密度在自然状态下即可达到1.4 g/cm^3,要求底层道床应略为压实,故规定"密度不宜小于1.6 g/cm^3"。

6.3.2 根据国内外有砟轨道铺设无缝线路的经验,新线铺设长钢轨轨道,可归纳为两类铺设方式:

第一类是引进国外的技术装备和作业方法,用铺轨车铺枕、铺轨。此种铺轨方式在国外已有较成熟的技术和装备,其中可分为单根轨枕铺设法和长轨排铺设法。

(1)单根轨枕铺设法:将长钢轨和轨枕运至工地,先将长钢轨拖卸在线路两侧底层道床上,再将轨枕按设计间距布放在底层道床上,然后用收轨装置将长钢轨收入轨枕承轨台,铺枕铺轨车边布枕、边收轨,随即上扣件,构成浮放在道床上的长钢轨轨道。

（2）长轨排铺设法：将长钢轨和轨枕组装成长轨排，用专用的运输机械将长轨排运送到工地，再用多台龙门吊将长轨排吊放在底层道床上，构成浮放在道床上的长钢轨轨道。

第二类是充分利用我国铁路轨道工程现有的工程机械和技术，并加以合理组合进行无缝线路长钢轨铺设施工，此法称为“工具轨换铺法”，即先用钢轨轨枕双层运输列车将临时轨排和长钢轨运至工地，再用常规铺轨机将轨排铺设在底层道床上。轨排铺完后，铺轨机及钢轨轨枕双层运输列车退至临时轨排铺设起点，拆除工具轨，用长钢轨推送装置将长钢轨直接推送入轨枕承轨槽，上好扣件完成长钢轨铺设施工。随后回收工具轨，运回铺轨基地再用。

秦沈客运专线采用的单枕铺设法有两种铺枕铺轨设备，一种是从美国坦帕公司引进的 NTC 型铺轨机组，一种是从瑞士马蒂萨公司引进的 TCM60 型铺轨机组。NTC 型铺轨机组由一台履带式拖拉机牵引走行，铺轨作业前在线路一侧作线路中心线的平行线，并钉设边桩，在边桩上拉导向钢弦，引导拖拉机沿线路中心线牵引铺轨机组走行。TCM60 型铺轨机组前端为履带走行器，铺轨前沿线路中心线用醒目颜色设置铺轨机组走行标示线，引导铺轨机组走行器沿标示线走行。其他程序作业方法大致相同。

6.3.4　记录长钢轨铺设轨温的作用：

（1）与设计锁定轨温比较，以便选定锁定线路的最佳施工时间。

（2）与锁定作业轨温比较，测算应力放散量。锁定作业轨温是指单元轨节锁定作业时，始端、终端铺入承轨槽内，两次测量轨温的平均值。

（3）确定规定的机养起、拨、捣作业时间。

6.4.1　新铺长钢轨道床施工，国外高速铁路修建经验表明：在铺枕铺轨之后，必须采用大型机械化整道作业车组进行分层上砟、起道、拨道、捣固、夯拍道床和动力稳定，使道床尽快进入初期稳定阶段，道床状态参数指标达到设计要求，即可铺设无缝线路。

分层上砟整道次数及起道量由枕下道床厚度及起道作业后道床的回落量和设备能力决定。按枕下道床厚 350 mm 计，铺轨前摊铺底层道砟厚 150 mm，剩余起道量 200 mm，分层上砟整道次数为 3 ~ 4 次，起道量由下至上逐层递减，第一、二层宜为80 mm，第三、四层宜为50 mm，最后一次达到设计标高，并考虑机养作业后的道床沉落量（约为起道量的 20%）。秦沈客运专线施工经验表明，经过 3 ~ 4 次分层上砟整道作业后，道床开始进入初期稳定状态，已初步具备了铺设无缝线路的条件，列车运行速度可以达到 200 km/h。但必须继续提高道床密度和横向阻力，有计划地分阶段强化作业，使列车速度逐渐提高到设计值。

6.4.3　客运专线铁路设计速度为 200 ~ 350 km/h，采用本线旅客列车和跨线旅客列车混合运行的运输组织模式。初期高中速列车共线运行时的曲线超高应根据不同区段的不同速度列车的开行方案研究确定，不能简单地按照一个公式进行计算。不同区段不同速度列车的开行方案应进行设计，故规定“曲线外股超高应按设计设置”。

6.4.5　根据秦沈客运专线施工经验，铺轨后分层上砟整道至少分 4 次完成，个别地段尚需在形成无缝线路后再次进行加强整道作业，以达到验收标准。

6.4.6　根据秦沈客运专线施工经验制定，并规定每次上砟后应在轨枕头外侧卸够再次起道的道砟，使每次起道作业后轨枕头外侧都有足够的道砟来稳定线路，禁止在道砟不足时进行起道、拨道、捣固作业。尤其在高于铺轨轨温的季节起道，更应在保证轨道横向稳定的前提下作业。

CHINA RAILWAY PUBLISHING HOUSE

桥上动力稳定的规定参照铁道部科学研究院桥上动力稳定课题研究成果(2001 年 12 月)和德国铁路轨道施工规范《国外高速铁路标准及规程汇编》(铁道部标准计量研究所 1997 年 12 月)第 13 册第 133 页第 6 条有关动力稳定的特殊性中的(18)、(19)制定。

7.1.8 接触焊顶锻量要消耗一定长度(约 30 ~ 40 mm)钢轨。在工地进行合龙锁定焊,以及在坡道上进行单元焊和锁定焊时,钢轨焊头都将承受很大拉力。接触焊顶锻后推除焊瘤时,焊头温度高约 1 200 ℃;焊头正火加热温度达 900 ℃左右,均应使用保压推凸和保压正火确保焊缝不被拉裂。据铁道部科学研究院金属与化学研究所经验,焊头温度冷却到 400 ℃以下焊缝就不会被拉裂。

7.1.9 为实现"左右股单元轨节接头相错量不宜超过 100 mm"的规定,长钢轨装车时左右股长度应符合配轨计划。铺轨时应控制长钢轨接头相错量,若左右股接头相错量超过 100 mm 时应及时锯轨。

7.2.4

2 待焊轨头前方长钢轨需要进行应力放散、拉伸或窜动时,应拆除全部扣件。如长钢轨不需进行应力放散、拉伸或窜动,为了满足顶锻量(30 mm 左右),只需拆除约 80 m 扣件即可。

8.2.1 单元轨节接头位移观测桩纵向相错量的规定是参照《秦沈客运专线轨道工程施工技术讨论会议纪要》(工管技〔2000〕162 号)制定。

8.3.3 在秦沈客运专线跨区间无缝线路施工经验的基础上,增加了选定锁定线路的最佳施工时间和多点测量轨温取其平均值的规定;设位移观测点的间距定为 100 m 左右,更符合现场施工实际;为确保左右股钢轨锁定轨温差不大于 3 ℃,提出两股钢轨宜同步锁定的要求。

9.1.4 无缝道岔一旦焊联锁定,要放散应力重新锁定极为不易,不仅四股钢轨扣件要全部松开,而且要锯截或更换钢轨,故规定"无缝道岔应按设计规定的锁定轨温范围进行锁定焊接"。

9.1.5 道岔铺设时,为满足电务转换设备安装,必须保证两尖轨尖端方正,故要求限位器子、母块尽可能居中,位置符合设计要求。

9.2.3 为了在铺岔后能尽快使道岔道床达到稳定状态,故要求铺岔前应对岔位枕下道床整平、压实。为防止铺岔后落道,并给机养留下起道量,故规定岔位枕下道床"厚度宜比设计低 30 mm"。规定"道床密度不宜小于 1.7 g/cm^3",要求铺岔前岔位枕下道床经分层压实接近稳定状态的道床密度(1.75 g/cm^3),是因为预铺道砟厚度已超过大机养路插镐深度,道床密度依靠分层压实达到,以保证铺岔后经末次上砟整道和轨道整理即可达到验收标准。

9.2.5

2 岔尾相连道岔铺设轨温的规定参照《秦沈客运专线跨区间无缝线路道岔设计评估》(铁道部科学研究院 2001 年 9 月)第 28 页中有关对焊铺、锁定的建议第(6)条制定。

9.3.3 按照上砟整道后道岔平顺性与有砟轨道相匹配的原则、参照《京沪高速铁路设计暂行规定》(铁建设〔2004〕157 号)和《新建时速 200 ~ 250 公里客运专线铁路设计暂行规定》(2004 年 10 月送审稿)有关规定制定。

9.4.2 道岔钢轨焊接施工,宜按先焊转辙器及可动心辙叉前后焊缝,再焊边直边弯,最后在中直中弯进行焊接锁定的顺序进行。道岔内钢轨进行应力放散后,难以采用拉伸的办法提高锁定轨温,故规定"道岔内锁定焊接及道岔与两端无缝线路锁定焊接应同日在设计锁定轨温范围内锁定和焊接"。

9.4.3　道岔应在锁定后再与两端已锁定的无缝线路(含长轨条或道岔,下同)焊接。道岔两端与无缝线路锁定焊接时应确保道岔及两端无缝线路的锁定轨温不会因锁定焊接而引起变化,故规定"道岔两端与无缝线路长轨条的焊接,应在设计锁定轨温范围内进行"。

11.1.5　轨道整理阶段用轨检车进行动态质量检查,找出不合格项,指导大型养路机械对不合格项进行轨道加强整理作业,使线路达到竣工验收标准。

轨道工程全线竣工后,正式开通前应按照计划开通速度进行动态性能试验,以评估列车和线路系统的性能。评估的内容有:

(1)车辆在线路上运行时的振动加速度和位移。

(2)轨道的变形和水平及垂直位移,轨道各部件的应力。

(3)轮轨作用力,未被平衡的加速度,倾覆临界值,舒适度指标等。

11.1.6　"对无缝线路长轨条位移情况每月观测一次"的规定是参照《铁路线路维修规则》(铁运〔2001〕23号)第7.1.1条制定。

11.2.4　大机作业的轨温条件参照《铁路线路维修规则》(铁运〔2001〕23号)第4.4.7条制定。

11.2.5　此条款是参照《铁路线路维修规则》(铁运〔2001〕23号)第4.3.2、第4.3.4、第4.3.7、第4.3.12、第4.3.17条有关条文及《秦沈客运专线线路养护维修暂行规定》(运基线路〔2001〕274号)第4.5.7条制定。

11.2.5

7　无缝线路养护维修过程中如出现线路故障可按下列方法进行防治处理:

1. 胀轨跑道的防治和处理

(1)线路连续出现碎弯时,必须加强巡查或派专人监视,观测轨温和线路方向的变化情况,必要时设置减速或停车信号防护。

(2)养护维修作业中,发现轨向、高低不良,枕端道砟离缝,必须停止作业,及时采取防止胀轨跑道措施。

(3)无论作业中或作业后,发现线路轨向不良,用10 m弦测量轨向偏差达到10 mm时,必须设置慢行信号,并采取夯拍道床,填满枕盒道砟和堆高砟肩等措施。当轨向偏差达到12 mm时,在轨温不变的情况下,过车后线路弯曲变形突然扩大,必须立即设置停车信号,及时通知车站,并采取钢轨降温措施,消除故障后方可放行列车。

(4)发生胀轨跑道,可采取浇水或喷洒液态二氧化碳的办法降低轨温。轨温降低后方可拨道,曲线地段拨道只能上挑,不宜下压。拨道后必须夯拍道床,限速放行列车,并派专人看守,待轨温降至接近锁定轨温时,再恢复线路和正常行车速度。

(5)无缝线路发生胀轨跑道时,应对胀轨跑道情况按规定内容作好登记。

2. 无缝线路钢轨重伤和折断的处理

(1)检查发现钢轨或焊缝有重伤时,不待钢轨或焊缝断裂,即切除重伤部位,切除长度不超过60 mm时,用钢轨拉伸器张拉钢轨,用铝热焊法焊成与切除长度等长的焊缝,实施原位焊复。原位焊复的无缝线路实际锁定轨温保持不变。

(2)钢轨折断的处理要求如下:

①紧急处理:当钢轨断缝小于50 mm时,应立即进行紧急处理。在断缝上安装鼓包夹板,用急救器固定,在断缝前后各50 m拧紧扣件,并派人看守,限速5 km/h放行列车。

如断缝小于 30 mm 时,放行列车速度为 15 ~25 km/h。有条件时,应在原位焊复,否则应在轨端钻孔,上好夹板或鼓包夹板,拧紧接头螺栓,然后可适当提高行车速度。

②临时处理:钢轨断损严重或断缝大于 50 mm,以及紧急处理后不能立即焊接修复的,应封锁线路进行临时处理。沿断缝两侧对称切除伤损部分,两锯口间插入 6 m 的同型钢轨,轨端钻孔,上接头夹板,用 10.9 级螺栓拧紧。在短轨前后各 50 m 范围内拧紧扣件后,按正常速度放行列车。

③永久处理:钢轨断缝处紧急处理或临时处理后,在接近或低于实际锁定轨温时,插入短轨重新焊接修复。采用铝热焊时,插入短轨长度等于切除钢轨长度减去 2 倍预留焊缝值。先焊好一端,焊另一端时,先张拉钢轨,使断缝两侧标记的距离等于原丈量距离减去断缝值后再焊接。焊后长轨条恢复原有状态,保持原锁定轨温不变。

11.3.1 参照国外经验,新建无缝线路在开通运营前,有必要打磨钢轨。预防性打磨钢轨的作用是:

(1)避免钢轨表面微小缺陷的发展扩大,推迟可能发生的波形磨耗,延长钢轨寿命。

(2)消除钢轨轧制过程中形成的长波不平顺和轨面的斑点,提高线路平顺性。

(3)使钢轨轨面粗糙度适应列车速度,减少轮轨相互作用产生的噪声。

11.3.6 参照《国外高速铁路标准及规程汇编》第 13 册第 154 页德国铁路轨道规范(DS 820)中研磨钢轨工作的验收"附录 1707(第 32 条)"制定。

表 12.0.1 依据《京沪高速铁路设计暂行规定》(铁建设〔2004〕157 号)表 5.4.4 和《新建时速 200 ~250 公里客运专线铁路设计规范》(2004 年 10 月送审稿)表 5.4.4—1 及表 7.5.7(两者一致)制定。

CHINA RAILWAY PUBLISHING HOUSE

中华人民共和国行业标准

铁建设函〔2005〕754号

客运专线无砟轨道铁路设计指南

2005—10—09 发布　　　　2005—10—09 实施

中华人民共和国铁道部　发布

前　言

本设计指南是根据铁道部建设司2004年12月20日下发的《关于开展〈客运专线无砟轨道设计暂行规定〉编制工作的通知》要求，借鉴国外有关无砟轨道的设计标准、技术要求和我国秦沈客运专线及其他线路铺设无砟轨道的经验进行编写的。

本设计指南包括总则、术语、线路、路基、轨道、桥梁、隧道、站场及相关工程等共9部分内容，对最高行车速度200～350 km/h的客运专线无砟轨道铁路的设计具有指导作用。具体设计时，应根据无砟轨道类型，参考国外相关设计标准，结合我国客运专线的具体情况和《新建时速300～350公里客运专线铁路设计暂行规定》、《新建时速200～250公里客运专线铁路设计暂行规定》及相关现行铁路设计规范、规定进行。

在执行本设计指南过程中，希望各单位结合客运专线的工程实践，认真总结经验，积累有关资料，及时将修改、补充意见反馈给铁道科学研究院（北京市海淀区大柳树路2号，邮政编码100081），并抄送铁道部经济规划研究院（北京市海淀区羊坊店路甲8号，邮政编码100038），供今后修订时参考。

本设计指南由铁道部建设管理司负责解释。

本设计指南主编单位：铁道科学研究院。

本设计指南参编单位：铁道第一勘察设计院、铁道第二勘察设计院、铁道第三勘察设计院、铁道第四勘察设计院、中铁工程设计咨询集团有限公司、中铁电气化工程局设计院、通号公司设计院。

本设计指南主要起草人：徐鹤寿、黄建苒、曾树谷、江　成、王继军、张千里、牛　斌、邢厚俊、王　锋、杜旭升、曹东白、张莹荧、焦大化、魏　锋、吕宾林、魏亚辉、李　成、李秉涛、闫洪亮、吴连海、李庆生、刘永红、喻　渝、余艳丽、魏永幸、颜　华、孙宏林、文望青、邓运清、李宜生、张玉林、丁为民。

目　次

CHINA RAILWAY PUBLISHING HOUSE

1 总 则

1.0.1 为指导客运专线无砟轨道铁路的设计,制定本设计指南。

1.0.2 本设计指南适用于指导设计行车速度200~350 km/h 的客运专线无砟轨道铁路的设计。未包括的内容,应按《新建时速 300~350 公里客运专线铁路设计暂行规定》、《新建时速 200~250 公里客运专线铁路设计暂行规定》及相关现行铁路设计规范、规定执行或另行研究确定。

1.0.3 近期兼顾货运的客运专线无砟轨道铁路设计尚应符合有关铁路设计规范及规定。

1.0.4 设计速度大于或等于200 km/h 的跨线旅客列车联络线采用无砟轨道时,可参照本设计指南。

1.0.5 客运专线无砟轨道铁路选线时,宜避免水文条件复杂、冲刷严重地段。无法避免时,应采用抵抗洪水能力强的路基工程措施或采用桥涵等通过。

1.0.6 客运专线无砟轨道铁路地质勘察应满足铺设无砟轨道的相关要求。在过渡段或地质复杂地段,勘察横断面应适当加密。在受洪水冲刷地段或降雨量大、强度高、历时长的区域,应加强水文、地质勘察工作。

1.0.7 客运专线无砟轨道铁路混凝土结构应符合《铁路混凝土结构耐久性设计暂行规定》的要求。

1.0.8 路基、轨道、桥涵、隧道、接触网支柱基础、声屏障基础和管线沟槽等不同专业的各类结构应统筹设计,其衔接处应同步施工。

1.0.9 客运专线无砟轨道铁路设计除参考本设计指南外,尚应符合国家现行有关强制性标准的规定。

CHINA RAILWAY PUBLISHING HOUSE

2 术 语

2.0.1 无砟轨道

用整体混凝土结构代替传统有砟轨道中的轨枕和散粒体碎石道床的轨道结构。

2.0.2 板式轨道

预制轨道板通过灌筑CA砂浆调整层，铺设在现场灌筑的钢筋混凝土底座或混凝土支承层上的无砟轨道结构，可分为Ⅰ型板式无砟轨道和Ⅱ型板式无砟轨道。

2.0.3 双块式无砟轨道

以现场灌筑混凝土方式将预制的双块式轨枕嵌入到均匀连续钢筋混凝土道床内并形成整体的无砟轨道结构。

2.0.4 轨枕埋入式无砟轨道

以现场灌筑混凝土方式将预制的混凝土岔枕嵌入到均匀连续钢筋混凝土道床内并形成整体的无砟轨道结构。

2.0.5 轨道板

预制的钢筋混凝土板或预应力钢筋混凝土板，是板式轨道的主要部件。

2.0.6 双块式轨枕

采用钢筋桁架连接的两块混凝土支承块而形成的轨枕，是双块式无砟轨道的主要部件。

2.0.7 混凝土道床板

现场灌筑的埋设双块式轨枕或混凝土岔枕的整体钢筋混凝土层。

2.0.8 混凝土底座

现场灌筑的用于轨道板或混凝土道床板的钢筋混凝土基础。

2.0.9 混凝土支承层

用于在路基上、隧道内支承混凝土道床板或Ⅱ型板式无砟轨道轨道板的现场灌筑的素混凝土层。

2.0.10 CA砂浆调整层

现场灌筑于轨道板和混凝土底座或混凝土支承层之间具有一定弹性的沥青水泥砂浆层。

2.0.11 变形模量 E_{v2}

由平板荷载试验第二次加载测得的土体变形模量。

2.0.12 动态变形模量 E_{vd}

由落锤冲击施加一定大小和作用时间荷载的平板荷载试验测得的土体变形模量。

2.0.13 保护层

铺设于桥面防水层上的钢筋混凝土层，通过预埋钢筋与底座相连，并对防水层具有保护作用。

2.0.14 工后沉降

在铺轨工程完成以后，基础设施产生的沉降量。

2.0.15　差异沉降

在铺轨工程完成以后，路桥或路隧连接处的沉降差。

2.0.16　折角

在铺轨工程完成以后，路基与桥梁或隧道间由于过渡段沉降造成的弯折角度。

CHINA RAILWAY PUBLISHING HOUSE

3 线 路

3.1 一 般 规 定

3.1.1 正线的线路平、纵断面设计应重视线路的平顺性，有利于组成线形变化平缓的空间曲线，提高旅客乘坐舒适度。

3.1.2 正线设计标准的选用必须满足铺设无砟轨道和一次铺设跨区间无缝线路的相关技术要求。

3.2 线 路 平 面

3.2.1 正线线路的平面圆曲线半径应因地制宜，合理选用。优先选用常用曲线半径，慎用最小和最大曲线半径。必要时可采用最大与最小曲线半径间 100 m 整倍数的曲线半径。各类平面圆曲线半径如表 3.2.1 所示。

表 3.2.1 线路平面圆曲线半径

本线列车设计速度/跨线列车设计速度(km/h)	常用曲线半径(m)	最小曲线半径(m)	最大曲线半径(m)
350/200	8 000～10 000	7 000(5 500)	12 000(14 000)
300/200	5 500～8 000	4 500(4 000)	12 000(14 000)
250/160	4 000～6 000	3 200(2 800)	12 000(14 000)
200/160	2 800～5 000	2 000(1 800)	12 000(14 000)

注：括号内数值为特殊困难条件下，经技术经济比选后方可采用的个别最小、最大曲线半径。

3.2.2 直线与圆曲线间应采用缓和曲线连接。缓和曲线宜采用三次抛物线线形。

缓和曲线的长度应符合下列规定：

1 缓和曲线的长度应根据设计速度、曲线半径和地形条件按表3.2.2 合理选用，优先选用一般长度，困难条件下不宜小于最小长度，特殊困难条件下亦不应小于个别最小长度。

2 当设计速度为表3.2.2 所列速度间或小于表列速度的数值时，缓和曲线长度可根据式(3.2.2)计算确定，并取整为10 m的整倍数。

$$l_h = \frac{v_{sj} \times h_{sj}}{3.6 \times [f]} \tag{3.2.2}$$

式中 l_h——缓和曲线长度(m)；

v_{sj}——设计最高速度(km/h)；

h_{sj}——圆曲线设计超高(mm)；

$[f]$——超高时变率允许值，一般长度取 25 mm/s，最小长度取 31 mm/s。

CHINA RAILWAY PUBLISHING HOUSE

3 当采用表 3.2.2 所列数值间的曲线半径时,其相应的缓和曲线长度可采用线性内插值,并取整为 10 m 的整倍数。

3.3 线路纵断面

3.3.1 坡段的设计坡度应适应地形,合理选用。

区间正线的最大坡度应根据地形条件和动车组功率,经牵引计算检算并经技术经济比选后确定。最大坡度一般不宜大于 20‰,特殊困难条件下亦不应大于 30‰,且在10 km 范围内的平均坡度不宜大于 15‰,特殊困难条件下 6 km 范围内的平均坡度亦不应大于 20‰。

动车组走行线最大坡度不应大于 35‰。

最大坡度不考虑平面曲线阻力和隧道阻力的坡度折减。

3.3.2 坡段间的连接应符合下列规定:

1 相邻坡段间应采用圆曲线型竖曲线连接。区间正线的最小竖曲线半径应根据所处区段设计最高速度按表 3.3.2—1 选用,但最大竖曲线半径不得大于 40 000 m。

表 3.2.2 不同设计速度缓和曲线长度(m)

设计速度(km/h) 圆曲线半径(m)	350/200				300/200			250/160			200/160		
	曲线设计超高(mm)	一般	最小	个别	曲线设计超高(mm)	一般	最小	曲线设计超高(mm)	一般	最小	曲线设计超高(mm)	一般	最小
14 000	80	280	250	230	55	190	150	40	120	90	20	50	40
12 000	90	320	290	250	60	200	160	50	140	120	25	60	50
11 000	100	350	320	280	70	240	190	55	160	130	30	70	60
10 000	110	390	350	310	80	270	220	60	170	140	35	80	70
9 000	120	420	380	340	90	300	250	70	200	160	40	90	80
8 000	135	470	430	380	95	320	260	75	210	170	45	100	90
7 000	155	540	490	440	110	370	300	85	240	190	50	120	100
6 000	165	580	520	460	130	440	350	100	280	230	60	140	110
5 500	170	600	540	480	140	470	380	110	310	250	65	150	120
5 000	—	—	—	—	155	520	420	120	340	270	70	160	130
4 500	—	—	—	—	165	550	450	135	380	310	80	180	150
4 000	—	—	—	—	170	570	460	150	420	340	90	200	170
3 500	—	—	—	—	—	—	—	165	460	370	105	240	190
3 200	—	—	—	—	—	—	—	170	480	390	120	270	220
3 000	—	—	—	—	—	—	—	170	490	400	130	290	240
2 800	—	—	—	—	—	—	—	170	500	410	140	320	260
2 500	—	—	—	—	—	—	—	—	—	—	155	350	280
2 000	—	—	—	—	—	—	—	—	—	—	165	370	300
1 800	—	—	—	—	—	—	—	—	—	—	170	380	310

CHINA RAILWAY PUBLISHING HOUSE

表 3.3.2—1 最小竖曲线半径

设计最高速度(km/h)	350	300	250	200
最小竖曲线半径(m)	25 000		20 000	15 000

2 竖曲线与竖曲线、缓和曲线、道岔均不得重叠设置。竖曲线与平面圆曲线不宜重叠设置,困难条件下,符合表 3.3.2—2 条件时可重叠设置。

表 3.3.2—2 竖曲线与平面圆曲线重叠设置条件

设计最高速度(km/h)	350	300	250	200
竖曲线半径(m)	≥25 000	≥25 000	≥20 000	≥15 000
平面圆曲线半径(m)	≥7 000	≥4 500	≥3 200	≥2 000

3.3.3 正线宜设计为较长的坡段,困难条件下最小坡段长度不宜小于一般最小坡段长度,特殊困难条件下亦不应小于个别最小坡段长度。

最小坡段长度应按式(3.3.3—1)和式(3.3.3—2)分别计算确定,并取整为 50 m 的整倍数。必要时,可采用两式计算值之间 50 m 的整倍数值。

一般最小长度
$$l_{p1} = \frac{\Delta i_1 + \Delta i_2}{2} R_{sh} + 0.4 v_{sj} \tag{3.3.3—1}$$

个别最小长度
$$l_{p2} = \frac{\Delta i_1 + \Delta i_2}{2} R_{sh} \tag{3.3.3—2}$$

式中 l_p——最小坡段长度(m);

$\Delta i_1 + \Delta i_2$——坡段两端变坡点坡度代数差之和(‰);

R_{sh}——计算最小坡段长度的竖曲线半径(m),按表 3.3.3 取值,计算中优先选取表 3.3.3 中竖曲线半径的一般值;

v_{sj}——设计最高速度(km/h)。

表 3.3.3 计算最小坡段长度的竖曲线半径

设计最高速度(km/h)		350	300	250	200
竖曲线半径(m)	一般	30 000		30 000	25 000
	最小	25 000		20 000	15 000

4 路 基

4.1 一般规定

4.1.1 路基工程应按土工结构物进行设计,其地基处理、路堤填筑、边坡支挡防护以及排水设施等必须具有足够的强度、稳定性和耐久性,确保列车高速、安全和平稳运行。

4.1.2 路基工程应避免高填、深挖、长路堑和高大挡土墙。路堤高度原则上应大于基床厚度。一般路堤填土高度不宜超过8 m。

4.1.3 路基工程勘察应查明地基地质状态和填料的工程性质,为地基和路基结构物的变形状态评价提供必要的地质资料。地质勘察横断面沿线路方向间距不大于50 m,横断面上的地质点不应少于3个。过渡段或地质地形复杂地段应适当加密,并应在横断面之间作物探检查。

4.1.4 土质地基路基均应进行工后沉降分析。路基在无砟轨道铺设完成后的工后沉降,应满足扣件调整和线路竖曲线圆顺的要求。工后沉降一般不应超过扣件允许的沉降调高量15 mm;沉降比较均匀、长度大于20 m的路基,允许的最大工后沉降量为30 mm,并且调整轨面高程后的竖曲线半径应能满足下列要求:

$$R_{sh} \geqslant 0.4v_{sj}^2$$

式中 R_{sh}——轨面圆顺的竖曲线半径(m);

v_{sj}——设计最高速度(km/h)。

路桥或路隧交界处的差异沉降不应大于5 mm,过渡段沉降造成的路基与桥梁或隧道的折角不应大于1/1 000。

4.1.5 无砟轨道路堤填筑后,应对路基沉降进行系统的观测与分析评估,观测断面沿线路方向的间距一般不大于50 m,过渡段和地形地质条件变化较大的地段应适当加密。在路基完成或施加预压荷载后应有6~18个月的观测和调整期,分析评估沉降稳定满足设计要求后方可铺设无砟轨道。

4.1.6 地质复杂、工后沉降难以控制或地下水位较高、路基易产生冻害和存在其他不稳定因素的路基区段,不宜铺设无砟轨道。

4.2 路基标准横断面

4.2.1 路基横断面宽度和布置形式的设计应根据线间距、轨道结构形式、曲线超高设置、路肩宽度、通信信号和电力电缆槽布置、接触网支柱基础位置、声屏障基础等因素来确定,并应综合考虑路基防排水问题。

4.2.2 直线地段路基标准横断面如图4.2.2所示。路基面宽度可参照表4.2.2的规定。

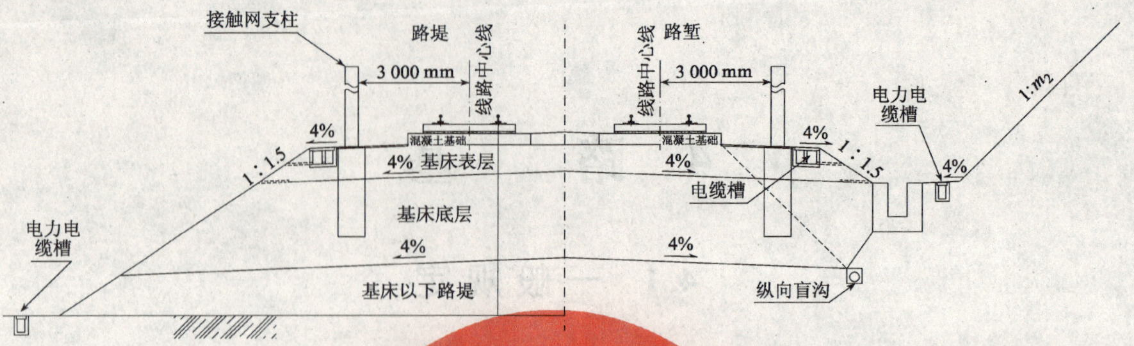

图 4.2.2　双线路基路堤和路堑(土质、软质岩、强风化硬质岩)横断面示意图

表 4.2.2　路基面宽度

设计最高速度(km/h)	线间距(m)	路基面宽度	
		单线(m)	双线(m)
200	4.4	8.6	13.0
250	4.6	8.6	13.2
300	4.8	8.6	13.4
350	5.0	8.6	13.6

注:路基面宽度为接触网支柱内侧距线路中心 3.0 m,通信、信号电缆槽设置于路肩上时的宽度。

4.2.3　直线地段路基面形状为梯形,混凝土支承层基础边缘以外设 4% 的横向排水坡。路基基床底层顶面及基床下路基面自中心向两侧设 4% 的横向排水坡。

4.2.4　无砟轨道路基一般不考虑曲线加宽,当轨道结构和接触网支柱等设施的设置有特殊要求时,根据具体情况计算确定。

4.2.5　正线区间路肩范围内设置的其他附属工程,包括接触网支柱基础,电力、通信、信号电缆槽及声屏障基础等不得影响路基的稳定和排水。考虑防排水、列车振动、路基稳定及行车安全要求等因素,电缆槽宜设置于接触网支柱外侧;电缆槽内部净高不大于30 cm,通信、信号电缆槽外部宽度不大于 70 cm。单通道电力电缆槽设于路肩上时,内部净宽不大于 20 cm。

4.3　基　床

4.3.1　路基基床由表层与底层组成。表层厚度与无砟轨道的混凝土支承层或混凝土底座的总厚度不应小于 0.7 m,底层厚度为 2.3 m。混凝土支承层或混凝土底座以外的路基面应设防排水层,采用厚 5 ~ 10 cm 沥青混凝土或 C25 混凝土。

4.3.2　基床表层采用级配碎石,材料规格应符合《客运专线基床表层级配碎石暂行技术条件》的要求,其压实标准应符合表 4.3.2 的规定。

表 4.3.2　基床表层级配碎石压实标准

填　料	压　实　标　准			
	地基系数 K_{30}(MPa/m)	变形模量 E_{v2}(MPa)	动态变形模量 E_{vd}(MPa)	孔隙率 n
级配碎石	≥190	≥120	≥50	<18%

4.3.3　基床底层采用 A、B 组填料或改良土,其压实标准应符合表 4.3.3 的规定。

表 4.3.3 基床底层压实标准

填 料	压实标准	改良细粒土	砂类土及细砾土	碎石类及粗砾土
A、B 组填料及改良土	地基系数 K_{30}(MPa/m)	≥110	≥130	≥150
	变形模量 E_{v2}(MPa)	≥60	≥60	≥60
	动态变形模量 E_{vd}(MPa)	≥35	≥35	≥35
	压实系数 K	≥0.95	—	—
	孔隙率 n	—	≤28%	≤28%

注:1 压实系数 K 为重型击实标准(以下同)。
2 改良土压实标准:当采用物理方法改良时,应符合本表规定;当采用化学方法改良时,除符合本表规定外,还应满足设计提出的技术要求。

4.4 基床以下路堤及地基

4.4.1 基床以下路堤应优先选用 A、B 组填料和 C 组的块石、碎石、砾石类填料。当选用 C 组细粒土填料时,应根据土源性质进行改良后填筑。其压实标准应符合表 4.4.1 的规定。

表 4.4.1 基床以下路堤填料及压实标准

填 料	压实标准	细粒土改良土	砂类土及细砾土	碎石类及粗砾土
A、B、C 组(不含细粒土、粉砂及易风化软质岩块石土)填料及改良土	地基系数 K_{30}(MPa/m)	≥90	≥110	≥130
	变形模量 E_{v2}(MPa)	≥45	≥45	≥45
	压实系数 K	≥0.92	—	—
	孔隙率 n	—	≤31%	≤31%

注:改良土压实标准:当采用物理改良方法时,应符合本表规定;当采用化学改良方法时,除符合本表规定外,还应满足设计提出的技术要求。

4.4.2 高度小于基床厚度的路堤,基床表层应满足第 4.3.2 条的要求;基床底层范围的土质和压实标准不满足第 4.3.3 条的要求时,应作处理。

4.4.3 地基处理措施应结合路基所处的位置和环境、地质条件、工后沉降量计算值、工期等因素综合确定。

4.4.4 软土地段的路堤在填筑过程中,必须控制填土速率。控制标准为:路堤中心地面沉降速率每昼夜不得大于 10 mm,坡脚水平位移速率每昼夜不得大于 5 mm。

4.4.5 软土和松软土等不良地基应结合工程施工,选择代表性地段提前修筑试验路堤,以检验设计、指导施工。

4.5 路 堑

4.5.1 软质岩、强风化硬质岩及土质路堑地段,基床表层应满足第 4.3.2 条的要求;处于基床底层范围内的土质及压实标准不满足第 4.3.3 条的要求时,应作处理。

4.5.2 不易风化的硬质岩路堑的岩石面做成第 4.2.3 条中要求的形状,对凹凸不平处应以强度不小于 C25 的混凝土填平。

CHINA RAILWAY PUBLISHING HOUSE

4.6 过 渡 段

4.6.1 路基与桥台之间过渡段，应满足以下要求：

1 填方桥台

桥台台尾路基为路堤时，桥路过渡段一般采用图 4.6.1 所示的方案。需要时，根据情况设置钢筋混凝土搭板。过渡段的正梯形部分采用水泥稳定级配碎石（掺 3% ~5% 水泥），压实标准应满足 $K_{30}\geqslant150$ MPa、$E_{v2}\geqslant80$ MPa、$E_{vd}\geqslant50$ MPa 和 $n<28\%$。其后设置一段倒梯形的过渡段，采用 A、B 组填料，压实标准应满足表 4.3.3 的规定。过渡段总长度不小于 4 倍桥台后路堤高度，且不得小于 20 m。过渡段范围内的基床表层级配碎石掺 3% ~5% 水泥。

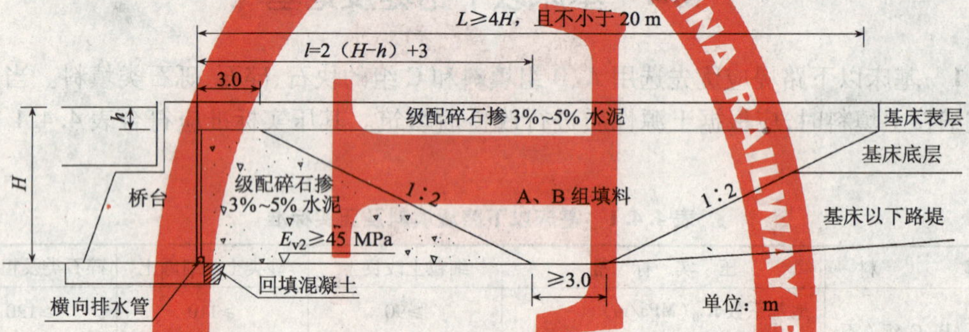

图 4.6.1 填方桥台的桥路过渡段纵断面示意图

2 挖方桥台

桥台台尾路基为软质岩、强风化的硬质岩及土质路堑时，桥路过渡段采用混凝土与级配碎石过渡，长度不小于 20 m。在过渡段以外 20 m 范围内的基床表层级配碎石掺 3% ~5% 水泥。桥台台尾路基为硬质岩路堑时，桥台基坑采取混凝土回填。

4.6.2 路基与涵洞过渡段应满足以下要求：

1 当涵洞顶部至路基面的高度 $h\geqslant2.0$ m 时，应在涵洞侧面设置水泥稳定级配碎石（掺 3% ~5% 水泥）过渡段，过渡段范围内的基床表层级配碎石掺 3% ~5% 水泥。

2 当涵洞顶部至路基面的高度 0.7 m$\leqslant h<2.0$ m 时，参照填方桥路过渡段方式，采用两次过渡方案，在涵洞顶面及两侧设置正梯形的水泥稳定级配碎石（掺 3% ~5% 水泥）过渡段，压实标准应满足 $K_{30}\geqslant150$ MPa、$E_{v2}\geqslant80$ MPa、$E_{vd}\geqslant50$ MPa 和 $n<28\%$。再延伸设置一段倒梯形过渡段，采用 A、B 组填料，压实标准应满足表 4.3.3 的规定。过渡段范围内的基床表层级配碎石掺 3% ~5% 水泥，如图 4.6.2。过渡段总长度不小于 4 倍路堤高度，且不得小于 20 m。

4.6.3 路堑与隧道过渡段

土质、软质岩及强风化硬质岩路堑与隧道连接处，在路堑基床范围内设置过渡段，采取混凝土与级配碎石厚度渐变过渡。

4.6.4 路堤与路堑过渡段

路堤与路堑连接处应设置过渡段。路堤与硬质岩路堑连接处过渡段采用水泥稳定级配碎石（掺加 3% ~5% 水泥）填筑；路堤与土质及软质岩路堑连接处采用台阶方式过渡并

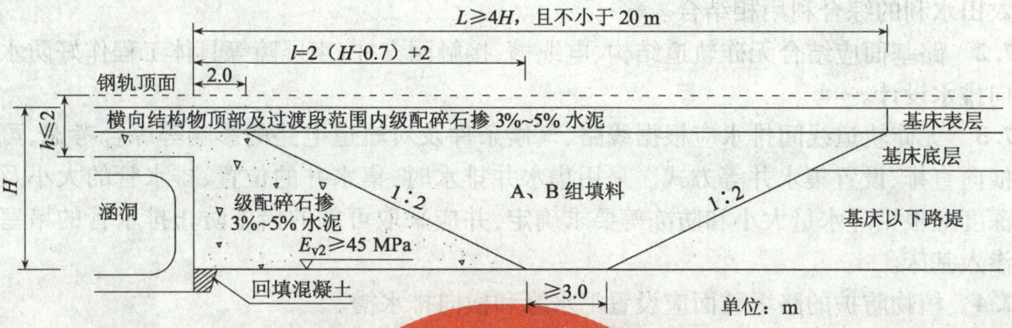

图 4.6.2 涵路过渡段纵断面示意图

回填与路堤相同的填料，压实标准应符合第 4.6.1 条第 1 款的规定。台阶顶部应设置横向排水盲沟。过渡段范围内的基床表层级配碎石掺 3% ~5% 水泥。

4.6.5 半填半挖过渡段

半填半挖路基在靠山侧根据岩层情况换填 1.0 ~2.3 m。过渡段的设置类似于路堤路堑过渡段，硬质岩半填半挖过渡段采用水泥稳定级配碎石（掺 3% ~5% 水泥）填筑；土质及软质岩路堑连接处过渡段采用台阶方式过渡并回填与路堤相同的填料，压实标准应符合第 4.6.1 条第 1 款的规定。半填半挖过渡段的设置方式如图 4.6.5—1 和图 4.6.5—2。

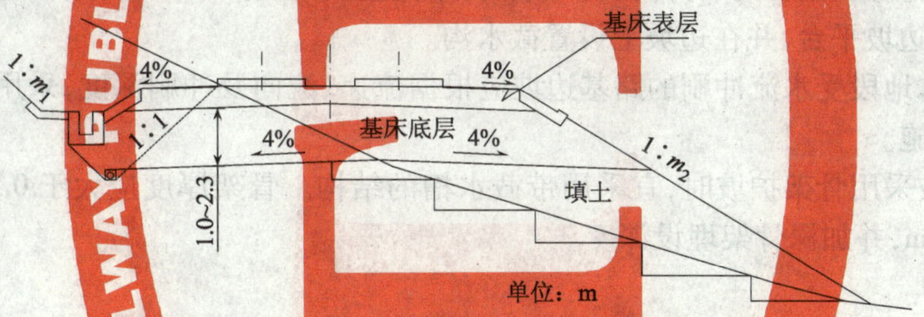

图 4.6.5—1 土质及软质岩半填半挖路基横断面示意

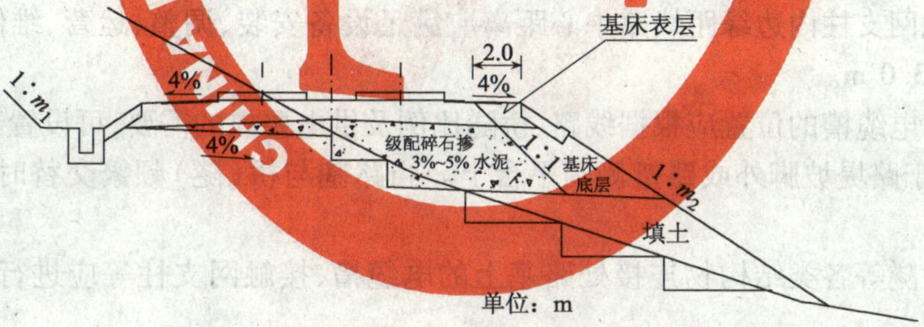

图 4.6.5—2 硬质岩半填半挖路基横断面示意

4.6.6 对于不同形式的过渡段，当纵向设置范围重叠或者相距较近时，应采取适当措施，连通设置，以保证纵向刚度平顺过渡。

4.7 路基排水

4.7.1 路基排水系统，应根据当地降水量特征、汇水面积、地形和地质条件、地下水状况进行规划和设计。路基排水设备，应与桥涵、隧道、车站等排水设施衔接配合，与水土保持及农田水利的综合利用相结合。

4.7.2　路基面应结合无砟轨道结构、电缆槽、接触网支柱、声屏障等具体工程作好防水和横向排水设计。

4.7.3　无砟轨道线间排水应根据线路、气候条件及对轨道电路的影响等综合考虑,可采用横向直排、设置集水井等方式。采用集水井排水时,集水井的位置、排水管的大小及埋设深度应根据降水量大小和防冻等要求确定,并应采取可靠的措施防止排水管的堵塞和水渗入基床。

4.7.4　植物防护的路堤坡面应设置汇水缘和横向排水槽。

4.7.5　路堤边坡应设置坡面防护工程,防护工程应视填料性质、气候条件、边坡高度、浸水及冲刷等具体情况因地制宜采取适宜的防护形式,并符合下列规定:

1　当路堤边坡适宜进行植物防护,且能保证路基边坡的稳定时,应优先采用植物防护方法。根据路堤高度及填料情况,可分别采用植草、种植灌木或爬藤植物,与骨架护坡、土工合成材料结合等植物防护措施。

2　当路堤边坡高度较高时,可在边坡不小于2.5 m宽度范围内分层铺设土工格栅等土工合成材料,每层间距0.3～0.6 m,铺设至基床表层下,并在边坡上采取适宜的植物防护措施。

3　降雨量大、强度高、历时长的区域内,路堤边坡高度大于8 m的路堤应设置宽度不小于2 m的边坡平台,并在边坡上设置截水沟。

4　浸水地段受水流冲刷的路基边坡应根据流速、流向及冲刷深度,采用抗冲刷能力强的防护措施。

4.7.6　边坡采用骨架护坡时,宜采用带截水槽的结构。骨架厚度应大于0.6 m,间距不宜大于3.0 m,并加深骨架埋设深度。

4.8　其　　他

4.8.1　接触网支柱内边缘距线路中心距离应满足设备安装、调整、运营、维修的需要,一般不应小于3.0 m。

4.8.2　电力电缆槽的位置应根据线路、桥隧比例及供电要求的需要,可设置于路肩上,也可单独设置于路堤坡脚外或路堑侧沟平台上。当路基与桥(隧)频繁交替时宜设置于路肩上。

4.8.3　与桥隧等各类结构物连接处路基上的电缆槽、接触网支柱等应进行过渡衔接设计。

CHINA RAILWAY PUBLISHING HOUSE

5 轨 道

5.1 一般规定

5.1.1 桥梁及隧道地段和正线地质条件好的路基地段,宜集中成段铺设无砟轨道。无砟轨道与有砟轨道之间应设置过渡段。

5.1.2 无砟轨道结构形式应根据线下工程的类型,经技术经济比较后合理选择。

5.1.3 无砟轨道结构设计应遵循以下基本原则:

1 设计动轮载为 300 kN;

2 钢轨支点间距小于等于 650 mm;

3 结构设计应与信号系统相匹配,并满足第 9.2 节的相关技术要求;

4 结构设计应考虑减振降噪要求;

5 无砟轨道内不设置接地式或等电位用的专用钢筋,结构钢筋不得接地;

6 无砟轨道的主要混凝土部件应按不小于 60 年的使用年限设计。

5.1.4 无砟轨道扣件

1 路基与隧道内无砟轨道采用弹性扣件,桥上无砟轨道宜采用小阻力弹性扣件。

2 扣件设计参数应符合相关技术条件:

1)轨距调整量:±10 mm;

2)高低调整量:$^{+26}_{-4}$ mm;

3)绝缘性能满足轨道电路技术要求;

4)扣件纵向阻力应满足无缝线路设计要求。

5.1.5 不同地段无砟轨道范围线路纵向阻力应根据无缝线路设计确定。无缝线路断缝检算时,钢轨允许断缝值可取 7 cm,对于采用小阻力扣件的无砟轨道,当历年最低轨温对应的检算断缝值不能满足上述要求时,钢轨断缝允许值可适当加大,但不得超过 10 cm。

5.1.6 无砟轨道的排水设计应与结构物的排水系统相连,确保排水通畅。

5.1.7 无砟轨道的两侧可不用道砟填平。

5.1.8 正线无砟轨道铺设精度(静态)应符合表 5.1.8 的规定。

表 5.1.8 无砟轨道铺设精度(静态)标准

	高 低	轨 向	水 平	轨 距
幅值(mm)	2	2	1	±1
弦长(m)	10			

5.2 无砟轨道结构类型及设计要求

5.2.1 桥上、隧道和路基区段无砟轨道可采用板式或双块式结构。道岔区无砟轨道结构宜采用轨枕埋入式。

5.2.2　板式无砟轨道的轨道板宽度为 2 400 ~ 2 600 mm，其混凝土强度等级不低于 C50。

Ⅰ型板式无砟轨道的轨道板厚 190 mm；结构高度暂定为：路基和隧道 756 mm、桥梁 656 mm。Ⅱ型板式无砟轨道的轨道板厚度，路基和隧道为 200 mm、桥梁上为 300 mm；路基、桥梁、隧道的结构高度均为 774 mm。

5.2.3　双块式无砟轨道的混凝土道床板宽度为 2 800 ~ 3 000 mm，其混凝土强度等级不低于 C40。无砟道床板厚300 mm，结构高度分别为：路基和隧道 866 mm、桥梁 766 mm。

5.2.4　桥上无砟轨道结构设计应符合下列要求：

1　桥上板式无砟轨道结构由钢轨、扣件、轨道板、CA 砂浆调整层及混凝土底座等组成(如图 5.2.4—1 和图 5.2.4—2 所示)；桥上双块式无砟轨道结构由钢轨、扣件、混凝土道床板及混凝土底座等组成(如图 5.2.4—3 所示)。

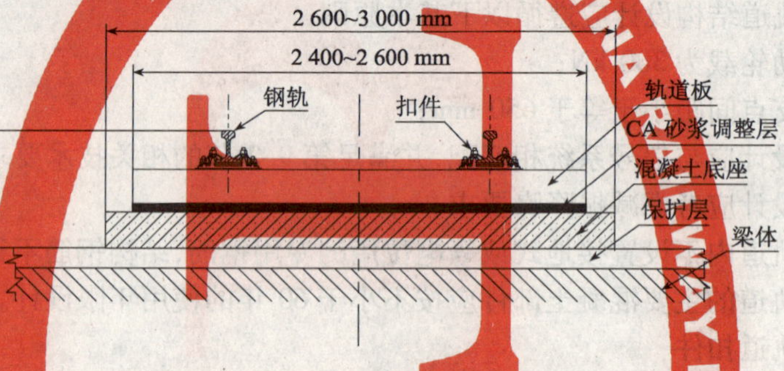

图 5.2.4—1　桥上Ⅰ型板式无砟轨道横断面图

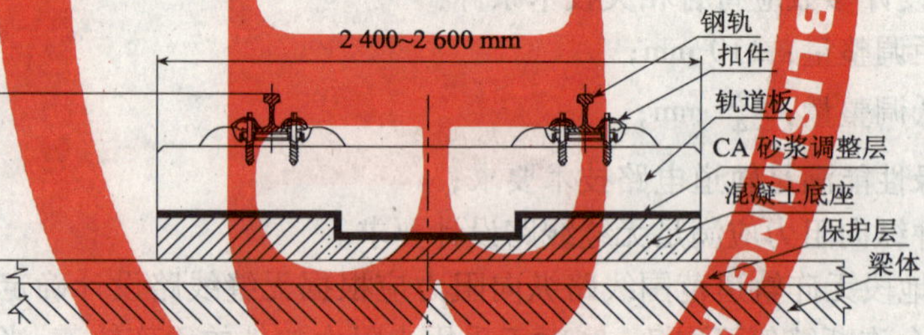

图 5.2.4—2　桥上Ⅱ型板式无砟轨道横断面

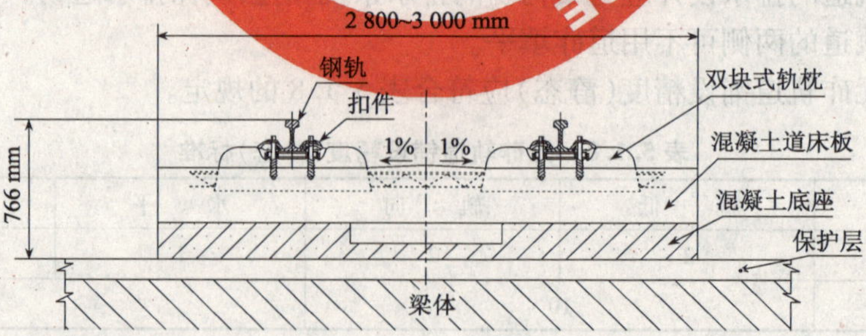

图 5.2.4—3　桥上双块式无砟轨道横断面

2　混凝土底座设置于保护层之上，并与保护层预埋钢筋相连。曲线区段的超高应在混凝土底座设置。

CHINA RAILWAY PUBLISHING HOUSE

混凝土底座长度为4 000 ~6 000 mm,宽度为2 400 ~3 000 mm;直线区段的底座厚度为200 mm,曲线区段应根据底座实设超高具体确定,曲线内侧底座的最小厚度不得小于100 mm。

3 混凝土底座与混凝土道床板间应设置调整层。

4 混凝土道床板或轨道板的限位装置的结构尺寸应根据桥上线路纵向力与横向力计算确定。

5 混凝土底座和混凝土道床板的混凝土强度等级为C40。

5.2.5 隧道内无砟轨道结构设计符合下列要求:

1 隧道内板式轨道结构由钢轨、扣件、轨道板、混凝土底座或混凝土支承层等组成(如图5.2.5—1 和图5.2.5—2 所示),隧道内双块式无砟轨道结构由钢轨、扣件、混凝土道床板、混凝土支承层等组成(如图5.2.5—3 所示)。

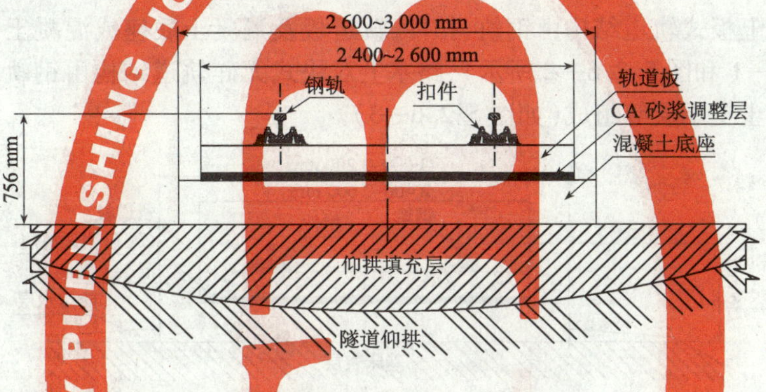

图5.2.5—1 隧道内Ⅰ型板式无砟轨道横断面

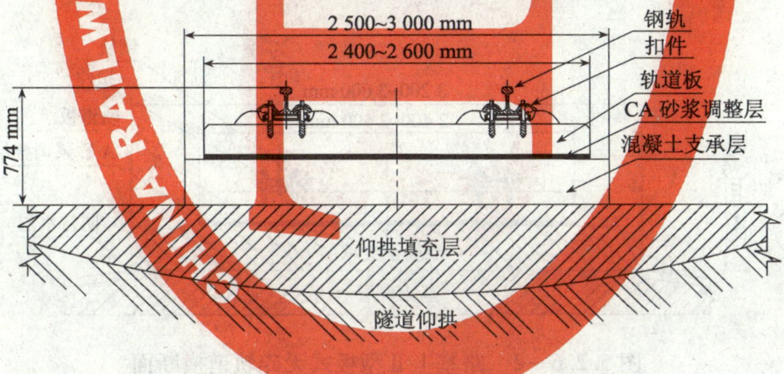

图5.2.5—2 隧道内Ⅱ型板式无砟轨道横断面

2 轨道板可在混凝土支承层或混凝土底座上构筑,混凝土道床板在混凝土支承层上构筑。

3 双块式无砟轨道结构的曲线超高应在混凝土支承层上设置;板式无砟轨道结构的曲线超高应在混凝土底座或混凝土支承层上设置。

4 直线区段的混凝土底座或混凝土支承层厚度为300 mm,曲线区段根据实设超高具体确定。混凝土底座或混凝土支承层的宽度2 500 ~3 000 mm。

5 混凝土支承层或混凝土底座在距隧道洞口200 m范围内的伸缩缝设置与露天区间一致,洞内其余地段伸缩缝间距可适当加大,在隧道结构沉降缝对应设置伸缩缝。

6 混凝土支承层的强度等级不低于C20,混凝土底座的强度等级为C40。

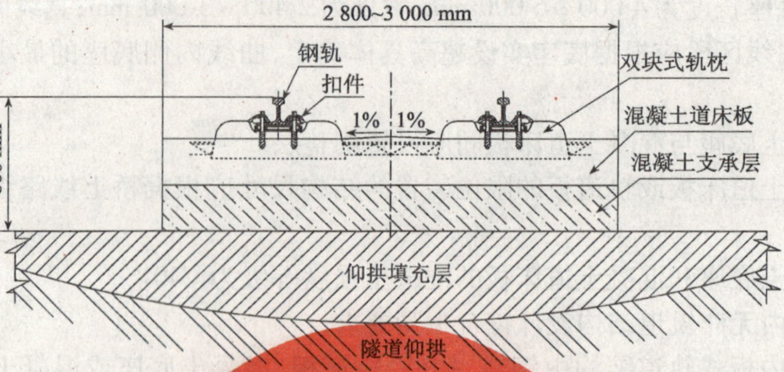

图 5.2.5—3　隧道内双块式无砟轨道横断面

5.2.6　路基上无砟轨道结构设计符合下列要求：

1　路基上板式轨道结构由钢轨、扣件、轨道板及混凝土底座或混凝土支承层等组成（如图 5.2.6—1 和图 5.2.6—2 所示），路基上双块式无砟轨道结构由钢轨、扣件、混凝土道床板、混凝土支承层等组成（如图 5.2.6—3）。

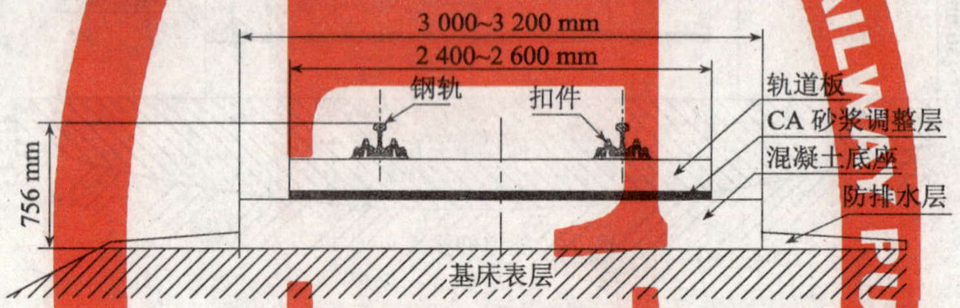

图 5.2.6—1　路基上Ⅰ型板式无砟轨道横断面

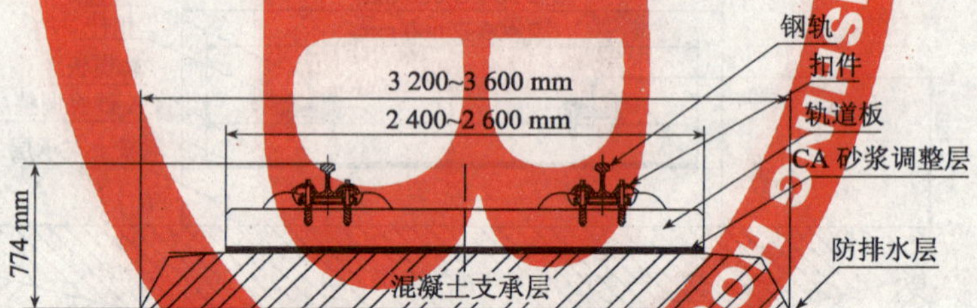

图 5.2.6—2　路基上Ⅱ型板式无砟轨道横断面

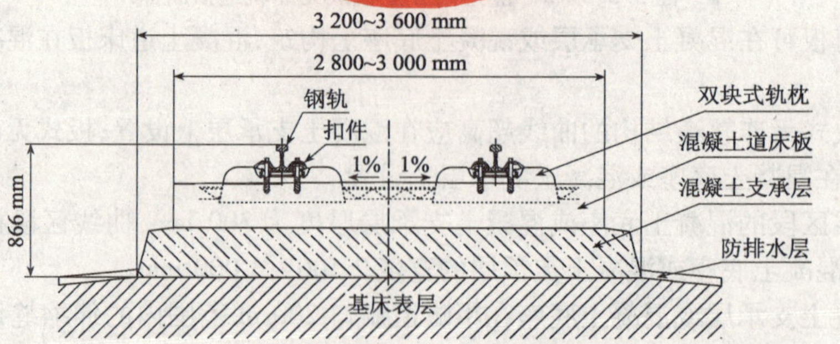

图 5.2.6—3　路基上双块式无砟轨道横断面

CHINA RAILWAY PUBLISHING HOUSE

2　混凝土支承层或底座在路基基床表层上设置，每隔5 m设置一伸缩缝；混凝土支承层或底座的厚度一般为300 mm，特殊支承条件下应具体计算确定；混凝土支承层的宽度为3 200～3 600 mm，混凝土底座的宽度为3 000～3 200 mm。

3　混凝土支承层或底座两侧的路基面应采取沥青混凝土封闭或其他防水措施。

4　混凝土支承层的强度等级不低于C20，混凝土底座的强度等级为C40。

5.2.7　道岔区无砟轨道结构设计应符合下列要求：

1　道岔区轨枕埋入式无砟轨道由道岔钢轨件、扣件、混凝土道床板（含岔枕）及混凝土支承层等部分组成。

2　道岔区混凝土道床板的宽度、钢轨支点间距应根据上部道岔结构形式尺寸确定。道岔区的混凝土道床板厚度不宜小于300 mm。

3　道床板单元的长度宜在4 000～6 000 mm范围内，伸缩缝宜避开牵引点、钢轨接头位置至少1.2 m。

4　道床板表面应设横向排水坡。

5　道岔区线路整体刚度应均匀，并与区间轨道的线路整体刚度相匹配。

6　道岔区与区间轨道之间，应设置一定长度的过渡段。

7　道岔区混凝土道床板与扣件系统的连接应稳定可靠。

8　结构设计应考虑电务设备的安装要求。

5.3　轨道结构过渡段

5.3.1　轨道结构过渡段应符合下列要求：

1　过渡段包括不同轨道结构之间和不同线下结构物之间的过渡，轨道结构和线下结构物的过渡点应相互错开，不应设在同一断面上。

2　不同轨道结构间的过渡段区域不得有联合接头和绝缘接头。

5.3.2　不同轨道结构间的过渡：

1　无砟轨道与有砟轨道间过渡的基本要求：

1）无砟轨道的混凝土底座或混凝土支承层应从过渡点开始向有砟轨道延伸至少15 m，同时应满足有砟轨道区段最低道砟厚度的要求。

2）过渡段应设置60 kg/m的辅助轨及配套扣件，辅助轨长度25 m（其中无砟轨道内约5 m，有砟轨道内约20 m）。过渡段有砟轨道范围的基本轨扣件形式与无砟轨道一致。有砟轨道范围内辅助轨设置不应影响大型养路机械捣固作业。

3）过渡段范围的轨道刚度过渡可通过胶垫刚度、轨枕类型等变化来实现。

4）隧道口的过渡段自过渡点开始至隧道内无砟轨道25 m范围，应埋设混凝土支承层与钢筋混凝土底座或混凝土道床板之间的连接钢筋。

2　不同无砟轨道结构间过渡应考虑两种无砟轨道结构的设计高度差，以保证其顺接。

5.4　轨道附属设施及常备材料

5.4.1　正线线路应设置线路基桩。

5.4.2　轨道常备材料可按表5.4.2规定的数量设计。

表 5.4.2　轨道常备材料数量

材　料　名　称		备　料　数　量
板式	充填式垫板(注入袋和树脂材料)	每单线千米 5 套
	维修用树脂材料	每单线千米 0.1 m^3
	填充树脂	每单线千米 0.01 m^3
过渡段	过渡段辅助轨扣件及垫板	每 1 ~ 20 处 5 套
	过渡段轨枕	每 1 ~ 20 处 2 套
道岔	整组道岔	单开道岔每 1 ~ 100 组备 1 组
	辙　叉	新建车站每站新增道岔每种型号每 1 ~ 20 组备 1 个
		改、扩建车站每站新增 30 组道岔备 1 个
	尖　轨	新建车站每站新增道岔每种型号每 1 ~ 20 组备 1 对
		改、扩建车站每站新增 30 组道岔备 1 对
	基本轨	新建车站每站新增道岔每种型号每 1 ~ 20 组备 1 对
		改、扩建车站每站新增 30 组道岔备 1 对
钢轨伸缩调节器	整组钢轨伸缩调节器	轨道部件每 1 ~ 100 组备 1 组
	尖　轨	每种型号每 1 ~ 20 组备 1 对
	基本轨	每种型号每 1 ~ 20 组备 1 对

CHINA RAILWAY PUBLISHING HOUSE

6 桥　涵

6.1 结构变形、变位限值

6.1.1 梁体竖向变形的限值应符合下列规定：

1 梁部结构在 ZK 活载静力作用下，梁端竖向转角不应大于 1‰；由于梁端转角导致道床板上抬的稳定安全系数不应小于 1.3。

2 $L \leqslant 50$ m 预应力混凝土简支结构在无砟轨道铺设后的徐变上拱度不应大于 10 mm；$L > 50$ m 时，无砟轨道铺设后的徐变上拱度不应大于 $L/5\ 000$，且不得大于 20 mm。

3 对于高墩桥梁、大跨度桥梁，应考虑结构长期变形对无砟轨道平顺性的影响；必要时，应把扣件无法调整的长期变形（上拱或下挠）作为轨道附加不平顺进行车桥耦合分析检算。对于等跨布置的简支梁长桥，尚应考虑梁端变形引起的钢轨局部隆起对列车舒适性、安全性的不利影响。

4 梁缝两侧钢轨支点竖向相对位移不应大于 1 mm；对于设有纵向坡度的桥梁，尚应考虑由于活动支座纵向水平位移引起的梁缝两侧钢轨支点间的相对竖向位移。

6.1.2 梁体横向变形的限值应符合下列规定：

1 梁缝两侧的钢轨支点横向相对位移不应大于 1 mm。

2 对于高墩桥梁、大跨度桥梁，尚应考虑日照、温差等因素对结构横向变形的影响。必要时，应将这种变形作为轨道附加不平顺进行车桥耦合分析检算。

6.1.3 由于结构各种变形引起的梁缝两侧或梁体与路基两侧扣件的附加上拔力和弹性垫板附加压应力不应超过规定的限值。

6.1.4 墩台基础的沉降量按恒载计算，其工后沉降量应符合下列规定：

墩台均匀沉降量≤20 mm；

相邻墩台沉降量之差≤5 mm。

6.1.5 涵洞的地基为压缩性土层时，应计算涵洞的沉降，其工后沉降不应大于 30 mm。涵洞基础应采取与相邻路基相一致的处理原则。

6.1.6 对桥梁变形应进行系统观测与分析，建立沉降观测基准点，在桥梁基础、墩台、梁部架设等施工过程中进行系统观测。无砟轨道铺设宜在梁部架设 6 个月后进行；对于岩石地基等沉降量很小的桥梁，无砟轨道铺设应在预制梁架设 60 d 后或现浇梁预应力终张拉后 60 d 进行。

6.2 结构构造要求

6.2.1 无砟轨道桥面布置应采用图 6.2.1。

1 铺设无砟轨道的桥面应设置性能良好的防、排水系统，确保排水顺畅。防水层应采用柔性防水材料，其上部应设置110 mm厚的保护层。

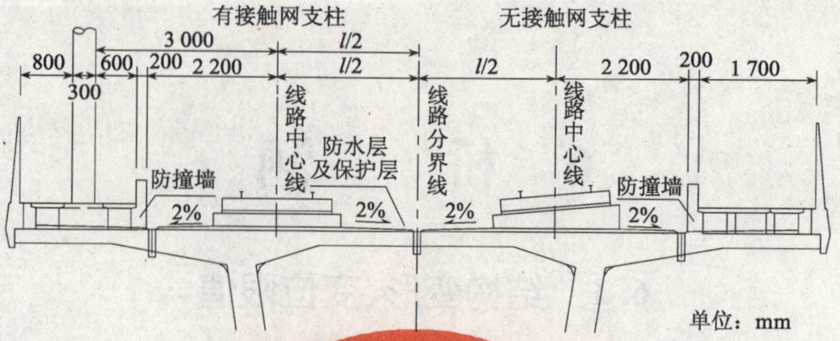

图 6.2.1　直线、曲线上桥面布置图

2　桥面混凝土保护层的伸缩缝应与底座间隔缝对应设置，并用沥青板填充。保护层伸缩缝应沿线路横向贯通。

3　桥面横向设置三侧排水坡，坡度不小于 2%。

4　线路平坡区段桥面纵向从跨中至两端设置 3‰坡度排水坡。

5　梁缝处应设置防水措施。

6.2.2　无砟轨道底座浇筑前，底座范围内的桥面高程偏差不应大于 $^{+10}_{-30}$ mm。

6.3　墩台顶纵向水平力

6.3.1　长钢轨纵向力和长钢轨断轨力引起的墩台顶纵向水平力，应按梁轨共同作用计算，并作用于墩台上的支座中心处。按新建铁路桥上无缝线路设计的有关规定执行。

CHINA RAILWAY PUBLISHING HOUSE

7 隧 道

7.0.1 隧道仰拱应与边墙圆顺连接,仰拱混凝土应适当加厚,仰拱填充混凝土强度等级不宜小于 C20,隧道衬砌应与围岩密贴。

7.0.2 隧道轨下断面应根据洞内轨道结构类型,结合两侧救援通道、工程技术作业空间布置及水沟位置设计。

7.0.3 隧道洞口路隧、桥隧之间,应设置过渡段。洞内不同形式的轨道结构之间,应根据其刚度差异,结合地质条件设置过渡段。

7.0.4 不良地质地段,仰拱施工前应进行基底承载力检测。不满足要求时,应采取地基加固措施。

CHINA RAILWAY PUBLISHING HOUSE TB

8 站 场

8.1 一般规定

8.1.1 无砟轨道路段内的车站正线应采用无砟轨道，困难条件下可采用有砟轨道。车站到发线可采用无砟轨道。

8.1.2 车站与综合维修段（工区）、动车段（所）、大型养路机械段之间的走行线、联络线应采用有砟轨道。

8.1.3 车站内正线路基基床标准应与区间正线相同。当到发线采用无砟轨道或与正线处于同一路基时，到发线路基应与正线标准相同。当到发线采用有砟轨道并与正线间设有纵向排水槽、站台等设施时，到发线路基可与正线路基分开设置。

8.2 站场排水

8.2.1 无砟轨道车站应加强站场排水。排水设施及材料选择，应满足强度和耐久性要求，在各种条件下，不得向无砟轨道路基基床渗水。相邻正线间不应设纵向排水设施（曲线车站除外），其他线路不宜向正线排水。

8.2.2 站场排水系统应避开接触网支柱、灯桥灯塔支柱、天桥、地道及其他建筑物的影响，地面建筑和地下基础不得影响排水槽（沟）的泄水面积。

8.2.3 天桥、站台、旅客雨棚应设雨水排泄管道，并与站场排水系统相连接，不宜直接流向线路。道岔和咽喉区应设排水坡和渗水管道。警冲标、信号机柱（座）、转辙机信号箱等基础设施安装，应进行防水处理，地表水不得向路基基床泄漏。

相邻无砟轨道线路间或无砟轨道与宽枕有砟轨道线路间的地面应用防水材料覆盖，并与排水设施有良好衔接。地表防水覆盖层顶面应设置不小于2%的横向排水坡，设置标准应与区间一致。

8.2.4 纵向排水槽的设置应符合下列规定：

1 车站线路之间的纵向排水槽应优先设于到发线之间，根据需要也可设于正线与到发线之间或旅客站台与线路之间。

2 如需设置旅客列车上水管道时，宜与纵向排水槽（沟）一同设置，上水栓处应做专门设计，水流不得向路基基床泄漏。

3 纵向排水槽结构外缘至同侧线路中心线的距离不应小于1.8 m，泄水孔的高度不得高于路基基床表层顶部。排水槽预留的沉降缝应在结构上进行专门设计，预防因温度变化开裂造成水的泄漏。

4 相邻线路均为无砟轨道时，或一侧为无砟轨道而另一侧为混凝土宽枕轨道时，纵向排水槽宜相隔1股线路或2股线路设置1条。

5 纵向排水槽建筑材料应采用C20钢筋混凝土预制或现场浇筑。

CHINA RAILWAY PUBLISHING HOUSE

8.2.5 横向排水槽的设置应符合下列规定：

1 横向排水槽不宜穿越正线。

2 穿越无砟轨道的横向排水槽，顶面应低于基床表层底面。

3 横向排水槽应采用 C20 钢筋混凝土浇筑或预制。

8.3 车站横断面

8.3.1 车站横断面布置应根据正线高程、无砟轨道的结构高度、股道数量、曲线与线间距、设备位置、站台布置、排水设施、声屏障等因素综合考虑。当站台上设有雨棚时，站台面宜设为横向平坡；无雨棚遮盖的站台面应设用于排水的横向坡，其坡度不宜大于 2%。纵向排水槽两侧的路基面宜设计为等高；不等高时，应根据需要对排水槽结构和挡墙进行专门设计。

8.3.2 站台相邻线路的管道和电缆槽宜设在站台下维修通道内。必须设在站台面上时，应集中设置。

TB CHINA RAILWAY PUBLISHING HOUSE

9 相关工程

9.1 电 气 化

9.1.1 接触网支柱基础施工时，一般地段宜采用机械钻孔灌筑桩基础，桥梁、硬质岩石路基等地段宜采用预留地脚螺栓的方式。

9.1.2 接触网接地宜考虑纳入综合接地系统的方案。

9.2 通信信号

9.2.1 无砟轨道线路的道床漏泄电阻不得低于2.0 Ω · km。

9.2.2 轨底距轨道板或混凝土道床板表面的距离不宜小于34 mm，以确保钢轨引接线的通过。

9.2.3 补偿电容、地面应答器等信号设备及其线缆应固定安装在轨道板或混凝土道床板上。其安装孔的位置及施工不得触及钢筋，并应按规定做防水处理。

9.2.4 通信信号电缆槽、电缆过轨钢管或通道、电缆过孔、贯通地线(综合地线)及引出线接口等应与路基、桥梁、隧道、站场等工程同步设计及实施。

9.2.5 道岔区段混凝土道床板设计应预留转辙机、道岔辅助转换设备及密贴检查设备的安装位置，并满足设备的左侧或右侧安装要求。

9.2.6 道岔各牵引点两侧轨枕间距应为650 mm，并应预留转辙机安装连接孔(螺栓)。连接部件必须与轨道结构的钢筋等金属件绝缘，其绝缘电阻值不应小于100 MΩ/500 V。

9.3 综合检测与维修

9.3.1 客运专线铁路应实行综合维修管理体制和综合维修调度及信息管理。

9.3.2 综合检测与维修包括轨道、路基、桥梁、隧道、牵引、供变电、接触网、电力、通信、信号、信息及安全监控等专业内容。综合维修作业应在“天窗”时间内进行。

9.3.3 综合检测与维修机构设置应根据无砟轨道铁路的特点和客运专线网，统一布局。机构设置包括综合检测中心、综合维修段及下属综合工区等。

9.3.4 综合检测中心应按合理的管辖范围，负责全线工务、通信信号、供变电、接触网等固定设备的检查、检测及使用状态分析，提出修理建议。综合检测中心应配置进行动态检测的综合和专项检测装备及车辆，并应配备检测车辆停放及保养的车库和办公房屋。

9.3.5 综合维修段、工区、专业工队应结合路网情况，统一布局，负责线路设备、通信信号、供变电、接触网及信息系统等固定设施的状态管理，制定维修计划并承担计划维修、经常保养、临时补修以及日常巡检等工作。

9.3.6 综合维修段及综合工区应配备维修、抢修的机械、设备、车辆和对设备技术状态进

CHINA RAILWAY PUBLISHING HOUSE

行检测、监控的专业人员及相关设备,以及相应的车辆停放线、车库、设备维修间及存放库。并应配备检测信息收集、分析、处理及反馈系统的设备。

9.3.7 工区、专业工队应配备相应的日常巡视、检测、检查设备,配置临时抢修机械、交通工具及备件存放库。

9.4 环境保护(噪声振动)

9.4.1 当线路通过医疗、文教科研和以机关或者居民住宅为主的噪声、振动敏感建筑物集中区域时,应采取适宜的噪声、振动防治措施。

9.4.2 噪声、振动的防治措施设计应根据工程环境影响评价提出的环境保护目标和原则,进行环境、经济、技术等方面的分析,经多方案比较、优化后确定。

9.4.3 对降噪控制要求较高的区段,可采用声屏障措施。同时对轨道采取降噪措施,提高总体降噪效果。声屏障设计采用的列车运行辐射噪声源强,应考虑无砟轨道的影响。

9.4.4 桥梁声屏障设计时,应采取措施,降低轮轨振动引起的桥梁和声屏障结构的噪声辐射。必要时,桥上可采用减振型无砟轨道、声屏障弹性支承或其他有效的隔振措施。

9.4.5 无砟轨道上采用的吸声材料或吸声构件,除应满足声学性能要求外,还应满足行车安全、防火、维护等方面的要求。

9.4.6 产生微气压波环境污染的隧道口,可设置洞口缓冲结构或采取其他有效的降低微气压波的防治措施。

CHINA RAILWAY PUBLISHING HOUSE

本设计指南用词说明

执行本设计指南条文时，对于要求严格程度的用词说明如下，以便在执行中区别对待。

(1)表示很严格，非这样做不可的用词：

正面词采用“必须”；

反面词采用“严禁”。

(2)表示严格，在正常情况下均应这样做的用词：

正面词采用“应”；

反面词采用“不应”或“不得”。

(3)表示允许稍有选择，在条件许可时首先应这样做的用词：

正面词采用“宜”；

反面词采用“不宜”。

表示有选择，在一定条件下可以这样做的，采用“可”。

CHINA RAILWAY PUBLISHING HOUSE

《客运专线无砟轨道铁路设计指南》条文说明

本条文说明系对重点条文的编制依据、存在的问题以及在执行中应注意的事项等予以说明。为了减少篇幅，只列条文号，未抄录原条文。

1.0.1 无砟轨道具有高平顺性、少维修养护和"维修天窗"短时性的特点，因而在国外高速铁路得到越来越广泛的应用。为建设一流的客运专线，我国准备大量采用无砟轨道。因此，有必要针对我国客运专线特点，满足系统集成需要，编写出适应我国的《客运专线无砟轨道铁路设计指南》，以指导客运专线的无砟轨道及相关工程的设计。

1.0.2 本设计指南是在借鉴国外有关无砟轨道的设计标准、技术要求和我国秦沈客运专线及其他线路铺设无砟轨道的经验的基础上编制的。由于我国对无砟轨道铁路的设计经验不足，因此，本设计指南对最高行车速度200～350 km/h的客运专线无砟轨道铁路的设计仅具指导作用。具体设计还应根据具体的无砟轨道类型，参考国外相关设计标准，结合我国客运专线的具体情况和《新建时速300～350公里客运专线铁路设计暂行规定》、《新建时速200～250公里客运专线铁路设计暂行规定》及相关现行铁路设计规范、规定进行。

1.0.3 本设计指南的适用范围为200～350 km/h的纯客运专线。根据我国铁路运输的需要，一些即将修建的客运专线近期需兼顾货运。由于客、货列车的速差较大，而远期纯客运时，不同等级的旅客列车速差较小，因此曲线的最小半径和超高的设置均与纯客运专线不同。此外，货物列车的轴重也大于旅客列车（动车组）的轴重。所以，对于近期需兼顾货运的客运专线的无砟轨道设计应符合现行有关铁路设计标准要求。

1.0.8 路基横断面、桥面宽度及布置、隧道底部布置等都与其他专业，如接触网支柱基础、声屏障基础和管线沟槽等的位置、结构尺寸等有关。信号专业要求"在车站及区间适当位置预埋过轨电缆通道"。为避免影响路基、轨道、桥梁和隧道的稳定与安全，站前和站后的有关专业的各类结构必须统筹设计，不同专业衔接处应同步施工。

3.1.2 一条设计线的主要设计标准应根据设计线的实际条件选用。例如，当设计线的速差很大或近、远期速度目标值变化很大时，应考虑无砟轨道曲线超高的不可调整性，选择满足近、远期行车速度下旅客乘坐舒适度要求的最小曲线半径。

3.2.1 国际铁路联盟（UIC）高速部2001年10月25日关于"速度320～350 km/h的新线设计科技发展动态（第一部分）"的研究报告（以下简称"UIC高速部报告"）中，关于圆曲线半径及其相关参数有以下资料：

1 法国对于300、350 km/h高速铁路的推荐圆曲线半径，分别为4 545 m、7 143 m（见说明表3.2.1—1），相应的$h+h_q$值分别为234 mm、202 mm；西班牙350 km/h铁路的推荐圆曲线半径为7 255 m，相应的$h+h_q$值为199.42 mm。可见推荐圆曲线半径所用的

$h+h_q$ 值在 200 mm 及其以上。

说明表 3.2.1—1　速度对选择线路几何参数的影响（法国铁路）

参数		270 km/h	300 km/h	350 km/h
最小曲线半径(m)	推荐值	3 846	4 545	7 143
	一　般	3 226	4 000	6 250
	个　别	3 125	4 000	5 556
最大超高(mm)	一　般	180	180	180
	个　别	180	180	180
欠超高(mm)	一　般	100	85	65
	个　别	130	100	85
货物列车在一般条件下所承受的过超高(mm)	一　般	100	100	—
	个　别	110	110	—
欠超高时变率(mm/s)	一　般	30	30	30
	个　别	50	50	50
三次抛物线缓和曲线的长度(m)		$R=3\,125$ m $D=180$ mm(超高) $L=270$ m	$R=4\,000$ m $D=180$ mm $L=300$ m	$R=5\,556$ m $D=180$ mm $L=350$ m
超高顺坡率(mm/m)	一　般	$0.30\leq i\leq 0.67$	$0.30\leq i\leq 0.60$	$0.30\leq i\leq 0.52$
	个　别	$0.67\leq i\leq 0.80$	$0.60\leq i\leq 0.72$	$0.52\leq i\leq 0.62$

2　法、德、意、西班牙等国 350 km/h 高速铁路的最小圆曲线半径分别为：6 250 m（个别 5 556 m）、5 120 m、7 000 m（客货混运）、6 500 m，相应的$[h+h_q]$分别为：231 mm（个别 260 mm）、282 mm（无砟）、207 mm、222 mm。可见国外客运专线最小圆曲线半径的$[h+h_q]$允许值均在 220 mm 以上。

此外，《铁路工程师》（中文版）2003 年第二期中，"科隆—莱茵/美因新建线的设计参数和标准"一文介绍德国高速铁路曲线参数的取值见说明表 3.2.1—2。可见德国在高速客运专线无砟轨道上，采用的最大曲线超高为 170 mm，欠超高为 150 mm。

最小圆曲线半径标准的确定，应按下列两公式计算并取其中之大值：

满足一定速差要求：$R_{min}=\dfrac{11.8\times(v_{max}^2-v_{min}^2)}{[h_q+h_g]}$

满足最高行车速度要求：$R_{min}=\dfrac{11.8\times v_{max}^2}{[h+h_q]}$

说明表 3.2.1—2　德国高速铁路曲线参数取值

运输性质	铁路名称	曲线超高(mm)	欠超高(mm)	曲线半径(m)
客货混运、货运繁忙 $v_{max}=250/280$ km/h	汉诺威—维尔茨堡 曼海姆—斯图加特	90 （标准、有砟）	≤80	$R_{min}=7\,000$ $R_{标准}=5\,100$
客货混运、货运繁忙 $v_{max}=250$ km/h	汉诺威—柏林	≤150 （有砟）	≤70	$R_{min}=3\,352$ $R_{标准}=4\,400$
		≤170 （无砟）	≤100	$R_{min}=2\,837$
客运专线 $v_{max}=300$ km/h	科隆—莱茵/美因	≤170 （无砟）	≤150	$R_{min}=3\,320$

CHINA RAILWAY PUBLISHING HOUSE

需要说明的是,在有砟轨道线路最小圆曲线半径的计算参数中,$[h_q+h_g]=[h_q]+[h_g]-\Delta h$。而对于无砟轨道,由于曲线超高固定设置在混凝土支承层或混凝土底座上,难于根据列车运行速度的变化进行调整。故在无砟轨道线路最小圆曲线半径的计算参数中,无需留有超高调整裕量 Δh,即取 $[h_q+h_g]=[h_q]+[h_g]$。这是无砟轨道与有砟轨道在确定最小圆曲线半径标准时的一项区别。

根据我国以往多次的曲线上旅客乘坐舒适度试验研究结果(见说明表 3.2.1—3),并参考国外的经验,对于无砟轨道的曲线参数取值以及圆曲线半径计算结果见说明表 3.2.1—4～说明表 3.2.1—6。

说明表 3.2.1—3 曲线欠超高的舒适度评价

舒适度评价	良 好	较 好	一 般	轻微不舒适
曲线欠超高 h_q(mm)	40	60	80	110

说明表 3.2.1—4 平面圆曲线半径参数取值(mm)

项 目		h_q+h_g	$h+h_q$	$[h]$	$[h_q]$	$[h_g]$	$[h_q+h_g]$
常用圆曲线		120～100	230～200	—	—	—	—
最小圆曲线	一般	—	—	170	70	70	140
	困难	—	—		100	100	200

说明表 3.2.1—5 新建客运专线常用圆曲线半径计算

项 目 \ 设计速度(km/h)	350/200	300/200	250/160	200/160
h_q+h_g(mm)	120～100	120～100	120～100	120～100
满足一定速差 R(m)	8 112～9 735	4 917～5 900	3 629～4 354	1 416～1 699
$h+h_q$(mm)	230～200	230～200	230～200	230～200
满足最高速度 R(m)	6 285～7 227	4 617～5 310	3 206～3 688	2 052～2 360
常用圆曲线半径取值	8 000～10 000	5 500～8 000	4 000～6 000	2 800～5 000

常用圆曲线半径的取值,根据说明表 3.2.1—5 计算结果,考虑不同设计速度档之间的衔接以及与最小圆曲线半径的协调关系,进行了适当的调整和放宽。

说明表 3.2.1—6 新建客运专线最小圆曲线半径计算

项 目 \ 设计速度(km/h)	350/200	300/200	250/160	200/160
$[h]$(mm)	170			
$[h_q]$(mm)一般/困难	70/100	70/100	70/100	70/100
$[h_g]$(mm)一般/困难	70/100	70/100	70/100	70/100
$[h_q+h_g]$(mm)一般/困难	140/200	140/200	140/200	140/200
满足一定速差 R_{min}(m) 最小(个别)	6 962 (4 868)	4 214 (2 950)	3 110 (2 177)	1 214 (850)
$[h+h_q]$(mm)一般/困难	240/270	240/270	240/270	240/270
满足最高速度 R_{min}(m) 最小(个别)	6 023 (5 354)	4 425 (3 933)	3 073 (2 731)	1 967 (1 748)
最小圆曲线半径取值 R_{min}(m) 最小(个别)	7 000 (5 500)	4 500 (4 000)	3 200 (2 800)	2 000 (1 800)

CHINA RAILWAY PUBLISHING HOUSE

3.2.2 “UIC 高速部报告”中，关于缓和曲线的相关参数取值有以下资料：

1 法、德、意、西班牙等国 350 km/h 高速铁路相应最小曲线半径（5 556 m、5 120 m、7 000 m、6 500 m）的曲线超高和缓和曲线长度分别为 180 mm、170 mm、130 mm（客货混运）、150 mm和 350 m、476 m、330 m、460 m，推算其超高顺坡率分别为 0.514‰、0.357‰、0.39‰、0.33‰。由此可见，铁路设计速度达 350 km/h 的几个国家，其缓和曲线超高顺坡率最小未低于 0.3‰。又从法国对不同速度高速铁路的规定（见说明表 3.2.1—1）也可见，其缓和曲线超高顺坡率最小未低于 0.3‰。

2 法、德、意、西班牙等国 350 km/h 铁路规定的缓和曲线超高时变率分别为：29 mm/s（困难 50 mm/s）、34.7 mm/s、37 mm/s、30 mm/s。

此外，《日本高速铁路技术》（铁道部科学技术信息研究所 2005 年 1 月译自《新干线・高速铁路技术のすべて》日本山海堂 2003.9）一书中，关于缓和曲线的相关参数取值情况：新干线采用的是正弦半波形缓和曲线，其缓和曲线超高时变率最大值，东海道（设计速度 210 km/h）为 45 mm/s；山阳新干线（设计速度 260 km/h）以后为 35 mm/s。

由以上资料可见，我国原《京沪暂规》规定的缓和曲线超高时变率为 25 mm/s、28 mm/s和 31 mm/s，其相应的超高顺坡率分别为 0.25‰、0.29‰和 0.32‰，是偏于严格的。缓和曲线超高顺坡率过小，将给线路养护维修带来一定困难。根据我国以往的研究，参考国外的经验，本指南对无砟轨道的缓和曲线超高时变率[f]取值做了适当调整，设计速度 350/200 km/h[f]采用 28、31、35 mm/s 三档，相应的超高顺坡率分别为 0.29‰、0.32‰、0.36‰；其他设计速度[f]采用 25、31 mm/s 两档，相应的超高顺坡率分别为 0.3‰、0.32‰，以使缓和曲线超高顺坡率不至于太小。缓和曲线长度的计算结果见说明表 3.2.2—1～说明表 3.2.2—12。

说明表 3.2.2—1　350、200 km/h 共线运行曲线超高设计

曲线半径（m）	均衡超高 高速/中速（mm）	设计超高（mm）	欠/过超高（mm）	欠超高检算 $[h_q]=70/100$（mm）	过超高检算 $[h_g]=70/100$（mm）	欠、过超高和检算 $[h_q+h_g]=140/200$（mm）
14 000	103/34	80	23/46	23 < 70	46 < 70	69 < 140
12 000	120/39	90	30/51	30 < 70	51 < 70	81 < 140
11 000	131/43	100	31/57	31 < 70	57 < 70	88 < 140
10 000	145/47	110	35/63	35 < 70	63 < 70	98 < 140
9 000	161/52	120	41/68	41 < 70	68 < 70	109 < 140
8 000	181/59	135	46/76	46 < 70	76 < 100	122 < 140
7 000	207/67	155	52/88	52 < 70	88 < 100	140 = 140
6 000	241/79	165	76/86	76 < 100	86 < 100	162 < 200
5 500	263/86	170	93/84	93 < 100	84 < 100	177 < 200

说明表 3.2.2—2　350、200 km/h 共线运行缓和曲线长度计算表

设计速度（km/h）	曲线半径（m）	设计超高（mm）	缓和曲线长度（m）		
			一般长度（f=28 mm/s）	最小长度（f=31 mm/s）	个别最小长度（f=35 mm/s）
350/200	14 000	80	280(280)	250(250)	230(220)
	12 000	90	320(330)	290(270)	250(250)
	11 000	100	350(370)	320(300)	280(280)

CHINA RAILWAY PUBLISHING HOUSE

续说明表 3.2.2—2

设计速度（km/h）	曲线半径（m）	设计超高（mm）	缓和曲线长度（m）		
			一般长度（f=28 mm/s）	最小长度（f=31 mm/s）	个别最小长度（f=35 mm/s）
350/200	10 000	110	390(430)	350(350)	310(330)
	9 000	120	420(490)	380(400)	340(360)
	8 000	135	470(570)	430(470)	380(410)
	7 000	155	540(670)	490(540)	440(460)
	6 000	165	580	520	460
	5 500	170	600	540	480

注：1 缓和曲线长度为计算后取整的数值。
2 括号内数值为《新建时速 300～350 公里客运专线铁路设计暂行规定》中规定的缓和曲线长度。

说明表 3.2.2—3 300、200 km/h 共线运行曲线超高设计

曲线半径（m）	均衡超高 高速/中速（mm）	设计超高（mm）	欠/过超高（mm）	欠超高检算 $[h_q]$=70/100（mm）	过超高检算 $[h_g]$=70/100（mm）	欠、过超高和检算 $[h_q+h_g]$=140/200（mm）
14 000	76/34	55	21/21	21 < 70	21 < 70	42 < 140
12 000	89/39	60	29/21	29 < 70	21 < 70	50 < 140
11 000	97/43	70	27/27	27 < 70	27 < 70	54 < 140
10 000	106/47	80	26/33	26 < 70	33 < 70	59 < 140
9 000	118/52	90	28/38	28 < 70	38 < 70	66 < 140
8 000	133/59	95	38/36	38 < 70	36 < 70	74 < 140
7 000	152/67	110	42/43	42 < 70	43 < 70	85 < 140
6 000	177/79	130	47/51	47 < 70	51 < 70	98 < 140
5 500	193/86	140	53/54	53 < 70	54 < 70	107 < 140
5 000	212/94	155	57/61	57 < 70	61 < 70	118 < 140
4 500	236/105	165	71/60	71 < 70	60 < 70	131 < 140
4 000	266/118	170	96/52	96 < 100	52 < 70	148 < 200

说明表 3.2.2—4 300、200 km/h 共线运行缓和曲线长度计算表

曲线半径（m）	设计超高（mm）	l(m)	
		一般长度（f=25 mm/s）	最小长度（f=31 mm/s）
14 000	55	190	150
12 000	60	200(240)	160(190)
11 000	70	240(250)	190(210)
10 000	80	270(270)	220(220)
9 000	90	300(300)	250(250)
8 000	95	320(350)	260(290)
7 000	110	370(400)	300(330)
6 000	130	440(490)	350(400)
5 500	140	470(520)	380(440)
5 000	155	520(550)	420(450)
4 500	165	550(600)	450(490)
4 000	170	570	460

注：1 缓和曲线长度为计算后取整的数值。
2 括号内数值为《新建时速 300～350 公里客运专线铁路设计暂行规定》中规定的缓和曲线长度。

CHINA RAILWAY PUBLISHING HOUSE

设计速度为250 km/h 的客运专线，跨线列车的运行速度初期有可能为160 km/h，远期为200 km/h。因此对于无砟轨道曲线超高的设计应该考虑到兼顾两种速度匹配的条件，故对250、200 km/h 和250、160 km/h 两种速度匹配情况都进行了曲线超高设计，以便选择可兼顾两种速度匹配的曲线超高。

说明表 3.2.2—5　250、200 km/h 共线运行曲线超高设计

曲线半径(m)	均衡超高 高速/中速(mm)	设计超高(mm)	欠/过超高(mm)	欠超高检算 $[h_q]=70/100$ (mm)	过超高检算 $[h_g]=70/100$ (mm)	欠、过超高和检算 $[h_q+h_g]=140/200$ (mm)
14 000	53/34	40	13/6	13 < 70	6 < 70	19 < 140
12 000	61/39	50	11/11	11 < 70	11 < 70	22 < 140
11 000	67/43	55	12/12	12 < 70	12 < 70	24 < 140
10 000	74/47	60	14/13	14 < 70	13 < 70	27 < 140
9 000	82/52	70	12/18	12 < 70	18 < 70	30 < 140
8 000	92/59	75	17/16	17 < 70	16 < 70	33 < 140
7 000	105/67	85	20/18	20 < 70	18 < 70	38 < 140
6 000	123/79	100	23/21	23 < 70	21 < 70	44 < 140
5 500	134/86	110	24/24	24 < 70	24 < 70	48 < 140
5 000	148/94	120	28/26	28 < 70	26 < 70	54 < 140
4 500	164/105	135	29/30	29 < 70	30 < 70	59 < 140
4 000	184/118	150	34/32	34 < 70	32 < 70	66 < 140
3 500	211/135	165	46/30	46 < 70	30 < 70	76 < 140
3 200	230/148	170	60/22	60 < 70	22 < 70	82 < 140
3 000	246/157	170	76/13	76 < 100	13 < 70	89 < 140
2 800	263/169	170	97/1	97 < 100	1 < 70	98 < 140

说明表 3.2.2—6　250、160 km/h 共线运行曲线超高设计

曲线半径(m)	均衡超高 高速/中速(mm)	设计超高(mm)	欠/过超高(mm)	欠超高检算 $[h_q]=70/100$ (mm)	过超高检算 $[h_g]=70/100$ (mm)	欠、过超高和检算 $[h_q+h_g]=140/200$ (mm)
14 000	53/22	40 (40)	13/18 (13/18)	13 < 70 (13 < 70)	18 < 70 (18 < 70)	31 < 140 (31 < 140)
12 000	61/25	45 (50)	16/20 (11/25)	16 < 70 (11 < 70)	20 < 70 (25 < 70)	36 < 140 (36 < 140)
11 000	67/27	50 (55)	17/23 (12/28)	17 < 70 (12 < 70)	23 < 70 (28 < 70)	40 < 140 (40 < 140)
10 000	74/30	55 (60)	19/25 (14/30)	19 < 70 (14 < 70)	25 < 70 (30 < 70)	44 < 140 (44 < 140)
9 000	82/34	65 (70)	17/31 (12/36)	17 < 70 (12 < 70)	31 < 70 (36 < 70)	48 < 140 (48 < 140)
8 000	92/38	70 (75)	22/32 (17/37)	22 < 70 (17 < 70)	32 < 70 (37 < 70)	54 < 140 (54 < 140)
7 000	105/43	80 (85)	25/37 (20/42)	25 < 70 (20 < 70)	37 < 70 (42 < 70)	62 < 140 (62 < 140)
6 000	123/50	95 (100)	28/45 (23/50)	28 < 70 (23 < 70)	45 < 70 (50 < 70)	73 < 140 (73 < 140)
5 500	134/55	105 (110)	29/50 (24/55)	29 < 70 (24 < 70)	50 < 70 (55 < 70)	79 < 140 (79 < 140)

CHINA RAILWAY PUBLISHING HOUSE

续上表

曲线半径(m)	均衡超高 高速/中速 (mm)	设计超高(mm)	欠/过 超高(mm)	欠超高检算 $[h_q]=70/100$ (mm)	过超高检算 $[h_g]=70/100$ (mm)	欠、过超高和检算 $[h_q+h_g]=140/200$ (mm)
5 000	148/60	115 (120)	33/55 (28/60)	33 < 70 (28 < 70)	55 < 70 (60 < 70)	88 < 140 (88 < 140)
4 500	164/67	130 (135)	34/63 (29/68)	34 < 70 (29 < 70)	63 < 70 (68 < 70)	97 < 140 (97 < 140)
4 000	184/76	145 (150)	39/69 (34/74)	39 < 70 (34 < 70)	69 < 70 (74 < 100)	108 < 140 (108 < 140)
3 500	211/86	160 (165)	51/74 (46/79)	51 < 70 (46 < 70)	74 < 100 (79 < 100)	125 < 140 (125 < 140)
3 200	230/94	165 (170)	65/71 (60/76)	65 < 70 (60 < 70)	71 < 100 (76 < 100)	136 < 140 (136 < 140)
3 000	246/101	165 (170)	81/64 (76/69)	81 < 100 (76 < 100)	64 < 70 (69 < 70)	145 < 200 (145 < 200)
2 800	263/108	170 (170)	93/62 (93/62)	93 < 100 (93 < 100)	62 < 70 (62 < 70)	155 < 200 (155 < 200)

注:括号中数值为按照250/200 km/h速度匹配时的设计超高检算欠、过超高的情况。

根据对250/200 km/h和250/160 km/h两种速度匹配条件下的曲线设计超高的比较,选择250/200 km/h条件下的曲线设计超高作为计算缓和曲线长度的依据比较合适,即250/160 km/h速度匹配条件与250/200 km/h速度匹配条件采用同样的曲线设计超高和缓和曲线长度。

说明表 3.2.2—7 250、160 km/h 共线运行缓和曲线长度计算表

曲线半径(m)	设计超高(mm)	l(m)	
		一般长度($f=25$ mm/s)	最小长度($f=31$ mm/s)
14 000	40	120	90
12 000	50	140(140)	120(120)
11 000	55	160(160)	130(130)
10 000	60	170(170)	140(140)
9 000	70	200(190)	160(160)
8 000	75	210(210)	170(170)
7 000	85	240(240)	190(190)
6 000	100	280(280)	230(230)
5 500	110	310(310)	250(250)
5 000	120	340(340)	270(270)
4 500	135	380(380)	310(310)
4 000	150	420(420)	340(350)
3 500	165	460(490)	370(400)
3 200	170	480	390
3 000	170	490(500)	400(410)
2 800	170	500	410

注:1 缓和曲线长度为计算后取整的数值。
2 括号内数值为《新建时速300~350公里客运专线铁路设计暂行规定》中规定的缓和曲线长度。

CHINA RAILWAY PUBLISHING HOUSE

说明表 3.2.2—8　200、160 km/h 共线运行曲线超高设计

曲线半径（m）	均衡超高 高速/中速（mm）	设计超高（mm）	欠/过超高（mm）	欠超高检算 $[h_q]=70/100$（mm）	过超高检算 $[h_g]=70/100$（mm）	欠、过超高和检算 $[h_q+h_g]=140/200$（mm）
14 000	34/22	20	14/－2	14 <70	－2 <70	16 <140
12 000	39/25	25	14/0	14 <70	0 <70	14 <140
11 000	43/27	30	13/3	13 <70	3 <70	16 <140
10 000	47/30	35	12/5	12 <70	5 <70	17 <140
9 000	52/34	40	12/6	12 <70	6 <70	18 <140
8 000	59/38	45	14/7	14 <70	7 <70	21 <140
7 000	67/43	50	17/7	17 <70	7 <70	24 <140
6 000	79/50	60	19/10	19 <70	10 <70	29 <140
5 500	86/55	65	21/10	21 <70	10 <70	31 <140
5 000	94/60	70	24/10	24 <70	10 <70	34 <140
4 500	105/67	80	25/13	25 <70	13 <70	38 <140
4 000	118/76	90	28/14	28 <70	14 <70	42 <140
3 500	135/86	105	30/19	30 <70	19 <70	49 <140
3 200	148/94	120	28/26	28 <70	26 <70	54 <140
3 000	157/101	130	27/29	27 <70	29 <70	56 <140
2 800	169/108	140	29/32	29 <70	32 <70	61 <140
2 500	189/121	155	34/34	34 <70	34 <70	68 <140
2 000	236/151	165	71/14	71 <100	14 <70	85 <140
1 800	262/168	170	92/2	92 <100	2 <70	94 <140

说明表 3.2.2—9　200、160 km/h 共线运行缓和曲线长度计算表

曲线半径（m）	设计超高（mm）	l（m）	
		一般长度（$f=25$ mm/s）	最小长度（$f=31$ mm/s）
14 000	20	50	40
12 000	25	60（90）	50（70）
11 000	30	70（100）	60（70）
10 000	35	80（100）	70（70）
9 000	40	90（110）	80（80）
8 000	45	100（120）	90（80）
7 000	50	120（130）	100（90）
6 000	60	140（130）	110（110）
5 500	65	150（140）	120（130）
5 000	70	160（150）	130（140）
4 500	80	180（160）	150（150）
4 000	90	200（190）	170（160）
3 500	105	240（230）	190（180）
3 200	120	270	220
3 000	130	290（280）	240（230）
2 800	140	320（300）	260（250）
2 500	155	350（350）	280（280）
2 000	165	370（400）	300（330）
1 800	170	380	310

注：1　缓和曲线长度为计算后取整的数值。
　　2　括号内数值为《新建时速 300～350 公里客运专线铁路设计暂行规定》中规定的缓和曲线长度。

CHINA RAILWAY PUBLISHING HOUSE

说明表 3.2.2—10　速度 160 km/h 及以下地段曲线超高(mm)设计

运行速度 / 曲线半径(m)	160 km/h			140 km/h			120 km/h			100 km/h		
	均衡超高	设计超高	欠超高	均衡超高	设计超高	欠超高	均衡超高	设计超高	欠超高	均衡超高	设计超高	欠超高
10 000	30	20	10	23	20	3	17	20	-3	12	20	-8
9 000	34	20	14	26	20	6	19	20	-1	13	20	-7
8 000	38	25	13	29	20	9	21	20	1	15	20	-5
7 000	43	30	13	33	25	8	24	20	4	17	20	-3
6 000	50	35	15	39	30	9	28	20	8	20	20	0
5 500	55	40	15	42	30	12	31	20	11	21	20	1
5 000	60	45	15	46	35	11	34	25	9	24	20	4
4 500	67	50	17	51	40	11	38	30	8	26	20	6
4 000	76	60	16	58	45	13	42	30	12	30	25	5
3 800	79	65	14	61	45	16	45	35	10	31	25	6
3 500	86	70	16	66	50	16	46	35	11	34	25	9
3 200	94	80	14	72	55	17	53	40	13	37	30	7
3 000	101	85	16	77	60	17	57	45	12	39	30	9
2 800	108	90	18	83	65	18	61	55	16	42	30	12
2 500	121	105	16	93	75	18	77	60	17	47	30	17
2 200	137	120	17	105	85	20	88	70	18	54	40	14
2 000	151	135	16	116	90	26	97	75	22	59	45	14
1 800	168	150	18	128	100	28	107	85	22	66	50	16
1 600	189	160	29	146	120	26	121	100	21	74	60	14
1 400	216	170	46	165	140	25	138	115	23	84	70	14
1 200	252	170	82	193	165	28	161	140	21	98	80	18
1 000	—	—	—	231	170	61	193	165	28	118	95	23
800	—	—	—	—	—	—	241	170	71	148	120	28
700	—	—	—	—	—	—	243	170	73	169	140	29
600	—	—	—	—	—	—	—	—	—	197	160	37
550	—	—	—	—	—	—	—	—	—	215	165	50
500	—	—	—	—	—	—	—	—	—	236	170	64

说明表 3.2.2—11　速度 160 km/h 及以下地段缓和曲线长度(m)计算

设计速度 / 曲线半径(m)	160 km/h		140 km/h		120 km/h		100 km/h	
	一般长度(f=25 mm/s)	最小长度(f=31 mm/s)	一般长度(f=25 mm/s)	最小长度(f=31 mm/s)	一般长度(f=25 mm/s)	最小长度(f=31 mm/s)	一般长度(f=25 mm/s)	最小长度(f=31 mm/s)
10 000	20/40	30	20/40	30	20/30	30	20/30	20
9 000	20/40	30	20/40	30	20/30	30	20/30	20
8 000	25/50	40	20/40	30	20/30	30	20/30	20
7 000	30/60	50	25/50	40	20/30	30	20/30	20
6 000	35/70	50	30/50	40	20/30	30	20/30	20
5 500	40/80	60	30/50	40	20/30	30	20/30	20
5 000	45/80	70	35/60	50	25/40	30	20/30	20
4 500	50/90	80	40/70	50	30/40	40	20/30	20
4 000	60/110	90	45/70	60	30/40	40	25/30	30

续上表

曲线半径(m) \ 设计速度	160 km/h		140 km/h		120 km/h		100 km/h	
	一般长度(f=25 mm/s)	最小长度(f=31 mm/s)	一般长度(f=25 mm/s)	最小长度(f=31 mm/s)	一般长度(f=25 mm/s)	最小长度(f=31 mm/s)	一般长度(f=25 mm/s)	最小长度(f=31 mm/s)
3 800	65/120	100	45/70	60	35/50	40	25/30	30
3 500	70/130	100	50/80	70	35/50	40	25/30	30
3 200	80/150	120	55/90	70	40/60	50	30/40	30
3 000	85/160	130	60/100	80	45/60	50	30/40	30
2 800	90/160	140	65/110	90	55/80	60	30/40	30
2 500	105/190	160	75/120	100	60/80	70	30/40	30
2 200	120/220	180	85/140	110	70/100	80	40/50	40
2 000	135/240	200	90/150	120	75/100	90	45/50	50
1 800	150/270	210	100/160	130	85/120	100	50/60	50
1 600	160/290	220	120/190	160	100/140	110	60/70	60
1 400	170/310	240	140/220	180	115/160	130	70/80	70
1 200	170/320	250	165/260	210	140/190	160	80/90	80
1 000	—	—	170/270	220	165/220	180	95/110	100
800	—	—	—	—	170/230	190	120/140	120
700	—	—	—	—	170/240	200	140/160	140
600	—	—	—	—	—	—	160/180	160
550	—	—	—	—	—	—	165/190	170
500	—	—	—	—	—	—	170/200	170

注:分子为设计超高,分母及整数均为计算取整后缓和曲线长度。

说明表 3.2.2—12　速度 160 km/h 及以下地段缓和曲线长度(m)

曲线半径(m) \ 设计速度	160 km/h		140 km/h		120 km/h		100 km/h	
	一般长度	最小长度	一般长度	最小长度	一般长度	最小长度	一般长度	最小长度
10 000	40(50)	30(40)	40(30)	30(30)	30(20)	30(20)	30(20)	20(20)
9 000	40	30	40	30	30	30	30	20
8 000	50(50)	40(50)	40(40)	30(30)	30(20)	30(20)	30(20)	20(20)
7 000	60	50	50	40	30	30	30	20
6 000	70(60)	50(50)	50(50)	40(40)	30(20)	30(20)	30(20)	20(20)
5 500	80	60	50	40	30	30	30	20
5 000	80(70)	70(60)	60(50)	50(40)	40(20)	30(20)	30(20)	20(20)
4 500	90	80	70	50	40	40	20	20
4 000	110(100)	90(80)	70(70)	60(50)	40(40)	40(40)	30(30)	30(30)
3 800	120	100	70	60	50	40	30	30
3 500	130	100	80	70	50	40	30	30
3 200	150	120	90	70	60	50	40	30
3 000	160(140)	130(110)	100(90)	80(70)	60(50)	50(40)	40(30)	30(30)

续上表

设计速度 / 曲线半径(m)	160 km/h		140 km/h		120 km/h		100 km/h	
	一般长度	最小长度	一般长度	最小长度	一般长度	最小长度	一般长度	最小长度
2 800	160	140	110	90	80	60	40	30
2 500	190 (170)	160 (140)	120 (120)	100 (90)	80(70)	70(60)	40(40)	30(30)
2 200	220	180	140	110	100	80	50	40
2 000	240 (220)	200 (180)	150 (140)	120 (120)	100 (90)	90(70)	50(50)	50(40)
1 800	270 (250)	210 (210)	160 (160)	130 (130)	120 (100)	100 (80)	60(50)	50(40)
1 600	290 (280)	220 (230)	190 (190)	160 (150)	140 (110)	110 (90)	70(60)	60(50)
1 400	310 (290)	240 (230)	220 (210)	180 (180)	160 (130)	130 (100)	80(70)	70(60)
1 200	320 (290)	250 (230)	260 (250)	210 (200)	190 (150)	160 (120)	90(90)	80(70)
1 000	—	—	270 (250)	220 (210)	220 (190)	180 (150)	110 (110)	100 (90)
800	—	—	—	—	230 (220)	190 (180)	140 (140)	120 (110)
700	—	—	—	—	240 (220)	200 (180)	160 (160)	140 (130)
600	—	—	—	—	—	—	180 (180)	160 (150)
550	—	—	—	—	—	—	190 (180)	170 (150)
500	—	—	—	—	—	—	200 (180)	170 (150)

注:括号内数值为《新建时速300~350公里客运专线铁路设计暂行规定》的缓和曲线长度。

3.3.1 "UIC高速部报告"中,关于最大坡度的规定有以下资料:

法、德、意、西班牙等国以及欧洲实用技术标准(STI),对于350 km/h高速铁路规定的最大坡度分别为35‰、40‰、12‰(客货)、25‰、35‰。

STI对最大坡度的坡长作出的规定是:最大坡度35‰的连续坡段长度不应超过6 km,并且在10 km范围内的平均坡度不要超过25‰。

《日本高速铁路技术》(铁道部科学技术信息研究所2005年1月译自《新干线·高速铁路技术のすべて》日本山海堂2003.9)一书中,介绍新干线的最大坡度分别为:东海道15‰(连续坡长2.5 km、18‰;1 km、20‰);山阳、东北、上越15‰(10 km平均12‰);北陆新干线以后由于列车性能提高,可达25‰,但仍统一为15‰(困难35‰)。

由以上资料可见,随着高速列车牵引和制动性能的提高,线路允许的最大坡度在不断提高。

对于我国客运专线最大坡度限值的确定,一方面需要考虑高速列车的牵引和制动性能,另一方面还应考虑规划中的12 000 km客运专线网所经地区的地形条件可能需要的最大坡度。

根据上述搜集到的国外资料,日、法、德等国的高速列车均能在35‰及其以上的坡度

CHINA RAILWAY PUBLISHING HOUSE

运行。因此,无论引进哪一国动车组技术,最大坡度的限值都可以选择在35‰及其以上。

根据20世纪80年代对我国铁路最大坡度的课题研究,认为山区铁路的最大坡度应与线路所经地区的平均自然纵坡相适应,否则工程费将成倍增加。课题组对我国规划的西南山区新建铁路可能经过的主要河流的河床纵坡进行了统计分析,除滇藏、川藏铁路外,所有规划铁路最大坡度采用30‰已可满足要求;滇藏、川藏铁路也只有跨越横断山脉等的局部区段可能有采用40‰最大坡度的需要。除山区外,其他地区规划铁路的地形条件采用20‰的最大坡度基本可以满足跨越地形或地物障碍的要求。我国《中长期铁路网规划》中12 000 km的"四纵四横"客运专线和城际快速客运系统,分别是京沪、京广、京哈、杭宁福深、徐兰、杭长、青太、宁汉蓉客运专线和环渤海、长江、珠江三角洲地区城际客运系统。所经地区地形多为滨海平原、低山丘陵、山间谷地,少量线路进入山区,尚未进入西南山区的深部,因此客运专线网的最大坡度一般选取20‰,困难时不超过30‰,可以满足跨越地形障碍的需要。

参考国外资料,根据我国客运专线网所在地区的地形条件,并考虑我国高速列车定员数量多、牵引质量大,对最大坡度的确定应适当留有余地。暂定最大坡度不宜大于20‰,特殊困难条件下也不应大于30‰。同时规定了10 km范围内的平均坡度(指连续一面上坡长度范围内的长度加权平均坡度值)不宜大于15‰,特殊困难条件下6 km范围内的平均坡度不应大于20‰,以保证连续上坡地段高速列车的运行速度不至于降低太多和电机温升不超限。

当然,不排除个别地段有克服地形或地物障碍需要采用大于30‰最大坡度的可能性,这可以在具体线的设计中通过技术经济比选并报批确定。同样,若设计线经技术经济比较,平均坡度值或其连续长度需要超出上述规定限值时,也可经牵引计算检算并报批确定。

3.3.3　按本条所列公式计算出的最大坡度12‰时的最小坡段长度见说明表3.3.3。当采用大于表列的最大坡度或大于表列的坡段两端变坡点坡度代数差之和时,其最小坡段长度应按本条所列公式计算确定,并取整为50 m的整倍数。

说明表3.3.3　最大坡度12‰的最小坡段长度

设计速度(km/h)		350	300	250	200
最大坡度(‰)		12			
坡段两端变坡点坡度代数差之和(‰)		48			
最小坡段长度(m)	一　般	900	900	800	700
	个　别	600	600	500	400

4.1.3　路基上铺设无砟轨道成败的关键在于沉降的控制,其主要的风险源于地基的不确定性和所选填料性质的好坏和变异性。因此应加强地质勘察工作,要求地质勘察工作应能准确查明地基地质条件和填料工程性质,提供评价地基和路基结构物变形状态的必要地质资料。无砟轨道的基础和相应的技术要求,参照建筑地基勘察和国外无砟轨道的做法,规定地质勘察横断面的间距不大于50 m,勘察横断面上的地质点不应少于3个。有沉降过渡要求的过渡段和复杂地段应适当加密,并应在地质断面间作物探检查,发现问题,及时补勘。在勘察手段上应采取综合勘探技术,相互验证与对比。

4.1.4　无砟轨道对沉降变形,特别是不均匀沉降变形的要求很严格。对于调高量为30 mm的扣件,扣除施工误差$^{+6}_{-4}$ mm,仅有20 mm可以调整,再考虑列车运行时需要预留

5 mm的余量，实际留给运营期间路基沉降的允许调整量仅为 15 mm。只有路基沉降量不大于 15 mm 时，才能保证设计的轨道高程。如果沉降量大于 15 mm，将不能调整到原来的轨面高程。

根据德国的计算和经验，路基的允许工后沉降量为扣件留给路基沉降调整量的 3 倍时，在扣件调整后，通过圆顺线路（竖曲线半径 $R_{sh} \geqslant 0.4v_{sj}^2$），也能满足运营要求。德国 836.0401 行业标准中“路基工程设计、施工与维护标准”（译名）规定，长度大于20 m 的沉降比较均匀的路基，允许的最大工后沉降量为扣件允许调高量减去 5 mm 后的 2 倍。如允许的扣件调高量为20 mm，减去 5 mm 后为 15 mm，则这时允许的工后沉降为30 mm。特殊情况下，如能够通过竖曲线调整来消除沉降的影响，60 mm 的最大沉降也是允许的。但在未经德国铁路公司总部特别许可的情况下，只局限于路堤高度超过 10 m 并且与桥的距离不小于 5 000 m 的情况下使用。总之，路基的工后沉降量必须控制在扣件调整量和线路竖曲线圆顺要求的范围内。

对于路桥、路涵等过渡段沉降造成的折角，日本新干线板式轨道线路规定不大于 1/1 000，德国高速铁路无砟轨道技术标准中规定不大于 1/500。我国首次在路基上铺设无砟轨道，因此对铺轨工程完成后由于过渡段沉降而造成的折角，采用不大于1/1 000进行控制。

由于在不同结构物的连接处的差异沉降有时是不可避免的，在轨道结构中采用特殊的过渡措施可以承受5 mm 的差异沉降，因此，规定铺轨工程完成后路桥或路隧交界处的差异沉降小于5 mm。

应该注意到，以上所述的工后沉降，均指无砟轨道铺设完成后路基可能继续发生的沉降，也就是说明图 4.1.4 中 A 点以后发生的沉降 ΔS。所谓“铺轨工程完成以后”，是指沉降的计算时间从铺轨工程完成时开始。对于铺轨时 B 点的情况，无论图中的沉降曲线是最初设计计算的还是实测回归的，在曲线已知的情况下，A、B 点的情况是能够相互确定的，铺轨时的要求也是明确的，而 A 点的要求是最终目的。

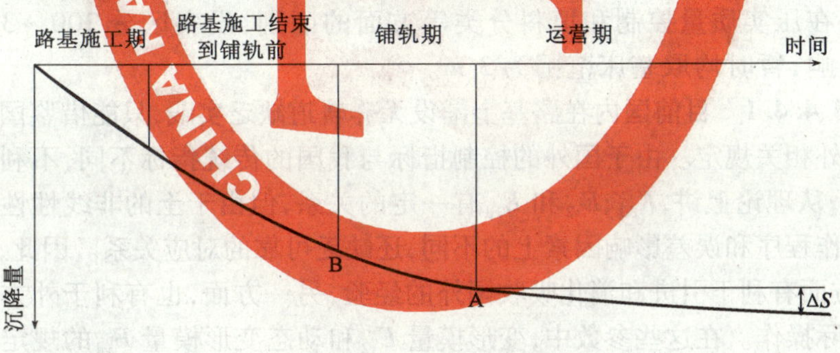

说明图 4.1.4　路基沉降曲线

4.1.5　由于无砟轨道对沉降的要求较高，而影响沉降计算的影响因素较多，沉降计算的精度不足以控制无砟轨道的工后沉降。因此工后沉降的预测以施工中的沉降观测为主。为保证精度和有效的控制，应进行系统的观测与分析评估。系统的观测在于在恰当位置设定足够的观测断面，并以合理的观测周期进行观测。同时系统的分析评估也是非常必要的。根据德国的有关资料，系统的分析评估有大致三个部分：

(1) 测试数据和沉降趋势确定度的检验，要求其相关系数 $r^2 \geqslant 0.85$ 时为“优”。这说明观测数据是有效的，且沉降的趋势确实服从所回归的规律。

CHINA RAILWAY PUBLISHING HOUSE

（2）预测稳定性检验：根据已有的观测数据和回归的曲线，推测一定时期（一般为6个月）后的沉降，当偏差≤8 mm时，认为预测的稳定性达到了“优”，可以以此模式作进一步的预测分析。

（3）预测准确性的要求：认为当预测的时间满足条件$s(t)/s(t=\infty)\geq 75\%$时，预测才是准确的。沉降预测一般至少在填土完成后，经3~6个月的测量时间才能建立。根据经验填土的蠕变随土性的不同一般也要经6~18个月才能稳定。因此，在路基完成或施加预压荷载后经过6~18个月，既是路基变形调整的需要，也是沉降观测和预测、保证工后沉降控制的需要。无砟轨道的铺设，一定要在分析评估沉降稳定并且工后沉降满足要求后进行，而且预测值也要有足够的精度。

4.1.6 由于地基中的不确定性因素和沉降预测的误差，因此在地基地质复杂和工后沉降难以可靠预测的地段不应铺设无砟轨道。同样当地下水位较高时路基有冻害的危险，而且对路基的稳定和沉降也有不良的影响，德国规定在地下水位高出钢轨顶面以下1.5 m的路基区段不应铺设无砟轨道，而且德国在填料的细颗粒含量上比我国的规范严格得多，在地基上面往往还要采取割断毛细上升水的隔水层。因此对于沉降和冻害的风险要引起足够的重视。

4.3.1 路基基床范围和基床表层厚度是路基设计的重点，对于时速300 km及以上的线路，在德国要求基床大于2.5 m（从钢轨顶面算起），日本为3 m。在高速铁路研究中，根据动荷载的影响范围确定为3 m，但主要针对的是碎石道床的轨道结构。对于无砟轨道，尽管在列车荷载的传递特点上与有砟轨道有所不同，基床表层及附近的应力可能会有较大的变化，但动应力的影响范围变化不大，德国铁路路基基床的范围有砟与无砟是统一的，因此，也按照通常的做法基床范围取为3 m。对于基床表层，由于轨道结构的混凝土支承层和混凝土底座在位置和荷载传递的特点上与有砟轨道时的部分基床表层是相似的，因此基床范围的起始点从混凝土支承层算起，轨道结构的混凝土支承层与基床表层的总厚度不小于0.7 m。由于缺乏工程实践，考虑到国内外在压实质量控制和填料分类等方面的区别，没有区分200~350 km/h速度等级的影响，暂时均取基床范围为3 m。

4.3.2、4.3.3、4.4.1 目前国内在路基上铺设无砟轨道缺乏实践，只能借鉴国内有砟轨道的经验和国外相关规定。由于国外的控制指标与我国的传统指标不同，不利于引进国外成熟的技术，从理论上讲，K_{30}、E_{v2}和E_{vd}有一定的关系，但由于土的非线性性质和各种试验方法在操作程序和误差影响因素上的不同，还缺乏可靠的对应关系。因此，采用多指标控制，这一方面有利于引进和消化吸收国外的经验，另一方面，也有利于外方在无砟轨道试验段的实际操作。在这些参数中，变形模量E_{v2}和动态变形模量E_{vd}的规定主要参考德国铁路的技术要求。

4.4.2、4.5.1 长期以来在对待路堤和路堑的问题上我国一直采用两种不同的方法和标准，但从路基基床的工作特点上看，不管是路堤基床还是路堑基床是统一的。对于路堑部分的地基，以往规定中的触探阻力和承载力实际上只适用于细粒土，同国外的相比，明显偏低。再者与路堤中的基床也不统一。在德国的标准中，路堤与路堑在基床范围内是基本统一的，而且在基床范围内的填料有较高的要求。对于路堤高度小于基床厚度的路堤和路堑，基床表层填料应满足第4.3.2条的要求，基床底层范围内的填料和标准应基本满足第4.3.3条的要求。

4.6

过渡段的设置主要考虑刚度和沉降在线路纵横向上的过渡和一致性，以及施工的方便程度和质量保证的可靠程度及防排水及防冻等等。

5.1.3 无砟轨道结构设计动轮载 300 kN 是采用了秦沈客运专线桥上无砟轨道的相应值。此设计值是根据《高速铁路无砟轨道结构设计参数的研究》项目对不同运营条件进行轮轨动力分析，并参照日本、德国、英国等无砟轨道的荷载参数确定的。考虑到无砟轨道为少维修轨道，其结构部件一旦损坏，修复十分困难，在确定设计动轮载时，要计算不利的荷载条件，采用较大的强度安全储备是必要的，同时，基于无砟轨道将在我国客运专线上推广应用，确定统一的设计荷载，有利于无砟轨道的标准化设计。

无砟轨道的扣件节点间距参照日本、德国相关技术标准以及我国前期秦沈线桥上无砟轨道、赣龙线枫树排隧道内板式轨道试验段的设计及试验结果确定的。日本新干线板式轨道扣件节点间距一般为 625 mm，德国有砟轨道为 600 mm，无砟轨道为650 mm，其技术标准中要求不大于 650 mm。因此无砟轨道扣件支点的标准间距定为 625 mm，考虑到桥上无砟轨道要与梁的跨度、轨道板（道床板）的长度相匹配，扣件节点间距可适当调整，但不应大于 650 mm。

5.2.2～5.2.6

1 轨道板的型式尺寸既要考虑轨道受力均匀，又要兼顾其在制造、装载运输及施工时的可操作性。

轨道板的宽度首先要满足结构及工艺制造要求，其次考虑传递列车荷载的有效范围，尽可能减少传递到板下结构的荷载应力及作用在板上的弯矩。轨道板宽度减小，其横向正弯矩减小，纵向弯矩及横向负弯矩将增大。综合静力分析以及国外经验，将轨道板的宽度定在 2 400～2 600 mm 范围。

混凝土道床板的宽度是根据下部基础条件、外荷载的大小以及荷载传递情况来确定，同时借鉴国外经验，确定其宽度为2 800～3 000 mm。

轨道板厚度主要由结构强度及配筋要求决定。在结构强度允许的范围内，进行综合比选。

混凝土道床板的厚度应根据下部基础的支承条件（桥梁跨中挠度、路基承载力、隧道等），以及轨道电路设计参数的要求来确定，目前遂渝线轨道电路的试验尚未完成，根据前期的一些试验数据，确定混凝土道床板的厚度为 240～300 mm。

根据 2005 年 7 月 18 日召开的"客运专线无砟轨道结构高度、路基横断面布置及桥上接触网立柱侧面距线路中心距离等专题会会议纪要"，我国板式无砟轨道分为Ⅰ型板式无砟轨道和Ⅱ型板式无砟轨道。并明确不同类型无砟轨道的结构高度，见说明表 5.2.2—1、说明表 5.2.2—2 和说明表 5.2.2—3。

板式轨道底座的设计原则同混凝土道床板，也是在保证结构强度的前提下，考虑其施工设备和机具的使用。

道床板和底座混凝土强度等级是根据"高速铁路高架桥上无砟轨道关键技术的试验研究"课题室内实尺无砟轨道模型的静、动载试验结果，并参照国外高速铁路无砟轨道以及我国前期无砟轨道试验段的工程实践确定的。如德国 RHEDA2000 的混凝土道床板采用的混凝土强度等级为 B35（相当于 C40），我国早期在普通线路上修建的整体道床混凝土强度等级也达到 C30。在铁路正线土质路基上铺设无砟轨道，为确保安全，混凝土道床板的混凝土强度等级采用 C40。

CHINA RAILWAY PUBLISHING HOUSE

说明表 5.2.2—1　Ⅰ型板式无砟轨道结构高度表(mm)

项　目	路　基	桥　梁	隧　道
钢　轨	176	176	176
扣　件	40	40	40
轨道板	190	190	190
CA 砂浆	50	50	50
底　座	300	200	300
总高度	756	656	756

说明表 5.2.2—2　Ⅱ型板式无砟轨道结构高度表(mm)

项　目	路　基	桥　梁	隧　道
钢　轨	176	176	176
扣　件	40	40	40
承　台	28	28	28
轨道板	200	300	200
CA 砂浆	30	30	30
混凝土支承层或底座	300	200	300
总高度	774	774	774

说明表 5.2.2—3　双块式无砟轨道结构高度表

项　目	路　基	桥　梁	隧　道
钢　轨	176	176	176
扣　件	40	40	40
承　台	50	50	50
混凝土道床板	300	300	300
混凝土支承层或底座	300	200	300
总高度	866	766	866

注:1　扣件高度暂按 40 mm 考虑;
2　桥上保护层不计入轨道结构高度;
3　隧道内轨道结构混凝土支承层或底座同时也是仰拱填充层的一部分,计入轨道结构高度。

路基上无砟轨道的应用在我国尚处于前期的理论研究阶段,到目前为止,在我国铁路正线无应用实践,借鉴国外土质路基上无砟轨道的应用经验,在路基基床表层上构筑混凝土支承层,其宽度一般在 3 200 ~ 3 600 mm,厚度一般不小于 300 mm;路基上铺设Ⅰ型板式无砟轨道时,其混凝土底座的厚度也是 300 mm。

2　第 5.2.4 条中第 2 款是借鉴我国前期板式轨道的设计经验,要求底座的最小厚度为 100 mm,特别是曲线地段的内轨一侧,由于下部基础的施工偏差,为保证 CA 砂浆调整层的厚度,很容易造成底座厚度的不足,这一点除设计中给予考虑外,下部基础施工过程中应严格控制顶面高程偏差。

3　对于隧道内板式无砟轨道结构,Ⅰ型板式由于设置凸形挡台的需要,在仰拱回填层上需设置混凝土底座。对于Ⅱ型板式和双块式无砟轨道结构,由于仰拱回填层在无砟轨道铺设前已经完成,为了填充道床板和仰拱回填层之间的空隙,需设置混凝土支承层,不需配筋,但强度等级不应低于 C20。

6.1.1 ~ 6.1.3　由于梁端竖向转角的影响,造成在梁缝处的轨道局部隆起,接缝两侧的钢轨支点分别产生钢轨上拔和下压现象(说明图 6.1.3)。当上拔力大于钢轨扣件的扣压力时将导致钢轨与其下垫板脱开,当垫板所受压应力大于垫板材料疲劳允许应力时将导致垫板发生疲劳破坏。为了保证线路安全、减少维修工作量,上拔力不应大于钢轨扣件的扣压力,垫板所受的压应力应在垫板材料疲劳允许应力范围内,其限值由轨道部件决定。

当轨道板或混凝土道床板上钢轨支点受附加上拔力和附加下压力时,为了保证轨道结构的整体稳定性,借鉴国外规范有关规定,轨道板或混凝土道床板在附加力与其自重组合作用下不致上抬的稳定安全系数不小于 1.3。如果达不到上述规定稳定安全系数时,则需考虑在轨道板或混凝土道床板的下面增加固定措施。

梁缝两侧的钢轨支点由于支座横向的构造间隙、梁端竖向转角、支座弹性压缩变形以及坡道梁活动支座的水平移动等因素的影响,会产生横向和竖向相对位移,造成钢轨、扣件等局部受力。德国规范规定:竖向相对位移不超过 1 mm,必要时活动支座按一定坡度

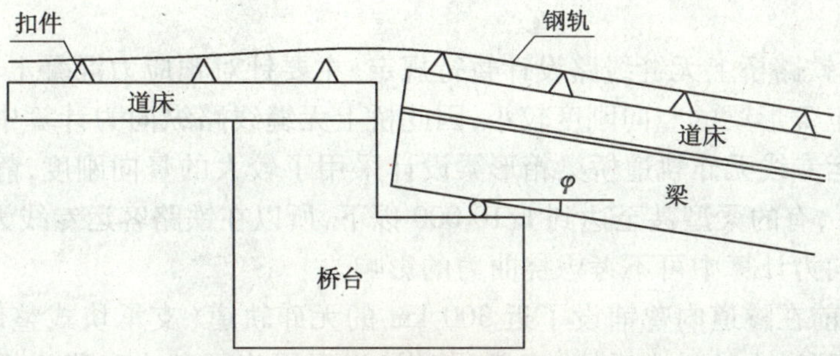

说明图 6.1.3　梁端转角变形影响示意图

活动,活动坡度与坡道梁坡度相匹配;横向相对位移不超过 1 mm,必要时在梁端两支座间中部设置横向限位装置。

桥上铺设无砟轨道不能像有砟轨道那样进行起、拨道作业,而且轨道扣件的调高量有限,使得在线路水平、高低与方向上的调整量十分有限。因此要严格控制预应力混凝土梁的后期徐变上拱。预应力混凝土梁徐变上拱控制首先要在设计上给予保证,施工必须严格符合设计要求,严格控制施工质量,减小徐变上拱的离散性。梁体徐变上拱量与梁体预应力终张拉至无砟轨道铺设的时间间隔密切相关,随时间间隔的增大徐变变化发展减小。根据秦沈客运专线桥上无砟轨道的经验,无砟轨道的铺设应在梁体预应力终张拉完成至少 60 d 后进行。

6.1.4　桥梁由于活载作用下的沉降变形是瞬时的、弹性的,一般可以恢复,所以规定墩台基础的沉降量仅按恒载计算。恒载产生的部分沉降对桥梁标高的影响可在施工过程中进行调整,因此仅规定墩台基础的工后沉降量。

高平顺性的无砟轨道对沉降量有着比有砟轨道更为严格的要求,根据扣件调整量为 20 mm,规定墩台均匀沉降量不大于20 mm;考虑到相邻墩台相对沉降对无砟轨道结构受力的影响,规定相邻墩台沉降之差不大于 5 mm。

6.1.5　涵洞的沉降量需与路基的沉降量相匹配,涵洞的沉降量参照路基的沉降量规定,其工后沉降不应大于 30 mm。为了保证涵洞工后沉降与相邻路基的工后沉降相匹配,涵洞基础尽量采取与相邻路基相同的基础处理方式。

6.1.6　根据以往经验,填土的蠕变随土性的不同,一般要经 6 ~ 18 个月才能稳定。因此规定除对结构变形进行系统观测外,无砟轨道的铺设宜在梁部架设(预制梁)或完工(现浇梁)6 个月后进行。对于岩石地基等沉降量很小的桥梁(预制梁、现浇梁),考虑到基础非弹性变形较小,因此规定预制梁在架梁 60 d 后或现浇梁在预应力终张拉后 60 d 进行无砟轨道的施工。

6.2.1　无砟轨道桥面的具体布置与所采用的无砟轨道结构形式有密切关系,条文中所附无砟轨道桥面布置图仅供参考,具体布置情况根据采用的无砟轨道结构形式与轨道专业共同落实。

泄水管布置在电缆槽中的方式容易造成雨水浸泡电缆,考虑简化电缆槽构造,可将泄水管布置在防撞墙内侧。

三侧排水系统可减少轨道板基础工程数量,但需增加泄水管及导管数量。

6.2.2　为了保证无砟轨道的结构尺寸,规定底座范围内的桥面标高允许偏差为 $^{+10}_{-30}$ mm。

6.3

现行《新建铁路桥上无缝线路设计暂行规定》主要针对预应力混凝土 T 形梁制订，由于预应力混凝土 T 形梁的竖向刚度较小，因此桥上无缝线路纵向力计算中需要考虑挠曲力的影响。客运专线无砟轨道桥梁箱形梁设计采用了较大的竖向刚度，静活载挠跨比达到 1/5 000 以下，有的梁型甚至达到 1/10 000 以下，所以在铁路客运专线无砟轨道桥梁桥上无缝线路纵向力计算中可不考虑挠曲力的影响。

7.0.1　我国以前在隧道内曾铺设了近 300 km 的无砟轨道(支承块式整体道床)。隧道衬砌结构形式、隧道内的排水系统、底板(仰拱)以下围岩承载力和稳定性以及隧底浮砟是直接影响隧道内无砟轨道的耐久性和运营安全的重要因素。对于多数隧道而言，在围岩比较稳定的情况下，通常能为无砟轨道提供一个具有支承能力的下部基础，具有铺设无砟轨道的基底条件。在赣龙线和渝怀线隧道内铺设无砟轨道时要求隧道围岩基底承载力不低于0.3 MPa。隧道底板(仰拱)结构是受列车动荷载影响最大的部位，在无砟轨道设计时应加强底板(仰拱)结构。当隧道衬砌设置仰拱时，边墙与仰拱的连接宜采用圆顺没有隅角的连接方式，以免造成过大应力集中，影响结构安全及耐久性。隧道仰拱可采用钢筋混凝土、钢纤维混凝土和素混凝土仰拱形式。围岩条件好的地段可设置浅仰拱或底板，底板应配筋，仰拱填充应一次浇筑，禁止半幅施工。

7.0.4　由于隧道的地质勘查通常都线条较粗，只有开挖暴露出来的地质状态，才能使设计、施工人员比较可靠的了解在施工过程中可能出现的问题。要根据暴露出来的地质状态来评价围岩的动态。对于不良地质地段，需采取物探方法对周边围岩性状、特别是隧底状况进行探测，以消除隐患。同时要求施工中隧道仰拱基底不得存在积水。必要时需采取注浆或其他措施治理，防止隧底基础软化或颗粒水土流失。

8.1.1　我国目前客运站线路还没有铺设无砟轨道的经验。在一些大型客运站(如北京站)采用了宽枕有砟轨道，而大部分客运站采用了混凝土枕有砟轨道。在客运站铺设有砟轨道和无砟轨道的差别主要是站内道岔众多、客运设备繁杂，特别在复杂咽喉区铺设无砟轨道有一定困难。另外，无砟轨道对路基的变形具有高度敏感性，线路变形后维修更加困难。因此，既要建设高标准站内无砟轨道线路，减少线路维修提高利用效率，又要考虑维修方便、工程可行性及投资。在站内列车需要停站的到发线上，因列车速度低，铺设无砟轨道的必要性和迫切性不是很高，参考国外客运站的轨道类型，高速铁路客运站铺设无砟轨道和有砟轨道的例子都有。因此，为了保持无砟轨道区段内轨道标准的统一及高速列车通过的需要，站内正线应选择无砟轨道。在大型客运站(一般位于省府城市)，主要办理客车始发终到作业，列车到发频繁，为减少线路的维修量和保持线路的整洁，到发线可优先采用无砟轨道，根据需要也可采用宽枕有砟轨道。在一些股道数量较少的越行站及中间站，到发线采用无砟轨道可以显著减少线路维修作业，压缩维修天窗时间，有利于运营，但列车在站停留次数不是很多，采用无砟轨道增加了工程投资，综合考虑这些因素，这类车站到发线可根据需求选择有砟轨道或无砟轨道。

站内其他线路及次要站线，如走行线、牵出线、岔线、段管线等，应采用有砟轨道，主要是考虑通过列车的速度低，线路坡度大、曲线多，采用有砟轨道时施工和维护方便，同时可以减少投资。

8.1.2　综合维修段(工区)、动车段(所)、大型养路机械段(工区)等场(站)内线路一般按货物列车行驶条件设计，线路等级要求不高，铺设有砟轨道可减少投资，也有利于各种

CHINA RAILWAY PUBLISHING HOUSE

检修设备安装。

8.1.3 本条根据《京沪高速铁路设计暂行规定》(铁建设〔2004〕157 号)相关条文制定。当车站同时采用无砟轨道和有砟轨道时,与正线位于同一路基面上的相邻线路应采用相同的路基标准。这是为了保证无砟轨道具有持久稳定性,减少有砟轨道变形对无砟轨道的影响,也方便路基施工作业。当线路间有站台或纵向排水沟时,路基面可以分开施工,因此可以根据线路的类别确定路基标准。

8.2.1 站内聚水面积大,特别是南方暴雨地区,及时排水泄水是站场排水系统设计的基本要求,高速铁路无砟轨道路基对排水设施功能和强度要求很高,站内应具有完善和可靠的排水系统。线路排水主要依靠轨道下部的横向倾斜坡度和路基表层的防渗水材料完成,线路纵向排水主要依靠线路中间的纵向排水槽(沟),然后利用穿越股道的横向排水沟与站外泄水系统联结。如果正线相邻并铺设无砟轨道,为保证正线的良好状态,直线区段正线间不应设长距离纵向排水设施,应通过横向倾坡向线路外侧排水。如果正线相邻并为曲线车站,正线间应有排水设施。

我国铁路站场排水是个薄弱环节,排水不畅,沟槽损害严重,容易造成翻浆冒泥现象。为保证无砟轨道的良好状态,排水设施和材料选择,应满足强度和耐久性要求。特别与有砟轨道相比,排水设施的材料和施工标准应有相应的提高。不得因温度变化、暴雨、冻融等发生向路基基床渗漏现象。纵、横向排水设施应考虑清理和检查的要求,在纵、横向排水槽交汇处设检查井,方便定期清理和整修。

本指南未尽事项应参照《铁路站场道路和排水设计规范》(TB 10066—2000)办理。

8.2.2 站内各种设施繁多并且空间狭窄,有些设施具有地下基础,可能与排水设施发生交叉影响。在新建站场应协调规划,尽可能避开排水设施与其他建筑物的水平交叉,有条件时可采用并列布置方式;在既有站场改造无法避免交叉时,应有专门设计,避免建筑物堵塞排水面积,严禁在交叉处出现积水渗漏现象。

8.2.3 车站内的天桥、站台、旅客雨棚等大型建筑设施具有很大的聚水面积,如果直接将积水排向线路,则增加线路纵向排水的困难。因此,站内大型建筑物应具有独立的排水结构,通过专门的管道排泄积水。道岔和咽喉区应有排水坡度和渗水管道向排水槽(沟)泄水,不应直接渗向路基。根据国外经验,无砟轨道线路外侧地表应采用防水材料覆盖,避免积水向无砟轨道路基渗漏。

高架车站排水困难,防止地表水向桥梁底面和结构内部渗漏是工程中应解决的重要问题。参考国外一些客运站设计,线路两侧的雨棚可以用透明材料连为一体(说明图 8.2.3—1)或建造通体式天棚(说明图 8.2.3—2),这样既可满足白天光线透射要求,又可以避免线路上积水。在投资和技术允许的条件下,可考虑采用。

站场横向排水必须设置横向倾坡。参考《京沪高速铁路设计暂行规定》(铁建设〔2004〕157 号)第 8.5.4 条的相关规定,也参考国外无砟轨道轨道板表面坡度,路基基床顶面、路基表层顶面均设置 4% 的排水坡;无砟轨道混凝土支承层顶面或轨道板顶面可以设为平坡,也可以设置为不小于 0.5% 的横向排水坡;其他地表防水覆盖层顶面应设不小于 2% 的排水坡。其他轨道类型,应按相关规范确定。

8.2.4 纵向排水槽用于排泄股道之间的积水,宜设置在到发线之间,困难条件下可设在正线与到发线之间或线路与站台之间。纵向排水槽设在到发线之间,主要考虑到排水槽可与上水管道结合,同时也考虑到排水设施远离正线可以防止泄漏对正线的影响。纵向

说明图 8. 2. 3—1　哈根车站密闭雨棚

说明图 8. 2. 3—2　日本新干线车站密闭雨棚

排水槽设在正线与到发线之间时，对于调整线路纵断面有利。纵向排水槽设在站台与线路之间，可以布设在站台下靠近线路一侧，可以缩小线间距节省用地，但对线路纵断面设计有影响。

对于高速铁路是否有列车在站上水有不同的意见。一种观点认为高速铁路没有普通旅客列车类型，全部采用动车组，不用考虑在站加水。另一种观点认为虽然目前确定全部采用动车组，但考虑到节省投资和提高设备利用效率，很大可能动车组乘务人员采用轮乘制、在站采用立即折返方式，晚上入段检修并补充用品，在 6 ~ 24 点之间旅客用水量多少并不知道，可能还需在个别站补水、以及卸下垃圾污水等。另外，在节日客运高峰时期，大量的提速旅客列车是否进入高速铁路运行，目前还存在疑问。考虑到这些情况，大型客运站预留上水设施应有考虑。

参考《京沪高速铁路设计暂行规定》第 8. 5. 5 条及站场排水的相关规定，排水槽底宽不应小于0.4 m,深度不宜超过1.2 m,当深度大于1.2 m时,底宽应采用0.6 m。在排水槽的起点或分水点可以采用0.2 m的槽深。为将积水快速排出,纵向排水槽的坡度不宜小于2‰,困难条件下不应小于1‰。

因高速铁路一般为高站台,靠近站台一侧人员活动不便,因此客车上水管道通常安装在线路另一侧。根据现场条件,上水管道宜与纵向排水槽一同设置,但应进行防水设计。特别是北方地区,冬季上水管道泄漏容易造成轨面和排水槽内结冰,对现场作业及线路状态造成不良影响,应采取积极措施避免这种现象发生。

纵向排水槽一般内侧宽度0.4~0.6 m,槽壁厚度双侧宽度2×0.3 m,合计排水槽外宽1.0~1.2 m。最小线间距按5 m计算时,排水槽外侧距线路中心距离为〔5.0－1.0(1.2)〕/2＝1.9~2.0 m。无砟轨道的混凝土支承层半宽度为3.4/2＝1.7 m。因此在混凝土支承层边缘与排水槽结构外缘存在0.2~0.3 m的空隙可以调整,为了地表密封方便,最小按0.1m的空隙考虑,则排水槽中心线距线路中心线最小距离为2.2 m,排水槽结构边缘距同侧线路中心线最小距离1.8 m。为了泄水通畅和防止泄漏,泄水孔的高度不得高于基床表层顶面,也不应低于基床表层中部高度。

高速铁路站内最小线间距不小于5 m,已满足线路间设置纵向排水槽的要求。如果线路间需设置接触网支柱,还要考虑接触网支柱与排水槽的交叉问题,接触网支柱可以与排水槽并设,线间距不宜小于6.5 m。

为了提高排水设施的强度和耐久性,建筑材料采用C20钢筋混凝土预制件,与有砟轨道相比,材料强度提高一个等级。

8.2.5 横向排水槽设置用于排泄纵向排水槽的来水。参考《京沪高速铁路设计暂行规定》第8.5.5条、《铁路站场道路和排水设计规范》(TB 10066—2000)第9.3节的相关规定,横向排水槽应具有不小于5‰的坡度,排水槽底宽不应小于0.4 m,深度不宜大于1.2 m,当深度超过1.2 m时,底宽应采用0.6 m。

如果横向排水槽需要穿过正线,应设置横向排水沟。横向排水沟应具有较高的强度,可以采用钢筋混凝土灌筑,也可以采用钢筋混凝土圆管,与路基顶面的高度差应满足相关规范要求。横向排水沟的坡度应不小于4%。

横向排水槽应设检查井方便清理维修。检查井一般设在纵横排水槽交汇处。

因横向排水槽(沟)需要穿越股道,建筑材料应比纵向排水槽采用材料提高强度,一般应采用钢筋混凝土结构。

8.3.1 车站横断面的主要决定因素是正线的标高、线路纵坡和横坡、排水设施、站台及接触网支柱布置、线间距、曲线超高等。对于高速铁路来说,旅客站台通常设有雨棚,因此站台应按平坡布置。

可以按下列方式确定车站横断面各控制点高程:

(1)根据正线轨面高程和轨道类型及结构高度,确定轨道板顶面、混凝土支承层、路基表层高程;

(2)根据横向坡度确定路基拱顶高程;

(3)根据横向坡度确定纵向排水槽顶面高程;

(4)根据轨面高程确定站台顶面高程;

(5)根据站台顶面高程确定站台下维修通道底面高程;

(6)根据线路横坡和纵坡确定站台另一侧线路轨面高程;

(7)确定最外侧路肩顶面高程；

(8)确定路基边坡纵断面及排水沟高程。

当车站处于曲线地段或站内线路间出现较大高差时，线路间可以设置纵向排水槽(沟)，排水槽(沟)两侧的路基标高不同，根据需要，较高一侧的线路可修筑挡土(砟)墙，应对排水槽进行专门设计。

8.3.2　不同车站横断面见说明图 8.3.1—1 和说明图 8.3.1—2。为了维修方便，高站台下应设置维修通道，根据日本新干线高站台标准(说明图 8.3.2)及我国高站台情况，为了调整线路轨面高度，可以将站台作为路基分界点，两侧路基可以具有不同的标高和横坡方向。

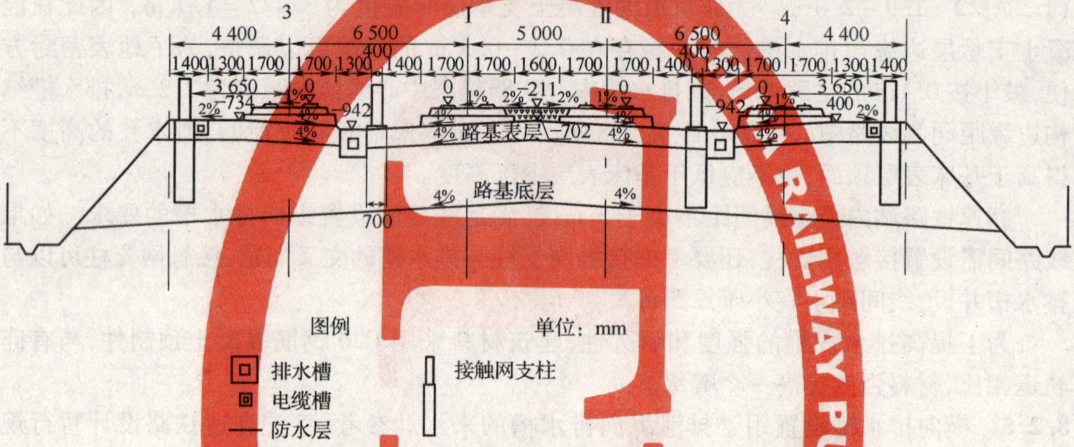

说明图 8.3.1—1　越行站横断面示意图

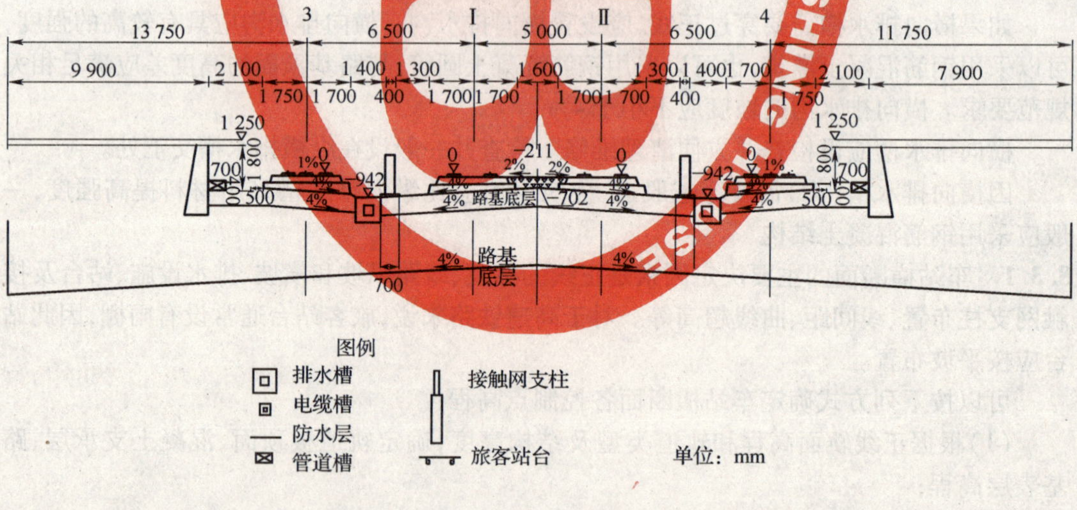

说明图 8.3.1—2　中间站横断面示意图

9.2.1　道床漏泄电阻与钢轨阻抗是轨道电路设计的两个重要参数。对于道床漏泄电阻，在无砟轨道线路上为了确保 ZPW—2000 轨道电路的应用，暂按《遂渝线无砟轨道综合试验段无砟轨道设计技术条件》第 8.0.2 条“无砟轨道线路的道床泄漏电阻不得低于 2.0 Ω · km”进行规定。

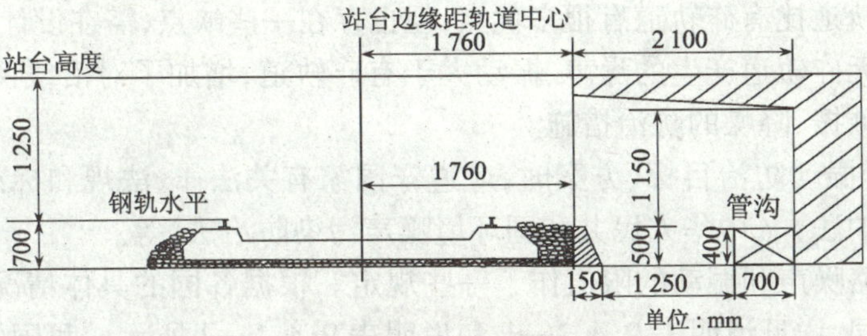

说明图 8.3.2　日本新干线站台维修通道横断面

对于钢轨阻抗，无砟轨道道床板内钢筋网与轨道电路存在电磁感应，对钢轨阻抗参数影响较大。我国对无砟轨道电气参数的研究处于起步阶段，根据秦沈客运专线无砟轨道区段的测量数据、赣龙线枫树排隧道钢筋骨架试验数据、部分工厂无砟轨道线路轨枕板的测量数据和遂渝线的测量数据结果，轨道板和混凝土道床板内的钢筋会影响轨道电路的钢轨阻抗参数，与有砟轨道钢轨阻抗参数相比较，其钢轨电阻增加，钢轨电感减少，但测试结果并不一致，一般认为当载频频率为 1 700 Hz、2 000 Hz、2 300 Hz、2 600 Hz 时，电阻值增加不大于 15%，电感值下降不超过 5% 的情况是可以接受的，但钢轨阻抗参数最终确定尚需进一步研究测定。因此在客运专线无砟轨道 ZPW—2000 轨道电路设计中，设计单位应充分吸纳国内外有关研究成果，结合线路的具体条件确定无砟轨道钢轨阻抗参数。

9.3

由于无砟轨道铁路运营特点、主要维修项目及工作量，目前国内尚无实践经验，加上维修体制的改革国内正处于实践阶段，许多国外的经验也不能简单照搬，故本节的各项条款着重于作出原则性的规定。指出检测与维修机构的布局原则、专业范畴、工作职责、相应的设备配置及车辆停放线、库房、检修间等基础设施的配备，为客运专线无砟轨道铁路的设计提供指导。

9.4.1　有砟轨道和无砟轨道是国外高速铁路轨道结构的两种基本形式。有砟轨道与无砟轨道相比，由于碎石道砟具有较好的弹性，在一定的维修质量条件下具有较好的轮轨接触效应，有利于减小轮轨间的冲击振动和轮轨振动向路基和地面的传递。同时碎石道砟又具有较好的吸声性能，可降低轮轨的辐射噪声。现在新建桥梁上的有砟轨道还设有挡砟墙，可起到一定的声屏障的作用，有利于噪声的降低。

无砟轨道刚度较大，弹性较差，增加了轮轨的振动及辐射噪声。无砟轨道的混凝土构件，形成了较强的声反射刚性表面，加强了噪声的混响作用和噪声向两侧的辐射，也是噪声增大的重要原因。

由于上述两者结构特征的影响，无砟轨道线路的噪声和振动都大于有砟轨道，噪声约高 3～5 dB。例如日本山阳新干线在一部分区间采用轨枕板代替碎石有砟道床，结果噪声比有砟道床提高了 5～6 dB。

高速铁路轨道应具有良好的弹性。有砟轨道的弹性主要由散粒道砟道床和轨下垫层提供。板式无砟轨道的弹性主要是由混凝土底座与轨道板之间的乳化沥青水泥砂浆和轨下垫层提供。轨道具有良好的弹性，不仅可以使轨道具有较强的抗振动与抗冲击的能力，而且有利于减少噪声和振动对周围环境的影响，因此，各国都在努力研究、开发新技术，改善轨道的弹性，尤其是无砟轨道的弹性。

虽然无砟轨道比有砟轨道有很多优点，但也存在一些缺点，需在设计与施工中引起重视。例如由于无砟轨道产生的噪声、振动大于有砟轨道，增加了对沿线两侧环境的影响，应采取有效的减振、降噪的防治措施。

确定噪声、振动防治目标、方案时，应遵守国家有关法律、法规和标准，如《中华人民共和国环境保护法》、《中华人民共和国环境噪声污染防治法》等。

各国对铁路噪声和振动的限值作了一些规定。根据各国的具体情况，规定的评价量和限值有所不同，详见说明表 9.4.1—1 和说明表 9.4.1—2 所示。我国关于铁路噪声和振动的标准主要有《铁路边界噪声限值及其测量方法》(GB 12525—1990)和《城市区域环境振动标准》(GB 10070—1988)，对铁路两侧的噪声和振动限值作了规定。但应特别说明的是，这两项标准制定时主要依据了当时既有铁路(普速铁路)的居民主观反应调查，故尚不能确定是否适用高速铁路。

本条中的"噪声敏感建筑物集中区域"的含义依据《中华人民共和国环境噪声污染防治法》，是指"医疗区、文教科研区和以机关或者居民住宅为主的区域"。

说明表 9.4.1—1　各国铁路环境噪声限值〔dB(A)〕

国家	评价量	铁路类型	限　值	测点位置	依据或发布部门
中国	L_{eq}	既有铁路	昼 70/夜 70	距铁路外轨 30 m 处	《铁路边界噪声限值及其测量方法》(GB 12525—1990)
中国	L_{eq}	铁路干线	昼 70/夜 65	室外	《声环境质量标准及测量方法(送审稿)》(GB 3096—2005)
日本	L_{max}	新干线	75	室外	日本环境厅
法国	$L_{eq,12h}$	高速铁路	65	室外	法国国家环境保护部
德国	L_{max}	高速铁路	88(250 km/h) 89(280 km/h)	距铁路中心线 25 m 处	城际特快列车 IEC 的技术要求
瑞典	$L_{eq,24h}$	既有铁路	75	室外	

说明表 9.4.1—2　各国铁路环境振动限值(dB)

国　家	垂向计权振动加速度极限值	依据或发布部门
中　国	86	"京沪高速铁路环境影响预评价"研究提出的建议值
中　国	80	《城市区域环境振动标准》(GB 10070—1988)
日　本	90	日本环境厅
国际铁路联盟	86	ORE 报告提出的建议值
挪　威	83.5～91	Oslo-Gardermoen 铁路的设计要求

9.4.2　建设项目环境影响评价是工程建设的法定程序之一。环境影响报告书(表)是环境控制的重要依据。根据《中华人民共和国环境影响评价法》的规定："建设项目建设过程中，建设单位应当同时实施环境影响报告书、环境影响报告表以及环境影响评价文件审批部门审批意见中提出的环境保护对策措施。"因此，铁路建设项目的环保措施，应按照环境影响评价提出的环境保护目标和原则进行设计和实施。

噪声、振动控制方法很多，应作多方案比较，进行环境、经济、技术等方面的分析。无砟轨道类型及噪声、振动控制措施的选择，要进行方案的优化。防振型无砟轨道主要用于对振动要求较高的区段，虽然有降低噪声的作用，但降噪量较小。对噪声要求较高的区

CHINA RAILWAY PUBLISHING HOUSE

段，一般可采取声屏障的降噪措施，同时对无砟轨道采取降噪措施，提高总体降噪效果。

我国从 1994 年以后，随着京沪高速铁路可行性研究的进程，开始了适用于高速铁路的无砟轨道的研究。其中防振型无砟轨道主要有减振型板式无砟轨道和弹性支承块式无砟轨道两种。

铁道科学研究院在"高速铁路减振型无砟轨道关键技术的试验研究"成果的基础上，借鉴国外减振 G 型板式轨道的应用实践，减振型板式轨道采用钢轨下部的轨道板底黏贴橡胶垫层，线路中部轨道板底设泡沫聚乙烯的中空材料的方式。

在遂渝线无砟轨道综合试验段的《无砟轨道设计技术条件》中，规定在无砟与有砟过渡段区域以及特殊减振区段，应采用减振型无砟轨道。该技术条件中规定的减振型板式无砟轨道的结构如说明图 9.4.2 所示。

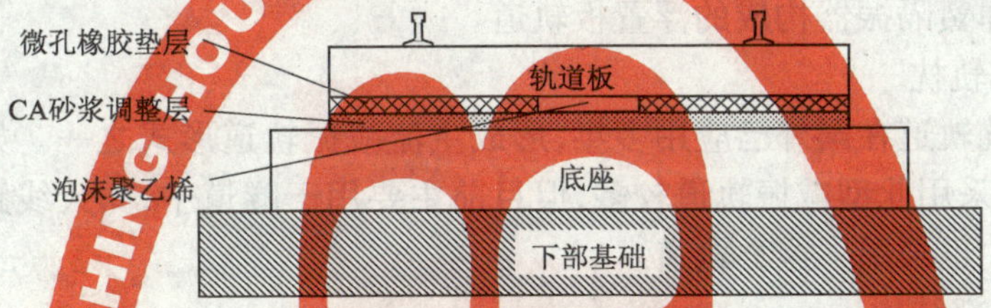

说明图 9.4.2 我国研发的减振型板式无砟轨道的结构

为提高板式无砟轨道的弹性，通常采用在轨道板下填充 CA 砂浆作为弹性垫层。在一些特殊地段，如人口稠密地区或一些路—桥、桥—隧等过渡段，还要在 CA 砂浆和轨道板之间加铺一层橡胶垫板，以进一步增加板式轨道的弹性。

铁道科学研究院金属及化学研究所近年来通过配方和发泡工艺的创新，研制出板式无砟轨道用的微孔橡胶垫板。该垫板具有很好的耐压缩永久变形特性、耐水特性以及耐疲劳特性，通过发泡速度和硫化速度的调整，在橡胶内部形成均匀的闭孔海绵结构，从而达到了合理的刚度要求。由于采用新型发泡工艺，可通过模具设计控制不同硫化时间的压力，能很好地保证产品的尺寸和外观质量。

我国借鉴国外比较成熟的防振 G 型板式轨道的相关标准，根据我国前期动力仿真计算分析、室内性能试验及试验段动力测试结果，编制了《微孔橡胶垫层技术条件》。该标准在引用技术标准方面，采用了 ISO、防振 G 型板式轨道橡胶垫层及我国橡胶材料的相关技术标准。

《微孔橡胶垫层技术条件》除规定了橡胶垫层外型尺寸的加工精度和外观质量外，对橡胶垫层的材质、强度、弹性、耐热空气老化性及相应的试验方法提出了具体要求。为保证橡胶垫层成品质量检验的可靠率，《微孔橡胶垫层技术条件》对橡胶垫层各项性能试验的试件抽样和质量判定规则作了详细规定。

我国参照国外弹性支承块式无砟轨道研制的减振型无砟轨道，应用在西康线的秦岭隧道中，并在 2001 年正式开通运营。该型无砟轨道由弹性支承块（混凝土支承块、块下弹性垫层和橡胶靴套）、混凝土道床板和混凝土底座组成。但目前此种弹性支承块式无砟轨道在我国尚未进行高速线路上的试验。

目前国内外主要采用的铁路减振、隔振控制措施有：

（1）轨道板下铺设隔振层

轨道板下铺设的隔振层一般采用橡胶材料制成，如微孔橡胶垫板。铺设橡胶垫板后，

CHINA RAILWAY PUBLISHING HOUSE

可以增加轨道的整体弹性，减少轮轨振动向板下的传递，起到隔振的作用。目前国内外研发和使用的以此为主要措施的轨道结构，形成减振轨道的主流结构，如日本新干线的防振G型板式轨道和我国研发的减振型板式无砟轨道，都属于这一类型。其结构和橡胶垫板的物理力学性能请参阅《微孔橡胶垫层技术条件》。减振型板式无砟轨道虽然有降低噪声的作用，但降噪量较小。该型轨道的作用是以减振为主。

(2)浮置板轨道

浮置板轨道多用于城市轨道系统的无砟轨道，如地下铁道和轻轨系统，高速铁路目前应用较少。浮置板轨道是将整个无砟轨道结构支承在弹性构件上。这些弹性构件是根据隔振理论特殊设计的隔振器，如橡胶隔振器、金属弹簧隔振器等。浮置板轨道的隔振量较大，但一般造价比较昂贵，目前多用于地下铁道有特殊要求的区段，如北京城铁西直门车站采用了金属弹簧隔振器构成的浮置板轨道。

(3)靴套式轨枕

靴套式轨枕轨道在国外已应用多年，形成主流减振轨道形式之一。如前所述，法国、英国、瑞士等国采用此型减振轨道较多，但目前主要用于隧道中，露天线路应用较少。我国在秦岭隧道中也采用了这类轨道。

(4)增加下部结构质量

增加下部结构质量也可以降低整体轨道系统的振动，如增加轨道板、底座的厚度等。

桥梁结构中，采用连成整体的双线桥代替单线桥，在不增加总重的情况下，增加了振动激励的质量，也可起到减振的作用。双线整体桥面可将分片的T形梁或箱形梁联成一个整体，提高横向刚度，增强结构的整体性。如双线整体式简支梁，在不考虑绕纵轴的转动时，其动力系数和单线简支梁基本相同，但运行列车的车体振动加速度却约减小了一半，说明对降低振动有明显的作用。

(5)增加下部结构刚度

增加轨道下部结构刚度，可降低土质路基所承受的动态载荷，有利于减小振动向路基的传递。结合轨道整体结构，合理设计下部结构以降低振动，目前国内外的研究较少，也是今后无砟轨道需要探索的课题之一。

(6)桥梁减振支座

桥梁的支座采用特殊设计的隔振器作支承，可有效减小振动向周围环境的扩散。但在桥用支承隔振器的设计时，除应满足隔振要求之外，还应满足线路的其他动力学性能要求。

道岔段的振动一般大于普通线路，容易对环境产生振动污染，应注意采取振动控制措施，如采用防振型无砟轨道。

目前国内外采用的与无砟轨道有关的主要降噪措施如下所述，与有砟轨道相同的措施，如选用低噪声车辆、钢轨的打磨、采用无缝钢轨、采用阻尼钢轨等。

- 吸声道床

吸声道床是改善无砟轨道噪声偏高的主要技术措施，具有结构简单、效果好的特点。日本曾采用碎石铺垫在道床上，也能起到较好的吸声作用。这种方法虽然成本较低，但仅适用于低速铁路。对于高速铁路容易发生碎石飞溅而导致事故，故不宜采用。为避免碎石飞溅，有的采用加设防护网罩住碎石。现在更多的是采用专门设计的吸声构件铺设在道床上，解决道床吸声的问题。

CHINA RAILWAY PUBLISHING HOUSE

- 声屏障

声屏障是解决交通噪声污染问题的行之有效的方法之一，在国外高速铁路上也广泛采用。无砟轨道的声屏障设置与设计方法，与有砟轨道没有原则的不同。

由于无砟轨道的桥梁容易产生桥梁结构的二次辐射噪声，尤其是安装声屏障的桥梁，应注意轮轨振动可能引起声屏障的二次噪声辐射，降低了声屏障的降噪效果。桥上应采用减振型无砟轨道和其他附加隔振措施，必要时声屏障与桥梁的连接采用弹性支承等隔振技术，减少振动向声屏障的传输。

- 低弹性系数弹性扣件

虽然一般弹性扣件也有一定的减振作用，但不是专门为降低环境噪声和振动而设计的。这里所指的低弹性系数弹性扣件，弹性系数比一般的扣件要低。根据有关资料介绍，采用低弹性系数弹性扣件，对降低噪声有一定的效果，但对降低线路两侧的环境振动作用不大。低弹性系数弹性扣件在国内外的地铁中有一些应用，如"科隆蛋"型扣件。该型扣件是一种剪切型弹性扣件，其弹性系数为 7 kN/mm，在高速铁路中未见应用。有关各种弹性扣件对降低铁路噪声、振动的效果研究和报道很少，故低弹性系数弹性扣件在高速铁路中的应用，目前还是一个有待探索的课题。

- 桥上吸声挡墙

利用桥上无砟轨道的防撞墙，当需要降低桥梁噪声时，可在防撞墙的内侧设置吸声层，起到声屏障的降噪作用。必要时可适当加高防撞墙的高度，提高降噪效果。吸声挡墙的设计方法同声屏障。

- 桥上轨道隔振

由于无砟轨道的桥梁容易产生桥梁结构的二次辐射噪声，故应注意桥梁的减振处理。通过采用轨道的隔振技术，可有效减少轮轨振动向桥梁结构的传递，降低桥梁结构的辐射噪声。轨道的隔振方法同前述无砟轨道的减振措施。

9.4.3 有关声屏障的设计，我国已制定了一些标准。国家环保总局已经发布了标准《声屏障声学设计和测量规范》(HJ/T 90—2004)，可供设计时参考。铁道部 2004 年发布的《京沪高速铁路设计暂行规定》(铁建设〔2004〕157 号)中也有关于铁路声屏障的规定。目前，铁道部正组织制定适用铁路声屏障的《铁路声屏障工程设计规范》和《铁路声屏障声学构件技术要求及测试方法》，即将发布实施。

9.4.5 吸声型无砟轨道采用吸声材料或吸声构件，铺设在轨道表面，起到吸声降噪的作用。目前吸声型无砟轨道还处于试验阶段，多铺设在高速铁路的试验段上。

如德国铁路公司 1996 年曾经在 Hockenheim—Waghansel 线路上铺设了 300 m 长的吸声板。测试结果噪声水平低于混凝土轨枕或与之相近。但是，这种无砟轨道仅仅用于试验，并没有在以后德国的新线建设中推广。德国弗莱德尔(Pfleiderer)公司开发的噪声吸收系统，据称仅安装于轨道设施表面，就可以达到降噪要求。吸声板做成沟槽便于无砟轨道排水。德国马克斯 · 博格(Züblin)公司研发的博格板式无砟轨道，当线路附近有降噪要求时，可在轨道板上铺设预制的吸声材料。这些预制件单元由多孔隙的混凝土组成，根据需要还可以配上颜色。据生产厂家介绍的效果，最多能降低 5 dB。如需降噪声降到有砟轨道的程度，则需降低 3 dB 即可。

吸声型无砟轨道采用的吸声材料或吸声构件，除应满足声学性能要求外，还应满足行车安全、防火、使用、维护等方面的要求，如抗老化性能、阻燃性、排水等。今后，我国尚需开展吸声型无砟轨道的研究、试验工作和标准、规范的制定。

9.4.6 高速列车通过隧道时，会产生一系列空气动力学效应，其中出口处微气压波产生的轰鸣声，使附近建筑物的门窗嘎啦嘎啦作响，引起扰民问题。为降低微气压波的影响，在列车进洞速度超过 160 km/h 时，就要考虑采取相应的措施。一种措施是扩大隧道的横断面，另一种方法是不增大隧道的横断面，而在隧道口处设置相应的缓冲段。其他的方法还有：利用隧道内的斜井、竖井，改善列车外形使之具有良好的空气动力学特性等。

关于洞口处微气压波应执行的环境标准，目前我国还没有相应的规定。《京沪高速铁路设计暂行规定》中规定了洞口缓冲结构设置的微气压波限值标准，可供参考。《京沪高速铁路设计暂行规定》等设计规范，虽然在隧道设计篇章中有关于对微气压波的控制规定，但没有从环境保护的角度对微气压波提出要求。作为补充内容，在本标准中从环境保护方面作了相应规定。

CHINA RAILWAY PUBLISHING HOUSE

中华人民共和国国家标准

建设部公告第418号

铁路线路设计规范

Code for design of railway line

GB 50090—2006

2006—03—24　发布　　　　2006—06—01　实施

中华人民共和国国家质量监督检验检疫总局
中　华　人　民　共　和　国　建　设　部　联合发布

前　言

本规范是根据建设部建标〔2003〕102号文件《发于印发"二〇〇二～二〇〇三年工程建设国家标准制定、修订计划"的通知》的要求，由铁道第一勘察设计院会同有关单位对原国家标准《铁路线路设计规范》(GB 50090—99)进行修订的基础上编制完成的。

本规范主要包括总则、术语和符号、线路的平面和纵断面、车站分布、铁路与道路交叉等内容。

本规范根据我国铁路的技术发展方向，本着贯彻铁路主要技术政策，体现"解放思想，实事求是，与时俱进，以提高运输能力和提升技术装备水平为主线，全面推进技术创新和体制创新"的原则，吸取了原规范执行以来铁路设计、施工和运营以及近年来五次铁路提速的成功经验和专题科研成果，贯彻了从检验设计的正确性向指导设计的合理性方面逐步转化的指导思想，并突出了以人为本、服务运输、强本简末、系统优化、着眼发展的理念，在广泛征求有关单位和专家的意见后修编而成。补充、删减、修订的主要内容有：

1. 修订了铁路等级划分标准。
2. 旅客列车设计行车速度由140 km/h提高到160 km/h。
3. 修订了铁路的设计年度标准。
4. 增加了铁路基础设施、建筑物和设备的合理设计年度。
5. 修订了铁路闭塞类型的设置原则。
6. 增加了铁路两侧隔离栅栏的设置原则。
7. 增加了开行双层集装箱列车的线路设计要求。
8. 修订了各级铁路最小圆曲线半径标准。
9. 修订了缓和曲线长度、圆曲线和夹直线最小长度等平面设计标准。
10. 修订了车站站坪长度标准。
11. 修订了铁路纵断面连接标准和站坪坡度等标准。
12. 修订了区间通过能力设计中的设备维修"天窗"标准。
13. 修订了铁路与道路立体交叉的设置原则。
14. 删减了"正线轨道"的章节。

本规范以黑体字标志的条文为强制性条文，必须严格执行。

本规范由建设部负责管理和对强制性条文的解释，由铁道第一勘察设计院负责具体内容解释。本规范在执行过程中，请各单位结合工程实践，认真总结经验，积累资料，如发现需要修改或补充之处，请及时将意见和有关资料寄交铁道第一勘察设计院(地址：西安市雁塔区西影路2路，邮政编码：710043)，并抄送铁道部经济规划研究院(地址：北京市羊坊店路甲8号，邮政编码：100038)，供修订时参考。

本规范主编单位、参编单位和主要起草人：

主编单位：铁道第一勘察设计院

参编单位：西南交通大学

主要起草人：杜寅堂　柳世辉　王齐荣　胡小勇　张　毅　浦伟斌　刘佐治　李光明
赵全录　徐凌弢

目 次

CHINA RAILWAY PUBLISHING HOUSE

1 总 则

1.0.1 为统一铁路线路设计技术标准,使铁路线路设计符合安全适用、技术先进、经济合理的要求,制定本规范。

1.0.2 本规范适用于铁路网中客货列车共线运行、旅客列车设计行车速度等于或小于160 km/h、货物列车设计行车速度等于或小于120 km/h 的Ⅰ、Ⅱ级标准轨距铁路的设计。Ⅲ、Ⅳ级铁路按照相应设计规范执行。

1.0.3 铁路的设计年度应分为近期和远期。近期为交付运营后第10年,远期为交付运营后第20年。近、远期运量均采用预测运量。

铁路线下基础设施和不易改、扩建的建筑物和设备,应按远期运量和运输性质设计,并适应长远发展的要求;对于易改、扩建的建筑物和设备,宜按近期运量和运输性质设计,并预留远期发展条件。

随运输需求变化增减的机车、车辆等运营设备,可按交付运营后第3年或第5年的运量进行设计。

1.0.4 新建和改建铁路(或区段)的等级,应根据其在铁路网中的作用、性质、旅客列车设计行车速度和客货运量按下列规定确定:

Ⅰ级铁路　铁路网中起骨干作用的铁路,或近斯年客货运量大于或等于20 Mt 者;

Ⅱ级铁路　铁路网中起联络、辅助作用的铁路,或近期年客货运量小于20 Mt 且大于或等于10 Mt 者;

Ⅲ级铁路　为某一地区或企业服务的铁路,近期年客货运量小于10 Mt 且大于或等于5 Mt 者;

Ⅳ级铁路　为某一地区或企业服务的铁路,近期年客货运量小于5 Mt 者。

注:年客货运量为重车方向的货运量与由客车对数折算的货运量之和。1对/d 旅客列车按1.0 Mt 年货运量折算。

1.0.5 设计线的旅客列车设计行车速度应根据运输需求、铁路等级、地形条件并考虑远期发展条件等因素综合比选确定。

当沿线运输需求或地形和运营条件差异较大,并有充分的技术经济依据时,可分路段选定旅客列车设计行车速度。Ⅰ、Ⅱ级铁路的路段旅客列车设计行车速度宜按表1.0.5规定的数值选用。

对改建既有线和增建第二线的路段旅客列车设计行车速度,应根据运输需要并结合既有线特征等因素经技术经济比选确定。

表1.0.5 Ⅰ、Ⅱ级铁路路段旅客列车设计行车速度(km/h)

铁路等级	Ⅰ	Ⅱ
旅客列车设计行车速度	160、140、120	120、100、80

不同旅客列车设计行车速度的路段长度应根据铁路等级、地形类别、线路平面和纵断面条件等因素确定。路段长度不宜过短,丘陵、山区可按地形单元划分。

1.0.6 各级铁路的下列主要技术标准,应根据远期运量或国家要求的年输送能力、客车对数和确定的铁路等级在设计中经综合比选确定：

——正线数目；

——牵引种类；

——机车类型；

——牵引质量；

——限制坡度；

——最小曲线半径；

——机车交路；

——到发线有效长度；

——闭塞类型。

1.0.7 新建铁路近期年客货运量分别大于或等于 35 Mt 的平原、丘陵地区和大于或等于 30 Mt 的山区，宜一次修建双线。

远期年客货运量达到上述标准者，其正线数目宜按双线设计，分期实施。

远期年客货运量虽未达到上述标准，但按国家要求的年输送能力和客车对数折算的年客货运量大于或等于 30 Mt 时，宜预留双线。

1.0.8 牵引种类应根据路网与牵引动力规划、线路特征和沿线自然条件以及动力资源分布情况，结合机车类型合理选定，并应优先采用电力牵引。

1.0.9 机车类型应根据牵引种类、牵引质量、列车设计行车速度等运输需求，按照与线路平面、纵断面技术标准相协调的原则，结合车站分布，经技术经济比选确定。

1.0.10 牵引质量应根据运输需求、限制坡度及机车类型等因素，经技术经济比选确定，并宜与相邻线牵引质量相协调。

1.0.11 机车交路应采用长交路，并应根据牵引种类、机车类型、车流特点、乘务制度、线路条件，结合路网规划及机务设备布局，经技术经济比选确定。

1.0.12 区间通过能力应预留一定的储备。单、双线铁路的储备能力在扣除综合维修"天窗"时间后，应分别采用 20% 和 15%，并应考虑客货运量的波动性。

1.0.13 货物列车到发线有效长度应根据运输需求和货物列车长度确定，且宜与邻接线路的货物列车到发线有效长度相协调，并应采用 1 050 m、850 m、750 m、650 m 等系列值。改建既有线和增建第二线的货物列车到发线有效长度采用上述系列值引起较大工程时，可根据实际需要计算确定。

1.0.14 单、双线铁路的闭塞类型宜分别采用半自动闭塞和自动闭塞。当旅客列车设计行车速度大于 120 km/h 时，双线区段应采用速差式自动闭塞，单线区段宜采用自动闭塞或自动站间闭塞，一个区段内应采有同一种闭塞类型。

1.0.15 旅客列车设计行车速度 120 km/h 及以上的路段，铁路两侧应设置隔离栅栏。

1.0.16 铁路线路安全保护区、铁路线路安全保护标志及警示标志的设置，应符合国家现行《铁路运输安全保护条例》的规定。

1.0.17 用于计算路基宽度、桥隧和其他永久性建筑物净空的轨道高度应按远期运量和运营条件确定。

1.0.18 采用电力牵引的铁路，若需内燃牵引过渡时，其建筑物和设备应根据永久性与临时性相结合的原则设计。

1.0.19 改建既有线和增建第二线的设计方案，应考虑施工与运输的相互干扰，并结合指导性施工过渡设计，经技术经济比选确定。

1.0.20　改建既有线和增建第二线，应在满足设计年度的输送能力和设计行车速度的前提下，充分利用既有建筑物和设备。

1.0.21　铁路建筑物和设备的限界应符合现行国家标准《标准轨距铁路机车车辆限界》GB 146.1 和《标准轨距铁路建筑限界》GB 146.2 的规定。对于开行双层集装箱列车的线路，应满足双层集装箱限界的要求。

1.0.22　铁路设计应坚持以人为本的设计理念，按规定配置行车安全、防火防爆、无障碍等设施和设备。

1.0.23　铁路设计应重视各专业间的总体协调，对电(光)缆沟(槽)、给排水管线、站场排水、防雷接地等设计应统筹考虑。

1.0.24　铁路设计应高度重视环境保护、水土保护、防灾减灾、能源和土地节约及文物保护等工作。

1.0.25　铁路设计应依靠科技进步，结合铁路运输体制改革和生产力布局调整，系统、经济、合理地确定站段布局及规模，节约投资，降低造价；综合考虑投资效益和运营成本，使效益最大化。

1.0.26　铁路线路设计除应符合本规范外，尚应符合国家现行的有关标准和规范的规定。

CHINA RAILWAY PUBLISHING HOUSE

2　术语和符号

2.1　术　　语

2.1.1　设计路段(路段)　design section(section)

在设计线(或区段)中,各个按规定的不同旅客列车设计行车速度确定与行车速度有关的建筑物和设备标准的线路段落。简称为路段。

2.1.2　路段旅客列车设计行车速度(路段设计速度)　design running speed of passenger train in section(section design speed)

用于确定各设计路段内与行车速度有关的建筑物和设备标准的旅客列车设计行车速度。简称为路段设计速度。

2.1.3　国家要求的年输送能力　annual transporting capacity required by the state

国家要求的铁路在交付运营第20年以后具有远景规模性质的年货运输送能力。

2.1.4　道口折算交通量　equivalent traffic volume of grade crossing

年均一昼夜通过道口的火车次数与通过道口的车辆、行人折合为标准车辆数的乘积。

2.1.5　道口平台　platform of grade crossing

道口两侧道路自最外侧钢轨至相邻竖曲线始点的水平路段。

2.2　符　　号

2.2.1　几何参数

i_{jl}——加力牵引坡度;

L_n——内侧线缓和曲线长度;

L_w——外侧线缓和曲线长度;

l——坡段长度;

R——曲线半径;

R_n——内侧线曲线半径;

R_w——外侧线曲线半径;

S——曲线两端直线地段的线间距;

S_{min}——直线地段最小线间距;

W——直线地段为最小线间距时曲线地段的线间距加宽值;

W'——曲线地段线间距加宽值;

α——平面曲线偏角;

Δi_r——曲线阻力所引起的坡度减缓值。

2.2.2　力与运动

CHINA RAILWAY PUBLISHING HOUSE

F_j——机车计算牵引力；

P——机车质量；

Q——牵引质量；

ω'_0——机车单位基本阻力；

ω''_0——车辆单位基本阻力；

v——路段设计速度；

2.2.3 其他

λ——牵引力取值系数。

CHINA RAILWAY PUBLISHING HOUSE

3 线路的平面和纵断面

3.1 平 面

3.1.1 线路平面的圆曲线半径应结合工程条件、路段设计速度以及减少维修等因素，因地制宜，合理选用。

曲线半径宜采用以下序列值：12 000 m、10 000 m、8 000 m、7 000 m、6 000 m、5 000 m、4 500 m、4 000 m、3 500 m、3 000 m、2 800 m、2 500 m、2 000 m、1 800 m、1 600 m、1 400 m、1 200 m、1 000 m、800 m、700 m、600 m、550 m、500 m。

不同设计路段的曲线半径应优先选用表 3.1.1 规定范围内的序列值；困难条件下，可采用规定范围内 10 m 的整倍数。

表 3.1.1 线路平面曲线半径优先取值范围

路段设计速度(km/h)	160	140	120	100	80
曲线半径(m)	2 500 ~ 5 000	2 000 ~ 4 000	1 600 ~ 3 000	1 200 ~ 2 500	800 ~ 2 000

3.1.2 线路平面的最小曲线半径应根据路段设计速度、工程条件以及运输性质和运输需求比选确定，但不得小于表 3.1.2 规定的数值。

表 3.1.2 最小曲线半径

路段旅客列车设计行车速度(km/h)			160	140	120	100	80
最小曲线半径(m)	工程条件	一般地段	2 000	1 600	1 200	800	600
		困难地段	1 600	1 200	800	600	500

注：特殊困难条件下，在列车进、出站等必须减、加速地段有充分技术经济依据时，可采用与行车速度相匹配的曲线半径。

改建既有线或增建第二线时，最小曲线半径应结合既有线特征和工程条件比选确定。困难条件下，按上述标准改建将引起巨大工程的小半径曲线可经技术经济比选确定改建方案。

3.1.3 双线铁路两线线间距不变的并行地段的平面曲线，宜设计为同心圆。双线同心圆和改建既有线的曲线半径可为零数。

3.1.4 新建铁路不应设计复曲线。改建既有线在困难条件下，为减少改建工程，可保留复曲线；增建与之并行的第二线，如有充分技术经济依据，也可采用复曲线。

3.1.5 直线与圆曲线间应采用三次抛物线型缓和曲线连接。缓和曲线的长度应符合下列规定：

1 缓和曲线长度应根据曲线半径、路段旅客列车设计行车速度和工程条件确定，应优先采用表 3.1.5—1 规定的数值。但最小缓和曲线长度不得小于表 3.1.5—2 规定的数值。

表 3.1.5—1 缓和曲线长度(m)

路段旅客列车设计行车速度(km/h)		160	140	120
曲线半径(m)	12 000	40	40	40
	10 000	50	40	40
	8 000	60	40	40
	7 000	70	50	40
	6 000	70	50	40
	5 000	70	60	40
	4 500	70	60	40
	4 000	80	60	50
	3 500	90	70	50
	3 000	100	80	50
	2 800	110	90	60
	2 500	120	90	60
	2 000	150	100	70
	1 800	170	120	80
	1 600	190	130	90
	1 400	—	150	100
	1 200	—	190	120
	1 000	—	—	140
	800	—	—	180

表 3.1.5—2 最小缓和曲线长度(m)

路段旅客列车设计行车速度(km/h)		160		140		120		100		80	
工程条件		一般	困难	一般	困难	一般	困难	一般	困难	一般	困难
曲线半径(m)	12 000	40	40	20	20	20	20	20	20	20	20
	10 000	50	40	30	20	20	20	20	20	20	20
	8 000	60	50	40	20	30	20	20	20	20	20
	7 000	70	50	50	30	30	20	20	20	20	20
	6 000	70	50	50	30	30	20	20	20	20	20
	5 000	70	60	60	40	40	30	20	20	20	20
	4 500	70	60	60	40	40	30	30	20	20	20
	4 000	80	70	60	40	50	30	30	20	20	20
	3 500	90	70	70	50	50	40	40	20	20	20
	3 000	90	80	70	50	50	40	40	20	20	20
	2 800	100	90	80	60	50	40	40	30	20	20
	2 500	110	100	80	70	60	40	40	30	30	20
	2 000	140	120	90	80	60	50	50	40	30	20
	1 800	160	140	100	80	70	60	50	40	30	20
	1 600	170	160	110	100	70	60	50	40	40	20
	1 400	—	—	130	110	80	70	60	40	40	20
	1 200	—	—	150	130	90	80	60	50	40	30
	1 000	—	—	—	—	120	100	70	60	40	30
	800	—	—	—	—	150	130	80	70	50	40
	700	—	—	—	—	—	—	100	90	50	40
	600	—	—	—	—	—	—	120	100	60	50
	550	—	—	—	—	—	—	130	110	60	50
	500	—	—	—	—	—	—	—	—	60	60

注:当采用表列数值间的曲线半径时,其相应的缓和曲线长度可采用线性内插值,并进整至 10 m。

2 改建既有线和增建第二线的并行地段若采用表 3.1.5—2 规定的缓和曲线长度将

引起较大工程时，可采用较短的缓和曲线，其长度应按实设曲线超高和不大于表 3.1.5—3 规定的超高顺坡率计算确定，并取 10 m 的整倍数，特殊困难条件下可取整至 1 m，但不应小于 20 m。

改建既有线在线路条件和建筑物限制等困难条件下，可在同一曲线的两端采用不等长的缓和曲线。

3　改建既有线采用复曲线时，如两圆曲线的曲率差大于表 3.1.5—4 规定的数值，应设置中间缓和曲线。中间缓和曲线的长度应满足超高顺坡的要求，并根据计算确定。特殊困难条件下，可保留原复曲线。

表 3.1.5—3　改建既有线和增建第二线的并行地段最大超高顺坡率

路段旅客列车设计行车速度(km/h)			160	140	120	100	80
最大超高顺坡率	工程条件	一般地段	1/10 v		1/9 v		
		困难地段	1/8 v		1/7 v		

注：当按表规定计算后的最大超高顺坡率大于 2‰ 时，采用‰。v 为路段设计速度，单位为 km/h。

表 3.1.5—4　复曲线可不设中间缓和曲线的两圆曲线的最大曲率差

路段旅客列车设计行车速度(km/h)	140	120	100	80
可不设中间缓和曲线的两圆曲线的最大曲率差	1/6 000	1/4 000	1/2 000	1/1 000

3.1.6　圆曲线和夹直线的长度不应小于表 3.1.6 规定的数值。

改建既有线和增建第二线的并行地段，特殊困难条件下，对旅客列车设计行车速度小于 100 km/h 的地段有充分的技术经济依据时，圆曲线长度和夹直线长度可不受表 3.1.6 规定的数值限制，但不得小于 25 m。

3.1.7　增建的第二线宜设在既有线的一侧，如需改换左右侧时，宜在曲线上或车站附近进行换侧。

3.1.8　区间线路线间距及其加宽应符合下列规定：

1　直线地段的线间距不得小于表 3.1.8—1 规定的数值。

表 3.1.6　圆曲线或夹直线最小长度

路段旅客列车设计行车速度(km/h)	160	140	120	100	80
圆曲线或夹直线最小长度(m)	130 (80)	110 (70)	80 (50)	60 (40)	50 (30)

注：括号内的数值为特殊困难条件下，经技术经济比选后方可采用的圆曲线或夹直线最小长度。

表 3.1.8—1　区间直线地段最小线间距(m)

线别间	路段旅客列车设计行车速度(km/h)	区间直线地段最小线间距
第一、二线间	160	4.2
	≤140	4.0
第二、三线间	—	5.3

注：区间直线地段两单线铁路并行引入车站时的最小线间距，应根据装设信号机和通行超限货物列车情况，按需要计算确定。

2　曲线地段的线间距加宽值应按下列规定确定：

1) 当曲线两端直线地段的线间距采用表 3.1.8—1 规定的数值时，曲线线间距加宽值应采用表 3.1.8—2 规定的数值。

2) 当曲线两端直线地段的线间距大于表 3.1.8—1 规定的数值时，曲线线间距加宽值应按下列公式计算确定：

$$W' = (S_{min} \times 10^3 + W) - S \times 10^3 \qquad (3.1.8—1)$$

式中　W'——曲线地段线间距加宽值(mm)，当小于或等于零时，可不加宽；

S_{min}——直线地段最小线间距(m)，采用表 3.1.8—1 规定的数值；

W——直线地段为最小线间距时曲线地段的线间距加宽值(mm)，采用表 3.1.8—2 规定的数值；

S——曲线两端直线地段的线间距(m)。

表 3.1.8—2　区间直线地段为最小线间距时曲线地段的线间距加宽值(mm)

线别间		第一、二线间						第二、三线间				
内、外侧线路曲线超高设置情况		外侧线路曲线超高大于内侧线路曲线超高时					其他情况					
路段旅客列车设计行车速度(km/h)		160	140	120	100	80	≤160	160	140	120	100	80
曲线半径(m)	12 000	50	35	30	20	15	10	60	50	40	30	20
	10 000	60	35	30	20	15	10	70	50	40	30	20
	8 000	75	50	35	25	15	10	95	60	50	30	20
	7 000	80	65	50	30	20	15	105	85	65	45	35
	6 000	80	65	50	35	25	15	115	85	65	45	35
	5 000	95	80	55	40	35	15	120	105	75	55	45
	4 500	100	85	70	45	40	20	125	110	90	60	50
	4 000	100	85	85	55	40	20	130	110	100	70	50
	3 500	105	100	90	65	50	25	145	135	115	85	65
	3 000	105	100	90	80	65	30	150	140	120	100	80
	2 800	115	110	95	85	65	35	165	150	130	115	85
	2 500	125	110	100	100	70	35	175	155	135	125	95
	2 000	175	125	115	105	95	40	245	170	150	140	110
	1 800	185	135	125	110	100	45	260	185	165	145	125
	1 600	195	150	135	125	115	55	275	205	185	165	145
	1 400	—	190	150	135	125	60	—	260	200	180	160
	1 200	—	210	165	155	135	70	—	290	220	200	170
	1 000	—	—	220	175	155	85	—	—	295	225	195
	800	—	—	265	210	190	105	—	—	355	265	235
	700	—	—	—	260	210	120	—	—	—	340	260
	600	—	—	—	295	235	140	—	—	—	380	290
	550	—	—	—	315	255	155	—	—	—	405	315
	500	—	—	—	—	280	170	—	—	—	—	340

CHINA RAILWAY PUBLISHING HOUSE

注:1　采用表列数值间的曲线半径时,曲线线间距加宽值可采用线性内插值,并进整至 5 mm。
　2　两单线铁路曲线线间距加宽值应根据装设信号机和通行超限货物列车情况,按实际需要计算确定。

3)考虑双层集装箱运输需求的线路,曲线加宽应根据双层集装箱运输限界计算确定。

3　两线并行地段的曲线线间距加宽值应采用加长内侧线缓和曲线长度的方法完成。内侧线缓和曲线长度应按下列公式计算确定:

$$L_n = \sqrt{24R_n\left(\frac{L_w^2}{24R_w} + W' \times 10^{-3}\right)} \qquad (3.1.8\text{—}2)$$

式中　L_n——内侧线缓和曲线长度(m),进整至 10 m;

L_w——外侧线缓和曲线长度(m),按本规范第 3.1.5 条的规定取值;

R_n——内侧线曲线半径(m)；

R_w——外侧线曲线半径(m)。

3.1.9 区间线路线间距变更方法及其相关的平面标准应符合下列规定：

1 车站两端和桥隧地段的线间距变更宜利用附近曲线完成。条件不具备时，可在第二线上采用反向曲线完成。

2 相邻两线采用反向曲线变更线间距时，如受本规范表 3.1.6 规定的圆曲线最小长度限制，可不设缓和曲线，但圆曲线半径不得小于表 3.1.9 规定的数值。

表 3.1.9　采用反向曲线变更线间距可不设缓和曲线的最小圆曲线半径

路段旅客列车设计行车速度(km/h)	160	140	120	100	80
可不设缓和曲线的最小圆曲线半径(m)	12 000	10 000	5 000	4 000	3 000

3 相邻两线采用反向曲线变更线间距，若受曲线偏角限制难于采用本规范表 3.1.6 规定的圆曲线最小长度标准时，对旅客列车设计行车速度小于 100 km/h 的地段，可采用较短的圆曲线长度，但不得小于 20 m。

3.1.10 特大桥、大桥宜设在直线上。困难条件下必须设在曲线上时，宜采用较大的曲线半径。明桥面桥不应设在反向曲线上，也不宜设在缓和曲线上。跨度大于 40 m 或桥长大于 100 m 的明桥面桥设在半径小于 1 000 m 的曲线上时，应有充分技术经济依据。

3.1.11 隧道宜设在直线上。如因地形、地质等条件限制必须设在曲线上时，曲线宜设在洞口附近并采用较大的曲线半径。隧道不宜设在反向曲线上。

3.1.12 车站的站坪长度应根据远期到发线有效长度、正线数目、车站种类和车站布置形式等条件确定。一般可采用不小于表 3.1.12 规定的数值。困难条件下，站坪长度可按实际需要确定。

表 3.1.12　站 坪 长 度(m)

车站种类	车站布置形式	远期到发线有效长度						
		1 050		850		750		650
		单线	双线	单线	双线	单线	双线	单线
会让站、越行站	横列式	1 450	1 700	1 250	1 500	1 150	1 400	1 050
中间站	横列式	1 600	2 000	1 400	1 800	1 300	1 700	1 200
区段站	横列式	2 000	2 500	1 800	2 300	1 700	2 200	1 600
	纵列式	3 500	4 000	3 100	3 600	2 900	3 400	2 600

注：1　站坪长度未包括站坪两端竖曲线长度。
2　如有其他铁路接轨时，站坪长度应根据需要计算确定。
3　多机牵引时，站坪长度应根据机车数量及长度计算确定。
4　会让站、越行站、中间站和区段站的站坪长度，除越行站、双线中间站两端按各铺一组 18 号道岔单渡线确定外，正线上其他道岔采用 12 号确定，当采用其他型号道岔时应另行计算确定。
5　复杂中间站、区段站的站坪长度可按实际需要计算确定。

3.1.13 车站正线的平面设计标准应符合下列规定：

1 区段站应设在直线上。特殊困难条件下，如有充分技术经济依据，可设在曲线上，但其曲线半径不得小于表 3.1.13 规定的数值。

中间站、越行站、会让站宜设在直线上。困难条件下需设在曲线上时，其曲线半径不应小于表 3.1.13 规定的数值。

CHINA RAILWAY PUBLISHING HOUSE

表 3.1.13 车站平面最小圆曲线半径(m)

<table>
<tr><td colspan="4">路段旅客列车设计行车速度(km/h)</td><td>160</td><td>140</td><td>120</td><td>100</td><td>80</td></tr>
<tr><td rowspan="3">最小圆曲线半径</td><td colspan="3">区段站</td><td>1 600</td><td>1 200</td><td colspan="3">800</td></tr>
<tr><td rowspan="2">中间站、会让站、越行站</td><td rowspan="2">工程条件</td><td>一般</td><td>2 000</td><td>1 600</td><td>1 200</td><td>800</td><td rowspan="2">600</td></tr>
<tr><td>困难</td><td>1 600</td><td>1 200</td><td>800</td><td>600</td></tr>
</table>

2 改建车站时,特殊困难条件下,如有充分技术经济依据,可保留小于表 3.1.13 规定的曲线半径。

3 横列式车站不应设在反向曲线上。纵列式区段站设在曲线上时,每一运行方向的到发线有效长度范围内不应有反向曲线。

4 车站曲线宜采用较小的偏角。

5 车站咽喉区范围内的正线应设在直线上。车站咽喉区两端最外道岔及其他单独道岔(直向)至曲线超高顺坡终点之间的直线长度,当路段设计速度大于 120 km/h 时,不应小于 40 m;困难条件下,不应小于 25 m。低于上述速度的其他线路不应小于 20 m。

3.2 纵 断 面

3.2.1 设计线(或区段)的限制坡度应根据铁路等级、地形条件、牵引种类和运输要求比选确定,并应考虑与邻接铁路的牵引质量相协调,但不得大于表 3.2.1 规定的数值。

表 3.2.1 限制坡度最大值(‰)

<table>
<tr><td colspan="2">铁路等级</td><td colspan="3">Ⅰ</td><td colspan="3">Ⅱ</td></tr>
<tr><td colspan="2">地形地别</td><td>平原</td><td>丘陵</td><td>山区</td><td>平原</td><td>丘陵</td><td>山区</td></tr>
<tr><td rowspan="2">牵引种类</td><td>电力</td><td>6.0</td><td>12.0</td><td>15.0</td><td>6.0</td><td>15.0</td><td>20.0</td></tr>
<tr><td>内燃</td><td>6.0</td><td>9.0</td><td>12.0</td><td>6.0</td><td>9.0</td><td>15.0</td></tr>
</table>

3.2.2 根据地形、工程和运输需求,经过比选,各级铁路均可采用加力牵引坡度。加力牵引坡度的使用应符合下列规定:

1 加力牵引坡度应集中使用。加力牵引地段宜与区段站或其他有机务设备的车站邻接。

2 加力牵引坡度应根据牵引质量、机车类型、机车台数及加力牵引方式按下式计算确定:

$$i_{j1}=\frac{\sum_{k=1}^{n}\lambda_y\lambda_kF_{jk}-\left(\sum_{k=1}^{n}P_k\omega'_{0k}+Q\omega''_0\right)}{\left(\sum_{k=1}^{n}P_k+Q\right)\cdot g} \tag{3.2.2}$$

式中 i_{j1}——加力牵引坡度(‰),以 0.5‰为单位取值;

n——机车台数;

λ_y——机车牵引力使用系数,取 $\lambda_y=0.9$;

λ_k——第 k 台机车的牵引力取值系数,根据加力牵引方式和操纵方法按国家现行标准《列车牵引计算规程》TB/T 1407 的规定取值;

F_{jk}——第 k 台机车在本务机车计算速度时的牵引力(N);

P_k——第 k 台机车的质量(t);

Q——牵引质量(t);

ω'_{0k}——第 k 台机车在本务机车计算速度时的单位基本阻力(N/t);

CHINA RAILWAY PUBLISHING HOUSE

ω''_0——车辆在本务机车计算速度时的单位基本阻力(N/t)；

g——重力加速度，取 9.81 m/s^2

3　各级铁路电力、内燃牵引的加力牵引坡度值分别不得大于 30.0‰和 25.0‰。

4　采用相同类型的机车加力牵引时，各种限制坡度相应的加力牵引坡度可采用表 3.2.2 规定的数值。

3.2.3　轻、重车方向货流显著不平衡，将来也不致发生巨大变化，且分方向采用不同限制坡度有显著经济价值时，可分方向选择限制坡度，但Ⅰ级铁路仅在特殊困难条件下，有充分技术经济依据时方可采用。

轻车方向的最大坡度值不宜大于重车方向的三机牵引坡度值，且应进行重车方向的下坡制动安全检算。

3.2.4　改建既有线时，对局部超过限制坡度的地段，若降坡将引起困难工程，且运营实践和牵引计算检算证明列车可以利用动能以不低于机车计算速度通过的坡度，可予保留，但既有线为双线时，不应妨碍自动闭塞的采用。

增建第二线时，对既有线超过限制坡度的地段，可作为单方向行车的下坡线，但不应妨碍自动闭塞的采用。

表 3.2.2　电力和内燃牵引的加力牵引力坡度(‰)

<table>
<tr><th rowspan="2">限制坡度</th><th colspan="2">双机牵引坡度</th><th colspan="2">三机牵引坡度</th></tr>
<tr><th>电力</th><th>内燃</th><th>电力</th><th>内燃</th></tr>
<tr><td>4.0</td><td>9.0</td><td>8.5</td><td>14.0</td><td>13.0</td></tr>
<tr><td>5.0</td><td>11.0</td><td>10.5</td><td>16.5</td><td>15.5</td></tr>
<tr><td>6.0</td><td>13.0</td><td>12.5</td><td>19.0</td><td>18.5</td></tr>
<tr><td>7.0</td><td>14.5</td><td>14.5</td><td>21.5</td><td>21.0</td></tr>
<tr><td>8.0</td><td>16.5</td><td>16.0</td><td>24.0</td><td>23.5</td></tr>
<tr><td>9.0</td><td>18.5</td><td>18.0</td><td>26.5</td><td rowspan="8">25.0</td></tr>
<tr><td>10.0</td><td>20.0</td><td>20.0</td><td>29.0</td></tr>
<tr><td>11.0</td><td>22.0</td><td>21.5</td><td rowspan="6">30.0</td></tr>
<tr><td>12.0</td><td>24.0</td><td>23.5</td></tr>
<tr><td>13.0</td><td>25.5</td><td rowspan="4">25.0</td></tr>
<tr><td>14.0</td><td>27.5</td></tr>
<tr><td>15.0</td><td>29.0</td></tr>
<tr><td>16.0</td><td>30.0</td></tr>
</table>

注：内燃牵引的加力牵引坡度值是按机车牵引力未进行海拔与气温修正计算的，条件不同时应按分式(3.2.2)计算确定。

3.2.5　最大坡度应按下列规定进行坡度减缓(或折减)。

1　平面曲线(指加缓和曲线前的圆曲线，下同)范围内应进行曲线阻力所引起的坡度减缓，其减缓值应按下列公式计算确定。

1)当曲线长度大于或等于货物列车长度时，

$$\Delta i_r = \frac{600}{R} \tag{3.2.5—1}$$

2)当曲线长度小于货物列车长度时，

$$\Delta i_r = \frac{10.5\sum\alpha}{l} \tag{3.2.5—2}$$

式中　Δi_r——曲线阻力所引起的坡度减缓值(‰)；

R——曲线半径(m)；

l——坡段长度(m)，当其大于货物列车长度时采用货物列车长度；

$\sum\alpha$——坡段长度(或货物列车长度)内平面曲线偏角总和(°)。

2　长度大于 400 m 的隧道线路坡度不得大于最大坡度乘以表 3.2.5 规定的系数所得的数值。位于曲线地段的隧道，应先进行隧道坡度折减，再进行曲线坡度减缓。

内燃机车牵引列车通过长度小于或等于 1 000 m 的隧道时，最低运行速度不得小于机车的最低计算速度(v_{jmin})，隧道长度大于 1 000 m 时不得小于 v_{jmin} +5 km/h。达不到上

CHINA RAILWAY PUBLISHING HOUSE

述要求时，应在隧道外设计加速缓坡。

3　改建既有线按上述规定减缓或折减将引起巨大工程时，可以保留原标准。

表3.2.5　电力和内燃牵引铁路隧道内线路最大坡度折减系数

隧道长度 L(m)	电力牵引	内燃牵引
$400 < L \leqslant 1\,000$	0.95	0.90
$1\,000 < L \leqslant 4\,000$	0.90	0.80
$L > 4\,000$	0.85	0.75

3.2.6　相邻坡段的连接宜设计为较小的坡度差。相邻坡段的坡度差不得大于表3.2.6规定的数值。

改建既有线如有充分技术经济依据时，其相邻坡段的坡度差可保留原数值。

3.2.7　纵断面宜设计为较长的坡段，坡段长度应符合下列规定：

1　旅客列车设计行车速度为160 km/h的路段，坡段长度不应小于400 m，且最小坡段不宜连续使用两个以上。

2　旅客列车设计行车速度小于160 km/h的路段：

1）坡段长度不宜小于表3.2.7规定的数值。

表3.2.6　相邻坡段最大坡度差

远期到发线有效长度(m)		1 050	850	750	650
最大坡度差(‰)	一般	8	10	12	15
	困难	10	12	15	18

表3.2.7　最小坡段长度(m)

远期到发线有效长度	1 050	850	750	650
最小坡段长度	400	350	300	250

2）凸形纵断面顶部为缓和坡度差而设置的分坡平段的长度不应小于200 m。

3）困难条件下，因坡度减缓或折减而形成的坡段、长路堑内为排水而设置的人字坡坡段长度均可减至200 m。

3　改建既有线和增建第二线的坡段长度在困难条件下可减至200 m。

3.2.8　竖曲线的设置应符合下列规定：

1　相邻坡段的坡度差符合下列条件时，应以圆曲线形竖曲线连接。

1）路段设计速度为160 km/h的地段，当相邻坡段的坡度差大于1‰时，竖曲线半径应采用15 000 m。

2）当路段设计速度小于160 km/h，相邻坡段的坡度差大于3‰时，竖曲线半径应采用10 000 m。

2　下列地段不得设置竖曲线；当路段设计速度大于120 km/h时，不得设置变坡点：

1）缓和曲线地段；

2）明桥面桥上；

3）正线道岔范围内。

3　旅客列车设计行车速度为160 km/h的地段，竖曲线与平面圆曲线不宜重叠设置，困难条件下竖曲线可与半径不小于2 500 m的圆曲线重叠设置；特殊困难条件下，经技术经济比选，竖曲线可与半径不小于1 600 m的圆曲线重叠设置。

4　改建既有线和增建第二线时，若既有线是采用抛物线形竖曲线，且折算竖曲线半径不小于上述规定，则可保留既有线的坡段连接标准。特别困难条件下，竖曲线的位置可不受缓和曲线位置的限制。

5　改建既有线和增建第二线时，旅客列车设计行车速度小于或等于100 km/h的地段，若改造竖曲线与道岔重叠处，引起困难工程，且竖曲线半径不小于10 000 m者可予保留。

CHINA RAILWAY PUBLISHING HOUSE

3.2.9 增建的第二线与既有线在共同路基上且线间距不大于 5 m 时，两线的轨面高程宜相等(曲线地段为内轨面等高)。困难条件下，个别地段的两线轨面可有不大于 30 cm 的高程差，但在易受雪埋的地段，轨面高程差不应大于 15 cm。

道口处相邻两线不宜有轨面高程差，困难条件下高程差不应大于 10 cm。线间距大于 5.0 m 的并肩道口，相邻两线轨面高程差形成的坡度不应大于 2%。

3.2.10 改建既有线纵断面利用道砟起道提高轨面高程时，起道高度不宜大于 50 cm。降低轨面高程需挖切道床时，个别地点的道床厚度可较规定标准减小 5 cm，但道床厚度不得小于 25 cm。

降低轨面高程不宜采用挖切路基的措施，仅在受建筑限界、建筑物构造限制及为消除路基病害地段方可采用。

3.2.11 涵洞和道砟桥面桥可位于任何纵断面坡道上。明桥面桥宜设在平道上，如将跨度大于 40 m 或桥长大于 100 m 的明桥面桥设在大于 4‰的坡道上，应有充分的技术经济依据。

3.2.12 隧道内的坡道可设置为单面坡或人字坡，地下水发育的长隧道宜采用人字坡。其坡度值不宜小于 3‰，在最冷月平均气温低于 -5 ℃的地区地下水发育的隧道内可适当加大坡度。

3.2.13 车站站坪坡度应符合下列规定：

1 站坪宜设在平道上。困难条件下，可设在不大于 1.0‰的坡道上。特殊困难条件下，有充分技术经济依据时，会让站、越行站可设在不大于 6‰的坡道上，但不应连续设置。

改建车站在特殊困难条件下，如有充分技术经济依据，可保留既有坡度，但应采取防溜安全措施。

2 咽喉区的正线坡度，宜与站坪坡度相同。特殊困难条件下，可将咽喉区设置在限制坡度减 2‰的坡道上，但区段站、客运站和中间站、会让站、越行站咽喉区的正线坡度分别不得大于 2.5‰和 10‰。

咽喉区外的个别道岔和渡线可设在不大于限制坡度的坡道上。

改建车站的咽喉区，在特殊困难条件下，有充分技术经济依据时，可设在不大于限制坡度或双机牵引坡度的坡道上，但区段站和中间站、会让站、越行站咽喉区的坡度分别不得大于 4‰和 15‰。

3 车站的站坪坡度均应保证列车的起动。

3.2.14 旅客乘降所应设在能保证旅客列车起动且坡度不大于 8‰的坡道上。特殊困难条件下，有充分技术经济依据时，可设在坡度大于 8‰的坡道上。

3.2.15 限制坡度小于或等于 6‰的内燃牵引铁路，编组站、区段站和接轨站进站信号机前的线路坡度，不能保证货物列车顺利起动时，应设置起动缓坡。其他车站除地形困难者外，也宜设置起动缓坡。

CHINA RAILWAY PUBLISHING HOUSE

4 车站分布

4.0.1 车站分布应遵循以下基本原则：

1 必须满足国家要求的年输送能力和客车对数。

2 办理客货运业务的中间站应根据日均客货运量，结合该地区其他运输工具的发展情况并与城市或地区规划相协调合理分布。有技术作业的中间站应满足技术作业要求。会让站和越行站应按通过能力要求的货物列车走行时分标准分布。

3 应考虑地形、地质、水文和铁路运营条件。

4 应考虑区间通过能力的均衡性。

4.0.2 区间通过能力设计中，电力牵引单、双线铁路的日均综合维修“天窗”时间，可分别取 90 min、120 min，内燃牵引单、双线铁路的日均综合维修“天窗”时间，可分别取 60 min、70 min。列车运行图上综合维修“天窗”时间不宜少于 180 min。

4.0.3 新建铁路的站间距离，单线不宜小于 8 km，双线不宜小于 15 km。枢纽内站间距离不得小于 5 km。

4.0.4 单线铁路技术作业站相邻区间的列车往返走行时分应少于该线车站分布的区间最大往返走行时分，其减少值应符合下列规定：

1 区段站相邻区间各减少 4 min。

2 其他技术作业站如因技术作业时分影响区间通过能力，且将来不易消除其影响者，可根据需要减少相邻区间走行时分。

4.0.5 新建单线铁路的个别地段，当设站引起巨大工程时，经技术经济比较，可延长区间距离，以双线代替车站。

4.0.6 新建双线铁路的车站分布，应根据不同的牵引种类、客车对数和路段旅客列车设计行车速度等因素确定。站间货物列车单方向的运行时分不宜大于表 4.0.6 规定的数值。困难条件下，个别区间的货物列车运行时分可比表 4.0.6 规定的数值增大 1~2 min。

表 4.0.6 新建双线铁路站间货物列车单方向运行时分

路段旅客列车设计行车速度(km/h)		160	140		≤120		
旅客列车对数(对/d)		—	≤30	>30	≤20	21~40	>40
站间货物列车单方向运行时分(min)	电力	20	25	20	30	25	20
	内燃	25	40	35	45	40	—

4.0.7 远期为双线、近期为单线的新建铁路宜按双线标准分布车站，当近期单线不能满足通过能力需要时，可采用增加会让站等措施过渡。如确有技术经济依据，也可按满足近期单线运量要求分布车站。过渡工程设计应远近结合，尽量减少废弃工程。

4.0.8 新建铁路各设计年度开设的车站，应按各设计年度客货运量要求的通过能力和地方运输需要分别确定。

4.0.9 改建既有线或增建第二线时，在通过能力允许的情况下，宜关闭作业量较小的车站。

CHINA RAILWAY PUBLISHING HOUSE

5　铁路与道路交叉

5.1　铁路与道路立体交叉

5.1.1　铁路与公(道)路交叉,应优先考虑设置立体交叉,减少平交道口。立体交叉的形式应根据路段设计速度、铁路与道路的性质、等级、交通量、地形条件、安全要求以及经济效益和社会效益等因素确定。

5.1.2　铁路与高速公路、一级公路和城市道路中的快速路交叉,必须设置立体交叉。铁路与其他道路交叉,符合下列条件之一者应设置立体交叉。

1　Ⅰ级铁路与其他道路交叉。

2　铁路与二级公路交叉。

3　铁路路段旅客列车设计行车速度大于或等于 120 km/h 的地段。

4　铁路与道路交叉交付运营第 5 年的道口折算交通量大于或等于表 5.1.2—1 规定的数值者。

道路上的车辆、行人折合成标准车辆数的折合系数应采用表 5.1.2—2 规定的数值。

5　结合地形或桥涵构筑物情况,有设置立体交叉条件者。

6　确有特殊需要者。

5.1.3　铁路与道路立体交叉的建筑限界应符合下列规定:

1　道路上跨铁路时,铁路的建筑限界应符合现行国家标准《标准轨距铁路建筑限界》GB 146.2 的规定;有双层集装箱运输需求的铁路,应满足双层集装箱运输限界的要求。

2　道路下穿铁路时,公路、厂外道路、城市道路的建筑限界应符合国家现行的有关标准和规范的规定。

3　乡村道路下穿铁路时,乡村道路的净空应根据通道种类和交叉条件与有关单位协商确定,但不得小于表 5.1.3 规定的数值。

表 5.1.2—1　设置立体交叉的道口折算交通量

(万辆次/年平均昼夜)

瞭望条件	路段旅客列车设计行车速度(km/h)	
	100	80
良好	12.0	16.0
不良	6.0	8.0

注:瞭望条件良好是指道口瞭望视距符合本规范表 5.2.1 规定的,反之则不良。

表 5.1.3　立交桥下乡村道路净空(m)

通道种类	汽车及大型农机通道	机耕和畜力车通道	人力车和人行通道
净宽	5.0	4.0	2.0
净高	4.5	3.0	2.5

注:1　通行汽车及大型农机的乡村道路,特殊困难条件下净宽可减至 4.5 m,净高可减至 3.5 m。
2　特殊困难条件下仅供人行的道路,净高可按不小于 2.2 m 设计。

表 5.1.2—2　道路车辆、行人折合成标准车辆数的折合系数

种　类	折合系数	
	城市道路	其他道路
普通汽车(含一般载货汽车、大客车、拖拉机)	1.50	1.00
小客车、吉普车	1.00	0.50
带挂车的载货汽车	1.50	
铰接公共汽车、畜力车	2.00	
摩托车、人力车	0.50	
自行车	0.10	
行人	0.05	

CHINA RAILWAY PUBLISHING HOUSE

5.1.4 通行机动车的道路下穿铁路桥梁、涵洞时，铁路桥跨布置应满足相应道路对停车视距的有关要求，并应按国家有关规定设置车辆通过限高标志及限高防护架。

5.1.5 立体交叉范围内应设置完整通畅的排水系统。

5.1.6 铁路与道路立交的铁路桥或道路桥的桥上两侧应设置安全防护设施。

5.2 道 口

5.2.1 道口设置应符合下列规定：

1 道口宜设在瞭望视距不小于表5.2.1规定数值的地点。

2 在车站内，桥梁、隧道两端及进站信号机外方100 m范围以内不应设置道口。

3 铁路曲线地段不宜设置道口。

5.2.2 道口间的距离不应小于2 km。

5.2.3 铁路与道路平面交叉宜设计为正交，斜交时其交叉角应大于45°。

5.2.4 通过道口的道路平面线形应为直线。从最外侧钢轨算起的道路最小直线长度不应小于50 m，困难条件下不应小于表5.2.4规定的数值。

5.2.5 铁路钢轨头部外侧50 mm范围内，道口铺面应低于轨面5 mm。

5.2.6 道口平台的长度不应小于表5.2.6规定的数值。

表5.2.1 火车司机最小瞭望视距和机动车驾驶员侧向最小瞭望视距

路段旅客列车设计行车速度(km/h)	火车司机最小瞭望视距(m)	机动车驾驶员侧向最小瞭望视距(m)
100	850	340
80	850	270

注：1 机动车驾驶员侧向最小瞭望视距为机动车在距道口相当于该级道路停车视距并不小于50 m处，应能看到两侧铁路上火车的范围。

2 线间距小于或等于5 m的双线铁路道口，机动车驾驶员侧向最小瞭望视距还应增加50 m，多线铁路道口按计算确定。

表5.2.4 道口每侧道路的最小直线长度

道路种类	道路计算行车速度(km/h)		
	80	60	≤50
公路、厂外道路、城市道路(m)	40	40	30
乡村道路(m)	20		

表5.2.6 道口平台的最小长度(m)

道路种类	城市道路		公路及厂外道路	乡村道路
	通行铰接汽车	通行普通汽车		
平台长度	20	16	16	10

5.2.7 紧接道口平台的道路纵坡不应大于表5.2.7规定的数值。

表5.2.7 紧接道口平台的道路最大纵坡(%)

道路种类	城市道路		公路及厂外道路	乡村道路
	通行铰接汽车	通行普通汽车		
一　般	2.5	3.0	3.0	3.0
困　难	3.5	5.0	5.0	6.0

5.2.8 符合下列条件之一的道口应设人看守：

1 路段设计速度100 km/h和80 km/h的地段，道口交付运营第5年的道口折算交通量分别大于1万辆次和2万辆次者。

2 直接通向飞机场或易燃易爆品仓库道路上的道口。

3 在距最外侧钢轨5 m处停车，机动车驾驶员侧向瞭望视距小于本规范表5.2.1规定的道口。

5.2.9　有人看守道口应设置道口看守房和电力照明以及栏木、通信(有线和无线)、道口自动通知、道口自动信号、遮断信号等安全预警设备。无人看守道口应设置警示标志,并根据需要设置道口自动信号和道口监护设施。

5.2.10　道口两侧的道路上除应根据规定设置护桩外,还应按照道路交通管理有关规定设置交通标志、路面标线、立面标志。电气化铁路的道口应在道路上设置限界架。

5.2.11　道口铺面沿道路方向的铺设长度应延伸至最外侧钢轨外 0.5 ~ 2.0 m;铺面宽度应符合表 5.2.11 的规定。

表 5.2.11　道口铺面宽度(m)

道路种类	城市道路	公路及厂外道路	乡村道路	
			通行机动车	通行非机动车
道口铺面宽度	车行道宽度与人行道宽度之和	路基(面)宽度	3.5 ~ 4.5	2.5

5.2.12　道口铺面板应选用坚固耐用且易于翻修的材料。铺面板的计算荷载和验算荷载不应低于该道路的设计标准并分别不低于汽车 -20 级和挂车 -100 级。

5.2.13　道口范围的道路路面设计标准不得低于该道路路段的路面标准,且在最外侧钢轨外 20 m 范围内不得低于中级路面。

5.2.14　道口轮缘槽宽度应为 70 ~ 100 mm,曲线内股应为 90 ~ 100 mm;轮缘槽深度不得小于 45 mm,并不大于 60 mm。

5.2.15　道口铺面范围内不应有钢轨普通接头,不能避免时应将钢轨焊接或冻结。

5.2.16　道口应有通畅的排水设施。

5.2.17　改建既有道口,在困难条件下并有充分依据时,可保留既有道口的平、纵、横断面标准。

CHINA RAILWAY PUBLISHING HOUSE

本规范用词说明

1 为便于在执行本规范条文时区别对待,对要求严格程度不同的用词说明如下:

1)表示很严格,非这样做不可的用词:

正面词采用"必须",反面词采用"严禁"。

2)表示严格,在正常情况下均应这样做的用词:

正面词采用"应",反面词采用"不应"或"不得"。

3)表示允许稍有选择,在条件许可时首先应这样做的用词:

正面词采用"宜",反面词采用"不宜";

表示有选择,在一定条件下可以这样做的用词,采用"可"。

2 本规范中指明应按其他有关标准、规范执行的写法为"应符合……的规定"或"应按……执行"。

CHINA RAILWAY PUBLISHING HOUSE

中华人民共和国国家标准

铁路线路设计规范

GB 50090—2006

条 文 说 明

目　次

CHINA RAILWAY PUBLISHING HOUSE

1 总 则

1.0.2 本规范是按照我国铁路网中客货列车共线运行，旅客列车设计行车速度等于或小于160 km/h的Ⅰ、Ⅱ级铁路，1 435 mm 标准轨距的常用机车车辆、轨道结构、信联闭设备、标准轨距铁路机车车辆限界和建筑限界、运输性质和运营特点编制的。由于受牵引特性、计算荷载、几何尺寸的限制，故只适用于铁路网中Ⅰ、Ⅱ级标准轨距的铁路设计。对于Ⅲ、Ⅳ级的铁路设计，按照相应规范执行。

我国的铁路网主要由各等级路网干线铁路(包括规划的)和在路网中起联络、辅助作用以及为某一地区或企业服务，具有地方运输性质的铁路等组成。

客货列车共线运行铁路是指线路的主要技术标准必须同时满足客、货两种列车的运输要求，这与"货运专线"和"客运专线"是有显著区别的。

提高列车速度始终是铁路交通运输技术发展的主要目标之一。随着人民生活水平的不断提高和时效观念的增强，旅客对运输快捷、舒适性方面有了更高的要求，货主对货运的经济便利、安全正点、快速及时等方面的要求也越来越高，提高旅客列车速度已成为提高运输质量，适应市场需求的重要内容。铁路科学技术的发展，技术装备水平的提高，为提高列车速度提供了物质基础。我国铁路继广深准高速铁路开通运营后，又建成秦沈客运专线，且主要干线铁路经过五次提速相继开行了快速列车，为提高列车速度积累了设计、施工、运营等方面的实践经验。因此，根据《新建客货共线铁路设计暂行规定》(铁建设〔2003〕76 号)的要求，将客货列车共线运行铁路的旅客列车最高设计行车速度提高到160 km/h。

1.0.3 铁路运量是随着国民经济的发展逐渐增长的，铁路建筑物和设备的能力应与运量相适应，以满足国民经济发展对铁路日益增长的运输要求。因此铁路建设既要考虑分阶段加强以节约各期投资，提高经济效益，又要考虑对线下基础设施和不易改、扩建的建筑物和设备按能适应一定时期的运输需求一次建成，以适应长远发展要求，避免频繁改造、增加废弃工程和对运营的干扰。为此，必须明确规定不同建筑物和设备能力的设计年度。

设计年度分期多，可减少建筑物和设备能力的富余量，有效地节约工程投资，但为适应运量的增长，必须频繁改建、扩建，增加施工费用和施工对运营的干扰，影响铁路的正常运输效率。相反，设计年度分期少，必然增加建筑物和设备能力的富余量，增大工程投资，但可减少施工费用和施工与运营的相互干扰，保证铁路的正常运输效率。可见，设计年度划分不宜过多，也不宜过少。

原《铁路线路设计规范》(GB 50090—99)(以下简称"原规范")规定设计年度宜分为近、远两期，新建铁路也可分为初、近、远三期，对于近期运量增长缓慢的新建铁路增加了初期设计年度的规定。当时，我国国民经济体制正由社会主义计划经济体制向社会主义市场经济体制过渡，经济增长方式由粗放型向集约型转变，产业结构正处在调整初期，铁路建设投资与运输管理体制也在改革之中，产业结构及布局尚未明朗，国民经济增长幅度不大，部分线路运量增长缓慢，因此对于近期运量增长缓慢的新建铁路增加了初期设计年度也是符合实际的。近几年来,随着国民经济快速增长,对铁路运输需求急剧增加。从实际执行情况看,对于近期运量增长缓慢的新建铁路,由于初、近期运量相差不大,按初、近期运量确定的可逐步改、扩建的建筑物和设备其标准和规模差异较小,但造成铁路运营设施频繁改造,因此,本次规范修订规定设计年度分为近、远两期,取消原规范中初期设计年度的规定。

原规范规定近期为交付运营后第5年,远期为交付运营后第10年。随着国民经济的快速增长,铁路客、货运量稳步增长,根据统计,1995年全国铁路客、货发送量分别为9.57亿人和16.6亿t,2001年为10.52亿人和19.26亿t,平均年增长率分别为0.39%和2.52%。党的十六大提出了全面建设小康社会的发展目标,即再用20年左右的时间,使我国国内生产总值比2000年再翻两番,因此,从现在起到2020年我国国内生产总值必须每年以不低于7.2%的速度增长。根据经济发展的客观规律和客观需求,必然带来运输需求的快速增长。铁路作为国家的重要基础设施、国民经济的大动脉和大众化交通工具,在我国具有不可替代的特殊地位和重要作用,在全面建设小康社会中必将肩负着提供运力支持、当好先行的重要历史使命;我国是世界第一人口大国,总人口已接近13亿人,约占世界人口的22%。我国的城镇化正在从初级阶段进入加速发展的起步阶段。2002年底我国城市人口已达到5.02亿人,城镇化率39.1%。根据国家中长期发展规划及有关专家分析,到2010年,全国人口接近14亿人左右,城镇化率46%,城镇人口约为6.6亿人左右;到2020年,全国人口接近15亿人左右,城镇化率达到60%以上,城镇人口约为9亿人左右,将有大量农业人口转移到城市,带来客运需求的大幅增长。

据有关部门初步测算至2007年全国铁路旅客、货物运输需求将分别达15亿人、25亿t,年均增长速度分别为3.4%和4%;2020年,我国铁路旅客、货物运输需求将分别达40亿人、40亿t,年均增长速度分别为7%和4%。结合近几年铁路建设经验,如西康线设计预测运量近期2005年为1 245万t,远期2010年为1 500万t,实际开通两年2002年已达到1 400万t;宝中线设计预测运量近期2000年为1 028万t,远期2005年为1 500万t,实际运量2000年达到1 499万t,2002年达到1 954万t;浙赣复线金华至株洲设计预测运量近期2000年为2 670万t,远期2005年为3 800万t,实际运量2000年为3 510万t,2002年已达到3 797万t;京九线九江至南昌设计预测运量近期2000年为2 777万t,远期2005年为3 817万t,实际运量2000年为34 877万t,2002年已达到3 553万t。因此,如果仍按原规范规定的近期为交付运营后第5年,远期为交付运营后第10年作为设计年度,将造成为了适应运量的增长,铁路频繁改建、扩建,不仅增加施工费用和施工对运营的干扰,而且影响铁路的正常运输效率的发挥,不能适应长远发展的要求。借鉴国内、外其他同类交通工程设计规范,如:我国《地铁设计规范》(GB 50157—2003)规定,"初期按建成通车后第3年要求设计,近期按第10年要求设计,远期按第25年要求设计";《公路工程技术标准》(JTGB 01—2003)中规定,"高速公路和具干线功能的一级公路的设计交通量应按20年预测";俄罗斯联邦交通部工程技术标准《1 520 mm轨距铁路(СТНЦ—01—95)》规定,"设计新建铁路、增建第二线、大型车站、机务段、改建既有铁路及其个别建筑物和设施时,应根据可行性研究方案经技术经济比较并结合铁路运输发展规划在自运营之日起15~20年计算期范围内,合理选择分期建设方案"。同时,为适应国民经济快速发展的需要,节约投资,避免建成的铁路频繁改造而影响铁路正常运输,提高铁路运输的服务质量,力求达到铁路建设项目综合投资效益最佳,本次规范修订时规定铁路的设计年度近期为交付运营后第 10 年,远期为交付运营后第 20 年。

为使铁路建筑物和设备能力落实在比较可靠的运量基础上,无论近期和远期,都应采用建立在调查基础上的预测运量。如果勘测设计和施工周期按 5 年计算,近、远期即相当于勘测设计开始后的第 15 年、第 25 年,采用预测运量是可行的。当然,远期预测运量与近期预测运量相比,粗细程度是有差别的。

铁路建设属大型建设工程,铁路建设投资大,建设工期长,为节约近期投资和避免一些后期才使用的设备长期闲置,对于可分期建设的工程和配备的设备,应按运输需求分期实施。但铁路基础设施尤其是线下工程,如线路的平面和纵断面、桥梁、隧道、路基工程等,一旦建成后,若要再提高标准,不仅造成大量的废弃工程,使改扩建工程难度大,工程投资巨大,而且对运营干扰大,影响铁路的运输效益。因此,为体现强本简末、适应长远发展要求的原则,规范规定对铁路基础设施、建筑物和设备应根据铁路等级、运输性质、改扩建的难易程度等,合理选择采用近期或远期运量作为确定其标准和规模的设计依据。对于铁路的线下基础设施和不易改、扩建的建筑物和设备,规定应按远期运量和运输性质设计,并考虑长远发展要求;对于易改、扩建的建筑物和设备,宜按近期运量和运输性质设计,并预留远期发展条件;随运输需求变化增减的运营设备,可按交付运营后第 3 年或第 5 年的运量进行设计,其中机车、车辆一般按交付运营后第 3 年的运量设计。同时,设计中对相关的配套设备采用同一设计年度。

1.0.4 我国疆域辽阔、地形复杂,人口、资源分布和工农业生产布局不均衡,各地区间经济、文化发展水平差异甚大。不同设计线的经济、文化和国防意义及其在运输系统中的地位和作用不同,运量各异,故有必要将铁路划分为若干等级,有区别地规划各级铁路的运输能力,并制定相应的技术标准和装备类型,以满足不同等级铁路的运输功能需要。

划分铁路等级的因素,各国不尽相同,大体上有货运量(或货运密度、货运强度、输送能力)、旅客列车对数、旅客列车速度、轴重、线路意义(作用、性质)等。我国历次规范基本上是根据客货运量、线路意义来确定的。这是因为修建铁路的主要目的是满足运输需求,将运量作为划分铁路等级的主要因素是理所当然的。

按客货运量划分铁路等级,是当前世界各国广泛采用的分级方法。如美国以年货运密度、每昼夜客车对数以及年车辆发送量将铁路划分为四个等级;英国、法国及日本按年客货通过总重和行车速度将铁路分为若干个等级;俄罗斯联邦交通部工程技术标准《1 520 mm轨距铁路(СТНЦ—01—95)》规定按线路意义和重车方向运营第 10 年的换算货运量将铁路等级划分为特别繁忙干线、Ⅰ、Ⅱ、Ⅲ、Ⅳ五个等级(高速线除外)。

随着国民经济的持续快速发展,为适应在 2020 年前我国全面建设小康社会的要求,铁路把"扩大路网规模,完善路网结构,提高路网质最"作为今后铁路发展的主攻方向。以货运为主的铁路,提高铁路运输质量的含义主要是提高其货运通过能力;以客运为主的铁路,提高铁路运输质量的含义主要是提高其旅客列车设计行车速度;对于客货共线运行的铁路应两者兼顾。因此,在划分客货列车共线运行铁路等级时,尚应考虑旅客列车设计行车速度。

轴重是确定设计荷载标准的主要依据。目前我国铁路的轴重一般为 21 ~ 23 t,25 t 轴重的大型低动力货车仅在大秦线等煤运专线投入运营,且数量较少,预计将来会有所发展。但由于我国客货列车共线运行铁路上的车辆运用是全国性的,并非限定在某一区段

CHINA RAILWAY PUBLISHING HOUSE

线路上使用，轴重大小对各级铁路的影响是相同的，故按轴重划分铁路等级意义不大，本规范不考虑。

各级铁路都有一个适度的、经济合理的运输能力范围。如果铁路不分等级，都按最高年客货运量制定技术标准和选定技术装备，对于较低运量的铁路来说，就存在部分能力储备，也就是投资积压。铁路等级划分得越多，能力储备就越小，投资积压越小，经济效益越好。然而，分级过多，级间运量和意义、作用差别不大，以致造成等级难以划准，且随着运量的增长，等级变更频繁；等级划分过少，又会造成投资积压多，经济效益不佳。因此，划分铁路等级的原则应该使设计线的运输能力在满足远期年客货运量或国家要求的年输送能力前提下，既不可因储备过大而造成大量的投资积压，也不致因储备不足而引起频繁的扩能改造。我国建国以来，除 1950 年规范采用五级划分外，历次规范都采用三级划分。本次修订，采用四级划分。

铁路的等级可以全线一致，也可以按区段确定。线路较长，经行地区的自然、经济条件及运量差别很大时，也可按区段确定等级。但应避免同一条线上等级过多或同一等级的区段长度过短，使线路技术标准频繁变更。

原规范规定远期为交付运营后第 10 年，铁路等级根据其在铁路网中的作用、性质和远期运量划分。本次规范修订调整了设计年度，近期为交付运营后第 10 年，远期为交付运营后第 20 年，如仍根据其在铁路网中的作用、性质和远期运量来划分铁路等级，则将会使确定的铁路等级偏高，加大建设投资；且远期预测运量受国家产业结构及布局、科学技术水平、各种产业政策等因素的影响较大，预测结果有较多的不确定性，与近期相比粗细程度要差，按远期运量确定的铁路等级，可能会使建设标准偏高，造成投资积压较多。因此，考虑到近期运量准确程度更高，本规范规定，新建和改建铁路（或其区段）的等级，应根据其在铁路网中的作用、性质、旅客列车设计行车速度和近期客货运量确定。

划分各级铁路的临界运量是采用铁道部科学研究院铁建所完成的《铁路等级划分研究》的结论。该研究采用"能力储备系数法"，根据 1995 年度全国主要区段客货运量和运营长度累计百分比相关统计资料，经过技术经济分析，确定Ⅰ、Ⅱ、Ⅲ、Ⅳ级铁路间的年客货运量分界值为 20 Mt、10 Mt 和 5 Mt。为强调线路修建意义和在路网中的作用，本规范规定在路网中起骨干作用的铁路为Ⅰ级，铁路网中起联络、辅助作用的铁路为Ⅱ级，为某一地区或企业服务的铁路，根据客货运量分别定为Ⅲ级或Ⅳ级。

一条铁路线的运量包括客运量和货运量两个方面，为了统一量度标准可以根据旅客列车占用通过能力的系数将客车对数换算为货运量。《铁路主要技术政策》（铁科技〔2004〕78 号）规定：主要干线应逐步实现牵引定数 5 000 t，运煤专线可开行 1 万 t 或 2 万 t 的重载货物列车，快运货物列车不大于 1 500 t。根据 1995 年统计资料，我国铁路货物列车平均牵引质量为 2 600 t，与 1984 年相比，增加 600 t，相当于每 5 年增加 200 t，2001 年我国铁路货物列车平均牵引质量为 2 676 t，随着新线建设及货运量的增长，货物列车平均牵引质量还将缓慢上升，若取牵引质量按 3 000 t 计算，一对旅客列车相当于年货运量 1 Mt。

1.0.5　行车速度是铁路运输质量的重要标志之一，关系到铁路的运输能力和机车车辆运用等一系列运营指标，也关系到工程投资、机车车辆购置费、客货在途损失、列车能时消耗、运输成本、投资效益等一系列经济指标。行车速度受机车功率，机车车辆构造，线路

CHINA RAILWAY PUBLISHING HOUSE

平、纵断面与轨道标准,通信信号设备水平,运输调度,行车组织等一系列因素的制约,也对这些设备标准产生一定影响。最高行车速度是确定线路平面最小曲线半径、缓和曲线长度、夹直线和圆曲线最小长度以及竖曲线半径等标准的主要技术参数,也是确定轨道类型的主要依据之一。因此,行车速度是铁路综合技术指标,是体现铁路技术装备、技术标准、运营管理水平的重要标志,是铁路重大技术政策之一。

1 随着社会主义市场经济的发展,人民物质文化生活水平的提高,时间价值观念的增强,人们对提高列车速度、节约旅行时间的要求日益强烈。同时,铁路面对其他运输方式的激烈竞争,提高行车速度也是谋求自身发展的需要。近十多年来铁路技术装备水平和机车车辆技术的进步也为提高行车速度提供了物质基础。1994 年广深准高速铁路开通运营,1996 年以来,全国主要干线经过多次提速后,相继开行快速列车,运营最高速度已达 140 ~ 160 km/h,随着秦沈客运专线的建成,通过工程实践,基本掌握了修建250 km/h铁路的线路、桥涵、路基、轨道等配套技术,试运行速度已超过 200 km/h。根据铁道部制定的规划,到 2020 年建成总规模达到 3 万 km 的快速客运网,客货共线铁路的旅客列车最高时速达到 140 ~ 200 km。主要考虑:第五次提速后旅客列车设计行车速度已达160 km/h,但旅客列车设计行车速度为 200 km/h 的线路尚无成熟经验,故本次修订中将Ⅰ级铁路旅客列车设计行车速度确定为 160 km/h。

1)机车构造速度。最高行车速度受机车构造速度的限制。目前我国主型客运机车的构造速度见表 1。

表 1 我国主型客运机车构造速度(km/h)

牵引种类	电 力			内 燃		
机车类型	SS_8	SS_9、SS_{7D}、SS_{7E}	SS_{7C}	DF_{11}	DF_{4D}	DF_4、DF_{4B}、DF_{4C}
构造速度	177	160	125	170	145、160	120

显而易见,机车构造速度已具备开行设计行车速度为 160 km/h 旅客列车的条件。

2)车辆构造速度。最高行车速度也受车辆构造速度的限制。我国客车的构造速度见表 2。

表 2 我国客车构造速度(km/h)

车型	25K 型	25G、25B 型客车	22 型客车
构造速度	160	140、120	120

根据铁道部客车车辆引进和改造计划,新造客车一律达到 160 km/h 以上速度等级,跨局直通客车率先实现 160 km/h,且在 2 ~ 3 年内重点对 6 000 辆 22 型客车全部改造完毕,因此,客车开行速度已达到160 km/h的条件。

3)上坡道上列车能够实现的速度。根据目前机车功率,在平直道上 DF_{11}、SS_8、SS_9、SS_{7E}、SS_{7D}可达到 160 km/h,DF_{4D}可达 160 km/h,DF_4、DF_{4B},DF_{4C}可达 120 km/h。随着大功率主变流机组、牵引电机、柴油机电子喷射、控制系统、转向架和制动等技术的引进,上坡道上列车能够实现 160 km/h 及以上的速度。

4)下坡制动限速。旅客列车在下坡道上所能实现的速度受制动装置性能和紧急制动距离的限制。最高速度为 120 km/h 及以上的旅客列车最小制动率为 0.61,紧急制动距离 800 m 和最高速度为 140 km/h、160 km/h 的旅客列车采用盘型制动装置,紧急制动距离 1 100 m 和 1 400 m 的条件下,不同下坡道上的旅客列车制动限速见表 3。

由于制动装置的改善,Ⅰ级铁路旅客列车的下坡制动限速可实现 160 km/h。

5）旅客列车最高行车速度的经济性。旅客列车最高行车速度对经济指标有直接影响。西南交通大学和铁道第一勘察设计院（以下简称"铁一院"）在《各级铁路客货列车设计最高行车速度与速度分段最小长度的研究》中的研究结论表明：客运投资利润率与客运量成正比，铁路等级低时，投资利润下降，故经济有利的最高行车速度随铁路等级降低而减小。计算表明，平均地区的投资利润率：Ⅰ级双线铁路最高行车速度 140 km/h 时为 0.27～0.36，Ⅱ级单线铁路和Ⅱ级铁路最高行车速度 120 km/h 时分别为 0.20～0.23 和 0.08～0.10；Ⅲ级铁路最高行车速度 100 km/h 时为 0.06。随着行车速度的提高，投资利润率明显提高。

表 3　旅客列车下坡制动限速

制动率	制动距离（m）	坡度（‰）	制动限速（km/h）
0.61	800	4	106
		4～6	106～104
		6～12	104～101
		15	88
盘型制动	1 100	4	139
		4～6	139～137
		6～12	137～133
		15	130
盘型制动	1 400	4	156
		4～6	156～155
		6～12	155～150
		15	148

6）旅客列车设计行车速度 200 km/h 的技术标准有待于运营实践进一步验证后纳入规范。

2　旅客列车设计行车速度的选择原则。设计线的旅客列车设计行车速度应根据运输需求、铁路等级和地形条件等因素，结合线路平、纵断面标准经技术经济比选后合理确定。当设计线的运输需求或地形条件差别不大时，全线应尽量采用同一设计行车速度，以便于机车运用与运营管理；若采用本条文表 1.0.5 规定的最高设计行车速度确定线路平面和纵断面相关标准不会引起过多工程量，则设计速度应采用本条规定的最高设计行车速度；若设计线较长，跨越多种地形单元或运输需求变化较大，全线采用该等级铁路最高行车速度将引起较大工程量，则可分路段选定旅客列车设计行车速度。

3　路段旅客列车设计行车速度。

1）分路段选定旅客列车设计行车速度的意义。我国疆域辽阔，地形复杂，且是多山国家，山区占国土总面积的 65% 以上。特别是西北和西南地区地形尤为复杂，西北地区东部为黄土高原，西部高山重叠，海拔高，属高山高原地貌，已通车或正在设计、施工的数条翻越秦岭、天山、六盘山和祁连山等山脉的线路，正在建设的青藏铁路翻越海拔 4 600～5 100 m 的青藏高原，高差大、纵坡陡；新疆、青海两省区还有塔里木、准噶尔、柴达木三大内陆盆地，四周高山、丘陵环抱，相对高差大；西南铁路主要由河谷线与越岭线组成，如成昆、黄昆、川黔等线约 70% 以上属河谷线；我国的东部和南部地区也广泛分布着丘陵和低山丘陵地貌。一条设计线一般跨越多种地形和地貌单元，若要求该线的平、纵断面标准完全满足该等级铁路旅客列车最高行车速度的需求，则可能工程巨大，造成技术和经济指标都极不合理的结果。因此，在设计线的某些段落受平、纵断面条件限制时，为减少大量工程，可分路段采用低于该等级铁路旅客列车最高行车速度的不同设计行车速度标准，这个设计行车速度标准即为路段旅客列车设计行车速度，简称路段设计速度。

路段设计速度是确定设计路段平、纵断面标准的依据，它直接影响工程投资、运输成本和经济效益。根据铁路等级，按路段地形条件、运输需求与运营条件因地制宜地选定路段设计速度就可使同一路段的平面标准与列车运行速度协调一致，既能保证行车安全又能合理降低工程投资，充分发挥投资效益。

2）影响路段设计速度的主要因素。影响路段旅客列车设计行车速度的主要因素如下：

① 运输需求。

运输性质：客货列车共线运行的线路，因受设置曲线超高的制约，路段旅客列车设计行车速度与货物列车设计行车速度密切相关，故应根据客货列车比例和货物列车速度并考虑长远发展，选定路段设计速度。对于只有货运或以货为主的企业专用铁路，一般线路较短，选用过高的路段设计速度意义不大，应以满足货物运量需求为主要目标，结合地形和运营养护条件选择适当的路段设计速度。

客流密度：客流密度大的线路，为满足客运能力的要求和提高运输质量的需要，宜适当提高路段设计速度；客流密度小的线路，则不宜过多提高路段设计速度，否则将加大工程投资。

根据运输需求，在经济发达地区，旅客时间价值高，且运输市场竞争激烈，铁路为适应市场需要和谋求自身发展，应适当提高路段设计速度。

② 地形条件。地形类别会显著影响工程投资和经济效益。平原地区，提高路段速度对工程投资影响不大，应采用较高的路段设计速度；山区坡陡弯急，提高速度的工程代价甚大，路段设计速度不宜过高。

③ 经济合理。路段设计速度对土建工程投资、机车车辆购置费、旅客在途时间损失费、运输成本、利润、换算年费用和投资利润率等经济指标都有很大影响，路段设计速度除应满足运输需求和技术可行性外，尚应满足经济合理性要求，因此，当运输需求或地形和运营条件有较大差别时，应进行充分的技术经济比较，合理选定路段旅客列车设计行车速度。

3）各级铁路路段设计速度的确定。前述的旅客列车最高设计行车速度，实质上就是各级铁路路段设计速度的上限。

根据西南交通大学和铁道第一勘察设计院对路段设计速度的研究，各项经济指标与路段设计速度有如下关系：

① 路段设计速度高时，设计标准高，土建工程投资增大，且地形越困难，土建工程投资增大的数值越大；路段设计速度高时能耗大幅度增加，运输成本增大，坡度越大，成本增大越多。故山区的路段设计速度宜低于平、丘地区。

② 路段设计速度越高，运行时分越少，机车车辆购置费减少，但其所占工程费数额的比重小，对路段设计速度选择的影响不大。然而，旅客在途时间损失减少，有一定社会效益，故社会经济发达的平、丘地区，铁路等级高、客运密度大时，路段设计速度宜高。

③ 铁路等级高，客运密度大，客运收入多，利润增多，投资利润率增大。铁路等级低，客运量少，但投资减少不多，投资利润率减小，故路段设计速度值应随铁路等级的降低而减小。

④ 路段设计速度不仅影响工程投资，也影响建成后的运输成本。随着路段设计速度降低，虽然可在一定范围内减少工程投资，但运营条件恶化，运输成本相对增加，旅客及货物在途时间长，运输质量下降，运输企业适应市场能力降低，失去了适应长远发展的能力。为使路段设计速度不致过低，本条表1.0.5中根据各级铁路的路网意义和运输性质，规定

CHINA RAILWAY PUBLISHING HOUSE

了路段设计速度的取值范围。对于改建既有线和增建第二线工程,受既有线平、纵断面条件限制,路段速度选择不当将造成废弃工程急剧增加,因此规定对改建既有线和增建二线的路段旅客列车设计行车速度,应根据运输需要并结合既有线特征、施工干扰等因素比选确定,在有充分技术经济依据的情况下可不受表 1.0.5 的限制,按《既有线提速技术条件(试行)》(铁科技〔2002〕76 号)的规定,根据既有线特征选定路段设计速度。

⑤ 不同路段速度的差值过小会造成设计线路路段速度变化频繁,致使行车速度变化频繁,恶化机车车辆运用指标,加大司机劳动强度,增大能耗,不利于行车安全,而且路段速度的差值过小则节省工程投资也不大,故宜按每差 20 km/h 一档取值;相邻路段旅客列车设计行车速度如果相差太大,将引起列车在较短的时间产生较大的速度变化,增加能耗和运输成本,旅客的舒适性降低,降低了运输质量,因此,相邻不同旅客列车设计行车速度的差值不宜超过 20 km/h,并且路段之间应合理过渡和衔接。

4　路段长度。路段长度的选择与沿线地形类别、运输需求和线路平、纵断面条件等因素紧密相关。路段长度不宜过短,否则,会因行车速度频繁变更给运行带来不安全因素,而且会增加列车动能损失,增大能耗和运输成本,还会恶化机车车辆运用指标。路段长度也不宜过长,过长会因线路平面标准不能适应地形条件或运输需要,大量增加工程投资,降低投资效益。故路段长度应与路段设计速度一并根据需要可能经比选确定。

1)一般而言,路段长度因设计速度按地形类别的选定而随之确定。但同一地形类别也可能存在不同的工程条件,在这种情况下,路段长度还应根据工程条件经比选确定。

2)路段长度的确定应考虑沿线运输需求的变化,这主要指沿线车站旅客发送最的变化。例如,我国干线的提速区段和陇海线郑州至宝鸡段扩能可行性研究中,由于线路平、纵断面条件的限制,必须分路段选定提速目标值,路段的划分首先考虑沿线各站的旅客发送量、是否办理旅客列车始发终到作业和各路面的旅客列车对数,旅客发送量大、办理特快列车始发终到作业多的车站和通过特快列车对数多的段落是路段划分的主要因素。

3)路段长度应结合线路纵断面条件合理确定,并考虑长远发展的要求。

4)平原地区路段长度的确定宜与机车交路相协调。由于平原地区地形平坦,工程简易,有条件在较长的路段内选择较高的设计速度。例如,铁道第一、四勘察设计院对 4 条平原地区铁路的定线研究表明,在线路全长范围内,合理加大曲线半径,对工程影响甚少,一般有条件与机车交路相配合。

5)虽然设计线较长时可能跨越多种地貌单元,但地形条件仍然千差万别,所以,存在一个受列车加减速距离限制的路段最小长度。

设 v_1、v_2 为相邻两路段的设计速度,且 $v_2 > v_1$,则路段最小长度是指由 v_1 加速至 v_2 与 v_2 减速至 v_1 所需加减速距离之和。加减速应在 v_2 路段内实施,以避免 v_1。路段内列车超速行驶。

一般情况下,加减速距离可根据两相邻路段的速度 v_1、v_2 计算确定。考虑到两相邻路段之一有可能与停车站邻接,或者由于特殊原因导致列车在某路段上停车,此时加减速距离将为由 $v_1 = 0$ 加速至 v_2 与 v_2 减速至 $v_1 = 0$ 的加减速距离之和,属最不利情况。设计线合理的路段最小长度还应考虑保证列车在路段上保持路段设计速度运行一段时间的合理距离。合理距离是保证旅客列车在路段内的平均运行速度达到一定的值,以达到有效缩短旅客在途时间,提高机车车辆运用指标的目的,该值约为路段最高设计行车速度的 0.75 ~ 0.85。根据上述基础计算,合理的路段最小长度约为加减速距离之和的 2.5 倍。

故路段最小长度可据此条件计算。计算结果见表4。

表4 满足加减速距离要求的路段最小长度

项 目	双线铁路			单线铁路		
路段设计速度(km/h)	160	140	120	120	100	≥80
路段最小长度(km)	46	37	34	32	23	15

旅客列车由高速路段进入较低路段时,列车要减速,再进入高速路段时又要加速,减速时列车损失动能,加速时列车又要增加动能。限坡为6‰时,一对旅客列车一次减加速增加的年运营费和折合的工程费见表5。显而易见,加减速动能损失折合工程费甚大,当降低工程投资不多时降低路段速度标准,在经济上是不合理的,因此路段长度不宜过短,条件不具备时,路段最小长度应为一个区间长度。

表5 一对旅客列车一次减加速的年运营费和折合工程费

机车类型	SS_8			DF_{11}			DF_4	
速度间隔(km/h)	140~120	120~100	100~80	140~120	120~100	100~80	120~100	100~80
年运营费(万元/年)	2.22	1.89	1.53	2.50	2.12	1.73	1.24	1.01
折合工程费(万元)	37.0	31.5	25.5	41.7	35.3	28.8	20.7	16.8

注:表中电力、燃料单价按1996年价格水平计算,投资效益系数取0.06。

1.0.6 本条所列的9个项目有的是主要技术标准,有的与铁路的输送能力和运输安全密切相关,是铁路建筑物和设备类型、能力和规模设计的基本标准。

本次修订增加了"牵引质量",取消了"车站分布",使得主要技术标准更加具体化。

车站分布是与正线数目、限制坡度、牵引种类、机车类型、牵引质量、机车交路、闭塞类型、到发线有效长度等各项技术标准密切相关的综合性指标,在设计中应根据国家要求的年输送能力和确定的铁路等级,通过各项技术标准的综合比选确定。因此车站分布并不是一项单一的技术标准。

主要技术标准除对设计线的工程造价、运输能力、运输效率、运行安全和经济效益有直接影响外,相互之间也存在密切联系。应根据国家要求的年输送能力和确定的铁路等级在设计中综合考虑,经过技术经济比选确定,以保证技术上先进、经济上合理、标准间协调。

1.0.7 随着国民经济的发展,铁路运输量日益增长,有的新建铁路,单线不能满足输送能力的要求,需一次建成双线铁路或按双线铁路设计。在新建铁路中已有不少一次修建双线和按双线设计的实例,如侯月线、西安南京线、京九线京商段均按一次修建双线设计,宝中线、西安安康线、邯济线、大准线等均按预留双线设计。故本次修订中保留了原规范中双线设计和预留双线的内容,以及一次修建双线、按双线设计分期实施以及预留双线三种类别的临界运量标准。

新建铁路一般按单线设计,仅在近期运量很大,单线不能满足需要时,才考虑一次修建双线。远期运量很大或增长幅度较大,宜考虑按双线设计或预留双线。

双线铁路的建设投资比两条平行单线约减30%,但通过能力较两条平行单线要大的多,旅行速度比单线高30%,运营费用低20%。所以当运量超过一条单线的负荷水平时就应考虑采用修建双线的方案。

修建双线或预留双线的临界客货运量,可根据单线铁路的最大通过能力确定。我国

《铁路主要技术政策》(铁科技〔2004〕78 号)规定:“单线区段平行运行图周期最小按 30 min设计”。运行图周期按 30 min,平行运行图通过能力电力牵引为 45 对/d、内燃牵引为 48 对/d,单线区段非平行运行图最大通过能力一般情况下不超过 35 对/d。由于平原、丘陵地区和山区采用的最大坡度不同,牵引质量不同,最大输送能力差别较大。最大通过能力为 35 对/d,单线铁路的最大输送能力见表 6。

表 6　单线铁路最大输送能力

项　目		平原、丘陵区		山　区	
客货行车量(对/d)		35		35	
牵引质量(t)		4 000	3 500	3 500	3 000
客车 10 对时	普通货物列车(对/d)	25	25	25	25
	年输送能力(Mt)	24.6	21.6	21.6	18.5
	折算客货年输送能力(Mt)	34.6	31.6	31.6	28.5
客车 5 对时	普通货物列车(对/d)	30	30	30	30
	年输送能力(Mt)	29.6	25.9	25.6	22.2
	折算客货年输送能力(Mt)	34.6	30.9	30.9	27.2

注:电力牵引足坡站间距离按 10.5 km 计算,内燃牵引足坡站间距离按 8.5 km 计算。

从表 7 可以看出,当每天客货行车量为 35 对时,平原、丘陵地区单线铁路最大输送能力为 31 ~35 Mt/年,山区单线铁路最大输送能力为 27 ~32 Mt/年。近年来,铁道第一、三勘察设计院设计的双线和预留双线路网铁路的运量见表 7。

表 7　部分已设计的双线和预留双线铁路近、远期客货运量

线　名	地形类别	牵引质量(t)		货运量(Mt/年)		客车对数(对/d)		客货运量(Mt/年)		正线数目
		近期	远期	近期	远期	近期	远期	近期	远期	
宝中线	山区	4 000	4 000	12	25	2	4	14	29	单线,预留双线
候月线	山区	3 500	3 900	20	36	2	4	22	40	双线
西安安康线	山区	4 000	4 000	15	19	8	8	23	27	单线,预留双线
西安南京线	山区、平丘	4 000	4 000	22	46	10	23	32	69	双线,一次修建
神朔线	山区	5 800	6 000	31	62	1	2	32	64	双线,一次修建
朔黄线	平丘、山区			69	100	2	2	71	102	双线,一次修建
京九线京商段	平丘			55	75	12	16	67	91	双线,一次修建
邯济线	平丘			18.9	27.5	2	4	20.9	31.5	单线,预留双线
大准线	山区			15	21	1	2	16	23	单线,预留双线

比较表 6 和表 7 可知,分析计算的单线最大输送能力与工程设计实例是一致的。

根据国民经济的发展及铁路技术装备水平的提高,结合设计年度的修订,对原规范条文加以修订。

1.0.8　牵引种类的选择应着重从以下几个方面考虑:

1　根据国家铁路网和牵引动力规划进行选择。我国各地区的自然条件和动力资源分布差距较大,不同的牵引种类适用于不同的地区条件。因此,国家铁路网的牵引动力应结合国家对区域的牵引动力规划进行选择。有条件时,在同一区域内的牵引种类应尽量

CHINA RAILWAY PUBLISHING HOUSE

统一，以利于机车检修，并可灵活地调配运用机车。在较长干线上，可根据通过地区的不同条件，合理选择牵引种类。较短支线的牵引种类是否与相邻干线一致，也要具体分析，因地制宜，不宜强求一律。

2 根据牵引种类的性能和线路的具体条件选择。电力牵引具有牵引力大、起动加速快、制动性能好的特点，对增加列车质量、加大行车密度、提高行车速度、扩大运输能力具有很大的适应性，还有环境污染小，热效率高，节省能源等优点。故在运量大的主要干线、长大坡道或隧道毗连的线路上应优先采用电力牵引。

1.0.9 20 世纪 80 年代以来，我国机车工业有了很大发展，蒸汽机车已停产，我国已自行研制开发了用于客运专线的电力内燃动车组，大功率电力、内燃机车也发展迅速，已形成了 4 轴、6 轴、8 轴、12 轴系列机车，客、货运机车轴功率电力分别达到 900 kW 和 800 kW，内燃分别达 613 kW 和 532 kW，机车的牵引性能和动力制动性能大大提高。机车工业的技术进步，为在铁路设计中灵活选择机车类型，以适应线路平、纵断面技术标准，提高列车质量、密度和速度并实现三者的优化组配，满足不同的运输需求，实现铁路主要技术标准的综合优化和移动设备与固定设备合理配套的设计决策思想奠定了坚实的物质基础。

1 机车类型选择应考虑的主要因素。

1）牵引种类。不同的牵引种类有其不同的机车类型系列，机车的技术参数也不同，所产生的技术经济效果也不同。我国电力与内燃部分主型机车的技术参数如表 8 及表 9 所示。

表 8 我国自行研制的电力与内燃动车组主要技术参数

机 型	电力动车组		内燃动车组	
	DJJ1 蓝箭	中原之星		
轴式	Bo－Bo	2（Bo－Bo－2－2－Bo－Bo－2－2－Bo－Bo－2－2－Bo－Bo）	Co－Co	Co－Co
车轮直径（mm）	1 050		1 050	1 050
机车整备质量（t）	78	动力分散	135	135
轴荷重（t）	19.5	17	22.5	22.5
持续速度（km/h）	108	85	87.3	75.6
最高速度（km/h）	230	160	160	160
起动牵引力（kN）	211	430	331	331
持续牵引力（kN）	164	270	204	204

表 9 我国电力与内燃部分主型机车的主要技术参数

牵引种类	机车类型	用途	轴式	轴距（m）	功率（kW）	持续速度（km/h）	最高速度（km/h）	持续牵引力（kN）	起动牵引力（kN）
电力	SS_1	客货	Co－Co	4.60	3 780	43	90	301.1	487.4
	SS_3	客货	Co－Co	2.3＋2.0	4 350	48	100	317.5	490
	SS_4	货	2（Bo－Bo）	3.00	6 400	51.5	100	436.5	628
	SS_{4B}	货	2（Bo－Bo）	2.90	6 400	50	100	449.3	628
	SS_{6B}	客货	Co－Co	2.3＋2.0	4 800	50	100	337.5	485
	SS_7	客货	Bo－Bo－Bo	2.88	4 800	48	100	351	485
	SS_{7C}（140）	客	Bo－Bo－Bo	2.88	4 800	76	125	220	310
	SS_{7D}（160）	客	Bo－Bo－Bo	2.88	4 800	96	160	171	245
	SS_8	客	Bo－Bo	2.90	3 600	99	177	124.4	190

CHINA RAILWAY PUBLISHING HOUSE

续上表

牵引种类	机车类型	用途	轴式	轴距(m)	功率(kW)	持续速度(km/h)	最高速度(km/h)	持续牵引力(kN)	起动牵引力(kN)
内燃	DF_4	客 货	Co－Co	1.8＋1.8	2 426	26.3 21.9	120 100	302	362.4 434.9
	DF_{4B}	客 货	Co－Co	1.8＋1.8	2 426	28.5 21.6	120 100	243 324	327.5 435.0
	DF_{4C}	客 货	Co－Co	1.8＋1.8	2 650	31.5 24.5	120 100	243 301.5	331 442.2
	DF_{4D}	客 货	Co－Co	1.8＋1.8	2 425	39 24.5	145 100	214.8 341.1	302.6 442.2
	DF_8	货	Co－Co	1.8＋1.8	2 720	31.2	100	307.3	442.2
	DF_{8B}	货	Co－Co	1.8＋1.8	3 100	31.1	100	340	480
	DF_{11}	客	Co－Co	2.0＋2.0	3 040	65.5	170	160	253

2)运输需求。机车类型对牵引定数、运输能力和行车速度有直接影响。因此,机车类型的选择应考虑设计线的运量、行车速度及邻接线路的牵引定数等运输需求的影响。客运机车类型的选择则应以机车功率与构造速度满足设计线的旅客列车最高行车速度的要求为主。

3)线路平、纵断面技术标准。在要求一定的运输能力时,不同类型机车所能适应的限制坡度、到发线有效长度和站间距离是不同的,经济效果也是不同的;反之,当限制坡度、到发线有效长度和站间距离一定时,不同类型机车所能达到的运输能力是不同的,其经济效果也不同。因此,当要求一定运输能力时,可采用主要技术标准的综合优化方法寻求与线路主要技术标准协调配套,且具有最佳技术经济效果的机车类型。

4)机车类型的选择应考虑机车轴式与线路平面圆曲线半径的协调。二轴转向架的曲线通过性能优于三轴转向架。二轴转向架轴距小,转向架的质量及转动惯量小,通过曲线时车轮与曲线的冲角也较小;加上 Bo－Bo 轴式机车转向架间的距离小,转向架与车体夹角小,转向架的回转阻力较小。同时,由于四轴机车车体与转向架的质量均低于六轴车,而且 Bo－Bo 轴式机车的全部转向架均参与平衡车体及转向架的未平衡离心力,需由轮缘承受的机车未平衡离心力也较小。因此,采用二轴转向架的 Bo－Bo 轴式的四轴机车的轮缘力、脱轨系数、轮轨磨耗系数和对轨排的横向作用力均大大小于六轴机车。运营实践表明,其曲线通过性能较原有 Co－Co 六轴机车有较大提高。

5)机车类型的选择应充分考虑科学技术进步和我国《铁路主要技术政策》中明确的机车工业的发展方向,以动态的思想和发展观点,寻求利用现代科学技术经济有效地实现固定设备与移动设备协调配套的最佳途径。

2　机车类型选择的技术经济效果。根据西南交通大学和铁一院的研究结果,表10～表12列出了我国铁路电力与内燃牵引部分常用(主型)货运机车在不同的运输能力要求和限制坡度下的技术经济效果。表中的设计输送能力中含5对/d旅客列车。

表10　不同限制坡度时各种机车类型的技术经济效果

限制坡度(‰)	牵引种类	机车类型	足坡站间距离(km)	牵引质量(t)	到发线有效长度(m)	设计平图能力(对/d)	设计输送能力(Mt/年)	区间平均速度(km/h)	换算工程运营费[万元/(km·年)]
4.0	电力	SS_1	14.0	5 000	1 050	32.5	25.7	48.7	225.17
		SS_3	15.0	5 000	1 050	32.5	25.7	52.2	219.38
		SS_7	15.5	5 000	1 050	32.5	25.7	53.9	217.10

续上表

限制坡度(‰)	牵引种类	机车类型	足坡站间距离(km)	牵引质量(t)	到发线有效长度(m)	设计平图能力(对/d)	设计输送能力(Mt/年)	区间平均速度(km/h)	换算工程运营费[万元/(km·年)]
4.0	电力	SS_4	17.5	5 000	1 050	32.0	25.2	60.0	212.13
	内燃	DF_4	10.5	5 000	1 050	32.0	25.2	34.5	241.00
		DF_{4B}	11.0	5 000	1 050	32.0	25.2	36.2	235.35
		DF_{4C}	11.5	5 000	1 050	32.0	25.2	37.3	232.53
		DF_8	13.0	5 000	1 050	32.0	25.2	42.7	224.17
6.0	电力	SS_1	11.5	3 900	850	38.0	25.2	48.4	273.35
		SS_3	12.5	4 100	850	36.5	25.1	50.8	268.66
		SS_7	13.5	4 250	1 050	35.5	25.0	52.3	262.95
		SS_4	16.0	5 000	1 050	32.0	25.2	54.8	262.53
	内燃	DF_4	8.5	4 050	850	37.0	25.3	23.9	288.82
		DF_{4B}	9.0	4 250	850	36.0	25.4	33.7	284.28
		DF_{4C}	9.0	4 050	850	38.0	26.0	36.0	282.83
		DF_8	10.5	4 050	850	37.5	25.6	41.3	275.33
9.0	电力	SS_3	9.0	2 900	650	47.0	25.0	50.2	408.60
		SS_7	9.5	3 150	750	45.5	25.9	50.7	401.94
		SS_4	12.0	3 750	850	39.5	25.5	53.3	392.82
	内燃	DF_{4B}	6.5	2 950	650	47.0	25.4	33.9	439.27
		DF_8	7.5	2 850	650	48.5	25.5	40.9	439.15

表10表明，在一定的运输需求和确定的限制坡度条件下，优先选用大功率机车更为经济，这是因为采用大功率机车可以大幅度提高牵引质量，减少货物列车对数，增大站间距离，减少车站数量，从而大量节省工程投资。因此，机车类型的选择应与车站分布相结合。

表11 各型机车能适应的限制坡度及技术经济效果

牵引种类	机车类型	限制坡度(‰)	足坡站间距离(km)	牵引质量(t)	到发线有效长度(m)	设计平图能力(对/d)	设计输送能力(Mt/年)	区间平均速度(km/h)	换算工程运营费[万元/(km·年)]
电力	SS_4	5.2	10.5	4 500	1 050	40.0	30.1	47.5	294.43
	SS_3	6.0	10.0	4 050	850	43.5	30.3	50.0	292.89
	SS_7	7.0	10.0	4 050	850	43.5	30.3	50.0	295.41
	SS_4	9.0	10.0	3 950	850	45.0	30.8	52.2	307.20
内燃	DF_4	6.0	10.5	4 100	850	30.5	20.4	32.3	262.30
	DF_{4B}	7.0	10.0	3 700	750	33.0	20.7	33.8	262.13
	DF_{4C}	7.0	10.5	3 550	750	33.5	20.4	36.0	259.95
	DF_8	9.0	10.0	2 850	650	39.0	20.3	41.4	268.09

表12显示，在一定的运输需求条件下，采用大功率机车能够适应较大的坡度。当地面自然纵坡较大时，采用大功率机车能够使最大坡度与地形条件相适应，减少大量土建工程。

CHINA RAILWAY PUBLISHING HOUSE

表 12　在一定的最大坡度条件下采用不同机车的技术经济效果

最大坡度(‰)	牵引种类	机车类型	机车台数	足坡站间距离(km)	牵引质量(t)	到发线有效长度(m)	设计平图能力(对/d)	设计输送能力(Mt/年)	区间平均速度(km/h)	换算工程运营费[万元/(km·年)]
16.5	电力	SS_4	单机	9.0	2 250	650	48.0	21.0	51.4	402.92
		SS_1	双机	11.5	3 000	650	37.5	20.3	47.6	387.44
		SS_3	双机	12.5	3 100	650	36.5	20.2	50.9	381.24
		SS_7	双机	14.0	3 600	750	33.0	20.3	50.2	373.34
		SS_4	双机	17.0	4 350	850	29.0	20.1	52.3	369.78
20.0		SS_7	双机	9.0	2 950	650	46.5	25.1	49.1	433.13
		SS_4	双机	11.0	3 600	750	40.5	25.4	50.8	429.53
		SS_1	三机	10.5	3 600	750	40.0	25.1	47.5	435.00
		SS_3	三机	12.0	3 850	850	38.0	25.0	50.5	422.83
		SS_7	三机	13.0	4 400	1 050	35.0	25.3	49.5	422.50
12.5	内燃	DF_8	单机	11.0	2 100	650	36.0	15.1	41.3	370.49
		DF_4	双机	13.5	3 250	650	26.5	15.0	36.9	359.50
		DF_{4B}	双机	14.5	3 800	750	25.0	15.0	35.9	357.64
		DF_{4C}	双机	15.5	4 000	850	24.0	15.1	36.1	358.10
		DF_8	双机	17.5	4 100	850	24.5	15.7	41.6	351.29
25.0		DF_8	双机	9.0	2 000	650	38.0	15.4	42.5	411.31
		DF_4	三机	10.0	2 900	650	29.0	15.1	33.3	408.40
		DF_{4B}	三机	10.5	3 050	650	28.5	15.3	34.4	397.23
		DF_{4C}	三机	11.0	2 950	650	29.0	15.3	36.2	395.63
		DF_8	三机	12.5	3 000	650	29.0	15.4	40.8	388.63

计算表明，在适应地形最大坡度的条件下，机车类型的选择表现为一定运输需求对机车功率的要求，因此，在选型时应根据最大坡度进行各种机型单机或多机牵引方案的技术经济比选，以确定合理的机车类型。表 12 给出了这种比选的例证。

1.0.10　货物列车的牵引质量与机车类型、限制坡度、车站到发线有效长度等铁路主要技术指标密切相关，直接影响铁路输送能力，并对工程投资、运营成本、运输效率等技术经济指标有很大影响，是铁路主要技术标准之一。影响牵引质量的主要因素有：

1　运输需求。运量大的铁路应采用较大的牵引质量，以减少列车对数，提高运输能力，充分发挥铁路设备的效率，取得较好的经济效益。

2　与邻接线路牵引质量相协调。与邻接线路牵引质量相协调，可减少换重作业，加速机车车辆周转，降低运输成本，提高运输效率，并可减少货物在途时间，提高运输质量，为远程大宗货物直达运输创造条件。

牵引质量应结合列车的速度、密度、重量合理组配，经技术比选后确定。

1.0.11　本条与原规范相比，将“机车交路宜采用长交路”改为“机车交路应采用长交路”。这是根据全面调整铁路生产力布局，提高铁路经济效益和现代化水平的要求而进行修订的。近年来，铁路对生产力布局进行了一定程度的调整，但总的来看，生产力布局尚未从根本上改变。资源配置观念陈旧，重复建设，大而全、小而全低效浪费现象严重；机

CHINA RAILWAY PUBLISHING HOUSE

车车辆检修和运用布局分散,难以实现集约化经营;编组站设置不合理,对运输效率形成制约;设备修程修制落后,导致运营成本增加;以上现象已严重制约了铁路的发展。发达国家铁路在运输生产力布局方面有一些做法值得我们借鉴,如在机车运用方面,实行长交路、轮乘制。目前全路跨局客运机车交路约300 km,直通货运机车交路约250 km,造成机车动力的浪费。为提高运输效率,结合机务布局调整、生产力布局优化,应大力推行机车长交路。机务段的设置向集中化、规模化的方向发展,主要列检所保证区段要达到500 km,编组站、区段站进行布局调整,最大限度地减少车流改编次数,尽量减少区段站数量。客运机车交路一般为500~1 000 km,货运机车交路一般为350~500 km。

机车交路设计,包括交路类型、机车运转方式和乘务制度的选定。机车交路类型按牵引任务可分为客机交路、货机交路、补机交路和小运转交路等;按牵引区段长度可分为长交路和短交路。机车运转方式有肩回运转制、循环运转制、半循环运转制和循回运转制。乘务制度有包乘制和轮乘制等。

影响交路设计的因素比较多,主要有牵引种类和机车类型,车流特点,编组站和区段站的分布及机务检修设备的配置,相邻线路运营情况,地形条件,机车乘务方式、乘务员劳动时间及工作、生活条件等。机车交路与区段站的布置,机车和车辆的周转时间,客货列车旅行速度等密切相关,直接影响铁路的运输效率和经济效益,设计时需注意:

1 机车交路既要与相邻线配合,又要考虑路网规划,预留将来的发展,结合生产力布局调整,尽量减少机务段数量,以加速机车车辆周转、充分利用既有设备。

2 机务段的设置位置以靠近主要车流集散地为宜。当区段内货流到发比较分散时,应结合交路距离,空重车流方向,尽量将机务段选择在装卸量较集中的点上。

3 机车交路设计中要贯彻长交路、轮乘制的原则,并对机车乘务人员连续工作时间和休息时间做合理的安排。

机车交路的选择,可根据各方案的优缺点和各项技术经济指标,结合运营和地方单位意见经综合分析比较确定。

1.10.12 铁路运输业的产品是人公里和吨公里,这些产品是不可储存的。对于不同时间,不同地区的运输需要,铁路运输业是无法用调拨储存产品的办法来调节的。铁路运输不能储存产品,只能储存产品的生产能力——运输能力。由于这种储存的不可移动性,所以各条铁路都要分别储备一定的运输能力。铁路的储备能力主要是满足临时性军事运输、专列运输和其他特种运输的需要;满足应付自然灾害、行车事故、列车绕行的需要;满足铁路设备维修的需要以及调整运输秩序的需要等。铁路的设备维修除安排一定的"天窗"时间外,也可占用部分储备能力。

根据铁路运营实践经验,规定单线铁路的储备能力采用20%,双线铁路采用15%。

由于国民经济各部门生产与消费的不均衡性,农业生产的季节性,工业企业的投产、转产、检修,各运输工具因运力和运输规律不同而产牛的不协调等都使货运量产生波动;节假日旅客运输骤增使客运量产生波动。铁路运输的实践表明,运量的波动性是客观存存的,只有大小之分,没有有无之别,绝对均衡运输的铁路是没有的。在计划经济条件下就已如此,在市场经济条件下将更加明显。

运量波动统计证明,年间波动、月间波动、日间波动各不相同而且差别较大。铁路的输送能力通常是以年为单位计量的,即年输送能力。因而铁路设计计算运输能力时只考虑一年内最大月的波动量,不考虑各年之间最大年的波动量,也不考虑各日间最大日均波动量。

运量波动性的计算方法是引入运量波动系数，将运量波动系数定义为一年内最大月运量与全年平均月运量之比值。

1.0.13　货物列车到发线有效长度直接影响货物列车的牵引质量，从而影响列车对数、运能和运行指标，并对工程投资、运输成本等经济指标有较大影响，当安全停车附加距离不足时，还会影响行车安全，所以它是铁路的主要技术指标之一。

1　影响到发线有效长度的主要因素：

1）运输需求。运输需求主要指运能要求，当列车对数一定时，运能要求大的线路牵引质量大，列车长度长，故到发线有效长度长。运输需求一般与铁路等级相关，铁路等级高的线路运能要求大。

2）列车长度。列车长度包括机车长度与车列长度，与下列因素有关：

① 机车类型：大功率机车牵引力大，牵引质量大，故列车长度长，到发线有效长度长。

② 车辆类型：大型货车每延米列车质量大，牵引质量一定时，列车长度和到发线有效长度较短。建国初期，小型、杂型车辆多，每延米列车质量为4 t/m，1991年增大到5 t/m，2000年增大到5.7 t/m，目前C_{62A}和C_{61}型货车每延米列车质量已分别达到6.1 t/m和7.0 t/m，煤运专线运营的25 t轴重C_{80}型货车已达到8.3 t/m。

③ 限制坡度（或加长牵引坡度）：机型一定时，限制坡度大则牵引质量小，列车长度和到发线有效长度短。

④ 空车率：牵引质量一定时，空车率大则列车长度和到发线有效长度长。

3）安全停车附加距离。安全停车附加距离大时到发线有效长度长。但安全停车附加距离与牵引质量有关。目前的安全停车附加距离采用30 m，这是根据过去平均牵引质量确定的，现在平均牵引质量比过去有较大提高，列车动能增大，现场反映30 m已经偏小，甚至有一度停车再起动停车的情况，故今后有增大的趋势。

4）邻接线路到发线有效长度。如与邻接线路到发线有效长度协调，可减少换重作业和停留时分，减少货物在途时间和相关费用，为远程大宗货物直达运输创造条件。

5）经济合理性。运量一定时，到发线有效长度长，增大了每个车站的工程投资，也会增加车辆集结时间及其费用；但因牵引质量大，可减少列车对数和车站数量，提高旅行速度和运营效率。到发线有效长度过短，虽可减少每个车站的工程投资，但因增加了列车对数和车站数量，所以降低了旅行速度，增大了货物在途延滞损失费并降低了运营指标。

故本条规定：货物列车到发线有效长度应根据运输需求，货物列车长度，安全停车附加距离确定，且宜与邻接线路的货物列车到发线有效长度相协调。

2　货物列车到发线有效长度系列。货物列车到发线有效长度采用现行国家标准《铁路车站及枢纽设计规范》（GB 50091）。但是，到发线有效长度标准虽与铁路等级有一定关系，却不能完全排除在平、丘地区与Ⅰ级铁路邻接且长度较短的Ⅱ级铁路到发线有效长度采用1 050 m的可能，故本规范未按铁路等级规定到发线有效长度系列。

3　改建既有线和增建第二线货物列车到发线有效长度。改建既有线和增建第二线货物列车到发线有效长度如采用系列标准，需拆铺道岔、增加大量土石方工程或改建桥隧建筑物时，货物列车到发线有效长度可根据计算确定，但应满足停车附加制动距离的要求。

1.0.14　铁路的信号、联锁、闭塞是保证行车安全、提高运营效率和加强通过能力的重要设备。闭塞类型可分为自动闭塞、自动站间闭塞、半自动闭塞、电气路签闭塞、电话闭塞五种。我国目前电气路签闭塞仅在个别的支线、专用线上使用,主要干线上已不用。电话闭塞是当主要闭塞设备不能使用时的临时闭塞方式。故闭塞方式主要是自动闭塞、自动站间闭塞和半自动闭塞。

自动站间闭塞及半自动闭塞与单线铁路的能力比较适应,投资也较省。单线采用自动闭塞如不采用追踪运行图,则投资较高而增加能力不多,不能发挥自动闭塞的作用;采用追踪运行图要增铺站线,同时又会降低旅行速度、影响机车、车辆周转。因此,一般情况下单线宜采用自动站间闭塞或半自动闭塞。

双线铁路采用自动闭塞,列车可追踪运行,大大提高通过能力,充分发挥双线铁路的效益,因此《铁路主要技术政策》(铁科技[2004]78 号)指出"双线区段,应采用自动闭塞"。但有的双线铁路近期运量较低且增长缓慢,采用半自动闭塞也能满足能力要求时,可采用半自动闭塞,根据需要再过渡到自动闭塞。

本条与原规范相比,增加了旅客列车设计行车速度大于 120 km/h 路段单、双线铁路闭塞类型的选择。由于列车运行速度高,必须要有先进的信联闭设备保证行车安全。双线区段应采用速差式自动闭塞,列车紧急制动距离应由两个及以上闭塞分区长度保证;单线区段宜采用自动闭塞或自动站间闭塞,采用自动站间闭塞时应设两个接近区段,宜采用机车信号发码和轨道占用检查一体化的轨道电路。

为确保行车安全,避免行车人员办理区间闭塞作业复杂化,有利司机确认信号,防止对信号显示产生混淆和误认,在一个区段内,一般采用同一闭塞类型。

1.0.15 随着旅客列车行车速度提高,对运输的安全性要求更高。旅客列车行车速度提高使得列车紧急制动距离加长,遇到突发事件时,紧急停车避免事故发生的可能性变小,而且发生事故造成的后果也相对较严重,经济损失也较大。因此,为充分体现以人为本的设计理念,确保铁路安全运营,规范规定,旅客列车设计行车速度 120 km/h 及以上的路段,铁路两侧应设置防护栅栏,以阻止人、畜进入铁路线路,防止人身事故的发生,提高铁路运输的综合效益。

1.0.16 自 2005 年 4 月 1 日起施行的《铁路运输安全保护条例》,对铁路线路安全保护区、铁路线路安全保护标志及警示标志的设置做出了规定,因此,以上安全设施的设置必须符合国家和行业相关标准的规定。

1.0.17 为了避免由于钢轨高度、轨枕及道床厚度的增加,侵入桥梁、隧道和路基等建筑物的限界而导致的改建工程施工困难和运营的干扰大,因此规定,用于计算路基宽度以及桥隧和其他永久性建筑物净空的轨道高度应按远期运量和运营条件确定。

1.0.18 设计电力牵引的铁路采用内燃牵引过渡时,可视过渡年限的长短,本着临时和永久相结合的原则,设计临时或永久性的建筑物和设备。

1.0.19 改建既有线和增建第二线都是在正常运营条件下进行施工的,施工必然干扰运营,如封锁区间中断行车,列车慢行及运输施工材料和机械设备占用线路通过能力等。同时,为了保证运输的安全,在运营线上施工不能按一般的施工程序进行,以免运营与施工相互干扰。因此,为保证运营和施工两方面的效率和安全,在选择加强方案和施工组织方案时,应尽量减少施工与运营的干扰。如改建既有线挖切路基、改建桥涵和隧道时,可采用修建临时便线等措施。增建第二线时,也可先修建第二线,在第二线投入运营后,再进行既有线改建。在既有线通过能力接近饱和时改建既有线或增建第二线,运营和施工的

CHINA RAILWAY PUBLISHING HOUSE

互相干扰尤为严重，通常需减少既有线列车对数、延长施工期限、增加工程费用等。为减少相互干扰，应及早安排施工。

综合以上分析，改建铁路不仅应设计改建的建筑物和设备，还应充分考虑施工的运输的相互干扰，进行指导性过渡工程的施工组织设计，并将过渡工程和施工组织的技术经济内容纳入方案比选中。

1.0.20　随着国民经济的发展和运量的增长，既有线的输送能力和最高行车速度不能满足要求时，则需要对既有线进行技术改造。如改善信联闭设备、采用新型牵引动力、改用大型机车或加力牵引、延长到发线有效长度、增设车站或线路所、增大曲线半径、减缓最大坡度、修建双线插入段、部分区段双线、增建第二线等。

改建既有线和增建第二线（包括电气化改造，下同），必须根据运量增长情况拟定分期加强措施，以保证初期与远期的改建工程和技术装备能互相配合、充分利用，不致因后期改建造成前期工程的大量废弃。同时，每一期的技术装备都应具有一定的富余能力，富余量过大造成积压投资，过小将使技术装备改建频繁，影响正常运营。因此，改建既有线和增建第二线时，为节约投资，提高经济效益，应充分考虑既有线的标准，凡是可以满足运营要求的既有建筑物和设备，都应充分利用。

1.0.21　现行国家标准《标准轨距铁路机车车辆限界》GB 146.1 和《标准轨距铁路建筑限界》GB 146.2 是对铁路建筑物和设备、机车车辆几何尺寸的限制。要求铁路一切建筑物和设备在任何情况下均不能侵入建筑接近限界；机车车辆的一切部位在任何情况下均不得超出机车车辆限界，否则将危及行车安全和作业人员的人身安全。故规定铁路建筑物和设备的限界应符合上述现行国家标准的规定。

双层集装箱运输已在美国、加拿大、墨西哥、澳大利亚等国家得到广泛应用。美国铁路在开行双层集装箱运输后，运输成本降低了 25% ~40%。根有关研究表明，我国铁路发展双层集装箱运输具有较好的经济效益。在运输能力和运输收入方面，双层较单层每列可提高运输能力 40%，相应可增加运输收入 40%；在综合效益方面，开行双层集装箱列车虽然增加了扩大建筑限界引起的工程投资，但可以释放繁忙干线能力用于其他货物运输，并节省运营成本，据有关研究资料表明，双层集装箱每万吨公里成本较单层集装箱列车可节省运营成本 12% ~13%；新建铁路考虑双层集装箱运输方案，限界扩大而引起的工程投资增加不多，根据铁道第一勘察设计院在兰新线兰州至武威增建二线设计验证，按照两个四十英尺超高箱运输方案，限界扩大引起的工程投资约占总投资的 2.5%。因此，对规划为双层集装箱运输网中的线路，应按照《铁路双层集装箱运输装载限界（暂行）》和《200 km/h客货共线铁路双层集装箱运输建筑限界（暂行）》（铁科技函〔2004〕157 号）的要求进行设计。

1.0.22　“坚持以人为本，树立全面、协调、可持续的发展观，促进经济社会和人的全面发展”的科学发展观，是经济、社会和人的全面发展，是经济社会与人口、资源、环境的协调统一。铁路设计应进一步转变观念，牢固树立以人为本、服务运输、服务旅客和客户的理念，按要求配置行车安全、防火防爆、无障碍等设施和设备，同时在各种工程方案和措施的比选中应重视工程与自然环境的协调及实施的方便性。

1.0.23　铁路工程涉及专业多，系统性很强。设计过程中应高度重视各专业间的总体协调，对各专业共用的工程设施，应统筹考虑设计方案及施工工序，避免同一工程的重复施工，同时应充分便于营运管理和养护维修，以降低工程投资和养护费用。

1.0.24 随着现代化、工业化进程的加快，带来许多新的环境问题，而经济发展使人们的生活水平提高，人们对赖以生存的环境要求更高，而我国西部大部分地区自然条件较差，生态环境脆弱，一旦破坏难以恢复。为满足工业生产和人们生活需要，对能源的需求量逐渐增加，而可开发利用的自然资源有限。因此，铁路建设应高度重视环境保护、水土保持和节省能源，同时也应重视防灾和减灾工作，确保铁路建设不致引起新的灾害。

农业是国民经济的基础，土地是不可代替的特殊农业生产资料。节约土地是我国的基本国策，凡有荒地可以利用的，不得占用、耕地，凡可以利用劣地的，不得占用良田，尤其不得占用菜地、园地、精养鱼塘等经济效益高的土地。铁路线路设计应千方百计节约用地，少占农田，便于农田灌溉，防止壅水内涝，并有利于水土保持和引水造田。

1.0.25 随着科学技术的飞速发展，各种新技术、新材料、新设备和新工艺不断涌现，为使铁路工程建设具有先进性和前瞻性，并确保工程项目具有较好的经济效益和社会效益，铁路设计必须依靠科技进步，积极稳妥地采用新技术、新材料、新设备和新方法，根据铁路运输体制改革和生产力布局调整的需要，系统、经济、合理地确定各种设施的布局和规模，正确处理好一次投入和长期投入、近期投入和远期投入的关系，追求建设项目的系统最优和整体效益最佳。

CHINA RAILWAY PUBLISHING HOUSE

3　线路的平面和纵断面

3.1　平　　面

3.1.1　本规范适用于铁路网中旅客列车行车设计速度等于或小于160 km/h客货列车共线运行的Ⅰ、Ⅱ级标准轨距铁路，故在原规范的半径系列基础上增列了12 000 m的半径。并规定了有条件时不同旅客列车行车速度的路段和线路平面曲线半径的合理取值范围。

1　曲线半径的选用原则。

曲线半径不仅影响行车安全、旅客乘坐舒适等行车质量指标，而且影响行车速度、运行时间等技术指标和工程费、运营费等经济指标。

1）曲线半径的选用应因地制宜、合理选用，以使曲线半径既能适应地形、地质等条件，减少工程，又能利于养护维修，满足行车速度要求，做到技术经济合理，一般条件下应优先选用表3.1.1规定范围内的序列值。

曲线半径的选用应与线路纵断面设计配合。如曲线位于平缓坡段、双方向行车速度较高，应采用优先选用半径；如曲线位于停车站的站外引线上，由于行车速度较低，为减少工程，可选用较小半径。

2）在地形困难、工程艰巨地段，小曲线半径宜集中使用，以免列车频繁限速，损失列车动能，增大能量消耗，恶化运营条件。

3）为避免过分强求经济性、节约投资，无限制地使用最小曲线半径而降低旅客舒适度、恶化运营条件，增加养护维修工作量，故应遵循"慎用最小曲线半径"的原则，以期降低最小曲线半径的出现频率。

4）为进一步提高铁路服务质量，增加旅客列车舒适度，降低钢轨磨耗，减少养护维修的工作量，节省运营成本，使线路运营条件更加优化；同时考虑到今后我国铁路技术装备水平的逐步提高，线下基础设施应预留长远的发展条件。本次修订参考国外有关资料，适当减小过、欠超高允许值，由此得到了表3.1.1所规定的优先选用曲线半径数值。优先采用的半径依据公式(2)及表13所列参数确定。

表13　线路平面曲线半径取值范围及计算参数表

路段设计速度(km/h)		160	140	120	100	80
货车设计速度(km/h)		90	80	70	60	50
H_{max}(mm)		150	150	150	150	150
H_{qy}(mm)	一般	30	30	30	30	30
	困难	60	60	60	60	60
H_{gy}(mm)	一般	15	15	15	15	15
	困难	30	25	25	25	25
R_{sj}(mm)	一般	4 590	3 470	2 500	1 680	1 030
	困难	2 300	1 840	1 320	890	550
线路平面曲线半径取值范围(m)		5 000～2 500	4 000～2 000	3 000～1 600	2 500～1 200	2 000～800

注：表中符号R_{sj}为圆曲线半径计算值；其他符号分别见公式(1)、(2)、(3)的注释。

CHINA RAILWAY PUBLISHING HOUSE

表 13 中线路平面曲线半径取值范围,为了与最小曲线半径取值有机衔接,进行了适当调整,其“下限”值采用最小曲线半径的“一般”值。

2 曲线半径上、下限的制定

1)曲线半径上限。

曲线半径大到一定程度,其欠超高和过超高已经很小,不会对舒适度和轮轨磨耗产生明显影响;但曲线半径过大,曲线过长,不利于养护维修。当 $R=12\ 000$ m 时,偏角 20°的切线与曲线长度分别达 2 115 m 和 4 188 m;20 m 弦中点正矢为 4 mm,10 m 弦中点正矢仅 1.04 mm。目前我国配备的轨检车在世界上属于较为先进之列,在经过大于 8 000 m 半径的曲线时常会报错,故曲线半径上限应加以限制。

曲线半径上限的确定考虑了利用反向曲线加宽线间距的需要(详细计算见本说明第 3.1.9 条)。

① 设置缓和曲线时,满足圆曲线长度不小于 20 m 的要求(半径等于或小于 12 000 m);

② 不设缓和曲线时,满足本规范表 3.1.6 规定的圆曲线最小长度的要求(除个别半径大于 12 000 m 外,大部分半径小于或等于 12 000 m);

③ 不设缓和曲线时,满足欠超高(未被平衡离心加速度)时变率不超过旅客舒适度限度的要求。

根据轨检车的研发专家分析,适当提高检测系统的处理功能,对 12 000 m 左右的曲线,其方向和曲率是可以准确检测的;但更大的半径曲线,由于曲率太小,外界干扰信号可能大于测试信号。

根据上述分析,本规范取曲线半径上限为 12 000 m。

2)曲线半径下限。

曲线半径下限应满足Ⅰ、Ⅱ级铁路不同的路段列车设计行车速度下允许采用的最小曲线半径的需要,故本次修订取 500 m(详见本说明第 3.1.2 条)。

3.1.2 根据铁一院和西南交通大学完成的铁道部建设司工程建设科研项目《铁路最小圆曲线半径的研究》(铁建科 9—4)成果和铁科院完成的铁道部建设司调研项目《客货共线铁路最高时速 140 km/h、160 km/h 线路平面和竖曲线标准的研究》报告,依据不同路段旅客列车设计行车速度分别制定了最小曲线半径标准。

1 新建铁路最小曲线半径。

影响最小曲线半径标准的因素大体可分为运输性质、运行安全、地形条件及经济因素等四个方面,与铁路等级之间没有直接的因果关系,所以本次修订取消了原规范表 3.1.2 所列“铁路等级”的划分标准一栏。

1)影响最小曲线半径的因素。

① 设计线的运输性质。客运专线主要追求旅客舒适度,重载运输线路重视轮轨磨耗均匀(均磨),客货列车共线运行线路则需两者兼顾。根据第 1.0.2 条规定的本规范适用范围,本条按客货列车共线运行Ⅰ、Ⅱ级铁路确定最小曲线半径标准。

② 运行安全。为保证机车车辆在曲线上的运行安全,保证轮轨间的正常接触,车辆上所受的力应保持在安全范围内。最小曲线半径应保证车辆通过曲线的安全性、稳定性及客车平衡性的评价指标,符合现行国家标准《铁道车辆动力学性能评定和试验鉴定规范》GB 5599 的规定。

保证在曲线上运行的列车不倾覆。列车在曲线上运行时，应保证抗倾覆安全系数达到一定的数值。抗倾覆安全系数与曲线半径、行车速度、曲线超高、风力大小、车辆类型、装载情况与重心高度、振动性能等因素有关，在其他条件一定的情况下，最小曲线半径决定于最小的抗倾覆安全系数。

③ 地形条件。在保证运营安全的前提下，曲线半径应与沿线的地形条件相适应。山区铁路地形复杂，坡陡弯急，采用较小半径的曲线既可避免破坏山体、影响环境，也可减少工程量、节约投资。

④ 经济因素。小半径曲线可更大程度地适应地形，从而减少工程及投资，但增大运营支出，在一定的地形条件和运输需求下，存在经济合理的最小曲线半径(经济半径)，故应全面权衡得失，经技术经济比选确定最小曲线半径标准。

综上分析，并考虑到运输性质与安全因素已体现在路段旅客列车设计行车速度中，路段旅客列车设计行车速度的选择应满足运输需求，最小曲线半径标准应满足不同路段设计速度的最低要求。故本条规定：线路平面的最小曲线半径应根据运输性质和运输需求、路段列车设计行车速度和工程条件经比选确定。

2)最小曲线半径标准的确定。

① 旅客列车最高行车速度要求的最小曲线半径。曲线设置最大超高，且旅客列车以最高行车速度通过曲线时所产生的欠超高不大于允许值时，曲线半径应满足下列不等式：

$$R_k \geqslant 11.8\,\frac{v_{max}^2}{h_{max}+h_{qy}} \tag{1}$$

式中　R_k——旅客列车最高行车速度要求的曲线半径(m)；

v_{max}——旅客列车最高行车速度(km/h)，采用路段设计速度，分别取 160 km/h、140 km/h、120 km/h、100 km/h、80 km/h；

h_{max}——最大超高(mm)，取 150 mm；

h_{qy}——允许欠超高(mm)，一般取 70 mm，困难取 90 mm。

按上式计算的最小曲线半径 R_k 见表 14。

表 14　最小曲线半径及计算参数表

路段设计速度(km/h)		160	140	120	100	80
货车设计速度(km/h)		90	80	70	60	50
H_{max}(mm)		150	150	150	150	150
H_{qy}(mm)	一般	70	70	70	70	70
	困难	90	90	90	90	90
H_{gy}(mm)	一般	30	30	30	30	30
	困难	50	50	50	50	50
R_k(m)	一般	1 380	1 050	780	540	350
	困难	1 260	970	710	500	350
R_{sj}(m)	一般	2 070	1 560	1 120	760	460
	困难	1 480	1 120	800	540	330
R_a(m)		1 220	930	680	510	340
R_{jj}(m)		1 600 ~ 2 000	1 200 ~ 1 600	800 ~ 1 200	550 ~ 800	450 ~ 500
R_{min}(m)	一般	2 000	1 600	1 200	800	600
	困难	1 600	1 200	800	600	500

注：表中符号 R_{jj} 为经济半径，R_{min} 为最小圆曲线半径；其他符号分别见公式(1)、(2)、(3)的注释。

CHINA RAILWAY PUBLISHING HOUSE

② 旅客舒适度与内外轨均磨条件要求的最小曲线半径。在客货共线运行铁路上，最小曲线半径既要满足旅客舒适条件，又要满足内外轨磨耗均匀条件。满足舒适与均磨条件的曲线半径应符合下列不等式：

$$R_{sj} \geqslant 11.8\frac{v_{max}^2 - v_h^2}{h_{qy} + h_{gy}} \tag{2}$$

式中 R_{sj}——舒适与均磨半径（m）；

v_h——货物列车设计速度（km/h），与路段设计速度相对应，分别取 90 km/h、80 km/h、70 km/h、60 km/h、50 km/h；

h_{gy}——允许过超高值（mm），一般取 30 mm、困难取 50 mm。

按上式计算的最小曲线半径 R_{sj} 见表 14。

最小曲线半径的取值应根据表 14 满足各项条件的计算值确定。

③ 保证运行在曲线上的列车具有一定抗倾覆安全系数的最小曲线半径。我国对列车在曲线上运行时的抗倾覆安全系数没有明确规定，参考国外资料，取为 3。保证此条件的曲线半径满足下列不等式：

$$R_a \geqslant \frac{[2n(aS + \Delta\phi h) - hS]v^2}{3.6^2 g[S^2 - 2nS(\Delta\phi \pm W_0\mu b \pm \varepsilon) - 2nah]} \tag{3}$$

或

$$R_a \geqslant \frac{11.8v^2}{h + \dfrac{S^2}{2na} - h_f - h_z} \tag{4}$$

式中 R_a——抗倾覆安全系数要求的最小曲线半径（m）；

n——抗倾覆安全系数，取 3；

v——行车速度（km/h）；

h——曲线超高（mm）；

S——内外股钢轨中心线距离（mm），取 1 500 mm；

g——重力加速度（9.81 m/s²）；

ε——轮对中点与轨距中点的偏距（mm），轮缘贴外轨时取正号；

Δ——簧上部分重心与轮对中点的偏距（mm）；

ϕ——簧上部分质量与全部质量之比；

W_0——风力（N/m²），按七级风计算；

μ——车辆侧面受风面积与车辆重力之比（m²/N）；

a——车辆重心高度（mm）；

b——风合力高度（mm）；

h_f——风力当量超高（mm）；

h_z——车辆横向振动当量超高（mm）。

上述参数根据列车速度、车辆类型、重车等条件，按铁科院 1981 年 1 月《时速 160 km 铁路曲线最大允许超高的研究》及 1978 年 10 月《车辆静态临界倾覆超高试验报告》中的试验数据限值。

根据式（3）和式（4）计算，不利情况为 YZ_{22} 型空车向外侧倾覆，其抗倾覆安全最小曲线半径 R_a 见表 14。

计算表明，该安全半径大于按最大风级、安全系数取 1 时的计算结果。同时仿真验证表明，该抗倾覆安全最小曲线半径可满足安全性、稳定性及保证客车平衡性指标不超限。

④ 经济最小曲线半径。《铁路最小圆曲线半径的研究》根据铁路主要技术标准综合优化原理，应用系统工程方法，在系统分析的基础上，把影响曲线半径标准的因素作为参变量和设计变量，运用多元统计分析与理论分析方法，建立工程费、运营费与变量间的数学模型，以换算工程运营费最小为评价经济效果的目标函数。以上述安全、舒适、均磨等条件要求的最小曲线半径和其他主要技术标准及运输能力为约束条件，采用混合离散变量的约束优化方法，通过对近千万种不同组合方案的优化计算，获得了经济合理的最小曲线半径及与之相匹配的其他主要技术标准。并由上海铁道大学对所得经济最小曲线半径标准进行了列车安全性、舒适性的计算机仿真验证，由铁一院对最小曲线半径标准进行了工程经济性试验定线验证，确认了最小曲线半径标准的安全舒适性及工程经济性。各级铁路在不同路段设计速度下的经济最小曲线半径范围 R_{jj} 见表 14，其中上限对应“一般”标准，下限对应“困难”标准并做适当调整。

⑤ 关于最小曲线半径标准的安全、舒适性的计算机仿真验证。上海铁道大学在《铁路最小圆曲线半径的研究》的分专题《列车在曲线上运行安全性、舒适性的计算机仿真》报告中，应用轮轨动力学和计算机仿真原理，略去车体、转向架及其他部件自身的弹性变形，将机车车辆视为一个离散的多自由度刚体系统，建立了机车车辆动力学模型、机车车辆整车动态曲线通过仿真的数学模型（包括线路模型、钢轨的弹性和阻尼、轮轨接触几何关系、轮轨作用力、运动方程、纵向车对车辆曲线通过性能的影响模型等）及方程的求解模型，根据现行国家标准《铁道车辆动力学性能评定和试验鉴定规范》GB 5599 的规定，采用脱轨系数、减载率、横向力和客车平衡性评价指标，对不同机车（SS_3、SS_5、DF_4）、车辆（客车 YZ_{22}、货车 C_{62}）以不同的运行速度（客车最高速度 140 km/h、货车最高速度 90 km/h）的制动工况通过位于不同限制坡度（4‰、6‰、12‰、15‰）纵断面的连接的坡道上的各种半径（300 m、350 m、400 m、500 m、550 m、600 m、800 m、1 200 m）的曲线时的安全性、稳定性及客车平稳性进行了大量的计算机仿真计算。仿真计算结果表明，机车车辆在通过曲线时，货车的安全性是影响曲线半径值的主要因素，因而在客货混运的铁路上，在确定满足安全和舒适度要求的最小曲线半径时，可以考核货车的性能为准；纵向力作用对货车影响较大，而对客车和机车的影响较小。以上仿真计算结果表明，本规范所规定的最小曲线半径是可以保证各项安全、舒适指标的。

⑥ 关于最小曲线半径标准经济性的定线验证。为了验证工程费数学模型，以确认曲线半径标准的经济性，铁一院选择了具有代表性的三条山区铁路线段，即兰新线打柴沟至武威南段、岢岚瓦塘线和包兰线干塘至兰州段，计长 363 km 的线路，采用不同的最小圆曲线半径分别进行定线验证。验证结果见表 15。

表 15　最小曲线半径标准经济的定线验证结果

线段别	兰新线打柴沟—武威南段	岢岚瓦塘线	包兰线干塘—兰州
线段全长（km）	78	58	227
最小曲线半径范围（m）	300～500	300～400	300～350
半径每减小 50 m 可减少工程费（%）	0.85	1.20	0.80

以上三段线路的定线验证结果表明：山区铁路最小曲线半径在 400～300 m 范围内，

每减少 50 m,可减少工程费 0.8% ~1.2%。与《铁路最小圆曲线半径的研究》报告中的敏度分析结果:山区铁路在小半径范围内,半径变化 50 m,可使工程费变化 0.71% ~1.23% 的结论是一致的。从而说明:上述研究所建立的工程费数学模型是可信的,所得最小曲线半径标准的经济性是可靠的。

2　改建既有线或增建第二线时的最小曲线半径。

改建既有线或增建第二线时的最小曲线半径应结合既有线标准比选确定。一般条件下不应小于本条文表 3.1.2 的规定。考虑到既有铁路,尤其是山区既有铁路,曲线半径标准大多较低,若按本条文表 3.1.2 规定改大半径,势必引起大量废弃工程,并严重干扰运营。故规定:困难条件下,如按上述标准改建将引起巨大工程时,可经技术经济比选确定合理的改建方案,以节约工程投资。此时,应根据线路具体情况确定该路段旅客列车设计行车速度。

3.1.3　双线铁路(含新建双线和增建第二线)并行等间距地段的平面曲线,当新建双线设计为同心圆和增建第二线设计为既有线(指经过改建设计校正后的中线)的同心圆时,可保持圆曲线范围内两线线间距相等,从而使工程量和占地最省。故本条规定:双线铁路两线线间距不变的并行地段的平面曲线,宜设计为同心圆。

改建既有线或增建第二线,因受既有线各种条件的限制,往往需要更零碎的曲线半径,以减少改建工程;新建双线和增建第二线并行等间距地段的平面曲线设计为同心圆也必定会出现零碎的曲线半径。因此规定:双线同心圆和改建既有线的曲线半径可为零数。

3.1.4　对新建铁路设计中采用复曲线予以更严格的限制。

复曲线存在下列缺点:

1　增加勘测设计、施工和养护维修困难。

2　复曲线上曲线阻力不同,在复曲线短距离内变更阻力亦即短时间内改变列车受力情况,降低了列车运行的平稳性。

3　不同半径的曲线产生的离心力不同,外轨超高值不一致,半径变更时,作用在列车上的横向力(或横向加速度)改变,降低了旅客舒适条件,尤其不设中间缓和曲线时更为显著。

近年来,列车质量和行车速度增长较快,为保持列车的平稳性和旅客舒适度,且便于施工和养护维修,大力提高列车质量、积极增加行车密度、努力提高行车速度,大幅度提高铁路的运输能力,争取获得更好的经济效益与社会效益,须对新建铁路设计中采用复曲线予以更加严格的限制,因此规定:新建铁路不应设计复曲线。

新建铁路和既有线改建、增建第二线的单线绕行或双线绕行地段,既无废弃工程,又不受既有线的制约,故应按单曲线设计,不用复曲线。改建既有线或增建第二线时,对个别地点的复曲线也尽可能改建为单曲线。

既有线上的复曲线大都是为了避免或减少路基、桥隧工程及其他建筑物拆迁而设置的,所以,当改建这些复曲线将引起巨大工程或拆迁工程量时,可保留既有的复曲线,但应改善运营条件,如增加中间缓和曲线等,在特殊困难条件下,也可保留原复曲线。

3.1.5　为使列车安全、平顺、舒适地由直线过渡到圆曲线,满足超高和加宽递变的需要,在直线与圆曲线间需设置一定长度的缓和曲线。

本次修订纳入路段设计速度 160 km/h 后,按路段设计速度增订了条件许可时缓和曲线长度的标准(条文表 3.1.5—1)。修订了最小缓和曲线长度标准。“困难”标准是在不降低路段旅客列车设计行车速度的前提下,为设计提供了选用标准的灵活性,有利于节约工程投资。

缓和曲线的线型，一般根据路段行车速度选择。根据本规范规定的旅客列车设计行车速度并考虑发展需求，缓和曲线的线型采用三次抛物线具有线型简单，长度短而实用，便于测设和养护维修的优点，也被国外同类铁路广泛采用，故本规范仍采用超高为直线的顺坡、平面为三次抛物线的缓和曲线。

1 新建铁路缓和曲线长度的计算。

1）确定缓和曲线长度的条件方法。缓和曲线长度应保证列车运行安全，并应满足旅客舒适要求。一般按下列条件与方法计算，取其大者。

① 超高顺坡不致使车轮脱轨。满足不使车轮脱轨的缓和曲线长度为：

$$l_1 \geqslant \frac{h}{i} \tag{5}$$

式中 l_1——缓和曲线长度（m）；

h——圆曲线超高（mm）；

i——不使车轮脱轨的临界超高顺坡度（‰）。

② 超高时变率不会引起旅客不适。满足此条件的缓和曲线长度为：

$$l_2 \geqslant \frac{hv_{max}}{3.6f} \tag{6}$$

式中 l_2——缓和曲线长度（m）；

v_{max}——通过曲线的最高行车速度（km/h）；

f——旅客舒适容许的超高时变率（mm/s）。

③ 欠超高（或未被平衡离心加速度）时变率不应使旅客不适。满足此条件的缓和曲线长度为：

$$l_3 \geqslant \frac{h_q v_{max}}{3.6b} \tag{7}$$

式中 l_3——缓和曲线长度（m）；

h_q——旅客列车以最高行车速度通过曲线时的欠超高（mm）；

b——旅客舒适度容许的欠超高时变率（mm/s）。

由于临界超高顺坡率与机车车辆构造和状态、行车速度、钢轨磨耗等众多因素有关，因此需从轮轨动力学角度来确定，甚为复杂，国内外均缺乏系统的研究，大多根据运营实践确定，采用的数也有较大差异。实际上，由式（5）和式（6）可知，超高顺坡率与超高时变率容许值存在如下关系：

$$i = \frac{3.6f}{v_{max}} \tag{8}$$

鉴于按式（8）计算的结果小于我国铁路沿用的2‰。故本规范根据超高时变率按式（8）确定超高顺坡率，计算缓和曲线长度的标准见式（9）：

$$l_0 = \max\{l_2, l_3\} = \max\left\{\frac{hv_{max}}{3.6f}, \frac{h_q v_{max}}{3.6b}\right\} \tag{9}$$

式中 l_0——缓和曲线长度标准值（m）。

对于超高时变率，一些国家和我国有的部门习惯于以 $f = 1/(x \cdot v)$ 来表示，由此得出 x 与 f 的关系式：$f = \frac{1\,000}{3.6x}$。

通过计算得出 f 和 x 的关系，见表 16：

表 16　f 和 x 之间的关系表

x		12	11	10	9	8	7
f(mm/s)	计算值	23.15	25.25	27.78	30.86	34.72	39.68
	取整值	23	25	28	31	35	40

由表 16 看出：f 值取 32、28、25 分别相当于 1/9 v、1/10 v、1/11 v。

2）缓和曲线长度标准的档次划分。近几年我国铁路运营的调查资料表明，缓和曲线长度过短已成为提高旅客列车行车速度的限制条件之一。本次修订时，纳入设计行车速度 160 km/h 后，依据满足运输需求、路段设计速度以及适应长远发展的要求，对缓和曲线长度标准档次划分予以补充，具体划分方法如下：

① 路段行车速度充分体现了因地制宜选择线路平面标准的原则，因此，对于路段设计速度大于或等于 120 km/h 的路段，在工程条件许可时，应采用较长的缓和曲线以创造更好的运营条件，制定了缓和曲线长度标准的优先取值。同时考虑工程条件按路段设计速度分别制定了缓和曲线最小长度标准，相同路段速度的各级铁路缓和曲线长度取同一标准。

② 考虑与线路其他平面标准相一致，将同一路段速度下的缓和曲线最小长度标准划分为“一般”标准和“困难”标准两档。

③ 以均能满足路段速度要求的不同曲线超高来分别确定最小缓和曲线长度的“一般”和“困难”标准。

3）缓和曲线超高的确定。曲线超高是确定缓和曲线长度及曲线线间距加宽值等相关平面标准的重要参数。客货列车共线运行线路的曲线超高取决于客货列车通过曲线的速度及最大超高和欠、过超高允许值等参数，这些参数值对平面标准产生重要影响，也影响行车速度、旅客舒适度和钢轨磨耗，甚至影响行车安全。

曲线超高的允许设置范围。当客、货列车速度及曲线半径一定时，从行车安全、旅客舒适和钢轨磨耗均匀考虑，客货列车共线运行铁路的曲线超高设置应满足下列条件：

应不大于最大超高且不小于最小超高，即：

$$h_{min} \leqslant h \leqslant h_{max} \tag{10}$$

不大于客车产生的超高且不小于货车产生的超高，即：

$$11.8\frac{v_H^2}{R} \leqslant h \leqslant 11.8\frac{v_K^2}{R} \tag{11}$$

使客车产生的欠超高和货车产生的过超高不超过其相应的允许值，即：

$$11.8\frac{v_K^2}{R} - h_{qy} \leqslant h \leqslant 11.8\frac{v_H^2}{R} + h_{gy} \tag{12}$$

保证式（12）能够成立的必要条件是曲线半径应满足下列不等式：

$$R \geqslant 11.8\frac{v_K^2 - v_H^2}{h_{qy} + h_{gy}} \tag{13}$$

式中　h——曲线实设超高（mm）；

R——曲线半径（mm）；

v_K——旅客列车行车速度（km/h）；

v_H——货物列车行车速度（km/h）；

h_{qy}——允许欠超高（mm）；

h_{gy}——允许过超高(mm)；

h_{max}——允许的最大超高(mm)；

h_{min}——允许的最小超高(mm)。

由于本规范制定最小曲线半径时已经考虑了满足旅客列车最高行车速度要求和旅客舒适与内外轨磨耗均匀的条件，从而使一定的路段速度和相应的货物列车速度下可采用的曲线半径均能满足式(13)的要求，因此，式(10)、(11)、(12)共同构成了曲线实设超高的取值范围，其大小将决定于允许的最大和最小超高及允许的欠、过超高值。超高的允许设置范围如图 1 中的阴影部分所示。

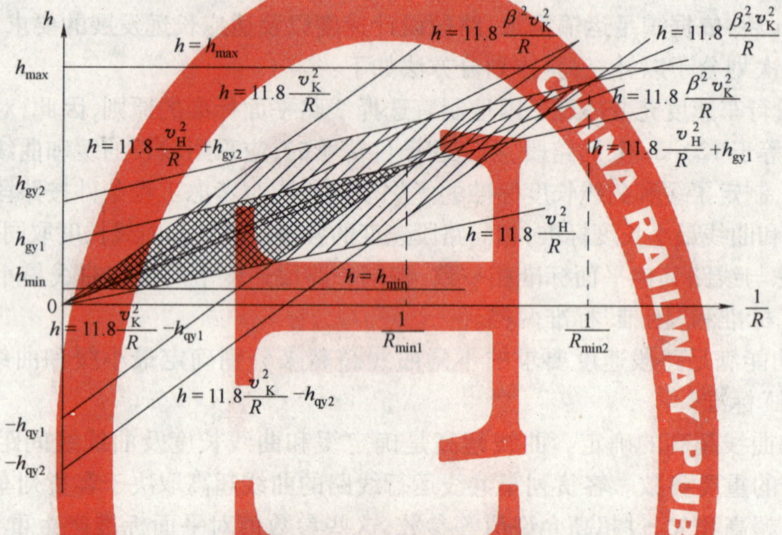

图 1　曲线超高允许设置范围示意图

注：$R_{min1}=11.8\dfrac{v_K^2-v_H^2}{h_{qy1}+h_{gy2}}$；$R_{min2}=11.8\dfrac{v_K^2-v_H^2}{h_{qy2}+h_{gy2}}$；

速度系数 $\beta=0.8$；$\beta_1^2=\dfrac{(v_H/v_K)^2h_{qy1}+h_{gy1}}{h_{qy1}+h_{gy1}}$；$\beta_2^2=\dfrac{(v_H/v_K)^2h_{qy2}+h_{gy2}}{h_{qy2}+h_{gy2}}$

4)缓和曲线长度优先值的计算：

①f 的建议值。参考《新建时速 200 km/h 客货共线铁路设计暂行规定》(铁建设函〔2003〕439 号)，取 $f=25$。

② 欠、过超高允许值。为进一步提高铁路服务质量，增加旅客列车舒适度，降低钢轨磨耗，减少养护维修的困难，节省运营成本，使线路运营条件更加优化；同时考虑到今后我国铁路技术装备水平的逐步提高，线下基础设施应预留长远的发展条件。本次修订参考国外有关资料及《新建时速 200 km/h 客货共线铁路设计暂行规定》(铁建设函〔2003〕439 号)，使列车通过圆曲线时的欠、过超高均维持在一个令人满意的水平上，适当减小过、欠超高允许值，作为计算缓和曲线长度优先值的依据。计算缓和曲线长度优先值的超高参数见表 17。

表 17　计算缓和曲线长度优先值的超高参数(mm)

最大超高 h_{max}	最小超高 h_{min}	允许欠超高		允许过超高	
		h_{qy1}(一般)	h_{qy2}(困难)	h_{gy1}(一般)	h_{gy2}(困难)
150	5	30	60	15	25

CHINA RAILWAY PUBLISHING HOUSE

③ h 值的计算：由公式(6)可知，缓和曲线长度与列车速度及超高计算值的一次方成正比关系，其中超高又与列车速度平方有关。计算 h 值时可根据客、货列车设计行车速度求得最大、最小超高值。

根据公式(10)、(11)、(12)求得超高值的取值范围，并令：

$$h_1 = 11.8\frac{v_K^2}{R} - h_{qy},$$

$$h_2 = 11.8\frac{v_H^2}{R} + h_{gy}$$

取 $h = (h_1 + h_2)/2$。

④ 由公式(6)计算的缓和曲线长度取整至 10 m 的整数倍。个别曲线半径的缓和曲线长度做适当调整，以使得缓和曲线长度表更为协调合理。缓和曲线长度优先值见表 18，缓和曲线长度优先值的检算见表 19。

表 18　缓和曲线长度优先值

路段旅客列车设计行车速度(km/h)		160	140	120
曲线半径(m)	12 000	40	40	40
	10 000	50	40	40
	8 000	60	40	40
	7 000	70	50	40
	6 000	70	50	40
	5 000	70	60	40
	4 500	70	60	40
	4 000	80	60	50
	3 500	90	70	50
	3 000	100	80	50
	2 800	100	90	60
	2 500	120	90	60
	2 000	150	100	70
	1 800	170	120	80
	1 600	190	130	90
	1400	—	150	100
	1 200	—	190	120
	1 000	—	—	140
	800	—	—	180

表 19　缓和曲线长度优先值的检算

路段旅客列车设计行车速度(km/h)		160			140			120		
		超高计算值 h	客车通过曲线的欠超高 h_q	货车通过曲线的过超高 h_g	超高计算值 h	客车通过曲线的欠超高 h_q	货车通过曲线的过超高 h_g	超高计算值 h	客车通过曲线的欠超高 h_q	货车通过曲线的过超高 h_g
曲线半径(m)	12 000	25	0	17	25	−6	19	30	−16	25
	10 000	30	0	20	25	−2	17	30	−13	24
	8 000	35	3	23	25	4	16	30	−9	23
	7 000	40	3	26	25	8	14	30	−6	22
	6 000	40	10	24	30	9	17	30	−2	20
	5 000	40	20	21	40	6	25	30	4	18
	4 500	40	27	19	40	11	23	30	8	17
	4 000	45	31	21	40	18	21	40	2	26
	3 500	50	36	23	45	21	23	40	9	23
	3 000	55	46	23	50	27	25	40	17	21
	2 800	55	53	21	55	28	28	45	16	24
	2 500	70	51	32	55	38	25	45	23	22
	2 000	85	66	37	65	51	27	55	30	26
	1 800	95	73	42	75	53	33	60	34	28
	1 600	105	84	45	85	60	38	70	36	34
	1 400	—	—	—	95	70	41	75	46	34
	1 200	—	—	—	120	83	47	90	52	42
	1 000	—	—	—	—	—	—	105	65	47
	800	—	—	—	—	—	—	135	87	53

CHINA RAILWAY PUBLISHING HOUSE

5）最小缓和曲线的计算。

① 最小缓和曲线超高的计算。

a. 计算原理。由于本规范中确定曲线超高的主要目的是为了制定缓和曲线长度和曲线线间距加宽值等相关平面标准，因此应充分利用前述的曲线超高允许设置范围，根据需要选定此允许设置范围的上边界和下边界作为计算超高，使据此所制定的有关平面标准能够在一般条件下最大限度地满足因实际需要（如提速、提高旅客舒适度、维修养护需要、提高行车安全性等）而调整实设超高的要求，在困难条件下既能满足工程需要，也能保证行车速度、行车安全和钢轨磨耗均匀等条件。

因此，本规范以超高允许设置范围上边界作为确定缓和曲线长度"一般困难"标准的超高或计算曲线线间距加宽值时的外侧线超高，下边界则作为相应的"特殊困难"标准或内侧线超高。同时，以介于上界与下界之间且能使欠、过超高均能达到一个比较合理水平的某种超高作为检算平面标准（缓和曲线长度）合理性的计算超高。

这种动态的思路和计算方法，使据此制定的相关平面标准更加合理，物理意义更明确，也给运营部门在使用中提供了很大的灵活性。

b. 计算公式。综上分析，并结合式（10）～（13）和图 1，可得超高（上、下界和检算用的中间值）的计算公式如下：

当 $R \geqslant R_{\min1} = 11.8\dfrac{v_K^2 - v_H^2}{h_{qy1} + h_{gy1}}$ 时，

上界为：

$$h_{sup} = \max\left\{\min\left[11.8\frac{v_H^2}{R} + h_{gy1}, 11.8\frac{v_K^2}{R}, h_{max}\right], h_{min}\right\} \tag{14}$$

下界为：

$$h_{inf} = \min\left\{\max\left[11.8\frac{v_K^2}{R} - h_{qy1}, 11.8\frac{v_H^2}{R}, h_{min}\right], h_{max}\right\} \tag{15}$$

检算用的中间值为：

$$h_{chk} = 11.8\frac{\beta_1^2 v_K^2}{R} = 11.8\frac{v_K^2}{R}\left[\frac{(v_H/v_K)^2 h_{qy1} + h_{gy1}}{h_{qy1} + h_{gy1}}\right] \tag{16}$$

当 $R_{\min1} > R \geqslant R_{\min2} = 11.8\dfrac{v_K^2 - v_H^2}{h_{qy2} + h_{gy2}}$ 时，

上界为：

$$h_{sup} = \max\left\{\min\left[11.8\frac{v_H^2}{R} + h_{gy2}, 11.8\frac{v_K^2}{R}, h_{max}\right], h_{min}\right\} \tag{17}$$

下界为：

$$h_{inf} = \min\left\{\max\left[11.8\frac{v_K^2}{R} - h_{qy2}, 11.8\frac{v_H^2}{R}, h_{min}\right], h_{max}\right\} \tag{18}$$

检算用的中间值为：

$$h_{chk} = 11.8\frac{\beta_2^2 v_K^2}{R} = 11.8\frac{v_K^2}{R}\left[\frac{(v_H/v_K)^2 h_{qy2} + h_{gy1}}{h_{qy2} + h_{gy1}}\right] \tag{19}$$

c. 相关参数：

旅客列车行车速度 v_K：因路段速度的引入体现了因地制宜选择线路平面标准的原则，故旅客列车设计行车速度采用路段速度，即取 160 km/h、140 km/h、120 km/h、

CHINA RAILWAY PUBLISHING HOUSE

100 km/h、80 km/h。

货车设计速度 v_H：对于客货列车共线运行铁路，货车速度也是确定线路平面标准的重要因素之一，并对客车速度的提高产生制约作用。影响货车速度的因素众多、复杂，如何确定合理的货车速度，或寻找一条实际可行的解决途径是值得深入研究的课题。

最新的运营调查资料表明，我国大多数Ⅰ级双线铁路的货车速度在 50～70 km/h 之间，在今后的一定时期内依然会维持这样的状况，达不到规范拟定平面标准时的选用值（90 km/h），致使过超高超过了允许值。由此可见，对于Ⅰ级铁路，规范选用的货车速度偏高。

采用《铁路技术管理规程》（简称《技规》，下同）规定的货物列车最小制动率为 0.26，货物列车在坡度不大于 20‰的下坡道上制动限速为 50～75 km/h。若制动率采用 0.32，则下坡制动限速为 60～80 km/h。

牵引计算表明，当客车在平道上能实现最高速度 140 km/h、120 km/h 时，电力与内燃牵引的货物列车最高速度平均为：电力牵引 75 km/h、77.5 km/h，内燃牵引 62.3 km/h、70 km/h。

从工程建设和铁路运输两方面考虑，货物列车与旅客列车的速度比小于 0.5 时，会增大基础工程的建设投资，降低线路的输送能力。

综合考虑目前货物列车的实际运行速度、货车车辆的构造速度、货物机车的功率与牵引特性、今后可能的提速幅度、客货列车速度的合理匹配以及技术进步等因素，本规范采用与路段设计速度 160 km/h、140 km/h、120 km/h、100 km/h、80 km/h 相对应的货物列车设计速度分别为 90 km/h、80 km/h、70 km/h、60 km/h、50 km/h。

超高参数：

最大超高 h_{max}：最大超高与线路的运输性质和列车速度有关，受横向倾覆安全条件、轨道横向稳定条件、曲线停车舒适条件和防止轴油外流等因素控制。铁科院铁建所 1978～1980 年的研究结论认为，最高行车速度不大于 160 km/h 线路的最大超高为 150～180 mm。国外时速 160 km/h 以下的铁路，特别是在客货列车混运铁路上，最大超高值一般均为 150 mm，我国广深铁路的最大超高取值也为 150 mm，与我国历次规范的规定基本相同。曲线超高的最新调查资料表明，在旅客列车最高速度大于或等于 120 km/h、的地段，实设超高均远小于 150 mm。故本规范仍沿用原规范的 150 mm。

最小超高 h_{min}：国外铁路大都没有对最小超高做明确的规定，而《联邦德国铁路新线设计规范》DS 80002 中规定不能设置小于 20 mm 的超高。鉴于我国铁路没有对最小超高做明确的规定，故本规范按超高取整值 5 mm 要求，取最小超高为 5 mm。

允许欠超高 h_{qy}：允许欠超高反映旅客舒适度要求，也反映外股钢轨磨耗，它与客车结构、结向架构造及其悬挂方式有关。对于行车速度为 140 km/h 的线路，采用 25Z 型准高速客车，根据铁科院在环行道与广深线所做试验，当欠超高为 110 mm 时，客车和机车的实测最大轮轴水平力分别为 43.0 kN 和 56.6 kN，分别小于允许值 78.4 kN 和 73.7 kN；客车和机车的实测最大脱轨系数分别为 0.33 和 0.21，分别小于安全标准 1.0 和 1.2。根据广州局科研所试验，对于准高速客车，欠超高为 90 mm 或 110 mm 时，与 22 型客车欠超高为 72 mm 或93 mm时有相同的舒适度指标。近年来上海局、北京局、沈阳局在繁忙干线上提速改造中，在困难地段已取允许欠超高为 110 mm。铁科院在《客货共线铁路最高时速 140 km、160 km 线路平面及竖曲线标准的研究》报告中建议：允许欠超高常用范围为 70 mm，采用最大为 90 mm，允许最大为 110 mm。故本规范允许欠超高的取值为：一般

70 mm，困难 90 mm，既有线改造时 110 mm。

允许过超高 h_{gy}：允许过超高反映内轨偏磨程度，与货车结构、转向架构造和悬挂方式及货运量有关。客货共线运行线路，且货运量较大时，过超高不宜过大。从最新的运营调研资料看，平、丘地段过超高在 30 mm 及以下时内外轨的磨耗均不明显。故允许过超高限值，即一般 30 mm、困难 50 mm。

超高参数见表 20。

表 20　超 高 参 数(mm)

最大超高 h_{max}	最小超高 h_{min}	允许欠超高		允许过超高	
		h_{qy1}（一般）	h_{qy2}（困难）	h_{gy1}（一般）	h_{gy2}（困难）
150	5	70	90	30	50

计算结果。根据上述计算公式(14)～(19)和表 20 所列计算参数，以及最小超高取整至 5 mm 的要求，计算得本规范中用于制定和检算缓和曲线长度和曲线线间距加宽标准的曲线超高见表 21。

表 21　制定和检算相关平面标准用曲线超高值(mm)

v_K(km/h)	160			140			120			100			80		
v_H(km/h)	90			80			70			60			50		
R(m)	h_{sup}	h_{inf}	h_{chk}	h_{sup}	h_{inf}	h_{chk}	h_{sup}	h_{inf}	h_{chk}	h_{sup}	h_{inf}	h_{chk}	h_{sup}	h_{inf}	h_{chk}
12 000	25	10	15	20	10	10	15	5	10	10	5	10	5	5	5
10 000	30	10	15	20	10	15	15	10	10	10	5	10	5	5	5
8 000	40	15	20	25	10	15	20	10	15	10	10	10	5	5	5
7 000	45	15	25	35	15	20	25	10	15	15	10	10	10	5	5
6 000	45	20	25	35	15	20	25	10	15	15	10	10	10	5	5
5 000	50	20	35	45	20	25	30	15	20	20	10	15	15	10	10
4 500	50	20	35	45	20	25	35	15	20	20	10	15	15	10	10
4 000	55	25	40	45	20	30	40	15	25	25	15	15	15	10	10
3 500	60	30	45	55	25	35	45	20	30	30	15	20	20	10	10
3 000	60	35	55	55	30	40	45	20	30	35	15	20	25	10	15
2 800	65	40	60	60	30	45	50	20	35	40	15	25	25	10	15
2 500	70	55	65	60	35	50	50	25	35	45	20	25	30	15	15
2 000	100	65	85	65	50	60	55	30	45	50	25	35	35	15	20
1 800	105	80	95	70	60	65	60	35	50	50	25	35	40	20	25
1 600	110	100	105	75	75	75	65	40	55	55	30	40	45	20	25
1 400	—	—	—	100	80	90	70	55	65	60	35	45	50	25	30
1 200	—	—	—	110	105	105	75	75	75	65	40	55	50	25	35
1 000	—	—	—	—	—	—	105	80	95	70	50	65	55	30	45
800	—	—	—	—	—	—	125	125	125	80	80	80	65	40	55
700	—	—	—	—	—	—	—	—	—	110	80	100	70	45	60
600	—	—	—	—	—	—	—	—	—	120	110	115	75	60	70
550	—	—	—	—	—	—	—	—	—	125	125	125	80	70	80
500	—	—	—	—	—	—	—	—	—	—	—	—	85	85	85
450	—	—	—	—	—	—	—	—	—	—	—	—	115	80	100
400	—	—	—	—	—	—	—	—	—	—	—	—	120	100	115
350	—	—	—	—	—	—	—	—	—	—	—	—	130	130	130

CHINA RAILWAY PUBLISHING HOUSE

由表21可知，路段速度为160 km/h、140 km/h、120 km/h、100 km/h、80 km/h时的最大计算超高分别为110 mm、125 mm、130 mm，均小于最大超高150 mm，即不受最大超高的控制。

表21所列计算结果主要应用于缓和曲线长度和曲线间距加宽值的制定与检算，尽管检算用的超高可供确定实设超高时参考，但均不宜作为运营部门确定实设超高的依据。

② 最小缓和曲线长度的计算参数。

a. 旅客列车最高行车速度v_{max}。由于路段速度即为该路段内允许的旅客列车最高行车速度，因此以路段速度作为制定缓和曲线长度标准的旅客列车最高行车速度，即v_{max}取为160 km/h、140 km/h、120 km/h、100 km/h、80 km/h。

b. 曲线超高h。由于不同路段速度下所能采用的曲线半径均能保证该路段速度，因此，利用曲线超高的允许设置范围，根据缓和曲线长度标准的制定应允许考虑运营部门根据实际情况（如降低顺坡率、提高舒适度、减轻内外轨磨耗，甚至适当提速等）调整实设超高的动态思想及前述分档方法，制定缓和曲线长度“一般”标准时采用曲线超高允许设置范围的上界h_{sup}，制定“困难”标准时采用曲线超高允许设置范围的下界h_{inf}，检算缓和曲线长度标准时采用介于上、下界之间且使欠、过超高保持合理水平的某一中间超高h_{chk}。超高取值见表21。

c. 超高时变率容许值f。国外资料表明，各国采用值变化幅度较大，有高于我国标准的，也有低于我国标准的。我国广深铁路为减少提速改造的建设投资，超高时变率容许值为：一般地段32 mm/s、困难地段40 mm/s，运营实践表明是可行的。综上分析，本规范根据路段速度在计算和检算（“一般”和“困难”）时采用不同的数值，见表22。

表22 最小缓和曲线计算参数

v_{max}(km/h)		160		140		120		100		80	
工程条件		一般	困难	一般	困难	一般	困难	一般	困难	一般	困难
h (mm)	计算	h_{sup}	h_{inf}	h_{sup}	h_{inf}	h_{sup}	h_{inf}	h_{sup}	h_{inf}	h_{sup}	h_{inf}
	检算	h_{chk}		h_{chk}		h_{chk}		h_{chk}		h_{chk}	
f (mm/s)	计算	32		32		32		32		32	
	检算	28	32	28	32	28	32	28	32	32	36
b (mm/s)	计算	45		45		45		45		45	
	检算	40	45	40	45	40	45	40	45	45	52.5
i (‰)	计算	0.72		0.82		0.96		1.15		1.44	
	检算	0.63	0.72	0.72	0.82	0.84	0.96	1.01	1.15	1.44	1.62

d. 欠超高时变率容许值b。欠超高时变率容许值b(mm/s)，与未被平衡离心加速度时变率容许值γ(g/s)是两个实质相同但表现形式不同的衡量旅客舒适度要求的标准，对于我国标准轨距铁路，二者存在以下换算关系：

$$b=\frac{1\,500}{g}\gamma \tag{20}$$

从表现形式来看，欠超高时变率容许值更简洁，明了，且易于有关公式的推导与表达，故本规范予以采用。

欠超高时变率容许值的采用值为：一般地段45 mm/s、困难地段52.5 mm/s（对应于未被平衡离心加速度时变率容许值为一般 0.03 g/s、困难 0.035 g/s)。本规范根据路段速度和我国运营实践,在计算和检算(“一般”和“困难”)时采用不同的数值见表 22。

③ 最小缓和曲线长度的计算与检算。

a. 最小缓和曲线长度的计算。根据前述计算公式(9)及有 21 和表 22 的计算参数,按缓和曲线长度进整为 10 m、不足 20 m 者取 20 m 的要求,计算得最小缓和曲线长度,见表 23。

表 23　最小缓和曲线长度计算

工程条件		一般						困难					
v_{max}	R	h_{sup}	h_q	h_g	l_2	l_3	l_0	h_{inf}	h_q	h_g	l_2	l_3	l_0
(km/h)	(m)	(mm)			(m)			(mm)			(m)		
160	12 000	25	0.1	17.0	34.7	0.1	40	10	15.1	2.0	13.8	14.9	20
	10 000	30	0.2	20.4	41.7	0.2	50	10	20.2	0.4	13.8	20.0	20
	8 000	40	2.2	28.1	55.5	2.2	60	15	22.8	3.1	20.8	22.5	30
	7 000	45	1.8	31.3	62.5	1.8	70	15	28.2	1.3	20.8	27.9	30
	6 000	45	5.3	29.1	62.5	5.2	70	20	30.3	4.1	27.8	29.9	30
	5 000	50	10.4	30.9	69.4	10.3	70	20	40.4	0.9	27.8	39.9	40
	4 000	55	20.5	31.1	76.4	20.2	80	25	50.5	1.1	34.7	49.9	50
	3 000	60	40.7	28.1	83.3	40.2	90	35	65.7	3.1	48.6	64.9	70
	2 800	65	42.9	30.9	90.3	42.4	90	40	67.9	5.9	55.5	67.1	70
	2 500	70	50.8	31.8	97.2	50.2	100	55	65.8	16.8	76.4	64.9	80
	2 000	100	51.0	52.2	138.9	50.3	140	65	86.0	17.2	90.3	84.9	100
	1 800	105	62.8	51.9	145.8	62.0	150	80	87.8	26.9	111.1	86.7	120
	1 600	110	78.8	50.3	152.8	77.8	160	100	88.8	45.3	138.9	87.7	140
140	12 000	20	0.3	13.7	24.3	0.3	30	10	9.3	3.7	12.1	11.3	20
	10 000	20	3.1	12.4	24.3	2.7	30	10	13.1	2.4	12.2	11.3	20
	8 000	25	3.9	15.6	30.4	3.4	40	10	18.9	0.6	12.2	16.3	20
	7 000	35	2.0	24.2	42.5	1.7	50	15	18.0	4.2	18.2	15.6	20
	6 000	35	3.5	22.4	42.5	3.1	50	15	23.5	2.4	18.2	20.3	30
	5 000	45	1.3	29.9	54.7	1.1	60	20	26.3	4.9	24.3	22.7	30
	4 000	45	12.8	26.1	54.7	11.1	60	20	37.8	1.1	24.3	32.7	40
	3 000	55	22.1	29.8	66.8	19.1	70	30	47.1	4.8	36.5	40.7	50
	2 800	60	22.6	33.0	72.9	19.5	80	30	52.6	3.0	36.5	45.5	50
	2 500	60	32.5	29.8	72.9	28.1	80	35	57.5	4.8	42.5	49.7	50
	2 000	65	50.6	27.2	79.0	43.8	80	50	65.6	12.2	60.8	56.7	70
	1 800	70	58.5	28.0	85.1	50.5	90	60	68.5	18.0	72.9	59.2	80
	1 600	75	69.6	27.8	91.1	60.1	100	75	69.6	27.8	91.1	60.1	100
	1 400	100	65.2	46.1	121.5	56.3	130	80	85.2	26.1	97.2	73.6	100
	1 200	110	82.7	47.1	133.7	71.5	140	105	87.7	42.1	127.6	75.8	130

CHINA RAILWAY PUBLISHING HOUSE

续上表

工程条件		一般						困难					
v_{max}	R	h_{sup}	h_q	h_g	l_2	l_3	l_0	h_{inf}	h_q	h_g	l_2	l_3	l_0
(km/h)	(m)	(mm)			(m)			(mm)			(m)		
120	12 000	15	0.8	10.2	15.6	0.6	20	5	9.2	0.2	5.2	6.8	20
	10 000	15	2.0	9.2	15.6	1.5	20	10	7.0	4.2	10.4	5.2	20
	8 000	20	1.2	12.8	20.8	0.9	30	10	11.2	2.8	10.4	8.3	20
	7 000	25	0.7	16.7	26.0	0.5	30	10	14.3	1.7	10.4	10.6	20
	6 000	25	3.3	15.4	26.0	2.5	30	10	18.3	0.4	10.4	13.6	20
	5 000	30	4.0	18.4	31.3	3.0	40	15	19.0	3.4	15.6	14.1	20
	4 000	40	2.5	25.5	41.7	1.8	50	15	27.5	0.5	15.6	20.4	30
	3 000	45	11.6	25.7	46.9	8.6	50	20	36.6	0.7	20.8	27.1	30
	2 800	50	10.7	29.4	52.1	7.9	60	20	40.7	0.7	20.8	30.1	40
	25 00	50	18.0	26.9	52.1	13.3	60	25	43.0	1.9	26.0	31.8	40
	2 000	55	30.0	26.1	57.3	22.2	60	30	55.0	1.1	31.3	4.07	50
	1 800	60	34.3	27.9	62.5	25.5	70	35	59.4	2.9	36.5	44.0	50
	1 600	65	41.2	28.9	67.7	30.5	70	40	66.2	3.9	41.7	49.0	50
	1 400	70	51.4	28.7	72.9	38.1	80	55	66.4	13.7	57.3	49.2	60
	1 200	75	66.6	26.8	78.1	49.3	80	75	66.6	26.8	78.1	49.3	80
	1 000	105	64.9	47.2	109.4	48.4	110	80	89.9	22.2	83.3	66.6	90
	800	125	87.4	52.7	130.2	64.7	140	125	87.4	52.7	130.2	64.7	130
100	12 000	10	0.2	6.5	8.7	0.1	20	5	4.8	1.5	4.3	3.0	20
	10 000	10	1.8	5.8	8.7	1.1	20	5	6.8	0.8	4.3	4.2	20
	8 000	10	4.8	4.7	8.7	2.9	20	10	4.8	4.7	8.7	2.9	20
	7 000	15	1.9	8.9	13.0	1.2	20	10	6.9	3.9	8.7	4.3	20
	6 000	15	4.7	7.9	13.0	2.9	20	10	9.7	2.9	8.7	6.0	20
	5 000	20	3.6	11.5	17.4	2.2	20	10	13.6	1.5	8.7	8.4	20
	4 000	25	4.5	14.4	21.7	2.8	30	15	14.5	4.4	13.0	9.0	20
	3 000	35	4.3	20.8	30.4	2.7	40	15	24.3	0.8	13.0	15.0	20
	2 800	40	2.1	24.8	34.7	1.3	40	15	27.1	0.2	13.0	16.7	20
	2 500	45	2.2	28.0	39.1	1.4	40	20	27.2	3.0	17.4	16.8	20
	2 000	50	9.0	28.8	43.4	5.6	50	25	34.0	3.8	21.7	21.0	30
	1 800	50	15.6	26.4	43.4	9.6	50	25	40.6	1.4	21.7	25.0	30
	1 600	55	18.8	28.4	47.7	11.6	50	30	43.8	3.4	26.0	27.0	30
	1 400	60	24.3	29.7	52.1	15.0	60	35	49.3	4.7	30.4	30.4	40
	1 200	65	33.3	29.6	56.4	20.6	60	40	58.3	4.6	34.7	36.0	40
	1 000	70	48.0	27.5	60.8	29.6	70	50	68.0	7.5	43.4	42.0	50
	800	80	67.5	26.9	69.4	41.7	70	80	67.5	26.9	69.4	41.7	70
	700	110	58.6	49.3	9.5	36.2	100	80	88.6	19.3	69.4	54.7	70
	600	120	76.7	49.2	104.2	47.3	110	110	86.7	39.2	95.5	53.5	100
	550	125	89.5	47.8	108.5	55.3	110	125	89.5	47.8	108.5	55.3	110

续上表

工程条件		一般						困难					
v_{max}	R	h_{sup}	h_q	h_g	l_2	l_3	l_0	h_{inf}	h_q	h_g	l_2	l_3	l_0
(km/h)	(m)	(mm)			(m)			(mm)			(m)		
80	12 000	5	1.3	2.5	3.5	0.7	20	5	1.3	2.5	3.5	0.7	20
	10 000	5	2.6	2.0	3.5	1.3	20	5	2.6	2.0	3.5	1.3	20
	8 000	5	4.4	1.3	3.5	2.2	20	5	4.4	1.3	3.5	2.2	20
	7 000	10	0.8	5.8	6.9	0.4	20	5	5.8	0.8	3.5	2.9	20
	6 000	10	2.6	5.1	6.9	1.3	20	5	7.6	0.1	3.5	3.7	20
	5 000	15	0.1	9.1	10.4	0.1	20	10	5.1	4.1	6.9	2.5	20
	4 000	15	3.9	7.6	10.4	1.9	20	10	8.9	2.6	6.9	4.4	20
	3 000	25	0.2	15.2	17.4	0.1	20	10	15.2	0.2	6.9	7.5	20
	2 800	25	2.0	14.5	17.4	1.0	20	10	17.0	0.5	6.9	8.4	20
	2 500	30	0.2	18.2	20.8	0.1	30	15	15.2	3.2	10.4	7.5	20
	2 000	35	2.8	20.3	24.3	1.4	30	15	22.8	0.2	10.4	11.2	20
	1 800	40	2.0	23.6	27.8	1.0	30	20	22.0	3.6	13.9	10.8	20
	1 600	45	2.2	26.6	31.3	1.1	40	20	27.2	1.6	13.9	13.4	20
	1 400	50	3.9	28.9	34.7	1.9	40	25	28.9	3.9	17.4	14.3	20
	1 200	50	12.9	25.4	34.7	6.4	40	25	37.9	0.4	17.4	18.7	20
	1 000	55	20.5	25.5	38.2	10.1	40	30	45.5	0.5	20.8	22.5	30
	800	65	29.4	28.1	45.1	14.5	50	40	54.4	3.1	27.8	26.9	30
	700	70	37.9	27.9	48.6	18.7	50	45	62.9	2.9	31.3	31.1	40
	600	75	50.9	25.8	52.1	25.1	60	60	65.9	10.8	41.7	32.5	50
	550	80	57.3	26.4	55.6	28.3	60	70	67.3	16.4	48.6	33.2	50
	500	85	66.0	26.0	59.3	32.6	60	85	66.0	26.0	59.0	32.6	60
	450	115	52.8	49.4	79.9	26.1	80	80	87.8	14.4	55.6	43.4	60
	400	120	68.8	46.3	83.3	34.0	90	100	88.8	26.2	69.4	43.9	70
	350	130	85.8	45.7	90.3	42.4	100	130	85.8	45.7	90.3	42.4	90

b. 最小缓和曲线长度的检算。上述计算是以曲线超高允许设置范围的上、下界作为确定缓和曲线长度的计算超高，使欠、过超高处于不均衡状态，且采用的超高顺坡率和舒适度参数与《铁路线路维修规则》也不相同。因此，为了更大程度地满足工务部门根据《铁路线路维修规则》的有关规定和实际情况确定和调整曲线实设超高的需要，本规范以能使欠、过超高保持比较合理比例的计算超高对缓和曲线长度的计算结果进行检算，判断由缓和曲线长度计算值所确定的超高顺坡率和舒适度指标是否能满足，若不能满足，则增大缓和曲线长度直到满足为止。各检算指标按下列公式计算。

$$h_q = 11.8\frac{v_{max}^2}{R} - h_{chk} \tag{21}$$

$$h_g = h_{chk} - 11.8\frac{v_H^2}{R} \tag{22}$$

$$\beta_j = \frac{1}{v_{max}}\sqrt{\frac{h_{chk}R}{11.8}} \tag{23}$$

$$i_j = \frac{h_{chk}}{l_0} \leqslant i \tag{24}$$

$$f_j = \frac{h_{chk} v_{max}}{3.6 l_0} \leqslant f \tag{25}$$

$$b_j = \frac{h_q v_{max}}{3.6 l_0} \leqslant b \tag{26}$$

$$\alpha_j = \frac{1\,000 l_0}{h_{chk} v_{max}} = \frac{1\,000}{i_j v_{max}} \tag{27}$$

式中 β_j——速度系数,为均方根速度与最高速度的比值;

α_j——超高时变率系数。

根据以以上算公式(21)~(27)及表21的检算用超高和表22的检算参数,对最小缓和曲线长度进行检算和调整,结果见表24。

表24 最小缓和曲线长度检算

工程条件						一般					困难				
v_{max}	R	h_{chk}	h_q	h_g	β_j	l_0	i_j	f_j	b_j	α_j	l_0	i_j	f_j	b_j	α_j
(km/h)	(m)	(mm)				(m)	(‰)	(mm/s)			(m)	(‰)	(mm/s)		
160	12 000	15	10.2	7.0	0.77	40	0.38	16.7	11.3	16.4	30	0.50	22.2	15.1	12.5
	10 000	15	15.2	5.4	0.70	50	0.30	13.3	13.5	20.8	40	0.38	16.7	6.6	16.4
	8 000	20	17.8	8.1	0.73	60	0.33	14.8	13.2	18.9	50	0.40	17.8	16.9	15.6
	7 000	25	18.2	11.3	0.76	70	0.36	15.9	11.6	17.4	50	0.50	22.2	22.5	15.6
	6 000	25	25.3	9.1	0.70	70	0.29	15.9	16.1	21.6	50	0.50	22.2	22.5	12.5
	5 000	35	25.4	15.9	0.76	70	0.50	22.2	16.1	12.5	60	0.58	25.9	18.8	10.8
	4 000	40	35.5	16.1	0.73	80	0.50	22.2	19.7	12.5	70	0.57	25.4	22.5	11.0
	3 000	55	45.7	23.1	0.74	90	0.61	27.2	22.6	10.2	80	0.69	30.5	25.4	9.1
	2 800	60	47.9	25.9	0.74	100	0.60	26.7	21.3	10.4	90	0.67	29.6	23.7	9.3
	2 500	65	55.8	26.8	0.73	110	0.59	26.3	22.5	10.6	100	0.65	28.9	24.8	9.6
	2 000	85	66.0	37.2	0.75	140	0.61	27.0	21.0	10.2	120	0.71	31.5	24.4	8.8
	1 800	95	72.8	41.9	0.75	160	0.59	26.4	20.2	10.6	140	0.68	28.6	23.1	9.2
	1 600	105	83.8	45.3	0.74	170	0.62	27.5	21.9	10.1	150	0.70	31.1	24.8	8.9
140	12 000	15	4.3	8.7	0.88	30	0.50	19.4	5.6	14.3	20	0.75	29.2	8.4	9.5
	10 000	15	8.1	7.4	0.81	30	0.50	19.4	10.5	14.3	20	0.75	29.2	14.4	9.5
	8 000	15	13.9	5.6	0.72	40	0.38	14.6	13.5	19.1	20	0.75	29.2	27.1	9.5
	7 000	20	13.0	9.2	0.78	50	0.40	15.6	10.1	17.9	30	0.67	25.9	16.9	10.7
	6 000	20	18.5	7.4	0.72	50	0.40	15.6	14.4	17.9	30	0.67	25.9	24.0	10.7
	5 000	25	21.3	9.9	0.74	60	0.42	16.2	13.8	17.1	40	0.63	24.3	20.7	11.4
	4 000	30	27.8	11.1	0.72	60	0.50	19.4	18.0	14.3	40	0.75	29.2	27.1	9.5
	3 000	40	37.1	14.8	0.72	70	0.57	22.2	20.6	12.5	50	0.80	31.1	28.9	8.9
	2 800	45	37.6	18.0	0.74	80	0.56	21.9	18.3	12.8	60	0.75	29.2	24.4	9.5
	2 500	50	42.5	19.8	0.74	80	0.63	24.3	20.7	11.4	70	0.71	27.8	23.6	10.0
	2 000	60	55.6	22.2	0.72	90	0.67	25.9	24.3	10.7	80	0.75	29.2	27.1	9.5
	1 800	65	63.5	23.0	0.71	100	0.65	25.3	24.7	11.0	80	0.81	31.6	30.9	8.8
	1 600	75	69.6	27.8	0.72	110	0.68	26.5	24.6	10.5	100	0.75	29.2	27.1	9.5
	1 400	90	75.2	36.1	0.74	130	0.69	26.9	22.5	10.3	110	0.82	31.8	26.5	8.7
	1 200	105	87.7	42.1	0.74	150	0.70	27.2	22.8	10.2	130	0.81	31.4	26.3	8.8

CHINA RAILWAY PUBLISHING HOUSE

续上表

工程条件						一　　般					困　　难				
v_{max}	R	h_{chk}	h_q	h_g	β_j	l_0	i_j	f_j	b_j	α_j	l_0	i_j	f_j	b_j	α_j
(km/h)	(m)	(mm)				(m)	(‰)	(mm/s)			(m)	(‰)	(mm/s)		
120	12 000	10	4.2	5.2	0.84	20	0.50	16.7	7.0	16.7	20	0.50	16.7	7.0	16.7
	10 000	10	7.0	4.2	0.77	20	0.50	16.7	11.7	16.7	20	0.50	16.7	11.7	16.7
	8 000	15	6.2	7.8	0.84	30	0.50	16.7	6.9	16.7	20	0.75	25.0	10.3	11.1
	7 000	15	9.3	6.7	0.79	30	0.50	16.7	10.3	16.7	20	0.75	25.0	15.5	11.1
	6 000	15	13.3	5.4	0.73	30	0.50	16.7	14.8	16.7	20	0.75	25.0	22.2	11.1
	5 000	20	14.0	8.4	0.77	40	0.50	16.7	11.7	16.7	30	0.67	22.2	15.5	12.5
	4 000	25	17.5	10.5	0.77	50	0.50	16.7	11.7	16.7	30	0.83	27.8	19.4	10.1
	3 000	30	26.6	10.7	0.73	50	0.60	20.2	17.8	13.9	40	0.75	25.0	22.2	11.1
	2 800	35	25.7	14.4	0.76	50	0.70	23.3	17.1	11.9	40	0.88	29.2	21.4	9.5
	2 500	35	33.0	11.9	0.72	60	0.58	19.4	18.3	14.3	40	0.88	29.2	27.5	9.5
	2 000	45	40.0	16.1	0.73	60	0.75	25.0	22.2	11.1	50	0.90	30.0	26.2	9.3
	1 800	50	44.4	17.9	0.73	70	0.71	23.8	21.1	11.7	60	0.83	27.8	24.3	10.0
	1 600	55	51.2	18.9	0.72	70	0.79	26.2	24.4	10.6	60	0.92	30.6	28.4	9.1
	1 400	65	56.4	23.7	0.73	80	0.81	27.1	23.5	10.3	70	0.93	31.0	26.8	9.0
	1 200	75	66.6	26.8	0.73	90	0.83	27.8	24.7	10.1	80	0.94	31.3	27.8	8.9
	1 000	95	74.9	37.2	0.75	120	0.79	26.4	20.8	10.5	100	0.95	31.7	25.0	8.8
	800	125	87.4	52.7	0.77	150	0.83	27.8	19.4	10.0	130	0.96	32.0	22.4	8.7
100	12 000	10	0.2	5.2	1.00	20	0.50	13.9	0.3	6.7	20	0.50	13.9	0.3	0.7
	10 000	10	108	5.8	0.92	20	0.50	13.9	2.5	20.0	20	0.50	13.9	2.5	20.0
	8 000	10	4.8	4.7	0.82	20	0.50	13.9	6.6	20.0	20	0.50	13.9	6.6	20.0
	7 000	10	6.9	3.9	0.77	20	0.50	13.9	9.6	20.0	20	0.50	13.9	11.5	20.0
	6 000	10	9.7	2.9	0.71	20	0.50	13.9	13.4	20.0	20	0.50	13.9	13.4	20.0
	5 000	15	8.6	6.5	0.80	20	0.75	20.8	11.9	13.3	20	0.75	20.8	11.9	13.3
	4 000	15	14.5	4.4	0.71	30	0.50	13.9	13.4	20.0	20	0.75	20.8	20.1	13.3
	3 000	20	19.3	5.8	0.71	40	0.50	13.9	13.4	20.0	20	1.00	27.8	26.9	10.0
	2 800	25	17.1	9.8	0.77	40	0.63	17.4	11.9	15.9	30	0.83	23.1	15.8	12.0
	2 500	25	22.2	8.0	0.73	40	0.63	17.4	15.4	16.0	30	0.83	23.1	20.6	12.0
	2 000	35	24.0	13.8	0.77	50	0.70	19.4	13.3	14.3	40	0.88	24.3	21.2	11.4
	1 800	35	30.6	11.4	0.73	50	0.70	19.4	17.0	14.3	40	0.88	24.3	21.22	11.4
	1 600	40	33.8	13.4	0.74	50	0.80	22.2	18.8	12.5	40	1.00	27.8	23.4	10.0
	1 400	45	39.3	14.7	0.73	60	0.75	20.8	18.2	13.3	40	1.13	31.3	27.3	8.9
	1 200	55	43.3	19.6	0.75	60	0.92	25.5	20.1	10.9	50	1.10	30.6	24.1	9.1
	1 000	65	53.0	22.5	0.74	70	0.93	25.8	21.0	10.8	60	1.08	30.1	24.5	9.2
	800	80	67.5	26.9	0.74	80	1.00	27.8	23.4	10.0	70	1.14	31.7	26.9	8.8
	700	100	68.6	39.3	0.77	100	1.00	27.8	19.1	10.0	90	1.11	30.9	21.2	9.0
	600	115	81.7	44.2	0.76	120	0.96	26.6	18.9	10.4	100	1.15	31.9	22.7	8.7
	550	125	89.5	47.8	0.76	130	0.96	26.7	19.1	10.4	110	1.14	31.6	22.6	8.8

CHINA RAILWAY PUBLISHING HOUSE

续上表

工程条件						一般					困难				
v_{max}	R	h_{chk}	h_q	h_g	β_j	l_0	i_j	f_j	b_j	α_j	l_0	i_j	f_j	b_j	α_j
(km/h)	(m)	(mm)				(m)	(‰)	(mm/s)			(m)	(‰)	(mm/s)		
80	12 000	5	1.3	1.5	0.89	20	0.25	5.6	1.4	50	20	0.25	5.6	1.4	50.0
	10 000	5	2.6	2.0	0.81	20	0.25	5.6	2.8	50.0	20	0.25	5.6	4.9	50.0
	8 000	5	4.4	1.3	0.73	20	0.25	5.6	4.9	50.0	20	0.25	5.6	4.9	50.0
	7 000	5	5.8	0.8	0.68	20	0.25	5.6	6.4	50.0	20	0.25	5.6	6.4	50.0
	6 000	5	7.6	0.1	0.63	20	0.25	5.6	8.4	50.0	20	0.25	5.6	8.4	50.0
	5 000	10	5.1	4.1	0.81	20	0.50	11.1	5.7	25.0	20	0.50	11.1	5.7	25.0
	4 000	10	8.9	2.6	0.73	20	0.50	11.1	9.9	25.0	20	0.50	11.1	9.9	25.0
	3 000	15	10.2	5.2	0.77	20	0.75	16.7	11.3	16.7	20	0.75	16.7	11.3	16.7
	2 800	15	12.0	4.5	0.75	20	0.75	16.7	13.3	16.7	20	0.75	16.7	13.3	16.7
	2 500	15	15.2	3.2	0.70	30	0.50	11.1	11.3	25.0	20	0.75	16.7	16.9	16.7
	2 000	20	17.8	5.3	0.73	30	0.67	14.8	13.2	18.8	20	1.00	22.2	19.7	12:5
	1 800	25	17.0	8.6	0.77	30	0.83	18.5	12.6	15.0	20	1.25	27.8	18.8	10.0
	1 600	25	22.2	6.6	0.73	40	0.63	13.9	12.3	20.2	20	1.25	27.8	24.7	10.0
	1 400	30	23.9	8.9	0.75	40	0.75	16.7	13.3	16.7	20	1.50	33.3	26.6	8.3
	1 200	35	27.9	10.4	0.75	40	0.88	19.4	15.5	14.3	30	1.17	25.9	20.0	10.7
	1 000	45	30.5	15.5	0.77	40	1.13	25.0	17.0	11.1	30	1.50	33.3	22.6	8.3
	800	55	39.4	18.1	0.76	50	1.10	24.4	17.5	11.4	40	1.38	30.6	21.9	9.1
	700	60	47.9	17.9	0.75	50	1.20	26.7	21.3	10.4	40	1.50	33.3	26.6	8.3
	600	70	55.9	20.8	0.75	60	1.17	25.9	20.7	10.7	50	1.40	31.1	24.8	8.9
	550	80	57.3	264	0.76	60	1.33	29.6	21.2	9.4	50	1.60	35.6	25.5	7.8
	500	85	66.0	26.0	0.75	60	1.42	31.5	24.5	8.8	60	1.42	31.5	24.5	8.8
	450	100	67.8	34.4	0.77	80	1.25	27.8	18.8	10.0	70	1.43	31.7	21.5	8.8
	400	115	73.8	41.3	0.78	90	1.28	28.4	18.2	9.8	80	1.43	31.9	20.3	8.7
	350	130	85.8	45.7	0.78	100	1.30	28.9	19.1	9.6	90	1.44	32.0	21.2	8.7

④ 最小缓和曲线长度。

综合表23的计算结果和表24的检算结果，对160 km/h检算值不符合要求的缓和曲线长度进行适当调整，得到缓和曲线长度标准见表25。

表25 最小缓和曲线长度(m)

v_{max}(km/h)		160		140		120		100		80	
工程条件		一般	困难	一般	困难	一般	困难	一般	困难	一般	困难
R	12 000	40	40	30	20	20	20	20	20	20	20
	10 000	50	40	30	20	20	20	20	20	20	20
	8 000	60	50	40	20	30	20	20	20	20	20
	7 000	70	50	50	30	30	20	20	20	20	20
	6 000	70	50	50	30	30	20	20	20	20	20
	5 000	70	60	60	40	40	30	20	20	20	20

CHINA RAILWAY PUBLISHING HOUSE

续上表

v_{max}(km/h)		160		140		120		100		80	
工程条件		一般	困难	一般	困难	一般	困难	一般	困难	一般	困难
R	4 500	70	60	60	40	40	30	30	20	20	20
	4 000	80	70	60	40	50	30	30	20	20	20
	3 500	90	70	70	50	50	40	40	20	20	20
	3 000	90	80	70	50	50	40	40	20	20	20
	2 800	100	90	80	60	50	40	40	30	20	20
	2 500	110	100	80	70	60	40	40	30	30	20
	2 000	140	120	90	80	60	50	50	40	30	20
	1 800	160	140	100	80	70	60	50	40	30	20
	1 600	170	160	110	100	70	60	50	40	40	20
	1 400	—	—	130	110	80	70	60	40	40	20
	1 200	—	—	150	130	90	80	60	50	40	30
	1 000	—	—	—	—	120	100	70	60	40	30
	800	—	—	—	—	150	130	80	70	50	40
	700	—	—	—	—	—	—	100	90	50	40
	600	—	—	—	—	—	—	120	100	60	50
	550	—	—	—	—	—	—	130	110	60	50
	500	—	—	—	—	—	—	—	—	60	60
	450	—	—	—	—	—	—	—	—	80	70
	400	—	—	—	—	—	—	—	—	90	80
	350	—	—	—	—	—	—	—	—	100	90

6)本条文表 3.1.5—1 和表 3.1.5—2 缓和曲线长度标准的使用说明。选用缓和曲线长度时,应根据地形、纵断面及相邻曲线、客货列车比例、货车速度、运输要求以及将来发展的可能等条件确定。缓和曲线长度标准的选用原则为:

一般情况下,尤其是在地形简易地段,自由坡地段,旅客列车比例较大路段和将来有较大幅度提高客货列车速度要求的路段应优先选用表 3.1.5—1 规定的数值。

困难条件下,在地形较为困难地段、紧坡地段或停车站两端、凸形纵断面坡顶等行车速度不高的地段以及低等级铁路中客车对数较少且货车速度较低的路段和对行车速度要求不高的路段,可选用表 3.1.5—2 的"一般"栏数值。

特殊困难条件下,在地形特别困难地段、紧坡地段或停车站两端、凸形纵断面坡顶等行车速度不高的地段以及低等级铁路中客车对数较少且货车速度较低的路段和对行车速度要求不高的路段,经技术经济比选后方可选用表 3.1.5—2 中"困难"栏数值,或"困难"栏与"一般"栏间的 10 m 整倍数的缓和曲线长度。

2 改建既有线和增建第二线的缓和曲线。改建既有线和增建第二线的并行地段,可按本条规定加长或增设缓和曲线,如受既有建筑物或线路条件限制,为减少改建工程,允许降低旅客舒适度要求,减短缓和曲线长度。特殊困难条件下,位于运输繁忙车站或重点桥隧等建筑物的线路及其引线上,改动既有线平面将引起较大工程时,允许在同一曲线两端设置不等长缓和曲线。

上述条件下的缓和曲线长度应根据曲线超高及由路段设计速度和超高时变率容许值所确定的超高顺坡率按下式计算确定：

$$l_0=\frac{h}{i} \tag{28}$$

本条文表3.1.5—3所列最大超高顺坡率是根据《既有线提速技术条件》(试行)和《铁路线路维修规则》的有关规定确定的，路段设计速度大于120 km/h的地段，(1/10v)计算超高时变率容许值f为27.8 mm/s，(1/8v)计算超高时变率容许值f为34.7 mm/s；当路段设计速度小于或等于120 km/h的地段，(1/9v)计算超高时变率容许值f为30.9 mm/s，(1/7v)计算超高时变率容许值f为39.7 mm/s。

为便于测设、养护维修和改善行车条件，凡计算确定的缓和曲线长度均应取10 m整数倍，特殊困难条件下可取整至1 m，不足20 m时应取20 m。本条之所以增加"特殊困难条件下可取整至1 m"的规定，是考虑到改建既有线缓和曲线长度的取整，如按10 m的整倍数计，有时桥隧建筑物控制点的计算拨距偏大，导致废弃工程，尤其是转向角接近180°时凑整误差的影响更大，故在特殊困难条件下予以放宽。

3　复曲线设置中间缓和曲线问题。既有线在困难条件下保留复曲线时，应设置满足超高顺坡要求的中间缓和曲线，以利超高和加宽的递增，并缓和离心加速度的骤变。若复曲线不设缓和曲线，则由于两圆曲线的外轨超过不同，当旅客列车通过两圆连接点时，欠超高在短时间内产生骤变，而时变率受旅客舒适度限制，故应根据允许的欠超高时变率来确定两圆曲线不设中间缓和曲线而直接相连时两圆曲线半径应满足的条件。

如图2所示，h_1、h_2是半径为R_1、R_2的圆曲线实设超高，CD为超高递变段实设超高，超高顺坡率为i，E为R_1、R_2两圆连接点。设客车车辆为刚体，作质点运动，车体长度为L，车辆通过两圆连接点E前后，质心在A、B位置，其间距为L。

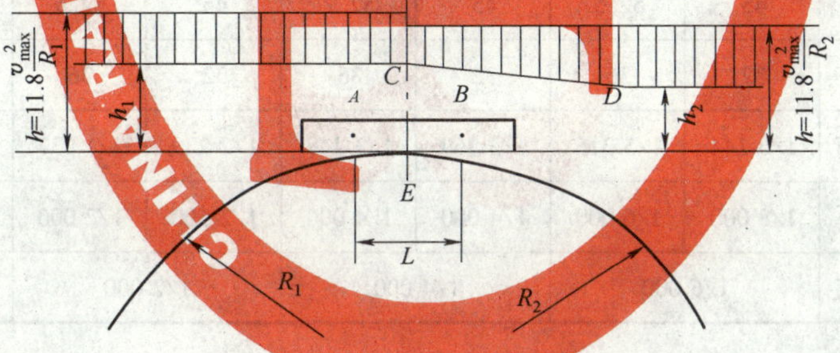

图2　曲线超高变化示意图

CHINA RAILWAY PUBLISHING HOUSE

则质点在A时的欠超高h_{q1}为：

$$h_{q1}=11.8\frac{v_{max}^2}{R_1}-h_1 \tag{29}$$

质点在B时的欠超高h_{q2}为：

$$h_{q2}=11.8\frac{v_{max}^2}{R_2}-h_1+\frac{1}{2}L_i \tag{30}$$

其间欠超高变化Δh_q为：

$$\Delta h_q=h_{q1}-h_{q2}=11.8v_{max}^2\left(\frac{1}{R_1}-\frac{1}{R_2}\right)-\frac{1}{2}L_i \tag{31}$$

经行 AB 点的时间为：

$$t=3.6\frac{L}{v_{max}} \tag{32}$$

故欠超高时变率 b_0 为：

$$b_0=\frac{\Delta h_q}{t}=\left[11.8v_{max}^2\left(\frac{1}{R_1}-\frac{1}{R_2}\right)-\frac{1}{2}L_i\right]\frac{v_{max}^2}{3.6L} \tag{33}$$

当 b_0 不大于允许值 b 时，可不设中间缓和曲线，即满足下式：

$$\left[11.8v_{max}^2\left(\frac{1}{R_1}-\frac{1}{R_2}\right)-\frac{1}{2}L_i\right]\frac{v_{max}^2}{3.6L}\leqslant b \tag{34}$$

整理后得：

$$\frac{1}{R_1}-\frac{1}{R_2}\leqslant\frac{3.6Lb}{11.8v_{max}^3}+\frac{L_i}{2\times11.8v_{max}^2} \tag{35}$$

因超高顺坡率 i 与超高时变率容许值 f 存在式(8)所表达的关系，故将式(8)代入式(35)后整理得：

$$\frac{1}{R_1}-\frac{1}{R_2}\leqslant\frac{3.6L(b+0.5f)}{11.8v_{max}^3} \tag{36}$$

式(36)即为两圆曲线间不加设中间缓和曲线时两圆曲线曲率差应满足的条件。各种路段设计速度下的计算参数及计算结果见表 26。

表 26　复曲线可不设中间缓和曲线的两圆曲线最大曲率差计算

v_{max}(km/h)		140		120		100		80	
工程条件		一般	困难	一般	困难	一般	困难	一般	困难
L(m)		24.0		24.0		24.0		24.0	
b(mm/s)		45	52.5	45	52.2	45	52.5	45	52.5
f(mm/s)		32	36	32	36	32	36	32	36
$\frac{1}{R_1}-\frac{1}{R_2}$	计算值	1/6 144	1/5 316	1/3 869	1/3 348	1/2 239	1/1 937	1/1 146	1/992
	取值	1/8 000	1/6 000	1/4 000	1/4 000	1/2 500	1/2 000	1/1 200	1/1 000
	采用值	1/6 000		1/4 000		1/2 000		1/1 000	

鉴于改建既有线需保留复曲线地段的工程条件一般都很困难，故取表 26 中"困难"栏的数值作为不设中间缓和曲线的两圆曲线曲率差的临界限值，得本规范表 3.1.5—3 规定的最大曲率差。

若改建既有复曲线（如延长两端缓和曲线或加设中间缓和曲线等）将引起巨大工程，而运营养护中未发现该复曲线有重大问题时，可考虑保留复曲线原状，以节约工程投资。

3.1.6　考虑到确定圆曲线和夹直线长度的理论与计算方法在力学上无大的差别，故将其合并，且按路段旅客列车设计行车速度制定统一标准。

1　圆曲线和夹直线最小长度的确定。

1）养护要求。为保持曲线圆顺，圆曲线上至少应有两个正矢桩，以便绳正曲线，故不应小于 20 m。

为正确保持直线方向,夹直线长度不宜短于 2 ~ 3 节钢轨,至少能有一节钢轨在直线上。今后干线铁路大都采用 25 m 标准长度的钢轨,故夹直线长度不宜短于 50 ~ 75 m,困难时不短于 25 m。

2)行车平稳要求。

① 为减少车辆摇摆,使列车运行平稳,圆曲线和夹直线长度不宜短于 2 ~ 3 辆客车长度,22 型、25 型客车长度分别为 24 m、25. 5 m,故圆曲线和夹直线长度应为 48 ~76. 5 m。

② 车辆通过圆曲线或夹直线两端缓和曲线时,为避免车辆后轴在缓和曲线终点(指缓圆点或缓直点)产生的振动,与车辆前轴在另一缓和曲线起点(指圆缓点或直缓点)产生的振动相叠加,圆曲线或夹直线长度 L_j 应满足:

$$L_j \geqslant \frac{nTv_{max}}{3.6} + L_q \tag{37}$$

式中 L_j——圆曲线或夹直线长度(m);

n——振动消失所经历的振动周期数(次);

T——车辆振动周期(s);

L_q——客车全轴距(m)。

考虑到车辆并非刚体,可不考虑客车全轴距的影响,即取 $L_q = 0$。n、T 值与车辆构造及弹簧装置性能有关,由于国内外均缺少研究资料,为了避开这一问题,通常将 n、T 及系数 3. 6 一并考虑,取为一个具有时间量纲的量 τ,$\tau = nT/3.6$,则式(37)可改写为:

$$L_j \geqslant \tau v_{max} \tag{38}$$

本规范综合考虑我国铁路工程与运营实践的经验和教训及国际铁路联盟 UIC 的建议值,并适当提高旅客列车设计最高行车速度为 160 km/h 的标准,选取 τ 值并据此计算圆曲线或夹直线最小长度,见表 27。

表 27　圆曲线或夹直线最小长度

v_{max}(km/h)		160		140		120		100		80	
工程条件		一般	困难	一般	困难	一般	困难	一般	困难	一般	困难
τ		0. 8	0. 5	0. 8	0. 5	0. 6	0. 4	0. 6	0. 4	0. 6	0. 4
L_i(m)	计算值	128	80	112	70	72	48	60	40	48	32
	采用值	130	80	110	70	80	50	60	40	50	30

2　改建既有线和增建第二线时的圆曲线和夹直线最小长度。改建既有线和增建第二线的并行地段,一般应采用上述圆曲线和夹直线标准,考虑到既有线的圆曲线和夹直线最小长度标准,有的偏小,如一律按上述新建铁路标准要求,势必引起大量废弃工程,尤其是反向曲线地段。故规定在曲线毗连和受桥隧建筑物等限制的特殊困难条件下,按上述标准引起巨大工程时,旅客列车设计行车速度小于 100 km/h 的地段,并有充分的技术经济依据时,圆曲线长度和夹直线长度可不受表 3. 1. 6 规定的数值限制,但不得小于 25 m。这是考虑到按轮轨接触条件,当车辆通过圆曲线和夹直线时,至少在一瞬间,能使车辆处于水平位置(即不使车辆的两转向架同时位于两缓和曲线上),故圆曲线和夹直线最小长

度不应小于车辆全轴距 18 m，考虑一定余量取为 25 m。

3.1.7　第二线位置在区间换侧，除增加施工与行车干扰外，运营初期，在第一、二线行驶的列车均需要通过新老路基交接处的土层软硬变化段，对行车与养护均不利。在车站换侧虽无上述缺点，但除技术作业站（如编组站、区段站、补机站、给水站等）因列车须停站不致影响行车外，其他车站由于列车侧向通过道岔，从而影响行车速度，增加列车摇晃，使旅客感到不适。因此，增建的第二线宜在整个区段内选在既有线的同一侧。

当线路受桥梁、隧道或其他情况限制，第二线必须换侧时，如在区间直线地段进行，除以上缺点外，还需增加一对反向曲线，因而恶化了线路平面。如区间无合适的曲线可供选用时，则可在车站附近结合车站线间距加宽，采用增设反向曲线的办法换侧（见图 3），它比在区间直线上换侧的平面条件好，对行车速度的影响也小，但如前所述，应优先在技术作业站进行。

3.1.8　本条文按路段设计速度和行车要求分别制定第一、二线曲线线间距加宽值及第二、三线曲线线间距加宽值。

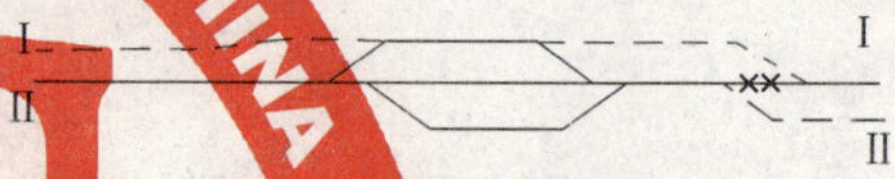

图 3　利用车站采用增设反向曲线换侧方法示意图

1　区间直线地段最小线间距。

1）区间直线地段第一、二线最小线间距。

① 据广铁局及天津客运段统计资料，区间直线地段旅客列车最高行车速度接近 160 km/h时，门窗玻璃破损发生频率较高。根据几大干线提速经验表明，当区间直线地段旅客列车最高行车速度不大于 140 km/h 时，列车交会运行未出现门窗破损现象。这说明目前我国铁路干线运行的各型机车车辆可以承受 140 km/h 交会时产生的会车压力波最大值(0.9 kPa)，本规范采用该值为允许的会车压力波最大值。根据广深线和铁科院环形试验线多次试验研究成果，区间路基地段直线线间距由 4.0 m 放宽到 4.2 m 时，会车压力波约降低 20% 左右，可控制在 0.9 kPa 以内，能够保证行车安全。故本规范区间直线地段当旅客列车最高行车速度为 160 km/h 时，第一、二线线间距暂定为 4.2 m。改建既有线及增建第二线，当最高行车速度为 160 km/h 时，区间正线最小线间距可保持 4.0 m，但应采用必要措施防止会车时引起客车车窗玻璃破损及敞车篷布飞扬等情况的发生。由于目前缺乏行车速度 160 km/h 旅客列车运行在隧道内的会车压力波试验资料，有关问题尚需进一步试验研究。

② 区间直线地段当旅客列车最高行车速度等于或小于 140 km/h 时，第一、二线线间距为 4.0 m。这是因为两线间不需设信号机和其他标志，仅需保证两线不限速会车。按现行国家标准《标准轨距铁路机车车辆限界》GB 146.1 的规定：半宽为 1 700 mm，列车信号限界宽度为 100 mm，留 400 mm 作为列车间的安全量，得：2 ×（1 700 + 100）+ 400 = 4 000（mm）。

根据有关规定，当超限货物列车在双线、多线或并行的单线区间的直线地段会车时，两列车间的最小距离大于 350 mm 者不限速；在 300 ~ 350 mm 之间运行速度不得超过 30 km/h；小于 300 mm 者禁止会车。如双线区间一线通行一级超限货物列车（半宽为 1 900 mm），另一线通行一般货物列车（半宽为 1700 mm 加车灯 100 mm）时，列车的间距为：4 000 –（1 900 + 1 700 + 100）= 300（mm）。因此一级超限货物列车与一般列车允许限速30 km/h在区间会车，若双线区间一线通行二级超限列车（半宽为 1 940 mm）或超级超限列车时，另一线均不应通过列车。

CHINA RAILWAY PUBLISHING HOUSE

增建第二线时，对超限货物运输量大而且逐年增多的线路，应结合行车组织措施，在区段内布置若干区间，使之能同时交会超限货物列车。此时，直线地段两线的线间距应不小于4.9 m(2×2 225+400=4 850 mm)，一般采用5.0 m，这些区间应选在少占农田、工程简易的区间。

2)区间直线地段第二、三线最小线间距。当区间线路数目为三线或四线时，第二、三线线间距不应小于5.3 m。这是因为考虑第二、三线线间需要装设信号机，且可在两线同时通过超限货物列车。最大超限货物列车装载的基本建筑限界半宽为2 440 mm，加信号机最大宽度410 mm，得：2×2 440+410=5 290(mm)，采用5 300 mm。

3)区间直线地段两单线铁路(非双线)并行引入车站时，应考虑装设信号机和通行超限货物列车情况，按计算决定线间距。

2　区间曲线地段线间距加宽值。

1)当曲线两端直线地段采用最小线间距时曲线线间距加宽值。

①区间曲线地段第一、二线线间距加宽。列车在曲线上运行，因为车体为刚体结构不能随线路曲度而弯曲，车体纵向中心线与线路中心线不相吻合，使车体两端向线路外侧偏移，车体中部向线路内侧偏移，同时，由于内外两条线路的曲线超高可能不同，使车体内倾的程度也不同，故与直线地段的线间距相比，曲线地段的建筑限界和相邻两线的线间距应加宽。

现行国家标准《标准轨距铁路建筑限界》(GB 146.2)规定曲线上建筑限界加宽公式如下：

曲线内侧加宽值：

$$W_1=\frac{40\ 500}{R}+\frac{H}{1\ 500}h \tag{39}$$

曲线外侧加宽值：

$$W_2=\frac{44\ 000}{R} \tag{40}$$

式中　W_1、W_2——曲线内外侧加宽值(mm)；

R——曲线半径(m)；

H——自轨面至机车车辆限界计算点的高度(mm)，取3 850 mm；

h——曲线超高(mm)。

外侧线路实设超高(h_w)等于或小于内侧线路实设超高(h_n)时，车体内倾不影响线间距，故线间距加宽值W(mm)为：

$$W=\frac{40\ 500}{R}+\frac{44\ 000}{R}=\frac{84\ 500}{R} \tag{41}$$

本条文表3.1.8—2"其他情况"栏内数值即按此式计算。

外侧线路实设超高大于内侧线路实设超高时，外侧线路上车体内倾距离大于内侧线路上车体内倾距离，故线间距加宽值W(mm)为：

$$W=\frac{40\ 500}{R}+\frac{44\ 000}{R}+(h_w-h_n)\frac{H}{1\ 500}=\frac{84\ 500}{R}+2.56(h_w-h_n) \tag{42}$$

式中　W——曲线线间距加宽值(mm)；

h_w——外侧线路曲线计算超高(mm)；

h_n——内侧线路曲线计算超高(mm)。

上式表明:曲线地段线间距加宽值除与曲线半径有关外,还与内、外侧线路实设超高 h_w、h_n 有关,计算内外两线 h_w 和 h_n 的均方根速度又与线路平面和纵断面条件、机车车辆类型、客货列车数量和牵引定数等因素有关。有些因素在设计时不易准确确定。且根据内外曲线超高逐个计算加宽值过于繁琐,为保证行车安全,考虑曲线超高设置的最不利情况,使线间距有足够的宽度,故本规范根据曲线超高的允许设置范围,以超高上界作为外侧线超高,下界作为内侧线超高,且若 $h_{sup}-h_{inf}\leq h_{sup}/2$,并令 $h_{sup}-h_{inf}=h_{sup}/2$。故曲线线间距加宽值按下式计算:

$$W=\frac{84\ 500}{R}+\max\{2.56(h_{sup}-h_{inf}),1.28h_{sup}\} \tag{43}$$

本条文表 3.1.8—2"外侧线路曲线超高大于内侧线路曲线超高时"栏内数值即按式(43)计算的,式中各计算超高按本说明表 21 取值。

② 区间曲线地段第二、三线线间距加宽值。区间曲线地段第二、三线线间距应根据现行国家标准《标准轨距铁路建筑限界》GB 146.2 曲线上建筑限界加宽办法、信号机设置情况和通行超限货物列车的装载限界加宽线间距。

曲线地段两线间设置信号机。第二、三线均通行超限货物列车和曲线上信号机建筑限界要求加宽线间距。即:

$$W=\frac{84\ 500}{R}+\frac{H}{1\ 500}h_w=\frac{84\ 500}{R}+2h_w \tag{44}$$

式中　H——最大级超限货物限界计算点至轨面高度(mm),按 3 000 mm 计算。

以本说明表 21 中超高上界 h_{sup} 作为外侧线超高按式(44)计算的结果,即为本条文表 3.1.8—2 中"第二、三线间"栏的数值。

曲线地段两线间不设信号机。按第二、三线均通行超限货物列车不限速会车的限界要求加宽线间距。因不设信号机,故加宽值应减去信号机宽度 410 mm。加宽值 W 计算式为:

当 $h_w>h_n$ 时,

$$W=\frac{84\ 500}{R}+\frac{H}{1\ 500}\times(h_w-h_n)-410=\frac{84\ 500}{R}+2(h_w-h_n)-410 \tag{45}$$

当 $h_w\leq h_n$ 时,

$$W=\frac{84\ 500}{R}-410 \tag{46}$$

上列各式均取 $H=3\ 000$ mm,如计算的 W 为负值时,线间距不需加宽,取 W 为零。计算表明,若采用超高的上、下界分别作为外、内侧线的曲线超高,当曲线半径大于或等于 350 m 时,式(45)和式(46)的计算结果均不大于 0,即不需加宽。

考虑到第二、三线曲线间是否设置信号机,与闭塞分区的设置有关,而闭塞分区在线路运营后有可能因需要而改变,故本规范规定第二、三线曲线间无论是否设置信号机,均按设置信号机的情况进行曲线线间距加宽。

第一、二线间和第二、三线间的曲线线间距加宽值计算结果见表 28。当采用表列数值间的曲线半径时,曲线线间距加宽值可采用线性内插值,并进整至 5 mm。

③ 区间曲线地段两单线铁路(非双机)的线间距加宽值。应根据装设信号机和通行超限货物列车情况按实际需要计算确定曲线地段的线间距加宽值。

CHINA RAILWAY PUBLISHING HOUSE

表 28 区间直线地段为最小线间距时曲线线间距加宽值(mm)

线别间		第一、二线间						第二、三线间				
内、外侧线路曲线超高设置情况		外侧线路曲线超高大于内侧线路曲线超高时					其他情况					
路段旅客列车设计行车速度(km/h)		160	140	120	100	80	≤160	160	140	120	100	80
曲线半径(m)	12 000	50	35	30	20	15	10	60	50	40	30	20
	10 000	60	35	30	20	15	10	70	50	40	30	20
	8 000	75	50	35	25	15	10	95	60	50	30	20
	7 000	80	65	50	30	20	15	105	85	65	45	35
	6 000	80	65	50	35	25	15	115	85	65	45	35
	5 000	95	80	55	40	35	15	120	105	75	55	45
	4 500	100	85	70	45	40	20	125	110	90	60	50
	4 000	100	85	85	55	40	20	135	110	100	70	50
	3 500	105	100	90	65	50	25	145	135	115	85	65
	3 000	105	100	90	80	65	30	150	140	120	100	80
	2 500	125	110	100	100	70	35	175	155	135	125	95
	2 000	175	125	115	105	95	40	245	170	150	140	110
	1 800	185	135	125	110	100	45	260	185	165	145	125
	1 600	195	150	135	125	115	55	275	205	185	165	145
	1 400	—	190	150	135	125	60	—	260	200	180	160
	1 200	—	210	165	155	135	70	—	290	220	200	170
	1 000	—	—	220	175	155	85	—	—	295	225	195
	800	—	—	265	210	190	105	—	—	355	265	235
	700	—	—	—	260	210	120	—	—	—	340	260
	600	—	—	—	295	235	140	—	—	—	380	290
	550	—	—	—	315	255	155	—	—	—	405	315
	500	—	—	—	—	280	170	—	—	—	—	340
	450	—	—	—	—	335	190	—	—	—	—	420
	400	—	—	—	—	365	210	—	—	—	—	450
	350	—	—	—	—	410	240	—	—	—	—	500

2)当曲线两端直线地段的线间距大于最小线间距时曲线线间距加宽值。当曲线两端直线地段的线间距大于最小线间距时,应检算曲线线间距是否应进行加宽,若需加宽,则加宽值按本条文公式 3.1.8—1 计算确定。

3 曲线地段线间距加宽方法。

新建双线或增建第二、三线时,并行地段的曲线线间距加宽一般应采用加长内侧线缓和曲线的方法解决,以节省工程和不恶化线路平面。外侧曲线缓和曲线长度取规定长度 L_w(m),其内移量 P_w(m)为:

$$P_w = \frac{L_w^2}{24R_w} \tag{47}$$

CHINA RAILWAY PUBLISHING HOUSE

若线间距加宽 W'(mm)，则内侧曲线加缓和曲线后的内移量 P_n(m)为：

$$P_n = P_w + W' \times 10^{-3} = \frac{L_w^2}{24R_w} + W' \times 10^{-3} \tag{48}$$

内侧线缓和曲线长度 L_n(m)应为：

$$L_n = \sqrt{24R_n\left(\frac{L_w^2}{24R_w} + W' \times 10^{-3}\right)} \tag{49}$$

式(49)即为本规范公式(3.1.8—2)。计算结果取 10 m 的整倍数。

夹直线较短时，两曲线和夹直线地段可按其中较大的加宽值加宽。连续的、集中的小曲线半径地段也可采用同一加宽值来加宽线间距。

3.1.9　本条规定了区间线间距变更方法及其相关的平面标准。

1　车站两端和桥隧地段的线间距变更方法。线间距变更时，应结合具体情况进行，避免过分恶化线路平面和增加养护工作困难。

1）若需要变更的附近有曲线时，可利用曲线变更线间距至需要的宽度。这样可不增加曲线个数，有利于运营养护，设计时应优先采用。

2）如需要变更的附近没有曲线可利用时，可在第二线上加设反向曲线来变更线间距。因增加一组反向曲线，对运营养护不利，不得已时才采用。反向曲线应采用较大半径，并按规定设计缓和曲线及圆曲线和夹直线，以保证行车平稳。

3）在渺无人烟的戈壁荒漠上，若需变更线间距而在较长的线路上无平面曲线可利用时，为避免人为增加反向曲线而恶化运营条件，也可根据实际情况，让区间的线间距与车站内的线间距一致。

2　用反向曲线加宽线间距时对缓和曲线的规定。在第二或第三线直线上加设反向曲线加宽线间距，如图 4 所示，若加宽值较小(如小于 1 m)，则反向曲线的偏角 α 也较小，能否设置缓和曲线将受圆曲线和夹直线最小长度标准的控制。

图中，设反向曲线的每一曲线半径同为 R(m)，夹直线长度为 L_j(m)，线间距加宽为 Δd(m)，曲线偏角为 α。

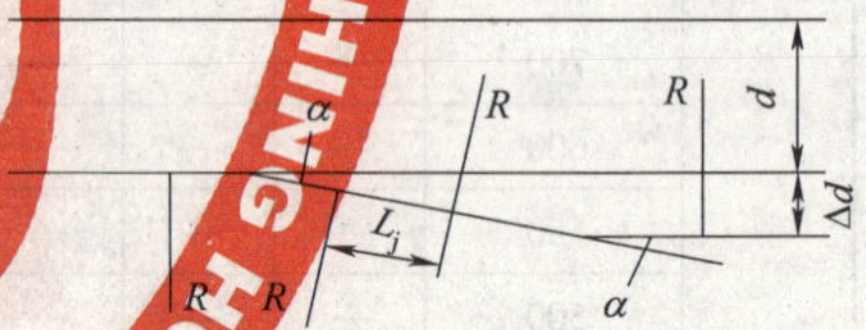

图 4　反向曲线加宽线间距示意图

考虑一般情况，即设置长度为 l_0(m)的缓和曲线，令圆曲线的内移量为 p(m)，切垂距为 m(m)，则 p、m 可分别按下式计算：

$$p = \frac{l_0^2}{24R} \tag{50}$$

$$m = \frac{l_0}{2} \tag{51}$$

由图 4 得：

$$\tan\frac{\alpha}{2} = \frac{\sqrt{(2m+L_j)^2 + 4(R+p)\Delta d - \Delta d^2} - (2m+L_j)}{4(R+p) - \Delta d} \tag{52}$$

与圆曲线最小长度 L_{Ymin}(m)相对应的曲线偏角 α_{min} 按下式计算：

$$\alpha_{min} = \frac{180(L_{Ymin} + l_0)}{\pi R} \tag{53}$$

当式(53)算得的 α 不小于式(54)算得的 α_{min} 时，才能保证圆曲线最小长度。

CHINA RAILWAY PUBLISHING HOUSE

现以常见的线间距由区间 4 m 加宽至站内 5 m(160 km/h 时为由区间 4.2 m 加宽至站内 5 m)加宽 $\Delta d=1$ m(0.8 m)为例,设和不设缓和曲线时满足 $\alpha \geqslant \alpha_{min}$ 的最小曲线半径 R_{min} 的计算结果分别见表 29 和表 30。

表 29　$\Delta d=1.0$ m(0.8 m)加设缓和曲线时满足圆曲线最小长度要求的最小曲线半径

v_{max}(km/h)	160		140		120			100			80			
工程条件	一般	困难	一般	困难	一般	困难		一般	困难		一般		困难	
R_m	12 000	12 000	12 000	12 000	12 000	10 000	8 000	12 000	8 000	6 000	10 000	8 000	5 000	4 000
l_0(m)	40	30	30	20	20	20		20	20		20		20	
L_{Ymin}(m)	130	80	110	70	80	50		60	40		50		30	
L_j(m)	130	80	110	70	80	50		60	40		50		30	
α(′)	12.8	16.4	17.2	21.0	20.2	24.4	26.2	21.9	27.6	30.4	24.4	26.2	34.4	37.0
α_{min}(′)	48.7	31.5	40.1	25.7	28.6	24.1	30.1	22.9	25.8	34.4	24.1	30.1	34.4	43.0
R_{min}(m)	>12 000	>12 000	>12 000	>12 000	>12 000	1 000		>12 000	8 000		10 000		5 000	

注:旅客列车最高行车速度 $v_{max}=160$ km/h 时,$\Delta d=0.8$ m。

表 30　$\Delta d=1.0$ m(0.8 m)不设缓和曲线时满足圆曲线最小长度要求的最小曲线半径

v_{max}(km/h)	160		140			120			100				80			
工程条件	一般	困难	一般	困难		一般	困难		一般		困难		一般		困难	
R(m)	12 000	12 000	12 000	10 000	8 000	12 000	5 000	4 000	8 000	6 000	4 000	3 000	5 000	4 000	1 800	1 600
L_{Ymin}(m)	130	80	110	70		80	50		60		40		50		30	
L_j(m)	130	80	110	70		80	50		60		40		50		30	
α(′)	15.1	18.9	19.4	24.4	26.2	21.9	34.4	37.0	27.6	30.4	39.8	43.9	34.4	37.0	57.3	59.6
α_{min}(′)	37.2	22.9	31.5	24.1	30.1	22.9	34.4	43.0	25.8	34.4	34.4	45.8	34.4	43.0	57.3	64.5
R_{min}(m)	>12 000	>12 000	>12 000	10 000		>12 000	5 000		8 000		4 000		5 000		1 800	

注:旅客列车最高行车速度 $v_{max}=160$ km/h 时,$\Delta d=0.8$ m。

由表 29 和表 30 可知,加设缓和曲线时,能保证圆曲线最小长度要求的最小曲线半径都很大,不设缓和曲线时,能保证圆曲线最小长度要求的最小曲线半径明显减小。

但还应考虑圆曲线不设缓和曲线时旅客舒适度的要求。

设有缓和曲线时,欠超高是在缓和曲线全长上递变的,其变化率在旅客舒适度允许限度内。不设缓和曲线时,列车通过直圆点或圆直点时,欠超高在短时间内产生或消失,其时变率受旅客舒适度的限制,可根据允许的欠超高时变率利用本说明式(36)来确定不设缓和曲线的最小曲线半径。

把直线看作是半径为∞(曲率为0)的圆曲线,因此,不设缓和曲线而使圆曲线与直线直接相连的最小圆曲线半径 R 为:

令
$$R_1=R, R_2=\infty\ (1/R_2=0)$$

代入式(36)并整理得:

$$R \geqslant \frac{11.8 v_{max}^3}{3.6L(b+0.5f)} \tag{54}$$

根据本规范所采用的计算参数 b、f 值及满足式(55)的最小圆曲线半径 R_{min}，计算结果见表 31。

表 31　不设缓和曲线时受旅客舒适度限制的最小曲线半径

v_{max}(km/h)		160		140		120		100		80	
工程条件		一般	困难	一般	困难	一般	困难	一般	困难	一般	困难
L(m)		24.0		24.0		24.0		24.0		24.0	
b(mm/s)		40	45	45	52.5	45	52.5	45	52.5	45	52.5
f(mm/s)		31	35	32	36	32	36	32	36	32	36
R_{min}(m)	计算值	10 080	8 950	6 144	5 316	3 869	3 348	2 239	1 937	1 146	992
	取值	12 000	10 000	8 000	6 000	4 000	4 000	2 500	2 000	1 200	1 000

比较表 30 与表 31 知，采用反向曲线加宽线间距时，不设缓和曲线的最小圆曲线半径受圆曲线最小长度的控制，而不受旅客舒适度要求的限制。因此，将表 30 中“困难”栏所对应的最小曲线半径值，作为采用反向曲线加宽线间距时，受圆曲线最小长度限制而不设缓和曲线的最小圆曲线半径标准，但路段设计速度为 80 km/h 时的半径标准由 1 800 m 提高到 3 000 m。

3　并行两线采用反向曲线变更线间距时的圆曲线和夹直线长度。

并行两线采用反向曲线变更线间距值较小时，两反向圆曲线及夹直线的长度可能受曲线偏角的限制，不能满足本规范表 3.1.6 的要求。

仍以常见的线间距加宽 $\Delta d=1$ m(0.8 m)为例，圆曲线长度 L_{Ymin} 和夹直线长度 L_j 按本规范表 3.1.6 规定的数值或 20 m 的不同组合取值，在不设和加设缓和曲线(其长度 l_0 取本规范表 3.1.5—1 中的相应标准值)时满足 $\alpha \geqslant \alpha_{min}$ 的最小圆曲线半径 R_{min}(m)的计算结果见表 32。

表 32　圆曲线和夹直线最小长度不同组合时不受曲线偏角限制的最小曲线半径(m)

v_{max}(km/h)			160		140		120		100		80	
L_0(m)	L_j(m)	L_{Ymin}(m)	一般	困难	一般	困难	一般	困难	一般	困难	一般	困难
取标准值	取标准值	取标准值	> 12 000	> 12 000	> 12 000	> 12 000	> 12 000	10 000	> 12 000	8 000	10 000	5 000
	20	取标准值	> 12 000	> 12 000	> 12 000	> 12 000	> 12 000	8 000	10 000	6 000	8 000	5 000
	20	20	12 000	10 000	8 000	6 000	6 000	5 000	5 000	4 000	4 000	4 000
	取标准值	20	> 12 000	12 000	10 000	8 000	8 000	5 000	5 000	4 000	5 000	4 000
0	取标准值	取标准值	> 12 000	> 12 000	> 12 000	10 000	> 12 000	5 000	8 000	4 000	5 000	1 800
	20	取标准值	> 12 000	10 000	> 12 000	8 000	8 000	4 000	5 000	2 500	4 000	1 600
	20	20	800	800	800	800	800	800	800	800	800	800
	取标准值	20	4 000	2 500	3 000	1 800	2 000	1 400	1 600	1 200	1 400	1 000
舒适度要求的半径			12 000	10 000	8 000	6 000	4 000	4 000	2 500	2 000	1 200	1 000

由表 32 知：

1）在加设缓和曲线的情况下：当圆曲线长度取标准值时，有近半数的最小半径在12 000 m以上；当圆曲线长度取20 m时，最小半径的最大者为12 000 m、最小者为3 500 m，但夹直线也取20 m与取标准值时相比，其改善程度不是很大。

2）在不设缓和曲线的情况下：当圆曲线长度取标准值时，其最小半径均大于旅客舒适度要求的最小半径，但在路段设计速度为160 km/h，最小半径在1 2000 m以上；当圆曲线长度取20 m时，最小半径基本受旅客舒适度要求的最小半径限制。

另外，计算表明，当线间距加宽值Δd=0.3 m（由5.0 m加宽至5.3 m）时，在不设缓和曲线的情况下，若圆曲线和夹直线均采用本规范表3.1.6规定的最小长度时，最小半径基本在12 000 m以上，即无法采用反向曲线加宽线间距；若圆曲线长度取20 m，则对应于路段设计速度160 km/h、140 km/h、120 km/h、100 km/h、80 km/h的最小曲线半径分别为：一般12 000 m、10 000 m、8 000 m、6 000 m、5 000 m；困难8 000 m、6 000 m、5 000 m、4 000 m、4 000 m。

综上分析，本次规范修订考虑到当旅客列车行车速度大于或等于100 km/h时，对旅客舒适度要求较高。为创造较为理想的行车运营条件，规范规定：相邻两线采用反向曲线变更线间距时，若受曲线偏角限制难于采用本规范表3.1.6规定的上述圆曲线最小长度标准时，对旅客列车行车速度小于100 km/h的地段，可采用较短的圆曲线，但不得小于20 m。

3.1.10　本条说明如下：

桥梁设在直线上对设计、施工、运营、养护以及流水条件等都有利。如设在曲线上，可能限制行车速度，并产生列车运行不平稳、线路易产生变形、钢轨磨耗加剧、养护工作增加等弊病。而桥上更换钢轨整正曲线较为困难；线路变形易造成过大偏心，不利桥墩受力；桥上限速、施行制动和行车摇摆，对桥梁本身和行车安全不利。因此，设计桥位的线路平面时，宜将桥梁（尤其是特大桥、大桥）布置在直线上，在地形困难、地质不良、受车站站坪影响等困难条件下，为避免工程过大，特大桥、大桥必须设在曲线上时，宜采用较大曲线半径，以减少不利影响。采用小曲线半径，除上述弊病加剧外，还会出现一些其他问题，如增加架桥施工困难，并可能影响合理桥梁跨度的采用等。根据曲线维修养护、减轻钢轨磨耗以及不限制行车速度等要求，特大桥、大桥上曲线半径不应小于本规范表3.1.1所规定的各级铁路不同路段旅客列车设计行车速度下的最小曲线半径标准。特殊困难条件下，采用小于上述标准的曲线半径时，应从线路和桥梁等方面比选，经鉴定审批，审慎选用。

桥头引线（特别是特大桥和大桥的引线）应不低于桥上线路平面标准，困难条件下，为避免工程过大，桥头引线的曲线半径可以减小，但不应小于本规范表3.1.2所规定的不同路段旅客列车设计行车速度下的最小曲线半径的“困难”标准。为保证桥头路基稳定，如桥头引线曲线外侧迎向水流上游时，应将曲线推移到洪泛线外，以免因桥头产生回流形成水袋。

明桥面桥应设在直线上。如设在曲线上，则线路很难固定，轨距不易保持，影响运营安全，在换铺轨枕时，曲线超高也难于处理。明桥面桥上曲线超高靠桥枕调整，或将墩台支承垫石做成部分超高，其余超高仍需桥枕调整。当桥枕高度不够时，还需将两根桥枕重叠做到楔形。同一座桥梁如在反向曲线上，列车过桥时，将产生剧烈摆动，影响运营安全。同时，由于线路养护维修拨道不易正确就位，梁上产生偏心，有害桥梁受力。尤其明桥面桥超高更难调整，故明桥面桥不应设在反向曲线上。如不得已而设在反向曲线上时，应尽

CHINA RAILWAY PUBLISHING HOUSE

可能设计较长的夹直线。同时考虑到若明桥面桥设在缓和曲线上，因外轨超高逐渐变化，给施工、养护和维修增加更大困难，故本规范增加明桥面桥“不宜设在缓和曲线上”的规定，予以限制。因此，只有在特殊困难条件下，确有技术经济依据时，方可将跨度大于40 m或桥长大于100 m的明桥面桥设在半径小于1 000 m的曲线上。

3.1.11 隧道的施工、运营、养护及改建等工作条件不如明线，尤其小曲线半径隧道、曲线隧道群及长隧道问题更为突出。据施工、运输、工务等部门反映：内燃或蒸汽牵引铁路的曲线隧道，自然通风条件一般不如直线隧道，有害气体难于排出，不利养护人员身体健康，并增加轨道的锈蚀和污染。为了保证隧道建筑限界要求和正常的行车条件，需经常检查线路平面和水平，曲线隧道的维修作业量和难度均比直线隧道为大，2～3 km以上的隧道，维修人员平均每年有4～6个月的时间在洞内工作。故从通风、采光、减少施工困难、改善乘务员和维修养护人员工作环境及嘹望条件，简化洞内维修作业并缩短时间以及提高行车速度等方面来看，直线隧道都比曲线隧道优越。因此本条规定：隧道宜设在直线上；如因地形、地质等条件限制必须设在曲线上时，曲线宜设在洞口附近并采用较大的曲线半径。

根据运营经验，反向曲线的维修养护比同向曲线更为复杂，列车运行也不如同向曲线平稳，当夹直线较短时，这些缺点更为显著。因此，隧道不宜设在反向曲线上。

3.1.12 站坪长度包含到发线有效长和咽喉区长度及车站咽喉区两端最外道岔及其他单独道岔（直向）至曲线超高顺坡终点之间的直线长度，设计时对站坪平面长度要考虑长远发展的需要。站坪坡度长度在站坪范围内一般宜设计为一个坡度的坡段。

本规范表3.1.12规定的会让站、越行站、中间站和区段站站坪长度是按现行国家标准《铁路车站及枢纽设计规范》（GB 50091）（以下简称《站规》）的规定图型计算的。复杂的中间站、区段站及编组站，其站坪长度可按实际需要计算确定。

站坪长度按正线上采用基本宽度为380 mm的高柱信号机，到发线上采用两机构矮型色灯出发信号机。正线上除越行站、双线中间站两正线间的一条正线采用18号道岔外，其余均采用12号道岔计算的单机牵引站坪长度。当越行站、双线中间站采用其他型号道岔组成，其站坪长度见表33。

表33 越行站、双线中间站站坪长度表

车站种类	咽喉区两正线间每端单渡线条数	道岔号数	站坪长度（m）		
			1 050	850	750
越行站	1	12	1 550	1 350	1 250
	2	18＋12	1 850	1 650	1 550
	2	12＋12	1 750	1 550	1 450
中间站	2	12＋12	1 850	1 650	1 550

本规范表3.1.12内的站坪长度未包括站坪两端竖曲线长度以及双机或多机牵引应增加的长度，故应根据具体条件增加。如有其他铁路接轨，也应按需要增加。

3.1.13 本次修订增列了路段旅客列车设计行车速度为160 km/h的区段站和中间站的曲线半径标准。

1 一般规定及车站曲线半径标准。

车站设在曲线上有以下主要缺点：

1）站内嘹望视线不良，使接发车、调车及列检作业等复杂化，值班员、车长、调车员、司机之间信号联系条件恶化，不仅增加中转信号时间，降低效率，还容易误认信号，造成行车事故。

2）影响作业安全，尤其在夜间照明设备不良的情况下或雪天，作业极不安全。

3）增加列车起动阻力。

4）作业繁忙的车站需增加辅助的行车人员及列检人员。

5）由于曲线车站调车作业不能使用铁鞋制动，列检人员检修车辆及换闸瓦有时需移到直线上进行，作业受限制。

鉴于曲线车站的上述缺点，并考虑到区段站的作业量远大于中间站、会让站和越行站，故本条规定：区段站应设在直线上，中间站、会让站和越行站宜设在直线上。

尽管车站设在曲线上存在许多缺点，但在困难条件下，尤其在地形复杂的山区，车站设在曲线上是不可避免的，如某线120多个车站，有74个中间站设在曲线上。

困难条件下车站曲线的最小半径标准主要从作业要求及满足行车速度、养护维修要求和技术经济合理性等因素确定。

根据现场调查情况分析，结合以往规范和运营实际情况，并满足车站作业和旅客列车以路段设计速度通过车站的需要，本规范规定，在困难条件下中间站、越行站、会让站设在曲线上时，其曲线半径不应小于本规范表3.1.13规定的最小曲线半径。考虑到有些铁路的中间站、会让站客货运量小，行车密度与速度均较低且车站作业较少，故在特殊困难条件下，路段设计速度小于或等于80 km/h时，允许其车站站坪设在半径为600 m的曲线上。

区段站上列检作业、特别是调车作业较其他类型的车站多，为改善车站运营条件，并兼顾旅客列车以设计最高行车速度通过的可能，故规定，当旅客列车设计最高行车速度为160 km/h和140 km/h时，曲线半径分别不得小于1 600 m和1 200 m，其余速度下不得小于800 m。

2　改建车站的曲线半径标准。改建车站时，一般情况下曲线半径应符合上述标准。若受既有设备及车站两端大型桥、隧等建筑物的控制，改建有特殊困难时，可保留低于上述规定的曲线半径，以免改建施工时严重干扰运营或引起巨大工程。为慎重起见，应有充分依据。

3　车站设置在反向曲线上的要求。横列式车站不应设在反向曲线上，因车站设在反向曲线上会使瞭望条件更加恶化，各项作业更加困难，不仅作业效率低，而且易造成晚点，甚至造成事故。纵列式车站如设在曲线上，则每一运行方向的到发线有效长度范围内的线路不应设置反向曲线，因反向曲线对接发列车及调车作业等极为不利。

4　对车站曲线偏角的要求。车站曲线的偏角和半径的选择，既要适应地形、地质等工程条件，又要满足运输的要求，使运营条件尽可能好些。在选线时首先应力求曲线偏角小些，但偏角大小往往受工程条件的限制，不易任意选择，这时就产生了在一定偏角条件下选择半径大小的问题。

运营实践和研究分析表明，在满足一定的车站作业视线要求的情况下，车站曲线的偏角与半径之间存在有最佳匹配，且与运转室在曲线的内、外侧有关，其一般规律是最佳半径随偏角的减小而增大。由此可知，采用较小的偏角有利于较大半径的选用；当半径一定时，与其具有最佳匹配的偏角的范围也随之确定，而并非越小越好。

因此，本款规定，车站曲线宜采用较小的偏角。

5　车站咽喉区范围内的正线应设在直线上。因为咽喉区内的正线有较多道岔，道岔设在曲线上有严重缺点：如尖轨不密贴且磨耗严重；道岔导曲线和直线部分不好联结；轨

CHINA RAILWAY PUBLISHING HOUSE

距复杂不好养护；列车通过时摇摆厉害且容易脱轨；道岔需特别设计制造。所以，车站咽喉区范围内的正线，无论新建或改建均应设在直线上。

车站咽喉区两端最外道岔及其他单独道岔是指车站上衔接正线的某一咽喉区两端最外一组道岔或区间上的线路所等道岔区的两端最外道岔。由于车站咽喉区道岔以外正线上道岔直向行车速度较高，道岔（直向）与曲线之间设有一定长度的直线段过渡，可减少列车通过时产生的震动和摇晃。此过渡段最小长度，当路段设计速度大于 120 km/h 时，不得短于两节客车两转向架间的距离。按 25K 型客车计算，需要的最小长度为 2 × 18 + 7.6 = 43.6(m)，减去 12 号道岔尖轨尖端前基本轨长 2.85 ~ 2.92 m 后，该最小长度为 43.6 m - 2.85 m(或 2.92 m) = 40.75 m ~ 40.68m，进整后取 40 m。困难条件下，按一节客车全长考虑，故规定为 25 m。当路段设计速度等于或小于 120 km/h 时，不得短于一节客车两转向架间的距离，以避免两转向架同时分别处于曲线和道岔上。客车两转向架的最大距离为 18 m，进整后取 20 m。

3.2 纵 断 面

3.2.1 本条主要根据铁一院和西南交通大学完成的铁道部建设司工程建设科研项目《铁路最大坡度的研究》（铁建科 93—3）成果，按铁路等级、牵引种类和地形类别分别制定限制坡度最大值的标准，充分体现了坡度适应地形、移动设备与固定设备协调配套和机车牵引力与线路标准综合优化的设计思想，在保证行车安全和满足运输要求的前提下，增大了限制坡度选择的灵活性，为节约工程投资创造了更好的条件。

1 限制坡度的选择。限制坡度是影响铁路全局的主要技术标准。它不仅对线路走向、长度和车站分布有很大影响，而且直接影响运输能力、行车安全、工程费与运营费。

影响限制坡度选择的因素如下：

1）铁路等级：铁路等级高，线路意义大，客货运量大，安全、舒适要求高，限制坡度宜小。

2）牵引种类和机车类型：电力牵引比内燃牵引的计算牵引力大，计算速度高，牵引定数大，满足相同运能要求时的限制坡度比内燃牵引的大。大功率机车的牵引力大、牵引定数大，满足相同运能要求的限制坡度比小功率机车的大。

3）地形类别：限制坡度适应地形时，线路长度短、工程投资省。否则需额外增加展线，增大工程费与运营费。

4）运输需求：其他条件相同时，客货运量大的线路要求较小的限制坡度。

5）邻线的牵引定数：限制坡度选择应考虑使设计线与邻接铁路的牵引定数相协调。统一牵引定数可避免列车换重作业，加速机车车辆周转，提高运营指标并增加运输的机动性。牵引定数统一、协调的方法可采用与邻接线路相同的限制坡度和机型，也可采用与邻接线路不同的限坡，而用不同的机型来调整。

因为影响限制坡度选择的因素众多，而不同决策的经济效益出入甚大，且限制坡度在线路建成后不易改动，故应根据铁路等级、地形类别、牵引种类和运输要求比选确定。一条长大干线所经地区的地形类别差异较大时，可在地形困难地段采用加力牵引坡度，也可分若干区段选择不同的限制坡度，用调整机型的方法统一、协调全线的牵引定数。

2 限制坡度最大值。本规范限制坡度最大值是根据以下条件确定的。

CHINA RAILWAY PUBLISHING HOUSE

1)与我国的地形条件相适应。我国是多山国家,山区占国土总面积的 6 5%。西南为地形复杂的典型地区。铁二院对川、滇、黔、藏四省区的地形统计资料表明,河床自然纵坡小于4‰者占 36%,4‰~8‰者占 41%,8.1‰~15‰者占 17%,大于 15‰者占 6%。滇藏线经行地区的河床自然纵坡为 10‰~30‰。Ⅰ级铁路运能要求大,限制坡度最大值取 15‰,Ⅱ级铁路运能要求较小,限制坡度最大值取 20‰可适应我国的地形条件。更大的限制坡度除不易满足运能要求外,也不安全、经济,此时,采用加力牵引坡度更为有利。

2)与要求的运能相适应。设计线应能满足需要的运输能力。线路的运输能力由牵引种类、机车类型、限制坡度、到发线有效长度和控制区间距离及闭塞方式决定。本规范确定限制坡度最大值时是根据下列条件计算的。

① 牵引种类:因蒸汽机车已停产多年,新建铁路已不再按蒸汽牵引设计、故采用电力、内燃牵引。

② 机车类型:我国国产货运机车有以下类型。

电力机车:本规范取 SS_1、SS_3、SS_{6B}、SS_4 与 SS_{4B} 为代表机型。

内燃机车:本规范取 DF、DF_4、DF_{4B}、DF_{4C}、DF_8 作为代表机型。

③ 到发线有效长度:根据计算确定,但不大于 1 050 m。

④ 控制区间距离:我国铁路区间距离为 8~12 km,平均 9.5 km。本说明取控制区间为 10 km、12 km、14 km 计算。

⑤ 闭塞方式:新建单线采用半自动闭塞。

电力与内燃机车牵引的可能输送能力分别见表 34 和表 35。

表 34 电力机车可能的输送能力(Mt/年)

I_x(‰)	机型 / S_k(km)	SS_1	SS_3	SS_{6B}	SS_4	SS_{4B}
6	10	33.3	36.7	39.1	46.6	46.1
	12	28.9	31.9	34.0	40.6	40.2
	14	25.4	28.2	30.1	35.9	35.5
9	10	22.9	25.3	27.1	33.3	33.0
	12	19.8	22.0	23.5	29.0	28.7
	14	17.5	19.4	20.8	25.7	25.3
12	10	17.5	19.2	20.4	26.0	25.7
	12	15.2	16.6	17.7	22.6	22.3
	14	13.3	14.7	15.6	20.0	19.7
15	10	13.9	15.0	16.5	20.6	20.4
	12	12.0	13.0	14.3	17.9	17.7
	14	10.6	11.4	12.6	15.8	15.6
18	10	11.2	12.1	13.2	17.2	17.0
	12	9.7	10.5	11.5	14.9	14.7
	14	8.5	9.2	10.0	13.1	13.0
20	10	9.9	10.7	11.7	15.2	15.5
	12	8.5	9.3	10.1	13.2	13.4
	14	7.5	8.1	8.9	11.6	11.8
25	10	7.6	8.3	8.8	11.3	12.0
	12	6.5	7.1	7.6	9.8	10.3
	14	5.7	6.2	6.7	8.6	9.1

CHINA RAILWAY PUBLISHING HOUSE

表 35 内燃机车可能的输送能力(Mt/年)

I_x(‰)	机型 / S_k(km)	DF	SF_{4B}	DF_{4C}	DF_8
6	10	14.1	27.5	28.0	32.3
	12	11.8	23.2	23.8	27.6
	14	10.1	20.0	20.6	24.1
8	10	10.9	21.0	21.5	24.8
	12	9.2	17.7	18.2	21.2
	14	7.9	15.3	15.8	18.5
9	10	9.8	18.7	18.9	22.4
	12	8.2	15.8	16.1	18.8
	14	7.0	13.6	13.9	16.4
12	10	7.2	14.0	14.3	16.7
	12	6.0	11.8	12.2	14.3
	14	5.2	10.2	10.5	12.4
15	10	5.7	11.1	11.2	13.0
	12	4.8	9.3	9.5	11.2
	14	4.1	8.0	8.2	9.7
18	10	4.6	9.1	9.4	10.6
	12	3.8	7.7	7.9	9.1
	14	3.3	6.6	6.9	7.9

由表 34 与表 35 可知：采用本规范表 3.2.1 所列的限制坡度最大值，可以满足本规范第 1.0.4 条规定的各级铁路的运量要求，但山区 I 级铁路采用 12‰限坡和内燃牵引时，需适当缩短站间距离。

3）保证行车安全。列车在坡道上运行应满足上坡不断钩、下坡有充分制动力的安全要求。

根据铁科院铁建所对线路纵断面连接标准的研究，我国现有的电力或内燃机车，当牵引质量在 5 000 t 以下，以不同的工况在相应的限制坡度坡段上运行，其产生的列车最大纵向力，不会造成车钩断构。

根据铁一院与西南交通大学在《铁路最大坡度的研究》中所做的计算，不同机型的制动力(B_d+B_k)与下滑力(F_s)的比值见表 36。

表 36 制动力与下滑力比值

机型 / 限坡(‰)	SS_4	SS_3	SS_1	DF_8	DF_4	DF
12	—	—	—	2.7	2.6	2.5
15	2.8	2.7	2.5	2.3	2.2	2.1
18	2.7	2.5	2.4	2.1	2.0	1.9
20	2.6	2.4	2.3	—	—	—
25	2.5	2.3	2.3	—	—	—

计算表明：电力机车电阻制动力较大，可提供下滑力 94% 以上的制动力。内燃机车电阻制动力较小，仅能提供下滑力 50% ~60% 的制动力。但动力制动力与空气制动力之和与下滑力的比值：电力机车在限制坡度最大值 25‰时达 2.3 以上，内燃机车在限制坡

度最大值18‰时达1.9以上。可充分满足制动需要。

电力与内燃机车因有动力制动,不仅可使长大下坡道上运行的列车保持比单纯使用周期空气制动力法高得多的运行速度,也可大大减少闸瓦磨耗及压缩空气消耗量。在空气制动机缓解充风时,继续使用电阻制动还可延缓升速时间,避免由于充风时间不足、制动力降低而引起的制动失控事故。

可见,本条文表3.2.1所列的限制坡度最大值是可以保证行车安全的。

4)经济合理。在满足运输要求和保证行车安全的前提下,会有各种可行的限制坡度方案,但经济效果将有较大差异。铁一院与西南交通大学在《铁路最大坡度的研究》中,根据系统工程原理和综合优化方法,把与运能及技术密切相关的限制坡度、到发线有效长度、站间距离作为设计变量,以安全、运能及技术方面对限制坡度、到发线有效长度、站间距离的要求作为约束条件,建立以换算工程运营费为目标函数的数学模型,求得了换算工程运营费为最小时的各种机型、不同地形、满足各级铁路临界运能要求的经济限制坡度见表37,其中的下限与上限分别为小功率和大功率机车的经济限制坡度。

表37 经济限制坡度(‰)

铁路等级		Ⅰ			Ⅱ		
地形类别		平原	丘陵	山区	平原	丘陵	山区
牵引种类	电力	6~9	8~12	12~18	7	14	18~20
	内燃	4~6	6~9	8~12	5~8	9	9~16

综合以上运能、安全与经济等各方面要求,得出限制坡度最大值,即本条文表3.2.1。

3.2.2 本条文充分体现了坡度适应地形、移动设备与固定设备协调配套和机车牵引力与线路标准综合优化的设计思想,在保证行车安全和满足运输要求的前提下,增加了加力牵引坡度选择的灵活性,为节约工程投资创造了更好条件。

1 加力牵引的采用。在高程障碍比较集中的越岭展线地段,若用较小的限制坡度,则会引起大量展线,额外增大工程;若用较大限制坡度,又会满足不了运输需要。此时,采用加力牵引坡度不仅可适应地形,缩短线路长度,大量减少土石方和桥隧工程,而且可以提高输送能力,还可能降低全线的限制坡度,减少列车对数、提高行车速度,因而在一定程度上改善全线运营条件。但加力牵引也存在下列缺点:

1)增加机车台数和运输管理的难度。

2)延长到发线有效长度,增加部分整备设备。

3)采用补机推送时,要求用坚固的四轴守车,以防止将其挤坏或顶出,因而增加编组时挑选守车的作业困难。

由于加力牵引存在上述缺点,往往形成控制既有线进一步提高输送能力和运输效率的关键。因此,加力牵引应根据地形、工程和运输需求等条件比选确定。

为减少加力牵引的不利影响和运营的困难,加力牵引坡度应集中使用。如仅在个别区间使用加力牵引,加力牵引的起讫站不在区段站或其他有机务设备的车站时,可能需要增加股道或部分整备设备,且机车的维修和管理不便,故加力牵引地段宜与区段站或其他有机务设备的车站邻接,以减少使用补机引起的投资并改善运营条件。

2 加力牵引坡度的计算公式。加力牵引坡度值应根据多台机车牵引一定质量的列车在此上坡道上的均衡速度达到机车计算速度的条件确定,故规定,加力牵引坡度应根据牵引质量、机车类型、机车台数和加力牵引方式按本规范公式(3.2.2)计算确定。

3　加力牵引坡度最大值。本规范的加力牵引坡度最大值是根据运输能力、运行安全需要和经济合理条件确定的。

1)运输能力需要。加力牵引坡度最大值应能保证满足运能需要。电力和内燃加力牵引坡度最大值分别为30‰和25‰时,不同机型的运输能力见表38。

表38　加力牵引运输能力(Mt/年)

牵引种类		电　力			内　燃		
加力牵引坡度(‰)		30			25		
控制区间距离(km)	机型 / 机数	SS_1	SS_3	SS_4	DF	DF_{4B}	DF_8
12	双机	9.5	10.9	15.4	5.2	10.0	11.8
	三机	14.8	16.7	23.1	7.6	15.7	18.4
10	双机	11.1	12.7	17.9	6.2	11.9	13.9
	三机	17.3	19.5	26.9	9.0	18.7	21.7

由表38知,电力与内燃的加力牵引坡度最大值分别为30‰和25‰是可以满足各级铁路运量需要的。

2)运行安全需要。列车在坡道上运行的安全要求为上坡时不断钩、下坡时有充分的制动力。

① 不断钩:为保证列车在上坡道上不断钩,要求列车在起动和运行时车钩的拉力不大于车钩允许的强度。

当加力牵引采用重联方式列车质量受车钩强度控制时,可改用补机推送方式运行,故仍可满足不断钩要求。如在30‰加力坡度上,采用大功率机车SS_{4B}时,双机与三机重联的列车质量分别为2 500 t和3 650 t;在25‰加力坡度上,采用大功率机车DF_8时,双机与三机重联的列车质量分别为2 100 t和3 150 t。采用补机推送均可满足车钩强度要求。

铁科院所做《列车在坡度道上运行的安全性仿真验证》也证明了加力牵引坡度最大值的安全性。

列车在坡道上运行时不断钩的安全性指标,实际上就是列车在最不利运行工况下,通过由各种最大坡度组成的不同纵断面时的列车纵向力小于现行国家标准《铁道车辆强度设计及试验鉴定规范》(TB/T 1335—1996)的规定,即拉力1 125 kN,压力1 400 kN。

列车运行测试结果表明:列车纵向力的大小,主要取决于牵引种类、机车类型、牵引方式、列车运行工况、列车质量、编组状态和线路纵断面类型。仿真验证选用SS_3和DF_4主型机车,双机重联满载运行。制动机采用103型和GK型。纵断面取半凸形、一面坡、凹形和凸形。运行工况取牵引、惰行、缓角、常用全制动和紧急制动的不同组合。铁科院铁建所的仿真验证结果得出以下结论:

a. SS_3双机牵引列车质量为4 750 t及以下的列车,以一定速度牵引或惰行通过由不同最大坡度组成的半凸形、一面坡、凹形及凸形纵断面所产生的纵向力,均小于现行国家标准《铁道车辆强度设计及试验鉴定规范》(TB/T 1335—1996)规定的允许值,可保证列车运行不断钩的安全要求。

b. SS_3在30‰坡道上双机牵引2 050 t的列车,如安装GK型制动机,紧急制动初速不小于25 km/h 时是安全的；如安装103 型制动机，则紧急制动初速不小于20 km/h 时是安全的。否则应采用常用全制动，以策安全。

c. SS_3 在25‰坡道上双机牵引2 500 t 的列车，如安装GK 型制动机，紧急制动初速不小于50 km/h 时是安全的；如安装103 型制动机，则紧急制动初速不小于25 km/h 是安全的。否则应采用常用全制动，以策安全。因 DF_4 在25‰坡道双机牵引2 050 t 的列车，列车质量比 SS_3 的小，故比 SS_3 双机牵引2 500 t 更为安全。

仿真验证表明，电力和内燃加力牵引坡度最大值分别采用30‰和25‰是可以保证不断钩的安全要求的。

② 制动力充分：根据本说明第3.2.1 条，电力与内燃牵引因有动力制动，配合空气制动，可比单纯使用空气制动大大提高制动力和陡坡运行的安全性。根据铁一院与西南交通大学在《铁路最大坡度的研究》中所做的计算，电力机车在30‰下坡道上运行时，电阻制动力与空气制动力之和是下滑力的2.0～2.2 倍；内燃机车在25‰下坡道上运行时，电阻制动力与空气制动力之和是下滑力的1.8～1.9 倍。可保证下坡所需的制动力要求。

我国宝成线宝鸡—秦岭间电力牵引与黔桂线内燃牵引的长期运营实践也说明，电力与内燃牵引加力坡度最大值分别采用30‰和25‰是安全的。

3）经济合理。根据铁一院与西南交通大学关于《铁路最大坡度的研究》的科研成果（详见本说明第3.2.1 条），经济加力牵引坡度与铁路等级、运能要求、地形类别和机车类型有关。在各级铁路临界运量时，山区的经济加力牵引坡度见表39。

表39　经济加力牵引坡度（‰）

铁路等级	双机						三机			
	SS_1	SS_3	SS_4	DF	DF_4	DF_8	SS_1	SS_3	DF	DF_4
Ⅰ	21～22	22～23	26～30	—	17～18	20～22	29	32	—	26
Ⅱ	33	—	—	17～18	28～29	—	—	—	24～25	—
Ⅲ	34	—	—	22～29	—	—	—	—	—	—

由表39 知：经济加力牵引坡度最大值，大体上各级铁路电力牵引为30‰，内燃牵引为25‰。

综合运能、安全和经济各方面要求，各级铁路电力和内燃加力牵引坡度最大值分别取30‰和25‰。

4　同型机车的加力牵引坡度表。

1）加力牵引坡度的计算。同型机车的加力牵引坡度按下式计算：

$$Q=\frac{F_i-P(\omega'_0+i_x g)}{\omega''_0+i_x g} \tag{55}$$

$$i_{j1}=\frac{\sum F_j-(\sum p\omega'_0+Q\omega''_0)}{(\sum P+Q)g} \tag{56}$$

式中　i_{j1}——加力牵引坡度（‰），以0.5‰为单位取值；

F_j——机车计算牵引力（N），根据机车类型和加力牵引方式按《列车牵引计算规程》TB/T 1407 的规定取值：使用重联线操纵时，每台机车牵引力均取全值，分别操纵时，第二台及以后的每台机车牵引力均取全值的0.98；推送补机均取全值的0.95；

CHINA RAILWAY PUBLISHING HOUSE

P——机车质量(t);

Q——牵引质量(t),取 50 t 的整倍数;

ω'_0、ω''_0——机车计算速度时的机车、车辆单位基本阻力(N/t);

i_x——限制坡度(‰)。

按式(55)和式(56)计算的各种机车在不同限制坡度下双机、三机牵引的加力牵引坡度见表 40～表 43,其中上限为重联线操纵时的值,下限为补机推送时的值。计算中考虑了加力牵引坡度最大值的限制。

表 40　电力机车双机牵引加力坡度计算(‰)

机型 / 限坡(‰)	SS_1	SS_3	SS_4	SS_{4B}	SS_{6B}	取值
4	8.91～9.18	9.04～9.32	9.09～9.37	9.05～9.32	9.05～9.32	9.0
5	10.84～11.16	10.93～11.25	10.95～11.28	10.90～11.23	10.93～11.26	11.0
6	12.59～12.95	12.78～13.15	12.84～13.21	12.82～13.19	12.82～13.19	12.5
7	14.47～14.88	14.62～15.04	14.60～15.02	14.66～15.08	14.56～14.98	14.5
8	16.38～16.84	16.48～16.94	16.47～16.93	16.47～16.94	16.53～17.00	16.5
9	18.15～18.66	18.18～18.69	18.34～18.86	18.28～18.80	18.43～18.95	18.5
10	19.91～20.46	20.23～20.79	20.10～20.66	19.97～20.52	20.05～20.61	20.0
11	21.57～22.16	21.85～22.46	21.87～22.48	21.96～22.57	21.96～22.57	22.0
12	23.51～24.15	23.74～24.40	23.58～24.24	23.63～24.29	23.75～24.41	24.0
13	25.19～25.88	25.37～26.07	25.57～26.27	25.56～26.26	25.29～25.98	25.5
14	27.11～27.85	27.22～27.97	27.40～28.15	27.32～28.07	27.01～27.75	27.5
15	28.55～29.33	28.61～29.39	28.94～29.73	28.81～29.59	28.98～29.77	29.0
16	30.15～30.97	30.95～31.79	30.65～31.49	30.45～31.28	30.45～31.28	30.0

表 41　内燃机车双机牵引加力坡度计算(‰)

机型 / 限坡(‰)	DF	DF_4	DF_{4B}	DF_{4C}	DF_8	取值
4	8.66～8.91	8.70～8.96	8.80～9.06	8.81～9.07	8.87～9.13	8.5
5	10.50～10.81	10.56～10.86	10.62～10.93	10.61～10.91	10.67～10.98	10.5
6	12.42～12.77	12.44～12.79	12.45～12.80	12.53～12.88	12.59～12.95	12.5
7	14.08～14.48	14.40～14.81	14.34～14.74	14.33～14.73	14.38～14.79	14.5
8	15.82～16.26	16.23～16.68	16.09～16.53	16.15～16.60	16.19～16.64	16.0
9	17.52～18.01	17.90～18.40	17.96～18.46	18.13～18.63	18.15～18.65	18.0
10	19.60～20.14	19.94～20.48	19.93～20.48	19.84～20.39	19.84～20.39	20.0
11	21.49～22.08	21.55～22.14	21.49～22.08	21.45～22.04	21.86～22.46	21.5
12	22.96～23.58	23.43～24.06	23.29～23.92	23.33～23.96	23.27～23.90	23.5
13	24.62～25.29	25.05～25.73	25.40～26.09	24.95～25.63	25.43～26.12	25.0
14	26.54～27.26	26.91～27.64	27.24～27.98	26.80～27.53	27.32～28.06	25.0
15	27.60～28.35	28.30～29.06	28.62～29.39	28.94～29.72	28.74～29.51	25.0
16	30.01～30.82	30.67～31.49	30.13～30.94	30.55～31.37	30.30～31.12	25.0

CHINA RAILWAY PUBLISHING HOUSE

表 42　电力机车三机牵引加力坡度计算(‰)

限坡(‰) \ 机型	SS_1	SS_3	SS_4	SS_{4B}	SS_{6B}	取值
4	13.59 ~ 14.12	13.82 ~ 14.36	13.93 ~ 14.47	13.86 ~ 14.40	13.86 ~ 14.40	14.0
5	16.32 ~ 16.94	16.50 ~ 17.12	16.56 ~ 17.20	16.50 ~ 17.12	16.54 ~ 17.17	16.5
6	18.76 ~ 19.46	19.09 ~ 19.81	19.21 ~ 19.94	19.19 ~ 19.92	19.19 ~ 19.92	19.0
7	21.37 ~ 22.16	21.65 ~ 22.46	21.67 ~ 22.48	21.76 ~ 22.57	21.62 ~ 22.43	21.5
8	24.00 ~ 24.89	24.22 ~ 25.11	24.25 ~ 25.15	24.27 ~ 25.17	24.36 ~ 25.26	24.0
9	26.42 ~ 27.39	26.54 ~ 27.52	26.83 ~ 27.82	26.77 ~ 27.75	26.97 ~ 27.97	26.5
10	28.81 ~ 29.86	29.34 ~ 30.41	29.22 ~ 30.29	29.07 ~ 30.14	29.19 ~ 30.26	29.0
11	31.03 ~ 32.16	31.53 ~ 32.68	31.62 ~ 32.77	31.78 ~ 32.94	31.78 ~ 32.94	30.0
12	33.62 ~ 34.84	34.06 ~ 35.29	33.92 ~ 35.16	34.03 ~ 35.27	34.19 ~ 35.44	30.0
13	35.84 ~ 37.14	36.22 ~ 37.54	36.57 ~ 37.90	36.61 ~ 37.94	36.24 ~ 37.56	30.0
14	38.37 ~ 39.75	38.67 ~ 40.07	38.99 ~ 40.40	38.95 ~ 40.36	38.54 ~ 39.94	30.0
15	40.25 ~ 41.70	40.48 ~ 41.94	41.01 ~ 42.50	40.91 ~ 42.39	41.14 ~ 42.63	30.0
16	42.32 ~ 43.84	43.53 ~ 45.10	43.25 ~ 44.81	43.07 ~ 44.62	43.07 ~ 44.62	30.0

表 43　内燃机车三机牵引加力坡度计算(‰)

限坡(‰) \ 机型	DF	DF_4	DF_{4B}	DF_{4C}	DF_8	取值
4	12.99 ~ 13.48	13.20 ~ 13.70	13.35 ~ 13.86	13.37 ~ 13.87	13.48 ~ 14.00	13.0
5	15.54 ~ 16.13	15.83 ~ 16.42	15.94 ~ 16.53	15.91 ~ 16.51	16.04 ~ 16.64	15.5
6	18.16 ~ 18.84	18.47 ~ 19.16	18.51 ~ 19.20	18.61 ~ 19.30	18.73 ~ 19.43	18.5
7	20.42 ~ 21.18	21.21 ~ 21.99	21.16 ~ 21.93	21.11 ~ 21.89	21.23 ~ 22.01	21.0
8	22.75 ~ 23.58	23.73 ~ 24.60	23.57 ~ 24.43	23.63 ~ 24.49	23.73 ~ 24.60	23.5
9	25.00 ~ 25.92	26.03 ~ 26.97	26.16 ~ 27.11	26.34 ~ 27.30	26.42 ~ 27.38	25.0
10	27.73 ~ 28.74	28.79 ~ 29.83	28.84 ~ 29.89	28.68 ~ 29.72	28.73 ~ 29.77	25.0
11	30.17 ~ 31.27	30.97 ~ 32.08	30.95 ~ 32.07	30.85 ~ 31.96	31.45 ~ 32.59	25.0
12	32.05 ~ 33.21	33.48 ~ 34.69	33.37 ~ 34.57	33.36 ~ 34.56	33.34 ~ 34.54	25.0
13	34.16 ~ 35.40	35.65 ~ 36.93	36.19 ~ 37.49	35.51 ~ 36.79	36.22 ~ 37.52	25.0
14	36.56 ~ 37.88	38.10 ~ 39.46	38.62 ~ 40.00	37.96 ~ 39.32	38.71 ~ 40.10	25.0
15	37.89 ~ 39.25	39.92 ~ 41.35	40.43 ~ 41.87	40.75 ~ 42.21	40.57 ~ 42.02	25.0
16	40.84 ~ 42.31	43.00 ~ 44.53	42.40 ~ 43.92	42.84 ~ 44.38	42.61 ~ 44.13	25.0

综合表 40 ~ 表 43 得本条文表 3.2.2。

2)本条文表 3.2.2 的使用限制：

① 采用大功率机车 SS_4、SS_{4B}、DF_4、DF_{4B}、DF_8 时，在 4‰限制坡道上，牵引质量将受 1 050 m到发线有效长度的限制，故加力牵引坡度应另行计算。

② 本条文表 3.2.2 中内燃牵引加力牵引坡度值是按全国大部分地区一般自然条件考虑的。在海拔和周围空气温度超过《列车牵引计算规程》(TB/T 1407)(以下简称《牵规》)规定的地区，应按《牵规》规定对内燃机车牵引力进行海拔与空气温度修正，加力牵

CHINA RAILWAY PUBLISHING HOUSE

引坡度应另行计算。

③ 本条文表 3. 2. 2 所列是按同型机车加力牵引时计算的加力坡度值，若采用不同型的机车加力牵引，其加力牵引坡度应另行计算。

综合考虑本条文表 3. 2. 2 的上述使用限制和牵引质量可能受到《牵规》规定的其他条件限制，并兼顾到全线采用大功率机车加力牵引（此时加力坡度将大于表列数值）以适应地形、提高运输能力、降低工程投资的可能性，故本条文列出了加力牵引坡度的计算公式，在下列条件下，加力牵引坡度应按本条文式(3. 2. 2)计算确定：

a. 单机牵引的牵引质量受现行《牵规》规定的检验条件限制；

b. 内燃机车的牵引力需按现行《牵规》规定的条件进行修正；

c. 采片不同类型的机车加力牵引；

d. 全线采用大功率机车加力牵引。

3. 2. 3　轻重车方向货流显著不平衡，预计将来也不致发生巨大变化的铁路，如在轻车方向采用较大的限制坡度有较大经济价值时，经过方案比选，可分方向采用不同的限制坡度。Ⅰ级铁路是路网中的骨干铁路，一般不应采用，仅在特殊困难条件下，有充分技术经济依据时方可考虑采用。

分方向选用限制坡度时，为适应将来货流比发生变化，轻车方向的限制坡度不宜大于重车方向限制坡度相应的双机牵引坡度，以便在轻车方向有可能采用双机或三机牵引时进行补救，为运输方面留有余地。

3. 2. 4　采用动能坡度在运营上有很多困难。由于气象的变化如暴风雨、大雾、严寒冰冻等，司机操作、列车调度不当和线路大修维修需要减速等原因常易造成列车运行缓慢或中途停车事故，有的每到严寒季节就要减轴运行，所以改建既有线一般不轻易采用动能坡度。如改建既有线按选定的限制坡度削减超限坡地段将引起大型桥隧建筑物改建、长距离改线或其他巨大工程时，通过方案比选，可保留经过运营实践证明货物列车利用动能闯过坡顶而速度不低于计算速度的原有超限坡度。但既有线为双线时，不应妨碍采用自动闭塞。由于纵断面在改建时有所改动或采用削减部分超限坡，或改变机型及相应的牵引定数，则既有线上采用动能坡度要按不低于计算速度闯坡和不妨碍采用自动闭塞的原则进行牵引计算验算。增建第二线时，为了充分利用既有线以减少工程投资，对既有线超过限制坡度的地段，可作为单方向行车的下坡线，但不应妨碍采用自动闭塞。

新建铁路结合地形、地质条件和其他因素，可以做到合理设计，不产生超限坡，且无废弃工程和改建问题，故不应采用动能坡度。

3. 2. 5　本条说明如下：

1　曲线附加阻力减缓（以下简称“曲线阻力减缓”）。为了保证满轴货物列车在任何地段都能以不低于计算速度运行，如曲线位于或接近最大坡度的坡道上，则应考虑曲线阻力减缓，使加算坡度不大于最大坡度。

曲线阻力 Δi_r，一般通过试验确定。曲线阻力减缓值计算公式见本条文式(3. 2. 5—1)和式(3. 2. 5—2)。

当曲线长度大于或等于货物列车长度时：

$$\Delta i_r = \frac{600}{R} \tag{57}$$

当曲线长度小于货物列车长度时：

$$\Delta i_r = 10.5\frac{\sum\alpha}{l} \tag{58}$$

式中　Δi_r——曲线阻力所引起的坡度减缓值(‰)；

R——曲线半径(m)；

l——坡段长度(m)，当其大于货物列车长度时为货物列车长度；

$\sum\alpha$——坡段长度(或货物列车长度)内平面曲线偏角总和(°)。

2　考虑到既有线改建可能保留部分限速半径，故在条文说明中，对坡度黏降减缓做如下说明。

1)引起黏降坡度减缓的原因。机车驶人圆曲线后，由于动轮踏面发生横向滑动，且曲线外轨较内轨长，使车轮产生纵向滑动等原因而引起机车黏着系数降低。曲线半径愈小，这种现象愈显著。当机车牵引满轴货物列车，以接近或等于计算速度通过接近最大坡度上的小半径曲线时，由于黏着系数降低使计算黏着牵引力低于计算牵引力，从而产生动轮空转并降低行车速度，严重的会发生坡停事故。为此，需减缓坡度以弥补牵引力的降低。

但是，并不是所有的小半径曲线都需要进行坡度减缓，只有当降低后的计算黏着牵引力小于机车计算牵引力时，才需进行坡度减缓。当列车运行坡道的坡度不是接近最大坡度时，列车的速度往往高于计算速度，机车牵引力相对较小，机车的黏着牵引力有富余，就不需进行坡度减缓。

2)影响机车在小半径曲线上黏着系数降低引起的坡度减缓的主要因素是：机车的计算牵引力、机车的计算黏着牵引力、机车的计算黏着系数、机车在小半径曲线上的计算黏着系数。这些数据及其计算公式都是在机车牵引试验成果的基础上，由《牵规》公布执行的。

3)机车黏着系数降低百分率。根据《牵规》的规定，机车在小半径曲线上运行时，曲线上的计算黏着系数μ_r按下列公式计算：

电力机车：

$$\mu_r = \mu_j(0.67 + 0.000\,55R) \tag{59}$$

$$\mu_j = 0.24\frac{12}{100 + 8v} \tag{60}$$

内燃机车：

$$\mu_r = \mu_j(0.805 + 0.000\,355R) \tag{61}$$

$$\mu_j = 0.248 + \frac{5.9}{75 + 20v} \tag{62}$$

式中　μ_r——曲线上的计算黏着系数；

μ_j——机车的计算黏着系数；

R——曲线半径(m)；

v——机车速度(km/h)。

由此可计算机车在曲线上的黏着系数降低百分率：

$$\alpha_m = \left(1 - \frac{\mu_r}{\mu_j}\right) \times 100\% \tag{63}$$

电力、内燃机车在不同半径曲线上的黏着系数降低百分率见表44。

CHINA RAILWAY PUBLISHING HOUSE

表 44　不同半径曲线上机车黏着系数降低的百分率（%）

曲线半径（m）	600	550	500	450	400	350	300
电力牵引	0	2.8	5.5	8.3	11.0	13.8	16.5
内燃牵引	—	0	1.8	3.5	5.3	7.1	8.9

4）小半径曲线上机车黏着系数降低引起的坡度减缓值。小半径曲线上机车黏着系数降低引起的坡度减缓值 Δi_m，可根据各类机车的计算黏着牵引力富余百分率 r_n 考虑。机车的计算黏着牵引力富余百分率 r_n 按下式计算：

$$r_n = \left(1 - \frac{F_j}{F_n}\right) \times 100\% \tag{64}$$

式中　F_n——机车的计算黏着牵引力（N）；

F_j——机车的计算牵引力（N）。

当 $r_n \geqslant \alpha_m$ 时，一般不需计算小半径曲线黏降坡度减缓值 Δi_m；当 $r_n < \alpha_m$，即机车的黏着牵引力的富余率小于黏着系数降低百分率时，需要进行坡度减缓，才需计算小半径曲线黏降坡度减缓值。其值按下式计算：

$$\Delta i_m = \frac{(i_{max} + \omega_0)(\alpha_m - r_n)}{1 - r_n} \tag{65}$$

式中　i_{max}——最大坡度（‰）；

ω_0——计算速度下的列车平均单位基本阻力（N/kN）。

① 小半径曲线黏降坡度减缓值计算及分析。根据《牵规》提供的机车性能资料计算，各类机车的计算黏着牵引力富余率见表 45。

表 45　各类机车黏着牵引力富余百分率 r_n

牵引种类	机车类型	v_j（km/h）	F_j（kN）	F_n（kN）	r_n（%）
电力机车（持续制）	SS_1	43	301.2	361.5	16.7
	SS_3	48	317.8	358.5	11.4
	SS_4	51.5	431.6	475.5	9.2
	SS_7	48	353.3	358.5	1.5
	6K	48	360	386.2	6.8
	8G	50	455	471.9	3.6
内燃机车	DF	18	190.3	318.2	40.2
	DF_4	20	302.1	344.9	12.4
	DF_{4B}	21.8	313	351.4	10.9
	DF_{4C}	24.5	301.5	349.9	13.8
	DF_8	31.2	307.3	347.2	11.5
	ND_5	22.2	360	411.8	12.6

计算结果表明：内燃机车的黏着牵引力富余率较大，在半径为 300 m 及其以上的曲线时，都大于黏着系数降低百分率，坡度均不需减缓。详见表 46。

电力机车的黏着牵引力富余率较小，曲线半径为 300 m 时可以不进行坡度减缓的仅有 SS_1 型机车，其他机型均需减缓。各型机车需进行坡度减缓的曲线半径界值见表 47。

CHINA RAILWAY PUBLISHING HOUSE

表 46　各型内燃机车 r_n 与 α_m 对照

机车类型	机车黏着牵引力富余百分率 r_n(%)	曲线半径为 300 m 时机车黏着系数降低百分率 α_m(%)
DF	40.2	8.9
DF_4	12.4	8.9
DF_{4B}	10.9	8.9
DF_{4C}	13.8	8.9
DF_8	11.5	8.9
ND_5	12.6	8.9

表 47　各型电力机车黏降坡度减缓的曲线半径界值(m)

机车类型	黏降坡度减缓的曲线半径界值
SS_1	$R<300$
SS_3	$R\leqslant350$
SS_4	$R\leqslant450$
SS_7	$R\leqslant550$
6K	$R\leqslant450$
8G	$R\leqslant500$

不同类型的电力机车在同一最大坡度上的黏降坡度减缓值是不同的。这里仅将 SS_4 和 SS_7 型电力机车在不同最大坡度上的黏降坡度减缓值分别列于表 48 和表 49，其余机型，限于篇幅从略。

表 48　SS_4 型机车黏降坡度减缓值(‰)

曲线半径(m) \ 最大坡度(‰)	4	6	9	12	15	20	25	30
400	0.11	0.15	0.21	0.27	0.33	0.43	0.53	0.62
350	0.28	0.38	0.53	0.68	0.83	1.08	1.33	1.58
300	0.44	0.60	0.84	1.09	1.33	1.73	2.13	2.53

表 49　SS_7 型机车黏降坡度减缓值(‰)

曲线半径(m) \ 最大坡度(‰)	4	6	9	12	15	20	25	30
550	0.07	0.10	0.13	0.17	0.21	0.27	0.34	0.40
500	0.22	0.30	0.43	0.55	0.67	0.87	1.08	1.28
450	0.38	0.51	0.72	0.93	1.13	1.47	1.82	2.16
400	0.53	0.72	1.01	1.30	1.59	2.07	2.56	3.04
350	0.68	0.93	1.31	1.68	2.05	2.67	3.30	3.92
300	0.84	1.14	1.60	2.06	2.51	3.27	4.04	4.80

② 对小半径曲线黏降坡度减缓值的规定。根据前节的计算分析，电力牵引都需考虑小半径曲线黏降坡度的减缓。鉴于本次修订计算所依据的机车在小半径曲线上的计算黏着系数公式是三轴转向架的，即只适用于 SS_1 和 SS_3 两种机车。而其余 SS_4、SS_7 等几种机车均为二轴转向架，由于缺乏二轴转向架机车的试验资料，上述计算是用三轴转向架的公式代替。从理论上分析三轴转向架的机车在曲线上的黏着系数降低显然要比二轴转向架的机车大，因而计算出来的坡度减缓值亦相应偏大。完全依据前述计算结果来确定电力牵引线路上的黏降坡度减缓值是不够妥当的。所以经纵横分析，本次修订时电力牵引的黏降坡度减缓值仍沿用原规范的规定暂不变动。电力牵引小半径曲线黏降坡度减缓值见表 50。

表 50　电力牵引铁路小半径曲线黏降坡度减缓值(‰)

最大坡度(‰)		4	6	9	12	15	20	25	30
曲线半径(m)	450	0.20	0.25	0.35	0.45	0.55	0.70	0.90	1.05
	400	0.35	0.50	0.65	0.85	1.05	1.35	1.65	1.95
	350	0.50	0.70	1.00	1.25	1.50	2.00	2.45	2.90
	300	0.70	0.90	1.30	1.65	2.00	2.60	3.20	3.80

CHINA RAILWAY PUBLISHING HOUSE

5）黏降坡度减缓范围。货物列车以接近或等于机车计算速度在线路的长大坡道上运行时，机车一进入圆曲线，黏着牵引力就会降低，直至机车驶出该曲线。从理论上说，为使列车速度以不低于计算速度通过曲线，在曲线起点前一个列车长度范围内即应开始进行黏降坡度减缓。但当机车驶出曲线，而列车几乎全都还在曲线上时，由于机车已不存在曲线黏降，所以曲线终点前一个列车长度范围内即可不进行坡度减缓。亦即坡度减缓的长度为该曲线的长度。但应在列车到达曲线起点前一个列车长度时就开始减缓。这样做将使线路纵断面设计显得过于复杂。为简化设计，仍按原规定在曲线范围内进行坡度折减，曲线以外不再进行减缓。在设计中为保证列车以不低于计算速度通过曲线，当坡段长度大于曲线长度时，应将整个坡段（包括曲线外部分）按条文规定的 Δi_m 值减缓，而不应将 Δi_m 乘曲线长所得减缓损失高度值按坡段长度平均摊到整个坡段来减缓，否则将导致曲线范围内的黏降减缓值小于规范规定的黏降减缓值。

3　隧道坡度折减。

本款根据《牵规》相关规定进行修订。

1）长度大于400 m的隧道如位于或接近最大坡度的坡道上，为了保证列车不低于计算速度运行，应将最大坡度进行折减，影响折减的因素有：

① 隧道附加空气阻力。列车在隧道内运行时，由于空气受隧道空间约束，不能迅速向四面扩散，造成列车前面空气密度加大，尾部空气稀薄，使得空气阻力较空旷地段的空气阻力大。影响空气阻力的因素较多，一般都通过试验确定。本款仍采用凉风垭试验公式计算。

$$\omega_s = \frac{0.003\,57L}{P+Q}\left[1-\frac{1}{1+\sqrt{\dfrac{61.475+0.177(L_s-L)}{L}}}\right]^2 v^2 \tag{66}$$

式中　ω_s——隧道附加空气阻力（N/kN）；

v——隧道内列车运行速度（km/h）；

L_s——隧道长度（m）；

L——列车长度（m）；

P——机车计算质量（t）；

Q——列车牵引质量（t）。

② 内燃牵引时列车通过隧道的速度。内燃牵引时列车通过隧道的行车速度不能过低，以免机车排出的废气进入司机室和机车的柴油机汽缸，降低机车功率，并影响机车乘务员的身体健康。原规范规定隧道长度≤1 000 m时，通过隧道速度不得低于计算速度。1 000 m以上隧道，通过隧道速度不得低于25 km/h。根据《牵规》规定，本款修改为：内燃机车牵引列车通过长度小于或等于1 000 m的隧道时最低运行速度不得小于机车的最低计算速度（v_{jmin}），隧道长度小于1 000 m时不得小于 $v_{jmin}+5$ km/h。

③ 隧道内黏着系数和内燃机车功率的降低。根据1983年《牵规》的编制说明“电力和内燃机车的黏着（系数）公式包括了不同的轨面条件，因此不必再考虑隧道黏降”，故可不考虑隧道内黏着系数的降低。

内燃机车在隧道内运行时，柴油机的工作条件比在空旷地段的差，其功率修正应通过试验确定。内燃机车在隧道内的功率降，是影响隧道折减的一个因素。原规范规定的隧道折减未考虑功率降问题，《牵规》规定：“DF_{4B}（客、货）型内燃机车，受长度1 000 m以上隧道影响的牵引力修正系数λ，单机或双机重联牵引的第一台机车取0.88；双机重联牵引的第二台机车取0.85。”

2）隧道坡度折减。

① 隧道坡度折减计算公式。影响隧道坡度折减的因素较多，在设计中通常用隧道内线路最大坡度系数β_s来进行隧道坡度折减，折减后的最大设计坡度i(‰)应为：

$$i=\beta_s i_{max} \tag{67}$$

隧道内线路最大坡度系数β_s可以通过试验或根据试验资料用分析方法确定，此时β_s值应为：

$$\beta_s=1-\frac{\Delta i}{i_{max}}=1-\frac{\Delta i_1+\Delta i_2}{i_{max}} \tag{68}$$

$$\Delta i_1=i_{max}-i_v \tag{69}$$

式中　Δi——包括上述各种折减因素的总的隧道坡度折减值(‰)；

Δi_1——满足内燃机车牵引列车在隧道内以规定的最低速度等速运行所需的坡度减缓值(‰)；

i_v——按规定的最低速度等运行相应的均衡坡度(‰)，即列车该速度时的单位加速力$(f-\omega_0)$值；

Δi_2——隧道附加空气阻力值，即ω_2(‰)。

β_s值按下式计算：

电力牵引：

$$\beta_s=1-\frac{\omega_s}{i_{max}} \tag{70}$$

内燃牵引：

$$\beta_s=1-\frac{\Delta i_1+\Delta i_2}{i_{max}}=\frac{i_v-\omega_s}{i_{max}} \tag{71}$$

关于隧道折减分级和隧道折减的起始长度，隧道长度的确定不严密，主要是缺少对1 000.1～1 000.9 m及4 000.1～4 000.9 m的确认，建议应修订为400<L≤1 000 m，1 000<L≤4 000 m，L>4 000 m。

② 电力牵引隧道折减。电力牵引隧道折减的影响因素主要是隧道空气附加阻力，不同坡度、不同长度、不同机型隧道内线路最大坡度系数β_s的值见表51。

表51　电力牵引隧道内线路最大坡度系数计算表

隧道长度	机型	6	8	10	12	14	16	18	20
1 000	SS_1	0.98	0.98	0.98	0.98	0.98	0.99	0.99	0.99
	SS_3	0.98	0.98	0.98	0.98	0.98	0.98	0.98	0.98
	SS_4	0.99	0.98	0.98	0.98	0.98	0.98	0.98	0.98
	SS_{4B}	0.99	0.99	0.98	0.98	0.98	0.99	0.99	0.99
	SS_{6B}	0.98	0.98	0.98	0.98	0.98	0.98	0.98	0.98
	SS_7	0.98	0.98	0.98	0.98	0.98	0.98	0.98	0.98
4 000	SS_1	0.94	0.95	0.95	0.96	0.96	0.97	0.97	0.97
	SS_3	0.93	0.94	0.94	0.95	0.95	0.96	0.96	0.96

续上表

隧道长度	机型	6	8	10	12	14	16	18	20
4 000	SS_4	0.93	0.94	0.95	0.95	0.96	0.96	0.96	0.96
	SS_{4B}	0.94	0.95	0.95	0.95	0.96	0.96	0.96	0.97
	SS_{6B}	0.92	0.93	0.94	0.95	0.95	0.96	0.96	0.96
	SS_7	0.93	0.94	0.95	0.95	0.96	0.96	0.96	0.97
6 000	SS_1	0.92	0.94	0.95	0.95	0.96	0.96	0.96	0.97
	SS_3	0.91	0.92	0.93	0.94	0.95	0.95	0.96	0.96
	SS_4	0.91	0.93	0.93	0.94	0.95	0.95	0.95	0.96
	SS_{4B}	0.92	0.93	0.94	0.95	0.95	0.95	0.96	0.96
	SS_{6B}	0.91	0.92	0.93	0.94	0.94	0.95	0.95	0.96
	SS_7	0.92	0.93	0.94	0.94	0.95	0.95	0.96	0.96
10 000	SS_1	0.92	0.94	0.95	0.95	0.96	0.96	0.97	0.97
	SS_3	0.91	0.92	0.93	0.94	0.95	0.95	0.96	0.96
	SS_4	0.91	0.92	0.93	0.94	0.95	0.95	0.95	0.96
	SS_{4B}	0.91	0.93	0.94	0.94	0.95	0.95	0.96	0.96
	SS_{6B}	0.90	0.92	0.93	0.94	0.95	0.95	0.95	0.96
	SS_7	0.91	0.93	0.94	0.94	0.95	0.95	0.96	0.96
15 000	SS_1	0.89	0.91	0.92	0.93	0.94	0.95	0.95	0.96
	SS_3	0.87	0.89	0.91	0.92	0.93	0.94	0.94	0.95
	SS_4	0.87	0.89	0.91	0.92	0.93	0.93	0.94	0.94
	SS_{4B}	0.88	0.90	0.91	0.92	0.93	0.94	0.94	0.95
	SS_{6B}	0.86	0.89	0.90	0.92	0.93	0.93	0.94	0.94
	SS_7	0.87	0.90	0.91	0.92	0.93	0.94	0.94	0.95
20 000	SS_1	0.88	0.90	0.92	0.93	0.94	0.94	0.95	0.95
	SS_3	0.86	0.88	0.90	0.91	0.92	0.93	0.94	0.94
	SS_4	0.85	0.88	0.90	0.91	0.92	0.93	0.93	0.94
	SS_{4B}	0.86	0.89	0.90	0.92	0.93	0.93	0.94	0.94
	SS_{6B}	0.85	0.88	0.90	0.91	0.92	0.93	0.93	0.94
	SS_7	0.86	0.89	0.90	0.92	0.93	0.93	0.94	0.94

从表 51 中可以看出，电力牵引隧道折减系数随隧道长度的增长而加大，随坡度的增大而减小，机型对其影响不大，原规范规定的电力牵引隧道内坡道折减系数可以满足要求。

③ 内燃牵引隧道折减。内燃牵引隧道折减的影响因素主要是隧道空气附加阻力、列车通过隧道的最低运行速度及隧道内机车功率降，隧道空气附加阻力按凉风垭实验公式计算，列车通过隧道的最低运行速度按《牵规》规定，由于《牵规》仅规定了 DF_{4B} 型内燃机车功率降，隧道折减按其他内燃机车比照 DF_{4B} 型机车考虑功率降及内燃机车不考虑功率降两种情况进行计算。隧道内线路最大坡度系数 β_s 的值见表 52 和表 53。

表 52 内燃牵引隧道内考虑功率降线路最大坡度系数计算表

隧道长度	机型	6	8	10	12	14	16	18	20
1 000	DF_{4B}	0.99	0.99	0.99	0.99	0.99	0.99	0.99	0.99
	DF_{4C}	0.99	0.99	0.99	0.99	0.99	0.99	0.99	0.99
	DF_{4D}	0.99	0.99	0.99	0.99	0.99	0.99	0.99	0.99
	DF_{8}	0.99	0.99	0.99	0.99	0.99	0.99	0.99	0.99
	DF_{8B}	0.99	0.99	0.99	0.99	0.99	0.99	0.99	0.99
4 000	DF_{4B}	0.65	0.67	0.68	0.68	0.69	0.69	0.70	0.70
	DF_{4C}	0.64	0.66	0.67	0.67	0.68	0.68	0.69	0.69
	DF_{4D}	0.65	0.67	0.68	0.68	0.69	0.69	0.70	0.70
	DF_{8}	0.67	0.69	0.70	0.71	0.71	0.72	0.72	0.72
	DF_{8B}	0.67	0.69	0.70	0.71	0.72	0.72	0.73	0.73
6 000	DF_{4B}	0.64	0.66	0.67	0.68	0.69	0.69	0.69	0.70
	DF_{4C}	0.63	0.65	0.66	0.67	0.68	0.68	0.69	0.69
	DF_{4D}	0.64	0.66	0.67	0.68	0.69	0.69	0.70	0.70
	DF_{8}	0.66	0.68	0.69	0.70	0.71	0.71	0.72	0.72
	DF_{8B}	0.66	0.69	0.70	0.71	0.71	0.72	0.72	0.73
10 000	DF_{4B}	0.64	0.66	0.67	0.68	0.68	0.69	0.69	0.70
	DF_{4C}	0.62	0.65	0.66	0.67	0.68	0.68	0.68	0.69
	DF_{4D}	0.64	0.66	0.67	0.68	0.68	0.69	0.69	0.70
	DF_{8}	0.65	0.67	0.69	0.70	0.70	0.71	0.71	0.72
	DF_{8B}	0.65	0.68	0.69	0.70	0.71	0.71	0.72	0.72

表 53 内燃牵引隧道内不考虑功率降线路最大坡度系数计算表

隧道长度	机型	6	8	10	12	14	16	18	20
1 000	DF_{4B}	0.99	0.99	0.99	0.99	0.99	0.99	0.99	0.99
	DF_{4C}	0.99	0.99	0.99	0.99	0.99	0.99	0.99	0.99
	DF_{4D}	0.99	0.99	0.99	0.99	0.99	0.99	0.99	0.99
	DF_{8}	0.99	0.99	0.99	0.99	0.99	0.99	0.99	0.99
	DF_{8B}	0.99	0.99	0.99	0.99	0.99	0.99	0.99	0.99
4 000	DF_{4B}	0.79	0.80	0.81	0.82	0.82	0.82	0.82	0.83
	DF_{4C}	0.78	0.79	0.80	0.81	0.81	0.81	0.82	0.82
	DF_{4D}	0.79	0.80	0.81	0.82	0.82	0.82	0.83	0.83
	DF_{8}	0.81	0.82	0.83	0.84	0.84	0.85	0.85	0.85
	DF_{8B}	0.82	0.83	0.84	0.84	0.85	0.85	0.85	0.86
6 000	DF_{4B}	0.79	0.80	0.81	0.81	0.82	0.82	0.82	0.82
	DF_{4C}	0.78	0.79	0.80	0.80	0.81	0.81	0.82	0.82
	DF_{4D}	0.79	0.80	0.81	0.81	0.82	0.82	0.82	0.83
	DF_{8}	0.80	0.82	0.83	0.83	0.84	0.84	0.85	0.85
	DF_{8B}	0.81	0.82	0.83	0.84	0.84	0.85	0.85	0.85

CHINA RAILWAY PUBLISHING HOUSE

续上表

隧道长度	机型	6	8	10	12	14	16	18	20
10 000	DF_{4B}	0.78	0.80	0.80	0.81	0.81	0.82	0.82	0.82
	DF_{4C}	0.77	0.78	0.79	0.80	0.81	0.81	0.81	0.82
	DF_{4D}	0.78	0.79	0.80	0.81	0.81	0.82	0.82	0.82
	DF_8	0.79	0.81	0.82	0.83	0.84	0.84	0.84	0.85
	DF_{8B}	0.80	0.82	0.83	0.83	0.84	0.84	0.85	0.85

从表52和表53计算结果中可以看出，按照《牵规》规定的DF_{4B}型机车功率降系数计算隧道折减时，长度超过1 000 m的隧道其隧道内线路最大坡度系数小于原规范规定值。不考虑内燃机车隧道内功率降时，长度超过1 000 m的隧道其隧道内线路最大坡度系数除在较小的坡度上（6‰、8‰）略微低于原规范外，其余均大于原规范规定值。

《牵规》仅规定了DF_{4B}型机车在隧道内的功率降，而机车型谱上推荐及目前主要应用的DF_{4D}、DF_8和DF_{8B}型内燃机车，计算速度均较DF_{4B}型机车提高较大，本次修订执行了"内燃机车通过长度1 000 m以上隧道的最低运行速度不得低于v_{jmin} +5 km/h"的规定，隧道长度、通风条件、机车通过隧道速度等因素对隧道内机车功率降都有较大影响。

④ 隧道内线路最大坡度系数。由于隧道附加空气阻力计算公式是在凉风垭隧道试验公式的基础上分析、计算、简化而来的。凉风垭等隧道的试验，其最长隧道为4 270 m，我国目前投入运营及正在设计或施工的电气化铁路长度在10～20 km、内燃牵引长度在4～10 km的隧道已不鲜见，该公式是否适用于长大隧道尚缺乏研究和验证。

因此，在缺乏隧道空气附加阻力公式及隧道内内燃机车功率降试验数据的情况下，隧道折减系数暂不修订，待有新的机车牵引试验资料和研究成果后，本款再做相应修改。

3）折减范围和加速缓坡。隧道内坡度的折减因素，电力机车主要是附加空气阻力的影响，内燃机车主要是附加空气阻力、内燃机车在隧道内的功率降和满足通过隧道最低速度要求这三项内容。附加空气阻力ω_s一般认为刚进入洞内的瞬间产生对隧道内空气的冲击作用，机车头部受到突然增大的压力，此后随列车前进而减小，但列车侧面与隧道内壁阻力增加，列车全部进入隧道内后阻力达到稳定值，机车出隧道时头部压力减小，然后阻力逐渐下降至列车驶出隧道时$\omega_s=0$。为简化计算，折减范围只计算隧道长度内的折减值。内燃牵引时除按规定进行坡度折减外，还应根据牵引计算检算列车通过隧道的速度，如未达到最低速度要求，应在隧道外设计加速缓坡。

3.2.6、3.2.7 说明如下：

1 确定纵断面连接标准的理论。铁路线路纵断面连接标准主要包括相邻坡段坡度代数差、最小坡段长度和竖曲线半径。理论分析和运营经验表明，相邻坡段坡度代数差和最小坡段长度主要取决于不断钩的安全要求，即取决于车钩强度所允许的列车纵向力。竖曲线半径不仅取决于列车纵向力的允许值，还取决于不脱轨和不断钩的安全要求以及旅客的舒适度要求。

实际运行的列车是由多节车辆组成的离散质量系统，联结各车辆的钩缓装置是非完全弹性的，车钩间存在游间。因而当列车处于非稳态运行情况下（如起动、加速、制动、通过变坡点等），各车辆间便存在相对位移、相对速度和加速度，从而在各节车辆间产生冲击作用，增大列车纵向力，危及行车安全。取列车最不利的非稳态运行工况通过变坡点时的列车纵向力，按车钩强度所允许的纵向力确定坡度差和最小坡段长度。车钩强度所允

CHINA RAILWAY PUBLISHING HOUSE

许的纵向力按照国家现行标准《铁道车辆强度设计及试验鉴定规范》(TB/T 1335—1996)的规定，货车车钩在运行工况下(考虑动态荷载)纵向拉伸力取1 125 kN，纵向压缩力取1 400 kN。

2　列车离散质量系数模型和非稳态运动模拟。根据列车－线路纵向动力学理论，假设列车是由非完全弹性元件(车钩缓冲装置)联结多个刚体(机车、车辆)组成的离散质量系统(见图5)，考虑车钩游间非线性因素的影响，忽略列车通过平面曲线和竖曲线时各车钩间转角的影响，建立列车通过变坡点的非稳态运动微分方程组见式(72)。系统的自由度等于组成列车的机车与车辆的数量之和。

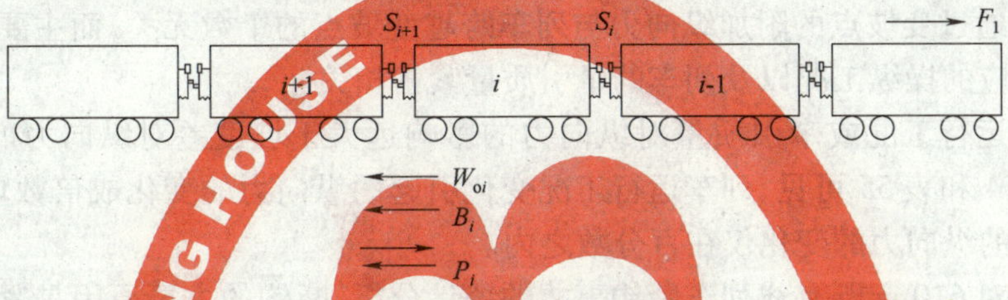

图5　列车离散质量系统模型

$$
\left.\begin{aligned}
m_i\cdot\ddot{x}_i &= S_i - S_{i+1} + \omega_{0i} + F_i + B_i + D_i + P_i \quad (i=1,2,\cdots,n)\\
S_i &= S_i(\dot{q},q_i)\\
\omega_{0i} &= \omega_{0i}(\dot{x}_i,x_i)\\
F_i &= F_i(\dot{x}_i)\\
B_i &= B_i(\dot{x}_i,t)\\
D_i &= D_i(\dot{x}_i,t)\\
P_i &= P_i(x_i)
\end{aligned}\right\}\qquad(72)
$$

式中　m_i——机车或车辆的质量(t)；

S_i,S_{i+1}——列车纵向力(车钩力)(kN)；

ω_{0i}——机车或车辆的运行基本阻力(kN)；

P_i——坡道力(包括曲线、隧道当量坡)(kN)；

F_i——机车牵引力(kN)；

B_i,D_i——空气制动力(kN)，动力制动力(kN)，与F_i不能同时存在；

x_i、$\dot{x}$、$\ddot{x}_i$——机车或车辆的绝对位移，绝对速度，绝对加速度(m，m/s，m/s²)；

q_i、$\dot{q}_i$——相邻两车辆间的相对位移，相对速度(m，m/s)；

t——制动时间(s)。

编制计算程序求解上列非线性微分方程组。输入列车运行的初始状态参数，选取不同的计算步长Δt，即可模拟列车运行的全过程，计算得到不同运行工况下、不同纵断面连接条件下的最大纵向力及其发生的位置。该数学模型和计算程序经过现场列车运行试验的验证，得到满意的结果。因此，可以用于研究确定纵断面连接标准。

3　列车通过变坡点的纵向力规律。理论计算和现场试验都表明列车通过变坡点的纵向力有如下规律：

1)两相邻坡段为凸形断面时，列车纵向拉力增大，压力减小；凹形断面则相反。

2)列车纵向力随坡度差值的增大有所增大(见表54)。

3）坡度差小于或等于 4‰时，列车以各种不同的工况通过变坡点产生的最大纵向力，与在平道上相同工况下产生的最大纵向力几乎相等。说明在坡度差小于或等于 4‰时，可以不设置竖曲线。

4）设置竖曲线可减小列车通过变坡点的附加纵向力。但是，当竖曲线半径增大到 2 000 m后（相对于牵引质量小于或等于 5 000 t 而言），列车以不同工况通过变坡点的最大纵向力各趋于该工况下的稳定值（见图 6）。计算结果表明，当列车牵引质量小于或等于 5 000 t 时，在相应限坡组成的凸、凹形变坡点上，竖曲线半径为 10 000 m，各种运行工况下产生的列车纵向力均小于限值。

5）列车通过变坡点的附加纵向力与列车跨越变坡点的个数无关，而主要与纵断面的形式及其相应的操纵工况以及列车的牵引质量紧密相关。

6）列车运行工况或牵引质量对纵向力的影响远大于坡度差对纵向力的影响（见表 55）。由表 54 和表 55 可见，列车运行工况变化引起的纵向力的变化成倍数增减，而坡度差变化引起的纵向力的变化仅在百分数之内。

7）根据对 610 起既有线列车断钩事故的统计分析，断钩的主要原因是紧急制动或操纵不当。没有调查到在坡度变化点断钩的事例。由此也说明坡度变化引起的附加纵向力变化不太显著。

表 54　坡度差与列车纵向力的关系

工　况	Q(t)	断面示意（‰）	Δi（‰）	S_{max}(kN)/车位	纵向力增大百分比(%)	S_{min}(kN)/车位	纵向力增大百分比(%)
牵引加速（10～70 km/h）	5 000（单机）	0　4 0　9	4 9	504. 6/4 500. 7/3	－0. 8	3. 1/66 2. 2/66	－29. 0
	4 750（双机）	0　12 0　20	12 20	503. 1/6 574. 6/15	14. 2	3. 7/64	—
惰行（70～20 km/h）	5 000（单机）	4　4　4 9　4　9	8 13	267. 0/22 285. 9/30	7. 0	－363. 9/44 －516. 5/46	41. 9
	4 750（双机）	12　12 12　20	24 32	352. 4/23 482. 0/28	36. 8	－325. 0/44 －103. 8/59	－68. 1

表 55　列车运行工况与列车纵向力的关系

工　况	Q(t)	断面示意 i(‰)	Δi(‰)	S_{max}(kN)/车位
牵引加速（10～70 km/h）	5 000	0	0	492. 5/2
		4　4	8	502. 3/3
惰行（70 km/h）	5 000	4　4	8	267. 1/22
常用制动（r－0. 8）（70～20 km/h）	5 000	4　4	8	119. 1/29
牵引加速（10～70 km/h）	5 000	0	0	492. 5/2
	2 550	0　20	20	371. 6/8

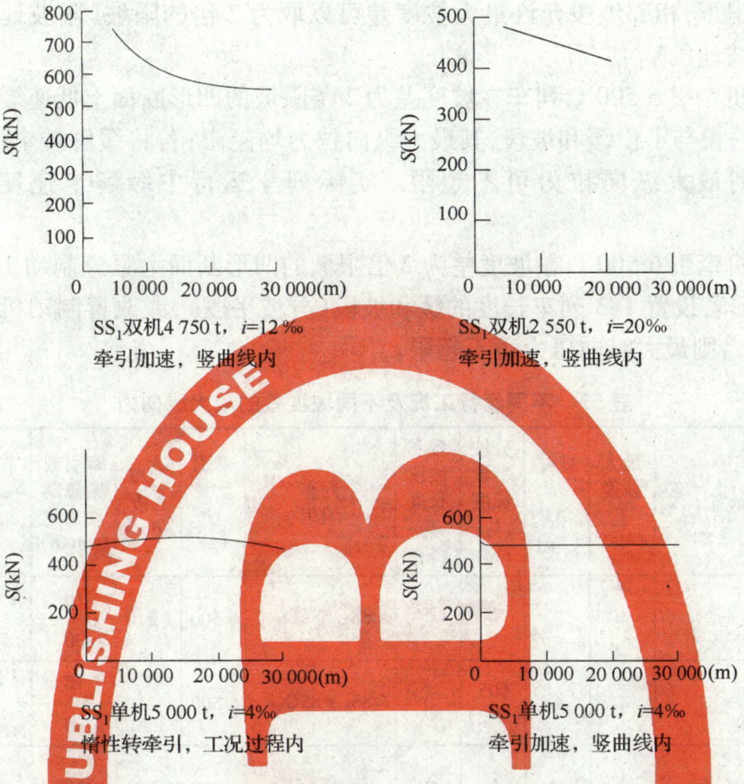

图6　竖曲线半径与列车纵向力的关系

4　车钩强度允许的坡度差。由上述分析可见，列车最大纵向力主要决定于列车牵引质量、长度、机车类型、操纵工况、车辆缓冲器和制动机特性以及线路纵断面形式。因此，对列车通过变坡点的纵向力计算，选取了上述各影响因素的最不利组合方案。

1)计算条件。牵引种类及机型：电力牵引，SS_3 机车；线路坡度及牵引质量见表56。

表56　线路坡度及牵引质量

线路坡度(‰)	4	9	6	12	12
机　车	SS_3 单机	SS_3 双机重联	SS_3 单机	SS_3 双机重联	SS_3 单机
牵引质量(t)	6 500		4 750		2 550
车辆数(辆)	85		62		33

竖曲线半径：10 000 m；

制动机类型：GK 型、103 型；

缓冲器型号：2#缓冲器；

运行工况：凹形断面低速缓解转牵引、凹形断面低速紧急制动、凸形断面低速紧急制动。

2)计算结果分析。按照给定的计算条件，分别考虑了设置与不设置分坡平段、缓和坡段数种情况，共计算了38组最不利组合方案，计算结果见表57。

①SS_3 单机或双机牵引4 750 t及其以下质量的列车，在坡度差为2倍限坡或2倍双机坡成的凸、凹形断面上的任何工况，其最大纵向拉、压力均未超出限值(拉力980 kN，压力1 960 kN)。因此可以说，牵引质量小于等于4 750 t，也就是到发线有效长度小于等于

CHINA RAILWAY PUBLISHING HOUSE

1 050 m 的情况下，相邻坡段允许最大坡度差可以取为 2 倍的限坡（限坡地段）或 2 倍的双机坡（双机坡地段）。

②SS_3 单机牵引 6 500 t，列车在坡度差为 2 倍限坡的凹形断面上低速缓解（10 km/h）转牵引工况下，设与不设缓和坡段，其最大纵向拉力均超限；若将缓解转牵引的速度提高到 30 km/h，则最大纵向拉力可不超限。实际列车运行中缓解末速度通常是大于 30 km/h。

③SS_3 单机牵引 6 500 t，在坡度差为 2 倍限坡的凹形断面上紧急制动工况下，其最大纵向压力超限；若设置 1/3 列车长度的缓和坡段（分坡平段），或改善制动机特性（如采用 103 型制动机），则最大纵向压力可不超限。

表 57　不同运行工况及不同坡度差的最大纵向力

工况	断面示意	最大坡度 i（‰）	坡度差 Δi（‰）	分坡平段长度 L_1（m）	缓和坡段长度 L_2（m）	列车编组	牵引质量 Q（t）	列车长度 L（m）	牵引或紧急制动初速（km/h）	S_{max}（kN）/车位	制动机类型
缓解转牵引	i i	4	8	0	0	SS_3+85C_{62}	6 500	1 210	10	1 630/80	GK
									30	505/80	GK
	i 0 i / L_1	4	4	605（L/2）	0	SS_3+85C_{62}	6 500	1 210	10	1 630/80	GK
									30	517/	GK
	i i	9	18	0	0	$2SS_3+85C_{62}$	6 500	1 234	30	812/16	GK
	i 0 i / L_1	9	9	617（L/2）	0	$2SS_3+85C_{62}$	6 500	1 234	30	819/18	GK
	i $i/2$ 0 $i/2$ i / L_2 L_1 L_2	9	9	200	200	$2SS_3+85C_{62}$	6 500	1 234	30	809/13	GK
	i i	6	12	0	0	SS_3+62C_{62}	4 750	890	10	872/38	GK
									25	495/38	GK
	i 0 i / L_1	6	6	300（L/3）	0	SS_3+62C_{62}	4 750	890	10	858/41	GK
				445（L/2）	0	SS_3+62C_{62}	4 750	890	10	873/51	GK
	i i	12	24	0	0	$2SS_3+62C_{62}$	4 750	912	10	832/7	GK
	i 0 i / L_1	12	12	456（L/2）	0	$2SS_3+62C_{62}$	4 750	912	10	852/22	GK
	i $i/2$ $i/2$ i / L_2 L_2	12	12	0	200	$2SS_3+62C_{62}$	4 750	912	10	852/22	GK
	i i	12	24	0	200	$2SS_3+62C_{62}$	4 750	912	10	852/22	GK
	i 0 i / L_1	12	12	0	0	SS_3+33C_{62}	2 550	484	10	549/32	GK

CHINA RAILWAY PUBLISHING HOUSE

续上表

工况	断面示意	最大坡度 i (‰)	坡度差 Δi (‰)	分坡平段长度 L_1 (m)	缓和坡段长度 L_2 (m)	列车编组	牵引质量 Q (t)	列车长度 L(m)	牵引或紧急制动初速 (km/h)	S_{max}(kN)/车位	制动机类型
紧急制动	i i	4	8	0	0	SS_3+85C_{62}	6 500	1 210	30	−2 246/43 −1 694/67	GK 103
	i 0 i L_1	4	4	400 (L/3)	0	SS_3+85C_{62}	6 500	1 210	30	−1 635/58	GK
				600 (L/2)	0	SS_3+85C_{62}	6 500	1 210	30	−1 573/63	GK
	i i	9	18	0	0	$2SS_3+85C_{62}$	6 500	1 234	30	−1 655/54	GK
	i $i/2$ $i/2$ i L_2 L_2	9	9	0	200	$2SS_3+85C_{62}$	6 500	1 234	30	−1 593/50	GK
	i $i/2$ 0 $i/2$ i L_2 L_1 L_2	9	4.5	617 (L/2)	200	$2SS_3+85C_{62}$	6 500	1 234	30	−1 531/49	GK
	i i	6	12	0	0	SS_3+62C_{62}	4 750	890	30	−915/38	GK
	i 0 i L_1	6	6	300 (L/2)	0	SS_3+62C_{62}	4 750	890	30	−828/44	GK
				445 (L/2)	0	SS_3+62C_{62}	4 750	890	30	−830/51	GK
	i i	12	24	0	0	$2SS_3+62C_{62}$	4 750	912	30	−1 018/	GK
	i 0 i L_1	12	12	460 (L/2)	0	$2SS_3+62C_{62}$	4 750	912	30	−798/	GK
	i $i/2$ $i/2$ i L_2 L_2	12	12	0	200	$2SS_3+62C_{62}$	4 750	912	30	−929/38	GK
	i i	12	24	0	0	SS_3+33C_{62}	2 550	484	35	−1 018/30	GK
	i 0 i L_1		12	242 (L/2)	0	SS_3+33C_{62}	2 550	484	35	−798/20	GK
	i i	4	8	0	0	SS_3+85C_{62}	6 500	1 210	30	−2 559/78 −1 244/66	GK 103
	i 0 i L_1	4	4	200	0	SS_3+85C_{62}	6 500	1 210	30	−2 566/80 −1 204/65	GK 103
	i i	9	18	0	0	$2SS_3+85C_{62}$	6 500	1 234	30	−1 530/75 −904/67	GK 103
	i 0 i L_1	9	9	200	0	$2SS_3+85C_{62}$	6 500	1 234	30	−804/59	103
	i $i/2$ $i/2$ i L_2 L_2	9	9	0	200	$2SS_3+85C_{62}$	6 500	1 234	30	−1 185/66	103
	i i	12	24	0	0	$2SS_3+62C_{62}$	4 750	912	30	−1 441/50	GK
	i $i/2$ 0 $i/2$ i L_2 L_1 L_2	12	6	200	200	$2SS_3+62C_{62}$	4 750	912	30	−1 315/49	GK

CHINA RAILWAY PUBLISHING HOUSE

④SS_3 单机牵引 6 500 t，在坡度差为 2 倍限坡组成的凸形断面上低速（30 km/h）紧急制动，设与不设分坡平段，其最大纵向压力均超限，只有改善制动机性能，最大纵向压力才可能不超限。

⑤SS_3 单机或双机牵引 6 500 t 列车，在坡度差为 2 倍的限坡或 2 倍双机坡组成的凸、凹形断面上的其他工程，其最大纵向拉、压力均不超限。

上述计算结果再次表明，列车牵引质量的大小对列车纵向力起决定作用。而列车的牵引质量在机车功率可变的情况下，主要决定于车站到发线有效长度。因此，最大坡度差的允许值直接以到发线有效长度为依据确定更为恰当。

3）最大坡度差允许值。鉴于本规范中对到发线有效长度规定为 1 050 m 及其以下长度，相应的列车牵引质量为 4 750 t 及其以下，故最大坡度差允许值也仅考虑到发线有效长度为 1 050 m 及其以下的情况。

根据计算结果，最大坡度差的允许值可以取用 2 倍的限制坡度或 2 倍的双机坡度。但考虑到车辆载重的发展（如采用 25 t 轴重车或缩短型车），在到发线有效长度不变的情况下列车质量增加，或延长到发线有效长度而增加列车质量；此外，理论计算所取机车及车辆均为理想状况，与实际情况会有差别，有可能增大列车纵向力。因此，对最大坡度差的允许值留有适当发展余量，取值见表 58。

表 58　相邻坡段最大坡度差

远期到发线有效长度（m）		1 050	850	750	650	550
最大坡度差 ‰	一般	8	10	12	15	20
	困难	10	12	15	18	25

5　车钩强度允许的最小坡段长度。对最小坡段长度与列车纵向力的相关规律的分析，同样选取了各影响因素的最不利组合方案，考虑了设置不同长度的分坡平段及缓和坡段对纵向力的影响，共计算了 133 组方案。

1）计算条件。同对坡度差的计算条件。

2）计算结果分析。在 133 组计算方案中，纵向力较大的 83 组计算结果见表 59。

①SS_3 单机或双机牵引 4 750 t 及其以下质量的列车，在最大坡度差、设有不同长度的分坡平段或缓和坡段以及不设分坡平段及缓和坡段组成的凸、凹形纵断面上，以任何工况通过时产生的最大纵向力均小于限值。

②SS_3 单机牵引 6 500 t，在最大坡度差组成的凹形断面低速缓解（10 km/h）转牵引，设置不同长度的分坡平段或不设置分坡平段，其产生的最大纵向拉力均超限。只有将列车缓解末速度提高到 30 km/h，其产生的最大纵向拉力才可小于限值。

③SS_3 单机牵引 6 500 t（GK 型制动机），在最大坡度差组成的凸形断面上低速（30 km/h）紧急制动，设置不同长度的分坡平段或不设置分坡平段，其产生的最大纵向力均超限。但若采用制动特性较好的制动机（例如 103 型制动机），则设和不设分坡平段，其最大纵向力均不超限且差别不大。

④SS_3 单机牵引 6 500 t，在最大坡度差组成的凹形断面上低速（30 km/h）紧急制动，其产生的最大纵向压力超限。当设置 1/3 列车长度的分坡平段后，其最大纵向压力可不超限；当分坡平段延长到 1/2 列车长度时，其最大纵向压力与前者相近，趋于稳定。

CHINA RAILWAY PUBLISHING HOUSE

⑤SS_3 双机牵引 6 500 t 列车，在最大坡度差组成的凸形断面上紧急制动，不设或设置缓和坡段（分坡平段），最大纵向力均超限；而当设置 200 m 缓和坡段或分坡平段与缓和坡段长度之和大于等于 300 m 时，最大纵向压力反而更大。由此可说明，凸形纵断面的分坡平段长度以 200 m 为宜。当车辆的制动机性能改善后（如采用 103 型制动机），则上述各种条件下的列车最大纵向力均不超限。

表 59　不同运行工况及不同坡段长度的最大纵向力

工况	列车编组	牵引质量 Q(t)	列车长度 L(m)	断面示意	缓和坡段长度 L_2(m)	分坡平段长度 L_1(m)	$1/K$ $\frac{L}{L_1+L_2}$	牵引或紧急制动初速(km/h)	S_{max}(kN)/车位	制动机类型
低速缓解转牵引	SS_3 + $85C_{62}$	6 500	1 210	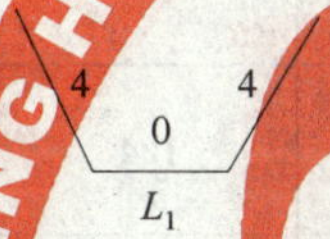	0	0	0	10	1 630/80	GK
								30	505/	GK
						200	1/6	10	1 630/80	GK
								30	517/	GK
						605	1/2	10	1 630/80	GK
								30	517/	GK
	$2SS_3$ + $85C_{62}$	6 500	1 234	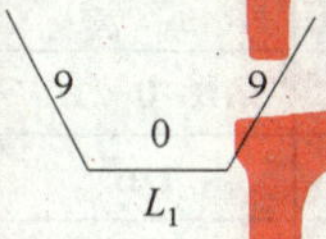	0	0	0	30	812/16	GK
						100	1/12	30	819/18	GK
						200	1/6	30	819/18	GK
						300	1/4	30	819/18	GK
						617	1/2	30	819/18	GK
	$2SS_3$ + $85C_{62}$	6 500	1 234	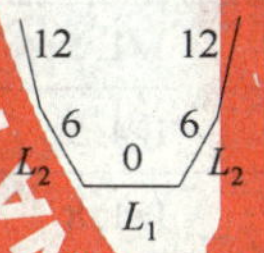	200	0	1/6	30	809/13	GK
						100	1/4	30	809/13	GK
						200	1/3	30	809/13	GK
						300	1/12.5	30	809/13	GK
						617	1/1.5	30	809/13	GK
	SS_3 + $62C_{62}$	4 750	890	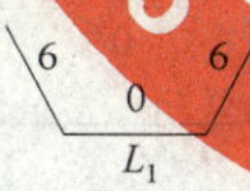	0	0	0	10	872/38	GK
						300	1/3	10	858/41	GK
						445	1/2	10	873/51	GK
	$2SS_3$ + $62C_{62}$	4 750	912	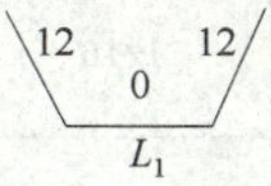	0	0	0	30	832/7	GK
						200	1/4.5	30	852/22	GK
						300	1/3	30	852/22	GK
						456	1/2	30	852/22	GK
				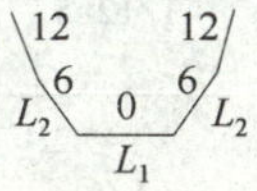	200	0	1/4.5	30	852/22	GK
						200	1/3	30	852/22	GK
						300	1/1.8	30	852/22	GK
						456	1/1.4	30	852/22	GK

续上表

工况	列车编组	牵引质量 Q(t)	列车长度 L(m)	断面示意	缓和坡段长度 L_2(m)	分坡平段长度 L_1(m)	$1/K$ $\frac{L}{L_1+L_2}$	牵引或紧急制动初速(km/h)	S_{max}(kN)/车位	制动机类型
紧急制动	SS_3 + $85C_{62}$	4 750	890	6 0 6 L_1	0	0	0	30	−915/38	GK
						200	1/4.5	30	−858/47	GK
						300	1/6	30	−828/44	GK
						445	1/3	30	−830/51	GK
	SS_3 + $33C_{62}$	2 550	484	12 0 12 L_1	0	0	0	20	−1 018/30	GK
						242	1/2	20	−798/20	GK
	SS_3 + $85C_{62}$	6 500	1210	4 0 4 L_1	0	0	0	30	−2 246/43	GK
									−1 052/65	GK
						300	1/4	30	−2 138/65	GK
									−1 231/52	GK
						400	1/3	30	−1 635/58	GK
									−1 210/66	GK
						605	1/2	30	−1 573/63	GK
									−1 295/57	GK
	$2SS_3$ + $85C_{62}$	6 500	1234	9 0 9 L_1	0	0	0	30	−1 655/54	GK
						200	1/6	30	−1 595/60	GK
						617	1/2	30	−1 592/52	GK
				9 4.5 L_2 0 4.5 9 L_2 L_1	200	0	1/6	30	−1 593/50	GK
						200	1/3	30	−1 615/54	GK
						617	1/1.5	30	−1 531/49	GK
	$2SS_3$ + $62C_{62}$	4 750	912	12 6 L_2 0 6 12 L_2 L_1	200	0	1/4.5	30	−929/38	GK
						300	1/1.8	30	−854/38	GK
						456	1/1.4	30	−856/40	GK
	SS_3 + $85C_{62}$	6 500	1 210	L_1 0 4 4	0	0	0	30	−2 559/78	GK
									−1 244/66	GK
						100	1/12	30	−2 664/79	GK
									−1 292/68	GK
						200	1/16	30	−2 566/80	GK
									−1 204/65	GK
	$2SS_3$ + $85C_{62}$	6 500	1 234	L_1 0 9 9	0	0	0	30	−1 530/75	GK
									−904/67	103
						100	1/12.5	30	−1 532/75	GK
									−890/67	103
						200	1/6	30	−1 529/72	GK
									−804/59	103

续上表

工况	列车编组	牵引质量 Q(t)	列车长度 L(m)	断面示意	缓和坡段长度 L_2(m)	分坡平段长度 L_1(m)	$1/K$ $\frac{L}{L_1+L_2}$	牵引或紧急制动初速(km/h)	S_{max}(kN)/车位	制动机类型
紧急制动	$2SS_3$ + $85C_{62}$	6 500	1 234		100	0	0	30	−1 384/68	GK
									−847/62	103
						100	1/6	30	−1 801/73	GK
									−891/61	103
						200	1/4	30	−2 434/75	GK
									−1 092/64	103
					200	0	0	30	−2 759/7	GK
									−1 185/66	103
						100	1/4	30	−2 541/78	GK
									−1 119/66	103
						200	1/3	30	−2 183/79	GK
									−1 002/69	103
	$2SS_3$ + $62C_{62}$	4 750	912	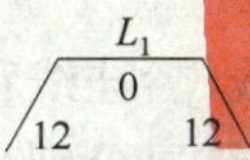	0	0	0	30	−1 141/50	GK
						100	1/9	30	−1 046/50	GK
						200	1/4.5	30	−1 046/50	GK
				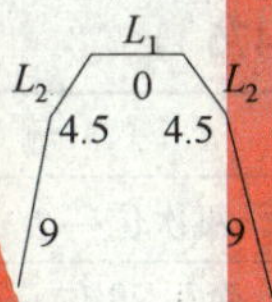	100	0	1/9	30	−1 142/50	GK
						100	1/4.5	30	−961/51	GK
						200	1/3	30	−943/52	GK
					200	0	1/4.5	30	−940/51	GK
						100	1/3	30	−1 114/52	GK
						200	1/2.3	30	−1 315/49	GK

⑥SS_3 双机牵引 6 500 t 列车,在最大坡度差组成的凹形断面上的低速缓解转牵引工况,设置不同长度的分坡平段或缓和坡段,其最大纵向力与不设置的情况接近,且均未超限。

3)最小坡段长度允许值。由上述分析可见,最小坡段长度也与列车质量(长度)密切相关,因而也就与到发线有效长度直接相关,故最小坡段长度的取值也应以到发线有效长度为依据。

根据计算结果,到发线有效长度在 1 050 m 及其以下的条件下,在由最大坡度差组成的凸、凹形纵断面上,设置或不设置分坡平段与缓和坡段,其最大纵向力均不超限,最小坡段长度只要保证竖曲线不重叠即可。最小坡段长度根据对 6 500 t 列车的计算结果,按 1/3列车长度设置,规定如表 60 所示。但凸形断面顶部为缓和坡度差而设置的分坡平段的长度应不小于200 m。

表 60　最小坡段长度

远期到发线有效长度(m)	1 050	850	750	650
最小坡段长度(m)	400	350	300	250

CHINA RAILWAY PUBLISHING HOUSE

为了满足较高的舒适度要求，本次规范规定旅客列车设计行车速度为160 km/h的路段，坡段长度不应小于400 m，且不宜连续使用两个以上。可以保证坡顶或坡底分坡平台有效长的段落，使其纵断面坡度变化较为平缓，同时也可以保证线路纵坡不致过于零碎，有利于提高列车通过时的运行品质。

4）200 m坡段长度采用条件。

①凸形断面顶部为缓和坡度差而设置的分坡平段（也可是小坡度的坡段）。

②困难条件下，因坡度折减而形成的坡段，指曲线折减，小半径曲线黏降坡度减缓和隧道坡度折减的坡段，以及为保证内燃牵引机车进入隧道时需达到规定速度而设置的加速缓坡。这些坡段间的坡度差一般不大，坡段长度可以缩短。

③困难条件下，长路堑内，为利于侧沟排水，不宜设计为平坡，应将长度为400 m及以上的平坡段用不小于2‰坡度的向中间凸起的两个坡段代替，此种坡段的长度可以缩短至200 m。

④枢纽疏解引线范围内的线路纵坡，因行车速度较低，且一般因跨线需要迅速升高（或降低）纵断面高程，因此，可设计较短的坡段。

5）改建既有线和增建第二线的坡段，因受既有线路条件的控制，如按规定的坡段长度引起大量改建工程或改建困难时，可以采用不短于200 m的坡段长度。但第二线绕行时，因已远离既有线，应按新线标准设计。

6　列车通过变坡点的纵向力实测结果。在襄渝线、黔桂线和大秦线分别进行了电力及内燃牵引条件下列车通过变坡点的纵向力测定。其结果分别列于表61～表63中。

表61　襄渝线 SS_1 双机重联牵引列车通过变坡点的纵向力（部分大值）

（i_{2x} 为12‰，Q 为3 100～3 476 t）

断面示意（‰/m）	项　目	测定车位：机次位←	测定车位：$1/2L_{列}$ 位→
3 / 990 ；11 / 510	工况	牵引29位	惰行
	速度（km/h）	46.9	51.9
	纵向力（kN）	428	130
12 / 750 ；12 / 650	工况	牵引15位	退级（9位）
	速度（km/h）	25.6	36.3
	纵向力（kN）	333	161
11.4 / 850 ；11.5 / 750	工况	牵引3位	缓解
	速度（km/h）	22.5	18.8
	纵向力（kN）	−88	−630
11.5 / 950 ；9.3 / 500	工况	退级中	牵引21位
	速度（km/h）	55.8	58.1
	纵向力（kN）	96	−146
2.2 / 760 ；10.1 / 1 700	工况	牵引31位	惰行
	速度（km/h）	44.8	53.4
	纵向力（kN）	548	140
11.5 / 900 ；0 / 750	工况	牵引30位	制动（r−0.5）
	速度（km/h）	64.4	68.8
	纵向力（kN）	246	152

注：箭头方向代表列车运行方向。

CHINA RAILWAY PUBLISHING HOUSE

表 62 黔桂线 DF 双机重联牵引列车通过变坡点的纵向力(部分大值)

(i_x 为 13‰,Q 为 1993 ~ 2 230 t)

断面示意	项目	测定车位			
		机次位		$1/2L_{列}$ 位	$2/3L_{列}$ 位
		→	←	←	→
2.5 / 12.0	工况	惰行	牵引 15 位	牵引 6 位	惰行
	速度(km/h)	35.0	22.5	20.5	38.0
	纵向力(kN)	300	260	167	49
10.4 / 1.2	工况	制动(r-0.4)	—	—	制动(r-0.5)
	速度(km/h)	53.0	—	—	64.5
	纵向力(kN)	40	—	—	40
3.0 / 8.5	工况	牵引 15 位	牵引 12 位	牵引 8 位	牵引 15 位
	速度(km/h)	39.5	55.0	60.5	54.0
	纵向力(kN)	154	85	158	73
2.5 / 11.3	工况	惰行	牵引 16 位	牵引 14 位	惰行
	速度(km/h)	52.50	23.5	19.5	48.0
	纵向力(kN)	32	262	159	52
0 / 9.9	工况	牵引 8 位	牵引 16 位	退级中	惰行
	速度(km/h)	26.0	26.0	30.0	31.0
	纵向力(kN)	72	235	132	45
2.2 / 10.2	工况	惰行	牵引 16 位	牵引 14 位	惰行
	速度(km/h)	46.0	22.5	24.0	48.5
	纵向力(kN)	45	272	169	58
11.0 / 2.2	工况	制动(r-0.8)	牵引 14 位	牵引	惰行
	速度(km/h)	58.0	46.5	50.0	57.0
	纵向力(kN)	-35	94	-22 ~ 41	-56
1.6 / 10.0	工况	制动(r-0.8)	牵引 14 位	牵引 16 位	惰行
	速度(km/h)	42.0	32.0	33.0	50.5
	纵向力(kN)	63	192	145	94
7.6 / 3.1	工况	惰行	牵引 14 位	牵引 14 位	惰行
	速度(km/h)	59.0	65.0	67.0	59.0
	纵向力(kN)	-34	65	-52	-64

注:箭头方向代表列车运行方向。

CHINA RAILWAY PUBLISHING HOUSE

表 63　大秦线电力牵引重载列车通过变坡点的纵向力

<table>
<tr><th>断面示意(‰/m)</th><th>运行工况</th><th>机车类型及牵引质量(t)</th><th>速　度(km/h)</th><th>挽钩最大纵向力(kN)</th></tr>
<tr><td rowspan="3">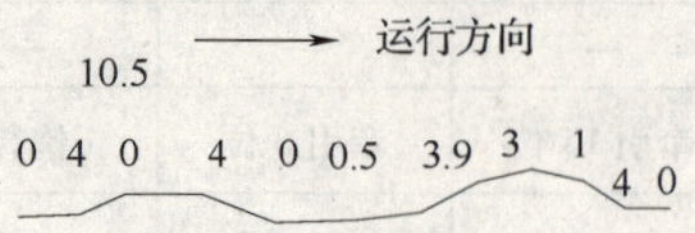</td><td>起动</td><td>$SS_3\times2$
10 698</td><td>40</td><td>750</td></tr>
<tr><td>惰行→牵引</td><td>SS_1 组合
10 397</td><td>45</td><td>300</td></tr>
<tr><td>牵引</td><td>SS_1
5 098</td><td>36</td><td>300</td></tr>
<tr><td rowspan="3">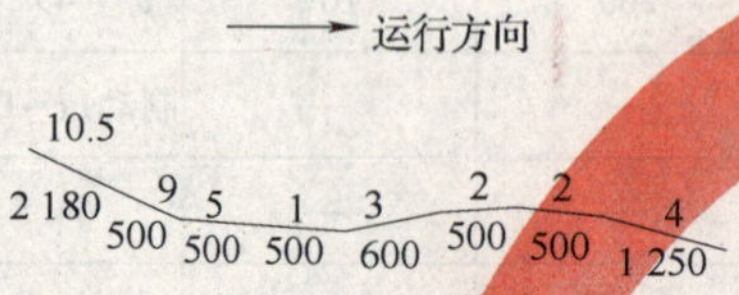</td><td>制动(r-0.7)</td><td>$SS_3\times2$
10 698</td><td>65</td><td>-200</td></tr>
<tr><td>电制动→惰行</td><td>SS_1 组合
10 397</td><td>60</td><td>-200</td></tr>
<tr><td>惰行</td><td>SS_1
5 098</td><td>49</td><td>0</td></tr>
<tr><td rowspan="3">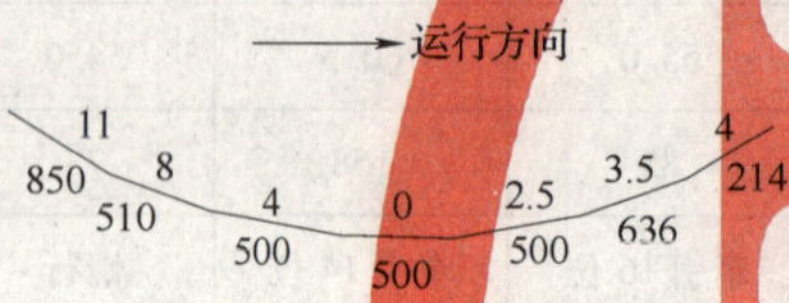</td><td>电阻制动→惰行→牵引</td><td>$SS_3\times2$
10 698</td><td>68→65→57</td><td>-360→0→550</td></tr>
<tr><td>电阻制动→惰行→牵引</td><td>SS_1 组合
10 397</td><td>60→58→48</td><td>-270→0→350</td></tr>
<tr><td>制动(r-0.6)→惰行→牵引</td><td>SS_1
5 098</td><td>60→52→48</td><td>-200→0→350</td></tr>
<tr><td rowspan="3">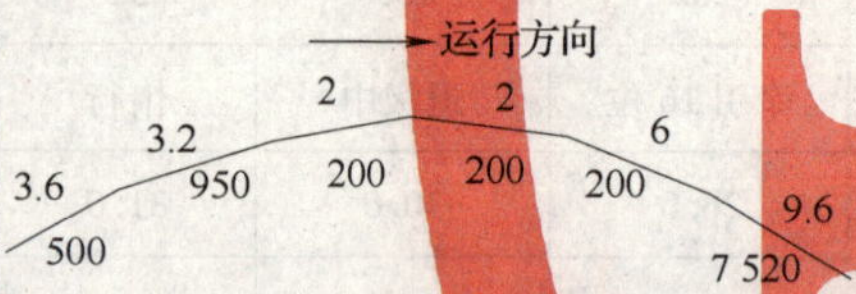</td><td>牵引→调速(r-0.7)</td><td>$SS_3\times2$
10 698</td><td>40→60</td><td>500→700</td></tr>
<tr><td>牵引→惰行→调速(r-0.7)</td><td>SS_1 组合
10 397</td><td>50→45→60</td><td>280→0→200</td></tr>
<tr><td>牵引→调速(r-0.7)</td><td>SS_1
5 098</td><td>60→60</td><td>200→180</td></tr>
</table>

注:箭头方向代表列车运行方向。

由表可知,列车在实际运行中,在一定的纵断面形式下,必然配以与之相适应的操纵工况,如起伏断面上以牵引为主,间或转惰行;凹形断面上常为制动转惰行再转牵引;凸形断面上常为牵引转惰行再转调速制动等等。而在确定纵断面连接标准的模拟计算中,均是选择了最不利的工况组合,故计算出的最大纵向拉压力均比实测的大,说明模拟计算中对工况的选择留有了安全余量。此外,实测的列车通过变坡点的纵向力均未超出国家现行标准《铁道车辆强度设计及试验鉴定规范》(TB 1335)的规定,也未发生断钩事故。说明在变坡点设置了竖曲线以后,坡度差以及坡段长度对列车纵向力的影响很小,不会造成断钩危险。

3.2.8　本条对文字表述进行了修订,并增加了路段设计速度 160 km/h 区段的竖曲线设置原则和标准,删减了Ⅲ级铁路竖曲线设置标准。

为了缓和变坡点坡度的急剧变化,使列车通过变坡点时不脱轨、不脱钩和产生的附加加速度不超过允许值,相邻坡度差大于一定限度时,应在变坡点处设置圆曲线型的竖曲线。

1　竖曲线半径 R_v。

1)列车通过变坡点不脱轨要求。相邻坡段成折线连接时,内燃、电力机车的前转向架中间轴未通过变坡点前,机车前轮将呈悬空状态,其最大悬空值不能超过轮缘高度。

CHINA RAILWAY PUBLISHING HOUSE

我国使用的电力、内燃机型产生最大悬空值是 SS_4 型机车，其重心至前转向架第一轮中心的距离为 5.60 m，磨耗型踏面轮缘高度为 25 mm，则保证不脱轨的 Δi 为：

$$\Delta i \leqslant 0.025/5.60 = 4.5(‰)$$

以上没有考虑运行中的机车，在重力作用下将以重心所在的车轮为支点的回转作用和机车第一轮轮对的下落活动量，是留有余地的。考虑到在纵距为 10 mm 左右而不设竖曲线时，在施工、养护时变坡点处轨面亦能自然形成竖曲线，因此，Ⅰ、Ⅱ级铁路相邻坡段的坡度差大于 3‰时，以竖曲线连接，从理论上分析，并未超出不脱轨所要求的坡度差。本次规范修订纳入路段设计速度 160 km/h，为保证行车安全和旅客舒适性要求，参照国外有关规定，规定时速160 km/h的客货共线运行铁路，当相邻两坡度差大于 1‰时，应采用圆曲线型的竖曲线连接。

2）满足行车平稳要求。列车通过变坡点时产生竖直离心力和离心加速度 a_v，竖曲线半径 R_v(m)与行车速度 v(km/h)及 a_v(m/s^2)的关系为：

$$R_v = \frac{v^2}{3.6^2 a_v} \tag{73}$$

国外经验，当 a_v 值在 0.3～1.0 m/s^2 范围内时，不致引起旅客的不舒适感觉。国外高速客运专线一般取 0.2～0.35 m/s^2，法国困难条件下取 0.5～0.6 m/s^2，日本困难条件下取0.5 m/s^2，前苏联采用 0.15 m/s^2。我国广深线 200 km/h 试验段采用 0.15 m/s^2。考虑到本规范适用于旅客列车设计行车速度为 160 km/h，故取 a_v 值为 0.15 m/s^2 和 0.2 m/s^2、路段设计速度为 160 km/h 时按公式(73)计算满足行车平稳要求的最小竖曲线半径分别为 13 200 m 和9 880 m。

3）满足不脱钩要求。列车在变坡点处，由于相邻车辆的相对斜倾，使相邻车钩的中心线上下错动，如超过限定的数值时，就易引起上下脱钩。

《铁路技术管理规程》(简称《技规》)规定，车钩允许的上下活动量货车为 75 mm，客车为 60 mm。在该允许值中应考虑造成相邻车钩中心线上下错动的因素有：

①空、重车相邻连接差 20 mm；

②车轮踏面的允许磨耗：客车不能大于 8 mm，货车不能大于 9 mm；

③轮对轴颈允许磨耗值 10 mm；

④轴瓦、轴瓦垫、转向架上下心盘允许总磨耗 24 mm；

⑤轨道维修的允许水平差所引起的上下位移，货车为 1 mm，客车为 2 m。

综合以上最不利因素，即相邻车体一为新的空车，另一为各方面都磨耗到限的旧重车，且轨道水平养护误差也是最大时，相邻车钩中心线上下位移值为：

货车：　　$\sum f = 20 + 9 + 10 + 24 + 1 = 64$(mm)；

客车：　　$\sum f = 8 + 10 + 24 + 2 = 44$(mm)。

变坡点处相邻车辆相对斜倾引起的车钩中心线上下位移允许值为：

货车：　　$f_R = 75 - 64 = 11$(mm)；

客车：　　$f_R = 60 - 44 = 16$(mm)。

列车通过竖曲线时，由于相邻车辆相对斜倾引起的车钩中心线上下位移值，经过化简后，相应竖曲线半径近似公式得：

$$R_v = \frac{(L+d)d}{2f_R} \tag{74}$$

CHINA RAILWAY PUBLISHING HOUSE

式中 R_v——竖曲线半径(m);

L——车辆两转向架中心距(m);

D——转向架中心至车钩中心距(m)。

在上式中代入车辆的最长 L 和 d 值,以及 f_R 的允许值,可以计算出保证不脱钩条件的最小竖曲线半径。如以 P_{13}(60 t 棚车)、D_{10}(90 t 凹底车)、RW_{22}(软卧车)、YZ_{25G}(空调硬座车)、SYW_{25B}(双层空调硬卧车)计算,最小竖曲线半径 R_v 分别为 1 750 m、2 250 m、2 450 m、2 550 m、2 850 m。

4)竖曲线半径与列车纵向力的关系。参见本规范第 3.2.6、3.2.7 条条文说明。综合以上分析,为了行车平稳和安全,改善行车条件,并考虑原有竖曲线标准和运营养护实际情况,本规范规定,路段设计速度为 160 km/h 时,铁路竖曲线半径为 15 000 m;路段设计速度小于 160 km/h的Ⅰ、Ⅱ级铁路竖曲线半径为 10 000 m。

2 竖曲线不应与缓和曲线重叠,也不应设在明桥面上,并不应与道岔重叠。且当路段设计速度大于 120 km/h 时,缓和曲线地段、明桥面上、正线道岔范围内不得设置变坡点。

1)竖曲线不应与缓和曲线重叠。缓和曲线范围内,外轨超高一般以不大于 2‰的超高递增坡度逐渐升高,在竖曲线范围内的轨顶将以一定变率圆顺地变化,若两者重叠,将有如下影响:

①内轨轨顶维持竖曲线的形状,而外轨轨顶则由于超高改变了坡度,这在一定程度上改变了竖曲线和缓和曲线在立面上的形状。

②给养护维修带来一定的困难。外轨短坡变率因平、竖曲线重叠而有所变化。如要做成理论要求的形状,则养护工作要求较高,而目前竖曲线的养护维修以"目视圆顺"为准,不易做成理论要求的形状,且也难于保持。

2)竖曲线不应设在明桥面上。明桥面上不应设置变坡点,竖曲线也不应伸入桥面。明桥面上如有竖曲线时,其曲率需要用木楔调整,每根木枕厚度都不一样,且需特制,并要固定位置顺序铺设,给施工养护带来困难。故明桥面桥应将全桥设在一个坡度上,竖曲线不应伸入桥面。

3)竖曲线不应与道岔重叠。车站纵断面的竖曲线应避免设在正线道岔范围内,因为道岔为正线线路的薄弱部分,其主要部件的尖轨和辙叉应位于同一平面上,如将其设在竖曲线的曲面上,则将影响道岔的正常使用,也增加养护困难。同时,如道岔的导曲线和竖曲线重合,列车通过的平稳性更差,会增加列车的摇摆和震动。因此,应将竖曲线设在道岔范围外,使竖曲线和道岔不相重叠。

另外,竖曲线与竖曲线不应重叠设置,为了避免列车竖向震动相互重叠,影响行车舒适度,一般情况下两竖曲线间的距离 D 不小于 50 m,困难时可用 30 m。

缓和曲线地段、明桥面上、正线道岔范围内均为线路轨道的薄弱地段,在此地段设置变坡点,将形成轻微的竖向不平顺点,增加列车竖向激扰震动,影响旅客列车行车舒适度,增加线路养护维修的难度,且行车速度越高,影响越大。因此,当路段设计速度大于 120 km/h时,缓和曲线地段、明桥面上、正线道岔范围内不得设置变坡点。

3 当路段设计速度达到 160 km/h 时,列车运行在凸形竖曲线与平面圆曲线重叠设置的区段时,列车产生竖向离心加速度,减少了重力加速度对未被平衡水平方向离心加速度的抵消作用,相对加大了未被平衡离心加速度,即加大了列车运行时产生的欠超高,降低了旅客舒适度。竖曲线与圆曲线重叠设置,对轨面保持平顺性和养护维修带来困难。

CHINA RAILWAY PUBLISHING HOUSE

为此，竖曲线与平面圆曲线不宜重叠设置。

路段设计速度达到160 km/h，若反向凹形竖曲线设在桥梁上，由于列车通过变坡点时产生竖直离心力和离心加速度增加了对桥梁和轨道的附加作用力。客运列车轴重小，但对行车舒适度要求高。为满足行车平稳要求，不致引起旅客的不舒适感觉，故增大了竖曲线半径。

根据公式 $\alpha_v = \frac{v^2}{R}$ 计算，$\alpha_v = 0.13\ m/s^2$，满足舒适度的要求，其增加的附加力很小。货运列车轴重大，但速度低，其增加的附加力也很小。因此，除明桥面以外，在桥梁和隧道内均可设置变坡点和竖曲线。

由于路段设计速度达到160 km/h时的线路平面标准较高，平面曲线较长，若避免两者重叠设置，变坡点及竖曲线只能设在直线上，致使纵断面设计坡度难以合理地适应地形的起伏变化，势必将引起工程投资较大幅度的增加。同时考虑减小圆曲线上未被平衡离心加速度对列车运行舒适度的影响，参考国内外研究成果，本规范规定，在困难条件下竖曲线可与较大的圆曲线重叠设置，圆曲线半径不小于2 500 m。特殊困难条件下，经经济技术比选，竖曲线可与半径不小于1 600 m的圆曲线重叠设置。

4　改建既有线和增建第二线的竖曲线标准。改建既有线和增建第二线，一般采用本条规定的标准，但考虑到过去规范采用两种类型的竖曲线，因此，在不低于本规定标准的条件下，允许保留原有竖曲线类型（主要指抛物线型竖曲线）。困难条件下竖曲线的位置可不受缓和曲线位置的限制。竖曲线与道岔重叠处，若改造引起困难工程，当各级铁路路段旅客列车设计行车速度小于或等于100 km/h，且竖曲线半径不小于10 000 m时，可予保留。

3.2.9　改建铁路与增建第二线的轨面高程差。

1　第二线与既有线的轨面高程差（区间正线）。增建第二线与既有线在共同路基上时，若两轨面高程相同，对运营、维修有很多方便；而有一定高差时，则有以下缺点：

1）下方线路被雪埋的可能性增加；

2）增加横向排水困难，容易造成下方线路道床积水；

3）线路维修不便。

因此，增建第二线与既有线在共同路基上时，应将两线轨面高程设计为等高（曲线地段两线内轨轨面等高），并且轨面高程应按新建双线道床标准厚度规定设计。但由于增建第二线时，对既有线采取了削减动能坡度，延长坡段长度，整治道床和路基病害等改建措施，或因保留既有线建筑物等原因，很难完全做到增建第二线与既有线在共同路基上没有高程差。因此，为了减少改建工程，两线线间距不大于5 m时，个别地点的设计轨面高程差最大不超过30 cm。

2　易受雪埋地点两线轨面允许高程差。线路位于下列情况，易发生雪害：

1）当地降雪厚度大；

2）风力3～5级（风雪或雪后随即刮风），风向与线路方向斜交或正交；

3）线路位于风口地段或背风一侧的开阔的慢坡地段。

根据东北及内蒙古地区的雪害情况分析，路堑容易发生雪害，而且情况严重，清理困难，路堑越长越不好清理。东北及内蒙古地区均有雪害而造成停运的事例。

在设计第二线与既有线并行不等高时，则较高一侧的线路轨面以上若有积雪厚度15 cm，则较低一侧的线路因风带雪受阻于上方线路，轨面以上积雪厚度就可能增

CHINA RAILWAY PUBLISHING HOUSE

至30 cm左右，轨面高程差越大，下方积雪就越厚，容易造成雪害和增加清理积雪和养护的困难。

为了强求两线轨面等高，过多的增加工程数量或引起废弃工程，以避免雪害也是不适宜的。实践证明，可以采取一定的防护措施以避免雪害，且发生雪害后的处理工作也比其他病害简单，而且没有后遗症，但通常为了减轻清理积雪的工作和避免发生停运，在易受雪埋的个别地段，允许轨面高程差不大于 15 cm。

3　道口处两线轨面高程差。

1）道口处两线一般不应有轨面高程差，使道路上各种车辆能迅速、顺利地通过道口，避免在道口处因有坡度而引发机动车熄火，发生意外事故。

2）在困难条件下，根据铁路工务维修规则的规定，可有不大于 10 cm 的轨面差，以保证各种车辆顺利通过铁路，如两线中心线间距稍大于 5 m 的并肩道口，在不增大两线间平台坡度的条件下，可加大两线轨面高程差，所形成的坡度不得大于 2% 。

3.2.10　在既有线纵断面改善中，采用起道的方式较落道不仅可以节省工程，而且一般在施工时不需中断行车。采用挖切路基的方式，在正常通车情况下进行施工是有困难的，往往需要修建施工便线或采取其他措施。因而在改建原则上应"多抬少挖"。仅在为了充分利用既有建筑物，减少改建工程时，在下列情况才允许挖切路基：

1　抬道后将影响建筑限界，如隧道内、跨线桥下和电力牵引受接触网高度控制的地段。

2　受建筑物限制，抬道将引起困难工程时，如大、中桥的两端引线上，抬高线路将引起桥梁抬高。

3　在车站站坪外的线路上，因抬高线路将引起车辆咽喉区改建。

4　结合路基或道床病害的整治，需要挖切路基的地段。

在采用道砟起道调整既有线轨面高程时，其抬道高度一般认为每次起道高度在 0.15～0.2 m 为宜。这样，抬道高度为 0.5 m 时，在施工中抬道不超过 3 次即可满足。如抬道高度超过 0.5 m 时，可用符合路基填筑要求的渗水土抬高路基。特殊情况下，经具体分析研究，用道砟起道高度也可超过 0.5 m。

个别地段为了避免桥、隧建筑物等工程改建，在不过多降低线路强度的情况下，个别地点也可采用挖切道床的方法降低高程。降低后的道床厚度可较标准道床厚度减薄5 cm，其范围一般不超过 200 m，但在任何情况下，最小道床厚度不得小于 25 cm，以保障行车安全。

3.2.11　明桥面桥设在坡道上时，由于钢轨爬行的影响，难于锁定线路和维持轨距标准，容易造成病害，危及行车安全，也会给养护带来很大困难，必须设在坡道上时，最大坡度以不超过 4‰为宜。只有在地形特殊困难的条件下，经过方案比选，提出充分依据时，方可将跨度大于 40 m 或桥长大于 100 m 的明桥面桥设在大于 4‰的坡道上，但不宜大于 12‰，同时对钢轨的爬行及支座受力情况应采取一定的措施。

根据有关施工单位意见，采用梁跨 32 m 的预应力混凝土梁桥时，在桥上及桥头引线上架桥机架桥活动范围内，线路坡度如超过 15‰～20‰，架桥机起动与定位困难，应与施工单位共同研究，保证顺利铺轨架桥的措施。

3.2.12　隧道的坡型有单面坡和人字坡两种形式，单面坡道有利于紧坡地段争取高度和长隧道的运营通风；人字坡道则有利于从隧道两端同时施工时排水、出砟。设计时，应结合隧道所在地段的线路纵断面、隧道长度、牵引种类、地形、工程地质与水文地质、施工条件等具体情况，全面考虑，合理选择。位于紧坡地段的隧道，宜设计为单面坡道；位于自由

CHINA RAILWAY PUBLISHING HOUSE

坡度地段的隧道，则可根据地形、地质条件及其他因素设计为单面坡道或人字坡道。

内燃牵引的长隧道内设人字坡后，由于双向上坡列车排出的大量废气容易聚集在坡顶附近，恶化运营和养护维修工作条件，给机车乘务人员和洞内养护维修人员带来长期危及身体健康的不良影响。在需要设置双向通风时，还须增大工程投资和长期运营费用，而且还会因双向通风时间较长，降低区间通过能力。长隧道内线路坡型的选择应以改善长期运营条件为主，优先考虑设置单面坡。隧道内地下水量大，工期紧迫而双向运营通风尚不影响通过能力和线路高度损失不大的情况下，经比选也可设计为人字坡。

电力牵引的长隧道，一般也宜选用单面坡，如地下水发育，工期紧迫，且对线路高度影响不大的情况下，可设计为人字坡。

由于隧道排水需要，洞身坡度不宜小于3‰，寒冷及严寒地区有水的隧道，在设置防寒水沟地段可适当加大线路纵坡，以减少冬季排水冻害的影响。

3.2.13　本条说明如下：

1　站坪坡度。为了作业安全，站坪宜设在平道上。规范规定的最大站坪坡度标准对列车进站安全停车均能满足。保证列车起动是所有设在坡道上的车站均要满足的条件，可通过牵引计算解决。现将车辆溜逸及站内作业条件等问题分析如下：

1）车辆自动溜逸。从理论上分析，车辆单位坡道阻力 i（相当于下坡方向的单位分力）小于车辆开始溜动的单位起动阻力 ω，车辆才不致溜走，即 $i<\omega$。

滚动轴承货车由静止状态开始溜逸的单位起动阻力与车辆的种类、车辆的载重、车辆的连挂辆数（车组的组成）有关；还与环境条件如风力、气温、轨道弹性、相邻线路通过列车时产生的震动和列车风等有关。铁道部科学研究院运输经济研究所在《铁路车站站坪最大坡度合理取值的研究》中，对54辆滚动轴承货车的溜逸起动阻力进行了678次测试，计算了自然风对不同车组的单位气动力，并对不同车辆组成的车组在不同风力、不同线路坡度条件的溜逸概率进行模拟计算，为确定站坪的合理坡度提供了基本的参数和重要的依据。

①滚动轴承货车溜逸单位起动阻力测试。

测度的环境条件：无风，气温15～25 ℃。测试结果见表64。

从表64可以看出：

不同类型车辆的溜逸单位起动阻力不同，重载敞车为2.700 N/kN；重载 N_{16}、N_{17} 平车仅为1.691 N/kN。

不同载重车辆的溜逸单位起动阻力不同，空载敞车为3.152 N/kN；重载敞车仅2.700 N/kN。

车辆连挂辆数不同，溜逸单位起动阻力也不同，单辆重载平车为2.030 N/kN；两辆连挂重载平车为2.431 N/kN。

按表64的测试数据拟合后的正态分布曲线，重车流的溜逸平均单位起动阻力为2.340 N/kN。实测最小值为0.435 N/kN。

表64　滚动轴承货车的溜逸单位起动阻力测试数据

车辆种类	空、重车	辆数	单位起动阻力（N/kN）
棚　车	重	1	2.514
罐　车	重	1	2.542
敞　车	空	1	3.512
	重	1	2.700 1.350～4.413
平车 其中：N_{16}， N_{17}平车 N_{17A}平车	重	1	2.030 0.435～4.161
		2	2.431
	重	1	1.691 0.435～2.762
	重	1	2.161 0.968～4.161

注：溜逸单位起动阻力栏中，分母为测试值的范围，分子为测试值的平均值。

②风对车辆溜逸的影响。自然风对车辆产生的气动力与坡度对车辆产生的下滑力方向一致，且他们的合力大于车辆或车组的溜逸起动阻力时，将导致车辆或车组发生溜逸。

CHINA RAILWAY PUBLISHING HOUSE

根据前苏联对车组进行的风洞试验，风对车组的作用力由三部分组成：正面风的作用力约占风的作用力的 71%；车辆表面风的摩擦力约占风的作用力的 21%；车辆尾部由于负压差形成的涡流产生的作用力，约占 10% 左右。

a. 风对单个车产生的单位气动力。风对单个车产生的气动力，根据空气动力学的基本原理，可按下面简化后的公式计算：

$$F_{风}=0.063\frac{Kf}{Q}(v_{车}\pm v_{风}\cdot\cos\beta)^2 \tag{75}$$

式中 K——风向系数，当 $\beta=0°$ 时，$K=1$；当 $\beta=25°$ 时，C_{62A} 的 $K=1.25$，P_{62} 的 $K=1.45$；$\beta=30°$ 时，C_{62A} 的 $K=1.35$，P_{62} 的 $K=1.55$；

f——受风面积（m^2），C_{62A} 满载时为 7.1 m^2，空载时为 8.7 m^2；P_{62} 关好门窗后为 10 m^2；

β——自然风的风向与车辆中轴线的夹角（°）。

根据国内外多次进行的风洞试验结果表明，$\beta=25°$ 时，风对车辆的单位气动力最大。当 $\beta=25°$ 时，0～8 级风对 C_{62A} 和 P_{62} 空重车的气动力见表 65。

表 65 $\beta=25°$ 时 0～8 级风对 C_{62A} 和 P_{62} 空重车的单位气动力

风级	风名	风速（m/s）	风的单位气动力（N/kN）			
			C_{62A}		P_{62}	
			重载	空车	重载	空车
0	无风	0～0.2	0	0～0.001	0	0～0.001
1	软风	0.3～1.5	0.001～0.013	0.003～0.063	0.001～0.021	0.003～0.077
2	轻风	1.6～3.3	0.015～0.063	0.072～0.307	0.024～0.102	0.087～0.371
3	微风	3.4～5.4	0.066～0.167	0.326～0.822	0.108～0.273	0.394～0.994
4	和风	5.5～7.9	0.174～0.358	0.852～1.758	0.283～0.584	1.031～2.127
5	清风	8.0～10.7	0.367～0.657	1.803～3.226	0.599～1.072	2.182～3.903
6	强风	10.8～13.8	0.670～1.093	3.286～5.365	1.092～1.783	3.976～6.492
7	劲风	13.9～17.1	1.109～1.679	5.443～8.238	1.809～2.738	6.586～9.968
8	大风	17.2～20.7	1.689～2.460	8.335～12.072	2.770～4.012	10.085～14.606

b. 风对车组（或车列）产生的单位气动力。风对车组（或车列）产生的作用力的计算方法与单个车不完全相同。在风向与车组轴线的夹角较小时，由于第一轴车对后面的车辆的屏蔽作用，后面车辆的前端板受到风的正面推力要小得多；车辆后端板尾部涡流主要产生在车组（或车列）的尾部。因此，风对车组（或车列）产生的作用力相当于风对一个单辆车产生的作用力和风对（$n-1$）辆车表面的磨擦力之和，即：

$$F_{组风}=0.063\frac{Kf}{Q}(v_{车}\pm v_{风}\cdot\cos\beta)^2[1+(n-1)\times 25\%]/n \tag{76}$$

式中 $F_{组风}$——风对车组的单位气动力（N/kN）；

$v_{车}$——车速，停留车为零（m/s）；

$v_{风}$——风速（m/s）；

n——车组中的车辆数（辆）；

β——风向角（°）。

$\beta=25°$ 时，各级风对 C_{62A} 型不同车辆数组成的车组产生的单位气动力见表 66。

从表 65 和表 66 所列出的计算结果可以看出：

CHINA RAILWAY PUBLISHING HOUSE

表 66 各级风在风向 $\beta=25^{\circ}$ 时对 C_{62A} 型不同车辆数的车组产生的单位气动力(N/kN)

风级	风速(m/s)	车组中的车辆数(辆)							
		2	5	10	20	30	40	50	60
0	0～0.2	$\frac{0}{0\sim0.001}$	$\frac{0}{0}$	$\frac{0}{0}$	$\frac{0}{0}$	$\frac{0}{0}$	$\frac{0}{0}$	$\frac{0}{0}$	$\frac{0}{0}$
1	0.3～1.5	$\frac{0\sim0.008}{0.002\sim0.041}$	$\frac{0\sim0.005}{0.001\sim0.026}$	$\frac{0\sim0.004}{0.001\sim0.021}$	$\frac{0\sim0.004}{0.001\sim0.019}$	$\frac{0\sim0.004}{0.001\sim0.018}$	$\frac{0\sim0.004}{0.001\sim0.018}$	$\frac{0\sim0.004}{0.001\sim0.017}$	$\frac{0\sim0.004}{0.001\sim0.017}$
2	1.6～3.3	$\frac{0.010\sim0.041}{0.047\sim0.199}$	$\frac{0.006\sim0.026}{0.030\sim0.127}$	$\frac{0.005\sim0.026}{0.024\sim0.104}$	$\frac{0.004\sim0.019}{0.022\sim0.092}$	$\frac{0.004\sim0.018}{0.021\sim0.088}$	$\frac{0.004\sim0.017}{0.020\sim0.080}$	$\frac{0.004\sim0.017}{0.020\sim0.084}$	$\frac{0.004\sim0.017}{0.020\sim0.084}$
3	3.4～5.4	$\frac{0.043\sim0.109}{0.211\sim0.533}$	$\frac{0.028\sim0.070}{0.135\sim0.341}$	$\frac{0.022\sim0.057}{0.110\sim0.277}$	$\frac{0.020\sim0.050}{0.097\sim0.245}$	$\frac{0.019\sim0.048}{0.093\sim0.235}$	$\frac{0.019\sim0.047}{0.091\sim0.229}$	$\frac{0.018\sim0.046}{0.090\sim0.226}$	$\frac{0.018\sim0.046}{0.089\sim0.224}$
4	5.5～7.9	$\frac{0.113\sim0.233}{0.553\sim1.141}$	$\frac{0.072\sim0.149}{0.354\sim0.730}$	$\frac{0.059\sim0.121}{0.288\sim0.593}$	$\frac{0.052\sim0.107}{0.254\sim0.525}$	$\frac{0.050\sim0.102}{0.243\sim0.502}$	$\frac{0.049\sim0.100}{0.238\sim0.491}$	$\frac{0.048\sim0.099}{0.235\sim0.484}$	$\frac{0.047\sim0.098}{0.232\sim0.479}$
5	8.0～10.7	$\frac{0.239\sim0.427}{1.170\sim2.094}$	$\frac{0.153\sim0.273}{0.749\sim1.340}$	$\frac{0.124\sim0.222}{0.609\sim1.089}$	$\frac{0.110\sim0.197}{0.538\sim0.963}$	$\frac{0.105\sim0.188}{0.515\sim0.921}$	$\frac{0.103\sim0.184}{0.503\sim0.900}$	$\frac{0.101\sim0.181}{0.496\sim0.888}$	$\frac{0.100\sim0.179}{0.492\sim0.879}$
6	10.8～13.8	$\frac{0.435\sim0.711}{2.133\sim3.483}$	$\frac{0.279\sim0.455}{1.365\sim2.229}$	$\frac{0.226\sim0.369}{1.109\sim1.811}$	$\frac{0.200\sim0.327}{0.981\sim1.602}$	$\frac{0.191\sim0.313}{0.939\sim1.532}$	$\frac{0.187\sim0.306}{0.917\sim1.498}$	$\frac{0.185\sim0.301}{0.904\sim1.477}$	$\frac{0.182\sim0.298}{0.896\sim1.463}$
7	13.9～17.1	$\frac{0.721\sim1.091}{3.533\sim5.347}$	$\frac{0.461\sim0.698}{2.261\sim3.422}$	$\frac{0.375\sim0.567}{1.867\sim2.871}$	$\frac{0.332\sim0.502}{1.625\sim2.460}$	$\frac{0.317\sim0.480}{1.555\sim2.353}$	$\frac{0.310\sim0.469}{1.519\sim2.299}$	$\frac{0.306\sim0.462}{1.498\sim2.267}$	$\frac{0.303\sim0.458}{1.484\sim2.246}$
8	17.2～20.7	$\frac{1.104\sim1.599}{5.410\sim7.836}$	$\frac{0.706\sim1.023}{3.463\sim5.015}$	$\frac{0.574\sim0.831}{2.813\sim4.075}$	$\frac{0.508\sim0.735}{2.489\sim3.605}$	$\frac{0.486\sim0.703}{2.380\sim3.448}$	$\frac{0.475\sim0.687}{2.326\sim3.369}$	$\frac{0.468\sim0.678}{2.294\sim3.322}$	$\frac{0.464\sim0.671}{2.272\sim3.291}$

注:表中分母为对重车组产生的单位气动力,分子为对空车组产生的单位气动力。

CHINA RAILWAY PUBLISHING HOUSE TB

风对单辆车的溜逸影响很大，对空载单辆的影响更大，当$\beta=25°$时，5 级风对 C_{62A} 型和 P_{62} 型单辆空车的单位气动力已达 3.226 N/kN，大于单辆车的溜逸平均单位起动阻力 2.340 N/kN，如不采取防溜措施，即使在平道上，也会有发生溜逸的可能。

风对多辆车组成的车组产生的单位气动力比单辆车小得多。5 辆车组成的空车车组，5 级风时的单位气动力相当于单辆空车单位气动力的 42%，50 辆车组成的空车车组，5 级风时的单位气动力仅相当于单辆空车单位气动力的 28%。由此可见，整列重车被风刮溜的可能性很小。

③邻线列车通过时产生的振动和"列车风"对车辆溜逸的影响。邻线有列车通过时产生的振动和"列车风"，也可能诱发车辆溜逸。铁道部科学研究院标准计量研究所于 1986 年 7 月 30 日至 8 月 11 日在兰新线河口南车站试验时，做过三种坡度的试验。第一次将线路坡度做成 1.4‰，一辆 C_{62A} 型重载货车在线路上停留一昼夜，在此时间内，上、下行侧线通过 4 列重载货车，被试车辆未溜。第二次将线路坡度做成 2.0‰，把被试车辆用撬棍撬上停妥，撤去撬棍后车辆即自行向下坡方向溜逸。第三次将线路坡度做成 1.7‰，被试车辆可在此坡道上停住，但当邻线通过一列重车时，被试车辆被诱发溜逸 470 m 后停住。

上述试验表明，邻线通过列车产生的振动和"列车风"引起的溜逸单位气动力在 0.3 N/kN左右，与滚动轴承阻力和风力的影响比较是较小的因素。

④环境温度和轨道弹性变形对车辆溜逸的影响。环境温度和轨道弹性变形对车辆溜逸单位起动阻力有一定影响。夏季时，环境温度高，轴温比环境温度更高，润滑油变稀并下沉在轴承下部，单位起动阻力略有些大；冬季时，环境温度低，轴油黏度大，单位起动阻力也会变大些。车辆在轨道上停留时，车轮下的轨道在轮重作用下有小的变形，对车辆的单位起动阻力也会有一定的影响。但是这两种因素对车辆溜逸单位起动阻力影响较小，目前还无法做出定量分析；另外这两个因素都是有利于防止车辆溜逸的，故本次研究时不计入这两方面的影响。

⑤车辆溜逸的动态模拟。单个车和不同车组对应各种风速和不同坡道条件的溜逸概率需进行动态模拟计算。

a. 模拟参数：

风速、风向：风速采用无风、3 级、4 级、5 级、6 级、7 级和 8 级，对应的风速平均值分别为0 m/s、4.4 m/s、6.7 m/s、9.35 m/s、12.3 m/s、15.5 m/s、18.95 m/s。风向按对车辆产生最大单位气动力的风向角（$\beta=25°$）。

停留车的数量：单个车（即一辆车）；车组：车组中的车辆数分别为 2、5、10、20、30、40、50、60 辆。

车型：根据铁基〔1987〕498 号文"关于 1995 和 2000 年设计年度各车型百分比有关数据的通知"，2000 年以后货车中，棚车、敞车、平车、罐车和保温车的比例分别为 22.8%，64.5%，4.8%，4.5% 和 3.4%。

车辆载重：根据铁道部计划统计司的统计资料，车辆平均载重分布频率见表 67。

表 67　车辆平均载重分布频率

平均载重(t)	0	20	30	40	50	54	60	64
累计频率(%)	0.5	1.0	1.1	1.4	26.5	31.6	97.1	100.0

模拟过程中，各辆车的载重按表 67 的分布频率随机产生。

各辆车的起动阻力根据试验数据按正态分布自动生成，即：

$$W_j = \bar{W}_j + 1.414\sigma\left(\sum_{j=1}^{\sigma}\mu_j - 3\right) \tag{77}$$

式中 W_j——车辆的溜逸单位起动阻力（N/kN）；

$\bar{W}_j$——车辆的溜逸平均单位起动阻力（N/kN）；

σ——阻力的均方差；

μ_j——随机数。

b. 模拟计算及模拟结果。在模拟时，每次采用不同的随机数据流，以实现独立运行。另外，为减少重复运行次数，获得较小的置信区间和较高的模拟精度，采用了方差缩减技术中的对偶变量法。

总共进行了 3 276 次模拟计算。其中模拟单个车（空重混合总体）对应 7 种风速（0.1 ~18.95 m/s），25 种坡度（0 ~2.5‰）共 182 种情况的溜逸概率和对应的均方差，模拟单个重车 182 种情况的溜逸概率和对应的均方差；各种车组按混合和重车两种情况，每组共模拟 364 次。现将典型的模拟结果列于表 68 ~ 表 70 中。

在无风条件下不同车组的溜逸概率，见表 68 和表 69。

表 68　无风时在 2.5‰坡道上的溜逸概率

序号	坡度（‰）	风速（m/s）	风向 α（°）	车数（辆）	溜逸概率（%）	均方差 α	车流结构	备　注
1	2.5	0.1	25	1	54	0.03	混　合	混合车流是指统计对象不是全部重车
2	2.5	0.1	25	1	58	0.04	重　车	
3	2.5	0.1	25	2	58	0.01	混　合	
4	2.5	0.1	25	2	61	0.01	重　车	
5	2.5	0.1	25	5	60	0.01	混　合	
6	2.5	0.1	25	5	65	0.02	重　车	
7	2.5	0.1	25	10	66	0.02	混　合	
8	2.5	0.1	25	10	71	0.01	重　车	
9	2.5	0.1	25	20	72	0.02	混　合	
10	2.5	0.1	25	20	79	0.01	重　车	
11	2.5	0.1	25	30	77	0.01	混　合	
12	2.5	0.1	25	30	82	0.01	重　车	
13	2.5	0.1	25	40	80	0.02	混　合	
14	2.5	0.1	25	40	86	0.00	混　合	
15	2.5	0.1	25	50	84	0.01	重　车	
16	2.5	0.1	25	50	90	0.01	混　合	
17	2.5	0.1	25	60	84	0.00	重　车	
18	2.5	0.1	25	60	90	0.00	混　合	

CHINA RAILWAY PUBLISHING HOUSE

表 69　无风时在 1.5‰～2.0‰坡道上的溜逸概率

序号	坡度(‰)	风速(m/s)	风向 α(°)	车数(辆)	溜逸概率(%)	均方差 σ	车流结构	备　注
1	1.5	0.1	25	1	16	0.01	混　合	
2	1.5	0.1	25	1	17	0.01	重　车	
3	1.5	0.1	25	2	7	0.00	混　合	
4	1.5	0.1	25	2	8	0.00	重　车	
5	1.5	0.1	25	5	1	0.00	混　合	
6	1.5	0.1	25	5	1	0.00	重　车	
7	1.5	0.1	25	10	0	0.00	混　合	
8	1.5	0.1	25	10	0	0.00	重　车	混合车流是指统计对象不是全部重车
9	1.5	0.1	25	20	0	0.00	混　合	
10	1.5	0.1	25	20	0	0.00	重　车	
11	1.5	0.1	25	30	0	0.00	混　合	
12	1.5	0.1	25	30	0	0.00	重　车	
13	1.5	0.1	25	40	0	0.00	混　合	
14	1.5	0.1	25	40	0	0.00	重　车	
15	1.5	0.1	25	50	0	0.00	混　合	
16	1.5	0.1	25	50	0	0.00	重　车	
17	1.5	0.1	25	60	0	0.00	混　合	
18	1.5	0.1	25	60	0	0.00	重　车	

在 8 级风条件下不同车组的溜逸概率，见表 70。

表 70　8 级风时在 1.5‰坡道上的溜逸概率

序号	坡度(‰)	风速(m/s)	风向 α(°)	车数(辆)	溜逸概率(%)	均方差 σ	车流结构	备　注
1	1.5	18.95	25	1	98	0.01	混　合	
2	1.5	18.95	25	1	99	0.01	重　车	
3	1.5	18.95	25	2	89	0.00	混　合	
4	1.5	18.95	25	2	86	0.01	重　车	
5	1.5	18.95	25	5	54	0.01	混　合	
6	1.5	18.95	25	5	47	0.01	重　车	
7	1.5	18.95	25	10	29	0.01	混　合	
8	1.5	18.95	25	10	15	0.01	重　车	
9	1.5	18.95	25	20	9	0.00	混　合	混合车流是指统计对象不是全部重车
10	1.5	18.95	25	20	3	0.00	重　车	
11	1.5	18.95	25	30	4	0.00	混　合	
12	1.5	18.95	25	30	0	0.00	重　车	
13	1.5	18.95	25	40	4	0.00	混　合	
14	1.5	18.95	25	40	0	0.00	重　车	
15	1.5	18.95	25	50	1	0.00	混　合	
16	1.5	18.95	25	50	0	0.00	重　车	
17	1.5	18.95	25	60	2	0.00	混　合	
18	1.5	18.95	25	60	0	0.00	重　车	

CHINA RAILWAY PUBLISHING HOUSE

从上述模拟结果可以看出：

当线路坡度大于滚动轴承货车的溜逸平均单位起动阻力值(2.365 N/kN)的当量坡度2.365‰时，在无风条件下，不论是单个停留车还是车组，发生溜逸的概率均超过50%。车组的车辆越多，溜逸的概率越高，50辆以上的重车列，溜逸的概率高达90%。

当线路坡度小于滚动轴承货车的溜逸平均单位起动阻力值的当量坡度2.365‰时，车辆溜逸的概率明显降低，特别是车组。线路坡度为1.5‰时，在无风条件下，单个车的溜逸概率为16%～17%；两辆车组成的车组的溜逸概率也还有7%～8%；但10车辆以上组成的车组不再溜逸。

在8级风条件下线路坡度为1.5‰时，5辆及以下车组成的车组的溜逸概率大于50%，10辆车以下组成的车组的溜逸概率大于30%，20辆以上车组成的车组的溜逸概率均小于5%。

不同车组在无风条件下不发生溜逸的临界坡度见表71。

表71 不同车组在无风条件下不发生溜逸的临界坡度

序号	临界坡度(‰)	风速(m/s)	风向 α(°)	车数(辆)	溜逸概率(%)	均方差 σ	车流结构	备注
1	0.4	0.1	25	1	0	0	混合重车	
2	0.9	0.1	25	2	0	0	混合重车	
3	1.4	0.1	25	5	0	0	混合重车	
4	1.6	0.1	25	10	0	0	重车	混合车流是指统计对象不是全部重车
5	1.7	0.1	25	10	0	0	混合	
6	1.8	0.1	25	20	0	0	重车	
7	1.9	0.1	25	20	0	0	混合	
8	1.9	0.1	25	30	0	0	重车	
9	2.0	0.1	25	30	0	0	混合	
10	2.0	0.1	25	40～60	0	0	混合重车	

风对车辆溜逸的影响随着车辆数的增加而减小。单个车对风的作用异常敏感，4级风时，单个车溜逸的临界坡度已降至平坡；8级风时，可使平道上停留的单个车发生溜逸的概率增至71%，而对于由50辆车组成的大车组，无风条件下的溜逸临界坡度为2‰；7级风时重车列的溜逸监界坡度只降至1.6‰。

停在平道上和停留在1.5‰坡度上的各种车组在各级风的作用下发生溜逸的概率见表72和表73。

表72 停在平道上的各种车组在各级风作用下发生溜逸的概率

发生溜逸的概率(%) / 车组含车辆数(辆) / 风级(平均风速,m/s)	1	2	5	10	20	30	40	≥50
4级(6.70 m/s)	0	0	0	0	0	0	0	0
5级(9.35 m/s)	4	0	0	0	0	0	0	0
6级(12.30 m/s)	11	0	0	0	0	0	0	0
7级(15.50 m/s)	34	4	0	0	0	0	0	0
8级(18.95 m/s)	71	16	0	0	0	0	0	0

CHINA RAILWAY PUBLISHING HOUSE

表 73　停在 1.5‰坡道上的各种车组在各级风作用下发生溜逸的概率

发生溜逸的概率(%)　车组含车辆数(辆)　风级(平均风速,m/s)	1	2	5	10	20	30	40	≥50
无风(0.1 m/s)	17	8	1	0	0	0	0	0
3 级(4.4 m/s)	20	12	1	0	0	0	0	0
4 级(6.70 m/s)	27	13	3	0	0	0	0	0
5 级(9.35 m/s)	42	24	4	0	0	0	0	0
6 级(12.30 m/s)	66	40	11	1	0	0	0	0
7 级(15.50 m/s)	88	64	27	7	1	1	0	0
8 级(18.95 m/s)	99	89	54	29	9	4	4	2

必须说明,表 72 和表 73 所列的车辆溜逸概率是按下面三个条件计算的,即:车辆都未采取防溜措施,而且车轮闸瓦均按完全松开考虑;单辆车的溜逸单位起动阻力按实测平车溜逸最小起动阻力 0.435 N/kN 计算;风向与线路中线轴的夹角按 25°计算。也就是说,表 72 和表 73 的溜逸概率是上列三个最不利条件同时发生时的溜逸概率,实际发生的溜逸概率显然要比上面表列的数值小得多。按上面表列的溜逸概率演绎出来的站坪最大坡度的结论是留有较大安全余量的。

2)站内调车作业条件。由于铁路运输的不断发展,办理甩、挂作业的车站逐年增加,成昆、黔桂、川黔、鹰厦、包兰等线有不少车站,原设计是不办理甩挂车辆作业的车站,即按会让站考虑的,站坪设在 6‰的坡道上,后来要办理作业非常困难,不能保证作业安全。因此,为满足车辆调车作业条件,要求站坪坡度尽量平缓。

根据调查,成昆、贵昆、鹰厦、包兰、兰新等九条铁路,有坡度的车站占总数 50% ~ 80% 。其中站坪坡度≥2.5‰的车站占 30% ~60% 。其中山区铁路的坡度车站比重更大。这说明在困难条件下,由于受地形控制,改建车站还受既有建筑物控制,在满足上述条件下,为缩短线路长度及节省大量工程,站坪也可设在一定的坡道上。

3)国外铁路采用站坪坡度情况。

①德国、捷克站坪最大坡度 2.5‰,个别情况不大于 10‰;

②日本站坪最大坡度为 2.5‰(东海道干线为 3‰)个别情况不大于 6‰;

③瑞典考虑采用滚动轴承车辆,站坪最大坡度为 1.25‰,个别情况允许采用 2.5‰;

④前苏联考虑采用滚动轴承车辆,站坪应设在平道上,个别情况允许设在不大于 1.5‰的坡度上,在困难条件下坡度可增至 2.5‰。

综合以上分析,目前我国采用滚动轴承车辆不断增加,在站坪坡度采用 1.5‰的既有车站上,车辆连挂时仍有溜逸现象。因此,为防止车辆溜逸和保证站内作业安全,在设计中应尽量放缓站坪坡度,有条件时可采用凹形坡或设在平道上,困难条件下,可设在不大于 1.0‰的坡道上。在特殊困难条件下,如有充分依据,会让站、越行站可设在不大于 6‰的坡道上,但不得连续设置,这主要考虑相邻车站可以进行调车作业,为远期发展留有余地。

改建车站在特殊困难条件下,如受桥隧等既有建筑物的控制,为了减少巨大工程,经过充分比选,可保留既有坡度,但应采取防溜安全措施。据调查,从 1991 年至 1994 年全路发生溜逸事故的车辆,均未采取防溜安全措施。而凡采取了防溜安全措施的,均未发生车辆溜逸事故。

CHINA RAILWAY PUBLISHING HOUSE

所有设在坡道上的车站,应根据机车类型和牵引定数通过检算确定列车能起动的坡度。

2　正线咽喉区坡度。车站正线咽喉区坡度应与站坪坡度相同。在困难条件下,为了避免引起大量工程,可设在不大于限制坡度减2‰(相当于道岔阻力)的坡道上。但区段站、客运站不得大于2.5‰,以防止车辆溜逸和有利于调车;为防止道岔爬行,中间站咽喉区的坡度不得大于10‰,有大量调车作业的中间站,咽喉区的坡度不宜大于2.5‰。

改建车站的咽喉区,因延长股道的有效长度,增加股道数量或增设工业企业线等需要延长站坪长度受到区间线路平、纵断面的控制,或是车站两端受桥、隧建筑物的控制,不能满足限制坡度减2‰的坡度条件时,可将咽喉区设在限制坡度的坡道上,以减少改建工程。考虑到改建既有线时,常在原有坡度上改用双机牵引,以增加输送能力。故本规范规定,改建车站的咽喉区,在特殊困难条件下,有充分的技术依据,可设在不大于限制坡度或双机牵引的坡道上,但区段站、客运站不得大于4‰,中间站不得大于15‰。

3.2.14　设在区间的旅客乘降所,宜设在比较平缓的坡道上,以利于旅客列车的停车、起动和加速。困难条件下可设在不大于8‰的坡道上。特殊困难条件下,有充分的经济技术依据,经行车检算,能保证旅客列车停车、起动和加速的要求,可设在大于8‰的坡道上。

3.2.15　本条说明如下:

1　机外停车的原因。设置进站缓坡是为了使进站信号机外停车的列车能顺利起动,故应了解机外停车的原因、频率及其与行车量、车站性质的关系。

站外停车的原因概括为:

1)不能同时接发列车。但《技规》规定,当车站不能同时接发列车时,对站外停车及起动困难的列车应优先接入,不使站外停车。

2)线路不空闲、咽喉被占用、调车影响。这些属于作业影响,一般是不允许的。

引起机外停车的客观原因是:

①列车早点或晚点到达;

②车站作业延误;

③临时性设备故障;

④接车方向多。

这些客观原因导致的机外停车是不可避免的,故设置进站缓坡有其必要性,但要研究机外停车的频率及其与行车量、车站性质的关系。

2　机外停车的频率及其与行车量、车站性质的关系。从引起机外停车的客观原因分析,机外停车频率与行车量和车站性质有密切关系。根据九龙坡机务段统计资料分析表明:

1)行车量为42对的小南海~九龙坡区段,每月、每区间机外停车次数高达41次。而行车量为17对的赶水~小南海区段仅为5次。

2)最繁忙的小南海站,每月机外停车次数多达100次,而其他各站平均为8~11次。

3)区段站、给水站、接轨站机外停车次数所占比重达44%。

4)无站外停车的车站数占2%~15%。

这说明客观上并不需要每站设置进站缓坡,而主要应针对作业繁忙的编组站、区段站和接轨站。

3　机外停车对运营的影响。根据近15年上海、郑州、成都、兰州、乌鲁木齐和呼和浩特等六个铁路局的统计资料分析计算表明:

1)平均每年、每站的机外停车次数,各局间差异甚大,大体上行车量大的局机外停车次数多。

2）平均每次停车时间、各局间、各牵引种类间差异不大。

3）机外停车次数随年代的推移呈现波动，能力饱和时机外停车次数增多。站外停车随年代的推移无规律可循，说明停车是随机的，波动不大。

4）根据上述6个铁路局统计资料计算，电力、内燃牵引区段平均每年每站机外停车49次，平均每次停时6.8 min。平均每年每站总停时330 min。可以认为对运营的影响不大。

4　进站缓坡对工程投资的影响。设置进站缓坡引起高程损失，地形困难时导致线路展长，会增大工程投资。其数值可按下列公式计算：

$$\left.\begin{aligned} &A_z = \Delta L \times A \\ &\Delta L = \Delta H / I_x \\ &\Delta H = \Delta I \times L_h \\ &\Delta I = I_x - I_q \\ &L_h = (Q/q + L_i + 50) \times 10^{-3} \end{aligned}\right\} \qquad (78)$$

式中　A_z——设置进站缓坡增加的工程投资（万元/站）；

A——工程造价（万元/km）；

ΔL——设置进站缓坡引起的线路展长（km）；

ΔH——设置进站缓坡引起的高程损失（m）；

I_x——限制坡度（‰）；

ΔI——坡度损失（‰）；

L_h——缓坡长度（km）；

I_q——起动坡度（‰）；

Q——牵引质量（t）；

q——每延米列车质量（t/m），取5.677 t/m；

L_i——机车长度（m）；

50——缓坡长度的安全余量（m）。

计算结果表明：

1）因机车牵引特性、限坡、起动缓坡坡度值以及工程造价不同，设置进站缓坡引起的工程投资差异甚大。

2）限坡大时牵引定数小，列车长度与缓坡长度短，高程损失小，线路展长少，故增加工程投资小。

3）电力机车起动牵引力大，起动坡度大，高程损失小，线路展长短，故增加的工程投资比内燃机车的少。

以Ⅰ级铁路为例，限坡为6‰～12‰时，设置缓坡增加的工程投资：SS_{4B}为70～56万元/站，DF_8为175～54万元/站，DF_{4B}为305～148万元/站。可见：设置缓坡的工程代价是昂贵的。从经济上考虑也不宜每站设置进站缓坡。

5　进站缓坡坡度值。进站缓坡坡度值可按下式计算：

$$\left.\begin{aligned} &I_q = \frac{F_q - P\omega'_q - Q\omega''_q}{(P+Q)g} \\ &\omega''_q = 30 + 4I_q \end{aligned}\right\} \qquad (79)$$

式中 F_q——机车起动牵引力(N);

P——机车质量(t);

ω'_q——机车单位起动阻力(N/t),电力与内燃机车取 50 N/t;

ω''_q——货车单位起动阻力(N/t),不小于 50 N/t;

g——重力加速度(m/s^2),取 9.81 m/s^2。

1)按现行《牵规》参数及滑动轴承货车阻力的计算结果见表 74。

表 74 主要机型起动坡度(滑动轴承货车)(‰)

限制坡度		4	6	9	12	15
电力机车	SS_1	4.06	6.66	10.22	13.88	17.44
	SS_3	3.35	6.05	9.39	12.65	16.25
	SS_{6B}	3.54	5.82	9.00	12.16	15.38
	SS_4	6.05	5.91	9.10	12.34	15.42
	SS_{4B}	5.71	5.51	8.35	11.23	14.23
内燃机车	DF_4	2.08	4.76	7.69	10.76	13.55
	DF_{4B}	2.62	5.12	8.11	11.16	14.32
	DF_8	2.62	5.30	8.45	11.45	14.77

由表 74 知:

①SS_1 的起动坡度大于限坡,不需设置起动缓坡;SS_3 当限坡大于或等于 6‰、SS_4 与 SS_{6B} 当限坡大于或等于 9‰时不需设置起动缓坡。SS_{4B} 在各种限坡时均需设置起动缓坡,但起动缓坡值与限坡值之差较小,设置缓坡的高程损失和工程代价不大。

②内燃机车均需设置起动缓坡,且限坡越小,起动坡度与限坡之差越大,设置缓坡高程损失越大,工程代价越大。

2)按《牵规》参数计算,因滚动轴承货车的起动阻力小,所占数量比重大,按滚动与滑动轴承货车数量加权平均计算的起动阻力小,故起动缓坡值较表 74 数值为大,计算结果见表 75。

表 75 主要机型起动坡度表(滚动与滑动轴承货车)(‰)

限制坡度		4	6	9	12	15
电力机车	SS_1	4.55	7.92	12.30	16.77	21.12
	SS_3	4.25	7.15	11.26	15.26	19.06
	SS_{6B}	4.52	6.88	10.79	14.70	18.64
	SS_4	7.02	6.98	10.92	14.88	19.07
	SS_{4B}	6.68	6.50	10.01	13.55	17.22
内燃机车	DF_4	3.05	5.56	9.18	12.95	16.36
	DF_{4B}	3.60	6.02	9.70	13.46	17.32
	DF_8	3.60	6.23	10.12	13.82	17.87

由表 75 知:所有电力机车和起动坡度均大于限制坡度,不需设置起动缓坡;内燃机车仅在 4‰(DF_4 为 4‰~6‰)时才需设置起动缓坡,因起动坡度与限坡的差值较小,故设置缓坡的高程损失和工程代价相应减小。

CHINA RAILWAY PUBLISHING HOUSE

6　运营部门对设置进站缓坡的意见，调查中，运营部门对进站缓坡的设置提出以下意见：

1）齐齐哈尔分局认为：区段站行车量大，机车出入库频繁，机外停车几率大，应设置进站缓坡，一般中小站可不设。

2）锦州分局反映：沈山复线机外停车几率小可不设，作业量大的单线中间站应设进站缓坡，小站不必设。

3）太原东机务段认为：有工矿企业专用线接轨的车站及作业量多的车站应设进站缓坡。

4）郑州局机务处指出：蒸汽机车起动困难，迫切需要进站缓坡，电力机车可不设进站缓坡。内燃机车需要设，但问题不突出。

5）郑州局机务处和铁道部运输局认为：机外停车问题对电力、内燃牵引不像对蒸汽牵引那么突出。本条规定编组站、区段站、接轨站设进站缓坡是合适的。

6）上海局运输处认为：进站起动困难者，行车部门可规定 9 不准在此类站站外停车，不设缓坡也无妨。

CHINA RAILWAY PUBLISHING HOUSE

4 车站分布

4.0.1 本条说明如下：

1 关于车站分布必须满足对该线所要求的输送能力和客车对数。铁路是国民经济的大动脉，其主要任务是完成国家交给的运输任务。在铁路设计中车站分布是保证该线运输能力的重要环节。单线铁路在一定的线路平面和纵断面、机型和信联闭等条件下，站间距离决定着该线的区间通过能力和输送能力。双线铁路在半自动闭塞情况下，区间通过能力与单线铁路一样，受站间距离控制；在自动闭塞情况下，站间距离与平行运行图能力无关，但与非平行运行图能力有直接关系。因此，不论单线或双线，车站分布都影响着铁路的通过能力。满足对该线要求的输送能力和客车对数是车站分布的重要任务。

2 关于车站分布的经济时分和经济距离，以及中间站、会让站和越行站。

1）关于车站分布的经济时分和经济距离。西南交通大学和铁一院于1997年6月完成的《新建单线铁路车站分布的研究》，其计算结果与主要研究结论表明：在最大坡度和机车类型一定的条件下，经济时分和经济距离随运输需要的增大而减小；当运输需要和最大坡度一定时，经济时分和经济距离随机车功率的增大而增大，且经济性增强；在一定的运输需要下，同一机车类型的经济时分和经济距离随最大坡度的增加而减小；在一定的运输需要、最大坡度和到发线有效长度的条件下，经济时分和经济距离不随地形类别的不同而不同，即经济时分和经济距离与地形类别无关；在一定的运输需求、最大坡度和机车类型条件下，使牵引质量达到机车牵引力、到发线有效长度等条件所允许的最大值，且最低限度地满足运输需要的区间往返走行时分及其对应的站间距离就是经济时分和经济距离。因此，新建单线铁路的经济时分和经济距离因具体线路条件不同而不同，不存在具有普遍意义的经济时分和经济距离，但存在经济有利的分布时分和距离范围。例如，当年输送能力为10～30 Mt、客车对数为5～10对/d时，电力牵引在限制坡度为4‰～20‰时的经济时分和经济距离分别为21.0～55.0 min和8.0～29.0 km；内燃牵引在限制坡度为4‰～12‰时的经济时分和经济距离分别为22.5～58.5 min和6.5～21.5 km。因此，在机车类型一定的条件下，按照满足国家要求的年输送能力和客车对数的原则进行新建单线铁路的车站分布，是经济合理的。

铁道部科学研究院和铁一院1996年完成的科研项目《新建双线铁路车站分布的研究》认为：越行站间的经济距离，当客车为50对/d时为34 km（内燃）、35.5 km（电力）；客车为30对/d时，为66 km（内燃）、70 km（电力）。敏感性分析表明站间距离在正负15 km内取值，其换算年费用仅相差1%左右，即经济性没有大的差别，20～50 km均属经济站间距离的范围。因此新建双线铁路越行站间经济距离与能力需求的站间距离（或时分）相比，不起控制作用。

2）关于中间站、会让站和越行站。中间站的功能主要有两个方面，一是进行列车会车、越行及其他技术作业，以满足行车及通过能力的要求；二是进行客、货运作业，以满足地方客、货运量的要求。办理客、货运业务的中间站其位置与当地的交通运输、经济发展和人民生活息息相关。

我国幅员辽阔，经济发展很不平衡，不同的经济发展条件、不同的自然环境、不同的矿产资源分布对办理客、货运业务中间站分布的要求各不相同。随着我国经济的迅速发展，公路及其他运输方式需要进行合理分工，新建铁路办理客、货运业务中间站的站间距离不宜太短。有的山区，公路、水运都不发达，地方客、货运输主要靠铁路来完成，在没有其他运输方式条件下，办理客、货运业务中间站间距离不宜过长，以免给沿线人民生产和生活带来不便。因此，办理客、货运业务的中间站之间的距离，应根据线路所经地区经济发展情况和其他运输工具的发展情况采用不同的标准。

中间站的分布应结合城市或地区规划合理设置，以方便地方客货运输。

技术作业中间站是指除办理列车会车、越行等作业外，还办理列车其他技术作业的车站。技术作业中间站应满足列车的技术作业要求。

根据铁道部"发展集中化运输"的精神，对客、货运输量小而分散的线路，可根据沿线公路、水运等情况采用集中运输，不必站站办理客、货运作业。将不办理客、货运业务，仅办理列车会让和越行又没有其他技术作业的车站在单线铁路称会让站，双线铁路称越行站。会让站按满足该线通过能力要求的时分标准进行分布；越行站按双线车站分布标准分布。

3）由于铁路车站站坪宽度及其平、纵断面的技术标准比区间正线要求高，尤其有技术作业和客、货运作业的车站，站场建筑物和设备较多，这就要结合地形、地质、水文等工程条件和车站运营条件统一考虑，避免因单纯考虑通过能力而将车站设在地形困难或地质不良地段引起巨大工程，甚至遗留隐患影响日后的正常运营。

4）考虑区间通过能力的均衡性进行车站分布，有可能减少车站数目，减少不必要的列车等会时间，从而节约工程费，提高运输效率，降低运输成本。但过分强调均衡性，有些车站将分布在地形、地质不良地段，会增加工程投资，恶化运营条件，同时，有可能形成多个连续的通过能力控制区间，给列车运行调整带来较大困难。因此均衡性应适当考虑，但不能过分强调。

4.0.2　"天窗"是指铁路列车运行图中，不铺划列车运行线而为施工和维修作业预留的时间。

接触网维修是电气化铁路最经常性的维修项目，已经实现制度化。根据接触网维修的作业性质，需要开"天窗"才能进行作业。我国目前接触网维修"天窗"时间，单线为60～90 min，双线为90～120 min。考虑到在"天窗"时间内除接触网外，线路、信号等设备的维修均可利用"天窗"时间同时进行；还考虑到大型机械作业的需要，在车站分布中电气化铁路的综合维修"天窗"时间单线可按90 min，双线可按120 min设计。在有大型机械作业的线路上进行线路大、中修和综合维修需要较大"天窗"时，可在此基础上再占用部分储备能力以满足作业要求。

由于铁路运量逐年增长，列车质量和密度增加，线路维修作业量也随之增加。特别是繁忙线路，采用人工或小型养路机械，利用列车间隔时间进行线路维修越来越困难，不仅影响线路质量和作业效率，而且不能保证行车和人身安全。因此，内燃牵引的铁路也应扣除一定的"天窗"时分。

根据《铁路行车设备实施综合天窗的规定》（铁办〔2005〕11号）"维修天窗：电气化铁路双线每次不少于90 min，单线每次不少于60 min；非电气化铁路双线每次不少于

70 min,单线每次不少于60 min。以上维修天窗每月上、下行线各不少于20次。维修天窗必须在列车基本运行图上给予充分保证。施工天窗:时间应与维修天窗时间重叠,具体时间标准应在月计划中确定,大型机械作业时,每次不少于180 min”。大型机械一次作业需要的天窗时间长,但并不是年年、天天都有大型机械进行作业,如大、中修不是每年都有,其维修周期约为10年、5年;线路的综合维修也不是每年都有,繁忙线路约为2年一次。因此,按日均值扣除综合维修“天窗”时间较为合理。当采用大型机械作业时,可占用部分储备能力以满足天窗时间要求。

本条规定内燃牵引单、双线铁路的日均综合维修“天窗”时间可分别取60 min、70 min。

4.0.3 铁路的站间距离与铁路的通过能力、工程造价、运营效益及沿线交通运输、人民生活有密切的关系。一般来说,车站的站间距离越短,车站的数量越多,区间的通过能力越大,地方客货运输越方便,但车站个数过多一是增加站内设备的工程投资;二是在地形困难情况下需展长线路,增加区间线路的工程投资;三是增加列车起停次数,造成旅速降低,机车、车辆周转时间长,运营费增加。因此对过短的时间距离应做适当限制。

根据1995年统计,全路5 155个客运营业站中,日均上下车人数在20人以下的有1 566个,占总数的30%。全路货运营业站4 432个,日均装卸车小于5车的车站有1 928个,占43%。若将日均装卸5车以下的站关闭,则可使全路货运站的平均站间距由12.2 km延长至21.6 km。根据研究,新建铁路办理客、货运作业中间站的经济距离在20 km以上比较合适。商务作业站的距离一般不会对车站最小站间距离起控制作用。

根据运营经验,单线铁路的平行运行图通过能力最大值控制在48对/d比较合适。当平行运行图能力为48对/d时,其足坡地段站间距离电力牵引为9.5 km左右,内燃牵引DF_8型机车为8 km左右,DF_{4B}型机车为6.6 km左右。当平行运行图能力为40对/d时,其足坡地段站间距离电力牵引为12.1 km左右,内燃牵引DF_8型机车为10 km左右,DF_{4B}型机车为8.2 km左右。

由此可见,即使是在紧迫导线地段,当站间距离为8 km时,电力机车牵引区段都能满足平行运行图通过能力48对/d以上,内燃机车牵引区段DF_8型机车也可满足平行运行图通过能力48对/d,DF_{4B}型机车可满足平行运行图通过能力40对/d。随着我国科学技术的发展,机车制造技术水平有很大提高,机车功率越来越大,计算速度也有所提高,列车牵引质量在限坡6‰及以下时,往往受到发线有效长度等条件控制,列车在限坡上可高于计算速度运行,车站站间距离相应可得到延长。而站间距离太短,将使铁路工程费、运营费增加,运营指标恶化,因此,既要保证一定的能力,又要节省投资,提高经济效益,新建单线铁路站间距离不宜小于8 km。

根据《新建双线铁路车站分布的研究》和《新建快速($v_{max}=140$ km/h)双线铁路车站分布问题的研究》(专题研究)、《新建准高速($v_{max}=160$ km/h)双线铁路车站分布问题的研究》(调研报告)结果,新建双线铁路电力牵引车站分布控制时分标准的最小值为20 min,按此计算其足坡地段站间距离为16.7 km左右;内燃牵引客车最高时速120 km/h以下,车站分布控制时分标准的最小值为40 min,按此计算其足坡地段站间距离DF_{4B}型机车为14.7 km,DF_8型机车为20.8 km;内燃牵引客车最高时速为140 km/h时车站分布控制时分标准的最小值为35 min,按此计算其足坡地段站间距离DF_{4B}型机车为12.8 km;DF_8型机车为18.2km。当客车最高时速为160 km/h时,货车速度也要相应提高,以免客货速差太大影响能力,站间距离亦不会太短。故新建双线铁路站间距离不宜小于15 km。

CHINA RAILWAY PUBLISHING HOUSE

由于铁路车站分布不仅受通过能力的限制，而且还要受地形条件、地质条件、地方客货运要求等诸多因素的影响，站间距离限制过死，可能导致车站设置引起巨大工程或恶化运营条件。因此，困难条件下个别区间站间距离，单、双线分别略短于 8 km、15 km 也是可以的。

上述规定不适用于枢纽内。因为铁路枢纽一般都位于几条干线的交会点，且在大城市附近。枢纽内的车站一般都具有作业量大、作业复杂、车站规模大等特点。枢纽内的铁路布局几乎都呈现为车站密、站型大、交叉多、疏解多、场地紧张，因此，对枢纽内的最短站间距离限制应比线路上的更短一些。根据研究，双线铁路最小站间距离受自动闭塞信号机控制为 5 km。因此，本条规定枢纽内站间距离不得小于 5 km。

4.0.4 技术作业站相邻区间减少列车走行时分的目的，主要是减少因技术作业而造成的对通过能力的影响，使技术作业站相邻区间的通过能力不低于要求的能力。

1 区段站比一般中小站作业量大、股道多、咽喉长、信联闭设备较复杂，站内进行交叉干扰大，调车、编解、取送车作业与接发车有一定干扰，且上下行列车都需在站停车。因此，在进行车站分布时其相邻区间走行时分需有所减少，使其区间能力稍有富余，方能保证全区段区间设计能力的兑现。为此，规定单线铁路区段站相邻区间走行时分各减少 4 min。

2 根据需要减少相邻区间走行时分的其他技术作业站主要指有机务换乘、摘挂补机、列检、凉闸等作业的车站，或区间有站外避难线、长隧道通风影响通过能力等情况的车站。并且这是指长期存在影响能力的。如远期采取措施可以消除这些影响，则可不扣除时分。如仅在近期存在上述情况，设计时亦应考虑其影响。由于该项时分标准因线路、站场具体条件及运输作业情况各异，不易取得统一标准，设计时可参照条件类似的线路取用，也可由分析计算确定。

4.0.5 在新建单线铁路的车站分布中，常遇到需要设站的地方地形困难、难于设站的矛盾。这个矛盾一般可通过调整或增站加以解决。为了解决个别难于设站的特殊困难，本条规定当设站工程巨大时经技术经济比较，可按双线设计，以延长区间距离。但这仅能在个别地段使用，且需做出技术经济比较。

4.0.6 本条与原规范相比，增加了路段旅客列车设计行车速度为 160 km/h 的货物列车单方向运行时分。

本条主要依据铁道科学研究院和铁一院 1996 年、1997 年完成的科研项目《新建双线铁路车站分布的研究》和《新建快速(v_{max} = 140 km/h)双线铁路车站分布问题的研究》(专题研究)、《新建准高速(v_{max} = 160 km/h)双线铁路车站分布问题的研究》(调研报告)所提出的研究成果进行编制。

对于本条需说明以下几点：

1 关于新建双线铁路车站分布所采用的闭塞方式和应保证的能力水平。新建一条双线铁路需要巨大的财力和物力，因此，应要求其具有较高的区间通过能力和输送能力水平。根据国内外运营实践，双线铁路技术控制的非平行运行图能力一般以 130 ~ 140 对为宜，扣除一定的储备能力后，客、货列车总对数一般应控制在 110 ~ 120 对/d。要达到这样的能力水平，双线铁路采用半自动闭塞是不可能的。且双线铁路采用自动闭塞与采用半自动闭塞相比，线路的区间通过能力可提高一倍以上，而工程投资增加不多。在新线建设中，由于自动闭塞线路的区间通过能力高，车站减少，还可能减少投资。因此，新建双线铁路的车站分布应以采用自动闭塞为条件。其最大客货行车量电力牵引铁路为 110 ~

120 对/d,内燃牵引铁路为 100 对/d。

内燃机车的计算速度比电力机车低得多,客货列车的速差大,在一定的追踪间隔时间条件下,客车对数和站间距离都将受限制。否则,客车扣除系数增大将降低通过能力。根据《新建双线铁路车站分布的研究》专题研究成果,内燃牵引铁路的客货列车总对数在 100 对/d 左右比较合适,且其中客车对数不大于 40 对/d。

2 关于双线铁路车站分布与通过能力的关系。单线铁路车站分布的疏密度与该线的区间通过能力直接相关。双线铁路采用自动闭塞时,车站分布的疏密度与该线的平行运行图能力没有直接的关系;但与非平行运行图能力却有直接的关系。这是因为客货列车运行速度不同,导致在客货列车之间形成一定的速度比,在一个区间内形成走行时间差。铁道科学研究院 1989 年 6 月《铁路区间通过能力计算方法的研究》课题的研究成果表明:双线铁路旅客列车的扣除系数与在该线运行的旅客列车对数、客货列车速度比、客货列车在区段内最大区间的走行时分差有一定的关系。其关系式为:

$$\varepsilon_{客}=\alpha[2\cdot\Delta+0.05-0.0375t_{差}+(1.025t_{差}+3.6)/I_{货}] \qquad (80)$$

$$\alpha=1.07-0.53(n_{客}/100)+0.1(n_{客}/100)^2 \qquad (81)$$

式中 $\varepsilon_{客}$——旅客快车扣除系数;

α——客车对数影响系数;

Δ——全区段货、客列车平均运行速度之比或客、货列车运行时分之比;

$t_{差}$——区段内货、客列车最大区间运行时分之差(min);

$I_{货}$——货物列车追踪间隔时分(min);

$n_{客}$——旅客列车对数(对/d)。

上式表明了旅客列车的扣除系数与站间列车运行时分有直接的关系,也表明了双线铁路的区间通过能力与越行站间的距离有直接的关系。这是新建铁路越行站分布的理论依据。

3 关于困难条件下个别区间货物列车运行时分的增大值。为了在线路定线中使车站站位的选择具有更大的灵活性,以适应地形或其他特殊情况需要,在不降低能力水平的条件下,允许个别站间增加少许时分。《新建双线铁路车站分布研究》研究报告认为由于运行时分标准的分档是阶梯形的,在分档的临界结点上不可避免的出现阶跃现象。因此在同一档次内,由于客车对数不同使实际能力水平有所不同。该研究报告推荐的货物列车运行时分增大值 ΔT 的计算方法如下:

当旅客列车最高速度在 120 km 中及其以下时:

$$\Delta T=5-0.2(N_k-K) \quad 5\geqslant\Delta T\geqslant 0 \qquad (82)$$

当旅客列车最高速度在 140 km/h 时:

$$\Delta T=3-0.2(N_k-K) \quad 3\geqslant\Delta T\geqslant 0 \qquad (83)$$

式中 ΔT——时分增大值(min);

N_k——旅客列车对数(对 d);

K——调整常量,取值见表 76。

表 76 调整常量 K 取值表

旅客列车最高速度(km/h)	≤120			140	
旅客列车对数 N_k(对/d)	≤20	21~40	>40	≤30	>30
调 整 常 量 K	10	20	40	15	30

按上述方法计算的 ΔT 值虽然准确,但比较繁琐,且时分增大值变化幅度不大,又只

是在工程困难条件下个别区间的允许值，没有精确计算的必要。为便于操作，本规范规定 ΔT 值为 1 ~2 min。

4　关于路段旅客列车设计行车速度 160 km/h 站间货物列车单方向运行时分。客车最高行车速度提高到 160 km/h，普通货物列车最高速度按《铁路主要技术政策》规定 120 km/h，客货速差加大，导致客车扣除系数大，在达到同样非平图能力要求下，将缩短越行站分布距离。但是，在一条高等级、大造价的快速双线铁路上，分布过密的越行站显然是不合适的。在设计时应具体问题具体分析，根据客货行车量要求、线路条件、机车类型、追踪间隔等因素，结合实际情况研究列流衔接、机车车辆运用、客技站股道设置等问题，合理确定列车开行方案，既要满足能力要求，又要达到客车提速要求。客车对数较多时，可以通过缩短货物列车间追踪间隔时间提高通过能力，适当增加货物列车与旅客列车间追踪间隔时间来保证客车达到设计行车速度，有条件时可以采用客货列车分时段组织或客车连发甚至追踪运行等灵活的运输组织方案。

4.0.7　有的新建铁路近、远期客货运量相差较大，远期必须修建双线才能满足要求，而近期双线能力却有很大富余。为减少近期工程。其正线数目需分期建设，即近期为单线，远期为双线。

铁路建设投资巨大，使用时间长，车站分布除必须要满足各设计年度客、货运输的需要外，还应满足远期以后本线的运输能力要求。因此，远期为双线、近期为单线的新建铁路，宜按双线标准进行分布。第二线建设时间的推后，必将产生单线向双线过渡的问题，其车站分布要适应单、双线不同的运输能力要求。

一般来说，双线铁路能力大，车站分布往往较稀，站间距离较长。当近期客、货运量较小，按双线铁路分布车站也能满足近期单线的能力要求时，可按双线标准分布车站；当近期客、货运量较大，按双线铁路分布车站不能满足近期单线的能力要求时，车站分布可能出现以下两种情况：

1　按双线铁路分布车站，近期采用增设会让站、双插、局部双线等措施可以满足能力要求。

2　按满足近期单线运量要求分布车站，远期双线后再关闭部分车站。

由此可见，近期为单线，远期为双线的新建铁路，存在车站分布的方法和标准与不同时期能力适应问题，情况比较复杂。特别是当近期客、货运量较大，按双线铁路分布车站不能满足近期单线的能力要求时，是按双线分布车站，还是按单线分布车站更经济合理，在设计中，需结合该线的客、货运量水平，技术标准及地形条件等因素进行技术经济比较，选定车站分布方案。

4.0.8　车站分布是铁路设计中的重要问题，要考虑长远发展的需要。但在设计年度内，应根据近、远期通过能力和地方经济发展需要逐步开放车站，对暂时不需要的车站缓开。所以规定近、远期的开放站分别按近、远期客货运量要求的通过能力和地方运输需要确定，以节省工程投资和运营支出。在设计中近期开放和不开放的车站，需与有关单位及地方有关部门认真协商落实，在满足运输需要的前提下尽量少开站。

4.0.9　改建既有线或增建二线时，为提高铁路运输效率和经济效益，对作业量较小的车站，在不影响通过能力的条件下可关站。但既有车站运营多年，与地方的生产、群众生活、城镇交通、商业网布置及城市规划等有密切的联系，且已配有相应的客货运设备和人员，故应结合当地经济发展及其他运输方式的情况并考虑铁路本身的运输效率和经济效益妥善处理。

CHINA RAILWAY PUBLISHING HOUSE

5 铁路与道路交叉

5.1 铁路与道路立体交叉

5.1.1 我国铁路2003年营业里程已达73 000多公里,平交道口13 000多处,年道口事故率(年均一处道口的事故次数,下同)在0.13以上,直接经济损失数亿元,给人民生命财产造成严重损失。设置铁路与道路立体交叉是消除这种损失的主要途径,本次修订根据《中华人民共和国铁路法》的有关规定,结合铁路运量逐年增加,行车速度逐渐提高的特点,为减少意外人身事故发生,确保行车安全,规定铁路与道路交叉,应当优先考虑设置立体交叉,努力减少平交道口的设置。

铁路与道路立体交叉的形式有道路上跨铁路、道路下穿铁路与机动车道路上跨铁路和非机动车道路下穿铁路相结合等。各种交叉形式的适用条件不尽相同,工程投资差别也很大,设计时应区别不同情况,根据铁路与道路的性质、等级、交通量、地形条件、安全要求以及经济效益和社会效益等因素确定。

5.1.2 国家现行有关标准规定:高速公路为具有特别重要的政治、经济意义,专供汽车分道高速行驶并全部控制出入的公路,一般能适应各种汽车(包括摩托车)折合成小客车的年均昼夜交通量2.5万辆以上;一级公路一般能适应各种汽车(包括摩托车)折合成小客车的平均昼夜交通量1万~2.5万辆,为连接重要政治、经济中心,通往重点工矿区、港口、机场,专供汽车分道行驶并部分控制出入的公路。国家现行标准规定:快速路为城市大量、长距离、快速交通服务,其进、出口采用全控制或部分控制。高速公路、一级公路和城市里的快速路都是交通功能强、服务水平高、交通量大的骨干道路,进、出口实行全控制或部分控制。铁路和这些道路交叉如果采用平面交叉,当道口处于开放状态时,汽车通过道口需限速行驶,严重影响道路的交通功能;当道口处于关闭状态时,会造成严重的交通堵塞。故规定铁路与高速公路、一级公路和城市快速路交叉,必须立体交叉。

1 Ⅰ级铁路为路网干线,路段设计速度为120~200 km/h,列车速度高、密度大,列车追踪间隔短,铁路与道路平面交叉的安全可靠性差,故规定Ⅰ级铁路与公(道)路交叉,应设置立体交叉。

2 二级公路的交通量虽没有一级公路那么大,但随着国民经济的发展也会很快增长,所以,在正常情况下,铁路与二级公路交叉应立体交叉。

3 路段设计速度120 km/h及以上的地段,列车速度高、密度大,列车追踪间隔时间仅几分钟,铁路与道路平面交叉的安全可靠性差,故规定应设置立体交叉。

4 1981年原国家基本建设委员会、国家计划委员会联合发布的《铁路、公路、城市道路设置立体交叉的暂行规定》(81)建发交字532号,对铁路、公路、城市道路交叉时设置立体交叉的折算交通量标准和投资划分以及固定资产划分、移交及维修管理等做出了明确规定。这个文件迄今仍是铁路、道路有关部门单位共同协商铁路与道路交叉问题的重要依据。但是,随着我国国民经济的发展,国力的增强,人民生活水平的提高,上述"暂行规定”中关于铁路、公路、城市道路交叉时设置立体交叉的交通量标准明显偏低，需要修改。

本条文表 5.1.2—1 规定的设置立体交叉的交通量标准是路段旅客列车设计行车速度小于等于 100 km/h 地段，有人看守道口年道口事故率分别不大于 0.025、0.035 和 0.050 的道口折算交通量上限值。也就是说，道口折算交通量超过本条文表 5.1.2—1 规定的量值的，不设置立体交叉不足以保证道口事故率在控制范围以内。

道路上的车辆、行人折合成标准车辆数的折合系数是以现行国家标准《工业企业铁路道口安全标准》GB 6389 中的车辆换算系数为基础，考虑了城市道路与公路的计算标准车种不同，将普通汽车与小客车换算系数分别计列。

5.1.3　道路下穿铁路时，公路、厂外道路、城市道路的建筑限界在《公路工程技术标准》（JTGB 01—2003）、《公路线路设计规范》（JTJ 011—94）、《厂矿道路设计规范》（GBJ 22—87）、《城市道路设计规范》（CJJ 37—90）中有明确的规定，下穿铁路的道路净空应符合相应标准和规范的规定，以保证道路行车安全和铁路立交桥的结构安全。

本条文表 5.1.3 中乡村道路下穿铁路时，乡村道路净空是根据《中华人民共和国道路交通管理条例》规定的车辆装载高度、宽度加适当安全间距制定的。汽车及大型农机通道净高按大型货运汽车载物高度从地面起不准超过 4 m，再加上安全间距 0.5 m，共 4.5 m；特殊困难条件下按大型货运汽车挂车和大型拖拉机挂车载物高度从地面起不准超过 3 m，加安全间距 0.5 m，共 3.5 m。机耕和畜力车通道净高按收割机和大型拖拉机高度 2.5 m 或畜力车载物高度从地面起不准超过 2.5 m，加安全间距 0.5 m，共 3.0 m。人行通道按人力车载物高度从地面起不准超过 2 m，加安全间距 0.5 m，共 2.5 m。通道净宽是按机动车辆装载宽度每侧加安全间距 1.0 ~ 1.25 m，非机动车辆装载宽度每侧加安全间距 0.5 ~ 1.0 m 确定的。对于特殊情况下仅供人行的通道，净高可按 2.0 m 加 0.2 m，安全距离共 2.2 m 设计。

有双层集装箱运输需求的铁路的建筑限界，应按满足双层集装箱运输要求的有关规定执行。

除影响视线长度的障碍物，必要时还应增加桥孔，以满足道路视距长度要求。为防止通过铁路立交桥下的机动车辆，因装载过高而危害桥梁安全和造成车辆行车事故，应在立交桥两侧设置限高标志和限高防护架，并应符合《铁路运输安全保护条例》和其他相关标准的规定。

5.1.5　地面水和地下水的排泄是保证铁路、道路路基稳定和强度的必要条件，应引起足够的重视。路基排水的要求在铁路、道路路基设计规范中都有明确规定，铁路与道路立体交叉的排水设计除应满足上述要求外，尚应考虑铁路排水与道路排水的整体配合和相互衔接，形成完整通畅的排水系统。

5.1.6　铁路与道路立交的铁路桥或道路桥上应设置的安全防护设备，在国家现行标准《铁路桥涵设计基本规范》（TB 1002.1—2005）和有关道路桥涵设计规范中均有明确规定，应遵照执行。

5.2　道　口

5.2.1　据统计，道口事故率与道口瞭望视距相关，当道口交通量相同时，瞭望视距不足的道口事故率偏高。为了提高道口的安全度,降低道口事故率,道口宜设在瞭望条件良好的地点。

1 本条规定的机动车驾驶员侧向最小瞭望视距是指机动车驾驶员在距道口相当于该段道路停车视距并不小于50 m处的侧向最小瞭望视距,应大于机动车自该处起以规定速度通过道口的时间内,火车驶至道口的最大距离。

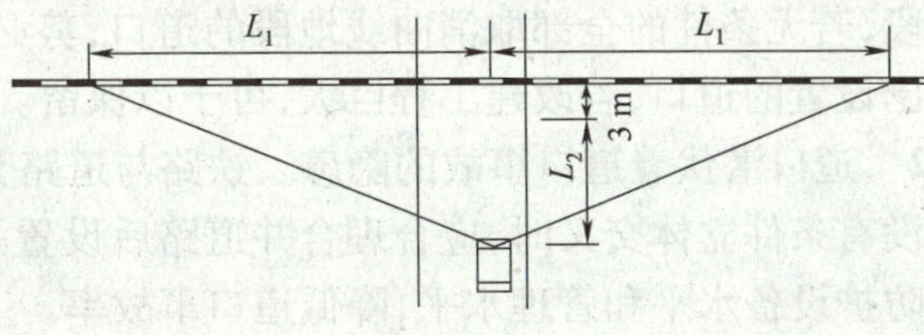

图7 机动车驾驶员在道口前的瞭望视距示意图

瞭望视距是要求如图7所示的2个由视距构成的最小视线三角形范围内要保持良好的视线条件。

L_2 是当汽车在公路上行驶时,驾驶员发现有火车驶向道口,立即采取制动措施,使汽车在道口前停下来的最小距离,国家现行标准规定为50 m。

L_1 是在汽车通过道口所需的时间内火车行驶的最大距离,即:

$$L_1 = \frac{v_1}{3.6} \cdot T \tag{84}$$

式中 L_1——火车行驶的最大距离(m);

v_1——火车行驶速度(km/h);

T——汽车驾驶员在道口前50 m发现火车后,将汽车减速至20 km/h,然后匀速通过道口所需的时间(s)。

如图8所示,汽车在道口前50 m处的行驶速度取四级公路的经济速度35 km/h,则 T =11.9 s。代入式(84)得:

$$L_1 = 3.3v_1 \tag{85}$$

火车司机最小瞭望视距取火车司机反应时间内列车的走行距离与列车的制动距离之和。

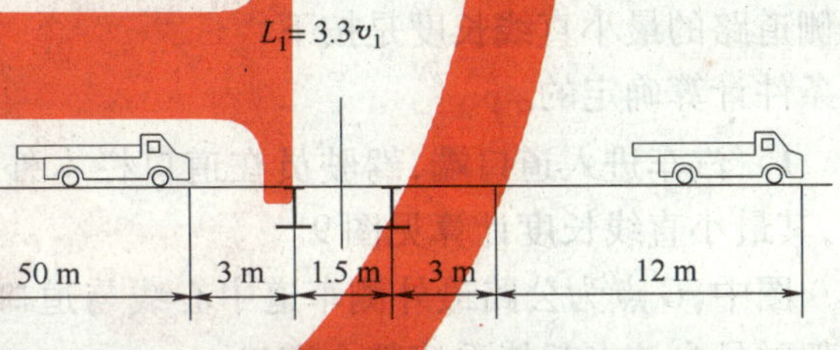

图8 汽车通过道口所需时间计算图

2 铁路车站是列车交会、越行、摘挂、集结、编解的场所,道口如设在车站内,由于列车作业的需要,关闭道口的次数增多,封闭时间延长,影响道路的通行能力;另外,在车站上经常有列车阻挡,严重恶化道口瞭望条件,容易造成事故。现行《铁路技术管理规程》规定:"在车站内不应设置道口"。《铁路道口管理暂行规定》规定:"对现有道口必须整顿,……逐步取消站内道口"。故本条规定在站内不应设置道口。

道口设在铁路曲线上除恶化瞭望条件外,还由于铁路曲线外轨超高破坏道路纵断面的平顺性,超高大时还会因局部坡度过大造成机动车熄火,引发道口事故。因此,本条规定道口不宜设在曲线上。

如果道口设在桥梁和隧道两端、道岔区进站信号机外方100 m的范围内,一旦发生道口事故,被撞的机动车和脱轨的列车颠覆在道岔区内、桥下或隧道内时,易造成道岔、桥梁和隧道的破坏,且修复困难;增加救援难度,中断铁路行车时间长,造成的损失更大,因此,应尽量避免在这些处所设置道口。

CHINA RAILWAY PUBLISHING HOUSE

增建第二线及改建既有线时，对于地形、地质特别复杂，受线路两侧既有建筑物控制的地段，若无条件的全部取消曲线地段的道口，势必引起大量的改建工程。因此，对曲线地段已设置的道口，若改建工程巨大，可予以保留。

5.2.2　道口潜伏着道口事故的隐患。铁路与道路交叉，有条件时应优先考虑设置立体交叉。没有条件立体交叉时，应合理合并道路后设置平面交叉，减少道口数量，提高道口的安全防护设备水平和管理水平，降低道口事故率。

《铁路道口管理暂行规定》指出，“新建铁路的道口密度，在人口稠密地区，以两公里以内不超过一处为宜；在人口较稀疏地区，道口还应适当减少”。据 1986 年统计，全国铁路既有道口密度为每公里 0.42 处，但不同地区差异较大。新建、改建铁路与道路交叉时，应根据所在地区的经济发展、居民点分布情况以及桥涵分布统一规划铁路与道路的交叉设置，道口间的距离不宜小于 2 km。

5.2.3　铁路与道路平面交叉应尽量设计为正交或接近正交，但由于地形条件或拆迁工程等限制需要斜交时，交叉锐角应大于 45°，以缩短道口的长度和宽度，并避免小型机动车和非机动车的车轮陷入轮缘槽内的不安全因素。

5.2.4　为了使道路上的车辆能及时发现道口，及早采取措施降低速度，以规定速度通过道口，所以规定通过道口的道路平面线形应为直线。根据国家现行标准规定，从最外侧钢轨算起的最小直线长度不应小于 50 m。

本条文表 5.2.4 规定的道口每侧道路的最小直线长度是按下列条件计算确定的。

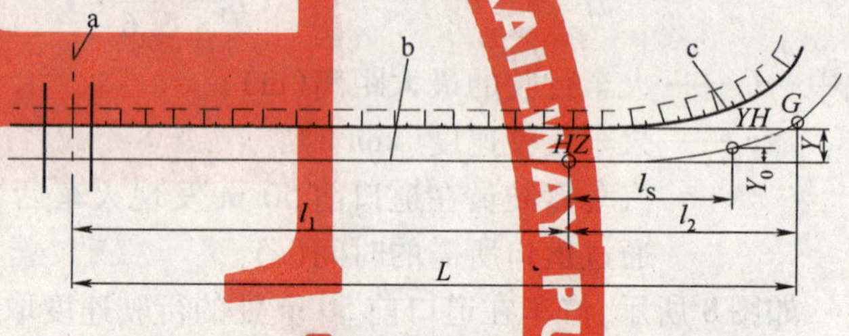

图 9　道口每侧道路的最小直线长度计算图

a—最外侧铁路轨道中心线；

b—最外侧车道中心线；

c—路基面边缘线

1　汽车进入道口端，驾驶员在道口栏木外相当于该路段的停车视距处应能看清道口，其最小直线长度计算见图 9。

图中，G 点为公路最外侧车道中心线与道口直线段路基面边缘延长线的交点。机动车驾驶员自该点起能看清整个道口。

由图示可得：

$$l_1 = L - l_2 \tag{86}$$

$$L = l_{停} + 5 \tag{87}$$

当 $Y > Y_0$ 时：

$$l_2 = \sqrt{2R(Y - Y_0)} + l_s \tag{88}$$

当 $Y < Y_0$ 时：

$$l_2 = \sqrt{6Rl_sY} \tag{89}$$

式中　l_1——最外侧铁路轨道中心至公路缓和曲线起点（HZ）的距离（m）；

L——道口栏木至最外侧铁路轨道中心的距离（取 5 m）与该路段机动车停车视距之和（m）；

CHINA RAILWAY PUBLISHING HOUSE

l_2——HZ 点至 G 点的距离(m)；

$l_{停}$——该路段机动车停车视距(m)；

Y——公路直线段最外侧车道中心延长线至 G 点的横向距离(m)；

Y_0——缓和曲线终点的切线纵距(m)；

R——圆曲线半径(m)；

l_s——缓和曲线长度(m)。

道口外第一个公路曲线采用一般最小圆曲线半径、极限圆曲线半径和最小缓和曲线长度时 l_1 的计算结果见表 77。

表 77 l_1 计 算 表

公路等级	地形条件	Y(m)	R(m) 一般最小/极限最小	l_s(m)	Y_0(m)	公路计算行车速度(km/h)	l_2(m)	L(m)	l_1(m)
三	平原微丘	2.50	200/125	50	2.08/3.33	60	62/45	80	18/35
	山岭重丘	2.25	65/30	25	1.60/3.47	30	34/21	35	1/14
四	平原微丘	2.00	100/60	35	2.04/3.40	40	34/29	45	11/16
	山岭重丘	2.00	30/15	20	2.22/4.44	20	19/15	25	6/10

2　汽车驶出铁路道口端的最小长度。汽车驶出铁路道口端的最小长度应为驾驶员确认前方道路线形的反应时间内汽车行驶的最大距离。

汽车行驶至最外侧轨道中心时驾驶员即可开始辨认前方道路的线形，从反应开始至生效的时间取 3 s，汽车整体驶出道口后开始加速。以小客车为计算标准，车长取 6 m，汽车通过道口的速度取 20 km/h，加速度取 1.0 m/s^2，则在驾驶员反应时间 3 s 内汽车行驶的最大距离为 18 m。

3　平面线形连接要求的最小直线长度。

汽车通过道口的速度为 20 km/h，在道口前后 30 m 范围内的平均速度为 30 km/h。

铁路道口一般是设在道路的反向曲线之间，根据国家现行标准规定，反向曲线间的最小直线长度(以 m 计)不小于计算行车速度的两倍为宜，故道口两端直线长度之和不应小于 60 m、每侧最小直线长度不应小于 30 m。

公路、厂外道路、城市道路上的道口，每侧道路的最小直线长度应取上述三项计算的最大值。

乡村道路的行车量少、行车速度不高，故取每侧最小直线长度不应小于 20 m。

5.2.5　从道路车辆通行顺畅的角度看，为减少颠簸，使道路上的车辆能平顺迅速地通过道口，道口铺面与铁路钢轨轨面的高差应该尽量小些。但道口铺面高于轨面会造成铺面垫轮，酿成脱轨事故，故规定铁路钢轨头部外侧 50 mm 范围内，道口铺面应低于轨面 5 mm。

5.2.6　为了有利于道路上的车辆在道口前停车和起动，从最外侧钢轨外 5 m 算起的平台长度应不小于停留一台车辆的长度。

本条文表 5.2.6 中的数值均引用于国家现行有关标准。经检算，铰接汽车要求的道口平台长度为 20 m；半挂车和载重汽车要求的道口平台长度平均为 16 m，如果停留半挂车，后轮在竖曲线上的当量坡度不大于 1%，不影响车辆起动；乡村道路按畜力车需要的平台最小长度10 m计，如果停留载重汽车，后轮在竖曲线上的当量坡度不大于 1%，也不影响车辆起动。

5.2.7　紧接道口平台的道路最大纵坡值按停留在坡段上的各类车辆能顺利起动考虑，本条文表5.2.7中的数值与国家现行标准的规定一致，也与原规范的规定相一致，但取消了"特殊困难条件下可酌量加大1%～2%"的规定，以改善道口前后的行车条件。

5.2.8　我国既有道口20 000多处，但至今尚没有道口等级标准，道口安全防护设备严重不足，道口事故时有发生，全国平均年道口事故率在0.13以上。

铁一院于1992年完成并通过部级鉴定的《铁路与道路平交道口等级划分标准的研究》中，在大量统计资料的基础上，确立了道口事故率与道口交通量关系的如下数学模型及其计算参数：

$$m = a(N_d \cdot A_d)^b \tag{90}$$

式中　m——年道口事故率；

N_d——年均一昼夜通过道口的车辆、行人折合成标准载重汽车辆数（辆）；

A_d——年均一昼夜通过道口的火车次数（次）；

a,b——计算参数，如表78所示。

表78　道口事故率与道口交通量关系的计算参数

道口类型		瞭望条件	计算参数 a	计算参数 b
无人看守道口		良　好	0.044	0.68
无人看守道口		不　良	0.060	0.68
有人看守道口	无通知设备	不　良	0.014	0.79
有人看守道口	有自动通知和自动信号设备	不　良	0.014	0.67

从表78可以看出，在道口交通量和瞭望条件相同时，有人看守道口的事故率仅为无人看守道口的1/4；在有人看守道口中，道口事故率又随安全预警设备的增加而降低。

本条把道口分为无人看守道口和有人看守道口两类。在旅客列车设计行车速度为160 km/h、140 km/h和120 km/h的地段，铁路与道路交叉必须设置立体交叉和应设置立体交叉。铁路与道路交叉的道路交通量小的，道路交叉处设置平交道口时，必须设人看守，并设置安全防护设备，以保证道口年事故率分别控制在0.015和0.025以内。旅客列车设计行车速度为100 km/h和等于或小于80 km/h的地段，道口年事故率分别按0.035和0.050设计，推求出有人看守道口的起始道口折算交通量分别为1.0和2.0万辆次。

直通机场的道路上客运汽车比重大。直通易燃易爆品仓库的道路常有装载易燃易爆物品的机动车通行。这些道路上的铁路道口一旦发生事故，伤亡人员多，事故损失大，应加强防护，所以规定应设人看守。

在距最外侧钢轨5 m处停车，机动车驾驶员的侧向瞭望视距小于本规范表5.2.1规定的数值时，机动车贸然通过道口的危险性很大，所以规定应设人看守，由看守人员根据铁路行车情况及时开、关道口，才能有效保证道口安全。

5.2.9　有人看守道口除设置道口看守房、栏木和道口照明外，还应设置通信（有线或无线）、道口自动通知、道口自动信号等安全预警设备。道口看守人员通过这些设备预先了解列车接近道口的情况，及时关闭道口、疏导在道口内的车辆和行人，使列车安全顺利通过道口，这对于瞭望视距不足的道口尤为重要。当道口上有障碍物妨碍列车通过时，道口看守人员还须及时通过无线电话通知相邻的车站和列车，同时开通遮断信号，这样才能保证道口行车安全。

道口自动信号和道口监护设施可以向道路方向发出列车接近的声响和灯光信号，使道路上的车辆、行人及时避让，提高无人看守道口的安全度，故规定无人看守道口可根据需要设置道口自动信号和道口监护设施。

5.2.10 在道口两侧的道路上按道路交通管理有关规定设置交通标志、路面标线和立面标志是道路交通管理的需要，也是规范道口附近的道路交通管理、保证道口交通有序进行的必要措施。这些标志标线一般有铁路道口标志、限制速度和解除限制速度标志、行车道中线、边缘线、限速地面标记等，在无人看守道口还有停车让行标志和停止线等。

对于电气化铁路道口还应考虑接触网挂网高度，应在道口附近设置限界架，限制通过道口的车辆装载高度，以保证通过车辆的安全。

5.2.11 考虑铁路拨道和抽换轨枕的需要，道口铺面沿道路的铺砌长度应延长至最外侧钢轨外0.5~2.0 m。城市道路通常设计为单幅、双幅、三幅和人行道，道口铺面宽度应与各幅路相对应，总宽度应为车行道路面宽度与人行道宽度之和。

公路道口的铺面宽度，一般应与路基面宽度相同，但在人烟稀少地区，道路上的非机动车和行人很少时，道口铺面宽度可与公路的路面宽度相同。

通行汽车的乡村道路道口，机动车数量少，其铺面宽度按四线公路山岭重丘区的路基宽度标准设置；只通行非机动车的道口铺面宽度按马车宽度加1.0 m共2.5 m设置。

5.2.12 道口铺面材料有钢筋混凝土铺面板、橡胶铺面板等，应选用坚固且易于翻修的材料。道口一般均设在三、四级公路上，道口铺面板的计算荷载和验算荷载标准应与三、四级公路的荷载标准一致。根据国家现行标准规定，计算荷载不应低于汽车-20级，验算荷载标准不应低于挂车-100级。

5.2.13 在道口外20 m的道路上，机动车经常刹车、起动，对低等级路面容易形成凹凸不平的坑洼，影响车辆通行，同时铺筑路面后，还可减少机动车车轮上附着的泥土，落在道口上脏污道床，堵塞道口排水孔道，所以要求应铺设不低于中级标准的路面。

5.2.14 轮缘槽的宽度和深度标准必须保证铁路机车车辆顺利通过，宽度须保证不卡轮、不落轮，深度应保证不垫轮和落入槽内的非机动车车轮和其他物件易于取出。

根据中华人民共和国铁道部《机车车辆用车轮轮缘踏面外形》TB/T 449—2003，机车轮缘宽度为48 mm，轮缘高度为28 mm，车轮总宽度为140 mm；车辆轮缘宽度为48 mm，轮缘高度为25 mm，车轮总宽度为135 mm。另外，轨距允许最大误差为+6 mm和-2 mm，钢轨允许最大垂直磨耗为8 mm，曲线半径小于350 mm时轨距加宽值为15 mm。所以本条规定轮缘槽宽度应为70~100 mm（曲线内股应为90~100 mm）。轮缘槽深度不得小于45 mm，并不大于60 mm。

5.2.15 我国道口一般采用卧轨式护轨，护轨的轨头顶紧在正线钢轨的轨腰上，如果道口范围内有钢轨普通接头，在接头夹板处须将卧轨的轨头锯掉，这将影响护轨的整体强度。另外，道口处的轨道维修困难，应尽量减少维修次数。然后，钢轨普通接头处有轨缝，轮轨撞击加剧，钢轨磨耗变形大，道床变形大，是引起轨道维修的重要原因。所以规定在道口铺面范围内不应有钢轨普通接头。国外有的国家规定钢轨普通接头应设在道口铺面外20英尺（约6 m）。

如将钢轨接头焊接，可避免采用钢轨普通接头的缺陷，但施工不便。采用钢轨冻结接头虽施工方便，但仍用夹板连接钢轨，没有消除钢轨普通接头的缺陷，只是由于轨缝很小，

CHINA RAILWAY PUBLISHING HOUSE

钢轨接头处的钢轨磨耗变形和道床变形较小可减少轨道维修工作。

5.2.16　道口排水分为铁路路基面排水和路基边沟排水两个方面，设计时应因地制宜，统筹考虑通畅的排水设施，将水引出道口，避免积水浸泡路基，软化基床，造成病害。在降雨量大、道口宽度较大的非渗水土路基地段更应引起足够重视。

5.2.17　改建既有道口一般应执行本规范的标准。但在某些情况下，改建条件十分困难，如道口密度过大，附近居民又不同意合并或取消；铺面宽度不足，但受两侧建筑物限制无法加宽；道口平台较短、改建困难时等等。因此，在困难条件下，可以保留经多年运营实践证明可以满足道口安全标准的部分既有道口标准。

CHINA RAILWAY PUBLISHING HOUSE

中华人民共和国行业标准

铁建设〔2006〕158号

客运专线铁路无砟轨道铺设条件评估技术指南

TB
CHINA RAILWAY PUBLISHING HOUSE

2006—08—17 发布　　　　2006—08—17 实施

中华人民共和国铁道部　发布

前　　言

本技术指南是根据铁道部建设司2006年4月10日下发的《关于尽快开展〈无砟轨道铺设条件评估技术指南〉编写工作的通知》的要求，借鉴国外高速铁路无砟轨道铺设条件的相关评估技术要求进行编制的。

本技术指南包括总则、术语、职责及要求、路基、桥梁、隧道、过渡段、综合评估与资料整理等8部分内容，对客运专线无砟轨道铺设条件的评估工作具有指导作用。无砟轨道铺设条件的评估工作应结合线下基础的具体条件、客运专线各工程试验段的国外引进技术及咨询联合体的咨询意见进行。

在执行本技术指南过程中，希望各单位结合客运专线的工程实践，认真总结经验，积累相关资料，及时将修改、补充意见反馈给铁道科学研究院（北京市海淀区大柳树路2号，邮政编码：100081），并抄送铁道部经济规划研究院（北京市海淀区羊坊店路甲8号，邮政编码：100038），供今后修订时参考。

本技术指南由铁道部建设管理司负责解释。

本技术指南主编单位：铁道科学研究院。

本技术指南参编单位：铁道第一勘察设计院、铁道第二勘察设计院、铁道第三勘察设计院、铁道第四勘察设计院、中铁工程设计咨询集团有限公司。

本技术指南主要起草人：江　成、张千里、牛　斌、邢厚俊、彭泽仁、顾湘生、魏永幸、吴少海、刘远峰、刘名君、颜　华、魏　峰、张立国、王继军。

CHINA RAILWAY PUBLISHING HOUSE

目　次

CHINA RAILWAY PUBLISHING HOUSE

1 总 则

1.0.1 为指导客运专线无砟轨道铺设条件的评估工作,制定本技术指南。

1.0.2 本技术指南适用于客运专线铁路无砟轨道铺设条件的评估。未包括的内容,应按相关现行铁路设计规范、规定执行或另行研究确定。

其他铁路采用无砟轨道时,可参照本技术指南。

1.0.3 无砟轨道铺设条件评估的重点应是线下工程的变形,评估应综合考虑沿线路方向各种结构物间的变形关系,成区段或全线实施。

1.0.4 无砟轨道线下工程的变形测量(包括变形监测网的建立、精度要求等)应符合《客运专线无砟轨道铁路工程测量技术暂行规定》的要求。

1.0.5 无砟轨道铺设条件的评估数据必须采用先进、成熟、科学的检验检测手段取得,且必须真实可靠,全面反映工程实际状况。

1.0.6 线下工程的勘察、设计和施工质量应满足相关规范和标准要求,勘察、设计和施工资料应完整齐全。

1.0.7 线下工程的设计应与施工组织相结合。当施工组织发生变化时,设计上应采取必要的处理措施,确保线下工程满足无砟轨道铺设条件的要求。

1.0.8 铺设无砟轨道前,线下工程的主体应全部完工,检验合格。未完成的附属工程不得影响无砟轨道的铺设。

1.0.9 客运专线无砟轨道铺设条件的评估除参考本技术指南外,尚应符合国家现行有关强制性标准的规定。

CHINA RAILWAY PUBLISHING HOUSE

2 术　语

2.0.1　无砟轨道

用整体混凝土结构代替传统有砟轨道中的轨枕和散粒体碎石道床的轨道结构。

2.0.2　变形

线下结构由于荷载、环境等作用引起的随时间发生的位移。

2.0.3　沉降

基础设施在竖直方向产生的变形，包括下沉和隆起，向下为"正"，向上为"负"。

2.0.4　工后沉降

在铺轨工程完成以后，基础设施产生的沉降量。

2.0.5　差异沉降

在铺轨工程完成以后，路桥或路隧等连接处的沉降差。

2.0.6　折角

在铺轨工程完成以后，路基与桥梁或隧道间由于过渡段沉降造成的弯折角度。

2.0.7　曲线回归法

根据沉降观测数据分析回归沉降与时间的关系曲线，预测最终沉降和工后沉降的方法。

CHINA RAILWAY PUBLISHING HOUSE

3 职责及要求

3.0.1 建设单位负责无砟轨道铺设条件的评估工作，并组织勘察设计、施工、监理和咨询等单位实施。评估过程中各方应明确职责，密切配合，确保观测数据及评估结果的真实、可靠。

3.0.2 建设单位的主要职责：

1 委托咨询单位或专业队伍进行无砟轨道铺设条件的评估工作。

2 根据设计要求及本指南的相关规定，制订变形观测及评估工作实施细则。

3 负责观测及评估人员的技术指导和培训。

4 对观测数据的真实、可靠性负责，并建立变形观测和评估数据库。

5 组织阶段评估工作，并及时将阶段评估结果提交勘察设计、施工、监理和咨询等单位；评估工作完成后，提交《无砟轨道铺设条件评估报告》。

6 检查、监督、协调、处理变形观测及评估工作中的有关问题。

3.0.3 勘察设计单位的主要职责：

1 提交线路设计纵断面图、工程地质纵横断面图、设计图纸和说明书；线下工程变形观测断面、观测点布置等要求；变形计算报告，包括不同阶段的设计沉降值与时间的关系曲线等。

2 对变形观测的设计要求进行技术交底。

3 参与制订变形观测及评估工作实施细则。

4 根据变形观测结果，对设计预测沉降进行实时修正，并将设计预测的结果提交建设单位。

3.0.4 施工单位的主要职责：

1 负责线下工程变形的观测。

2 参与制订变形观测和评估工作实施细则。

3 变形监测网的建立。

4 根据建设、勘察设计等单位和本技术指南提出的相关要求，设置变形观测点，进行观测，做好记录，并及时提交观测数据，保证观测数据真实，可靠。

5 负责观测设施的保护，确保施工过程中不受扰动或破坏。

3.0.5 监理单位的主要职责：

1 参与制订变形观测及评估工作实施细则。

2 对重要环节进行旁站监理。

3 监督、检查观测设施的保护，确保其不受施工或外界的扰动和破坏。

4 对施工单位的观测数据及时签字确认。

3.0.6 监理单位应全过程对变形进行平行观测，并将路基和过渡段作为监测的重点。平行观测的数量，一般地段应为总测点的10%，地质复杂、沉降变化大以及过渡段等区段应为总测点的20%。平行观测应由监理单位专业人员采用与施工单位观测人员“换手测量”的方法同步进行。

3.0.7 参与观测的人员必须经过培训才能上岗。

4 路 基

4.1 一 般 规 定

4.1.1 路基上铺设无砟轨道前,应对路基变形作系统的评估,确认路基的工后沉降和变形符合设计要求。

4.1.2 路基填筑完成或施加预压荷载后应有不少于6个月的观测和调整期。观测数据不足以评估或工后沉降评估不能满足设计要求时,应延长观测期或采取必要的加速或控制沉降的措施。

4.1.3 观测期内,路基沉降实测值超过设计值20%及以上时,应及时会同建设、勘察设计等单位查明原因,必要时进行地质复查,并根据实测结果调整计算参数,对设计预测沉降进行修正或采取沉降控制措施。

4.1.4 评估时发现异常现象或对原始记录资料存在疑问,可进行必要的检查。

4.2 观测点布置和观测频次

4.2.1 路基沉降观测应以路基面沉降和地基沉降观测为主。

4.2.2 路基沉降观测断面的设置及观测断面的观测内容应根据地形地质条件、地基处理方法、路堤高度、堆载预压等具体情况,结合沉降预测方法和工期要求具体确定观测方案。

4.2.3 沉降观测可在线路两侧地基、路肩和线路中心设置观测桩、在地基和基床底层的顶面设置剖面沉降管,或在线路中心设置沉降板。

4.2.4 沉降观测断面的间距一般不应大于50 m,地势平坦、地基条件均匀良好的路堑、高度小于5 m的路堤可放宽到100 m;地形、地质条件变化较大地段应适当加密。

4.2.5 沉降观测装置应埋设稳定(参照附录A),观测期间应对观测装置采取有效的保护措施。

4.2.6 沉降水准的测量精度为±1 mm,读数取位至0.1 mm;剖面沉降的测量精度为8 mm/30 m。

4.2.7 路基沉降观测的频次不低于表4.2.7的规定。当环境条件发生变化或数据异常时,应及时观测。

表4.2.7 路基沉降观测频次

观测阶段	观测频次	
填筑或堆载	一般	1次/天
	沉降量突变	2~3次/天
	两次填筑间隔时间较长	1次/3天

CHINA RAILWAY PUBLISHING HOUSE

续上表

观测阶段	观测频次	
堆载预压或路基施工完毕	第1个月	1次/周
	第2、3个月	1次/2周
	3个月以后	1次/月
无砟轨道铺设后	第1个月	1次/2周
	第2、3个月	1次/月
	3～12个月	1次/3月

4.3 评估方法和判定标准

4.3.1 评估工作应根据下列资料综合分析：

1 路基沉降观测资料。

2 路基地段的线路设计纵断面图、工程地质纵横断面图、设计图纸和说明书、沉降计算报告（包括不同阶段的设计沉降值与时间的关系曲线）等相关设计资料。

3 施工过程、施工核查以及填料、级配、地基和压实检验情况等施工资料。

4 施工质量控制过程和抽检情况等监理资料。

4.3.2 路基沉降预测应采用曲线回归法，并满足以下要求：

1 根据路基填筑完成或堆载预压后不少于3个月的实际观测数据作多种曲线的回归分析，确定沉降变形的趋势，曲线回归的相关系数不应低于0.92。

2 沉降预测的可靠性应经过验证，间隔不少于3个月的两次预测最终沉降的差值不应大于8 mm。

3 路基填筑完成或堆载预压后，最终的沉降预测时间应满足下列条件：

$$S(t)/S(t=\infty)\geqslant 75\%$$

式中 $S(t)$——预测时的沉降观测值；

$S(t=\infty)$——预测的最终沉降值。

注：沉降和时间以路基填筑完成或堆载预压后为起始点。

4.3.3 设计预测总沉降量与通过实测资料预测的总沉降量之差值不宜大于10 mm。

4.3.4 路基沉降的评估应结合路基各观测断面以及相邻桥（涵）隧的沉降预测情况进行，预测的路基工后沉降值不应大于15 mm。

5 桥 涵

5.1 一 般 规 定

5.1.1 无砟轨道铺设前,应对桥涵变形作系统的评估,确认桥涵基础沉降和梁体长期变形等符合设计要求。

5.1.2 桥涵主体工程完工后,沉降观测期一般应不少于6个月;岩石地基等良好地质区段的桥梁,沉降观测期应不少于2个月。观测数据不足或工后沉降评估不能满足设计要求时,应适当延长观测期。

5.1.3 观测期内,基础沉降实测值超过设计值20%及以上时,应及时会同建设、勘察设计等单位查明原因,必要时进行地质复查,并根据实测结果调整计算参数,对设计预测沉降进行修正或采取沉降控制措施。

5.1.4 评估时发现异常现象或对原始记录资料存在疑问,可进行必要的检查。

5.2 观测点布置和观测频次

5.2.1 桥梁变形观测应以墩台基础的沉降和预应力混凝土梁的徐变变形为主,涵洞除应进行自身的沉降观测外,尚应进行洞顶填土的沉降观测。

5.2.2 岩石地基、嵌岩桩基础的桥涵基础沉降可选择典型墩(台)、涵进行观测;对原材料变化不大、预制工艺稳定、批量生产的预应力混凝土预制梁,徐变变形观测可每30孔选择1孔进行;其余桥梁变形观测应逐跨、逐墩(台)布置测点,涵洞应逐个布置。

5.2.3 桥涵基础沉降和梁体徐变变形的观测精度为±1 mm,读数取位至0.1 mm。

5.2.4 墩台观测点布置及观测应符合下列要求:

1 墩台沉降观测点可在墩顶、墩身或承台上布置。在地质条件较好地段,每个墩台可设置1个观测点;其余地段的墩台应不少于2个观测点,布置于墩台两侧。但对于地质条件复杂、变化较大的墩台,观测点总数不应少于4个。观测点的埋设参照附录A。

2 墩台基础施工完成至无砟轨道铺设前,应系统观测墩台沉降。沉降观测阶段及频次宜按表5.2.4的规定进行。

表5.2.4 墩台沉降观测频次

观测阶段		观测频次		备注
		观测期限	观测周期	
墩台基础施工完成		/	/	设置观测点
墩台混凝土施工		全程	荷载变化前后各1次或1次/周	承台回填时,测点应移至墩身或墩顶
预制梁桥	架梁前	全程	1次/周	
	预制梁架设	全程	前后各1次	
	附属设施施工	全程	荷载变化前后各1次或1次/周	

续上表

观测阶段		观测频次		备注
		观测期限	观测周期	
桥位施工桥梁	制梁前	全程	1次/周	
	上部结构施工中	全程	荷载变化前后各1次或1次/周	
	附属设施施工	全程	荷载变化前后各1次或1次/周	
架桥机(运梁车)通过		全程	前后各1次	至少进行2次通过前后的观测
桥梁主体工程完工~无砟轨道铺设前		≥6个月	1次/周	岩石地基的桥梁,一般不宜少于2个月
无砟轨道铺设期间		全程	1次/天	
无砟轨道铺设完成后	24个月	0~3个月	1次/月	工后沉降长期观测
		4~12个月	1次/3个月	
		13~24个月	1次/6个月	

注:观测墩台沉降时,应同时记录结构荷载状态、环境温度及天气日照情况。

5.2.5 预应力混凝土梁观测点布置及观测应符合下列要求:

1 梁体变形观测点应设置在支点和跨中截面,每孔梁的测点数量应不少于6个。

2 自梁体预应力张拉开始至无砟轨道铺设前,应系统观测梁体的竖向变形。预应力张拉前为变形起始点,变形观测的阶段及频次宜按表5.2.5的规定进行。

表5.2.5 梁体竖向变形观测频次

观测阶段		观测频次		备注
		观测期限	观测周期	
梁体施工完成		/	/	设置观测点
预应力张拉期间		全程	张拉前后各1次	测试梁体弹性变形
桥梁附属设施安装		全程	安装前后各1次	测试梁体弹性变形
预应力张拉完成~无砟轨道铺设前		≥2个月	1次/1、3、5 d,后期1次/周	
无砟轨道铺设期间		全程	1次/天	
无砟轨道铺设完成后	24个月	0~3个月	1次/月	残余徐变变形(长期观测)
		4~12个月	1次/3个月	
		13~24个月	1次/6个月	

注:测试梁体竖向变形时,应同时记录梁体荷载状态、环境温度及天气日照情况。

5.2.6 涵洞观测点布置及观测应符合下列要求:

1 涵洞边墙两侧应设置沉降观测点,测点数量不少于4个。观测点的埋设参照附录A进行。

2 涵洞施工完成至无砟轨道铺设前,应系统观测涵洞的沉降。沉降观测的阶段及频次可参照表5.2.6的规定进行。

3 涵洞顶填土沉降的观测应与路基沉降观测同步进行,观测点布置和观测频次参照第4.2节执行。

CHINA RAILWAY PUBLISHING HOUSE

表 5.2.6 涵洞沉降观测频次

观 测 阶 段	观 测 频 次			备 注
	观测期限		观测周期	
涵洞基础施工完成	/		/	设置观测点
涵洞主体施工完成	全程		荷载变化前后各 1 次或 1 次/周	观测点移至边墙两侧
洞顶填土施工	全程		荷载变化前后各 1 次或 1 次/周	
架桥机(运梁车)通过	全程		前后	至少进行 2 次通过前后的观测
涵洞完工～无砟轨道铺设前	≥6 个月		1 次/周	岩石地基的涵洞,一般不宜少于 2 个月
无砟轨道铺设期间	全程		1 次/天	
无砟轨道铺设完成后	24 个月	0～3 个月	1 次/月	工后沉降长期观测
		4～12 个月	1 次/3 个月	
		13～24 个月	1 次/6 个月	

注:测试涵洞沉降时,应同时记录结构荷载状态、环境温度及天气日照情况。

CHINA RAILWAY PUBLISHING HOUSE

5.3 评估方法和判定标准

5.3.1 评估前应收集下列资料:

1 桥涵沉降及变形观测资料。

2 桥涵地段线路纵断面图、工程地质纵横断面图、桥涵设计图纸和说明书、沉降计算报告(包括不同阶段的设计沉降值与时间的关系曲线)、预应力混凝土梁徐变变形计算报告等相关设计资料。

3 施工过程、施工核查、施工记录和原材料检验情况等施工资料。

4 施工质量控制过程和抽检情况等监理资料。

5.3.2 桥涵基础沉降分析评估应采用曲线回归法。对于预制梁桥,基础沉降应按墩台混凝土施工后、架梁前及架梁后三阶段进行;对于原位施工的桥梁及涵洞,基础沉降应根据实际施工状态及荷载变化情况,划分多个阶段。

1 根据桥涵实际荷载情况及观测数据,应作多个阶段的回归分析及预测,综合确定沉降变形的趋势,曲线回归的相关系数应不低于 0.92。首次回归分析时,观测期不应少于桥涵主体工程完工后 3 个月;对于岩石地基等良好地质的桥涵,不应少于 1 个月。

2 利用两次回归结果预测的最终沉降的差值不应大于8 mm。两次预测的时间间隔一般不少于 3 个月;对于岩石地基等良好地质的桥涵,不应少于 1 个月。

3 桥梁主体结构完工至无砟轨道铺设前,沉降预测的时间应满足以下条件:

$$S(t)/S(t=\infty)\geqslant 75\%$$

式中 $S(t)$——预测时的的沉降观测值;

$S(t=\infty)$——预测的最终沉降值。

5.3.3 设计预测的总沉降量与通过实测资料预测的总沉降量之差不宜大于 10 mm。

5.3.4 处于岩石地基等良好地质的桥涵,当墩台沉降值趋于稳定且设计及实测沉降总量不大于 5 mm 时，可判定沉降满足无砟轨道铺设条件。

5.3.5　预应力混凝土桥梁上部结构的变形应符合以下规定：

1　终张拉完成时，梁体跨中弹性变形不宜大于设计值的 1.05 倍。

2　扣除各项弹性变形、终张拉 60 d 后，$L \leq 50$ m 梁体跨中徐变上拱度实测值不应大于 7 mm；$L > 50$ m 梁体跨中徐变变形实测值不应大于 $L/7\ 000$ 或 14 mm。

3　不能满足上述要求时，应根据梁体变形的实测结果，确定梁体的实际弹性变形及徐变系数，并按下式估算无砟轨道的最早铺设时间 t：

$$[\Phi(\infty) - \Phi(t)] \cdot \Delta_{弹性} \leq \Delta_{允许}$$

式中　$\Phi(\infty)$——根据实测结果确定的混凝土徐变系数终极值；

$\Phi(t)$——根据实测结果确定的铺设无砟轨道时混凝土徐变系数；

$\Delta_{弹性}$——实测梁体终张拉后的弹性变形；

$\Delta_{允许}$——$L \leq 50$ m 时为 10 mm，$L > 50$ m 时为 $L/5\ 000$ 或 20 mm。

5.3.6　预测的桥梁基础沉降和梁体徐变变形应满足《客运专线无砟轨道铁路设计指南》的要求。预测的涵洞基础工后沉降不应大于 15 mm。

CHINA RAILWAY PUBLISHING HOUSE

6 隧 道

6.1 一 般 规 定

6.1.1 无砟轨道铺设前，应对隧道基础沉降作系统的评估，确认其工后沉降符合设计要求。

6.1.2 隧道主体工程完工后，变形观测期一般不应少于3个月。观测数据不足或工后沉降评估不能满足设计要求时，应适当延长观测期。

6.1.3 评估时发现异常现象或对原始记录资料存在疑问，可进行必要的检查。

6.2 观测点布置与观测频次

6.2.1 隧道内一般地段沉降观测断面的布设根据地质围岩级别确定。一般情况下，Ⅲ级围岩每400 m、Ⅳ级围岩每300 m、Ⅴ级围岩每200 m布设一个观测断面，地应力较大、断层破碎带、膨胀土、湿陷性黄土等不良和复杂地质区段适当加密布设。

6.2.2 隧道洞口至分界里程范围内应至少布设一个观测断面。

6.2.3 隧底工程完成后，每个观测断面在相应于两侧边墙处设一对沉降观测点。观测点的埋设参照附录A进行。

6.2.4 沉降水准的测量精度为±1 mm，读数取位至0.1 mm。

6.2.5 隧道基础沉降观测的频次不低于表6.2.5的规定，沉降稳定后可不再进行观测。

表6.2.5 隧道基础沉降观测频次

<table>
<tr><th rowspan="2">观测阶段</th><th colspan="3">观测频次</th></tr>
<tr><th colspan="2">观测期限</th><th>观测周期</th></tr>
<tr><td>隧底工程完成后</td><td colspan="2">3个月</td><td>1次/周</td></tr>
<tr><td rowspan="2">无砟轨道铺设后</td><td rowspan="2">3个月</td><td>0~1个月</td><td>1次/周</td></tr>
<tr><td>1~3个月</td><td>1次/2周</td></tr>
</table>

6.3 评估方法及判定标准

6.3.1 评估前应收集下列资料：

1 隧道基础沉降观测资料。

2 隧道地段的线路设计纵断面图、工程地质纵横断面图、地质勘查报告、设计图纸和说明书、沉降计算报告（包括设计沉降值与时间的关系曲线）等相关设计资料。

3 隧道开挖地质描述及开挖围岩分级记录、Ⅳ~Ⅵ级围岩地段基底承载力检测情况、施工监控量测资料、仰拱施工分项工程验收记录等施工资料。

CHINA RAILWAY PUBLISHING HOUSE

4　施工质量控制过程和抽检情况等监理资料。

6.3.2　隧道内无砟轨道铺设条件的评估应根据有关设计、施工和监理的资料及交接检验和复检的结果进行综合分析。

6.3.3　隧道基础的沉降预测评估方法参照本技术指南第4.3节执行。

6.3.4　地质条件较好、沉降趋于稳定且设计及实测沉降总量不大于5 mm时，可判定沉降满足无砟轨道铺设条件。

6.3.5　预测的隧道基础工后沉降值不应大于15 mm。

CHINA RAILWAY PUBLISHING HOUSE

7 过 渡 段

7.1 一 般 规 定

7.1.1 过渡段工后沉降的分析评估应沿线路方向考虑各观测断面和各种结构物之间的关系综合进行。

7.1.2 对线路不同下部基础结构物之间以及不同地基条件或不同地基处理方法之间形成的各种过渡段,应重点分析评估其差异沉降。

7.2 观测点布置与观测频次

7.2.1 过渡段沉降观测应以路基面沉降和不均匀沉降观测为主,可在线路两侧设置地基和路肩观测桩,或在线路中心设置沉降板;在过渡段范围宜沿线路斜向对角线布置剖面沉降管,并在管口设置沉降观测桩。

7.2.2 不同结构物的起点应设置沉降观测断面,距结构物起点 5 ~ 10 m 处、20 ~ 30 m 处、50 m 处应分别设置观测断面。剖面沉降宜沿线路斜向连续观测。

7.2.3 沉降观测装置的具体埋设位置应符合设计要求,且埋设稳定。观测期间应对观测装置采取有效的保护措施。

7.2.4 沉降水准的测量精度为 ±1 mm,读数取位至 0.1 mm;剖面沉降观测的精度不低于 8 mm/30 m。

7.2.5 沉降观测的频次不低于表 4.2.7 的规定。当环境条件发生变化或数据异常时,应及时观测。

7.3 评估方法和判定标准

7.3.1 评估工作应根据下列资料综合分析:

1 过渡段不同结构物的基础沉降观测资料。

2 过渡段区域的工程地质纵横断面图、设计图纸和说明书、沉降计算报告(包括不同阶段的设计沉降值与时间的关系曲线)等相关设计资料。

3 施工过程、施工核查以及填料、级配、地基和压实检验情况等施工资料。

4 施工质量控制过程和抽检情况等监理资料。

7.3.2 过渡段沉降的预测评估方法参照本技术指南 4.3 节执行。

7.3.3 过渡段不同结构物间的预测差异沉降不应大于 5 mm,预测沉降引起沿线路方向的折角不应大于 1/1 000。

8　综合评估与资料整理

8.0.1　在对路基、桥梁、隧道和过渡段等不同结构物的基础沉降变形预测评估完成后，应绘制区段或全线的沉降预测变形曲线，进行综合评估，确认其满足铺设无砟轨道的要求。

8.0.2　变形观测成果的整理，应符合下列要求：

1　所有原始观测记录资料应真实、可靠，具有可追溯性，严格执行责任人签字制度。

2　评估报告是竣工验收资料的组成部分，应符合竣工文件编制和移交的有关规定。

8.0.3　每一工程项目的变形评估任务完成后，应提交《无砟轨道铺设条件评估报告》。评估报告至少包括以下内容：

1　沉降和变形观测方案与技术设计书；

2　观测点的平面、纵断面和横断面布置图；

3　沉降计算报告（包括设计沉降值与时间的关系曲线）；

4　标石、标志规格及埋设图；

5　仪器检验与校正资料；

6　观测记录（手簿）；

7　平差计算、成果质量评定资料及测量成果表；

8　各观测断面沉降过程的分布图表；

9　成区段或全线的基础沉降沿线路纵向的分布图表；

10　沉降变形评估分析的成果资料。

CHINA RAILWAY PUBLISHING HOUSE

附录 A　变形观测点的埋设要求

A.0.1　路基面沉降观测点可参照图 A.0.1 埋设。

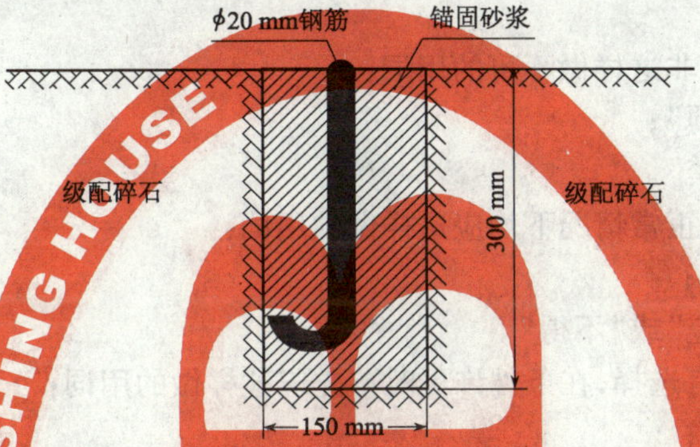

图 A.0.1　路基面沉降观测点设置参考图

A.0.2　桥涵、隧道变形观测点可参照图 A.0.2 埋设。

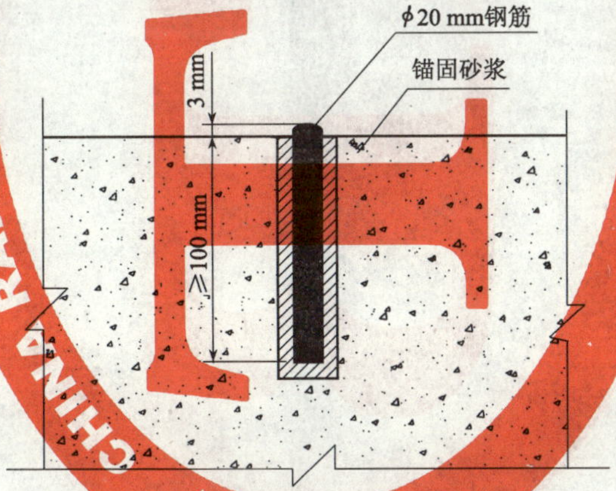

图 A.0.2　桥涵、隧道变形观测点设置参考图

CHINA RAILWAY PUBLISHING HOUSE

本技术指南用词说明

执行本技术指南条文时，对于要求严格程度的用词说明如下，以便在执行中区别对待。

（1）表示很严格，非这样做不可的用词：

正面词采用“必须”；

反面词采用“严禁”。

（2）表示严格，在正常情况下均应这样做的用词：

正面词采用“应”；

反面词采用“不应”或“不得”。

（3）表示允许稍有选择，在条件许可时首先应这样做的用词：

正面词采用“宜”；

反面词采用“不宜”。

表示有选择，在一定条件下可以这样做的，采用“可”。

CHINA RAILWAY PUBLISHING HOUSE

《客运专线铁路无砟轨道铺设条件评估技术指南》条文说明

本条文说明系对重点条文的编制依据、存在的问题以及在执行中应注意的事项等予以说明。为了减少篇幅,只列条文号,未抄录原条文。

1.0.4 《客运专线无砟轨道铁路工程测量技术暂行规定》中对线下构筑物的变形测量提出了相关规定,包括变形监测网(水平位移监测网、垂直位移监测网)的建立。垂直位移监测网根据需要独立建网,精度按二等精度(即变形点的高程中误差 ±0.5 mm,相邻变形点的高程中误差 ±0.3 mm)控制。采用 DS_{05} 型仪器观测,宜按国家一等水准测量的技术要求施测。

1.0.5、1.0.6 勘察、设计和施工记录资料是评估工作的重要依据,尤其是施工记录检验资料,应完整、齐全。当资料不能保证作出确切判断时,应对工程的施工质量进行一定的复检。

1.0.7 线下工程的设计应综合考虑全线的施工组织要求,在施工组织发生变化时,如设计预测的线下基础的工后沉降和变形无法满足无砟轨道铺设条件的要求,在线下构筑物(包括路基、桥涵、隧道、过渡段等)的设计上应采取必要的沉降控制措施。

1.0.8 无砟轨道铺设前轨道下部基础工程的主体必须完工,无砟轨道混凝土支承层或混凝土底座以下基础工程施工应全部完成,允许存在一些不会影响和危害无砟轨道铺设的尚未完工的附属工程,如水沟、护栏、扶梯、台阶等。完工部分应检验合格。

3.0.2 无砟轨道铺设条件的评估结果基于真实、可靠的观测数据,建设单位应对观测数据的真实性和可靠性负责。为此,在线下工程施工前,建设单位应委托咨询单位或专业队伍,制订变形观测及评估工作实施细则;对施工单位的观测及评估人员进行技术指导和培训;为统一全线变形观测数据的统计整理形式,建立变形观测和评估数据库,制订统一的变形记录表格;对线下工程各阶段的变形观测,及时组织进行评估,并将阶段评估成果提交给相关勘察设计、施工、监理等单位。评估工作完成后,提交《无砟轨道铺设提交评估报告》,并负责判定线下基础的变形能否满足无砟轨道铺设条件。

4.1.1 工后沉降的控制是路基上铺设无砟轨道的关键,在铺设无砟轨道铺之前,为保证路基的工后沉降和变形符合设计要求,应对路基变形作系统的评估。

4.1.2 路基的工后沉降的计算精度是不能满足无砟轨道铺设要求的,通过观测可以较好地预测今后的沉降,但建立预测需要一定的观测时间,根据经验,一般不少于6个月。当观测数据不足以评估或工后沉降评估不能满足设计要求时,应继续观测或者采取必要的加速或控制沉降的措施,如超载预压、旋喷桩加固等。

4.1.3 为确保线下工程的工后沉降和变形在预定的施工工期内满足无砟轨道铺设条件,勘察设计单位应提交各观测断面的设计预测沉降值与时间的关系曲线。在沉降和变形观测期内，如观测单位发现沉降实测值与设计预测值有明显偏差时（根据国内外沉降观测的实践经验，观测数据有一定的离散性，本技术指南暂定实测值超过设计预测值20%及以上），应及时会同建设、勘察设计等相关单位，查明原因，采取相应的处理措施。

4.2.1～4.2.4 对无砟轨道产生较大影响的是路基的工后沉降，包括地基的沉降和路堤的沉降变形，综合反映在路基面上，因此，路基面沉降的观测非常重要。但单纯观测路基面的变形不利于对沉降原因和机理的分析，同时由于缺少施工中的沉降发展所携带的信息，不容易推测荷载变化对沉降的影响，也不利于对沉降进行准确预测。对于不堆载预压的路基或观测期较短、需要以前的信息作为补充的或拟采用修正对数或修正双曲线法进行沉降预测的路基，地基沉降的观测是非常必要的。观测内容和观测断面的布置可参照说明表4.2.1。

说明表4.2.1　观测内容和观测断面的布置

观测内容	断面布置	观测断面间隔	适用条件
路基面沉降	路基两侧路肩或路基中心设置沉降观测点	100 m	1. 地势平坦、地基条件良好 2. 路堑或高度小于5 m的路堤
路基面沉降与地基沉降	1. 路基两侧路肩或地基设置沉降观测点 2. 代表性断面在地基和基床表层底面位置设置剖面沉降管 （如说明图4.2.1—1）	50 m	其他路基（复杂条件下需要加密）
路基面沉降与地基沉降	1. 路基两侧路肩或地基设置沉降观测点 2. 沿线路方向斜向对角线布置剖面沉降管 （如说明图4.2.1—2）	紧靠桥台设一个断面，10 m、30 m处各设一个断面	过渡段

注：对于不堆载预压的路基或观测期较短或拟采用修正对数或修正双曲线法进行沉降预测的路基，地基沉降的观测是非常必要的。

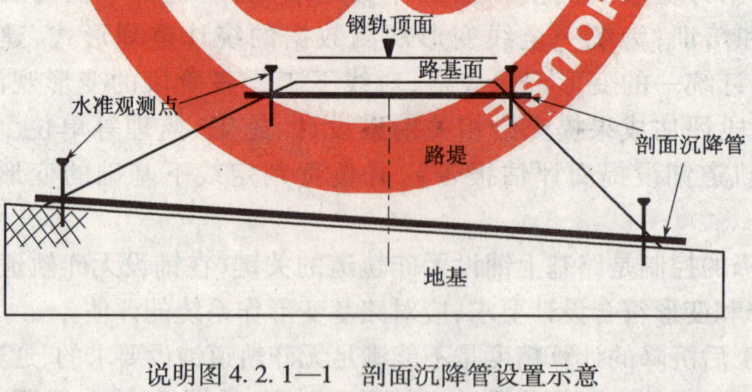

说明图4.2.1—1　剖面沉降管设置示意

4.3.2 地基在荷载作用下，沉降将随时间发展，其发展规律可以通过土体固结原理进行数值分析来估算。但是由于固结理论的假定条件和确定计算指标的试验技术上的问题，使得地基沉降的实测数据在某种意义上较理论计算更为重要。通过大量沉降观测资料的积累，可以找出地基沉降过程的具有一定实际应用价值的变形规律，还可以根据路基施工

CHINA RAILWAY PUBLISHING HOUSE

时的实测沉降资料和已取得的经验进行估算，这是工程中最为常用的方法。根据工程实践经验，沉降预测一般要经过3～6个月恒载(或预压)的观测才能建立。曲线回归法是变形预测最常用的方法。根据国外高速铁路路基上无砟轨道的建设经验，当曲线回归的相关系数不低于0.92时，所确定的沉降变形趋势是可靠的；当间隔一定时间的两次预测的偏差小于8 mm时，说明预测是稳定的，但要达到准确的预测，还要求最终建立沉降预测的时间 t 应满足下列条件：

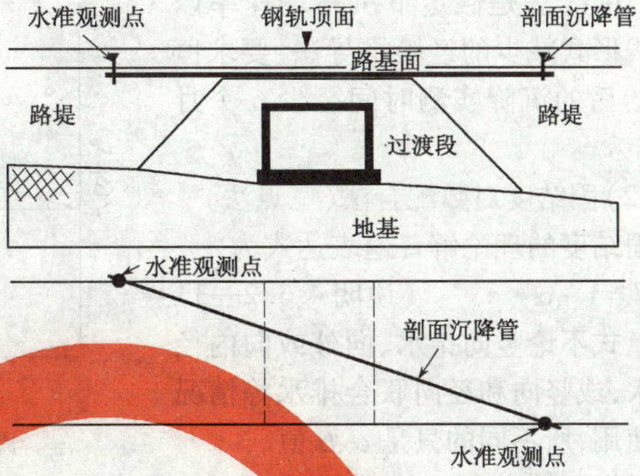

说明图4.2.1—2　过渡段剖面沉降管斜向设置示意

$$S(t)/S(t=\infty)\geq 75\%$$

式中　$S(t)$——预测时的沉降观测值；

$S(t=\infty)$——预测的最终沉降值。

通常利用沉降资料进行预测路基沉降随时间发展的常用方法有以下几种：

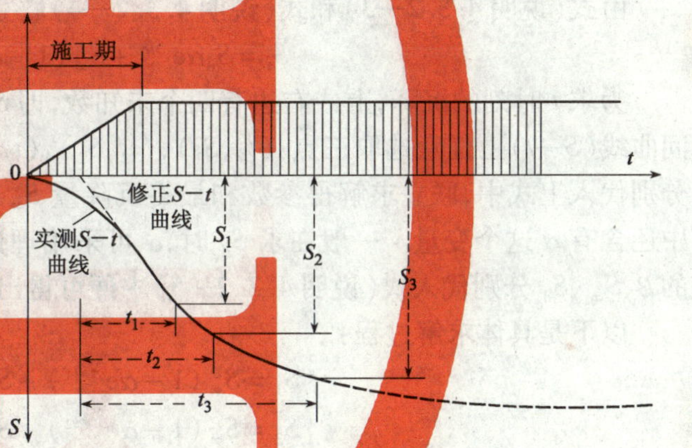

说明图4.3.2—1　用实测值推算最终沉降的方法

(1)双曲线法

双曲线方程为

$$S_t=S_0+\frac{t}{a+bt} \quad (说明4.3.2—1)$$

$$S_f=S_0+\frac{1}{b} \quad (说明4.3.2—2)$$

式中　S_t——时间 t 时的沉降量；

S_f——最终沉降量($t=\infty$)；

S_0——初期沉降量($t=0$)；

a,b——将荷载不再变以后的实测数据经过回归求得的系数。

沉降计算的具体顺序如下：

① 确定起点时间($t=0$)，可取填方施工结束日为 $t=0$；

② 就各实测值计算 $t/(S_t-S_0)$，见说明图4.3.2—1；

③ 绘制 t 与 $t/(S_t-S_0)$ 的关系图，并确定系数 a 和 b，见说明图4.3.2—2；

④ 计算 S_t；

⑤ 由双曲线关系推算出沉降 S－时间 t 曲线。

CHINA RAILWAY PUBLISHING HOUSE

双曲线法是假定下沉平均速率以双曲线形式减少的经验推导法，要求恒载开始后的沉降实测时间至少 6 个月以上。

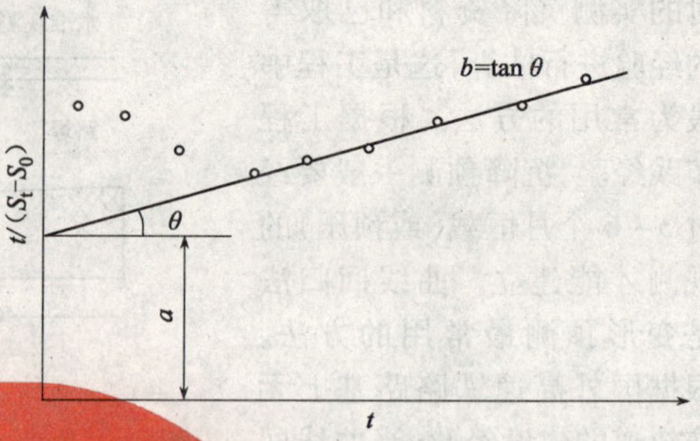

说明图 4.3.2—2　求 a 和 b 的方法

(2) 固结度对数配合法（三点法）

固结度的理论解普遍表达式为

$U = 1 - \alpha \cdot e^{-\beta t}$　（说明 4.3.2—3）

上式不论竖向排水、向外或向内径向排水，或竖向和径向联合排水等情况均可使用，所不同的只是 α、β 值。

根据固结度定义有

$$U_t = \frac{S_t - S_d}{S_\infty - S_d} \quad \text{（说明 4.3.2—4）}$$

式中　S_d——瞬时沉降量；

S_∞——最终沉降量。

由式（说明 4.3.2—3）和式（说明 4.3.2—4）联立可得

$$S_t = S_d \alpha e^{-\beta t} + S_\infty (1 - \alpha e^{-\beta t}) \quad \text{（说明 4.3.2—5）}$$

为求 t 时刻的沉降，上式右边有四个未知数，即 S_∞、S_d、α 和 β。在实测初期沉降－时间曲线（S—t）上任意选取三点：(t_1, S_1)，(t_2, S_2)，(t_3, S_3) 并使 $t_3 - t_2 = t_2 - t_1$，将上述三点分别代入上式中，联立求解得参数和最终沉降量 S_∞ 以及 S_d 的表达式，其中 S_d 的表达式中还含有 α 这个变量。一般在求 S_d 时，α 可采用理论值或根据实测资料计算，将所求得的 β、S_∞、S_d 分别代入式（说明 4.3.2—5）中便可得出任意时刻的沉降。

以下是具体求解过程：

$$S_1 = S_\infty (1 - \alpha e^{-\beta t_1}) + S_d \alpha e^{-\beta t_1} \quad \text{（说明 4.3.2—6）}$$

$$S_2 = S_\infty (1 - \alpha e^{-\beta t_2}) + S_d \alpha e^{-\beta t_2} \quad \text{（说明 4.3.2—7）}$$

$$S_3 = S_\infty (1 - \alpha e^{-\beta t_3}) + S_d \alpha e^{-\beta t_3} \quad \text{（说明 4.3.2—8）}$$

由此解得：

$$e^{\beta(t_1 - t_2)} = \frac{S_2 - S_1}{S_3 - S_2} \quad \text{（说明 4.3.2—9）}$$

$$\beta = \frac{1}{t_2 - t_1} \ln \frac{S_2 - S_1}{S_3 - S_2} \quad \text{（说明 4.3.2—10）}$$

$$S_\infty = \frac{S_3 (S_2 - S_1) - S_2 (S_3 - S_2)}{(S_2 - S_1) - (S_3 - S_2)} \quad \text{（说明 4.3.2—11）}$$

$$S_d = \frac{S_t - S_\infty (1 - \alpha e^{-\beta t})}{\alpha e^{-\beta t}} \quad \text{（说明 4.3.2—12）}$$

a. 连接 S—t 曲线时，应对 S—t 曲线进行光滑处理，即尽量使曲线光滑，使之成为规律性较好的曲线，然后再在曲线上选点；

b. 为了减少推算误差提高预测精度，要求三点的时间间隔尽可能大，即选取的 $(t_2 - t_1)$ 尽可能大，因此要求的预压时间长；

c. 本法要求实测曲线基本处于收敛阶段才可进行。

CHINA RAILWAY PUBLISHING HOUSE

(3)抛物线法

对于有些情况,沉降曲线在初期并不表现双曲线或指数曲线的形式,而在沉降—时间对数坐标系($S-\ln t$)中,沉降曲线可由两部分组成。第一部分可由抛物线来拟合,第二部分(即次固结部分)可由直线拟合;第一部分和第二部分发生的量级和时间取决于土层固结后达到的孔隙比所对应的当量固结应力,只要运营期的有效应力小于预压期末的固结应力,次固结可以忽略不计,否则,就应该考虑次固结的影响。

实践证明,除有机质含量很高的土外,沉降量主要集中在第一部分,沉降曲线的一般表达式为

$$S=a(\lg t)^2+b\lg t+c \qquad \text{(说明 4.3.2—13)}$$

式中参数 a、b、c 可用优化方法求得。

(4)指数曲线法

指数法方程为

$$S_t=[1-Ae^{-Bt}]S_m \qquad \text{(说明 4.3.2—14)}$$

式中 S_m——最终沉降;

A,B——系数,求法同双曲线法中 a 和 b。

指数曲线法和双曲线法简单实用,但是前提是假定荷载是一次施加或者突然施加的,这与实际情况不符,因此其方法尚待改进,下面的修正指数曲线法将路堤荷载分为若干个加载阶段,将各级荷载增量所引起的沉降叠加。

(5)修正指数曲线法与修正双曲线法

对于多级加荷的、路堤沉降曲线"台阶状"发展的情况,可把常规的指数曲线或双曲线模型拓展为:

$$S_t=\sum_{k=1}^{m}[1-Ae^{-Bt}]S_k \qquad \text{(说明 4.3.2—15)}$$

$$S_t=\sum_{t=1}^{m}\left(S_{0k}+\frac{t}{\alpha+t}S_k\right) \qquad \text{(说明 4.3.2—16)}$$

式中 m——加荷的总级数;

t——沉降预测时刻 t_i 到第 k 级荷载施加时刻 t_k 的时间间隔(说明图 4.3.2—3);

S_k——第 k 级荷载增量所引起的最终沉降量,当加荷速率与土层状况不变时,不考虑地基土的非线性特性,S_k 与荷载大小成正比,即

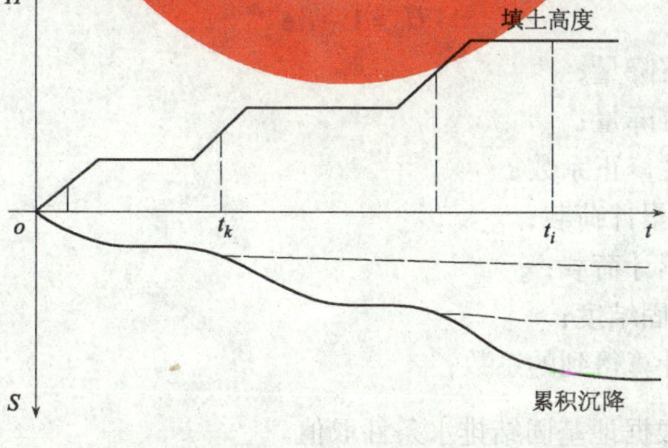

说明图 4.3.2—3 加荷与沉降发展曲线

CHINA RAILWAY PUBLISHING HOUSE

$$S_k = C\Delta P_k$$

ΔP_k——第 k 级荷载增量；

A,B,C——反映土体固结性质的参数，设其与荷载的施加无关，视为常量。

式（说明 4.3.2—15）及式（说明 4.3.2—16）变为

$$S_t = \sum_{k=1}^{m} [1 - Ae^{-Bt}] C\Delta P_k \quad \text{（说明 4.3.2—17）}$$

$$S_t = \sum_{t=1}^{m} \left(d + \frac{t}{\alpha + t}\right) C\Delta P_k \quad \text{（说明 4.3.2—18）}$$

式中 $d = \dfrac{S_{0k}}{C\Delta P_k}$。

根据沉降实测值，采用试算法确定式（说明 4.3.2—17）及式（说明 4.3.2—18）中的参数 A、B、C、α；将已确定出的参数带回上述经验公式模型中，分别计算各级荷载在 t_i 时刻所引起的沉降量，将各级荷载在 t_i 时刻所引起沉降量进行叠加，即得 t_i 时刻总沉降量。

修正指数曲线法与修正双曲线法，还可预测后期增加荷载（如对未设预压土地段，对后期增加的轨道及列车荷载）的沉降。设已有 m_1 级荷载有沉降观测资料，要观测 m_2 级荷载作用后的 t_i 时刻沉降，则先令 $m = m_1$，用实测资料拟合式（说明 4.3.2—17）中的参数 A、B、C 或式（说明 4.3.2—18）中的参数 α、C、d。再令 $m = m_2$，将拟合的参数代入用上两式中的任何一式，可求得 t_i 时的沉降。参数拟合用 0.618 优选法，使各观测时刻的计算沉降与实测沉降之差的平方和最小者，即为所要求的参数。

对于路堤，填土荷载宽度随路堤的升高而变小，荷载增量在地基中应力扩散影响的深度也变小。考虑这一因素，参照分层总和法计算沉降的原理，认为与沉降直接相关的是地基中的附加应力。沉降与附加应力沿深度分布图的面积成正比，而不是与作用在地面的荷载强度成正比，因此对不同荷载宽度，按在地基中相应的附加应力沿深度分布图的面积比，将上部填土荷载打折来计算沉降。

CHINA RAILWAY PUBLISHING HOUSE

（6）沉降速率法

方程为

$$S_\infty = mS_c \quad \text{（说明 4.3.2—19）}$$

$$S_t = \left[(m-1)\frac{P_t}{P_0} + U_t\right] S_c \quad \text{（说明 4.3.2—20）}$$

$$U_t = 1 - \alpha e^{-\beta t} \quad \text{（说明 4.3.2—21）}$$

式中 S_∞——最终沉降量；

S_c——固结沉降量；

m——综合性修正系数；

P_t——t 时的累计荷载；

P_0——总的累计荷载；

U_t——t 时的固结度；

β——回归计算得到的系数；

α——$\dfrac{8}{\pi^2}$或根据地基固结排水条件取值。

在恒载条件下，可得沉降速率为

$$S_t = AS_c e^{-\beta t} \quad (说明 4.3.2—22)$$

$$A = \frac{8}{P_0\pi^2}\sum_{i=1}^{n} q_n(e^{-\beta t_n} - e^{\beta t_{n-1}}) \quad (说明 4.3.2—23)$$

式中 q_n——第 n 级的加荷速率；

t_n, t_{n-1}——第 n 级加荷的终点和始点时间；

A——常数；

P_0——总的累计荷载。

通过 $\ln S_t$ 和 t 的数据进行线性回归分析。

求出 A、S_c、β，根据沉降计算公式和 α 值反算各级荷载的 m，取平均值为 m 的最终值，即可求得任意时间沉降。

此外，也可根据下面两式求竖向与水平固结系数：

只有竖向排水时 $\beta = \dfrac{\pi^2 C_v}{4H^2}$

竖向排水与水平反排水共存时 $\beta = \dfrac{\pi^2 C_v}{4H^2} + \dfrac{8C_h}{F(n)d_e^2}$

$$F(n) = \frac{n^2}{n^2-1}\times\ln n + \frac{3n^2-1}{4n^2}$$

式中 H——最大排水增加；

d_e——地下排水体的有效排水直径；

n——井径比，即排水体的有效直径与排水体直径比；

C_v——水平固结系数；

C_h——垂向固结系数。

沉降速率法要求输入各个观测时刻的沉降速率为分析依据，使用于软土层较厚的填土速率较均匀的情况，同时要求恒载开始后的实测沉降时间至少在6个月以上。

(7)星野法

星野根据现场实测值证明了总沉降(包括剪切应变的沉降在内)与时间的平方根成正比。沉降计算公式为

$$S = S_0 + S_t = S_0 + \frac{AK\sqrt{t-t_0}}{\sqrt{1+K^2(t-t_0)}} \quad (说明 4.3.2—24)$$

式中 S_0——假定的瞬时沉降；

S_t——随时间变化的沉降量；

t_0——假定瞬时沉降时的时间；

$\dfrac{1}{A^2K^2}$——直线截距；

$\dfrac{1}{A^2}$——直线斜率。

将上式改变为直线方程形式即

$$\frac{t-t_0}{(S-S_0)^2} = \frac{1}{A^2K^2} + \frac{1}{A^2}(t-t_0) \quad (说明 4.3.2—25)$$

式(说明4.3.2—24)适合于荷载瞬时施加情况下的沉降曲线，但在实际施工中，荷载

是逐级增加的，因此必须加以修正。在加载方法规则的情况下，以加载期间的中点作为瞬时起点 t_0；在加载方法不规则的情况下，应根据实测沉降曲线的趋势在加载的初期适当假定一个瞬时加载的起点 t_0 和相应的沉降 S_0。

星野法推求最终沉降量的步骤如下：

①假定几组 t_0 和 S_0，根据实测值点绘 $(t-t_0)/(S-S_0)-(t-t_0)$ 的关系曲线，如说明图 4.3.2—4。

②取最符合线性关系的直线，求出相应的系数 A 和 K。

③将 A 和 K 值代入式（说明 4.3.2—24）计算。

本方法要求恒载开始后的沉降实测时间至少 6 个月以上。

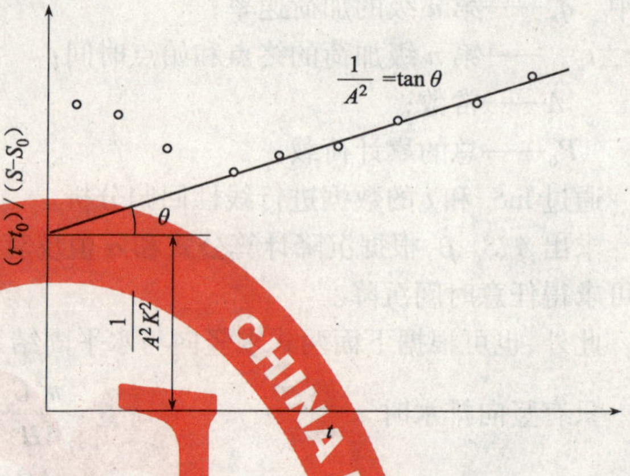

说明图 4.3.2—4　求 A 和 K 的方法

（8）Asaoka 法

用以下简化递推关系可近似地反应一维条件下以体积应变表示的固结方程，利用此简化递推关系可用图解法来求解最终沉降值。

$$S_i=\beta_0+\beta_1\cdot S_{i-1}\qquad（说明 4.3.2—26）$$

图解法推算步骤如下：

①将时间划分成相等的时间段 Δt，在实测的沉降曲线上读出 t_1，t_2…所对应的沉降值 S_1，S_2……，并制成表格；

②再以 S_{i-1} 和 S_i 坐标轴的平面上将沉降值 S_1，S_2……以点（S_i，S_{i-1}）画出，同时作出 $S_i=S_{i-1}$ 的 45°直线；

③过一系列点（S_i，S_{i-1}）作拟合直线与 45°直线相交，交点对应的沉降为最终沉降值；

在 Asaoka 法推算的过程中，Δt 的取值对最终沉降量的推算结果有直接的影响。Δt 过小会造成拟合点的波动性较大，拟合直线的相关系数较小；Δt 过大，S_i 点过少，易产生较大的偏差，而且对是否已进入次固结阶段不易作出判断。一般取 Δt 在 30 ~ 100 d 之间。在实际的推算过程中，宜同时多计算几个不同的 Δt 得出相应的最终沉降值，而后在其中选取相关系数较好的沉降值作为最终沉降值。

（9）泊松曲线法

有观点认为，全过程的沉降量与时间的关系包括两个方面：一是 $S-t$ 曲线不通过原点；二是 $S-t$ 曲线呈“S”形。

①不通过原点的机理分析

对于饱和土来说，在荷载作用下会立即发生瞬时沉降（亦称初始沉降或不排水沉降）。其变形是在体积不变情况下由负载区域下的剪应变引起的。当黏土的渗透性很低时，则几乎不发生排水。在荷载中心线下，垂直压缩和侧向膨胀同时发生，Bjerrum 1972 年指出，这一沉降的组成部分更确切地说应是侧向的屈服。对非饱和土，荷载施加后，空隙中的气体可立即压缩，土骨架可变形，故开始荷载就由骨架、水和气三者来承担。随着水和气的排出，骨架进一步压缩，水和气的应力逐渐转移到骨架上。这表现到沉降过程线上存在一个瞬时的沉降，且饱和度愈小，初始沉降愈大。对工程上所涉及的土，通常都遭

CHINA RAILWAY PUBLISHING HOUSE

到扰动,在荷载的作用下也会存在瞬时沉降。综上所述,由于初始沉降的存在,故不通过原点。

②"S"形机理分析

成长曲线反映的实际上是事物的发生、发展、成熟并达到一定极限的过程。这一点和荷载逐步增加与测点逐步发生沉降的关系十分相似。加载过程中的沉降也可分为四个阶段:

Ⅰ——发生阶段

在刚加载时,测点的土体尚处于弹性状态。随着荷载的增加,测点的沉降量近乎线性增加。

Ⅱ——发展阶段

随着荷载的不断加大,测点土体所受的荷载也越来越大,并使其逐步进入到弹塑性状态。随着塑性区的不断开展,测点的沉降速率也在不断地增加,直到荷载不再增加为止。

Ⅲ——成熟阶段

当荷载不再增加时,由于固结尚未完成以及土体的流变,测点的沉降将随着时间的推移而继续,但沉降速率递减。

Ⅳ——到达极限

理论上讲,当时间为无穷大时,到达极限状态。事实上,取 t 足够大即可。如对公路,t 取为 15 年 + 填筑时间;而对于建筑物,t 取 5 年即可。

泊松曲线亦称推理曲线,也有人称之为饱和曲线。在时间序列预测中,泊松曲线的表达式为

$$y_t = \frac{k}{1 + ae^{-bt}} \qquad \text{(说明 4.3.2—27)}$$

式中 y_t——t 时刻对应的预测值;

t——时间;

a,b 和 k——待定参数,且为正(a 无量纲,b 的单位为时间的倒数,k 的单位为与 y_t 相对应的长度单位)。

利用时间序列求出上述三个待定参数,即可建立泊松曲线方程,从而可以对 y_t 进行预测。

(10)灰色理论

灰色理论属于系统科学理论,它提供了在贫信息情况下求解系统问题的新途径。它将一切随机变量看作是在一定范围内变化的灰色量,将随机过程看作是在一定范围内变化的、与时间有关的灰色过程。对灰色量用数据生成的方法,将杂乱无章的原始数据整理成规律性较强的生成序列,然后建立模型而进行预测。这样,就能在较高的层次上处理问题,从而较全面揭示系统的长期变化规律。

(11)人工神经网络

神经网络模型就是采用物理可实现的系统来模仿人脑神经细胞的结构和功能的系统,它是由大量功能简单的神经元相联结而成的高度非线性动力系统,是并行的结构,并有较强的容错能力,少量的神经元和连接发生差错对整体功能影响较小,同时具有很强的自适应性能,可通过自身学习,以适应外部环境的变化。尤其在处理信息复杂、背景不清楚、规则不明确的问题,更有其独特的优越性。利用神经网络较强的非线性映射能力,根

CHINA RAILWAY PUBLISHING HOUSE

据实测沉降资料，通过神经网络的 BP 网络进行建模，具有很强的客观性和适应性。

地基沉陷受多种因素的影响和制约，其变化的自然规律很难用一个显式的数学公式予以表示。而人工神经网络是这一领域的一个突破，该方法视传统函数的自变量和因变量为输入和输出，将传统的函数关系转化为高维的非线性映射，而不是显式的数学表达式。该方法在处理非线性问题上，具有独特的优越性。在针对软土地基沉降预测时，就是利用实测资料对复杂的非线性的土工结构进行直接建模。具体做法是：先应用 ANN 建立沉降影响因素参数（如处理方式、软土层厚度、地基硬壳层厚度、软土的压缩模量、硬壳层的压缩模量、路堤宽高比、施工期和竣工时沉降量）与沉降之间的非线性关系，再将待测点的实测沉降影响因素参数输入到已训练好的网络中，即可得到预测的沉降量。

4.3.3　地基在荷载作用下沉降将随时间发展，其沉降变化一般通过土体固结原理进行分析计算，但沉降计算的精度受多种因素影响，其结果只能是一个估算值，因此，至今国内外为较准确得到沉降值，均通过沉降观测的实测资料来分析预测。相比于既有线，客运专线无砟轨道的建设，对路基地质勘测、地基处理、路基填筑质量提出了高标准要求，勘察设计单位应结合沉降—时间的关系曲线、一段时间内沉降实测资料的回归分析，对设计预测沉降及时修正，使设计预测的总沉降量与通过实测资料预测的总沉降量尽可能接近。这样，一方面可为客运专线线下工程的设计积累经验，同时对于地质条件好的区段，根据积累的经验参数进行设计预测，找出沉降发展的规律，在一定程度上可缩短路基沉降调整和观测期。

4.3.4　根据路基沉降预测结果可以确定工程完工时的工后沉降，工后沉降的评估应结合路基各观测断面以及相邻桥（涵）隧的沉降预测情况，从线路整体上进行评价。当预测的路基工后沉降值在扣件系统的高低调整量（一般为 15 mm）范围内时，方可铺设无砟轨道。

5.1.1～5.1.2　墩台基础沉降的发展及总量受桥位地质情况、施工荷载、施工工期等因素的影响。为确保墩台基础工后沉降满足设计要求，保证无砟轨道的平顺性，在墩台施工完成至无砟轨道铺设前应进行墩台基础沉降观测，并对工后沉降进行预测。地质条件不良地段墩台基础沉降一般要在梁部架设 6～18 月后才能稳定，岩石地基等地质情况良好区段的墩台基础沉降量则很小。因此规定，一般情况下，在桥梁架设（预制梁）或完工（现浇梁）后应进行为期不少于 6 个月的沉降观测；处于岩石地基的桥梁，规定在桥梁架设（预制梁）或完工（现浇梁）后进行不少于 60 d 的沉降观测，依据观测数据对工后沉降进行预测。

在进行桥涵基础沉降、预应力混凝土梁徐变变形观测时，应选取外界环境变化相对较小的时段进行，尽量保证各次测量时结构所处环境条件相差不大，以消除结构温度变形对观测结果的影响。同时，还应记录观测时结构荷载状况、环境温度及天气、日照等情况，以便为评估分析提供可靠的资料。

5.1.3　由于无砟轨道对桥涵基础沉降的要求已超出设计计算所能达到的精度，本条款提出的相关要求，其目的是要求勘察设计单位应根据沉降观测数据进行动态设计，以保证设计预测沉降与实测沉降更为接近，确保基础工后沉降满足无砟轨道设计要求。当基础地质条件较好时，实测及设计预测的总沉降在 10 mm 以内时，上述沉降偏差可放大到 5 mm。

5.2.1　涵洞变形除自身沉降外，还包括涵顶填土变形，因此应对涵顶填土的沉降变形进行观测。

5.2.2　一般条件下，应对每个桥梁墩台、每个涵洞进行沉降观测，并对每孔预应力混凝土梁进行徐变变形观测。考虑到新建客运专线桥梁数量多、观测工作量大等因素，对于岩石地基、嵌岩桩基础的桥涵，可适当减少观测数量。鉴于目前尚缺乏经验和实测数据，因此规定可选择典型墩、台、涵进行观测，但观测数量不宜少于墩台数量的1/2。对于在预制厂批量生产的预应力混凝土预制梁，初期生产的2~3孔梁应逐孔进行观测。当原材料变化不大、预制工艺稳定时，可每30孔选择1孔进行观测(不足30孔应按30孔计)。同时，对于实测弹性上拱度大于设计值的梁，也应逐孔进行观测。

5.2.4 墩台沉降观测点可按说明图5.2.4布置。

说明图5.2.4 墩台沉降观测点布置

5.2.5 为确保预应力梁在铺设无砟轨道后的残余徐变变形符合要求，需在无砟轨道铺设前后进行变形观测。梁体徐变变形量与梁体预应力张拉后的弹性变形、终张拉至无砟轨道铺设的时间间隔密切相关，因此规定在梁体预应力终张拉开始应进行变形观测，同时终张拉后应进行为期60 d的梁体徐变变形观测。对于预制简支梁桥，由于预应力张拉分2~3批进行，部分张拉作业在制梁台座上进行，梁体变形不易观测，因此弹性变形的观测结果应根据

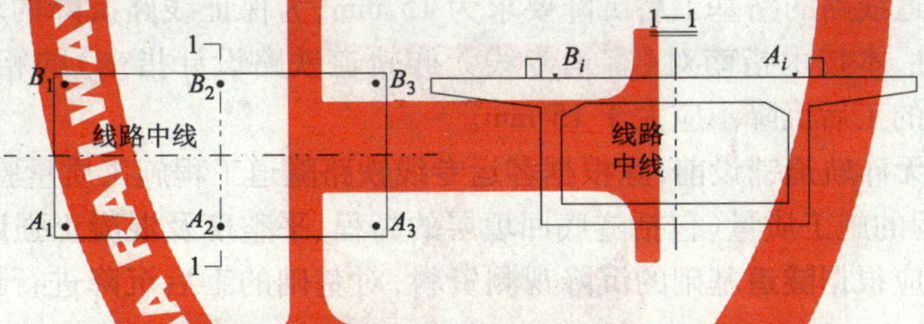

说明图5.2.5 梁体徐变变形观测点布置

设计文件换算至全部预应力作用下的弹性变形。对于桥位施工的桥梁，应根据设计规定的施工顺序，观测梁体的弹性及徐变变形，并根据实际施工荷载情况及观测结果，换算至全部预应力作用下的弹性变形。在徐变变形观测中，应根据桥梁的施工状态、恒载等实际情况，扣除由于恒载增加产生的弹性变形。梁体徐变变形观测点可参考说明图5.2.5布置，预制梁的观测点宜布置在箱梁两侧腹板。

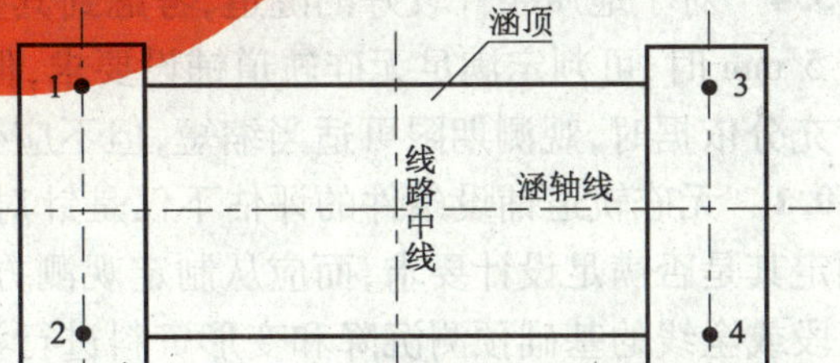

说明图5.2.6 涵洞沉降测点布置

5.2.6 涵洞沉降观测包括涵洞自身及涵顶填土沉降两部分组成。涵洞沉降观测点可按说明图5.2.6布置。涵顶填土沉降观测可参照路基部分执行。

桥涵主体工程完工后，架桥机及运梁车将在部分桥涵上通过，并对观测结果造成一定

CHINA RAILWAY PUBLISHING HOUSE

扰动。因此，规定在架桥机、运梁车通过前后应进行基础的沉降观测。考虑测试工作量等因素，应至少进行架桥机及运梁车初期通过 2 ~ 3 次前后的沉降观测。当确认架桥机及运梁车造成的基础沉降稳定后，可不再进行观测。

5.3.2　为确保预测沉降的准确，除规定观测数据回归分析的相关系数不应小于 0.92 外，还对回归分析时最短观测期限作出要求，同时，规定两次预测总沉降量的偏差不大于 8 mm，并要求有一定的时间间隔。此外，要求沉降发生量在 75% 以上。

5.3.3　通过设计计算参数的调整和沉降预测的修正，设计预测的总沉降与通过实测数据预测的沉降更加接近，并可达到一定精度。因此，相应作出了设计预测沉降与按实测资料预测的总沉降之差不宜大于 10 mm 的规定。其目的在于对桥涵基础的总沉降及工后沉降从设计和施工等方面进行控制，确保工后沉降满足无砟轨道铺设条件。

5.3.4　对于岩石地基等基础上的桥涵，考虑到基础沉降较小，因此规定稳定沉降总量不大于 5 mm 时，可判定满足无砟轨道铺设要求，但观测期一般不应少于 60 d。当对沉降预测有充分依据时，观测期限可适当缩短，但不应少于 30 d。

5.3.5　根据预应力混凝土梁徐变变形的发展规律，一般条件下，终张拉后 60 d 梁体的徐变变形可完成约 50%；在考虑混凝土收缩徐变发展存在 30% 变异的条件下，对梁体后期徐变量提出了 7 mm 及 $L/7\ 000$（14 mm）的规定，可保证无砟轨道铺设后梁体徐变变形满足《客运专线无砟轨道铁路设计指南》要求。同时，对终张拉时梁体的弹性变形也进行相应规定，其目的是严格控制预应力超张拉，保证梁体的长期变形满足设计要求。对于尚不满足条件规定的桥梁，可通过延长放置时间、使梁体徐变在铺设无砟轨道前发生的方法处理，具体的放置时间可按规定的公式计算。

5.3.6　无砟轨道线路的路基工后沉降要求为 15 mm，为保证线路沉降的均匀性、无砟轨道线路的平顺性，本技术指南对《客运专线无砟轨道铁路设计指南》的相关规定作了修正，即涵洞基础的工后沉降不应大于 15 mm。

6.1.1　隧道内无砟轨道铺设前，除根据客运专线铁路隧道工程施工质量验收标准的相关要求对隧道工程的施工质量（包括隧底回填层的高程、平整度及混凝土强度等级等）进行交接验收外，还应根据隧道基础的沉降观测资料，对基础的工后沉降进行预测评估，确认其满足设计要求。

6.2.5　相对于土质路基和桥梁墩台基础而言，一般来说，隧道基础的沉降较小。在经过 3 ~ 6 个月的沉降观测后，如沉降稳定可不再进行观测。

6.3.4　对于地质条件较好的隧道，考虑到其整体沉降较小，因此规定观测沉降总量不大于 5 mm 时，可判定满足无砟轨道铺设要求，但观测期一般不应少于 60 d。当对沉降预测有充分依据时，观测期限可适当缩短，但不应少于 30 d。

8.0.1　无砟轨道铺设条件的评估不仅是针对单个结构物基础沉降和变形的独立预测来判定其是否满足设计要求，而应从制定观测方案开始，针对工程规模、地形、地质条件，对区段或全线的基础预测沉降和变形资料进行汇总，绘制出沿线路纵向的预测沉降曲线进行综合评估，以保证全线基础沉降变形的均匀性和无砟轨道线路的平顺性。

CHINA RAILWAY PUBLISHING HOUSE

中华人民共和国行业标准

铁建设〔2007〕85 号

客运专线无砟轨道铁路工程施工质量验收暂行标准

2007—04—17 发布　　　　2007—04—17 实施

中华人民共和国铁道部　发布

前　言

本暂行标准是根据铁道部《关于编制〈2006 年铁路工程建设标准计划〉的通知》(铁建设函〔2005〕1026 号)的要求进行编制的。

本暂行标准在编制过程中,依据现行的有关技术规范和相关设计资料,认真总结我国铁路建设的成功经验,学习和借鉴国际先进标准,充分体现了客运专线无砟轨道铁路的技术特点和质量要求。本暂行标准主要用于指导客运专线无砟轨道铁路工程的施工质量管理及验收。

本暂行标准除涵盖客运专线无砟轨道工程的施工质量验收标准外,还包括无砟轨道铁路工程测量、变形观测与评估、线下工程、相关工程等的施工质量验收标准。

本暂行标准应与现行的《客运专线铁路路基工程施工质量验收暂行标准》、《客运专线铁路桥涵工程施工质量验收暂行标准》、《客运专线铁路隧道工程施工质量验收暂行标准》、《铁路混凝土工程施工质量验收补充标准》(铁建设〔2005〕160 号)等标准配套使用,凡涉及无砟轨道工程有特殊要求的内容应执行本暂行标准的规定。

本暂行标准共分 16 章,其主要内容包括总则、术语、基本规定、工程测量、变形观测和评估、线下工程、相关工程、CRTSⅠ型板式无砟轨道道床、CRTSⅡ型板式无砟轨道道床、CRTSⅢ型板式无砟轨道道床、CRTSⅠ型双块式无砟轨道道床、CRTSⅡ型双块式无砟轨道道床、道岔区轨枕埋入式无砟轨道、铺设无缝线路、线路及信号标志、单位工程综合质量评定等。

在执行本暂行标准过程中,希望各单位结合工程实践,认真总结经验,积累资料。如发现需要修改和补充之处,请及时将意见及有关资料寄交中铁八局集团有限公司(四川省成都市一环路北二段 100 号,邮政编码:610081),并抄送铁道部经济规划研究院(北京市海淀区羊坊店路甲 8 号,邮政编码:100038),供今后修订时参考。

本暂行标准主编单位:中铁八局集团有限公司。

本暂行标准参编单位:中铁一局集团有限公司、中铁四局集团有限公司、中铁十七局集团有限公司、中铁二十三局集团有限公司、中铁二院工程集团有限责任公司、铁道科学研究院。

本暂行标准主要起草人:赵　智、钱振地、王智勇、吴海涛、梅　红、白昆华、刘振民、张　雷、龚斯昆、朱同蜜、孙柏辉、曹德志、殷枝荣、吴　蓄、郑志强、梁　毅、郑含德、李国瑞、周乐凡、魏永幸、颜　华、刘名君、李泽龙、姚　力、江　成。

CHINA RAILWAY PUBLISHING HOUSE

目 次

CHINA RAILWAY PUBLISHING HOUSE

CHINA RAILWAY PUBLISHING HOUSE

1 总 则

1.0.1 为加强客运专线无砟轨道铁路工程施工质量管理，统一客运专线无砟轨道铁路工程施工质量的验收标准，保证工程质量，制定本暂行标准。

1.0.2 本暂行标准适用于旅客列车设计行车速度 200～350 km/h 的标准轨距客运专线无砟轨道铁路工程施工质量的验收。其他无砟轨道铁路工程验收可参照执行。

本暂行标准未涉及的新技术、新工艺、新设备、新材料，其施工质量的验收应符合相关标准的规定。

1.0.3 客运专线无砟轨道铁路工程施工质量必须达到设计要求的结构安全和使用功能，主体结构质量实现零缺陷，满足设计使用年限内正常运营的需要。

1.0.4 施工单位作为工程施工质量控制的主体，应建立健全质量保证体系，对工程施工质量进行全过程控制，建设单位、监理单位和勘察设计单位、咨询单位等各方应按有关规定分工负责。

1.0.5 客运专线无砟轨道铁路工程应采用先进、成熟、科学的检验检测手段，取得的数据应真实、可靠，全面反映工程质量状况。所用方法和仪器设备应符合相关标准的规定，质量检测人员必须具有规定的资格。

1.0.6 客运专线无砟轨道铁路工程施工应贯彻国民经济可持续发展战略，合理利用资源，做好环境保护、水土保持等工作。

1.0.7 客运专线无砟轨道铁路工程施工应积极采用技术先进、经济合理、安全可靠的装备、工艺、材料和方法。

1.0.8 客运专线无砟轨道铁路工程施工应制定相应的安全技术措施，严格遵守安全技术规程。

1.0.9 客运专线无砟轨道铁路工程的各类质量检测报告、检查验收记录和其他工程技术管理资料，必须按规定及时填写，并且严格履行责任人签字确认制度。施工质量验收资料的归档整理应符合有关规定。其中，检验批、分项工程质量验收记录，建设单位、施工单位、监理单位均应长期保存；分部工程、单位工程质量验收记录，建设单位应永久保存，施工单位应长期保存；其他资料应按相关规定保存。

1.0.10 客运专线无砟轨道铁路工程施工中所采用的承包合同文件和工程技术文件等对施工质量的要求不得低于本暂行标准的规定。当设计要求的质量指标高于本暂行标准的规定时，应按设计要求办理。

1.0.11 参加客运专线无砟轨道铁路工程施工及验收的各方技术、质量、监理和管理人员等，应经过施工质量验收标准的专门培训，合格后方可上岗。

1.0.12 无砟轨道施工前应按《客运专线铁路无砟轨道铺设条件评估技术指南》（铁建设〔2006〕158 号）对线下构筑物沉降、变形进行系统观测与分析评估，符合设计要求后方可施工。

1.0.13 客运专线无砟轨道铁路工程施工测量，应严格按《客运专线无砟轨道铁路工程测量暂行规定》(铁建设〔2006〕189 号)进行。

1.0.14 接触网支柱基础、电缆槽、电缆过轨钢管或通道、综合地线及引出线等应按设计要求设置。相关施工单位应做好接口衔接配合工作。

1.0.15 本暂行标准应与现行的《客运专线铁路路基工程施工质量验收暂行标准》、《客运专线铁路桥涵工程施工质量验收暂行标准》、《客运专线铁路隧道工程施工质量验收暂行标准》、《铁路混凝土工程施工质量验收补充标准》(铁建设〔2005〕160 号)等标准配套使用。

1.0.16 客运专线无砟轨道铁路工程施工质量的验收除应符合本暂行标准外,尚应符合国家和铁道部现行有关强制性标准的规定。

CHINA RAILWAY PUBLISHING HOUSE

2 术 语

2.0.1 工程施工质量

反映工程施工过程或实体满足相关标准或合同约定的要求，包括其在安全、使用功能及其在耐久性能、环境保护等方面所有明显和隐含能力的特性总和。

2.0.2 验收

工程施工质量在施工单位自行检查评定合格的基础上，参与建设活动的有关单位共同对检验批、分项、分部、单位工程的质量按有关规定进行检验，根据相关标准以书面形式对工程质量达到合格与否做出确认。

2.0.3 进场验收

对进入施工现场的材料、构配件、设备等按相关标准规定要求进行检验，对其达到合格与否做出确认。

2.0.4 检验

对检验项目中的性能进行量测、检查、试验等，并将结果与标准规定要求进行比较，以确定每项性能是否合格所进行的活动。

2.0.5 检验批

按同一生产条件或按规定的方式汇总起来供检验用的，由一定数量样本组成的检验体。

2.0.6 见证

监理单位或建设单位现场监督施工单位某过程完成情况的活动，如见证检验、见证检测、见证试验等。

2.0.7 见证取样检测

在监理单位或建设单位监督下，由施工单位有关人员现场取样，并送至具备相应资质的检测单位所进行的检测。

2.0.8 平行检验

监理单位利用一定的检查或检测手段，在施工单位自检的基础上，按照一定的比例独立进行检查或检测的活动。

2.0.9 旁站

在工程的关键部位或关键工序施工过程中，由监理人员在现场进行的监督活动。

2.0.10 工序

工程施工过程的基本单元。

2.0.11 交接检验

由施工的承接方与完成方经双方共同检查并对可否继续施工做出确认的活动。

2.0.12 主控项目

对安全、卫生、环境保护和公众利益起决定性作用的检验项目。

2.0.13 一般项目

除主控项目以外的检验项目。

2.0.14　抽样检验

按照规定的抽样方案，随机地从进场的材料、构配件、设备或工程检验项目中，按检验批抽取一定数量的样本所进行的检验。

2.0.15　抽样方案

根据检验项目的特性所确定的抽样数量和方法。

2.0.16　计数检验

在抽样的样本中，记录每一个体有某种属性或计算每一个体中的缺陷数目的检查方法。

2.0.17　观感质量

通过观察和必要的量测所反映的工程外在质量。

2.0.18　返工

对不合格的工程部位采取的重新制作、重新施工等措施。

2.0.19　返修

对工程不符合标准规定的部位采取整修等措施。

2.0.20　缺陷

工程施工质量中不符合规定要求的检验项或检验点，按其程度可分为严重缺陷和一般缺陷。

2.0.21　一般缺陷

对结构构件的受力性能或安装使用性能无决定性影响的缺陷。

2.0.22　严重缺陷

对结构构件的受力性能或安装使用性能有决定性影响的缺陷。

2.0.23　工后沉降

在铺轨工程完成以后，基础设施产生的沉降量。

2.0.24　型式检验

确认产品或过程应用结果适用性所作的检验。

2.0.25　长钢轨

超过标准长度以上的钢轨(其中包括厂焊钢轨)。

2.0.26　单元轨节

一次锁定的连续轨条。

2.0.27　设计锁定轨温

根据气象资料和无缝线路允许温升、允许温降，计算确定的无缝线路锁定轨温。

2.0.28　实际锁定轨温

无缝线路温度力为“零”时的钢轨温度。

2.0.29　钢轨胶接绝缘接头

由胶黏剂胶合的钢轨绝缘接头。

2.0.30　混凝土支承层

现场摊铺或浇筑的用于在路基上、隧道内支承 CRTS 双块式混凝土道床板或 CRTS Ⅱ、CRTS Ⅲ型轨道板的素混凝土层。

2.0.31　混凝土底座

现场浇筑的用于支承 CRTS Ⅰ型轨道板、道岔区道床板或在桥上支承 CRTS Ⅱ、CRTS Ⅲ型轨道板和双块式道床板的钢筋混凝土基础。

2.0.32 双块式轨枕

采用钢筋桁架连接两块混凝土支承块而形成的轨枕，是双块式无砟轨道的主要部件。

2.0.33 混凝土道床板

现场浇筑的埋设双块式轨枕或混凝土岔枕的整体钢筋混凝土层。

2.0.34 道岔区轨枕埋入式无砟轨道

将预制的混凝土岔（轨）枕组装成标准道岔轨排，现浇入混凝土形成均匀连续钢筋混凝土道床，并适应 ZPW—2000 轨道电路的无砟轨道结构。

2.0.35 混凝土结构耐久性

在预定作用和预期的维护与使用条件下，结构及其部件能在预定的期限内维持其所需的最低性能要求的能力。

2.0.36 CRTS Ⅰ型板式无砟轨道

预制轨道板通过水泥沥青砂浆调整层，铺设在现场浇筑的具有凸形挡台的钢筋混凝土底座上，并适应 ZPW—2000 轨道电路的单元轨道板无砟轨道结构型式。

2.0.37 CRTS Ⅱ型板式无砟轨道

预制轨道板通过水泥沥青砂浆调整层，铺设在现场摊铺的混凝土支承层或现场浇筑的钢筋混凝土底座（桥梁）上，并适应 ZPW 2000 轨道电路的连续轨道板结构无砟轨道结构形式。

2.0.38 CRTS Ⅲ型板式无砟轨道

预制轨道板通过水泥沥青砂浆调整层，铺设在现场摊铺的混凝土支承层或现场浇筑的钢筋混凝土底座（桥梁）上，并适应 ZPW—2000 轨道电路的连续轨道板结构，且对每块板限位的无砟轨道结构形式。

2.0.39 CRTS Ⅰ型双块式无砟轨道

将预制的双块式轨枕组装成轨排，以现场浇筑混凝土方式将轨枕浇入均匀连续的钢筋混凝土道床内，并适应 ZPW—2000 轨道电路的无砟轨道结构形式。

2.0.40 CRTS Ⅱ型双块式无砟轨道

以现场浇筑混凝土方式，将预制的双块式轨枕通过机械振动法嵌入均匀连续的钢筋混凝土道床内，并适应 ZPW—2000 轨道电路的无砟轨道结构形式。

2.0.41 水泥沥青砂浆层

现场灌注于轨道板和混凝土底座或混凝土支承层之间具有一定弹性的水泥沥青砂浆层。

CHINA RAILWAY PUBLISHING HOUSE

3 基本规定

3.1 一般规定

3.1.1 客运专线无砟轨道铁路工程施工现场质量管理应有相应的施工技术标准、健全的质量管理体系和施工质量检验制度。

施工现场质量管理检查记录应由施工单位在施工前按表3.1.1的规定填写，总监理工程师进行检查，并做出检查结论。

表3.1.1 现场管理检查记录表

单位工程名称				开工日期	
建设单位				项目负责人	
设计单位				项目负责人	
监理单位				总监理工程师	
施工单位		项目负责人		项目技术负责人	
序号	项目			内容	
1	开工报告				
2	现场质量管理制度				
3	质量责任制				
4	工程质量检验制度				
5	施工技术标准				
6	施工图现场核对情况				
7	下部结构物沉降、变形观测评估资料				
8	交接桩、施工复测及测量控制网资料				
9	施工组织设计、施工方案、环境保护方案及审批				
10	分包方资质及对分包单位的管理制度				
11	主要专业工种操作上岗证书				
12	施工检测设备及计量器具设置				
13	现场材料、设备存放与管理				
14	相关工程接口检验资料				
检查结论： 总监理工程师　　　　年　月　日					

3.1.2 客运专线无砟轨道铁路工程应按下列规定进行施工质量控制：

1 工程采用的主要材料、构配件和设备，施工单位应对其外观、规格、型号和质量证明文件等进行验收,并经监理工程师检查认可。凡涉及结构安全和使用功能的,施工单位应按批次进行检验,监理单位应按规定进行见证取样检测或平行检验。其质量必须符合现行有关标准的规定,并应按品种、规格和检验状态分别标识存放。

2 各工序应按施工技术标准进行质量控制,每道工序完成后,施工单位应进行检查,并形成记录。

3 工序之间应进行交接检验,上道工序应满足下道工序的施工条件和技术要求。相关专业工序之间的交接检验应经监理工程师检查认可,未经检查或经检查不合格的不得进行下道工序施工。

3.1.3 客运专线无砟轨道铁路工程施工质量应按下列要求进行验收:

1 工程施工质量应符合本暂行标准和相关专业验收标准的规定;

2 工程施工质量应符合工程勘察、设计文件的要求;

3 参加工程施工质量验收的各方人员应具备规定的资格,各种检查记录签证人员应报建设单位确认、备案;

4 工程施工质量的验收均应在施工单位自行检查评定合格的基础上进行;

5 涉及结构安全的试块、试件和现场检验项目,监理单位应按规定进行平行检验、见证取样检测或见证检测;

6 检验批的质量应按主控项目和一般项目验收;

7 对涉及结构安全和使用功能的分部工程应进行抽样检测;

8 承担见证取样检测及有关结构安全检测的单位应具有相应的资质;

9 单位工程的综合质量应由验收人员通过检查共同评定。

3.1.4 线下构筑物施工完成后,应对其变形进行系统的观测与分析评估。按照《客运专线铁路无砟轨道铺设条件评估技术指南》(铁建设〔2006〕158号)的要求对线下构筑物工后沉降和变形作出评估,当满足设计要求后方可进行无砟轨道施工。

3.1.5 建设单位负责无砟轨道铺设条件的评估工作,并组织勘察设计、施工、监理和咨询等单位实施。评估过程中各方应明确职责,密切配合,保证观测数据及评估结果的真实、可靠。

3.1.6 路基、桥涵、隧道工程应做好防排水系统,防排水设施应与车站等防排水设施衔接配合。

3.1.7 无砟轨道施工前施工单位应会同有关单位交接无砟轨道基桩控制网(CP Ⅲ),并进行复测,测量精度必须满足《客运专线无砟轨道铁路工程测量暂行规定》(铁建设〔2006〕189号)的要求。

3.1.8 路基与桥梁、路基与隧道、路基与其他横向结构物、路堤与路堑、有砟与无砟轨道的过渡段施工应符合设计要求。

3.1.9 无砟轨道的绝缘处理措施应满足设计要求。

3.2 工程施工质量验收单元的划分

3.2.1 客运专线无砟轨道铁路施工质量验收单元划分为单位工程、分部工程、分项工程和检验批。

3.2.2 单位工程应按一个完整工程或一个相当规模的施工范围划分,并按以下原则确

定:

1 路　　基

1）长度小于 10 km 的一段区间路基或一个车站的正线路基为一个单位工程；

2）一个施工单位担负的路基施工长度为一个单位工程；

3）特别大型的支挡结构可作为一个单位工程。

2 桥　　涵

1）每座特大桥、大桥、中桥为一个单位工程；

2）对于特别长大的桥梁，一个施工单位担负的桥梁施工范围为一个单位工程；

3）小桥不超过 5 座为一个单位工程；

4）涵洞不超过 10 座为一个单位工程。

3 隧　　道

1）一座隧道宜作为一个单位工程，长隧道和特长隧道可按施工标段划分为若干个单位工程；

2）独立明洞（或棚洞）可作为一个单位工程。

4 轨　　道

1）正线轨道按一个区间（以站中心为界、含正线道岔）划分，当区间含有不同类型无砟轨道时，也可按轨道类型划分；

2）站场轨道按一个站或大型枢纽的一个场（以最外方咽喉道岔为界，含站线道岔）划分。

3.2.3 分部工程应按一个完整部位或主要结构及施工阶段划分。

3.2.4 分项工程应按工种、工序、材料、施工工艺划分。

3.2.5 检验批可根据施工及质量控制和验收需要按长度、施工段（处）等进行划分，并应在该检验批完工后及时验收。

3.2.6 路基工程的分部工程、分项工程划分和检验批、检验项目应符合表 3.2.6 的规定。

表 3.2.6 路基工程分部工程、分项工程划分和检验批、检验项目

<table>
<tr><th rowspan="2">分部工程</th><th rowspan="2">分项工程</th><th rowspan="2">检验批</th><th colspan="2">检验项目条文号</th></tr>
<tr><th>主控项目</th><th>一般项目</th></tr>
<tr><td rowspan="4">工程测量</td><td>控制测量</td><td>施工段</td><td>4.2.6～4.2.8</td><td></td></tr>
<tr><td>施工复测</td><td>施工段</td><td>4.3.3～4.3.6</td><td></td></tr>
<tr><td>施工测量</td><td>施工段</td><td>4.4.6～4.4.8</td><td></td></tr>
<tr><td>变形监测网测量</td><td>施工段</td><td>4.5.6、4.5.7</td><td></td></tr>
<tr><td>地基处理</td><td colspan="2">按《客运专线铁路路基工程施工质量验收暂行标准》（铁建设〔2005〕160 号）进行分部、分项、检验批划分</td><td colspan="2">执行《客运专线铁路路基工程施工质量验收暂行标准》（铁建设〔2005〕160 号）等</td></tr>
<tr><td rowspan="5">基床以下路堤</td><td rowspan="2">普通填料填筑</td><td rowspan="2">同一压实工作班的单个压实区段的每一检测层</td><td>6.2.1～6.2.2</td><td></td></tr>
<tr><td colspan="2">执行《客运专线铁路路基工程施工质量验收暂行标准》（铁建设〔2005〕160 号）等</td></tr>
<tr><td>改良土填筑</td><td rowspan="3">按《客运专线铁路路基工程施工质量验收暂行标准》（铁建设〔2005〕160 号）进行分部、分项、检验批划分</td><td colspan="2" rowspan="3">执行《客运专线铁路路基工程施工质量验收暂行标准》（铁建设〔2005〕160 号）等</td></tr>
<tr><td>加筋土填筑</td></tr>
<tr><td>路堤边坡</td></tr>
</table>

CHINA RAILWAY PUBLISHING HOUSE

续上表

分部工程	分项工程	检验批	检验项目条文号	
			主控项目	一般项目
过渡段	过渡段基底处理	每个过渡段	6.2.5	
	基坑回填	每个过渡段	执行《客运专线铁路路基工程施工质量验收暂行标准》(铁建设〔2005〕160号)等	
	基床表层以下过渡段级配碎石填层	每个过渡段的每一检测层	6.2.6	
			执行《客运专线铁路路基工程施工质量验收暂行标准》(铁建设〔2005〕160号)等	
	基床表层以下过渡段两侧及锥体填土	每个过渡段	执行《客运专线铁路路基工程施工质量验收暂行标准》(铁建设〔2005〕160号)等	
	基床表层以下过渡段填料填层	每个过渡段的每一检测层	执行《客运专线铁路路基工程施工质量验收暂行标准》(铁建设〔2005〕160号)等	
	路堤与路堑过渡段基床表层以下填土层			
路堑	按《客运专线铁路路基工程施工质量验收暂行标准》(铁建设〔2005〕160号)进行分部、分项、检验批划分		执行《客运专线铁路路基工程施工质量验收暂行标准》(铁建设〔2005〕160号)等	
基床	基床底层	同一压实工作班的单个压实区段的每一检测层	6.2.3	
			执行《客运专线铁路路基工程施工质量验收暂行标准》(铁建设〔2005〕160号)等	
	基床表层级配碎石(级配砂砾石)	同一压实工作班的单个压实区段的每一检测层	6.2.4	
			执行《客运专线铁路路基工程施工质量验收暂行标准》(铁建设〔2005〕160号)等	
	基床表层沥青混凝土	按《客运专线铁路路基工程施工质量验收暂行标准》(铁建设〔2005〕160号)进行检验批划分	执行《客运专线铁路路基工程施工质量验收暂行标准》(铁建设〔2005〕160号)等	
	路基面			
路基排水	按《客运专线铁路路基工程施工质量验收标准》(铁建设〔2005〕160号)进行分项工程、检验批划分		执行《客运专线铁路路基工程施工质量验收暂行标准》(铁建设〔2005〕160号)等	
路基边坡防护	按《客运专线铁路路基工程施工质量验收暂行标准》(铁建设〔2005〕160号)进行分项工程、检验批划分		执行《客运专线铁路路基工程施工质量验收暂行标准》(铁建设〔2005〕160号)等	
路基支挡结构	按《铁路路基工程施工质量验收标准》(TB 10414—2003)进行分部、分项、检验批划分		执行《铁路路基工程施工质量验收标准》(TB 10414—2003),其中有耐久性设计要求的混凝土执行《铁路混凝土工程施工质量验收补充标准》(铁建设〔2005〕160号)等	

续上表

分部工程	分项工程	检验批	检验项目条文号	
			主控项目	一般项目
路基相关工程	电缆槽	沿线路连续长度每1 000 m或≤1 000 m范围内的电缆槽	执行《客运专线铁路路基工程施工质量验收暂行标准》(铁建设〔2005〕160号)等	
	接触网支柱基础	沿线路连续长度每1 000 m或≤1 000 m范围内的接触网支柱基础	7.2.1～7.2.9	7.2.10
	声屏障基础	沿线路连续长度每1 000 m或≤1 000 m范围内的声屏障基础	7.4.1～7.4.9	7.4.10
	综合接地	沿线路连续长度每1 000 m或≤1 000 m范围内的预埋管线、综合接地(或按相关专业标准确定)	7.6.1～7.6.5	
路基附属设施	按《铁路路基工程施工质量验收暂行标准》(铁建设〔2005〕160号)进行分部、分项、检验批划分		执行《客运专线铁路路基工程施工质量验收暂行标准》(铁建设〔2005〕160号)等	
变形观测与评估	路基变形观测与评估	每个观测断面	5.2.1～5.2.5	
	过渡段变形观测与评估	每个观测断面	5.5.1～5.5.5	
竣工测量	竣工测量	每个单位工程	4.4.12～4.4.14	

3.2.7　桥梁、涵洞工程的分部工程、分项工程、检验批划分和检验项目应符合表3.2.7—1～3.2.7—2的规定。

表3.2.7—1　桥梁工程分部工程、分项工程、检验批划分和检验项目

分部工程		分项工程	检验批	检验项目条文号	
类别	名称			主控项目	一般项目
工程测量		控制测量	施工段	4.2.6～4.2.8	
		施工复测	施工段	4.3.3～4.3.6	
		施工测量	施工段	4.4.5、4.4.9、4.4.10	
		变形监测网测量	施工段	4.5.6、4.5.7	

CHINA RAILWAY PUBLISHING HOUSE

续上表

分部工程		分项工程	检验批	检验项目条文号	
类别	名称			主控项目	一般项目
地基及基础	明挖基础	按《铁路桥涵工程施工质量验收暂行标准》(铁建设〔2005〕160号)进行分项工程、检验批划分		执行《客运专线铁路桥涵工程施工质量验收暂行标准》(铁建设〔2005〕160号)等	
	沉入桩制作	按《铁路桥涵工程施工质量验收暂行标准》(铁建设〔2005〕160号)进行分项工程、检验批划分		执行《客运专线铁路桥涵工程施工质量验收暂行标准》(铁建设〔2005〕160号)等	
	沉入桩下沉	按《铁路桥涵工程施工质量验收暂行标准》(铁建设〔2005〕160号)进行分项工程、检验批划分		执行《客运专线铁路桥涵工程施工质量验收暂行标准》(铁建设〔2005〕160号)等	
	钻孔桩和挖孔桩	按《铁路桥涵工程施工质量验收暂行标准》(铁建设〔2005〕160号)进行分项工程、检验批划分		执行《客运专线铁路桥涵工程施工质量验收暂行标准》(铁建设〔2005〕160号)等	
	桩基承台	按《铁路桥涵工程施工质量验收暂行标准》(铁建设〔2005〕160号)进行分项工程、检验批划分		执行《客运专线铁路桥涵工程施工质量验收暂行标准》(铁建设〔2005〕160号)等	
	就地制作沉井	按《铁路桥涵工程施工质量验收暂行标准》(铁建设〔2005〕160号)进行分项工程、检验批划分		执行《客运专线铁路桥涵工程施工质量验收暂行标准》(铁建设〔2005〕160号)。在"混凝土"分项工程中,增加关于沉降观测点布置和埋设要求,即本暂行标准4.5.8和4.5.9两个主控项目	
	浮式沉井	按《铁路桥涵工程施工质量验收暂行标准》(铁建设〔2005〕160号)进行分项工程、检验批划分		执行《客运专线铁路桥涵工程施工质量验收暂行标准》(铁建设〔2005〕160号)等	
墩台	墩台	按《铁路桥涵工程施工质量验收暂行标准》(铁建设〔2005〕160号)进行分项工程、检验批划分		执行《客运专线铁路桥涵工程施工质量验收暂行标准》(铁建设〔2005〕160号)。在"混凝土"分项工程中,增加关于沉降观测点布置和埋设要求,即本暂行标准4.5.8和4.5.9两个主控项目	
	沉降变形观测与评估	沉降变形观测及评估	每个墩台	5.3.1、5.3.2、5.3.4~5.3.6、5.3.8	
	台后填土、锥体及其他	按《铁路桥涵工程施工质量验收暂行标准》(铁建设〔2005〕160号)进行分项工程、检验批划分		执行《客运专线铁路桥涵工程施工质量验收暂行标准》(铁建设〔2005〕160号)等	

CHINA RAILWAY PUBLISHING HOUSE

续上表

分部工程		分项工程	检验批	检验项目条文号	
类别	名称			主控项目	一般项目
梁部	先张法预应力混凝土简支箱梁制造	按《铁路桥涵工程施工质量验收暂行标准》(铁建设〔2005〕160 号)进行分项工程、检验批划分		执行《客运专线铁路桥涵工程施工质量验收暂行标准》(铁建设〔2005〕160 号)和本暂行标准第 6.3.1 条。在“混凝土”分项工程中,增加关于沉降观测点布置和埋设要求,即本暂行标准 4.5.8 和 4.5.9 两个主控项目	
	后张法预应力混凝土简支箱梁制造	按《铁路桥涵工程施工质量验收暂行标准》(铁建设〔2005〕160 号)进行分项工程、检验批划分		执行《客运专线铁路桥涵工程施工质量验收暂行标准》(铁建设〔2005〕160 号)和本暂行标准第 6.3.1 条。在“混凝土”分项工程中,增加关于沉降观测点布置和埋设要求,即本暂行标准 4.5.8 和 4.5.9 两个主控项目	
	膺架法制架预应力混凝土简支箱梁	按《铁路桥涵工程施工质量验收暂行标准》(铁建设〔2005〕160 号)进行分项工程、检验批划分		执行《客运专线铁路桥涵工程施工质量验收暂行标准》(铁建设〔2005〕160 号)和本暂行标准第 6.3.1 条。在“混凝土”分项工程中,增加关于沉降观测点布置和埋设要求,即本暂行标准 4.5.8 和 4.5.9 两个主控项目	
	造桥机制架预应力混凝土简支箱梁	按《铁路桥涵工程施工质量验收暂行标准》(铁建设〔2005〕160 号)进行分项工程、检验批划分		执行《客运专线铁路桥涵工程施工质量验收暂行标准》(铁建设〔2005〕160 号)和本暂行标准第 6.3.1 条。在“混凝土”分项工程中,增加关于沉降观测点布置和埋设要求,即本暂行标准 4.5.8 和 4.5.9 两个主控项目	
	架桥机架设预应力混凝土简支箱梁	按《铁路桥涵工程施工质量验收暂行标准》(铁建设〔2005〕160 号)进行分项工程、检验批划分		执行《客运专线铁路桥涵工程施工质量验收暂行标准》(铁建设〔2005〕160 号)和本暂行标准第 6.3.1 条	
	预应力混凝土简支 T 梁制造	按《铁路桥涵工程施工质量验收暂行标准》(铁建设〔2005〕160 号)进行分项工程、检验批划分		执行《客运专线铁路桥涵工程施工质量验收暂行标准》(铁建设〔2005〕160 号)和本暂行标准第 6.3.1 条。在“混凝土”分项工程中,增加关于沉降观测点布置和埋设要求,即本暂行标准 4.5.8 和 4.5.9 两个主控项目	
	预应力混凝土简支 T 梁架设	按《铁路桥涵工程施工质量验收暂行标准》(铁建设〔2005〕160 号)进行分项工程、检验批划分		执行《客运专线铁路桥涵工程施工质量验收暂行标准》(铁建设〔2005〕160 号)等	
	悬臂浇筑预应力混凝土连续梁(刚构)	按《铁路桥涵工程施工质量验收暂行标准》(铁建设〔2005〕160 号)进行分项工程、检验批划分		执行《客运专线铁路桥涵工程施工质量验收暂行标准》(铁建设〔2005〕160 号)和本暂行标准第 6.3.1 条。在“混凝土”分项工程中,增加关于沉降观测点布置和埋设要求,即本暂行标准 4.5.8 和 4.5.9 两个主控项目	
	悬臂拼装预应力混凝土连续梁	按《铁路桥涵工程施工质量验收暂行标准》(铁建设〔2005〕160 号)进行分项工程、检验批划分		执行《客运专线铁路桥涵工程施工质量验收暂行标准》(铁建设〔2005〕160 号)和本暂行标准第 6.3.1 条。在“混凝土”分项工程中,增加关于沉降观测点布置和埋设要求,即本暂行标准 4.5.8 和 4.5.9 两个主控项目	

CHINA RAILWAY PUBLISHING HOUSE

续上表

分部工程		分项工程	检验批	检验项目条文号	
类别	名称			主控项目	一般项目
梁部	顶推法制架预应力混凝土连续梁	按《铁路桥涵工程施工质量验收暂行标准》(铁建设〔2005〕160号)进行分项工程、检验批划分		执行《客运专线铁路桥涵工程施工质量验收暂行标准》(铁建设〔2005〕160号)和本暂行标准第6.3.1条。在“混凝土”分项工程中,增加关于沉降观测点布置和埋设要求,即本暂行标准4.5.8和4.5.9两个主控项目	
	造桥机制架预应力混凝土连续梁	按《铁路桥涵工程施工质量验收暂行标准》(铁建设〔2005〕160号)进行分项工程、检验批划分		执行《客运专线铁路桥涵工程施工质量验收暂行标准》(铁建设〔2005〕160号)和本暂行标准第6.3.1条。在“混凝土”分项工程中,增加关于沉降观测点布置和埋设要求,即本暂行标准4.5.8和4.5.9两个主控项目	
	先简支后连续预应力混凝土连续梁	按《铁路桥涵工程施工质量验收暂行标准》(铁建设〔2005〕160号)进行分项工程、检验批划分		执行《客运专线铁路桥涵工程施工质量验收暂行标准》(铁建设〔2005〕160号)和本暂行标准第6.3.1条。在“混凝土”分项工程中,增加关于沉降观测点布置和埋设要求,即本暂行标准4.5.8和4.5.9两个主控项目	
	结合梁	按《铁路桥涵工程施工质量验收暂行标准》(铁建设〔2005〕160号)进行分项工程、检验批划分		执行《客运专线铁路桥涵工程施工质量验收暂行标准》(铁建设〔2005〕160号)和本暂行标准第6.3.1条。在“混凝土”分项工程中,增加关于沉降观测点布置和埋设要求,即本暂行标准4.5.8和4.5.9两个主控项目	
	钢筋混凝土刚构连续梁	按《铁路桥涵工程施工质量验收暂行标准》(铁建设〔2005〕160号)进行分项工程、检验批划分		执行《客运专线铁路桥涵工程施工质量验收暂行标准》(铁建设〔2005〕160号)和本暂行标准第6.3.1条。在“混凝土”分项工程中,增加关于沉降观测点布置和埋设要求,即本暂行标准4.5.8和4.5.9两个主控项目	
	变形观测与评估	变形观测与评估	每孔梁	5.3.1、5.3.2、5.3.4、5.3.7~5.3.8	
桥面附属设施	桥面附属设施	接触网支柱基础	每个施工段(或按相关专业标准确定)	7.2.1~7.2.9	7.2.10
		声屏障基础(含遮板)		7.3.1~7.3.8	7.3.9
		防撞墙、电缆槽竖墙		7.5.1~7.5.7	7.5.8
		综合接地		7.6.1~7.6.5	
		人行道、栏杆、围栏、吊篮	每座桥	执行《客运专线铁路桥涵工程施工质量验收暂行标准》(铁建设〔2005〕160号)等	
竣工测量		竣工测量	每个单位工程	4.4.12、4.4.13、4.4.15	

CHINA RAILWAY PUBLISHING HOUSE

表 3.2.7—2 涵洞工程分部工程、分项工程、检验批划分和检验项目

分部工程		分项工程	检验批	检验项目条文号	
类别	名称			主控项目	一般项目
工程测量		控制测量	施工段	4.2.6~4.2.8	
		施工复测	施工段	4.3.3~4.3.6	
		变形监测网测量	施工段	4.5.6、4.5.7	
地基及基础	明挖基础	按《铁路桥涵工程施工质量验收暂行标准》(铁建设〔2005〕160 号)进行分项工程、检验批划分		执行《客运专线铁路桥涵工程施工质量验收暂行标准》(铁建设〔2005〕160 号)。在"混凝土"分项工程中,增加关于沉降观测点布置和埋设要求,即本暂行标准 4.5.8 和 4.5.9 两个主控项目	
涵身	装配式涵洞涵身	按《铁路桥涵工程施工质量验收暂行标准》(铁建设〔2005〕160 号)进行分项工程、检验批划分		执行《客运专线铁路桥涵工程施工质量验收暂行标准》(铁建设〔2005〕160 号)。在"混凝土"分项工程中,增加关于沉降观测点布置和埋设要求,即本暂行标准 4.5.8 和 4.5.9 两个主控项目	
	就地制造涵洞涵身	按《铁路桥涵工程施工质量验收暂行标准》(铁建设〔2005〕160 号)进行分部、分项、检验批划分		执行《客运专线铁路桥涵工程施工质量验收暂行标准》(铁建设〔2005〕160 号)。在"混凝土"分项工程中,增加关于沉降观测点布置和埋设要求,即本暂行标准 4.5.8 和 4.5.9 两个主控项目	
	渡槽和倒虹吸管	按《铁路桥涵工程施工质量验收暂行标准》(铁建设〔2005〕160 号)进行分部、分项、检验批划分		执行《客运专线铁路桥涵工程施工质量验收暂行标准》(铁建设〔2005〕160 号)等	
变形观测与评估		变形观测与评估	每个涵	5.3.1~5.3.6 5.3.8	
附属工程	附属工程	按《铁路桥涵工程施工质量验收暂行标准》(铁建设〔2005〕160 号)进行分部、分项、检验批划分		执行《客运专线铁路桥涵工程施工质量验收暂行标准》(铁建设〔2005〕160 号)等	

3.2.8 隧道工程分部工程、分项工程划分和检验批、检验项目应符合表 3.2.8 的规定。

表 3.2.8 隧道工程分部工程、分项工程、检验批划分和检验项目

分部工程	分项工程	检验批	检验项目条文号	
			主控项目	一般项目
工程测量	控制测量	施工段	4.2.6~4.2.8	
	施工复测	施工段	4.3.3~4.3.6	
	施工测量	施工段	4.4.5、4.4.11、4.4.16	
	变形监测网测量	施工段	4.5.6、4.5.7	
洞口工程	按《客运专线铁路隧道工程施工质量验收暂行标准》(铁建设〔2005〕160 号)进行分部、分项、检验批划分		执行《客运专线铁路隧道工程施工质量验收暂行标准》(铁建设〔2005〕160 号)等	
洞身开挖	按《客运专线铁路隧道工程施工质量验收暂行标准》(铁建设〔2005〕160 号)进行分部、分项、检验批划分		执行《客运专线铁路隧道工程施工质量验收暂行标准》(铁建设〔2005〕160 号)等	

CHINA RAILWAY PUBLISHING HOUSE

续上表

分部工程	分项工程	检验批	检验项目条文号	
			主控项目	一般项目
支护	按《客运专线铁路隧道工程施工质量验收暂行标准》(铁建设〔2005〕160号)进行分部、分项、检验批划分		执行《客运专线铁路隧道工程施工质量验收暂行标准》(铁建设〔2005〕160号)等	
衬砌	按《客运专线铁路隧道工程施工质量验收暂行标准》(铁建设〔2005〕160号)进行分部、分项、检验批划分		执行《客运专线铁路隧道工程施工质量验收暂行标准》(铁建设〔2005〕160号)。在仰拱填充分项工程中增加有关隧底预埋钢筋要求,即本暂行标准6.2.7主控项目;在"底板"、"仰拱"两个分项工程中增加有关变形观测点布置埋设要求,即本暂行标准4.5.8和4.5.9两个主控项目	
辅助坑道及附属洞室	按《客运专线铁路隧道工程施工质量验收暂行标准》(铁建设〔2005〕160号)进行分部、分项、检验批划分		执行《客运专线铁路隧道工程施工质量验收暂行标准》(铁建设〔2005〕160号)等	
明洞工程	按《客运专线铁路隧道工程施工质量验收暂行标准》(铁建设〔2005〕160号)进行分部、分项、检验批划分		执行《客运专线铁路隧道工程施工质量验收暂行标准》(铁建设〔2005〕160号)等	
缓冲结构	按《客运专线铁路隧道工程施工质量验收暂行标准》(铁建设〔2005〕160号)进行分部、分项、检验批划分		执行《客运专线铁路隧道工程施工质量验收暂行标准》(铁建设〔2005〕160号)等	
防水和排水	洞口防排水	每个洞口	执行《客运专线铁路隧道工程施工质量验收暂行标准》(铁建设〔2005〕160号)等	
	洞内排水沟	每120 m		
	检查井	每4处		
	中心水沟	每120 m		
	防寒泄水洞	每处		
	施工缝防水	每处		
	变形缝防水	每处		
	防水板防水	每个覆盖段		
	围岩注浆	每个作业循环		
	盲管	每个衬砌段		
附属设施	运营通风土建工程	每处	执行《客运专线铁路隧道工程施工质量验收暂行标准》(铁建设〔2005〕160号)等	
	救援通道	每100 m		
	紧急出口	每处		
	消防	每处		
	电缆槽	每100 m		
	综合接地	每个施工段(或按相关专业标准确定)	7.6.1~7.6.5	
	洞内附属构筑物	每处	执行《客运专线铁路隧道工程施工质量验收暂行标准》(铁建设〔2005〕160号)	
变形观测与评估	变形观测与评估	每个观测断面	5.4.1~5.4.5	
竣工测量	竣工测量	每个单位工程	4.4.12、4.4.13、4.4.16	

CHINA RAILWAY PUBLISHING HOUSE

3.2.9　无砟轨道工程分部、分项工程划分和检验批、检验项目应符合表3.2.9的规定。

表3.2.9　无砟轨道工程分部工程、分项工程、检验批划分和检验项目

分部工程	分项工程			检验批	检验项目条文号	
					主控项目	一般项目
工程测量	控制测量			施工段	4.2.6~4.2.8	
	施工复测			施工段	4.3.3~4.3.6	
	加密基桩测量			施工段	4.6.4~4.6.9	
	维护基桩测量			施工段	4.7.4~4.7.6	
	无砟轨道铺设竣工测量			施工段	4.8.3~4.8.5	
变形观测与评估	路基变形观测与评估			施工段	5.2.1~5.2.5	
	桥涵变形观测与评估			施工段	5.3.1~5.3.8	
	隧道变形观测与评估			施工段	5.4.1~5.4.5	
	过渡段变形观测与评估			施工段	5.5.1~5.5.5	
	综合评估			施工段	5.6.1~5.6.3	
无砟轨道道床	CRTS Ⅰ型板式无砟轨道道床	混凝土底座及凸形挡台	基础面处理	施工段	8.2.1~8.2.3	
			模板	施工段	8.2.4~8.2.6	8.2.7~8.2.9
			钢筋	施工段	8.2.10~8.2.11	8.2.12~8.2.14
			混凝土	施工段	8.2.15~8.2.17	8.2.18~8.2.20
		轨道板铺设		40块或施工段	8.3.1~8.3.4	8.3.5、8.3.6
		水泥沥青砂浆灌注		40块或施工段	8.4.1~8.4.15	8.4.16~8.4.17
		凸形挡台树脂灌注		施工段	8.5.1~8.5.3	8.5.4~8.5.5
		防水层、保护层		施工段	8.6.1~8.6.5	8.6.6~8.6.10
	CRTS Ⅱ型板式无砟轨道道床	混凝土支承层	模　板	施工段	9.2.1	9.2.2
			混凝土	施工段	9.2.3~9.2.5	9.2.6~9.2.8
		滑动层、硬泡沫塑料板		施工段	9.3.1~9.3.4	9.3.5
		桥上混凝土底座	模　板	施工段	9.4.1	9.4.2
			钢　筋	施工段	9.4.3~9.4.5	9.4.6
			混凝土	施工段	9.4.7~9.4.8	9.4.9~9.4.10
		路桥过渡段端部结构	模　板	施工段	9.5.1	9.5.2~9.5.3
			钢　筋	施工段	9.5.4	9.5.5
			混凝土	施工段	9.5.6	9.5.7~9.5.8
		轨道板铺设		40块或施工段	9.6.1~9.6.2	9.6.3~9.6.5
		水泥沥青砂浆灌注		40块或施工段	9.7.1~9.7.5	9.7.6~9.7.7
		轨道板纵向连接	模　板	施工段	9.8.1	9.8.2
			钢筋及纵向钢筋连接	施工段	9.8.3~9.8.7	9.8.8
			混凝土	施工段	9.8.9~9.8.110	9.8.11~9.8.12

CHINA RAILWAY PUBLISHING HOUSE

续上表

分部工程		分项工程		检验批	检验项目条文号	
					主控项目	一般项目
无砟轨道道床	CRTS Ⅱ型板式无砟轨道道床	侧向挡块	基础面处理	施工段	9.9.1	
			模板	施工段	9.9.2	9.9.3~9.9.4
			钢筋	施工段	9.9.5	9.9.6
			混凝土	施工段	9.9.7	9.9.8~9.9.9
			限位板	施工段	9.9.10~9.9.11	
		轨道板锚固和剪切连接		施工段	9.10.1~9.10.3	
		线间及两侧堆砟		施工段	9.11.1~9.11.3	9.11.4~9.11.5
	CRTS Ⅲ型板式无砟轨道道床	混凝土支承层	模板	施工段	10.2.1	10.2.2
			混凝土	施工段	10.2.3	10.2.4
		滑动层、硬泡沫塑料板		施工段	10.3.1	10.3.2
		桥上混凝土底座	模板	施工段	10.4.1	10.4.2
			钢筋	施工段	10.4.3	10.4.4
			混凝土	施工段	10.4.5	10.4.6~10.4.7
		轨道板铺设		40块或施工段	10.5.1~10.5.2	10.5.3
		水泥沥青砂浆灌注		40块或施工段	10.6.1~10.6.2	10.6.3~10.6.4
		限位台及定位销	模板	施工段	10.7.1	10.7.2
			钢筋	施工段	10.7.3	10.7.4~10.7.5
			混凝土	施工段	10.7.6~10.7.7	10.7.8
			定位销	施工段	10.7.9~10.7.10	10.7.11~10.7.12
		轨道板纵向连接	连接器	施工段	10.8.1~10.8.3	10.8.4
			模板	施工段	10.8.5	10.8.6
			钢筋	施工段	10.8.7	10.8.8
			混凝土	施工段	10.8.9~10.8.10	10.8.11~10.8.12
			防水层、保护层	施工段	10.9.1	10.9.2
	CRTS Ⅰ型双块式无砟轨道道床	混凝土支承层	模板	施工段	11.2.1	11.2.2
			混凝土	施工段	11.2.3	11.2.4~11.2.5
		桥上混凝土底座	基础面处理	施工段	11.3.1	
			模板	施工段	11.3.2	11.3.3
			钢筋	施工段	11.3.4	11.3.5
			混凝土	施工段	11.3.6	11.3.7~11.3.8
		隔离层		施工段	11.4.1	11.4.2~11.4.5
		轨排组装铺设		施工段	11.5.1~11.5.3	11.5.4~11.5.5
		混凝土道床板	模板	施工段	11.6.1	11.6.2
			钢筋	施工段	11.6.3	11.6.4
			混凝土	施工段	11.6.5	11.6.6~11.6.8
		防水层、保护层		施工段	11.7.1	11.7.2

CHINA RAILWAY PUBLISHING HOUSE

续上表

分部工程		分项工程		检验批	检验项目条文号	
					主控项目	一般项目
无砟轨道道床	CRTS Ⅱ型双块式无砟轨道道床	混凝土支承层	模板	施工段	12.2.1	12.2.2
			混凝土	施工段	12.2.3	12.2.4
		梁面保护层		施工段	12.3.1	12.3.2
		桥上混凝土底座、隧道楔形底座	模板	施工段	12.4.1	12.4.2
			钢筋	施工段	12.4.3	12.4.4
			混凝土	施工段	12.4.5	12.4.6～12.4.7
		隔离层		施工段	12.5.1	12.5.2
		混凝土道床板	模板	施工段	12.6.1	12.6.2
			钢筋	施工段	12.6.3	12.6.4
			混凝土	施工段	12.6.5	12.6.6～12.6.7
		支脚及轨枕固定架安装		施工段	12.7.1～12.7.3	
		侧向挡块	模板	施工段	12.8.1	12.8.2
			钢筋	施工段	12.8.3	12.8.4
			混凝土	施工段	12.8.5	12.8.6
		防水层		施工段	12.9.1	12.9.2
	道岔区轨枕埋入式无砟轨道	混凝土底座	模板	每组	13.2.1	13.2.2
			钢筋	每组	13.2.3	13.2.4～13.2.5
			混凝土	每组	13.2.6	13.2.7～13.2.8
		道岔组装、定位		每组	13.3.1～13.3.9	13.3.10
		混凝土道床板	模板	每组	13.4.1	13.4.2～13.4.3
			钢筋	每组	13.4.4	13.4.5～13.4.6
			混凝土	每组	13.4.7	13.4.8～13.4.10
铺设无缝线路		基地钢轨焊接		500个焊头	14.1.6～14.1.14	14.1.15～14.1.18
		长钢轨铺设		一个区间	14.2.6～14.2.8	14.2.9～14.2.10
		工地钢轨焊接		一个区间	14.3.10～14.3.18	14.3.19～14.3.24
		无缝线路应力放散及锁定		单元轨节	14.4.8～14.4.12	14.4.13～14.4.14
		钢轨伸缩调节器		组	14.5.6～14.5.13	14.5.14～14.5.16
		轨道整理及钢轨预打磨		5 km	14.6.11～14.6.20	14.6.21～14.6.27
相关工程		综合接地		每个检测段（或按相关专业标准确定）	7.6.1～7.6.5	
		轨道电路		每个检测段（或按相关专业标准确定）	7.7.1～7.7.6	

CHINA RAILWAY PUBLISHING HOUSE

续上表

分部工程	分 项 工 程	检验批	检验项目条文号	
			主控项目	一般项目
相关工程	路基面沥青混凝土防渗层	每个施工段	7.8.1~7.8.4	
	轨道吸声构件	每个施工段	7.9.1~7.9.3	
线路及信号标志	线路及信号标志	一个区间	15.0.2~15.0.3	15.0.4

注:1 单位工程的分部工程可根据实际情况进行组合;
2 施工段是指一个班次或作业循环的作业长度;
3 检验批长度均按单线计算。

3.3 工程施工质量验收

3.3.1 检验批的质量验收包括如下内容:

1 实物检查,按下列方式进行:

1)对原材料、构配件和设备等的检验,应按进场的批次和本暂行标准规定的抽样检验方案执行;

2)对混凝土性能指标,应按国家现行有关标准和本暂行标准规定的抽样检验方案执行;

3)对本暂行标准中采用计数检验的项目,应按抽查总点数的合格点率进行检查。

2 资料检查,包括原材料、构配件和设备等的质量证明文件(质量合格证、规格、型号及性能检测报告等)和检验报告、施工过程中重要工序的自检和交接检验记录、平行检验报告、见证取样检测报告等。

3.3.2 检验批合格质量应符合下列规定:

1 主控项目的质量经抽样检验应全部合格;

2 一般项目的质量经抽样检验全部合格;当采用计数检验时,有允许偏差的抽查点,除有专门要求外,80%及以上的抽查点应控制在规定的允许偏差内,最大偏差不得大于规定允许偏差的1.5倍;

3 具有完整的施工操作依据、质量检查记录。

3.3.3 分项工程质量验收合格应符合下列规定:

1 分项工程所含的检验批均应符合合格质量的规定;

2 分项工程所含的检验批的质量验收记录应完整。

3.3.4 分部工程质量验收合格应符合下列规定:

1 分部工程所含分项工程的质量均应验收合格;

2 质量控制资料应完整;

3 分部工程中有关安全及功能的检验和抽样检测结果应符合有关规定。

3.3.5 单位工程质量验收合格应符合下列规定:

1 单位工程所含分部工程的质量均应验收合格;

2 质量控制资料应完整;

3 实体质量和主要功能应符合相关标准、规范的规定和设计要求;

CHINA RAILWAY PUBLISHING HOUSE

4 观感质量验收应符合要求。

3.3.6 当工程施工质量不符合要求时,应按以下规定进行处理:

1 经返工重做的或更换构配件、设备的检验批,应重新进行验收;

2 当对试块试件的试验结果有怀疑,或因试块试件丢失损坏、试验资料丢失等无法判断实体质量时,应由有资质的法定检测单位对实体质量进行检测鉴定,凡达到设计要求的检验批可予以验收。

3.3.7 通过返修或加固处理仍不能满足安全使用要求的分部工程、单位工程,严禁验收。

3.4 工程施工质量验收的程序和组织

3.4.1 检验批应由施工单位自检合格后报监理单位,由监理工程师组织施工单位专职质量检查员等进行验收。监理单位应对全部主控项目进行检查,对一般项目的检查内容和数量可根据具体情况确定。检验批质量验收记录应按表 3.4.1 填写。

3.4.2 分项工程应由监理工程师组织施工单位分项工程技术负责人等进行验收;控制测量分项工程验收应由建设单位技术负责人组织勘察设计、施工、监理单位技术负责人进行验收,并按表 3.4.2 填写记录。

3.4.3 分部工程应由监理工程师组织施工单位项目负责人和技术、质量负责人等进行验收,工程测量分部工程进行验收时,勘察设计单位项目负责人应参加,并按表 3.4.3 填写记录。

3.4.4 变形观测与评估分部工程的验收,应由建设单位组织勘察设计、施工、监理和咨询等单位进行,并按表 3.4.3 填写记录。

3.4.5 单位工程完工后,施工单位应自行组织有关人员进行检查评定,并向建设单位提交单位工程验收报告。

3.4.6 建设单位收到工程验收报告后,应由建设单位项目负责人组织施工、设计、监理单位项目负责人进行单位工程验收,并按表 3.4.6 填写记录。单位工程验收包含综合质量验收的内容,综合质量验收应符合本暂行标准第 16 章的有关规定。

CHINA RAILWAY PUBLISHING HOUSE

表 3.4.1 ________检验批质量验收记录

单位工程名称				
分部工程名称				
分项工程名称			验收部位	
施工单位			项目负责人	
施工质量验收标准名称及编号				
施工质量验收标准的规定			施工单位检查评定记录	监理单位验收记录
主控项目	1			
	2			
	3			
	4			
	5			
	6			
一般项目	1			
	2			
	3			
	4			
	5			
施工单位检查评定结果	专职质量检查员 年 月 日 分项工程技术负责人 年 月 日 分项工程负责人 年 月 日			
监理单位验收结论	监理工程师 年 月 日			

注：工程测量、变形观测与评估等应根据具体情况及参加验收单位参照本表填写验收记录。

CHINA RAILWAY PUBLISHING HOUSE

表 3.4.2 ____________分项工程质量验收记录

<table>
<tr><td colspan="2">单位工程名称</td><td colspan="3"></td></tr>
<tr><td colspan="2">分部工程名称</td><td></td><td>检验批数</td><td></td></tr>
<tr><td colspan="2">施工单位</td><td></td><td>项目负责人</td><td></td></tr>
<tr><td>序　号</td><td>检验批部位</td><td>施工单位检查评定结果</td><td colspan="2">监理单位验收结论</td></tr>
<tr><td>1</td><td></td><td></td><td colspan="2"></td></tr>
<tr><td>2</td><td></td><td></td><td colspan="2"></td></tr>
<tr><td>3</td><td></td><td></td><td colspan="2"></td></tr>
<tr><td>4</td><td></td><td></td><td colspan="2"></td></tr>
<tr><td>5</td><td></td><td></td><td colspan="2"></td></tr>
<tr><td>6</td><td></td><td></td><td colspan="2"></td></tr>
<tr><td>7</td><td></td><td></td><td colspan="2"></td></tr>
<tr><td>8</td><td></td><td></td><td colspan="2"></td></tr>
<tr><td>9</td><td></td><td></td><td colspan="2"></td></tr>
<tr><td>10</td><td></td><td></td><td colspan="2"></td></tr>
<tr><td>11</td><td></td><td></td><td colspan="2"></td></tr>
<tr><td colspan="5">说明：</td></tr>
<tr><td colspan="2">施工单位
检查评定结果</td><td colspan="3">分项工程技术负责人　　　年　　月　　日</td></tr>
<tr><td colspan="2">监理单位
验收结论</td><td colspan="3">监理工程师　　　年　　月　　日</td></tr>
</table>

注：工程测量、变形观测与评估等应根据具体情况及参加验收单位参照本表填写验收记录。

CHINA RAILWAY PUBLISHING HOUSE

表 3.4.3 ______分部工程质量验收记录

<table>
<tr><td colspan="2">单位工程名称</td><td colspan="4"></td></tr>
<tr><td colspan="2">施工单位</td><td colspan="4"></td></tr>
<tr><td colspan="2">项目负责人</td><td>项目技术负责人</td><td></td><td>项目质量负责人</td><td></td></tr>
<tr><td>序 号</td><td>分项工程名称</td><td>检验批数</td><td colspan="2">施工单位检查评定结果</td><td>监理单位验收结论</td></tr>
<tr><td>1</td><td></td><td></td><td colspan="2"></td><td></td></tr>
<tr><td>2</td><td></td><td></td><td colspan="2"></td><td></td></tr>
<tr><td>3</td><td></td><td></td><td colspan="2"></td><td></td></tr>
<tr><td>4</td><td></td><td></td><td colspan="2"></td><td></td></tr>
<tr><td>5</td><td></td><td></td><td colspan="2"></td><td></td></tr>
<tr><td>6</td><td></td><td></td><td colspan="2"></td><td></td></tr>
<tr><td>7</td><td></td><td></td><td colspan="2"></td><td></td></tr>
<tr><td>8</td><td></td><td></td><td colspan="2"></td><td></td></tr>
<tr><td>9</td><td></td><td></td><td colspan="2"></td><td></td></tr>
<tr><td>10</td><td></td><td></td><td colspan="2"></td><td></td></tr>
<tr><td colspan="3">质量控制资料</td><td colspan="3"></td></tr>
<tr><td colspan="3">实体质量和主要功能检验(检测)报告</td><td colspan="3"></td></tr>
<tr><td rowspan="3">验收单位</td><td>施工单位</td><td colspan="4">项目负责人 年 月 日</td></tr>
<tr><td>勘察设计单位</td><td colspan="4">项目负责人 年 月 日</td></tr>
<tr><td>监理单位</td><td colspan="4">监理工程师 年 月 日</td></tr>
</table>

注:1 勘察设计单位应根据有关标准要求参加相关分部工程的验收;

2 质量控制资料核查、实体质量和主要功能抽查项目应按本暂行标准第 16 章确定;

3 工程测量、变形观测与评估等应根据具体情况及参加验收单位参照本表填写验收记录。

CHINA RAILWAY PUBLISHING HOUSE

表 3.4.6　单位工程质量验收记录

<table>
<tr><td colspan="3">单位工程名称</td><td colspan="3"></td></tr>
<tr><td colspan="3">开工日期</td><td></td><td>竣工日期</td><td></td></tr>
<tr><td colspan="3">施工单位</td><td colspan="3"></td></tr>
<tr><td colspan="3">项目负责人</td><td>项目技术负责人</td><td>项目质量负责人</td><td></td></tr>
<tr><td>序　号</td><td colspan="2">项　　目</td><td colspan="2">验　收　记　录</td><td>验收结论</td></tr>
<tr><td>1</td><td colspan="2">分部工程</td><td colspan="2">共　　分部
经查，符合标准规定及设计要求　　分部</td><td rowspan="4"></td></tr>
<tr><td>2</td><td rowspan="3">综
合
质
量
验
收</td><td>质量控制资料核查</td><td colspan="2">共　　项
经查，符合要求　　项
不符合要求　　项</td></tr>
<tr><td>3</td><td>实体质量和主要功能核查</td><td colspan="2">共核查、抽查　　项
符合要求　　项
不符合要求　　项</td></tr>
<tr><td>4</td><td>观感质量验收</td><td colspan="2">共检查　　项
评定为合格的　　项
评定为差的　　项</td></tr>
<tr><td>5</td><td colspan="2">综合验收结论</td><td colspan="3"></td></tr>
<tr><td rowspan="2">验
收
单
位</td><td colspan="2">施工单位</td><td>监理单位</td><td>勘察设计单位</td><td>建设单位</td></tr>
<tr><td colspan="2">（公章）
项目负责人
年　月　日</td><td>（公章）
总监理工程师
年　月　日</td><td>（公章）
项目负责人
年　月　日</td><td>（公章）
项目负责人
年　月　日</td></tr>
</table>

CHINA RAILWAY PUBLISHING HOUSE

4 工程测量

4.1 一般规定

4.1.1 客运专线无砟轨道铁路工程测量的平面坐标系应采用工程独立坐标系统，并引入1954年北京坐标系/1980西安坐标系。

4.1.2 客运专线无砟轨道铁路工程测量的高程系统应采用1985国家高程基准。当个别地段无1985国家高程基准的水准点时，可引用其他高程系统或以独立高程起算。但在全线高程测量贯通后，应消除断高，换算成1985国家高程基准。有困难时亦应换算成全线统一的高程系统。

4.1.3 客运专线无砟轨道铁路工程测量的平面、高程控制网，按施测阶段、施测目的及功能应分为勘测控制网、施工控制网、运营维护控制网。

4.1.4 测量记录、计算成果和图表应书写清楚、签署完整，并应复核和检算，未经复核和检算的资料严禁使用。各种测量原始记录（包括磁卡、电脑记录）、计算成果和图表应按有关规定妥善保存。

4.1.5 各种测量仪器和工具应做好经常性的保养和维护工作，并定期校验和检定。

4.1.6 具体工程建设项目的工程测量工作可结合实际情况制定实施方案。

4.2 控制测量

一般规定

4.2.1 客运专线无砟轨道铁路工程测量的平面控制网宜分三级布设，即基础平面控制网（CPⅠ）、线路控制网（CPⅡ）、基桩控制网（CPⅢ）。

4.2.2 客运专线无砟轨道铁路的高程控制测量分为勘测高程控制测量、水准基点高程控制测量、CPⅢ控制点高程测量。

4.2.3 各级平面高程控制网应满足无砟轨道铁路工程不同阶段的需要，及时建立。

1 初测阶段应建立基础平面控制网（CPⅠ）和勘测高程控制网；

2 定测阶段应建立线路控制网（CPⅡ）及水准基点控制网；

3 线下工程经无砟轨道铺设条件评估合格后，无砟轨道施工前应建立基桩控制网（CPⅢ）及CPⅢ控制点高程测量网。

4.2.4 勘察设计单位应定期维护、监测基础平面控制网（CPⅠ）、线路控制网（CPⅡ）及水准基点控制网。

4.2.5 平面、高程控制测量完成后，应由建设单位组织评估，并编写评估验收报告。

主控项目

4.2.6 平面、高程控制网的设计应符合《客运专线无砟轨道铁路工程测量暂行规定》（铁建设〔2006〕189 号)的规定并满足各阶段使用要求。

检验数量:全部检查。

检验方法:建设单位组织有关单位检查控制网测量设计书,施工单位、监理单位确认检查。

4.2.7 平面、高程控制网的网形、精度、施测方法、平差计算等应符合《客运专线无砟轨道铁路工程测量暂行规定》(铁建设〔2006〕189 号)的规定和控制网测量设计书的要求。

检验数量:全部检查。

检验方法:建设单位组织有关单位检查测量资料,施工单位、监理单位确认检查。

4.2.8 平面、高程控制测量成果应满足客运专线无砟轨道铁路工程勘测、施工、运营维护各阶段的使用要求。

检验数量:全部检查。

检验方法:建设单位组织测量成果评估,施工单位、监理单位确认检查。

4.3 施工复测

一般规定

4.3.1 客运专线无砟轨道铁路工程施工前,应由建设单位组织勘察设计单位(施测单位)、监理单位、施工单位进行现场交接桩,并做好交接桩记录。

4.3.2 施工单位应及时对交接的控制桩进行复测。

主控项目

4.3.3 现场交接的控制桩数量应齐全,测量资料应完整,并应符合《客运专线无砟轨道铁路工程测量暂行规定》(铁建设〔2006〕189 号)的有关规定。

检验数量:全部检查。

检验方法:施工单位、监理单位现场确认控制桩、检查测量资料。

4.3.4 控制桩的规格、标识、位置及埋设深度应符合《客运专线无砟轨道铁路工程测量暂行规定》(铁建设〔2006〕189 号)的有关规定。

检验数量:施工单位、监理单位全部检查。

检验方法:观察、尺量检查。

4.3.5 施工复测的方法、仪器、精度应符合《客运专线无砟轨道铁路工程测量暂行规定》(铁建设〔2006〕189 号)的有关规定。

检验数量:全部检查。

检验方法:施工单位测量,监理单位检查测量资料并见证检查。

4.3.6 施工复测结果应与设计单位提供的测量成果对照检查,检查判定方法应符合《客运专线无砟轨道铁路工程测量暂行规定》(铁建设〔2006〕189 号)的有关规定。

检验数量:施工单位、监理单位全部检查。

检验方法:与勘察设计单位提供的测量成果对照检查。

CHINA RAILWAY PUBLISHING HOUSE

4.4　线下工程测量

一 般 规 定

4.4.1　重点、复杂桥梁及长大隧道,应建立独立的平面、高程施工控制网,并定期与 CPⅠ、CPⅡ控制点联测,保证独立网的准确性。

4.4.2　线下工程竣工、全线(段)具备二等高程控制网的条件后,应进行线路中线和高程测量,贯通全线的里程和高程,并检查线下工程施工的准确性。

4.4.3　线路中线加桩应利用 CPⅡ控制点测设、高程利用二等水准基点测量。

4.4.4　路基、隧道竣工测量成果应移交轨道工程施工单位;墩台和梁部竣工测量结果应分别移交架梁单位和轨道工程施工单位。

(Ⅰ)施 工 测 量

主 控 项 目

4.4.5　重点、复杂桥梁及长大隧道施工控制测量的布网、精度指标、施测方法及规则、平差计算等应符合《客运专线无砟轨道铁路工程测量暂行规定》(铁建设〔2006〕189 号)的有关规定。

检验数量:全部检查。

检验方法:施工单位测量,监理单位检查测量资料。

4.4.6　地基加固工程中加固范围、各类群桩基础的桩位、桩—板结构路基的施工放样测量应符合《客运专线无砟轨道铁路工程测量暂行规定》(铁建设〔2006〕189 号)的有关规定。

检验数量:全部检查。

检验方法:施工单位测量,监理单位检查测量资料。

4.4.7　路基填筑和开挖施工测量的施测方法、测放精度、仪器及精度应符合有关铁路工程测量标准的规定。

检验数量:全部检查。

检验方法:施工单位测量,监理单位检查测量资料。

4.4.8　路基支挡结构、边坡防护工程施工放样测量的施测方法、测放精度、仪器及精度应符合有关铁路工程测量标准的规定。

检验数量:全部检查。

检验方法:施工单位测量,监理单位检查测量资料。

4.4.9　桥涵基础施工放样测量的施测方法、测放精度、仪器及精度应符合有关铁路工程测量标准的规定。

检验数量:全部检查。

检验方法:施工单位测量,监理单位检查测量资料。

4.4.10　桥梁墩台施工放样测量的施测方法、测放精度、仪器及精度应符合有关铁路工程测量标准的规定。

检验数量:全部检查。

CHINA RAILWAY PUBLISHING HOUSE

检验方法:施工单位测量,监理单位检查测量资料。

4.4.11　隧道施工测量方法、测放精度、仪器及精度应符合有关铁路工程测量标准的规定。

检验数量:全部检查。

检验方法:施工单位测量,监理单位检查测量资料。

(Ⅱ)竣工测量

主控项目

4.4.12　竣工测量的仪器、施测方法及精度应符合《客运专线无砟轨道铁路工程测量暂行规定》(铁建设〔2006〕189 号)的有关规定。

检验数量:全部检查。

检验方法:施工单位测量,监理单位检查测量资料。

4.4.13　线路竣工测量中线和高程桩的设置数量、位置、桩位限差和高程限差,应符合《客运专线无砟轨道铁路工程测量暂行规定》(铁建设〔2006〕189 号)的有关规定。

检验数量:全部检查。

检验方法:施工单位测量,监理单位检查测量资料。

4.4.14　路基横断面竣工测量间距、测点范围应符合《客运专线无砟轨道铁路工程测量暂行规定》(铁建设〔2006〕189 号)的有关规定。

检验数量:全部检查。

检验方法:施工单位测量,监理单位检查测量资料。

4.4.15　桥梁墩台竣工测量的测点位置和精度应符合《客运专线无砟轨道铁路工程测量暂行规定》(铁建设〔2006〕189 号)的有关规定。

检验数量:全部检查。

检验方法:施工单位测量,监理单位检查测量资料。

4.4.16　隧道竣工测量应以恢复后的线路中线为准进行净空断面测量,断面间距、测点位置和精度应符合《客运专线无砟轨道铁路工程测量暂行规定》(铁建设〔2006〕189 号)的有关规定。

检验数量:全部检查。

检验方法:施工单位测量,监理单位检查测量资料。

CHINA RAILWAY PUBLISHING HOUSE

4.5　构筑物变形监测网测量

一般规定

4.5.1　客运专线无砟轨道铁路应按设计要求建立线下构筑物变形监测网,对线下构筑物变形及时进行观测。

4.5.2　变形测量点分为基准点、工作基点和变形观测点。

4.5.3　变形测量基准点应选设在变形影响范围以外便于长期保存的稳定位置;工作基点在观测期间稳定不变;变形观测点应设立在变形体上能反映变形特征的位置。

4.5.4　观测期间应对变形监测网设施和观测装置采取有效的保护措施,确保施工过程中不受扰动或破坏。

4.5.5 变形观测成果的所有原始观测记录资料应真实、可靠、具有可追溯性,严格执行责任人签字制度,并应符合竣工文件编制和移交的有关规定。

主 控 项 目

4.5.6 水平位移监测网布网的主要技术要求应符合表4.5.6的规定。

表4.5.6 水平位移监测网布网的主要技术要求

等 级	相邻基准点的点位中误差(mm)	平均边长(m)	测角中误差(″)	最弱边相对中误差
一 等	±1.5	<300	±0.7	≤1/250 000
		<150	±1.0	≤1/120 000
二 等	±3.0	<300	±1.0	≤1/120 000
		<150	±1.8	≤1/70 000
三 等	±6.0	<350	±1.8	≤1/70 000
		<200	±2.5	≤1/40 000
四 等	±12.0	<400	±2.5	≤1/40 000

检验数量:全部检查。

检验方法:建设单位组织有关单位对照沉降变形观测方案与技术设计书进行评估。施工单位测量,监理单位确认。

4.5.7 垂直位移监测网布网的主要技术要求应符合表4.5.7的规定。

表4.5.7 垂直位移监测网布网的主要技术要求

等 级	相邻基准点高差中误差(mm)	每站高差中误差(mm)	往返较差、附合或环线闭合差(mm)	监测已测高差较差(mm)
一 等	0.3	0.07	$0.15\sqrt{n}$	$0.2\sqrt{n}$
二 等	0.5	0.13	$0.3\sqrt{n}$	$0.5\sqrt{n}$
三 等	1.0	0.3	$0.6\sqrt{n}$	$0.8\sqrt{n}$
四 等	2.0	0.7	$1.40\sqrt{n}$	$2.0\sqrt{n}$

检验数量:全部检查。

检验方法:建设单位组织有关单位对照沉降变形观测方案与技术设计书进行评估。施工单位测量,监理单位确认。

4.5.8 变形沉降观测点的布置应符合表4.5.8的规定及设计要求。

表4.5.8 变形沉降观测点的布置

序号	类 别	观测项目	布 置 要 求	备 注
1	路基	沉降观测断面	间距≤50 m	一般地段
			间距≤100 m	地势平坦、地基条件均匀良好的路堑、高度小于5 m的路堤
2	预应力混凝土梁	梁体徐变变形观测点	支点和跨中截面,每孔梁不少于6个	原材料变化不大、预制工艺稳定、批量生产每30孔选择1孔

CHINA RAILWAY PUBLISHING HOUSE

续上表

序号	类　别	观测项目	布 置 要 求	备　　注
3	墩台	沉降观测点	每个墩台（包括承台）不少于4个	
4	涵洞	沉降观测点	边墙两侧不少于4个	涵洞顶填土沉降的观测应与路基沉降观测同步进行
5	隧道	沉降观测断面	Ⅲ级围岩每400 m布设1个，每个观测断面在相应于两侧边墙处设一对沉降观测点	洞口至分界里程范围内至少1个。地应力较大、断层破碎带、膨胀土、湿陷性黄土等不良和复杂地质区段适当加密布设
			Ⅳ级围岩每300 m布设1个，每个观测断面在相应于两侧边墙处设一对沉降观测点	
			Ⅴ级围岩每200 m布设1个，每个观测断面在相应于两侧边墙处设一对沉降观测点	
6	过渡段	沉降观测断面	距结构物起点5～10 m处、20～30 m、50 m处应分别设置	不同结构物的起点应设置

检验数量：全部检查。

检验方法：施工单位观察、尺量，监理单位见证检查。

4.5.9　沉降变形观测装置的规格、材料及埋设深度应符合《客运专线铁路无砟轨道铺设条件评估技术指南》（铁建设〔2006〕158号）的相关规定。

检验数量：施工单位、监理单位全部检查。

检验方法：观察、尺量，查验产品合格证。

4.6　加密基桩测量

一 般 规 定

4.6.1　加密基桩的测设应满足下列要求：

1　依据相邻CPⅢ控制点加密，采用光学准直法、极坐标法和精密水准测量方法，逐一测定加密基桩的位置和高程，并标定点位；

2　加密基桩间距应根据施工方法确定，一般在5～10 m范围设置一个；加密基桩一般设置在线路中线上，也可设置在线路的两侧。

4.6.2　道岔区应在岔心、岔前、岔后位置及道岔前后100～200 m范围内增设控制基桩，其位置一般设置在直股和曲股的两侧，可按坐标直接测设，也可按岔心和直股与曲股线路方向测设，并应埋置永久性桩位。

4.6.3　当采用多个作业面施工时应做好各施工作业面衔接测量。

CHINA RAILWAY PUBLISHING HOUSE

主控项目

4.6.4 加密基桩测量使用的仪器精度应符合《客运专线无砟轨道铁路工程测量暂行规定》(铁建设〔2006〕189号)的有关规定。

检验数量:全部检查。

检验方法:施工单位、监理单位检查资料。

4.6.5 CRTS Ⅰ型板式无砟轨道加密基桩(基准器)测设精度应符合如下规定:

1 加密基桩垂直于线路中线方向的限差为±1 mm;

2 每相邻加密基桩间距离的限差为±2 mm;

3 每相邻加密基桩间高差的限差为±1 mm。

检验数量:全部检查。

检验方法:施工单位测量,监理单位检查测量资料。

4.6.6 CRTS Ⅱ型板式无砟轨道相邻加密基桩相对精度应满足平面位置±0.2 mm,高程±0.1 mm的要求。

检验数量:全部检查。

检验方法:施工单位测量,监理单位检查测量资料。

4.6.7 CRTS Ⅲ型板式无砟轨道在每个轨道板接缝处设置辅助点,其测量精度应符合本暂行标准第4.6.5条的规定。

检验数量:全部检查。

检验方法:施工单位测量,监理单位检查测量资料。

4.6.8 CRTS Ⅰ型双块式无砟轨道加密基桩宜设于线路中线上,测设精度应符合本暂行标准第4.6.5条的规定。

检验数量:全部检查。

检验方法:施工单位测量,监理单位检查测量资料。

4.6.9 CRTS Ⅱ型双块式无砟轨道加密基桩采用固定支脚,支脚间轴线平面 X 和 Y 方向定位限差为±0.5 mm,高程限差为±0.5 mm。

检验数量:全部检查。

检验方法:施工单位测量,监理单位检查测量资料。

4.7 维护基桩测量

一般规定

4.7.1 维护基桩的设置应满足维修养护的要求,并应充分利用已设置的基桩。利用已设置的基桩时,应对其进行复测。

4.7.2 需要增设中线维护基桩时,应复测CP Ⅲ控制点,并根据CP Ⅲ控制点进行线路中线、维护基桩测量。

4.7.3 维护基桩应定期检查,不符合要求时,应按原测量精度进行恢复。

主控项目

4.7.4 维护基桩测量使用的仪器精度应符合《客运专线无砟轨道铁路工程测量暂行规

定》(铁建设〔2006〕189 号)的有关规定。

检验数量:全部检查。

检验方法:施工单位、监理单位检查资料。

4.7.5　维护基桩的测量精度应符合本暂行标准第 4.6.5、4.6.6、4.6.9 条的规定。

检验数量:全部检查。

检验方法:施工单位、监理单位检查资料。

4.7.6　维护基桩应埋设稳固、标识正确,其材料、规格及埋深应符合《客运专线无砟轨道铁路工程测量暂行规定》(铁建设〔2006〕189 号)的相关规定。

检验数量:全部检查。

检验方法:施工单位观察、尺量,监理单位检查资料。

4.8　无砟轨道铺设竣工测量

一 般 规 定

4.8.1　无砟轨道铺设完成后,应及时进行竣工测量。

4.8.2　竣工测量的原始观测值和记录项目应在现场记录,保证计算成果真实准确。

主 控 项 目

4.8.3　竣工测量的施测方法、使用仪器、精度等应符合《客运专线无砟轨道铁路工程测量暂行规定》(铁建设〔2006〕189 号)的相关规定。

检验数量:全部检查。

检验方法:施工单位、监理单位检查资料。

4.8.4　竣工测量的项目应齐全,主要包括线路中线位置、轨面高程、测点里程、坐标、轨距、水平、高低、扭曲等。

检验数量:全部检查。

检验方法:施工单位、监理单位检查资料。

4.8.5　竣工测量内业计算资料及成果应符合《客运专线无砟轨道铁路工程测量暂行规定》(铁建设〔2006〕189 号)的相关规定。

检验数量:全部检查。

检验方法:施工单位、监理单位检查资料。

CHINA RAILWAY PUBLISHING HOUSE

5　变形观测和评估

5.1　一般规定

5.1.1　无砟轨道线下工程的变形测量应符合《客运专线无砟轨道铁路工程测量暂行规定》（铁建设〔2006〕189号）的有关规定。

5.1.2　无砟轨道铺设条件的评估数据应采用先进、成熟、科学的检验检测手段取得，且必须真实可靠，全面反映工程实际状况。

5.1.3　路基填筑完成或施加预压荷载后应有不少于6个月的观测和调整期；桥涵主体工程完工后，沉降观测期一般不应少于6个月，岩石地基等良好地质区段的桥梁，沉降观测期不应少于2个月；隧道主体工程完工后，变形观测期一般不应少于3个月。观测数据不足以评估或工后沉降评估不能满足设计要求时，应延长观测期或采取必要的加速或控制沉降的措施。

5.1.4　路基沉降观测应以路基面沉降和地基沉降观测为主；桥梁变形观测应以墩台基础的沉降和预应力混凝土梁的徐变变形为主；涵洞除应进行自身的沉降观测外，尚应进行洞顶填土的沉降观测；过渡段沉降观测应以路基面沉降和不均匀沉降观测为主。

5.1.5　路基沉降观测断面的设置及观测内容应根据地形地质条件、地基处理方法、路堤高度、堆载预压等具体情况，结合沉降预测方法和工期要求确定。

5.1.6　岩石地基、嵌岩桩基础的桥涵基础沉降可选择典型墩（台）、涵洞进行观测。对原材料变化不大、预制工艺稳定、批量生产的预应力混凝土预制梁，徐变变形观测可每30孔选择1孔进行；其余桥梁变形观测应逐跨、逐墩（台）布置测点，涵洞应逐个布置。

5.1.7　隧道内一般地段沉降观测断面的布设应根据地质围岩级别确定，地应力较大、断层破碎带、膨胀土、湿陷性黄土等不良和复杂地质区段适当加密布设。

5.1.8　观测期内，路基、墩台基础沉降实测值超过设计值20%及以上时，应及时会同建设、勘察设计等单位查明原因，必要时进行地质复查，并根据实测结果调整计算参数，对设计预测沉降进行修正或采取沉降控制措施。

5.1.9　设计预测总沉降量与通过实测资料预测的总沉降量之差值不宜大于10 mm。

5.1.10　建设单位负责无砟轨道铺设条件的评估工作，并组织勘察设计、施工、监理和咨询等单位实施。评估过程中各方应按《客运专线铁路无砟轨道铺设条件评估技术指南》（铁建设〔2006〕158号）规定的职责，密切配合，保证评估结果的真实、可靠。

5.1.11　评估时发现异常现象或对原始记录资料存在疑问时，应进行必要的检查。

5.1.12　路基沉降的评估应结合路基各观测断面以及相邻桥（涵）隧的沉降预测情况进行。

5.1.13　过渡段工后沉降的分析评估应沿线路方向考虑各观测断面和各种结构物之间的关系综合进行。对线路不同下部基础结构物之间以及不同地基条件或不同地基处理方法之间形成的各种过渡段，应重点分析评估其差异沉降。

CHINA RAILWAY PUBLISHING HOUSE

5.1.14 变形观测与评估除应符合本暂行标准外，还应满足有关设计要求。

5.2 路基变形观测与评估

主控项目

5.2.1 路基沉降变形观测的仪器、观测方法、观测精度应符合《客运专线无砟轨道铁路工程测量暂行规定》(铁建设〔2006〕189号)的有关规定。

检验数量：观测单位、监理单位全部检查。

检验方法：检查观测资料。

5.2.2 路基沉降观测的频次应不低于表5.2.2的规定。当环境条件发生变化或数据异常时，应及时观测。

表5.2.2 路基沉降观测频次

观测阶段	观测频次	
填筑或堆载	一般	1次/d
	沉降量突变	2～3次/d
	两次填筑间隔时间较长	1次/3d
堆载预压或路基施工完毕	第1个月	1次/周
	第2、3个月	1次/2周
	3个月以后	1次/月

检验方法：施工单位全部观测。监理单位平行观测的数量，一般地段为总测点的10%，地质复杂、沉降变化大等区段为20%。

5.2.3 用于评估的路基沉降观测资料、设计资料、施工资料、监理资料应内容齐全，真实、可靠，具有可追溯性。

检验数量：全部检查。

检验方法：建设单位组织检查相关资料。施工单位、监理单位确认检查。

5.2.4 路基沉降预测方法应满足《客运专线铁路无砟轨道铺设条件评估技术指南》(铁建设〔2006〕158号)要求。

检验数量：全部检查。

检验方法：建设单位组织检查沉降预测分析资料。施工单位、监理单位确认检查。

5.2.5 预测的路基工后沉降值不应大于15 mm。

检验数量：全部检查。

检验方法：建设单位组织评估。

5.3 桥涵变形观测与评估

主控项目

5.3.1 桥涵沉降变形观测的仪器、观测方法、观测精度应符合《客运专线无砟轨道铁路工程测量暂行规定》(铁建设〔2006〕189号)的有关规定。

检验数量:观测单位、监理单位全部检查。

检验方法:检查观测资料。

5.3.2　桥涵沉降、变形的观测阶段及频次应符合表5.3.2—1～5.3.2—3的规定。

表5.3.2—1　墩台沉降观测频次

观测阶段		观测频次		备注
		观测期限	观测周期	
墩台基础施工完成		/	/	设置观测点
墩台混凝土施工		全程	荷载变化前后各1次或1次/周	承台回填时,测点应移至墩身或墩顶
预制梁桥	架梁前	全程	1次/周	
	预制梁架设	全程	前后各1次	
	附属设施施工	全程	荷载变化前后各1次或1次/周	
桥位施工桥梁	制梁前	全程	1次/周	
	上部结构施工中	全程	荷载变化前后各1次或1次/周	
	附属设施施工	全程	荷载变化前后各1次或1次/周	
架桥机(运梁车)通过		全程	前后各1次	至少进行2次通过前后的观测
桥梁主体工程完工～无砟轨道铺设前		≥6个月	1次/周	岩石地基的桥梁,一般不宜少于2个月
无砟轨道铺设期间		全程	1次/天	

注:观测墩台沉降时,应同时记录结构荷载状态、环境温度及天气日照情况。

表5.3.2—2　梁体竖向变形观测频次

观测阶段	观测频次		备注
	观测期限	观测周期	
梁体施工完成	/	/	设置观测点
预应力张拉期间	全程	张拉前后各1次	测试梁体弹性变形
桥梁附属设施安装	全程	安装前后各1次	测试梁体弹性变形
预应力张拉完成～无砟轨道铺设前	≥2个月	1次/1、3、5 d,后期1次/周	
无砟轨道铺设期间	全程	1次/d	

注:测试梁体竖向变形时,应同时记录梁体荷载状态、环境温度及天气日照情况。

表5.3.2—3　涵洞沉降观测频次

观测阶段	观测频次		备注
	观测期限	观测周期	
涵洞基础施工完成	/	/	设置观测点
涵洞主体施工完成	全程	荷载变化前后各1次或1次/周	观测点移至边墙两侧
洞顶填土施工	全程	荷载变化前后各1次或1次/周	
架桥机(运梁车)通过	全程	前后	至少进行2次通过前后的观测
涵洞完工～无砟轨道铺设前	≥6个月	1次/周	岩石地基的涵洞,一般不宜少于2个月
无砟轨道铺设期间	全程	1次/d	

注:测试涵洞沉降时,应同时记录结构荷载状态、环境温度及天气日照情况。

检验方法:施工单位全部观测。监理单位平行观测的数量,一般地段为总测点的10%,地应力较大、断层破碎带、膨胀土、湿陷性黄土等不良和复杂地质区段为20%。

5.3.3 涵洞顶填土沉降的观测应与路基沉降观测同步进行,观测频次应符合本暂行标准第5.3.2条的规定。

5.3.4 用于评估的桥涵沉降及变形观测资料、相关设计资料、施工资料、监理资料等应内容齐全,真实、可靠,具有可追溯性。

检验数量:全部检查。

检验方法:建设单位组织检查相关资料,施工单位、监理单位确认检查。

5.3.5 桥涵基础沉降分析评估方法应满足《客运专线铁路无砟轨道铺设条件评估技术指南》(铁建设〔2006〕158号)的有关规定。

检验数量:全部检查。

检验方法:建设单位检查沉降预测分析资料,施工单位、监理单位确认检查。

5.3.6 处于岩石地基等良好地质的桥涵,当墩台沉降值趋于稳定且设计及实测沉降总量不大于5 mm时,可判定沉降满足无砟轨道铺设条件。

检验数量:全部检查。

检验方法:建设单位组织评估。

5.3.7 预应力混凝土梁体的变形应符合《客运专线铁路无砟轨道铺设条件评估技术指南》(铁建设〔2006〕158号)的有关规定。

检验数量:全部检查。

检验方法:建设单位组织评估。

5.3.8 预测的桥梁基础沉降和梁体徐变变形应满足《客运专线无砟轨道铁路设计指南》(铁建设函〔2005〕754号)的要求。预测的涵洞基础工后沉降不应大于15 mm。

检验数量:全部检查。

检验方法:建设单位组织评估。

5.4　隧道变形观测与评估

主控项目

5.4.1 隧道变形观测的仪器、观测方法、观测精度应符合《客运专线无砟轨道铁路工程测量暂行规定》(铁建设〔2006〕189号)的有关规定。

检验数量:观测单位、监理单位全部检查。

检验方法:检查观测资料。

5.4.2 隧道基础沉降观测的频次应不低于表5.4.2的规定。

表5.4.2　隧道基础沉降观测频次

观测阶段	观测频次	
	观测期限	观测周期
隧底工程完成后	3个月	1次/周

检验方法:施工单位全部观测,监理单位重要环节见证检查。建设单位委托的咨询单位或专业队伍一般地段平行检查总测点的30%,地应力较大、断层破碎带、膨胀土、湿陷

性黄土等不良和复杂地质区段平行检查总测点的50%。

5.4.3 用于评估的隧道基础沉降观测资料、相关设计资料、施工资料、监理资料应内容齐全,真实、可靠,具有可追溯性。

检验数量:全部检查。

检验方法:建设单位组织检查相关资料,施工单位、监理单位确认检查。

5.4.4 隧道基础的沉降预测方法应符合本暂行标准第5.2.4条的规定。

5.4.5 预测的隧道基础工后沉降值不应大于15 mm。

检验数量:全部检查。

检验方法:建设单位组织评估。

5.5 过渡段变形观测与评估

主控项目

5.5.1 过渡段变形观测的仪器、观测方法、观测精度应符合《客运专线无砟轨道铁路工程测量暂行规定》(铁建设〔2006〕189号)的有关规定。

检验数量:观测单位、监理单位全部检查。

检验方法:检查观测资料。

5.5.2 沉降观测的频次不应低于本暂行标准表5.2.2的规定。当环境条件发生变化或数据异常时,应及时观测。

检验数量:施工单位全部检查,监理单位平门观测的数量为总测点的20%。

检验方法:观测。

5.5.3 用于评估的过渡段不同结构物的基础沉降观测资料、相关设计资料、施工资料、监理资料应内容齐全,真实、可靠,具有可追溯性。

检验数量:全部检查。

检验方法:建设单位组织检查相关资料,施工单位、监理单位确认检查。

5.5.4 过渡段的沉降预测方法应符合本暂行标准第5.2.4条的规定。

5.5.5 过渡段不同结构物间的预测差异沉降不应大于5 mm,预测沉降引起沿线路方向的折角不应大于1/1 000。

检验数量:全部检查。

检验方法:建设单位组织评估。

5.6 综合评估

主控项目

5.6.1 所有原始变形观测记录资料应齐全、真实、可靠,具有可追溯性。

检验数量:全部检查。

检验方法:建设单位组织有关单位检查变形观测记录资料,施工单位、监理单位确认检查。

5.6.2 对路基、桥梁、隧道和过渡段等不同结构物的基础沉降变形预测评估完成后,应绘制成区段或全线的沉降预测变形曲线,进行综合评估。

CHINA RAILWAY PUBLISHING HOUSE

检验数量:全部检查。

检验方法:建设单位组织综合评估。

5.6.3 变形综合评估工作完成后,应按《客运专线铁路无砟轨道铺设条件评估技术指南》(铁建设〔2006〕158 号)规定的内容编制并提交《无砟轨道铺设条件评估报告》。

检验数量:全部检查。

检验方法:建设单位组织检查评估报告。

6 线下工程

6.1 一般规定

6.1.1 线下工程施工前，应接收基础平面控制网(CPⅠ)、线路控制网(CPⅡ)和高程控制网等有关资料及测量评估验收报告，并进行复测。

6.1.2 线下工程施工过程中，应按《客运专线无砟轨道铁路工程测量暂行规定》(铁建设〔2006〕189号)、《客运专线铁路无砟轨道铺设条件评估技术指南》(铁建设〔2006〕158号)的规定建立变形监测网，进行观测及分析评估，指导线下工程施工。

6.1.3 路基施工过程中应设置临时防、排水系统。主体工程的防水、横向排水系统及集水井应按设计要求在无砟轨道施工前完成，并保证排水通畅。

6.1.4 路堑地段路堤填筑、超挖部分回填处理应符合设计要求。

6.1.5 桥面应按设计要求设置防、排水系统，确保排水顺畅。

6.1.6 隧道不良地质地段，仰拱施工前应进行基底承载力检测。

6.1.7 隧道内应按设计要求设置防、排水系统，确保排水顺畅。

6.1.8 线下工程施工过程中应按设计要求同步施工相关工程(电缆槽、接触网支柱基础、声屏障基础、过轨电缆、综合接地、路桥过渡段端部结构等)。桥梁、隧道中以结构钢筋、锚杆、钢架作为接地体的应现场确认并可靠连接，对专用接地体应可靠设置。路基上贯通地线的敷设应制定专门的工艺方案，保证路基质量不受影响。

6.1.9 线下工程完成后应进行沉降变形观测，并及时汇总。由建设单位负责，组织勘察设计、施工、监理、咨询等单位联合进行变形综合评估，变形满足设计要求后，方可进行无砟轨道工程施工。

线下工程施工完成后，应对施工过程中产生的垃圾进行回收处理。隧道在交由轨道工程施工前应进行全面清洗除尘。

6.1.10 线下工程施工验收应符合本章规定，本章未明确的应符合现行《客运专线铁路路基工程施工质量验收暂行标准》、《客运专线铁路桥涵工程施工质量验收暂行标准》、《客运专线铁路隧道工程施工质量验收暂行标准》(铁建设〔2005〕160号)的规定。

6.2 主控项目

6.2.1 基床以下路堤填料种类、质量应符合设计要求，并优先选用A、B组填料，当选用C组细粒土填料时，应根据土源性质进行改良后填筑，且每一压实层全宽应采用同一种类及条件的填料(特殊设计除外)。填筑前应对取土场填料进行取样检验；填筑时应对运至现场的填料进行抽样检验。当填料土质发生变化或更换取土场时，应重新进行检验。

检验数量：施工单位对填料的检验项目、检验数量应符合表6.2.1的规定；监理单位检查试验结果，并每填筑50 000 m^3 平行检验1组。

检验方法:按现行《铁路工程土工试验规程》(TB 10102)规定的试验方法检验。

6.2.2 基床以下路堤每一填筑层压实质量应符合表 6.2.2 的规定。

检验数量:施工单位沿线路纵向每 100 m 每压实层抽样检验压实系数 K 或孔隙率 n6 点,其中:左、右距路肩边线 1 m 处各 2 点,路基中部 2 点;每填高约 0.9 m 抽样检验地基系数 K_{30}、二次变形模量 E_{v2} 各 4 点,其中:距路基边线 2 m 处左、右各 1 点,路基中部 2 点。监理单位按施工单位抽检次数的 10% 分别进行平行检验和见证检验,均不少于一次。

表 6.2.1 基床以下路堤填料复查项目及频次

填料类别	试验项目及频次			
	颗粒级配	液塑限	击实试验	平均颗粒密度
粗粒土	10 000 m^3(或土性明显变化)	—	—	10 000 m^3(或土性明显变化)

注:表中数值为进行一次试验的填料体积。

表 6.2.2 基床以下路堤填料及压实标准

填料	压实标准	细粒土改良土	砂类土及细砾土	碎石类及粗砾土
A、B、C 组(不含细粒土、粉砂及易风化软质岩块石土)填料及改良土	地基系数 K_{30}(MPa/m)	≥90	≥110	≥130
	变形模量 E_{v2}(MPa)	≥45	≥45	≥45
	压实系数 K	≥0.92	—	—
	孔隙率 n	—	≤31%	≤31%

注:改良土压实标准:当采用物理改良方法时,应符合本表规定;当采用化学改良方法时,除符合本表规定外,还应满足设计提出的技术要求。

检验方法:按现行《铁路工程土工试验规程》(TB 10102)规定的试验方法检验。

6.2.3 基床底层应采用 A、B 组填料或改良土填筑,其压实质量应符合表 6.2.3 的规定。

表 6.2.3 基床底层压实标准

填料	压实标准	改良细粒土	砂类土及细砾土	碎石类及粗砾土
A、B 组填料及改良土	地基系数 K_{30}(MPa/m)	≥110	≥130	≥150
	变形模量 E_{v2}(MPa)	≥60	≥60	≥60
	动态变形模量 E_{vd}(MPa)	≥35	≥35	≥35
	压实系数 K	≥0.95	—	—
	孔隙率 n	—	<28%	<28%

检验数量:施工单位沿线路纵向每 100 m 每压实层抽样检验孔隙率 n 或压实系数 K6 点,其中:左、右距路肩边线 1 m 处各 2 点,路基中部 2 点;每填高约 0.9 m 抽样检验地基系数 K_{30}、动态变形模量 E_{vd}、二次变形模量 E_{v2} 各 4 点,其中:距路基边线2 m处左、右各 1 点,路基中部 2 点。监理单位按施工单位抽检次数的 10% 分别进行平行检验和见证检验,均不少于一次。

检验方法:按现行《铁路工程土工试验规程》(TB 10102)规定的试验方法检验。

6.2.4 基床表层级配碎石压实质量应符合表 6.2.4 的规定。

检验数量:施工单位沿线路纵向每 100 m 每压实层抽样检验动态变形模量 E_{vd} 和孔隙率 n 各 6 点,其中:左、右距路肩边线 1.5 m 处各 2 点,路基中部 2 点,抽样检验地基系数 K_{30}、二次变形模量 E_{v2} 各 4 点,其中:距路基边线 1.5 m 处左、右各 1 点,路基中部 2 点。监理单位按施工单位抽检次数的10%分别进行平行检验和见证检验,均不少于一次。

表6.2.4 基床表层级配碎石压实质量

填料	压实标准			
	地基系数 K_{30}(MPa/m)	二次变形模量 E_{v2}(MPa)	动态变形模量 E_{vd}(MPa)	孔隙率 n
级配碎石	≥190	≥120	≥50	<18%

检验方法:按现行《铁路工程土工试验规程》(TB 10102)规定的试验方法检验。

6.2.5 过渡段基底处理应按设计要求,与桥台、横向结构物、相邻路堤的基底处理同时进行,路堤高度 $H \leqslant 3.0$ m的路堤,原地面处理后的质量应符合本暂行标准表6.2.3规定。$H>3.0$ m时,过渡段基底原地面平整后,用振动碾压机碾压密实,地基系数 $K_{30} \geqslant 60$ MPa/m,二次变形模量 $E_{v2} \geqslant 45$ MPa。

检验数量:施工单位每个过渡段抽样检验地基系数 K_{30}、二次变形模量 E_{v2} 2点,其中:距路基边线2 m处1点,路基中部1点;监理单位按施工单位抽检次数的20%进行平行检验,但至少一次。

检验方法:按现行《铁路工程土工试验规程》(TB 10102)规定的试验方法检验。

6.2.6 过渡段正梯形部分采用水泥稳定级配碎石填筑,压实质量应满足地基系数 $K_{30} \geqslant 150$ MPa/m、二次变形模量 $E_{v2} \geqslant 80$ MPa、动态变形模量 $E_{vd} \geqslant 50$ MPa、孔隙率 $n<28\%$ 的规定;倒梯形过渡段采用A、B组填料填筑,压实质量应符合本暂行标准表6.2.3的规定。

检验数量:施工单位每个过渡段抽样检验地基系数 K_{30}、动态变形模量 E_{vd}、二次变形模量 E_{v2}、孔隙率 n 各3点,其中:距路基边线2 m处左、右各1点,路基中部1点;监理单位按施工单位抽检次数的20%进行平行检验,但至少一次。

检验方法:按现行《铁路工程土工试验规程》(TB 10102)规定的试验方法检验。

6.2.7 隧底预埋钢筋的位置、规格、尺寸应符合设计要求。

检验数量:施工单位、监理单位全部检查。

检验方法:尺量。

6.3 一般项目

6.3.1 桥梁梁端及跨中梁面高程允许偏差、相邻梁端梁面高差及平整度应符合设计要求。当设计无要求时,应符合《客运专线铁路桥涵工程施工质量验收暂行标准》(铁建设〔2005〕160号)的相关规定。

CHINA RAILWAY PUBLISHING HOUSE

7　相关工程

7.1　一般规定

7.1.1　相关工程包括接触网支柱基础、声屏障基础、防撞墙和电缆槽竖墙、路基面沥青混凝土防渗层、轨道吸声构件、预埋管线沟槽、综合接地、轨道电路等需在线下工程或无砟轨道工程施工中完成的内容。

7.1.2　相关工程基础部位应与线下工程同步施工，施工时不得损坏、危及线下构筑物的质量和安全。

7.1.3　相关工程施工应采取措施避免对轨道道床产生二次污染，并应符合下列规定。

1　通信、信号、电力、牵引供电各专业工程施工时应按"谁产生污染谁负责处理"的原则加强管理，对可能造成前序工程污染的作业，对道床采取保护措施。

2　修筑于路基上的预埋管线沟槽、综合接地体、接触网支柱基础等应与线下工程同步施工。

3　在隧道内进行的钻孔、开槽施工，施工前应采取相应措施对道床成品进行保护，避免产生污染，施工过程中应采取措施降低粉尘排放，对钻孔、开槽产生的垃圾应及时回收清理。

7.1.4　在无砟轨道混凝土支承层或底座施工完成后，应按设计要求及时施做沥青混凝土防渗层。

7.1.5　沥青混凝土防渗层施工前，应进行现场工艺试验，确认生产配合比和机械配套方案满足质量要求。

7.1.6　无砟轨道上的吸声构件施工应在轨道整理完成后进行，施工过程中不得扰动轨道几何形位，不得破坏和污染轨道结构及线下构筑物。

7.1.7　本章未涉及的相关工程验收应满足设计和相关专业技术要求。

7.2　接触网支柱基础

主 控 项 目

7.2.1　桥梁、路基上接触网支柱基础（含拉锚线基础）的结构形式、位置、埋（孔）深应符合设计要求。

检验数量：施工单位、监理单位全部检查。

检验方法：测量检查。

7.2.2　路基上接触网支柱基础的开挖方式应符合施工技术方案的要求。

检验数量：施工单位、监理单位全部检查。

检验方法：观察、测量。

7.2.3　接触网支柱基础所用钢筋的品种、规格、数量、质量、连接方式应符合设计要求。

钢筋表面应无裂纹、氧化皮、灰浆、油污等。

检验方法和检验数量应符合现行铁道行业标准《铁路混凝土工程施工质量验收补充标准》(铁建设〔2005〕160号)的规定。

7.2.4 接触网支柱基础混凝土所用原材料应按进场批次检验合格。

检验方法和检验数量应符合现行铁道行业标准《铁路混凝土工程施工质量验收补充标准》(铁建设〔2005〕160号)的规定。

7.2.5 接触网支柱基础混凝土浇筑完毕后,应按施工技术方案及时采取有效的养护措施。

检验数量:施工单位、监理单位全部检查。

检验方法:观察检查。

7.2.6 接触网支柱基础混凝土的强度等级应符合设计要求。

检验方法和检验数量应符合现行铁道行业标准《铁路混凝土工程施工质量验收补充标准》(铁建设〔2005〕160号)的规定。

7.2.7 接触网支柱基础顶面高程应符合设计要求。

检验数量:施工单位、监理单位全部检查。

检验方法:测量检查。

7.2.8 接触网支柱基础预埋件的规格、数量、位置、表面质量应符合设计要求。

检验数量:施工单位、监理单位全部检查。

检验方法:观察、测量检查。

7.2.9 路基上接触网支柱基础的基坑回填应符合设计要求,表面应与路基表面衔接平顺。

检验数量:施工单位、监理单位全部检查。

检验方法:观察检查。

一般项目

7.2.10 接触网支柱基础混凝土表面应密实、平整,不得有露筋、蜂窝、孔洞、疏松、麻面和缺棱掉角等缺陷。

检验数量:施工单位全部检查。

检验方法:观察。

7.3 桥上声屏障基础(含遮板)

主控项目

7.3.1 桥上声屏障基础的结构形式、位置应符合设计要求。

检验数量:施工单位、测量、监理单位检查测量资料。

检验方法:测量检查。

7.3.2 声屏障基础所用钢筋的品种、规格、数量、质量、连接方式应符合设计要求。钢筋表面应无裂纹、氧化皮、灰浆、油污等。

检验方法和检验数量应符合现行铁道行业标准《铁路混凝土工程施工质量验收补充标准》(铁建设〔2005〕160号)的规定。

CHINA RAILWAY PUBLISHING HOUSE

7.3.3　声屏障基础混凝土所用原材料应按进场批次检验合格。

检验方法和检验数量应符合现行铁道行业标准《铁路混凝土工程施工质量验收补充标准》(铁建设〔2005〕160号)的规定。

7.3.4　声屏障基础混凝土浇筑完毕后,应按施工技术方案及时采取有效的养护措施。

检验数量:施工单位、监理单位全部检查。

检验方法:观察检查。

7.3.5　声屏障基础的外形尺寸应符合设计要求。

检验数量:施工单位、监理单位全部检查。

检验方法:尺量检查。

7.3.6　声屏障基础混凝土的强度等级应符合设计要求。

检验方法和检验数量应符合现行铁道行业标准《铁路混凝土工程施工质量验收补充标准》(铁建设〔2005〕160号)的规定。

7.3.7　声屏障基础顶面高程应符合设计要求。

检验数量:施工单位、测量、监理单位检查测量资料。

检验方法:测量检查。

7.3.8　声屏障基础预埋件的规格、数量、位置、表面质量应符合设计要求。

检验数量:施工单位、监理单位全部检查。

检验方法:观察、测量检查。

一 般 项 目

7.3.9　声屏障基础混凝土的表面应密实、平整,不得有露筋、蜂窝、孔洞、疏松、麻面和缺棱掉角等缺陷。

检验数量:施工单位全部检查。

检验方法:观察。

7.4　路基声屏障基础

主 控 项 目

7.4.1　路基声屏障基础(含地梁)的结构形式、位置、孔径、孔深应符合设计要求。

检验数量:施工单位、监理单位全部检查。

检验方法:测量检查。

7.4.2　路基声屏障基础的开挖方式应符合施工技术方案的要求。

检验数量:施工单位、监理单位全部检查。

检验方法:观察、测量。

7.4.3　声屏障基础所用钢筋的品种、规格、数量、质量、连接方式应符合设计要求。钢筋表面应无裂纹、氧化皮、灰浆、油污等。

检验方法和检验数量应符合现行铁道行业标准《铁路混凝土工程施工质量验收补充标准》(铁建设〔2005〕160号)的规定。

7.4.4　声屏障基础混凝土所用原材料应按进场批次检验合格。

检验方法和检验数量应符合现行铁道行业标准《铁路混凝土工程施工质量验收补充标准

标准》(铁建设〔2005〕160号)的规定。

7.4.5 声屏障基础混凝土浇筑完毕后,应按施工技术方案及时采取有效的养护措施。

检验数量:施工单位、监理单位全部检查。

检验方法:观察检查。

7.4.6 声屏障基础地梁的外形尺寸应符合设计要求。

检验数量:施工单位、监理单位全部检查。

检验方法:尺量检查。

7.4.7 声屏障基础混凝土的强度等级应符合设计要求。

检验方法和检验数量应符合现行铁道行业标准《铁路混凝土工程施工质量验收补充标准》(铁建设〔2005〕160号)的规定。

7.4.8 声屏障基础顶面高程应符合设计要求。

检验数量:施工单位、监理单位全部检查。

检验方法:测量检查。

7.4.9 声屏障基础预埋件的规格、数量、位置、表面质量应符合设计要求。

检验数量:施工单位、监理单位全部检查。

检验方法:观察、测量检查。

一般项目

7.4.10 声屏障基础地梁混凝土的表面应密实、平整,不得有露筋、蜂窝、孔洞、疏松、麻面和缺棱掉角等缺陷。

检验数量:施工单位全部检查。

检验方法:观察。

7.5 桥梁防撞墙、电缆槽竖墙

主控项目

7.5.1 桥梁防撞墙、电缆槽竖墙的结构形式、位置、分缝长度和过水孔的位置、尺寸应符合设计要求。

检验数量:施工单位、监理单位全部检查。

检验方法:测量检查。

7.5.2 防撞墙、电缆槽竖墙所用钢筋的品种、规格、数量、质量、连接方式应符合设计要求。钢筋表面应无裂纹、氧化皮、灰浆、油污等。

检验方法和检验数量应符合现行铁道行业标准《铁路混凝土工程施工质量验收补充标准》(铁建设〔2005〕160号)的规定。

7.5.3 防撞墙、电缆槽竖墙混凝土所用原材料应按进场批次检验合格。

检验方法和检验数量应符合现行铁道行业标准《铁路混凝土工程施工质量验收补充标准》(铁建设〔2005〕160号)的规定。

7.5.4 防撞墙、电缆槽竖墙混凝土浇筑完毕后,应按施工技术方案及时采取有效的养护措施。

检验数量:施工单位、监理单位全部检查。

检验方法:观察检查。

7.5.5 防撞墙、电缆槽竖墙的强度等级应符合设计要求。

检验方法和检验数量应符合现行铁道行业标准《铁路混凝土工程施工质量验收补充标准》(铁建设〔2005〕160 号)的规定。

7.5.6 防撞墙、电缆槽竖墙顶面高程应符合设计要求。

检验数量:施工单位、监理单位全部检查。

检验方法:测量检查。

7.5.7 防撞墙、电缆槽竖墙预埋件、预埋钢筋的规格、数量、位置、表面质量应符合设计要求。

检验数量:施工单位、监理单位全部检查。

检验方法:观察、测量检查。

一 般 项 目

7.5.8 防撞墙、电缆槽竖墙混凝土表面应密实、平整,不得有露筋、蜂窝、孔洞、疏松、麻面和缺棱掉角等缺陷。

检验数量:施工单位全部检查。

检验方法:观察。

7.6 综 合 接 地

主 控 项 目

7.6.1 桥梁、隧道工程中接地钢筋的位置、规格、连接方式应符合设计文件和有关技术条件的规定。

检验数量:施工单位、监理单位全部检查。

检验方法:施工单位观察、尺量;监理单位旁站监理。

7.6.2 无砟轨道道床中接地钢筋的位置、焊接工艺应符合设计文件和有关技术条件的规定,接地钢筋应与其他钢筋绝缘且不构成闭合回路。

检验数量:施工单位、监理单位全部检查。

检验方法:施工单位观察、尺量;监理单位旁站监理。

7.6.3 贯通地线的敷设位置、接续工艺应符合设计文件和有关技术条件的规定。

检验数量:施工单位、监理单位全部检查。

检验方法:施工单位观察、尺量;监理单位旁站监理。

7.6.4 贯通地线之间的横向连接应符合设计要求,并保证连接可靠。

检验数量:全部检查。

检验方法:施工单位进行测试;监理单位见证试验。

7.6.5 无砟轨道道床中接地端子的材质、规格、位置应满足设计文件的要求。

检验数量:施工单位全部检查;监理单位按施工单位抽检次数的 10% 进行见证检验,但至少一次。

检验方法:检查接地端子的质量证明文件,必要时送检测机构检验。观察、尺量检查。

CHINA RAILWAY PUBLISHING HOUSE

7.7 轨道电路

主控项目

7.7.1 无砟轨道轨道板、轨枕的绝缘性能应满足有关技术条件的规定。

检验数量:全部检查。

检验方法:施工单位、监理单位查验产品质量证明文件。

7.7.2 无砟轨道道床漏泄电阻应满足设计要求和有关技术条件的规定。

检验数量:每个工程项目不同构筑物上的每种轨道结构类型检测一次。

检验方法:建设单位组织检测。

7.7.3 补偿电容、地面应答器等信号设备及其线缆的固定安装孔位置及施工不得触及无砟轨道板、轨枕的钢筋。

检验数量:施工单位、监理单位全部检查。

检验方法:施工单位按设计要求检测;监理单位见证检测。

7.7.4 道岔连接部件应与轨道结构的钢筋等金属件绝缘,其绝缘电阻值应满足设计要求和有关技术条件的规定。

检验数量:施工单位、监理单位每组正线道岔全部检查。

检验方法:施工单位按设计要求及相关技术条件规定的方法检测;监理单位见证检测。

7.7.5 补偿电容、地面应答器等信号设备及其线缆固定安装处应按设计要求进行防水处理。

检验数量:施工单位、监理单位全部检查。

检验方法:观察检查。

7.7.6 道岔区预留的电缆沟槽和过轨孔位置应符合设计要求。

检验数量:施工单位、监理单位全部检查。

检验方法:对照设计文件、尺量检查。

7.8 路基面混凝土防渗层

主控项目

7.8.1 沥青混凝土原材料应符合设计要求。

检验数量:施工单位、监理单位全部检查

检验方法:施工单位按设计要求检验;监理单位按施工单位抽检次数的10%进行见证检验,但至少一次。

7.8.2 沥青混凝土的配合比应符合设计要求。

检验数量:施工单位、每工班检查一次。监理单位按施工单位抽检次数的10%进行见证检验,但至少一次。

检验方法:监理单位检查报告。

7.8.3 防渗层铺设厚度、范围、坡度、平整度应符合设计要求。

检验数量:施工单位每工班检查1次。监理单位按施工单位抽检次数的10%进行见证检验,但至少一次。

检验方法:测量、观察检查。

7.8.4　防渗层填缝材料、与集水井和混凝土支承层或底座的接缝方式应符合设计要求。

检验数量:施工单位、监理单位全部检查。

检验方法:观察检查。

7.9　轨道吸声构件

主 控 项 目

7.9.1　轨道吸声构件的规格、质量应符合设计要求。

检验数量:施工单位、监理单位全部检查。

检验方法:检查质量证明文件,观察检查。

7.9.2　轨道吸声构件的铺设范围应符合设计要求。

检验数量:施工单位、监理单位全部检查。

检验方法:观察、尺量检查。

7.9.3　轨道吸声构件应铺设牢固、紧密、平整。

检验数量:施工单位、监理单位全部检查。

检验方法:观察检查。

CHINA RAILWAY PUBLISHING HOUSE

8 CRTS Ⅰ型板式无砟轨道道床

8.1 一 般 规 定

8.1.1 无砟道床施工前应由建设、设计、咨询、施工和监理等单位组成的验评小组对沉降变形观测资料进行分析评估，并提出分析评估报告。无砟轨道施工单位应接收《无砟轨道铺设条件评估报告》，工后沉降变形符合设计要求后方可进行无砟轨道施工。

8.1.2 线下工程应在无砟轨道工程施工前进行工序交接。线下单位应向轨道施工单位提交线下构筑物竣工测量资料、桩橛和与轨道工程有关的变更设计、线下工程施工质量验收等资料。

8.1.3 无砟轨道施工前应接收基桩测设单位的线路测量资料及基桩控制网，并复测基桩控制网、中线桩和路面(含路基面、桥面和隧道仰拱填充层顶面)高程、平整度及几何尺寸等，核实中线和高程贯通情况。复核时发现同设计不符时应及时联系有关单位予以解决。

8.1.4 无砟轨道施工过程中对较大沉降变形或沉降速率较大区段，应增加观测频次，发现问题及时上报。由设计单位提出处理方法，办理变更设计后再进行调整施工。

8.1.5 在底座混凝土拆模并达到设计要求的强度后，方可进行凸形挡台的施工，并应埋设基准器底座。

8.1.6 轨道板铺设前，按设计要求在凸形挡台中心测设加密基桩(基准器)，对每个加密基桩(基准器)进行编号，并制作相应的铭牌，铭牌上标示的内容应符合设计要求。

8.1.7 轨道板应采用横向竖立存放，不得已平放时，堆放层数不应超过4层。吊装、运输过程中应采取必要的防护措施，防止轨道板损坏。

8.1.8 底座混凝土达到设计要求强度后方可铺设轨道板。轨道板宜采用专用机械铺设，轨道板铺设前，底座表面应清洁、无杂物、无积水。

8.1.9 轨道板应采用专用机具精确调整对位。

8.1.10 水泥沥青砂浆及凸形挡台周围树脂灌注应符合下列规定：

1 拌制水泥沥青砂浆及凸形挡台周围树脂，应依据温度、湿度等相关条件做配方试验并及时修正标准配合比，试验结果满足要求后进行现场灌注试验，确定施工现场配合比。

2 每块轨道板下的水泥沥青砂浆应一次灌注完成。

3 水泥沥青砂浆完全覆盖板底后，方可结束注入作业。

4 水泥沥青砂浆采用自然养护。在气温高于30 ℃或低于5 ℃时，应覆盖养护。养护期间不得在其上面施加荷载。

8.1.11 水泥沥青砂浆配制、施工时的温度范围宜为10 ℃～25 ℃，限界温度范围为5 ℃～35 ℃。超过限界温度时应采取相应措施。

8.1.12 水泥沥青砂浆宜采用专用设备进行拌和、灌注，根据试验结果对设备的参数进行调整。

8.1.13 水泥沥青砂浆施工中应每周对设备及计量器具进行校核,小剂量的称量应采用电子天平。

8.1.14 防水层、隔离层应按隐蔽工程检查验收,并严禁在雨、雪天和五级风及其以上时施工,施工环境温度冷作时不低于5 ℃,热黏时不低于-10 ℃。

无砟道床施工过程中应加强轨道部件的防护,避免混凝土、水泥沥青砂浆等产生的污染。

8.1.15 施工质量验收除应符合本暂行标准外尚应符合设计文件的要求。

8.2 混凝土底座及凸形挡台

(Ⅰ)基础面处理

主 控 项 目

8.2.1 桥面和隧底(特殊地段)预埋连接钢筋的位置、长度、数量、状态以及钢筋规格应符合设计要求。

检验数量:全部检查。

检验方法:施工单位、监理单位观察、尺量。

8.2.2 钢筋表面的油渍、油漆、水泥浆和片状老锈等应清除干净。

检验数量:全部检查。

检验方法:施工单位、监理单位观察和锤击检查。

8.2.3 对无砟轨道结构宽度范围内的桥面及隧道铺底按设计要求进行处理,凿毛时,见新面不应小于50%。浮渣、碎片、油渍等应清除干净。

检验数量:全部检查。

检验方法:施工单位、监理单位观察。

(Ⅱ)模　板

主 控 项 目

8.2.4 模板及支架的材料质量及结构应符合施工工艺设计要求。

检验数量:施工单位、监理单位全部检查。

检验方法:观察、测量。

8.2.5 模板安装必须稳固牢靠,接缝严密,不得漏浆。模板与混凝土的接触面必须清理干净并涂刷隔离剂。浇筑混凝土前,模型内的积水和杂物应清理干净。

检验数量:施工单位、监理单位全部检查。

检验方法:观察。

8.2.6 预留孔位置、尺寸应符合设计要求。

检验数量:施工单位、监理单位全部检查。

检验方法:观察、尺量。

一 般 项 目

8.2.7 底座模板安装允许偏差应符合表8.2.7的规定。

检验方法:施工单位测量。

8.2.8 凸形挡台模板安装允许偏差应符合表 8.2.8 的规定。

表 8.2.7 底座模板安装允许偏差及检验数量

序号	项 目	允许偏差(mm)	检 验 数 量
1	顶面高程	0 -5	每 5 m 检查 1 处
2	宽 度	±5	每 5 m 检查 3 处
3	中线位置	2	每 5 m 检查 3 处
4	伸缩缝位置	5	每条伸缩缝检查一次

表 8.2.8 凸形挡台模板安装允许偏差

序号	项 目	允许偏差(mm)
1	圆形挡台模板的直径	±3
2	半圆形挡台模板的半径	±2
3	中线位置	2
4	挡台中心间距	±2
5	顶面高程	+4 0

检验数量:施工单位、监理单位每个凸形挡台检查一次。

检验方法:测量。

8.2.9 拆模时混凝土表层与环境之间的温差不应大于 20 ℃。

检验数量:施工单位全部检查。

检验方法:测温。

(Ⅲ)钢 筋

主 控 项 目

8.2.10 钢筋原材料、加工、连接、安装检验必须符合现行《铁路混凝土工程施工质量验收补充标准》(铁建设〔2005〕160 号)第 5.2.1、5.2.3、5.3.1、5.4.1、5.4.2、5.5.1 ~ 5.5.2 条的规定。

8.2.11 当设计要求钢筋骨架采取绝缘处理时,纵向钢筋与横向钢筋交叉点应采取绝缘处理措施,相互间电阻应符合设计要求。

检验数量:施工单位全部检查,监理单位平行检验 10% 节点。

检验方法:专用电阻表测试。

一 般 项 目

8.2.12 钢筋原材料、加工、连接的检验应符合现行《铁路混凝土工程施工质量验收补充标准》(铁建设〔2005〕160 号)第 5.2.4、5.3.2 和 5.4.3 条的规定。

8.2.13 钢筋骨架的绑扎应稳固,缺扣、松扣的数量不得超过应绑扎扣数的 5%。

检验数量:施工单位全部检查。

检验方法:观察和手扳检查。

8.2.14 钢筋的绑扎安装允许偏差应符合表 8.2.14 的规定。

表 8.2.14 钢筋的绑扎安装允许偏差

序号	项 目	允许偏差(mm)
1	钢筋间距	±20
2	钢筋保护层厚度	+10 -5

检验数量:施工单位每施工段至少抽检 10 处。

检验方法:观察、尺量。

CHINA RAILWAY PUBLISHING HOUSE

(Ⅳ)混　凝　土

主 控 项 目

8.2.15　混凝土原材料检验应符合现行《铁路混凝土工程施工质量验收补充标准》(铁建设〔2005〕160 号)第 6.2.1～6.2.6 条的规定。

8.2.16　混凝土配合比设计检验应符合现行《铁路混凝土工程施工质量验收补充标准》(铁建设〔2005〕160 号)第 6.3.1～6.3.4 条的规定。

8.2.17　混凝土施工检验应符合现行《铁路混凝土工程施工质量验收补充标准》(铁建设〔2005〕160 号)第 6.4.1～6.4.16 条的规定。

一 般 项 目

8.2.18　底座外形尺寸允许偏差应符合表 8.2.18 的规定。

检验数量:施工单位每项每 5 m 检查 1 处。

检验方法:测量。

8.2.19　凸形挡台外形尺寸允许偏差应符合表 8.2.19 的规定。

表 8.2.18　底座外形尺寸允许偏差

序　号	项　　目	允　许　偏　差
1	顶面高程	+3 −10 mm
2	宽　　度	±10 mm
3	中线位置	3 mm
4	平整度	10 mm/3 m

表 8.2.19　凸形挡台外形尺寸允许偏差

序　号	项　　目	允许偏差(mm)
1	圆形挡台的直径	±3
2	半圆形挡台的半径	±2
3	中线位置	3
4	挡台中心间距	±5
5	顶面高程	+5 0

检验数量:施工单位、监理单位每个凸形挡台检查一次。

检验方法:测量。

8.2.20　模板拆除后,混凝土结构表面应密实、平整、颜色均匀,不得有露筋、蜂窝、孔洞、疏松、麻面和缺棱掉角等缺陷。

检验数量:施工单位全部检查。

检验方法:观察。

8.3　轨道板(含减振型轨道板)铺设

主 控 项 目

8.3.1　轨道板的质量应符合相关技术规定。

检验数量:施工单位、监理单位全部检查。

检验方法:检查产品质量证明文件,观察、尺量。

8.3.2　轨道板与底座的间隙不得小于 40 mm,减振型轨道板与底座间隙不得小于 35 mm。

检验数量:每块轨道板两侧检查 3 处(两端及中部)。施工单位全部检查;监理单位平行检验 10%。

检验方法：施工单位尺量；监理单位平行检验。

8.3.3　轨道板与凸形挡台的间隙不得小于 30 mm。与两端凸形挡台间隙之差不大于 5 mm。

检验数量：施工单位全部检查；监理单位平行检验 10%。

检验方法：施工单位尺量；监理单位平行检验。

8.3.4　减振型轨道板底黏贴的微孔橡胶垫层的质量应符合相关技术条件的要求。

检验数量：施工单位、监理单位全部检查。

检验方法：检查产品质量证明文件。

一般项目

8.3.5　轨道板安装位置的允许偏差应符合表 8.3.5 的规定。

表 8.3.5　轨道板安装位置的允许偏差

序号	项目	允许偏差(mm)	检验数量
1	中线位置	2	每板检查 3 处(两端和中部)
2	支撑点处承轨面高程	±1	全部检查
3	与两端凸形挡台间隙之差	5	全部检查

检验方法：施工单位测量。

8.3.6　减振型轨道板底铺贴的微孔橡胶垫层应平整，黏贴牢固。轨道板铺设或水泥沥青砂浆灌注过程中，橡胶垫层不得变位、脱落。橡胶垫层接缝处及周边无翘曲、无空鼓。

检验数量：施工单位全部检查。

检验方法：观察。

8.4　水泥沥青砂浆灌注

(Ⅰ)原　材　料

主控项目

8.4.1　水泥的质量和检验要求应符合《铁路混凝土工程施工质量验收补充标准》(铁建设〔2005〕160 号)第 6.2.1 条的规定。

8.4.2　拌制水泥沥青砂浆所用细骨料的技术性能指标应符合表 8.4.2—1、8.4.2—2 的规定。

表 8.4.2—1　细骨料的颗粒级配要求

序号	筛孔尺寸(mm)	过筛物的质量百分比(%)	筛余物的质量百分比(%)
1	2.36	100	0
2	1.18	90～100	0～10
3	0.60	60～85	15～40
4	0.30	20～50	50～80
5	0.15	5～30	70～95

CHINA RAILWAY PUBLISHING HOUSE

表 8.4.2—2　细骨料的技术指标

序号	项　　目	单　位	指标要求	试验方法
1	细度模数		1.4～1.8	JGJ 52—2006
2	表观密度	g/cm^3	≥2.55	
3	吸水率	%	<3.0	
4	泥块含量	%	<1.0	
5	含泥量	%	<2.0	
6	有机物(比色法)		比标准色浅	
7	氯化物含量	%	<0.01	

检验数量：同产地、同品种、同规格且连续进场的细骨料，每 400 m^3 或 600 t 为一批，不足上述数量时也按一批计。施工单位每批抽检一次；监理单位按施工单位抽检次数的 10% 见证检验，但至少一次。

检验方法：施工单位试验检验；监理单位见证取样检测。

8.4.3　拌制水泥沥青砂浆用水的质量检验应符合《铁路混凝土工程施工质量验收补充标准》(铁建设〔2005〕160 号)第 6.2.6 条的规定。

8.4.4　乳化沥青主要性能指标应符合表 8.4.4 的规定。

表 8.4.4　乳化沥青性能指标

序号	项　　目		单　位	指标要求	试验方法
1	外　观			浅褐色液体、均匀、无机械杂质	JC/T 797
2	颗粒电荷			+	JTJ 052—2000
3	恩氏黏度(25 ℃)			5～15	
4	筛上剩余量(1.18 mm)		%	<0.1	
5	贮存稳定性(1 天,25 ℃) 贮存稳定性(5 天,25 ℃)		% %	<0.1 <5.0	
6	低温贮存稳定性(-5 ℃)※1			无粗颗粒或块状物	
7	水泥混合性		%	<1.0	
8	蒸发残留物	残留物含量	%	58～63	JTJ 052—2000
		针入度(25 ℃,100 g)	0.1 mm	60～120	
		针入度(25 ℃,100 g)※2	0.1 mm	40～100	
		溶解度(三氯乙烯)	%	>97	
		延度(15 ℃)※	cm	≥50	

注　※1 当乳化沥青实际使用中经过低温贮存和运输时，进行此项检测。

※2 当采用 SBS 改性沥青制备乳化沥青时，进行此项检测。

检验数量：同产地、同品种、同规格且连续进场的乳化沥青，每 200 t 为一批，不足上述数量时也按一批计。施工单位每批抽检一次；监理单位按施工单位抽检次数的 10% 进行见证检验，但至少一次。

检验方法：施工单位检查产品质量证明文件，并进行抽样试验检验；监理单位检查产品质量证明文件，并进行见证取样检测。

CHINA RAILWAY PUBLISHING HOUSE

8.4.5 聚合物乳液主要性能指标应符合表8.4.5的规定。

表8.4.5 聚合物乳液的主要性能指标要求

序号	项目	单位	指标要求	试验方法
1	密度	g/cm^3	1.0±0.1	GB/T 11175—2002
2	不挥发物	%	45±3	
3	水泥混合性	%	<1	JTJ 052—T0657
4	Tg	℃	不低于 -5 ℃	GB/T 11175—2002

检验数量:同产地、同品种、同规格且连续进场的聚合物(P)乳液,每50 t为一批,不足上述数量时也按一批计。施工单位每批抽检一次;监理单位按施工单位抽检次数的10%进行见证检验,但至少一次。

检验方法:施工单位检查产品质量证明文件,并进行抽样试验检验;监理单位检查产品质量证明文件,并进行见证取样检测。

8.4.6 铝粉主要技术指标应符合相关技术要求。

检验数量:全部检查。

检验方法:施工单位、监理单位检查产品质量证明文件。

8.4.7 水泥沥青砂浆配制、施工的温度应控制在5 ℃~30 ℃范围内。

检验数量:全部检查。

检验方法:施工单位测温;监理单位按施工单位抽检次数的10%进行见证检验,但至少一次。

8.4.8 水泥沥青砂浆的性能指标应符合表8.4.8的规定,施工前应进行配合比选定试验。

表8.4.8 水泥沥青砂浆的性能指标要求

序号	项目		单位	指标要求
1	砂浆温度		℃	5~40
2	流动度		s	18~26
3	可工作时间		min	≥60
4	含气量		%	8~12
5	表观密度		kg/m^3	>1 300
6	抗压强度	1 d	MPa	>0.10
		7 d		>0.70
		28 d		>1.80
7	弹性模量(28 d)		MPa	100~300
8	材料分离度		%	<1.0
9	膨胀率		%	1.0~3.0
10	泛浆率		%	0
11	抗冻性		300次冻融循环试验后,相对动弹模量不得小于60%,质量损失率不得大于5%	
12	耐候性		无剥落、无开裂、相对抗压强度不低于70%	

检验数量:同一配合比的水泥沥青砂浆检查一次。

检验方法:施工单位试验检验;监理单位检查试验报告。

8.4.9　每工作班灌注或泵送水泥沥青砂浆前,应进行水泥沥青砂浆流动度及可工作时间的测定。

检验数量:每工作班至少检查一次。

检验方法:施工单位试验检验;监理单位按施工单位抽检次数的 10% 进行见证检验,但至少一次。

8.4.10　每工作班灌注或泵送水泥沥青砂浆前,应进行水泥沥青砂浆含气量及单位容重的测定。

检验数量:每工作班至少检查一次。

检验方法:施工单位试验检验;监理单位按施工单位抽检次数的 10% 进行见证检验,但至少一次。

8.4.11　每工作班灌注第一盘水泥沥青砂浆时,应制作试件检查水泥沥青砂浆泛浆率。

检验数量:每工作班至少检查一次。

检验方法:施工单位试验检验;监理单位按施工单位抽检次数的 10% 进行见证检验,但至少一次。

8.4.12　每工作班灌注第一盘水泥沥青砂浆时,应制作试件检查水泥沥青砂浆膨胀率。

检验数量:每工作班至少检查一次。

检验方法:施工单位试验检验;监理单位按施工单位抽检次数的 10% 进行见证检验,但至少一次。

8.4.13　每工作班灌注第一盘水泥沥青砂浆时,应制作试件检查水泥沥青砂浆分离度。

检验数量:每工作班至少检查一次。

检验方法:施工单位试验检验;监理单位按施工单位抽检次数的 10% 进行见证检验,但至少一次。

8.4.14　每工作班灌注第一盘水泥沥青砂浆时,应制作试件检查水泥沥青砂浆抗压强度及弹性模量。试件制作应符合以下规定:

1　试模尺寸为高 50 mm、ϕ50 mm 的圆柱体,采用氯乙烯管等材料制作;

2　流动度及可工作时间测定合格后方可制作水泥沥青砂浆抗压强度及弹性模量试件;

3　试件组数根据设计要求的龄期确定,不同龄期检验项目应分别制作 1 组试件;

4　试件养生条件为:温度 20 ℃ ±3 ℃、RH65% ±5%。

检验数量:施工单位每工作班至少检查一次;监理单位按施工单位抽检次数的 10% 进行见证检验,但至少一次。

检验方法:施工单位试验检验;监理单位见证检验。

8.4.15　采用灌注袋进行施工时,灌注袋的质量必须符合设计要求。

检验数量:同生产厂家、同批号、同品种、同强度等级、同出厂日期且连续进场的灌注袋每 300 个为一批,不足上述数量时也按一批计。施工单位每批抽检一次;监理单位按施工单位抽检次数的 10% 进行见证检验,但至少一次。

检验方法:施工单位检查产品质量证明文件、外观、尺寸,试验项目按设计要求进行;监理单位见证检验。

CHINA RAILWAY PUBLISHING HOUSE

一般项目

8.4.16 水泥沥青砂浆灌注后应与轨道板密贴，不应有空隙。轨道板边角悬空应小于 30 mm。

检验数量：施工单位全部检查。

检验方法：观察、尺量。

8.4.17 水泥沥青砂浆调整层应无损伤，个别损伤经修整后不得影响使用。

检验数量：施工单位全部检查。

检验方法：观察。

8.5 凸形挡台树脂灌注

主控项目

8.5.1 树脂的性能指标应符合表 8.5.1—1、8.5.1—2 的规定。

表 8.5.1—1 混合液的性能指标

序号	项目	单位	性能指标	序号	项目	单位	性能指标
1	黏度	Pa.s	≤10	4	承载时间	h	≤48
2	可工作时间(工艺适应期)	min	≥20	5	固化收缩量	min	≤10
3	硬化时间	h	≤24				

表 8.5.1—2 固化物的性能指标

序号	项目	单位	性能指标
1	外观质量	/	表面无明显杂质、气泡、折皱、裂纹
2	表观密度	kg/m^3	$\geqslant 1.05\times10^3$
3	硬度(邵尔 C)	度	≥50
4	弹性系数	kN/mm	10±2
5	剪切强度	MPa	≥2.0
6	黏结强度	MPa	≥0.50
7	疲劳性能	/	压缩永久变形≤1.2 mm，弹性系数变化率在±20%以内，外观无明显异常
8	耐腐蚀性	/	外观无异常，弹性系数变化率在±20%以内
9	耐热老化性		
10*	脆性温度	℃	≤-50
11*	压缩耐寒系数	/	≥0.50

注：表中带"*"项目用于测试最冷月平均气温不大于-10 ℃的地区所用耐寒型聚氨酯树脂。

检验数量：施工单位、监理单位全部检查。

检验方法：检查质量证明文件。

8.5.2 树脂拌和的配合比应符合设计要求。

检验数量：进行一次树脂拌和的配合比试验。

检验方法：施工单位进行配合比选定试验；监理单位检查配合比选定报告。

8.5.3 树脂混合液的可使用时间和固化物的抗压强度应符合设计要求。

检验数量：同生产厂家、同批号、同品种、同强度等级、同出厂日期且连续进场的材料每15 t为一批，不足上述数量时也按一批计。施工单位每批抽检一次；监理单位按施工单位抽检次数的10%进行见证检验，但至少一次。

检验方法：施工单位对混合液进行可使用时间试验，对固化物进行抗压强度试验；监理单位见证取样检测。

一 般 项 目

8.5.4 凸形挡台周围填充树脂宜低于轨道板顶面5～10 mm。

检验数量：施工单位全部检查。

检验方法：观察、尺量。

8.5.5 凸形挡台周围填充树脂的灌注温度应满足设计要求。

检验数量：施工单位全部检查。

检验方法：测温。

8.6 防水层、保护层

主 控 项 目

8.6.1 防水层、保护层所用原材料的品种、规格、性能等应符合设计要求及客运专线相关技术条件规定。

检验数量：施工单位、监理单位检验项目及频次应符合相关规定。

检验方法：施工单位检查产品质量证明文件、观察和试验检验；监理单位检查产品质量证明文件、观察并进行见证试验。

8.6.2 防水层施工部位、结构形式、厚度、坡度和细部做法等应满足设计要求及客运专线相关技术条件规定。

检验数量：施工单位、监理单位全部检查。

检验方法：观察检查和尺量。

8.6.3 保护层施工部位、构造形式、厚度、坡度、断缝处理应符合设计要求，并符合客运专线相关技术条件规定。保护层表面裂缝宽度不得大于0.2 mm。

检验数量：施工单位、监理单位全部检查。

检验方法：观察、尺量和用刻度放大镜检查。

8.6.4 保护层的混凝土强度应符合设计要求。

检验数量、检验方法应符合《铁路混凝土工程施工质量验收补充标准》(铁建设〔2005〕160号)第6.4.11条的规定。

8.6.5 防水层不得渗水。

检验数量：施工单位、监理单位全部检查。

检验方法：观察。

一 般 项 目

8.6.6 防水层的基层应清洁、干燥，不得有空鼓、松动、蜂窝、麻面、浮渣、浮土和油污。

检验数量:施工单位全部检查。

检验方法:观察检查。

8.6.7 防水涂料应涂刷均匀,无漏刷、无气泡;防水卷材应铺设平整、无破损、无空鼓,搭接处及周边均不得翘起。防水层应坡度平顺,排水通畅。

检验数量:施工单位全部检查。

检验方法:观察。

8.6.8 保护层施工时不得损坏防水层,与防水层应黏结牢固,结合紧密。保护层表面应平整密实、流水畅通,不得有疏松、起砂、脱皮、损伤等现象。周边新旧混凝土黏结牢固、密贴。

检验数量:施工单位全部检查。

检验方法:观察。

8.6.9 防水层的允许偏差和检验方法应符合表8.6.9的规定。

检验数量:施工单位每孔梁或每施工段检查不少于5处。

8.6.10 保护层的允许偏差和检验方法应符合表8.6.10的规定。

检验数量:施工单位每孔梁或每施工段检查不少于5处。

表8.6.9 防水层允许偏差和检验方法

序号	项 目	允许偏差(mm)	检验方法
1	平整度	3	1 m靠尺检查
2	卷材搭接宽度	-10	尺量检查

表8.6.10 保护层允许偏差和检验方法

序号	项 目	允许偏差(mm)	检验方法
1	表面平整度	3	1 m靠尺检查
2	分格缝平直	3	拉线尺量检查

CHINA RAILWAY PUBLISHING HOUSE

9 CRTSⅡ型板式无砟轨道道床

9.1 一般规定

9.1.1 无砟道床施工前与线下工程的线路交接、工程测量、沉降变形观测评估等应符合本暂行标准第8.1.1~8.1.4条的规定。

9.1.2 混凝土支承层施工应符合下列规定:

1 混凝土施工配合比设计应结合施工现场的水泥、集料等实际情况,在工地上选配出满足设计要求的施工配合比。当主要原材料发生改变时,应重新进行配合比设计工作。

2 施工前应进行工艺性试验。

3 支承层混凝土应由拌和站拌制。混凝土搅拌时间应按工艺试验时确定的时间执行,拌和物应均匀一致,有生料、成团现象的非均质拌和物严禁用于摊铺。

4 支承层混凝土拌和物长距离运输时应采取覆盖措施。支承层完成后如遇低温支承层必须采取防护措施。

5 混凝土支承层横坡应满足设计要求,表面应整平并有适当的粗糙度,按设计要求做拉毛处理。

6 支承层混凝土在摊铺完成后应喷雾或洒水并覆盖保湿养护。

9.1.3 桥梁上滑动层(二布一膜)、硬泡沫塑料板铺设应符合下列规定:

1 滑动层(二布一膜)、硬泡沫塑料板应无破损。

2 应按设计要求对滑动层的性能(摩擦系数、耐久性等)进行试验检验。

3 铺设第一层无纺布应从活动支座梁端开始,到固定支座梁端预埋螺栓止。在已铺就的第一层无纺布上,铺设聚乙烯薄膜,在接缝处必须将聚乙烯薄膜熔接。在聚乙烯薄膜上铺设第二层无纺布,铺设时可用水湿润无纺布以利于将无纺布吸附在聚乙烯薄膜上。

4 铺设后的无纺布和聚乙烯薄膜上不得行车,安装底座钢筋网时要选择合适的垫块间距,以免钢筋刺穿无纺布。铺设的硬泡沫塑料板不能破损,一旦破损必须更换。

9.1.4 混凝土底座施工除应符合《铁路混凝土工程施工质量验收补充标准》(铁建设〔2005〕160号)有关规定外,还应符合下列规定:

1 按设计要求在梁端缝隙中插入钢楔块后,分段浇筑底座混凝土。

2 底座混凝土后浇带的纵向钢筋连接器必须按设计要求在混凝土浇筑后的规定时间内松开,梁端缝隙中的楔块应及时去掉。

3 全桥各分段混凝土底座浇筑完毕后,所有混凝土后浇带的纵向钢筋必须按设计要求时间通过连接器重新连接。

9.1.5 轨道板集中存放时,存放层数应满足安全要求。沿线存放时,存放层数宜为2~4层。吊装、运输过程中应采取必要的防护措施,防止轨道板损坏。

9.1.6 轨道板铺设前,应在混凝土支承层或底座表面测出轨道基准点和圆锥体安置点,轨道基准点和安置点位于轨道板横接缝的中央,且接近轴线。圆锥体的轴线应与安置点重合。

9.1.7　轨道板宜采用专用配套机械铺设，轨道板铺设前，底座表面应清洁、无杂物、无积水。

9.1.8　紧靠圆锥体将轨道板放置在支承垫木上，粗放精度应满足设计要求。用精调螺杆精调轨道板，并用电脑软件记录精调测量结果，记录内容包括：板类型和板号；观测员；精调日期、时间；天气；精调时的温度；调控点的铺置差（理论—实际值）；轨道基准网和定向点上的最终偏差。

9.1.9　水泥沥青砂浆灌注除应符合本标准第8.1.10~8.1.13条有关规定外，还应符合下列规定：

1　水泥沥青砂浆灌注施工前，应对轨道板安置情况进行复查，保证轨道板位置满足设计要求。

2　轨道板边缝的密封和轨道板精调后的固定应符合设计要求。

3　水泥沥青砂浆达到设计要求的最小抗压强度后方可拆除轨道板下面的精调校正装置；达到设计允许的抗压强度后方可在轨道板上行车。

9.1.10　轨道板纵向连接及灌浆孔填补应符合下列规定：

1　轨道板的纵向连接及补孔混凝土的浇筑环境温度应满足设计要求。

2　水泥沥青砂浆的强度及窄接缝混凝土强度达到设计要求后方可对轨道板实施张拉。

3　用与宽接缝同样的混凝土填充灌浆孔。

9.1.11　按设计要求在轨道板上钻孔至混凝土底座一定深度，埋设锚栓，安装锚定板、盘形弹簧和螺母，按设计要求用扭矩扳手（拧紧螺母）施加预应力，固定轨道板，并对锚固件做防腐处理。

9.1.12　在轨道板灌注水泥沥青砂浆层后，再施工侧向挡块，同时依据侧向挡块的类型嵌入相应的橡胶支座。

9.1.13　防水层、隔离层施工应符合本暂行标准第8.1.14条的规定。

9.1.14　施工质量验收除应符合本暂行标准外尚应符合设计文件的要求。

9.2　混凝土支承层

（Ⅰ）模　　板

主控项目

9.2.1　混凝土支承层模板安装的检验应符合本暂行标准第8.2.4、8.2.5、8.2.6条的规定。

一般项目

9.2.2　模板安装允许偏差和检验方法应符合表9.2.2的规定。

表9.2.2　模板安装允许偏差和检验方法

序号	检查项目	允许偏差(mm)	检验方法
1	中线位置	10	全站仪
2	顶面高程	±3	水准仪
3	内侧宽度	$^{+10}_{0}$	尺量

CHINA RAILWAY PUBLISHING HOUSE

检验数量:施工单位每 20 m 各检查一处。

(Ⅱ)混 凝 土

主 控 项 目

9.2.3 混凝土原材料检验应符合现行《铁路混凝土工程施工质量验收补充标准》(铁建设〔2005〕160 号)第 6.2.1 ~6.2.6 条的规定。

9.2.4 混凝土施工检验应符合现行《铁路混凝土工程施工质量验收补充标准》(铁建设〔2005〕160 号)第 6.4.1、6.4.2、6.4.11、6.4.12 条的规定。

9.2.5 混凝土支承层(未硬化)密实度应符合设计要求。

检验数量:施工单位每 500 m 检测一次;监理单位按施工单位抽检次数的 10% 进行见证检验,但至少一次。

检验方法:试验检验。

一 般 项 目

9.2.6 混凝土表面应密实、平整、颜色均匀,不得有蜂窝、疏松和缺棱掉角等缺陷。

检验数量:施工单位全部检查。

检验方法:观察。

9.2.7 混凝土支承层外形尺寸允许偏差和检验方法应符合表 9.2.7 的规定。

检验数量:施工单位采用滑模摊铺机施工时,每 50 m 各检查一处;采用立模现浇施工时,每 20 m 各检查一处。

表 9.2.7　混凝土支承层外形尺寸允许偏差及检验方法

序　号	检查项目	允许偏差(mm)	检验方法
1	厚　　度	±20	尺　测
2	中线位置	10	全站仪
3	宽　　度	+15 0	尺　测
4	顶面高程	±5	水准仪
5	平整度	10	3 m 直尺

9.2.8 混凝土支承层在新浇筑状态应以横向切缝分段,分段长度不得大于 5m,切缝应深入支承层厚度 1/3 以上。

检验数量:施工单位全部检查。

检验方法:尺量。

9.3　滑动层(二布一膜)、硬泡沫塑料板

主 控 项 目

9.3.1 梁面防水层平整度应满足设计要求,防水层表面不得残留可能破坏滑动层的颗粒。

检验数量:施工单位每片梁检查 10 处;监理单位按施工单位抽检次数的 10% 进行见证检验,但至少一次。

检验方法:直尺量测、观察。

9.3.2 滑动层(二布一膜)、硬泡沫塑料板及黏接剂的规格、材质、性能指标应符合设计要求及相关技术条件规定。

检验数量:施工单位全部检查;监理单位见证检验20%。

检验方法:检查产品质量证明文件。

9.3.3　滑动层(二布一膜)铺设必须平整密贴,第一层土工布与下部结构应黏接牢固、可以对接,第二层土工布必须整块铺设,不得对接;薄膜不得起皱,接缝处理必须符合设计要求。

检验数量:施工单位、监理单位全部检查。

检验方法:观察检查。

9.3.4　硬泡沫塑料板拼接接缝应为榫形或阶梯形,接缝应交错布置,不得出现通缝,硬泡沫塑料板黏贴应牢固,顶部覆盖应符合设计要求。

检验数量:施工单位、监理单位全部检查。

检验方法:观察检查。

一 般 项 目

9.3.5　硬泡沫塑料板和二布一膜的外侧应与混凝土底座板两侧平齐。

检验数量:施工单位全部检查。

检验方法:观察检查。

9.4　桥上混凝土底座

(Ⅰ)模　　板

主 控 项 目

9.4.1　模板安装、拆除检验应符合本暂行标准第8.2.4~8.2.6条的规定。

一 般 项 目

9.4.2　模板安装允许偏差应符合表9.4.2的规定。

表9.4.2　底座模板安装允许偏差及检验数量

序　号	项　　目	允许偏差(mm)	检　验　数　量
1	顶面高程	±3	每5 m检查1处
2	宽　　度	$^{+10}_{0}$	每5 m检查3处
3	中线位置	5	每5 m检查3处
4	伸缩缝位置	5	每条伸缩缝检查一次

检验方法:施工单位测量检查。

(Ⅱ)钢　　筋

主 控 项 目

9.4.3　钢筋原材料、加工、连接、安装检验应符合本暂行标准第8.2.10条的规定。

CHINA RAILWAY PUBLISHING HOUSE

9.4.4 钢筋绝缘应符合设计要求。

检验数量:施工单位全部检查。监理单位按施工单位抽检次数的10%进行见证检验,但至少一次。

检验方法:电阻表测试。

9.4.5 混凝土底座后浇带处钢筋的断开和连接应符合设计要求。

检验数量:施工单位、监理单位全部检查。

检验方法:观察和尺量。

一般项目

9.4.6 钢筋原材料、加工、连接检验应符合本暂行标准第8.2.12~8.2.14条的规定。

(Ⅲ)混 凝 土

主控项目

9.4.7 混凝土原材料、配合比和施工检验应符合本暂行标准第8.2.15~8.2.17条的规定。当设计文件有特殊要求时,应符合设计要求。

9.4.8 混凝土底座裂缝宽度应符合设计要求。

检验数量:施工单位、监理单位全部检查。

检验方法:观察、测量。

一般项目

9.4.9 混凝土底座外形尺寸允许偏差和检验数量及方法应符合表9.4.9的规定。

表9.4.9 混凝土底座外形尺寸允许偏差和检验数量及方法

序 号	检 查 项 目	允许偏差(mm)	检验数量及方法
1	中线位置	10	全站仪:1处/40 m
2	宽 度	+15 0	尺量:1处/20 m
3	顶面高程	±5	水准仪:1处/20 m
4	平整度	10	3 m直尺:1处/20 m

检验方法:施工单位测量。

9.4.10 混凝土表面质量检验应符合本暂行标准第8.2.20条的规定。

9.5 路桥过渡段端部结构(摩擦板与端刺)

(Ⅰ)模 板

主控项目

9.5.1 模板安装检验应符合本暂行标准第8.2.4~8.2.6条的规定。

CHINA RAILWAY PUBLISHING HOUSE

一般项目

9.5.2 模板安装允许偏差和检验数量及方法应符合本暂行标准表9.5.2的规定。

表9.5.2 模板安装允许偏差和检验数量及检验方法

序号	检查项目	允许偏差(mm)	检验数量及检验方法
1	中线位置	15	尺量每边不少于2处
2	表面平整度	5	2 m靠尺和塞尺不少于3处
3	顶面高程	±10	测量2处
4	内侧宽度	+10 -5	尺量不少于3处

检验方法:施工单位测量。

9.5.3 拆除模板时,混凝土强度应保证其表面及棱角不受损伤。

检验数量:施工单位全部检查。

检验方法:观察检查。

(Ⅱ)钢　筋

主控项目

9.5.4 钢筋原材料、加工、连接、安装检验应符合本暂行标准第8.2.10条的规定。

一般项目

9.5.5 钢筋原材料、加工、连接检验应符合本暂行标准第8.2.12~8.2.14条的规定。

(Ⅲ)混凝土

主控项目

9.5.6 混凝土原材料、配合比设计、施工检验应符合本暂行标准第8.2.15~8.2.17条的规定。当设计文件有特殊要求时应符合设计要求。

一般项目

9.5.7 端部结构外形尺寸允许偏差和检验数量及方法应符合表9.5.7的规定。

表9.5.7 端部结构外形尺寸允许偏差和检验数量及方法

序号	检查项目	允许偏差(mm)	检验数量及方法
1	中线位置	20	尺量不少于2处
2	截面尺寸	+20 -5	尺量不少于3处
3	顶面高程	±20	测量不少于2处
4	平整度	8	2 m靠尺、塞尺测量不少于3处

检验方法:施工单位测量。

9.5.8　混凝土表面质量检验应符合本暂行标准第 8.2.20 条的规定。

9.6　轨道板铺设

主控项目

9.6.1　轨道板质量应符合设计要求。轨道板应有标识(编号),扣件完整,预埋件齐全,纵向连接螺纹钢筋无弯曲。

检验数量:施工单位、监理单位全部检查。

检验方法:查验产品质量证明文件,观察。

9.6.2　轨道板铺设应按布板图给定的编号、位置对号入座进行铺设。

检验数量:施工单位、监理单位全部检查。

检验方法:观察检查。

一般项目

9.6.3　轨道板外观质量允许偏差应符合表 9.6.3 的规定。

表 9.6.3　轨道板外观质量允许偏差

损坏或缺陷名称及部位	允许偏差情况
表面边缘损坏,混凝土剥落	深度≤5 mm,面积≤50 cm^2
底面边缘损坏,混凝土掉块	宽度、深度≤15 mm,长度≤100 mm

检验数量:施工单位全部检查。

检验方法:观察、尺量。

9.6.4　轨道板铺设高程及中线偏差不得超过以下指标:高程 ±0.5 mm,中线 0.5 mm。

检验数量:施工单位全部检查。

检验方法:检查记录。

9.6.5　相邻轨道板接缝处承轨台顶面相对高差及平面位置允许偏差为 ±0.3 mm。

检验数量:施工单位每 10 块板抽查 1 块。

检验方法:专用量尺检测。

9.7　水泥沥青砂浆灌注

主控项目

9.7.1　水泥沥青砂浆各组成成分性能指标应满足设计要求。

检验数量:施工单位、监理单位全部检查。

检验方法:查验产品质量证明文件。

9.7.2　水泥沥青砂浆的性能指标应符合表 9.7.2 的规定。

CHINA RAILWAY PUBLISHING HOUSE

表 9.7.2 水泥沥青砂浆性能指标

序号	项目		单位	性能指标要求
1	拌合物温度		℃	5～35
2	扩展度[1]		/	$D_5 \geqslant 280$ mm 和 $t_{280} \leqslant 16$ s $D_{30} \geqslant 280$ mm 和 $t_{280} \leqslant 22$ s
3	流动度		s	80～120
4	分离度		%	≤3.0
5	含气量		%	≤10.0
6	单位容积质量		kg/m^3	≥1 800
7	膨胀率		%	0～2.0
8	抗折强度	1 d	MPa	≥1.0
		7 d		≥2.0
		28 d		≥3.0
9	抗压强度	1 d	MPa	≥2.0
		7 d		≥10.0
		28 d		≥15.0
10	弹性模量(28 d)		MPa	7 000～10 000
11	抗冻性(28 d)		/	外观无异常，剥落量≤2 000，相对动弹模量≥60%
12	抗疲劳性(28 d)		/	10 000 次不断裂

注：D_5 表示砂浆出机扩展度；D_{30} 表示砂浆出机 30 min 时的扩展度；t_{280} 表示砂浆扩展度达 280 mm 时所需的时间。

检验数量：对同性能的水泥沥青砂浆施工前进行一次配合比选定试验。

检验方法：施工单位按设计要求的性能指标进行配合比选定试验；监理单位检查试验报告。

9.7.3 水泥沥青砂浆的抗折和抗压强度应符合表 9.7.2 的规定。

检验数量：每施工段检查一次。

检验方法：施工单位根据设计要求各制作试件用于检测不同龄期的抗折和抗压强度；监理单位按施工单位抽检次数的 10% 进行见证检验，但至少一次。

9.7.4 水泥沥青砂浆的流动性、扩散度、含气量应符合表 9.7.2 的规定。

检验数量：施工单位搅拌车每加一次料施工单位至少检测一次；监理单位按施工单位抽检次数的 10% 进行见证检验，但至少一次。

检验方法：按相关试验方法进行试验。

9.7.5 水泥沥青砂浆灌注时表面高度至少应达到轨道板的底边，不得回落到底边以下。

检验数量：施工单位、监理单位全部检查。

检验方法：观察检查。

一 般 项 目

9.7.6 水泥沥青砂浆层的厚度应符合设计规定，不得小于20 mm，不宜超过 40 mm。

检验数量：施工单位全部检查。

检验方法：尺量。

CHINA RAILWAY PUBLISHING HOUSE

9.7.7　横向密封水泥沥青砂浆应高出轨道板底边至少 20 mm 并压实、均匀抹平。

检验数量：施工单位全部检查。

检验方法：观察、尺量。

9.8　轨道板纵向连接

（Ⅰ）模　　板

主 控 项 目

9.8.1　模板安装、拆除检验应符合本暂行标准第 8.2.4 ~ 8.2.6 条的规定。

一 般 项 目

9.8.2　模板应与轨道板两侧、混凝土支承层或底座密贴。

检验数量：施工单位全部检查。

检验方法：观察检查。

（Ⅱ）钢筋及纵向钢筋连接

主 控 项 目

9.8.3　钢筋原材料应符合现行《铁路混凝土工程施工质量验收补充标准》（铁建设〔2005〕160 号）第 5.2.1 ~ 5.2.2 条的规定。

9.8.4　连接钢筋的张拉锁件应满足设计及相关技术要求。

检验数量：施工单位、监理单位全部检查。

检验方法：查验产品质量证明文件。

9.8.5　钢筋加工、安装应符合现行《铁路混凝土工程施工质量验收补充标准》（铁建设〔2005〕160 号）第 5.3.1、5.5.1 ~ 5.5.2 条的规定。

9.8.6　纵、横向钢筋节点的绝缘应满足设计要求。

检验数量：施工单位全部检查。监理单位按施工单位抽检次数的 10% 进行见证检验，但至少一次。

检验方法：电阻表测试。

9.8.7　轨道板接缝处钢筋张拉扭矩应符合设计规定。

检验数量：施工单位全部检查；监理单位按施工单位抽检次数的 10% 进行见证检验，但至少一次。

检验方法：检查扭矩扳手读数。

一 般 项 目

9.8.8　钢筋原材料、加工、安装及钢筋保护层厚度允许偏差和检验方法应符合本暂行标准第 8.2.12、8.2.14 条的规定。

CHINA RAILWAY PUBLISHING HOUSE

(Ⅲ)混 凝 土

主 控 项 目

9.8.9 混凝土原材料、配合比设计、施工检验应符合本暂行标准第8.2.15～8.2.17条的规定。当设计文件有特殊要求时,应符合设计要求。

9.8.10 水泥沥青砂浆的强度达到9 MPa或窄接缝浇筑混凝土的强度达到20 MPa后,方可对轨道板实施张拉。

检验数量:施工单位全部检查;监理单位见证检测20%。

检验方法:核查试验报告。

一 般 项 目

9.8.11 混凝土表面质量检验应符合本暂行标准第8.2.20条的规定。

9.8.12 接缝混凝土表面应与轨道板表面平齐。

检验数量:施工单位全部检查。

检验方法:观察。

9.9 侧向挡块

(Ⅰ)基础面处理

主 控 项 目

9.9.1 桥面预埋连接钢筋、钢筋表面处理及基础面处理检验应符合本暂行标准第8.2.1～8.2.3条的规定。

(Ⅱ)模 板

主 控 项 目

9.9.2 模板安装检验应符合本暂行标准第8.2.4～8.2.6条的规定。

一 般 项 目

9.9.3 模板安装允许偏差和检验方法应符合表9.9.3的要求。

表9.9.3 模板安装允许偏差和检验方法

序 号	检查项目	允许偏差(mm)	检验方法
1	中线位置	10	尺 量
2	内侧宽度	+10 0	尺 量

检验数量:施工单位每处检查1次。

9.9.4 模板拆除质量检验应符合本暂行标准第9.5.3条的规定。

(Ⅲ)钢　筋

主 控 项 目

9.9.5 钢筋原材料、加工、连接、安装检验应符合本暂行标准第8.2.10条的规定。

一 般 项 目

9.9.6 钢筋原材料、加工、连接检验应符合本暂行标准第8.2.12~8.2.14条的规定。

(Ⅳ)混　凝　土

主 控 项 目

9.9.7 混凝土原材料、配合比设计、施工检验应符合本暂行标准第8.2.15~8.2.17条的规定。当设计文件有特殊要求时,应符合设计要求。

一 般 项 目

9.9.8 侧向挡块允许偏差和检验方法应符合表9.9.8的规定。

表9.9.8 侧向挡块的允许偏差及检验方法

序　号	检查项目	允许偏差(mm)	检验方法
1	平面位置	10	尺　量
2	截面尺寸	+15 0	尺　量

检验数量:施工单位每处检查1次。

9.9.9 混凝土表面质量检验应符合本暂行标准第8.2.20条的规定。

(Ⅴ)限　位　板

主 控 项 目

9.9.10 侧向挡块限位板的规格、质量应符合设计及相关技术要求。

检验数量:施工单位、监理单位全部检查。

检验方法:查验产品质量证明文件。

9.9.11 侧向挡块限位板的安装位置及数量应符合设计要求。

检验数量:施工单位、监理单位全部检查。

检验方法:观察检查。

9.10 轨道板锚固和剪切连接

主 控 项 目

9.10.1 连接件原材料、锚固剂、防腐材料应符合设计及相关技术要求。

检验数量:施工单位、监理单位全部检查。

检验方法:查验产品质量证明文件。

9.10.2 钻孔位置、深度、孔径应符合设计要求。

检验数量:施工单位全部检查;监理单位见证检验。

检验方法:尺量。

9.10.3 锚固扭力应符合设计要求。

检验数量:施工单位每工班至少检查一次;监理单位按施工单位抽检次数的10%进行见证检验,但至少一次。

检验方法:检查扭矩扳手读数。

9.11 线间及两侧堆砟

主控项目

9.11.1 无砟轨道线间及两侧堆码石砟材质及粒径级配应符合设计要求。

检验数量:同一产地且连续进场的堆砟,施工单位每1 000 m^3抽检一次;监理单位按施工单位抽检次数的10%进行见证检验,但至少一次。

检验方法:查验产品质量证明文件,试验。

9.11.2 混凝土原材料、配合比设计、施工的检验应符合现行《铁路混凝土工程施工质量验收补充标准》(铁建设〔2005〕160号)第6.2.1~6.2.7、6.3.1~6.3.4、6.4.1~6.4.16条的规定。

9.11.3 线间和两侧的石砟应密实,线间部分密实度应符合设计要求。

检验数量:施工单位每500 m检测一次;监理单位按施工单位抽检次数的10%进行见证检验,但至少一次。

检验方法:试验检验。

一般项目

9.11.4 混凝土结构表面应密实、平整、颜色均匀,不得有蜂窝、孔洞、疏松、麻面等缺陷。

检验数量:施工单位全部检查。

检验方法:观察。

9.11.5 无砟轨道两侧堆码石砟应整齐、平直、圆顺,其偏差应符合表9.11.5的规定。

检验数量:施工单位每100 m检查3处。

表9.11.5 无砟轨道两侧堆码石砟允许偏差

序号	项目	允许偏差(mm)
1	厚度	±50
2	上宽度	±50
3	下宽度	±100

检验方法:观察、尺量。

10 CRTSⅢ型板式无砟轨道道床

10.1 一般规定

10.1.1 无砟道床施工前与线下工程的线路交接、工程测量、沉降变形观测评估等应符合本暂行标准第8.1.1~8.1.4条的规定。

10.1.2 混凝土支承层或底座施工应符合本暂行标准第9.1.2条、9.1.4条的相关规定。

10.1.3 桥梁上滑动层(二布一膜)、硬泡沫塑料板铺设应符合本暂行标准第9.1.3条的相关规定。

10.1.4 轨道板存放、吊装和运输应符合本暂行标准第8.1.7条规定。

10.1.5 轨道板铺设前应提前在线路中心设置基桩,基桩的材质及功能应符合设计要求,基桩设置精度应符合《客运专线无砟轨道铁路工程测量技术暂行规定》(铁建设〔2006〕189号)的要求。

10.1.6 混凝土底座强度达到设计强度的75%后方可铺设轨道板。轨道板宜采用专用机械铺设,轨道板铺设前,底座表面应清洁、无杂物、无积水。

10.1.7 轨道板应采用专用机具精确调整对位。轨道板的状态精确对位后,复测轨道板状态,必要时,须拧松支承螺栓,重新调整轨道板状态,直至符合精度要求。

10.1.8 水泥沥青砂浆灌注应符合本暂行标准第9.1.9条相关规定。

10.1.9 轨道板预制完成后应对连接器连接钢筋采取防腐处理,铺设时应清除其表面的油脂。

10.1.10 限位台或定位销的施工应在水泥沥青砂浆灌注完成后进行。

10.1.11 限位台及定位销施工钻孔应采用专用工装设备定位,钻孔后应将工作面清理干净,限位台施工应采用无收缩混凝土。

10.1.12 连接器安装前应检查连接器的绝缘性能。

10.1.13 防水层、隔离层施工应符合本暂行标准第8.1.14条规定。

10.1.14 施工质量验收除应符合本暂行标准外,尚应符合设计文件的要求。

10.2 混凝土支承层

(Ⅰ)模　板

主 控 项 目

10.2.1 混凝土支承层模板的检验应符合本暂行标准第8.2.4~8.2.6条的规定。

一 般 项 目

10.2.2 混凝土支承层模板的检验应符合本暂行标准第9.2.2条的规定。

CHINA RAILWAY PUBLISHING HOUSE

(Ⅱ)混　凝　土

主 控 项 目

10.2.3　支承层混凝土的检验应符合本暂行标准第9.2.3~9.2.5条的规定。

一 般 项 目

10.2.4　支承层混凝土的检验应符合本暂行标准第9.2.6~9.2.8条的规定。

10.3　滑动层(二布一膜)、硬泡沫塑料板

主 控 项 目

10.3.1　滑动层(二布一膜)、硬泡沫塑料板检验应符合本暂行标准第9.3.1~9.3.4条规定。

一 般 项 目

10.3.2　滑动层(二布一膜)、硬泡沫塑料板检验应符合本暂行标准第9.3.5条的规定。

10.4　桥上混凝土底座

(Ⅰ)模　　板

主 控 项 目

10.4.1　模板安装、拆除检验应符合本暂行标准第8.2.4~8.2.6条的规定。

一 般 项 目

10.4.2　模板安装允许偏差及检验应符合本暂行标准第9.4.2条的规定。

(Ⅱ)钢　　筋

主 控 项 目

10.4.3　钢筋原材料、加工、连接、安装应符合本暂行标准第8.2.10~8.2.11条的规定。

一 般 项 目

10.4.4　钢筋原材料、加工、连接、安装应符合本暂行标准第8.2.12~8.2.14条的规定。

(Ⅲ)混　凝　土

主 控 项 目

10.4.5　混凝土原材料、配合比设计、施工检验应符合本暂行标准第8.2.15~8.2.17条

的规定。

一 般 项 目

10.4.6　混凝土底座外形尺寸允许偏差应符合本暂行标准第 9.4.8 条的规定。

10.4.7　混凝土表面质量检验应符合本暂行标准第 8.2.20 条的规定。

10.5　轨道板铺设

主 控 项 目

10.5.1　轨道板质量应符合设计要求。轨道板应有标识,预埋件应与板边缘齐平,螺纹钢筋无弯曲。

检验数量:施工单位、监理单位全部检查。

检验方法:查验产品质量证明文件,观察。

10.5.2　轨道板与下部基础的间隙不得小于 40 mm。

检验数量:每块轨道板两侧检查 3 处(两端及中部)。施工单位全部检查。监理单位按施工单位抽检次数的 10% 进行见证检验,但至少一次。

检验方法:尺量。

一 般 项 目

10.5.3　轨道板安装位置的允许偏差应符合表 10.5.3 的规定。

表 10.5.3　轨道板安装位置的允许偏差

序 号	项 目	允许偏差(mm)	检验数量
1	中线位置	1	每板检查 3 处(两端和中部)
2	承轨面处板顶高程	±1	全部检查
3	纵向位置	5	两端承轨槽各检查 1 处

检验数量:施工单位全部检查。

检验方法:测量。

10.6　水泥沥青砂浆灌注

主 控 项 目

10.6.1　路基(隧道)上水泥沥青砂浆灌注检验应符合本暂行标准第 8.4.1 ~8.4.15 条的规定。

10.6.2　桥上水泥沥青砂浆灌注检验应符合本暂行标准第 9.7.1 ~9.7.3 条的规定。

一 般 项 目

10.6.3　路基(隧道)上水泥沥青砂浆灌注检验应符合本暂行标准第 8.4.16 ~8.4.17 条的规定。

10.6.4　桥上水泥沥青砂浆灌注检验应符合本暂行标准第 9.7.6 ~9.7.7 条的规定。

10.7 限位台及定位销

（Ⅰ）模　板

主 控 项 目

10.7.1 混凝土模板的安装和拆除的检验应符合现行《铁路混凝土工程施工质量验收补充标准》(铁建设〔2005〕160 号)第 4.2.1、4.2.2、4.3.1 条的规定。

一 般 项 目

10.7.2 混凝土模板的安装和拆除的检验应符合现行《铁路混凝土工程施工质量验收补充标准》(铁建设〔2005〕160 号)第 4.2.3、4.3.2 条的规定。

（Ⅱ）钢　筋

主 控 项 目

10.7.3 钢筋原材料、加工、连接、安装应符合现行《铁路混凝土工程施工质量验收补充标准》(铁建设〔2005〕160 号)第 5.2.1～5.2.3、5.3.1、5.4.1～5.4.2、5.5.1～5.5.2 条的规定。

一 般 项 目

10.7.4 钢筋原材料、加工、连接、安装应符合现行《铁路混凝土工程施工质量验收补充标准》(铁建设〔2005〕160 号)第 5.2.4、5.3.2、5.4.3、5.5.5 条的规定。

10.7.5 限位台钢筋的加工及安装除满足设计要求及上述规定外，还应符合表 10.7.5 的规定。

表 10.7.5 限位台钢筋加工及安装允许偏差和检验方法

序 号	项 目	允许偏差(mm)	检 验 方 法
1	钢筋长度	+15 0	尺 量
2	钢筋位置	5	尺量或专用检具检查
3	钢筋锚固长度	+20 0	尺 量
4	钢筋保护层厚度	+5 -2	尺量，两端、中间各 2 处

检验数量：施工单位全部检查。

（Ⅲ）混　凝　土

主 控 项 目

10.7.6 混凝土原材料、配合比设计、施工的检验应符合现行《铁路混凝土工程施工质量验收补充标准》(铁建设〔2005〕160 号)第 6.2.1 ~ 6.2.7、6.3.1 ~ 6.3.4、6.4.1 ~ 6.4.10、6.4.13 ~ 6.4.15 条的规定。

10.7.7　限位台混凝土的强度应符合设计要求。

检验数量:施工单位每 7 个工作日内制作 3 组强度试件,一组同条件养护,两组标养作为评定依据;监理单位按施工单位抽检次数的 10% 进行见证检验,但至少一次。

检验方法:试验检验。

一 般 项 目

10.7.8　混凝土施工和表面质量的检验应符合现行《铁路混凝土工程施工质量验收补充标准》(铁建设〔2005〕160 号)第 6.4.17、6.4.18 条的规定。

(Ⅳ)定 位 销

主 控 项 目

10.7.9　定位销周围灌注树脂弹性系数为(10 ± 2) kN/mm,抗压强度应大于 5 MPa,其余要求应符合本暂行标准第 8.5.1 ~ 8.5.3 条的规定。

10.7.10　定位销材质、直径应符合设计要求。

检验数量:施工单位、监理单位全部检查。

检验方法:查验材料质量证明文件。

一 般 项 目

10.7.11　定位销周围灌注树脂施工检验应符合本暂行标准第 8.5.4 ~ 8.5.5 条的规定。

10.7.12　定位销安装允许偏差应符合表 10.7.12 的规定。

检验数量:施工单位全部检查。

检验方法:尺量。

表 10.7.12　定位销安装允许偏差

序　号	项　　目	允许偏差(mm)
1	锚固深度	$^{+15}_{0}$
2	与轨道板相对位置	2

10.8　轨道板纵向连接

(Ⅰ)连　接　器

主 控 项 目

10.8.1　连接器钢板材质、孔位、厚度应满足设计要求,孔位允许偏差 ±2 mm。

检验数量:施工单位全部检查;监理单位平行检查 10%。

检验方法:查验材料质量证明文件、尺量。

10.8.2　连接器应安装牢固、位置准确、绝缘性能满足技术要求,连接器纵向位置允许偏差 10 mm。

检验数量:施工单位全部检查。监理单位按施工单位抽检次数的 10% 进行见证检验,但至少一次。

CHINA RAILWAY PUBLISHING HOUSE

检验方法:观察、尺量、仪器检测绝缘性能。

10.8.3 连接器安装时螺母的上紧扭力矩应符合设计规定。

检验数量:施工单位全部检查;监理单位平行检查10%。

检验方法:扭矩扳手检查。

一般项目

10.8.4 连接器各部件应无污染、无油脂。

检验数量:施工单位全部检查。

检验方法:观察。

(Ⅱ)模　板

主控项目

10.8.5 混凝土模板的安装和拆除的检验应符合现行的《铁路混凝土工程施工质量验收补充标准》(铁建设〔2005〕160号)第4.2.1、4.2.2、4.3.1条的规定。

一般项目

10.8.6 混凝土模板的安装和拆除的检验应符合现行《铁路混凝土工程施工质量验收补充标准》(铁建设〔2005〕160号)第4.2.3、4.3.2条的规定。

(Ⅲ)钢　筋

主控项目

10.8.7 钢筋原材料、加工、连接、安装应符合现行《铁路混凝土工程施工质量验收补充标准》(铁建设〔2005〕160号)第5.2.1、5.2.3、5.3.1、5.4.1~5.4.2、5.5.1~5.5.2条的规定。

一般项目

10.8.8 钢筋原材料、加工、连接、安装应符合现行《铁路混凝土工程施工质量验收补充标准》(铁建设〔2005〕160号)第5.2.4、5.3.2、5.4.3、5.5.5条的规定。

(Ⅳ)混　凝　土

主控项目

10.8.9 混凝土原材料、配合比设计、施工的检验应符合现行《铁路混凝土工程施工质量验收补充标准》(铁建设〔2005〕160号)第6.2.1~6.2.6、6.3.1~6.3.4、6.4.1~6.4.10、6.4.13~6.4.15条的规定。

10.8.10 轨道板接缝混凝土应按设计要求做首次试验或适用性试验;混凝土28 d抗压强度应符合设计规定。

检验数量:施工单位每7个工作日内制作3组强度试件,一组同条件养护,两组标养作为评定依据;监理单位按施工单位抽检次数的10%进行见证检验,但至少一次。

检验方法:试验检验。

一 般 项 目

10.8.11 模板拆除后,混凝土结构表面应密实、平整、颜色均匀,不得有露筋、蜂窝、孔洞、疏松、麻面和缺棱掉角等缺陷。

检验数量:施工单位全部检查。

检验方法:观察。

10.8.12 接缝混凝土表面应与轨道板表面平齐。

检验数量:施工单位全部检查。

检验方法:观察。

10.9 防水层、保护层

主 控 项 目

10.9.1 防水层、保护层施工检验应符合本暂行标准第8.6.1~8.6.5条的规定。

一 般 项 目

10.9.2 防水层、保护层施工检验应符合本暂行标准第8.6.6~8.6.10条的规定。

11 CRTS Ⅰ型双块式无砟轨道道床

11.1 一般规定

11.1.1 无砟道床施工前与线下工程的线路交接、工程测量、沉降变形观测评估等应符合本暂行标准第8.1.1～8.1.4条的规定。

11.1.2 混凝土支承层或底座施工应符合本暂行标准第9.1.2、9.1.4条的相关规定。

11.1.3 底座混凝土强度达到设计强度50%后，清扫干净混凝土表面，按要求铺贴隔离层、安放橡胶板。

11.1.4 控制基桩及加密基桩设置应满足《客运专线无砟轨道铁路工程测量暂行规定》(铁建设〔2006〕189号)的要求。

11.1.5 轨枕存放和运输应水平放置(枕面向上)，堆放时以5根枕为一层，每组不超过6层，并捆绑为一体，堆码层数不应超过12层。吊装、运输过程中应采取必要的防护措施，防止轨枕扭曲、变形和损坏。

11.1.6 无砟道床施工用工具轨应采用与正线轨型相同的钢轨，无变形、损伤、毛刺等，钢轨质量及状态应经常检查。

11.1.7 钢轨支承架应有足够的强度、刚度和稳定性，满足施工工艺要求，间距及安置应便于调整、拆卸和混凝土浇筑。

11.1.8 用钢轨支承架架设钢轨时，应符合下列规定：

1 钢轨支承架应架设牢固，并与钢轨垂直。每25m安放支撑架12～13榀，应等间距布置，但在钢轨接头前后和曲线地段，应缩小支撑架间距。

2 根据已测设的基桩，调整好钢轨的水平、轨距、高程和方向。各种扣件应组装正确，螺栓拧紧，扭矩应一致。

3 轨排调整定位合格后应采取防止轨排上浮的措施。

11.1.9 用轨检小车和全站仪逐一检测每根轨枕处的轨顶高程、轨道中线位置、线间距、轨道平顺度等几何形位，并进行精确调整。

11.1.10 底座伸缩缝与道床伸缩缝应上下对齐，宽度一致。

11.1.11 道床板混凝土浇筑前，应复测轨排几何形位、钢筋保护层厚度，检测钢筋网绝缘性能，满足要求后方可进行混凝土浇筑。

11.1.12 在浇筑过程中应加强对轨枕底部及其周围混凝土的振捣。应随时监测轨排几何形位的变化。

11.1.13 混凝土道床板振捣密实后，表面需按设计做好横向排水坡，并整平、抹光。

11.1.14 道床板混凝土初凝前后应采取喷雾保湿养护措施，初凝后应立即解开夹板螺栓，松开扣件等固定装置。

11.1.15 道床混凝土强度达到5 MPa后，方准拆除轨道排架或支撑架。钢轨支撑架拆除后，遗留的螺栓孔采用高强度无收缩砂浆封堵。道床混凝土未达到设计强度75%之前，严禁在道床上行车和碰撞轨道部件。

11.1.16　防水层、隔离层施工应符合本暂行标准第 8.1.14 条规定。

11.1.17　施工质量验收除应符合本暂行标准外尚应符合设计文件的要求。

11.2　混凝土支承层

（Ⅰ）模　板

主 控 项 目

11.2.1　混凝土支承层模板安装、拆除检验应符合本暂行标准第 8.2.4～8.2.6 条的规定。

一 般 项 目

11.2.2　混凝土支承层模板安装允许偏差和检验方法应符合表 11.2.2 规定。

表 11.2.2　模板安装允许偏差和检验方法

序号	检查项目	允许偏差(mm)	检验方法
1	中线位置	10	全站仪
2	顶面高程	+2 −5	水准仪
3	内侧宽度	+10 0	尺　量

检验数量：施工单位每 20 m 各检查一处。

（Ⅱ）混　凝　土

主 控 项 目

11.2.3　混凝土原材料、施工检验应符合本暂行标准第 9.2.3～9.2.5 条的规定。

一 般 项 目

11.2.4　混凝土支承层外形尺寸允许偏差及检验方法应符合表 11.2.4 规定。

检验数量：施工单位采用滑模摊铺机施工时，每 50 m 各检查一处；采用立模现浇施工时，每 20 m 各检查一处。

表 11.2.4　混凝土支承层外形尺寸允许偏差及检验方法

序号	检查项目	允许偏差(mm)	检验方法
1	厚　度	±20	尺　测
2	中线位置	10	全站仪
3	宽　度	+15 0	尺　测
4	顶面高程	+5 −15	水准仪
5	平整度	10	3 m 直尺

11.2.5　混凝土施工检验应符合本暂行标准第 9.2.6、9.2.8 条的规定。

CHINA RAILWAY PUBLISHING HOUSE

11.3 桥上混凝土底座

（Ⅰ）基础面处理

主 控 项 目

11.3.1 桥面预埋连接钢筋、基础面处理施工检验应符合本暂行标准第8.2.1～8.2.3条的规定。

（Ⅱ）模 板

主 控 项 目

11.3.2 模板安装、拆除检验应符合本暂行标准第8.2.4～8.2.6条的规定。

一 般 项 目

11.3.3 底座模板安装允许偏差应符合表11.3.3规定。

表11.3.3 底座模板安装允许偏差

序 号	项 目	允许偏差(mm)	备 注
1	顶面高程	±5	均为模板内侧面的允许偏差
2	宽 度	±5	
3	中线位置	2	
4	伸缩缝位置	5	
5	凹槽(凸台)位置及长、宽、高程	±3	

检验数量：施工单位每个加密基桩处检查。
检验方法：测量。

（Ⅲ）钢 筋

主 控 项 目

11.3.4 钢筋原材料、加工、连接、安装检验应符合本暂行标准第8.2.10～8.2.11条的规定。

一 般 项 目

11.3.5 钢筋原材料、加工、连接检验应符合本暂行标准第8.2.12～8.2.14条的规定。

（Ⅳ）混 凝 土

主 控 项 目

11.3.6 混凝土原材料、配合比设计、施工检验应符合本暂行标准第8.2.15～8.2.17条

CHINA RAILWAY PUBLISHING HOUSE

的规定。

一般项目

11.3.7　底座外形尺寸允许偏差应符合表11.3.7的规定。

表11.3.7　底座外形尺寸允许偏差

序号	项目		允许偏差值	序号	项目		允许偏差值
1	底座	顶面高程	±10 mm	2	凹槽（凸台）	中线位置	3 mm
		宽　度	±10 mm			两凹槽(凸台)中心间距	±3 mm
		中线位置	3 mm			横向宽度	±5 mm
		平整度	10 mm/3 m			纵向宽度	±5 mm

检验数量：施工单位每个加密基桩处检查一次。

检验方法：测量。

11.3.8　混凝土表面质量检验应符合本暂行标准第8.2.20条的规定。

11.4　隔　离　层

主控项目

11.4.1　隔离层所用材料及橡胶板的质量应符合设计规定。

检验数量：施工单位、监理单位检验项目及频次应符合相关规定的要求。

检验方法：查验产品质量证明文件，观察检查和试验检验。

一般项目

11.4.2　隔离层材料的尺寸应符合设计要求。

检验数量：同一厂家、品种、规格的卷材每5 000 m为一批，不足5 000 m亦按一批计。施工单位每批抽检3卷；监理单位见证检测的数量为施工单位检测数量的20%。

检验方法：尺量。

11.4.3　隔离层的基底应平整清洁、干燥，不得有空鼓、空洞、蜂窝、麻面、浮渣、浮土和油污。

检验数量：施工单位全部检查。

检验方法：观察检查。

11.4.4　隔离层应铺贴平整，无破损，搭接处及边沿无翘起、空鼓、皱褶、脱层或封口不严等缺陷，搭接量满足设计要求。

检验数量：施工单位全部检查。

检验方法：观察检查。

11.4.5　橡胶板与凹槽（凸台）侧面应黏贴牢固，搭接处及周边无翘起、空鼓、皱褶、脱层或封口不严等缺陷，搭接量满足设计要求。

检验数量：施工单位全部检查。

检验方法：观察检查。

CHINA RAILWAY PUBLISHING HOUSE

11.5　轨排组装铺设

主 控 项 目

11.5.1　双块式轨枕的型号、质量应符合设计要求。

检验数量：施工单位、监理单位全部检查。

检验方法：查验产品质量证明文件、观察检查。

11.5.2　扣件型号、质量应符合设计要求及产品标准规定。

检验数量：施工单位、监理单位全部检查。

检验方法：查验产品质量证明文件、观察检查。

11.5.3　轨排组装铺设允许偏差应符合表 11.5.3 的规定。

表 11.5.3　轨排组装铺设的允许偏差

序号	检查项目	允许偏差
1	轨　距	±1 mm，变化率不得大于1‰
2	水　平	1 mm
3	轨　向	2 mm/10 m 弦
4	高　低	2 mm/10 m 弦

检验数量：施工单位在每个轨排支撑架处检查一次；监理单位平行检验 10%，但至少一次。

检验方法：专用工具、仪器。

一 般 项 目

11.5.4　轨排的轨枕间距允许偏差为 ±5 mm。

检验数量：施工单位全部检查。

检验方法：尺量。

11.5.5　轨排组装铺设轨面高程、轨道中线、线间距允许偏差及检验方法应符合表 11.5.5 的规定。

表 11.5.5　轨面高程、轨道中线、线间距允许偏差及检验方法

序号	项目		允许偏差(mm)	检验方法
1	轨面高程	一般情况	±2	专用测量仪器
		紧靠站台	$^{+2}_{0}$	
2	轨道中线		2	
3	线间距		$^{+5}_{0}$	

检验数量：施工单位在每个轨排支撑架处检查一次。

11.6　混凝土道床板

（Ⅰ）模　　板

主 控 项 目

11.6.1　模板安装、拆除检验应符合本暂行标准第 8.2.4～8.2.6 条的规定。

一 般 项 目

11.6.2　模板安装允许偏差应符合表 11.6.2 规定。

CHINA RAILWAY PUBLISHING HOUSE

检验数量：施工单位每个加密基桩处检查一次。

检验方法：测量。

表 11.6.2 道床板模板安装允许偏差

序 号	项 目	允许偏差（mm）	备 注
1	顶面高程	±5	均为模板内侧面的允许偏差
2	宽 度	±5	
5	中线位置	2	

（Ⅱ）钢 筋

主 控 项 目

11.6.3 钢筋原材料、加工、连接、安装检验应符合本暂行标准第 8.2.10～8.2.11 条的规定。

一 般 项 目

11.6.4 钢筋原材料、加工、连接检验应符合本暂行标准第 8.2.12～8.2.14 条的规定。

（Ⅲ）混 凝 土

主 控 项 目

11.6.5 混凝土原材料、配合比设计、施工检验应符合本暂行标准第 8.2.15～8.2.17 条的规定。

一 般 项 目

11.6.6 混凝土道床板外形尺寸允许偏差应符合表 11.6.6 的规定。

表 11.6.6 混凝土道床板外形尺寸允许偏差

序 号	检 查 项 目	允许偏差（mm）
1	顶面宽度	±10
2	中线位置	2
3	道床板顶面与承轨台面相对高差	±5
4	伸缩缝位置	±5
5	平整度	3 mm/1 m

检验数量：施工单位每 20 m 检查一处。

检验方法：尺量。

11.6.7 混凝土表面质量检验应符合本暂行标准第 8.2.20 条的规定。

11.6.8 混凝土道床板施工完成后，其表面裂缝宽度应符合设计要求。

检验数量：施工单位全部检查。

检验方法：观察、刻度放大镜。

CHINA RAILWAY PUBLISHING HOUSE

11.7　防水层、保护层

主 控 项 目

11.7.1　防水层、保护层施工检验应符合本暂行标准第 8.6.1 ~ 8.6.5 条的规定。

一 般 项 目

11.7.2　防水层、保护层施工检验应符合本暂行标准第 8.6.6 ~ 8.6.10 条的规定。

CHINA RAILWAY PUBLISHING HOUSE TB

12 CRTS Ⅱ型双块式无砟轨道道床

12.1 一 般 规 定

12.1.1 无砟道床施工前与线下工程的线路交接、工程测量、沉降变形观测评估等应符合本暂行标准第8.1.1～8.1.4条的规定。

12.1.2 混凝土支承层施工除应符合本暂行标准第9.1.2条相关规定外，还应在滑模机摊铺完成后，立即在混凝土支承层表面按设计要求插入接茬钢筋，并重新处理好混凝土表面凸起部分。

12.1.3 混凝土底座施工应符合本暂行标准第9.1.4条的相关规定。

12.1.4 底座混凝土强度达到设计强度50%后，清扫干净混凝土表面，按要求铺贴隔离层、安放橡胶板。

12.1.5 混凝土支承层或底座施工完成后，在线路中心线两侧，直线段每隔3.25 m安放支脚；曲线段两支脚中心线连线与曲线径向方向一致，外侧两支脚距离为3.25 m，内侧两支脚距离小于3.25 m。

12.1.6 支脚本身要求质地牢固，并能精确可调、能固定在下层结构上；支脚和安装机的轨道相互独立；支脚在安装轨枕固定架前应再复测一次。

12.1.7 轨枕存放和运输应水平放置(枕面向上)，堆放时以5根枕为一层，每组不超过5层，并捆绑为一体，堆码层数不应超过15层。吊装、运输过程中应采取必要的防护措施，防止轨枕扭曲、变形和损坏。

12.1.8 悬挂轨枕的固定架应有足够的强度、刚度和稳定性，各部件和横梁应精密铣削制造，应保证轨枕安装的精度。安装轨枕前应检查固定架和横梁，确认状态良好。

12.1.9 轨枕振动嵌入应采用专用机械进行。利用轨枕铺设机的振动机构及时将轨枕嵌入新浇筑的道床板混凝土内，轨枕嵌入振动力应符合设计要求，禁止过振或欠振。

12.1.10 支脚、横梁、固定架和轨枕之间所有接触面应完全接触。

12.1.11 道床混凝土强度达到5 MPa时才能拆除轨枕和固定架连接螺栓，混凝土强度达到设计强度的75%方可承重。

12.1.12 轨道安装应在轨枕安装并检测合格后，道床板混凝土经充分养护达到设计强度的75%以后进行。

12.1.13 本章验收标准适用于Ⅱ型双块式无砟轨道采用机械施工安装轨枕。受施工场地限制采取人工安装轨枕施工时，其安装方式与Ⅰ型双块式无砟轨道相同，其验收应符合本暂行标准第11章的规定。

12.1.14 防水层、隔离层施工应符合本暂行标准第8.1.14条的规定。

12.1.15 施工质量验收除应符合本暂行标准外尚应符合设计文件的要求。

CHINA RAILWAY PUBLISHING HOUSE

12.2　混凝土支承层

（Ⅰ）模　板

主控项目

12.2.1　混凝土支承层模板安装检验应符合本暂行标准第8.2.4～8.2.6条的规定。

一般项目

12.2.2　混凝土支承层模板安装、拆除检验应符合本暂行标准第9.2.2条的规定。

（Ⅱ）混　凝　土

主控项目

12.2.3　支承层混凝土原材料、施工检验应符合本暂行标准第9.2.3～9.2.5条的规定。

一般项目

12.2.4　混凝土支承层顶面高程的允许偏差为：$^{+5}_{-15}$ mm；其他项目的施工检验应符合本标准第9.2.6条～9.2.8条的规定。

12.3　梁面保护层

主控项目

12.3.1　梁面保护层原材料、施工检验应符合本暂行标准第8.6.1、8.6.3、8.6.4条的规定。

一般项目

12.3.2　梁面保护层施工检验应符合本暂行标准第8.6.8、8.6.10条的规定。

12.4　桥上混凝土底座、隧道楔形底座

（Ⅰ）模　板

主控项目

12.4.1　模板安装、拆除检验应符合本暂行标准第8.2.4～8.2.6条的规定。

一般项目

12.4.2　模板安装允许偏差应符合本暂行标准第11.3.3条的规定。

CHINA RAILWAY PUBLISHING HOUSE

(Ⅱ)钢　筋

主 控 项 目

12.4.3　钢筋原材料、加工、连接、安装检验应符合本暂行标准第 8.2.10 ~ 8.2.11 条的规定。

一 般 项 目

12.4.4　钢筋原材料、加工、连接的检验应符合本暂行标准第 8.2.12 ~ 8.2.14 条的规定。

(Ⅲ)混　凝　土

主 控 项 目

12.4.5　混凝土原材料、配合比设计、施工检验应符合本暂行标准第 8.2.15 ~ 8.2.17 条的规定。

一 般 项 目

12.4.6　桥上底座、隧道楔形底座外形尺寸允许偏差应符合本标准第 11.3.7 条的规定，其中桥上底座顶面高程允许偏差应为：$^{+5}_{-10}$ mm；底座和凹槽（凸台）中线位置允许偏差应为 10 mm。

12.4.7　混凝土表面质量检验应符合本暂行标准第 8.2.20 条的规定。

12.5　隔　离　层

主 控 项 目

12.5.1　隔离层原材料检验应符合本暂行标准第 11.4.1 条的规定。

一 般 项 目

12.5.2　隔离层的原材料、施工检验应符合本暂行标准第 11.4.2 ~ 11.4.5 条的规定。

12.6　混凝土道床板

(Ⅰ)模　　板

主 控 项 目

12.6.1　模板安装、拆除检验应符合本暂行标准第 8.2.4 ~ 8.2.6 条的规定。

一 般 项 目

12.6.2　模板安装允许偏差应符合本暂行标准第 11.6.2 条的规定。

（Ⅱ）钢 筋

主 控 项 目

12.6.3 钢筋原材料、加工、连接、安装检验应符合本暂行标准第 8.2.10～8.2.11 条的规定。

一 般 项 目

12.6.4 钢筋原材料、加工、连接的检验应符合本暂行标准第 8.2.12～8.2.14 条的规定。

（Ⅲ）混 凝 土

主 控 项 目

12.6.5 混凝土原材料、配合比设计、施工检验应符合本暂行标准第 8.2.15～8.2.17 条的规定。

一 般 项 目

12.6.6 混凝土道床板外形尺寸允许偏差应符合表 12.6.6 的规定。

表 12.6.6 混凝土道床板外形尺寸允许偏差

序号	检查项目	允许偏差（mm）
1	顶面宽度	±10
2	中线位置	10
3	道床板顶面与承轨台面相对高差	-15，+15
4	伸缩缝位置	±5
5	平整度	3 mm/1 m 或 10 mm/4 m

检验数量：施工单位每 20 m 检查一处。

检验方法：尺量。

12.6.7 混凝土表面质量检验应符合本暂行标准第 8.2.20 条的规定。

12.7 支脚及轨枕固定架安装

主 控 项 目

12.7.1 双块式轨枕、钢轨扣配件的质量应满足设计要求。

检验数量：施工单位、监理单位全部检查。

检验方法：查验产品质量证明文件、观察检查。

12.7.2 支脚安装允许偏差及检验方法应符合表 12.7.2 规定。

检验数量：施工单位全部检查。监理单位按施工单位抽检次数的 10% 进行见证检验，但至少一次。

12.7.3 轨枕铺设允许偏差及检验方法应符合表 12.7.3 规定。

表 12.7.2　支脚安装允许偏差及检验方法

序号	检查项目	允许偏差(mm)	检验方法
1	相邻支脚轴线平面位置	±0.5	全站仪
2	支脚顶部高程	±0.5	水准仪

表 12.7.3　轨枕铺设允许偏差及检验方法

序号	检查项目	允许偏差	检验方法
1	轨枕间距	框架内 ±5 m、框架间 ±30 mm	尺量
2	相邻轨枕承轨台中心高差	±0.5 mm	水准仪
3	轨枕承轨台轨底坡	1/35 ~ 1/45	专用量具
4	每枕两承轨台相对翘曲度	1 510 mm × 100 mm 范围内四点误差 < 0.7 mm	专用量具

检验数量：施工单位每施工段抽检 10 根；监理单位按施工单位抽检次数的 10% 进行见证检验，但至少一次。

12.8　侧向挡块

（Ⅰ）模　板

主控项目

12.8.1　模板安装检验应符合本暂行标准第 8.2.4 ~ 8.2.6 条的规定。

一般项目

12.8.2　模板安装允许偏差应符合本暂行标准第 9.9.3 条的规定。

（Ⅱ）钢　筋

主控项目

12.8.3　钢筋原材料、加工、连接、安装检验应符合本暂行标准第 8.2.10 条的规定。

一般项目

12.8.4　钢筋原材料、加工、连接检验应符合本暂行标准第 8.2.12 ~ 8.2.14 条的规定。

（Ⅲ）混　凝　土

主控项目

12.8.5　混凝土原材料、配合比设计、施工检验应符合本暂行标准第 8.2.15 ~ 8.2.17 条的规定。

一般项目

12.8.6　侧向挡块允许偏差应符合本暂行标准第 9.9.8 条的规定。

CHINA RAILWAY PUBLISHING HOUSE

12.9 防 水 层

主 控 项 目

12.9.1 防水层的施工检验应符合本暂行标准第 8.6.1、8.6.2、8.6.5 条的规定。

一 般 项 目

12.9.2 防水层的施工检验应符合本暂行标准第 8.6.6、8.6.7、8.6.9 条的规定。

CHINA RAILWAY PUBLISHING HOUSE
TB

13　道岔区轨枕埋入式无砟轨道

13.1　一般规定

13.1.1　无砟道床施工前与线下工程的线路交接、工程测量、沉降变形观测评估等应符合本暂行标准第 8.1.1～8.1.4 条的规定。

13.1.2　混凝土底座施工应符合本暂行标准第 9.1.4 条的相关规定。

13.1.3　道岔区轨枕埋入式无砟轨道基桩设置应满足《客运专线无砟轨道铁路工程测量暂行规定》(铁建设〔2006〕189 号)的要求。

13.1.4　道岔施工测量时,应先复测道岔控制基桩,再按站场设计图进行道岔桩位放样。

13.1.5　道岔轨面高程及方向应与连接的主要线路一致。

13.1.6　道岔区排水设施应满足设计要求,并与站场排水设施配套完成。

13.1.7　订购道岔时,应按设计文件确定道岔钢轨焊接与胶接接头位置和数量,并明确焊接方法、钢轨长度预留量、焊缝宽度、锁定轨温等。对道岔钢轨长度预留量作技术处理。

13.1.8　道岔应在工厂内试铺、调试并进行验收。出厂时,制造厂应对产品零部件依据相关条件进行检验,并提供产品质量证明文件、铺设图和发货明细表等。

13.1.9　应统筹考虑道岔的生产、运输和铺设等环节的实施方案,做好施工协调工作。

13.1.10　道岔运输、装卸、存放应符合相关技术条件的规定。

13.1.11　道岔铺设应采用配套设备、机械化施工。

13.1.12　道床板混凝土浇筑施工前,应对道岔系统进行二次精调。

13.1.13　道岔铺设精调后,应进行工电联调,经工务、电务和监理单位共同检查道岔组装质量符合相关技术条件规定,并签字确认,由电务单位及时拆除转换设备后,方可进行道床板混凝土施工。

13.1.14　道岔内锁定焊接及道岔与两端无缝线路锁定焊接应同日在设计锁定轨温范围内焊接和锁定。

13.1.15　道岔转换设备未安装前,应用钩锁器固定尖轨、心轨,直向限速 15 km/h 通过,侧向禁止通过工程列车。在线路未正式开通运营期间,应保护和管理铺设完工的道岔及相关设备。

13.1.16　防水层、隔离层施工应符合本暂行标准第 8.1.14 条的规定。

13.1.17　施工质量验收除应符合本暂行标准外尚应符合设计文件的要求。

13.2　混凝土底座

(Ⅰ)模　　板

主 控 项 目

13.2.1　模板安装检验应符合本暂行标准第 8.2.4～8.2.6 条的规定。

一 般 项 目

13.2.2 模板安装允许偏差应符合表13.2.2的规定。

表13.2.2 混凝土底座模板安装允许偏差

序 号	检 查 项 目	允许偏差(mm)	序 号	检 查 项 目	允许偏差(mm)
1	顶面高程	±5	3	中线位置	2
2	宽 度	±5	4	伸缩缝位置	5

检验数量:施工单位不同宽度段每段检查3处(两端及中部)。

检验方法:测量。

(Ⅱ)钢 筋

主 控 项 目

13.2.3 钢筋原材料、加工、连接、安装检验应符合本暂行标准第8.2.10~8.2.11条的规定。

一 般 项 目

13.2.4 钢筋原材料、加工、连接检验应符合本暂行标准第8.2.12~8.2.13条的规定。

13.2.5 钢筋安装位置允许偏差应符合表13.2.5的规定。

表13.2.5 混凝土底座钢筋安装位置允许偏差

序 号	检 查 项 目	允许偏差(mm)
1	钢筋间距	±20
2	钢筋保护层厚度	$^{+5}_{-2}$

检验数量:施工单位不同宽度段每段至少抽检10处。

检验方法:观察、尺量。

(Ⅲ)混 凝 土

主 控 项 目

13.2.6 混凝土原材料、配合比设计、施工检验应符合本暂行标准第8.2.15~8.2.17条的规定。

一 般 项 目

13.2.7 混凝土底座外形尺寸允许偏差应符合表13.2.7的规定。

表13.2.7 混凝土底座外形尺寸允许偏差

序 号	检 查 项 目	允许偏差
1	顶面高程	±10 mm
2	宽 度	±10 mm
3	中线位置	3 mm
4	平整度	10 mm /3 m
5	凹槽的长、宽、高	±3 mm

检验数量:施工单位不同宽度段每段检查3处(两端及中部)。

检验方法:测量。

CHINA RAILWAY PUBLISHING HOUSE

13.2.8 混凝土表面质量检验应符合本暂行标准第 8.2.20 条的规定。

13.3 道岔组装、定位

主 控 项 目

13.3.1 道岔及岔枕的类型、规格和质量应符合设计和产品标准的规定。

检验数量：施工单位、监理单位全部检查。

检验方法：施工单位查验产品质量证明文件，观察、检查、尺量、清点；监理单位查验产品质量证明文件、见证检查。

13.3.2 基本轨、尖轨轨面应无碰伤、擦伤、掉块、低陷、压溃飞边等缺陷。

检验数量：施工单位、监理单位全部检查。

检验方法：观察检查。

13.3.3 岔枕应按道岔铺设图铺设定位，允许偏差应符合表 13.3.3 的规定。

检验数量：施工单位、监理单位全部检查。

检验方法：尺量检查。

表 13.3.3 岔枕定位允许偏差

序号	检 验 项 目	允 许 偏 差
1	岔枕相对于直股的垂直度	牵引点两侧和心轨部分 ±2 mm，其余 ±5 mm
2	岔枕位置偏差	±3 mm

13.3.4 道岔铺设施工应按铺设图进行，允许偏差应符合表 13.3.4 的规定。

表 13.3.4 道岔铺设允许偏差

序号	检 验 项 目	允许偏差(mm)	特性分类
1	道岔始端轨距	±1	B
2	尖轨尖端轨距	±1	A
3	直线尖轨轨头切削起点处轨距	±1	A
4	直尖轨第一牵引点前与曲基本轨密贴	缝隙≤0.2	A
5	直尖轨其余部分与基本轨密贴	缝隙≤0.8	B
6	直尖轨工作边直线度	密贴段 0.2，全长 1.5	A
7	直尖轨与曲基本轨间顶铁间隙	缝隙≤0.5	C
8	直尖轨各牵引点前后各一块滑床台板	缝隙≤0.5	B
9	直尖轨轨底与其余滑床台	缝隙≤1.0，不得连续出现缝隙	C
10	曲尖轨第一牵引点前与直基本轨密贴	缝隙≤0.2	A
11	曲尖轨其余部分与基本轨密贴	缝隙≤0.8	B
12	曲尖轨与直基本轨间顶铁间隙	缝隙≤0.5	C
13	曲尖轨各牵引点前后各一块台板	缝隙≤0.5	B
14	曲尖轨轨底与其余滑床台	缝隙≤1.0，不得连续出现缝隙	C
15	转辙器部分最小轮缘槽 65 mm	≥0	A
16	尖轨限位器两侧缝隙偏差	±0.5	B
17	直尖轨固定端支距	±1	B

续上表

序号	检验项目	允许偏差(mm)	特性分类
18	曲尖轨固定端支距	±1	B
19	直尖轨跟端支距	±1	B
20	曲尖轨跟端支距	±1	B
21	尖轨跟端直股轨距	±1	B
22	尖轨跟端曲股轨距	±1	C
23	可动心轨辙叉趾端开口距	±1	C
24	可动心轨辙叉咽喉宽	±1	B
25	心轨尖端至第一牵引点处密贴(直)	缝隙≤0.2	A
26	其余部位心轨与翼轨密贴(直)	缝隙≤0.8	B
27	心轨尖端至第一牵引点处密贴(曲)	缝隙≤0.2	A
28	其余部位心轨与翼轨密贴(曲)	缝隙≤0.8	B
29	叉跟尖轨尖端(100 mm)与短心轨密贴	缝隙≤0.5	B
30	叉跟尖轨其余部位与短心轨密贴	缝隙≤1.0	C
31	心轨牵引点处轨底与台板间缝隙	缝隙≤0.5	B
32	心轨轨底与其余台板缝隙	缝隙≤1.0,不得连续出现缝隙	C
33	心轨直股工作边直线度	0.3/1 m,全长(心轨尖端前500至可弯中心后500)2.0,不允许抗线	B
34	长心轨轨腰与顶铁的缝隙	≤0.5	C
35	短心轨轨腰与顶铁的缝隙	≤0.5	C
36	叉跟尖轨轨腰与顶铁的缝隙	≤0.5	C
37	心轨实际尖端至直股翼轨趾端的距离	$^{+4}_{0}$	B
38	可动心轨尖端前1 m轨距	±1	C
39	可动心轨可弯中心后500 mm轨距	±1	C
40	护轨轮缘槽宽度	$^{+1}_{-0.5}$	B
41	查照间隔1 391 mm	≥0	A
42	可动心轨跟端开口距	±1	C
43	导曲线部分轨距(尖轨跟端至导曲线终点或辙叉趾端总长的1/4、1/2、3/4共3处)	±1	C
44	辙叉跟端轨距	±1	B
45	辙叉趾端轨距	±1	B
46	尖轨各牵引点处开口值	±2	B
47	可动心轨辙叉第一牵引点处开口值	±1	B
48	道岔全长	±10	C

注:项点分类判定规则为,A类项点合格率100%;B类项点合格率90%;C类项点合格率80%。

检验数量:施工单位按照检验项点全部检查。

检验方法:道尺、塞尺等专用检具检查。

CHINA RAILWAY PUBLISHING HOUSE

13.3.5 道岔应按设计定位，允许偏差应符合表 13.3.5 规定。

检验数量：施工单位按基桩位置全部检查；监理单位全部见证检查。

检验方法：全站仪、水准仪测量检查。

表 13.3.5 道岔定位允许偏差

序 号	检 验 项 目	允许偏差(mm)
1	轨面标高	0 −5
2	中线	2

13.3.6 无砟道岔静态（直向）平顺度允许偏差及检验方法应符合表 13.3.6 规定。

表 13.3.6 无砟道岔铺设静态（直向）平顺度允许偏差(mm)及检验方法

序 号	项 目	旅客列车设计行车速度 v(km/h)		检 验 方 法
		200	200 < v ≤ 350	
1	轨 距	±1	±1	轨检小车检测
2	高低（弦长 10 m）	2	2	
3	轨向（弦长 10 m）	2	2	
4	扭曲（基长 6.25 m）	3	2	
5	水 平	2	1	

检验数量：施工单位全部检查；监理单位全部见证检查。

13.3.7 道岔组装完毕后，由电务施工单位安装道岔转换设备，工务配合电务联合调试，允许偏差应符合表 13.3.7 规定。

表 13.3.7 道岔电务转换设备调试允许偏差

序号	检 验 项 目	允许偏差	特性分类	序号	检 验 项 目	允许偏差	特性分类
1	转换杆件沿线路纵向偏移量	≤5 mm	B	5	尖轨第一牵引点外锁闭量 35 mm	≥0 mm	A
2	转辙机外壳边缘与基本轨直线距离偏差	≤3 mm	B	6	心轨第一牵引点外锁闭量 35 mm	≥0 mm	A
3	牵引点密贴检查	<4 mm	A	7	其余牵引点外锁闭量 20 mm	≥0 mm	A
4	牵引点间密贴检查	<5 mm	A	8	外锁闭锁闭量	两侧相差 ≤2 mm	A

注：项点分类判定规则为，A 类项点合格率 100%；B 类项点合格率 90%；C 类项点合格率 80%。

检验数量：施工单位、监理单位按照检验项点全部检查。

检验方法：塞尺等专用检具检查。

13.3.8 螺栓无缺少、无松动、无缺油，金属垫板、弹性垫层齐全。

检验数量：施工单位、监理单位全部检查。

检验方法：观察检查。

13.3.9 道岔各部位螺栓紧定扭矩应达到设计值。

检验数量：施工单位全部检查；监理单位全部见证检查。

检验方法：测力扳手检测、观察检查。

一 般 项 目

13.3.10 道岔标记正确齐全。

检验数量：施工单位全部检查。

检验方法：观察检查。

CHINA RAILWAY PUBLISHING HOUSE

13.4 混凝土道床板

（Ⅰ）模　板

主 控 项 目

13.4.1 模板安装检验应符合本暂行标准第8.2.4～8.2.6条的规定。

一 般 项 目

13.4.2 模板安装允许偏差应符合表13.4.2的规定。

检验数量：施工单位不同宽度段每段检查3处（两端及中部）。

检验方法：测量。

13.4.3 转辙机基坑模板安装允许偏差应符合表13.4.3的规定。

表13.4.2 道床板模板安装允许偏差

序号	检查项目	允许偏差(mm)
1	顶面高程	±5
2	顶面宽度	±5
3	中线位置	2
4	伸缩缝位置	5

表13.4.3 转辙机基坑模板安装允许偏差

序号	检查项目	允许偏差(mm)
1	高度	±5
2	宽度	±3
3	轴线位置	2
4	轴线偏斜	5

检验数量：施工单位全部检查。

检验方法：测量。

（Ⅱ）钢　筋

主 控 项 目

13.4.4 钢筋原材料、加工、连接、安装检验应符合本暂行标准第8.2.10～8.2.11条的规定。

一 般 项 目

13.4.5 钢筋原材料、加工、连接检验应符合本暂行标准第8.2.12～8.2.13条的规定。

13.4.6 钢筋安装位置允许偏差应符合本暂行标准第13.2.5条的规定。

（Ⅲ）混　凝　土

主 控 项 目

13.4.7 混凝土原材料、配合比设计、施工检验应符合本暂行标准第8.2.15～8.2.17条的规定。

CHINA RAILWAY PUBLISHING HOUSE

一 般 项 目

13.4.8 道床板外形尺寸允许偏差应符合表 13.4.8 的规定。

检验数量：施工单位不同宽度段每段检查 3 处（两端及中部）。

检验方法：测量。

13.4.9 混凝土表面质量检验应符合本暂行标准第 8.2.20 条的规定。

13.4.10 转辙机基坑外形尺寸允许偏差应符合表 13.4.10 的规定。

表 13.4.8 道床板外形尺寸允许偏差

序 号	项 目	允许偏差
1	道床板顶面与承轨台面相对高差	±5 mm
2	顶面宽度	±10 mm
3	中线位置	3 mm
4	平整度	2 mm/m

表 13.4.10 转辙机基坑外形尺寸允许偏差

序 号	检 查 项 目	允 许 偏 差
1	深 度	±10 mm
2	宽 度	±5 mm
3	轴线位置	2 mm
4	轴线偏斜	5 mm
5	平整度	2 mm/m

检验数量：施工单位全部检查。

检验方法：测量。

CHINA RAILWAY PUBLISHING HOUSE

14　铺设无缝线路

14.1　基地钢轨焊接

一 般 规 定

14.1.1　钢轨焊接应采用闪光焊。长钢轨长度不应小于 500 m，长钢轨焊接应优先在工厂焊接，特殊情况下（如工期控制），经技术经济比选后，可在工厂化基地焊接。

14.1.2　钢轨闪光焊接头型式检验和生产检验应符合以下规定：

1　出现下列情况之一时应进行型式检验：

1）焊轨组织初次生产；

2）正常生产后，改变焊接工艺，可能影响焊接接头质量；

3）更换焊轨设备；

4）钢轨生产厂、或钢轨型号、或钢轨牌号、或钢轨交货状态改变，首次焊接时；

5）生产检验结果不合格；

6）停产一年后，恢复生产前。

2　出现下列情况之一时应进行生产检验：

1）连续焊接 500 个接头；

2）焊接工况变化，对某个焊接参数进行修正之后；

3）焊机出现故障，记录曲线异常，故障排除之后；

4）焊机停焊钢轨 1 个月以上，开始焊接生产之前。

3　型式检验和生产检验的项目、试件数量和质量要求应符合铁道行业标准《钢轨焊接　第 2 部分：闪光焊接》（TB/T 1632.2—2005）的有关规定。

14.1.3　在长钢轨焊接前应根据设计要求编制配轨计划表。配轨时应选用断面不对称公差基本一致的钢轨相对焊接。

14.1.4　应采用矫直的方法纠正焊接接头平直度偏差。不应使用外形精整的方法纠正超标的平直度偏差和超标的接头错边。轨顶面及轨头侧面工作边母材打磨深度不应超过 0.5 mm。

14.1.5　焊接接头的轨顶面及轨头侧面工作边外形精整后应保持轨头轮廓形状，外形精整的长度不应超过焊缝中心线两侧各 450 mm 限度。

主 控 项 目

14.1.6　待焊钢轨材质应满足设计要求和《客运专线 250 km/h 和 350 km/h 钢轨检验及验收暂行标准》（铁建设函〔2005〕402 号）的规定。

检验数量：施工单位、监理单位全部检查。

检验方法：查验钢轨产品质量证明文件，必要时建设单位、施工单位和监理单位共同对生产厂家见证取样检测。

14.1.7 待焊钢轨外观、类型、规格应符合设计要求和《客运专线 250 km/h 和350 km/h 钢轨检验及验收暂行标准》(铁建设函〔2005〕402 号)的规定。

检验数量:施工单位、监理单位全部检查。

检验方法:查验钢轨产品质量证明文件,尺量、观察检查。

14.1.8 钢轨焊接接头的型式检验应符合铁道行业标准《钢轨焊接 第 2 部分:闪光焊接》(TB/T 1632.2—2005)第 5.2 节的规定。

检验数量:施工单位按上述标准的规定数量检验;监理单位全部见证取样检验。

检验方法:施工单位按上述标准的规定进行检验;监理单位检查施工单位型式检验报告,并进行见证取样检验。

14.1.9 钢轨焊接接头的生产检验应符合铁道行业标准《钢轨焊接 第 2 部分:闪光焊接》(TB/T 1632.2—2005)第 5.3 节的规定。

检验数量:施工单位按上述标准规定数量检验;监理单位全部见证检验。

检验方法:施工单位按上述标准的规定进行检验;监理单位检查施工单位生产检验报告,并进行见证检验。

14.1.10 钢轨焊头应进行超声波探伤检查。超声波探伤应符合铁道行业标准《钢轨焊接 第 1 部分:通用技术条件》(TB/T 1632.1—2005)第 5 章的规定。

检验数量:施工单位全部检查;监理单位平行检验 10% 。

检验方法:施工单位观察检查、探伤仪检查;监理单位按施工单位抽检次数的 10% 进行见证检验,但至少一次。

14.1.11 钢轨焊头及其附近钢轨表面不应有裂纹、明显压痕、划伤、碰痕、电极灼伤、打磨灼伤等伤损。

检验数量:施工单位全部检查;监理单位按施工单位抽检次数的 10% 进行见证检验,但至少一次。

检验方法:施工单位观察检查;监理单位检查施工单位检验记录,并进行平行检验。

14.1.12 钢轨焊头工作面经外形精整后,在焊缝中心两侧各 100 mm 范围内,表面不平度不应大于 0.2 mm。

检验数量:施工单位全部检查;监理单位平行检验 10% 。

检验方法:施工单位用 200 mm 长度的直尺检查;监理单位检查施工单位检验记录,并进行平行检验。

14.1.13 轨底上表面焊缝两侧 150 mm 范围内及距两侧轨底角边缘各 35 mm 的范围内应打磨平整,不得打亏。

检验数量:施工单位全部检查;监理单位平行检验 10% 。

检验方法:施工单位观察检查、尺量;监理单位检查施工单位检验记录,并进行平行检验。

14.1.14 钢轨焊接接头应纵向打磨平顺,不得有低接头,钢轨焊接接头平直度应符合表 14.1.14 的规定。

表 14.1.14 钢轨焊接接头平直度允许偏差(mm/1 m)

序号	部 位	旅客列车设计行车速度 v(km/h)	
		200	200 < v ≤ 250 及 300 ≤ v ≤ 350
1	轨顶面	+0.3 0	+0.2 0
2	轨头内侧工作面	+0.3 0	+0.2 0
3	轨底(焊筋)	+0.5 0	+0.5 0

注:1 轨顶面中符号"+"表示高出钢轨母材轨顶基准面;

2 轨头内侧工作面中符号"+"表示凹进;

3 轨底(焊筋)中符号"+"表示凸出。

CHINA RAILWAY PUBLISHING HOUSE

检验数量:施工单位全部检查;监理单位平行检验10%。

检验方法:施工单位用1 m直尺或专用平直度检查仪检查;监理单位检查施工单位检验记录,并进行平行检验。

一般项目

14.1.15　焊接推凸后,焊接接头轨头和轨底、轨底顶面斜坡的推凸余量不应大于1 mm,其他位置推凸余量不应大于2 mm。两根钢轨断面尺寸不同时,推凸余量的测量以大断面尺寸钢轨为基准。推凸不应产生咬边,焊渣不应挤入、划伤钢轨焊头或母材。

检验数量:施工单位全部检查。

检验方法:使用样板或其他可以测量的方式检查推凸余量,观察检查推凸伤损。

14.1.16　钢轨焊头推凸后、未经打磨处理情况下,在焊缝中心线两侧各15 mm的位置测量并计算接头错边量,接头错边量最大允许值应符合《钢轨焊接》(TB/T 1632)的规定。

检验数量:施工单位全部检查。

检验方法:使用1 m长度的直尺和塞尺检查。

14.1.17　钢轨焊头非工作面的垂直、水平方向错边应进行纵向打磨过渡。

检验数量:施工单位全部检查。

检验方法:观察检查。

14.1.18　长钢轨及焊接接头编号应标记齐全,字迹清楚,记录完整。

检验数量:施工单位全部检查。

检验方法:检查记录,观察检查。

14.2　长钢轨铺设

一般规定

14.2.1　无砟轨道铺轨应在无砟道床施工完毕并检查合格后方可施工。

14.2.2　铺轨应严格按照"配轨表"铺轨编号依次铺设长钢轨。

14.2.3　单元轨节起止点不应设置在不同轨道结构过渡段以及不同线下基础过渡段范围内。

14.2.4　无砟道床施工完毕后,可采用长钢轨纵向推送直接入槽的方法(简称纵向推送法,下同)或工具轨换铺的方法铺设长钢轨线路。

14.2.5　每节长钢轨始端、终端落槽时的轨温平均值为长钢轨铺设轨温,铺轨时应记录铺设轨温。

主控项目

14.2.6　长钢轨的类型、规格、质量应符合设计要求。

检验数量:施工单位、监理单位全部检查。

检验方法:查验产品质量证明文件,观察检查、尺量。

14.2.7　扣配件的类型、规格、质量应符合设计及产品标准规定。

检验数量:施工单位、监理单位全部检查。

CHINA RAILWAY PUBLISHING HOUSE

检验方法:查验产品质量证明文件、观察检查。

14.2.8 钢轨胶接绝缘接头的类型、规格、质量应满足设计要求;其他高强度绝缘钢轨接头应符合相关技术条件。

检验数量:施工单位全部检查;监理单位按施工单位抽检次数的10%进行见证检验,但至少一次。

检验方法:施工单位查验产品质量证明文件、观察检查、尺量并检测接头绝缘性能;监理单位查验产品质量证明文件及施工单位检测记录,并进行平行检验。

一 般 项 目

14.2.9 左右两股钢轨的胶接绝缘接头应相对铺设,且绝缘接头轨缝绝缘端板距轨枕边缘不宜小于100 mm。

检验数量:施工单位全部检查。

检验方法:尺量。

14.2.10 安装扣配件时应符合下列规定:

1 绝缘轨距块的配置应符合设计要求;

2 各种零件应安装齐全,位置正确。

检验数量:施工单位每千米抽检100 m。

检验方法:尺量、观察检查。

14.3 工地钢轨焊接

一 般 规 定

14.3.1 工地钢轨焊接应采用闪光焊,道岔内及两端与线路连接的钢轨锁定焊可采用铝热焊。

14.3.2 移动式闪光焊接型式检验和生产检验应符合本暂行标准第14.1.2条的规定。

14.3.3 铝热焊接头型式检验和生产检验应符合以下规定:

1 出现下列情况之一时应进行型式检验:

1)焊轨组织初次焊接铁路钢轨;

2)采用新型焊剂或调整工艺时;

3)钢轨生产厂、或钢轨型号、或钢轨牌号、或钢轨交货状态改变,首次焊接时;

4)生产检验结果不合格;

5)停产一年后,恢复生产前。

2 出现下列情况之一时应进行生产检验:

1)连续焊接100或200个接头;

2)两次焊接生产间隔达6个月及以上;

3)更换主要焊接操作人员。

3 型式检验和生产检验的项目和试件数量及要求应符合《钢轨焊接 第3部分:铝热焊接》(TB/T 1632.3—2005)的相关规定。

14.3.4 道岔钢轨焊接可先焊接道岔内各焊缝,再与岔外钢轨焊接。岔内钢轨宜先焊转辙器及可动心轨辙叉前后焊缝,再焊边直边弯,最后在中直中弯进行锁定焊接。

14.3.5 道岔钢轨焊接及锁定过程中应采取措施始终保持限位器子母块位置居中,尖轨方正。

14.3.6 气温低于0 ℃不宜进行工地钢轨焊接。刮风、下雨天气焊接时,应采取防风、防雨措施。

14.3.7 气温低于10 ℃时,焊前应用火焰预热轨端0.5 m长度范围,预热温度应均匀,钢轨表面预热升温至35 ℃~50 ℃才能进行焊轨作业,焊后应采取保温措施。

14.3.8 承受拉力的焊缝,在其轨温高于400 ℃时应持力保压。

14.3.9 工地焊接完成后应检查焊好的接头,并标记编号,填写焊接记录报告。

主 控 项 目

14.3.10 工地钢轨闪光焊接接头的型式检验应符合本暂行标准第14.1.8条的规定。

14.3.11 工地钢轨闪光焊接接头的生产检验应符合本暂行标准第14.1.9条的规定。

14.3.12 工地钢轨铝热焊接头的型式检验应符合铁道行业标准《钢轨焊接 第3部分:铝热焊接》(TB/T 1632.3—2005)第5.2节的规定。

检验数量:施工单位按上述标准规定的数量进行检验;监理单位全部见证取样检测。

检验方法:施工单位按上述标准规定的方法进行检验;监理单位检查施工单位型式检验报告,并进行见证取样检测。

14.3.13 工地钢轨铝热焊接头的生产检验应符合铁道行业标准《钢轨焊接 第3部分:铝热焊接》(TB/T 1632.3—2005)第5.3节的规定。

检验数量:施工单位按上述标准规定的数量进行检验;监理单位全部见证检验。

检验方法:施工单位按上述标准规定的方法进行检验;监理单位检查施工单位生产检验报告,并进行见证检验。

14.3.14 钢轨焊头探伤检查应符合本暂行标准第14.1.10条的规定。

14.3.15 钢轨胶接绝缘接头焊接前应测定电绝缘性能,并应符合相关技术条件的规定。

检验数量:施工单位全部检查。监理单位按施工单位抽检次数的10%进行见证检验,但至少一次

检验方法:仪器测量。

14.3.16 在设计锁定轨温范围内进行道岔与两端线路钢轨锁定焊连时,应使限位器子、母块居中,并记录锁定轨温,在钢轨上标记位移观测"零点"位置。

检验数量:施工单位、监理单位全部检查。

检验方法:施工单位用轨温计测定并记录;监理单位检查施工单位记录,并旁站监理。

14.3.17 加焊轨长度不得小于12 m。

检验数量:施工单位、监理单位全部检查。

检验方法:尺量、观察检查。

14.3.18 钢轨焊头平直度和表面质量检验应符合本暂行标准第14.1.11~14.1.14条的规定。

CHINA RAILWAY PUBLISHING HOUSE

一 般 项 目

14.3.19 经打磨后的铝热焊接头轨头部位应符合下列规定：

1 不应出现裂纹；

2 可出现 1 个最大尺寸不超过 1 mm 的气孔；

3 在轨头下颚与焊筋边缘交界处半径为 2 mm 的区域内可出现 1 个最大尺寸不超过 1 mm 的气孔、夹渣或夹砂。

检验数量：施工单位全部检查。

检验方法：观查检查、尺量。

14.3.20 铝热焊接头焊筋表面应符合下列规定：

1 最多可出现 3 个最大尺寸不超过 2 mm 的气孔；

2 焊筋表面夹渣或夹砂等缺陷的尺寸应符合表 14.3.20 的规定，这些缺陷不应侵入钢轨的横断面内。

检验数量：施工单位全部检查。

检验方法：观查检查、尺量。

表 14.3.20 焊筋表面夹渣或夹砂等缺陷的最大尺寸

缺陷面积（mm^2）	缺陷深度（mm）
≤10	≤3
≤15	≤2
≤20	≤1

14.3.21 单元轨节左右两股钢轨的焊接接头宜相对，相错量不宜大于 100 mm。

检验数量：施工单位全部检查。

检验方法：尺量。

14.3.22 钢轨铝热焊焊缝距离轨枕边缘不应小于 100 mm。

检验数量：施工单位全部检查。

检验方法：尺量。

14.3.23 单元轨节起止点不应设置在不同轨道结构过渡段以及不同线下基础过渡段范围内。

检验数量：施工单位全部检查。

检验方法：尺量。

14.3.24 工地钢轨焊接接头编号应标记齐全，字迹清楚，记录完整。

检验数量：施工单位全部检查。

检验方法：观察检查。

14.4 无缝线路应力放散及锁定

一 般 规 定

14.4.1 单元轨节长度应满足施工进度和铺设时应力放散最佳效果的要求，以 1 000 ~ 2 000 m为宜，最短不得小于 200 m。

14.4.2 线路锁定时，轨道几何尺寸及曲线外轨超高应满足设计要求。

14.4.3 位移观测桩应设置齐全、牢固可靠、易于观测和不易破坏。

14.4.4 线路锁定前应掌握当地轨温变化规律，根据作业区段的时间间隔，选定锁定线路的最佳施工时间与施工方法。

14.4.5 无缝线路实际锁定轨温应在设计锁定轨温允许范围内。无缝道岔内锁定焊接及

CHINA RAILWAY PUBLISHING HOUSE

道岔与两端无缝线路锁定焊接应同日在设计锁定轨温范围内锁定和焊接。

14.4.6　线路锁定后，应立即在钢轨上设置纵向位移观测的“零点”标记，按规定开始观测并记录钢轨位移情况。

14.4.7　拉伸器撤除后，已锁定单元轨节自由端会产生回缩量。下一单元轨节拉伸锁定时，应将该回缩量计入单元轨节拉伸量。

主 控 项 目

14.4.8　位移观测桩应设置牢固，其式样、规格、对数、位置应满足设计要求。在单元轨节两端就位后应立即进行标记，标记应明显、耐久、可靠。

检验数量：施工单位、监理单位全部检查。

检验方法：对照设计文件、点数、观察检查、尺量。

14.4.9　应力放散时，应每隔 100 m 左右设一位移观测点，观测放散时钢轨的位移量，应力放散应均匀、彻底。

检验数量：施工单位、监理单位全部检查。

检验方法：施工单位观察检查，尺量；监理单位检查施工单位施工记录，并观察检查。

14.4.10　线路锁定时，实际锁定轨温应在设计锁定轨温范围内，相邻单元轨节间的实际锁定轨温之差不得大于 5 ℃，同一单元轨节左右股钢轨的实际锁定轨温差不得大于 3 ℃，同一区间内单元轨节的最高与最低实际锁定轨温之差不得大于 10 ℃。

检验数量：施工单位、监理单位全部检查。

检验方法：施工单位用轨温计测定并记录；监理单位检查施工单位记录，并旁站监理。

14.4.11　线路锁定后，应立即在钢轨上标记位移观测“零点”位置，并每月观测钢轨位移情况并做好记录。固定区位移观测桩处换算 200 m 范围内相对位移量不得大于 10 mm，任何一个位移观测桩处位移量不得超过 20 mm。

检验数量：施工单位、监理单位全部检查。

检验方法：施工单位尺量并记录；监理单位检查施工单位观测记录。

14.4.12　扣件的扣压力应符合产品技术条件的规定。

检验数量：施工单位抽检 2%；监理单位按施工单位抽检次数的 10% 进行见证检验，但至少一次。

检验方法：施工单位用弹条扣压力测定仪测定；监理单位检查施工单位记录，并进行平行检验。

一 般 项 目

14.4.13　位移观测桩应编号，每对位移观测桩基准点连线与线路中线应垂直。

检验数量：施工单位全部检查。

检验方法：观察检查、方尺量。

14.4.14　轨道纵向位移“零点”标记应齐全，标记大小应适当、一致，色泽均匀、清晰。

检验数量：施工单位全部检查。

检验方法：观察检查。

14.5　钢轨伸缩调节器

一 般 规 定

14.5.1　钢轨伸缩调节器应在工厂内试组装并验收。出厂时，制造厂应对产品零部件依据客运专线铁路钢轨伸缩调节器相关技术条件进行检验，并提供出厂合格证、铺设图和发货明细表。

14.5.2　铺设钢轨伸缩调节器应根据锁定时的轨温计算并准确预留伸缩量。

14.5.3　铺设钢轨伸缩调节器时，宜先铺单股并以线路上已有轨道作基准控制方向，另一股以此为基准控制轨距。

14.5.4　钢轨伸缩调节器铺设就位，调整方向、轨距、水平达到规定要求后，再上紧全部螺栓。

14.5.5　尖轨、基本轨与两端长轨条焊接后，应按规定打磨平整。

主 控 项 目

14.5.6　钢轨伸缩调节器的种类、型号、方向应满足设计要求，质量应符合其技术条件的规定。

检验数量：施工单位、监理单位全部检查。

检验方法：查验产品质量证明文件、观察检查、尺量。

14.5.7　钢轨伸缩调节器设计长度（包括钢轨伸缩调节器自身长度及其两端对轨枕、扣件有设计要求的范围）范围内的轨道部件应符合设计及各自技术条件的规定。

检验数量：施工单位、监理单位全部检查。

检验方法：查验产品质量证明文件、观察检查、尺量。

14.5.8　钢轨伸缩调节器的铺设位置应满足设计要求。

检验数量：施工单位、监理单位全部检查。

检验方法：对照设计图纸、尺量。

14.5.9　钢轨伸缩调节器的螺栓扭力矩应符合规定。

检验数量：施工单位全部检查；监理单位按施工单位抽检次数的10%进行见证检验，但至少一次。

检验方法：施工单位测力扳手测量；监理单位检查施工单位测量记录，并进行平行检验。

14.5.10　钢轨伸缩调节器两端设计长度范围内的扣件扣压力应满足设计要求。

检验数量：施工单位抽检2%；监理单位按施工单位抽检次数的10%进行见证检验，但至少一次。

检验方法：施工单位用弹条扣压力测定仪测定；监理单位检查施工单位记录，并进行平行检验。

14.5.11　在应力放散后锁定线路时，应根据轨温计算预留伸缩量，并及时做好伸缩起点标记。

检验数量：施工单位、监理单位全部检查。

检验方法：施工单位用轨温计测定并记录；监理单位旁站监理，并检查施工单位记录。

CHINA RAILWAY PUBLISHING HOUSE

14.5.12 钢轨伸缩调节器铺设调整后,应达到基本轨伸缩无障碍,尖轨锁定不爬行。

检测数量:施工单位、监理单位全部检查。

检测方法:观察检查。

14.5.13 钢轨伸缩调节器静态铺设精度标准应符合客运专线铁路钢轨伸缩调节器的相关技术规定。

检验数量:施工单位、监理单位全部检查。

检验方法:尺量、弦量。

一 般 项 目

14.5.14 钢轨伸缩调节器零配件安装正确,表面平整,棱线平直,无飞边。

检验数量:施工单位全部检查。

检验方法:观察检查、尺量。

14.5.15 钢轨伸缩调节器轨道中心线与线路中心线应一致,允许偏差 10 mm。

检验数量:施工单位在钢轨伸缩调节器自身长度范围内抽检 3 处,在两端设计长度范围内各抽检 2 处。

检验方法:尺量。

14.5.16 伸缩起点标记齐全,大小适当、一致,色泽均匀、清晰。

检验数量:施工单位全部检查。

检验方法:观察检查。

14.6 轨道整理及钢轨预打磨

一 般 规 定

14.6.1 铺设无缝线路之后至线路开通之前应进行轨道整理作业,使线路逐步达到验交标准。

线路开通前由建设单位组织有关单位开展线路检查和清理工作。

14.6.2 对无缝线路长轨条位移情况每月观测一次,并填写记录。位移观测桩处相对位移换算轨温加上原锁定轨温超出设计锁定轨温允许范围时,应及时查明原因并进行处理。

14.6.3 高温时不应安排影响线路稳定性的轨道整理。轨道整理应在规定的作业轨温范围内进行。

14.6.4 Ⅰ型板式无砟轨道的钢轨高低、水平采用无级调高充填式垫板进行调整时,充填式垫板施工应符合《客运专线铁路无砟轨道充填式垫板暂行技术条件》规定。施工时应先在钢轨下与轨道板顶面之间用调整垫块精确调整钢轨高低和水平后,在扣件垫板下再安装充填式垫板。

14.6.5 调整垫块分基准垫块和微调垫块。基准垫块表面坡度为 1:40,两端厚度应根据扣件高度选定;微调垫块厚度分为 0.5、1、2、4 mm 等级。

14.6.6 充填式垫板的充填厚度为 4 ~ 8 mm。在轨道状态调整后若调高量超出充填厚度的范围,应在扣件垫板下垫入预制的调高垫板后再安装充填式垫板。

14.6.7 树脂材料的拌和应根据树脂材料的可工作时间,确定树脂材料一次的拌和量,并按规定的比例准确计量 A 剂和 B 剂。材料开罐后,必须在使用期内使用。

14.6.8 充填式垫板的灌注口与排气口必须在树脂灌注前剪开，同时确认灌注袋内无水分。拌和后的混合液应在可使用时间内（液温 20 ℃时的可使用时间约 40～50 min）完成灌注。

14.6.9 在线路验收前，应对全线钢轨进行预打磨作业。打磨列车到达工地后，根据轨面状态，可采用列车运行打磨、成形打磨等方式进行作业。打磨列车应回收打磨产生的铁粉。

14.6.10 验收时，应由轨道检查车进行轨道动态检测（道岔及钢轨伸缩调节器与轨道一并进行）。

主控项目

14.6.11 全线钢轨预打磨作业后，钢轨顶面平直度 1 m 范围内允许偏差为 $^{+0.2}_{0}$ mm。

检验数量：打磨列车测量仪器检测时，施工单位、监理单位全部检查。钢轨波纹磨耗测量仪检测时，施工单位每 1 000 m 检测一次；监理单位全部见证检测。

检验方法：施工单位用打磨列车测量仪器或钢轨波纹磨耗测量仪器检测；监理单位见证检测。

14.6.12 全线钢轨预打磨作业后，钢轨头部工作边实际横断面与理论横断面相比允许偏差为 ±0.3 mm。

检验数量：打磨列车测量仪器检测时，施工单位、监理单位全部检查。钢轨波纹磨耗测量仪检测时，施工单位每 1 000 m 检测一次；监理单位全部见证检测。

检验方法：施工单位用打磨列车测量仪器或钢轨波纹磨耗测量仪器检测；监理单位见证检测。

14.6.13 全线钢轨预打磨作业后，轨顶表面粗糙度大于 10 μm 的个数不应超过 16%。

检验数量：打磨列车测量仪器检测时，施工单位、监理单位全部检查。钢轨波纹磨耗测量仪检测时，施工单位每 1 000 m 检测一次；监理单位全部见证检测。

检验方法：施工单位用打磨列车测量仪器或钢轨波纹磨耗测量仪器检测；监理单位见证检测。

14.6.14 打磨面最大宽度在轨距角圆弧上为 4 mm，在轨距角圆弧和轨顶圆弧的连接圆弧部分为 7 mm，在轨顶圆弧上为 10 mm。从轨头打磨区向非打磨区应平滑过渡。

检验数量：打磨列车测量仪器检测时，施工单位、监理单位全部检查。钢轨波纹磨耗测量仪检测时，施工单位每 1 000 m 检测一次；监理单位全部见证检测。

检验方法：施工单位用打磨列车测量仪器或钢轨波纹磨耗测量仪器检测；监理单位见证检测。

14.6.15 打磨面宽度的最大变化在沿钢轨长度 100 mm 的范围内不应大于打磨面最大宽度的 25%。

检验数量：打磨列车测量仪器检测时，施工单位、监理单位全部检查。钢轨波纹磨耗测量仪检测时，施工单位每 1 000 m 检测一次；监理单位全部见证检测。

检验方法：施工单位用打磨列车测量仪器或钢轨波纹磨耗测量仪器检测；监理单位见证检测。

14.6.16 充填式垫板内充填树脂及注入袋的主要性能指标应符合相关技术条件的规定。

检验数量：施工单位、监理单位全部检查。

检验方法：检查产品质量证明文件。

14.6.17 无砟轨道静态平顺度铺设精度标准应符合表 14.6.17 的规定。

表 14.6.17 无砟轨道静态平顺度允许偏差(mm)及检验方法

序号	项目	旅客列车设计行车速度 v(km/h)		检验方法
		200	$200 < v \leqslant 350$	
1	轨距	$^{+1}_{-2}$	±1	轨检小车检测
2	高低(弦长 10 m)	2	2	
3	轨向(弦长 10 m)	2	2	
4	扭曲(基长 6.25 m)	3	2	
5	水平	2	1	

检验数量：施工单位连续检测；监理单位全部见证检验。

14.6.18 轨道整理作业后，动态质量应检查局部不平顺(峰值管理)和线路区段整体不平顺(均值管理)。轨道动态质量检查项目应按正线不平顺管理值有关工程验收的规定检验。

检验数量：建设单位、勘测设计单位、施工单位和监理单位全部检查。

检验方法：建设单位用轨道检查车全部检查。勘测设计单位项目负责人、施工单位项目负责人、技术负责人和监理单位总监理工程师参加。

14.6.19 在满足轨道平顺度标准的情况下，轨面高程允许偏差为 $^{+4}_{-6}$ mm；紧靠站台为 $^{+4}_{0}$ mm。

检验数量：施工单位每 1 km 抽检 2 处，每处各抽检 10 个测点。

检验方法：水准仪测量。

14.6.20 轨道中线与设计中线允许偏差为 10 mm；线间距允许偏差为 $^{+10}_{0}$ mm。

检验数量：施工单位每 1 km 抽检 2 处，每处各抽检 10 个测点。

检验方法：尺量。

CHINA RAILWAY PUBLISHING HOUSE

一 般 项 目

14.6.21 无砟轨道表面整齐，清洁无杂物。轨道板上的防护盖、防护螺栓应安设齐全，位置正确。

检验数量：施工单位、监理单位每千米抽样检验 4 处。

检验方法：观察检查。

14.6.22 钢轨编号及标记应正确齐全、字体端正、字迹清晰。

检验数量：施工单位、监理单位每千米抽检 100 m。

检验方法：观察检查。

14.6.23 轨头打磨区无连续发兰带。

检验数量：施工单位全部检查。

检验方法：观察检查。

14.6.24 充填式垫板注入袋的外形尺寸应符合设计要求，长度和宽度允许偏差 ±2 mm。

检验数量：每批抽取的样品不少于 10 个。

检验方法：尺量。

14.6.25　充填式垫板注入袋的外观应封边严密，不得漏气。内部强化芯材在注入口端与注入袋固定。注入袋四角应做铺设位置印记。

检验数量：每批抽取的样品不少于 10 个。

检验方法：观察、充气试验。

14.6.26　充填式垫板安装位置印记应与轨下胶垫对齐。

检验数量：施工单位全部检查。

检验方法：观察检查。

14.6.27　扣件的轨距块离缝不应大于 6%；扣压力小于规定的不应大于 8%；胶垫无缺损，偏斜量大于 5 mm 的不应大于 8%。

检验数量：施工单位每千米抽检 100 m。

检验方法：尺量、观察检查。

TB CHINA RAILWAY PUBLISHING HOUSE

15 线路及信号标志

一般规定

15.0.1 正线应根据设计需要设置下列标志：公里标，半公里标，百米标，平面曲线标，圆曲线、缓和曲线和竖曲线的始终点标，桥梁标，隧道标，坡度标，信号标志等。

主控项目

15.0.2 线路及信号标志的材质、规格、图案字样均应符合设计要求。

检验数量：施工单位、监理单位全部检查。

检验方法：施工单位对照设计文件、观察检查、尺量；监理单位检查施工单位检验记录，并观察检查。

15.0.3 各种标志的数量、位置、高度及标志的方向应符合设计要求，标志应设置牢固。

检验数量：施工单位全部检查；监理单位平行检验 10%。

检验方法：施工单位对照设计文件、点数、观察检查、尺量；监理单位检查施工单位检验记录，并进行平行检验。

一般项目

15.0.4 各种标志应设置端正，涂料色泽鲜明，图像字迹清晰、完整。

检验数量：施工单位全部检查。

检验方法：观察检查。

CHINA RAILWAY PUBLISHING HOUSE TB

16　单位工程综合质量评定

16.1　单位工程质量控制资料核查

16.1.1　单位工程质量控制资料应齐全完整,全面反映工程施工质量状况。

16.1.2　单位工程质量控制资料核查应由监理单位组织施工单位进行,并按表16.1.2—1～表16.1.2—4填写记录。

表16.1.2—1　路基单位工程质量控制资料核查记录

单位工程名称				
施 工 单 位				
序 号	资 料 名 称	份数	核查意见	核查人
1	图纸会审、设计变更、洽商记录			
2	原材料出厂合格证及进场检(试)验报告			
3	成品及半成品出厂合格证或试验报告			
4	工程测量记录			
5	复合地基承载力检测记录			
6	桩基无损检测记录			
7	施工记录			
8	路基检测、试验报告			
9	变形观测记录			
10	无砟轨道铺设条件评估报告			
11	工程质量事故及事故调查处理资料			
12	施工现场质量管理检查记录			
13	分项、分部工程质量验收记录			
14	新材料、新工艺施工记录			
结论: 施工单位项目负责人　　　　总监理工程师 年　月　日　　　　年　月　日				

注:核查人为监理单位人员。

CHINA RAILWAY PUBLISHING HOUSE

表 16.1.2—2　桥涵单位工程质量控制资料核查记录

单位工程名称				
施 工 单 位				
序　号	资　料　名　称	份数	核查意见	核查人
1	图纸会审、设计变更、洽商记录			
2	工程测量记录			
3	原材料出厂合格证及进场检(试)验报告			
4	施工试验报告			
5	成品及半成品出厂合格证或试验报告			
6	施工记录			
7	桩基承载力、完整性检测报告			
8	墩台(涵洞)沉降观测记录			
9	梁体竖向变形观测记录			
10	无砟轨道铺设条件评估报告			
11	工程质量事故及事故调查处理资料			
12	施工现场质量管理检查记录			
13	分项、分部工程质量验收记录			
14	新材料、新工艺施工记录			
结论： 施工单位项目负责人　　　　总监理工程师 年　月　日　　　　年　月　日				

注：核查人为监理单位人员。

表 16.1.2—3　隧道单位工程质量控制资料核查记录

单位工程名称				
施 工 单 位				
序　号	资　料　名　称	份数	核查意见	核查人
1	图纸会审、设计变更、洽商记录			
2	工程测量记录			
3	原材料出厂合格证及进场检(试)验报告			
4	施工试验报告			
5	成品及半成品出厂合格证或试验报告			
6	施工记录			
7	隧道基础沉降观测记录			
8	无砟轨道铺设条件评估报告			
9	工程质量事故及事故调查处理资料			
10	施工现场质量管理检查记录			
11	分项、分部工程质量验收记录			
12	监控量测资料			
结论： 施工单位项目负责人　　　　总监理工程师 年　月　日　　　　年　月　日				

注：核查人为监理单位人员。

CHINA RAILWAY PUBLISHING HOUSE

表 16.1.2—4　轨道单位工程质量控制资料核查记录

单位工程名称				
施　工　单　位				
序　号	资　料　名　称	份数	核查意见	核查人
1	图纸会审、设计变更、洽商记录			
2	线下工程沉降变形评估报告			
3	工程测量记录			
4	原材料出厂合格证及进场检(试)验报告			
5	施工试验报告及见证检测报告			
6	成品及半成品出厂合格证或试验报告			
7	施工记录			
8	工程质量事故及事故调查处理资料			
9	施工现场质量管理检查记录			
10	分项、分部工程质量验收记录			
11	新材料、新工艺施工记录			
结论： 施工单位项目负责人　　　　总监理工程师　　　　建设单位项目负责人 年　月　日　　　　年　月　日　　　　年　月　日				

注：核查人为验收组的监理单位人员。

16.2　单位工程实体质量和主要功能核查

16.2.1　单位工程完成后，应由建设单位组织勘察设计、监理、施工单位对单位工程实体质量和主要功能进行核查，并按表 16.2.1—1～表 16.2.1—4 填写记录。

表 16.2.1—1　路基单位工程实体质量和主要功能核查记录

单位工程名称				
施　工　单　位				
序　号	项　　　目	份数	核查意见	核查人
1	沉降变形评估			
2	路基竣工高程、中线、宽度实测			
3	边坡坡率实测			
4	排水沟槽实测			
5	支挡结构混凝土裂缝宽度检查			
6	支挡结构钢筋的保护层厚度检查			
7	支挡结构无损检测墙体厚度实测			
8	支挡结构无损检测墙后回填密实度实测			
结论： 施工单位项目负责人　　　　总监理工程师　　　　建设单位项目负责人 年　月　日　　　　年　月　日　　　　年　月　日				

注：核查项目由验收组协商确定。

CHINA RAILWAY PUBLISHING HOUSE

表 16.2.1—2 桥涵单位工程实体质量和主要功能核查记录

单位工程名称				
施 工 单 位				
序 号	项 目	份数	核查意见	核查人
1	混凝土表面裂缝检查			
2	钢筋的混凝土保护层厚度检查			
3	混凝土强度无损检测			
4	渡槽、倒虹吸通水试验			
5	交通涵排水系统功能试验			
6	桥梁的动、静载试验			
7	梁体、墩台、涵洞沉降评估			
结论：				
施工单位项目负责人 年 月 日	总监理工程师 年 月 日		建设单位项目负责人 年 月 日	

注：核查项目由验收组协商确定。

表 16.2.1—3 隧道单位工程实体质量和主要功能核查记录

单位工程名称				
施 工 单 位				
序 号	项 目	份数	核查意见	核查人
1	衬砌混凝土强度检测			
2	钢筋混凝土中钢筋位置和保护层检测			
3	衬砌混凝土厚度检测			
4	仰拱混凝土厚度检测			
5	底板混凝土厚度检测			
6	衬砌背后回填密实度检测			
7	衬砌渗水情况检查			
8	隧道衬砌内轮廓检测			
9	衬砌表面裂缝检查			
10	变形评估			
结论：				
施工单位项目负责人 年 月 日	总监理工程师 年 月 日		建设单位项目负责人 年 月 日	

注：核查项目由验收组协商确定。

CHINA RAILWAY PUBLISHING HOUSE

表 16.2.1—4 轨道单位工程实体质量和主要功能核查记录

<table>
<tr><td colspan="2">单位工程名称</td><td colspan="4"></td></tr>
<tr><td colspan="2">施 工 单 位</td><td colspan="4"></td></tr>
<tr><td>序 号</td><td>项 目</td><td>份数</td><td>核查意见</td><td>核查人</td></tr>
<tr><td>1</td><td>线路基桩复测</td><td></td><td></td><td></td></tr>
<tr><td>2</td><td>钢轨位移观测</td><td></td><td></td><td></td></tr>
<tr><td>3</td><td>轨道静态质量检测</td><td></td><td></td><td></td></tr>
<tr><td>4</td><td>轨道动态质量检测</td><td></td><td></td><td></td></tr>
<tr><td>5</td><td>钢轨打磨质量检测</td><td></td><td></td><td></td></tr>
<tr><td></td><td></td><td></td><td></td><td></td></tr>
<tr><td></td><td></td><td></td><td></td><td></td></tr>
<tr><td></td><td></td><td></td><td></td><td></td></tr>
<tr><td></td><td></td><td></td><td></td><td></td></tr>
<tr><td></td><td></td><td></td><td></td><td></td></tr>
<tr><td></td><td></td><td></td><td></td><td></td></tr>
<tr><td colspan="5">结论：

施工单位项目负责人 总监理工程师 建设单位项目负责人
年 月 日 年 月 日 年 月 日</td></tr>
</table>

注：核查项目由验收组协商确定。

16.2.2 单位工程实体质量和主要功能核查方法和数量：

1 路 基

1）沉降观测：全部检测；

2）路基竣工高程、中线、宽度实测：全部检测；

3）边坡坡率实测：每 100 m 检测一次；

4）排水沟槽位置、高程、尺寸实测：每 100 m 检测一次；

5）支挡结构混凝土裂缝宽度：观察、刻度放大镜检查，全部检查；

6）支挡结构钢筋的保护层厚度：采用满足精度要求的钢筋保护层厚度检测仪现场测定，每支挡结构不少于 3 处，每处不少于 10 个点；

7）支挡结构无损检测墙体厚度：每 100 m 检测一次；

8）支挡结构无损检测墙后回填密实度：每 100 m 检测一次。

2 桥 涵

1）混凝土表面裂缝：观察、刻度放大镜检查，全部检查；

2）钢筋的混凝土保护层厚度：采用满足精度要求的钢筋保护层厚度检测仪现场测定，每孔梁不少于 3 处，每个墩台不少于 3 处，每座涵洞不少于 3 处，每处不少于 10 个点，90% 测点的实测厚度不得小于设计值；

3）混凝土强度：采用无损检测方法，每孔梁、每个墩台、每座涵洞不少于 1 次；

4）渡槽、倒虹吸根据需要做通水试验；

5）交通涵根据需要做排水系统功能试验；

6）桥梁根据需要做动、静载试验；

7）墩台、涵洞沉降观测，梁体竖向变形观测：全部检测。

3 隧 道

CHINA RAILWAY PUBLISHING HOUSE

1)衬砌混凝土强度:采用无损检测方法,每 100 m 检测 1 次;

2)钢筋混凝土中钢筋位置和保护层:采用满足精度要求的钢筋保护层厚度检测仪现场测定,每 100 m 检测一次,每次 10 个点;

3)衬砌混凝土厚度:采用无损检测方法,每 100 m 检测 1 个断面,或纵向布线检测;

4)仰拱混凝土厚度:采用无损检测方法,每 100 m 检测 1 个断面,或纵向布线检测;

5)底板混凝土厚度:采用无损检测方法,每 100 m 检测 1 个断面,或纵向布线检测;

6)衬砌背后回填密实度:采用无损检测方法,每 100 m 检测 1 个断面,或纵向布线检测;

7)衬砌渗水情况:观察,全部检查;

8)隧道衬砌内轮廓:断面仪测量,每 100 m 检测 1 次;

9)衬砌表面裂缝:观察,全部检查;

10)隧道基础沉降变形评估:全部检测。

4 轨　道

1)线路基桩复测:建设、监理、施工单位确定检验数量;

2)钢轨位移观测桩复测:建设、监理、施工单位确定检验数量;

3)轨道静态质量检查的方法和数量应符合本暂行标准第 14.6.17 条的规定;

4)钢轨动态质量检查的方法和数量应符合本暂行标准第 14.6.18 条的规定;

5)钢轨打磨质量检验数量和方法应符合本暂行标准第 14.6.11 ~ 14.6.15、14.6.23 条的规定。

16.3 单位工程观感质量评定

16.3.1 观感质量评定由建设单位组织设计、监理、施工单位共同进行现场评定,并按表 16.3.1—1 ~ 表 16.3.1—4 填写记录。

表 16.3.1—1 路基单位工程观感质量检查记录表

单位工程名称				
施 工 单 位				
序 号	项 目 名 称	质量状况	质量评价	
			合 格	差
1	路基面			
2	路堤边坡			
3	路堑边坡			
4	挡土墙砌筑(安装)			
5	植物防护			
6	排水沟槽			
7	防护栅栏			
8	电缆沟槽、声屏障和接触网支柱基础、线路标志等			
检查结论: 施工单位项目负责人　　总监理工程师　　建设单位项目负责人 年 月 日　　年 月 日　　年 月 日				

注:观感质量评定为"差"的项目应返修。

表 16.3.1—2　桥涵单位工程观感质量检查记录

单位工程名称				
施工单位				
序号	项目名称	质量状况	质量评价	
			合格	差
1	墩、台			
2	混凝土梁			
3	桥面			
4	梁端伸缩缝			
5	检查设施			
6	人行道			
7	涵身			
8	沉降缝			
9	端翼墙			
10	锥体及出入口铺砌			
11	栏杆			
检查结论： 施工单位项目负责人　　总监理工程师　　建设单位项目负责人 年　月　日　　年　月　日　　年　月　日				

注：观感质量评定为“差”的项目应返修。

表 16.3.1—3　隧道单位工程观感质量检查记录

单位工程名称					
施工单位					
序号	项目名称		质量状况	质量评价	
				合格	差
1	洞门	端墙			
		挡翼墙			
		边仰坡			
		排水设施			
		名牌、号标			
		检查梯、扶手			
2	洞身	拱部			
		边墙			
		隧底			
		沟槽盖板			
3	防排水效果	衬砌			
		沟槽			
4	弃渣	挡护工程			
		排水系统			
		渣面处理			
检查结论： 施工单位项目负责人　　总监理工程师　　建设单位项目负责人 年　月　日　　年　月　日　　年　月　日					

注：观感质量评定为“差”的项目应返修。

表 16.3.1—4 轨道单位工程观感质量检查记录

单位工程名称				
施工单位				
序号	项目名称	质量状况	质量评价	
			合格	差
1	线路基桩			
2	无砟道床			
3	钢轨			
4	扣件			
5	道岔			
6	钢轨伸缩调节器			
7	位移观测桩			
8	线路及信号标志			
检查结论： 施工单位项目负责人　　总监理工程师　　建设单位项目负责人 年　月　日　　年　月　日　　年　月　日				

注：观感质量评定为"差"的项目应返修。

16.3.2 路基单位工程观感质量应符合现行《客运专线铁路路基工程施工质量验收暂行标准》(铁建设〔2005〕160号)第16.3.2～16.3.11条的规定。

16.3.3 桥涵单位工程观感质量应符合现行《客运专线铁路桥涵工程施工质量验收暂行标准》(铁建设〔2005〕160号)第17.3.3～17.3.14条的规定。

16.3.4 隧道单位工程观感质量应符合现行《客运专线铁路隧道工程施工质量验收暂行标准》(铁建设〔2005〕160号)第14.3.3～14.3.6条的规定。

16.3.5 轨道单位工程观感质量应符合下列规定：

1 线路基桩观感质量合格标准

标识齐全，色泽鲜明、清晰完整。

2 无砟道床观感质量合格标准

表面清洁、无污染，平整，线条顺直、美观、无碰损。

3 钢轨观感质量合格标准

远视平顺，轨向直线顺直、曲线圆顺，头尾不得有反弯或"鹅头"。

4 道岔观感质量合格标准

直股方向与其连接的线路一致，远视顺直；侧股方向与其连接曲线连接圆顺。道岔内各种标识齐全、清晰。

5 钢轨伸缩调节器观感质量合格标准

表面平整，棱线平直，无飞边。标记齐全、准确、清晰。

6 位移观测桩观感质量合格标准

设置应便于观测，标识齐全、清晰。

7 线路及信号标志观感质量合格标准

埋设端正，涂料均匀，色泽鲜明，图像字迹清晰、完整。

CHINA RAILWAY PUBLISHING HOUSE

本暂行标准用词说明

执行本暂行标准条文时，对于要求严格程度的用词说明如下，以便在执行中区别对待。

(1) 表示很严格，非这样做不可的用词：

正面词采用"必须"；

反面词采用"严禁"。

(2) 表示严格，在正常情况下均应这样做的用词：

正面词采用"应"；

反面词采用"不应"或"不得"。

(3) 表示允许稍有选择，在条件许可时首先应这样做的用词：

正面词采用"宜"；

反面词采用"不宜"。

表示有选择，在一定条件下可以这样做的，采用"可"。

CHINA RAILWAY PUBLISHING HOUSE

《客运专线无砟轨道铁路工程施工质量验收暂行标准》条文说明

本条文说明系对重点条文的编制依据、存在的问题以及在执行中应该注意的事项等予以说明。为了减少篇幅,只列条文号,未抄录原条文。

1.0.1 本暂行标准的编制目的是为了加强和统一客运专线无砟轨道铁路工程施工质量的验收。本暂行标准不涉及工程决策阶段的质量、勘察设计阶段的质量和运营维修阶段的质量等。

本暂行标准是政府部门、专门质量机构、建设单位、监理单位、勘察设计单位和施工单位对工程施工阶段的质量进行监督、管理和控制的主要依据。

由于施工阶段的质量控制是工程整体质量控制的关键环节,工程整体质量在很大程度上取决于施工阶段的质量控制,所以本暂行标准根据客运专线无砟轨道铁路的工程质量特性,规定了建设活动各方对工程施工质量控制的方法、程序、职责以及质量指标,借以保证工程质量。

1.0.2 本暂行标准适用于旅客列车设计行车速度200~350 km/h的标准轨距客运专线无砟轨道铁路路基、桥涵、隧道、轨道工程相关工程施工质量的验收。其他无砟轨道铁路工程施工质量的验收可参照本暂行标准执行。本暂行标准未能纳入的新技术、新工艺、新设备、新材料等,应该在本暂行标准的基础上制定补充规定。

1.0.5 客运专线无砟轨道铁路工程施工质量检验检测工作,是工程质量管理的重要组成部分,也是工程质量控制的重要手段。客观、准确的检验检测数据,是评价工程质量的科学依据。这就要求检验检测所用的仪器、方法和抽样方案必须符合相关标准和技术条件的规定。另外,随着工程检测技术的发展,一些成熟、可靠的新方法、新仪器不断出现,尤其是对工程实体质量的检测。使用新技术后,能减少检测工作量,提高检测精度,应该积极采用,但采用这些新技术应经过必要程序的鉴定。

1.0.6 客运专线无砟轨道铁路工程施工点多线长、施工期较长,取弃土(渣)、污水(物)排放、噪声等对生态环境的影响很大。施工单位应在施工前制订有效的环保方案,施工期内最大限度的减少对环境的影响,施工结束后给予必要的恢复,切实做好环境保护和水土保持工作,保证国民经济的可持续发展。设计有要求的更应该严格按设计文件办理。

1.0.9 工程施工及验收的有关资料,反映了工程施工全过程的质量状况,是评价和追溯工程施工质量的主要依据,应当充分重视并做好规范整理和归档保存工作。国家标准《建设工程文件归档整理规范》(GB/T 50328—2001)对检验批、分项工程、分部工程、单位工程质量验收记录的保存单位和保管期限做出了明确规定。其中,保管期限分为永久、长期、短期三种。"永久"是指需要永久保存;"长期"是指保存期限等于该工程的使用寿命；“短期”是指保存20年以下。其他文件、规章的规定也需遵照执行。鉴于施工过程文件资料数量繁多，应采用先进的信息化手段，以提高工作效率和保存质量。

1.0.11　客运专线无砟轨道铁路的建设标准和技术要求比一般铁路要高得多，特别是要实现建设国际一流客运专线无砟轨道铁路的目标，更需要建设各方充分做好技术和管理方面的准备。施工质量验收标准是保证工程施工质量的强制性标准，作业人员应全面理解和掌握，并准确执行，要加强培训和考核，持证上岗。

1.0.12　为确保无砟轨道铁路施工质量达到设计要求，对线下构筑物沉降、变形所进行的观测与分析评估工作应贯穿无砟轨道铁路施工的全过程。

1.0.13　客运专线无砟轨道铁路工程测量工作是无砟轨道成败的关键。高精度的测量工作是客运专线无砟轨道铁路达到安全、高稳定、高平顺、高舒适的保证，应贯穿无砟轨道铁路施工的全过程。

1.0.15　本暂行标准应与铁建设〔2005〕160号文发布的线下工程施工质量验收标准配套使用。土建工程施工中涉及的站后专业相关工程应按以后发布的有关标准执行。

2

本章术语主要采用已颁布的客运专线铁路相关标准、指南、规定中的解释，但目前国内采用的无砟轨道结构形式不断发展变化，对无砟轨道的认识也在不断的深化，为便于对各种新型无砟轨道结构形式的理解和掌握，分别对不同结构形式的无砟轨道出现的新的名词作了解释。列出术语及其解释的主要目的是为了在工程施工中便于界定每种无砟轨道的施工特点、方法和工艺，避免产生理解上的不同甚至歧义。

2.0.37　CRTSⅡ型板当采用非预应力钢筋配筋厚度较大(30 cm)单块铺设板时，无纵向连接钢筋，无滑动层，也无硬泡沫塑料板，板的下部带有限位块，一般在跨径大于25 m以上的桥梁，而且桥梁工程长度占全线长度比例较小时应用。

4.2.1　《客运专线无砟轨道铁路工程测量暂行规定》(铁建设〔2006〕189号)规定：客运专线无砟轨道铁路工程测量平面控制网分三级布设，第一级为GPS基础平面控制网，第二级为线路控制网，第三级为基桩控制网。为了便于本暂行标准条文的编写，把各级平面控制网用英文字母和罗马数字来表示：CPⅠ为GPS基础平面控制网，CPⅡ为线路控制网，CPⅢ为基桩控制网。各级平面控制网的作用为：

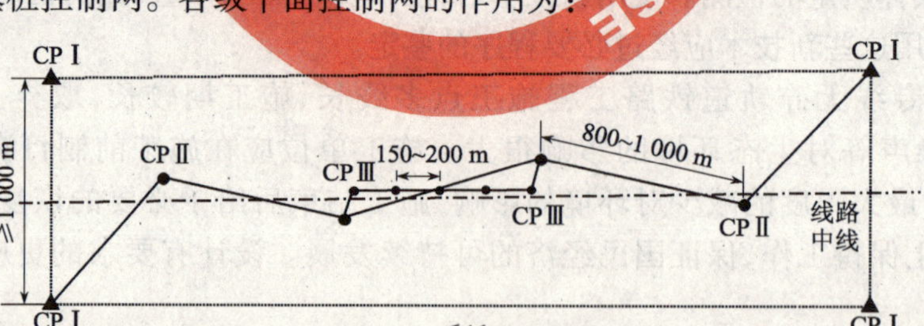

说明图4.2.1　无砟轨道三级平面控制网示意图

(1)GPS基础平面控制网(CPⅠ)主要为勘测设计、施工、运营维护提供坐标基准，是客运专线铁路无砟轨道工程测量平面控制网；

(2)线路控制网(CPⅡ)主要为勘测设计和施工提供控制基准；

CHINA RAILWAY PUBLISHING HOUSE

(3)基桩控制网(CPⅢ)主要为铺设无砟轨道提供控制基准。

三级控制网之间的相互关系如说明图4.2.1所示。

客运专线无砟轨道平面控制网按三级分类,是根据铁道第二勘察设计院与西南交通大学共同完成的《无砟轨道控制测量理论和方法研究》和《客运专线无砟轨道铁路工程测量控制网精度标准的研究》而制定的。德国铁路标准RIL883和DS833.0020把无砟轨道施工控制网分为四级:PS1、PS2、PS3、PS4。PS1是在国家基础控制点PS0下发展的平面控制点,沿线路方向大约每1 000 m一个控制点;PS2沿线路方向大约每150 m至250 m一个控制点;PS3是水准基点;PS4是固定在接触网杆上的控制点。在上述四种控制点中,只有前三种是可置镜的平面控制点,而PS4是固定在接触网杆上的只能安置反射镜的控制点。我国平面基础控制点的精度和密度均不能满足作为无砟轨道平面基础控制网的需要。因此本条把基础控制点CPⅠ(相当于PS0)作为第一级平面控制网,把CPⅡ(相当于PS1)作为第二级平面控制网,把CPⅢ(相当于PS2)作为第三级平面控制网。

4.2.2 根据《客运专线无砟轨道铁路工程测量暂行规定》(铁建设〔2006〕189号)规定,在勘测设计阶段,施测高等级水准测量困难时,高程首级控制网可分两阶段实施:勘测阶段高程控制网按四等水准测量要求建立,线下工程施工完成后,再按铺设无砟轨道施工要求重新建立二等水准控制网。

4.3.6 《客运专线无砟轨道铁路工程测量暂行规定》(铁建设〔2006〕189号)5.2.3条的规定,当复测结果与设计单位提供的勘测成果不符时,应重新测量。当确认设计单位勘测资料有误或精度不符合规定要求时,则应与设计单位协商,对勘测成果进行改正。复测结果与设计单位勘测成果的不符值在下列规定范围内时,应采用设计单位勘测成果。

(1)CPⅠ控制点的复测应满足X、Y坐标差值不大于±2 cm的要求。

(2)CPⅡ控制点的复测应满足说明表4.3.6—1的要求。

(3)水准点复测限差应满足说明表4.3.6—2的要求。

说明表4.3.6—1 线路控制网(CPⅡ)复测限差要求表

水平角	导线方位角闭合差	距离(mm)	导线长度闭合差
≤5″	$\leqslant 5\sqrt{n}''$	$\leqslant 2m_D$	≤1/40 000

注:m_D为仪器标称精度。

说明表4.3.6—2 水准点复测限差

二 等	精密水准	三 等	四 等
$6\sqrt{L}$	$12\sqrt{L}$	$20\sqrt{L}$	$30\sqrt{L}$

注:L为测段长度,单位以千米计。

4.4.1 特大桥、复杂大桥应建立独立的平面、高程控制网,主要是因为特大桥、复杂大桥的施工平面和高程控制测量精度会因桥上设置无砟轨道后而比常规桥涵测量控制精度要高,多数情况下全线总体平面、高程控制网的精度不能满足需要,因此,需建立满足精度要求的独立的平面、高程控制网。

4.4.2 《客运专线无砟轨道铁路工程测量暂行规定》(铁建设〔2006〕189号)第5.6.1条的规定,线下工程竣工测量前,应完成全线(段)二等高程控制网的敷设工作。本条对应作出规定。

4.4.4 专业交接工作是无砟轨道工程施工质量控制的重要环节,以路基地段铺设无砟轨道为例,混凝土支承层或底座直接在路基基床表层施工,轨道结构的排水管道设施应与路基排水系统联通,路基和轨道两个专业交接工作极为重要。作为交接工作的重要内容,本条对线下工程竣工测量资料的交接作出原则性规定,使竣工测量成果纳入质量验收资料,作为专业交接的依据。

CHINA RAILWAY PUBLISHING HOUSE

4.4.6 为有效控制地基不均匀沉降,需对地基加固工程中各类群桩基础的桩位放样误差作出规定,并进行质量验收。桩—板结构路基是一种特殊的路基结构,由下部钢筋混凝土桩基和上部钢筋混凝土承载板与地基共同组成,钢筋混凝土承载板直接与轨道结构相连接。

桩—板结构路基属于特殊承载结构物,其长度从几十米到几百米,甚至上千米。桩—板结构路基平面施工误差必须限定在一定范围(限差为 ±20 mm),因此规定桩位及承载板平面控制点线路纵横向放样中误差不大于 10 mm。

桩—板结构路基钢筋混凝土承载板顶面高程施工误差将直接影响轨道安装质量,必须严格限制桩—板结构路基高程误差(限差为 $^{0}_{-10}$ mm)。因此,规定桩顶及承载板高程放样中误差不应大于 2.5 mm。

4.4.15 根据《客运专线无砟轨道铁路工程测量暂行规定》(铁建设〔2006〕189 号)第 5.6.3 条的规定,桥梁墩台竣工测量时,应标出各墩台纵、横向中心线、支座中心线、梁端线及锚栓孔十字线。梁部架设完成后应检查桥面平整度、相邻梁端的高差,桥梁长度和梁缝宽度。

4.4.16 测绘隧道实际净空断面是隧道竣工测量的主要内容,客运专线隧道实际净空断面的质量检验采用断面测量全站仪或自动断面检测仪测绘,可极大提高工作效率,并保证测量精度。

4.5.2 根据《客运专线无砟轨道铁路工程测量暂行规定》(铁建设〔2006〕189 号)的相关条文说明,构筑物的变形监测网与客运专线无砟轨道铁路工程测量控制网的关系如说明图 4.5.2 所示。

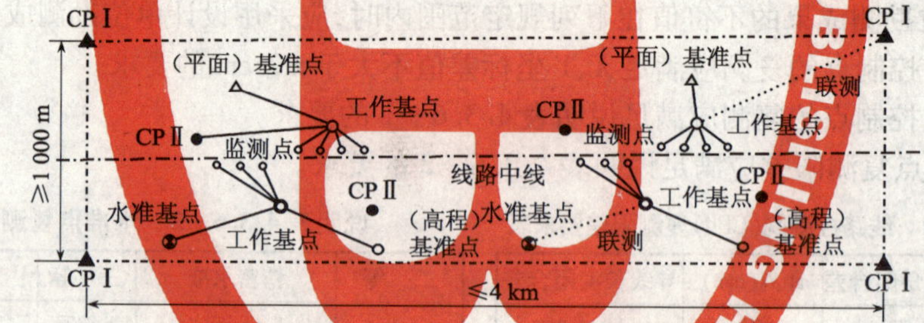

说明图 4.5.2 变形监测网与无砟轨道测量控制网的关系

4.5.8 《客运专线铁路无砟轨道铺设条件评估技术指南》(铁建设〔2006〕158 号)规定:

(1)路基沉降观测可在线路两侧地基、路肩和线路中心设置观测桩、在地基和基床底层的顶面设置剖面沉降管,或在线路中心设置沉降板。

(2)过渡段沉降观测可在线路两侧设置地基和路肩观测桩,或在线路中心设置沉降板;在过渡段范围宜沿线路斜向对角线布置剖面沉降管,并在管口设置沉降观测桩。

墩台沉降观测点可按说明图 4.5.8—1 布置。

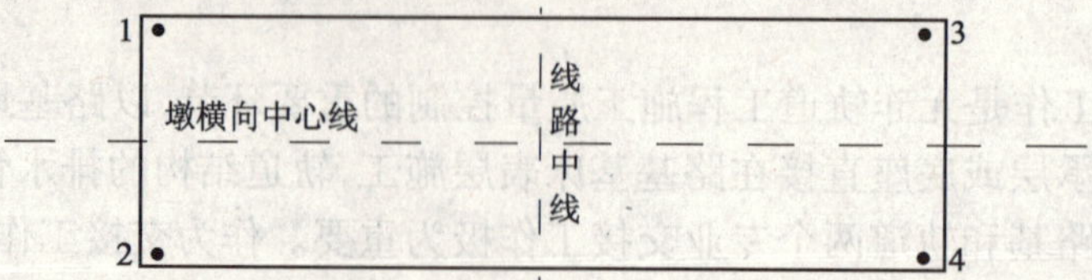

说明图 4.5.8—1 墩台沉降观测点布置

为确保预应力梁在铺设无砟轨道后的残余徐变变形符合要求，需在无砟轨道铺设前后进行变形观测。梁体徐变变形量与梁体预应力张拉后的弹性变形、终张拉至无砟轨道铺设的时间间隔密切相关，因此规定在梁体预应力终张拉开始应进行变形观测，同时终张拉后应进行为期60 d的梁体徐变变形观测。对于预制简支梁桥，由于预应力张拉分2～3批进行、部分张拉作业在制梁台座上进行、梁体变形不易观测，因此弹性变形的观测结果应根据设计文件换算至全部预应力作用下的弹性变形；对于桥位施工的桥梁，应根据设计规定的施工顺序，观测梁体的弹性及徐变变形，并根据实际施工荷载情况及观测结果，换算至全部预应力作用下的弹性变形。在徐变变形观测中，应根据桥梁的施工状态、恒载等实际情况，扣除由于恒载增加产生的弹性变形。梁体徐变变形观测点可参考说明图4.5.8—2布置，预制梁的观测点宜布置在箱梁两侧腹板。

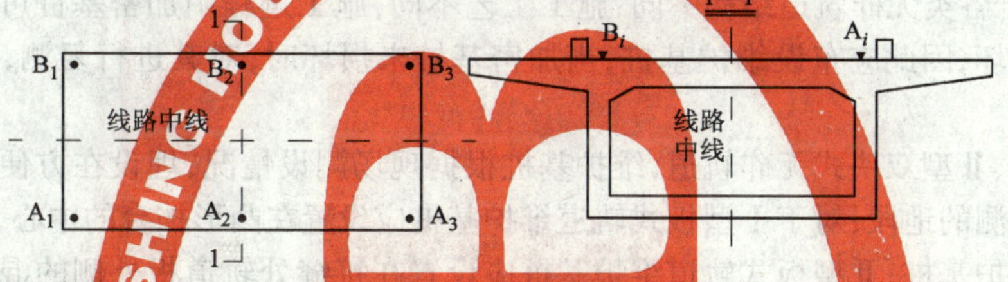

说明图4.5.8—2 梁体徐变变形观测点布置

桥涵主体工程完工后，架桥机及运梁车将在部分桥涵上通过，并对观测结果造成一定扰动。因此，规定在架桥机、运梁车通过前后应进行基础的沉降观测。考虑测试工作量等因素，应至少进行架桥机及运梁车初期通过2～3次前后的沉降观测，当确认架桥机及运梁车造成的基础沉降稳定后，可不再进行观测。

4.6.5 CRTS Ⅰ型板式轨道的加密基桩可采用微调式基准器，基准器设于凸形挡台上。基准器设置示意见说明图4.6.5。

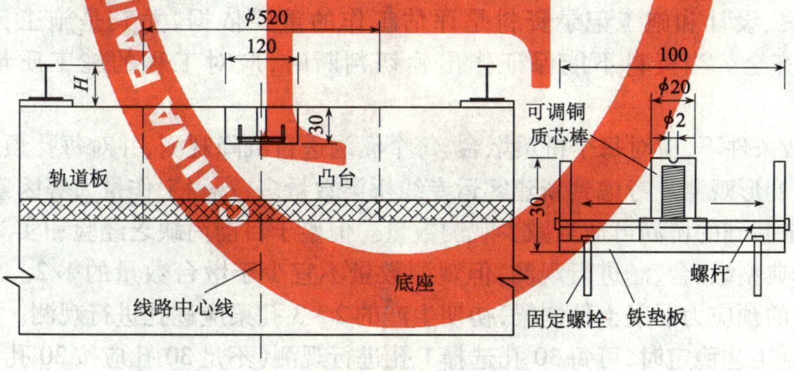

说明图4.6.5 基准器设置示意图

在底座和凸形挡台混凝土施工完毕后，应在每个凸形挡台上沿线路中线方向设置加密基桩（基准器），为轨道板的铺设做好准备，具体设置过程如下：

（1）根据凸形挡台位置，精确计算出基准器的坐标。采用高精度的Ⅰ级全站仪，精确测定基准器的中心位置。

（2）在凸形挡台混凝土浇筑前，先在路基面或梁面上测设基准器中心点位，并测设该点位的法线护点，以保证凸形挡台的位置不偏移，也便于安装基准器。

（3）利用线路关系，核准基准器点位，并依次编号、登记。量测结果做成标签，贴在线

CHINA RAILWAY PUBLISHING HOUSE

路前进方向的左侧或曲线外侧。

4.6.9 CRTSⅡ型双块式无砟轨道采用轨枕振动嵌入方式进行机械化施工，轨枕安装在专用轨枕固定架上，轨枕固定架每隔3.25 m通过固定在承载层上的支脚支撑，这些支脚既是无砟轨道施工高程的固定参照点，也是轨道横向和纵向位置的参照点。

通过支脚在支承层上作为固定参照点位置的确定，保证轨枕位置的精确性。因此，加密基桩设置于固定支脚上。支脚采用在支承层上钻孔并用螺栓固定牢固，支脚可以做水平和垂直的三维校准。精调定位后的支脚顶点三维空间位置偏差不应大于0.5 mm。在灌筑混凝土之前，应对每对支撑柱进行测量和调整，并和以下设计值进行比对：两钢轨之间的高差；两个支座点之间的距离；支撑柱的标高测量。

4.7.1 由于各类无砟轨道结构不同，施工工艺不同，施工过程中加密基桩可能被道床施工覆盖或损坏，因此应布设维护基桩，当加密基桩未损坏时，对其进行复测，代替维护基桩。

对于Ⅰ、Ⅱ型双块式无砟轨道，维护基桩根据现场测设情况，埋设在方便轨道维护且便于后期复测的地段；对于Ⅰ型板式轨道维护基桩应设置在凸形挡台的中心，可以采用基准器作为维护基桩；Ⅱ型板式轨道维护基桩应设置在接缝处轨道板外侧的混凝土支承层或底座混凝土板上；Ⅲ型板式无砟轨道，维护基桩应设置在轨道板的连接位置线路中心线处。

5.1.1 《客运专线无砟轨道铁路工程测量暂行规定》（铁建设〔2006〕189号）中对线下构筑物的变形测量提出了相关规定，包括变形监测网（水平位移监测网、垂直位移监测网）的建立。垂直位移监测网根据需要独立建网，精度按二等精度（即：变形点的高程中误差±0.5 mm，相邻变形点的高程中误差±0.3 mm）控制。采用DS_{05}型仪器观测，宜按国家一等水准测量的技术要求施测。

5.1.2 勘察、设计和施工记录资料是评估工作的重要依据，尤其是施工记录检验资料，应完整齐全。当资料不能保证作出确切判断时，应对工程的施工质量进行一定的复检。

5.1.6 一般条件下，应对每个桥梁墩台、每个涵洞进行沉降观测，并对每孔预应力混凝土梁进行徐变变形观测。考虑到新建客运专线桥梁数量多、观测工作量大等因素，对于岩石地基、嵌岩桩基础的桥涵可适当减少观测数量。但鉴于目前尚缺乏经验和实测数据，因此规定可选择典型墩、台、涵进行观测，但观测数量不宜少于墩台数量的1/2。对于在预制厂批量生产的预应力混凝土预制梁，初期生产的2～3孔梁应逐孔进行观测。当原材料变化不大、预制工艺稳定时，可每30孔选择1孔进行观测（不足30孔应按30孔计）。同时，对于实测弹性上拱度大于设计值的梁，也应逐孔进行观测。

5.1.8 为确保线下工程的工后沉降和变形在预定的施工工期内满足无砟轨道铺设条件，勘察设计单位应提交各观测断面的设计预测沉降值与时间的关系曲线，在沉降和变形观测期内，如观测单位发现沉降实测值与设计预测值有明显偏差时（根据国内外沉降观测的实践经验，观测数据有一定的离散性，暂定实测值超过设计预测值20%及以上），应及时会同建设、勘察设计等相关单位，查明原因，采取相应的处理措施。

5.1.10 《客运专线无砟轨道铁路工程测量暂行规定》（铁建设〔2006〕189号）规定：建设单位负责无砟轨道铺设条件的评估工作，并组织勘察设计、施工、监理和咨询等单位实施。

评估过程中各方应明确职责，密切配合，确保观测数据及评估结果的真实、可靠。

建设单位的主要职责如下：

(1)委托咨询单位或专业队伍进行无砟轨道铺设条件的评估工作。

(2)根据设计要求及《客运专线铁路无砟轨道铺设条件评估技术指南》的相关规定，制订变形观测及评估工作实施细则。

(3)负责观测及评估人员的技术指导和培训。

(4)对观测数据的真实、可靠性负责，并建立变形观测和评估数据库。

(5)组织阶段评估工作，并及时将阶段评估结果提交设计、施工、监理和咨询等单位；评估工作完成后，提交《无砟轨道铺设条件评估报告》。

(6)检查、监督、协调、处理变形观测及评估工作中的有关问题。

勘察设计单位的主要职责如下：

(1)提交线路设计纵断面图、工程地质纵横断面图、设计图纸和说明书；线下工程变形观测断面、观测点布置等要求；变形计算报告，包括不同阶段的设计沉降值与时间的关系曲线等。

(2)对变形观测的设计要求进行技术交底。

(3)参与制订变形观测及评估工作实施细则。

(4)根据变形观测结果，对设计预测沉降进行实时修正，并将设计预测的结果提交建设单位。

施工单位的主要职责如下：

(1)负责线下工程变形的观测。

(2)参与制订变形观测和评估工作实施细则。

(3)变形监测网的复测与校核。

(4)根据建设、勘察设计等单位和《客运专线铁路无砟轨道铺设条件评估技术指南》提出的相关要求，设置变形观测点，进行观测，并及时提交观测数据。

(5)负责观测设施的保护，确保施工过程中不受扰动或破坏。

监理单位的主要职责如下：

(1)参与制订变形观测及评估工作实施细则。

(2)对重要环节进行旁站监理。

(3)监督、检查观测设施的保护，确保其不受施工或外界的扰动和破坏。

(4)对施工单位的观测数据及时签字确认。

委托的咨询单位或专业队伍应全过程对变形进行平行观测，并将路基作为监测的重点。平行观测的数量，一般地段应不少于总测点的30%，对于地质复杂、沉降变化大以及过渡段等区段，平行观测的数量不应少于50%。

参与观测的人员必须经过培训才能上岗。

5.2.2 根据《客运专线铁路无砟轨道铺设条件评估技术指南》(铁建设〔2006〕158号)规定，建设单位委托咨询单位或专业队伍进行无砟轨道铺设条件的评估工作。委托的咨询单位或专业队伍应全过程对变形进行平行观测，并将路基作为监测的重点。平行观测的数量，一般地段不少于总测点的30%，对于地质复杂、沉降变化大以及过渡段等区段，平行观测的数量不少于50%。

5.2.3 本条设计资料包括：路基地段的线路设计纵断面图、工程地质纵横断面图、设计图纸和说明书、沉降计算报告(包括不同阶段的设计沉降值与时间的关系曲线)等,施工资料包括:施工过程、施工核查以及填料、级配、地基和压实检验情况等,监理资料包括:施工质量控制过程和抽检情况等。

5.2.4 路基沉降预测采用曲线回归法时,可按下列方法进行预测:

(1)根据路基填筑完成或堆载预压后不少于3个月的实际观测数据作多种曲线的回归分析,确定沉降变形的趋势,曲线回归的相关系数不应低于0.92。

(2)沉降预测的可靠性应经过验证,间隔不少于3个月的两次预测最终沉降的差值不应大于8 mm。

(3)路基填筑完成或堆载预压后,最终的沉降预测时间应满足下列条件:

$$S(t)/S(t=\infty)\geqslant 75\%$$

式中　$S(t)$——预测时的沉降观测值;

$S(t=\infty)$——预测的最终沉降值。

注:沉降和时间以路基填筑完成或堆载预压后为起始点。

5.2.5 地基在荷载作用下沉降将随时间发展,其沉降变化一般通过土体固结原理进行分析计算,但沉降计算的精度受多种因素影响,其结果只能是一个估算值,因此,至今国内外为较准确得到沉降值,均通过沉降观测的实测资料来分析预测。相比于既有线,客运专线无砟轨道的建设,对路基地质勘测、地基处理、路基填筑质量提出了高标准要求,勘察设计单位应结合沉降—时间的关系曲线、一段时间内沉降实测资料的回归分析,对设计预测沉降及时修正,使设计预测的总沉降量与通过实测资料预测的总沉降量尽可能接近。这样,一方面可为客运专线线下工程的设计积累经验,同时对于地质条件好的区段,根据积累的经验参数进行设计预测,找出沉降发展的规律,在一定程度上可缩短路基沉降调整和观测期。

根据路基沉降预测结果可以确定工程完工时的工后沉降,工后沉降的评估应结合路基各观测断面以及相邻桥(涵)隧的沉降预测情况,从线路整体上进行评价。当预测的路基工后沉降值在扣件系统的高低调整量(一般为15 mm)范围内,方可铺设无砟轨道。

5.3.2 墩台基础沉降的发展及总量受桥位地质情况、施工荷载、施工工期等因素的影响。为确保墩台基础工后沉降满足设计要求,保证无砟轨道的平顺性,在墩台施工完成至无砟轨道铺设前应进行墩台基础沉降观测,并对工后沉降进行预测。地质条件不良地段墩台基础沉降一般要在梁部架设6~18月后才能稳定,岩石地基等地质情况良好区段的墩台基础沉降量则很小。因此规定一般情况下,在桥梁架设(预制梁)或完工(现浇梁)后应进行为期不少于6个月的沉降观测;处于岩石地基的桥梁,规定在桥梁架设(预制梁)或完工(现浇梁)后进行不少于60d的沉降观测,依据观测数据对工后沉降进行预测。

在进行桥涵基础沉降、预应力混凝土梁徐变变形观测时,应选取外界环境变化相对较小的时段进行,尽量保证各次测量时结构所处环境条件相差不大,以消除结构温度变形对观测结果的影响。同时,还应记录观测时结构荷载状况、环境温度及天气、日照等情况,以便为评估分析提供可靠的资料。

5.3.4 本条的设计资料包括:桥涵地段线路纵断面图、工程地质纵横断面图、桥涵设计图纸和说明书、沉降计算报告(包括不同阶段的设计沉降值与时间的关系曲线)、预应力混凝土梁徐变变形计算报告等相关设计资料,施工资料包括:施工过程、施工核查、施工记录

CHINA RAILWAY PUBLISHING HOUSE

和原材料检验情况等，监理资料包括：施工质量控制过程和抽检情况等。

5.3.5 桥涵基础沉降分析评估采用曲线回归法时，对于预制梁桥，基础沉降应按墩台混凝土施工后、架梁前及架梁后三阶段进行；对于原位施工的桥梁及涵洞，基础沉降应根据实际施工状态及荷载变化情况，划分多个阶段。

(1)根据桥涵实际荷载情况及观测数据，应作多个阶段的回归分析及预测，综合确定沉降变形的趋势，曲线回归的相关系数应不低于0.92。首次回归分析时，观测期不应少于桥涵主体工程完工后3个月，对于岩石地基等良好地质的桥涵不应少于1个月。

(2)利用两次回归结果预测的最终沉降的差值不应大于8 mm。两次预测的时间间隔一般不少于3个月，对于岩石地基等良好地质的桥涵不应少于1个月。

(3)桥梁主体结构完工至无砟轨道铺设前，沉降预测的时间应满足以下条件：

$$S(t)/S(t=\infty)\geqslant 75\%$$

式中 $S(t)$——预测时的沉降观测值；

$S(t=\infty)$——预测的最终沉降值。

5.3.7 《客运专线铁路无砟轨道铺设条件评估技术指南》(铁建设〔2006〕158号)规定，预应力混凝土桥梁上部结构的变形应符合以下规定：

(1)终张拉完成时，梁体跨中弹性变形不宜大于设计值的1.05倍。

(2)扣除各项弹性变形、终张拉60d后，$L\leqslant 50$ m梁体跨中徐变上拱度实测值不应大于7 mm；$L>50$ m梁体跨中徐变变形实测值不应大于$L/7\,000$或14 mm。

(3)不能满足上述要求时，应根据梁体变形的实测结果，确定梁体的实际弹性变形及徐变系数，并按下式估算无砟轨道的最早铺设时间t：

$$[\Phi(\infty)-\Phi(t)]\cdot\Delta_{弹性}\leqslant\Delta_{允许}$$

式中 $\Phi(\infty)$——根据实测结果确定的混凝土徐变系数终极值；

$\Phi(t)$——根据实测结果确定的铺设无砟轨道时混凝土徐变系数；

$\Delta_{弹性}$——实测梁体终张拉后的弹性变形；

$\Delta_{允许}$——$L\leqslant 50$ m为10 mm；$L>50$ m为$L/5\,000$或20 mm。

5.3.8 无砟轨道线路的路基工后沉降要求为15 mm，为保证线路沉降的均匀性、无砟轨道线路的平顺性，本暂行标准规定涵洞基础的工后沉降不应大于15 mm。

5.4.3 本条的设计资料包括：隧道地段的线路设计纵断面图、工程地质纵横断面图、地质勘查报告、设计图纸和说明书、沉降计算报告(包括设计沉降值与时间的关系曲线)等相关设计资料，施工资料包括：隧道开挖地质描述及开挖围岩分级记录、Ⅳ~Ⅵ级围岩地段基底承载力检测情况、施工监控量测资料、仰拱施工分项工程验收记录等，监理资料包括：施工质量控制过程和抽检情况等。

5.5.3 本条的设计资料包括：过渡段区域的工程地质纵横断面图、设计图纸和说明书、沉降计算报告(包括不同阶段的设计沉降值与时间的关系曲线)等相关设计资料，施工资料包括：施工过程、施工核查以及填料、级配、地基和压实检验情况等，监理资料包括：施工质量控制过程和抽检情况等。

5.6.1 无砟轨道铺设条件的评估不仅是针对单个结构物基础沉降和变形的独立预测来判定其是否满足设计要求，而应从制定观测方案开始，针对工程规模、地形、地质条件，对区段或全线的基础预测沉降和变形资料进行汇总，绘制出沿线路纵向的预测沉降曲线进行综合评估，以保证全线基础沉降变形的均匀性和无砟轨道线路的平顺性。

5.6.3 《客运专线铁路无砟轨道铺设条件评估技术指南》（铁建设〔2005〕158 号）规定每一工程项目的变形评估任务完成后，应提交《无砟轨道铺设条件评估报告》。评估报告至少包括以下内容：

（1）沉降和变形观测方案与技术设计书；

（2）观测点的平面、纵断面和横断面布置图；

（3）沉降计算报告（包括设计沉降值与时间的关系曲线）；

（4）标石、标志规格及埋设图；

（5）仪器检验与校正资料；

（6）观测记录（手簿）；

（7）平差计算、成果质量评定资料及测量成果表；

（8）各观测断面沉降过程的分布图表；

（9）成区段或全线的基础沉降沿线路纵向的分布图表；

（10）沉降变形评估分析的成果资料。

6

本章内容是对无砟轨道线下工程的特殊要求，其他内容应按铁建设〔2005〕160 号文发布的有砟轨道路基、桥涵、隧道工程等标准执行。

7

站前工程施工过程中同步开展的站后各专业相关工程，可按本章的要求进行阶段验收。相关工程的具体指标及整体验收工作应按站后专业相关验收标准执行。

7.6、7.7

综合接地及轨道电路有关施工质量验收标准应符合《铁路防雷、电磁兼容及接地工程技术暂行规定》（铁建设〔2007〕39 号）及《客运专线综合接地技术实施办法（暂行）》（铁集成〔2006〕220 号）的有关规定。

8.1.10 水泥沥青砂浆及凸形挡台填充树脂的性能指标尚未颁布新的技术条件，遂渝线试验段施工中采用了《遂渝线板式无砟轨道乳化沥青水泥（CA）砂浆技术条件》、《遂渝线板式无砟轨道凸形挡台填充树脂技术条件》，经遂渝线无砟轨道综合试验段验证，其指标均不低于国外同类指标。

说明表 8.4.2—1　细骨料的颗粒级配要求

序号	筛孔尺寸（mm）	过筛物的质量百分比（%）	筛余物的质量百分比（%）
1	2.36	100	0
2	1.18	90 ~ 100	0 ~ 10
3	0.60	60 ~ 85	15 ~ 40
4	0.30	20 ~ 50	50 ~ 80
5	0.15	5 ~ 30	70 ~ 95

8.2.11 在遂渝线无砟轨道综合试验段施工中经过实际检测，当混凝土底座钢筋骨架纵向钢筋与横向钢筋交叉点采取绝缘措施，相互间的电阻大于 2 MΩ 时，无砟轨道能满足中国谐振式无绝缘轨道电路传输长度要求。

8.4.9 ~ 8.4.14 参照国外有关规范，为确保水泥沥青砂浆施工过程保持质量稳定，在施工中需要对指标进行试验和确认。国外试验项目及方法规定如下：

CHINA RAILWAY PUBLISHING HOUSE

(1)流动度(流动时间测量)

水泥沥青砂浆的流动时间测试,采用说明图 8.4.9 所示 J10 负荷方法进行检测。

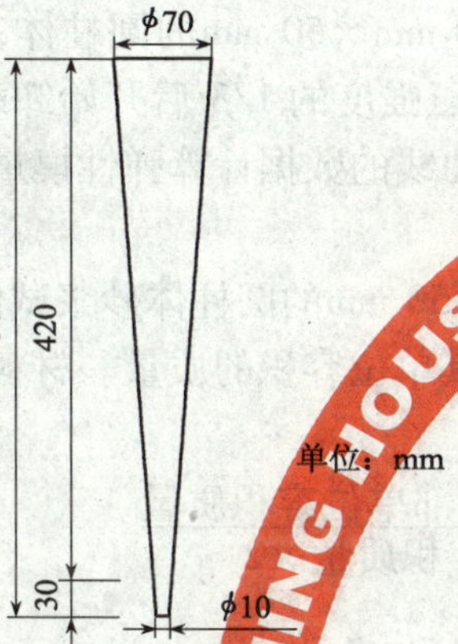

说明图 8.4.9　水泥沥青砂浆流动时间测试方法

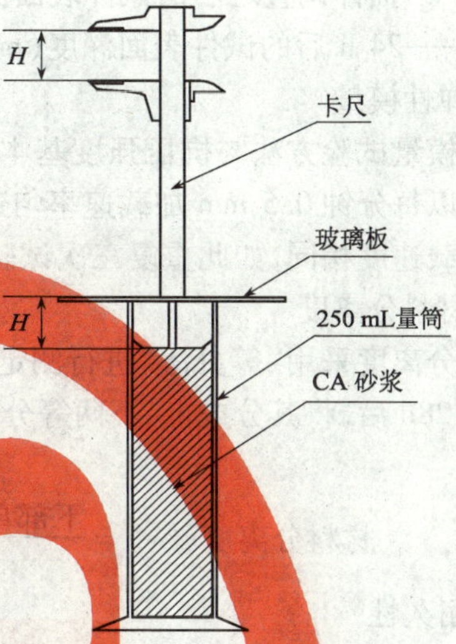

说明图 8.4.12　膨胀率试验

(2)含气量

把采集的样品(未凝固的水泥沥青砂浆)放入三角长颈的规定容器中,计量容积中样品的重量,求单位容积质量。含气量计算公式如下:

$$含气量(\%)=\frac{理论容积质量-实测容积质量}{理论容积质量}\times 100$$

$$理论容积质量=\frac{各材料的质量总和}{各材料的(质量/比重)的总和}$$

(3)强度

水泥沥青砂浆抗压强度试验采用"单轴压缩法"进行。将经过流动度试验的砂浆注入 ϕ50 mm×50 mm 的圆柱体模型内,做成试件。在试件达到龄期(1 d、7 d、28 d)后,测量试样承压面的尺寸,准确至 0.02 mm,取 3 次平均值;利用压力试验机以每分钟试件变形 0.5 mm 加载速率,匀速加载,当压力不再上升时停止加载,其压力最大值即为该试件在各龄期时的抗压强度。

每次试验取三个试件,三个试件强度的算术平均值作为该组试件的强度。

每组试件共 6 个,分别测量 1 d、7 d、28 d 的强度。试件养生条件为 20 ℃ ±2 ℃、RH65% ±5%。

(4)泛浆

将水泥沥青砂浆采集到聚乙烯袋内,24 h 之后目视观察是否泛浆及材料分离。

(5)膨胀率

每天一次,把灌注前的水泥沥青砂浆用量筒取样 250 mL,如说明图 8.4.12 所示。

用游标卡尺测量从玻璃板到水泥沥青砂浆表面的深度 H_0,24 h 后再测量深度 H_{24},根据结果通过下面的方程式算出膨胀率:

CHINA RAILWAY PUBLISHING HOUSE

$$膨胀率(\%)=0.000\ 314(H_0-H_{24})\cdot D^2$$

式中　D——量筒的内径(mm)；

H_0——抽样调查之后的试件表面深度(mm)；

H_{24}——24 h 后的试件表面深度(mm)。

(6)弹性模量

弹性模量试验方法与抗压强度基本相同，试件为 ϕ50 mm×50 mm的圆柱体，利用压力试验机以每分钟 0.5 mm 加载速率匀速加载，加载至抗压强度的 1/3 后开始卸载，卸载速度与加载速度相同，如此重复三次试验，以第四次加载曲线的数据计算弹性模量。

(7)材料分离度

材料分离度采用"等分法"进行测定。制作 ϕ50 mm×50 mm的圆柱体砂浆试件，在砂浆龄期达 28d 后，将其分成上、下两等分，分别称重，计算其单位容积的质量。材料分离度见下式：

$$材料分离度(\%)=\frac{下部单位容积质量-上部单位容积质量}{上下部平均单位容积质量\times 2}$$

(8)耐久性

将流动度试验合格的水泥沥青砂浆拌和 10 min 后，注入40 mm×40 mm×160 mm 的模型中，一次成型 8 组试件，每组试样 3 个，试件标准养护 8 d 后，将其中 4 组试件放入快速耐久试验箱的试样夹具架，并将其插到转鼓上，按人工气候箱的操作规程开动机器，按试验条件进行试验，照射时间为 500 h。同时将另外 4 组的对比试件继续标准养护。当照射时间分别在 0、100、300、500 h 时，检查试件外观变化情况，并分别对被照射试件和同龄期未被照射的标准试件进行抗折试验。

按下式计算不同照射时间时水泥沥青砂浆的相对抗折强度：

$$R=R_t/R_0\times 100\%$$

式中　R_t——不同照射时间被照射试件的抗折强度值(MPa)；

R_0——不同照射时间时相同时段标准养护试件的抗折强度值(MPa)；

R——不同照射时间时试件的相对抗折强度(%)。

试样的抗折强度值取每组三个试件抗折强度的算术平均值，即 $R=(R_1+R_2+R_3)/3$。

水泥沥青砂浆的试验时间和频率见说明表 8.4.9。

说明表 8.4.9　各项目试验时间及频率

类　别	试验项目	试验时间	频　率
水泥沥青砂浆	搅拌温度	灌注前	每盘
	流动度	灌注前	每盘
	含气量	灌注前	每盘
	泛　浆	当天第一次灌注时	1 日 1 次(24 h 后)
	膨胀率	当天第一次灌注时	1 日 1 次(24h 后)
	强　度	当天第一次灌注时	1 日、7 日、28 日

8.6.1～8.6.3　防水层、保护层的原材料品种、规格、性能、铺设、施工、检验应符合现行《客运专线桥梁混凝土桥面防水层暂行技术条件》的规定。

9.2.3　混凝土支承层的刚度要求，使得混凝土配合比中水泥的含量非常少，与公路的基层差不多，所以按德国标准采用德国博格公司设计的配合比，其要求与通常的混凝土有一定的区别。

9.2.5 根据德国〈RHEDA® 2000 无砟轨道水硬性混凝土支承层(HBL)施工作业指示书〉，"HBL层的施工和铺筑压实程度规定为嵌入式干密度(现场)和轧梭密度(按照第5章试验室中性能测试的规定进行确定)之比，密度值至少达到98%，现场获得的干密度可以根据德国标准 DIN 18125—2"土壤、调查和试验——确定土壤的密度——第2部分：现场试验"或者美国材料实验协会 ASTM D 1556—00 的"用灌砂法来测定土壤的密度和单位重量的标准试验方法"的规定来进行测定。因此，混凝土支承层密实度不应低于98%。根据德国 DIN 18127 的规定可采用普氏密实度的方法来进行测定。

灌砂法在国内是检测密实度的常用方法。

9.4.7 德国博格公司对混凝土底座强度设计为 C30 而其弹性模量有特殊要求，大约为 26 000～27 000 MPa，其特殊要求的混凝土与我国通常的混凝土有一定的区别，因此底座的混凝土原材料、配合比设计、施工检验应符合博格公司的要求。

9.6.4 轨道板铺设高程及中线偏差为专用铺装设备的仪器测量后，程序计算处理完成的结果偏差。

9.9.4、9.9.8 按设计 A 型挡块内侧橡胶支座与混凝土底座侧面紧贴，而 B 型挡块橡胶支座与混凝土底座及轨道板紧贴。

10.7

Ⅲ型板限位台用于框架板的限位，定位销用于平板的限位。

11.5.5 轨排组装铺设属于过程控制，为确保轨道最终符合标准要求，其轨面高程、中心线、线间距允许偏差应比最终要求严格。

11.6.8 混凝土道床板施工完成后，其表面允许裂缝宽度应符合设计要求，当设计无具体要求时，应符合现行《铁路混凝土工程施工质量验收补充标准(铁建设〔2005〕160号)第6.4.16条的规定，即普通混凝土结构表面的非受力裂缝宽度不得大于0.2 mm。

12.1.1 Ⅱ型双块式无砟轨道的施工精度要求是很高，要保证钢轨上缘能够正确无误的达到设计标高。施工时的误差，只能通过钢轨扣件进行有限地调节。因此无砟轨道施工，一开始就必须严格控制施工的精确性。

12.1.5 横梁每隔 3.25 m 通过两个支撑柱固定在承载层上，这些支撑柱既是无砟轨道施工的固定参照点，也是轨道横向和纵向的参照点，并且它们的高度也可调整。两根横梁就是轨枕框架的支座，每个轨枕框架长度为 3.25 m，包括5个双块式轨枕。轨枕由钢轨扣件通过螺栓固定在轨枕框架上，轨枕框架里轨枕的支撑面就是铁轨的下缘。为了使各部分精确到位，采用了可在钢模板轨道上行驶的一组专门的施工机械。灌筑完混凝土以后，轨枕框架将一起振入混凝土。轨枕一直固定在轨枕框架上直到混凝土硬化，混凝土强度达到设计要求，将轨枕从轨枕框架上取下。通过支撑柱在承载层上作为固定参照点位置的确定，保证轨枕位置的精确性。在灌筑混凝土之前，应对每对支撑柱进行测量和调整，并和以下设计值进行比对：

(1)两钢轨之间的高差；

(2)两个支座点之间的距离；

(3)支撑柱的标高测量。

横梁以支撑柱为支点，轨枕框架就坐落在上面。横梁一头为固定端，另一头可横向移动，以减小施工时产生额外应力。

12.7.2 安装轨枕时，支脚、横梁、固定架和轨枕之间所有接触面必须完全接触，以确保支脚的位置决定轨枕的最终位置。

13

根据目前国内无砟轨道发展情况，道岔区无砟轨道主要采用轨枕埋入式无砟轨道，当有其他类型的岔区无砟轨道应用时，再制定相关的验收标准，但道岔自身的内部尺寸应符合本暂行标准的规定。

13.1.9 客运专线无砟道岔结构新、铺设精度高、质量标准严，需要道岔生产、运输和铺设单位密切协作，故规定本条。

13.2.5 道岔区混凝土底座宽度变化较多，故需按不同宽度断面检查钢筋定位质量。

13.3.4 客运专线无砟道岔铺设质量的各项检验项目检测时，检验数量按检验项点全部检查，是为保证检验项点与道岔产品技术条件所规定的检验项点一致，保证铺设质量。

13.3.5 客运专线无砟道岔本身自重较大，道岔轨面高程调整难度较大，定位时规定轨面高程不得出现正偏差（-5 mm），以便为道岔最后精细调整预留一定调整空间。

13.3.7 客运专线无砟道岔铺设定位一次成型达标，所以在道岔组装后应进行工电联合调试，使道岔转换设备同步调整到位，故规定本条，同时尚应符合电务专业的有关施工质量验收标准。

13.4.3、13.4.10 无砟道岔转辙机连接杆等部件安装在转辙机基坑内，为保证转辙机基坑同混凝土道床一次浇筑成型，特制定本条检验标准。

14.1.2、14.1.4、14.1.7～11、14.1.14～15、14.3.12～14、14.3.19～20 是根据新颁铁道行业标准《钢轨焊接》（TB/T 1632.1～4—2005）制定的。新颁《钢轨焊接》对型式检验、生产检验和焊接质量有下列规定：

（1）应进行型式检验和生产检验的情况、检验项目、试件数量和质量要求略有不同；

（2）移动式闪光焊落锤试件数量为 15 个；

（3）铝热焊型式检验不进行落锤试验；

（4）在钢轨固定式闪光焊接生产线上，应使用非接触式传感器自动检测尺测量焊接接头平直度；

（5）焊头平直度测量方法和测量位置的规定；

（6）超声波探伤采用缺陷当量判定焊头质量的规定；

（7）钢轨焊头打磨的规定；

（8）用 200 mm 直尺测量焊头工作面表面不平度的规定；

（9）检测焊接接头错边量的规定；

（10）焊头非工作边错边应进行纵向打磨过渡的规定。

14.1.3、14.2.2 单元轨节长度宜尽量符合设计要求，并保证不落在第 12.3.23 条规定的范围内。焊轨前应根据待焊轨到货及检尺情况，编制配轨计划表，确定长钢轨焊接长度。铺轨时应严格按照“配轨表”铺轨编号依次铺设长钢轨。待焊轨外观质量技术标准规定：

轨头宽度允许偏差为 ±0.5 mm，轨底宽度允许偏差为 ±1.0 mm，断面不对称允许偏差为 ±1.2 mm。如将两根断面不对称偏差过大的钢轨相对焊接，其相错量超过 1 mm，严重影响焊机对轨质量。如按轨头工作边对正，轨底会出现严重错牙，将影响轨距挡块安装，造成轨距超标和轨向不良。因此钢轨进货后，应逐根测量断面尺寸，尤其是断面不对称的钢轨，按 0.3 mm 为一级分类。配轨时，选用同级钢轨或断面不对称偏差不大于 0.3 mm 的钢轨相对焊接，满足第 12.1.14 条规定，确保焊头质量。

14.1.5 外形精整保持轨头轮廓形状、限制外形精整的长度，对于保证轨道平顺性具有重要意义，有利于引导施工组织采用正确的操作方法，保证焊接接头的平直度。该条款适用于各种焊接方法。

14.1.12 为保证扣件正确安装，必须对轨底焊缝上表面一定宽度范围打磨平整。

14.1.14 钢轨焊接接头平直度标准参照《钢轨焊接》(TB/T 1632.1—2005)、《京沪高速铁路设计暂行规定》(铁建设〔2004〕157 号)、《新建时速 200～250 公里客运专线铁路设计暂行规定》(铁建设〔2005〕140 号)的有关规定制定。目前钢轨焊接质量较过去有很大提高，打磨钢轨焊头的机械水平已能达到现场和基地(工厂)一致。由于平直度是满足列车高速运行的基本条件，故本暂行标准对焊接接头平直度不分焊接方法均采用同一标准。

14.1.15 轨头部位推凸余量若过大，将增加外形精整的作业时间，也可能使精磨作业无法进行，或者导致精磨机损坏，法国 GEISMAR 公司的精磨机要求轨头部位推凸余量不大于 1 mm；

轨腰部位推凸余量若过大，推凸挤出物内的缺陷容易形成裂纹源。

轨底部位推凸余量若过大，影响钢轨的安放，若采用打磨的方法处理，稍有不慎就容易磨伤钢轨底面的母材，这里规定了推凸余量的上限值是 1 mm，同时也强调了“推凸不应产生咬边”，即推凸过程中不应切伤钢轨底面的母材。

《焊接词典》(中国机械工程学会焊接分会编)中有下述定义：

咬边(undercut)——由于焊接参数选择不正确，或者操作方法不正确沿着焊趾的母材部位产生的沟槽或凹陷。

焊趾(weld toe, toe)——焊缝表面与母材的交界处。

14.2.4 采用振动嵌入法施工的Ⅱ型双块式(旭普林)无砟道床和不采用工具轨施工的Ⅱ型(博格)板式无砟道床可采用纵向推送法直接铺设长钢轨线路；采用工具轨施工的Ⅰ型(日本)板式和Ⅰ型(雷达)双块式无砟道床，可采用换铺法铺设长钢轨线路，也可先拆除工具轨再采用纵向推送法直接铺设长钢轨线路。

14.2.5 记录长钢轨铺设轨温的作用：

(1)与设计锁定轨温比较，以便选定锁定线路的最佳施工时间。

(2)与锁定作业轨温比较，测算应力放散量。锁定作业轨温是指单元轨节锁定作业时，始端、终端铺入承轨槽内，两次测量轨温的平均值。

14.3.5、14.3.16 道岔焊接及锁定过程中，为满足电务转换设备安装，必须保证两尖轨尖端方正，故要求限位器子、母块尽可能居中，位置符合设计要求。无缝道岔一旦焊连锁定，要放散应力重新锁定极为不易，不仅四股钢轨扣件要全部松开，而且要锯截或更换钢轨，故规定无缝道岔应在设计锁定轨温范围内进行锁定焊连。

14.3.8 在工地进行合龙锁定焊，以及在坡道上进行单元焊和锁定焊时，钢轨焊头都将承受很大拉力。钢轨焊接后推除焊瘤时，焊头温度高约 1200 ℃，焊头正火加热温度高达 900 ℃，均应使用保压推凸和保压正火确保焊缝不被拉裂。根据铁道科学研究院金属与化学研究所经验，焊头温度冷却到 400 ℃以下焊缝就不会被拉裂。

14.4.5　道岔内钢轨进行应力放散后，难以采用拉伸的办法提高锁定轨温，故规定"无缝道岔内锁定焊接及道岔与两端无缝线路锁定焊接应同日在设计锁定轨温范围内锁定和焊接"。道岔内其他接头的焊接可不受设计锁定轨温限制。

14.4.10　规定同一单元轨节左右股钢轨的实际锁定轨温差不得大于 3 ℃，是因为当左右两股钢轨实际锁定轨温差 3 ℃时，左右两股钢轨所承受的温度力将有很大差别。以 60 kg/m钢轨为例，$\Delta P_1 = EF\alpha\Delta t = 248 \times 77.45 \times 3 = 57\ 623$ N，即左右两股钢轨锁定轨温每差 1 ℃，所承受的温度力相差 19.2kN。因此，从确保轨道结构的稳定性考虑，必须限制左右两股钢轨的实际锁定轨温差。

限制相邻单元轨节的实际锁定轨温差，可减少区间无缝线路钢轨温度力的不均匀。

客运专线站间距离大都在 20 km 以上，个别长达近百千米。要实现"同一区间内单元轨节的最高与最低实际锁定轨温之差不得大于 10 ℃"的规定，首先是同一区间内最高与最低设计锁定轨温差在上述条件内，施工中应注意在设计锁定轨温范围内调整实际锁定轨温的上下限，以满足该条规定。

14.6.9　钢轨预打磨是指新建无缝线路开通运营前为避免钢轨表面微小缺陷的发展扩大，对全线钢轨工作面进行的预防性打磨作业。参照国外经验，新建无缝线路在开通运营前，有必要打磨钢轨。预防性打磨钢轨的作用是：

（1）避免钢轨表面微小缺陷发展扩大，推迟可能发生的波形磨耗，延长钢轨寿命。

（2）消除钢轨轧制过程中形成的长波不平顺和轨面的斑点，提高线路平顺性。

（3）使钢轨轨面粗糙度适应列车速度，减少轮轨相互作用产生的噪声。

14.6.11　参照钢轨焊头平直度标准制定。

14.6.12～13　参照欧洲标准 PrEN13231—3《铁路应用—轨道—工程验收—第 3 部分：在轨道上进行的钢轨打磨、研磨和铣平工程的验收》第 5 项"横断面验收标准"和第 7 项"表面粗糙度验收标准"制定。

14.6.16　遂渝线所采用的充填式垫板内充填树脂的性能指标如说明表 14.6.16。

说明表 14.6.16　充填树脂材料的主要性能

序 号	项　　目	单位	指标要求	试 验 方 法
1	可工作时间	min	40～50	根据施工方法、施工温度，参照材料的使用说明进行实时调整
2	可承载时间	h	6～10	
3	抗压强度	MPa	≥100	GB/T 2569
4	弯曲强度	MPa	≥70	GB/T 2570
5	拉伸强度	MPa	≥50	GB/T 2568
6	延伸率	%	≥8	
7	冲击强度（无缺口）	kJ/m²	≥10	GB/T 2571

14.6.18　日本、德国高速铁路都有无砟轨道不平顺动态检验验收标准。我国对此缺乏研究，故参照《秦沈客运专线 300 km/h 综合试验段轨道不平顺管理标准建议值的研究》（中国铁道科学研究 2002 年 7 月），采用如说明表 14.6.18—1～2 所示的有砟轨道动态平顺

度允许偏差(mm)管理值(峰值管理)。

说明表 14.6.18—1　轨道动态平顺度允许偏差(mm)管理值(峰值管理)

设计速度(km/h)	高低	轨向	轨距	水平	扭曲(基长 2.4 mm)
$350 \geqslant v > 250$	3	3	+3 −2	3	3
$250 \geqslant v \geqslant 200$	4	4	+4 −2	4	4

注:1　波长范围 40 m。

2　轨道动态质量用轨道检查车检查,以每千米为单位进行动态评定,每超限一处扣 5 分,扣分总数在 50 分及以下时为合格。

说明表 14.6.18—2　轨道质量指数(TQI)管理值(均值管理)

设计速度(km/h)	高低	轨向	水平	轨距	扭曲	TQI
$350 \geqslant v > 250$	1.1×2	0.7×2	1.0	0.7	0.7	6.0
$250 \geqslant v \geqslant 200$	1.5×2	1.6×2	1.3	1.1	1.4	10.0

注:1　线路区段整体不平顺动态质量用轨道质量指数(TQI)评定。每 200 m 区段轨道质量指数(TQI)值应符合本表规定。轨道质量指数(TQI)超过管理值的线路应及时进行整修。

2　高低、轨向、水平三种轨道不平顺在 80 m 波长范围内各波长的功率谱密度不超过轨道不平顺功率谱密度值的下限(合格标准)。

高速铁路轨道的平顺性,法国、德国和日本等高速铁路先行国都制定有明确、具体的评定、控制不平顺幅度值和波长的轨道不平顺功率谱密度指标,它能更全面科学的评定轨道不平顺状态,是养护高速轨道的科学依据。

欧洲高速铁路统一的轨道不平顺功率谱拟合曲线描述式如下:

高低不平顺 $S_V(\Omega) \leqslant \dfrac{A_V \Omega_C^2}{(\Omega^2 + \Omega_r^2)(\Omega^2 + \Omega_C^2)}$

轨向不平顺 $S_A(\Omega) \leqslant \dfrac{A_A \Omega_C^2}{(\Omega^2 + \Omega_r^2)(\Omega^2 + \Omega_C^2)}$

水平不平顺 $S_C(\Omega) \leqslant \dfrac{A_V b^{-2} \Omega_C^2 \Omega^2}{(\Omega^2 + \Omega_r^2)(\Omega^2 + \Omega_C^2)(\Omega^2 + \Omega_S^2)}$

截断频率

$$\Omega_C = 0.824\ 6 \text{ rad/m}$$

$$\Omega_r = 0.020\ 6 \text{ rad/m}$$

$$\Omega_S = 0.438\ 0 \text{ rad/m}$$

低干扰水平系数(下限)

$$A_A = 2.119 \times 10^{-7} \text{ m} \cdot \text{rad}$$

$$A_V = 1.080 \times 10^{-7} \text{ m} \cdot \text{rad}$$

式中　b——名义滚动圆距离之半;

Ω——空间频率,与圆频率 ω 的关系为

$$\omega = v \cdot \Omega$$

$$S(\omega) = S(\Omega)/v$$

v 为行车速度。

轨道的高低、方向、水平不平顺的功率谱曲线在轨检车检测时由电脑绘出。

国外高速铁路轨道动态管理标准见说明表 14. 6. 18—3。

14. 6. 24　本条参照 1995 年 10 月《德国高速铁路刚性无砟轨道施工技术要求》制定。

说明表 14.6.18—3　国外高速铁路轨道动态管理标准

内　容	日本新干线			法国高速铁路			德国高速铁路			
项　目	计算维修	舒适性	安全性	VA	VI	VR	SR_A	SR_{100}	SR_{lim}	$SR_{极限}$
高低(mm)	6/10 m 7～10/40 m	7/10 m 7～10/40 m	10/10 m 7～10/40 m	5/12.2 m 10/31 m	10/12.2 m 18/31 m	15/12.2 m 24/31 m	5/6 m	7/6 m	9/6 m	18/6 m
轨向(mm)	4/10 m 6～7/40 m	4/10 m 6～7/40 m	6/10 m 6～7/40 m	6/10 m 12/33 m	8/10 m 16/33 m	12/10 m 20/33 m	5/6 m	7/6 m	9/6 m	18/6 m
轨距(mm)	+6 −4	+6 −4	+6 −4				+5	+10 −3	+15 −4	
水平(mm)	5	5	7				5	7	9	10
扭曲(mm)	4/2.5 m	5/2.5 m	6/2.5 m				2/2.5 m	3/2.5 m		
车体垂向加速度(g)	0.25*	0.25*	0.35*				0.10	0.13	0.15	
车体横向加速度(g)	0.20*	0.20*	0.30*	0.12*	0.22*	0.28*	0.10	0.13	0.15	

注：*为峰—峰值，VA 为警告值，VI 为干预值，VR 为限速值；SR_A为警告值，SR_{100}为影响技术经济合理性的值，SR_{lim}为对行车安全和轨道破坏有影响的值，$SR_{极限}$为直接影响安全的极限值。

铁路工程施工技术指南

经规标准〔2007〕100 号

客运专线无砟轨道铁路工程施工技术指南

TZ 216—2007

2007—07—04 发布　　2007—07—04 实施

铁道部经济规划研究院　发布

前　　言

本技术指南是根据铁道部《关于编制2006年铁路工程建设标准计划的通知》(铁建设函〔2005〕1026号)的要求进行编制的。

本技术指南在编制过程中,认真总结了我国铁路建设的经验和教训,学习和借鉴了国际先进标准,以施工质量验收标准为依据,重点对无砟轨道铁路施工过程中的工艺、方法、措施和质量控制目标做出了规定,反映了无砟轨道铁路施工的新技术、新材料、新工艺、新方法,突出了客运专线无砟轨道铁路的技术特点。本技术指南是客运专线无砟轨道铁路施工的指导性技术文件。

根据铁道部《铁路工程建设标准管理办法》(铁建设〔2004〕143号)关于铁路工程建设标准体系调整的要求,为鼓励技术创新,促进技术进步,指导施工企业根据自身技术、装备、管理水平和市场定位需要制订技术要求更高、针对性更强、内容更为具体的企业标准,编制了本技术指南。本技术指南严格按照标准编制程序组织编制,组织路内外专家分别对编制大纲、征求意见稿、送审稿、报批稿进行了审查。

本技术指南共分17章,主要内容包括:总则、术语、施工准备、线下工程、线路基桩测设、轨道板(轨枕)的检验及储运、无砟道床施工、铺设无砟道岔及钢轨伸缩调节器、基地钢轨焊接、长钢轨铺设、工地钢轨焊接、无缝线路应力放散及锁定、钢轨胶接绝缘接头、轨道整理及钢轨预打磨、轨道过渡段施工、相关工程、线路及信号标志,另有4个附录。

在执行本技术指南过程中,希望各单位结合工程实践,认真总结经验,积累资料。如发现需要修改和补充之处,请及时将意见及有关资料寄交中铁一局集团有限公司(陕西省西安市雁塔路北段1号,邮政编码:710054),并抄送铁道部经济规划研究院(北京市海淀区羊坊店路甲8号,邮政编码:100038),供今后修订时参考。

本技术指南主编单位:中铁一局集团有限公司。

本技术指南参编单位:中铁四局集团有限公司、中铁八局集团有限公司、中铁十七局集团有限公司。

本技术指南主要起草人:张金夫、李永鹏、孙柏辉、朱同蜜、曹德志、肖代宁、吴正新、李昌宁、王跃西、马丽华、管德鹏、党芳英、张奕斌、袁秀英、郑建斌、吴　楷、潘声啓、殷枝荣、钱振地、王智勇、吴海涛、刘振民、张　雷、白昆华、龚斯昆、梅　红、梁　毅、郑志强、郑含德、杨社庭。

CHINA RAILWAY PUBLISHING HOUSE

目　次

CHINA RAILWAY PUBLISHING HOUSE

CHINA RAILWAY PUBLISHING HOUSE

1 总 则

1.0.1 为统一客运专线无砟轨道铁路施工技术要求,加强施工管理和过程控制,保证工程质量,制定本技术指南。

1.0.2 本技术指南适用于旅客列车设计行车速度 200～350 km/h 标准轨距客运专线无砟轨道铁路工程施工。其他无砟轨道铁路工程施工可参照执行。

1.0.3 无砟轨道铁路工程应按铁路基本建设程序批准的设计文件进行施工,变更应符合现行铁路基本建设变更设计管理办法的规定。

1.0.4 无砟轨道铁路施工应积极采用技术先进、经济合理、安全可靠的装备、工艺、材料和施工方法。

1.0.5 无砟轨道铁路施工应推行作业标准化、施工机械化、检测现代化、管理信息化。

1.0.6 无砟轨道施工前,应按照《客运专线铁路无砟轨道铺设条件评估技术指南》(铁建设〔2006〕158 号)的规定,对线下构筑物的沉降变形进行系统观测和评估。

1.0.7 无砟轨道铁路施工中采用的各种部件应符合设计及相关技术条件的规定。

1.0.8 相关工程施工应符合设计要求,相关施工单位应做好接口衔接配合工作。

1.0.9 施工中的安全技术措施,应符合国家现行有关安全法规和地方安全生产等方面的规定。

1.0.10 施工现场应保持整洁,注重环保和节能,防止污染环境,做到文明施工。

1.0.11 无砟轨道铁路施工测量应符合《客运专线无砟轨道铁路工程测量暂行规定》(铁建设〔2006〕189 号)的规定。

1.0.12 施工中应认真作好原始记录,积累资料,不断总结经验,提高无砟轨道铁路施工技术水平。

1.0.13 本技术指南应与现行《铁路混凝土工程施工技术指南》(TZ 210)、《客运专线铁路路基工程施工技术指南》(TZ 212)、《客运专线铁路桥涵工程施工技术指南》(TZ 213)、《客运专线铁路隧道工程施工技术指南》(TZ 214)配套使用。

1.0.14 无砟轨道铁路施工除应符合本技术指南要求外,尚应符合国家现行有关强制性标准的规定。

2 术 语

2.0.1 无砟轨道

用整体混凝土结构代替传统有砟轨道中的轨枕和散粒体碎石道床的轨道结构。

2.0.2 工后沉降

在铺轨工程完成以后,基础设施产生的沉降量。

2.0.3 CRTSⅠ型板式无砟轨道

预制轨道板通过水泥沥青砂浆调整层,铺设在现场浇筑的具有凸形挡台的钢筋混凝土底座上,并适应ZPW—2000轨道电路的单元轨道板无砟轨道结构形式。

2.0.4 CRTSⅡ型板式无砟轨道

预制轨道板通过水泥沥青砂浆调整层,铺设在现场摊铺的混凝土支承层或现场浇筑的钢筋混凝土底座(桥梁)上,并适应ZPW—2000轨道电路的连续轨道板结构无砟轨道结构形式。

2.0.5 CRTSⅢ型板式无砟轨道

预制轨道板通过水泥沥青砂浆调整层,铺设在现场摊铺的混凝土支承层或现场浇注的钢筋混凝土底座(桥梁)上,并适应ZPW—2000轨道电路的连续轨道板结构,且对每块板限位的无砟轨道结构形式。

2.0.6 CRTSⅠ型双块式无砟轨道

将预制的双块式轨枕组装成轨排,以现场浇注混凝土方式将轨枕浇入均匀连续的钢筋混凝土道床内,并适应ZPW—2000轨道电路的无砟轨道结构形式。

2.0.7 CRTSⅡ型双块式无砟轨道

以现场浇注混凝土方式,将预制的双块式轨枕通过机械振动法嵌入均匀连续的钢筋混凝土道床内,并适应ZPW—2000轨道电路的无砟轨道结构形式。

2.0.8 道岔区轨枕埋入式无砟轨道

将预制的混凝土岔(轨)枕组装成标准道岔轨排,现浇入混凝土形成均匀连续钢筋混凝土道床,并适应ZPW—2000轨道电路的无砟轨道结构。

2.0.9 轨道板

预制的钢筋混凝土板或预应力钢筋混凝土板,是板式轨道的主要部件。

2.0.10 双块式轨枕

采用钢筋桁架连接两块混凝土支承块而形成的轨枕,是双块式无砟轨道的主要部件。

2.0.11 混凝土道床板

现场浇筑的埋设双块式轨枕或混凝土岔枕的整体钢筋混凝土层。

2.0.12 混凝土底座

现场浇筑的用于支承CRTSⅠ型轨道板、道岔区道床板或在桥上支承CRTSⅡ、CRTSⅢ型轨道板和双块式道床板的钢筋混凝土基础。

2.0.13 混凝土支承层

现场摊铺或浇筑的用于在路基上、隧道内支承 CRTS 双块式混凝土道床板或 CRTSⅡ、CRTSⅢ型轨道板的素混凝土层。

2.0.14 水泥沥青砂浆层

现场灌注于轨道板和混凝土底座或混凝土支承层之间具有一定弹性的水泥沥青砂浆层。

2.0.15 保护层

铺设于桥面防水层上的钢筋混凝土层，通过预埋钢筋与底座相连，并对防水层具有保护作用。

2.0.16 充填式垫板

扣件系统内用于调整轨道高度的灌注树脂材料形成的垫板。

2.0.17 长钢轨

超过标准长度的钢轨(其中包括厂焊钢轨)。

2.0.18 单元轨节

一次锁定的连续轨条。

2.0.19 跨区间无缝线路

轨条长度跨越两个或更多区间，且车站正线上采用无缝道岔的无缝线路。

2.0.20 设计锁定轨温

根据气象资料和无缝线路允许升温幅度、允许降温幅度，计算确定的无缝线路锁定轨温。

2.0.21 实际锁定轨温

无缝线路温度力为"零"时的钢轨温度。

2.0.22 施工锁定轨温

长轨条始端、终端铺入轨枕承轨槽内，两次测量轨温的平均值即为施工锁定轨温。

2.0.23 钢轨胶接绝缘接头

由胶黏剂胶合的钢轨绝缘接头。

2.0.24 单元焊接

在工地将厂焊长钢轨焊联成单元轨节的焊接作业。

2.0.25 单元轨节锁定焊接

将单元轨节联入无缝线路的焊接作业。

2.0.26 应力放散

采用自然或强制方法，使单元轨节伸长或缩短，释放钢轨内温度应力的作业。

2.0.27 无缝线路合龙锁定焊接

将两段无缝线路(含道岔)联成一体的焊接作业。

2.0.28 无绝缘轨道电路

在轨道电路的分界处不设钢轨机械绝缘，而采用不同的方法予以电气隔离。按原理可分为电气隔离式、自然衰耗式、强制衰耗式三种。

2.0.29 接头错边

焊接时两根钢轨由于没有对正，使焊缝两侧钢轨表面之间出现的平行偏差。

2.0.30 打磨灼伤

砂轮打磨钢轨表面产生的灼伤。

CHINA RAILWAY PUBLISHING HOUSE TB

2. 0. 31　推凸

用与钢轨横截面外形轮廓相同的刀具沿着钢轨表面纵向推进，切除焊接凸出量。

2. 0. 32　平直度

两根钢轨对接后，其纵向线偏离直线的程度。

2. 0. 33　外形精整

通过磨削、铣削或刨削等适当的方法，使焊接接头的轨头或轨头相关部位恢复钢轨母材轮廓。

2. 0. 34　电极灼伤

钢轨与焊机电极因接触不良产生的灼伤。

2. 0. 35　基础平面控制网（CPⅠ）

沿线路走向布设，按 GPS 静态相对定位原理建立，为全线（段）各级平面控制测量的基准。

2. 0. 36　线路控制网（CPⅡ）

在基础平面控制网（CPⅠ）上沿线路附近布设，为勘测、施工阶段的线路平面控制和无砟轨道施工阶段基桩控制网起闭的基准。

2. 0. 37　基桩控制网（CPⅢ）

沿线路布设的三维控制网，起闭于基础平面控制网（CPⅠ）或线路控制网（CPⅡ），一般在线下工程施工完成后施测，为无砟轨道铺设和运营维护的基准。

2. 0. 38　精密水准测量

客运专线铁路无砟轨道工程测量中，用于测量基桩高程的等级水准测量，其精度介于二等、三等水准测量之间，偶然中误差为 2 mm/km。

2. 0. 39　加密基桩

在基桩控制网（CPⅢ）基础上加密，为无砟轨道铺设所建立的基准点，一般沿线路中线布设。

2. 0. 40　维护基桩

在基桩控制网（CPⅢ）基础上测设，为无砟轨道养护维修时所需的永久性基准点，应根据运营养护维修方法确定其设置位置。

2. 0. 41　轨检小车

能够自动检测线路中线坐标、轨顶高程和轨距、水平、高低和方向等轨道静态参数，并自动进行记录整理的轻型轨道检测设备。

CHINA RAILWAY PUBLISHING HOUSE

3 施工准备

3.1 施工文件

3.1.1 施工前应根据施工内容获取相关施工设计文件(包括变更设计文件)。

3.1.2 施工文件包括标准设计图纸、施工质量验收标准和线下施工单位提供的中桩表、水准点表、线路基桩表等。

3.1.3 设计文件包括线路平面图、线路纵断面图、车站平面布置图、线路表、桥梁平纵断面布置图、无缝线路铺设图、设计说明和相关专业设计图等。

3.1.4 施工设计文件必须经过审查核对后方可使用。

3.2 施工调查

3.2.1 施工前,应熟悉经批准的施工设计文件,收集与轨道工程施工有关的线下工程竣工资料、施工记录及变更设计文件,并复核。

3.2.2 施工调查主要包括下列内容:

1 调查沿线交通、水源、电源、地方材料、劳动力资源等情况;

2 落实钢轨、轨道板、轨枕、道岔、扣配件等主要材料来源;

3 核查沿线的各种电力、通讯线路和临时建筑物等建筑限界;

4 收集沿线水文气象资料及环境等有关情况;

5 了解可作为钢轨铺设基地和停留工程列车的条件,选择进料通道和卸料、存料场地;

6 调查与既有线接轨点及相邻车站情况,如线路标准、客货流量、车站股道数量等;

7 了解与轨道工程有关的线下工程施工进度,分析轨道工程进度计划实施的可行性。

3.3 实施性施工组织设计

3.3.1 轨道工程施工前应编制实施性施工组织设计,对施工过程的质量控制及进度计划提出明确的要求,并制定作业指导书。当施工组织设计在实施过程中发生变化时,应及时分析原因,采取相应的措施。

3.3.2 实施性施工组织设计主要依据下列资料编制:

1 施工合同;

2 设计文件;

3 施工调查资料;

4 企业资源配置及施工水平。

3.3.3　实施性施工组织设计应包括下列主要内容：

1　编制依据及原则；

2　工程概况；

3　施工总体方案；

4　大、小临工程规划（钢轨铺设基地、轨枕和轨道板预制场、混凝土拌合站、道岔组装场、过渡工程、水、电、道路、通讯、临时房屋等）；

5　项目机构设置及职责分工；

6　劳动力组织及人员配置计划；

7　机械及检测设备调配计划；

8　材料供应计划；

9　施工进度计划；

10　工程运输（含长钢轨运输）组织及机车车辆配置计划；

11　施工测量方案；

12　沉降变形观测方案；

13　主要施工工艺及方法；

14　工期保证体系及措施；

15　安全保证体系及措施；

16　质量保证体系、创优规划及措施；

17　文明施工和环保体系及措施；

18　施工现场平面布置图。

3.3.4　当设计发生变更时，实施性施工组织设计应及时进行调整。

3.3.5　实施性施工组织设计和调整后的实施性施工组织设计应报送建设单位、监理单位审批后实施。

3.4　钢轨铺设基地

3.4.1　钢轨铺设基地宜设置在既有车站附近，并靠近铺轨起点，对运营线路干扰小，列车进出方便，引入线路短的开阔平坦处。基地应根据工程规模、进度要求、使用年限、现场条件等经技术经济比选确定，并有富余生产能力。

3.4.2　在制定施工方案及选址时，大临工程宜利用荒地，合理布置，少占农田。

3.4.3　钢轨铺设基地的各项设施和布置应符合下列规定：

1　基地设施宜永临结合，注意环境保护，充分利用现有水源、电源以及运输通路。

2　基地联络线的坡度和曲线半径，应根据地形、运量和作业方法确定。最大坡度不宜大于正线的最大坡度，并按有关规定设置安全设施。

3　基地布置应根据地形和生产方式，使调车作业顺向，材料堆置合理、取送方便，并应使各种起重吊运机械移动距离最短。

4　基地应设置消防通道，相邻料堆间应根据作业需要，留有不小于0.5 m的距离。场内堆置物与轨道及走行线间应留有安全距离。

5　基地内的单开道岔不宜小于9号。

6　基地内临时工程的设置，应避免影响站后工程施工。

7 基地内线路平、纵断面应符合下列要求：

1）采用轨排法施工时，轨排组装线应设在直线上；

2）装卸线宜设在直线上，坡度不宜大于1.5‰，困难条件下，坡度不得大于2.5‰，作业时应有防止车辆溜逸措施；

3）有长轨列车通过的线路曲线半径不宜小于300 m。

3.4.4 起重设备和各种轨道车辆，应有防溜设施，走行线尽头应设车挡。电气设备应加装漏电保护器。配电部分应防雨、加锁，管线部分应有防磨损、防撞击措施。

3.4.5 基地内应设置焊轨作业线及质量检测设施。

3.4.6 基地内的轨道铺设标准、股道布置、线路平纵断面和建筑限界，应满足大型机械和机车车辆的作业、停放、进出及检修要求。

3.5 轨枕和轨道板预制厂（场）

3.5.1 轨枕和轨道板预制厂（场）的选址应综合考虑交通状况、原材料来源、地形地貌、地质和环保等因素，应有利于轨枕和轨道板的生产、贮存和运输。

3.5.2 轨枕和轨道板预制厂（场）要有充分的水源和可靠的电源。

3.5.3 预制厂（场）应有良好的排水系统，生活污水排放和垃圾处理等应符合国家和当地政府的有关规定。

3.5.4 预制厂（场）房应建在稳固的地基上，生产台座、贮存区、运输线路的地基应有足够的承载能力，防止发生不均匀沉降。

3.5.5 轨枕和轨道板预制厂（场）的生产规模和设备应满足工程需要。

3.6 主要材料的采购、验收及存放

3.6.1 无砟轨道材料应满足设计文件要求，各类无砟轨道材料供方应按照标准规定的批量，出具产品质量证明文件。施工单位应按有关规定进行检验。

3.6.2 各种主要轨道器材均应在使用前预加整配，不能整修合格者应剔除。搬运装卸时不得抛掷。

3.6.3 材料堆码基底应平实，底层应架空，并有良好的排水系统。

3.6.4 各类材料堆码应便于装卸、取放、清点。应竖立标牌，标识产地、型号、规格、数量。

3.6.5 钢筋在运输、储存过程中，应防止锈蚀、污染和避免压弯。装卸钢筋时不得从高处抛掷。

3.6.6 钢筋（含加工完毕待安装的钢筋）应按厂名、级别、规格分批架空堆置在仓库（棚）内，并分类设立标牌。

3.6.7 混凝土用水泥、矿物掺和料等粉状材料应分别储存，不得露天堆放，且应特别注意防潮。

3.6.8 水泥储运过程中，应符合下列规定：

1 装运水泥的车、船应有棚盖；

2 储运水泥的仓库应设置在地势较高处，周围应设排水沟；

3 袋装水泥在装卸、搬移过程中不得抛掷；

CHINA RAILWAY PUBLISHING HOUSE

4 水泥应按品种、强度等级分批堆放，堆垛高度不宜大于1.5 m，堆垛应架离地面0.2 m以上，距离四周边墙0.2～0.3 m，并预留通道；

5 水泥不宜露天堆放，临时露天堆放时应上盖下垫；

6 储运散装水泥过程中，应采取措施降低水泥的温度或防止水泥升温。

3.6.9 不同混凝土原材料应有固定的堆放地点和明确的标识，标明材料名称、品种、生产厂家、生产日期和进厂（场）日期。原材料堆放时应有堆放分界标识，避免误用。骨料堆放场地面应进行硬化处理，并有排水设施。

3.6.10 钢轨整理后应分类垛码，并符合下列规定：

1 钢轨起吊应缓起、轻落，并保持钢轨基本平直；

2 支垫应与各层钢轨垂直放置，间距5～7.5 m，上下层同位，垛码层数应保证钢轨不伤损变形。

3.6.11 道岔、钢轨伸缩调节器及其配件应配套成组或按部件分类放置，其中尖轨应与基本轨捆扎在一起。岔枕应按组垛码整齐。

3.6.12 其他轨道部件储存应符合相关规定。

3.6.13 铺轨前，应按铺轨进度计划，落实各种轨道部件来源，其供货进度应与施工进度匹配，并有一定数量的储备。

3.7 施工人员培训及机械设备准备

3.7.1 施工人员应进行岗前培训，经考试合格后持证上岗。

3.7.2 无砟轨道施工前应根据施工方法配备无砟道床施工成套设备，焊轨、长钢轨运输和铺设、无缝线路应力放散及锁定、钢轨预打磨等设备。

3.8 检测机构设置及设备配备

3.8.1 施工前应根据质量控制需要设置检测机构，并配备相应的检测设备。

3.8.2 试验检测设备主要包括：无砟道床混凝土质量和绝缘性能检测设备、水泥沥青砂浆检测设备、高精度测量控制系统、轨道部件检测设备、钢轨焊接质量检测设备、轨道平顺度检测设备、钢轨预打磨质量检测设备等。

3.8.3 各施工检测设备应在使用前校验并鉴定，不合格者不得使用。

CHINA RAILWAY PUBLISHING HOUSE

4 线下工程

4.1 一般规定

4.1.1 线下工程施工前,应接收基础平面控制网(CPⅠ)、线路控制网(CPⅡ)和高程控制网等有关资料及测量评估验收报告,并进行复测。

4.1.2 施工单位应在CPⅠ或CPⅡ的基础上测设施工控制网,并采用便于施工测量的独立坐标系统;高程应按二等水准测量精度控制。施工测量应符合《客运专线无砟轨道铁路工程测量暂行规定》(铁建设〔2006〕189号)及《新建铁路工程测量规范》(TB 10101)的有关规定。

4.1.3 线下工程施工时应根据CPⅠ、CPⅡ和高程控制网建立独立的变形监测网,并与基础平面控制网联测,测设方法和精度应符合《客运专线无砟轨道铁路工程测量暂行规定》(铁建设〔2006〕189号)的相关规定。

4.1.4 重点、复杂桥梁及长大隧道,应建立独立的平面、高程控制网,并定期与CPⅠ、CPⅡ控制点联测,保证独立网的准确性。

4.1.5 线下工程施工过程中,应按设计和《客运专线铁路无砟轨道铺设条件评估技术指南》(铁建设〔2006〕158号)相关规定进行沉降变形观测。

4.1.6 线下工程开工前,应按设计要求做桩基承载沉降变形试验。

4.1.7 防排水工程应按设计要求施工,并在无砟轨道工程施工前完成,保证排水通畅。

4.1.8 综合接地系统应按设计要求施工。

4.1.9 线下工程完成后,应进行线路中线和高程竣工测量,贯通全线的里程和高程。

4.2 路基

4.2.1 路基施工基本工艺流程见图4.2.1。

4.2.2 路基施工前应对全线路基的地质情况进行核查、补勘,重点是软土、松软土等特殊地段,与设计地质情况不符时,应及时上报建设、设计和监理单位。

4.2.3 根据客运专线无砟轨道铁路路基施工的特点、工程数量及工期要求,配备充足的施工机械和检测仪器,并应配备E_{v2}静态变形模量测定仪、沉降监测设施等特定检测设备。

4.2.4 路基施工测量应符合下列规定:

1 现场进行交接桩及施工复测,测量工作必须贯彻"双检制"。

2 特殊路基工程的施工控制网,应在CPⅠ或CPⅡ基础上加密,并采用便于施工测量的独立坐标系统。

3 施工前应建立变形监测网(水平位移监测网、垂直位移监测网)。垂直位移监测

CHINA RAILWAY PUBLISHING HOUSE

网，应根据需要独立建网，观测方法宜按国家一等水准测量的技术要求施测，按二等精度（即变形点的高程中误差 ±0.5 mm，相邻变形点的高程中误差 ±0.3 mm）控制。

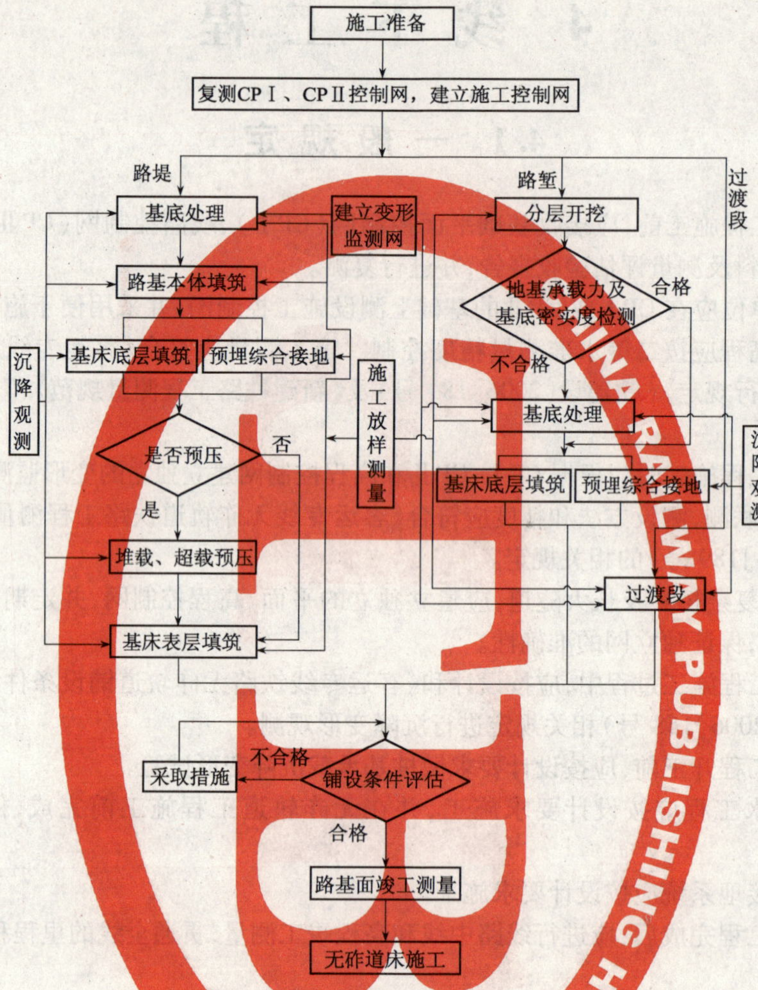

CHINA RAILWAY PUBLISHING HOUSE

图 4.2.1　路基施工基本工艺流程

4　路基施工测量方法和精度应符合《客运专线无砟轨道铁路工程测量暂行规定》（铁建设〔2006〕189 号）的相关规定。

4.2.5　路基工程施工前，应选择一定长度的试验区段进行试验。确定机械设备组合、施工工艺、摊铺厚度、压实遍数、改良土配合比、级配料配合比、基底处理等施工参数及试验、检测的方法。

4.2.6　路基工程的施工方法、工艺及质量要求除应满足现行《客运专线铁路路基工程施工技术指南》（TZ 212）要求外，还应符合下列规定：

1　路基填筑需拌制的填料宜采用厂（场）拌。

2　基床表层级配碎石或级配砂砾石应采用摊铺机分层摊铺。每层的摊铺厚度应按工艺试验确定的参数严格控制。

3　基床以下路堤应优先选用 A、B 组填料。当选用 C 组细粒土填料时，应根据土源性质进行改良后填筑。其压实标准应符合表 4.2.6—1 规定。

表 4.2.6—1 基床以下路堤填料及压实标准

填 料	压实标准	细粒土改良土	砂类土及细砾土	碎石类及粗砾土
A、B、C 组（不含细粒土、粉砂及易风化软质岩块石土）填料及改良土	地基系数 K_{30}(MPa/m)	≥90	≥110	≥130
	变形模量 E_{v2}(MPa)	≥45	≥45	≥45
	压实系数 K	≥0.92	—	—
	孔隙率 n	—	≤31%	≤31%

注：1 压实系数 K 为重型击实标准（以下同）。
2 改良土压实标准：当采用物理改良方法时，应符合本表规定；当采用化学改良方法时，除符合本表规定外，还应满足设计提出的技术要求。

4 基床底层采用 A、B 组填料或改良土，其压实标准应符合表 4.2.6—2 规定。

表 4.2.6—2 基床底层压实标准

填 料	压 实 标 准	改良细粒土	砂类土及细砾土	碎石类及粗砾土
A、B 组填料及改良土	地基系数 K_{30}(MPa/m)	≥110	≥130	≥150
	变形模量 E_{v2}(MPa)	≥60	≥60	≥60
	动态变形模量 E_{vd}(MPa)	≥35	≥35	≥35
	压实系数 K	≥0.95	—	—
	孔隙率 n	—	<28%	<28%

注：改良土压实标准：当采用物理方法改良时，应符合本表规定；当采用化学方法改良时，除符合本表规定外，还应满足设计提出的技术要求。

5 基床表层采用级配碎石，材料规格应满足《客运专线基床表层级配碎石暂行技术条件》的要求，其压实标准应符合表 4.2.6—3 规定。

表 4.2.6—3 基床表层级配碎石压实标准

填 料	压 实 标 准			
	地基系数 K_{30} (MPa/m)	变形模量 E_{v2} (MPa)	动态变形模量 E_{vd} (MPa)	孔隙率 n
级配碎石	≥190	≥120	≥50	<18%

4.2.7 过渡段施工方法、工艺及质量要求除应满足现行《客运专线铁路路基工程施工技术指南》(TZ 212)要求外，还应符合下列规定：

1 过渡段包括路基与桥台过渡段、路基与横向结构物过渡段、路基与隧道过渡段、路堤与路堑过渡段和不同填料过渡段等，应按设计要求施工。

2 对于不同形式的过渡段，当纵向设置范围重叠或者相距较近时，应按设计要求采取适当措施，连通设置，保证纵向刚度平顺过渡。

3 路基与桥台之间过渡段，水泥稳定级配碎石（掺 3%~5% 水泥）压实标准应满足 K_{30}≥150 MPa/m、E_{v2}≥80 MPa 、E_{vd}≥50 MPa 和 n<28%，采用 A、B 组填料，压实标准应满足表 4.2.6—2 规定。

4 路基与涵洞过渡段施工符合下列规定：

1）当涵洞顶部至路基面的高度 h≥2.0 m 时，应在涵洞侧面设置水泥稳定级配碎石（掺 3%~5% 水泥）过渡段，过渡段范围内的基床表层级配碎石掺 3%~5% 水泥。

2）当涵洞顶部至路基面的高度 0.7 m≤h<2.0 m 时，参照填方桥路过渡段方式，

CHINA RAILWAY PUBLISHING HOUSE

采用两次过渡方案，在涵洞顶面及两侧设置正梯形的水泥稳定级配碎石（掺3%~5%水泥）过渡段，压实标准为 $K_{30} \geqslant 150$ MPa/m、$E_{v2} \geqslant 80$ MPa、$E_{vd} \geqslant 50$ MPa和 $n<28\%$。再延伸设置一段倒梯形过渡段，采用A、B组填料，压实标准应满足表4.2.6—2规定。过渡段范围内的基床表层级配碎石掺3%~5%水泥。

5 土质、软质岩及强风化硬质岩路堑与隧道连接处，在路堑基床范围内设置过渡段，按设计要求采取混凝土与级配碎石厚度渐变过渡。

6 路堤与硬质岩路堑连接处过渡段采用水泥稳定级配碎石（掺加3%~5%水泥）填筑；路堤与土质及软质岩路堑连接处采用台阶方式过渡并回填与路堤相同的填料，压实标准应符合本技术指南第4.2.7条第3款规定。台阶顶部应设置横向排水盲沟。过渡段范围内的基床表层级配碎石掺3%~5%水泥。

7 半填半挖过渡段施工应满足以下要求：半填半挖路基在靠山侧根据岩层情况换填1.0~2.3 m。过渡段的设置类似于路堤路堑过渡段，硬质岩半填半挖过渡段采用水泥稳定级配碎石（掺3%~5%水泥）填筑；土质及软质岩路堑连接处过渡段采用台阶方式过渡并回填与路堤相同的填料，应符合本技术指南第4.2.7条第3款规定。

4.2.8 路基沉降变形观测除应满足现行《客运专线铁路路基工程施工技术指南》（TZ 212）要求外，还应符合下列规定：

1 路基沉降观测应以路基面沉降和地基沉降观测为主。观测断面的设置及观测断面的观测内容应根据地形地质条件、地基处理方法、路堤高度、堆载预压等具体情况，结合沉降预测方法和工期要求及设计资料等确定观测方案实施细则。

2 沉降观测宜在线路两侧地基、路肩和线路中心设置观测桩、在地基和基床底层的顶面设置剖面沉降管，或在线路中心设置沉降板。沉降观测装置埋设应符合设计要求，观测期间应对观测装置采取有效的保护措施。

3 沉降观测断面的间距一般不应大于50 m，地势平坦、地基条件均匀良好的路堑、高度小于5 m的路堤可放宽到100 m，地形、地质条件变化较大地段应适当加密。观测内容和观测断面的布置应符合表4.2.8—1规定。

4 路基沉降观测的频次应符合表4.2.8—2的规定。当环境条件发生变化或数据异常时应增加观测频次。

5 在填土过程中，应根据观测结果整理绘制“填土高—时间—沉降量”关系曲线图，分析土体的侧向位移值及其发展趋势，判断地基的稳定性。

表4.2.8—1 观测内容和观测断面的布置

观测内容	断面布置	观测断面间隔	适用条件
路基面沉降	路基两侧路肩或路基中心设置沉降观测点	100 m	(1)地势平坦、地基条件良好 (2)路堑或高度小于5 m的路堤
路基面沉降与地基沉降	(1)路基两侧路肩或地基设置沉降观测点 (2)代表性断面在地基和基床表层底面位置设置剖面沉降管	50 m	其他路基（复杂条件下需要加密）
路基面沉降与地基沉降	(1)路基两侧路肩或地基设置沉降观测点 (2)沿线路方向斜向对角线布置剖面沉降管	紧靠桥台设1个断面，10 m、30 m处各设1个断面	过渡段

CHINA RAILWAY PUBLISHING HOUSE

表 4.2.8—2 路基沉降观测频次

观测阶段	观测频次	
填筑或堆载	一般	1次/d
	沉降量突变	2~3次/d
	两次填筑间隔时间较长	1次/3d
堆载预压或路基施工完毕	第1个月	1次/周
	第2、3个月	1次/2周
	3个月以后	1次/月

6 观测期内,路基沉降实测值超过设计值20%及以上时,应及时上报,会同建设、勘察设计、监理等单位查明原因,必要时进行地质复查。

7 沉降观测资料应及时整理、汇总分析,并提供给相关单位作为工后沉降评估的依据。

8 竣工验交时,沉降观测设施和观测资料应与工程同时移交给工程接收单位。

9 路基填筑完成或施加预压荷载后应有不少于6个月的观测和调整期。当工后沉降评估不能满足设计要求时,应延长观测期或采取必要的加速或控制沉降的措施。

10 路基沉降变形观测的测量方法和精度应符合《客运专线无砟轨道铁路工程测量暂行规定》(铁建设〔2006〕189号)的相关要求。

11 路基沉降变形观测的观测方法和数据处理应符合《客运专线铁路无砟轨道铺设条件评估技术指南》(铁建设〔2006〕158号)的相关要求。

4.2.9 路基应根据无砟轨道结构、电缆槽、接触网支柱、声屏障等具体工程设置防水、横向排水系统及集水井,按设计在无砟轨道施工前完成,并保证排水通畅。

4.2.10 路基相关工程(电缆槽、接触网支柱基础、声屏障基础、过轨电缆、综合接地、路桥过渡段端部结构等)应按设计要求与路基同步施工,在无砟轨道工程施工前,应核实下一步工序要求。

4.3 桥涵

4.3.1 桥涵施工基本工艺流程见图4.3.1。

4.3.2 桥涵施工应符合下列规定:

1 基础、墩台及上部施工,除应符合现行《客运专线铁路桥涵工程施工技术指南》(TZ 213)、《客运专线桥涵施工质量验收暂行标准》(铁建设〔2005〕160号)、《客运专线高性能混凝土暂行技术条件》(科技基〔2005〕101号)和《铁路混凝土工程施工质量验收补充标准》(铁建设〔2005〕160号)相关章节内容要求外,还应满足本技术指南第4.3.4~第4.3.8条要求。

2 依据总体施工组织工期目标,现场实际情况和设计要求,进行综合分析研究,确定预制箱梁架设顺序,明确桥梁、墩台和现浇梁与箱梁架设相互制约的环节,制定施工计划和措施。

3 根据工程特点,采用先进设备,发挥设备优势,建立机械保养、维修体系,保证施工机械的完好率,同时建立强有力的后勤保障体系,保证各种设备按时足额到位,保障施工

CHINA RAILWAY PUBLISHING HOUSE

生产。

4　施工测量应符合《客运专线无砟轨道铁路工程测量暂行规定》(铁建设〔2006〕189 号)的相关规定。

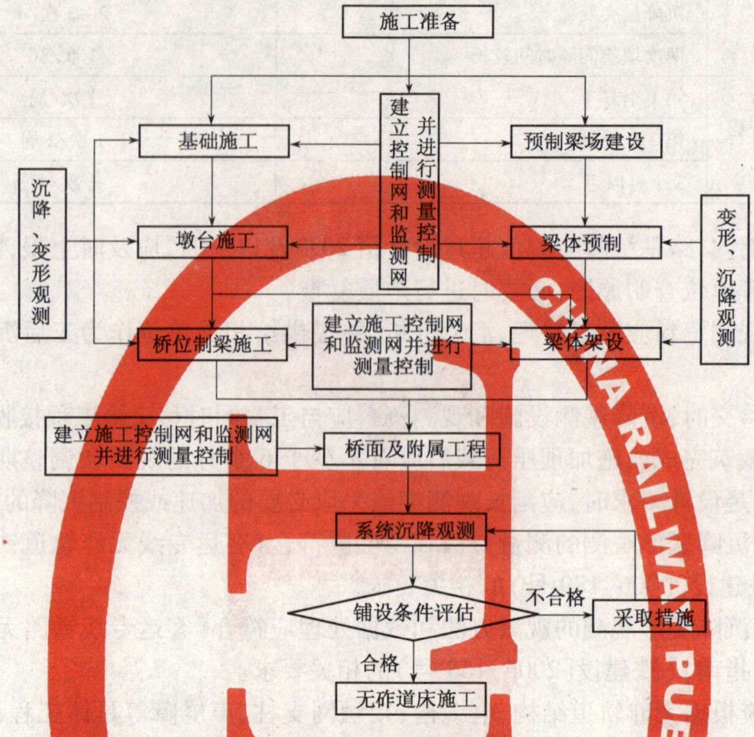

图 4.3.1　桥涵施工基本工艺流程

5　桥涵主体工程完工后,沉降观测期一般应不少于 6 个月;岩石地基等良好地质区段的桥梁,沉降观测期应不少于 2 个月。做好观测记录整理工作,并按《客运专线铁路无砟轨道铺设条件评估技术指南》(铁建设〔2006〕158 号)相关规定对桥涵沉降变形作系统的观测评估,确认桥涵基础沉降和梁体长期变形等满足设计要求后,方可进行无砟轨道工程施工。

6　沉降和变形观测均采用二等水准测量,精度要求 1 mm。

4.3.3　桥涵基础施工除符合现行《客运专线铁路桥涵工程施工技术指南》(TZ 213)第 3 章、《客运专线桥涵施工质量验收暂行标准》(铁建设〔2005〕160 号)第 3 ~ 7 章和现行《铁路混凝土工程施工技术指南》(TZ 210)的相关规定外,还应满足以下要求:

1　基础按设计要求做承载沉降变形试验。

2　基础沉降观测实测值超过设计值 20% 及以上时,应及时报送有关单位处理。

4.3.4　墩台施工除了符合现行《客运专线铁路桥涵工程施工技术指南》(TZ 213)第 4 章、《客运专线桥涵施工质量验收暂行标准》(铁建设〔2005〕160 号)第 8 章和现行《铁路混凝土工程施工技术指南》(TZ 210)的相关内容要求外,还应满足以下要求:

1　墩台基础沉降的过程及总沉降量受桥位地质情况、施工荷载、施工工期等因素的影响。在墩台施工完成至无砟轨道铺设前应进行墩台基础沉降观测,保证墩台基础工后沉降满足设计和无砟轨道平顺性要求。

CHINA RAILWAY PUBLISHING HOUSE

2 墩台沉降观测点可在墩顶、或承台上布置，每个墩台的测点总数不应少于4个。

3 沉降观测阶段及频次应按《客运专线铁路无砟轨道铺设条件评估技术指南》（铁建设〔2006〕158号）相关规定进行。

4 墩台均匀沉降量不大于20 mm，相邻墩台沉降量之差不大于5 mm。

4.3.5 预应力梁体施工

1 高性能耐久性混凝土施工的原材料、试验方法，施工工艺，质量检验等应符合《客运专线高性能混凝土暂行技术条件》（科技基〔2005〕101号）和《铁路混凝土工程施工质量验收补充标准》（铁建设〔2005〕160号）相关规定。

2 预制台座按照设计及要求并结合施工具体情况设置预拱度，同时对预拱度进行测量控制。

3 预应力梁体施工工艺控制应符合现行《客运专线铁路桥涵工程施工技术指南》（TZ 213）、《客运专线预应力混凝土预制梁暂行技术条件》（铁科技函〔2004〕120号）相关规定。

4 按设计要求控制预制梁的预应力张拉/放张施工。在梁体预应力终张拉/放张开始时应进行变形观测，同时终张拉后应进行为期60 d的梁体徐变变形观测。

5 终张拉完成时，梁体跨中弹性变形不宜大于设计值的1.05倍。

6 终张拉60 d后，扣除各项弹性变形，$L \leqslant 50$ m梁体跨中徐变上拱度实测值不应大于7 mm；$L > 50$ m梁体跨中徐变变形实测值不应大于$L/7\ 000$或14 mm。

7 对于在预制厂（场）批量生产的预应力混凝土预制梁，初期生产的2～3孔梁应逐孔进行观测。当原材料变化不大、预制工艺稳定时，可每30孔选择1孔进行观测（不足30孔应按30孔计）。同时，对于实测弹性上拱度大于设计值1.05倍的梁，也应逐孔进行观测。

8 梁体变形观测点应设置在支点和跨中截面，每孔梁的测点数量应不少于6个。

9 自梁体预应力张拉开始至无砟轨道铺设前，应系统观测梁体的竖向变形。变形观测的阶段及频次按《客运专线铁路无砟轨道铺设条件评估技术指南》（铁建设〔2006〕158号）相关规定进行。

10 预制梁的架设一般应在路堤基床底层完成，路堑、桥墩台、现浇梁和隧道仰拱填充混凝土等主体工程施工完毕后进行；施工中应将各区段内影响预制箱梁架设作业的路基、桥梁和隧道列为控制工程项目，避免产生过隧道架梁和减少架桥机调头转场作业。

4.3.6 预应力混凝土原位制梁除符合本技术指南第4.3.6条相关要求外，还应满足以下要求：

1 对桥位制梁施工方案进行科学、合理的论证。

2 根据混凝土的弹性和非弹性及临时设施的弹性和非弹性变形设置施工预拱度。

3 对于桥位施工的桥梁，应根据设计规定的施工顺序，观测梁体的弹性及徐变变形。梁体徐变变形观测点、频次、阶段应按《客运专线铁路无砟轨道铺设条件评估技术指南》（铁建设〔2006〕158号）相关规定进行。

4.3.7 桥面及附属结构施工，除应满足设计要求外，还应符合以下规定：

1 梁端伸缩装置应按《客运专线桥梁伸缩装置暂行技术条件》（科技基〔2005〕101号）要求控制施工。

2 梁面防水层、保护层施工应按《客运专线桥梁混凝土桥面防水层暂行技术条件》

（科技基〔2005〕101 号）控制施工。

3　梁端及跨中梁面高程、相邻梁端梁面高差不应大于设计规定值。

4　无砟轨道底座浇筑前，底座范围内的桥面高程偏差不应大于 $^{+10}_{-30}$ mm。

5　桥梁相关工程（电缆槽、接触网支柱基座、声屏障、防撞墙等）应按设计要求施工。

4.3.8　涵洞工程施工除符合现行《客运专线铁路桥涵工程施工技术指南》（TZ 213）第 13 章要求外，涵洞观测点布置及观测还应满足以下要求：

1　在湿陷性黄土、松软土地区涵洞铺砌段的地基宜采用强夯法或 3∶7 灰土垫层法处理。

2　涵洞施工完成至无砟轨道铺设前，除了系统观测涵洞的沉降外，还应对涵顶填土的沉降变形进行观测。涵洞顶填土沉降的观测应与路基沉降观测同步进行。

3　涵洞基础工后沉降不应大于 15 mm。

4　沉降观测的观测点埋设、阶段及频次按《客运专线铁路无砟轨道铺设条件评估技术指南》（铁建设〔2006〕158 号）相关规定进行。

5　沉降缝及防水层材料及施工工艺符合设计要求，并按《客运专线桥梁混凝土桥面防水层暂行技术条件》（科技基〔2005〕101 号）和现行《客运专线铁路桥涵工程施工技术指南》（TZ 213）第 13 章内容控制施工，不应有漏、渗水现象。

4.4　隧　　道

4.4.1　隧道施工基本工艺流程见图 4.4.1。

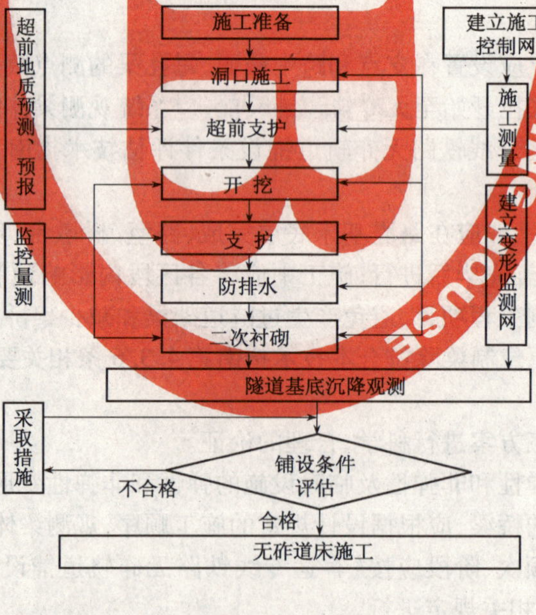

图 4.4.1　隧道工程施工基本工艺流程

4.4.2　隧道工程各工序的施工，应符合现行《客运专线铁路隧道工程施工技术指南》（TZ 214）的规定。

4.4.3　隧道施工机械配套，应根据隧道长度、断面大小、辅助坑道设置、地质条件、施工方

CHINA RAILWAY PUBLISHING HOUSE

法、工期及环保要求等因素综合考虑。

4.4.4 隧道施工中,应将超前地质预测、预报纳入正常施工工序,根据地质、水文变化及时调整施工方法和采取相应的技术措施。

4.4.5 浅埋、软弱围岩地区隧道施工,必须正确选择辅助施工方法。隧道在开挖后自稳时间小于完成支护所需时间的地段,应根据围岩情况、开挖方式、进度要求、机械配套情况等,选择下列一种或几种措施进行超前支护和预加固处理:

1 超前锚杆或超前小导管支护;

2 管棚超前支护;

3 地表锚杆或地表注浆加固。

4.4.6 隧道开挖方法应根据地质条件、断面大小、结构形式、机械配备、周围环境、经济效益等因素综合确定。

4.4.7 隧道开挖应及时支护,支护方式应根据地层稳定状况、渗水量大小等,选择下列一种或几种措施:

1 喷射混凝土;

2 设置锚杆、锚索;

3 铺设钢筋网;

4 架设钢架;

5 径向注浆;

6 设置临时仰拱。

4.4.8 监控量测工作应紧跟开挖、支护作业,并纳入正常施工工序。施工中应根据具体情况及时调整或增加量测的内容。量测数据应及时分析处理,并将结果反馈给设计、监理,实现动态设计、动态施工。

4.4.9 隧道防排水施工应符合下列规定:

1 隧道工程防水应重视初期支护的防水,并辅以注浆防水和防水层加强防水。

2 隧道工程防水应以施工缝、变形缝防水为重点。

3 变形缝表面质量应缝宽均匀、缝身竖直,环向贯通,填塞密实,外表光洁。密封材料嵌缝严密,黏接牢固,无开裂、鼓包、下塌现象。

4 基底防排水应做到施工缝、沉降缝不渗水,垫层(底板)表面不积水。

5 二次衬砌拱墙部位表面无湿渍。

4.4.10 二次衬砌的施作应满足以下要求:

1 深埋隧道二次衬砌施作应在围岩和初期支护变形基本稳定后进行,或施做二次衬砌前的累计位移值,已达极限相对位移值的80%以上。

2 浅埋隧道应及早施作二次衬砌,且二次衬砌应予以加强。

3 围岩及初期支护变形过大或变形不收敛,又难以及时补强时,可提前施做二次衬砌,此时二次衬砌应予以加强。

4 衬砌施工必须遵循仰拱超前,拱墙整体浇筑的原则。

4.4.11 位于软弱地层或富水隧道的仰拱施工前,应对隧道基底地基承载力进行检测。当达不到设计要求时,应会同设计、监理和建设等部门变更设计,制定具体的处理措施。

4.4.12 隧道仰拱应与边墙圆顺连接,仰拱混凝土厚度及强度应符合设计要求,隧道衬砌应与围岩密贴。

CHINA RAILWAY PUBLISHING HOUSE

4.4.13 隧道施工测量应建立独立的平面、高程控制网,其具体布设和测量工作应符合《客运专线无砟轨道铁路工程测量暂行规定》(铁建设〔2006〕189号)第5.5节的规定。

4.4.14 隧道竣工测量应符合下列规定:

1 隧道直线地段每50 m、曲线地段每20 m以及其他需要的地方均应测量隧道净空断面。净空断面测量应以恢复后的线路中线为准,可采用断面测量全站仪或自动断面检测仪测绘,测点点位限差为±10 mm。

2 洞内高程点应在复测的基础上每千米埋设1个,高程控制点按二等水准测量施测。小于1 km的隧道至少应设1个,并在边墙上绘出标志。标志应符合附录A的规定。

4.4.15 隧道施工前,应建立独立的变形监测网,并应符合以下规定:

1 隧道主体工程完工后,施工单位必须对隧道基底设施进行沉降观测,绘制沉降曲线,提出沉降变形观测资料及分析评估报告。

2 变形观测期一般不应少于3个月。观测数据不足或工后沉降评估不能满足设计要求时,应适当延长观测期。

3 长度大于1 000 m的隧道,无砟轨道铺轨前,需在洞内增设CPⅡ控制点。当曲线隧道内CPⅡ导线边长在400～800 m时,CPⅡ点应与CPⅢ点构成导线环,整体布设,联合平差。

4 长度大于2 000 m的隧道,无砟轨道铺轨前,需在洞内增设稳固可靠的水准基点。

5 隧道底板(或填充表面)应每隔50 m设置水准观测点,测设洞内基标系统。沉降缝两侧、软弱围岩段应加密水准观测点。

6 观测点布置与观测频次应符合下列规定:

1)隧道内一般地段沉降观测断面的布设根据地质围岩级别确定,一般情况下,Ⅲ级围岩每400 m、Ⅳ级围岩每300 m、Ⅴ级围岩每200 m布设一个观测断面,地应力较大、断层破碎带、膨胀土、湿陷性黄土等不良和复杂地质区段适当加密布设;

2)隧道洞口至分界里程范围内应至少布设一个观测断面;

3)隧底工程完成后,每个观测断面在相应于两侧边墙处设一对沉降观测点;

4)沉降水准的测量精度为±1 mm,读数取位至0.1 mm;

5)隧道基础沉降观测的频次不低于表4.4.15的规定,沉降稳定后可不再进行观测。

表4.4.15　隧道基础沉降观测频次

观 测 阶 段	观 测 频 次	
	观测期限	观测周期
隧底工程完成后	3个月	1次/周

4.4.16 隧道工程施工中,施工单位应为评估单位收集提供以下资料:

1 隧道基础沉降观测资料;

2 隧道开挖地质描述及开挖围岩分级记录、Ⅳ～Ⅵ级围岩地段基底承载力检测情况;

3 施工监控量测资料;

4 仰拱施工分项工程验收记录等施工资料;

5 施工质量控制过程和抽检情况等监理资料。

4.5 无砟轨道工程施工前与线下工程工序交接

4.5.1 路基填筑完成或施加预压荷载后应有不少于6个月的观测和调整期,观测数据不足以评估或工后沉降评估不能满足设计要求时,应延长观测期或采取必要的加速或控制沉降的措施。

4.5.2 桥涵主体工程完工后,沉降观测期一般应不少于6个月;岩石地基等良好地质区段的桥梁,沉降观测期应不少于2个月。观测数据不足或工后沉降评估不能满足设计要求时,应适当延长观测期。

4.5.3 隧道主体工程完工后,变形观测期一般不应少于3个月。观测数据不足或工后沉降评估不能满足设计要求时,应适当延长观测期。

4.5.4 路基、桥涵、隧道沉降变形观测资料应齐全、翔实、规范,符合《客运专线铁路无砟轨道铺设条件评估技术指南》(铁建设〔2006〕158号)的规定,并及时整理、汇总分析,提交相关单位作为轨道铺设条件评估的依据。

4.5.5 无砟道床施工前应由建设、设计、咨询、施工和监理单位组成的验评小组对沉降变形观测资料进行分析评估,并提出分析评估报告。

4.5.6 无砟轨道施工单位应接收《无砟轨道铺设条件评估报告》,工后沉降变形符合设计要求后方可进行无砟轨道施工。

4.5.7 无砟轨道施工前,线下工程主体应全部完工,检验合格。未完成的附属工程不得影响无砟轨道施工。

4.5.8 无砟轨道工程与线下工程工序交接应在轨道工程施工一个月前进行。线下单位应向轨道施工单位提交线下构筑物竣工测量资料、桩橛和与轨道工程有关的变更设计、线下工程施工质量检验合格报告等资料。

4.5.9 无砟轨道施工前应接收基桩测设单位的线路测量资料及基桩控制网,并复测基桩控制网、中线桩和路面(含路基面、桥面和隧道仰拱填充层顶面,下同)高程、平整度及几何尺寸等,核实中线和高程贯通情况。复核时发现同设计不符时应及时联系有关单位,共同解决。

CHINA RAILWAY PUBLISHING HOUSE

5　线路基桩测设

5.1　一 般 规 定

5.1.1　正线应设置线路基桩。线路基桩应在贯通测量后设置，测量误差应在规定限差内调整闭合，测设方法及精度标准应符合《客运专线无砟轨道铁路工程测量暂行规定》（铁建设〔2006〕189 号）的规定，并及时修正测量资料。

5.1.2　基桩控制点和维护基桩应设置牢固，标识清晰、齐全、便于观测，并绘制布设平面示意图和基桩表描述其位置、外移距离和高程。维护基桩位置、编号及测量报告应列入竣工资料。

5.1.3　无砟轨道施工单位应在施工前对基桩控制网（CPⅢ）进行复核。

5.1.4　各种测量仪器和工具应做好经常性的保养和维护工作，并定期检校和鉴定。

5.2　基桩控制网（CPⅢ）复测

5.2.1　线下构筑物经铺轨条件评估合格后，轨道施工单位应按《客运专线无砟轨道铁路工程测量暂行规定》（铁建设〔2006〕189 号）的相关规定进行 CPⅢ控制网的交接和复测。

5.2.2　CPⅢ控制点的布设应兼顾施工及运营维护，设点应符合下列规定：

1　CPⅢ控制点宜设于线路外侧，距线路中线的距离一般为 3～4 m，控制点的间距以 150～200 m 为宜。对线路特殊地段、曲线控制点、线路变坡点、竖曲线起终点及道岔区均应增设加密控制点，曲线地段控制点间距以 50～60 m 为宜，加密控制点相对于两端 CPⅢ控制点的纵、横向中误差应小于 1.5 mm。

2　CPⅢ控制点应设置在稳固、可靠、不易破坏和便于测量的地方，并应防冻、防沉降和抗移动，控制点标识要清晰、齐全、便于准确识别和使用。

3　CPⅢ控制点有条件时宜埋设混凝土强制对中标，其标志规格和埋设深度应符合《客运专线无砟轨道铁路工程测量暂行规定》（铁建设〔2006〕189 号）的规定。

4　CPⅢ控制点采用导线法测量时，直线部分宜设于线路一侧，曲线部分宜设于线路外侧；采用后方交会法测量时，应设于线路两侧。在一条线路上控制点的外移距离宜相等。如遇障碍物，外移距离可适当增减，但增减值应相等。

5.2.3　CPⅢ控制基桩点复测的内容、方法与各项限差应满足下列要求：

1　复测控制点间夹角时，方向观测应不少于两测回，距离往返观测各两测回。

2　控制点间的距离允许偏差为 1/20 000；直线段控制点间夹角与 180°较差应小于 8″，曲线段控制点间夹角与设计值较差计算出的线路横向偏差应小于 1.5 mm；弦长测量值与设计值较差应小于 2 mm。

5.2.4　CPⅢ控制点满足各项限差要求后应永久固定。控制点标识要清晰、齐全、便于使用，并绘制布设平面示意图和控制点表，做好点之记描述其位置、里程、外移距。

5.2.5　CPⅢ控制点高程测量工作应在CPⅢ平面测量完成后进行，并起闭于二等水准基点。

5.2.6　CPⅢ控制点水准测量应符合《客运专线无砟轨道铁路工程测量暂行规定》(铁建设〔2006〕189号)相关规定。

5.3　加密基桩测设

5.3.1　加密基桩测设基本工序流程见图5.3.1。

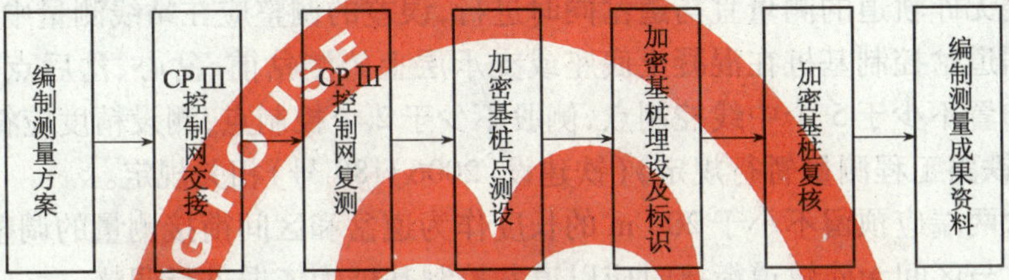

图5.3.1　加密基桩测设基本工序流程

5.3.2　无砟轨道施工前，应根据轨道结构形式及施工要求增设加密基桩，测设精度应符合《客运专线无砟轨道铁路工程测量暂行规定》(铁建设〔2006〕189号)相关规定。

5.3.3　加密基桩的测设应满足下列要求：

1　依据相邻CPⅢ控制点加密，采用光学准直法和精密水准测量方法，逐一测定加密基桩的位置和高程，并标定点位。

2　加密基桩间距应根据施工方法确定，一般在5～10 m范围设置一个；加密基桩一般设置在线路中线上，也可设置在线路中线的两侧。

5.3.4　CRTSⅠ型板式无砟轨道、CRTSⅡ型板式无砟轨道、CRTSⅢ型板式无砟轨道及CRTSⅠ型双块式无砟轨道、CRTSⅡ型双块式无砟轨道的施工测量应符合《客运专线无砟轨道铁路工程测量暂行规定》(铁建设〔2006〕189号)相关规定。

5.3.5　当区间无砟轨道采用多个作业面施工时，应做好各施工作业面衔接测量。作业面间应设置贯通作业面，距贯通作业面不小于200 m范围内，应使用在贯通作业面设置的共用中线及高程控制点作为两作业面施工测量的共用控制点。

CHINA RAILWAY PUBLISHING HOUSE

5.4　道岔基桩测设

5.4.1　道岔基桩测设基本工序流程见图5.4.1。

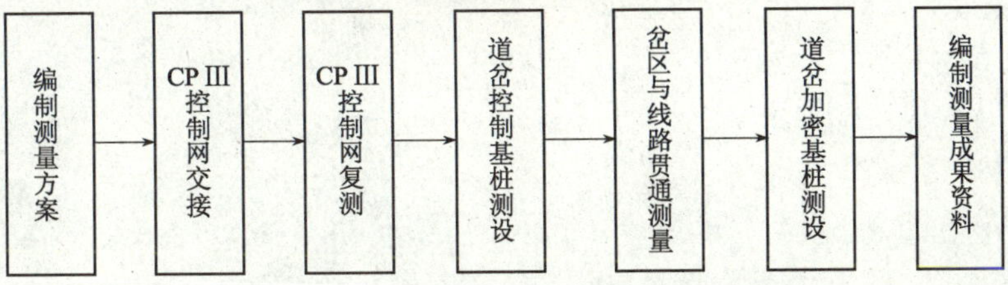

图5.4.1　道岔基桩测设基本工序流程

5.4.2　道岔位置测量，应以线路导线控制网和高程控制网为基准，根据站场设计图进行中线和高程控制测量，确认无误后进行道岔桩位放样。

5.4.3　道岔区控制基桩测量应满足下列要求：

1　道岔区应在岔心、岔前、岔后位置及道岔前后 100～200 m 范围内增设控制基桩，其位置一般设置在直股和曲股的两侧，可按坐标直接测设，也可按岔心和直股与曲股线路方向测设，并应埋置永久性桩位。

2　道岔区控制基桩的测量方法和精度要求应符合《客运专线无砟轨道铁路工程测量暂行规定》（铁建设〔2006〕189 号）相关规定。

5.4.4　站场内的各组无砟道岔宜一次测设完成，并复核道岔间相互位置。

5.4.5　站线无砟轨道的测量宜与道岔同时进行，误差的调整应在站线测量中消除。

5.4.6　根据道岔控制基桩在混凝土底座或支承层上施测岔前、岔心、岔后点位中线控制点，直股应布置不少于 5 个中线控制点，侧股不少于 2 个控制点，测设精度应符合《客运专线无砟轨道铁路工程测量暂行规定》（铁建设〔2006〕189 号）相关规定。

5.4.7　道岔两端应预留不小于 200 m 的长度作为道岔和区间衔接测量的调整距离。

5.4.8　道岔与区间无砟轨道衔接时应以道岔控制基桩为依据进行调整。

5.5　线路维护基桩

5.5.1　线路维护基桩测设基本工序流程见图 5.5.1 。

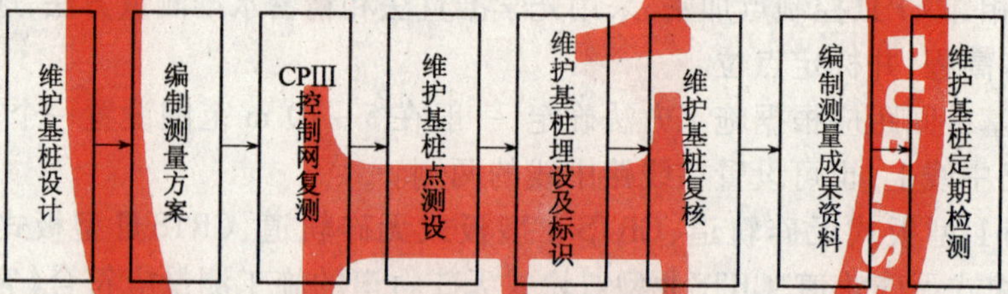

图 5.5.1　线路维护基桩测设基本工序流程

5.5.2　维护基桩应根据维修检测方式布设，并应充分利用已设置的基桩。

5.5.3　利用已设置的基桩作为维护基桩时，应对其进行复测。

5.5.4　增设中线维护基桩时，应检测 CPⅢ控制点，并根据CPⅢ控制点进行线路中线和维护基桩测量。

5.5.5　维护基桩的复测和增设的测量精度应不低于相应轨道结构加密基桩的精度要求，且应满足线路维护要求。

5.5.6　维护基桩应定期检测，不符合要求时，应按原测量精度进行恢复。

CHINA RAILWAY PUBLISHING HOUSE

6　轨道板(轨枕)的检验及储运

6.1　Ⅰ型轨道板

6.1.1　Ⅰ型轨道板进场质量检验应符合下列规定：

1　轨道板制造厂应提供轨道板产品质量证明文件。

2　按照图6.1.1—1所示进行轨道板翘曲量的测量。

图6.1.1—1　轨道板翘曲量测量示意

3　轨道板及几何尺寸允许偏差应符合表6.1.1—1规定。

表6.1.1—1　轨道板几何尺寸允许偏差

序号	检查项目		允许偏差(mm)
1	长　度		±3
2	宽　度		±3
3	厚　度		+3 0
4	两侧螺栓孔的中心间隔		±1
5	单侧螺栓孔的中心间隔		±1
6	半圆缺口部位的直径		±3
7	平整度	四角承轨台水平	±1
		中央翘曲量	≤3
8	预埋套管	位　置	±1
		垂直度	≤1°

4　轨道板表面无肉眼可见裂纹、蜂窝、麻面、混凝土堆垒和掉块等缺陷。

5　轨道板上表面应标识制造年度、制造公司(代号)及轨道板的种类(代号)、板长(非标准长度板)、制造编号等。具体位置见图6.1.1—2。

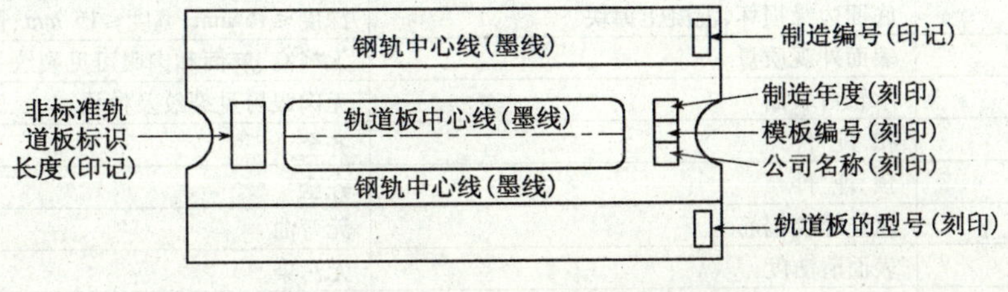

图6.1.1—2　Ⅰ型轨道板标识位置示意

CHINA RAILWAY PUBLISHING HOUSE

6　在轨道板的上面,用墨线弹出左右股钢轨的中心线及轨道板中心线。

7　预埋件齐全,预留孔和预埋套管应采取防尘胶带黏贴等措施防止杂物进入孔内。

6.1.2　轨道板存放应符合下列规定:

1　存放轨道板的地基应平整,并进行加固处理,防止发生不均匀沉降。

2　轨道板的存放,原则上应采用横向竖立状态放置,并采取防倾倒措施,相邻轨道板间用木块或橡胶垫块隔离,并用连接装置连接起吊螺母处,见图6.1.2。

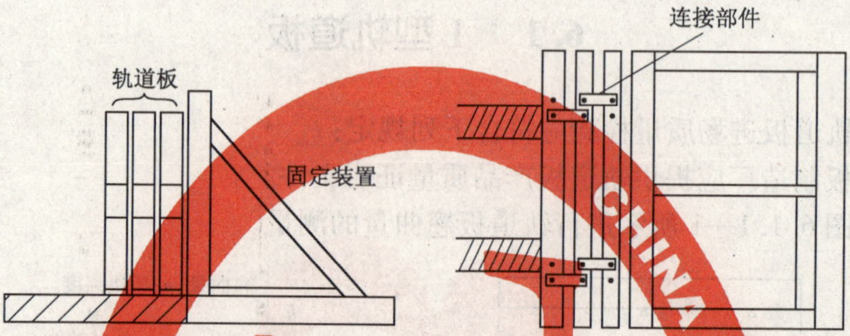

图6.1.2　轨道板存放方式

3　不得已平放时,堆放层数不应超过4层,层间用两根垫木分开放置,垫木应上、下对齐,支点位置在起吊螺母处。垫木可用50 mm×50 mm方木。轨道板存放应覆盖防晒。

6.1.3　轨道板吊装和运输应符合以下规定:

1　装卸轨道板应利用轨道板上的起吊装置水平起吊,使起吊螺栓均匀受力,严禁碰、撞、摔。

2　轨道板装车应采用垫块衬垫:减振型轨道板应使用橡胶垫块,普通型轨道板(包括框架板式和平板式)可使用方木垫块。在起吊螺母处支垫,严禁将轨道板表面朝下装车。

3　轨道板装车层数应根据设备能力确定,但不应超过4层。

4　轨道板运输前应确认装车平稳,捆绑牢固,严禁三点支撑,严防冲击。

6.2　Ⅱ型轨道板

6.2.1　Ⅱ型轨道板现场检验应符合下列规定:

1　轨道板制造厂应提供轨道板产品质量证明文件。

2　轨道板在工地交货时供货方和施工单位应共同检查每块轨道板的外观质量。外观质量应符合表6.2.1规定。

表6.2.1　Ⅱ型轨道板外观质量要求

序号	检查项目	质量要求
1	表面边缘损坏,混凝土剥落	深度≤5 mm、面积≤50 cm^2
2	底面边缘损坏,混凝土掉块	深度≤15 mm、宽度≤15 mm、长度≤100 mm
3	表面外观质量	无蜂窝、麻面和肉眼可见裂纹
4	承轨台表面	无肉眼可见裂纹及掉块
5	扣配件	齐全
6	预埋件	齐全
7	纵连螺纹钢筋	无弯曲
8	表面清洁度	无污染
9	标识	齐全

CHINA RAILWAY PUBLISHING HOUSE

6.2.2　Ⅱ型轨道板现场存放符合下列规定:

1　集中存放时,存放场地要平整并进行硬化处理,硬化地面混凝土强度不小于7.5 MPa,并不得有下沉变形。存放时轨道板面朝上并保持水平。轨道板与地面及每层间可用20 cm×20 cm方木在指定部位支垫。存放层数不应超过10层。

2　沿线存放时,地基应平整密实,下面用方木在指定部位支垫。存放层数宜为2~4层。

6.2.3　Ⅱ型轨道板现场运输应符合下列规定:

1　轨道板运输平车四周应加设轨道板固定装置,宜3块轨道板为一装载单元。

2　根据轨道板铺设图或轨道板调用单确定轨道板装载顺序。

3　运输时应避免轨道板相互碰伤,尤其要保护轨道板承轨台。

4　运输道路应平整、压实,满足运输要求,上道出入口坡度不宜太大。

5　在路基混凝土支承层上运输时应对混凝土支承层采取保护措施。

6　在轨道板上纵向运输时应对承轨台及扣件采取保护措施,横向驶过已铺设好的轨道板时,两侧应做好顺坡,并拆除钢轨扣件,轨道板应采取保护措施。

7　运输车辆上下混凝土支承层、混凝土底座或轨道板时,过渡区域内应做好顺坡。

6.3　Ⅲ型轨道板

6.3.1　轨道板进场质量检验应符合本技术指南第6.1.1条相关规定。

6.3.2　轨道板的存放、吊装和运输应符合本技术指南第6.1.2条和第6.1.3条规定。

6.4　Ⅰ型双块式轨枕

6.4.1　轨枕进场质量检验应符合下列规定:

1　轨枕进场后应按批检查轨枕的质量证明文件。

2　轨枕外观质量应符合表6.4.1—1要求。

表6.4.1—1　双块式轨枕外观质量要求

序号	检查项目	检验标准及允许偏差值
1	预埋套管内	不允许堵塞
2	承轨台表面	不允许有长度>10 mm、深度>2 mm的气孔、黏皮、麻面等缺陷
3	挡肩宽度范围的表面	不允许有长度>10 mm、深度>2 mm缺陷
4	其他部位表面	不允许有长度>50 mm、深度>5 mm的气孔、黏皮、麻面等缺陷
5	表面裂纹	不得有肉眼可见裂纹
6	周边棱角破损长度	≤50 mm

3　轨枕各部尺寸允许偏差应符合表6.4.1—2规定。

表 6.4.1—2　双块式轨枕各部尺寸允许偏差

序号	检查项目		允许偏差(mm)
1	轨枕长度		±5
2	枕底至承轨槽面高度		$^{+5}_{-3}$
3	承轨槽宽度		±2
4	无挡肩	保持轨距的两套管中心距	$^{+1.5}_{-1.0}$
		保持同一铁垫板位置的两相邻套管中心距	$^{+1.5}_{-0.5}$
	有挡肩	两承轨槽外侧底脚间距离	$^{+1.5}_{-1.0}$
		同一承轨槽底脚间距离	$^{+1.5}_{-0.5}$
		承轨槽底脚距套管中心距离	±1
		套管下沉	1
5	钢筋	上排钢筋距轨枕顶面距离	±3
		上下排钢筋间的距离	±3
6	轨底坡		1/35 ~ 1/45
7	承轨槽表面不平度		1
8	两承轨台之间的相对扭曲		0.7

4　轨枕预埋套管抗拔力不得小于 60 kN,试验后其周围没有可见裂纹。

5　轨枕桁架钢筋位置正确,无明显锈蚀、扭曲变形,并不得有开焊或松脱。

6　轨枕外观尺寸应用精度不低于 0.5 mm 的量具测量。承轨台倾斜度和相对翘曲度用专用量具测量。

7　轨枕外表面应有永久标志及临时标志。永久标志包括制造厂名代号和制造年份,应按设计要求打在混凝土表面。临时标志包括规格代号和制造年、月、日,可用墨汁、油漆等标明。

6.4.2　轨枕存放和运输应符合下列规定:

1　合理规划轨枕存放场地,存放场地应坚固平整,轨枕底面应采用垫木支撑,不宜直接接触地面。

2　轨枕按组存放,不合格品应单独存放,并减少轨枕搬运次数。

3　轨枕存放和运输应水平放置(枕面向上),堆放时以 5 根枕为一层,每组不超过 6 层,并捆绑为一体。层间承轨槽处应垫以小方木,方木高度不低于预埋件外露高度,各层垫木位置应上下对齐,堆码层数不应超过 12 层。

4　轨枕铁路运输应按照铁路部门批准的装车方案进行装车。

5　轨枕公路运输应使用带有固定架的车辆,运输车应与轨枕尺寸相适应,装车层数不多于 6 层,装车后应绑扎牢固,严防运输途中发生位移。

6　装车时,每摞轨枕之间塞两块三角楔木,防止轨枕运输过程中碰撞、损坏。

7　存放和运输过程中,应保持预埋螺栓表面或预埋套管内清洁,可用橡胶套或木塞等密封。

8　轨枕运输存放时,严禁碰、撞、摔、扭,避免轨枕桁架钢筋扭曲变形,保持混凝土表面无缺棱掉角。

6.5　Ⅱ型双块式轨枕

6.5.1　Ⅱ型双块式轨枕进场质量检验应符合本技术指南第6.4.1条的规定。

6.5.2　Ⅱ型双块式轨枕存放和运输应符合本技术指南第6.4.2条的规定。

CHINA RAILWAY PUBLISHING HOUSE

7 无砟道床施工

7.1 一 般 规 定

7.1.1 混凝土底座施工前,应按设计要求处理与路面的连接。

7.1.2 无砟轨道用轨道板、轨枕等预制件应工厂化生产。出厂时工厂应提供产品质量证明文件。

7.1.3 无砟道床施工两线间距应满足设计要求,不得有负偏差。

7.1.4 钢筋绝缘处理应满足设计要求,并采用耐腐蚀性材料。

7.1.5 混凝土现场浇筑应符合下列规定:

1 混凝土用原材料、拌制、运输、浇筑及钢筋连接、安装等均应符合《铁路混凝土工程施工质量验收补充标准》(铁建设〔2005〕160 号)和现行《铁路混凝土工程施工技术指南》(TZ 210)的有关规定。钢筋的绑扎应按要求进行绝缘处理,并对绝缘性能进行检查确认。

2 当工地昼夜平均气温连续 3 d 低于 +5 ℃或最低气温低于 -3 ℃时,应采取冬期施工措施,混凝土的入模温度不应低于5 ℃;当工地昼夜平均气温高于 30 ℃时,应采取夏期施工措施,混凝土入模时的温度不宜超过 30 ℃。

3 混凝土应由统一的拌合站集中供应,搅拌车运输,每车混凝土均做坍落度检查,坍落度应满足设计要求。

4 拌制混凝土应按配合比准确称量。混凝土在拌制过程中和浇筑前要严格控制坍落度,每班测定不少于 2 次。当混凝土运输距离较长时,应在拌制和浇筑现场分别检查。

5 混凝土的强度等级应符合设计规定。混凝土浇筑时,应留取强度检验试件。同一配合比每班次应至少取一组检验试件。混凝土强度的检验评定应符合现行《铁路混凝土强度检验评定标准》(TB 10425)和设计文件的有关规定。

6 混凝土的运送应与施工进度相适应,并保证混凝土在运送途中不产生离析、漏浆、严重泌水及坍落度损失过多等现象。

7 混凝土浇筑时的自由倾落高度不宜大于 2 m。当大于 2 m 时,应采用滑槽、溜管等设施辅助下落,出料口距混凝土浇筑面的高度不宜超过 1 m,保证混凝土不出现离析现象。

8 每块底座、道床板混凝土均应一次连续浇筑完成,不得中断。

9 混凝土施工缝的界面应与线路中心线垂直,施工缝宜设在设计伸缩缝处,不得随意留置施工缝,线下构筑物设计伸缩缝处道床应设伸缩缝。

10 混凝土浇筑后,应避免与流动水相接触,并在 12 h 内覆盖和洒水养护,洒水次数应能保持混凝土处于润湿状态;当环境温度低于 5 ℃时,禁止洒水养护,可在混凝土表面喷涂养护液养护,并采取适当保温措施。养护期一般不少于 7 d。掺用缓凝剂等的混凝土养护期按规定适当延长。

CHINA RAILWAY PUBLISHING HOUSE

11 双块式和轨枕埋入式无砟道床采用“架轨法”施工时，道床板混凝土初凝前后应采取喷雾保湿养护措施，初凝后应立即解开夹板螺栓，松开扣件等固定装置，释放钢轨温度应力。

12 混凝土施工模板应内侧面平整，模板间接缝严密，模板和支撑有足够的强度、刚度和稳定性，模板与混凝土的接触面必须清理干净，并涂刷隔离剂。

13 侧模应在混凝土强度达到2.5 MPa以上，其表面及棱角不因拆模而受损时，方可拆模。

14 道床混凝土强度达到5 MPa后，方准拆除轨道排架或调整器。钢轨调整器拆除后，遗留的螺栓孔采用高强度无收缩砂浆封堵。道床混凝土未达到设计强度75%之前，严禁在道床上行车和碰撞轨道部件。

7.1.6 道床施工应建立与轨道平顺度标准相匹配的高精度测量控制网，选用高精度的检测测量仪器。

7.1.7 各型无砟轨道减振的结构形式、设置位置、所用材料等应符合设计要求。

7.2 CRTS Ⅰ型板式无砟轨道道床

7.2.1 Ⅰ型板式无砟道床施工基本工艺流程见图7.2.1。

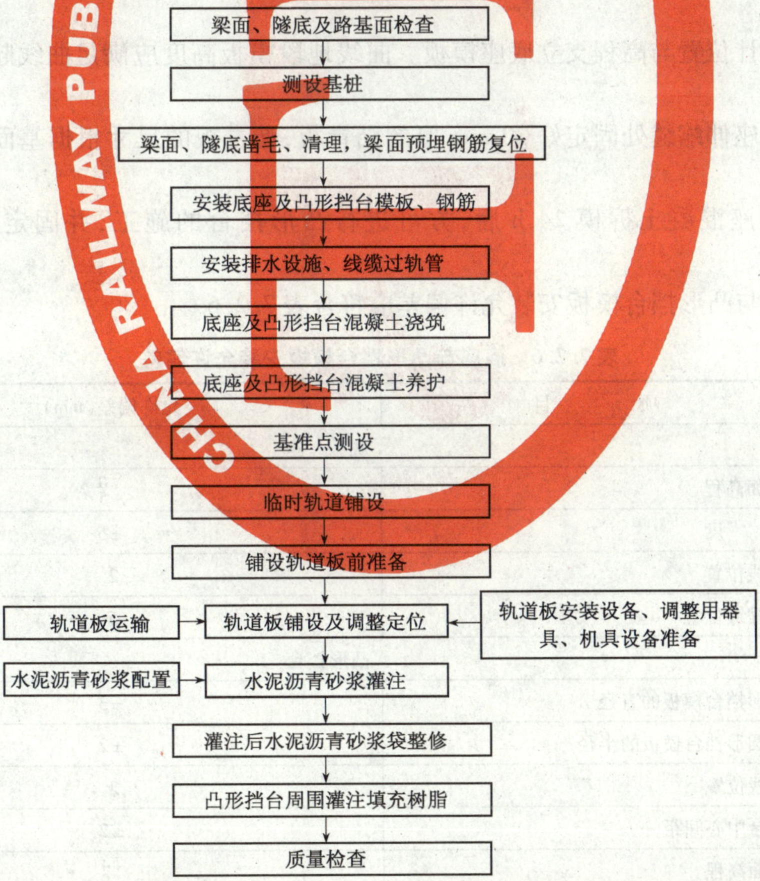

图7.2.1 Ⅰ型板式无砟道床施工基本工艺流程

CHINA RAILWAY PUBLISHING HOUSE

7.2.2 Ⅰ型板式无砟道床施工主要设备有混凝土搅拌站、混凝土运输车、混凝土泵车、混凝土输送泵、钢筋加工设备、轨道板安装车、移动式水泥沥青砂浆拌合车、水泥沥青砂浆灌注设备、三角规等。

7.2.3 水泥沥青砂浆各种原材料应根据其性能及用途合理存放，标识清楚，并应符合下列规定：

1 沥青A乳液、AE剂应在基地采用罐装储存；

2 水泥、混合材料、消泡剂、铝粉应采用仓库储存；

3 细骨料应堆放在硬化地面上，并搭设防雨棚。

7.2.4 凸形挡台填充树脂的性能指标应满足相关技术条件。

7.2.5 底座与凸形挡台的施工除应符合本技术指南第7.1.5条规定外，还应符合下列规定：

1 混凝土底座宽度范围内的梁面或隧道铺底按设计要求进行处理，凿毛时，见新面不应小于50%，浮砟、碎片、油渍等应清除干净，无积水。

2 绑扎底座钢筋骨架，并按要求放好钢筋保护层垫块。

3 将底座钢筋与预埋连接钢筋、凸形挡台钢筋相连。若钢筋相碰，可沿线路纵向稍作调整。

4 预埋底座内的横向排水装置及线缆过轨管应采取措施防止混凝土浇筑时堵塞管道。

5 按设计位置与高程支立底座模板。曲线地段模板高度应满足曲线超高的设计要求。

6 在底座伸缩缝处固定好20 mm厚的沥青板，沥青板的尺寸根据基面横坡与设计高程确定。

7 在底座混凝土拆模24 h后，方可进行凸形挡台的施工，并固定好基准器底座。

7.2.6 底座与凸形挡台模板安装允许偏差应符合表7.2.6。

表7.2.6　底座与凸形挡台模板安装允许偏差

序　号	项　　目	允许偏差(mm)
一	底　座	
1	顶面高程	$^{0}_{-5}$
2	宽　度	±5
3	中线位置	2
4	伸缩缝位置	5
二	凸形挡台	
1	圆形挡台模板的直径	±3
2	半圆形挡台模板的半径	±2
3	中线位置	2
4	挡台中心间距	±2
5	顶面高程	$^{+4}_{0}$

7.2.7 底座与凸形挡台外形尺寸允许偏差应符合表7.2.7的规定。

CHINA RAILWAY PUBLISHING HOUSE

表 7.2.7　底座与凸形挡台外形尺寸允许偏差

序　号	项　　　　目	允许偏差(mm)
一	底　座	
1	顶面高程	$^{+3}_{-10}$
2	宽　度	±10
3	中线位置	3
4	平 整 度	10/3m
二	凸形挡台	
1	圆形挡台的直径	±3
2	半圆形挡台的半径	±2
3	中线位置	3
4	挡台中心间距	±5
5	顶面高程	$^{+5}_{0}$

7.2.8　测设基准器,并对每个基准器进行编号,并制作相应的铭牌。铭牌上标示的内容见图 7.2.8 。

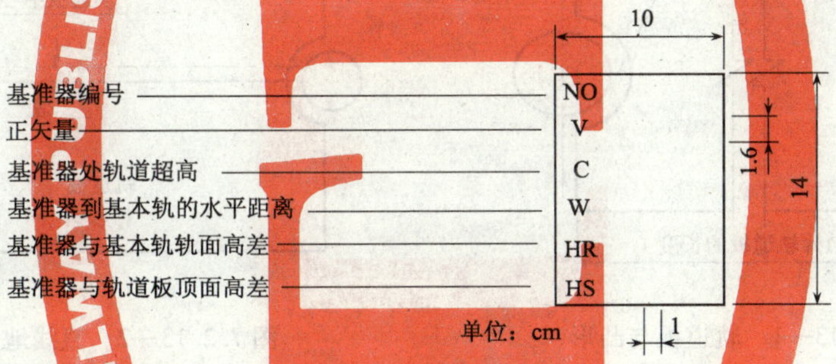

图 7.2.8　基准器铭牌

7.2.9　基准点测设允许偏差应符合表 7.2.9 规定。

表 7.2.9　基准点测设允许偏差

序　号	项　　　　目	允 许 偏 差
1	与线路中线差	2 mm
2	高　　程	±2 mm
3	距　　离	1/5 000
4	相邻基准点高程差	±1 mm

7.2.10　轨道板宜采用专用机械铺设。铺设前,底座混凝土面不得有杂物和积水,并预先在两凸形挡台间的底座表面放置支承垫木(尺寸宜为 50 mm × 50 mm × 300 mm),做好相关准备工作。

7.2.11　轨道板应采用专用机具精确调整对位,并应符合下列规定:

1　轨道板大致就位后,依据凸形挡台上的基准器精确调整轨道板的位置和高低。

2　精确测量两相邻凸形挡台间的纵向距离,将轨道板调整至两凸形挡台的中间位置,保证轨道板与两凸形挡台之间的间距相同。轨道板与凸形挡台的间隙不得小于

CHINA RAILWAY PUBLISHING HOUSE

30 mm。

3 利用三角规,通过凸形挡台上的基准器调整轨道板的方向。曲线地段要调整好每块轨道板的偏角,并用弦测法校核。

4 利用三角规,通过凸形挡台上的基准器调整轨道板 4 个点的高低。测量位置宜在轨道板支承螺栓孔位置,且位于钢轨中心线上。曲线地段轨道板高低的调整要满足设计超高的要求。普通型轨道板与混凝土底座的间隙不应小于 40 mm,也不得大于 100 mm;减振型轨道板与混凝土底座的间隙不应小于 35 mm,也不得大于 80 mm。

5 按上述第 2 ~ 4 款反复调整,直至满足要求。

7.2.12 轨道板的状态精确对位后,将支承螺栓拧入轨道板的预埋螺栓孔内,并支承在底座混凝土上。复测轨道板状态,必要时,须拧松支承螺栓,重新调整轨道板状态,直至符合精度要求。

7.2.13 轨道板调整后的精度应符合下列规定:

1 轨道板与凸形挡台前后的调整精度满足图 7.2.13—1 所示 A、B 的位置关系。

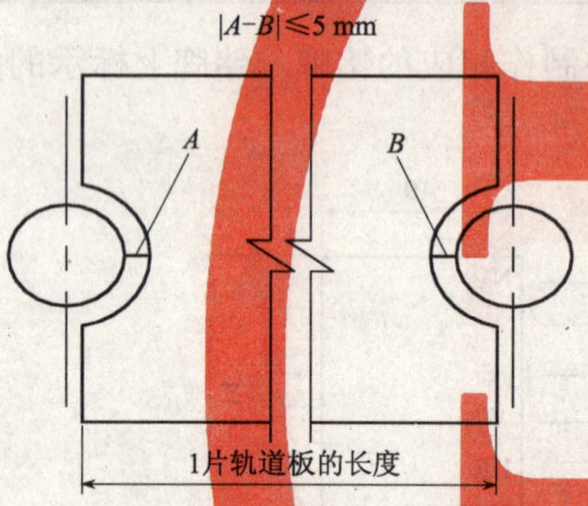

图 7.2.13—1 轨道板与凸形挡台前后的调整精度

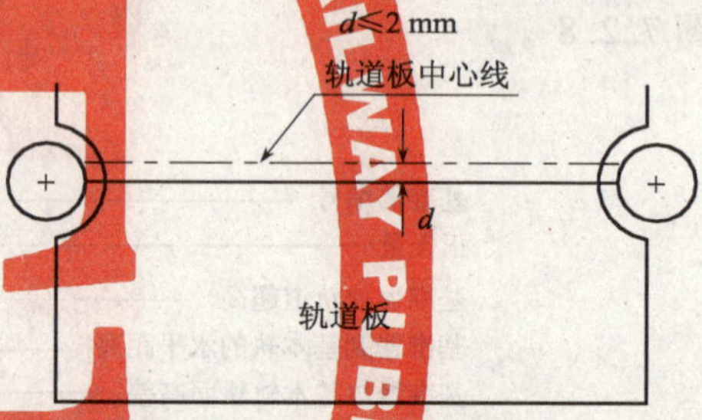

图 7.2.13—2 直线地段轨道板左右方向的调整精度

2 直线地段轨道板左右方向的调整精度满足图 7.2.13—2 所示 d 的位置关系。

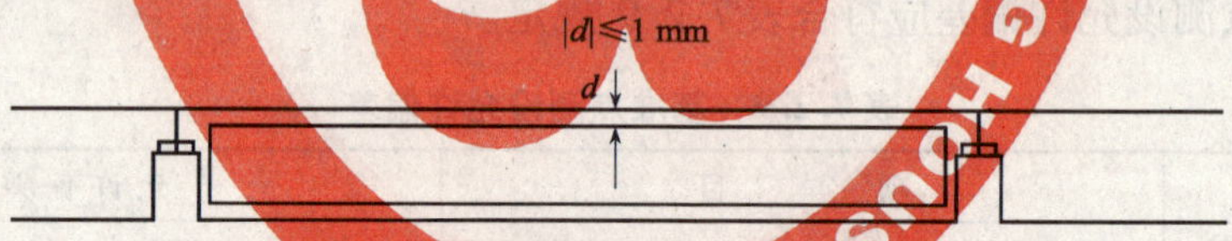

图 7.2.13—3 轨道板上下方向的调整精度

3 轨道板上下方向的调整精度满足图 7.2.13—3 所示 d 的位置关系。

4 曲线地段铺设轨道板时,将轨道板向曲线外侧移动正矢的 1/2,见图 7.2.13 —4。

7.2.14 水泥沥青砂浆灌注可以采用在现场支立模板或使用注入袋的方式进行施工。

7.2.15 采用在现场支立模板灌注水泥沥青砂浆时,应符合下列规定:

1 沿轨道板两侧支立模板,模板以钢模为宜,相邻轨道板之间设置间隔板。模板与轨道板侧面应设 10 mm 的间隙;在模板、间隔板与底座间采用泡沫塑料剂胶条密封,并设排气管,保证水泥沥青砂浆灌注时不泄漏。模板内侧应涂脱模剂,脱模剂应以不妨碍水泥沥青砂浆的硬化为原则。

2 用漏斗和漏管接收来自搅拌机的水泥沥青砂浆并通过轨道板上的注入孔,将水泥沥青砂浆灌注到板下。注入时从轨道板的注入孔沿一侧进行作业;线路的曲线与纵坡地段，应由低向高的方向进行灌注。

3　水泥沥青砂浆应缓慢连续注入，以不带入空气为度；当注入到一半左右时，应进一步降低注入速度，并充分注意轨道板侧面水泥沥青砂浆的突起高度。

4　每块轨道板下面的水泥沥青砂浆应连续灌注，水泥沥青砂浆的注入口应尽量接近轨道板面，以减小水泥沥青砂浆的落差，避免离析和带入空气。

5　当水泥沥青砂浆在轨道板侧模和注入孔中的突起高度达到 50 mm 时，即可停止灌浆。

6　模板和轨道板支承螺栓的拆卸应在水泥沥青砂浆的龄期超过 24 h 或水泥沥青砂浆强度达到 0.1 MPa 后才能进行。轨道板侧面的水泥沥青砂浆应修整成外斜坡的形式。

7.2.16　采用注入袋方式时，应使用对应灌注厚度尺寸的注入袋，使水泥沥青砂浆的灌注达到轨道板的底面。注入袋在轨道板下要完全拉平展开，不得形成“皱纹”，然后使用胶带等进行固定，防止移动。外轨超高区段，应在轨道板曲线内侧面设置壁板，防止因水泥沥青砂浆的流动压力使得注入袋从轨道板的侧面突出。

图 7.2.13—4　曲线地段铺设轨道板调整

7.2.17　水泥沥青砂浆灌注前，应保证底座顶面无积水、杂物、灰尘等；轨道板上应覆盖塑料布，防止被水泥沥青砂浆污染。

7.2.18　每班次在灌注水泥沥青砂浆之前，应采用稠度试验法测定流动时间，如不在规定的范围不得进行灌注。

7.2.19　每班次灌注第一盘水泥沥青砂浆时，应制作水泥沥青砂浆压缩强度及弹性模量试件，试件数量、规格及实验方法应符合相关规定。

7.2.20　CA 砂浆配制、施工时的适宜温度范围为 10 ℃~25 ℃，限界温度范围为 5 ℃~30 ℃。超过限界温度时应采取相应措施。

7.2.21　雨天应采取遮盖措施后方可灌注水泥沥青砂浆，雨水不得接触水泥沥青砂浆。

7.2.22　水泥沥青砂浆采用自然养护。在气温高于 30 ℃或低于5 ℃时，应采取相应养护措施覆盖养护。

7.2.23　水泥沥青砂浆在灌注不少于 7 d 或抗压强度达到 0.7 MPa 后方可承载。

7.2.24　凸形挡台周边树脂灌注应符合下列规定：

1　树脂材料的配合比和性能指标应符合设计要求。

2　凸形挡台周围填充树脂宜在 10 ℃~30 ℃温度条件下灌注。

3　灌注时宜使用注入袋，防止树脂泄漏。

4　搅拌后的树脂材料应在混合后 20 min 内注入。

5　一个凸形挡台周围填充树脂应一次灌注完成。

CHINA RAILWAY PUBLISHING HOUSE

6 树脂应缓慢连续注入，防止带入空气，保证灌注密实。

7 凸形挡台周围填充树脂材料的高度宜低于轨道板顶面5～10 mm。

7.2.25 水泥沥青砂浆和凸形挡台树脂材料的拌制与灌注过程中，均应符合环境保护的有关规定。在暂时停止作业时，应对搅拌机等机具进行清洗，洗涤水和水泥沥青砂浆残料的废弃物应运送到统一地点进行妥善处理。未达标的废弃物不允许随意排放。

7.3 CRTS Ⅱ型板式无砟轨道道床

7.3.1 Ⅱ型板式无砟道床施工基本工艺流程见图 7.3.1。

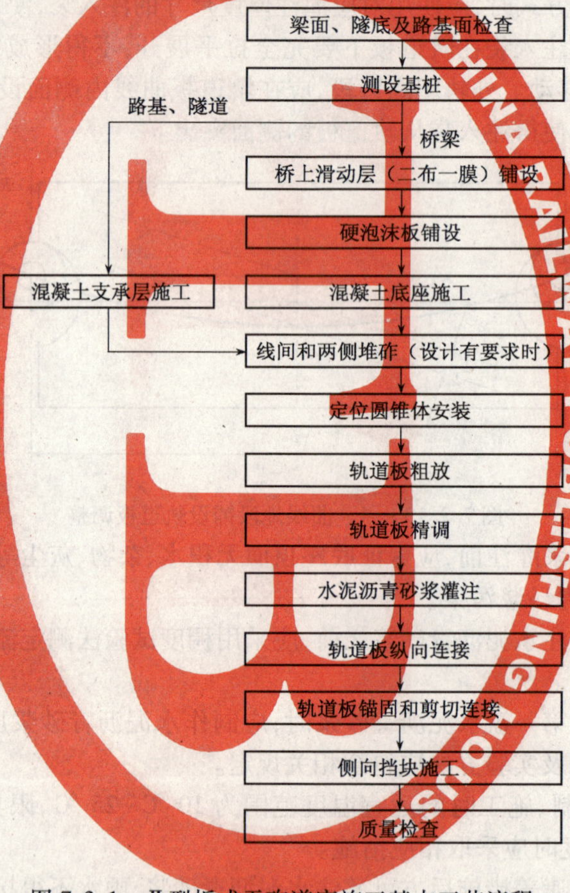

图 7.3.1 Ⅱ型板式无砟道床施工基本工艺流程

CHINA RAILWAY PUBLISHING HOUSE

7.3.2 Ⅱ型板式无砟道床施工主要设备有：混凝土搅拌站、混凝土运输车、混凝土泵车、混凝土输送泵、滑模摊铺机、钢筋加工设备、轨道板运输车、轨道板铺设门吊、轨道板定位精调装置、移动式水泥沥青砂浆拌合车、水泥沥青砂浆灌注设备、定位圆锥体等。

7.3.3 路基上及隧道内混凝土支承层施工应符合下列规定：

1 混凝土原材料应符合相关规定，原材料的进场检验合格后，正式施工前 2 个月应进行配合比试验。

2 混凝土施工配合比设计应结合施工现场的水泥、集料等实际情况，在工地上选配出满足设计要求的施工配合比。当主要原材料发生改变时，应重新进行配合比设计工作。

3 同一配合比每班次应取检验试件至少一组，抗压强度应符合设计要求。混凝土支承层(未硬化)密实度应符合设计要求。

4 混凝土支承层宜选用滑模摊铺机摊铺,短距离或滑模摊铺机无法施工地段可采用立模现场浇筑的方法施工。

5 滑模摊铺机的施工参数设定及校准应按其操作规程进行。首次摊铺时,应对其摊铺位置、几何参数和机架水平度进行调整和校准,正确无误后方可开始摊铺。

6 施工前应选择一块场地进行工艺性试验,检验施工配合比及施工机械性能。

7 支承层混凝土应由拌和站拌制。混凝土在拌和过程中,不得使用表面沾染尘土和局部曝晒过热的骨料。

8 混凝土搅拌时间应按工艺试验时确定的时间执行,拌和物应均匀一致,有生料、成团现象的非均质拌和物严禁用于摊铺。

9 应根据施工进度、运量、运距及路况,选配车型和车辆总数。总运输能力应比总拌和能力略有富余,保证新搅拌混凝土在规定的时间运到摊铺现场。

10 支承层混凝土拌和物的运输宜选用自卸卡车,长距离运输应采取覆盖措施,自由倾落高度不应大于 1 m。

11 施工时的环境温度不应低于 +5 ℃;支承层完成后的前 7 d 内如有霜冻,支承层必须采取防护措施。

12 基床表层的履带行走部位应清扫干净。摊铺位置应洒水湿润,但不得积水。

13 在开始摊铺的 5 m 内,应在摊铺行进中对摊铺出的混凝土标高、边缘厚度、中线、横坡等参数进行复核测量。

14 混凝土支承层每 5m 应切割深度为支承层厚度 1/3 以上的缝,切缝可在支承层摊铺的过程中由摊铺机实施,也可在支承层硬化后人工切割,但应在混凝土支承层铺设后 12 h 内完成。

15 操作滑模摊铺机应缓慢、匀速、连续作业。

16 摊铺中滑模摊铺机停机待料最长时间超过当时气温下混凝土初凝时间的 4/5 时,应将滑模摊铺机迅速开出摊铺工作面,并做施工缝。

17 每个工班结束时的施工缝宜安排在切缝处,施工缝距切缝间距离不应小于 2.5 m。

18 混凝土支承层表面应做拉毛处理。

19 支承层混凝土在摊铺完成后应喷雾或洒水并覆盖保湿养护。养护时间一般不宜少于 7 d。达到设计强度后,方可行驶车辆。

20 采用立模现浇方法施工时,模板安装允许偏差应符合表 7.3.3—1 规定。

表 7.3.3—1 模板安装允许偏差

序 号	检 查 项 目	允许偏差(mm)
1	中线位置	10
2	顶面高程	±3
3	内侧宽度	$^{+10}_{0}$

表 7.3.3—2 混凝土支承层外形尺寸允许偏差

序 号	检 查 项 目	允许偏差(mm)
1	厚 度	±20
2	中线位置	10
3	宽 度	$^{+15}_{0}$
4	顶面高程	±5
5	平 整 度	10/3m

21 混凝土支承层施工允许偏差应符合表 7.3.3—2 规定。

7.3.4 桥梁上滑动层(二布一膜)铺设应符合下列规定:

1 检查梁面防水层,其表面应光滑,平整度符合设计要求。

2 铺设第一层无纺布之前,防水层表面不得残留石子或砂粒之类可能破坏滑动层的颗粒。

3 铺设第一层无纺布应从活动支座梁端开始,到固定支座梁端预埋螺栓止。

4 用胶合剂将第一层无纺布黏贴在桥梁防水层上,第一层无纺布可以对接铺设。

5 在已铺就的第一层无纺布上,铺设聚乙烯薄膜,薄膜不得起皱。在接缝处必须将聚乙烯薄膜熔接。

6 在聚乙烯薄膜上铺设第二层无纺布,第二层无纺布应连续整块铺设。铺设时可用水湿润无纺布以利于将无纺布吸附在聚乙烯薄膜上。

7 铺设后的无纺布和聚乙烯薄膜上不得行车,安装底座钢筋网时要选择合适的垫块间距,以免钢筋刺穿无纺布。

8 底座混凝土浇筑完毕后,应将无纺布和聚乙烯薄膜的外露部分紧贴底座混凝土剪去。

7.3.5 硬泡沫塑料板铺设应符合下列规定:

1 清理硬泡沫塑料板铺设范围内的梁面和滑动层表面,不得残留石子或砂粒之类的可能破坏硬泡沫塑料板的颗粒。

2 按设计要求将硬泡沫塑料板一端用胶合剂黏贴在桥梁固定端防水层上,另一端放置在滑动层上。

3 硬泡沫塑料板可以榫接或阶梯接合,接缝应严密不得有通缝,边部多余部分切直。在硬泡沫塑料板上应覆盖一层薄膜。

4 铺设的硬泡沫塑料板不能破损,安装钢筋网时要选择合适的垫块间距,以免钢筋刺穿硬泡沫塑料板。一旦破损,必须更换。

7.3.6 桥梁上混凝土底座施工除应符合本技术指南第7.1.5条规定外,还应符合下列规定:

1 按设计要求在梁端缝隙中插入钢楔块后,分段浇筑底座混凝土。

2 底座混凝土后浇带的纵向钢筋连接器必须按设计要求在混凝土浇筑后48~72 h内松开,梁端缝隙中的楔块应及时去掉。

3 全桥各分段混凝土底座浇筑完毕后,所有混凝土后浇带的纵向钢筋必须按设计要求在24 h内通过连接器重新连接。温差很小时,后浇带混凝土的浇筑可以超过24 h,但不得超过48 h。

4 底座模板安装允许偏差应符合表7.3.6—1的规定。

表7.3.6—1 底座模板安装允许偏差

序号	检查项目	允许偏差(mm)
1	顶面高程	±3
2	宽度	$^{+10}_{0}$
3	中线位置	5
4	伸缩缝位置	5

表7.3.6—2 混凝土底座外形尺寸允许偏差

序号	检查项目	允许偏差(mm)
1	中线位置	10
2	宽度	$^{+15}_{0}$
3	顶面高程	±5
4	平整度	10/3 m

5 混凝土底座外形尺寸允许偏差应满足表7.3.6—2的规定。

7.3.7 线间及两侧堆砟应符合下列规定：

1 线间和两侧堆砟可伴随轨道板的铺设平行作业，也可在轨道板铺设完毕后进行。

2 堆砟粒径级配应符合设计要求，一般为 0～45 mm 的碎石。在路堑范围混凝土支承层侧面的充填要向外设 4% 的坡度，密实度应符合设计要求。

3 线间堆砟表面上的混凝土施工可一次充填完成，也可分两次完成，混凝土施工每隔 2.5 m 宜设一道横向分隔缝，并按设计要求对分格缝热灌沥青。

7.3.8 轨道板的铺设应符合下列规定：

1 圆锥体定位之前，应清理混凝土支承层或底座表面，再测出轨道基准点和安置点，轨道基准点和安置点位于轨道板横接缝的中央，且接近轴线。圆锥体的轴线应与安置点重合。

2 固定圆锥体的锚杆钻孔孔径为 20 mm，钻孔深度在直线上（超高≤45 mm）为 15 cm，在有超高的线路上（超高＞45 mm）为 20 cm。用合成树脂胶泥胶黏固定锚杆。

3 填充的合成树脂胶泥达到强度后，将圆锥体套上锚杆并用翼形螺帽固定。

4 圆锥体在轨道板粗放后便可拆除，但锚杆须在水泥沥青砂浆灌注后，方可拆除。

5 轨道板安装前要在精调装置的安设部位先放上发泡材料制成的模制件，并用硅胶固定。

6 在混凝土支承层或底座上紧靠轨道板吊点位置放置 2.8 cm 厚的支承垫木。

7 紧靠圆锥体将轨道板放置在支承垫木上，粗放精度为 ±10 mm。

8 精调螺杆抬高轨道板后，再撤出垫木。

9 用精调测量系统通过精调装置将轨道板调整到设计位置。高程允许偏差为 ±0.5 mm，中线允许偏差为 0.5 mm。相邻轨道板接缝处承轨台顶面相对高差及平面位置允许偏差为 ±0.3 mm。

10 用电脑软件记录精调测量结果，记录内容包括：板类型和板号；观测员；精调日期、时间；天气；精调时的温度；调控点的铺置差（理论－实际值）；轨道基准网和定向点上的最终偏差。

7.3.9 水泥沥青砂浆灌注除应符合本技术指南第 7.2.17 ～第 7.2.22 条规定外，还应符合下列规定：

1 水泥沥青砂浆层的厚度不应小于 2 cm，最大不宜超过 4 cm。

2 轨道板精调工作完成并满足精度要求后，进行轨道板边缝密封。

3 轨道板纵向侧缝密封采用一种特殊的、稳固的水泥砂浆。密封前应清理和湿润密封部位，密封时不得触动定位装置，应对精调装置四周作封闭处理，同时应防止密封砂浆进到轨道板下。密封砂浆硬化前应在轨道板边角附近或中间紧靠板底处设置排气孔。

4 轨道板对接处横向接缝的密封使用可刮抹的稠度较大的水泥沥青砂浆。抹缝时不得掩盖轨道基准点。横向密封水泥沥青砂浆应高出轨道板底边至少 2 cm，并压实、抹平。

5 灌注水泥沥青砂浆时应保证轨道板空间位置不变，必须在轨道板的中间两侧和两块板的接缝处中间部位安装压紧装置。

6 水泥沥青砂浆灌注前应对轨道板安置情况进行复查，不符合设计要求时应重新调整轨道板。

7 轨道板底面和混凝土支承层或底座表面灌浆前应预先湿润。

8 用移动式搅拌设备现场拌制水泥沥青砂浆，通过中间灌浆孔灌浆，排气孔处冒出

CHINA RAILWAY PUBLISHING HOUSE

水泥沥青砂浆时则用木塞塞住排气孔，灌浆孔内水泥沥青砂浆表面应高出轨道板底面，不得回落到底面以下。灌浆过程应保持轨道板表面清洁。

9 在水泥沥青砂浆轻度凝固时将一根钢筋从灌浆孔插入，以利补孔混凝土与水泥沥青砂浆的连结。

10 水泥沥青砂浆的最小抗压强度达到1 MPa以后方可拆除轨道板下面的精调校正装置；最小抗压强度达到3 MPa后才允许在轨道板上行车。

7.3.10 轨道板纵向连接及灌浆孔填补应符合下列规定：

1 轨道板的纵向连接及补孔混凝土的颗粒级配为0～10 mm，浇筑环境温度不应高于25 ℃。

2 窄接缝混凝土浇筑高度应低于轨道板上缘约6 cm。

3 水泥沥青砂浆的强度达到9 MPa，窄接缝混凝土强度达到20 MPa时方可对轨道板实施张拉。张拉顺序：第一步张拉中间两根钢筋，第二步从内向外张拉剩下的钢筋，最后一块轨道板只张拉中间的钢筋。螺纹钢筋应按设计扭矩张紧。

4 宽接缝按设计要求配筋，钢筋应绑扎牢固，并按设计要求对钢筋进行绝缘处理。

5 宽接缝填补混凝土应捣实，混凝土表面与轨道板面抹齐平。

6 用与宽接缝同样的混凝土填充灌浆孔。

7 新填充的混凝土应覆盖养护。

7.3.11 按设计要求在轨道板上钻孔至混凝土底座一定深度，埋设锚栓，安装锚定板、盘形弹簧和螺母，按设计要求用扭矩扳手（拧紧螺母）施加预应力，固定轨道板，并对锚固件做防腐处理。

7.3.12 当设计要求将轨道板与混凝土支承层或底座剪切连接时，施工应符合下列规定：

1 钻孔前应探测和避开轨道板与混凝土底座中的钢筋位置；

2 按照规定的深度钻剪切连接的孔；

3 清除钻孔钻屑；

4 放入连接件；

5 填充锚固剂；

6 锚固剂充达到所要求的强度以后用扭力扳手按设计要求将锚栓拧紧。

7.3.13 侧向挡块混凝土施工除应符合本技术指南第7.1.5条相关规定外，还应符合下列规定：

1 侧向挡块钢筋应与桥梁上预埋钢筋连接。侧向挡块与轨道板或底座通过橡胶支座连接。

2 在轨道板灌注水泥沥青砂浆层后，再施工侧向挡块，同时依据侧向挡块的类型嵌入相应的橡胶支座。

3 侧向挡块允许偏差应符合表7.3.13的规定。

表7.3.13 侧向挡块允许偏差

序号	检查项目	允许偏差(mm)
1	平面位置	10
2	截面尺寸	$^{+15}_{0}$

7.4 CRTS Ⅲ型板式无砟轨道道床

7.4.1 Ⅲ型板式无砟道床施工基本工艺流程见图7.4.1′。

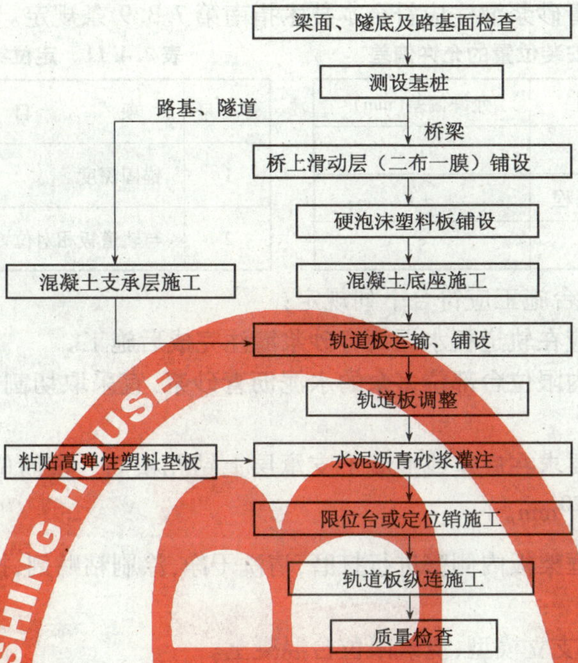

图 7.4.1　Ⅲ型板式无砟道床施工基本工艺流程

7.4.2　Ⅲ型板式无砟道床施工主要设备有混凝土搅拌站、混凝土运输车、混凝土泵车、混凝土输送泵、滑模摊铺机、钢筋加工设备、轮胎式运板车、铺板龙门吊、轨道板精调用三向千斤顶、移动式水泥沥青砂浆拌合车、水泥沥青砂浆灌注设备等。

7.4.3　路基上及隧道内混凝土支承层施工应符合本技术指南第 7.3.3 条的规定。

7.4.4　桥上滑动层(二布一膜)铺设应符合本技术指南第 7.3.4 条的规定。

7.4.5　桥上硬泡沫塑料板的铺设应符合本技术指南第 7.3.5 条的规定。

7.4.6　桥梁上混凝土底座施工应符合本技术指南第 7.3.6 条的规定。

7.4.7　轨道板铺设应符合下列规定:

1　轨道板铺设前应提前在线路中心设置基桩,基桩的材质及功能应符合设计要求,基桩设置应符合《客运专线无砟轨道铁路工程测量暂行规定》(铁建设〔2006〕189 号)的要求。

2　根据线路基桩,标出每块轨道板四角的大概位置(偏差 ±10 mm)。铺设水泥沥青砂浆灌注袋并固定。

3　轨道板采用运输车运输到位后,龙门吊吊装轨道板就位,人工辅助就位。轨道板与混凝土底座的间隙不应小于 40 mm。

4　相邻轨道板间的板缝允许偏差 ±3 mm。

5　位于下部构筑物端部的轨道板端应与结构物端部对齐,板缝偏差在相邻轨道板间调整。

6　采用三向千斤顶调整轨道板方向、高低及前后位置,允许偏差应符合表 7.4.7 规定。

7.4.8　路基上、隧道内水泥沥青砂浆灌注应符合本技术指南第 7.2.14 ~ 第 7.2.23 条规定。

CHINA RAILWAY PUBLISHING HOUSE

7.4.9　桥上水泥沥青砂浆灌注应符合本技术指南第 7.3.9 条规定。

表 7.4.7　轨道板安装位置的允许偏差

序　号	项　　目	允许偏差(mm)
1	中线位置	1
2	承轨面处板顶高程	±1
3	纵向位置	5

表 7.4.11　定位销安装允许偏差

序　号	项　　目	允许偏差(mm)
1	锚固深度	$^{+15}_{0}$
2	与轨道板相对位置	2

7.4.10　框架板限位台施工应符合下列规定：

1　限位台施工应在轨道板水泥沥青砂浆灌注完成后施工。

2　清除框架板内限位台部位多余的水泥沥青砂浆，宜采取切割方式进行，不得损伤板底的水泥沥青砂浆。

3　按设计位置要求在底座或混凝土支承层上钻孔植筋。植筋位置允许偏差 5 mm，锚固长度允许偏差 $^{+20}_{0}$ mm。

4　采用砂纸对框架板内侧壁进行打磨，清洗干净，涂刷粘贴剂，按设计要求粘贴弹性塑料板。

5　绑扎钢筋笼，支立模型，浇筑限位台混凝土。

7.4.11　平板型轨道板定位销施工应符合下列规定：

1　定位销施工应在轨道板水泥沥青砂浆灌注完成后施工。

2　根据轨道板上预留孔的位置，在底座或支承层上钻孔安装定位销。定位销安装允许偏差应符合表 7.4.11 规定。

3　定位销安装完成后，在其周围灌注树脂，灌注方法应符合第 7.2.24 条的规定。灌注树脂的弹性系数为(10±2)kN/mm，抗压强度应大于5 MPa。

7.4.12　轨道板纵向连接应符合下列规定：

1　轨道板纵向连接应在限位台或定位销施工完成，水泥沥青砂浆强度达到设计要求后进行。轨道板连接先施工两端及中部的混凝土，然后安装连接器。

2　轨道板接缝处的弹性无收缩混凝土应满足设计要求，施工前两月应进行配合比设计。

3　在轨道板接缝处绑扎钢筋，端部及中部支立模型，按设计要求浇筑弹性无收缩混凝土。

4　待一期浇筑的混凝土强度达到设计强度的 80% 后，安装连接器。连接器纵向位置允许偏差 10 mm，螺栓拧紧扭矩应符合设计要求。

5　连接器的材质应符合设计要求，并应满足绝缘技术性能要求。

6　连接器安装完成检测合格后，浇筑弹性无收缩混凝土。

7　接缝处混凝土浇筑应密实，表面平整。

7.5　CRTS Ⅰ型双块式无砟轨道道床

7.5.1　Ⅰ型双块式无砟道床施工基本工艺流程见图 7.5.1 。

7.5.2　Ⅰ型双块式无砟道床施工主要设备有混凝土搅拌站、混凝土运输车、混凝土泵车、混凝土输送泵、滑模摊铺机、钢筋加工设备、轨料运输车、轨排粗调机、轨枕抓取装置、螺杆

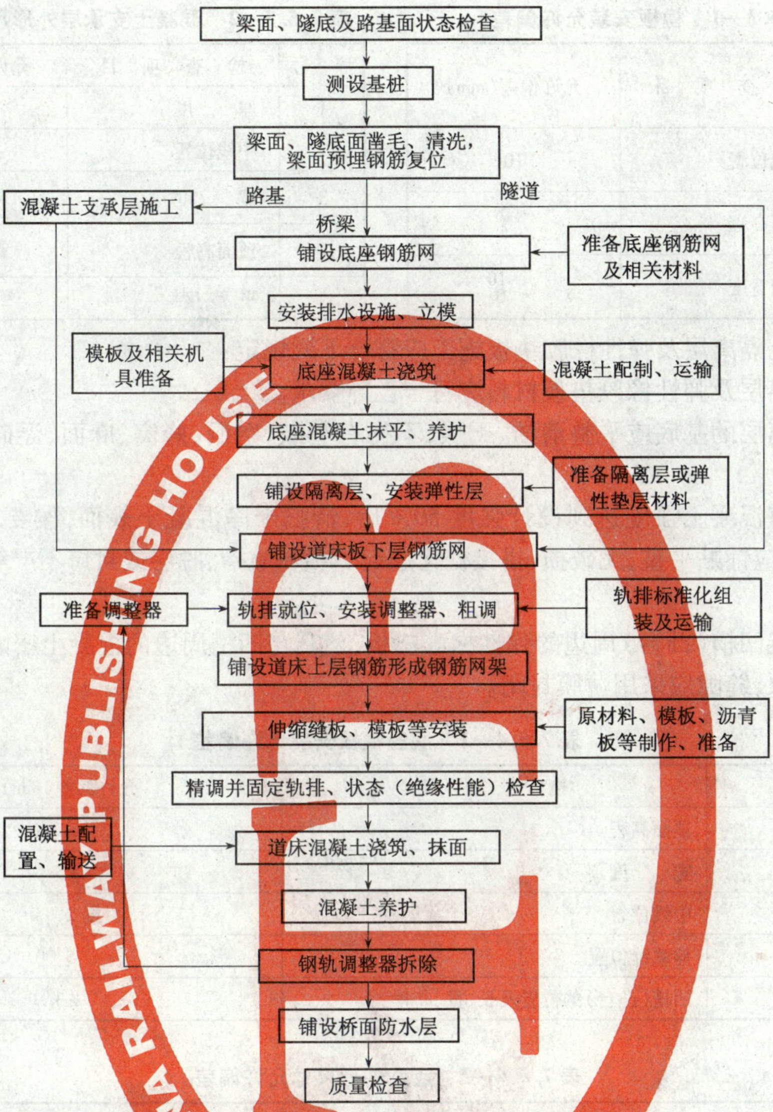

图 7.5.1 I型双块式无砟道床施工基本工艺流程

CHINA RAILWAY PUBLISHING HOUSE

调整器、螺旋调整器、汽车吊、龙门吊等。

7.5.3 路基上混凝土支承层施工除应符合本技术指南第 7.3.3 条有关规定外，还应符合下列规定：

1 混凝土支承层模板安装允许偏差应符合表 7.5.3—1 的规定。

2 混凝土支承层外形尺寸允许偏差应符合表 7.5.3—2 的规定。

7.5.4 桥梁上混凝土底座施工除应符合第 7.1.5 条规定外，还应符合下列规定：

1 桥上底座范围内梁面按设计要求进行处理，凿毛时，见新度不得小于 50%，并冲洗干净，无积水。

2 凹槽(凸台)的设置应符合设计要求。

3 凹槽(凸台)处应振捣密实，表面抹平。

4 底座模板安装允许偏差应符合表 7.5.4—1 规定。

5 底座外形尺寸允许偏差应符合表 7.5.4—2 规定。

表 7.5.3—1　模板安装允许偏差

序　号	检　查　项　目	允许偏差(mm)
1	中线位置	10
2	顶面高程	+2 −5
3	内侧宽度	+10 0

表 7.5.3—2　混凝土支承层外形尺寸允许偏差

序　号	检　查　项　目	允许偏差(mm)
1	厚　　度	±20
2	中线位置	10
3	宽　　度	+15 0
4	顶面高程	+5 −15
5	平 整 度	10

7.5.5　桥上隔离层及弹性橡胶垫板施工应符合下列规定：

1　隔离层及弹性橡胶垫板材料应符合设计要求。

2　隔离层的基底应平整清洁、干燥，不得有空鼓、空洞、蜂窝、麻面、浮砟、浮土和油污。

3　底座混凝土强度达到设计强度 50% 后，清扫干净混凝土表面，按要求铺贴隔离层。隔离层应铺贴平整，无破损，搭接处无翘起、空鼓、皱褶、脱层或封口不严等缺陷，搭接量符合要求。

4　安装凹槽（凸台）周边的弹性橡胶垫板，使其与凹槽周边的混凝土密贴，不得有鼓泡、脱离现象，缝隙应采用薄膜封闭。

表 7.5.4—1　底座模板安装允许偏差

序　号	检　查　项　目	允许偏差(mm)
1	顶面高程	±5
2	宽　　度	±5
3	中线位置	2
4	伸缩缝位置	5
5	凹槽(凸台)的位置及长、宽、高程	±3

表 7.5.4—2　底座外形尺寸允许偏差

序　号	项　　目		允许偏差值(mm)
1	底　座	顶面高程	±10
		宽　　度	±10
		中线位置	3
		平 整 度	10/3 m
2	凹　槽 （凸台）	中线位置	3
		相邻凹槽（凸台）中心间距	±3
		横向宽度	±5
		纵向宽度	±5

7.5.6　轨排组装应符合下列规定：

1　Ⅰ型双块式无砟轨道应采用轨排法施工。轨排组装根据施工条件可采用现场散枕组装轨排、基地组装轨排、移动式工作台组装轨排等多种方式，每种方式均应实现标准化流水作业。

CHINA RAILWAY PUBLISHING HOUSE

2 轨排组装的工序为散枕→固定铁垫板→铺设钢轨→固定钢轨→轨排检查。

3 轨排组装时铁垫板应居中，扣件扭矩应符合设计要求。

4 应根据设计要求编制轨排铺设计划表。

5 轨排组装前应按要求对轨枕进行复检。

6 Ⅰ型双块式无砟轨道施工可以采用正线钢轨或工具轨，采用正线用钢轨组装轨排长度较长时，应对轨排的温度应力及调整器的约束力等进行受力分析计算，及时释放钢轨温度应力，保证轨排不会有较大的内部应力。

7 施工用轨应无变形、损伤、毛刺等，钢轨外观质量应经常检查。

8 轨排组装用扣件应能保证轨排吊装、架设过程中不变形，扣件外观质量应经常检查。

9 轨排组装完成后，应对轨距、轨枕间距进行检查。其允许偏差应符合表7.5.6的规定。

表7.5.6 轨排组装允许偏差

序 号	检查项目	允许偏差(mm)	备 注
1	轨 距	±1	变化率不得大于1‰
2	轨枕间距	±5	

7.5.7 轨排架设及调整应符合下列规定：

1 轨排采用现场散枕方式组装时，轨枕面标高宜低于设计高程20 mm左右，轨排起升应两侧同时进行。

2 轨排采用吊装运输方式时，吊运到施工位置后，应对轨排状态进行复测。

3 轨排就位前，按设计文件要求绑扎下层钢筋，并对其绝缘性能进行检查。

4 轨排的支撑采用专用的支撑装置，装置应能实现高低的无级调整及方向的微调整。

5 轨排的调整分粗调和精调两阶段进行。

6 粗调：应给出轨排支承处每一横断面的里程。使用水准仪测量轨面高程，起落竖直调整装置，使轨顶标高满足设计值，允许偏差为 $^{0}_{-10}$ mm。逐点调整轨道至设计中线位置，允许偏差为±5 mm，并用全站仪精确测量复核。

7 轨排粗调完成后，绑扎上层钢筋，检查钢筋交叉点间的绝缘性能。

8 按设计要求绑扎、焊接综合接地钢筋，埋设接地装置。

9 钢筋网绝缘性能检测合格后，清除钢筋网内的杂物，安装侧向模板和伸缩缝分隔板，并加固模板，保证侧向模板与轨道间无任何连接。模板安装允许偏差应符合表7.5.7—1规定。

表7.5.7—1 道床板模板安装允许偏差

序 号	项 目	允许偏差(mm)	备 注
1	顶面高程	±5	均为模板内侧面的允许偏差
2	宽 度	±5	
3	中线位置	2	

10 精调：用轨检小车和全站仪逐一检测每根轨枕处的轨顶高程、轨道中线位置、线

间距、轨道平顺度等几何形位，并进行调整，允许偏差应符合下列规定：

1)轨顶高程以一股钢轨为准，与设计高程允许偏差：±2 mm；紧靠站台为 $^{+2}_{0}$ mm；

2)轨道中线以一股钢轨为准，与设计中线允许偏差为2 mm；线间距允许偏差为 $^{+5}_{0}$ mm；车站线间距应与站台偏差协调调整；

3)无砟轨道静态平顺度标准应符合表 7.5.7—2 规定。

表 7.5.7—2　无砟轨道静态平顺度允许偏差

项目 / 设计速度	高　低	轨　向	水　平	扭曲(基长 6.25 m)	轨　距
350 km/h≥v>200 km/h	2	2	1	2	±1
v=200 km/h	2	2	2	3	$^{+1}_{-2}$
弦长(m)	10 m				·

注：轨距变化率不得大于 1‰。

11　道床混凝土浇筑前应再次采用轨检小车和全站仪对轨道状态进行检查，对不合格部位进行调整。

7.5.8　轨道调整定位合格后，应安装轨排固定装置，防止混凝土浇筑时轨排横向移位及上浮。

7.5.9　道床板混凝土浇筑前应作好下列准备工作：

1　轨道精确调整和固定完毕，验收合格后，方可逐段浇筑道床混凝土。

2　混凝土浇筑前对钢轨、扣件和轨枕表面应进行覆盖，防止混凝土浇筑时受到污染；同时，混凝土支承层、混凝土底座及轨枕应洒水湿润，保证界面结合。

3　混凝土道床浇筑前，应复测轨排几何形位、钢筋保护层厚度，并由专业人员检测长轨排绝缘性能，每一块混凝土道床单元的钢筋网架绝缘指标，均应有检测、确认、签字记录，满足要求后方可进行混凝土浇注。

7.5.10　道床板混凝土浇筑除应符合本技术指南第 7.1.5 条的规定外，还应符合下列规定：

1　混凝土入模后，立即插入振动棒振捣。对轨枕底部位置混凝土要加强振捣，确保混凝土密实；捣固时防止振动棒触碰钢轨调整器；随时监测轨排几何形位的变化。

2　道床板混凝土振捣密实后，表面应按设计设置横向排水坡，人工整平、抹光；其尺寸允许偏差应符合表 7.5.10 要求。

表 7.5.10　混凝土道床板外形尺寸允许偏差

序　号	检　查　项　目	允许偏差(mm)
1	顶面宽度	±10
2	道床板顶面与承轨台面相对高差	±5
3	伸缩缝宽度	±5
4	中线位置	2
5	平 整 度	2/1m

7.5.11　混凝土初凝后，松开双向调整轴架的竖直螺栓和扣件等固定装置。

7.6 CRTS Ⅱ型双块式无砟轨道道床

7.6.1 Ⅱ型双块式无砟道床施工基本工艺流程见图 7.6.1 。

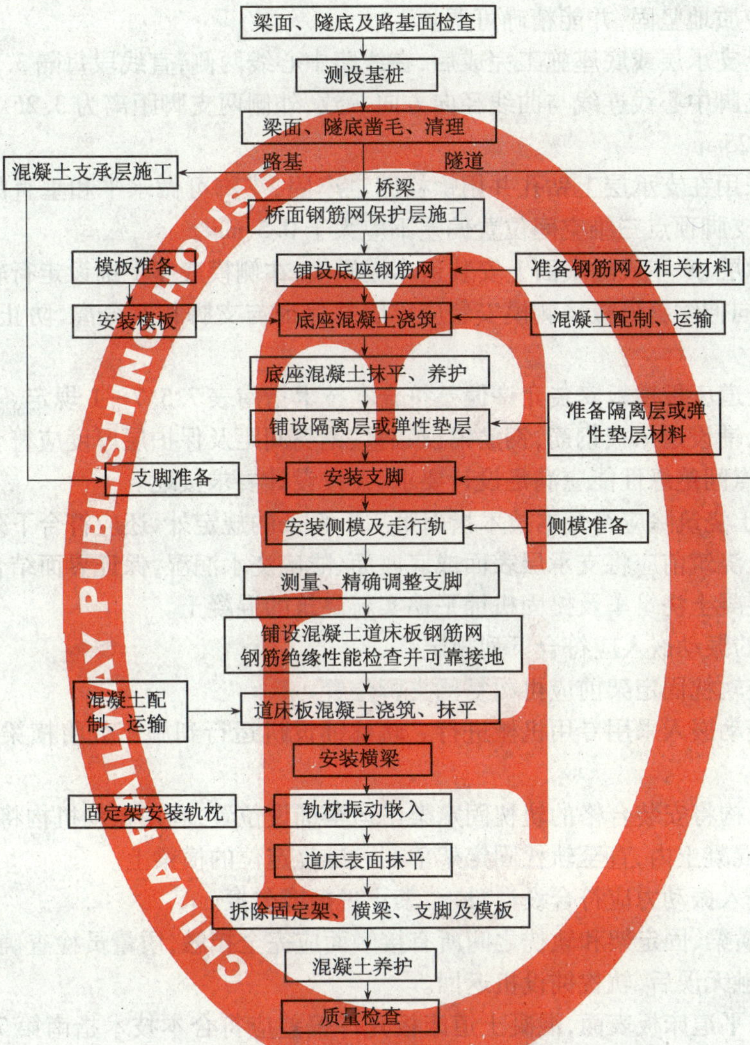

图 7.6.1 Ⅱ型双块式无砟道床施工基本工艺流程

CHINA RAILWAY PUBLISHING HOUSE

7.6.2 Ⅱ型双块式无砟道床施工主要设备有混凝土搅拌站、混凝土运输车、混凝土泵车、混凝土输送泵、滑模摊铺机、钢筋加工设备、混凝土浇筑车、混凝土捣固机、轨枕铺设机、轨枕装配车、拆卸车、施工循环车、钢模板轨道、支脚、横梁、固定架、插入式振捣器、平板式振捣器等。

7.6.3 路基上混凝土支承层施工除应符合本技术指南第 7.3.3 条的规定外，还应在滑模摊铺机摊铺完成后，立即在混凝土支承层表面按设计要求插入接茬钢筋，并重新处理好混凝土表面凸起部分。

7.6.4 桥梁上混凝土底座施工应符合本技术指南第 7.5.4 条的规定。

7.6.5 桥上隔离层及弹性橡胶垫板施工应符合本技术指南第 7.5.5 条的规定。

7.6.6 隧道内可直接在隧道仰拱填充层上进行混凝土道床板施工，曲线超高小于 50 mm 时，超高在道床板上设置；曲线超高大于等于 50 mm 时，超高通过混凝土道床板下楔形混凝土底板设置，楔形混凝土底板外侧厚度随超高调整，内侧厚度应控制在 25 ~ 35 mm 之间。

7.6.7 支脚安装应符合下列规定：

1 支脚应质地坚固，并能精确可调。

2 混凝土支承层或底座施工完成后，在线路中心线两侧，直线段每隔 3.25 m 安放支脚；曲线段两支脚中心线连线与曲线径向方向一致，外侧两支脚距离为 3.25 m，内侧两支脚距离小于 3.25 m。

3 支脚采用在支承层上钻孔并用螺栓固定牢固，支脚可做水平和垂直的三维校准。精调定位后的支脚顶点三维空间位置偏差不应大于 0.5 mm。

7.6.8 在支承层、底座或隧底面上安装道床板侧模，在侧模底座上铺设走行轨道，并按设计要求设置横向伸缩缝隔板。侧模安装应牢固并保证与支脚相互分离，防止施工振动影响支脚定位。

7.6.9 混凝土道床板模板安装允许偏差符合本技术指南表 7.5.7—1 规定。模板安装完毕检查合格后，铺设道床板钢筋，钢筋铺设数量、钢筋间距及保护层厚度应符合设计要求。纵横向钢筋接点间绝缘性能应满足设计要求，并按设计要求接地。

7.6.10 混凝土浇筑除应符合本技术指南第 7.1.5 条的规定外，还应符合下列规定：

1 混凝土浇筑前应将支承层表面或底座面、隧底浇水润湿，保证界面结合；

2 使用混凝土浇筑车及捣固机铺平捣实新浇筑的混凝土。

7.6.11 轨枕的振动嵌入应符合下列规定：

1 在安装轨枕固定架前应再次复测支脚位置。

2 轨枕振动嵌入采用专用机械进行。轨枕铺设机运行到施工处将横梁准确安放在支脚上。

3 铺设机构将安装合格的轨枕固定架吊运至铺设位置，利用振动机构将轨枕嵌入新浇筑的道床板混凝土内，直至轨枕固定架落在已准确定位的横梁上。

4 轨枕嵌入振动力应符合设计要求，禁止过振或欠振。

5 支脚、横梁、固定架和轨枕之间所有接触面应完全接触，质量员检查确认各部件间接触面完全接触无误后，轨枕铺设机返回。

6 人工抹平道床板表面，混凝土道床板允许偏差应符合本技术指南第 7.5.10 条的规定。

7.6.12 固定架、横梁、支脚拆卸应符合下列规定：

1 混凝土初凝后，拆除固定架和横梁，清洁备下一循环使用。侧模拆除应符合本技术指南第 7.1.5 条第 13 款的规定。

2 固定架及横梁通过拆卸车运送到轨枕装配车再用。

3 模板、支脚及连接件由施工循环车运送到前面的施工地点进行重复组装。

7.6.13 固定架组装轨枕应符合下列规定：

1 悬挂轨枕的固定架应有足够的强度、刚度和稳定性，各部件和横梁应精密铣削制造，保证轨枕安装的精度。

2 安装轨枕前，应检查轨枕固定架和横梁，保证其状态良好。

3　用轨枕装配车上的吊车将工地摆放的双块式轨枕吊运到装配车上。

4　安装轨枕前应保证各接触面清洁,不得有杂物。

5　每个固定架上按设计扭力矩上紧扣件螺栓固定5根轨枕。

6　检查员检查确认轨枕与固定架的位置偏差符合设计要求,并做好记录。

7.6.14　混凝土养护应符合本技术指南第7.1.5条第10款的规定。

7.6.15　凹槽或侧向挡块的设置和施工应符合设计要求。

7.7　轨道施工中沉降监控及调整

7.7.1　无砟轨道施工过程中对路基、桥涵和隧道的沉降变形观测应符合《客运专线铁路无砟轨道铺设条件评估技术指南》(铁建设〔2006〕158号)相关规定。

7.7.2　沉降变形测量方法和精度应符合《客运专线无砟轨道铁路工程测量暂行规定》(铁建设〔2006〕189号)的要求。

7.7.3　桥上无砟道床施工过程中每天应全程对作业地段沉降观测点进行一次系统观测。将实际观测值与设计沉降值比较,当实际观测值大于设计沉降变形曲线值时,应立即停止施工,进行沉降分析评估,确认沉降稳定后再继续施工。

7.7.4　对下列过渡段及结构薄弱点应增加观测点及观测频次:

1　通过理论计算不足以精确估测沉降的发展时;

2　采用土工人造材料处理地基基础时;

3　路堑段轨道有可能出现相对拱起时;

4　不同基础结构的过渡段和不同轨道结构形式之间的过渡段。

7.7.5　对较大沉降变形或沉降速率较大区段,应增加观测频次,发现问题及时上报。由设计单位提出设计处理,办理变更设计后再进行调整施工。

CHINA RAILWAY PUBLISHING HOUSE

8　铺设无砟道岔及钢轨伸缩调节器

8.1　一 般 规 定

8.1.1　施工前应根据站场排水、信号、供电等设计图，逐一核对道岔区路基范围内各种管线沟槽的数量、位置、结构尺寸及与道岔区无砟轨道接口是否正确。

8.1.2　道岔区无砟轨道施工应与区间正线、站线相关轨道工程施工相协调。

1　道岔区无砟轨道与区间正线无砟轨道及站线无砟（或有砟）轨道之间应按设计规定设置过渡段；

2　道岔区无砟轨道无缝线路施工与跨区间无缝线路施工应协调进行。

8.1.3　正线无砟道岔宜在站内正线无砟轨道道床施工前完成预铺；无条件预铺时可采用预留岔位，铺设临时轨道过渡后再进行换铺。

8.1.4　无砟道岔施工应按"工厂（场）化预组装，分段运输，工地整体铺设"的原则，统筹考虑道岔的组装、运输和铺设等环节制定实施方案，做好施工协调工作。

8.1.5　无砟道岔宜在组装场进行工厂化预组装，不具备条件时，也可在原位组装，但须设组装平台。

8.1.6　道岔组装平台应根据道岔总布置图设计，具备组装及调试功能，保证道岔组装精度。道岔组装平台应牢固平整，平台的长度、宽度及开向应与待铺道岔相同，平台周围应有道岔组件摆放场地和吊装机械作业空间。

8.1.7　道岔在运输、装卸、存放和铺设过程中，应保证道岔部件不变形、不受损。道岔铺设应采用配套设备机械化施工。

8.1.8　道岔组装完成后，电务单位应及时安装调试电务转换设备，并进行工电联合调试，保证道岔转换设备运转正确。

8.1.9　道岔铺设精调后，应再次进行工电联调，经工务、电务和监理单位共同检查道岔铺设质量，符合相关技术条件规定并签字确认后，方可进行道床板混凝土施工。

8.1.10　铺岔完成，经自检、电务互检合格后，电务应及时安装转辙及锁闭装置。安装转辙装置时，工务、电务部门应配合施工。转换设备未安装前，应用钩锁器固定尖轨、心轨，直向限速 15 km/h 通过，侧向禁止通过工程列车。

8.2　道岔运输与存放

8.2.1　道岔运输应根据铺设方法选择运输设备，当采用机械铺设道岔时，应配有适宜的道岔运输车。

8.2.2　道岔的运输应符合下列规定：

1　厂内道岔预组装、调试合格后，应对道岔各部件做出对号标记，进行道岔分解，分解方式以满足火车、汽车运输为原则。

2 采用轨排方式运输道岔时,长度超过30 m的轨排应设置专用的运输架。

3 道岔分解装车时应按钢轨接头编号相对集中装运,厂内已安装胶接接头的钢轨不得分解。

4 电务转换设备应根据设备特性分解为若干单元件后装箱运输。

8.2.3 道岔的装卸应符合下列规定:

1 岔枕、道岔组件及箱装零配件,宜使用起重机械装卸。起吊时绳索的吊点应布置在工件重心的两侧,禁止单点起吊长大组件,防止道岔部件变形。

2 装卸车起吊应缓起缓落,防止工件碰摔。运输过程中,道岔各部件应在平板车上捆绑固定,防止运输过程中发生意外。

3 尖轨与基本轨组装件、可动心轨辙叉组装件必须整体装卸车。

4 岔枕装卸、运输时严禁碰、撞、摔、掷。严禁用撬棍插入岔枕预埋套管内撬拨岔枕。

5 长度大于30 m的单件,起吊时应使用吊装扁担梁和柔性吊带,绳索的吊点布置须根据工件重心和长度计算确定,吊装扁担梁吊点布置间距不大于5 m。

8.2.4 道岔存放作业应符合下列规定:

1 道岔部件存放场地应夯实、平整,防止变形。

2 道岔出厂时临时固定零件不得随意拆除。如需堆码,堆码层数不得超过规定,每层构件间应设垫木,支点位置正确。尖轨与基本轨组装件、可动心轨辙叉组装件不宜堆码存放。

3 岔枕应分组存放,按岔枕编号顺序堆码,长枕在下、短枕在上,每层岔枕间以两块垫木隔开,上下层垫木应对正,堆码层数不得超过4层,并防止岔枕预埋套管内进入杂物。

8.2.5 道岔轨排应分组存放,大件在下、小件在上,轨面应进行保护,防止受损。

8.3 铺设无砟道岔

8.3.1 无砟道岔施工基本工艺流程见图8.3.1。

8.3.2 道岔预组装和分段运输应符合下列规定:

1 道岔应在道岔组装场按道岔铺设图进行预组装。

2 组装场的平面尺寸应满足道岔组装要求,明确划分岔料堆码区和道岔组装区,地面硬化找平并搭设防雨棚。

3 组装场应配备起重和道岔专用吊具等设备,起吊能力应满足分段吊装道岔轨排的要求。

4 组装区设组装调试平台,调试平台应安装道岔限位调整机构,具备组装和调试道岔的能力。

5 道岔组装宜按以下工序进行:

安装混凝土岔枕→安装道岔垫板→吊装道岔钢轨→联接、紧固道岔→起平、调整。

6 各段道岔轨排起平到位后,联接各段轨排。进行整组道岔的总体方向水平调整,检查轨距、支距、钢轨端头方正等主要几何尺寸指标,调整密贴、平顺度,消除超限。

7 按《客运专线无砟轨道铁路工程施工质量验收暂行标准》(铁建设〔2007〕85号)第13.3节道岔组装定位中规定的检验项目对道岔组装质量进行检验。

8 安装道岔尖轨和可动心轨的辊轮系统和防跳限位装置,调整到位。辊轮的调试应

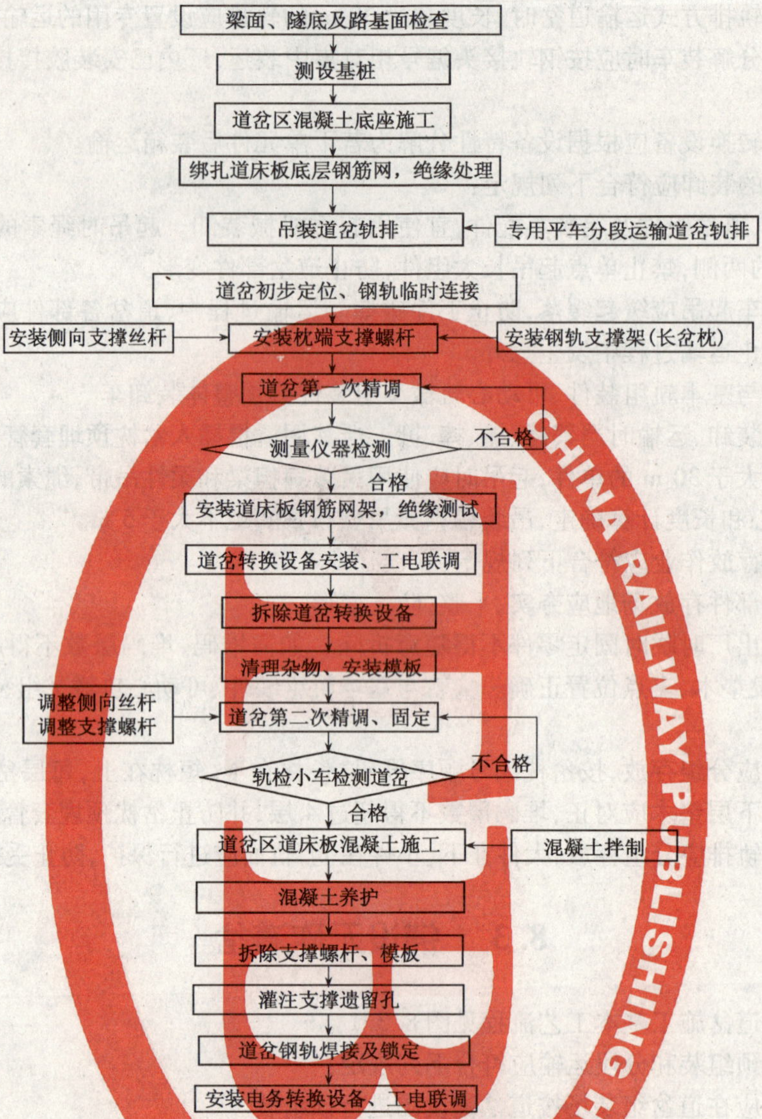

图 8.3.1　无砟道岔施工基本工艺流程(预组装移位铺设法)

在尖轨密贴状态进行，要求尖轨和可动心轨轨底与滑床台面接触。

9　整组道岔组装、调整完毕，由电务单位安装尖轨和可动心轨转辙等电务转换设备，进行工电联调。

10　工电联调合格后，应详细记录检测结果，相关方共同确认，检查点位应做出对号标记，便于现场铺设施工检查。

8.3.3　道岔预组装完毕，质量检查、评测合格后，按道岔铺设图分解为道岔轨排运至铺设现场。

8.3.4　道岔轨排运输方式根据现场实际，可选用专用运输平车、纵移小车等实施。并应根据装载方式的特点，预先确定行驶路线、速度等控制要求。

8.3.5　道岔区无砟轨道测量包括道岔位置测量和道岔几何尺寸测量。道岔区无砟轨道测量应符合《客运专线无砟轨道铁路工程测量暂行规定》(铁建设〔2006〕189 号)的相关规定。道岔几何尺寸测量在道岔精调阶段采用测量仪器和轨检小车检测，其铺设精度应符合相关技术条件规定。

8.3.6　道岔区底座施工应按相关专业设计图要求预留道岔区配置的电缆沟槽、过轨孔。

8.3.7　道岔区底座施工除应符合本技术指南第7.1.5条的相关规定外，尚应符合下列规定：

1　施工前，应先对底座宽度范围内的梁面进行凿毛、清洗，用水或风清除浮砟及碎片。

2　将底座结构钢筋与预埋的连接钢筋相连；若钢筋相碰，可沿线路纵向稍作调整。

3　底座钢筋安装允许偏差应符合表8.3.7—1规定。

表8.3.7—1　混凝土底座钢筋安装位置允许偏差

序　号	检　查　项　目	允许偏差(mm)
1	钢筋间距	20
2	钢筋保护层厚度	$^{+5}_{-2}$

4　按设计位置支立底座模板，底座模板安装允许偏差符合表8.3.7—2的规定。

表8.3.7—2　底座模板安装允许偏差

序　号	项　　　　目	允许偏差(mm)
1	顶面高程	±5
2	宽　　度	±5
3	中线位置	2
4	伸缩缝位置	5

5　在底座伸缩缝处应固定好20 mm厚的沥青板，沥青板的尺寸根据基面横坡与设计高程确定。

6　预埋底座内的横向排水装置，并采取措施防止混凝土浇筑时堵塞管道。

7　混凝土底座外形尺寸允许偏差见表8.3.7—3。

8　底座混凝土养生48 h后，在底座表面及端部凹槽四周铺橡胶弹性垫层，并在弹性垫层的上面再铺隔离层。

表8.3.7—3　底座外形尺寸允许偏差

序　号	项　　　　目	允许偏差(mm)
1	顶面高程	±10
2	宽　　度	±10
3	凹槽的长、宽、高	±3
4	中线位置	3
5	平 整 度	10/3 m

8.3.8　道岔轨排宜采用纵移小车系统纵移、就位。

1　道岔纵移小车系统安装前，应在成型的钢筋混凝土基础层表面测放线路中线，用墨线标出道岔对位线，侧向支撑支座等预埋位置。

2　起复底座预埋门形钢筋，安放塑料保护层垫块，安装道床板底层纵横向钢筋，同预埋门形钢筋绑扎固定，并应按设计采取绝缘措施。

CHINA RAILWAY PUBLISHING HOUSE

3　道床板底层钢筋网施工完毕，方可按照顺序安装道岔轨排纵移小车。

4　以道岔铺设图为准，将道岔轨排依次吊装至各段轨排纵移小车上。

5　道岔轨排沿走行轨道人工推动小车纵向移动，将道岔轨排纵移到设计位置。

6　各段道岔轨排纵向定位后，安装侧向支撑调整系统、岔枕端部竖向支撑调整螺杆，并在长岔枕区域安装钢轨辅助支撑架。

7　用控制基标及道岔测量控制系统，对道岔进行初步定位。偏差应控制在 5 mm 内。

8　道岔初步定位后，支立竖向支撑螺杆，拆除轨排纵移小车系统。进行轨排第一次精调。

8.3.9　道岔一次精调测量工作采用高精度水准仪、全站仪完成。根据无砟轨道道岔区测量基桩网进行测量控制。测量基桩网使用前，应进行控制桩复测。第一次精调测量应符合以下规定：

1　道岔水平调整。高精度水准仪对道岔轨面逐点测量，确定道岔标高调整数值。调整支撑螺杆丝杆高度、精调起平道岔。

2　道岔方向调整。先从线路中线控制桩引出，全站仪测量控制，调整侧向支撑丝杆使道岔横移对中并固定，再从道岔两侧加密基桩拉钢弦线复核轨道中线。

3　道岔经精调后，轨面高程应达到设计要求，允许偏差 $^{0}_{-5}$ mm，且与前后相连线路一致。滑床台板坐实坐平，垫板与台板的间隙不超标。道岔静态平顺度应符合表 8.3.9 的规定。

表 8.3.9　道岔铺设静态（直向）平顺度允许偏差（mm）

序号	项目	设计速度 v（km/h）	
		200	200 < v ≤ 350
1	高低（10 m 弦量）	2	2
2	轨向（10 m 弦量）	2	2
3	轨　距	±1	±1
4	水　平	2	1
5	扭曲（基长 6.25 m）	3	2

8.3.10　道岔支距、间隔调整应符合下列规定：

1　轨距及支距调整。调整时应以直基本轨一侧为基准，按照先调支距再调轨距的步骤进行，使尖轨检测点支距和导曲线支距允许偏差符合设计要求。

2　密贴调整。调整尖轨、心轨密贴和顶铁间隙，确保密贴良好、间隙值不超限。

3　轨向调整。调整直线尖轨的直线度满足组装要求；曲线尖轨圆顺平滑无硬弯。

4　调整可动心轨辙叉工作边直线度满足组装要求；心轨尖端前后各 1 m 范围内不允许抗线；可动心轨辙叉曲股工作边曲线段应圆顺无硬弯。

5　间隔调整。可动心轨辙叉咽喉宽度、趾跟端开口、护轨轮缘槽宽度、查照间隔、尖轨非工作边与基本轨工作边的最小间隙等须调整到位，不得大于设计允许偏差值。

6　道岔精细调整到位后，各检测项点偏差值应满足道岔施工质量验收标准的相关规定。

CHINA RAILWAY PUBLISHING HOUSE

CHINA RAILWAY PUBLISHING HOUSE

8.3.11 轨排一次精调完成后,进行道床板上层钢筋安装及绝缘测试,并安装固定销钉。钢筋绑扎及绝缘测试应符合设计要求,绝缘材料应采用耐腐蚀性材料。

8.3.12 道岔施工单位应配合电务施工单位进行电务转换设备安装、检测、调试,功能运转正常后,电务施工单位及时拆除电务转换设备。

8.3.13 道床板混凝土侧模板应采用定型钢模板,相邻模板拼缝保证密贴。道岔转辙机基坑模板应根据设计结构形式选配。转辙机基坑两侧岔枕之间加设临时支撑,固定岔枕间距。

8.3.14 道床板模板安装允许偏差应符合表8.3.14的规定。

8.3.15 转辙机基坑模板安装允许偏差应符合表8.3.15的规定。

表 8.3.14 道床板模板安装允许偏差

序 号	检 查 项 目	允许偏差(mm)
1	顶面高程	±5
2	宽 度	±5
3	中线位置	2
4	伸缩缝位置	5

表 8.3.15 转辙机基坑模板安装允许偏差

序 号	检 查 项 目	允许偏差(mm)
1	高 度	±5
2	宽 度	±3
3	轴线位置	2
4	轴线偏斜	5

8.3.16 道床板混凝土浇筑施工前,应对道岔系统进行二次精调。采用轨检小车检测道岔方向、高低、水平、轨距等几何形位指标,根据轨检小车检测数据确定精调数值。

8.3.17 道岔区与区间轨道或站线轨道之间的过渡段设置应符合设计要求。

8.3.18 道岔状态符合要求后,进行道床板混凝土浇筑。混凝土施工除应符合本技术指南第7.1.5条的相关规定外,还应符合下列规定:

1 对道岔钢轨部件、垫板、滑床垫板、扣件等应加装临时防护膜,防止混凝土浇筑时的污染。同时清理道床板钢筋网片内移留的杂物。

2 混凝土基础层及岔枕应洒水湿润,保证界面结合。

3 道床板外形尺寸允许偏差应符合表8.3.18—1的规定。

4 转辙机基坑外形尺寸允许偏差应符合表8.3.18—2的规定。

表 8.3.18—1 道床板外形尺寸允许偏差

序 号	检 查 项 目	允许偏差(mm)
1	顶面宽度	±10
2	道床板顶面与承轨台面相对高差	±5
3	中线位置	3
4	平 整 度	2/1m

表 8.3.18—2 转辙机基坑外形尺寸允许偏差

序 号	检 查 项 目	允许偏差(mm)
1	深 度	±10
2	宽 度	±5
3	轴线位置	2
4	轴线偏斜	5
5	平 整 度	2/1m

8.4 道岔钢轨焊接

8.4.1 道岔内钢轨接头应优先采用闪光焊,困难位置(如尖轨跟端等)可采用铝热焊。道岔钢轨焊接应符合本技术指南第11章的相关规定。

8.4.2 道岔钢轨焊接顺序:可先焊接道岔内各焊缝,然后再与岔外钢轨焊接。岔内钢轨宜先焊转辙器及可动心辙叉前后焊缝，再焊边直边弯，最后在中直中弯进行锁定焊接。

8.4.3 无缝道岔钢轨焊接及锁定应符合下列规定：

1 道岔锁定焊接头应在设计锁定轨温范围内焊接。

2 道岔内钢轨接头焊接时，应先调整好道岔全长及各焊缝，道岔全长允许偏差 ±10 mm，各焊缝宽度允许偏差 ±2 mm。

3 道岔内钢轨锁定焊接前应进行应力放散，应力分布应均匀。

4 焊接及锁定过程中应采取措施始终保持限位器子、母块位置居中，尖轨方正。

5 道岔内锁定焊接及道岔与两端无缝线路锁定焊接应同日在设计锁定轨温范围内焊接和锁定。

8.4.4 道岔与无缝线路焊接应符合下列规定：

1 道岔与两端无缝线路钢轨焊接应在轨面高程、轨向和水平已达到设计标准时，方可施焊。

2 道岔两端与无缝线路长轨条的焊接，应在设计锁定轨温范围内进行，并准确记录实际锁定轨温。

3 无缝道岔与相邻轨条的锁定轨温差不应大于 5 ℃。

4 无缝道岔侧线应按设计要求焊接和锁定。

8.5 铺设钢轨伸缩调节器

8.5.1 钢轨伸缩调节器在制造厂内试组装并验收合格后应整组发运。发运前应将伸缩调节器组装件固定为一整体。产品标识和包装应符合客运专线铁路钢轨伸缩调节器的相关技术要求。装卸作业时严禁摔、砸、碰、撞。

8.5.2 无砟轨道铺设钢轨伸缩调节器时，应参照无砟道岔铺设方法进行施工。

8.5.3 铺设钢轨伸缩调节器应根据锁定时的轨温计算并准确预留伸缩量。

1 在设计锁定轨温范围内铺设时，预留伸缩量为设计伸缩量的二分之一。

2 在设计锁定轨温范围之外铺设时，预留伸缩量可按式(8.5.3)计算。

$$\Delta l = \frac{a}{2} + \alpha \times L \times (t - t_s) \quad (8.5.3)$$

式中 Δl——铺设钢轨伸缩调节器时，基本轨预留伸缩量(mm)；

a——钢轨伸缩调节器设计伸缩量(600 mm 或 1 000 mm)；

α——钢轨钢线膨胀系数，取 0.0118；

L——无缝线路伸缩区长度，约 150 m；

t——铺设钢轨伸缩调节器锁定时的轨温(℃)；

t_s——无缝线路设计锁定轨温(℃)。

3 钢轨伸缩调节器铺设后应立即作好伸缩起点标志。

8.5.4 铺设钢轨伸缩调节器时，宜先铺单股并以线路上已有轨道作基准控制方向，另一股以此为基准控制轨距。

8.5.5 钢轨伸缩调节器铺设就位，调整方向、轨距、水平达到规定要求后，再上紧全部螺栓。

8.5.6 尖轨、基本轨与两端长轨条焊接后，按规定打磨平整。

8.5.7 铺设钢轨伸缩调节器应符合相关技术条件的规定。

CHINA RAILWAY PUBLISHING HOUSE

9　基地钢轨焊接

9.1　一般规定

9.1.1　钢轨焊接应采用闪光焊。长钢轨长度不应小于 500 m,长钢轨焊接应优先在工厂焊接,特殊情况下(如工期控制),经技术经济比选后,可在工厂化基地焊接。

9.1.2　钢轨闪光焊接头型式检验和生产检验应符合下列规定:

1　型式检验。出现下列情况之一时应进行型式检验:

1)焊轨组织初次生产;

2)正常生产后,改变焊接工艺,可能影响焊接接头质量;

3)更换焊轨设备;

4)钢轨生产厂、或钢轨型号、或钢轨牌号、或钢轨交货状态改变,首次焊接时;

5)生产检验结果不合格;

6)停产一年后,恢复生产前。

2　生产检验。出现下列情况之一时应进行生产检验:

1)连续焊接 500 个接头;

2)焊接工况变化,对某个焊接参数进行修正之后;

3)焊机出现故障,记录曲线异常,故障排除之后;

4)焊机停焊钢轨 1 个月以上,开始焊接生产之前。

3　钢轨闪光焊接型式检验和生产检验的项目和试件数量及要求应符合现行《钢轨焊接　第 2 部分:闪光焊接》(TB/T 1632.2)相关规定。

9.2　长钢轨焊接

9.2.1　基地钢轨焊接作业线应配有焊前钢轨矫直、锯轨、轨端除锈、钢轨闪光焊接、焊后钢轨校直、平直度自动检测尺、焊缝精磨、焊头热处理、冷却、探伤等设备。

9.2.2　待焊钢轨应符合《250 km/h 客运专线 60 kg/m钢轨暂行技术条件》(铁科技函〔2005〕298 号)或《350 km/h 客运专线 60 kg/m 钢轨暂行技术条件》(铁科技〔2004〕120 号)的规定。

9.2.3　焊接设备操作人员应经过专业培训,熟悉钢轨焊头质量标准,并应持有国家铁路主管部门认可的技术机构颁发的"钢轨焊接工操作许可证"。

9.2.4　操作人员应严格执行焊接设备的操作规程,并按型式检验确定的作业参数操作。

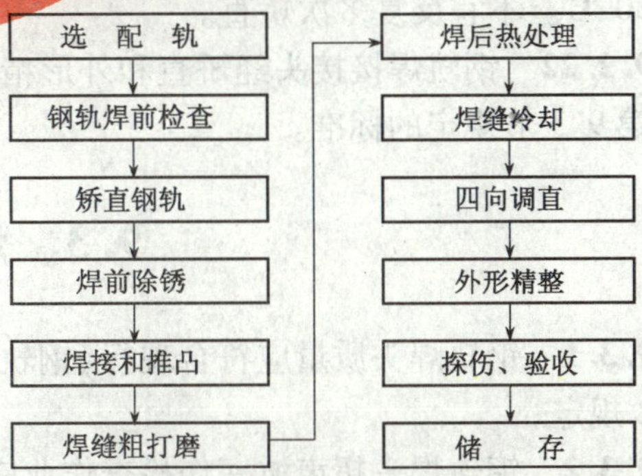

图 9.2.5　长钢轨焊接基本工艺流程

9.2.5 长钢轨焊接基本工艺流程见图9.2.5 。

9.2.6 长钢轨焊接前应根据设计要求编制配轨计划表。焊接长钢轨的长度应符合设计要求,其加焊轨长度不得小于12 m。

9.2.7 配轨前应测量钢轨断面尺寸,配轨时应选用断面不对称公差基本一致的钢轨相对焊接。长钢轨首尾断面的不对称偏差不得大于0.5 mm。

9.2.8 根据配轨要求及调直情况等对钢轨进行截锯,切锯后钢轨的端面斜度不应大于0.8 mm。钢轨硬弯经矫直后,用1 m直尺测量其矢度不应大于0.2 mm。

9.2.9 清除轨端0.5 m范围内的污垢,待焊轨端面及钢轨与电极接触部位应打磨除锈,使金属光泽露出达80%以上。

9.2.10 打磨面在钢轨待焊时间超过24 h以上或打磨后有水、油、污垢污染时,应重新打磨处理。

9.2.11 焊接前轨端温度不宜低于10 ℃。

9.2.12 钢轨进入焊机前,应检查除锈作业质量,除锈质量不良时,应退回重新除锈。

9.2.13 钢轨焊接对头应以工作面为基准。轨头工作面错位偏差不应大于0.2 mm,轨底边缘错位偏差不应大于1 mm。

9.2.14 焊接接头轨头、轨底、轨底顶面斜坡推凸余量不应大于1 mm,其他位置推凸余量不大于2 mm,两根钢轨断面尺寸不同时,推凸余量的测量以大断面尺寸钢轨为基准。推凸不应产生咬边,焊渣不应挤入、划伤钢轨焊头或母材。

9.2.15 钢轨焊接接头错边量、粗磨、精磨应符合本技术指南附录B的相关规定。

9.2.16 焊机电极表面应光洁、平整,发生灼伤后应及时处理,必要时应更换。

9.2.17 每焊完一个焊头应对电极进行清理,不得留有尘渣;每焊完一条长轨应清理一次电极及护板。

9.2.18 焊接结束后,应立即对焊接接头进行标识,标识应位于同一侧轨腰,距焊缝1~3 m位置。标识应清晰、端正,至少5年(或一个大修周期)内可以识别。标识方式应保证每个钢轨焊接接头(成品)能够依各项生产记录或信息实现追溯。

9.2.19 固定式闪光焊接焊头宜采用中频电感应方式正火加热。

9.2.20 焊接接头温度低于500 ℃(轨头表面)时方可正火加热,加热温度应控制在850 ℃~950 ℃。轨头冷却宜采用风冷。

9.2.21 焊头经过热处理后,应采用矫直的方法纠正焊头平直度偏差。焊接接头热态矫直温度应低于400 ℃,矫直后1 m长度宜有0.2~0.3 mm的上拱量;冷态矫直温度应低于50 ℃。不宜反复多次矫直。

9.2.22 钢轨焊接接头经矫直和外形精整后,平直度偏差和表面质量应达到本技术指南第9.3节规定的标准。

9.3　焊头质量检验

9.3.1 钢轨焊头质量应符合现行《钢轨焊接　第2部分:闪光焊接》(TB/T 1632.2)中表2规定。

9.3.2 钢轨焊头超声波探伤检查作业应符合下列规定:

1 每个钢轨焊头均应进行超声波探伤检查。探伤时焊接接头的温度不应高于

40 ℃。当焊接接头的温度高于40 ℃时,可浇水冷却,浇水冷却时的轨头表面温度应低于350 ℃。

2 焊接接头中的缺陷当量大于探伤灵敏度规定值时,应判定焊接接头不合格(判废),即焊接接头中发现如下缺陷时应判废:

1)双探头探伤时:轨底角(距轨底角20 mm范围)大于等于ϕ3 mm—6 dB(比ϕ3 mm平底孔反射波低6 dB)平底孔当量;其他部位大于等于ϕ3 mm平底孔当量;

2)横波单探头探伤时:轨头和轨腰大于等于ϕ3 mm长横孔当量;轨底大于等于ϕ4 mm竖孔当量;轨底角(距轨底角20 mm范围)大于等于ϕ4 mm—6 dB(比ϕ4 mm竖孔反射波低6 dB)竖孔当量;

3)缺陷当量比探伤灵敏度规定的缺陷低3 dB,但延伸长度大于6 mm时。

3 经探伤检查不合格者应锯切重焊。

9.3.3 每个钢轨焊接接头均应进行外观检查,焊头外观质量除应符合本技术指南附录B相关规定外,焊头平直度允许偏差应符合表9.3.3规定。

表9.3.3 焊接接头平直度允许偏差(mm/1 m)

序号	部位	旅客列车设计行车速度v(km/h)	
		200	200<v≤350
1	轨顶面	$^{+0.3}_{0}$	$^{+0.2}_{0}$
2	轨头内侧工作面	$^{+0.3}_{0}$	$^{+0.2}_{0}$
3	轨底(焊筋)	$^{+0.5}_{0}$	$^{+0.5}_{0}$

注:1 轨顶面中,符号"+"表示高出钢轨母材规定基准面;

2 轨头内侧工作面中,符号"+"表示凹进;

3 轨底(焊筋)中,符号"+"表示凸出。

9.4 长钢轨存放、装车及运输

9.4.1 长钢轨编号应满足下列要求:

1 长钢轨应由焊轨厂按照配轨表的要求进行编号,并具有可追溯性;

2 焊轨时应在每个焊头附近钢轨外侧轨腰上标明钢轨工作边位置(左股或右股)、长钢轨编号及焊头编号;

3 配对装车时应编写单元轨节铺轨流水号,并作好相应记录;

4 长钢轨编号应用油漆标记。编号应色泽鲜明,字体端正、清晰、大小统一。

9.4.2 长钢轨存放应符合下列要求:

1 合格的长钢轨应分左右股钢轨整理堆码,并标明其长度;

2 长钢轨存放台要平整、稳固,各层钢轨之间应采用钢轨支垫,支垫跨距7.5 m,上下对齐,与各层钢轨垂直放置;

3 长钢轨放置应整齐、平直、稳固。

9.4.3 长钢轨装车应符合下列要求:

1 长钢轨装车前应核实待装长钢轨编号,左右股长度应符合配轨计划;

CHINA RAILWAY PUBLISHING HOUSE

2 吊装长钢轨时各龙门吊应同步作业，缓起、轻落，保持钢轨基本平直；

3 长钢轨装车应按配轨表要求分左右股对称吊装，按卸车顺序依次排放；

4 长钢轨装车后必须加固锁紧。

9.4.4 长钢轨运输应按超长货物组织运输，并制定安全措施。在运输中要建立运行监护、停车检查制度。

9.4.5 长钢轨列车出发前，必须确认长钢轨锁定，各部均不得超出车辆限界，运输途中应随时注意观察长钢轨运输状态，防止长钢轨窜动。

CHINA RAILWAY PUBLISHING HOUSE

10　长钢轨铺设

10.1　一 般 规 定

10.1.1　无砟轨道铺轨设备的性能应满足铺轨施工工艺和进度要求。

10.1.2　无砟轨道铺轨应在无砟道床施工完毕，经验收合格并达到规定强度后方可施工。

10.1.3　铺轨应严格按"配轨表"铺轨编号依次铺设长钢轨。

10.1.4　单元轨节起止点不应设置在不同轨道结构过渡段及不同线下基础过渡段范围内。

10.1.5　铺轨作业区与单元轨节锁定作业区之间的距离不宜太长。

10.1.6　铺轨时，长钢轨始端、终端落槽时的轨温平均值为长钢轨铺设轨温，铺轨时应记录铺设轨温。

10.1.7　铺轨后应检查施工质量，作好施工记录，及时向铺轨基地反馈到达里程、接头相错量等信息。

10.1.8　无砟轨道铺轨宜采用钢轨纵向推送直接入槽的方法（以下简称"纵向推送法"），必要时也可采用工具轨换铺的方法。

10.1.9　工具轨应采用与正线轨型相同的钢轨。

10.2　纵向推送法

10.2.1　主要铺轨设备组成：机车、长钢轨运输车、长钢轨纵向推送车（含过渡车）、导向装置等。

10.2.2　纵向推送法铺设长钢轨施工基本工艺流程见图10.2.2。

10.2.3　铺轨列车在施工地段运行限速5 km/h，在接近已铺长钢轨轨头10 m处应一度停车，以0.5 km/h的速度对位。对位时，要在钢轨上划出停车标记，并派专人安放铁鞋和止轮器。

10.2.4　推送长钢轨时应设专人引导。轨头送入推送机构时，位置要准确，拖拉要平稳。

10.2.5　长钢轨落槽后，宜每隔5～8根枕安装一组扣件，接头前后两根枕扣件应安装齐全。

10.2.6　铺轨列车以不大于3 km/h的速度推进，并按相关规定对位，进行下一对长钢轨的推送。

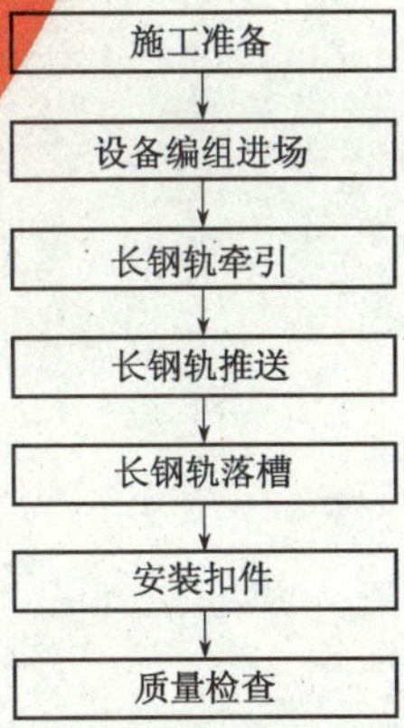

图10.2.2　纵向推送法铺设长钢轨施工基本工艺流程

CHINA RAILWAY PUBLISHING HOUSE

10.3　工具轨换铺法

10.3.1　主要设备由机车、长钢轨运输车、换轨车等组成。

10.3.2　工具轨换铺法铺设长钢轨施工基本工艺流程见图 10.3.2 。

10.3.3　工具轨换铺法施工应符合下列规定：

1　对卸轨地段内妨碍卸轨的设备及材料等，应提前清理、平整，预留好卸轨的位置，并不得损坏已经施工完毕的无砟道床。

2　长轨列车到达卸轨点后，根据地面卸轨起点准确对位。已卸长轨条应拨顺，不得侵入限界。长轨单元焊处钢轨搭接量宜控制在 0 ~150 mm，锁定焊处钢轨搭接量宜控制在 1.5 ~2 m。

3　确认线路封锁后，拆除工具轨扣件，每节工具轨应至少保留中间一处扣件及接头处扣件不松动，待施工列车通过后，换轨作业车临近前及时松开拆下，保证施工列车及换轨作业车运行安全。

4　换轨台车换铺长钢轨，换铺时换轨车行进速度不大于 6 km/h。待长钢轨入槽 100 m 后，安排人员每隔 10 根轨枕安装 1 套扣件。

5　换铺工作最好与卸轨工作相差不超过 2 d，避免钢轨温度变化较大引起钢轨的伸长或缩短量过大。

6　对已换铺的线路及时进行全面检查，补齐或更换不合格扣配件、整正线路方向和长平等。

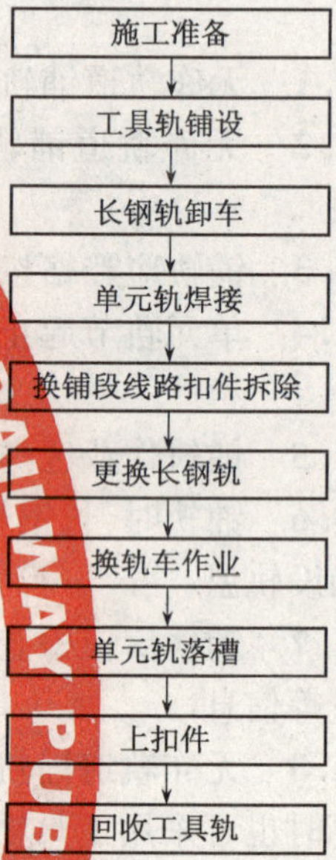

图 10.3.2　工具轨换铺法铺设长钢轨施工基本工艺流程

CHINA RAILWAY PUBLISHING HOUSE

11 工地钢轨焊接

11.1 一般规定

11.1.1 工地钢轨焊接应采用闪光焊。道岔内钢轨接头应优先采用闪光焊,困难位置(如尖轨跟端等)可采用铝热焊。

11.1.2 移动式闪光焊接型式检验和生产检验应符合本技术指南第9.1.2条的规定。

11.1.3 铝热焊接头型式检验和生产检验应符合下列规定:

1 出现下列情况之一时应进行型式检验:

1)焊轨组织初次焊接铁路钢轨;

2)采用新型焊剂或调整工艺时;

3)钢轨生产厂、或钢轨型号、或钢轨牌号、或钢轨交货状态改变,首次焊接时;

4)生产检验结果不合格;

5)停产一年后,恢复生产前。

2 出现下列情况之一时应进行生产检验:

1)连续焊接100或200个接头;

2)两次焊接生产间隔达6个月及以上;

3)更换主要焊接操作人员。

3 钢轨铝热焊接型式检验和生产检验的项目和试件数量及要求应符合现行《钢轨焊接 第3部分:铝热焊接》(TB/T 1632.3)相关规定。

11.1.4 在正式焊接前应按本技术指南第9.1.2条和第11.1.3条规定通过焊头型式检验,确定焊接参数,制定相应规程。

11.1.5 批量焊接生产过程中,应按本技术指南第9.1.2条和第11.1.3条的规定进行生产检验,检验合格后方可继续生产。

11.1.6 焊接设备操作人员应符合本技术指南第9.2.3条的规定。

11.1.7 焊接设备操作应符合本技术指南第9.2.4条的规定。

11.1.8 气温低于0 ℃不宜进行工地焊接。刮风、下雨天气焊接时,应采取防风、防雨措施。

11.1.9 气温低于10 ℃时,焊前应用火焰预热轨端0.5 m长度范围,预热温度应均匀,钢轨表面预热升温为35 ℃~50 ℃,焊后应采取保温措施。

11.1.10 焊后推凸,焊渣不应划伤或挤入母材。推凸余量:焊接接头轨头、轨底及轨底顶面斜坡不应大于1 mm,其他位置不应大于2 mm。

11.1.11 左右股单元轨节接头相错量不宜超过100 mm。

11.1.12 工地钢轨焊接应符合长钢轨布置图,其加焊轨长度不得小于12 m。

11.1.13 工地焊接完成后应做好以下工作:

1 检查焊好的接头,并打上焊接标记,填写焊接记录报告;

2 将轨道恢复到正常状态并清理焊接现场。

11.2　移动式闪光焊接

11.2.1　工地钢轨焊接采用闪光焊接时，应采用移动式闪光焊接作业车。

11.2.2　工地闪光焊接应配有移动式闪光焊接作业车、拉轨、锯轨、打磨、正火、调直、探伤等设备。

11.2.3　移动式闪光焊接施工基本工艺流程见图 11.2.3 。

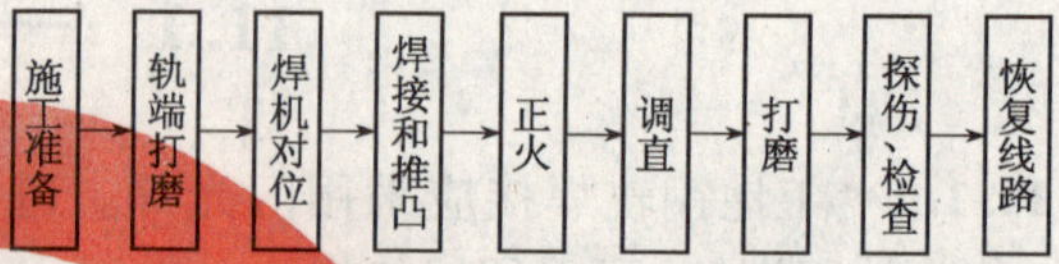

图 11.2.3　移动式闪光焊接施工基本工艺流程

11.2.4　移动式闪光焊接应符合下列要求：

1　通过型式检验确定工艺参数。

2　拆除待焊轨头前方长钢轨全部及轨头后方 10 m 范围内的扣件，并校直钢轨。

3　根据轨枕和扣件类型适当垫高待焊轨头后方的钢轨，保证焊头轨顶平直度。

4　待焊轨头前方长钢轨下每隔 12.5 m 安放一个滚筒，以便钢轨可以纵向移动焊接。

5　打磨两待焊轨轨端和焊机电极钳口的轨腰接触区，呈现光泽后方可施焊。

6　将两待焊轨端抬起一定高度进行焊机对位夹轨。抬起高度应根据轨枕和扣件类型确定。

7　推进移动焊轨车初定位，并由设置在该车底板上的四个液压油缸将整车顶起，使其车轮离开钢轨约 150 ~200 mm。

8　由吊机的液压系统吊起焊机精确定位。

9　焊机夹紧钢轨并自动对正。焊机自动焊接钢轨、顶锻并推除焊瘤。

10　承受拉力的焊缝，在其轨温高于 400 ℃时应持力保压。焊缝区域冷却到 400 ℃以下时，焊轨作业车方可通过钢轨焊头。

11　作业车焊完后，应用相应机具对钢轨焊缝进行正火、打磨、平直度检查和超声波探伤等。

12　正火应在焊接接头不受拉力的条件下进行。移动式闪光焊接焊头可采用气压焊加热器火焰摆动方式加热，焊头加热温度应符合本技术指南第 9.2.20 条的规定。

13　粗磨应保证焊接接头的表面粗糙度能够满足探伤扫描的要求。焊头非工作边的垂直、水平方向错边应进行纵向打磨过渡。

14　手砂轮粗打磨时，应纵向打磨，使火花飞出方向与钢轨纵向平行。打磨过程中，不应使砂轮在钢轨上跳动冲击钢轨母材，不应出现打磨灼伤。

15　焊缝及焊缝中心线两侧各 450 mm 长度范围内的轨顶面、轨头内侧面应使用仿型打磨机精细打磨，打磨时焊头温度不宜大于 50 ℃。

11.2.5　工地移动式闪光焊接头质量应符合本技术指南第 9.3 节的规定。

11.3　铝　热　焊

11.3.1　工地铝热焊应配有铝热焊设备、焊前加热装置、焊后保温装置（低温条件下）、锯轨、钢轨拉伸、推瘤、打磨、对正和钢轨探伤仪等设备。

11.3.2　铝热焊基本工艺流程见图 11.3.2 。

CHINA RAILWAY PUBLISHING HOUSE

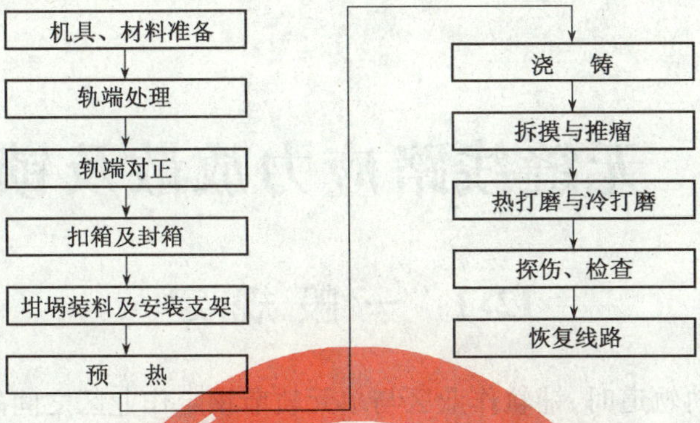

图 11.3.2　铝热焊基本工艺流程

11.3.3　钢轨铝热焊接头外观质量控制除应符合本技术指南附录 B 第 B.4 节要求外，尚应符合下列要求：

1　进点前应根据设备材料清单检查并落实必备的工具、材料和设备，到达焊轨现场应对现场条件进行综合调查并采取必要的防护措施。

2　钢轨铝热焊焊缝距离轨枕边缘不应小于 100 mm。

3　钢轨端头应做外部处理：拆除焊头两侧各三至四根轨枕的扣件和垫板，检查钢轨端头，并用钢丝刷清洁钢轨端头 100 ~ 150 mm，使其满足铝热焊要求。

4　调整轨缝使其满足焊接工艺要求。用对正设备从垂直和水平两方向对正两轨端。

5　装配砂模不得使用受潮的部件，应使钢轨端头间隙位于装有砂模底板的底托盘的正中央，严格按操作工艺涂抹防漏泥。

6　预热前记录钢轨的温度，按焊接工艺及焊剂要求进行预热，并准确计时。

7　确认坩锅干燥、清洁、无裂纹，确认焊药包包装袋密封、干燥和无破损。将全包焊药慢慢地旋转着倒入坩埚。

8　浇铸完毕后按规定时间拆模。拆除砂模后应尽快推瘤。

9　热打磨应符合下列要求：

1）打磨焊缝时，应在钢轨踏面上保留适量高出钢轨的焊头金属；

2）在焊缝温度未降至 350 ℃以下时，不得解除钢轨拉伸器和对正设备。

10　冷打磨应符合下列要求：

1）在焊头温度降至 50 ℃以下进行；

2）打磨焊头使其平直度和轨头轮廓达到技术标准要求；

3）不得在某一处过度打磨，避免损伤钢轨。

11.3.4　铝热焊焊接接头质量应符合下列规定：

1　焊接接头超声波探伤应符合现行《钢轨焊接　第 1 部分：通用技术条件》(TB/T 1632.1)相关规定，发现不合格应切除重焊。

2　焊接接头质量应符合现行《钢轨焊接 第 3 部分：铝热焊接》(TB/T 1632.3)中表 1 规定。

3　焊接接头平直度应符合本技术指南第 9.3 节的规定。

12 无缝线路应力放散及锁定

12.1 一般规定

12.1.1 铺设长钢轨轨道时,铺轨作业区与单元轨节锁定作业区之间的距离不宜太长。

12.1.2 单元轨节起止点不应设置在不同轨道结构过渡段及不同线下基础过渡段范围内。单元轨节左右股接头相错量不应大于100 mm。

12.1.3 无缝线路锁定应具备下列条件:

1 按设计要求已设置钢轨位移观测桩;

2 施工轨温应在设计锁定轨温范围以内或以下时施工。

12.1.4 无缝线路锁定应符合下列规定:

1 无缝线路实际锁定轨温应控制在设计锁定轨温范围内。

2 无缝线路锁定时应准确确定并记录锁定轨温。相邻单元轨节锁定轨温之差不应大于5 ℃,左右股锁定轨温之差不应大于3 ℃,同一区间内的单元轨节最高与最低锁定轨温之差不应大于10 ℃。

3 单元轨节长度应满足施工进度和铺设时应力放散最佳效果的要求,以1 000~2 000 m为宜,最短不得小于200 m。

4 胶垫应放正无缺损,扣件安装齐全,扣压力符合设计要求。

12.2 钢轨位移观测桩设置

12.2.1 钢轨位移观测桩设置应符合下列规定:

1 位移观测桩应按设计设置。单元轨节起终点的位移观测桩宜与单元轨节焊接接头对应,纵向相错量不应大于30 m。位移观测桩应与电务设备错开。

2 位移观测桩应设置齐全、牢固可靠、易于观测和不易破坏。

3 跨区间无缝线路的位移观测桩按里程递增方向顺序编号,编号方法为“×-×”横线前数字为单元轨节的顺序号,横线后为单元轨条内的桩号,编号均以阿拉伯数字标注,并在桩号右上方标“#”号。

4 观测桩在区间埋设在路肩上,在站内站台侧可设置在站台墙上,观测桩距道床外侧和路肩边缘均应大于0.3 m,当路肩宽度不足时,可埋于路肩中心。

5 路基上位移观测桩埋设深度应符合设计要求。

6 位移观测桩也可利用线路两侧的接触网基础(杆)、线路基桩或在其他固定建筑物上设置。

7 桥上位移观测桩可设置于桥梁固定支座附近稳固的桥面防撞墙上。标记必须稳固、耐久、可靠,便于观测。

8 位移观测桩位置,编号及观测记录应列入竣工资料。

CHINA RAILWAY PUBLISHING HOUSE

12.3　主要设备及施工工艺

12.3.1　主要设备：钢轨拉伸器、撞轨器、锯轨机、滚筒、轨温计、扭力扳手、工地钢轨焊接设备等。

12.3.2　主要施工方法应符合下列规定：

1　当施工作业时的轨温在设计锁定轨温范围内时，应采用滚筒法施工。滚筒法施工基本工艺流程见图12.3.2—1。

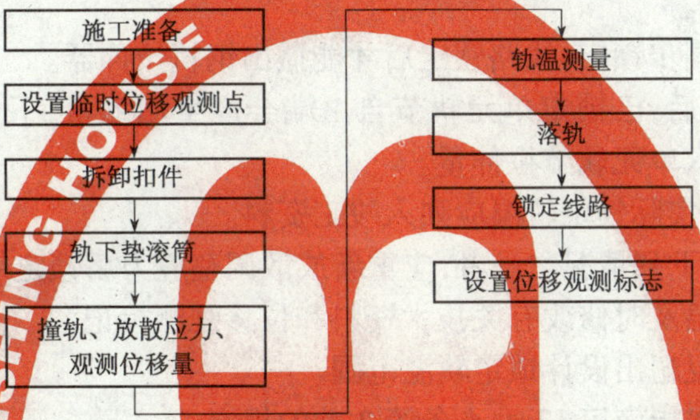

图12.3.2—1　滚筒法施工基本工艺流程

2　当施工作业时的轨温低于设计锁定轨温时，应采用拉伸器滚筒法施工。拉伸器滚筒法施工基本工艺流程见图12.3.2—2。

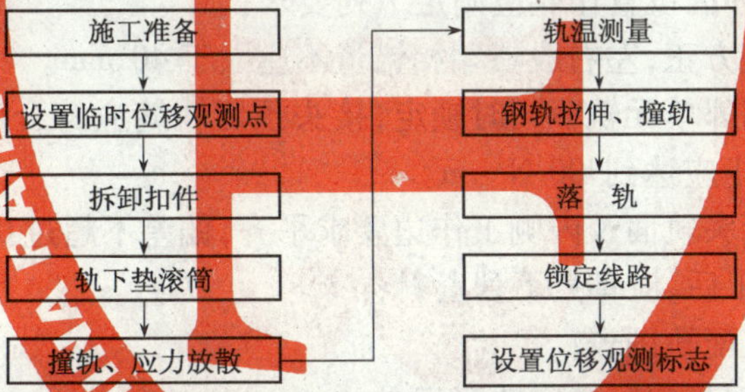

图12.3.2—2　拉伸器滚筒法施工基本工艺流程

12.3.3　无缝线路应力放散及锁定施工作业应符合下列规定：

1　线路锁定前应掌握当地轨温变化规律，根据作业区段的时间间隔，选定锁定线路的最佳施工时间。

2　测量轨温时，要对钢轨的不同位置进行多点测量，取其平均值。

3　拆除待放散单元轨节的全部扣件，每隔一定距离垫入一个滚筒，每隔一定距离设置一台撞轨器。

4　放散应力时，应每隔100 m左右设一临时位移观测点观测钢轨的位移量，及时排除影响放散的障碍，达到应力放散均匀、彻底。

5　在单元轨节的终端每股钢轨设置一台拉伸器拉伸钢轨，必要时撞轨，使拉伸量传递均匀。

6　钢轨拉伸量由下式计算：

CHINA RAILWAY PUBLISHING HOUSE

$$\Delta L = \alpha \cdot L \cdot \Delta t$$

式中 ΔL——单元轨节拉伸量(mm)；

α——钢轨线膨胀系数0.0118；

L——单元轨节长度(m)；

Δt——设计锁定轨温与锁定作业轨温之差(℃)。

7 钢轨拉伸量达到计算值后，钢轨拉伸器保压，撤出滚筒，安装扣件，锁定线路。这时的锁定作业轨温加上钢轨拉伸换算轨温为实际锁定轨温。

8 线路锁定后，应立即在钢轨上设置纵向位移观测的“零点”标记，按规定开始观测并记录钢轨位移情况。

9 两股钢轨宜同步锁定，线路锁定后才能撤出钢轨拉伸器。

10 拉伸器撤除后，已锁定单元轨节自由端会产生回缩量，下一单元轨节拉伸锁定时，应将该回缩量计入单元轨节拉伸量。

11 锁定日期及实际锁定轨温应列入竣工资料。

12.3.4 无缝线路有下列情况之一者，应重新放散调整应力后锁定线路，使其符合设计要求，并按实际锁定轨温及时修改有关技术资料和位移观测标记。

1 实际锁定轨温超出设计锁定轨温范围。

2 不符合本技术指南第12.1.4条第2款的规定。

3 位移观测桩处相对位移换算轨温加上原锁定轨温超出设计锁定轨温允许范围。

4 因处理线路故障或施工改变了原锁定轨温，使之超出设计锁定轨温范围。

5 施工时因故未按设计锁定轨温锁定线路。

12.3.5 无缝线路缓冲区设置作业应满足下列要求：

1 缓冲区接头应方正，左右股轨端相错量不应大于40 mm。

2 缓冲区应与相邻单元轨节同时锁定，接头预留轨缝应符合设计规定，接头螺栓涂油，安装齐全，螺母扭矩应达到900 N·m。

3 缓冲区钢轨接头轨面及内侧工作边要求平齐，偏差不超过0.5 mm。

12.3.6 无缝线路完工后，应备齐下列资料：

1 平面布置图及配轨图表；

2 铺轨日期、时间与实际锁定轨温记录；

3 无缝线路纵向位移观测记录表(表A—11)；

4 工地移动闪光焊机焊接记录表(表A—1)、铝热焊接记录表(表A—2)及工地钢轨焊接接头超声波探伤记录(表A—5)；

5 铺轨编号与焊缝编号对照表(表A—12)；

6 无缝线路单元轨应力放散拉伸情况记录表(表A—9)；

7 无缝线路基本技术状况登记表(表A—10)；

8 其他技术资料。

12.4 铺轨后沉降观测分析及处理措施

12.4.1 铺轨后对路基、桥涵和隧道的沉降变形观测应符合《客运专线铁路无砟轨道铺设条件评估技术指南》(铁建设〔2006〕158号)的相关规定。

CHINA RAILWAY PUBLISHING HOUSE

12.4.2 沉降变形测量方法和精度应符合《客运专线无砟轨道铁路工程测量暂行规定》(铁建设〔2006〕189号)的要求。

12.4.3 无砟轨道铺轨后应按表12.4.3规定的观测频次对沉降变形观测点进行系统观测,并及时对沉降观测值进行分析评估。

表12.4.3 无砟轨道铺轨后沉降观测频次

观测地段		观测频次		备注
		观测期限	观测周期	
路基		第1个月	1次/2周	工后沉降长期观测
		第2、3个月	1次/月	
		3~12个月	1次/3月	
桥涵	24个月	0~3个月	1次/月	
		4~12个月	1次/3个月	
		13~24个月	1次/6个月	
隧道	3个月	0~1个月	1次/周	
		1~3个月	1次/2周	

12.4.4 对较大沉降变形或沉降速率较大区段,应增加观测频次,发现问题及时上报。

12.4.5 当实际测量值大于设计沉降变形曲线值时,进行沉降分析评估,采取以下措施及时进行处理:

在钢轨扣件系统允许调整范围内,双块式无砟轨道和轨枕埋入式无砟轨道钢轨高低和水平通过轨下调高垫板进行调整,轨距可通过轨距调整块进行调整;板式轨道的钢轨高低、水平调整先利用特制的调整块进行调整,当轨道平顺度检测符合要求后,再进行充填式垫板施工,插入充填式垫板时,应使其位置印记与轨下胶垫对齐,保证灌注袋的位置准确。

12.4.6 竣工验收时,沉降观测点和观测资料与工程同时移交给工程接收单位。

CHINA RAILWAY PUBLISHING HOUSE

13　钢轨胶接绝缘接头

13.0.1　钢轨胶接绝缘接头应符合下列规定：

1　钢轨胶接绝缘接头的各项技术性能应符合客运专线铁路胶接绝缘接头的相关技术要求，并具有型式检验合格证明书。

2　胶接绝缘钢轨的钢厂、钢种、轨型应与线路钢轨相同。

3　用于制作胶接绝缘接头的钢轨，应经过探伤检查，并应采用同一根钢轨锯开胶接。道岔内胶接绝缘钢轨长度按设计配轨要求确定。胶接端的端面垂直度偏差及水平偏差均不大于0.15 mm。对轨后用1 m直尺检查：轨顶允许偏差 $^{+0.2}_{0}$ mm，轨头侧边允许偏差 ±0.3 mm。胶接绝缘钢轨全长范围内不得有硬弯。

13.0.2　钢轨胶接绝缘接头铺设应符合下列规定：

1　钢轨胶接绝缘接头铺设（焊接）前应按规定测定其电绝缘性能。

2　搬运、铺设、焊连钢轨胶接绝缘接头时严禁摔、撞。

3　铺设钢轨胶接绝缘接头应避免扣件与绝缘接头螺栓接触。

4　两股钢轨的绝缘接头应相对铺设，绝缘轨缝绝缘端板宜设于轨枕盒中央，距轨枕边缘不应小于100 mm。

CHINA RAILWAY PUBLISHING HOUSE

14 轨道整理及钢轨预打磨

14.1 一般规定

14.1.1 无砟轨道工程施工质量应符合《客运专线无砟轨道铁路工程施工质量验收暂行标准》(铁建设〔2007〕85 号)的规定,对不符合规定的轨道应进行轨道整理作业。

14.1.2 线路开通前应由轨道检查车进行动态质量检测(道岔及钢轨伸缩调节器与轨道一并进行)。

14.1.3 线路动态质量检测应符合轨道动态质量检测的相关规定,道床漏泄电阻和钢轨阻抗应满足轨道电路传输长度的要求。

14.1.4 位移观测规定:对无缝线路长轨条位移情况每月观测一次,并填写记录。位移观测桩处相对位移换算轨温加上原锁定轨温超出设计锁定轨温允许范围时,应及时查明原因并进行处理。

14.2 无缝线路及道岔轨道整理

14.2.1 轨道整理应作好下列各项工作:

1 按设计要求,在规定的作业轨温范围内,对线路进行精细整理,继续作好未完成的工作,使之达到验交标准;

2 缓和曲线、竖曲线区段应整理圆顺;

3 整修打磨不平顺焊缝,提高轨面平顺性;

4 调整轨距,补齐扣、配件;

5 测取钢轨爬行量,复核锁定轨温。

14.2.2 无缝线路整理作业,应遵守下列作业轨温条件:

1 高温时不应安排影响线路稳定性的整理作业。高温时可安排矫直钢轨、整理扣件、钢轨打磨等作业。

2 进行无缝线路整理作业,必须掌握轨温,观测钢轨位移,分析锁定轨温变化,根据作业轨温条件进行作业,严格执行“作业前,作业中,作业后测量轨温”制度。

3 当轨温在实际锁定轨温减 30 ℃以下时,伸缩区和缓冲区禁止进行整理作业。

4 在跨区间无缝线路上的无缝道岔尖轨及其前方 25 m 范围内综合整理,允许在实际锁定轨温 ±10 ℃内进行作业。

14.2.3 无缝线路应力放散和调整后,应按实际锁定轨温及时修改有关技术资料和位移观测标记。

14.2.4 桥上无缝线路整理作业应做好下列各项工作:

1 按设计规定,保持扣件布置方式和拧紧程度;

2 对桥上钢轨焊缝应加强检查,发现伤损应及时处理;

3　对桥上钢轨伸缩调节器的伸缩量应定期观测，发现异常爬行，应及时分析原因并整治。

14.2.5　轨下充填式垫板施工基本工艺流程见图14.2.5。

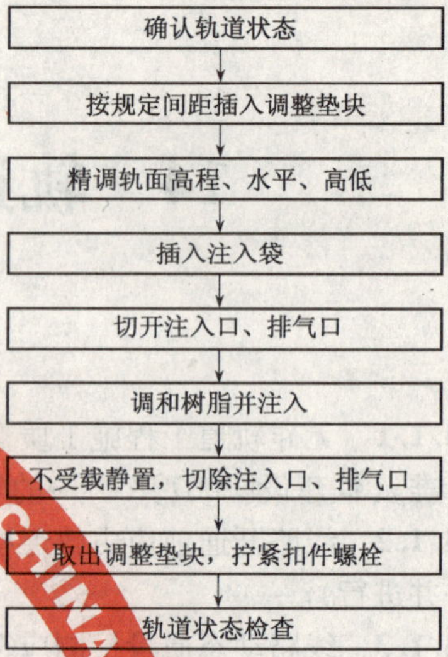

图14.2.5　充填式垫板施工基本工艺流程

14.2.6　轨下充填式垫板施工应符合下列规定：

1　板式轨道的钢轨高低、水平先采用特制的调整垫块进行调整，轨道平顺度检验符合本技术指南表14.3.1的规定后再进行充填式垫板施工。

2　调整垫块分基准垫块和微调垫块，调整时放在钢轨底与轨道板顶面之间。调整垫块形状与安放位置如图14.2.6—1所示。

3　充填式垫板的充填厚度宜为4～6 mm，在轨道状态调整后若测量调高量超出上述范围，应在扣件垫板下垫入预制的调整垫块后再安装充填式垫板。

4　充填式垫板安装时不区分袋的上、下面。直线地段，充填式垫板的灌注口应置于轨道的内侧；曲线超高地段，灌注口应朝曲线内侧，从低侧灌注。

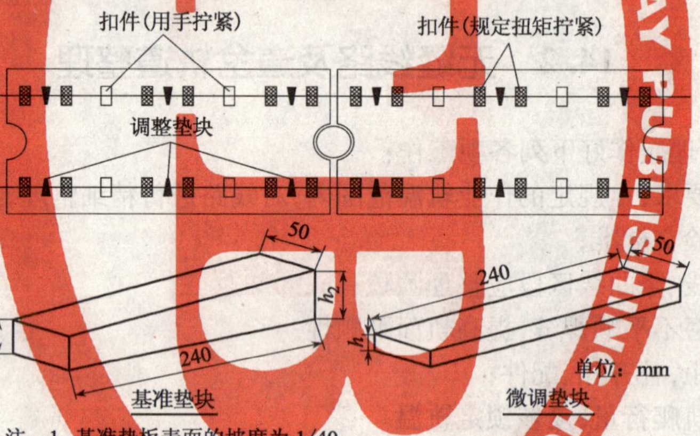

注：1　基准垫板表面的坡度为1/40；
2　微调垫块的厚度 h 的规格分为0.5、1、2、4 mm等级；
3　h_1、h_2 根据扣件高度选定。

图14.2.6—1　调整垫块安放位置及调整垫块示意

5　充填式垫板插入时，应使其位置印记与轨下胶垫对齐，保证灌注袋的位置准确。灌注袋的形状及灌注口方向如图14.2.6—2所示。

6　树脂材料的拌和应根据树脂材料的可工作时间，确定树脂材料一次的拌和量。按规定的比例准确计量A剂和B剂，材料开罐后，必须在使用期内使用。

7　将A、B剂先后倒入约30 L的聚乙烯容器内，用手持式电动搅拌机或采用机械混合注射机，将A、B剂搅拌均匀，搅拌时间约2～3 min。

8　充填式垫板的灌注口与排气口应在树脂灌注前剪开，同时确认灌注袋内无水分。

9　拌和后混合液的可使用时间随室外温度会有较大幅度的变化，故对A、B剂应有适当的温度管理，并在可使用时间内（20 ℃时的可使用时间约为40～50 min）完成灌注。

CHINA RAILWAY PUBLISHING HOUSE

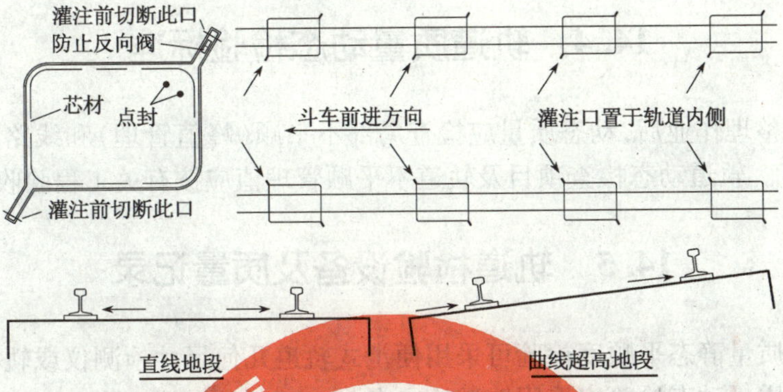

图 14.2.6—2 充填式垫板形状及灌注口方向示意

10 树脂注入的压力应严格控制在 0.15 MPa 以下的压力，并缓慢注入，保证顶面不顶起。

11 注入过程中，在钢轨、扣件、轨道板表面等上有溢出树脂时，应立即擦掉，不应残留脏污。在确认树脂固化后，方可剪除注入口、排气口，且不得损伤垫板。

12 轨下设置的调整垫块应在充填式垫板注入的树脂材料达到允许可承载时间（约 10 h）后撤出。

14.2.7 无缝线路养护维修及故障处理参照客运专线维修相关规定执行。

14.3 轨道质量静态检验标准

14.3.1 无砟轨道经整理达到验收标准时，应符合下列规定：

1 轨面高程符合设计要求，允许偏差为 $^{+4}_{-6}$ mm，紧靠站台时为 $^{+4}_{0}$ mm。

2 轨道中线与设计中线允许偏差为 10 mm，线间距允许偏差为 $^{+10}_{0}$ mm，车站线间距应与站台偏差协调调整。

3 无砟轨道静态平顺度标准应符合表 14.3.1 的规定。

表 14.3.1 无砟轨道静态平顺度允许偏差（mm）

序 号	项 目	旅客列车设计行车速度 v（km/h）	
		200	200 < v ≤ 350
1	轨 距	$^{+1}_{-2}$	±1
2	高低（10m 弦量）	2	2
5	轨向（10m 弦量）	2	2
4	扭曲（基长 6.25 m）	3	2
3	水 平	2	1

14.3.2 扣件的轨距块应与轨底边缘顶严靠紧，离缝者不应大于 6%；扣件紧固，扣压力小于规定者不应大于 8%；胶垫无缺损，偏斜量大于 5 mm 者不应大于 8%。

CHINA RAILWAY PUBLISHING HOUSE

14.4 轨道质量动态检验标准

14.4.1 轨道整理作业后,动态质量应检查局部不平顺(峰值管理)和线路区段整体不平顺(均值管理)。轨道动态检查项目及轨道不平顺管理值应按有关工程验收的规定执行。

14.5 轨道检验设备及质量记录

14.5.1 轨道质量静态平顺度检验可采用便携式轨道几何尺寸检测仪或轨检小车。

14.5.2 轨道质量动态检验应采用轨道检查车。

14.5.3 道岔和钢轨伸缩调节器应和轨道同步检验。

14.5.4 轨道质量检验应做好相应记录。

14.6 钢轨预打磨

14.6.1 在线路验收前,应对全线钢轨进行预打磨作业。

14.6.2 钢轨全线预打磨应具备下列条件:

1 无缝线路经整理作业后已达到本技术指南第 14.3 节要求;

2 轨面高程符合设计要求;

3 钢轨扣件齐全紧固;

4 钢轨焊头平直度已达到本技术指南表 9.3.3 的规定。

14.6.3 打磨列车到达工地后,根据轨面状态,可采用列车运行打磨、成形打磨等方式进行作业。打磨列车的使用和管理按其操作手册及维修保养手册的相关规定执行。

14.6.4 钢轨全线预打磨施工基本工艺流程见图 14.6.4 。

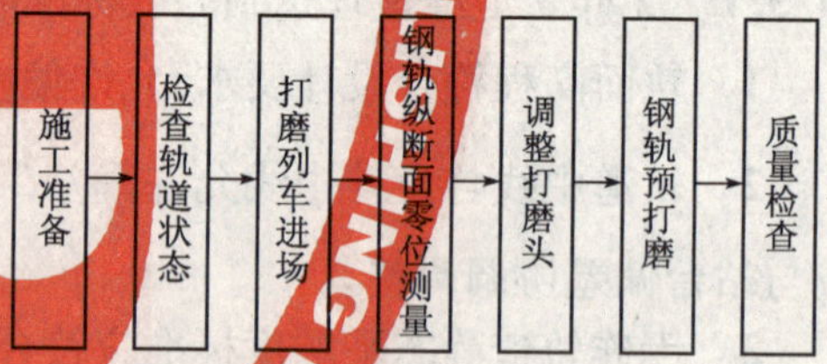

图 14.6.4 钢轨全线预打磨施工基本工艺流程

14.6.5 钢轨全线预打磨主要设备和工艺要求:

1 主要设备:打磨列车、人工操作的钢轨波纹研磨机。

2 打磨工艺要求:

1)打磨前,应调整好打磨头的偏转面和对钢轨的施压力;

2)打磨前用安装在打磨机上的测量设备对整个打磨段上的钢轨进行纵断面的零位测量;

3)对具有波纹和短波的钢轨,原则上要磨到波纹底及波谷范围;

4)道岔尖轨及可动心轨、辙叉和钢轨伸缩调节器尖轨,应采用专用机械或手工操作的钢轨波纹研磨机进行打磨,严禁用普通打磨列车打磨;

5)打磨列车应回收打磨下的铁粉。

14.6.6 钢轨预打磨后应符合下列规定:

1 消除钢轨微小缺陷及锈蚀等。

CHINA RAILWAY PUBLISHING HOUSE

2 消除钢轨在轧制过程中形成的轨面斑点及微小不平顺。

3 消除轨头表面的脱碳层。

4 钢轨的表面应光滑、平顺、无斑点，使其适应列车速度。钢轨顶面平直度 1 m 范围内允许偏差 $^{+0.2}_{0}$ mm。

5 钢轨头部工作面实际横断面与理论横断面相比允许偏差为 ±0.3 mm。

6 全线钢轨预打磨作业后，轨顶表面粗糙度大于 10 μm 的个数不应超过 16%。

7 打磨面最大宽度在轨距角圆弧上为 4 mm，在轨距角圆弧和轨顶圆弧的连接圆弧部分为 7 mm，在轨顶圆弧上为 10 mm。从轨头打磨区向非打磨区应平滑过渡。

8 打磨面宽度的最大变化在沿钢轨长度 100 mm 的范围内不应大于打磨面最大宽度的 25%。

9 轨头打磨区无连续发蓝带。

14.6.7 质量检验主要机具和作业要求如下：

1 主要机具：

1）直尺和塞尺；

2）钢轨平直度或波纹磨耗测量仪；

3）钢轨头部横断面绘图仪；

4）打磨列车上的测量仪器。

2 质量检验作业要求：

1）在使用打磨列车时，应用安装在打磨列车上的测量设备做打磨后测量；

2）打磨后应对打磨前确定的较大波纹和波形磨耗的范围，进行钢轨纵断面的重点测量；

3）打磨后的钢轨应达到本技术指南第 14.6.6 条的规定。

CHINA RAILWAY PUBLISHING HOUSE TB

15　轨道过渡段施工

15.1　一般规定

15.1.1　过渡段工后沉降变形应符合设计要求。

15.1.2　过渡段使用的轨道部件、塑料板等材料的规格、型号及其性能等应符合设计要求。

15.1.3　过渡段的位置、长度及设置方法应符合设计要求。

15.1.4　不同轨道结构间的过渡段区域不得有工地焊接头和绝缘接头。

15.1.5　本章未包括的其他形式过渡段应按设计要求施工。

15.2　有砟轨道与无砟轨道间的过渡

15.2.1　有砟轨道与无砟轨道间的过渡段施工基本工艺流程见图15.2.1。

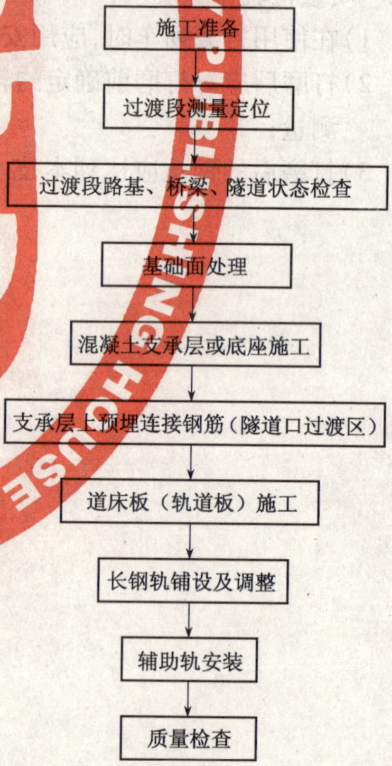

图15.2.1　有砟轨道与无砟轨道间的过渡段施工基本工艺流程

15.2.2　无砟轨道的混凝土支承层或底座从过渡点开始向有砟轨道延伸长度应符合设计要求，并不得短于15 m，同时应满足有砟轨道区段最低道砟厚度的要求。

15.2.3　过渡段应按设计要求设置60 kg/m的辅助轨及配套扣件，辅助轨长度25 m（其中无砟轨道内约5 m，有砟轨道内约20 m）。

15.2.4　过渡段辅助轨及配套扣件的组装铺设可在无缝线路铺设完成后进行，有砟轨道范围内的辅助轨不应影响大型养路机械捣固作业。

15.2.5　过渡段范围内的轨道刚度过渡可通过胶垫刚度、轨枕类型、道床形式等变化来实现，所采用的胶垫规格、型号及轨枕类型等应符合设计要求。

15.2.6　隧道口的过渡段自过渡点开始至隧道内无砟轨道25 m范围，应按设计要求在混凝土支承层（或底座）与混凝土道床板之间埋设连接钢筋。

CHINA RAILWAY PUBLISHING HOUSE

15.3　不同形式无砟轨道相互之间的过渡

15.3.1　不同形式无砟轨道间过渡段施工基本工艺流程见图 15.3.1。

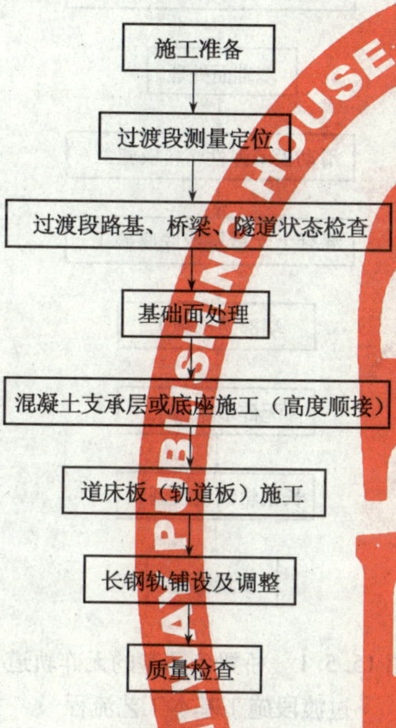

图 15.3.1　不同形式无砟轨道相互之间的过渡段施工基本工艺流程

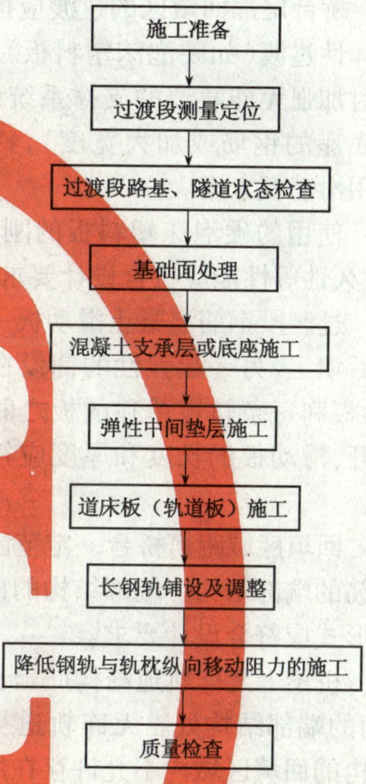

图 15.4.1　隧道到路基的无砟轨道过渡段施工基本工艺流程

15.3.2　不同结构高度的无砟轨道结构之间的过渡段，应按设计要求在过渡区消除高差，保证相互之间顺接。

15.3.3　道岔区无砟轨道与线路无砟轨道应按设计要求通过调整道岔区前后扣件弹性垫板的静刚度来实现刚度过渡。所使用的扣件弹性垫板的规格、型号、数量及放置位置应符合设计要求。

15.3.4　不同类型无砟轨道之间的过渡段必须严格按设计要求施工。

CHINA RAILWAY PUBLISHING HOUSE

15.4　隧道到路基的无砟轨道过渡

15.4.1　隧道到路基无砟轨道过渡段施工基本工艺流程见图 15.4.1 。

15.4.2　下部结构和轨道过渡段，应错开设置，不应重叠。如果不能避免，可在无砟轨道下面铺设一层弹塑性中间垫层，按设计要求长度从隧道口向隧道内延伸。

15.4.3　在隧道口内外各约 100 m 的过渡区域内应按设计要求采取降低钢轨与轨枕之间纵向移动阻力的措施。

15.5　桥梁到路基的无砟轨道过渡

15.5.1　桥梁到路基无砟轨道过渡段施工基本工艺流程见图 15.5.1 。

15.5.2　桥台尾部回填区的过渡应按设计要求做好弹性过渡(如硬泡沫塑料板),必要时也可同时加强无砟轨道的支撑系统(如增加混凝土底座的钢筋或加大宽度),特殊情况也可使用滑动板方案。

15.5.3　使用的硬泡沫塑料板的刚度、减振效果、耐久性等性能应符合设计要求。

15.5.4　过渡段钢筋混凝土滑动板一端固定在桥台后墙上,另一端弹性的铺设在路基面上,滑动板和每条轨道单独的板之间用纵向接缝分开,滑动板的长度和厚度应符合设计要求。

15.5.5　回填区域距离桥台一定范围内应有一带钢筋的端部结构。端部结构的设置位置及结构形式应符合设计要求。

15.5.6　桥梁上无砟轨道结构应延长到桥梁前、后面的端部结构处。无砟轨道从桥梁到端部结构的回填区域内不允许存在用掘进法施工的横向排水孔或管路通过。

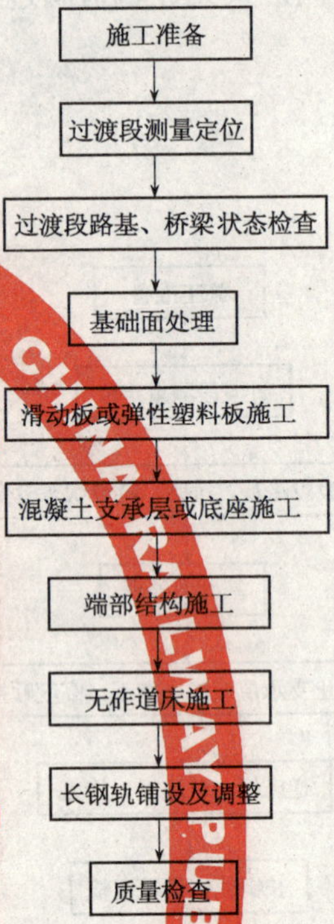

图 15.5.1　桥梁到路基的无砟轨道过渡段施工基本工艺流程

CHINA RAILWAY PUBLISHING HOUSE

16 相关工程

16.1 一般规定

16.1.1 相关工程施工包括综合接地、管线沟槽、轨道吸声构件及轨道电路相关工程等施工。

16.1.2 相关工程施工应符合设计和相关专业技术要求。

16.1.3 通信、信号、电力、牵引供电及其他附属设施、无砟轨道纵向接地钢筋、沿线金属构筑物等需接地防护的设施，均应接入综合接地系统。

16.1.4 修筑于路基、桥上和隧道内的电缆槽、预埋管线沟槽、综合接地体等应与线下工程同步施工，轨道电路相关工程和轨道吸声构件施工应在无砟轨道施工后施工。

16.1.5 本章未包括的其他相关工程应按设计和相关专业的技术要求施工。

16.2 综合接地

16.2.1 综合接地系统由贯通地线、接地装置及引接线等构成，实施过程涉及站前、站后各个专业，应统筹安排施工。

16.2.2 综合接地系统施工范围如下：

1 距接触网带电体 5 m 范围以内需接地的构筑物和设备应接入综合接地系统；

2 距线路两侧 20 m 范围以内的铁路设备房屋的接地装置应接入综合接地系统；

3 无砟轨道的纵向接地钢筋按设计要求接入综合接地系统；

4 不便与铁路综合接地系统等电位连接的第三方设施(如路外公共建筑物、金属管线等)，必须采取可靠的隔离或绝缘等措施。

16.2.3 综合接地施工基本工艺流程见图 16.2.3。

16.2.4 贯通地线的设置和施工应符合设计和相关专业技术要求，并做好对路基工程的保护。

16.2.5 路基地段综合接地施工应符合下列要求：

1 路堤及土质路堑地段的贯通地线应按设计要求在施工电缆槽时直接埋设，桩板结构路基地段可敷设于电缆槽内。直埋时应采用中粗砂垫层防护，与其他电缆或管道交叉时的防护方案应符合设计要求。

2 石质路基地段的贯通地线应敷设在电缆槽内。

3 当采用铁路两侧各设一条贯通地线时，应在有过轨管线的地点，按设计要求将上下行两根贯通地线横向等电位进行连接，连接处应用绝缘测试仪进行连接的可靠性测试。

4 路基地段引接和设置引接端子应符合设计要求。引接端子接地测试应满足第 16.2.10 条规定。

16.2.6 桥梁地段综合接地施工应符合下列要求：

1 综合接地施工应与桥梁施工同步进行。

2 应采用内部结构钢筋作桥墩及其承台的接地体，在桥墩顶部与梁端横向接地钢筋

CHINA RAILWAY PUBLISHING HOUSE

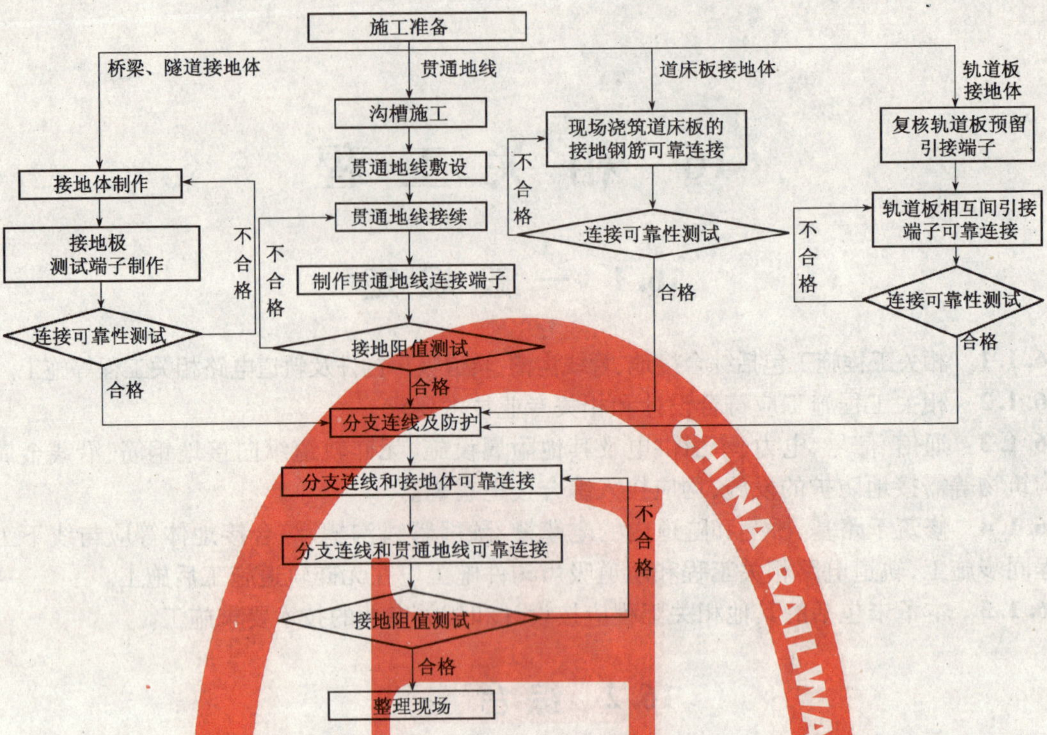

图 16.2.3　综合接地施工基本工艺流程

进行连接，在墩台下部与承台内部接地钢筋进行连接。

3　基础桩的接地体应在承台下部的基础桩四周各选择 1 根基础桩（总共 4 根）结构钢筋与承台接地钢筋进行相连。

4　桥墩承台基础中单设接地钢筋时，接地钢筋应按设计要求与大地可靠接触。

5　在桥梁墩台下部制作接地性能测试端子，在桥墩承台制作接地极应符合设计要求。

6　贯通地线在线路两侧的电缆槽内敷设，防护方案应符合设计要求。

7　在桥梁地段每个墩台处两侧的贯通地线应横向等电位进行连接。

8　贯通地线应与桥梁墩台接地装置进行连接。

9　各接地连接处应用绝缘测试仪进行连接可靠性测试，确保连接可靠。

16.2.7　隧道地段综合接地施工应符合下列要求：

1　综合接地施工应与隧道施工同步进行。

2　采用隧道支护中的结构钢筋网作为接地体并引接和设置引接端子应符合设计要求。

3　在隧道两侧的二次衬砌的中部、隧道底部和拱顶处预埋纵向接地钢筋应符合设计要求。

4　预埋环形接地钢筋应符合设计要求。

5　在隧道综合洞室或大避车洞下方预埋钢筋构件或其他接地材料应符合设计要求。

6　综合贯通地线应在线路两侧的电缆槽内敷设，防护方案应符合设计要求。

7　环形接地钢筋、纵向接地钢筋应与两侧贯通地线进行连接。

8　其他需接地的电气设备或其他金属构件的接地装置，应采用引接线与贯通地线进行连接。

9　各接地连接处应用绝缘测试仪进行连接可靠性测试，保证连接可靠。

CHINA RAILWAY PUBLISHING HOUSE

16.2.8 贯通地线的接地端子板(或称接地母排)设置和安装应符合设计要求。

16.2.9 贯通地线的接续应符合设计要求,施工方法应符合本技术指南附录C的要求。

16.2.10 综合接地系统的接地电阻应不大于1 Ω,测试方法应符合本技术指南附录D的要求。

16.3 管线沟槽施工

16.3.1 施工前应熟悉有关施工图、工程地质报告,收集地下管线、构造物等资料,要复核实际管线沟槽是否与施工图的地点、长度、走向等相符。

16.3.2 线下构筑物的电缆沟槽施工应符合下列要求:

1 电缆沟槽应按设计要求位置、形状、尺寸与线下工程同步施工;

2 电缆沟槽施工应做好对路基工程的保护;

3 电缆沟槽开挖后要按设计要求做好防水;

4 电缆沟槽预制和安装应符合设计要求;

5 电缆沟槽施工允许偏差应符合表16.3.2的要求。

表16.3.2 电缆槽施工允许偏差

序号	项目	允许偏差(mm)
1	距线路中心线位置	$^{+20}_{0}$
2	顶面标高	±10

16.3.3 线缆过轨孔设置应符合设计要求。如发现与设计要求不符时,应及时反馈给有关单位。

16.3.4 应按设计要求选用线缆过轨防护管,并查验质量证明文件。

16.3.5 线缆防护预埋管件安装基本工艺流程见图16.3.5。

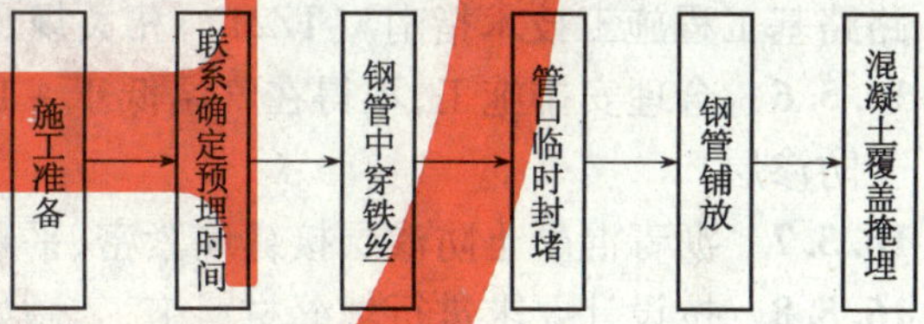

图16.3.5 线缆防护预埋管件安装基本工艺流程

16.3.6 线缆防护预埋管件安装应符合下列要求:

1 施工前应根据设计图纸和现场实际情况确定预埋管件的位置、规格和数量,在现场做好标记。

2 钢管应进行镀锌等防腐措施。

3 防护管煨管时,弯曲半径不宜小于管外径的6倍,弯扁度不宜大于该管外径的1/10。

4 施工前对钢管口应用圆锉进行打磨,防止日后敷缆时划伤电缆。

5 预埋件的安装应与线下、电务等相关单位积极联系,紧密配合,并做好对路基工程的保护。

6 在钢管或硬塑料管铺放前应在管口两端用防腐油浸的麻袋或软布缠绕并堵严。

7 钢管铺放应整齐,长短对齐,高低一致。

8 管件埋设后,除管口外不应有外露部分。管内不得存在杂物,管口位置应利于缆线敷设。

16.3.7 防护管经过结构变形缝时的防护以及金属管路的接地应符合设计要求。

16.4 轨道电路

16.4.1 无砟轨道道床漏泄电阻和钢轨阻抗应满足轨道电路传输长度的要求。无砟轨道道床漏泄电阻应符合相关规定,测试方法应符合相关规定。

16.4.2　无砟轨道单元板块应通过电务性能检验,绝缘性能应满足设计要求。

16.4.3　轨道电路设备的设置和施工应符合设计和相关专业的技术要求,并做好对线下工程和轨道等相关工程的保护。

16.4.4　补偿电容、地面应答器等信号设备的安装不得影响无砟轨道结构的强度、安全及性能要求。

16.4.5　按设计要求进行绝缘测试和处理,发现问题及时反馈。

16.5　路基面沥青混凝土防渗层施工

16.5.1　在无砟轨道混凝土支承层或底座施工完成后,应按设计要求施作混凝土支承层或底座边缘至路肩和两线间路基面沥青混凝土防渗层。

16.5.2　沥青混凝土防渗层施工前应检查混凝土支承层或底座边缘至路肩和两线间路基面的表面平整度和几何尺寸,核实集水井和横向耐压排水管的数量、位置及连接情况,不符合标准的应修整达到标准后再进行沥青混凝土防渗层施工。

16.5.3　施工前应做好沥青混凝土防渗层原材料的备料工作,原材料的品种、规格和各项性能指标应符合设计要求。

16.5.4　采用小型配套机具设备配合人工施工沥青混凝土防渗层。在大面积施工前,应根据初选的施工方案及试生产的沥青进行现场工艺试验,确定生产配合比和机械配套方案。

16.5.5　沥青混凝土的配合比设计、拌制、运输、摊铺及碾压等应符合现行《客运专线铁路路基工程施工技术指南》(TZ212)相关规定。

16.5.6　合理安排施工,不得在气温低于+10℃、雨天、路面潮湿的情况下施工沥青混凝土防渗层。

16.5.7　沥青混凝土防渗层接缝应紧密、平顺。

16.5.8　按设计要求进行填缝材料施工,做好沥青混凝土防渗层与集水井和混凝土支承层或底座之间的接缝处理。

16.5.9　在当天成型的沥青混凝土防渗层上不得停放机械设备和车辆,不得散落矿料、油料等杂物。

16.5.10　沥青混凝土防渗层厚度、排水坡度、平整度、压实质量等应符合设计要求。

16.6　轨道吸声构件施工

16.6.1　施工中采用的吸声材料或吸声构件应符合设计要求和相关产品技术条件规定。

16.6.2　无砟轨道上的吸声材料或吸声构件施工应在轨道工程轨道整理完成后进行,施工过程中不得扰动轨道几何形位,不得破坏和污染轨道结构及线下构筑物。

16.6.3　轨道吸声构件的施工应符合设计和相关专业技术要求。安装位置不得影响无砟轨道结构的强度、安全及性能要求。

CHINA RAILWAY PUBLISHING HOUSE

17 线路及信号标志

17.0.1 正线应按设计需要设置下列标志：公里标，半公里标，百米标，平面曲线标，圆曲线、缓和曲线和竖曲线的始终点标，桥梁标，隧道标，坡度标，信号标志、安全保护标志、安全保护区标桩、警示标志等。

17.0.2 线路及信号标志的材质、规格、图案字样均应符合设计要求。

17.0.3 各种标志的数量、位置、高度及标志的方向应符合设计要求，标志应设置牢固。

17.0.4 各种标志应设置端正，涂料色泽鲜明，图像字迹清晰、完整。

CHINA RAILWAY PUBLISHING HOUSE TB

附录 A　轨道工程施工用表

表 A—1　工地移动闪光焊机焊接记录表

线名		区间		股别		日期		年　月　日
轨型		熔炉号		天气		气温	℃	轨温　℃
长轨编号		焊头里程				焊头编号		
焊接操作	电压	V	高电压	V	低电压	V		
	开始烧化送进速度	mm/s	终了烧化速度	mm/s	焊接时间	s		
	高压烧化时间	s	低压烧化时间	s	末期高压烧化时间	s		
	加速烧化时间	s	带电顶锻时间	s	无电顶锻时间	s		
	高压不稳定烧化时间	s	油压	MPa	顶锻量	mm		
	操作人员	备注：或附计算机记录。						
外观检查	轨面：　mm/m；	内工作边：　mm/m；	底面：　mm。					
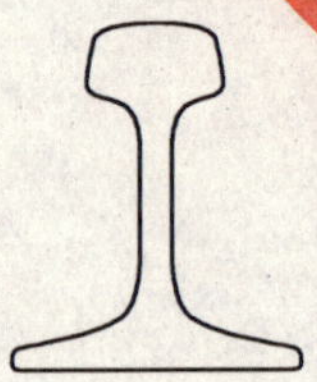			检查与结论：					
焊接操作人员：			质检员：		技术主管：			

CHINA RAILWAY PUBLISHING HOUSE

表 A—2 铝热焊接记录表

<table>
<tr><td>线名</td><td></td><td>区间</td><td></td><td>股别</td><td></td><td>日期</td><td colspan="3">年 月 日</td></tr>
<tr><td>轨型</td><td></td><td>熔炉号</td><td></td><td>天气</td><td></td><td>气温</td><td>℃</td><td>轨温</td><td>℃</td></tr>
<tr><td>长轨编号</td><td></td><td>焊头里程</td><td colspan="3"></td><td>焊头编号</td><td colspan="3"></td></tr>
<tr><td rowspan="3">焊接操作</td><td>执行人</td><td colspan="2"></td><td>预热</td><td>时间
状况</td><td colspan="4"></td></tr>
<tr><td rowspan="2">轨缝</td><td>头 mm</td><td>反应时间</td><td>min s</td><td colspan="2">拆模时间</td><td colspan="3">min s</td></tr>
<tr><td>底 mm</td><td>保温时间</td><td>min s</td><td colspan="2">整修结束</td><td colspan="3">h min s</td></tr>
<tr><td rowspan="4">焊药情况</td><td>型号</td><td colspan="2"></td><td rowspan="2">液化石油气</td><td>高压</td><td colspan="4">MPa</td></tr>
<tr><td>编号</td><td colspan="2"></td><td>低压</td><td colspan="4">MPa</td></tr>
<tr><td>物理状况</td><td colspan="2"></td><td rowspan="2">氧气</td><td>高压</td><td colspan="4">MPa</td></tr>
<tr><td>焊接反应</td><td colspan="2"></td><td>低压</td><td colspan="4">MPa</td></tr>
<tr><td>外观检查</td><td colspan="9">轨面： mm/m； 内工作边： mm/m； 底面： mm</td></tr>
<tr><td colspan="4">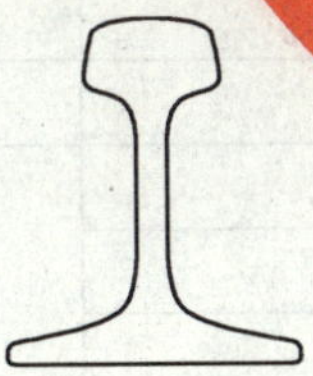</td><td colspan="6">检查与结论：</td></tr>
<tr><td colspan="10">焊接操作人员： 质检员： 技术主管：</td></tr>
</table>

CHINA RAILWAY PUBLISHING HOUSE

表 A—3　钢轨焊头落锤试验记录表

锤头质量 1 000 kg　　落锤高度　　m　　轨型　　炉罐号　　气温　　℃

挠度(mm) 撞击次数 / 编　号	1	2	3	断 口 情 况

记录:　　　　检验:　　　　年　月　日

表 A—4　钢轨焊头静弯破断载荷记录表

轨型　　　　　　静弯试验机型号

编　号	轨头受压(kN)	轨头受拉(kN)	挠度(mm)	断口情况

记录:　　　　检验:　　　　年　月　日

表 A—5　工地钢轨焊接接头超声波探伤记录表

线　别		区　间		焊缝里程		上下行	
长轨号		股　别		焊头编号		焊接方法	
检查部位		波 形 显 示		伤 损 情 况		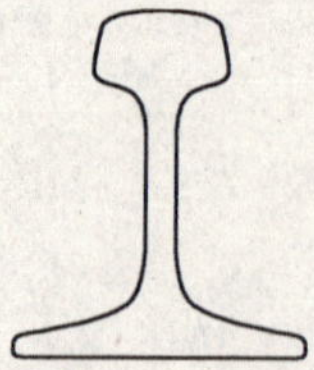	
轨头	内　侧						
	外　侧						
轨　腰							
三 角 区							
轨　底		波形显示	横向移距	前后移距	伤损情况		
第　次焊接		备　注					
检　查		记　录			日　期	年　月　日	

表 A—6 焊轨厂闪光焊机焊接长轨记录表

线名：　　　　焊机型号：　　　　轨型：　　　　日期：　　年　　月　　日

日期	钢轨编号	转换开关位置	电压(V)	高电压(V)	低电压(V)	开始烧化送进速度(mm/s)	终了烧化速度(mm/s)	焊接时间(s)	高压烧化时间(s)	低压烧化时间(s)	末期高压烧化时间(s)	加速烧化时间(s)	带电顶锻时间(s)	无电顶锻时间(s)	高压不稳定烧化时间(s)	油压(MPa)	顶锻量(mm)	操作人员签字	备注

注：或附计算机记录。　　　　质检员：　　　　技术主管：

表 A—7 厂焊长钢轨质量检验合格证

长钢轨编号：　　　　轨型：　　　　产品长度：

型式检验报告编号：　　　　周期性生产检验报告编号：

焊头编号	1 m 不平直度（mm）		焊缝两侧 100 mm 范围内的外观					探伤结果	备注
	轨顶面	内侧工作边	轨底	压痕	碰痕	划痕	电击伤		
检验结果：									

外观检验员：　　　　探伤检验员：　　　　质检工程师：　　　　焊轨厂公章　　　　年　月　日

注：1　股别按里程前进方向区分左股或右股；

2　一式二联，第一联由焊轨厂质检部门存档，第二联由铺轨单位列入竣工资料。

CHINA RAILWAY PUBLISHING HOUSE

表 A—8　焊轨厂钢轨焊接接头超声波探伤记录表

钢轨编号：　　　　　　　　轨型：　　　　　　　　产品长度：

焊头编号	轨头		轨腰		三角区		轨底		控伤结果
	波形显示	伤损情况	波形显示	伤损情况	波形显示	伤损情况	波形显示	伤损情况	

探伤：　　　　　　质检工程师：　　　　　　主管工程师：　　　　　　年　月　日

表 A—9　无缝线路单元轨应力放散拉伸情况记录表

区间				单元轨编号				起止里程			
单元轨长度(m)				放散日期				天气			
应力放散方法											
始端锁定轨温		左股：℃ 右股：℃		终端锁定轨温		左股：℃ 右股：℃		锁定作业轨温		左股：℃ 右股：℃	
拉伸量		左股：mm 右股：mm		拉伸换算轨温		左股：℃ 右股：℃		实际锁定轨温		左股：℃ 右股：℃	
测点编号		1	2	3	4	5	6	7	8	9	10
测点间距(m)											
左股	计划位移量										
	实际位移量										
右股	计划位移量										
	实际位移量										
备注											

制表：　　　　　　复核：　　　　　　年　月　日

CHINA RAILWAY PUBLISHING HOUSE

表A—10 无缝线路基本技术状况登记表

共 页 第 页

序号	项目		技术状况		
1	单元轨节（道岔）编号				
2	铺设地段		线		区间（上、下行）
3	单元轨节起讫里程		DK 至DK		净长 m
4	单元轨节长度	左股（m）			
		右股（m）			
5	铺设日期、时间				
6	应力放散及锁定	锁定时始端轨温	左股： ℃ 右股： ℃	锁定时终端锁定轨温	左股： ℃ 右股： ℃
		拉伸前轨温	左股： ℃ 右股： ℃		
		拉伸量	左股： 右股：	拉伸换算轨温	左股： ℃ 右股： ℃
		锁定作业轨温	左股： ℃ 右股： ℃	实际锁定轨温	左股： ℃ 右股： ℃
7	焊接方法		左股： 右股：		
8	工地焊接数量		左股： 右股：		
9	绝缘接头类型数量和里程				
10	平剖面简图				
11	附注：				

制表： 复核： 年 月 日

表A—11 无缝线路纵向位移观测记录表

____线____至____区间 DK____+____至DK____+____单元轨节编号____锁定日期____建桩日期____

日期	时间	气温	轨温	纵向位移量（mm）														实际锁定轨温（℃）	备注
				1		2		3		4		5		6		7			
				左	右	左	右	左	右	左	右	左	右	左	右	左	右		

观测单位： 观测人： 技术主管：

年 月 日 年 月 日

注：1 左右股以顺行车方向划分；

2 顺行车方向纵向位移为“+”、逆行车方向纵向位移为“-”。

表 A—12　铺轨编号与焊缝编号对照表

线名：　　　　　　线　　　　　　　　　　段　　　　　　　　　　线别：

铺轨编号	长钢轨出厂编号		联合接头编号	厂焊接头起止编号	铺轨起讫里程	附　注
	左股					
	右股					
	左股					
	右股					
	左股					
	右股					
	左股					
	右股					
	左股					
	右股					
	左股					
	右股					

施工单位：　　　　　　　　制表：　　　　　　　　复核：　　　　　　　年　月　日

表 A—13　线路基桩表

＿＿＿＿线＿＿＿＿至＿＿＿＿段　　　　线别：　　　　　　No：

桩号	里　程	桩间距(m)	距设计中心线距离(m)	高　程	设置位置		附　注
					左	右	

制表：　　　　　　　复核：　　　　　　　　　　年　　月　　日

注：面向里程前进方向，“左”在线路左侧，“右”在线路右侧。

CHINA RAILWAY PUBLISHING HOUSE

附录 B　无缝线路钢轨焊接接头外观质量控制作业指南

B.1　人员要求

B.1.1　钢轨焊接接头打磨作业人员应参加钢轨焊接工培训和打磨设备操作培训，并经考试、考核合格，持有“钢轨焊接工技术资格证书”（钢轨焊接工操作许可证）。

B.2　设备要求

B.2.1　打磨、矫直设备应具有产品质量合格证、使用说明书和相关技术文件。

B.2.2　应根据钢轨的硬度和打磨方法选用硬度和粒度合适的砂轮，砂轮选用原则应保证打磨后的钢轨不产生脆性组织，同时具有一定的打磨效率。

B.3　钢轨闪光焊接头外观质量控制要求

B.3.1　工位布置应符合下列要求：

1　方案一，串列式布局：钢轨焊前检查——钢轨的选配——矫直钢轨——焊前除锈——焊接和推凸——粗磨——焊后热处理——冷却——焊接接头矫直——外形精整（精磨）及平直度检验——超声波探伤。

2　方案二，并列式布局（三条生产线平行布置）：

1）焊前配轨矫直生产线：钢轨焊前检查——钢轨的选配——矫直钢轨

2）焊接及热处理生产线：焊前除锈——焊接和推凸——粗磨——焊后热处理

3）焊后矫直精磨生产线：焊接接头矫直——外形精整（精磨）及平直度检验——超声波探伤。

B.3.2　钢轨焊前检查及选配应符合下列要求：

1　检查钢轨型式尺寸：钢轨高度（H）、轨头宽度（WH）、轨底宽度（WF）、断面不对称（AS）、端面斜度（垂直、水平方向）、端部弯曲、轨身平直度。

2　按照钢轨订货技术条件检查钢轨表面质量。

3　待焊的两根钢轨端部，其主要型式尺寸宜具有相同方向的尺寸偏差。

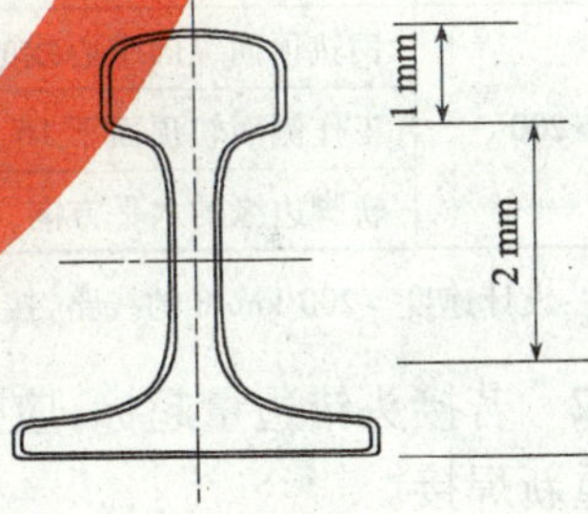

图 B.3.4　焊接接头推凸余量要求

B.3.3　焊接前矫直钢轨符合以下要求：采用矫直的方法纠正钢轨端部弯曲，对于无法矫直的钢轨端部弯曲，应将弯曲的钢轨端部锯切掉。钢轨外形偏差应符合钢轨订货技术条件的要求。

B.3.4　焊接后推凸余量应符合下列要求：

1　焊接后应立即检查推凸余量，焊接接头各部位的推凸余量不应超过图 B.3.4 的规定值，推凸余量超标时，应立即更换或调整推凸刀具。

2　推凸不应切伤钢轨母材，推凸过程中不应将焊渣挤入母材，焊渣不应划伤母材，推

CHINA RAILWAY PUBLISHING HOUSE

凸后的表面不应出现沟槽。

B. 3. 5　焊接后检查接头错边,应符合下列要求:

1　焊接推凸后,在焊接接头未经打磨处理情况下,应立即检查接头错边。检查方法:应使用检测直尺($L_0=1$ m)和塞尺检查接头错边,在焊缝中心线两侧各 15 mm 的位置测量并计算接头错边量,见图 B. 3. 5—1 和图 B. 3. 5—2。接头错边量不应超过表 B. 3. 5 的规定值。

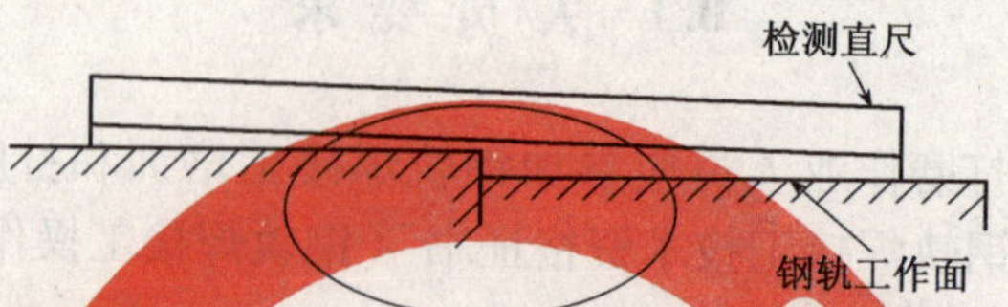

图 B. 3. 5—1　接头错边示意

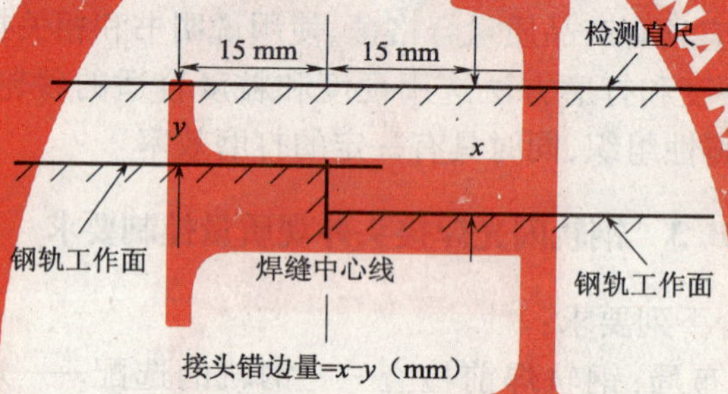

图 B. 3. 5—2　测量接头错边示意

表 B. 3. 5　允许的最大接头错边量

线路设计速度(km/h)	接头错边的位置	接头错边量最大允许值(mm)
200	钢轨顶面纵向中心线的垂直方向	0.5
	工作侧面轨顶面下 16 mm 处的水平方向	0.5
	轨脚边缘的水平方向	2.0
>200	钢轨顶面纵向中心线的垂直方向	0.2
	工作侧面轨顶面下 16 mm 处的水平方向	0.2
	轨脚边缘的水平方向	2.0

注:设计速度 >200 km/h 的线路,接头错边量最大允许值为参考值(宜)。

2　若接头错边量超标,应分析原因,并在焊缝两侧各100 mm的位置切掉钢轨焊接接头,重新焊接。

B. 3. 6　粗磨作业应符合下列要求:

1　粗磨的部位:在焊接接头范围内,距轨底脚尖端 35 mm 范围内的轨脚上、下表面及轨脚尖端,轨头部位非工作面;

2　应将粗磨部位的残留焊瘤及全部毛边除尽,打磨面须平整、光洁,保证打磨后的表面粗糙度能够满足探伤扫查的需要。轨底脚上角、下角应打磨圆顺。

3　应对粗磨部位的接头错边进行纵向打磨过渡。

4　应沿钢轨纵向打磨,不应横向打磨,打磨过程中砂轮不应冲击钢轨和在钢轨上跳

CHINA RAILWAY PUBLISHING HOUSE

动，打磨表面不应出现打磨灼伤和机械损伤。

B.3.7　焊接接头矫直作业应符合下列要求：

1　钢轨焊后必须经过矫直处理，矫直作业前，焊接接头的温度应低于 400 ℃，宜冷却到环境温度下矫直。

2　要求以焊缝为中心 1 m 范围内，常温下测量轨头工作面水平及垂直方向的平直度（不计推凸余量的影响），应符合表 B.3.7 规定。

表 B.3.7　平直度允许的最大偏差

线路设计速度 (km/h)	轨顶面垂直方向最大偏差(mm)		轨头侧面工作边水平方向最大偏差(mm)	
	a_1	a_2	b_1	b_2
200	0.3	0	0.3	0.3
>200	0.2	0	0.3	0

注：1　a_1、a_2 分别代表测量长度范围高出、低于钢轨母材轨顶基准面最大允许偏差（参考图 B.3.7）；

2　b_1、b_2 分别代表测量长度范围轨头内测工作面凹进、凸出钢轨母材基准最大允许偏差（参考图 B.3.7）。

3　平直度偏差的测量位置分别在轨顶面纵向中心线、轨头侧面工作边上距轨顶面 16 mm 处的纵向线；测量应以焊缝中心线两侧各 500 mm 位置的钢轨表面作为基准点。

4　用检测直尺（L_0 = 1 m）测量平直度的方法见图 B.3.7。

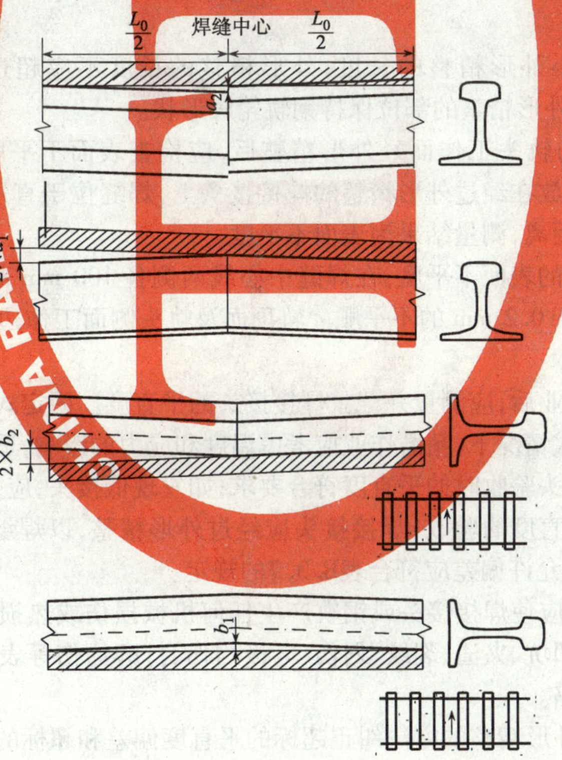

图 B.3.7　测量平直度示意

5　在钢轨固定式闪光焊接生产线上，应使用非接触式传感器自动检测尺测量焊接接头平直度，其显示窗口直接显示平直度偏差，其他情况下可以使用便携式钢轨平直度检测直尺。

6 自动检测尺和检测直尺的测量误差应不大于0.05 mm。

7 焊接接头平直度偏差超标时(不计推凸余量的影响),应重新矫直;

8 固定式钢轨闪光焊接生产线工位布局采用串列式情况下,根据焊接接头温度和应力的情况,可以适当预留平直度变化余量,但应保证焊接接头验交时的平直度符合表B.3.7的规定。

B.3.8 外形精整(精磨)作业应符合下列要求:

1 外形精整作业前检查焊接接头,应满足以下条件:推凸余量不应超过图B.3.4的规定值;接头错边量不应超过表B.3.5的规定值;外形精整作业前焊接接头应经过矫直,且矫直后的焊接接头平直度(不计推凸余量的影响)应满足表B.3.7的要求;精磨作业前焊接接头应经过冷却,符合精磨机对接头温度的要求。精磨作业前焊接接头温度的推荐值为焊接接头及其两侧各0.5 m范围内温度处于50 ℃以下(推荐:固定式钢轨闪光焊接生产线工位布局采用并列式,经过热处理后的焊接接头在长轨存放台上放置两天后,再进行矫直和精磨作业)。

2 在钢轨闪光焊接生产线上对焊接接头进行精磨,应使用精磨机,不宜使用仿型打磨机,不应使用直把砂轮机进行人工精磨;在线路上对焊接接头进行精磨,应使用仿型打磨机,不应使用直把砂轮机进行人工精磨。精磨机的使用应遵守"精磨机操作规程"。

3 焊接接头外形精整的部位是接头的轨顶面和轨头侧面工作边,也可以对轨头全方位进行外形精整。

4 应尽量减小外形精整的长度,外形精整的长度不应超过焊缝中心线两侧各450 mm限度。应使外形精整的部位保持钢轨轮廓形状。

5 焊接接头的轨头工作面经外形精整后,应检查表面不平度(surfaceflatness):将200 mm长度的直尺放在经过外形精整的焊接接头上,焊缝位于直尺中心,测量直尺与钢轨接触面间的最大距离,测量结果为表面不平度。

6 外形精整后的表面不平度,在焊缝中心线两侧各100 mm范围内应满足:无宽度大于3 mm、凸凹大于0.2 mm的不平顺。轨顶面及轨头侧面工作边母材打磨深度不应超过0.5 mm。

7 外形精整作业后,应测量并记录焊接接头的平直度。固定式钢轨闪光焊接生产线工位布局采用串列式情况下,精磨作业应考虑温度和应力的影响,适当预留平直度变化余量,但应保证焊接接头验收时的平直度符合要求;如发现低接头,应重新矫直或重焊。

8 焊接接头平直度的验收:焊接接头应经过外形精整,以焊缝为中心,轨头工作面1 m长度平直度最大允许偏差应符合表B.3.7的规定。

9 外形精整不应使焊接接头或钢轨产生任何机械损伤或热损伤。焊接接头及其附近钢轨表面不应有凹坑、夹渣、裂纹、划伤、电极灼伤、打磨灼伤等表面缺陷。不应使用焊补方法修复表面缺陷。

10 不应使用外形精整的方法纠正超标的平直度偏差和超标的接头错边。

11 使用安装声控传感器的精磨机时,应采取措施避免其他工序作业时对精磨机的干扰,应根据作业线的实际情况调整声控传感器的灵敏度,不应磨伤钢轨或焊接接头。

B.4 钢轨铝热焊接头外观质量控制要求

B.4.1 焊前钢轨对正应符合下列要求:

1　允许待焊钢轨存在尺寸偏差，但焊接接头要求两端钢轨轨头侧面工作面对齐。用一米直尺紧贴轨头工作面，不应出现缝隙。轨头允许预留加高，如图 B.4.1。a 值应为 1 ~2 mm，不应大于 2 mm。

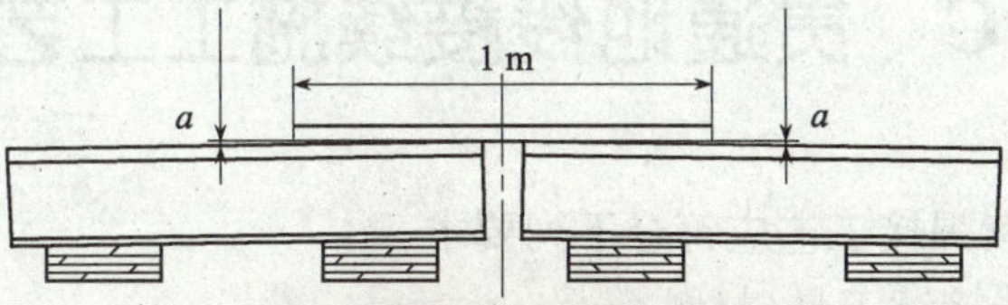

图 B.4.1　铝热焊接头轨顶面对正示意

2　轨底及轨腰也应对齐，如果两端钢轨尺寸存在偏差，则要求该部位超出部分尺寸在钢轨两侧均分。

B.4.2　轨头推凸应符合以下要求：轨头的推凸应在钢轨凝固后进行，不允许在液固状态推凸。推凸刀刀口应为圆弧状，圆弧半径不应小于 1 mm。推凸刀与钢轨母材间至少应留有 1 mm 间隙。

B.4.3　热打磨作业应符合下列要求：

1　焊接推瘤后应立即对铝热焊接头进行热打磨，保证施工车辆的通行。

2 热打磨只对轨头进行打磨，采用仿形打磨机进行。打磨后 a 保留 0.5 ~1 mm。

B.4.4　冷打磨作业应符合下列要求：

1　焊头冷却至室温后进行轨底、轨底上表面的打磨。

2　轨底面打磨要求：与闪光焊及气压焊不同，铝热焊轨底不推瘤。轨底焊筋高度达 5 ~6 mm，因此应将轨底焊筋打磨至高出母材 0 ~1 mm，与母材过渡处打磨圆滑。

3　轨底上表面打磨要求：轨底上表面宽度方向的打磨要满足扣件安装和探伤扫查的要求，与母材过渡处打磨圆滑。

B.4.5　精磨作业应符合下列要求：

1　精磨应在线路整道作业完成后进行，轨温应处于常温状态。

2　铝热焊接头的精磨应采用仿形打磨机。

3　对起拱量过高的接头，不应采取打磨的方法来保证焊后平直度，不应采取矫直的方法进行处理，应锯除重焊。

4　铝热焊接头在精磨后验收。测量长度 1 m，焊缝居中。

5　其余应遵循闪光焊接头精磨的要求。

附录 C　贯通地线接续施工工艺方法

C. 0. 1　贯通地线接续焊接工艺应符合下列要求：

1　准备贯通地线接续工具、材料。

2　在接续处挖 1 m × 1 m 的接头坑，坑底平且与电缆沟同深。

3　用清洁布将铜缆端头 1 m 范围内擦拭干净，把长 300 mm、内径 ϕ15 mm 热缩套管套入接续铜缆一端。

4　将电缆接续支架在接头坑内放置平稳，把铜缆端头固定在接续支架上。

5　用卷尺在接续铜缆端头各量出 100 mm 范围，并做好标记。

6　用板锉将两个铜缆端头头部 100 mm 范围内的外包铅锉掉，露出铜芯（裸铜缆打毛后直接镀锡）。

7　点燃喷灯，用喷灯和焊锡丝把铜缆端头 100 mm 范围内加热镀锡，锡镀好后关闭喷灯。

8　待铜缆端头降温后，将两个铜缆端头重叠 100 mm 并用 ϕ1 mm 的铜丝紧密缠绕接头，如图 C. 0. 1 所示。

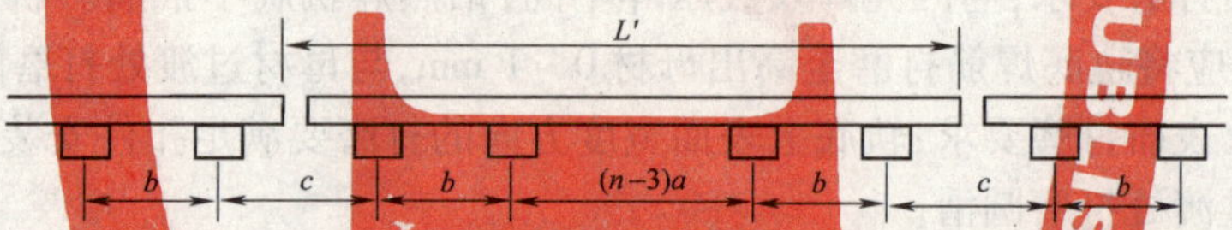

图 C. 0. 1　贯通地线接续焊接示意

9　重新点燃喷灯，用喷灯和焊锡丝将接头加热焊接牢固，确认不假焊。

10　将热缩套管移至接头处，并在接头两端分布均匀。

11　用喷灯在热缩套管四周均匀加热，观察热缩套管与铜缆密贴且流出热溶胶后，移开喷灯，确认密封好后，将喷灯关闭。

12　待热缩套管降温后，将接头从支架上取下，平放入坑中。

13　取出坑内的工具及材料，把接头坑埋好夯实。

14　接续结束，收拾工具，清洁现场。

C. 0. 2　贯通地线接续压接工艺应符合下列要求：

1　用板锉将接续铜缆端头 25 mm 范围内的外包铅锉掉，露出铜芯（裸铜缆打毛后直接压接）。

2　将铜芯分别放入内径 ϕ7 mm 压接管内，用专用压接钳压接牢固，如图 C. 0. 2 所示。

C. 0. 3　分支地线与贯通地线的连接工艺应符合下列要求：

1　准备分支铜缆与贯通地线连接的工具、材料。

2　在连接处挖 1 m × 1 m 的接头坑，坑底平且与电缆沟同深。

CHINA RAILWAY PUBLISHING HOUSE

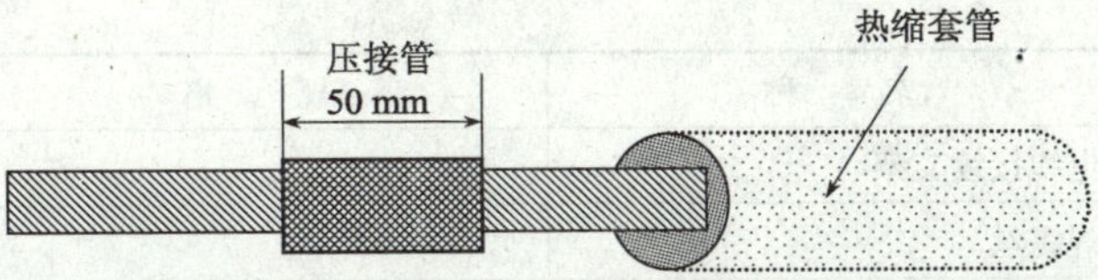

图 C.0.2　贯通地线接续压接示意

3　用清洁布将铜缆连接 1 m 范围内擦拭干净。

4　将电缆接续支架在接头坑内放置平稳,把铜缆端头固定在接续支架上。

5　用卷尺在接续铜缆端头各量出 100 mm 范围,并做好标记。

6　用板锉将两个铜缆端头头部 100 mm 范围内的外包铅锉掉并露出铜芯(裸铜缆打毛后直接镀锡)。

7　点燃喷灯,用喷灯和焊锡丝把铜缆端头 100 mm 范围内加热镀锡,锡镀好后关闭喷灯。

8　待铜缆端头降温后,将两个铜缆端头重叠 100 mm 并用 ϕ1 mm 的铜丝紧密缠绕接头。

9　重新点燃喷灯,用喷灯和焊锡丝将接头加热焊接牢固,确认不假焊。

10　将热缩带对焊接处进行缠绕覆盖,同时用喷灯在热缩带上均匀加热,观察热缩带与铜缆密贴,移开喷灯,确认密封好后将喷灯关闭,如图 C.0.3 所示。

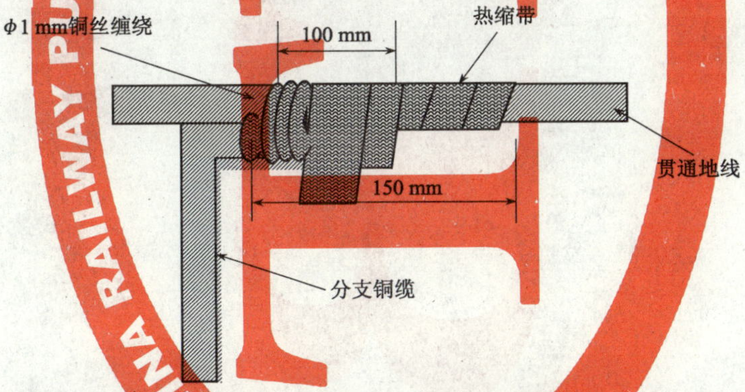

图 C.0.3　分支铜缆与贯通地线接续示意

11　待热缩带降温后,将接头从支架上取下,平放入坑中。

12　取出坑内的工具及材料,把接头坑埋好夯实。

13　接续结束,收拾工具,清洁现场。

C.0.4　贯通地线及分支地线接续主要工具、材料见表 C.0.4。

表 C.0.4　贯通地线及分支地线接续主要工具、材料

序　号	名　称	规　格	备　注
1	喷　灯		
2	直型热缩套管	300 mm、ϕ15 mm	
3	板　锉		

CHINA RAILWAY PUBLISHING HOUSE

续上表

序　号	名　称	规　格	备　注
4	电缆接续支架		
5	焊锡丝		
6	钢卷尺		
7	铜　丝	ϕ1 mm	
8	清洁布		
9	热缩带		
10	压接管	50 mm、内径 ϕ7.5 mm	

CHINA RAILWAY PUBLISHING HOUSE

附录 D　接地装置接地电阻测量

D.1　动态地阻测试仪(TL-5 型)测试

D.1.1　动态地阻测试仪(TL-5 型)概况如下:

1　它是一种全新的由微处理器控制的接地电阻测量仪;配置打印机、RS-232 端口,可以将测量数据打印、发送到电脑,以便于分析。TL-5 型动态地阻测试仪符合 IEC 61557—5 的测量标准,全自动化,操作简单,适合测量各种接地网络的接地电阻、各种不同土壤电阻率及接地系统电压。

2　该测试仪符合以下国际标准:

安全电压符合　IEC 61010.1/1992 第二版标准;

电磁兼容符合　IEC 61326—1 标准;

抗静电干扰符合　IEC 1000—4—2 标准;

抗电磁辐射符合　IEC 61000—4—3 标准;

环　保　符　合　IP-54 标准。

3　适应范围如下:

海拔高度　3 000 m 以下;

温　　度　-10 ℃~50 ℃;

湿　　度　95 %;

重　　量　约 3.0 kg,便于携带,能在不同天气条件和地形下测量

4　测试范围:

接地电阻　0.01 Ω~20 kΩ;

土壤电阻率　0.01 Ω·m~50 kΩ·m;

接地系统电压　0~60 V。

D.1.2　三极法或三角形法接地电阻测试:

1　应按图 D.1.2—1 三极法的原理接线图或者按图 D.1.2—2 三角形法的原理接线图所规定的方法去测试。测试方法及布线应按规范执行。

2　电流极与接地网边缘之间的距离 d_{GC},一般取接地网最大对角线长度 D 的 3~5 倍,以使其间的电位分布出现一平缓区域。在一般情况下,电压极到接地网的距离 d_{GP} 约为电流极到接地网的距离的 50 %~60 %。测量时,沿接地网和电流极的连线移动三次,每次移动距离为 d_{GC} 的 5 % 左右,如三次测得值接近即可。

3　若 d_{GC} 取 $3D$~$5D$ 有困难,在土壤电阻率较均匀的地区,可取 $2D$,d_{GP} 取 D;在土壤电阻率不均匀的地区或城区,d_{GC} 可取 $3D$,d_{GP} 取值 $1.7D$。

4　规范规定 d_{GC} 和 d_{GP} 从地网边缘算起,是分析了大量地网,并且通过理论分析和测试而确定的,不取 $d_{GP}=0.618d_{GC}$ 而是取 d_{GP} 为 $0.5d_{GC}$~$0.55d_{GC}$,这其中已经考虑了地网边缘至地网中心的一段距离,这样,由地网中心到电压极也约相当是到电流极的距离的

CHINA RAILWAY PUBLISHING HOUSE

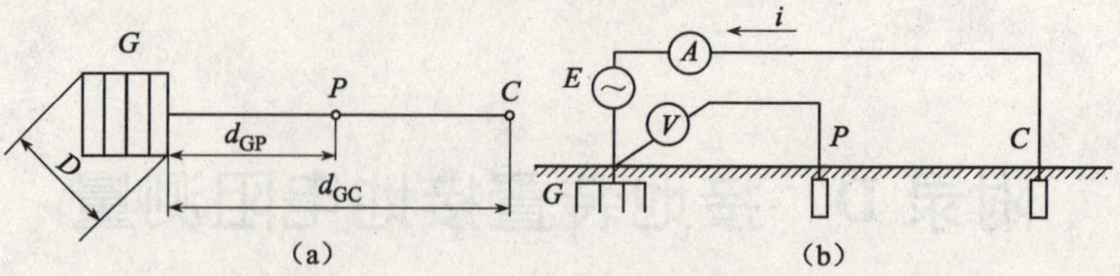

图 D. 1. 2—1　三极法的原理接线图

(a)电极布置图;(b)原理接线图

G—被测接地装置;*P*—测量用的电压极;*C*—测量用的电流极;

E—测量用的工频电源;*A*—交流电流表;*V*—交流电压表;

D—被测接地装置的最大对角线长度

0. 618 倍。

5　电压极、电流极也可采用三角形布置方法。一般取 $d_{GP}=d_{GC}>2D$，夹角 $\theta\approx29°\sim30°$。

6　由于地质结构的不均匀性，以及难以了解地下矿藏情况的可能影响，采用几个方向的测量值互相比较，互相校核的方法是必要的，而且也可用三角法和三极法的对比互校。另外，电流极和电压极应可靠的接地，如果接地不良，甚至晃动而致使与土壤形成空气间隙，则可能导致较大的误差。

7　电压极、电流极也可采用图 D. 1. 2—2 所示的三角形布置方法。一般取 $d_2=d_1\geqslant2D$，夹角约为 30°。

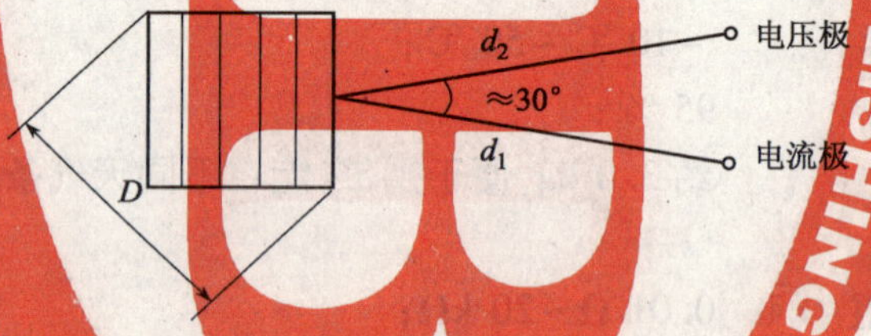

图 D. 1. 2—2　三角形法原理接线图

D. 2　ZC 系列接地电阻测试仪

D. 2. 1　ZC 系列接地地阻测试仪概况如下:

采用电压表—电流表测量法的接地电阻测量仪器，必须选用高内阻的电压表(如静电电压表和晶体管伏特表)，以减小电压表内阻造成的测量误差。专用接地电阻测量仪器以其突出的优点，即测量时不需要外接电源，接地电阻测量范围较大(0 ~ 1 000 Ω)，使用简单，携带方便等，广泛应用于接地电阻的实际测量中。目前通用的有电位计型接地电阻测量仪器有 ZC-8、ZC-9、ZC 29-1 等。

D. 2. 2　直线布极法和三角形布极法测量接地电阻方法:

接地体的接地电阻等于其在泄放电流时接地体上的电位与所泄放电流的比。目前用得最多的是 ZC 系列(ZC-8、ZC-9、ZC-28、ZC-29)接地电阻测试仪(简称地阻仪)。图 D. 2. 2—1、图 D. 2. 2—2 是 ZC 系列接地电阻测试仪测试接地体时接线图。接地电阻值测

CHINA RAILWAY PUBLISHING HOUSE

试的准确性，与地阻仪测量电极布置的位置有直接关系，按测量电极的不同布置方式，有直线布极法和三角形布极法等。

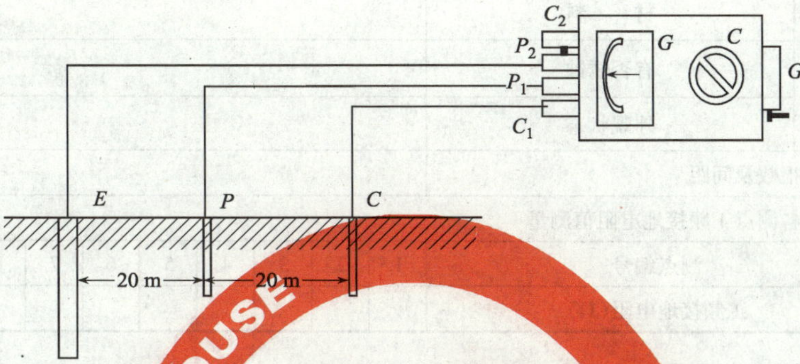

图 D.2.2—1　用 ZC 系列地阻仪测接地电阻（直线布极）

首选直线布极法，受测试场地限制时，还可以将测试电极布置成三角形，如图 D.2.2—2。

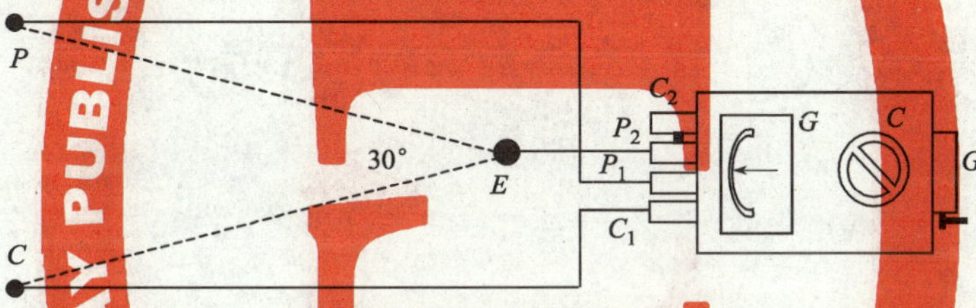

图 D.2.2—2　用 ZC 系列地阻仪测接地电阻（三角型布极，夹角 30°）

当被测接地装置的面积较大而土壤电阻率不均匀时，为了得到较可信的测试结果，宜将电流极离被测接地装置的距离增大，同时电压距离被测接地装置的距离也相应地增大。

使用地阻仪进行接地电阻值测量时，应将地阻仪平放，调整 *G* 的指针至零位。然后将倍率调整旋钮 *S* 放在较高挡位，慢摇发电机 *GR*，同时转动测量度盘 *C*，使指针至零时测量度盘 *C* 示数乘以倍率调整旋钮倍数之积即为接地电阻值。若 *C* 转至读数最小而指针不为零，这时应将倍率调整旋钮 *S* 换到较小倍率档后继续调整测量度盘 *C* 直至指针正好为零，这时测量度盘 *C* 示数乘以倍率调整旋钮倍数之积即为接地电阻值。对于地网，应当改变测试极棒的布放方向和测试点，至少测试 4 次后，每次记录，然后取平均值作为该接地网的接地电阻值。

当测试现场不是平地而是斜坡的话，测试电极棒距地网的距离应是水平距离投影到斜坡上的距离。

D.3　接地电阻检测原始记录表

D.3.1　所有测试值应当在表 D.3.1 表中记录。

表 D.3.1　接地电阻检测原始记录表　　页数　　共　　页

<table>
<tr><td rowspan="4">避雷网(带)外观目测</td><td colspan="2">信号楼建筑物高度</td><td colspan="10">共　　层</td></tr>
<tr><td rowspan="3">检查</td><td>材　料</td><td colspan="10"></td></tr>
<tr><td>有否锈蚀</td><td colspan="10"></td></tr>
<tr><td>外观状态</td><td colspan="10"></td></tr>
<tr><td rowspan="4">引下线</td><td colspan="2">引下线根数及间距</td><td colspan="10"></td></tr>
<tr><td colspan="12">引下线各测点工频接地电阻值测量</td></tr>
<tr><td colspan="2">测点编号</td><td>1</td><td>2</td><td>3</td><td>4</td><td>5</td><td>6</td><td>7</td><td>8</td><td>9</td><td>10</td></tr>
<tr><td colspan="2">工频接地电阻(Ω)</td><td></td><td></td><td></td><td></td><td></td><td></td><td></td><td></td><td></td><td></td></tr>
</table>

本技术指南用词说明

执行本技术指南条文时,对于要求严格程度的用词说明如下,以便在执行中区别对待。

(1)表示很严格,非这样做不可的用词:

正面词采用"必须";

反面词采用"严禁"。

(2)表示严格,在正常情况下均应这样做的用词:

正面词采用"应";

反面词采用"不应"或"不得"。

(3)表示允许稍有选择,在条件许可时首先应这样做的用词:

正面词采用"宜";

反面词采用"不宜"。

表示有选择,在一定条件下可以这样做的用词,采用"可"。

CHINA RAILWAY PUBLISHING HOUSE

《客运专线无砟轨道铁路工程施工技术指南》条文说明

本条文说明系对重点条文的编制依据、存在的问题以及在执行中应注意的事项等予以说明。为了减少篇幅,只列条文号,未抄录原条文。

1.0.8 客运专线与常规铁路相比最大的区别在于线路的高平顺性。高平顺性最终体现在轨道工程上,而高平顺性的轨道又取决于路基、桥涵和隧道等工程的高质量,高稳定性的实现。各项基础设施的施工既是相互独立自成系统,又是相互制约,形成一个有机整体的系统工程。因此,在客运专线基础设施施工过程中必须树立起统筹兼顾、相互协调、科学组织和严格管理的系统工程新理念。

1.0.10 客运专线铁路工程施工点多线长、施工期较长,取弃土(渣)、污水(物)排放、噪声等对生态环境的影响很大。施工单位应在施工前制订有效的环保措施,施工期内最大限度的减少对环境的影响,施工结束后给予必要的恢复,切实做好环境保护和水土保持工作,保证国民经济的可持续发展。设计有要求的更应该全面按设计文件办理。

2

术语主要采用已颁布的客运专线铁路相关标准、指南、规定中的解释,但目前国内采用的无砟轨道结构形式不断发展变化,对无砟轨道的认识也在不断的深化,为便于对各种新型无砟轨道结构形式的理解和掌握,分别对不同结构形式的无砟轨道出现的新的名词作了解释。列出术语及其解释的主要目的是为了在工程施工中便于界定每种无砟轨道的施工特点、方法和工艺,避免产生理解上的不同甚至歧义。

2.0.4 Ⅱ型板当采用非预应力钢筋配筋、厚度较大(30 cm)、单块铺设板时,无纵向连接钢筋,无滑动层,也无硬泡沫塑料板,板的下部带有限位块,一般在跨径大于25 m以上的桥梁,而且桥梁工程长度占全线长度比例较小时应用。

3.1

轨道是铁路线路上部建筑,其所依附的线下构筑物工程在施工过程中如果有变更时可能引起轨道工程也需作相应的变更,所以轨道施工前,不仅要获取相应的施工文件、设计文件,还应获取与轨道工程有关的变更设计文件,经审核后作为施工依据。

3.6.10 钢轨垛码层数视基底坚实程度决定,扣放一般不宜超过6层,如场地限制需高层堆码时,应加强支垫。要求基底平整、坚实,并在基底密铺枕木提高承载力,基底四周应有良好的排水设施,确保钢轨垛不会下沉造成钢轨变形受损。

CHINA RAILWAY PUBLISHING HOUSE

3.7

无砟轨道大量引入新材料、新工艺、新技术，施工前应组织技术培训，做好人才储备，特别是引进技术的消化吸收，并根据施工方法配备焊轨、无砟道床施工、长钢轨及轨枕运输、铺枕及铺轨、铺岔、钢轨预打磨等设备，针对不同形式无砟道床施工特点，提前调研、设计制造或引进购置相应的配套设备和检测设备，作好客运专线无砟轨道铁路工程施工前的技术、装备的准备工作。

4.1.1 根据《客运专线无砟轨道铁路工程测量暂行规定》（铁建设〔2006〕189 号），按分级布网的原则把平面测量控制网分三级布设，第一级为 GPS 基础平面控制网，第二级为线路控制网，第三级为基桩控制网。把各级平面控制网用编号代替：CPⅠ为 GPS 基础平面控制网，CPⅡ为线路控制网，CPⅢ为基桩控制网。各级平面控制网的作用为：

（1）GPS 基础平面控制网（CPⅠ）主要为勘测设计、施工、运营维护提供坐标基准，是客运专线无砟轨道铁路工程测量平面控制网。

（2）线路控制网（CPⅡ）主要为勘测设计和施工提供控制基准。

（3）基桩控制网（CPⅢ）主要为铺设无砟轨道提供控制基准。

三级控制网之间的相互关系见说明图 4.1.1。

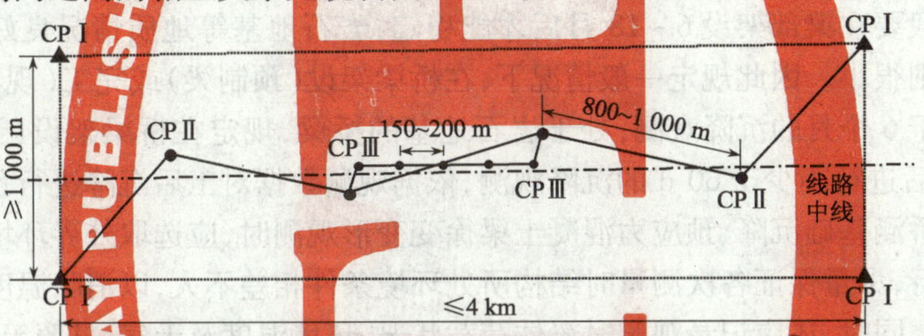

说明图 4.1.1 无砟轨道三级平面控制网示意

客运专线无砟轨道平面控制网按三级分类，是根据铁二院与西南交通大学共同完成的《无砟轨道控制测量理论和方法研究》和《客运专线无砟轨道铁路工程测量控制网精度标准的研究》而制定的。德国铁路标准 RIL 833.0 020 把无砟轨道施工控制网分为四级：PS1、PS2、PS3、PS4。PS1 是在国家基础控制点 PS0 下发展的平面控制点，沿线路方向大约每 1 000 m 一个控制点；PS2 沿线路方向大约每 150 m 至 250 m 一个控制点；PS3 是水准基点；PS4 是固定在接触网杆上的控制点。在上述四种控制点中，只有三种是可置镜的平面控制点，而 PS4 是固定在接触网杆上的只能安置反射镜的控制点。我国平面基础控制点的精度和密度均不能满足作为无砟轨道平面基础控制网的需要。因此本条把基础控制点 CPⅠ（相当于 PS0）作为第一级平面控制网，把 CPⅡ（相当于 PS1）作为第二级平面控制网，把 CPⅢ（相当于 PS2）作为第三级平面控制网。

4.1.3 构筑物的变形监测网与客运专线无砟轨道铁路工程测量控制网的关系见说明图 4.1.3。

4.2.6 表 4.2.6—1 ~ 表 4.2.6—3 依照《客运专线无砟轨道铁路设计指南》（铁建设函〔2005〕754 号）和《客运专线铁路路基工程施工技术指点南》（TZ 212—2005）制定。

4.5.1 路基工后沉降的计算精度是不能满足无砟轨道铺设要求的，通过观测可以较好地预测今后的沉降，但建立预测需要一定的观测时间，根据经验，一般不少于 6 个月。当观测数据不足以评估或工后沉降评估不能满足设计要求时，应继续观测或者采取必要的加速或控制沉降的措施，如超载预压、旋喷桩加固等。

CHINA RAILWAY PUBLISHING HOUSE

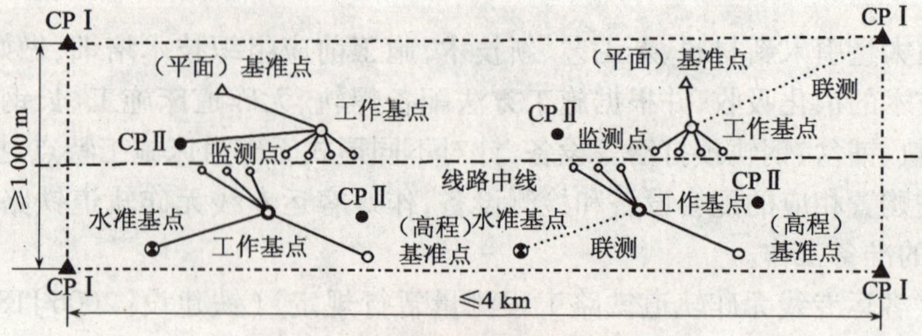

说明图 4.1.3　变形监测网与无砟轨道测量控制网的关系示意

根据路基沉降预测结果可以确定工程完工时的工后沉降，工后沉降的评估应结合路基各观测断面以及相邻桥(涵)隧的沉降预测情况，从线路整体上进行评价。当预测的路基工后沉降值在扣件系统的高低调整量(一般为 15 mm)范围内，方可铺设无砟轨道。

4.5.2　墩台基础沉降发展及总量受桥位地质情况、施工荷载、施工工期等因素的影响。为确认墩台基础工后沉降满足设计要求，保证无砟轨道的平顺性，在墩台施工完成至无砟轨道铺设前应进行墩台基础沉降观测，并对工后沉降进行预测。地质条件不良地段墩台基础沉降一般要在梁部架设 6～18 月后才能稳定，岩石地基等地质情况良好区段的墩台基础沉降量则很小。因此规定一般情况下，在桥梁架设(预制梁)或完工(现浇梁)后应进行为期不少于 6 个月的沉降观测；处于岩石地基的桥梁，规定在桥梁架设(预制梁)或完工(现浇梁)后进行不少于 60 d 的沉降观测，依据观测数据对工后沉降进行预测。

在进行桥涵基础沉降、预应力混凝土梁徐变变形观测时，应选取外界环境变化相对较小的时段进行，尽量保证各次测量时结构所处环境条件相差不大，以消除温度变形对观测结果的影响。同时，还应记录观测时梁体荷载状况、环境温度及天气、日照等情况，以便为评估分析提供可靠的资料。

4.5.3　隧道内无砟轨道铺设前，除根据客运专线铁路隧道工程施工质量验收标准的相关要求对隧道工程的施工质量(包括隧底回填层的高程、平整度及混凝土强度等级等)进行交接验收外，还应根据隧道基础的沉降观测资料，对基础的工后沉降进行预测评估，确认其满足设计要求。相对于土质路基和桥梁墩台基础而言，一般来说，隧道基础的沉降较小。在经过 3～6 个月的沉降观测后，如沉降稳定可不再进行观测。

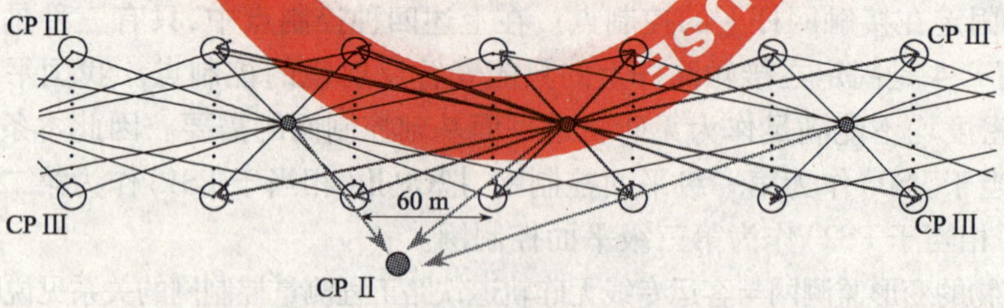

说明图 5.2.2　后方交会控制网示意图

4.5.9　客运专线对无砟轨道施工精度要求极高，这就要求在无砟轨道施工前应首先建立一个适合无砟轨道施工精度的测量控制网。高精度测量控制网的建立决定着无砟轨道毫米级施工精度能够实现的关键。传统的由施工单位测量布网的方式已远不能适应客运专线的高精度需求，应组织人员素质高、测量设备精良的专业测量队伍进行控制网布设测量，切实提高控制网的布设质量，为无砟轨道施工的精度控制创造良好的条件。故本条引入了基桩测设单位这一概念。

5.2.2 CPⅢ采用的后方交会法测量为德国旭普林和博格公司采用的方法。所谓置平，即CPⅢ控制网与CPⅠ或CPⅡ控制网通过最小二乘方法获得最合理的联系，但CPⅢ控制网不做任何改变。其后方交会控制网形状见说明图5.2.2。

5.2.5 CPⅢ控制点是平面高程控制点，是无砟轨道施工的平面高程基准，必须在CPⅢ控制点平面测量完成后才能进行高程测量。

5.3.4 Ⅰ型板式轨道的加密基桩可采用微调式基准器，基准器设于凸型挡台上。基准器设置示意见说明图5.3.4。

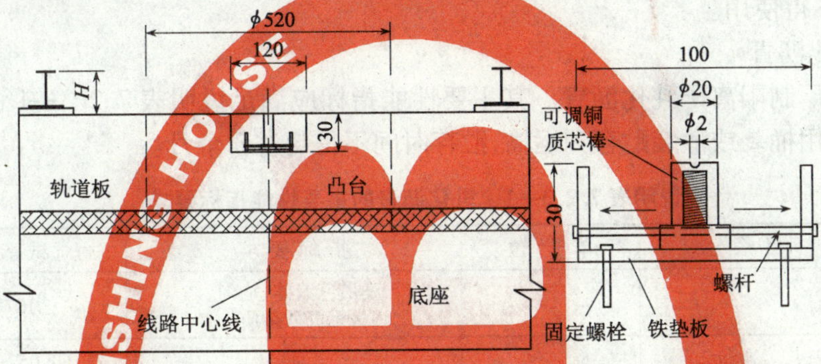

说明图5.3.4 基准器设置示意图

在底座和凸形挡台混凝土施工完毕后，应在每个凸形挡台上沿线路中线方向设置加密基桩（基准器），为轨道板的铺设做好准备，具体设置过程如下：

（1）根据凸形挡台位置，精确计算出基准器的坐标。采用高精度的Ⅰ级全站仪，精确测定基准器的中心位置。

（2）在凸形挡台混凝土浇筑前，先在路基面或梁面上测设基准器中心点位，并测设该点位的法线护点，以保证凸形挡台的位置不偏移，也便于安装基准器。

（3）利用线路关系，核准基准器点位，并依次编号、登记。量测结果做成标签，贴在线路前进方向的左侧或曲线外侧。

5.5

维护基桩的布设位置与维修方式有关，因此应根据维修检测方式进行布设，可设于轨道中心线、道床两侧或接触网杆基础等位置。对于Ⅰ、Ⅱ型双块式无砟轨道，维护基桩根据现场测设情况，埋设在方便轨道维护且便于后期复测的地段；对于Ⅰ型板式轨道维护基桩应设置在凸形挡台的中心，可以采用基准器作为维护基桩；Ⅱ型板式轨道维护基桩宜设置在接缝处轨道板外侧的混凝土支承层或底座混凝土板上；Ⅲ型板式无砟轨道，维护基桩宜设置在轨道板的连接位置线路中心线处。由于各类无砟轨道结构不同、施工工艺不同，施工过程中加密基桩可能被道床施工覆盖或损坏，因此应增设维护基桩。当加密基桩未损坏时，应对其进行复测后作为维护基桩。

6.1.3、6.2.3 轨道板的吊装应根据现场施工情况选择设备，起吊轨道板应使用专用起吊螺栓及器具，保证轨道板起吊过程中不损坏。运输过程中应采用必要加固措施，保证轨道板运输过程中不变形、不损坏。

CHINA RAILWAY PUBLISHING HOUSE

7.1.4　在遂渝线无砟轨道综合试验段施工中经过实际检测，当混凝土底座钢筋骨架纵向钢筋与横向钢筋交叉点采取绝缘措施，相互间的电阻大于 2 MΩ 时，无砟轨道能满足轨道信号传输要求。

7.2.3　水泥沥青砂浆配置的原材料标准及试验方法可参照日方提供的规范及各种性能实验具体确定。遂渝线所采用的主要技术指标为：

(1)水泥

采用强度等级为 42.5 R 的普通硅酸盐或快硬硫铝酸盐水泥，其技术要求应符合 GB 175 和 JC 714 的规定。应使用新鲜、保管好的水泥，贮存时间不得超过 1 个月，超过贮存期、受潮的不得使用。

(2)乳化沥青

应采用厂制阳离子乳化沥青。其主要性能指标应满足说明表 7.2.3—1 的要求。乳化沥青应采用桶装或散装贮存和运输，贮存时间不得超过 3 个月。

说明表 7.2.3—1　乳化沥青的主要性能指标要求

项　目		单　位	指 标 要 求	试 验 方 法
外　观			浅褐色液体、均匀、无机械杂质	JC/T 797
颗粒电荷			+	JTJ 052—T 0 653
恩氏黏度(25 ℃)			5 ~ 15	JTJ 052—T 0 622
筛余物(1.18 mm)		%	<0.1	JTJ 052—T 0 652
贮存稳定性(1 d,25 ℃)		%	<1.0	JTJ 052—T 0 655
低温贮存稳定性(－5℃)			无粗颗粒或块状物	JTJ 052—T 0 656
水泥混合性		%	<1.0	JTJ 052—T 0 657
蒸发残留物	残留物含量	%	58 ~ 63	JTJ 052—T 0 651
	针入度(25 ℃,100 g)	0.1 mm	60 ~ 120	JTJ 052—T 0 604
	延度(15 ℃)	cm	>100	JTJ 052—T 0 605
	溶解度(三氯乙烯)	%	>97	JTJ 052—T 0 607

(3)聚合物(P)乳液

采用石油树脂系乳液，其主要性能指标应符合说明表 7.2.3—2 的要求，贮存时间不得超过 3 个月。

说明表 7.2.3—2　P 乳液的主要性能指标要求

项　目	单　位	指标要求	试验方法
pH		7 ~ 9	GB/T 8325
密　度	g/cm³	1.0 ± 0.1	GB/T 11175
不挥发物	%	45 ± 3	JISK 6387—2
水泥混合性	%	<1	JIS K 2208
机械稳定性	%	<0.01	GB/T 11175

(4)细骨料(砂)

细骨料应采用河砂、山砂或机制砂。细骨料应为最大粒径小于 2.5 mm 的岩石颗粒，不得包含软质岩、风化岩石的颗粒。颗粒级配应符合说明表 7.2.3—3 的规定。细骨料的

CHINA RAILWAY PUBLISHING HOUSE

其他技术要求应符合说明表 7.2.3—4 的规定。细骨料应烘干后用防潮袋包装，含水率不大于 1%，贮存和运输过程中应采取措施防止雨淋、杂物混入。

说明表 7.2.3—3　细骨料的颗粒级配要求

筛孔尺寸(mm)	过筛物的质量百分比(%)	筛余物的质量百分比(%)
2.36	100	0
1.18	90~100	0~10
0.60	60~85	15~40
0.30	20~50	50~80
0.15	5~30	70~95

(5)混合料

可采用以硫铝酸钙($3CaO \cdot 3Al_2O_3 \cdot CaSO_4$)为主体的分散剂和具有膨胀性的水泥混合料，或采用石灰系膨胀性混合料。其技术要求应符合 JC 476 的规定。

说明表 7.2.3—4　细骨料的技术要求

序号	项　目	单　位	指标要求		试验方法
			河砂、山砂	机制砂	
1	细度模数		1.4~2.2(泵送 1.4~1.8)		GB 14684
2	表观密度	g/cm^3	>2.55		
3	吸水率	%	<3.0		
4	泥块含量	%	<1.0	0	
5	含泥量	%	<2.0	0	
6	石粉含量	%	—	<1.0	
7	有机物(比色法)		合格		
8	氯化物含量	%	<0.01		
9	表面含水率	%	—		

(6)水

添加水应不含油、酸、盐类等对水泥沥青砂浆质量有影响的有害物质，宜采用饮用水。其他要求应符合 TB 10210 的规定。

(7)铝粉

应采用鳞片状铝粉，其主要技术指标应满足说明表7.2.3—5的要求。

说明表 7.2.3—5　铝粉的主要性能指标要求

序号	项　目	单　位	指标要求	试验方法
1	外　观		银白色粉状物	HG/T 2456
2	105 ℃挥发物	%	≤35	
3	有机溶剂可溶物	%	≤6.0	
4	水面覆盖力	m^2/g	≥1.35	
5	含水量	%	≤0.15	
6	漂浮力	%	≥65	
7	铁含量	%	≤0.8	
8	铅含量	%	≤0.03	

CHINA RAILWAY PUBLISHING HOUSE

（8）其他

根据水泥沥青砂浆性能要求，在砂浆配方中可适量添加消泡剂、引气剂、稳定剂和防水料等外加剂。

7.2.4 遂渝线所采用凸形挡台填充树脂混合液和固化物的性能指标见说明表7.2.4—1和说明表7.2.4—2的要求。

说明表7.2.4—1　凸形挡台填充树脂混合液性能指标

序号	项　目	单　位	性能指标
1	材　质		环氧树脂、聚氨酯和聚酯树脂
2	颜色：A剂 B剂		对照产品出厂标识确认
3	黏度（25 ℃）	Pa·s	≤10
4	可使用时间	min	≥10（30 ℃） ≥15（10 ℃）
5	固化收缩率	mm	≤10

说明7.2.4—2　固化物性能指标

序号	项　目	单　位	性能指标
1	外观质量		表面无大的泡沫、气泡、褶皱、裂纹
2	视密度	g/cm^3	>1.05
3	抗压强度	MPa	≥7.5
4	弹性系数	kN/mm	10±2
5	疲劳性能		最大压缩量在1.25 mm以下，外观无明显异常
6	剪切强度	MPa	≥1.96
7	黏结强度	MPa	≥0.49
8	Asker—C表面硬度		>50
9	耐腐蚀性		外观无异常，弹性系数变化率在±20%以内
10	耐热老化性		

7.2.6 底座与凸形挡台模板安装偏差及成型后的尺寸偏差标准参照日本规范内容编写，此标准相比秦沈客运专线《无砟轨道工程施工技术细则》（试行）较低，考虑到日本为成熟的工艺，因此，在编写本技术指南时，仍参考日本的标准。

7.2.8 基准器的测设标准和精度要求需要根据设计的轨道板形式来具体确定。

7.2.11 本条轨道板铺设、调整的步骤、方法参照秦沈客运专线《无砟轨道工程施工技术细则》（试行）内容编写；轨道板精确调整后的允许偏差参照日本规范编写。

轨道板的安装调整测量，以凸形挡台上基准器测设数值为准，采用专用油压千斤顶、支撑螺栓、螺纹丝杆顶托等，调整轨道板的高低、方向及凸形挡台缝。轨道板调整见说明图7.2.11（a）。

将支撑螺栓安装到轨道板侧面的联结铁件上，联结铁件与轨道板采用螺栓栓接。启动油压千斤顶，缓慢顶起轨道板，除去板下临时支撑方木。按照预定高度值，使用三角规及调节千斤顶调节轨道板高度〔说明图 7. 2. 11(b)〕。调整轨道板中心线及凸形挡台基准器之间的连线，使其与轨道板中心线重合。用钢尺精确丈量两凸形挡台间的纵向距离，均匀设置凸形挡台缝〔说明图 7. 2. 11(c)〕。在轨道板两端设置轨距尺、根据基准器测设数值，使用调节千斤顶调节轨道板面的高程〔说明图 7. 2. 11(b)〕。在曲线段，使用千斤顶初调，支撑螺栓精调轨道板，轨距尺控制外轨超高。轨道板面的高程、中心线、凸起间隔调节后，在凸形挡台与轨道板之间钉入楔子，固定轨道板。轨道板前后、左右和高低经反复测量调整，定出轨道板的正确位置后，应精确测定轨道板的安装精度及 CA 砂浆注入厚度，提交记录。

CHINA RAILWAY PUBLISHING HOUSE

说明图 7. 2. 11 轨道板调整示意图

7. 2. 14 水泥沥青砂浆的性能指标应符合说明表 7. 2. 14 的规定。

说明表 7. 2. 14 水泥沥青砂浆的性能指标要求

序号	性 能	单 位	指 标 要 求		
1	抗压强度	MPa	1 d	7 d	28 d
			0. 1	0. 7	1. 8 ~ 2. 5
2	弹性模量	MPa	200 ~ 600		
3	流动度	s	16 ~ 26		
4	可工作时间	min	不少于 30		

续上表

序号	性　能	单　位	指　标　要　求
5	膨胀率	%	1～3
6	材料分离度	%	小于3
7	含气量	%	8～12
8	单位容积质量	kg/L	>1.3
9	砂浆温度	℃	5～35
10	泛浆率	%	0
11	抗冻性	300 次冻融循环试验后，相对动弹模量不得小于 60%，质量损失率不得大于 5%	

7.2.15 CA 砂浆灌注方法结合日本提供的资料和秦沈客运专线《无砟轨道工程施工技术细则》(试行)内容编写。

7.2.19 参照日本的规范，为确保水泥沥青砂浆施工过程保持质量稳定，在施工中需要对以下指标进行试验和确认。国外试验项目及方法如下：

(1)流动度(流动时间测量)

水泥沥青砂浆的流动时间测试，采用说明图 7.2.19—1 所示 J10 负荷方法进行检测。

(2)含气量

把采集的样品(未凝固的水泥沥青砂浆)放入三角长颈的规定容器中，计量容积中样品的重量，求单位容积质量。含气量计算公式如下：

$$含气量(\%)=\frac{理论容积质量-实测容积质量}{理论容积质量}\times 100$$

$$理论容积质量=\frac{各材料的质量总和}{各材料的(质量/比重)的总和}$$

(3)强度

水泥沥青砂浆抗压强度试验采用“单轴压缩法”进行。将经过流动度试验的砂浆注入 ϕ50 mm×50 mm 的圆柱体模型内，做成试件。在试件达到龄期(1 d、7 d、28 d)后，测量试样承压面的尺寸，准确至 0.02 mm，取 3 次平均值；利用压力试验机以每分钟试件变形 0.5 mm 加载速率匀速加载，当压力不再上升时停止加载，其压力最大值即为该试件在各龄期时的抗压强度。

每次试验取三个试件，三个试件强度的算术平均值作为该组试件的强度。

每组试件共 9 个，分别测量1 d、7 d、28 d 的强度。试件养生条件为(20±2)℃、RH 65%±5%。

(4)泛浆

将水泥沥青砂浆采集到聚乙烯袋内，24 h 之后目视观察是否泛浆及材料分离。

(5)膨胀率

每天一次，把灌注前的水泥沥青砂浆用量筒取样250 mL，如说明图 7.2.19—2 所示。

用游标卡尺测量从玻璃板到水泥沥青砂浆表面的深度 H_0，24 h 后再测量深度 H_{24}，根据结果通过下面的方程式算出膨胀率：

$$膨胀率(\%)=0.000\,314(H_0—H_{24})\cdot D^2$$

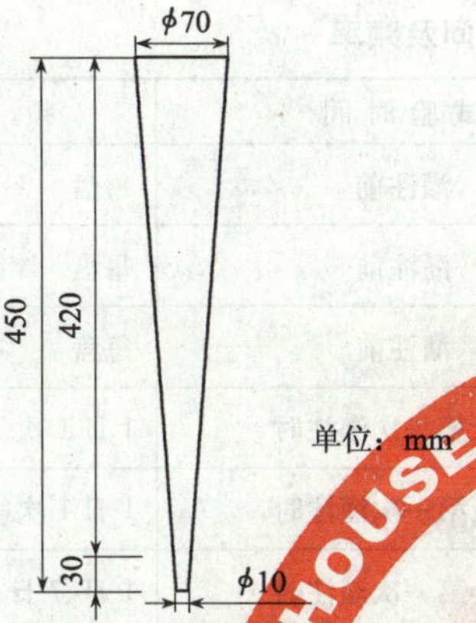

说明图 7.2.19—1　水泥沥青砂浆流动时间测试方法

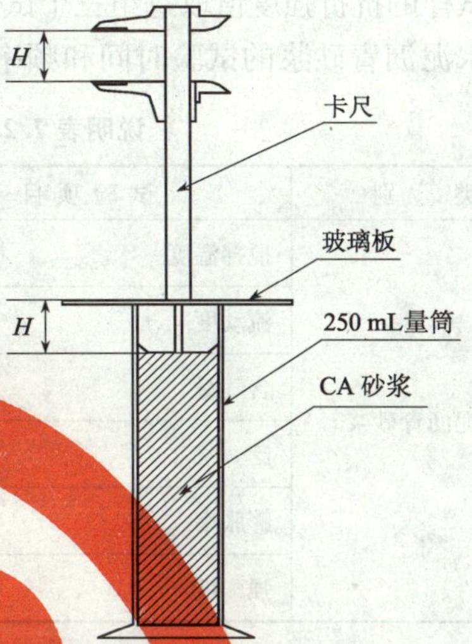

说明图 7.2.19—2　膨胀率试验

式中　D——量筒的内径(mm)；

H_0——抽样调查之后的试件表面深度(mm)；

H_{24}——24 h 后的试件表面深度(mm)；

(6)弹性模量

弹性模量试验方法与抗压强度基本相同，试件为 ϕ50 mm × 50 mm 的圆柱体，利用压力试验机以每分钟 0.5 mm 加载速率，匀速加载，加载至抗压强度的 1/3 后开始卸载，卸载速度与加载速度相同，如此重复三次试验，以第四次加载曲线的数据计算弹性模量。

(7)材料分离度

材料分离度采用"等分法"进行测定。制作 ϕ50 × 50 mm 的圆柱体砂浆试件，在砂浆龄期达 28 d 后，将其分成上、下两等分，分别称重，计算其单位容积的质量。材料分离度见下式：

$$材料分离度(\%)=\frac{下部单位容积质量-上部单位容积质量}{上下部平均单位容积质量\times 2}$$

(8)耐久性

将流动度试验合格的水泥沥青砂浆拌和 10 min 后，注入40 mm × 40 mm × 160 mm 的模型中，一次成型 8 组试件，每组试样 3 个，试件标准养护 8 d 后，将其中 4 组试件放入快速耐久试验箱的试样夹具架，并将其插到转鼓上，按人工气候箱的操作规程开动机器，按试验条件进行试验，照射时间为 500 h。同时将另外 4 组的对比试件继续标准养护。当照射时间分别在 0、100、300、500 h 时，检查试件外观变化情况，并分别对被照射试件和同龄期未被照射的标准试件进行抗折试验。

按下式计算不同照射时间时水泥沥青砂浆的相对抗折强度：

$$R=R_t/R_0\times 100\%$$

式中　R_t——不同照射时间被照射试件的抗折强度值(MPa)；

R_0——不同照射时间时相同时段标准养护试件的抗折强度值(MPa)；

R——不同照射时间时试件的相对抗折强度(%)。

CHINA RAILWAY PUBLISHING HOUSE

试样的抗折强度值取每组三个试件抗折强度的算术平均值,即 $R=(R_1+R_2+R_3)/3$。水泥沥青砂浆的试验时间和频率见说明表 7.2.19。

说明表 7.2.19 各项目试验时间及频率

类　别	试 验 项 目	试 验 时 间	频　　率
水泥沥青砂浆	搅拌温度	灌注前	每盘
	流动度	灌注前	每盘
	含气量	灌注前	每盘
	泛　浆	当天第一次灌注时	1 日 1 次(24 h 后)
	膨胀率	当天第一次灌注时	1 日 1 次(24 h 后)
	强　度	当天第一次灌注时	1 日、7 日、28 日

7.3.3

3 根据德国提供的资料,混凝土支承层(未硬化)密实度不应低于 98% 。根据德国普氏密实度的规定(DIN 18127 的规定)来进行测定。

7.3.9 遂渝线所采用水泥沥青砂浆的性能指标如说明表 7.3.9。

说明表 7.3.9 水泥沥青砂浆的性能指标要求

序　号	项　　目	指　　　　标
1	水灰比 W/C 数值	<0.58
2	水泥含量	≥400 kg/m³
3	沥青水泥比例	≥0.35
4	流动性	流体静压力下坡高 25 cm,流动 3.5 cm
5	温　度	5 ℃ ~35 ℃
6	扩散量	a_5 ≥300 mm 和 t_{300} ≤18 s a_{30} ≥280 mm 和 t_{300} ≤22 s 且无沉淀现象
7	含气量	<10%
8	新拌砂浆密度	>1.80 g/cm³
9	膨胀量	<2%
10	抗折强度	1 d 之后≥1.0 MPa 7 d 之后≥2.0 MPa 28 d 之后≥3.0 MPa
11	抗压强度	1 d 之后≥2.0 MPa 7 d 之后≥10.0 MPa 28 d 之后≥15.0 MPa
12	弹性模量	7 000 ~ 10 000 MPa
13	抗冻性	经过 56 次冻融循环之后,只允许出现极微小内部损伤,质量损失量应该低于 2 000 g/m²
14	抗疲劳性	按照 TPA-StB(钢筋混凝土)99 单轴向的脉动压力疲劳试验,10 000次荷载循环后不允许出现断裂

CHINA RAILWAY PUBLISHING HOUSE

7.3.13

3 平面位置指的是挡块中心位置。按设计A型挡块内侧橡胶支座与混凝土底座侧面紧贴，而B型挡块橡胶支座与混凝土底座及轨道板紧贴。

7.5.6 双块式轨排组装可以采用多种方式，根据国内施工经验及熟练程度，应优先采用移动式工作台组装，组装台形式应根据轨枕、扣件类型确定。轨排的吊运应采用专用吊具，且应进行受力计算。轨排的长度与调整器结合考虑，防止轨排过长施工困难。

7.6.11 Ⅱ型双块式无砟轨道轨枕振动嵌入应采用专用机械施工，专用机械应符合其施工工艺要求，且具备成熟施工经验，采用新设备施工时应提前进行试验段铺设，施工工艺应根据设备运转情况确定。

轨枕固定架每隔3.25 m通过固定在承载层上的支脚支撑，这些支脚既是无砟轨道施工高程的固定参照点，也是轨道横向和纵向位置的参照点，并且支脚的高度可根据施工要求调整。两根横梁就是轨枕固定架的支座，每组轨枕固定架长度为3.25 m，固定5根双块式轨枕。轨枕由钢轨扣件通过螺栓固定在轨枕固定架上，为了使各部分精确到位，采用了可在临时轨道上行驶的一组专门的施工机械，灌筑完混凝土以后，轨枕通过轨枕固定架被振动嵌入到新浇筑的混凝土中。轨枕一直固定在轨枕固定架上，直到混凝土强度达到一定要求，能够承受轨枕重量，将轨枕固定架拆除。

8.1.1 道岔区通信、信号、电力等设备管线较多，采用无砟轨道结构形式后，各种过轨管线需同混凝土道床一起一次浇筑成型，因此在浇筑道床混凝土前应逐一核对道岔区范围内各种管线、沟槽的数量、位置和结构尺寸，以避免混凝土成型后再开槽施工而对结构的损伤。

8.1.4 客运专线无砟道岔结构新、铺设精度高、质量标准严，采用传统的道岔铺设方法已无法满足客运专线要求，因此需转变观念，强调铺岔施工的工厂化、机械化和统筹协调工作。

8.1.5 道岔应在工厂内预组装并验收，主要有如下内容：

(1)道岔应在制造厂内进行预组装和调试，按厂内组装试铺验收技术条件的规定检验合格，并在各部分打上组合标记，经采购方确认后，按要求分解或部分分解发运。

(2)经制造厂检验合格的道岔出厂时，应提供铺设图，并由质检部门签发出厂合格证，其标识和包装应符合相关规定。

8.1.8、8.1.9 客运专线无砟道岔铺设定位具有一次成型的特点，所以在道岔道床混凝土浇筑前应进行工电联调，使道岔电务转换设备同步调整到位。施工过程中，工务、电务施工单位应紧密协作，积极配合，确保无砟道岔施工一次达标。

8.3.8 客运专线无砟道岔本身自重较大，施工起落调整难度大，初步定位时轨面高程及道岔平面位置铺设允许偏差应控制在5 mm以内，以利于精调时采用专用机具微调到位。

8.4.3 无缝道岔一旦焊联锁定，要放散应力重新锁定极为不易，不仅四股钢轨扣件要全部松开，而且要锯截或更换钢轨，故规定“道岔锁定焊接头应在设计锁定轨温范围内焊接”。道岔内其他接头的焊接可不受设计锁定轨温控制。

道岔应在锁定后再与两端已锁定的无缝线路(含长轨条或道岔，下同)焊接。道岔两端与无缝线路锁定焊接时应确保道岔及两端无缝线路的锁定轨温不会因锁定焊接而引起变化，故规定“道岔两端与无缝线路长轨条的焊接，应在设计锁定轨温范围内进行”。

9.2.14 两根钢轨断面尺寸不同是指：两根待焊钢轨的外形尺寸有偏差的情况，比如一根钢轨取正偏差、另一根取负偏差,这时测量推凸余量应以大尺寸偏差的钢轨为基准。

推凸不应产生咬边,就是指在推凸过程中,不能切到钢轨。自小断面尺寸钢轨向大断面尺寸钢轨推凸时、或者推凸刀具没有调整好时,容易发生咬边。咬边是绝对禁止的。

焊渣不应挤入、划伤钢轨焊头或母材:焊接接头包括焊缝和热影响区,推凸时焊头处于高温状态,焊渣容易"挤入",而钢轨温度相对较低,不易发生"挤入",但焊渣有可能"划伤"钢轨母材。这两种情况都是禁止的。

9.2.21 客运专线铁路对钢轨焊头平直度要求很高。钢轨焊头如果在温度高于600 ℃时进行热态矫直,是无法精确预留上拱度的,不利于控制焊接接头的平直度。如果焊头经过强制冷却后立即进行矫直,即使测量的表面温度低于50 ℃,矫直后放置一段时间、接头充分自然冷却后,仍有平均0.13 mm的低塌。因此,焊头经过热处理后,宜放置一段时间充分冷却后再进行矫直,平直度则不会发生变化,一般情况都应这样做。

9.3.3 钢轨焊接接头平直度标准参照《钢轨焊接》(TB/T 1632.1—2005)、《新建时速200~250公里客运专线铁路设计暂行规定》(铁建设〔2005〕140号)的有关规定制定。目前钢轨焊接质量较过去有很大提高,打磨钢轨焊头的机械水平已能达到现场和基地(工厂)一致。由于平直度是满足列车高速运行的基本条件,故本标准对焊接接头平直度不分焊接方法均采用同一标准。

10.1.5 新铺设的长钢轨线路,已经具有无缝线路的特性,钢轨热胀冷缩,可能会损害无砟道床、出现大轨缝和低接头等病害,危及行车安全和工程质量。因此,无砟轨道铺设跨区间无缝线路,应采用流水作业法,在铺设长钢轨后,应及时进行单元轨节联合接头焊接,尽快完成单元轨节应力放散(含拉伸)、焊联锁定成无缝线路。

10.1.6 记录长钢轨铺设轨温的作用:

(1)与设计锁定轨温比较,以便选定锁定线路的最佳施工时间。

(2)与锁定作业轨温比较,测算应力放散量。锁定作业轨温是指单元轨节锁定作业时,始端、终端铺入承轨槽内,两次测量轨温的平均值。

10.1.7 为实现"左右股单元轨节接头相错量不宜超过100 mm"的规定,长钢轨装车时左右股长度应符合配轨计划,铺轨时应控制长钢轨接头相错量,若左右股接头相错量超过100 mm应及时锯轨。

10.1.8 当已铺设(浇筑)完成的无砟道床无工具轨时,可采用纵向推送法直接铺设长钢轨线路;当已铺设(浇筑)完成的无砟道床上有工具轨时,可采用换铺法铺设长钢轨线路,也可先拆除工具轨再采用纵向推送法直接铺设长钢轨线路。

10.1.9 采用工具轨法施工时,工具轨应使用与正线长钢轨同类型的钢轨,以便无砟道床施工时的精确调整定位。

11.2.4

2 待焊轨头前方长钢轨需要进行应力放散、拉伸或窜动时,应拆除全部扣件。如长钢轨不需进行应力放散、拉伸或窜动,为了满足顶锻量(30 mm左右),只需拆除约80 m扣件即可。

10 闪光焊顶锻量要消耗一定长度(约30~40 mm)钢轨;在工地进行合龙锁定焊,以及在坡道上进行单元焊和锁定焊时,钢轨焊头都将承受很大拉力。闪光焊顶锻后推除焊瘤时,焊头温度高约1 200 ℃;焊头正火加热温度达900 ℃左右,均应使用保压推凸和保压正火确保焊缝不被拉裂。铁科院金化所经验，焊头温度冷却到400 ℃以下焊缝就不会被拉裂。

12.1.4

2　规定同一单元轨节左右股钢轨的实际锁定轨温差不得大于3 ℃，是因为当左右两股钢轨实际锁定轨温差3 ℃时，左右两股钢轨所承受的温度力将有很大差别。以60 kg/m钢轨为例，$\Delta P_1 = EF\alpha\Delta t = 248 \times 77.45 \times 3 = 57\ 623$ N，即左右两股钢轨锁定轨温每差1 ℃，所承受的温度力相差19.2 kN。因此，从确保轨道结构的稳定性考虑，必须限制左右两股钢轨的实际锁定轨温差。

限制相邻单元轨节的实际锁定轨温差，可减少区间无缝线路钢轨温度力的不均匀。

客运专线站间距离大都在20 km以上，个别长达近百千米。要实现"同一区间内单元轨节的最高与最低实际锁定轨温之差不得大于10 ℃"的规定，首先是同一区间内最高与最低设计锁定轨温差在上述条件内，施工中应注意在设计锁定轨温范围内调整实际锁定轨温的上下限，以满足该条规定。

12.3.6

5　长钢轨工厂焊接时尚不能确定其铺设位置，只能进行长钢轨编号及焊头编号。长钢轨配对装车时应再编写铺轨流水号（铺轨编号），现场铺轨后再确定其铺轨起讫里程和联合接头编号。上述资料均应准确记录在《铺轨编号与焊缝编号对照表》（附录A）中，与每个焊头焊接记录、超声波探伤记录、质量检验记录应一致，确保每个焊头都具有可追溯性。

14.2.5

（1）轨道状态调整

轨道板准确定位、水泥沥青砂浆灌注、钢轨铺设完成后，轨道几何行位的精细调整是保证板式轨道达到线路铺设精度的一个关键过程。轨道状态调整时，应先确定一股钢轨的方向和高低，再以此股钢轨为基准，确定另一股钢轨的状态。

线路的高低、水平通过铁垫板下预制的调高垫板以及铁垫板上的充填式垫板进行调整。充填式垫板位于铁垫板上，轨下绝缘缓冲垫板下，充填式垫板的充填厚度以4～6 mm左右为宜，超出部分应在铁垫板下垫入预制的调高垫板。

在插入充填式垫板注入袋之前，必须在钢扣件节点之间的轨底下按一定间距插入调整垫块，调整垫块由两部分组成，其一为基准垫块，基准垫块的尺寸根据钢轨类型、轨底与轨道板顶面的设计高度、轨底坡的大小确定。在基准垫块的基础上，再配置微调垫块，微调垫块的厚度规格可分为0.5、1、2、4 mm等级。

为保证轨道状态调整达到铺设精度，在每块轨道板范围内，每股钢轨的轨底与板顶之间插入2个调整垫块，必须注意调整垫块轨底坡的方向。调整垫块前后的扣件必须按规定的扭矩拧紧，其他扣件螺栓用手拧紧既可。否则充填式垫板注入树脂时，有可能将钢轨抬起。

（2）注入袋的插入

插入注入袋的时间：充填式垫板注入袋必须在轨道状态精细调整（调整垫块安装复测无误）全部结束后插入，若在调整前插入，由于钢轨伸缩以及轨道状态调整作业引起钢轨移动，就可能引起注入袋的破损，直接影响注入袋内树脂的注入。

注入袋的插入方法：由于注入袋外层薄膜是一种材质制成，施工时无须区分上、下面，但根据具体的施工方法，注入袋的注入口应置于轨道的同一侧(轨道内侧或轨道外侧)，按一致的注入方向插入。对于曲线超高区段，注入口应朝低的方向，从低侧注入。

注入袋的插入位置：充填式垫板注入袋四角封边处作出了定位印记，插入时应注意使定位印记与轨下胶垫对齐，使注入袋的前后、左右都比较均匀。

(3)树脂材料的注入

采用机械注入，可以大量、连续地进行充填作业。

树脂材料的注入应符合下列要求：

① 由于钢轨收缩或轨面矫正等会引起注入袋的破损，因此调整垫块的插入应在轨面的方向、水平、高低及轨距调整全部完成后进行。

② 在充填式垫板施工前，钢轨扣件应处于正常的联接状态。充填式垫板注入袋插入的间隙以 3 ~ 10 mm(平均为 5 mm)为宜。充填厚度不得超过 10 mm，以 4 ~ 6 mm 为宜。

③ 注入袋的注入口与排气口的剪断应在即将开始注入树脂之前进行，同时确认袋内无水分、无空气。袋内混入空气，难以保证袋内树脂填充密实；若袋内存在水分时，树脂不能固化。因此充填式垫板所用的注入袋要密封、防潮。

④ 为防止树脂注入时，顶面顶起，注入的压力应严格控制，要求以 1.5 kg/cm^2 以下的压力缓慢注入。

⑤ 树脂、固化剂一次的拌合量不宜太多，要根据相应的可工作时间确定。

⑥ 在注入过程中，在钢轨、扣件、轨道板表面等上有溢出树脂时，硬化后很难清除，因此应立即擦掉，不应残留脏污。

⑦ 在确认树脂固化后，方可剪除注入口、排气口，且不得损伤垫板。

⑧ 轨底与轨道板顶间设置的调整垫块应在充填式垫板允许可承载时间(10 h)后撤出。

⑨ 充填式垫板内所用的树脂、固化剂等为可燃物质，要注意防火。

(4)隧渝线所采用树脂材料的主要性能要求见说明表 14.2.5。

说明表 14.2.5　树脂材料的主要性能要求

序号	项　目	单位	指标要求	试验方法
1	可工作时间	min	40 ~ 50	据施工方法、施工温度、参照材料的使用说明进行实时调整
2	可承载时间	h	6 ~ 10	
3	抗压强度	MPa	≥100	GB/T 2569
4	弯曲强度	MPa	≥70	GB/T 2570
5	拉伸强度	MPa	≥50	GB/T 2568
6	延伸率	%	≥8	
7	冲击强度(无缺口)	kJ/m^2	≥10	GB/T 2571

14.2.7　无缝线路养护维修过程中如出现线路故障可按下列方法进行防治处理：

无缝线路钢轨重伤和折断的处理：

(1)检查发现钢轨或焊缝有重伤时，不待钢轨或焊缝断裂，即切除重伤部位，切除长度不超过 60 mm 时，用钢轨拉伸器张拉钢轨，用铝热焊法焊成与切除长度等长的焊缝，实施原位焊复。原位焊复的无缝线路实际锁定轨温保持不变。

(2)钢轨折断的处理要求如下：

CHINA RAILWAY PUBLISHING HOUSE

① 紧急处理:当钢轨断缝小于50 mm时,应立即进行紧急处理。在断缝上安装臌包夹板,用急救器固定,在断缝前后各50 m拧紧扣件,并派人看守,限速5 km/h放行列车。如断缝小于30 mm时,放行列车速度为15～25 km/h。有条件时,应在原位焊复,否则应在轨端钻孔,上好夹板或臌包夹板,拧紧接头螺栓,然后可适当提高行车速度。

② 临时处理:钢轨断损严重或断缝大于50 mm,以及紧急处理后不能立即焊接修复的,应封锁线路进行临时处理。沿断缝两侧对称切除伤损部分,两锯口间插入6 m的同型钢轨,轨端钻孔,上接头夹板,用10.9级螺栓拧紧。在短轨前后各50 m范围内拧紧扣件后,按正常速度放行列车。

③ 永久处理:钢轨断缝处紧急处理或临时处理后,在接近或低于实际锁定轨温时,插入短轨重新焊接修复。采用铝热焊时,插入短轨长度等于切除钢轨长度减去2倍预留焊缝值。先焊好一端,焊另一端时,先张拉钢轨,使断缝两侧标记的距离等于原丈量距离减去断缝值后再焊接。焊后长轨条恢复原有状态,保持原锁定轨温不变。

14.3.1

1 参照1995年10月《德国高速铁路刚性无砟轨道施工技术要求》制定。

3 在《德国铁路无砟轨道工程的技术要求》中,分别对轨道的短波(30 m)和长波(300 m)高低和方向不平顺提出了验收标准(见说明表14.3.1—1)及检测方法。

说明表14.3.1—1 德国无砟轨道几何静态不平顺静态验收标准(mm)

项目 / 标准位	高低		方向		水平	轨距
幅值(mm)	2/5 m	10/150 m	2/5 m	10/150 m	2	±2
波长(m)	30	300	30	300		

下面将介绍德国所推荐的弦长30(28.8)m、2 mm/5 m(2 mm/4.8 m)短波不平顺检测法及弦长300(288)m、10 mm/150 m(10 mm/144 m)长波不平顺检测法。

(1)短波水平、轨向不平顺检测法

本法采用30 m(28.8 m)的弦长,弦线可以利用水平仪或视距仪的检测数据采用计算方法设置,或在现场直接拉线。

如说明图14.3.1—1所示,假定轨枕间距为0.625 m(在我国为0.6 m),5 m(在我国为4.8 m)长度范围内恰为8个轨枕间距,在第一个5 m范围内的轨枕编号为P_1～P_9,30 m(我国为28.8 m)长度范围内恰为48个轨枕间距,其轨枕编号为P_1～P_{49}。

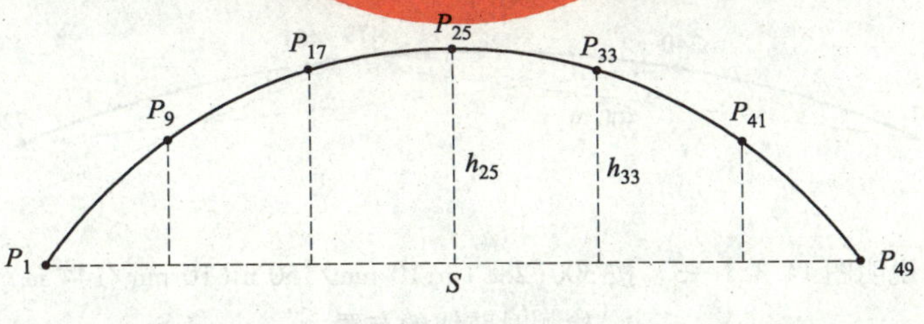

说明图14.3.1—1 30(28.8)m、2 mm/5 m(2 mm/4.8 m)
短波不平顺测定法

注:1 本图为了解释方便,放大了垂直方向的比例,实际图形并非如此(以下各图均按此方式处理);

2 h_{25}、h_{33}为30 m弦长的矢高。

CHINA RAILWAY PUBLISHING HOUSE

在这根弦上测出（或算出）轨枕 $P_2 \sim P_{48}$ 各点的矢高（图中只标出了 P_9、P_{17}、P_{25}、P_{33}、P_{41} 等间距为 5 m 整数倍轨枕处的矢高）。

作为实例，我们来检验轨枕 P_{25}。其间距为 5 m 的对应核算点为轨枕 P_{33}。然后算出 P_{25} 和 P_{33} 的设计矢高差 $\Delta_{设计}$，并测定其实测矢高差 $\Delta_{实测}$，或者说是由测量的数据算出实测矢高差 $\Delta_{实测}$，必须满足的极限值条件，可由设计矢高差 $\Delta_{设计}$ 和实测矢高差 $\Delta_{实测}$ 按下式表示：

$$\Delta h = \left|\left(h_{25_{设计}} - h_{33_{设计}}\right) - \left(h_{25_{实测}} - h_{33_{实测}}\right)\right| = \left|\Delta_{设计} - \Delta_{实测}\right| \leqslant 2 \text{ mm}$$

式中　$h_{25_{设计}}$，$h_{33_{设计}}$——设计矢高；

$h_{25_{实测}}$，$h_{33_{实测}}$——实测矢高；

$\Delta_{设计}$——设计矢高差；

$\Delta_{实测}$——实测矢高差；

Δh——偏差值。

用 $P_1 \sim P_{49}$ 的弦线可以检验的轨枕是从 P_2（核算点 P_{10}）至 P_{40}（核算点 P_{48}）。不可能对 P_{40} 以后的轨枕进行检验，因为相应的核算点为 P_{49} 及其以后的轨枕在 P_1 至 P_{49} 这根弦线上无数据。要用新的弦线来检验轨枕 P_{41}、P_{42} 等各点（参看说明图14. 3. 1—2）。

新的弦线要从最后一个已经检验的轨枕开始。在此处这根轨枕就是 P_{40}，而新弦线的最后一根轨枕是 P_{88}。在这根新的弦线上又可确定轨枕 P_{41} 至 P_{87} 等各轨枕处的矢高，并检验轨枕 P_{41}（核算点 P_{49}）至 P_{79}（核算点 P_{87}）。再下一根新弦线是从轨枕 P_{79} 开始。

（2）长波水平、轨向不平顺检测法

说明图 14. 3. 1—2　按 30(28. 8)m、2 mm/5 m(2 mm/4. 8 m)
检测时弦线的搭接

本法采用 300 m(288)m 的弦长，弦线只能根据水平仪或视距仪的实测数据采用计算方法设置。

仍假定轨枕间距为 0. 625 m（我国为 0. 6 m），300 m（我国为288 m）长度范围恰为 480 个轨枕间距，其轨枕编号为 $P_1 \sim P_{481}$，150 m（我国为 144 m）长度范围恰为 240 个轨枕间距，在该范围内的轨枕编号为 $P_1 \sim P_{241}$（见说明图 14. 3. 1—3）。

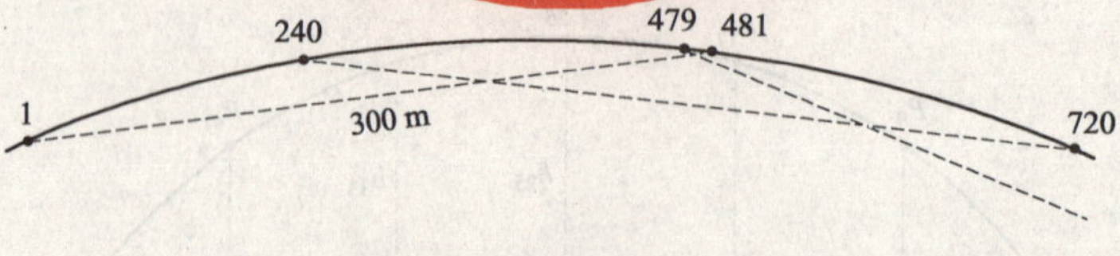

说明图 14. 3. 1—3　按 300(288) m、10 mm/150 m(10 mm/144 m)
检测时弦线的布置

此时，需要根据检测资料，算出弦长 300 m 上轨枕 $P_2 \sim P_{480}$ 各点的矢高。此时，检验点和相应核算点的距离是 150 m，故在这根弦上可进行检验的轨枕是 P_2（核算点为 P_{242}）至 P_{240}（对应的核算点为 P_{480}）。

CHINA RAILWAY PUBLISHING HOUSE

下一根弦线应从最后的检验点轨枕 P_{240} 开始至轨枕 P_{720} 结束，仍为 480 个轨枕间距，可检验的轨枕为 P_{241}（对应的核算点为 P_{481}）至 P_{479}（对应的核算点为 P_{719}）。

作为实例，仍然介绍对轨枕 P_{25} 的检验，相距 150 m 的相应核算点是 P_{265}。先算出轨枕 P_{25} 和 P_{265} 的设计矢高差 $\Delta_{设计}$，然后再用测出的数据算出 P_{25} 和 P_{265} 的实测矢高差 $\Delta_{实测}$。这两个矢高差之差值的绝对值就应满足允许偏差极限值要求：

$$\Delta h = \left|(h_{25_{设计}} - h_{265_{设计}}) - (h_{25_{实测}} - h_{265_{实测}})\right| = \left|\Delta_{设计} - \Delta_{实测}\right| \leqslant 10 \text{ mm}$$

下面列出检验轨面高低或方向的数字实例以说明其方法的实际应用。已知说明图 14.3.1—4 所示的实测轨面高低（或轨道方向）数据。轨枕 1、9、17、25、33、41、49 均为各相隔 5 m 的轨枕号，其他轨枕位置的测定数据没有表示出来。按30(28.8) m、2 mm/5 m 短波不平顺检测法，检查图上所列出的数据是否满足允许偏差极限值要求。检查结果见说明表 14.3.1—2。

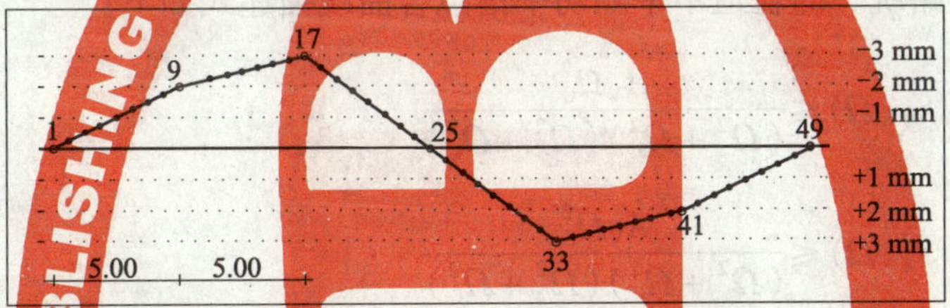

说明图 14.3.1—4　检查方法示例

说明表 14.3.1—2　数字检算表

检验点 P_i	核算点 P_i+8	$\Delta_{设计}$(mm)	$\Delta_{实测}$(mm)	$\lvert\Delta_{设计}-\Delta_{实测}\rvert$(mm)
9	17	0	1	1
17	25	0	−3	3
25	33	0	−3	3
33	41	0	1	1

30 m 长的弦线本来可以检验从 P_2 到 P_{40} 各轨枕的高低（或轨向），但作为实例，表中只列出了彼此间隔为 5 m 的 P_9、P_{17}、P_{25}、P_{33}、P_{41} 的实测数据，其他 P_2、P_{10}、P_3、P_{11}、P_4、P_{12}……等彼此间距为 5m 的实例数据在表中没有详细列出，也无法检验，故实例检验点只有 P_9、P_{17}、P_{25}、P_{33}。检验的结果表明，P_9 和 P_{17} 及 P_{33} 和 P_{41} 之间的 $\lvert\Delta_{设计}-\Delta_{实测}\rvert$ 值为 1 mm，小于允许极限值 2 mm，故 P_9、P_{33} 满足要求。而 P_{17} 和 P_{25} 及 P_{25} 和 P_{33}，其 $\lvert\Delta_{设计}-\Delta_{实测}\rvert$ 为 3 mm，大于允许极限值 2 mm，故 P_{17}、P_{25} 不满足要求。

14.4.1

（1）参照《秦沈客运专线 300 km/h 综合试验段轨道不平顺管理标准建议值的研究》（中国铁道科学研究院 2002 年 7 月），轨道动态质量管理值可参考说明表 14.4.1—1 ~2。

说明表 14.4.1—1　轨道动态平顺度允许偏差(mm)管理值(峰值管理)

设计速度	高低	轨向	轨距	水平	扭曲(基长 2.4 m)
350 km/h≥v>250 km/h	3	3	$^{+3}_{-2}$	3	3
250 km/h≥v≥200 km/h	4	4	$^{+4}_{-2}$	4	4

注：1　波长范围 40 m。

2　轨道动态质量用轨道检查车检查，以每 1 km 为单位进行动态评定，每超限一处扣 5 分，扣分总数在 50 分及以下时为合格。

CHINA RAILWAY PUBLISHING HOUSE

说明表 14.4.1—2　轨道质量指数(TQI)管理值(均值管理)

设计速度	高低	轨向	轨距	水平	扭曲	TQI
350 km/h≥v>250 km/h	1.1×2	0.7×2	1.0	0.7	0.7	6.0
250 km/h≥v≥200 km/h	1.5×2	1.6×2	1.3	1.1	1.4	10.0

注:1　线路区段整体不平顺动态质量用轨道质量指数(TQI)评定。每 200 m 区段轨道质量指数(TQI)值应符合本表规定。轨道质量指数(TQI)超过管理值的线路应及时进行整修。

2　高低、轨向、水平三种轨道不平顺在 80 m 波长范围内各波长的功率谱密度不超过轨道不平顺功率谱密度值的下限(合格标准)。

高速铁路轨道的平顺性,欧洲法国、德国和日本等高速铁路先行国都制定有明确、具体的评定、控制不平顺幅度值和波长的轨道不平顺功率谱密度指标,它能更全面科学的评定轨道不平顺状态,是养护高速轨道的科学依据。

欧洲高速铁路统一的轨道不平顺功率谱拟合曲线描述式如下:

$$高低不平顺\ S_V(\Omega) \leqslant \frac{A_V\Omega_C^2}{(\Omega^2+\Omega_r^2)(\Omega^2+\Omega_C^2)}$$

$$轨向不平顺\ S_A(\Omega) \leqslant \frac{A_V\Omega_C^2}{(\Omega^2+\Omega_r^2)(\Omega^2+\Omega_C^2)}$$

$$水平不平顺\ S_C(\Omega) \leqslant \frac{A_V b^{-2}\Omega_C^2\Omega^2}{(\Omega^2+\Omega_r^2)(\Omega^2+\Omega_C^2)(\Omega^2+\Omega_S^2)}$$

截断频率 $\Omega_C = 0.8\,246\ \mathrm{rad/m}$

$\Omega_r = 0.0\,206\ \mathrm{rad/m}$

$\Omega_S = 0.4\,380\ \mathrm{rad/m}$

低干扰水平系数(下限)$A_A = 2.119\times10^{-7}\ \mathrm{m\cdot rad}$

$A_V = 1.080\times10^{-7}\ \mathrm{m\cdot rad}$

式中　b——名义滚动圆距离之半;

Ω——空间频率,与圆频率 ω 的关系为

$$\omega = v\cdot\Omega$$

$$S(\omega) = S(\Omega)/v$$

(v 为行车速度)

轨道的高低、方向、水平不平顺的功率谱曲线在轨检车检测时由电脑绘出。

(2)国外高速铁路轨道动态管理标准见说明表14.4.1—3。

(3)参照铁道部标准计量研究所 2005 年《国外无砟轨道标准及规程汇编》,德国铁路无砟轨道工程动态验收标准的技术要求为:

对于新建客运专线无砟轨道,将不分速度档次,采用统一的轨道几何尺寸动态验收标准。

说明表 14.4.1—3　国外高速铁路轨道动态管理标准

内　容	日本新干线			法国高速铁路			德国高速铁路			
项　目	计划维修	舒适性	安全性	VA	VI	VR	SR_A	SR_{100}	SR_{lim}	$SR_{极限}$
高低(mm)	6/10 m 7～10/40 m	7/10 m 7～10/40 m	10/10 m 7～10/40 m	5/12.2 m 10～31 m	10/12.2 m 18/31 m	15/12.2 m 24/31 m	5/6 m	7/6 m	9/6 m	18/6 m
轨向(mm)	4/10 m 6～7/40 m	4/10 m 6～7/40 m	6/10 m 6～7/40 m	6/10 m 12/33 m	8/10 m 16/33 m	12/10 m 20/33 m	5/6 m	7/6 m	9/6 m	18/6 m
轨距(mm)	$^{+6}_{-4}$	$^{+6}_{-4}$	$^{+6}_{-4}$				+5	$^{+10}_{-3}$	$^{+15}_{-4}$	
水平(mm)	5	5	7				5	7	9	10
扭曲(mm)	4/2.5 m	5/2.5 m	6/2.5 m				2/2.5 m	3/2.5 m		
车体垂向加速度(g)	0.25 *	0.25 *	0.35 *				0.10	0.13	0.15	
车体横向加速度(g)	0.20 *	0.20 *	0.30 *	0.12 *	0.22 *	0.28 *	0.10	0.13	0.15	

注：* 为峰—峰值，VA 为警告值，VI 为干预值，VR 为限速值；SR_A 为警告值，SR_{100} 为影响技术经济合理性的值，SR_{lim} 为对行车安全和轨道破坏有影响的值，SR 极限为直接影响安全的极限值。

① 单个不平顺动态验收标准见说明表 14. 4. 1—4。

说明表 14. 4. 1—4 利用轨检车检测单个不平顺的评定标准

评定参数	滤波	取值方式	评定标准值
高低	高通_50 m	零/峰值	1. 评定标准：±4 mm。所有测定数据均应小于评定标准 2. 评定标准：±3 mm。在 50 m 的线路区段上，采样区间 25 m 范围内，95% 的测定数据应小于评定标准
轨向*	高通_50 m	零/峰值	1. 评定标准：±4 mm。所有测定数据均应小于评定标准 2. 评定标准：±3 mm。在 50 m 的线路区段上，采样区间 25 m 范围内，95% 的测定数据应小于评定标准
水平	高通_40 m	零/峰值	±3 mm
轨距**	/	标准轨距/峰值	±2 mm
扭曲（三角坑）	测量基线长 1. 5 ~ 19. 5 m	零/峰值	<1‰

注：1 * 在道岔和钢轨伸缩调节器范围内由于构造轨距加宽会在方向信号中引起系统偏差。应根据结构图纸的尺寸确定测量值的极限值。

2 ** 在道岔和钢轨伸缩调节器范围的轨距过渡可按 RIL 821. 2005 试验规定 E(德国)进行评估。

② 区段轨道质量验收标准

采用在 250 m 长的区段上按采样区间 25 m 所得的轨道不平顺值的标准差作为区间轨道几何质量的评定标准，其标准值见说明表 14. 4. 1—5。

说明表 14. 4. 1—5 利用轨检车检测区间轨道质量的评定标准

鉴定参数	滤波	取值方式	评定标准值
高低	高通_50 m	零/峰值	1. 2 mm
轨向	高通_50 m	零/峰值	1. 2 mm
水平	高通_40 m	零/峰值	1. 2 mm

③ 波浪形轨道连续不平顺的验收标准

波长 50 m 及其以下的高低或方向连续不平顺的功率谱密度分析和验收：波浪形高低或方向不平顺的功率谱密度 $G_x(i)$ 是由轨道不平顺的有效值的平方被频带宽 dF 除而得出，具体按下式计算：

$$G_{x(i)} = \frac{x_{\mathrm{eff}(i)}^{\;2}}{\mathrm{d}F}$$

式中 dF——频带宽(1/m)；

$x_{\mathrm{eff}(i)}$——轨道不平顺的有效值(m)；

$G_{x(i)}$——功率谱密度〔$\mathrm{m}^2/(1/\mathrm{m})$〕。

点出各频带宽度上的功率谱密度就可以得出高低或方向不平顺的功率谱密度图。轨道高低或方向波浪形不平顺功率谱密度的评估标准见说明图 14. 4. 1。要求实测功率谱密度低于图形所示的允许功率谱密度标准。

波长 50 m 以上的高低和轨向复合不平顺的检测与验收：采用由两股钢轨的轨向(曲率)和高低(水平、超高)的轨检车信号，经低通滤波所得出的欠超高 U_f 值作为评估参数，其验收标准为允许最大欠超高〔U_f〕= 12 mm。

14.6.1 钢轨预打磨是指新建无缝线路开通运营前为避免钢轨表面微小缺陷的发展扩大，对全线钢轨工作面进行的预防性打磨作业。参照国外经验，新建无缝线路在开通运营前，有必要打磨钢轨。预防性打磨钢轨的作用是：

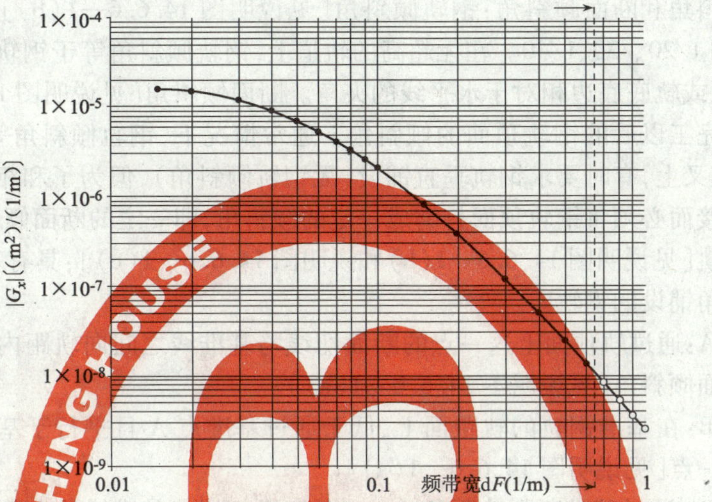

说明图 14.4.1 高低或轨向波浪形不平顺功率谱密度验收标准

(1)避免钢轨表面微小缺陷的发展扩大，推迟可能发生的波形磨耗，延长钢轨寿命。

(2)消除钢轨轧制过程中形成的长波不平顺和轨面的斑点，提高线路平顺性。

(3)使钢轨轨面粗糙度适应列车速度，减少轮轨相互作用产生的噪音。

14.6.6

(1)钢轨打磨质量标准的引入

过去在普通既有线、特别是重载线路上，利用打磨列车进行钢轨打磨的目的主要在于消除钢轨波浪形磨耗及轨顶面擦伤、剥离、压溃、焊接区低洼、表面龟裂等轨头病害，以降低轮轨动荷载、提高行车的安全性、延长钢轨的使用寿命、减少轨道养护维修工作量、降低车内及环境噪声、减少行车阻力及牵引能耗。当时，对打磨前钢轨病害的诊断及打磨门槛值的制订、打磨中打磨机具作业参数的选择及打磨质量的控制、打磨后的作业质量验收标准等，都是以波浪形磨耗深度作为控制指标。当时提出的打磨技术路线是以最少的打磨机时及劳动力消耗、以最小可能的轨头高度打磨量、追求最大可能的打磨效益，特别是在钢轨寿命、轨道维修、车内及环境噪声及能量消耗方面的效益。对打磨后钢轨纵断面的平顺性、横断面的规范性、打磨面的粗糙度和外观等参数都没有作为打磨质量的指标提出要求，更没有相应的工程质量检收标准。

高速铁路及客运专线的钢轨打磨则有着完全不同的目的和要求。主要在于提高钢轨纵断面的平顺性及横断面的规范性，借以改善行车质量、特别是乘车的舒适性。欧洲标准 PrEN 13 231—3“铁路应用——轨道——工程验收 第3部分：在轨道上进行钢轨打磨、研磨和铣平工程的验收”2000 年 3 月第 4.4 版，对钢轨打磨工程完工后的纵断面、横断面、表面粗糙度和打磨面外观都有详细的验收标准。这对我国正在兴建的客运专线新轨打磨工程的质量控制和验收，特别是对新型打磨设备、检测设备的引进及国内既有相关设备的改进、配套和利用，将有极大的参考价值。

(2)为了便于理解，对本条文说明中引用的专用词作下列说明：

CHINA RAILWAY PUBLISHING HOUSE

基准断面：通过钢轨打磨希望达到的、与标准钢轨断面处于规定公差范围以内的钢轨横断面。

基准线：垂直于轨道纵轴且与两股钢轨顶面相切的直线。

钢轨倾斜角和断面倾斜角：钢轨倾斜角〔见说明图 14.6.6—1(b)〕是指钢轨铺设的名义倾角，如 1/20、/30、1/40。在无超高的轨道上，钢轨倾斜角等于钢轨横断面中心线相对于垂直线、或轨底底边相对于水平线的夹角。断面倾斜角〔见说明图 14.6.6—1(a)〕是指钢轨打磨完工以后的钢轨顶面的倾斜角。通常情况下，钢轨倾斜角等于断面倾斜角。但在道岔、交叉上，有时要求钢轨垂直铺设（无钢轨倾斜角），但为了和相邻区间带有倾斜角的钢轨连接而必须将钢轨顶面打磨成一定的倾斜角，即一定的断面倾斜角。

基准钢轨〔见说明图 14.6.6—1(b) 和说明图 14.6.6—1(c)〕：具有基准断面，并按规定的断面倾角铺设的钢轨。

基准点 A：通过轨顶面上这一点的断面切线与基准线之间向轨距内侧方向的夹角等于规定的断面倾斜角〔见说明图 14.6.6—1(a)〕。

基准点 B：在基准钢轨的轨距面上、低于通过基准点 A 且平行于基准线的直线以下 14 mm 的那一点〔见说明图 14.6.6—1(a)〕。

基准点 B′：通过基准断面轨距角这一点的断面切线与基准线的夹角为 45°〔见说明图 14.6.6—1(d)〕。

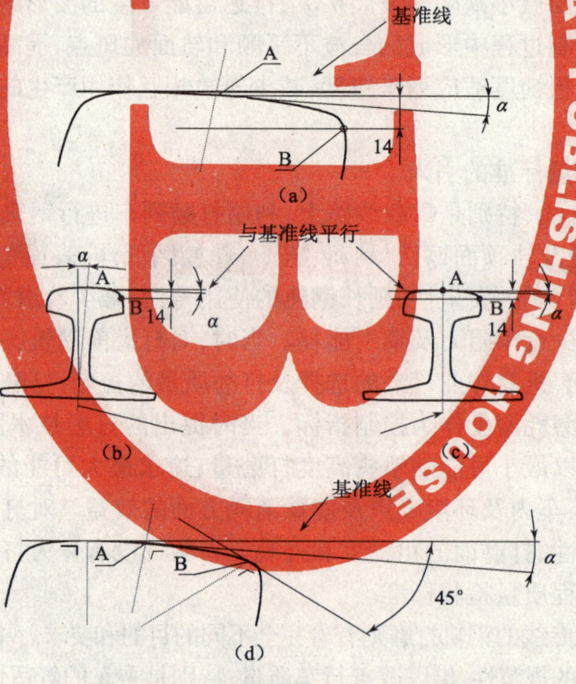

说明图 14.6.6—1　钢轨倾斜角、基准点等断面示意

(a)表示基准点 A 和 B 的轨头横断面（钢轨倾斜角 α）；

(b)对称基准断面的倾斜钢轨在相同的倾斜角打磨；

(c)对称基准断面非倾斜钢轨在规定的倾斜角打磨；

(d)表示基准点 A、B′的轨头详细断面（钢轨倾斜角 α）。

轨头打磨区：以与基准线相垂直的轨顶圆弧半径为准，在向轨距内侧方向与之成 70°

CHINA RAILWAY PUBLISHING HOUSE

角的轨距角圆弧半径和向轨道外侧方向与之成 5°角的轨顶圆弧半径之间所夹的基准轨轨头的区域(见说明图 14. 6. 6—2)。

打磨区段:钢轨进行连续打磨的轨道长度。

打磨面:在被打磨的钢轨上,由一个其回转轴与钢轨纵轴相垂直的砂轮打磨而成的、近似于平面的区域。

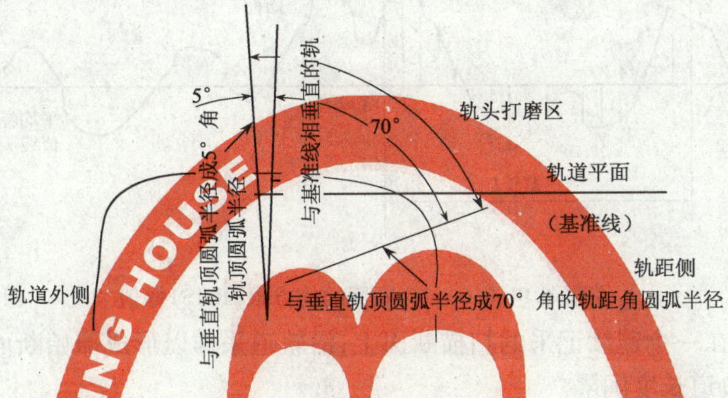

说明图 14. 6. 6 —2 轨头打磨区

特征长度:一个其回转轴与钢轨纵轴相垂直的砂轮每转一圆,砂轮沿钢轨移动的长度。

扫描断面:测量仪器的探头沿钢轨表面移动的轨迹。由此可引伸出本标准中所需要的其他断面形式。

原始断面:在进行任何断面滤波之前的扫描断面的数字式表达形式。

断面滤波器:把断面分解成长波、短波或其他特定波长范围成分的电子仪器。

相位校正滤波器:不引起相移的断面滤波器。

截止波长:其幅值的 50% 可被断面滤波器传递的正弦断面的波长。

滤波断面:用一个断面滤波器对一个原始断面在进行滤波所得出的断面。

峰峰幅值移动平均值:如说明图 14. 6. 6—3 所示,在规定长度为 L 的采样“窗”内沿轨道采样,并按下式计算不平顺峰峰幅值移动平均值:

$$PP(X,L) = (a_1 + a_2 \cdots\cdots + a_n)/n$$

$$PP(X,L) = (a_1 + a_2 + a_3 + a_4)/n$$

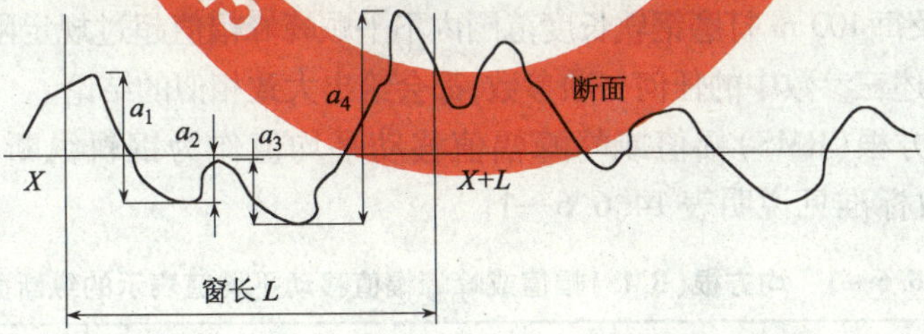

说明图 14. 6. 6—3 峰峰幅值的移动平均值

均方根(RMS)幅值:如说明图 14. 6. 6—4 所示,在规定长度为 L 的采样“窗”内沿轨道采样,按下式计算不平顺的均方根(RMS)幅值。

$$\mathrm{RMS}(X,L) = \left[\frac{1}{L}\int_x^{x+l} y^2(x)\,\mathrm{d}x\right]^{1/2}$$

如果断面是用 $y(t)$、$y(t+\Delta t)$、$y(t+2\Delta t)$ 等数字形式表示,那么数字式断面的均方根

CHINA RAILWAY PUBLISHING HOUSE

(RMS)幅值可表示为

$$\mathrm{RMS}(X,L) = \left[\sum_{i=1}^{n} y_i^2 (n-1)\right]^{1/2}$$

其中 L 为采样窗长度，n 为采样个数。

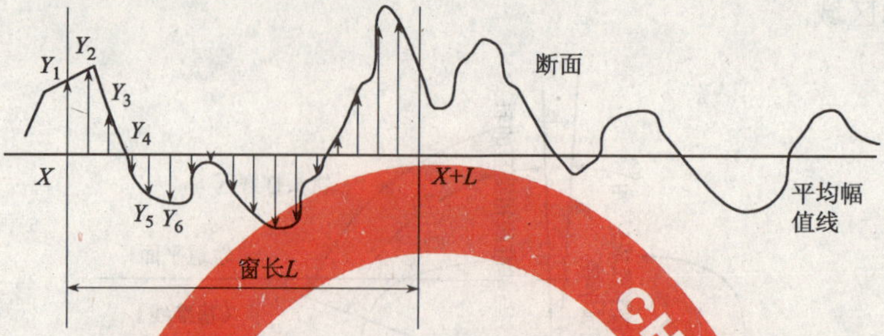

说明图 14.6.6—4　断面的均方根(RMS)幅值

采样间隔：在一个连续记采的扫描断面上，沿轨道采样以形成原始断面时所采用的每个采样之间的轨道长度间隔。

超限百分率：滤波断面的幅值测定值超出规定限定值的钢轨长度占整个打磨区段内钢轨长度的百分率。

(3)钢轨纵断面

①基本程序

在钢轨打磨作业完成后 8 d 内或在打磨后通过总重 30 万 t 之前(哪个条件先到就按哪个条件执行，最好是打磨后立即测量)用精密的“基准仪器”或“经认证的仪器(如打磨车上的常规测量仪器)对钢轨纵断面进行连续测量，得出扫描断面。探头扫描的轨迹应在离钢轨顶面基准点 A 横向左右 15 mm 范围之内。并将扫描断面用数字形式表示，得出下一步作滤波分析用的原始断面。再根据验收标准要求的波长范围进行滤波，建立“滤波断面”。再按规定的评定参数，采样间隔及采样窗长度 L，进行采样和计算分析。

②验收标准

根据业主的要求，可在合同中规定下列三项参数中的任何一项作为纵断面打磨质量的评定参数。即：在给定波长范围内不平顺的均方根(RMS)幅值，在给定波长范围内不平顺峰峰幅值的移动平均值及每 100 m 打磨钢轨长度范围内不平顺峰峰幅值超过规定限值的个数。在一般线路上，采用上述三参数中的任何一项参数，都会给出大致相似的结论。

如果采用均方根(RMS)幅值或峰峰幅值移动平均值作为钢轨纵断面打磨质量的评定参数，则其验收标准见说明表 14.6.6—1。

说明表 14.6.6—1　均方根(RMS)幅值或峰峰幅值移动平均值表示的纵断面验收标准

行	参　数	指　标			
0	波长(mm)	10～30	30～100	100～300	300～1000
1	采样窗长度 L(m)	0.6	0.6	1	5
2	均方根(RMS)幅值限定值(mm)	0.004	0.004	0.012	0.040
3	峰峰幅值移动平均值限定值(mm)	0.010	0.010	0.030	0.100
4	一级标准允许超限百分率(%)	5	5	5	10
5	二级标准允许超限百分率(%)	/	10	10	/

CHINA RAILWAY PUBLISHING HOUSE

表中的第 0 行和第 1 行列出了滤波断面的波长范围（截止频率）及采样窗长度 L，例如波长 30 ~ 100 mm，其截止波长就是 30 mm 和 100 mm，其采样窗长度 L 为 0.6 m。根据规范的规定，纵断面的采样间隔不得大于 2 mm，其数字化增量不得大于 1 μm。

表中第 4 行、第 5 行分别规定了一级标准和二级标准。这是根据过去钢轨打磨的经验，在某些线路区段，特别是在打磨前轨面存在擦伤、剥离、压溃等单个轨头伤损的情况下，要求 100% 的打磨地段都达到打磨标准不仅是不经济的，有时甚至是不可能的。因此，在一级、二级标准中都规定了一定的允许超限百分率。在二级标准中，不仅规定了较高的允许超限百分率，而且对 10 ~ 30 mm 及 300 ~ 1 000 mm 两个滤断面的超限百分率不作规定。应根据打磨前钢轨的实际状态及业主的要求，制订经济、可行的打磨等级，并在打磨合同中予以明确。

如果是采用均方根（RMS）幅值作为钢轨打磨质量的评定参数，且规定为一级验收标准时，则说明表 14.6.6—1 的第 2 行规定了不同滤波断面的均方根（RMS）幅值的限定值，第 4 行规定了相应的超限百分率。如 30 ~ 100 mm 的滤波断面，其均方根（RMS）幅值的限定值为 0.004 mm，其允许的超限百分率为 5%；如果规定为二级验收标准，则第 5 行规定了允许的超限百分率。如同样是 30 ~ 100 mm 的滤波断面，均方根幅值的限定值还是 0.004 mm，但其允许超限百分率为 10%。从第 5 行还可看出，在采用二级验收标准时，对于 10 ~ 30 mm 和 300 ~ 1 000 mm 两滤波断面的均方根（RMS）幅值的超限百分率不作规定。

如果是采用峰峰幅值移动平均值作为钢轨纵断面打磨质量的评定参数，说明表 14.6.6—1 第 3 行规定了不同滤波断面峰峰幅值移动平均值的限定值，第 4 行和第 5 行分别规定了采用一级和二级验收标准时的允许超限百分率。如 30 ~ 100 mm 的滤波断面，其峰峰幅值移动平均值的限定值为 0.010 mm，一级验收标准时的允许超限百分率为 5%。二级验收标准时的允许超限百分率为 10%。同样，10 ~ 30 mm 和 300 ~ 1 000 mm 两个滤波断面，对峰峰幅值移动平均值的超限百分率不作规定。

如果是用每 100 m 打磨钢轨长度内不平顺峰峰幅值超过规定限值的个数作为钢轨纵断面打磨质量评定参数，则验收标准见说明表 14.6.6—2。

说明表 14.6.6—2　用峰峰幅值超限个数表示的纵断面验收标准

行	参　数	指	标		
0	波长（mm）	10 ~ 30	30 ~ 100	100 ~ 300	300 ~ 1 000
1	峰峰幅值的限定值（mm）	0.010	0.010	0.030	0.100
2	一级标准时，在每 100 m 打磨钢轨长度内，允许单个不平顺超限的个数	250	100	25	10
3	二级标准时，在每 100 m 打磨钢轨长度内允许单个不平顺超限的个数	/	200	50	/

其中第 0 行，规定了滤波断面的波长范围（截止波长），第 1 行规定了峰峰幅值的限定值。同样也规定了一级和二级两档不同的验收标准，说明表 14.6.6—2 的第 2 行，规定了在采用一级标准时，在每 100 m 打磨钢轨长度范围内单个不平顺峰峰幅值超过第 1 行规定的限定值的允许个数。如，波长 30 ~ 100 mm 的滤波断面，峰峰幅值限定值为 0.010 mm，在 100 m 打磨钢轨长度范围内，允许单个不平顺峰峰幅值超过限定值的个数为 100 个，第 3 行规定了采用二级验收标准时，允许超过限定值的个数为 200 个。采用二级验收标准时，对波长 10 ~ 30 mm 和 300 ~ 1 000 mm 的滤波断面，无超限个数的规定。

CHINA RAILWAY PUBLISHING HOUSE

(4)横断面

①基本程序

应在钢轨打磨作业完成8 d之内或在打磨作业后通过总重30万t之前(哪个条件先到就按哪个条件执行,最好是打磨后立即测量)用“基准仪器”或“经认证的仪器”,对打磨钢轨进行横断面测量。每个打磨区段每股钢轨至少测量一处横断面,当打磨区段长度大于500 m时,每股钢轨应在小于或等于500 m的打磨轨长度范围内的测量一处钢轨横断面。当对横断面的验收有争议时,应在打磨区段按大于或等于10 m的间隔,每股钢轨测量一处横断面。

随着钢轨打磨目的不同,对于横断面打磨精度的要求是不同的。有时纯粹是为了清除钢轨顶面的波浪形磨耗,则没有必要对横断面进行精确打磨,可有时为了控制钢轨顶面的倾斜度(断面倾斜度),要求打磨后的钢轨断面接近于用“基准钢轨”表示的理想断面,则对横断面要求有很高的打磨精度。应当根据当地情况和打磨目的,由业主提出合适的打磨精度等级,并在合同中作出规定。

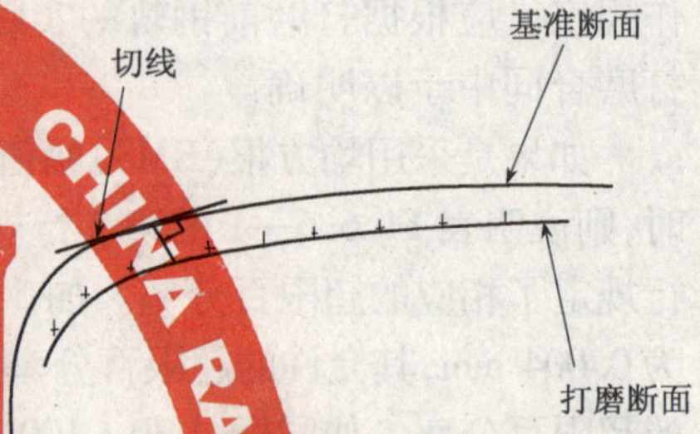

说明图 14.6.6—5 打磨横断面相对于基准断面的偏差

钢轨横断面的验收标准是按打磨后的钢轨横断面与理想横断面(也就是基准钢轨的横断面)在轨头打磨区内的偏差程度来制订的。为此,对于直线和曲线下股钢轨应当把打磨后的钢轨断面与基准断面在基准点A所在的轨顶圆弧半径方向及基准点B所在的轨头高度位置对准,按与基准轨断面切线相垂直的方向测算两断面最大正、负偏差(说明图14.6.6—5)。按规范规定,沿断面的采样间隔不大于2.5°,或其数字化增量不大于1 mm。若打磨断面高出基准断面,则偏差为正。对于曲线上股钢轨,应按两断面的基准点A和基准点B所在的轨顶圆弧半径方向和轨距角半径方向对准,测算两断面的最大正、负偏差。

②验收标准

钢轨横断面打磨验收标准见说明表14.6.6—3所示。

其中,横断面打磨分Q、R、S三个等级。表中的偏差限定值(mm)应在合同中作出具体注释。如0.6 mm的偏差限定值应注明是+/-0.3 mm、或+0.2/-0.4 mm、还是+0/-0.6 mm。表中达限百分率(%)是指处于偏差限定值以内的打磨断面的数量在总的打磨断面数量中所占的百分比。如采用Q级打磨时,偏差限定值在0.6 mm以内的断面应占80%,所有(100%)打磨断面的偏差应在1.0 mm范围之内。或者反过来说,当选定偏差限定值为1 mm时,Q级打磨应当是100%的断面达标,R级打磨时应当是80%的断面达标,S级打磨时对达标数不作规定。不管采用哪个等级,所有(100%)打磨断面的偏差均应在1.7 mm以内。

说明表 14.6.6—3 钢轨打磨横断面验收标准

行	参数	指		标
等级	偏差限定值(mm)	0.6	1.0	1.7
Q	达限百分率(%)	80	100	100
R		/	80	100
S		/	/	100

(5)表面粗糙度

①程序:钢轨打磨后,就在基准点A左右10 mm范围以内的同一钢轨打磨面上沿钢轨纵向立即进行表面粗糙度测量。应在一个完整的特征长度范围内连续佈置6个测点,

计算 6 个测定值的平均值 R_a。

②验收标准：计算平均值的 6 个数据中，表面粗糙度大于 10 μm 的不多于 1 个；或者在所有平均值中，表面粗糙度大于10 μm的不超过 16% 。

(6)外观

①程序：测量打磨面宽度及打磨面宽度的变化，观察打磨区表面颜色

②验收标准：打磨面最大宽度在轨距角圆弧上为 4 mm，在轨距角圆弧和轨顶圆弧的连接圆弧部分为 7 mm，在轨顶圆弧上为 10 mm。从轨头打磨区向非打磨区应平滑过渡。

磨面宽度的最大变化在沿钢轨长度 100 mm 的范围内不应大于打磨面最大宽度的 25% 。

轨头打磨区无连续法兰带。

15.1.4 过渡段是线路的一个薄弱环节，为减少轮轨间的相互作用，改善过渡段的线路条件，设计中的钢轨焊接接头位置应避免在过渡段范围。

15.2

无砟轨道与有砟轨道的过渡应在一种结构物上过渡，这是不同结构物上线路刚度均匀过渡的需要。目前来说，国内无砟轨道的整体刚度是大于有砟轨道的，为减缓列车通过两种轨道连接处由于轨道刚度突变引起的动力不平顺，需要设置过渡段来缓解甚至消除这一不平顺。通常的处理原则是在有砟轨道一侧增大轨道竖向刚度，而在相邻无砟轨道一侧减少轨道的竖向刚度，从而使轨道的刚度变化平顺。国内目前已采用的是在无砟轨道和有砟轨道的连接处，设置两根 50 kg/m 的辅助轨，以加强过渡段有砟轨道的垂向抗弯刚度；同时在相邻一定长度的无砟轨道板底部增设一层弹性垫层，以减少与有砟轨道的刚度差。根据秦沈线无砟桥过渡段的使用情况，为强化辅助轨的使用效果，将辅助轨由50 kg/m改为60 kg/m，长度依旧是 25 m，这一点和德国高速铁路的规定相似（德铁是 20 m 长 60 kg/m 钢轨）。辅助轨与基本轨之间 520 mm 的中心距考虑了有砟轨道线路大型养路机械的捣固作业净空。目前进行的部科研项目“高速铁路路桥过渡段轨道刚度合理匹配的试验研究”正在进行无砟桥路桥过渡段的各种过渡方案的比选，比如不同轨下垫板刚度的合理匹配，板下微孔弹性胶垫和长轨枕的搭配使用等等，以期筛选出最佳方案。

15.2.2 为实现无砟轨道与有砟轨道在同一结构物上的过渡，参照德铁无砟轨道的相关规定，路基无砟轨道的混凝土支承层应延伸至有砟轨道方向至少 15 m，以减缓轨道整体刚度的突变。

15.2.4 参照秦沈线沙河特大桥长枕埋入式无砟轨道辅助轨的安装设计，过渡段无砟轨道部分的轨枕、过渡段有砟轨道部分的轨枕应作特殊设计，以满足安装辅助轨的要求。过渡段有砟轨道部分的扣件可与区间线路一致。

16.2

按《客运专线综合接地系统设计原则》（暂行）（工管〔2006〕18 号）的要求引用相关内容。

16.3、16.5

按《客运专线铁路路基工程施工技术指南》（TZ 212—2005）的要求引用相关内容。

附　录 B

无缝线路是我国铁路干线线路的主体，是铁路提速的重要基础，钢轨闪光焊接头及铝热焊接头约占我国无缝线路接头总数的 90 %，钢轨焊接接头的外观质量对行车速度、平稳性、接头寿命、机车车辆等有很大影响。在"钢轨焊接接头技术条件（TB/T 1 632—1 991）"、"350 km/h 高速铁路钢轨闪光焊接暂行技术条件"、"350 km/h 高速铁路钢轨铝热焊接暂行技术条件"、"京沪高速铁路设计暂行规定（铁建设〔2003〕13 号）"中，对焊接接头 1 m 范围内的平直度提出了要求，但是以上标准或规范中，关于焊接接头的打磨作业缺乏具体要求，为使控制焊接接头的外观质量有章可循，保证轨道的平顺性，需要研究制订无缝线路钢轨焊接接头的打磨标准。

闪光焊方面，国内焊轨厂都已配备了国际上较为先进的接头精磨设备（路局系统采用法国 GEISMAR 公司制造的 MAS 150 型精磨机，工程局多采用瑞士 NENCKI 公司制造的 MMA-14 AL 型精磨机），这两种精磨设备在国外使用得较好，但在国内的使用情况不理想。原因有四：一是国内焊轨生产线都是串列式（一字型）布局，接头没有足够的时间冷却和释放应力，精磨后容易出现低接头；二是精磨前的接头不具备精磨条件，比如接头存在错位或硬弯，强行打磨容易造成设备损坏；三是对精磨机的管理、使用、维修、保养不当；四是精磨工序对焊轨生产进度有影响，进一步影响工厂的经济效益，而目前国内关于接头精磨还没有强制性的规范。

国外的（主要是欧洲）焊轨生产线多采用并列式（U 字型）布局，焊接后在存轨台存放两天后才进行精磨，因为生产线是并列式，所以精磨对焊轨的效率没有影响。因为精磨前接头已经冷却到常温，且应力也有所缓解，因此精磨后焊接接头的平直度不会改变。对有些外观缺陷，单纯依靠打磨方式不能从根本上解决平直度的问题，因此国外强调精磨前对焊接接头进行矫直。

铝热焊方面，国内外铝热焊接头工作面的打磨一般采用仿形打磨机。国内轨底面及轨底探伤探测面普遍采用手砂轮打磨。国外不要求作轨底面打磨，而国内在现场铺轨时为了使应力放散后，位于轨枕的接头不影响扣件的安置，曾经要求对轨底进行打磨。但没有对打磨方法及验收条件作规范化的要求。特别是对轨底的打磨，由于在以往的标准中未涉及。因此施工单位无法操作，造成各行其自的局面。

总之，焊接接头打磨不当直接影响轨道的平顺性，还可能使钢轨产生马氏体等脆性组织，增大了接头折断的危险性。因此有必要对焊接接头允许打磨的条件、打磨方法及验收条件进行规范。

参照中国铁道科学研究院研究报告，《无缝线路钢轨焊接接头打磨和探伤标准研究报告》（院总编号：TY 字第 2047 号）制定附录 B。为铁道行业标准 TB/T 1 632. 1 ~ 3—2005《钢轨焊接　第1 部分：通用技术条件》、《钢轨焊接　第 2 部分：闪光焊接》、《钢轨焊接　第 3 部分：铝热焊接》服务，是以上标准中有关钢轨焊接接头外观质量和工艺要求的细化。钢轨气压焊接可以参照闪光焊接执行。

附录 B"无缝线路钢轨焊接接头外观质量控制作业指南"由铁道科学研究院金属及化学研究所提供。

铁路工程施工技术指南

经规标准〔2008〕176号

客货共线铁路
轨道工程施工技术指南

TZ 201—2008

CHINA RAILWAY PUBLISHING HOUSE

2008—10—20 发布　　2008—10—20 实施

铁道部经济规划研究院　发布

前　言

本技术指南是根据铁道部《关于印发2000年铁路工程建设规范、定额编制计划的通知》(铁建设函〔2000〕36号)的要求,在《铁路轨道施工及验收规范》(TB 10302—96)基础上修订而成的。

本技术指南在编制过程中,认真总结了我国铁路建设的经验和教训,学习和借鉴了国际先进标准,以施工质量验收标准为依据,重点对施工过程中的工艺、方法、措施和质量控制目标做出了规定,反映了工程施工的新技术、新材料、新工艺、新方法,突出了客货共线铁路的技术特点。本技术指南是客货共线铁路轨道工程施工的指导性技术文件。

根据铁道部《铁路工程建设标准管理办法》(铁建设〔2004〕143号)关于铁路工程建设标准体系调整的要求,为鼓励技术创新,促进技术进步,指导施工企业根据自身技术、装备、管理水平和市场定位需要制订技术要求更高、针对性更强、内容更为具体的企业标准,编制了本技术指南。本技术指南严格按照标准编制程序进行编制,组织路内外专家分别对编制大纲、征求意见稿、送审稿、报批稿进行了审查。

本技术指南内容包括:总则、术语和符号、施工准备、铺轨前铺砟、无砟道床施工、无缝线路轨道、有缝线路轨道、混凝土宽枕轨道、铺设道岔及钢轨伸缩调节器、改建既有线和增建第二线轨道、轨道附属设备和常备材料、工程竣工12章,另有8个附录。

本技术指南修订的主要内容有:

1. 增加了线路基桩设置、线路测量、铺轨基地的布置等方面的内容。
2. 增加了铺轨前铺砟的有关内容。
3. 增加了板式道床、支承块式道床、长枕埋入式道床等无砟道床施工的内容。
4. 补充了既有线改建、增建第二线轨道等方面的内容。
5. 对扣板、轨距挡板、挡板座及绝缘轨距块号码配置进行了补充和完善。

在执行本技术指南过程中,希望各单位结合工程实践,认真总结经验,积累资料。如发现需要修改和补充之处,请及时将意见和有关资料寄交中铁一局集团有限公司(地址:陕西省西安市雁塔路北段1号,邮政编码:710054,并抄送铁道部经济规划研究院(北京市海淀区羊坊店路甲8号,邮政编码:100038),供今后修订时参考。

本技术指南主编单位:中铁一局集团有限公司。

本技术指南参编单位:中铁十一局集团有限公司。

本技术指南主要起草人:李兵选、杨荣庭、王秀成、胡新民、龚安波、刘鸿恩、朱同蜜、彭勇峰、陈万忠、吴锦泉、孙柏辉、吴正新。

目　次

CHINA RAILWAY PUBLISHING HOUSE

CHINA RAILWAY PUBLISHING HOUSE TB

1 总 则

1.0.1 为统一客货共线铁路轨道工程施工技术要求,加强施工管理,保证工程质量,制定本技术指南。

1.0.2 本技术指南适用于客货列车共线运行、旅客列车设计行车速度等于或小于200 km/h的新建、改建标准轨距铁路轨道工程施工。

1.0.3 轨道工程必须按批准的设计文件进行施工,变更时应符合现行铁路基本建设变更设计管理办法的规定。

1.0.4 轨道施工应采用技术先进、经济合理、安全可靠的装备、工艺、材料和施工方法。

1.0.5 轨道施工应推行作业标准化、施工机械化。

1.0.6 各种轨道部件应符合国家现行的有关标准,并具有产品检验合格证。特定的轨道部件应按设计要求办理,并经鉴定合格后方可使用。

1.0.7 施工中应注意雨情、水情、风情、雪情及温度的变化,并重视环境保护。

1.0.8 轨道工程竣工后,开通前应进行轨道工程检测。轨道工程施工质量应符合现行《铁路轨道工程施工质量验收标准》(TB 10413—2003)和《新建时速200公里客货共线铁路工程施工质量验收暂行标准》(铁建设〔2004〕8号)的规定。

1.0.9 轨道工程施工除应符合本技术指南外,尚应符合国家现行的有关强制性标准的规定。

CHINA RAILWAY PUBLISHING HOUSE

2 术语和符号

2.1 术　语

2.1.1 长钢轨　long rail

超过标准长度的钢轨(其中包括厂焊钢轨)。

2.1.2 单元轨节　rail link

一次锁定的连续轨条。

2.1.3 普通无缝线路　jointless track

钢轨长度不跨越闭塞分区的无缝线路。

2.1.4 区间无缝线路　jointless track between switches

钢轨长度不跨越车站道岔只跨越闭塞分区的无缝线路。

2.1.5 跨区间无缝线路　jointless track beyond switches

钢轨长度跨两个或更多区间,且车站正线上采用无缝道岔的无缝线路。

2.1.6 设计锁定轨温　design stress – free temperature of rail

根据气象资料和无缝线路允许升温幅度、允许降温幅度,计算确定的无缝线路锁定轨温。

2.1.7 实际锁定轨温 actual fastening down temperature

无缝线路温度力为“零”时的钢轨温度。

2.1.8 冻结接头　frozen joint

使轨缝不发生变化的钢轨接头。

2.1.9 单枕连续铺设法　method of laying single tie continuous

新建铁路有砟轨道一次铺设无缝线路所采用的一种铺设方法。长钢轨按一定间距拖卸在道床上,轨枕按规定间距单枕连续铺设,收拢长钢轨形成轨道。

2.1.10 无砟轨道　ballastless track

道床不用道砟铺设的轨道。

2.1.11 弹性支承块　elastic supporting objects

由钢筋混凝土支承块、块下弹性垫板、橡胶套靴组成的用来支撑钢轨、提供道床弹性的轨下基础部件。

2.2 符　号

a_g——钢轨接头最大构造轨缝。

C——钢轨接头阻力和道床纵向阻力限制钢轨自由胀缩的数值。

L——钢轨长度。

CHINA RAILWAY PUBLISHING HOUSE

R——曲线半径。

T_{max}——钢轨可能达到的最高温度，其值采用当地历史最高气温加 20 ℃。长度大于 300 m 的隧道内，最高轨温可采用当地历史最高气温。

T_{min}——钢轨可能达到的最低温度，其值与当地历史最低气温相同。

CHINA RAILWAY PUBLISHING HOUSE

3　施工准备

3.1　施工调查

3.1.1　轨道施工前，应核对经批准的施工设计文件，收集与轨道施工有关的工程竣工资料及变更设计文件。

3.1.2　了解与铺轨有关工程的施工进度，核查路基、桥梁等工程有关资料及工程外观，核实铺轨进度计划。

3.1.3　调查道砟的运输条件，提出铺砟方案。

3.1.4　核查各种电线路、临时建筑物等建筑限界。

3.1.5　核实桥头、临时岔线及软土等不良地质地段的填土质量和过渡段的施工情况。

3.1.6　调查道口附近地形、地貌和交通情况，提出维持道路交通的临时措施。

3.1.7　调查沿线水源、电源情况，落实用水、用电计划。

3.1.8　了解可能作为铺轨基地（或倒装场）和停留工程宿营车的车站条件。选择卸料、堆存材料场地。

3.1.9　铺轨前，应按铺轨计划进度，落实钢轨、轨枕、钢轨配件和道砟来源。

3.1.10　铺设再用轨轨道时，应根据本技术指南附录 A 的要求，调查落实钢轨来源、数量、规格、伤损磨耗程度等。

3.1.11　收集沿线的气象资料及轨温变化规律等有关资料。

3.2　线路测量

3.2.1　线路基桩应在轨道工程施工前设置。新建铁路无砟轨道施工前应根据不同轨道形式的需要增设加密基桩。有砟轨道铺轨前应精确测量线路中心线，并按铺轨机组作业要求用醒目颜色设置铺轨机组走行标示线或设置导向边桩及钢弦。

3.2.2　铺轨前应接收线下施工单位线路测量资料及桩橛，并复测线路中桩及路面高程。中桩、基桩、变坡点应按设计位置设置齐全，缺损者应在铺轨前补全。

3.2.3　无砟道床施工前应根据需要增设控制基桩、加密基桩和高程点，并符合以下规定：

1　基桩测设时，应首先测设控制基桩，而后在控制基桩间测设加密基桩；

2　控制基桩在直线线路每 100 ~ 120 m 设置一个，曲线线路除曲线元素点设置控制基桩外，还应每 50 ~ 60 m 设置一个；

3　加密基桩在 5 ~ 10 m 范围内设置一个；

4　基桩一般设置在线路中线上，也可设置在线路中线上的一侧；

5　基桩设置后应测设高程。

3.2.4　有砟轨道铺轨前应按设计位置设置线路中桩，并符合以下规定：

1　桩距：直线不大于 50 m，圆曲线地段应为 20 m，缓和曲线地段应为 10 m。特殊需要时,应予加桩。

2 在曲线起讫点、缓圆点、曲中点和圆缓点,竖曲线的起迄点、曲中点、道口中心点,道岔中心及岔头、岔尾点,均应设置带钉的中桩。

3 铺设混凝土宽枕地段,直线和曲线上的中桩距均不得大于 10 m。铺砟前中桩移置于道床外的路肩上(曲线地段设置在外侧路肩上)。

4 隧道内的中桩和内轨面高程可标记在边墙上。

3.2.5 高程桩设置应符合以下规定:

1 桩距:直线地段不大于 50 m,曲线地段不大于 20 m,线路纵断面变坡点和竖曲线起讫点,应增设桩橛。混凝土宽枕地段桩距不大于 10 m。

2 高程桩应设置在道床外的路肩上(曲线地段设置在内侧路肩上)。铺设混凝土宽枕地段,高程桩应设置在道床两侧的路肩上。

3.2.6 对移交的路基面应核实填方地段预留沉落量及起迄点位置。

3.3 施工组织设计

3.3.1 铺轨前应编制实施性施工组织设计。

3.3.2 施工组织设计应包括以下主要内容:

1 机构设置及劳动力组织、职责分工;

2 大、小临时工程平面布置(水、电、道路、通讯、场地、临时房屋等);

3 工程运输(含长轨运输)组织及机车车辆配置;

4 人员、机械及检测设备调配计划;

5 铺轨、铺砟整道进度计划及方案;

6 无缝线路的铺设工艺及装备;

7 材料供应计划;

8 安全、质量、工期、环保保证措施。

3.3.3 施工前应进行技术交底,编制质量计划及作业指导书。

3.4 铺轨基地的布置

3.4.1 铺轨基地应根据工程规模、进度要求、使用年限、储备能力等经技术经济比选确定。

3.4.2 铺设无缝线路的铺轨基地,宜设置长钢轨存放场。

3.4.3 铺轨基地的位置宜选定在靠近铺轨起点,与运营线路干扰小,列车进出方便,引入线路短的开阔平坦处。

3.4.4 铺轨基地的各项设施和布置应符合以下规定:

1 基地设施宜利用既有和新建的各项设备和当地的水源、电源以及运输通路等,减少临时工程,少占农田。

2 通往基地联络线的坡度和平面曲线半径,应根据地形、运输量和作业程序确定。最大坡度不宜大于与其连接线路的限制坡度,并应按现行的有关规定设置安全设施。

3 基地布置应根据地形和生产方式,使调车作业顺向,材料堆置合理,取送方便,并应使各种起重吊运机械移动距离最短。

铺轨基地应修建消防车通道。相邻料堆间，应根据作业需要，留有不小于0.5 m的距离。场内堆置物与轨道、走行线间应留有安全距离。

4 基地内的单开道岔不得小于9号，对称道岔不得小于6号。

5 基地内临时工程的设置，应避免影响站后工程施工。

3.4.5 基地内线路平、纵断面应符合以下规定：

1 轨排组装线应为直线，与相邻装卸线路为同一坡度。

2 装卸线宜设在直线上，坡度不宜大于1.5‰，困难条件下，坡度不得大于2.5‰，作业时应有防止车辆溜逸措施。

3 其他线的曲线半径不宜小于250 m，坡度不得大于2.5‰。特殊大型机械存放线和通过线的设置，应符合此类机械的特殊要求。

3.4.6 起重设备和各种轨道车辆，应有防溜设施，走行线尽头应设车挡。

3.4.7 电气设备应加装漏电保护器。配电部分应防雨、加锁，管线部分应有防磨损、防撞击措施。

3.4.8 施工现场及周围环境应保持清洁，作业场所的温度、噪声、空气质量等应符合国家规定。

3.5 轨道主要材料验收及存放

3.5.1 轨道材料应满足设计文件要求，并应符合国家现行有关标准的规定。

3.5.2 各类轨道材料，供方应按要求提供国家或行业质量标准(含检验方法)，同时应按照标准规定的批量，出具产品检验合格证。施工单位应对规格、型号、数量等进行核对，对几何尺寸进行核查。

3.5.3 各种主要轨道器材均应在使用前预加整配；不能整修合格者应剔除。搬运装卸时不得抛掷。

3.5.4 材料堆码应基底平实，底层架空。地面应有良好的排水系统。

3.5.5 各类材料的堆码应便于装卸、取放、清点，并做好标识。

3.5.6 钢轨整理后应分类垛码，并符合以下规定：

1 不符合本技术指南附录A要求的再用轨，应作明显标记后剔除，严禁混入使用。

2 钢轨长度应逐根丈量，长度偏差值应用白油漆写在轨端头部。同一长度(允许偏差内)的钢轨应同堆垛码。再用轨按不同级别、不同长度、不同磨耗程度分别垛码。

3 支垫应与各层钢轨垂直放置，间距不大于5 m，上下层同位。垛码层数应使钢轨不伤损变形。

3.5.7 轨枕应分类分级垛码，并符合以下规定：

1 垛码高度应根据场地承载力及装卸运输设备所需净空确定。

2 垛码混凝土枕应上下同位，层间承轨槽处应垫以小方木或其他材料，其顶面应高出挡肩或螺旋道钉顶面20 mm。

3 木枕垛码应便于装吊作业，垛顶应设排水坡。场内应有消防设施。

CHINA RAILWAY PUBLISHING HOUSE

3.5.8 道岔及其配件应配套成组或按部件分类放置，其中尖轨应与基本轨捆扎在一起。岔枕应按组垛码整齐。

3.5.9 轨道板、支承块的存放应符合有关规定。

3.5.10 有砟轨道一次铺设无缝线路的施工段，应储备一定数量的道砟。

CHINA RAILWAY PUBLISHING HOUSE

4　铺轨前铺砟

4.1　一 般 规 定

4.1.1　底砟、道砟质量应符合设计及现行技术条件的要求。

4.1.2　应评估砟场建场检验、生产检验的有效性，并应具有出场检验报告。

4.1.3　桥梁及顶面高于路肩的涵洞两端各 30 m 的预铺道砟厚度，应使道床面高出桥台挡砟墙或涵洞顶面不小于 50 mm，并做好临时砟面顺坡。桥上和桥头道砟待铺轨列车通过后，应及时按设计铺足。

桥上的预铺道砟面应高出盖板，并应与两端桥头的道床面取平。部分预铺道砟，可视架桥机性能预铺在梁上，随梁就位，同时应在桥头预备道砟。

4.2　铺　底　砟

4.2.1　底砟铺设应采用压强不小于 160 kPa 的机械碾压，压实密度不小于 1.6 g/cm^3，碾压后应满足设计厚度。

4.2.2　在底砟上铺部分道砟后铺轨时，应对底砟和道砟分别进行碾压。

4.2.3　底砟厚度允许偏差为 ±50 mm，半宽允许偏差为 $^{+50}_{\ 0}$ mm。

4.3　预 铺 道 砟

4.3.1　无缝线路预铺道砟应符合下列规定：

1　预铺道砟前应对道砟进行检验，道砟材料及级配应符合设计要求。

2　预铺道砟前，应核对路基的高程及中桩，根据其摊铺厚度及中线，在路肩挂拉弦线。

3　道砟可采用道砟摊铺机一次摊铺压实成形，或采用压强不小于 160 kPa 的机械碾压，压实密度不小于 1.6 g/cm^3。

4　道砟铺设厚度不宜小于 150 mm，砟面应整平压实，砟面中间不得凸起，可压出凹槽。

4.3.2　铺道砟机械在铺设中应遵循以下原则：

1　作业机械行走比压不应超过基床设计允许值，应避免对路基基床表层的扰动。

2　运砟车辆应尽量行走施工便道，不宜直接长距离频繁行驶在基床表层上。

3　运砟车辆在基床表层上行驶时，应做到缓行缓停，禁止突然加速或急刹车，载重运行速度宜小于 15 km/h。

4.3.3　道砟摊铺压实后，应对其进行检测，判断是否达到质量标准，主要包括：

CHINA RAILWAY PUBLISHING HOUSE

1　砟面外形:铺设完成的砟面应在纵横向坡度、宽度、厚度等方面达到要求。

2　平整度:用3 m靠尺检查砟面平整度,速度大于160 km/h时为20 mm,速度小于或等于160 km/h时为30 mm。

4.3.4　有缝线路单层道床轨道铺轨前,每股轨下预铺砟带宽度不应小于800 mm,厚度应为150 ~200 mm。

4.3.5　正线预铺道砟,单层道床铺设厚度宜为150 ~200 mm,并应采用压强不小于160 kPa的机械碾压,密度不小于1.6 g/cm^3。

4.3.6　混凝土宽枕轨道道床断面尺寸、分层厚度、材料性能、工艺要求等应符合设计规定。当采用碎石道床时,底层道砟应压实,可按8%的压缩率控制,并严格控制道床面的高程;道砟带应铺设平整,不得有波浪形和扭曲。曲线地段的外轨超高,应按设计设置,由底层道砟调整。铺砟允许偏差:厚度、半宽为±50 mm,高程为±5 mm。

4.3.7　正线道岔预铺道砟应采用压强不小于160 kPa的机械分层碾压,密度不小于1.7 g/cm^3。砟面平整度用3 m靠尺检查允许偏差:速度大于160 km/h时为20 mm,速度小于或等于160 km/h时为30 mm;无缝道岔允许偏差为10 mm。预留起道量不得大于50 mm。道岔前后各30 m范围应做好顺坡。

CHINA RAILWAY PUBLISHING HOUSE

5 无砟道床施工

5.1 一般规定

5.1.1 施工准备应包括以下主要内容：

1 无砟轨道道床基础应坚实可靠。道床基底的风化层、松动岩块、软土、杂物等，应彻底清除，并按隐蔽工程处理，经检查合格后，方可浇筑道床混凝土。

2 隧道内应按设计位置设置仰拱，回填层的高程控制在±5 cm之内。设有仰拱预制块地段，道床施工前应检查填充质量，若有不密实之处应修补。有中心水沟地段，先将沟内杂物清理干净，后铺设好水沟盖板，保证盖板平整无松动，板缝不漏浆。

3 施工前必须在道床施工范围及相邻段进行贯通测量，对中线、高程经调整闭合后方准施工。

4 道床施工所必需的专用机具、工具应在道床施工前准备齐全。

5.1.2 线路控制基桩和加密基桩应符合以下规定：

1 控制基桩及加密基桩间距应符合本技术指南第3.2.3条规定。

2 控制基桩：与线路中线横向偏差、高程允许偏差均不大于2 mm，距离允许偏差不大于$L/5\ 000$。

3 加密基桩：与控制基桩间的横向允许偏差、高程允许偏差均不大于2 mm，相邻基桩间的横向允许偏差、高程允许偏差均不大于1 mm，距离允许偏差为±2 mm/6 m。

4 控制基桩及加密基桩应用道床同级混凝土埋设。

5 基桩需长期保存，施工过程中不得损坏。

5.1.3 预应力混凝土梁徐变的残余变形量满足设计要求时，方可进行无砟道床施工。

5.1.4 轨枕、轨道板应在工厂制做，吊装和运输应避免磕碰、损坏，存放场地基础应坚实平整，堆码应符合有关规定，地面排水良好、便于起吊及运输。

5.1.5 无砟轨道与有砟轨道过渡段施工，应在线下过渡段施工完成并验收合格后进行。

5.1.6 浇筑道床混凝土前，宜将钢轨支撑架或轨道排架逐步调整，几何尺寸允许偏差应符合表5.1.6—1、表5.1.6—2要求。

表5.1.6—1 钢轨支撑架、轨道排架架设允许偏差

序号	检验项目	160 km/h < v ≤ 200 km/h	v ≤ 160 km/h
1	中　线	2 mm	2 mm
2	高　程	±2 mm	±5 mm
3	轨　距	±1 mm，变化率不得大于1‰	$^{+2}_{-1}$ mm，变化率不得大于1‰

续上表

序号	检验项目		160 km/h < v ≤200 km/h	v ≤160 km/h
4	轨　向		不得大于 1 mm/10 m 弦	直线不得大于 2 mm/10 m 弦,曲线见表 5.1.6—2
5	高　低		不得大于 2 mm/10 m 弦	直线不得大于 2 mm/10 m 弦
6	水　平		1 mm	2 mm
7	扭曲(基长 6.25 m)		1 mm	2 mm
8	轨枕	间　距	±5 mm	±5 mm
		轨底坡	1/35～1/45	1/35～1/45

表 5.1.6—2　道床施工前曲线正矢允许偏差(20 m 弦)

曲线半径(m)	缓和曲线正矢与计算正矢差(mm)	圆曲线正矢连续差(mm)	圆曲线正矢最大、最小值差(mm)
≤650	2	3	5
>650	1	2	3

曲线外轨超高应按设计设置。无砟道床与有砟道床轨道位于同一曲线上时,超高设置应一致。

5.1.7　用钢轨支撑架架设钢轨时,应符合以下规定:

1　钢轨在架设前应调直,扣件的飞边和毛刺应打净。

2　钢轨支撑架应架设牢固,并与钢轨垂直。每节 12.5 m 钢轨应安放支撑架 5～6 榀,25 m 钢轨比照增加,并应等间距布置,在钢轨接头前后和曲线地段,应缩小支撑架间距。

3　根据已测设的基桩,调整钢轨的水平、轨距、高程和方向。各种扣件应组装正确,螺栓用测力扳手拧紧,扭矩应一致。

4　可用与道床同级的混凝土制成支墩代替部分支撑架。支墩应牢固嵌入基底。

5.1.8　防水层、隔离层应按隐蔽工程检查验收,严禁在雨雪和五级风以上时施工,施工环境温度条件为:冷作时不低于 5 ℃,热粘时不低于 －10 ℃。

5.1.9　防水层基底平整度用 1 m 靠尺检查允许偏差为 3 mm,卷材搭接宽度允许偏差为 －10 mm。

5.1.10　防水层铺贴平整,搭接处及周边无翘起、空鼓、皱折、脱层或封口不严等缺陷,搭接量符合要求。

5.1.11　隔离层基底应清洁、干燥,不得有空洞、蜂窝、麻面、浮砟、浮土和油污。

5.1.12　隔离层应铺贴平整,与底座表面、凹槽表面及侧面粘贴牢固,隔离层无破损,搭接处及周边无翘起、空鼓、皱折、脱层或封口不严等缺陷,搭接量符合要求。

5.1.13　保护层厚度不得小于 40 mm,排水坡度、伸缩缝应符合设计,流水畅通。

5.1.14　保护层表面平整度用 1 m 靠尺检查允许偏差为 3 mm。

5.1.15　底座、道床板模板安装允许偏差应符合表 5.1.15 规定。

CHINA RAILWAY PUBLISHING HOUSE

表 5.1.15　底座、道床板模板安装允许偏差

序号	项　目	允许偏差(mm)	备　注
1	高　度	±5	均为模板内侧面间的允许偏差
2	宽　度	±5	
3	底座位置	±3	
4	凹槽的长、宽、高	±5	
5	中　线	2	
6	模板平整度	2	用 1 m 靠尺检查

5.1.16　凸型挡台模板安装允许偏差应符合表 5.1.16 规定。

表 5.1.16　凸型挡台模板安装允许偏差

序　号	项　目	允许偏差(mm)	序　号	项　目	允许偏差(mm)
1	圆形挡台直径	±3	4	挡台中心间距	±2
2	半圆形挡台半径	±2	5	高　度	$^{+4}_{0}$
3	挡台中心偏离中线	3			

5.1.17　PVC 管、PVC 篦、伸缩缝沥青板等预埋件的质量、规格、数量应符合设计。预埋件位置允许偏差为 ±10 mm。

5.1.18　钢筋安装位置应符合设计要求，允许偏差符合表 5.1.18 规定。

表 5.1.18　钢筋安装位置允许偏差

序号	项　目		允许偏差(mm)
1	钢筋间距		≤20
2	钢筋保护层	设计为 25～35 mm 时	$^{+5}_{-2}$
		设计为小于 25 mm 时	$^{+3}_{-1}$

5.1.19　混凝土浇筑应符合以下规定：

1　混凝土浇筑与架挂支承块(长枕)两作业面间的距离不宜小于 50 m。

2　浇筑混凝土前，应将铺底或仰拱预制块表面清洗干净，并排干场地水。

3　施工缝应设在伸缩缝处并与道床的中心线相垂直。

4　混凝土运到浇筑地段，须经搅拌均匀后再进行浇筑。对支承块底部及其周围混凝土应加强捣实。

5　混凝土浇筑后，道床表面须一次性整平抹光，横向排水坡应符合设计要求。

6　混凝土浇筑后，不应与流动水相接触。加强混凝土养生，经常维持混凝土表面湿润。养生期不少于 14 d。

7　在道床混凝土浇筑过程中，应随时检查轨面系状态与支承块的位置变化，发现有超标情况应及时校正。

8　道床混凝土养生强度达到 5 MPa 后，方准拆除钢轨支撑架。在道床混凝土未达设计强度 70% 之前，不得铺轨和在道床上作业、碰撞支承块。

9　同一断面两支承块连线应垂直于线路中线，前后两支承块间距允许偏差为 ±10 mm。

CHINA RAILWAY PUBLISHING HOUSE

5.1.20 底座中线、外形尺寸及表面平整度允许偏差应符合表5.1.20规定。

表5.1.20 底座中线、外形尺寸及表面平整度允许偏差

序号	项目	允许偏差(mm)
1	底座高度	±5
2	底座宽度	±10
3	前后位置	±5
4	凹槽的长、宽、高	±5
5	中线	3
6	底座与凹槽表面平整度	凹陷深度不得大于2 mm/1 m低洼长度不超过50 mm

5.1.21 道床板中线、外形尺寸允许偏差应符合表5.1.21规定。

表5.1.21 道床板中线、外形尺寸允许偏差

序号	项目	允许偏差(mm)	序号	项目	允许偏差(mm)
1	道床板顶宽	±10	3	道床板间伸缩缝宽度	±5
2	道床面与承轨台顶面相对高差	±5	4	中线	2

5.1.22 凸型挡台中线、外形尺寸允许偏差应符合表5.1.22规定。

表5.1.22 凸型挡台中线、外形尺寸允许偏差

序号	项目	允许偏差(mm)	序号	项目	允许偏差(mm)
1	圆形挡台直径	±5	4	挡台中心间距	±3
2	半圆形挡台半径	±3	5	挡台高度	$^{+5}_{0}$
3	挡台中心偏离中线	5			

5.2 板式道床

5.2.1 底座混凝土与凸型挡台施工应符合以下规定：

1 底座混凝土施工前，应对基底进行凿毛处理，并清除浮砟。

2 凸型挡台应与底座混凝土同时施工。

3 底座混凝土及凸型挡台的强度达到设计强度的80%时方可铺设轨道板。

4 曲线地段底座混凝土的超高量，应符合设计规定。

5.2.2 凸型挡台内基准器的材质、加工精度及设置应符合设计规定。

5.2.3 轨道板与凸型挡台两端间隙相差不得大于5 mm。

5.2.4 轨道板的运输与安装应符合以下规定：

1 轨道板的运输宜采用轨道平车或大型载重卡车，装车方法应满足铁路、公路货运的规定，要采取措施防止轨道板受损。

2 起吊轨道板时起吊螺栓要拧紧，并使其均匀受力，轨道板要平起、平落。

3 轨道板应置于两凸型挡台之间的设计位置，轨道板中心线与线路中心线的允许偏

CHINA RAILWAY PUBLISHING HOUSE

差为2 mm,板顶高程允许偏差为1 mm。

5.2.5　CA砂浆灌注应符合以下要求:

1　现场拌制CA砂浆前,应视具体工点的温度、湿度等条件做配方试验,并及时修正标准配合比,满足设计要求后,方可拌制灌注。

2　每块轨道板应一次灌注完成,厚度符合设计要求。2 h后再灌注凸型挡台四周。

3　轨道板与混凝土底座的间隙应为40～100 mm,在过渡段范围应为35～100 mm。

4　CA砂浆在轨道板侧模和注入孔中的凸起高度超过轨道板底5 cm以上时,方可结束注入作业。

5　CA砂浆强度可承受自重后,应及时撤除支撑螺栓和模板,保证轨道板与CA砂浆间紧密接触。

6　CA砂浆配制、施工时的适宜温度范围为10 ℃～25 ℃,限界温度范围为5 ℃～30 ℃。超过限界温度时应采取相应措施。

5.2.6　CA砂浆的性能指标应符合设计和相关技术条件的要求,施工前应进行配合比选定试验。

5.2.7　CA砂浆灌注前侧模及间隔板应止漏,直线侧模与轨道板间留10 mm观察缝,曲线内侧侧模与轨道板紧贴止漏,灌注前采取排气措施。

5.3　支承块式道床

5.3.1　道床施工前应预制好钢筋混凝土支承块,普通支承块允许偏差应符合表5.3.1规定。

表5.3.1　普通支承块允许偏差

序　号	检 查 项 目	允许偏差	序　号	检 查 项 目	允许偏差
1	预留孔中心间距	±2 mm	5	承轨槽挡肩坡度	±2°
2	预留孔直径	$^{+3}_{-2}$ mm	6	承轨槽面凹凸	±1 mm
3	承轨槽内边缘至预留孔中心间距	±2 mm	7	支承块长、宽、高	$^{+10}_{-5}$ mm
4	承轨槽挡肩高	$^{+3}_{-1}$ mm			

5.3.2　弹性支承块的检验标准及允许偏差应符合表5.3.2规定。

表5.3.2　弹性支承块检验标准及允许偏差

序号	检验项目	检验标准及允许偏差
1	支承块承轨台表面	不允许有长度大于15 mm、深度大于5 mm的气孔、粘皮、麻面等缺陷
2	承轨台外表面	不允许有长度大于30 mm、深度大于10 mm的堆垒和夹杂物
3	表面裂纹	不得有可见裂纹
4	周边棱角破损长度	≤25 mm
5	底面不平度	≤1.5 mm
6	长　度	±1 mm

CHINA RAILWAY PUBLISHING HOUSE

续上表

序号	检验项目	检验标准及允许偏差
7	宽　　度	±1 mm
8	预埋铁座与承轨台表面中线垂直度	±0.5°
9	预埋铁座与承轨台表面垂直度	±1°
10	预埋铁座间距	$^{+1.5}_{0}$ mm
11	铁座预埋高度	±1.5 mm
12	承轨台宽	±1 mm
13	轨 底 坡	1:45～1:35
14	支承块帽下高度	±1 mm
15	混凝土强度等级	≥C50
16	脱模强度	≥C38
17	支承块轨下截面抗裂强度检验值	≥65 kN

5.3.3 弹性支承块安装应符合以下规定：

1 钢轨调整合格并固定后，方可架挂支承块。

2 应在支承块制造厂内将支承块、块下橡胶垫板和橡胶套靴组装成一体。

3 支承块与橡胶套靴及块下橡胶垫板工地装配时，采用胶粘方法，在支承块底部和橡胶套靴内底部分别刷3道万能胶液，胶种采用氯丁型胶，将支承块、块下橡胶垫板、橡胶套靴组装。

4 组装好的支承块应用条带材料在承轨台两外侧各绑扎一道，以确保道床施工时三者之间相互密贴。

5 施工单位在架挂支承块前应用木锤或橡皮锤逐个对支承块与橡胶套靴的组装状态进行检验，合格后方可进入架挂弹性支承块工序。

6 支承块的轨底坡应指向线路中线，顶面厂标应设于钢轨外侧，不得挂反支承块。

5.3.4 道床混凝土浇筑前准备工作，应符合以下规定：

1 浇筑混凝土前，应将基底混凝土面凿毛，冲洗干净。支承块要充分湿润。

2 对钢轨、扣件、横梁、丝杆及支承块表面加以覆盖，防止粘污。对支承块和橡胶套靴连接缝应采取封闭措施。

3 基底超挖在0.2 m以下者，应用与道床同级混凝土一次浇筑，大于0.2 m的超挖部分可用C13混凝土填筑。

4 按照基桩对轨排进行精确调整并固定。

5 模板、钢筋、预埋件，经检查无误。

5.3.5 浇筑道床混凝土除应符合本技术指南第5.1.19条规定外，还应符合以下规定：

1 道床混凝土浇筑捣固时禁止捣固棒接触橡胶套靴和轨排。

2 道床混凝土伸缩缝应设于两支承块之间，可用20 mm厚沥青板形成。施工缝与伸缩缝宜一致。

3 同一段道床需要分段施工时，应精确计算合龙处伸缩缝及轨缝里程并准确丈量其位置，先施工的一方应在合龙处按已计算确定的位置安设第一榀组合式轨道排架并在拆除该组轨道排架时将合龙处的一组排架保留，以保证相邻段道床施工到合龙处时能良好相接。

5.4 长枕埋入式道床

5.4.1 有缝线路轨道宜一次按设计要求的轨道材料标准组装轨排，铺设后架空、浇筑道床混凝土。无缝线路轨道可采用工具轨与设计轨枕及相应扣件组装临时轨排，铺设后架空、浇筑道床混凝土。混凝土达到设计强度的70%后，换铺长钢轨，铺设无缝线路。

5.4.2 轨排支撑架应稳固可靠，布置合理，便于调整、拆卸和混凝土浇筑。

5.4.3 底座混凝土浇筑前，应根据梁面和隧道铺底的实测高程与设计轨顶高程对底座的厚度做相应调整。

5.4.4 轨排架设的允许偏差应符合本技术指南第5.1.6条规定。

5.4.5 混凝土浇筑前准备工作应符合本技术指南第5.3.4条相关规定。

5.4.6 浇筑道床混凝土应符合本技术指南第5.1.19和第5.3.5条相关规定。

TB CHINA RAILWAY PUBLISHING HOUSE

6 无缝线路轨道

6.1 一 般 规 定

6.1.1 无缝线路轨道施工,应具备下列技术资料:轨道类型、线路平纵断面、长钢轨布置、单元轨节起讫点里程、缓冲区位置及设置标准、设计锁定轨温范围、纵向位移观测桩设置位置及标准、绝缘接头位置、平交道口位置、桥梁及隧道位置、道岔区配轨设计、使用线上材料的规格及标准、钢轨伸缩调节器设置位置等。

6.1.2 施工前应调查当地气温资料,掌握轨温变化规律,合理安排施工组织。

6.1.3 无缝线路钢轨焊接应符合现行铁道行业标准《钢轨焊接》(TB/T 1632.1～4—2005)的规定,并按相关规定进行型式检验,未经型式检验合格,严禁施焊;在批量生产过程中,应随机加焊一定数量的试件,经生产检验合格后方可继续生产。每个钢轨焊头均应进行超声波探伤和外观检查,并标记编号,填写焊接记录报告。

6.1.4 缓冲区钢轨接头螺栓扭矩应达到 900 N · m,接头处钢轨面高低差及轨距线错牙允许偏差 1 mm。

6.1.5 缓冲区线路钢轨接头轨缝应按设计预留,缓冲区长轨条轨端相错量不得大于 40 mm。

6.1.6 邻近缓冲区的一对长钢轨应适当留出富余量,富余量的大小,根据焊接方法确定。

6.1.7 混凝土轨枕采用Ⅲ型弹条扣件时,应符合以下规定:

1 钢轨底面、胶垫与轨枕顶面应密贴,否则不得安装弹条。

2 采用专用工具安装弹条时,入孔位置要放平、放正,不得歪斜、上翘。

3 弹条就位以其小圆弧内侧与预埋铁件端部相距 8～10 mm 为准,不得顶紧或距离过大。

6.1.8 铺轨材料应符合技术条件的要求,未经批准不得采用任何代用材料。轨温计等各种计量器材,使用前应进行整修和校验,不合格者应剔除。

6.1.9 轨枕螺栓及钢轨接头螺栓应涂刷有效期不少于两年的油脂。

6.2 基地钢轨焊接

6.2.1 基地(或工厂)焊接长钢轨应采用闪光焊。长钢轨焊接应优先在工厂焊接,特殊情况下(如工期控制),经技术经济比选后,可在工厂化基地焊接。长钢轨焊接应符合以下规定:

1 待焊钢轨的技术标准应符合产品技术条件的规定。

2 基地(或工厂)焊接应配备轨端除锈、钢轨焊接、焊头正火、冷却,钢轨矫直、焊缝打磨、探伤、长轨运输等设备。

3 在长钢轨焊接前应根据设计要求编制配轨计划表。

4　焊接接头轨底上表面焊缝两侧各150 mm范围内及距两侧轨底角边缘各35 mm范围内应打磨平整。用200 mm直尺测量，在焊缝中心线两侧各100 mm范围内，焊头工作面表面不平度不应大于0.2 mm。焊头及其附近钢轨表面不应有裂纹、明显压痕、划伤、碰痕、电击灼伤、打磨灼伤等伤损。

5　全长淬火轨焊头应进行淬火处理。

6　长钢轨出厂时，长钢轨及焊接接头编号标记齐全，字迹清楚，工厂应提供焊头质量检验合格证交施工单位。必要时，施工单位可派质量监督人员驻厂。

6.2.2　钢轨焊头顶面及侧面应纵向打磨平顺，不得有低接头。平直度允许偏差应符合表6.2.2规定。

表6.2.2　钢轨焊接接头平直度允许偏差

序　号	项　　目	允许偏差(mm)	
		120 km/h < v ≤ 200 km/h	v ≤ 120 km/h
1	轨顶面	${}^{+0.30}_{0}$	${}^{+0.30}_{0}$
2	轨头内侧工作面	±0.3	±0.4
3	轨底(焊筋)	${}^{+0.50}_{0}$	${}^{+0.50}_{0}$

6.2.3　长钢轨储存与运输应符合以下规定：

1　堆放长钢轨的各层之间宜采用钢轨支垫，支垫间距5 m。各钢轨支垫应上下对正并与各层钢轨垂直放置。

2　吊轨时应缓起缓落，防止跌落碰撞，吊运中应保持长钢轨平稳。

3　长钢轨装车应选用多点、同步起落吊运的装卸设备，装卸过程中应防止长钢轨产生塑性变形。

4　长钢轨的装运应按配轨计划表的要求分左右顺序装车。

5　长钢轨应按超长货物组织运输，并制定安全措施。在运输中要建立运行监护、停车检查制度，确保运输安全。

6.3　铺设长钢轨

6.3.1　铺轨作业应符合以下规定：

1　有砟轨道铺轨可采用单枕连续铺设法或换铺法铺设。

2　无砟道床铺设无缝线路可根据道床施工的工艺要求，采用长钢轨放送一次入槽法或工具轨换铺法等方法进行。

3　采用单枕连续铺设法应严格按所选机械设备的操作规程进行。

4　采用工具轨铺设轨排时，扣配件规格及轨枕间距应按设计要求铺设。

5　长钢轨放送入槽时，应控制好滚筒间距，并采取措施保证钢轨前进方向正确，防止钢轨倾倒。

6.3.2　长钢轨铺设应符合以下规定：

1　轨枕应方正，间距及偏斜允许偏差为±20 mm。

CHINA RAILWAY PUBLISHING HOUSE

2 轨道中心线与线路设计中心线允许偏差为30 mm。

3 左右两股钢轨的胶接绝缘接头应相对,胶接绝缘接头轨缝距轨枕边缘不应小于100 mm。

6.3.3 钢轨胶接绝缘接头的类型、规格应符合设计要求,质量应符合现行《胶接绝缘钢轨技术条件》(TB/T 2975)要求;其他高强度绝缘钢轨接头应符合相关技术条件。

6.4 铺砟整道

6.4.1 长钢轨铺设后应进行铺砟整道或单元轨焊接,第一次铺砟整道应及时进行。

6.4.2 道床成段缺砟或道砟不足时不得进行综合整道作业。

6.4.3 铺轨后铺设的道床应使用大型机械化整道作业车组分层铺砟、整道。

6.4.4 道床经分层铺砟整道,达到初期稳定状态时,力学参数应符合以下规定:

Ⅱ型枕:道床横向阻力不得低于6.5 kN/枕;道床支承刚度不得低于60 kN/mm。

Ⅲ型枕:道床横向阻力不得低于7.5 kN/枕;道床支承刚度不得低于70 kN/mm。

6.4.5 轨道达到初期稳定阶段时,其静态几何尺寸允许偏差应符合表6.4.5规定。

表6.4.5 轨道静态几何尺寸允许偏差

序号	项目	允许偏差(mm)	
		160 km/h < v ≤200 km/h	v ≤160 km/h
1	高低(10 m弦量)	4	5
2	轨向(直线10 m弦量、曲线20 m弦量)	4	5
3	扭曲(基长6.25 m)	4	5
4	轨距	±2	+4 −2
5	水平	4	5

6.4.6 整道后的道床断面应基本达到设计要求,曲线外轨超高应按设计设置,并在缓和曲线全长范围内均匀递减。

6.4.7 每层起道、捣固作业后,应进行1~2次动力稳定作业,稳定作业应符合本技术指南第6.9.8条规定。

6.4.8 大型养路机械作业应符合本技术指南第6.9节规定。

6.5 工地钢轨焊接

6.5.1 钢轨胶接绝缘接头焊接前应按规定测定电绝缘性能,并符合现行《胶接绝缘钢轨技术条件》(TB/T 2975)规定。

6.5.2 工地钢轨焊接应采用移动式闪光焊,道岔内困难位置(如尖轨跟端等)可采用铝热焊。工地钢轨焊接应符合以下规定:

1 钢轨焊头质量应符合本技术指南第6.2.1条第4款规定。

2 焊接接头平直度应符合本技术指南第6.2.2条规定。

3 气温在0 ℃以下及恶劣天气时,不宜进行工地焊接作业。

4 钢轨焊头应根据焊接工艺要求进行焊后热处理。

5　承受拉力的焊缝，在其轨温高于 400 ℃时应持力保压。

6　锁定焊接需要插入短轨时，插入短轨长度不应小于 6 m，材质与原钢轨相同，焊后应保持原无缝线路技术状态和锁定轨温不变。

7　铝热焊缝距轨枕边缘不得小于 100 mm。

6.5.3　工地焊接完成后应检查焊好的接头，并标记编号，填写焊接记录报告。

6.6　线路锁定

6.6.1　锁定前道床及轨道应符合本技术指南第 6.4.4 条～第 6.4.6 条规定。

6.6.2　单元轨节锁定前应按设计要求设置好钢轨位移观测桩；锁定后应及时在钢轨上设置纵向位移观测的"零点"标记。

6.6.3　单元轨节锁定时，实际锁定轨温必须在设计锁定轨温范围内，相邻单元轨节的锁定轨温差不应大于 5 ℃，同一区间内各单元轨节的最高与最低锁定轨温差不应大于 10 ℃；左右两股钢轨锁定轨温差：当速度大于 160 km/h 时，不应大于 3 ℃，当速度小于或等于 160 km/h 时，不应大于 5 ℃。并准确记录始、终端的锁定轨温。否则，无缝线路铺设后必须进行应力放散并重新锁定。

6.6.4　低温铺设无缝线路，用拉伸器张拉单元轨节时，必须采取措施确保单元轨节张拉均匀，并准确记录拉伸量及换算轨温。

6.6.5　施工中测量记录轨温宜采用多点测量取平均值的方法。

6.6.6　无缝线路有下列情况之一者应进行应力放散：

1　实际锁定轨温超出设计锁定轨温范围。

2　相邻单元轨节的锁定轨温差大于 5 ℃，左右两股钢轨锁定轨温差当速度大于 160 km/h时大于 3 ℃、当速度小于或等于 160 km/h 时大于 5 ℃，同一区间内各单元轨条最高与最低锁定轨温差大于 10 ℃。

3　固定区钢轨出现严重的不均匀位移。

4　因其他原因造成无缝线路锁定轨温不明确时。

6.6.7　应力放散前应收集核对原锁定轨温资料、纵向位移观测资料，调查缓冲区轨缝及钢轨长度、放散地段桥梁及绝缘接头位置、曲线状况及钢轨和焊缝有无伤损等。

6.6.8　无缝线路应力放散应符合以下基本要求：

1　应根据放散线路长度、实际锁定轨温（原锁定轨温）及设计锁定轨温按照式（6.6.8）计算的放散量放散。

$$\Delta_1 = 0.0118L(t_1 - t_2) \tag{6.6.8}$$

式中　Δ_1——放散量（mm）；

t_1——设计锁定轨温（℃）；

t_2——新铺线路为单元轨实际锁定轨温，换铺线路为原锁定轨温（℃）。

2　应准确测量放散时轨温及放散前长轨伸缩量，收集准确的原锁定轨温数据。

3　沿线路方向每百米长度的伸缩量应均匀。

6.6.9　进行应力放散时，应每 400 m 左右设一撞轨点进行配合，确保长钢轨放散均匀。宜每隔 100 m 设一位移观测点，位移观测桩应设置齐全、牢固、不易损坏和易于观测。

6.6.10　串动或张拉长钢轨时，应支垫滚筒或采取其他措施，禁止强行撞轨或硬性拨入等改变长钢轨长度的做法。

6.6.11　在原锁定轨温不明确的情况下，宜在自然轨温下均匀地放散全部应力后，再计算长轨应拉伸的长度。

6.6.12　应力放散后，按重新锁定的轨温修改有关技术资料，并修正钢轨纵向位移观测标记。

6.6.13　线路锁定后，应定期观测钢轨不均匀位移量并做好记录。位移观测桩处换算200 m范围内相对位移量不得大于10 mm，任何一个位移观测桩处位移量不得超过20 mm。

6.6.14　单元轨节长度以900～2 000 m为宜，最短不得小于200 m。

6.6.15　完成锁定并经过列车碾压后，应及时组织复紧轨枕扣件，达到锁定要求。

6.7　轨道整理

6.7.1　有砟道床达到稳定状态后，其状态参数应沿线均匀，指标符合表6.7.1规定。

表6.7.1　有砟道床稳定状态参数指标（平均值）

序号	道床参数	Ⅱ型轨枕	Ⅲ型轨枕
1	道床支承刚度（kN/mm）	70	100
2	道床横向阻力（kN/枕）	9	10
3	道床纵向阻力（kN/枕）	10	12

6.7.2　有砟轨道静态几何尺寸允许偏差应符合表6.7.2—1、表6.7.2—2规定。

表6.7.2—1　有砟轨道允许偏差

序号	项目		160 km/h＜v≤200 km/h	v≤160 km/h
1	中线		30 mm	30 mm（宽枕10 mm）
2	线间距	相邻正线和站线，站线和站线	$^{+20}_{0}$ mm	±20 mm
		钢梁上	±10 mm	±10 mm
		线间距设计为4.0 m时	不得有负偏差	不得有负偏差
3	轨面高程	路基上	±20 mm	$^{+50}_{-30}$ mm
		建筑物上	±10 mm	±10 mm
		紧靠站台	$^{+20}_{0}$ mm	$^{+50}_{0}$ mm
4	轨距		±2 mm	$^{+4}_{-2}$ mm
5	轨向	直线（10 m弦量）	3 mm	4 mm
		曲线	见表6.7.2—2	见表6.7.2—2
6	水平		3 mm	4 mm
7	扭曲（基长6.25 m）		3 mm	4 mm
8	高低（10 m弦量）		3 mm	4 mm
9	轨枕空吊板（不得连续出现）		6%	8%
10	道床厚度		－20 mm	±50 mm
11	道床半宽		±20 mm	$^{+50}_{-20}$ mm
12	砟肩堆高		不得有负偏差	不得有负偏差

CHINA RAILWAY PUBLISHING HOUSE

表 6.7.2—2　有砟轨道曲线静态圆顺度

曲线半径(m)	实测正矢与计算正矢差		圆曲线正矢连续差	圆曲线最大最小正矢差
	缓和曲线	圆曲线		
800 < R≤1 600	3 mm	4 mm	4 mm	7 mm
1 600 < R≤2 800	2 mm	3 mm	4 mm	6 mm
2 800 < R≤3 500	2 mm	3 mm	4 mm	5 mm
R > 3 500	1 mm	2 mm	3 mm	4 mm
测量弦长	20 m			
测量位置	钢轨头部踏面下 16 mm 处			

注:R≤800 m 的曲线的静态圆顺度按有关规定执行。

6.7.3　无砟轨道静态几何尺寸允许偏差应符合表 6.7.3—1、表 6.7.3—2 规定。

表 6.7.3—1　无砟轨道允许偏差

序号	检验项目		160 km/h < v≤200 km/h	v≤160 km/h
1	中　线		10 mm	10 mm
2	线 间 距		$^{+10}_{0}$ mm	$^{+10}_{0}$ mm
3	高　程		±5 mm	±10 mm
4	轨　距		$^{+1}_{-2}$ mm	±2 mm
5	轨向	直线(10 m 弦量)	2 mm	4 mm
		曲线(20 m 弦量)	见表 6.7.3—2	见表 6.7.3—2
6	缓冲区接头	错牙、错台		1 mm
		接头相错量		40(曲线加缩短轨缩短量的一半)
7	轨面	高低(10 m 弦量)	2 mm	4 mm
		水　平	2 mm	4 mm
		扭曲(基长 6.25 m)	2 mm	4 mm
8	轨枕	间　距	±5 mm	±10 mm
		轨 底 坡	1/35 ~ 1/45	1/35 ~ 1/45

表 6.7.3—2　无砟轨道曲线静态圆顺度

项　目	实测正矢与计算正矢差		圆曲线正矢连续差	圆曲线最大最小正矢差
	缓和曲线	圆曲线		
R≤1 600	3 mm	4 mm	5 mm	6 mm
1 600 < R≤2 800	2 mm	3 mm	4 mm	6 mm
2 800 < R≤3 500	2 mm	3 mm	4 mm	5 mm
R > 3 500	1 mm	2 mm	3 mm	4 mm
测量弦长	20 m			
测量位置	钢轨头部踏面下 16 mm 处			

6.7.4　大型养路机械作业应符合本技术指南第 6.9 节规定。

6.7.5　形成无缝线路后的线路整理作业按现行《铁路线路修理规则》的有关规定执行。

CHINA RAILWAY PUBLISHING HOUSE

6.7.6 无缝线路轨道动态质量应按有关规定检查局部不平顺(峰值管理)和线路区段整体不平顺(均值管理)。

6.8 钢轨预打磨

6.8.1 无缝线路开通前应对全线钢轨进行预打磨作业。

6.8.2 钢轨预打磨应具备以下条件:

1 无缝线路经整理作业后,道床进入稳定阶段;

2 轨面高程及道床外观尺寸符合设计要求;

3 钢轨扣件齐全紧固。

6.8.3 钢轨预打磨后,应消除以下缺陷:

1 消除轨头表面在铺设作业产生的碰伤、机具夹伤、锈蚀等缺陷;

2 消除轨头表面约0.3 mm厚的脱碳层。

6.8.4 预打磨后的钢轨顶面及内侧工作面纵向平直度1 m范围内不应大于0.3 mm。时速160 km以上的无缝线路,还应检查钢轨横断面尺寸,钢轨头部工作边实际横断面轮廓与理论横断面轮廓相比,允许偏差为±0.3 mm。

6.9 大型养路机械作业

6.9.1 新建及改建铁路应采用大型养路机械整道,并遵守以下规定:

1 应提供机械养路必需的有关设计资料,如坡度表、曲线表、桥梁表、隧道表、道口表、线间距表、线路及站场平面图、纵断面图。

2 起道所需高程桩:每100 m设置一个;拨道所需中桩:直线每300 m设置一个,提供变坡点及曲线五大桩。使用无自动拨道仪的机养车时,按绳正法提供拨道量。所设控制桩应按书面资料在现场标注清楚并交接。

6.9.2 大型养路机械作业前应进行施工调查,做好线路与资料交接记录,并组织线路测量。测量进度保持在机养车前1 ~5 km为宜。

6.9.3 大型养路机械作业前应做好以下准备工作:

1 均匀补充道砟,高程超标地段应预先落道。

2 需要时拆除道口、护轨、防爬支撑、轨距杆等影响作业的设备,并妥善堆码、固定。清理道床坡脚外100 mm范围内的其他障碍物。

3 更换失效轨枕。

4 道岔拨正就位,起至高程。

5 凡不能使用机械捣固的位置(信号连接线、电缆线等)应提供资料,现场标明,或相关单位配合捣固,限点拆装有关设备。

6.9.4 在线间距不足4.5 m的既有双线区段,配砟整形车靠邻线一侧的犁板禁止作业。需要时,邻线应临时封闭给出“天窗”。

6.9.5 有缝线路人工铺砟整道至低于轨面设计标高50 mm左右时,用大型养路机械进行1 ~2遍整道作业。无缝线路应采用大型养路机械进行3 ~4遍分层铺砟整道作业。

6.9.6 道床铺设厚度不足150 mm时不得进行捣固作业。

6.9.7 路基与桥梁,路基与隧道,无砟道床与有砟道床,新筑路基与既有线路基连接地段30 m范围及路基换填地段应加强捣固。

6.9.8 桥梁及隧道有砟道床进行动力稳定作业应遵守以下规定:

1 在桥上严禁起振,不得停振,作业频率应避开桥梁自振频率,稳定荷载适当减小。调整稳定作业参数应在距桥台耳墙外10~30 m范围内的路基上进行。

2 稳定车在桥上或隧道内的作业速度不应低于1 km/h。

3 经试验不允许使用大型养路机械进行稳定作业的T形梁,可通过压道提高道床阻力。

6.9.9 铺砟整道作业应严格按已选定的综合整道作业参数进行。为保证长钢轨线路的稳定性,要求分层起道量不宜大于50 mm,50~80 mm时应加强捣固。最后一次起道量不得大于50 mm,拨道量一次不宜超过80 mm。起、拨道量过大时,应分多次作业。

6.9.10 无缝线路大型养路机械作业轨温条件为:

1 一次起道量小于等于30 mm,一次拨道量小于等于10 mm时,作业轨温不得超过实际锁定轨温±20 ℃。

2 一次起道量在31~50 mm,一次拨道量在11~20 mm时,作业轨温不得超过实际锁定轨温-20 ℃~+15 ℃。

6.9.11 每天施工结束前捣固车和稳定车均应施行顺坡作业,顺坡地段不得位于曲线内,顺坡坡度新线不得大于4‰,既有线不得大于2.5‰,顺坡地段应显示慢行。

CHINA RAILWAY PUBLISHING HOUSE

7 有缝线路轨道

7.1 铺 枕

7.1.1 轨枕间距应根据设计规定的每千米轨枕数量，按本技术指南附录 B 布置。铺设非标准长度钢轨或采用相错式接头的轨道，轨枕布置时中间轨枕间距 a 值按本技术指南附录 B 计算确定，且不得比表 B. 0. 3、表 B. 0. 4 中相应的 a 值大 20 mm。

7.1.2 组装轨排时，应在一股钢轨轨腰的内侧(曲线在外股轨轨腰的内侧)用白油漆标示轨枕位置。轨枕应正位，并与轨道中线垂直。轨枕间距允许偏差为 ±20 mm。

7.1.3 同一类型的轨枕应集中连续铺设。两木枕地段间的长度小于 50 m 时，应铺设木枕。

7.1.4 不同类型的轨枕不得混铺。同类型轨枕成段铺设最小长度为：正线、到发线 500 m，其他站线、次要站线 200 m。特殊情况应按设计办理。

7.1.5 在不同类型轨枕的分界处，应保持同类型轨枕延伸至钢轨接头外不少于 5 根。木枕与混凝土宽枕之间，应用混凝土枕过渡，其长度不得小于 25 m。

7.1.6 铺设木枕应符合以下规定：

1 木枕及其新锯端头和道钉孔应作防腐处理。

2 木枕劈裂者应作愈合处理。

3 木枕应宽面在下。底、面宽度接近的木枕，应使树心面向下。

4 木枕应一端取齐，超过标准长度 6 cm 以上部分应锯去。在正线的直线地段，单线铁路沿线路计算里程方向左侧取齐，双线铁路沿列车运行方向左侧取齐。曲线地段在曲线外侧取齐。邻近站台侧的轨道，在靠站台的一侧取齐。

5 人工向工地散布木枕时，应按规定数量散布均匀，不得抛掷，并按一侧取齐的要求预钻直径比道钉小 3 ~4 mm 的道钉孔，卸车后应有专人检查清道。

7.2 轨排组装

7.2.1 轨排宜在铺轨基地集中组装后运往工地成排铺设。

7.2.2 轨排生产应按轨排铺设计划表进行。计划表主要内容应包括：轨排编号及铺设里程，钢轨类型、长度和曲线内股缩短轨缩短量，相对钢轨接头相错量，轨枕种类、类型、数量和间距布置，轨枕扣件号码或每块垫板道钉数，曲线半径、转向和轨距加宽值，以及其他特殊要求的说明。

轨排生产计划表应及时根据实际铺设里程进行调整。

7.2.3 组装轨排时，轨端应在铺轨前进方向一端方正。直线两轨端应取齐，曲线接头相错量按计算确定，允许偏差为 ±10 mm。

7.2.4 曲线尾剩余的接头相错量,应利用钢轨长度偏差在曲线内调整消除(困难时可延伸至直线上)。必要时可在曲线尾插入一根相应缩短量的缩短轨。

7.2.5 螺旋道钉应涂刷有效期不少于2年的油脂。

7.2.6 轨排组装时,轨距应符合以下规定:

1 曲线轨距应按表7.2.6加宽。

表7.2.6 轨距加宽值

曲线半径(m)	加宽值(mm)	轨距(mm)
$R \geqslant 350$	0	1 435
$350 > R \geqslant 300$	5	1 440
$R < 300$	15	1 450

2 轨距允许偏差:±2 mm。轨距变化率:正线不得大于1‰,站线不得大于2‰。

3 曲线轨距加宽应在缓和曲线全长范围内递减;如未设缓和曲线,应在两端直线上以1‰的递减率递减。困难条件下,站线可酌情提高递减率,但不得大于2‰。

4 复曲线两不同曲线的轨距加宽,应在正矢递减范围内递减连接。

7.2.7 组装混凝土枕轨排应符合以下规定:

1 螺旋道钉锚固应满足下列要求:

1)螺旋道钉用硫磺水泥砂浆锚固。硫磺水泥砂浆配合比及配制工艺,应符合本指南技术附录C的规定。

2)锚固前,轨枕预留孔内杂物和螺旋道钉上粘附物应清除干净。螺旋道钉应干燥,锚固时其温度宜保持0 ℃以上。

3)锚固方法宜采用反锚,螺旋道钉用模具定位。锚固浆从枕底注入孔内,凝固后翻正脱模。正锚时,预留孔底部应堵塞严密,严防漏浆,锚固浆从枕面注入孔内后,螺旋道钉应立即左右旋转缓慢垂直插入定位。

硫磺水泥砂浆注入孔内时的温度不得低于130 ℃,并应防止离析,一孔一次灌完。反锚时灌浆深度应比螺旋道钉插入孔内的长度大20 mm。锚固浆顶面应与承轨槽面平齐,溢出的残渣凝固后应铲除整平。

4)螺旋道钉应与承轨槽面垂直,歪斜不得大于2°。道钉中线与承轨槽面的交点,偏离预留孔中心不得大于2 mm,道钉圆台底应高出承轨槽面0~2 mm,螺旋道钉的抗拔力不得小于60 kN。每公里做一组抗拔试验(每组3个螺旋道钉)如有一个不合格现象,应加试两组,仍有不合格者,应检查熬浆配比及工艺,并对该批量全面检查,剔除不合格产品。

2 扣板、轨距挡板、挡板座及绝缘轨距块号码,应按本技术指南附录D配置。

3 扣板式扣件应以100~120 N·m扭矩拧紧。Ⅰ、Ⅱ型弹条扣件应使弹条中部前端的下颏与轨距挡板接触或扭矩达到设计要求(Ⅰ型为80~120 N·m,Ⅱ型为100~140 N·m),不良者不超过8%。在半径小于等于650 m的曲线地段,Ⅰ型弹条扣件还应将螺母再拧紧1/4圈(扭矩不小于120 N·m)。

4 混凝土枕采用Ⅰ、Ⅱ型弹条扣件时,轨距挡板应靠贴轨底边,不密贴的数量不超过6%。

7.2.8 组装木枕轨排应符合以下规定:

CHINA RAILWAY PUBLISHING HOUSE

1 木枕应用直径比道钉小3～4 mm的木钻预钻道钉孔，孔眼垂直枕面，孔深应为入木深度的2/3。道钉孔内应注油防腐。螺纹道钉应用扳手拧入，不得锤击。

2 钉道时，钢轨应落槽，垫板外肩应紧靠轨底，轨枕、垫板和轨底应互相密贴。

3 钉道应以校正好的一股钢轨为准（曲线以外股为准），用轨距尺按规定的轨距调整另一股钢轨位置。不得用归钉挤轨的方法调整轨距。

4 钉入的道钉弯曲或断头者，应拔出整直或更换重钉。重钉时，应用经防腐处理的木楔插入孔内再打入道钉。

7.2.9 木枕K型分开式扣件安装时，应符合以下规定：

1 螺纹道钉应旋入木枕，不得硬性击入。

2 根据接头位置调整枕木，选用接头垫板及接头扣件。在钢桥上使用时，宜在铺轨后安装护木。

3 按设计要求设置不扣紧轨底扣件。

7.2.10 轨排组装完毕，质量应经核查，并做检验标识。轨排经检查合格后，应按轨排铺设计划表用色彩醒目的油漆编号存放或直接按铺设顺序编组装车，运往工地。

7.2.11 轨排装车不得超载超限，上下层对正，一端对齐，并捆绑加固。同组轨排两平车间车钩应安装缓冲停止器。

7.3 铺 轨

7.3.1 铺轨应符合以下规定：

1 各级线路均应铺设设计规定类型的钢轨。特殊情况下，需要铺设与设计不同类型钢轨时，按变更设计办理。

2 当铺设不同类型的钢轨时，应集中成段铺设。同类型钢轨成段铺设的长度：正线不得小于1 km，站线同一股道应铺设同一类型的钢轨，困难条件下，除使用铁鞋制动地段的调车线外可铺设不同类型的钢轨。

两连接钢轨的轨型差不得大于一个等级，并应采用异型轨连接。

3 非标准长度钢轨应以同一长度集中成段铺设。成段长度：正线轨道不得小于500 m，站线同一股道可集中铺设两种不同长度的钢轨。

采用非标准钢轨的长度：正线轨道，铺设12.5 m钢轨地段不得小于11 m，铺设25 m钢轨地段，当轨型为43 kg/m及以上时，不得小于21 m；到发线上不得小于10 m；其他站线、次要站线不得小于8 m。

曲线轨道不宜铺设非标准长度钢轨。

7.3.2 轨道应采用相对式接头。直线地段同一轨排宜选用长度偏差相同的钢轨配对使用，相差量不宜大于3 mm，并应左右随时调整抵消，累计差不得大于15 mm。曲线内股总缩短量按本技术指南附录E的有关公式计算确定。曲线外股用标准长度钢轨，内股接头位置超限时，用厂制缩短轨调整。

两股钢轨接头位置相错量应符合以下规定：

1 正线和到发线上，直线地段不应大于40 mm，曲线地段不应大于40 mm加采用的缩短轨缩短量的一半。

2 其他站线、次要站线上，直线地段不应大于60 mm，曲线地段不应大于60 mm加采用的缩短轨缩短量的一半。

3 不得用调整轨缝的办法消除接头相错量。

4 曲线上铺设再用轨或非标准长度钢轨时，两相对接头的相错量：正线和到发线不得大于 120 mm，其他站线、次要站线不得大于 140 mm。

7.3.3 在信号机处的两钢轨绝缘接头应为相对式，轨缝不得小于 6 mm。位置应符合设计及以下规定：

1 出站（包括出站兼调车）信号机处绝缘接头可设在信号机前方 1 m 至后方 6.5 m 范围内；

2 调车信号机处绝缘接头可设在信号机前方 1 m 至后方1 m范围内；

3 安装在警冲标内方的钢轨绝缘接头除渡线外，应安装在距警冲标计算位置不小于 3.5 m、距警冲标实际位置不大于 4 m 的范围内；

4 绝缘接头处不得设为异型接头。

7.3.4 下列地段轨道可采用相错式接头：

1 铺设 25 m 轨半径小于 250 m 和铺设 12.5 m 轨半径小于 200 m 的曲线地段；

2 采用再用轨或非标准长度钢轨，配置相对式接头有困难的地段；

3 两相错式接头的曲线间长度小于 300 m 的夹直线地段；

4 采用相错式接头的轨道，两接头相错量不应小于 3 m，但轨道电路的两绝缘接头相错量不得大于 2.5 m。

7.3.5 下列位置不得有钢轨接头：

1 明桥面小桥的全长范围内；

2 钢梁端部、拱桥温度伸缩缝和拱顶等处前后各 2 m 范围内；

3 钢梁的横梁顶上；

4 设有温度调节器的钢梁的温度跨度范围内；

5 道口范围内。

7.3.6 若钢轨接头落入第 7.3.5 条所列位置，当铺设 25 m 钢轨时，应用 2 根 12.5 m 钢轨调整接头位置，当铺设 12.5 m 钢轨时，宜用 25 m 钢轨调整；困难条件下在第 1 款～第 4 款的情况时，也可挤严轨缝后将接头冻结或焊接，超过 25 m 的道口无法调整时，可将相连的两钢轨焊接。

7.3.7 需要调整钢轨接头位置或合龙口时，可插入个别短轨。调整桥上钢轨接头位置时，短轨应铺在离桥台尾 10 m 外。

个别插入的短轨长度，正线轨道不得小于 6 m，站线轨道不得小于 4.5 m。除两相邻道岔间外，不得连续插入两对以上短轨。

7.3.8 采用相对式接头轨道的配轨设计，应符合以下规定：

1 按以下办法将线路长度换算成铺轨长度：

1）直线地段铺轨长度增长量，根据线路各坡段的坡度分段按表 7.3.8—1 折算。

表 7.3.8—1 直线段铺轨长度增长量

线路坡度（‰）	4	6	8	10	12	14	16	18	20	22	24	26	28	30
增长量（mm/km）	8	18	32	50	72	98	128	162	200	242	288	338	392	450

注：中间值可用内插法查算。

2)曲线段配轨以外股为依据。铺轨长度除按表 7.3.8—1 折算外,尚应加外股比线路中线的增长量,其增长量按式(7.3.8)计算:

$$\Delta=\frac{S}{2R_0}(k+L_0) \tag{7.3.8}$$

式中　Δ——平坡段曲线外股比线路中线的增长量(m);

S——两股钢轨的中心距,采用 1.5 m;

k——圆曲线长度(m);

L_0——缓和曲线长度(m);

R_0——圆曲线半径(m)。

2　配轨时,应以铺轨长度为依据,按钢轨长度和预留轨缝连续计算各轨排位置。直线段终端应确定曲线始点前(或后)的钢轨接头到曲线始点的距离;曲线段终端应确定曲线终点前(或后)的钢轨接头到曲线终点的距离。

3　曲线内股缩短轨应按本技术指南附录 E 布置。采用标准长度钢轨轨道的曲线内股,应按表 7.3.8—2 之规定选用厂制缩短轨。

表 7.3.8—2　缩短轨适用范围

曲线半径(m)	缩短轨的缩短量(mm)			
	25 m 钢轨		12.5 m 钢轨	
5 000 ~ 1 000	40	80	40	—
800 ~ 500	80	160	40	80
450 ~ 250	160	—	80	120
200	—	—	120	—

注:每处曲线应选用同一种表列缩短量较小的缩短轨。

4　当需要调整接头位置时,应符合本技术指南第 7.3.6 和第 7.3.7 条的规定。

7.3.9　钢轨连接时,预留轨缝应符合以下规定:

1　在最佳铺轨轨温范围内铺轨时,预留轨缝(冻结接头除外)应按下式计算确定:

$$a_0=0.011\,8(T_{max}-t)L-C \tag{7.3.9—1}$$

式中　a_0——铺轨时预留轨缝(mm),如计算结果得负值,按零计(可直接查用本技术指南附录 F 中的表 F.0.1);

t——随铺轨进程测定的钢轨温度(℃);

L——钢轨长度(m);

C——钢轨接头阻力和道床纵向阻力限制钢轨自由胀缩的数值(mm)。钢轨长度等于和小于 15 m 时,C 值取 2 mm;钢轨长度大于 15 m 时,C 值取 4 mm,在历史最高与最低轨温差大于 85 ℃地区,铺设钢轨长度大于 20 m 的轨道,C 值应取 6 mm。且 C 值应满足:$C\geq\frac{0.011\,8(T_{max}-T_{min})L-a_g}{2}$。

实际预留轨缝,应根据铺轨时轨排对中的偏移程度和平顺状态,按式(7.3.9—1)的计算值略予加大,但加大值不宜大于2 mm。

新铺的轨道,其预留的轨缝尺寸宜当日检查,并将检查结果的总偏差量计入工程日

CHINA RAILWAY PUBLISHING HOUSE

志，待次日铺轨时加以调整消除。

钢轨绝缘接头在最高轨温时轨缝不得小于 6 mm。

2　选定铺轨轨温及其相应的处理办法，应符合以下规定：

1）钢轨温度 t 在式（7.3.9—2）范围时，为最佳铺轨轨温，一般情况下，应安排在此条件下铺轨。铺轨时，应按本技术指南第 7.3.9 条第 1 款规定预留轨缝。

$$T_{max}-\frac{a_g+C}{0.0118L}\leqslant t\leqslant T_{max}-\frac{C}{0.0118L} \qquad (7.3.9—2)$$

2）钢轨温度 t 在式（7.3.9—3）范围时，为最高允许铺轨轨温。铺轨时不留轨缝。如在升温阶段，应立即按规定上紧接头螺栓，并宜在钢轨温度 t 回落到式（7.3.9—2）范围时，即按上款办法调整轨缝，重新锁定。困难条件下，铺轨后也可不再调整轨缝，但铺轨温度 t 应随铺轨进程及时记录，列入竣工资料。

$$T_{max}-\frac{C}{0.0118L}<t\leqslant T_{min}+\frac{a_g+C}{0.0118L} \qquad (7.3.9—3)$$

3）钢轨温度 t 大于式（7.3.9—4），或小于式（7.3.9—5）时不得安排铺轨作业。如在此条件下铺轨，应在钢轨温度 t 进入式（7.3.9—2）范围时，按本技术指南第 7.3.9 条第 2 款规定调整轨缝，重新锁定轨道。

$$T_{min}+\frac{a_g+C}{0.0118L} \qquad (7.3.9—4)$$

$$T_{max}-\frac{a_g+C}{0.0118L} \qquad (7.3.9—5)$$

7.3.10　轨缝质量检验，应以轨缝检算值为准。轨缝检算值应分别不同情况，按以下规定计算确定：

1　按本技术指南第 7.3.9 条第 2 款规定铺设或调整轨缝的轨道应符合以下规定：

1）升温阶段轨缝检算值按下式计算（可直接查用本技术指南附录 F 中的表 F.0.2—1）：

$$a_j=0.0118(T_{max}-t_j)L \qquad (7.3.10—1)$$

式中　a_j——升温阶段轨缝检算值（mm）。如大于 $0.0118(T_{max}-T'_{min})L-2C$ 的计算值，应采用该计算值为检算值。其中 T'_{min} 为当年最低轨温（℃）；

t_j——升温阶段检查轨缝时，当时曾出现过的最高轨温（℃）。

2）降温阶段轨缝检算值按下式计算（可直接查用本技术指南附录 F 中的表 F.0.2—2）：

$$a'_j=0.0118(T_{max}-t_j)L-2C \qquad (7.3.10—2)$$

式中　a'_j——降温阶段轨缝检算值（mm）。如小于 $0.0118(T_{max}-T'_{max})L$ 的计算值，应采用该计算值为检算值。其中 T'_{max} 为当年最高轨温（℃）；

t'_j——降温阶段检查轨缝时，当时曾出现过的最低轨温（℃）。

2　按本技术指南第 7.3.8 条第 2 款规定铺设，以后未做轨缝调整的轨道，应符合以下规定：

1）升温阶段轨缝检算值按下式计算（可直接查用本技术指南附录 F 中的表 F.0.2—3）：

$$a_j = 0.0118(t - t_j)L + C \qquad (7.3.10\text{—}3)$$

2）降温阶段轨缝检算值按下式计算（可直接查用本技术指南附录 F 中的表 F.0.2—4）：

$$a'_j = 0.0118(t - t_j)L - C \qquad (7.3.10\text{—}4)$$

按式（7.3.10—3）和式（7.3.10—4）的计算结果，如大于 $0.0118(t - T'_{min})L - C$ 的计算值或小于 $C - 0.0118(T'_{max} - t)L$ 的计算值时，应采用该计算值为检算值。

3　在铺轨后，当轨温未超过 $t \pm \dfrac{C}{0.0118L}$ 时，轨缝检算值应保持铺轨时预留的 a_0 值不变。

4　竣工工程轨缝质量宜成段检查，成段长度不宜大于1 km。检查结果应符合以下规定：

1）检查段内实际轨缝的平均值，按轨缝检算值为标准允许偏差为 ±2 mm；

2）轨温小于当地历史最高轨温时，不得有连续 3 个及以上的瞎缝；

3）不得出现最大构造轨缝（检查时，检算值等于最大构造轨缝除外）。

7.3.11　钢轨接头连接应遵守以下规定：

1　轨缝按规定尺寸用轨隙片预留。

2　鱼尾螺栓应涂有效期不少于 2 年的油脂，垫圈开口朝下。接头螺栓扭矩按表 7.3.11 确定。

表 7.3.11　有缝线路接头螺栓扭矩标准

项　目	单位	25 m 钢　轨						12.5 m 钢轨	
		最高、最低轨温差 >85 ℃			最高、最低轨温差 ≤85 ℃				
C　值	mm	6			4			2	
钢　轨	kg/m	60 及以上	50	43	60 及以上	50	43	50	43
螺栓等级	级	10.9	10.9	8.8	10.9	8.8	8.8	8.8	8.8
扭　矩	N·m	700	600	600	500	400	400	400	400

注：1　C 值为接头阻力及道床阻力限制钢轨自由伸缩的值；
　　2　高强度绝缘接头螺栓扭矩不小应于 700 N·m。

3　新线铺轨完毕第一趟列车通过后按规定扭矩复拧一次接头螺栓，三天内每天复拧一次。各钢轨接头螺栓的拧紧度应相等。初冬和入夏时，各螺栓扭矩应按表 7.3.11 的要求再进行复拧。

4　钢轨接头处的轨面高差和轨距线错牙：正线和到发线轨道不得大于1 mm，其他站线、次要站线不得大于 2 mm。

7.3.12　轨排铺设应符合以下规定：

1　铺轨列车在仅作重点整道地段的运行速度不得大于15 km/h，已作第一次铺砟整道地段不得大于 30 km/h，二次铺砟整道后，列车速度不宜大于 40 km/h。

2　铺轨列车在工地作业时的移动速度不得大于 5 km/h。

3　用龙门架倒装轨排和轨排拖拉作业时，宜在直线或曲线半径较大地段进行，线路应平顺。倒装轨排时，应平稳起落，并有专人指挥，轨排就位后，应即锁定制动。拖拉轨排时，应有专人引导滑行轨铁靴进入滚筒，应起动平稳，速度均匀。

CHINA RAILWAY PUBLISHING HOUSE

4　机车推送轨排与铺轨机或倒装龙门架对位时，应在距铺轨机或龙门架 10 m 处停车，待联系好后方可对位。

5　铺轨机前轮不得超越已铺轨排前端的第三根轨枕。在下坡地段铺轨时，应有防溜措施。

6　轨排下落应对准中线就位。与已铺轨排连接后，新铺轨排应即对中拨正，偏离中线不宜大于 50 mm。混凝土宽枕偏离中线允许偏差不大于 10 mm，并不得采用接头处垫砟和拨移对中的办法。两轨排间应使用轨缝控制装置控制轨缝，经检查中线无误后，继续铺设下节轨排。接头螺栓应随后及时补足，并按规定扭矩上紧。

7　铺轨过程，应检查轨排的铺设里程与计划是否相符。如因误差积累或差错可能影响前方曲线轨排布置或钢轨接头可能进入本技术指南第 7.3.5 条规定的禁止进入的地点时，应及时采取措施加以纠正。

8　实际铺设的到达里程，及时报告铺轨基地。

7.3.13　人工铺轨应符合以下规定：

1　钢轨应按铺设顺序成对装车，同一轨排的 2 根钢轨，应装在平车中线两侧的对称位置。缩短轨应装在铺设位置的同侧。

2　倒运轨料的小平车，应有制动装置及 2 个以上的止轮器。小平车推行速度不得大于 5 km/h，并不得在大于 6‰的下坡道上使用。

3　采用小平车送料时，各接头可先上不少于 2 个螺栓。在直线上至少每隔 6 m，曲线上至少每隔 3 m 固定轨距。

4　工程列车送料前，钢轨接头螺栓和轨枕扣件应补足上好，并拆除轨隙片。轨道方向应直线顺直，曲线圆顺，中线对正。轨距应符合规定。

7.4　铺 砟 整 道

7.4.1　大型养路机械作业应符合本技术指南第 6.9 节规定。

7.4.2　无砟轨道整道后静态几何尺寸允许偏差应符合本技术指南第 6.7.3 条规定。

7.4.3　道砟等级及设计断面应符合设计规定。道砟质量应符合现行《铁路碎石道砟》(TB/T 2140)规定。

7.4.4　线路整道后，道床横向阻力不小于 6.5 kN/枕，支承刚度不小于 60 kN/mm。

7.4.5　铺砟整道作业时，道砟应散布均匀，轨道应逐步整正，并应符合以下规定：

1　铺轨后应随即重点整道，保障铺轨列车能按 15 km/h 的速度安全运行。作业重点为：方正轨枕，补足并紧固配件和扣件，拨顺轨道方向，串实承轨槽处的枕下道砟，消灭反超高和扭曲。

2　每次铺砟整道，应先补充枕盒内部分道砟，然后起道、方枕、串砟、捣固道床，拨正轨道方向，回填清理道砟，稳定轨道。

3　铺轨后第一次铺砟整道与铺轨间隔不宜大于两个区间，铺砟厚度不宜大于 100 mm。经整道后的轨道，应保障铺轨列车能按 30 km/h 速度安全运行。

4　采用人工或小型机具进行第二次铺砟作业时，应在第一次铺砟整道并通过 5 对以上列车后进行。整道时应以高程控制桩为准。轨向：直线用 10 m 弦量的最大矢度和曲线用 20 m 弦量的实际正矢与计算正矢差不得大于 8 mm，曲线头尾不得有反弯或“鹅头”。

CHINA RAILWAY PUBLISHING HOUSE

轨面用 10 m 弦量，最大矢度不得大于 8 mm。轨面水平和延长 6.25 m 范围内的扭曲不得大于 8 mm。轨距允许偏差为 $^{+6}_{-2}$ mm。

5 轨道各主要尺寸，应在第二次铺砟整道后，逐步整正至本技术指南第 7.4.7 条规定的验收要求。工程列车速度可相应逐步提高。

6 临时道床面高差，应以不大于 5‰的坡度顺接。

7 混凝土枕应在钢轨两侧各 450 mm 范围内均匀捣固。木枕应在钢轨两侧各 400 mm范围捣固道床，钢轨下应加强捣固。钢轨接头处和曲线外股，应在上述规定的范围加强捣固道床。

8 起道应先校正一股轨面高程（曲线应先校正内股轨面），据此调整另股轨面高程，左右均匀进行。每次起道高度不宜大于 100 mm。

7.4.6 铺设长度大于 20m 钢轨的轨道，在高于最高允许铺轨轨温时，不宜安排影响轨道稳定的线路作业。

7.4.7 交工前，应按验收要求进行一次全面整道工作。全面整道作业应符合以下规定：

1 轨温在 $\left(T_{max}-\dfrac{a_g+C}{0.0118L}\right)\sim\left(T_{max}-\dfrac{C}{0.0118L}\right)$ 范围内时，拉轨调匀轨缝，同时方正钢轨接头。轨缝尺寸应符合本技术指南第 7.3.9 条的规定。左、右股钢轨接头相错量应符合本技术指南第 7.3.2 条～第 7.3.4 条规定。

成段调整轨缝时，事先应经调查计算，确定每根钢轨的串动方向和串动量。方正钢轨接头应兼顾前后轨缝尺寸符合规定要求。

2 拨正轨道和改道作业应符合以下规定：

1）轨道中心线与线路中线应一致，允许偏差为 ±50 mm，宽枕 ±10 mm。相邻轨道中心线间距的允许偏差：正线与站线、站线与站线间为 ±20 mm。区间线在钢梁上为 ±10 mm，在钢筋混凝土梁上和隧道内为 ±20 mm；当区间线间距设计为 4 m，倒装线线间距设计为 3.6 m 时，不得有负偏差。

2）轨道方向直线应远视顺直，用 10 m 弦量的最大矢度：正线和到发线不得大于 4 mm，其他站线、次要站线不得大于 5 mm。曲线起讫点位置应符合设计要求，曲线应圆顺，用 20 m 弦量正矢差不得大于表 7.4.7—1 的规定。半径小于等于 250 m 的曲线轨道，宜用 10 m 弦测定正矢，正矢差不得大于表 7.4.7—2 的规定。曲线头尾不得有反弯或"鹅头"。

表 7.4.7—1 曲线 20 m 弦正矢允许偏差（mm）

曲线半径（m）	缓和曲线实测正矢与计算正矢差		圆曲线正矢连续差		圆曲线正矢最大最小差	
	正线、到发线	其他站线、次要站线	正线、到发线	其他站线、次要站线	正线、到发线	其他站线、次要站线
>650	3	4	6	8	9	12
650～451	4	5	8	10	12	15
450～351	5	6	10	12	15	18
350～251	6	7	12	14	18	21
≤250		8		16		24

CHINA RAILWAY PUBLISHING HOUSE

表 7.4.7—2　曲线 10 m 弦正矢允许偏差(mm)

曲线半径(m)	缓和曲线实测正矢与计算正矢差	圆曲线正矢连续差	圆曲线正矢最大最小差
250～151	4	8	12
≤150	5	10	15

3)轨距允许偏差:$^{+6}_{-2}$ mm。加宽递减率,正线到发线不应大于 1‰,其他站线不应大于 2‰。

4)接头处错牙、错台不得大于 1 mm,接头相错量直线不得大于 40 mm,曲线不得大于 40 mm 加缩短轨缩短量的一半。

3　起道作业应符合以下规定:

1)按高程桩起道至设计高程。轨面高程按设计要求(含路基预加沉落量)的允许偏差:在路基上为 $^{+50}_{-30}$ mm,在建筑物上为 ±10 mm,紧靠站台的轨道为 +50 mm,不得有负偏差。

2)直线两股钢轨面应保持水平。正线曲线外轨超高应按设计设置,并在缓和曲线全长顺接,未设缓和曲线地段,应在两端直线上顺接,超高顺坡率不得大于 2‰。站线连接曲线最大超高为15 mm,但位于曲线车站到发线的连接曲线及曲线地段的最大超高为25 mm。超高应在直线上按不大于 2‰的坡度顺接。轨面水平和在延长 6.25 m 范围内的扭曲,正线、到发线不得大于4 mm,其他站线、次要站线不得大于 5 mm。

3)在一股钢轨上,轨面应目视平顺。用 10 m 弦量的最大矢度:正线和到发线不得大于 4 mm,其他站线、次要站线不得大于 5 mm。

4)轨面纵向坡度应与设计的线路纵坡相符,但在路堤预加沉落量未完全沉落地段,因预加沉落量引起的高差由起讫点向两端顺坡,顺坡率不宜超过 2‰。

5)轨枕正位,扣件按规定上紧。捣固道床,整治空吊板,要求钢轨接头处无空吊板,其他部位无连续空吊板。空吊板率正线和到发线不得大于 8%,其他站线、次要站线不得大于 12%。

6)清理路肩道砟,整理道床边坡,使道床断面与设计相符。

4　未经大型养路机械整道作业的线路应经列车或单机压道。正线压道次数不得少于 50 次,站线压道次数不得少于 30 次。按工程列车通过的次数计算时,通过总重不少于 7 万 t。压道后的轨道应无明显变形。

7.4.8　道床厚度允许偏差为 ±50 mm,顶宽允许偏差为 0～ +50 mm。

7.4.9　轨道工程完工后,应进行动态质量检查。轨道动态检查项目及轨道不平顺管理值应按铁道部有关规定执行。

CHINA RAILWAY PUBLISHING HOUSE

8 混凝土宽枕轨道

8.0.1　组装轨排或人工铺设时，同一轨排宜选用相同厚度的混凝土宽枕。

8.0.2　混凝土宽枕间距、偏斜允许偏差为 ±20 mm。

8.0.3　混凝土宽枕应用机械吊铺。铺设轨排时，应严格掌握中线，偏差值不得大于 10 mm，确认无误后方可落地就位。散铺混凝土宽枕时，应正确对中、垂直中线、间距正确。钢轨接头应处于枕孔中间。

轨排或散枕落地后，如位置不正确，应吊起重新就位，不应采用就地拨移的办法正位。连接轨排时，不得在钢轨接头处垫砟调整高程。

8.0.4　铺轨后，应及时整正轨道方向，方正轨枕、拧紧扣件、整治空吊板。

8.0.5　整治空吊板和平整轨面，初期应先垫砂起道，使道床饱满密实，防止宽枕串动；轨道基本稳定后，可采用垫砂和枕上调高垫板相结合整平轨面。整治较大坑洼，以垫砂为主；找平小坑和垫砂不足时，可在轨下以调高垫板调平。竣工验收时，调高垫板总厚度不得大于 6 mm。

8.0.6　垫砂起道，宜采用特制的宽枕起道养护平车。用起道机起道时，枕端一次起高量，单股起高不得大于 80 mm，双股起高不得大于 60 mm。

8.0.7　垫砂作业应符合以下规定：

1　垫砂用小碎石，材质应符合现行《铁路碎石道砟》(TB/T 2140)中的一级碎石道砟标准；

2　撒砂应均匀；

3　一次起道垫砂后，应待道床稳定，再进行下次起道作业。

8.0.8　两次垫砂起道的间隔时间，不宜少于 7 d。垫砂整道作业完成，轨道稳定后，应及时将道床面按设计填封。

CHINA RAILWAY PUBLISHING HOUSE

9 铺设道岔及钢轨伸缩调节器

9.1 一般规定

9.1.1 道岔铺设前,道砟摊铺应平整,底砟应碾压密实。

9.1.2 钢轨伸缩调节器、12 号及以上可动心轨辙叉道岔应在工厂内试组装并验收。出厂时,制造厂应对产品零部件依据相关条件进行检验,并提供产品合格证、铺设图和发货明细表。

9.1.3 道岔位置应按设计铺设。困难条件下,可在不影响股道有效长度和不变更其他运营设备条件下,将道岔位置前后移动不得大于 0.5 m。

9.1.4 道岔因钢轨焊接方式、绝缘接头位置等影响道岔内配轨长度时,采购前应予明确。

9.1.5 木岔枕应端头捆轧后使用并在直股外侧取齐。

9.1.6 与正线连接的道岔前后各 50 根、与站线连接的道岔前后各 15 根(含岔后长岔枕)轨枕的类型应与岔枕类型相同,每千米铺设根数应与连接线路标准一致。铺设无缝道岔时,道岔直股前后线路过渡枕的型号、根数及间距,应符合铺设图的规定。

9.1.7 道岔轨面高程应与连接的主要线一致,与另一线的轨面高差,宜自道岔后普通轨枕起向站内顺接。顺接坡度不应大于该线最大设计限坡,与相邻坡段的坡度差不应大于 4‰,超过时应设竖曲线。伸入到发线有效长范围内的坡度不应大于 1.5‰。

9.1.8 更换道岔时应同时更换前后引轨。再用道岔前后应铺设与道岔磨耗程度相近的钢轨,否则在接头 1 m 范围内应打磨接头处轨面高低差及轨距线错牙。

9.1.9 交叉渡线铺设时,四组单开道岔与主要连接线应在一个平面上,次要连接线上的道岔与前后连接线轨面高差,按规定顺坡,并兼顾相邻道岔。

9.1.10 可动心轨辙叉道岔起道作业时,二股道应同时起平,保证可动心轨辙叉在一个平面上,做好道岔前后顺坡。

9.1.11 可动心轨辙叉道岔改道作业时,应采用调整不同号码轨距挡块调整轨距,调整量不足时可加垫片调整,但厚度不得超过 2 mm,不得用改螺纹道钉的方法。

9.2 铺设无缝道岔

9.2.1 道岔铺设应符合以下规定:

1 尖轨(或可动心轨辙叉)扳动灵活,无损伤。尖轨顶宽 50 mm 以上断面处,不低于基本轨顶面 2 mm。

2 在静止状态下,尖轨尖端(或可动心轨辙叉)应与基本轨密贴,间隙小于 0.2 mm,其他地段小于 1 mm。

3 查照间隔(辙叉心作用边至护轨头部外侧的距离)不得小于 1 391 mm。

4 轨枕扣件安装不良率不大于 6%。

CHINA RAILWAY PUBLISHING HOUSE

5 道岔紧固螺栓扭矩应为100～120 N·m；Ⅱ型弹条扣件螺栓扭矩应为100～140 N·m；螺栓、丝扣均应涂有效期不少于2年的油脂。

9.2.2 道岔铺设允许偏差应符合表9.2.2规定。

表9.2.2 道岔铺设允许偏差(mm)

序号	检验项目		允许偏差	
			160 km/h < v ≤ 200 km/h	v ≤ 160 km/h
1	道岔方向	直线(10 m弦量)	3	4
		导曲线支距	±2	±2
2	轨　距	尖轨尖端	±1	±1
		尖轨跟端	±1	±1
		其他部位	±2	$^{+3}_{-2}$
3	尖轨尖端至第一牵引点与基本轨密贴		缝隙≤0.2	缝隙≤0.2
4	尖轨其余部分与基本轨密贴		缝隙≤1	缝隙≤1
5	心轨尖端460 mm范围与翼轨密贴		缝隙≤0.5	缝隙≤0.5
6	心轨其余部分与翼轨密贴		缝隙≤1	缝隙≤1
7	顶铁与尖轨或可动心轨轨腰的间隙		≤0.5	≤0.5
8	尖轨跟端非工作边与基本轨工作边开口距离		±1	±1
9	尖趾距离		+10	+10
10	可动心轨辙叉咽喉宽		±3	±3
11	护轨轮缘槽宽度		$^{+1}_{-0.5}$	$^{+1}_{-0.5}$
12	动程(尖轨、可动心轨)		±3	±3
13	道岔头、尾接头相错量		≤15	≤15
14	岔枕间距、偏斜		±10	±20
15	尖轨尖端相错量		≤10	≤10

注：尖趾距离为可动心轨辙叉的长心轨实际尖端至翼轨趾端的距离。

9.2.3 道岔钢轨焊接前型式检验应符合本技术指南第6.1.3条规定。

9.2.4 道岔焊头均应进行探伤检查并标记编号，填写记录。

9.2.5 道岔钢轨焊接应符合以下规定：

1 道岔焊接应首先焊接岔内各个接头，然后再与岔外的钢轨焊接。道岔内钢轨焊接顺序应符合设计规定。

2 道岔施行锁定焊时，应使限位器子母块居中，两侧间隙允许偏差为1 mm。

3 道岔内钢轨焊接、道岔与两端无缝线路焊接均应在道床达到初期稳定状态，轨面高程、轨向和水平已基本达到设计标准时，方可施焊。

4 道岔内锁定焊及与无缝线路锁定焊联时，必须在设计锁定轨温范围内进行。

5 道岔内钢轨焊接应符合本技术指南第6.5.2条规定。

9.3 铺设有缝道岔

9.3.1 道岔铺设应符合以下规定：

CHINA RAILWAY PUBLISHING HOUSE

1　尖轨(或可动心轨辙叉)扳动灵活无损伤。尖轨顶宽50 mm以上断面处,不低于基本轨顶面 2 mm。

2　在静止状态下,尖轨尖端(或可动心轨辙叉)应与基本轨密贴,间隙小于 0. 2 mm,其他地段小于 1 mm。

3　查照间隔(辙叉心作用边至护轨头部外侧的距离)不得小于 1 391 mm。护背距离(翼轨作用边至护轨头部外侧的距离)不得大于 1 348 mm。

4　道钉浮离或轨枕扣件安装不良率正线、到发线不大于 8%,其他站线不大于 10%。

5　正线铺设木岔枕的道岔,尖轨尖端前后 5 m 范围内的道床砟肩及边坡应夯拍密实或加宽道床 200 mm。

9. 3. 2　道岔铺设允许偏差应符合表 9. 3. 2 规定。

表 9. 3. 2　道岔铺设允许偏差

<table>
<tr><th rowspan="2">序号</th><th rowspan="2" colspan="3">检　验　项　目</th><th rowspan="2">单位</th><th colspan="2">允许偏差</th></tr>
<tr><th>正线到发线</th><th>其他站线</th></tr>
<tr><td rowspan="2">1</td><td rowspan="2">道岔方向</td><td colspan="2">直线(10 m 弦量)</td><td>mm</td><td>4</td><td>6</td></tr>
<tr><td colspan="2">导曲线支距</td><td>mm</td><td colspan="2">±2</td></tr>
<tr><td rowspan="2">2</td><td rowspan="2">轨距</td><td colspan="2">尖轨尖端</td><td>mm</td><td colspan="2">±1</td></tr>
<tr><td colspan="2">其他部位</td><td>mm</td><td colspan="2">+3
−2</td></tr>
<tr><td rowspan="4">3</td><td rowspan="4">轨距加宽及递减</td><td colspan="2">尖轨尖端至基本轨接头</td><td>‰</td><td colspan="2">按设计图</td></tr>
<tr><td colspan="2">尖轨跟端(直向)向辙叉方向递减距离</td><td>m</td><td colspan="2">按设计图</td></tr>
<tr><td rowspan="2">导曲线向前向后递减距离</td><td>直尖轨</td><td rowspan="2">m</td><td colspan="2">按设计图</td></tr>
<tr><td>曲尖轨</td><td colspan="2">按设计图</td></tr>
<tr><td>4</td><td colspan="3">尖轨非工作边轮缘槽最小宽度</td><td>mm</td><td colspan="2">−2</td></tr>
<tr><td>5</td><td colspan="3">尖轨跟端非工作边与基本轨工作边开口距离</td><td>mm</td><td colspan="2">±1</td></tr>
<tr><td>6</td><td colspan="3">轮缘槽宽度</td><td>mm</td><td colspan="2">+3
−1</td></tr>
<tr><td>7</td><td colspan="3">动程(尖轨、可动心轨)</td><td>mm</td><td colspan="2">+10
0</td></tr>
<tr><td rowspan="3">8</td><td rowspan="3">接头</td><td colspan="2">错牙、错台</td><td>mm</td><td>≤1</td><td>≤2</td></tr>
<tr><td colspan="2">头、尾接头相错量</td><td>mm</td><td>≤15</td><td>≤20</td></tr>
<tr><td colspan="2">轨缝实测平均值与设计值差</td><td>mm</td><td colspan="2">±2</td></tr>
<tr><td>9</td><td colspan="3">岔枕间距、偏斜</td><td>mm</td><td colspan="2">±20</td></tr>
<tr><td>10</td><td colspan="3">尖轨尖端相错量</td><td>mm</td><td colspan="2">≤10</td></tr>
</table>

9. 3. 3　既有线预铺道岔应符合以下规定:

1　核实道岔的型号、类型、开向、位置、轨道电路等有关技术条件。

2　更换道岔宜采用整体组装、拨移就位的施工方法。

3　道岔、岔枕及配件,均应在预铺前核对。辙叉及连接钢轨应逐根丈量、记录,并进行标识。

4　预铺道岔场地应距离适中、平坦、坚实,并避开难以拆除的障碍物。

5　预铺好的道岔应经过验收合格后方准上道。

CHINA RAILWAY PUBLISHING HOUSE

6 铺设道岔应先直股后曲股，先转辙器后辙叉。高低、方向用 10 m 弦测量其矢度均不超过 6 mm。

9.3.4 既有线更换道岔应符合以下规定：

1 调查道岔道床厚度和洁度、路肩高度和宽度，提出道砟使用量，确保枕下道砟厚度不少于 300 mm。不足时应降低路基面，并应符合以下规定：

1）路基面降低至设计枕底下不小于 400 mm。

2）路基面降低后应作出路拱，设置排水坡。

3）路基面降低后补垫不少于 100 mm 的底砟和铺垫不小于 300 mm 的道砟。

2 道岔对位：优先对位道岔纵向位置，连接道岔直股接头后，根据道岔线间距拨正道岔方向，道岔前端基本轨接缝相错不得大于 20 mm；交叉渡线同向两个单开道岔前端基本轨轨缝相错不得大于 30 mm。

3 起道：按设计高程进行起道。

4 引轨应与道岔轨型一致。

9.3.5 道岔铺设后，其岔后另一股连接线未铺前，辙叉心后间隔铁处应加铺一根临时短轨，尖轨应钉固加锁。新铺道岔临时使用时，应安装转辙设备，不得用撬棍扳道或用其他方法支顶尖轨。

9.3.6 当道岔轨型与连接线路轨型不一致时，道岔前后应各铺一节长度不小于 6.25 m 与道岔同型的钢轨，在困难条件下，长度可减小到 4.5 m。两前后道岔间距小于 9 m 时，道岔轨型应一致或两道岔直接用异型轨连接。设有轨道电路的道岔，两不同轨型道岔间的距离，尚应满足设置绝缘接头的要求。

9.3.7 道岔紧固螺栓扭矩应为 100 ~ 120 N · m，扣件螺栓扭矩应符合本技术指南第 7.2.7 条规定，接头螺栓扭距符合本技术指南第 7.3.11 条规定。

9.3.8 混凝土岔枕螺旋道钉锚固抗拔力不得小于 60 kN，其位置、高度应符合本技术指南第 7.2.7 条第 1 款规定。

9.3.9 绝缘接头轨缝不得小于 6 mm。

9.4 铺设钢轨伸缩调节器

9.4.1 钢轨伸缩调节器应在工厂内试组装并验收。

9.4.2 铺设位置应符合设计规定。

9.4.3 可采用钢轨临时替代钢轨伸缩调节器预铺轨排，并及时补充道砟、稳定道床，再换铺调节器。

9.4.4 钢轨伸缩调节器伸缩预留量应符合设计规定。铺设后，应立即在尖轨尖端的基本轨上做好观测标记，并记录铺设轨温。

9.4.5 铺设后应及时进行全面整修，轨距、方向的调整宜充分利用尼龙调整片。调整后应达到基本轨伸缩无障碍，尖轨锁定不爬行。

9.4.6 钢轨伸缩调节器铺设应符合以下规定：

1 在尖轨的刨切范围内应与基本轨密贴，尖轨尖端至其后 400 mm 处，缝隙不得大于 0.2 mm，其余部分不得大于 0.8 mm；

2 垫板、轨撑及螺栓安装齐全，螺母达到规定扭矩：尖轨轨撑扣件螺母扭矩应为

120 ~ 150 N · m,基本轨轨撑扣件螺母扭矩应为 60 ~ 80 N · m,铁垫板塑料套管连接螺栓螺母扭矩应为 300 ~ 320 N · m。

3 伸缩调节器两端、尖轨尖端、尖轨轨头刨切起点处,轨距允许偏差均为 ±1 mm。

4 基本轨、尖轨轨面应无碰伤、擦伤、掉块、低陷、压溃飞边等缺陷。

9.4.7 钢轨伸缩调节器轨道中心线与线路设计中心线允许偏差 30 mm。

9.4.8 钢轨伸缩调节器整道应符合以下标准:

1 轨向:单向调节器用 12.5 m 弦、双向调节器用 25 m 弦测量,每隔 1 m 检查一处,尖轨尖端至尖轨顶宽 5 mm 范围内允许有 4 mm 的空线,其余范围内允许有 2 mm 的空线,不允许抗线;

2 轨面前后高低:用 12.5 m 弦测量不得大于 4 mm;

3 左右股钢轨水平差不得大于 4 mm;

4 在 6.25 m 测量基线内,扭曲不得大于 4 mm。

9.5 再用道岔

9.5.1 使用再用道岔应符合以下规定:

1 尖轨的轨面宽 50 mm 及以上断面处,轨面应不低于基本轨轨面 1 mm;其他伤损不超过钢轨轻伤标准。

2 基本轨垂直磨耗:用在正线上的道岔不得大于 2 mm,用在到发线上的道岔不得大于 4 mm;用在其他站线、次要站线上的道岔不得大于 6 mm,其他伤损不超过钢轨轻伤标准。

曲股基本轨的弯折点位置和弯折尺寸符合要求。

3 辙叉任何部位无裂纹。在辙叉心宽 40 mm 断面处的垂直磨耗:正线小于 4 mm,到发线小于 6 mm,其他站线、次要站线小于 8 mm。

辙叉心轨、翼轨轨面剥落掉块长度不得大于 15 mm,深度不得大于 3 mm。

4 各种零配件齐全,作用良好,锈蚀严重者应予更换。

9.5.2 道岔铺设后,其各部位尺寸应符合本技术指南第 10.3 节相关规定。

9.6 道岔铺砟整道

9.6.1 道岔铺砟应符合本技术指南第 4.2.1 条、第 4.3.1 条和第 4.3.5 条有关规定。

9.6.2 道岔整道允许偏差应符合表 9.6.2 规定。

9.6.3 整道后的道岔应道床饱满,捣固密实,顶宽允许偏差为 0 ~ +50 mm,厚度允许偏差为 ±50 mm。

9.6.4 道床整理允许偏差为:厚度 ±50 mm,顶宽 0 ~ +50 mm。

9.6.5 导曲线不得有反超高。

9.6.6 钢轨接头、尖轨尖端、跟部、辙叉心等部位不得有空吊板;其他部位不得有连续空吊板。空吊板率不得大于 8%。

表 9.6.2 道岔整道允许偏差(mm)

序号	检验项目		无缝道岔		有缝道岔	
			160 km/h<v≤200 km/h	v≤160 km/h	正线、到发线	其他站线
1	轨面高程与设计高程差	在有砟道床上	±20	+50 −30	+50 −30	
		在建筑物上	±10		±10	
2	水平		≤3	≤4	≤4	≤6
3	高低(10 m 弦量)		≤3	≤4	≤4	≤6
4	直股轨向(10 m 弦量)		≤3	≤4	≤4	≤6
5	联接配件和扣件	滑床板与尖轨间离缝	≤1 (每侧允许 1 处大于1 mm)		≤2 (每侧允许 1 处大于2 mm)	≤2 (每侧允许 2 处大于2 mm)
		轨撑不密贴离缝				
		道钉浮离 2 mm 以上者	—		≤8%	≤10%
		轨枕扣件不良者	≤6%		≤8%	≤10%

CHINA RAILWAY PUBLISHING HOUSE

10 改建既有线和增建第二线轨道

10.1 一般规定

10.1.1 改建既有线和增建第二线轨道施工,应按现行在运营线上施工的有关规定办理。涉及其他专业时,有关专业的人员应配合施工。

10.1.2 在轨道电路区段施工时,所使用的工具应有绝缘,并不得搭接在两股钢轨及绝缘接头、引接线和跳线上。

10.1.3 施工前,除应遵照本技术指南第3.1节规定做好施工调查外,尚应做好以下准备工作:

1 了解行车组织、站细、主要运输设备的能力利用和工程列车进出车站的条件。

2 收集并核实改建站场有关既有设备的坐标,必要时,应绘制新旧设备关系图。

3 审核施工设计文件,重点了解设备更替或移地利用对运输的影响程度。必要时,应及早提出修改设计。

4 大型站场改建前,应测设施工控制基线,并做好控制桩的保护工作。

10.1.4 施工组织设计应符合以下规定:

1 应由建设、施工、使用、设计和运营等有关单位共同商讨拟定。轨道改建施工,应符合总体施工的要求,加强与各工程的配套施工。

2 配合有关专业,优化施工方案,妥善处理施工与运输的矛盾,减少对运输的干扰。

3 站场咽喉区宜先改建对运输及施工有利的一端,并制定确保运输的过渡方案。

对工期短,投用快的项目,应集中力量,及早完成。

4 改建咽喉区时宜不改变或少改变原联锁条件。

5 改建或新增的配套设备,应超前或同步完成。

6 可利用的原器材,宜安排先期施工。

7 封锁线路施工方案,宜一次统筹排定要点计划,并应在不影响整体设备安全使用条件下,尽量分解工作量,在要点前完成,压缩线路封锁时间。

10.1.5 实施性施工组织设计应包含以下主要内容:

1 施工界内障碍物清除和建筑物或设备拆迁方案;

2 优化施工方案,编写分步施工说明书;

3 重点项目和配套工程的形象进度;

4 有关专业配合施工办法和减少铺设管线路相互干扰的措施;

5 原器材利用率及利用方案;

6 保障行车和施工安全措施;

7 列车慢行和封锁要点计划。

CHINA RAILWAY PUBLISHING HOUSE

10.2　既有线改建

10.2.1　安装防护栅栏应符合以下要求：

1　防护栅栏宜按设计要求修建。施工前应绘制施工图，遇有陡坎、水沟、水塘、桥梁、涵洞时可灵活掌握。

2　工务、供电、电务、水电、车辆等部门，因工作需要在区间设置出入口时应统筹安排。

10.2.2　曲线改造应符合以下要求：

1　拨移量小于等于 50 mm 时，宜结合大型养路机械作业进行拨移整道；拨移量在 51 ~2 500 mm 范围时，宜采用曲线拨移的方式；曲线拨移量在 2 500 mm 以上时宜采用转线形式进行改造。

2　曲线位于无缝线路地段时，拨移后应进行无缝线路应力放散，重新锁定线路。

3　施工要求：

1）施工轨料应使用机械装卸；

2）捣固宜采用机械作业；

3）连接零件涂油应使用有效期不少于 2 年的油脂；

4）钢轨切割不得使用手工锯；

5）采用冻结接头时，轨端垂直度应小于等于 0.5 mm，钢轨螺栓孔位偏差小于等于 1 mm。

10.2.3　清筛或更换道砟深度应符合设计规定，道床基础不得积水，清筛出的污土应及时清除。

10.2.4　拨道连接既有线轨道应符合以下规定：

1　先测定拨接段轨道中线和接轨点，并据此确定龙口位置，准备好龙口轨。当龙口位于曲线上时，需拉轨将插入轨置于直线上。拨接段新旧曲线宜采用相同缩短轨。

2　拨接段预铺道砟应碾压密实，砟面应略低于既有轨道枕底。补充道砟宜堆放在两侧，不得侵入限界。

3　封锁施工前，既有轨道拨动段应扒出枕盒内和拨动方向枕端道砟，并拆除影响拨道的各项设备。列车限速通行。

4　封锁施工拨接合龙后，应按本技术指南第 7.4.5 条的要求，整正轨面水平，拨顺轨向，校正轨距，并符合放行列车条件后，限速放行列车，继续补砟整道达到验收要求。

10.2.5　改建站场时，增设或更换道岔施工应符合以下规定：

1　应结合现场条件和行车密度选定施工方法。繁忙区段的咽喉区道岔或有电气联锁的道岔，宜采用整组预铺后拨入。

2　施工前，应先按规定整正施工段既有轨道，两端加强锁定，精确测定道岔位置，并配置两端合龙轨。

3　道岔拨入就位或拼装成型后，应即按线路开通要求补砟整道。线路开通后列车慢行阶段，应继续整修道岔达到验收标准。

10.2.6　既有线改建曲线外轨超高应符合以下规定：

1　正线上的曲线超高应按式（10.2.6）计算确定。

$$h = \frac{11.8\ v_j^2}{R} \tag{10.2.6}$$

式中　v_j——均方根速度(km/h),其值为:$v_j = \sqrt{\frac{\sum N_i Q_i v_i^2}{\sum N_i Q_i}}$

其中　N_i——各类列车次数(列/d);

Q_i——各类列车质量(t);

v_i——各类列车实测速度(km/h)。

施工时,曲线超高值也可由接管单位提供。

2　到发线曲线外轨超高可采用 25 mm,岔后附带曲线超高可采用 15 mm。

3　双线地段曲线外轨超高不得大于 150 mm,单线地段上下行行车速度相差悬殊时,不得大于 125 mm。

10.3　增建第二线轨道

10.3.1　增建第二线轨道应符合本技术指南及相关规范的要求。

10.3.2　与既有线相邻的第二线,施工中必须绝对保证运输安全,遵守运营制度。改动既有轨道设备时,应办理申报手续。

10.3.3　在线间距小于 5 m 的第二线铺轨,应保证因铺架机械超宽、轨道超高及线间建筑等处于最不利组合时不侵限,必要时可加大线间距,铺轨后拨道归位。

10.3.4　在电气化铁路上,各种机械作业范围不应超过机车车辆限界,作业人员及其手持工具的动作极限与接触网带电部分必须保持 2 m 以上距离,否则应停电作业。

10.3.5　道口铺面及警示设备在第二线铺轨通过后,应及时铺设。

CHINA RAILWAY PUBLISHING HOUSE

11 轨道附属设备和常备材料

11.0.1 道口铺面板应符合设计要求，铺砌应平整稳固。护轨轮缘槽宽度应为70～100 mm（曲线里股应为90～100 mm），深度应为45～60 mm，护轨宜为连续的整体，并应保持轮缘槽平顺；两端各做成喇叭口，距护轨端300 mm处弯向线路中心，其终端距护轨工作边不应小于150 mm。

11.0.2 道口铺面板在钢轨头部外侧50 mm范围内应低于轨面5 mm，道心铺面板应与轨面一致，允许偏差为±5 mm。

11.0.3 桥面护轨铺设应符合以下规定：

1 护轨可用旧轨。

2 护轨应用同类型夹板连接，每个接头至少用4个接头螺栓，螺母应在轮缘槽外侧。困难时，也可用平夹板连接。

3 护轨与基本轨头部间距应为200 mm（基本轨为60 kg/m及以上，采用分开式K型扣件时为220 mm），允许偏差为±10 mm。护轨面高于基本轨面不得大于5 mm，低于基本轨面不得大于25 mm。必要时，在木枕护轨底可加垫经防腐处理的木垫板，其厚度不得大于30 mm，并应加钉固定。

4 在护轨的每根轨枕上应至少设置2个道钉或扣件。当木枕净距等于或小于150 mm时，可每隔1根钉2个道钉。

铺设混凝土枕时，护轨底应铺设塑料垫板，采用护轨扣板扣件，扣板型号应与护轨类型配套，外侧（靠基本轨侧）用0号，内侧用2号。直线段外侧螺旋道钉中心线，应向基本轨侧偏离锚固孔中心线5 mm。扣件扭矩可为30～40 N·m。

5 桥面护轨两端伸出桥台胸墙外不小于5 m（在直线上桥长大于50 m，曲线上桥长大于30 m的桥上为10 m）后，应将其弯折交会于轨道中心，弯折部分的长度不宜小于5 m，困难条件下不得小于3 m，特殊情况下可按设计要求办理。轨端应切成斜面结成梭头，固定在轨枕上。梭头超出桥台尾应大于2 m。在轨道电路上，两护轨应按设计要求在梭头连接处设置绝缘接头。

6 单侧护轨与双侧护轨相连时，相连侧护轨伸出防护段后应弯向道心长度不小于5 m，另一侧按本技术指南第11.0.1条做成喇叭口。

7 其他地段的护轨（含单侧护轨），两端应伸出防护地段不得小于5 m后再弯折。弯折部分的长度与桥面护轨同。

8 护轨应在轨道基本稳定后铺设。

11.0.4 轨道加强设备安装应符合以下规定：

1 轨距杆和防爬设备应在铺砟整道后及时安装。有轨道电路的轨道，应采用绝缘轨距杆。

2 穿销式防爬器挡板与混凝土轨枕间应加设经防腐处理厚度不小于30 mm的木制承力板。

3 防爬支撑断面不得小于120 cm^2,端面应平正。混凝土枕轨道宜用整体斜口支撑。防爬支撑应安装在钢轨底下。木枕轨道也可对称安装在距轨底边缘净距为350 mm的道心内。安装时应整正轨枕间距,使支撑顶紧轨枕。

4 轨距杆或轨撑无失效,丝杆应涂油。

5 采用非标准长度钢轨时,每个轨排的加强设备数量,应按标准轨轨排的设计数量比例确定。

11.0.5 线路标志和信号标志的式样应符合标准图规定,色泽应鲜明醒目,图像端正清晰,埋设牢固。埋设位置应符合现行有关规定。

11.0.6 轨道常备器材应按设计备存。常备轨应保持顺直,区间应放置在公里标或半公里标处的钢轨架上,大型车站内宜放置在出发信号机内侧的适当地点。

CHINA RAILWAY PUBLISHING HOUSE

12 工程竣工

12.0.1 轨道常备材料按设计数量备存。质量应符合相关技术条件规定。交接地点与接收单位洽商。

12.0.2 轨道工程施工完毕,应按现行《铁路轨道工程施工质量验收标准》(TB 10413)经验收合格后,方准正式开通使用。

12.0.3 工程竣工文件,正线与站线应分开编制,并备齐以下主要竣工资料:

1 单位工程质量验收资料;

2 工程竣工验收报告;

3 竣工工程数量汇总表;

4 施工小结;

5 变更设计;

6 正线轨道铺设材料汇总表;

7 站线轨道铺设材料汇总表;

8 钢轨、轨枕及连接扣配件出厂合格证;

9 站场平面布置竣工图;

10 工程日志。

12.0.4 无缝线路完工后,还应备齐以下竣工资料:

1 平面布置图及配轨图表;

2 铺设日期、时间,实际锁定轨温资料;

3 纵向位移观测桩位置及观测记录;

4 钢轨焊接记录、焊缝检查记录、接头探伤记录;

5 所用钢轨品种资料及生产厂家;

6 长钢轨编号与焊接接头编号对照表;

7 铺设后施工单位应力放散记录;

8 其他技术资料。

CHINA RAILWAY PUBLISHING HOUSE TB

附录 A　旧轨使用、整修技术条件

A. 0. 1　旧轨分为以下三类：

1　再用轨：不需修理即可使用的钢轨；

2　待修轨：需经整修才能使用的钢轨；

3　报废轨：无法整修使用的钢轨。

A. 0. 2　再用轨分为一、二两级，其技术条件如表 A. 0. 2。

表 A. 0. 2　再用轨分级

项　目		一　级	二　级
伤损情况		无轻重伤	无轻重伤
每根钢轨长度		>10 m	>8 m
钢轨头部总磨耗或侧面磨耗	60 kg/m 及以上钢轨	≤10 mm	≤12 mm
	60 kg/m 以下～50 kg/m 钢轨	≤8 mm	≤10 mm
	50 kg/m 以下～43 kg/m 钢轨	≤6 mm	≤8 mm
	43 kg/m 以下钢轨	—	≤6 mm
低头及压堆		≤1 mm	≤2 mm
一侧飞边		≤2 mm	≤3 mm
波浪形磨耗		不明显	≤0. 2 mm

注：仅侧面磨耗一项大于二级的规定尚能调边使用者，可作为二级再用轨调边使用。

A. 0. 3　一级再用轨可成段使用于次要正线及到发线；同一类型同等长度的再用轨，应连续使用不短于 0. 5 km。二级再用轨可成段使用于次要站线；每股道应使用同一类型同一长度的再用轨，特殊情况下长度应不超过 2 种。

A. 0. 4　待修轨根据具体情况，经调直、截锯、钻孔、刨切、打磨、焊接、焊补等整修后，即可分级使用。整修技术条件如下：

1　必须确认钢轨轻重伤部位及长度，截锯时必须去掉轻重伤部分，核伤钢轨不得截锯再用；

2　无缝线路长轨条截锯为再用短轨时，可更换下来以后锯断，亦可先用乙炔切割，更换下来以后锯头，但切口与锯口的距离不得小于 100 mm；

3　截锯再用轨，应尽量减少长度档次，其标准长度由铁路局根据情况确定；

4　对较大飞边及波浪形磨耗，进行刨切或打磨；

5　剥落掉块长度超过 15 mm，深度超过 2 mm 的，擦伤深度超过 0. 5 mm 的，应进行焊补；

6　每根焊接的再用轨，焊缝不得超过一处，长度一般应为 12. 5 m 或 25 m；

7　硬弯应校直，用 1 m 直尺测量，矢度不得大于 0. 5 mm；

8　截锯再用轨，应利用机械锯断和机械钻孔（少量可除外），其容许误差为：

1）长度——12. 5 m 以上钢轨 ±10 mm；12. 5 m 以下钢轨 ±6 mm；

CHINA RAILWAY PUBLISHING HOUSE

2）截面——轨头部分左右偏差不大于 0.5 mm，轨底部分左右偏差不大于 1 mm，上下偏差不大于 1 mm；

3）螺孔——孔径 ±1 mm，位置 ±1 mm。

A.0.5　无缝线路长轨条的再用与整修技术条件，根据长轨条的技术状态，计划铺设的线路条件，由铁路局规定。

A.0.6　具有下列缺陷之一的旧轨，经审批后予以报废：

1　内部有暗伤或严重锈蚀达到重伤标准的；

2　每根钢轨截去伤损部分后，长度不足 8 m，且不用于焊接和插入短轨的；

3　侧面磨耗超过二级的规定，不能调边使用的；

4　轻杂旧轨，每种类型不足 0.5 km，且本局管内线路上已无同类型的；

5　经批准属于淘汰型的。

CHINA RAILWAY PUBLISHING HOUSE TB

附录 B　轨枕间距布置

B. 0. 1　轨枕间距应按式(B. 0. 1)计算:

$$a=\frac{L'-c-2b}{n-3} \tag{B. 0. 1}$$

式中　a——中间轨枕间距(mm)。

c——钢轨接头处的轨枕间距(mm),由钢轨接头构造确定。

b——a 和 c 之间的过渡间距(mm),以最后采用的 a 和 c 值代入式(B. 0. 1)求得。

n——每个轨节的轨枕配置数(根)。$n=NL/1\,000$,其中 N 为设计规定的每千米轨枕配置根数;L 为钢轨长度(m)。

L'——一根钢轨加一个轨缝的轨节长度(mm),采用相错式接头的轨道,为左右股相错接头间的长度。

计算时,先采用 $b=\frac{a+c}{2}$ 代入式(B. 0. 1),则得:

$$a=\frac{L'-2c}{n-2}$$

其中 n,按 $n=\frac{NL}{1\,000}$ 计算所得,先舍去小数取整求 a,以此求得的 a 值,如大于本技术指南第 7. 1. 1 条的规定,应将每个轨排或两股相错接头间的轨枕配置根数 n 增加一根(即 n 按计算所得小数进位取整),重新计算 a 值(参图 B. 0. 1)。a 值应采用整数,并宜为 5 的倍数。

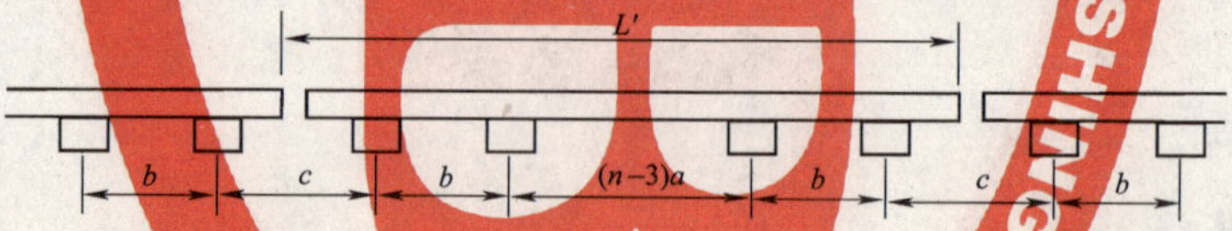

图　B. 0. 1

B. 0. 2　各间距关系宜为 $a>b>c$。

B. 0. 3　标准长度轨相对式接头轨道的轨枕间距按表 B. 0. 3 布置。

表 B. 0. 3　混凝土枕、木枕间距(mm)

钢轨类型(kg/m)	钢轨长(m)	每千米配轨枕根数	每轨排配轨枕根数	混凝土枕			木　枕		
				c	*b*	*a*	*c*	*b*	*a*
60 和 50	25	1 600	40	540	579	630	440	537	635
		1 680	42	540	573	598	440	487	605
		1 760	44	540	549	570	440	497	575
		1 840	46	540	538	544	440	459	550
		1 920	48	—	—	—	440	472	525
	12. 5	1 600	20	540	587	635	440	594	640
		1 680	21	540	584	600	440	544	610
		1 760	22	540	569	570	440	525	580
		1 840	23	540	540	544	440	534	550
		1 920	24	—	—	—	440	469	530

CHINA RAILWAY PUBLISHING HOUSE

续上表

钢轨类型（kg/m）	钢轨长（m）	每千米配轨枕根数	每轨排配轨枕根数	混凝土枕			木枕		
				c	b	a	c	b	a
43 和 38	25.0	1 360	34	500	629	750	500	629	750
		1 440	36	500	622	705	500	622	705
		1 520	38	500	617	665	500	617	665
		1 600	40	500	599	630	500	599	630
		1 680	42	500	554	600	500	554	600
		1 760	44	500	564	570	500	564	570
		1 840	46	500	537	545	500	537	545
		1 920	48	—	—	—	500	509	522
	12.5	1 360	17	500	614	770	500	614	770
		1 440	18	500	604	720	500	604	720
		1 520	19	500	604	675	500	604	675
		1 600	20	500	564	640	500	564	640
		1 680	21	500	559	605	500	559	605
		1 760	22	500	541	575	500	541	575
		1 840	23	500	504	550	500	504	550
		1 920	24	—	—	—	500	573	523

注：轨枕若采用 1 667 根/km 时，a、b、c 均为 600 mm。

B.0.4 混凝土宽枕间距按表 B.0.4 布置。

表 B.0.4 混凝土宽枕间距（mm）

钢轨长度（m）	每千米配轨枕根数	每轨排配轨枕根数	c	b	a
25	1 440	36	560	592	705
	1 520	38	560	587	665
	1 600	40	560	569	630
	1 680	42	560	582	597
	1 760	44	560	559	569
12.5	1 440	18	560	649	710
	1 520	19	560	614	670
	1 600	20	560	576	635
	1 680	21	560	574	600
	1 760	22	560	569	569

注：轨缝按 8 mm 计算。

CHINA RAILWAY PUBLISHING HOUSE

附录 C　螺旋道钉锚固料配制工艺

C. 0. 1　螺旋道钉锚固料,由硫磺、水泥、砂子和石蜡配制而成。材料技术条件应符合以下规定:

1　硫磺应用纯度不小于 95% 的一般工业用硫磺。配制前应破成碎块。如受潮,应在配制前干燥。

2　水泥用普通硅酸盐水泥。如有结块,配制前应过筛。

3　砂子粒径不得大于 2 mm,污泥含量不得大于 5% 。配制前应烘干。

4　石蜡为一般工业用石蜡。配制前应破成碎块。

5　各种材料内不得混有杂物。

C. 0. 2　成分配合比按下列规定选用:

1　根据气候和材料技术条件,按下列规定的重量配合比范围,由试验选定各种材料用量:

硫磺: 水泥: 砂子: 石蜡 = 1: (0. 3 ~ 0. 6): (1 ~ 1. 5): (0. 01 ~ 0. 03)

配制成的熔液,应较稠而又不影响灌注时应具备的流动度。

2　少量施工时,各种材料配合比可用:

硫磺: 水泥: 砂子: 石蜡 = 1: 0. 5: 1. 5: 0. 02

C. 0. 3　熔制锚固料时应遵守以下规定:

1　按选定的配合比,称好各种材料的一次熔制量。先倒入砂子加热到 100 ℃ ~ 120 ℃,将水泥倒入加热到 130 ℃,最后加入硫磺和石蜡,继续搅拌加热到 160 ℃,熔浆由稀变稠成液胶状时,即可使用。

2　火力要可控制,火候不得过猛。熔制过程应不断搅拌。

3　工地锚固道钉时,可用两个铁锅轮流熔制。熔制地点与锚固作业距离不宜过远。

C. 0. 4　熔制锚固料时,应遵守下列安全事项:

1　锚固浆温度不得大于 180 ℃。

2　操作人员应在上风处,并应佩带防护用品。

3　熔制场地严禁堆放易燃品。

CHINA RAILWAY PUBLISHING HOUSE

附录 D　扣板、轨距挡板、挡板座及绝缘轨距块号码配置

D. 0. 1　70 型扣板式扣件扣板号码按表 D. 0. 1 配置。

表 D. 0. 1　扣板号码配置

钢轨类型（kg/m）	轨距（mm）	扣板号码				附　注
		外侧	内侧	内侧	外侧	
50	1 435	10	6	6	10	设计有 0—2、4—6、8—10、12—14、16—18,10 个号码,共 5 种扣板,其中 0、16、18、为辅助号码,供纠正偏差使用
	1 437	10	6	8	8	
	1 439	8	8	8	8	
	1 441	8	8	10	6	
	1 443	6	10	10	6	
	1 445	6	10	12	4	
	1 447	4	12	12	4	
	1 449	4	12	14	2	
	1 451	2	14	14	2	
43	1 435	20	14	14	20	设计有 8—10、12—14、16—18、20—22、24—26,10 个号码,共 5 种扣板,其中 8、10、24、26 为辅助号码
	1 437	18	16	14	20	
	1 439	18	16	16	18	
	1 441	16	18	16	18	
	1 443	16	18	18	16	
	1 445	14	20	18	16	
	1 447	14	20	20	14	
	1 449	12	22	20	14	
	1 451	12	22	22	12	
38	1 435	20	14	12	22	与 43 kg/m 钢轨同
	1 437	20	14	14	20	
	1 439	18	16	14	20	
	1 441	18	16	16	18	
	1 443	16	18	16	18	
	1 445	16	18	18	16	
	1 447	14	20	18	16	
	1 449	14	20	20	14	
	1 451	12	22	20	14	

注:必要时,可按“内侧扣板号之和不变,轨距不变”和“同类型钢轨两侧扣板之和为常数(50 kg/m 轨为 16,43 kg/m轨和 38 kg/m 轨为 34)”的原理,根据本表规定的扣板号,按不同轨距选定扣板号配置扣板。

CHINA RAILWAY PUBLISHING HOUSE

D. 0. 2 弹条Ⅰ、Ⅱ型扣件挡板和挡板座号码按表 D. 0. 2 配置。

表 D. 0. 2 挡板和挡板座号码配置

钢轨类型(kg/m)	轨距(mm)	挡板、挡板座号码								附 注
		外 侧		内 侧		内 侧		外 侧		
		挡板座	挡板	挡板	挡板座	挡板座	挡板	挡板	挡板座	
50	1 427	6	20	14	0	0	14	20	6	设计有 14 号、20 号二种轨距挡板,(0—6)、(2—4)号二种挡板座,配合使用可调整轨距:－8～＋16 mm
	1 429	4	20	14	2	0	14	20	6	
	1 431	4	20	14	2	2	14	20	4	
	1 433	2	20	14	4	2	14	20	4	
	1 435	2	20	14	4	4	14	20	2	
	1 437	4	14	20	2	2	14	20	4	
	1 439	4	14	20	2	4	14	20	2	
	1 441	2	14	20	4	4	14	20	2	
	1 443	4	14	20	2	2	20	14	4	
	1 445	2	14	20	4	2	20	14	4	
	1 447	2	14	20	4	4	20	14	2	
	1 449	0	14	20	6	4	20	14	2	
	1 451	0	14	20	6	6	20	14	0	
60	1 431	4(2)	10(10)	6(6)	2(4)	2(4)	6(6)	10(10)	4(2)	设计有 6 号、10 号二种轨距挡板(0—6)、(2—4)号二种挡板座,配合使用可调整轨距:Ⅰ型－8～＋12 mm;Ⅱ型－12～＋8 mm
	1 433	2(4)	10(6)	6(10)	4(2)	2(4)	6(6)	10(10)	4(2)	
	1 435	2(4)	10(6)	6(10)	4(2)	4(2)	6(10)	10(6)	2(4)	
	1 437	4(2)	6(6)	10(10)	2(4)	4(2)	6(10)	10(6)	2(4)	
	1 439	4(2)	6(6)	10(10)	2(4)	2(4)	10(10)	6(6)	4(2)	
	1 441	2(0)	6(6)	10(10)	4(6)	2(4)	10(10)	6(6)	4(2)	
	1 443	2(0)	6(6)	10(10)	4(6)	4(6)	10(10)	6(6)	2(0)	

注:1 表列号码为一般正常情况下的配合。如因制造公差不合轨距要求时,可根据实际情况予以调整。

2 表中不带括号的数字为使用Ⅰ型弹条Ⅱ型枕时的号码(TB/T 1495),括号内的数字为使用Ⅱ型弹条Ⅲ型有挡肩枕时的号码(专线 3352)。

3 当采用新Ⅱ型枕时,由于两承轨槽之间的距离缩小 4 mm,因此 1 435 mm 标准轨距应采用 1 439 mm 轨距配置,其余轨距时类推。

D. 0. 3 60 kg/m 轨用弹条Ⅲ型扣件绝缘轨距块号码按表 D. 0. 3 配置。

表 D. 0. 3 弹条Ⅲ型扣件绝缘轨距块号码配置表

轨距(mm)	左股钢轨		右股钢轨	
	外 侧	内 侧	内 侧	外 侧
1 427	13	7	7	13
1 429	13	7	9	11
1 433	11	9	9	11
1 433	11	9	11	9
1 435	9	11	11	9
1 437	7	13	11	9
1 439	7	13	13	7

注:上表系 60 kg/m 钢轨、Ⅲ型无挡肩混凝土枕配合使用Ⅲ型弹条扣件时的配置(专线 3357)。

CHINA RAILWAY PUBLISHING HOUSE

附录 E　曲线内股缩短轨计算和布置

E. 0. 1　曲线内股比外股长度总缩短量按式(E. 0. 1—1)或式(E. 0. 1—2)计算：

$$\varepsilon=\frac{\pi\beta}{180}(1\,000\ S+d) \tag{E. 0. 1—1}$$

$$\varepsilon=\frac{k+L_0}{R}(1\,000\ S+d) \tag{E. 0. 1—2}$$

式中　ε——曲线内股总缩短量(mm)；

β——曲线转向角(°)；

d——曲线内侧轨距加宽(mm)；

S——两股钢轨中心距，采用 1. 5 m；

k——圆曲线长度(m)；

R——圆曲线半径(m)；

L_0——缓和曲线长度(m)。

E. 0. 2　选用缩短轨长度按下式计算：

$$L_{\mathrm{L}}<L_{\mathrm{y}}\left(1-\frac{S}{R}\right) \tag{E. 0. 2}$$

式中　L_{L}——相应于长度为 L_{y} 钢轨的缩短轨长度(m)；

L_{y}——外股延续铺设的钢轨长度(m)；

当 L 为 25 m 或 12. 5 m 标准长度时，据式(E. 0. 2)计算结果，宜选用缩短量较小的缩短轨。

E. 0. 3　缩短轨需用根数按下式计算：

$$n=\frac{\varepsilon}{\varepsilon'} \tag{E. 0. 3}$$

式中　n——需用缩短轨根数(小数按四舍五入取)；

ε'——采用缩短轨的缩短量(mm)。

E. 0. 4　第一缓和曲线内股缩短轨按下列方法布置：

1　按下式计算由直缓点到各轨排接头处的内股缩短量：

$$X_i=\frac{500\ Sl_i^2}{RL_0}+\frac{dl_i^3}{3RL_0^2} \tag{E. 0. 4—1}$$

式中　X_i——由直缓点到第 i 轨排终端间的内股缩短量(mm)；

l_i——由直缓点到第 i 轨排终端的线路长度(m)。

2　按下式计算第 i 轨排终端的实际接头相错量：

$$a_{i-1}=X_i-\sum\varepsilon' \tag{E. 0. 4—2}$$

式中　a_{i-1}——第一缓和曲线上第 i 轨排终端的实际接头相错量(mm)；

$\sum\varepsilon'$——第 i 轨排前已布入缩短轨的缩短量之和(mm)。

3　由直缓点开始，各轨排顺序按式(E. 0. 4—1)计算，当 X_i 开始出现大于采用的缩

CHINA RAILWAY PUBLISHING HOUSE

短轨缩短量的一半时，则在第 i 轨排内股应铺设第一根缩短轨。以后各缩短轨的位置，可按式(E.0.4—2)算得的 a_{i-1} 值确定，当 a_{i-1} 值大于缩短轨缩短量的一半时，则该轨排内股应铺设缩短轨。

E.0.5　圆曲线内股缩短轨按下列方法布置：

1　按下式计算由缓圆点到各轨排接头处的内股理论缩短量：

$$\varepsilon_{L_c}=\frac{L_c}{R}(1\,000\,S+d) \qquad (E.0.5—1)$$

式中　ε_{L_c}——由缓圆点到各轨排接头处的内股理论缩短量(mm)；

L_c——由缓圆点到各轨排接头处的线路长度(m)。

2　按下式计算各轨排接头的实际相错量：

$$a_{i-c}=\left[\frac{L_0}{2R}\left(1\,000\,S+\frac{2}{3}d\right)+\varepsilon_{L_c}\right]-\sum\varepsilon' \qquad (E.0.5—2)$$

式中　a_{i-c}——由第一缓和曲线直缓点起，圆曲线上第 i 轨排终端的实际接头相错量(mm)。

3　当 a_{i-c} 值大于缩短轨缩短量的一半时，该轨排内股应用缩短轨。

E.0.6　第二缓和曲线内股缩短轨按下列方法布置：

1　按下式计算各轨排接头的实际相错量：

$$a_{i-2}=(\varepsilon-X_i)-\sum\varepsilon' \qquad (E.0.6)$$

式中　a_{i-2}——由缓圆点起，第二缓和曲线上第 i 轨排终端接头的实际相错量(mm)。

2　当 a_{i-2} 值大于缩短轨缩短量的一半时，该轨排内股应用缩短轨。

CHINA RAILWAY PUBLISHING HOUSE

附录F 轨缝尺寸

F.0.1 铺轨时,预留轨缝计算值可查用表 F.0.1。

表 F.0.1 预留轨缝(mm)

$T_{max}-t$	25 m 轨		12.5 m 轨	$T_{max}-t$	25 m 轨		12.5 m 轨	12.5 m 轨	
	$c=4$	$c=6$	$c=2$		$c=4$	$c=6$	$c=2$	$T_{max}-t$	$c=2$
14	0.0	—	0.0	50	11.0	9.0	5.5	84	10.5
16	0.5	—	0.5	52	11.5	9.5	5.5	86	10.5
18	1.5	—	0.5	54	12.0	10.0	6.0	88	11.0
—	—	—	—	56	12.5	10.5	6.5	—	—
20	2.0	0.0	1.0	58	13.0	11.0	6.5	90	11.5
22	2.5	0.5	1.5	—	—	—	—	92	11.5
24	3.0	1.0	1.5	60	13.5	11.5	7.0	94	12.0
26	3.5	1.5	2.0	62	14.5	12.5	7.0	96	12.0
28	4.5	2.5	2.0	64	15.0	13.0	7.5	98	12.5
—	—	—	—	66	15.5	13.5	7.5	—	—
30	5.0	3.0	2.5	68	16.0	14.0	8.0	100	12.5
32	5.5	3.5	2.5	—	—	—	—	102	13.0
34	6.0	4.0	3.0	70	16.5	14.5	8.5	104	13.5
36	6.5	4.5	3.5	72	17.0	15.0	8.5	106	13.5
38	7.0	5.0	3.5	74	18.0	16.0	9.0	108	14.0
—	—	—	—	76	—	16.5	9.0	—	—
40	8.0	6.0	4.0	78	—	17.0	9.5	—	—
42	8.5	6.5	4.0	—	—	—	—	—	—
44	9.0	7.0	4.5	80	—	17.5	10.0	—	—
46	9.5	7.5	5.0	82	—	18.0	10.0	—	—
48	10.0	8.0	5.0	—	—	—	—	—	—

注:本表根据本技术指南式(7.3.9—1)编制,表中符号与该式中的符号相同。

F.0.2 检查轨缝尺寸时,轨缝检算值可查用表 F.0.2—1 ~ 表 F.0.2—4。

表 F. 0. 2—1　轨缝检算值(一)(mm)

$T_{max}-t_j$	25 m 钢轨	12.5 m 钢轨	$T_{max}-t_j$	25 m 钢轨	12.5 m 钢轨	$T_{max}-t_j$	12.5 m 钢轨	最大轨缝 $T_{max}-T'_{min}$	最大轨缝 25 m 钢轨 $c=4$	最大轨缝 25 m 钢轨 $c=6$	最大轨缝 12.5 m 钢轨 $c=2$
60	18.0	9.0	30	9.0	4.5	100	15.0	100	—	17.5	11.0
58	17.0	8.5	28	8.5	4.0	98	14.5	98	—	17.0	10.5
56	16.5	8.5	26	7.5	4.0	96	14.0	96	—	16.5	10.0
54	16.0	8.0	24	7.0	3.5	94	14.0	94	—	15.5	10.0
52	15.5	7.5	22	6.5	3.0	92	13.5	92	—	15.0	9.5
50	15.0	7.5	20	6.0	3.0	90	13.5	90	—	14.0	9.5
48	14.0	7.0	18	5.5	2.5	88	13.0	88	18.0	14.0	9.0
46	13.5	7.0	16	4.5	2.5	86	12.5	86	17.5	—	8.5
44	13.0	6.5	14	4.0	2.0	84	12.5	84	17.0	—	8.5
42	12.5	6.0	12	3.5	2.0	82	12.0	82	16.0	—	8.0
40	12.0	6.0	10	3.0	1.5	80	12.0	80	15.5	—	8.0
38	11.0	5.5	8	2.5	1.0	78	11.5	78	15.0	—	7.5
36	10.5	5.5	6	2.0	1.0	76	11.0	76	14.5	—	7.0
34	10.0	5.0	4	1.0	0.5	74	11.0	74	14.0	—	7.0
32	9.5	4.5	2	0.5	0.5	72	10.5	72	13.0	—	6.5
—	—	—	0	0.0	0.0	70	10.5	70	12.5	—	6.5
—	—	—	—	—	—	68	10.0	68	12.0	—	6.0
—	—	—	—	—	—	66	9.5	66	11.5	—	5.5
—	—	—	—	—	—	64	9.5	64	11.0	—	5.5
—	—	—	—	—	—	62	9.0	62	10.5	—	5.0

注:1　本表根据本技术指南式(7. 3. 10—1)编制,适用于铺轨时或调整轨缝时的轨温大于 $T_{max}-\frac{a_g+C}{0.011\,8L}$、小于 $T_{max}-\frac{C}{0.011\,8L}$ 的轨道。轨缝质量应在冬末入春后的升温阶段检查。

2　表中查得的检算值如大于相应轨温的最大轨缝,则应以最大轨缝值为该轨缝的检算值。

3　表中的符号与式(7. 3. 10—1)中的符号相同。

CHINA RAILWAY PUBLISHING HOUSE

表 F.0.2—2 轨缝检算值(二)(mm)

$T_{max}-t'_j$	25 m 轨		12.5 m 轨 $c=2$	$T_{max}-t'_j$	25 m 轨		12.5 m 轨 $c=2$	最小轨缝		
	$c=4$	$c=6$			$c=4$	$c=6$		$T_{max}-T'_{max}$	25 m 轨	12.5 m 轨
28	0.0	—	0.0	68	12.0	8.0	6.0	0	0.0	0.0
30	1.0	—	0.5	70	12.5	8.5	6.5	2	0.5	0.5
—	—	—	—	—	—	—	—	4	1.0	0.5
32	1.5	—	0.5	72	13.0	9.0	6.5	6	2.0	1.0
34	2.0	—	1.0	74	14.0	10.0	7.0	8	2.5	1.0
36	2.5	—	1.5	76	14.5	10.5	7.0	—	—	—
38	3.0	—	1.5	78	15.0	11.0	7.5	10	3.0	1.5
40	4.0	0.0	2.0	80	15.5	11.5	8.0	12	3.5	2.0
—	—	—	—	—	—	—	—	14	4.0	2.0
42	4.5	0.5	2.0	82	16.0	12.0	8.0	16	4.5	2.5
44	5.0	1.0	2.5	84	17.0	13.0	8.5	18	5.5	2.5
46	5.5	1.5	3.0	86	17.5	13.5	8.5	—	—	—
48	6.0	2.0	3.0	88	18.0	14.0	9.0	20	6.0	3.0
50	7.0	3.0	3.5	90	—	14.5	9.5	—	—	—
—	—	—	—	—	—	—	—	—	—	—
52	7.5	3.5	3.5	92	—	15.0	9.5	—	—	—
54	8.0	4.0	4.0	94	—	15.5	10.0	—	—	—
56	8.5	4.5	4.5	96	—	16.5	10.0	—	—	—
58	9.0	5.0	4.5	98	—	17.0	10.5	—	—	—
60	9.5	5.5	5.0	100	—	17.5	11.0	—	—	—
—	—	—	—	—	—	—	—	—	—	—
62	10.5	6.5	5.0	102	—		11.0	—	—	—
64	11.0	7.0	5.5	104	—		11.5	—	—	—
66	11.5	7.5	5.5	106	—		11.5	—	—	—

CHINA RAILWAY PUBLISHING HOUSE

注:1 本表根据本技术指南式(7.3.10—2)编制,适用于铺轨时或调整轨缝时的轨温大于 $T_{max}-\frac{a_g+C}{0.0118L}$、小于 $T_{max}-\frac{C}{0.0118L}$的轨道。秋后降温阶段检查轨缝使用本表。

2 表中查得的检算值如小于相应轨温的最小轨缝,则应以最小轨缝值为该轨缝的检算值。

3 表中的符号与式(7.3.10—2)中的符号相同。

表 F. 0. 2—3　轨缝检算值(三)(mm)

$t-t_j$	25 m 轨		12.5 m 轨	$t-t_j$	25 m 轨		12.5 m 轨	最大轨缝			
	$c=4$	$c=6$	$c=2$		$c=4$	$c=6$	$c=2$	$t-T'_{min}$	25 m 轨 $c=4$	25 m 轨 $c=6$	12.5 m 轨 $c=2$
−20	—	0.0	—	22	10.5	12.5	5.0	60	13.5	11.5	7.0
−18	—	0.5	—	24	11.0	13.0	5.5	62	14.5	12.5	7.0
−16	—	1.5	—	26	11.5	13.5	6.0	64	15.0	13.0	7.5
−14	0.0	2.0	0.0	28	12.5	14.5	6.0	66	15.5	13.5	7.5
−12	0.5	2.5	0.0	30	13.0	15.0	6.5	68	16.0	14.0	8.0
−10	1.0	3.0	0.5	32	13.5	15.5	6.5	70	16.5	14.5	8.5
−8	1.5	3.5	1.0	34	14.0	16.0	7.0	72	17.0	15.0	8.5
−6	2.0	4.0	1.0	36	14.5	16.5	7.5	74	18.0	16.0	9.0
−4	3.0	4.5	1.5	38	15.0	17.0	7.5	76	—	16.5	9.0
−2	3.5	5.0	1.5	40	16.0	18.0	8.0	78	—	17.0	9.5
0	4.0	6.0	2.0	—	—	—	—	—	—	—	—
2	4.5	6.5	2.5	42	16.5	—	8.0	80	—	17.5	10.0
4	5.0	7.0	2.5	44	17.0	—	8.5	82	—	—	10.0
6	6.0	8.0	3.0	46	17.5	—	9.0	84	—	—	10.5
8	6.5	8.5	3.0	48	18.0	—	9.0	86	—	—	10.5
10	7.0	9.0	3.5	50	—	—	9.5	88	—	—	11.0
—	—	—	—	52	—	—	9.5	—	—	—	—
12	7.5	9.5	4.0	54	—	—	10.0	90	—	—	11.5
14	8.0	10.0	4.0	56	—	—	10.5		—	—	—
16	8.5	10.5	4.5	58	—	—	10.5		—	—	—
18	9.5	11.5	4.5	60	—	—	11.0		—	—	—
20	10.0	12.0	5.0	—	—	—	—	—	—	—	—

注:1　本表根据本技术指南式(7.3.10—3)编制,适用于轨温$\left(T_{max}-\dfrac{C}{0.011\,8L}\right)\sim\left(T_{min}+\dfrac{a_g+C}{0.011\,8L}\right)$范围铺轨或调整轨缝的轨道。轨缝质量应在冬末入春后的升温阶段检查。

2　表中查得的检算值如大于相应轨温的最大轨缝,则应以最大轨缝值为该轨缝的检算值。

3　表中的符号与式(7.3.10—3)中的符号相同。

CHINA RAILWAY PUBLISHING HOUSE

表 F.0.2—4 轨缝检算值(四)(mm)

$t-t_j'$	25 m轨		12.5 m轨	$t-t_j'$	25 m轨		12.5 m轨	最小轨缝			
	$c=4$	$c=6$	$c=2$		$c=4$	$c=6$	$c=2$	$T'_{max}-t$	25 m轨 $c=4$	25 m轨 $c=6$	12.5 m轨 $c=2$
14	0.0	—	0.0	52	11.5	9.5	5.5	20	—	0	—
16	0.5	—	0.5	54	12.0	10.0	6.0	18	—	0.5	—
18	1.5	—	0.5	56	12.5	10.5	6.5	16	—	1.5	—
20	2.0	0.0	1.0	58	13.0	11.0	6.5	14	0.0	2.0	0.0
—	—	—	—	60	13.5	11.5	7.0	12	0.5	2.5	0.0
22	2.5	0.5	1.0	—	—	—	—	—	—	—	—
24	3.0	1.0	1.5	62	14.5	12.5	7.0	10	1.0	3.0	0.5
26	3.5	1.5	2.0	64	15.0	13.0	7.5	8	1.5	3.5	1.0
28	4.5	2.5	2.0	66	15.5	13.5	7.5	6	2.0	4.0	1.0
30	5.0	3.0	2.5	68	16.0	14.0	8.0	4	3.0	5.0	1.5
—	—	—	—	70	16.0	14.5	8.5	2	3.5	5.5	1.5
32	5.5	3.5	2.5	—	—	—	—	—	—	—	—
34	6.0	4.0	3.0	72	17.0	15.0	8.5	0	4.0	6.0	2.0
36	6.5	4.5	3.5	74	18.0	16.0	9.0	—	—	—	—
38	7.0	5.0	3.5	76	—	16.5	9.0	—	—	—	—
40	8.0	6.0	4.0	78	—	17.0	9.5	—	—	—	—
—	—	—	—	80	—	17.5	10.0	—	—	—	—
42	8.5	6.5	4.0	—	—	—	—	—	—	—	—
44	9.0	7.0	4.5	82	—	—	10.0	—	—	—	—
46	9.5	7.5	5.0	84	—	—	10.5	—	—	—	—
48	10.0	8.0	5.0	86	—	—	10.5	—	—	—	—
50	11.0	9.0	5.5	88	—	—	11.0	—	—	—	—
—	—	—	—	90	—	—	11.5	—	—	—	—

注:1 本表根据本技术指南式(7.3.10—4)编制,适用于轨温$\left(T_{max}-\frac{C}{0.011\,8L}\right)\sim\left(T_{min}+\frac{a_g+C}{0.011\,8L}\right)$范围铺轨或调整轨缝的轨道。轨缝质量应在秋后降温阶段检查。

2 表中查得的检算值如小于相应轨温的最小轨缝,则应以最小轨缝值为该轨缝的检算值。

3 表中的符号与式(7.3.10—4)中的符号相同。

CHINA RAILWAY PUBLISHING HOUSE

附录G　各地区最高、最低轨温资料

表G　各地区最高、最低轨温(℃)

地　区	最高轨温	最低轨温	地　区	最高轨温	最低轨温
北京	62.6	-27.4	承德	61.5	-23.3
天津	65.0	-22.9	张家口	60.9	-26.2
上海	60.3	-12.1	唐山	63.3	-22.6
哈尔滨	59.1	-41.4	保定	63.3	-23.7
齐齐哈尔	60.1	-39.5	邢台	61.8	-22.4
佳木斯	56.4	-39.6	太原	61.4	-29.5
嫩江	58.1	-47.3	大同	58.0	-30.5
牡丹江	57.2	-39.7	运城	65.0	-18.9
安达	59.5	-44.3	乌鲁木齐	60.7	-41.5
长春	59.5	-36.5	塔城	61.3	-39.2
延吉	60.3	-37.1	克拉玛依	62.9	-35.9
四平	56.6	-38.7	吐鲁番	67.6	-28.0
通化	55.5	-36.3	哈密	63.9	-32.0
沈阳	59.3	-33.1	库尔勒	60.0	-28.1
本溪	57.3	-32.3	喀什	60.1	-24.4
丹东	57.8	-31.9	兰州	59.1	-23.3
锦州	61.8	-24.7	玉门	56.7	-28.2
大连	56.1	-21.1	酒泉	58.4	-31.6
呼和浩特	58.0	-36.2	天水	58.2	-19.2
包头	59.5	-32.8	西宁	53.5	-26.6
二连浩特	59.9	-40.2	格尔木	53.1	-33.6
集宁	55.7	-33.8	银川	59.3	-30.6
满洲里	55.5	-46.9	中卫	58.5	-29.2
赤峰	62.5	-31.4	西安	65.2	-20.6
石家庄	62.7	-26.5	延安	59.7	-25.4
汉中	58.0	-10.1	长沙	63.0	-11.3
宝鸡	61.6	-16.1	衡阳	61.3	-7.9
安康	61.7	-9.5	广州	58.7	-0.3
郑州	63.0	-17.9	韶关	62.0	-4.3
开封	63.0	-15.0	深圳	58.7	0.2
安阳	61.7	-21.7	湛江	58.1	2.8

续上表

地区	最高轨温	最低轨温	地区	最高轨温	最低轨温
许昌	61.9	-17.4	南宁	60.4	-2.1
洛阳	64.2	-20.0	桂林	59.7	-5.0
南阳	63.2	-21.2	成都	60.1	-5.9
信阳	62.0	-20.0	资阳	59.2	-4.0
济南	62.5	-19.7	内江	61.1	-3.0
德州	63.4	-27.0	绵阳	57.1	-2.3
青岛	56.6	-20.5	重庆	64.0	-2.5
兖州	61.0	-19.0	宜宾	59.5	-3.0
南京	63.0	-14.0	西昌	59.7	-6.0
徐州	63.3	-22.6	贵阳	61.3	-7.8
杭州	62.1	-10.5	遵义	58.7	-7.1
金华	61.2	-9.6	安顺	54.3	-7.6
合肥	61.0	-20.6	桐梓	57.5	-6.9
安庆	64.7	-12.5	昆明	52.3	-5.4
蚌埠	64.5	-19.4	河口	60.9	1.9
南昌	60.6	-9.3	拉萨	49.4	-16.5
九江	61.0	-10.0	日喀则	58.2	-25.1
武汉	61.3	-18.1	台北	58.6	-2.0
宜昌	63.9	-9.8	台南	59.0	2.0
福州	59.8	-2.5	香港	56.1	0.0
邵武	60.4	-7.9	厦门	58.5	-2.0

CHINA RAILWAY PUBLISHING HOUSE

本技术指南用词说明

执行本技术指南条文时，对于要求严格程度的用词说明如下，以便在执行中区别对待。

(1)表示很严格，非这样做不可的用词：

正面词采用“必须”；

反面词采用“严禁”。

(2)表示严格，在正常情况下均应这样做的用词：

正面词采用“应”；

反面词采用“不应”或“不得”。

(3)表示允许稍有选择，在条件许可时首先应这样做的用词：

正面词采用“宜”；

反面词采用“不宜”。

表示有选择，在一定条件下可以这样做的用词：采用“可”。

CHINA RAILWAY PUBLISHING HOUSE

《客货共线铁路轨道施工技术指南》条文说明

本条文说明系对重点条文的编制依据、存在的问题,以及在执行中应注意的事项等予以说明。为了减少篇幅,只列条文号,未抄录原条文。

1.0.6 由于新技术、新工艺、新材料的不断出现,不同材质及不同结构的轨道器材将不断被采用。本条中的"特定的轨道器材"是指尚无现行标准,或本技术指南没有规定的轨道器材。这些器材必须符合设计要求,并经过技术产品鉴定合格后方可使用。

3.1.1 轨道所依附的线下工程在施工过程如有变更时需作相应的变更。所以轨道工程施工前,应复核经过批准的有关工程的设计文件和收集与轨道工程有关的资料,作为施工的依据。这些资料主要是:中线控制桩表、高程点表、断链表、曲线表、坡度表、制动地段表、车站表、桥梁表、隧道表、渗水土路基与非渗水土路基分界点表、特殊土路基地段表、道口表、轨道电路绝缘接头位置图、铺轨前路基检查证、桥头路基填土密实度检查记录表、临时施工岔线表和运输便道平面图等。

3.2.3 普通线路中桩控制满足不了无砟道床施工精度,需提高测设精度设置基桩。

3.2.4 线路中桩是控制轨道方向的依据。铺轨时轨排对中正确,不仅可减少整道作业量,还是保障预留轨缝质量的重要条件之一。所以要求直线中桩距不大于25 m,保障铺轨时每25 m轨有一个对中点。曲线地段中桩距圆曲线为20 m,缓和曲线为10 m,系配合测量曲线表拟定。铺设混凝土宽枕轨道,为防止扰动道床,要求轨排一次对中就位,所以设有较多的中桩控制作业,桩距规定为10 m。曲线、道口、道岔等重要处所的轨道位置应严格控制,所以各控制点加设带钉的中桩,以提高检测精度。

3.2.6 由于铺砟整道,需考虑预留沉落量对轨面高程的影响,当整道与路基并非同一施工单位时,应相互交接、复测该内容。解决轨面高程、道床厚度与预留沉落量之间的关系。

3.3 轨道施工组织设计是协调工程施工进度、正站线铺轨、架桥、铺岔和铺砟整道之间关系的重要文件。在既有线施工,主要保证既有线运输的安全正点,使安全、质量、工期、效益达到高度统一。

3.4.4 铺轨基地是保障铺轨的重要后盾,是铺轨工程中的一项大型临时工程设施,故对其建设要求,纳入本技术指南范围。

1 大型基地设施庞杂,占地面积大。铁路的既有或新建设备,当地的水源、电力及运输通道等均应充分利用,尽量少占土地,特别应少占或不占良田。在满足生产的条件下,应尽量减少临时工程费用。

2 通往基地的联络线的坡度和平面曲线半径,应在满足要求效能的条件下,顺应地形,尽量减少投入费用。最大坡度不宜大于与其连接线路的限制坡度,是为方便进出基地的列车,不需经过接轨站分解编组,直接进入基地或驶往铺轨工地。如地形复杂,联络线按此要求修建工程量太大，并有条件利用接轨站编组列车或铺轨列车解体运行较为经济时，可按实际情况加大线路坡度，但必须有符合现行规定的安全设施，以确保安全。

3 基地储存的各种线路料，需由外不断运入，同时又需由储料场不断补充轨排生产线各工段，加之车辆装卸、取重排空、编组、到发等，使整备场内运输繁忙。所以基地布置要紧凑，材料堆置合理，取送方便，运送作业顺向，并应使各种起重吊运机械移动距离最小。另从安全方面考虑，场内堆置物与轨道走行线之间，应保持安全距离。相邻料堆间，留有不小于0.5 m的距离是作人行通道用。规模较大的基地，还应修建消防车通道。

4 基地内道岔，均要通过跨装的超级超限货物，小于9号道岔的导曲线半径，对此类货物车辆通行不利，故规定了最小道岔标准。

5 当基地利用新建站场，临时工程与正式工程建设发生矛盾时，应与业主协商妥善处理。

3.4.5 基地内线路平纵断面需要适应各种线路的使用条件。

1 铺设在各种曲线上的轨排，都可在直线上组装，所以轨排组装线应为直线，以利轨排组装作业。

2 装卸线为方便作业，平面以直线为宜。纵坡不宜大于1.5‰，是为防止车辆滑行。如因地形限制，纵坡可放大到2.5‰。作业时，要有防止车辆溜逸措施，特别当使用滚动轴承车辆时尤应注意。

3 其他站线、次要站线和各种道岔型号，考虑到通行跨装的车辆和场内作业安全，一般平面曲线半径不宜小于250 m，纵坡不得大于2.5‰。

3.5.6 钢轨整理工作主要是测定钢轨长度，调直钢轨；对再用轨还应鉴别等级，测量轨头磨耗程度。

我国钢轨标准长度分为12.5 m和25 m两种。此外，为配合铺设曲线轨道采用相对式接头，还规定了12.46 m、12.42 m、12.38 m和24.96 m、24.92 m、24.84 m，6种长度缩短轨。钢轨长度因受制造工艺限制，实际钢轨长度常不能与标定长度相符。因此规定，在20 ℃时丈量，大于12.5 m钢轨，长度允许偏差为±10 mm，等于或小于12.5 m的钢轨为±6 mm。同一标定长度钢轨的实际长度并不一定相同。所以钢轨在使用前，其长度应逐根丈量，并将其长度偏差值用白油漆写在轨端头部上，以便组装轨排时，选用长度相对差不大于3 mm的两根钢轨配对使用，保障轨道相对式接头符合规定要求。

为了简化整轨和搬运作业，并为节省钢轨堆码场地，经整理后同一长度允许偏差范围内的钢轨应同垛堆码(再用轨还应按磨耗程度相近的同垛堆码)。

3.5.8 尖轨是道岔的主要部件，质量要求严格，而其结构又比较脆弱，容易碰损，搬运存放时应严加保护。所以规定尖轨应与基本轨捆扎一起放置，以免伤损。

4.1.3 本条增加了在桥头预备道砟的内容，以便在铺架通过后，及时补充桥头下沉。备砟量一般掌握在25 m^3 左右。

4.3.1 为提高道床密实度，传统工艺仅在整道时增加压道措施，提速系在交付后列车以开通速度作用于道床并自然沉落一段时间方予实行。这种方式已不能适应线路交付运营时对速度提高的要求。为此道床提出了纵横向阻力和密度支承刚度的验收标准，因此规范中采取增加碾压的工程措施，伴以后期大型养路机械整道，促使道床密度、纵横向阻力和支承刚度的迅速提高。

4.3.6 混凝土宽枕碎石道床压实，在铺设时可用机械振实。振动夯实机械中以能够自动走行的平板式振动夯实机械最为理想。要求振动夯实的影响深度大于 300 mm，振动遍数根据所用机械的功率而定，一般为 2～3 遍。要求振实后，道床下沉率（下沉量/未压时道床厚度）不小于 8%。施工前先采用压实机械进行试验得出达到压缩率 8% 时需压实的次数，再进行施工。

4.3.7 由于普通大型养路机械无法对道岔进行起道、捣固作业，而道岔人工铺砟整道又无法使道岔道床尽快进入稳定状态，使道岔道床相对薄弱，不利于道岔的养护维修，对无缝道岔的后续施工影响更大，因此要求正线上的道岔在预铺道砟时，应予分层碾压，并引入了压实密度的要求。

5 本章指正线无砟轨道道床

5.1.1

1 无砟道床质量不良的原因，主要是基底发生沉陷，修补较为困难。基底沉陷的因素，基本上归纳为以下两方面：施工方面，主要是基底没有清理干净，有浮砟或软弱层存在，被地下水冲成空洞所致。设计方面，主要是由于对排水设施处理不够合理，或对地质条件认识不够所致，基于以上情况，施工时要求对基底严格检查，认真处理。

3 无砟道床施工后轨道高程、方向已固定，为避免返修，所以应在道床施工前完成贯通测量并调整闭合。

5.1.2 无砟道床施工、无砟道床轨道铺设、整道及交付运营后维修养护均需要较高测设精度，且能长期保持的测量标志供使用，因此本条对基桩的测量精度和设置方式作出规定。

5.1.3 桥梁梁体制成日期距无砟道床施工日期的时间不同，未完成的收缩徐变量也不同。收缩徐变主要影响梁长，如 32 m T 型梁，徐变终极值可达 17.8 mm。当然梁长的变化也会影响到梁的上拱度。因此徐变量过大，必然影响无砟道床的质量和精度。为使这种影响降到适当的程度，并满足施工工期的要求，本标准规定，徐变量符合设计时，方可进行无砟道床施工。根据研究统计，T 型梁收缩徐变与时间的关系，见说明表 5.1.3。

说明表 5.1.3 T 型梁收缩徐变与时间关系

时间(d)	0	10	20	30	40	50	60	90	≥180
徐变完成百分率(%)	0	33	37	40	43	46	50	60	75

5.1.6 本条为施工过程精度控制，较竣工验收标准高，系考虑后续工序对精度的影响。

5.1.7 钢轨支撑架，按支承钢轨的方式可分为上承式和下承式两种。架身、横梁和立柱支承钢轨可调整轨面高低，轨卡螺栓可以左右移动钢轨方向，轨底坡板使钢轨保持 1∶40 的坡度。故钢轨支撑架不仅是承重装置，而且是施工时轨面高低、水平和轨距的调整装置。

上承式支撑架架设后，轨面通视条件好，便于目测，本身自重轻，便于组装拆卸，但由于架身全部在道床范围内，道床混凝土浇筑后，表面留有凹槽空穴，需要回填。下承式支架横梁在轨面上，道床混凝土浇筑后，表面不留凹槽，但轨面通视条件差，重量较上承式增加约 47%。

为了竣工后，轨道质量达到验收要求，故对架设钢轨和架挂支承块提出较高的要求。

5.1.15～5.1.16 考虑到模板在施工中因震捣等外力作用，难免有变形变位现象，因此制

CHINA RAILWAY PUBLISHING HOUSE

定标准时按圬工验收标准适当提高了一档，以求匹配。

目前的精度，参照秦沈客运专线标准略微降低，与《铁路混凝土与砌体工程施工质量验收标准》(TB 10424—2003)相比，精度略有提高。

5.2.2 基准器的设置是作为确定轨道中线的位置、调整轨道板高低平顺和设定轨顶面高程很重要的一项工作。特别在坡道竖曲线和缓和曲线上，由于每块轨道板设置标高均不相同，所以每块板均应设置一处，便于作业。

5.2.5 CA 砂浆是板式道床减震的主要措施，也是保证轨道水平、超高的板下基础，因此施工控制较严。

5 CA 砂浆与轨道板的密贴程度，凸型挡台四周可以观察检查、尺量，而板底的密贴主要靠工艺控制。首先，灌注时要保证溢出高度。其次，要及时撤除支撑螺栓。

5.3.3

3 弹性支承块无砟道床依靠橡胶套靴和垫板通过支承块向轨面传递弹性，如果橡胶垫板与支承块底部及橡胶套靴底部内侧之间结合不紧密，就会在支承块与道床混凝土之间留下间隙，轨面下沉，造成水平不良或扭曲。施工时要注意使三者之间紧密结合。

4 用条带材料绑扎，可有效防止施工搬运过程中套靴松动、口部张开甚至脱落。

6.1.2 无缝线路施工，对轨温要求严格，选择轨温合适的时间施工，非常重要。熟悉并掌握当地轨温变化规律，是合理安排施工组织的必要条件。

6.1.3 钢轨焊头的质量，是靠焊接工艺参数来保证，严格规定进行型式检验，确定最佳工艺参数，确保钢轨焊接质量。

新颁《钢轨焊接》(TB/T 1632.1～4—2005)对型式检验、生产检验和焊接质量有下列新规定：

(1)应进行型式检验和生产检验的情况、检验项目、试件数量和质量要求略有不同；

(2)移动式闪光焊落锤试件数量为 15 个；

(3)铝热焊型式检验不进行落锤试验；

(4)在钢轨固定式闪光焊接生产线上，应使用非接触式传感器自动检测尺测量焊接接头平直度；

(5)焊头平直度测量方法和测量位置的规定；

(6)超声波探伤采用缺陷当量判定焊头质量的规定；

(7)钢轨焊头打磨的规定；

(8)用 200 mm 直尺测量焊头工作面表面不平度的规定；

(9)检测焊接接头错边量的规定；

(10)焊头非工作边错边应进行纵向打磨过渡的规定。

这些新规定在 2003 年 12 月 16 日发布的《铁路轨道工程施工质量验收标准》(TB 10413—2003)中没有，应在钢轨焊接施工中认真执行。

6.2.1

3 施工单位必须全面复测线路，根据现场实际，编制配轨计划表，用于指导施工。若编制有误，待长钢轨落地必将造成损失。

6.3.1

1 有砟轨道一次铺设无缝线路铺轨主要有两种作业方法："单枕连续铺设法"和"轨排铺设法"。从技术和经济角度出发，单枕连续铺设法具有显著优越性，可以保证线路平面位置的准确，在曲线地段防止出现折角。

6.4.4 无缝线路与有缝线路的根本区别就在于钢轨内存在巨大的温度力。钢轨在自由状态下因温度变化而热胀冷缩，并不存在温度力。钢轨的温度力是在轨温发生变化，因线路被锁定钢轨不能自由伸缩的情况下产生的。所以钢轨的温度力和各种阻力（轨道框架阻力、道床纵向阻力、道床横向阻力）相伴存在。要保持轨道的稳定性，轨下基础，包括有砟轨道的道床及路基和无砟轨道的轨下基础必须稳定。道床必须能提供足够的阻力和具有一定的弹性。本条对轨下基础和道床的要求，均是为了满足无缝线路稳定性的要求。

6.5.2 目前工地钢轨焊接尚采用气压焊或铝热焊，这两种焊接方式有其优点，但焊接质量不如闪光焊的质量稳定可靠，因而国内不少企业已开始采用移动式闪光焊机进行工地钢轨焊接，并取得初步成效。随着钢轨焊接技术的不断进步，工地钢轨焊接优先采用闪光焊已成必然。因此，本指南按基地焊接接头平直度标准，引入工地焊接作为标准。

5 在工地进行合龙焊接，以及在坡道上进行单元焊和锁定焊时，钢轨焊头都将承受很大拉力。钢轨焊接后推除焊瘤时，焊头温度高约 1 200 ℃；焊头正火加热温度高达 900 ℃，均应使用保压推凸和保压正火确保焊缝不被拉裂。根据铁道部科学研究院金属与化学研究所经验，焊头温度冷却到 400 ℃以下焊缝就不会被拉裂。

6.6.2 为了判明钢轨锁定后是否发生位移，当前较可靠的办法就是设置纵向位移观测桩。在钢轨铺设锁定之后，在与观测桩相对应的钢轨上做记号，作为观测钢轨爬行的观测零点。由于观测零点标记一定要在线路锁定时作好，所以观测桩要在铺设无缝线路前设置。

6.6.3 实际锁定轨温是施工中进行线路整修乃至今后长期运营中进行线路维修的依据，是无缝线路施工最重要的技术指标，必须准确设定。

在新建铁路铺设无缝线路施工中，实际锁定轨温的确定主要分以下两种情况：

（1）在线路锁定施工中，当锁定作业时轨温在设计锁定轨温范围之内时，现场实测的轨温平均值即为该单元轨节的实际锁定轨温。

（2）在线路锁定施工中，当锁定作业时轨温低于设计锁定轨温允许变动的范围时，现场实测的轨温平均值加钢轨拉伸换算轨温即为该单元轨节的实际锁定轨温。

6.6.4 一般情况下，选择施工时轨温略低于设计锁定轨温较为有利，因此用拉伸器张拉单元轨节是铺设无缝线路施工中经常采用的办法。由拉伸引起的锁定轨温温升 Δt（换算轨温）按下式计算：

$$\Delta t = \frac{\Delta L}{0.011\,8l} \quad \text{（说明 6.6.4）}$$

式中 ΔL——单元轨节拉伸后的伸长值（m）；

l——单元轨长度（m）。

由于只有伸长值 ΔL 均匀地分配在单元轨节被拉伸钢轨的全长范围内，才能准确反映出该段单元轨的实际锁定轨温。拉伸不均匀，势必造成锁定轨温不均匀。因此，张拉单元轨节必须采取措施，确保张拉均匀。实际拉伸温差 Δt 及拉伸长度 ΔL 可依施工条件确定。

6.6.6

2 当左右两股长轨条铺设锁定轨温差超过 5 ℃时应进行应力放散，是因为当左右两股长轨条铺设锁定轨温差 5 ℃时，左右两股钢轨所承受的温度力将有很大差别，以

60 kg/m钢轨为例：$\Delta P_t = EF\alpha\Delta t = 248 \times 77.45 \times 5 = 96\ 038$ N 即左右两股钢轨锁定轨温每差1 ℃，所承受的温度力相差19.2 kN。因此，从确保轨道结构的稳定性考虑，必须限制左右两股钢轨的铺设锁定轨温差。

限制相邻单元轨节的铺设锁定轨温差，一方面可减少区间无缝线路钢轨温度力的不均匀，另一方面是方便施工，减少施工作业量。

6.7.3 无砟道床竣工后，轨向、高程、枕距、前后高低、中线位置均已固定，今后不易改动，故比一般轨道标准高。

6.8.1 在开通前预打磨钢轨，去除钢轨在轧钢和施工过程中造成的轨面微小不平顺，进一步提高全线钢轨的平顺性，已被国外无缝线路的实践证明是一项技术经济效益显著的成功经验，许多国家都广泛采用。为了控制轨道的初始不平顺，保证轨道的高平顺性要求，降低轮轨噪声，延长钢轨使用寿命，国外无缝线路轨道在开通前都要进行钢轨预打磨，近几年我国在环形道、广深、郑州进行的准高速和高速试验的实践充分证明了钢轨预打磨的优越性。在无缝线路的设计、施工时必须重视钢轨的预防性打磨问题。

6.9.3

1 由于落道将扰动道床，若机养后落道，则落道部分的机养失去意义，故应先行落道。

3 失效轨枕更换，利于大型养路机械一次捣固密实，保持道床密实度的均匀性。机养后再换，则该枕的密实度将受影响。

6.9.4 大型养路机械的犁板在两线间张开作业将侵入邻线限界，故在不采取措施的情况下，禁止作业。

6.9.6 道床厚度不足时，捣固作业很容易破坏基层表面、桥面及隧道铺底并伤及镐头。

6.9.9 大型养路起、拨捣固车前后转向架中心距为11 m，转向架下的轴距为1.5 m，则前后转向架间轴距实际为9.5 m，起道与拨道实质上是在9.5 m长的轨道框架中部，施加外力（见说明图6.9.9）虽然捣固车最大起道量及拨道量按目前机型可达150 mm，但在轨道框架较短的情况下，采用极限起、拨道量，极易造成钢轨竖向、横向硬弯。尤其拨道时，由于轨道框架横向刚度较大，拨道量越大，其回弹力也越大，当松开拨道夹钳后，由于回弹量，很难保持予定拨道量的准确，致使拨道质量受到影响。所以，针对目前使用的机械设备，对起、拨道量做了限制性规定。

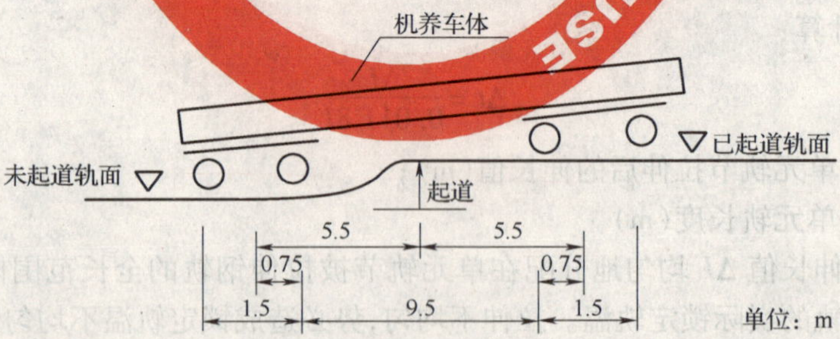

说明图 6.9.9

6.9.11 施工结束时，已施工地段与未施工地段，道床密实度及轨面高度不一致，为防止放行列车在此发生意外，需做顺坡处理，并显示慢行。

7.1.1 当轨道采用标准长度钢轨，接头为相对式时，轨枕间距可按本技术指南附录B中表 B.0.1 规定的尺寸布置。表 B.0.1 中的“c”值，按钢轨接头构造决定，其中 60 kg/m 和 50 kg/m 钢轨铺用混凝土枕的 c 值，原采用 520 mm，因钢轨接头螺栓和轨枕扣件装卸作业相互干扰，故现改为 540 mm。

当轨道采用非标准长度钢轨或相错式接头时，其轨枕间距一般为小数，小数取整的间距计算方法见本技术指南附录 B。

在布置非标准长度钢轨和相错式接头轨道的轨枕时，采用小数进位取整的办法有可能增加轨枕数量。经过 50 kg/m 钢轨轨道分析，轨枕间距在 540～700 mm 范围内变化对钢轨应力的影响很小。在每千米减少轨枕数不超过 80 根的情况下，道床应力的变化也是很小的，故可采取只进不舍，加大枕距的措施。但为保持轨道整体结构的均匀性，本条规定，轨枕的加大间距，在必要时可比设计间距大，但不得大于 20 mm。

7.1.3 我国新建和改建铁路轨道一般采用混凝土枕，但并不排除铺设木枕轨道，在个别地段，目前仍需铺用木枕过渡，实际上存在同时铺设混凝土枕和木枕的情况。

混凝土枕和木枕轨道性能并不一致。不同轨枕轨道频繁交替，破坏了整体轨道结构的均匀性，恶化行车条件，同时也不利铺设施工和养护作业，所以同一种类的轨枕应集中连续铺设，两个木枕地段间的长度小于 50 m 时，也应铺设木枕。

7.1.4 我国铁路使用的轨枕，主要有混凝土枕和木枕两种。两种轨枕按结构强度分级，木枕为Ⅰ、Ⅱ两级，混凝土枕分为三级。各种轨枕的不同类型，各有标定的适用范围。但在实际施工中，如因特殊原因造成材料供需错位，应允许轨道采用与设计规定不同类型的轨枕，以保持工程能继续施工，减少损失。但替代枕应以大代小、以强代弱，或等强替代，使替代后的轨道强度不低于设计要求。同时，同类型轨枕应按本条规定集中一定长度铺设，以方便轨道维修管理。

7.1.5 为使钢轨接头部位弹性均匀，改善轨道接头的受力条件，所以要求在钢轨接头前后，铺设过渡轨枕。混凝土宽枕与混凝土普枕相邻处的接头，虽然轨枕种类相同，但由于其厚度、刚度、差异较大，故也应比照过渡。

混凝土桥枕与普通混凝土枕混合使用时，轨枕同类，其刚度相近，可不拘泥于此规定。

7.1.6

4 木枕标准长度为 2.5 m，允许偏差为 ±60 mm。铺设时要求一端取齐，超长部分锯去，不仅整齐美观，还因为铺轨机械内部限界系按标准轨枕长度设计的，轨枕超长不利于通过铺轨机械。铺入线路后，超长枕木头处的砟肩宽度不足，削弱了道床横向阻力，影响轨道稳定性。

7.2.7 硫磺水泥砂浆锚固的螺旋道钉，经多年实践证明，抗拔力达 60 kN 以上，可满足扣件结构要求，而且耐久性良好。道钉在锚固时，温度宜保持在 0 ℃以上，是为防止灌浆锚固时道钉周围过快冷缩，影响道钉的抗拔力。螺旋道钉圆台底高出轨枕承轨槽面，当采用调高扣件时，可根据设计图要求大于2 mm。

钢轨扣件的作用除保持轨距，防止钢轨倾覆外，还应制止钢轨在枕面上爬行。扣件阻力应大于道床纵向阻力。每根混凝土枕的道床纵向阻力约为 10 kN。扣件阻力由道钉螺母扭矩所产生的扣压力决定。根据测定，现用的两种类型扣件——扣板式扣件和弹条扣件，当螺母扭矩为 100 N · m 左右时，弹条Ⅰ型扣件阻力可大于道床纵向阻力，能有效制止钢轨沿枕面爬行。扣板式扣件在荷载作用下扣压力损失率较大，扭矩应稍为大一些。使用弹条扣件的轨道，在半径等于和小于 650 m 的曲线地段，扭矩也应大一些，以抵消水平推力的影响。安装扣件时，要注意防止假象。在螺旋道钉丝口与螺母不能契合，或锚固组装尺寸不合理的情况下，可能出现扭矩较大，而实际扣压力不足的现象。出现这种假象时，应重新安装，首先应使扣件组装尺寸合乎要求，并做好除锈涂油工作。

7.2.9　K 型分开式扣件用于木枕，扣压力和轨距保持能力大大提高，但施工难度也相应增加，如接头的处理，特别在钢桥面上铺设时，因处理接头需调整木枕位置，故护木不宜在铺轨前安装，否则将造成返工。

7.3.1

2　铺设与设计不同类型钢轨时，为了便于管理，减少异型钢轨接头，应将同类型钢轨集中铺设在一个区间或车站内。同型轨延续铺设的最小长度，正线上应结合配置相应的常备轨一并考虑。

调车线要用铁鞋减速制动，同一股道不得有不同类型钢轨接头，故应铺设同类型钢轨。

为避免轨道在接头处的刚度变化过大，故规定连接的不同类型钢轨的类型差不得大于一个等级。

铺设非国产钢轨时，应将同一个国家进口的、同一类型、同一长度的钢轨集中成段铺设，成段铺设的长度与国产钢轨同。但在曲线地段，如进口钢轨无相应的缩短轨供应时，曲线内股可用国产标准长度轨和相应的缩短轨与其配套使用。

3　根据《43～75 kg/m 钢轨供货技术要求》（TB 2344—93）的规定，新出厂的标准轨长为 12.5 m 的短尺轨的最小长度为11 m，标准轨长为 25 m 的短尺轨的最小长度按轨型 43 kg/ m 轨为 21 m。另按本技术指南附录 A，再用轨的最小长度：一级为10 m，二级为 8 m。

非标准长度轨无相应的缩短轨，曲线轨道选配钢轨铺成相对式接头困难较多，故不宜在曲线上使用。

7.3.2　相对式接头轨道，可减少车辆轮对对二股钢轨不对称冲击，造成水平不良和扭曲，而且轨道采用相对式接头，是机械铺设轨排的必要条件，所以如无特殊原因，轨道应采用相对式接头。

相对式接头轨道，为保持接头方正，轨缝正确，要求同一轨排除为调整曲线接头相错量需要配置不同长度钢轨外，应选用相对差不大于 3 mm 的钢轨配对使用，并应前后左右随时调整抵消。累计相差量控制在 15 mm 内，是为了防止接头相错量不致太大。

在曲线内股插铺一定数量的缩短轨以后，到曲线末端仍会存在内股钢轨接头超前或错后现象，最大剩余相错量可达采用缩短轨缩短量的一半。如剩余相错量较小，一般利用钢轨长度偏差量，在曲线内调配两股钢轨，消除接头相错（困难时可延伸到直线上）。如剩余量大（采用24.84 m 缩短轨时，最大相错量可达 80 mm），为缩短调整地段的长度和少用非标准钢轨（同一轨排两轨长度相对差，正常情况不得大于 3 mm），可在曲线尾插入一根相应于剩余相错量的缩短轨，以减小或消除剩余相错量，使出曲线后的直线轨道，能选同长轨配对使用，以保持两钢轨接头位置相对良好。

消除曲线尾剩余接头相错量，切不可用增减轨缝尺寸的方法。因轨缝本身已存在一定偏差，如再引入较大偏差，势必导致轨缝技术状态不良。

当铺设再用轨或非标轨，因无标准缩短轨而利用钢轨长度差配成相对式接头时，由于钢轨没有固定的缩短量，接头允许相错量无法按上述规定计算。考虑到轨道标准较低，统一取最大缩短量,按上述规定计算允许相错量。标准缩短轨最大缩短量为160 mm,直线地段允许相错量按线路等级分为40 mm与60 mm两种,故此情况下,按线路等级规定允许相错量分为120 mm和140 mm。

7.3.3 车站内线路和道岔间绝缘接头的设置位置应在铺轨前的配轨计算时加以考虑。否则可能会出现事后锯轨现象。若锯轨后形成的短轨长度不能符合规定要求,甚至会造成调整轨节返工。因此铺轨前应充分考虑绝缘接头设置要求。

7.3.4

4 相错式接头轨道,为降低车辆通过钢轨接头时左右摇摆程度和减少轮对对轨端的额外冲击力,要求固定轴距间的前轴左轮通过接头时,后轴右轮已离开对侧的钢轨接头。一般常用车辆轴距小于3 m(主型客车固定轴距为2.7 m),所以要求相错式接头轨道,两接头相错量不应小于3 m。但在轨道电路,两钢轨绝缘接头的错开距离(死区段)严禁大于各种车辆的最大固定轴距,以防车辆停留在死区段时,导致错误的信号显示或道岔转换而造成行车事故。目前客、货车的最大固定轴距为2.7 m,所以要求轨道电路两绝缘接头相错量不得大于2.5 m。

7.3.5 明桥面和拱桥上限制钢轨接头是为避免桥梁结构受过大的附加力。道口内有钢轨接头时,不仅增加安装护轨的困难,而且不易进行日常检查和养护维修,所以不得有钢轨接头。

7.3.6 钢轨接头落入禁止设置的范围内的五种情况,采用调整接头位置,或冻结的办法,可有效解决。而遇到道口宽度超过25 m,暂时未设立交的情况下,可焊接解决。

7.3.7 为调整钢轨接头位置或合龙口,插入个别短轨最小长度的规定是为保持轨道的必要强度,但为有效利用钢轨,以12.5 m轨的一半计算,并留有余地,所以要求正线最小长度不短于6 m;列车速度较低的轨道,可减少到4.5 m。

调整桥上钢轨接头位置时,在离桥台尾10 m外插入短轨,是为保持桥上轨道结构完整、增加桥上安全度。

7.3.8 配轨设计,是保障顺利铺轨的前提,是轨道工程施工的一项重要的技术管理工作。

铁路线路各坡段的设计长度,按中线水平距离测定,所以首先应按线路设计长度,换算成准确的铺轨长度,然后才能算定各钢轨接头在线路上的准确位置和龙口长度,以及插入非标准长度轨的位置和长度。

直线轨道各坡段的铺轨长度按下式计算:

$$L_p = L_s(1+i^2)^{1/2} \quad \text{(说明 7.3.8)}$$

式中 L_p——坡段铺轨长度(m);

L_s——坡段设计长度(m);

i——坡段坡率(‰)。

为方便使用,故将计算的铺轨增长量结果列入条文内容。

曲线轨道在内股要配置缩短轨,所以配轨计算延续到曲线时,应以外股为依据。配轨计算由直线入曲线时,确定曲线始点至前或后接头点间的距离,是为计算曲线内股缩短轨布置作依据。

曲线轨道顺外股连续计算到出曲线时确定曲线终点至前或后接头点间的距离,是为下一段直线轨道配轨作依据。

7.3.9

1　铺轨时预留轨缝大小，应满足锁定后的轨道，在接头阻力和道床阻力挟制下，钢轨有足够的伸缩空间以放散部分温度力。在此基础上，因温度变化的轨缝，应始终处于相应温度时的最小尺寸，以改善轨道接头结构，缓解列车通过时轮对对轨端的冲击，条文中式(7.3.9—1)就是据此要求拟订的。按该式计算所留的轨缝，可使锁定后的轨道，在钢轨达到历史最高温度时，轨缝闭合而轨端不顶紧受力，当轨温降至最低时，轨缝一般小于构造轨缝，最大时也不会超过最大构造轨缝，符合有缝线路轨道对钢轨接头结构的基本要求，而且在轨温变化过程中，轨缝尺寸始终处于相应温度时的最小值。

预留轨缝计算式中等号右侧第一项是钢轨随温度变化的自由伸缩量。轨道锁定后，钢轨伸缩只有在积蓄于钢轨内的温度力足以克服接头阻力时才能开始起动，然后再在伸缩过程中逐步克服道床纵向阻力，直至钢轨温度力和阻力相互平衡。所以钢轨的实际伸缩量，应是自由伸缩量减去 C 值，C 值按下式计算：

$$C = C_1 + C_2 = \frac{P_H L}{EF} + \frac{P_1 L^2}{4EF} \qquad \text{(说明 7.3.9—1)}$$

式中　C_1——接头阻力限制钢轨伸缩量(cm)；

C_2——道床纵向阻力限制钢轨伸缩量(cm)；

P_H——钢轨接头阻力(N)；

P_1——一股钢轨下道床单位纵向阻力(N/cm)；

E——钢轨弹性系数(N/cm^2)；

F——钢轨断面积(cm^2)。

C 值的存在，反映了轨道结构的客观情况，其值大小主要决定于接头阻力，可由人们根据需要决定，但应兼顾以下两个要素：

(1)保证轨道稳定

钢轨伸缩时，需先克服接头阻力。在轨端不顶紧受力的条件下，轨道可能积蓄的最大温度力与接头阻力相等(道床阻力影响较小，可省略不计)。温度力是影响轨道稳定的有害因素，所以最大接头阻力需加以限制。

无缝线路要求，当轨温大于或小于锁定温度 20 ℃以上时，大部分线路作业被禁止。对有缝线路轨道，在一般情况下，不禁止其日常养护作业。所以轨道可能积存的最大温度力，控制在 20 ℃温度变化所产生的增值范围之内，即 25 m 轨轨道接头阻力限制钢轨伸缩量不得大于 6 mm(0.011 8 × 25 × 20 = 5.9 mm)，以保障轨道稳定。在这种条件下的轨道，经采取适当措施后，一般线路作业不会破坏轨道稳定。

(2)应为我国铺设 25 m 轨创造条件

根据上面的分析，C 值规定得小一些，对保持轨道稳定有利。但是，由于上紧夹板后所产生的接头阻力，可遏制钢轨伸缩，即接头阻力越大，C 值越大，因而同一长度钢轨的适用温差范围也越大。因此，选定 C 值的大小，对我国铁路轨道扩大铺设 25 m 轨就有非常重要的意义。

钢轨接头的最大构造轨缝只有 18 mm，若钢轨长度按热胀冷缩规律任其自由伸缩，则 25 m 轨适用温差限制为：

$$T_{max} - T_{min} = \frac{18}{0.011\,8 \times 25} = 61\ ℃$$

我国除南方个别地区外，绝大部分地区的最大轨温差大于 60 ℃(见本技术指南附录

CHINA RAILWAY PUBLISHING HOUSE

G)。因此，铺设 25 m 轨轨道，需用接头阻力来控制钢轨伸缩量，保证轨道在最高轨温时，轨缝闭合而轨端不顶紧受力，轨温降到最低时，轨缝不大于最大构造轨缝而拉切接头螺栓。按此要求，C 的需要值应按下式确定：

$$C=\frac{0.0118(T_{max}-T_{min})L-a_g}{2} \qquad \text{(说明 7.3.9—2)}$$

C 的需要值，由地区最大轨温差和铺设的钢轨长度决定。

根据气象记录资料，我国仅在齐齐哈尔以北地区，历年最大轨温差大于 100 ℃。按式（说明 7.3.9—2）计算，C 值采用6 mm可满足我国除齐齐哈尔以北以外全部地区铺设25 m轨的要求。我国幅员广大，南北温差差别很大，如 C 值统一采用 6 mm，则在温差较小地区或采用的钢轨长度较短，则不仅在轨道构造上无实用意义，反而会因过大的接头阻力影响轨道稳定，增加施工和养护作业困难。因此，本技术指南根据不同地区温差和不同钢轨长度，把 C 的采用值分为 6 mm、4 mm 和 2 mm 三级。按式（说明 7.3.9—2）计算，经适当调整后，不同 C 值的适用条件见说明表 7.3.9。

说明表 7.3.9　不同 C 值的适用条件

C(mm)	钢轨长(m)	$(T_{max}-T_{min})$(℃)
2	≤15	≤124
4	15 ~ 20	≤110
	15 ~ 25	≤85
6	20 ~ 23	85 ~ 110
	20 ~ 25	85 ~ 100

我国地区最大轨温差不超过 110 ℃。由上表可知，当 C 采用2 mm，轨长不大于15 m；C 采用 4 mm，轨长不大于 20 m；C 采用 6 mm，轨长不大于 23 m 的轨道，不受地区温差条件的限制。其中轨长 20 m 作为 C 值采用 6 mm 的起点，是因为当 C 采用 4 mm 时，全国通用钢轨的长度不得大于 20 m。当轨长大于 20 m，C 值改用 6 mm，则 20 ~ 23 m 轨也能在全国通用了。

铺轨时，轨道方向不顺，高低不平，经整平顺直后的轨道，轨缝要缩小，所以预留轨缝应按式（7.3.9—1）的计算值略予加大，加大值视铺轨时对中质量和平顺状态酌定。由于机械铺轨时碾压爬行，造成铺轨拉伸，内部产生拉应力。与人工铺轨不同，其钢轨在铺设时内应力为零，因此二种铺轨方法在加大值上应有所区别。在温差较大地区，铺轨时应特别注意轨排对中质量，严格掌握加大量，防止轨缝留得太大，以致锁定后的轨道在低温时出现超大轨缝。

隧道内轨道，与洞外的自然条件不同，温差幅度小，特别是最高轨温与洞外区别很大。根据《铁路工程设计技术手册》第六篇，隧道内最高轨温比洞外低 20 ℃ ~ 30 ℃，本技术指南采用该资料的下限值，规定 300 m 以上的隧道内，按式（7.3.9—1）计算预留轨缝，T_{max} 采用当地历年的最高气温，不再加大，以减少轨缝，改善隧道内接头受力条件。隧道外轨温与气温的关系，随周围自然条件变化而变化，但在日照条件下，一般轨温比气温高。根据实测资料，夏季最高轨温，一般不超过最高气温加20 ℃。为保证在最高轨温时轨端不顶紧受力，所以式中的 T_{max} 采用历年最高气温加 20 ℃。年最高温度低于历年最高温度，所以按式（7.3.9—1）计算值预留轨缝的轨道，如钢轨不发生不均匀爬行，从理论上分析，

CHINA RAILWAY PUBLISHING HOUSE

轨缝闭合的机会是绝无仅有的。

轨道电路的绝缘接头，按现行有关规定，在钢轨温度最高时，轨缝不应小于6 mm。轨缝有效空间减小，钢轨不能按设定条件伸缩，故绝缘接头应予冻结，其轨缝尺寸不再按式(7.3.9—1)计算确定。

2　说明图7.3.9是轨温、轨缝关系图。

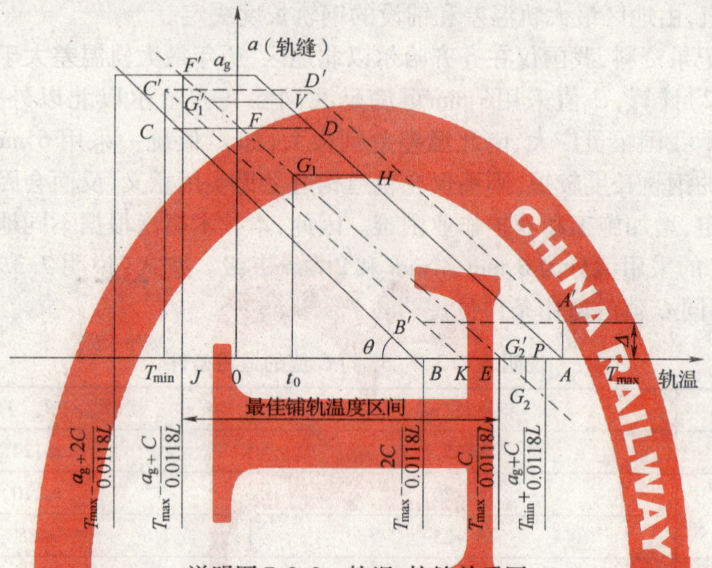

说明图7.3.9　轨温、轨缝关系图

图中：EF为预留轨缝计算式(7.3.9—1)的轨迹线。当轨道处于零应力时，轨温轨缝关系点均在该线上，所以又称其为零应力线，四边形周界线$ABCD$是轨温轨缝变化的极限轨迹线。横坐标上各点的轨温为：

J——$T_{\max}-\dfrac{a_g+C}{0.011\,8L}$

B——$T_{\max}-\dfrac{2C}{0.011\,8L}$

E——$T_{\max}-\dfrac{C}{0.011\,8L}$

P——$T_{\min}+\dfrac{a_g+C}{0.011\,8L}$

按以上分析，不同温度范围铺设的轨道，轨温轨缝变化的极限轨迹不同，而且在温度超过一定范围时铺轨，铺成的轨道质量将受影响。所以安排铺轨时，应考虑温度因素，并作相应处理，以完善轨道结构。

(1)在横坐标上选定JE温度区间铺轨，即：

$$T_{\max}-\frac{a_g+C}{0.011\,8L}\leqslant t\leqslant T_{\max}-\frac{C}{0.011\,8L}\qquad(说明7.3.9—2.1)$$

当铺轨温度t为该范围的上限值时，按计算或由图可知，预留轨缝为零；下限值时，预留轨缝等于最大构造轨缝a_g。在JE区间任何温度时铺设，相应的轨温轨缝点应在EF'线段上，例如铺轨温度t为t_0时，其相应点为G_1。轨道锁定后如升温，开始因受接头阻力遏制，钢轨不能伸长，也不能缩小。当轨温升高到$t_0+\dfrac{C}{0.011\,8L}$的H点时，钢轨积蓄的温度

CHINA RAILWAY PUBLISHING HOUSE

力与接头阻力平衡，呈极限状态。如继续升温，因接头阻力被克服，钢轨开始伸长，放散部分温度应力至与接头阻力再度平衡。在以后继续升温阶段，如是反复渐进，轨缝沿 HA 线缩小，直至 T_{max} 的 A 点时，轨缝闭合。此后轨温回落，进入降温阶段。开始时轨道先释放温度压力，待轨温回落到 $T_{max}-\frac{C}{0.0118L}$ 的 E 点时，压力散尽，轨道处于零应力状态。再继续降温，压力转向成拉力，直至温度回落到 $T_{max}-\frac{2C}{0.0118L}$ 的 B 点时，拉力与接头阻力平衡，此后继续降温，轨缝沿 BC 线扩大，直至 T_{min} 的 C 点，如 T_{min} 不小于 $T_{max}-\frac{a_g+2C}{0.0118L}$，$C$ 点的轨缝不大于最大构造轨缝 a_g。轨温由 T_{min} 回升到 T_{max} 阶段，同样可知，轨缝应沿 CDA 线变化，到 T_{max} 时轨缝闭合。此后轨温轨缝变化轨迹，始终框定在封闭曲线 $ABCD$ 内，形成年复一年的大循环。

假定铺轨点是在四边形 $ABCD$ 外 FF' 线段上的 G_1'，按以上分析，开始升温至 V 点，积蓄温度力，轨缝不变，以后轨缝沿 VDA 缩小，直至 T_{max} 轨缝闭合。轨温由 T_{max} 到 T_{min}，轨缝沿 ABC 扩大。由 T_{min} 回升到 T_{max}，轨缝沿 CDA 缩小到 T_{max} 时再闭合。与在四边形内的 G_1 点铺轨一样，在 G_1' 铺设的轨道，只在轨道锁定后开始升温到 D 点阶段，轨温轨缝变化在四边形以外，其以后的变化轨迹，也始终被框定在同一的 $ABCD$ 封闭曲线内，并形成一年一次的循环。

综上分析，选定轨温 t 在 T_{max} 范围铺轨，可使铺成的轨道在 $T_{max}-\frac{a_g+C}{0.0118L}\sim T_{max}-\frac{C}{0.0118L}$ 时轨缝闭合，但轨端不顶紧受力。T_{min} 时，轨缝不大于最大构造轨缝。在其他任何轨温时，轨缝是相应的最小值。此外，还由于年最高轨温一般小于历年最高轨温 T_{max}，年最低轨温大于历年最低轨温 T_{min}，所以在一般情况下，如钢轨不发生不均匀爬行，轨道在年最高轨温时，轨缝并不闭合，有利检查养护，在年最低轨温时，轨缝也比 T_{min} 时小，可减小拉切接头螺栓的机会。所以一般情况应安排在轨温 t 满足式(说明 7.3.9—2.1)条件下铺轨。

(2)在横坐标上 EP 区间铺轨，即：

$$T_{max}-\frac{C}{0.0118L}<t\leqslant T_{min}+\frac{a_g+C}{0.0118L} \qquad (说明 7.3.9—2.2)$$

铺轨点 G_2 在 FE 的延长线上，轨缝小于零。按本技术指南第 7.3.9 条第 1 款规定，式(7.3.9—1)计算预留轨缝得负值按零计，即轨温轨缝变化起始点 G_2 应投影到横坐标上，为 G_2' 点。轨道锁定后开始升温到 T_{max}，因升温积蓄的温度力不足以克服接头阻力，钢轨不能伸长，接头仍保持零缝不变，轨端不会顶紧受力。此后轨温回落到铺轨起始点 G_2'，压力放尽，钢轨应力为零，继续降温至 K($G_2'K=AE=EB=\frac{C}{0.0118L}$)，温度拉力克服接头阻力，轨缝沿 KC' 扩大至 T_{min}。由 T_{min} 升温到 T_{max}，轨缝将沿 $C'D'A'$ 变化。以后轨温轨缝变化轨迹将年复一年被框定在封闭曲线 $A'B'C'D'$ 内，轨缝不再闭合，而且在以后的任何温度时，轨缝都比在 $t<T_{max}-\frac{C}{0.0118L}$ 时铺设的轨道的轨缝大 Δa。增大值 Δa 相当于图中线段 G_2G_2' 的量值，其计算式为：

CHINA RAILWAY PUBLISHING HOUSE

$$\begin{aligned}\Delta a &= G_2'G_2' = EG_2'\tan\theta \\ &= (OG_2' - OE)\tan\theta \\ &= \left[t - \left(T_{\max} - \frac{C}{0.011\,8L}\right)\right]0.011\,8L \\ &= C - 0.011\,8(T_{\max} - t)L\end{aligned}$$

轨缝扩大,增加接头的有害空间,影响轨道质量。所以在这种轨温条件下铺轨,除铺轨时不留轨缝,上紧接头螺栓,增加接头阻力以防止开始升温时轨端顶紧受力外,宜在轨温回落到式(说明 7.3.9—2.1)范围时,再按本技术指南第 7.3.9 条第 1 款规定调整轨缝,重新锁定轨道。

在这种条件下铺设的轨道,虽在 $T_{\max}$ 时轨缝不再闭合,轨缝普遍偏大,但在 $T_{\min}$ 时,轨缝仍不会大于最大构造轨缝,所以铺成轨道后如再调整轨缝有困难,也可不作处理。但因轨缝扩大值 Δa 是铺轨温度 t 的函数,所以 t 应随铺轨进程及时记录,列入竣工资料,作为检查轨缝尺寸的计算依据(第 7.3.9 条说明)。

(3)当铺轨温度在 P 点,$t = T_{\min} + \dfrac{a_g + C}{0.011\,8L}$ 时,按本技术指南第 7.3.9 条第 1 款规定预留轨缝为零。轨道锁定后,当轨温下降到 $T_{\min}$ 时,轨缝扩大到:

$$\begin{aligned}&0.011\,8(t - T_{\min})L - C \\ &= 0.011\,8\left[\left(T_{\min} + \frac{a_g + C}{0.011\,8L}\right) - T_{\min}\right]L - C \\ &= a_g\end{aligned}$$

如 $t > T_{\min} + \dfrac{a_g + C}{0.011\,8L}$,则轨温下降到 $T_{\min}$ 时,轨缝将大于最大构造轨缝。轨道结构不允许出现这种情况,所以铺轨温度不得大于 $T_{\min} + \dfrac{a_g + C}{0.011\,8L}$。

当铺轨温度 $t = T_{\min} - \dfrac{a_g + C}{0.011\,8L}$ 时,轨道锁定后,轨温上升到 $T_{\max}$,轨缝将小于 0.011 8

$$(T_{\max} - t)L - C = 0.011\,8\left[T_{\max} - \left(T_{\max} - \frac{a_g + C}{0.011\,8L}\right)\right]L - C = a_g$$

铺轨时,轨缝即使按最大可能值预留,到 $T_{\max}$ 轨缝也将闭合为零。

如铺轨温度 $t < T_{\max} - \dfrac{a_g + C}{0.011\,8L}$,则当轨温升高到 $T_{\max}$ 时,轨端将顶紧受力,有缝线路轨道同样不允许存在这种情况。所以铺轨温度 t 也不得小于 $T_{\max} - \dfrac{a_g + C}{0.011\,8L}$

7.3.10

1～3 轨道锁定前后,钢轨受力条件不同。检验轨道在锁定状态的轨缝尺寸是否符合要求,不能按预留轨缝计算式计算核定,应以轨缝检算值作为测定标准。轨缝检算值可结合本技术指南第 7.3.9 条第 2 款说明,分别不同情况,按以下规定计算:

(1)轨温 t 在 $T_{\max} - \dfrac{a_g + C}{0.011\,8L} \sim T_{\max} - \dfrac{C}{0.011\,8L}$ 范围铺设的轨道。

根据本技术指南第 7.3.9 条第 2 款条文说明,在此轨温区间铺设的轨道,轨温轨缝变化的极限轨迹为封闭曲线 $ABCD$。CDA 为升温阶段极限轨迹,轨迹顺 DA 变化时,轨道处于极限压力状态。*ABC* 为降温阶段的极限轨迹，轨迹顺 *BC* 变化时，轨道处于极限拉力状态。封闭曲线各边的分析式分别为：

$AB:a=0.011\,8(T_{max}-T'_{max})L$

$BC:a=0.011\,8(T_{max}-t)L-2C$

$CD:a=0.011\,8(T_{max}-T'_{min})L-2C$

$DA:a=0.011\,8(T_{max}-t)L$

若以 a_j 和 a'_j 分别代表升温阶段和降温阶段的轨缝检算值，t_j 和 t'_j 分别代表升温阶段和降温阶段检查轨缝时的轨温，并以此分别替代以上各式中的 a 和 t，则在连续升温阶段，轨缝沿 *DA* 缩小时，轨缝检算值可按式(7.3.10—1)计算。该式仅适用于轨道处于极限压力状态，轨道只在连续升温时才处于极限压力状态。但在升温阶段轨温并不连续上升，在此阶段降温时，轨道只放散压力，轨缝一般不变，在这种情况下测得的轨温，不得作计算轨缝检算值的依据。所以式(7.3.10—1)中的 t_j 应采用检查时曾出现过的最高轨温。升温阶段的最大轨缝，还应受 *CD* 线限制。所以按式(7.3.10—1)计算结果，如大于 $a_j=0.011\,8(T_{max}-T'_{min})L-2C$ 计算值时，应采用该计算值为轨缝检算值。开始升温阶段，当 $T'_{min}<t_j<T'_{min}+\dfrac{2C}{0.011\,8L}$ 时出现这种情况。

在连续降温阶段，可与升温阶段作同样分析，轨道呈极限拉力状态，轨缝沿 *BC* 扩大，轨缝检算值可按式(7.3.10—2)计算式中 t'_j 应采用检查时曾出现过的最低轨温。在开始降温阶段，当 $T'_{max}>t'_j>T'_{max}-\dfrac{2C}{0.011\,8L}$ 时，轨缝最小，其值按 $a'_j=0.011\,8(T_{max}-T'_{max})L$ 计算。所以按式(7.3.10—2)计算结果，如小于 $a'_j=0.011\,8(T_{max}-T'_{max})L$ 计算值时，应采用该计算值为轨缝的检算值。

(2)轨温 t 在 $T_{max}-\dfrac{C}{0.011\,8L}\sim T_{min}+\dfrac{a_g+C}{0.011\,8L}$ 范围铺设的轨道。

根据本技术指南第7.3.9条第2款条文说明，在此轨温区间铺设的轨道，轨缝变化的极限周界为 *A′B′C′D′*，最高轨温时轨缝不再闭合，而且在任何同一温度时，轨缝都比在 $t<T_{max}-\dfrac{C}{0.011\,8L}$ 铺设的轨道的轨缝大，增大值 Δa 计算式为：$\Delta a=C-0.011\,8(T_{max}-t)L$

即封闭曲线 *A′B′C′D′* 的纵坐标比 *ABCD* 大 Δa（见说明图7.3.9—2的说明）。因此，在连续升温阶段，轨缝沿 *D′A′* 缩小时，轨缝检算值的计算式为：

$$\begin{aligned}a_j&=0.011\,8(T_{max}-t_j)L+\Delta a\\&=0.011\,8(t-t_j)L+C\end{aligned}$$

在连续降温阶段，轨缝沿 *B′C′* 扩大时，轨缝检算值的计算式应为：

$$\begin{aligned}a'_j&=[0.011\,8(T_{max}-t'_j)L-2C]+\Delta a\\&=0.011\,8(t-t'_j)L-C\end{aligned}$$

因最小轨缝和最大轨缝受 *A′B′* 线和 *C′D′* 线限制，即最小轨缝为：

$$\begin{aligned}&0.011\,8(T_{max}-T'_{max})L+\Delta a\\&=C-0.011\,8(T'_{max}-t)L\end{aligned}$$

最大轨缝为：

$$\begin{aligned}&[0.011\,8(T_{max}-T'_{min})L-2C]+\Delta a\\&=0.011\,8(t-T'_{min})L-C\end{aligned}$$

CHINA RAILWAY PUBLISHING HOUSE

所以按式(7.3.10—3)和式(7.3.10—4)计算结果，如超过以上最大或最小值时，应以此最大或最小值为检查轨缝的检算值。

(3)新铺轨道，在轨温达到$t \pm \frac{C}{0.0118L}$前的这个阶段，轨道积蓄的温度力不足以克服接头阻力，轨缝不变。在这个阶段检查轨缝，铺轨时的预留轨缝即为轨缝检算值。但必须注意，当铺轨后的轨温一旦超过$t \pm \frac{C}{0.0118L}$后，预留轨缝尺寸即发生变化，此后检查轨缝时的轨缝检算值，应按本技术指南第7.3.10条规定的办法计算。

7.3.10

4　检验轨缝质量，是按以下诸因素拟定的。

(1)铺轨时，轨道实际锁定轨温，允许与理论计算轨温差±5 ℃，因此可能引入的最大偏差量，25 m轨为±1.5 mm，12.5 m轨为±0.7 mm。此外，因铺轨时轨排对中不准，轨向不顺，轨道整正后对轨缝尺寸的影响。影响大小与轨长成反比，对12.5 m轨影响较大。所以检查段内的实际轨缝平均值，以轨缝检算值为准，统一规定允许偏差为±2 mm。

(2)因年最高轨温一般低于历年最高轨温，所以在正常情况下，轨缝不致闭合。但由于钢轨爬行，轨道出现瞎缝仍屡见不鲜。在升温过程，瞎缝处的轨端必然顶紧受力；如出现连续3个瞎缝，则中间2根钢轨的两端均无延伸空间，钢轨承受额外压力剧增，严重影响轨道稳定。所以规定，在轨温小于历年最高轨温时，轨道不得有连续3个及以上的瞎缝。

(3)轨道出现最大轨缝，在降温过程，要拉切接头螺栓，影响轨道强度，所以应禁止。

7.3.11　钢轨接头阻力是限制钢轨伸缩的重要因素。接头阻力与夹板螺栓的扭矩有关，扭矩愈大，螺栓拉力愈大，从而接头阻力愈大。

拧紧螺栓的扭矩为$T=KDP$，考虑螺栓的实际拉力应小于容许拉力，取$P=200\ \text{kN}=2\times10^5\ \text{N}$，则$T=0.21\times0.022\times2\times10^5=924\ \text{N}\cdot\text{m}\approx900\ \text{N}\cdot\text{m}$。

列车通过接头时，产生剧烈的振动和冲击，使螺栓松动，阻力下降。据北京交通大学测试，通过几趟车之后，阻力下降很大，以迎车端接头阻力下降偏大，$T=400$ N·m时，下降38.1%，$T=600$ N·m时下降11.4%，$T=800$ N·m时，下降6%。可见扭矩愈大，阻力下降愈小。因此，对于无缝线路的接头螺栓扭矩，必须保持规定值900 N·m。

2　新铺轨排与已铺轨排连接好后，应即对中拨正，是为减小轨道拨正后影响预留轨缝的精确度。

螺栓垫圈开口朝下，是为防止积水浸蚀。

3　接头螺栓的拧紧程度，不仅决定钢轨接头的结构强度，并是约束钢轨长度伸缩的决定性因素。合理施加螺栓扭矩，是保障轨道接头构造符合要求，也是我国有缝线路轨道能普遍铺设25 m标准轨的先决条件(见本技术指南第7.3.9条第1款条文说明)。所以铺轨时，接头螺栓应按规定的扭矩拧紧。

(1)新铺轨道，接头夹板与钢轨不能密贴吻合，列车通过时，在动载条件下，螺栓容易松弛，夹板松动，接头阻力随之降低，下降幅度视螺栓初始扭矩大小而不同。据有关测试资料，在接头的迎车端，当初始扭矩为300 N·m，动态下降30%左右，扭矩为600 N·m时，下降15%左右。迎车方向轨端经轮对撞击，夹板与钢轨接触条件自行调整改善，螺栓经复拧至初始扭矩后，再通过列车时，接头阻力只下降2%。所以要求铺轨过车后复拧螺栓，以保持接头的规定强度。

春秋季轨缝不处于接近极大或极小状态，螺栓少有松弛，尚有空间容纳钢轨长度的过量伸缩，轨道不致产生额外的温度力。但在初冬和入夏时，轨缝趋近极限尺寸，所以螺栓扭矩必须符合规定要求，以保持接头阻力足以防止夏季轨端顶紧受力或冬季拉切螺栓。

轨道各接头阻力相同，是保持轨缝均匀的重要条件，所以接头的螺栓扭矩应经常保持相同。

(2)接头处两轨面高差和轨距线错牙，增加轨道在接头处的不平顺程度，严重恶化接头部位的工作条件，加剧列车通过接头的冲击，甚至会促使车轮轮缘爬上钢轨，导致车辆脱轨。所以铺轨时，需按规定严格掌握，必要时打磨平整。

(3)不同类型钢轨连接宜用异型轨，是为消除不同断面钢轨直接连接所产生的不利因素。

7.4.3　《铁路碎石道砟》(TB/T 2140)已于1990年发布实施，技术条件如下：

(1)道砟材质按说明表7.4.3—1分为一级道砟和二级道砟两种。

说明表7.4.3—1　道砟材质分级

性能	参数	一级道砟	二级道砟	评级方法
抗磨耗抗冲击性能	(1)洛杉矶磨耗率 LAA(%) (2)标准集料冲击韧度 IP (3)石料耐磨硬度系数 $K_{干磨}$	$LAA<27$ $IP>95$ $K_{干磨}>18$	$27\leq LAA<32$ $80<IP\leq 95$ $17<K_{干磨}\leq 18$	若三个参数指标分属两个等级，则以两个指标所在的等级为准；若三个指标分属一、二级和不合格则划为二级
抗压碎性能	(1)标准集料压碎率 CA(%) (2)道砟集料压碎率 CB(%)	$CA<9$ $CB<18$	$9\leq CA<14$ $18\leq CB<22$	若二个参数的指标不在同一等级，以低的等级为准
渗水性能	(1)渗透系数 P_m(10^{-3} mm/s) (2)石粉液限 LL(%) (3)石粉塑限 PL(%)	$P_m>4.5$ $LL>20$ $PL>11$	$3<P_m\leq 4.5$ $20\geq LL>16$ $11\geq PL>9$	在三个参数的指标中，以其中两个指标最高的等级为准，若这两个指标最高的等级不在同一级别，则以其中较低的等级为准
抗大气腐蚀破坏	硫酸钠浸泡损失率(%)	<10		
稳定性能	(1)密度(g/cm³) (2)容重(g/cm³)	>2.55 >2.50		
软弱颗粒	饱水单轴抗压强度(MPa)	≤20		软弱颗粒含量少于10%(质量比)

(2)道砟粒径级配见说明表7.4.3—2。

说明表7.4.3—2　道砟粒径级配

方孔筛孔边长(mm)	16	25	35.5	45	56	63
过筛重量百分率(%)	0~5	5~15	25~40	55~75	92~97	97~100

(3)道砟颗粒形状及清洁度

① 针状指数小于50%；

② 片状指数小于50%；

③ 黏土团及其他杂质含量小于0.5%。

CHINA RAILWAY PUBLISHING HOUSE

7.4.5 新铺轨道重点整道，应以提高工程列车运行速度为目标，轨道形态各主要尺寸允许偏差可酌情略大于竣工验收标准。本条规定的轨向、高低、水平和轨距等允许偏差，是按临管期间行车养护经验，并参照现行《铁路线路修理规则》和征求了部分有关单位的意见后拟定的。该项标准可作为临管的质量管理标准。在此期间，应逐步整正轨道至本指南规定的竣工验收标准。工程列车速度可相应逐步提高。

7.4.6 在最高允许铺轨温度条件下，轨端顶紧受力。由于钢轨内温度应力增加，因轨条不平顺而产生横移趋势，当横向水平力因列车动荷载作用大于轨道框架刚度和道床横向阻力时，极易发生胀轨跑道。因此，本条对影响线路稳定作业轨温作出限制。

7.4.7

1 拉轨调匀轨缝工作，需要松开钢轨接头夹板，由于松开夹板和轨枕扣件后，温度力释散，钢轨长度自由伸缩，在升温阶段，轨温大于 $T_{max}-\dfrac{C}{0.0118L}$ 时松开接头，钢轨伸长后轨端即顶紧受力，无空间调整轨缝。在降温阶段，轨温小于 $T_{max}-\dfrac{a_g+C}{0.0118L}$ 时松开接头，钢轨缩短后拉开轨缝拉切螺栓，卸不下夹板。所以在上述二种条件下，不能进行拉轨作业。本条针对此做出拉轨温度范围限制。

2 规定相邻轨道中心线间距允许偏差，是为保障会车时保持有必要的安全距离。机车车辆基本限界宽度为3 400 mm，加上列车两侧信号装置，总宽度为3 600 mm。区间双线线间距如为4 m，两线间会车净距仅400 mm，加上列车蛇形摇摆侵入空间，这个净距不能再小，所以两线间距不得有负偏差，以确保行车安全。倒装线线间距为3.6 m时，不考虑列车侧灯，保留净距仅200 mm，故也不得有负偏差。

3 本条规定的水平、扭曲允许偏差是静态管理要求，可用一般量具测定。实际检验时，可每6.25 m测定一处水平，即12.5 m轨的接头和大腰为测定点，25 m轨还应增测两处小腰。水平偏差以一股钢轨为基准。另股钢轨高时为"+"，低时为"-"，绝对值超过允许偏差时应起道矫正。扭曲以前后两处的水平差变化量来表示，为简化管理，一般不作单独检查，可直接利用水平检查记录计算，以已测得的两相邻点的正负偏差的代数差计算决定。所以规定测定扭曲的范围，与水平测定的间距同为6.25 m。

4 整道后的线路须经压道提高线路稳定性。通过一定数量工程列车的线路，已起到了压道效果，可不再压道。经过大型养路机械作业，相当于通过100万t运量所造成的下沉量的50%，可视为已经压道。

8.0.3 为保持枕底道床面完好，混凝土宽枕轨道宜用机械吊铺。吊放轨排时要求中线偏离值越小越好。当轨排落地发现中线偏离超限时，不得采用拨移轨排对中、避免轨排移动破坏道床断面。连接轨排若采用在钢轨接头处垫砟调整高程的办法，会造成空吊板的弊病。

人工铺设混凝土宽枕，应尽量采用龙门架等小型机具吊铺，严格控制中线、高程。

9.1.2 允许少量移动道岔位置，是为便于与两端轨道合龙，少铺非标准钢轨。在区段站及以上的车站，特别是其咽喉区的道岔，系控制站场布置的关键，故规定道岔位置移动不得大于0.5 m。

9.1.3 有缝道岔，在采购计划上注明道岔号数、开向、轨型、图号即可；无缝道岔因焊接方式不同，是否预留顶锻量会影响配轨长度的变化，AT60（今后可能会有其他型

CHINA RAILWAY PUBLISHING HOUSE

号)型道岔直股设绝缘还是曲股设绝缘也影响道岔内配轨长度变化,因此采购计划应予明确。

9.1.6 由道岔连接的线路,因道床厚度和轨型不同,以及受路基横向排水坡的影响,相邻股道轨面高程不同。而道岔构造要求铺设时应与连接的主要线的高程一致,与其他连接线轨面高差问题,原则上应在岔后普枕与警冲标间顺接,长度不足时,可按本条规定顺至有效长范围内。

9.1.8 由于交叉渡线长岔枕(连接枕)的存在和限制导曲线反超高,交叉渡线必须设在一个平面上,这就造成次要线路上的道岔轨顶面高于其连接线路的轨顶面。如果次要线路上另有道岔与其相邻且距离较短时,因顺坡高差不足,相邻道岔的标高也需要相应抬高,这二点提请施工时注意。

9.1.9 通过可动心轨辙叉道岔的列车速度一般都较高,故在整道作业中注意保持道岔的整体性和平顺性。要求起道作业用多台压机同时操作,两股道同时起平,以免一股起道影响另一股,形成空吊板。对每根岔枕均应在其两侧通长捣实,尤其应注意钢轨接头、辙叉和尖轨弹性可弯部分的捣实。

9.2.5

4 道岔钢轨焊接需按以下要求施工:

(1)道岔在焊接前要进行一次全面整修、捣固,使道床达到初期稳定状态,道岔各部都处于良好状态。

(2)焊接顺序和焊接温度:

① 焊接顺序:为便于焊接的施工操作,通常按先直股后曲股的原则顺序焊接。

② 焊接温度:无缝道岔最终要与无缝线路长轨条焊连,因此,道岔内各接头焊接温度最好在设计锁定轨温范围内。若有困难,根据秦沈线和国外无缝道岔焊接经验,道岔内锁定焊接头应严格控制在设计锁定轨温范围内进行,其他岔内接头的焊接可不受设计锁定轨温控制。

9.3.1

3 查照间隔和护背距离的测量位置,道岔设计均有标注。查照间隔小于1 391 mm时,根据计算,在轮对最不利组合条件下将导致车轮进入异股。护背距离大于1 348 时,根据计算,在轮对最不利组合条件下轮对将被护轨和辙叉翼轨卡住,进而将护轨螺栓拉断。上述情况均会造成严重后果。因此检查发现稍有超限,必须及时处理。

铺岔时,由于查照间隔、护背距离与辙叉处的轨距、护轨轮缘槽的允许偏差、辙叉翼轨处的轮缘槽允许偏差之间互为连带关系,铺设前如未弄清它们之间的因果关系,铺设中或整道时再行调整,就很困难。现将它们之间的关系列表如下:

从说明表9.3.1可以看出,普通道岔护背距离小于1 348 mm的极限为 −6 mm,即1 348 − 6 = 1 342(mm)。若护背距离小于1 342 mm时,则查照间隔必然大于1 391 mm,超过允许值。所以护背距离可小不可大是有限制的,应小于等于1 348 mm,大于等于1 342 mm。

从说明表9.3.1还可看出普通道岔查照间隔可大不可小,也是有限制的。在轨距最大(1 438 mm)护背距离最大(1 348 mm)的情况下,查照间隔为1 397 mm,这就意味着当查照间隔大于1 397 mm时,轨距或护背距离必然突破允许偏差。所以查照间隔应大于等于1 391 mm,小于等于1 397 mm,其变化极限为 +6 mm。

CHINA RAILWAY PUBLISHING HOUSE

说明表 9.3.1　查照间隔(91)、护背距离(48)与轨距关系　单位:mm

护轨轮缘槽允许偏差	辙叉轮缘槽允许偏差	轨距=1 438		轨距=1 437		轨距=1 436		轨距=1 435		轨距=1 434		轨距=1 433	
		(91)查照间隔	(48)护背距离	(91)查照间隔	(48)护背距离	(91)查照间隔	(48)护背距离	(91)查照间隔	(48)护背距离	(91)查照间隔	(48)护背距离	(91)查照间隔	(48)护背距离
+3	+3	93	44	92	43	91	42						
	+2		45		44		43						
	+1		46		45		44						
	0		47		46		45						
	−1		48		47		46						
+2	+3	94	45	93	44	92	43	91	42				
	+2		46		45		44		43				
	+1		47		46		45		44				
	0		48		47		46		45				
	−1				48		47		46				
+1	+3	95	46	94	45	93	44	92	43	91	42		
	+2		47		46		45		44		43		
	+1		48		47		46		45		44		
	0				48		47		46		45		
	−1						48		47		46		
0	+3	96	47	95	46	94	45	93	44	92	43	91	42
	+2		48		47		46		45		44		43
	+1				48		47		46		45		44
	0						48		47		46		45
	−1								48		47		46
−1	+3	97	48	96	47	95	46	94	45	93	44	92	43
	+2				48		47		46		45		44
	+1						48		47		46		45
	0								48		47		46
	−1										48		47

说明:1　每一种允许偏差匹配,对应不同轨距有几组关系;铺设道岔前,应选择查照间隔与护背距离与各自的限值相同或接近的一组,以其轨距作为铺设时参考值。变事后调整为事前控制。例:当轮缘槽允许偏差为 +3 mm,辙叉轮缘槽允许偏差为 +1 mm 时,有 3 组关系:(1)93/46,对应轨距为 1 438 mm;(2)92/45,对应轨距为 1 437 mm;(3)91/44,对应轨距为 1 436 mm(斜线上为查照间隔、斜线下为护背距离)。应选第 1 组,轨距 1 438 mm 为参考轨距,此时查照间隔与护背距离与限值之差,均为 2 mm。

2　计算中护轨轮缘槽采用标准为 42 mm,辙叉翼轨轮缘槽采用标准为46 mm。

9.3.4

4　强调道岔前后引轨与道岔钢轨的轨型一致,是为了延长引轨的更换周期,减少冲击。

9.3.5　旧型道岔辙叉心与岔后钢轨连接,系在二根轨之间插入间隔铁,用二块鱼尾板连接固定起来的。另一线未连接前,如不加铺短轨,则连接线也无法连接固定。

9.5.1　对再用道岔的规定,作如下说明:

1 尖轨在轨面宽 50 mm 以上部位才能完全承受车轮压力。当尖轨靠贴基本轨，使车轮由基本轨平顺地引渡到尖轨上，是从尖轨在顶宽 20 mm 处开始承压，至顶宽 50 mm 处，荷载由基本轨全部过渡到尖轨上。因此，根据轮轨关系计算，尖轨在顶宽 20 mm 处应比基本轨低 2 mm，由此逐渐提高到顶宽 50 mm 处与基本轨同高，或略高出基本轨顶面。如该处尖轨低于基本轨，会影响车轮在尖轨与基本轨之间往返过渡的平顺性。同时还需考虑到，当车轮走上或离开基本轨时，车轮踏面外侧圆弧不得与基本轨头部圆弧碰切，以免挤大轨距或推翻基本轨。根据轮轨关系在最不利条件下计算，在尖轨顶宽 50 mm 处轨面如低于基本轨2 mm，就会发生这种情况。所以使用再用道岔的尖轨，要求在轨面宽 50 mm及以上断面处，轨面不低于基本轨轨面 1 mm。

2 基本轨垂直磨耗后，不仅断面强度减弱，同时影响尖轨尖端不承力段和承力过渡段与基本轨面应保持的高差，尖轨前端易遭伤损，所以基本轨垂直磨耗不得超过限值。

曲线基本轨弯折点位置和弯折尺寸，决定轨向和轨距大小，对列车通过道岔的平顺性影响很大，所以在铺设前应矫正至符合要求。

3 列车通过辙叉时，因受辙叉构造的影响，摇摆振动较大，如构件有些微裂纹，发展变化较快，严重时会导致辙叉断裂，危及行车安全。

辙叉心，辙叉翼磨耗和轨面剥落掉块，不仅影响结构强度，而且还增大车轮在辙叉翼和辙叉心之间往返过渡时的冲击力，影响列车过岔时的平顺性，辙叉也容易被轧伤。缺损越大，危害性也越大，所以应予限制。

10.1.1 改建既有线和增建第二线轨道，常要在运营线路上施工（通行工程列车，拆移部分既有设备或增加新的设备等），就使得运输和既有设备受到不同程度的影响，为了确保行车和施工安全，尽量减少施工造成的干扰，需要有一套严密的施工程序和技术规则来保障运输和施工的顺利进行。目前，已有《铁路技术管理规程》（铁道部〔2006〕第 29 号部令发布）和专业技术管理的规定和相应的安全规则，施工时应按现行的有关规定办理。

轨道工程施工，涉及的专业范围较广，往往要影响到其他设备的正常使用，为了铁路设备及其他专用设备的安全使用，施工涉及其他专业时，应有有关专业人员配合施工。

10.1.2 轨道电路是信号、联锁、闭塞的重要组成部分，它是利用线路上两股钢轨作为导线，在一定长度的钢轨两端设绝缘节，并在钢轨的一端接上电源，另一端接上继电器而构成的电气回路。

在轨道电路地段施工作业中，不得将金属的工、机具搁搭在本条所列的处所上，以致造成轨道电路故障，影响信号正常开放，造成行车事故。

10.1.3 既有线改建施工，应尽量减少对运营的干扰。施工前，除应按本技术指南第 3.1 节的规定做好施工调查外，还应了解既有设备及行车组织有关情况，以便合理安排施工，处理施工与运输之间的矛盾。

改建大型站场是一项较为复杂的工作，对运行图、列车间隙、行车进路、咽喉区通过能力、主要股道及站台的利用率等进行调查，并对线路及道岔、站场设备、信号机及绝缘节、接触网柱（塔）、管线工程等新旧设备位置的关系，均应核实。必要时，应绘制新旧设备综合关系图，作为施工组织设计的依据之一。

10.1.4 既有线轨道改扩建工程，施工时与运输相互制约，各种因素之间矛盾错综复杂，这就要求施工组织设计不仅要有合理的工序安排，还要考虑施工的过渡方案，以及和各专业施工间的配合，正确有效地组织施工，以减少对运输的影响。

CHINA RAILWAY PUBLISHING HOUSE

1　轨道工程在既有线改扩建整体工程中只是其中的一部分，所以轨道工程施工，应符合由建设、设计、施工、使用等有关单位共同拟定的总体施工组织的要求，与其他专业工程施工互相协作，减少干扰，以便配套完成总体工程项目。所以，施工组织设计是各相关单位的协调性文件。

2　在既有线改扩建工程中，各专业工程同时施工，多工种相互交叉，场面复杂，影响正常运输成为其中突出的矛盾。所以轨道工程施工应配合各专业共同优化施工方案，尽量减少对运输的干扰。

既有线轨道改扩建工程，有些作业是利用列车间隔或封锁线路施工，受时间条件的制约，在安排施工程序时，应分清轻重缓急，合理组织，有效调配劳力，使各工序紧密配合，不窝工。

3　站场咽喉区行车密度大，主要道岔尤为突出，成为改建的难点，先改建咽喉区可为下步施工创造有利条件。在站场两端均需延长时，宜在设备能力差，平行进路少，不影响有效长度的一端咽喉区先改。

4　原有咽喉区的道岔及连接股道，按行车要求以一定的方式与信号电器进行联锁，如变更原有的联锁条件，需经铁路局批准，并增加信号专业的工作量，给运输带来不便，故施工时尽量不改变原有联锁条件。

5　轨道配套设备超前或同步完成，可使整体工程投入正常使用。

6　充分利用既有设备，对节省资源、缩短工期、提高效益均有明显效果。凡可利用的原器材或地段，宜先安排施工，以利拆除后移地利用。

7　在封锁线路前，先做一些准备工作，线路开通后做一些整理工作，以减少在封锁期间施工的工作量，压缩线路封锁时间。线路封锁前，先对运行图的列车间隔加以利用。多处施工宜集中一次要点，减少对运输干扰。

10.2.1

2　出入口是防护栅栏上留出的能通行车辆的正式通道，平时加锁，禁止随意通行。

10.2.2

2　无缝线路上的曲线改造，当采用拨移方式时，钢轨内部应力会产生不均匀变化，故需进行应力放散，重新锁定。

10.2.4　拨接地点位于曲线上时，新、旧曲线上要注意统一缩短轨的规格，以避免维修困难及增加常备缩短轨数量。两股轨道拨动后的连接，常有两种情况：一是新铺与既有轨道的连接，二是两股既有线的连接，二者均应在封锁线路条件下施工，为了压缩封锁时间，拨接施工常分三个阶段来完成：第一阶段是封锁线路前的准备，准备工作中凡降低轨道强度影响行车安全的项目，在列车限速通行的条件下进行。充分做好准备工作是压缩封锁时间及保障安全的有效措施，所以本条1～3款均属准备工作的内容。第二阶段是基本作业，在封锁时间进行拨道，先粗拨后细拨使轨道正位，最后整修轨道达到安全放行列车的要求。第三阶段是整修作业，列车可以限速通过，整正轨面高程，理顺轨向，校正轨距，直至达到验收要求。

10.2.5　站场轨道改扩建工程中，增设或更换道岔占相当比重，又是在列车间隔或封锁时间内完成，并与其他专业配套施工，比其他轨道工程要求高，难度大，涉及面广。

1　道岔施工前应根据现场条件，行车密度和设备技术能力选定施工方法，在运输忙或设备多的地段，常用整组预铺后拨入，以压缩封锁时间，并提高工程质量。

CHINA RAILWAY PUBLISHING HOUSE

2　准备工作的好坏影响到施工速度和工程质量，事先整修既有轨道达到标准，测定道岔位置，备好合龙轨等工作，是为基本作业创造条件。

3　道岔拨入后应检查各部分轨距、高程、尖轨及配件密贴，然后撤除停车信号，允许列车按规定的限速通过，并利用列车间隔时间继续整修道岔达到验收要求。

10.3　增建第二线轨道技术标准、施工方法与新建线路并无太大区别。但因在既有线旁施工，如何保证运输安全，是施工中头等大事。本章仅就较小线间距铺轨、电气化铁路、有轨道电路的线路施工等重大问题上作提示性规定，详细规定请参阅《铁路工程施工安全技术规程》。

11.0.1　道口铺面板与钢轨工作边之间应用护轨设置轮缘槽。护轨的主要作用是保障火车车轮行驶的应有空间，保持轮缘槽平顺。在正常情况下，火车车轮不得碰触护轨。因此，轮缘槽的最小宽度为

$$1\,435+6-1\,350-22=69\text{ mm}$$

式中　1 435——标准轨距(mm)；

6——轨距最大正偏差(mm)；

1 350——车轮最小内侧距离(mm)；

22——车轮最小轮缘厚度(mm)。

故规定轮缘槽的最小宽度 70 mm。曲线轨距向里股加宽，其轮缘槽也应相应加宽。轮缘槽的最大宽度规定为 100 mm，以利道路上各种车轮和牲畜顺利通过道口。

道口轮缘槽应保持平顺，护轨不要采用分段式，避免在两段连接处形成错牙。如因道口较宽，护轨较长需要连接时，采用焊接或其他方法连接牢固。

11.0.3　除道口外，其他处所的护轨是在列车脱轨掉道时，控制事故恶化的安全设施。一般在桥上、高填或傍山路基，以及需要保护的重要建筑物地段设置护轨，以控制掉道列车的运动方向，使列车不致掉到桥下，冲入沟谷，或撞毁重要建筑物。

护轨在正常情况下不承力，但当它在控制掉道列车的运动方向时，要连续承受车轮不规则的横向冲撞。根据护轨的这种性质，故规定应用旧轨，一般不得占用新轨，其轨型可小于基本轨。但应有足够的强度，故规定了护轨的最小轨型。

护轨接头螺栓的螺母应在轮缘槽外侧，是为避免列车掉道时车轮轮缘碰撞螺母切断螺栓，扩大事故。

轮缘槽宽度应以足够容纳掉道车轮为度，不宜过大。机车车轮的轮箍宽度为 140 mm（车辆为 135 mm），加上基本轨和护轨接头夹板凸出轨头工作侧各 23 mm（按 60 kg/m 和 50 kg/m 钢轨计算），共占有效空间 46 mm。所以护轨与基本轨头部的净距不得小于 140 + 46 = 186 mm，规定为 200 mm，允许误差 ±10 mm。当 60 kg/m 基本轨采用分开式 K 型扣件时，因扣件安装需要，故扩大为 220 mm。

铺设护轨地段，因构造上的原因，过去都需要用木枕。木枕轨道即使采用与基本轨同型的护轨，护轨面也不会高出基本轨轨面。现在铺设护轨地段大量采用混凝土桥枕。由于混凝土桥枕基本轨承轨槽面比枕面低 25 mm，基本轨与护轨的安装基线不在同一高程上，护轨比基本轨高出 25 mm。因此可能出现护轨面高出基本轨面的问题，所以规定护轨面高于基本轨面不得大于 5 mm。

当车站设于桥上时，道岔梁无法安装护轨，本条第 5 款特规定按设计要求办理。

护轨面低于基本轨面的高度大于轮缘高度时，脱轨列车车轮就有直接爬越护轨的危

险，所以要求护轨面低于基本轨面不得大于25 mm（车辆轮缘高为25 mm）。

混凝土枕加铺护轨，因受轮缘槽最大宽度制约，结构紧凑，设计上因此作了一些特殊处理，其中护轨直线段外侧（靠基本轨侧）螺旋道钉中线需向基本轨偏离锚固孔中心5 mm的规定，施工时应特别注意。护轨扣件，根据结构要求，只需扣住轨底即可。对扣件施加过大扭矩，反而使道钉承受不必要的张力，混凝土枕因此易遭局部伤损。故扣件扭矩不得过大。

高路基护轨比照桥上护轨铺设。

12.0.3 和 12.0.4　工程竣工文件整理工作，应遵守现行《铁路基本建设工程竣工验收交接暂行办法》中有关规定，并结合建设单位技术档案进馆要求进行编制。施工单位应在办理工程初验前，全部编制完成。

CHINA RAILWAY PUBLISHING HOUSE

中华人民共和国行业标准

铁建设〔2009〕90号

客运专线铁路无砟轨道充填层施工质量验收补充标准

CHINA RAILWAY PUBLISHING HOUSE

2009—05—15 发布　　2009—07—01 实施

中华人民共和国铁道部　发布

前　言

为了统一客运专线铁路板式无砟轨道充填层施工的技术标准,使之符合技术先进、精度达标、经济适用的原则,满足我国板式无砟轨道大规模快速施工的需要,确保充填层施工质量,特制定本补充标准。

本补充标准在《客运专线无砟轨道铁路工程施工质量验收暂行标准》(铁建设〔2007〕85 号)基础上,结合了京津城际轨道交通工程、武广综合试验段、滨绥线成高子试验段、石太客运专线工程中水泥乳化沥青砂浆及凸台树脂的施工应用情况,参考了国内其他相关标准和国外引进技术相关标准,对与充填层施工有关的第 3、8、9 章进行了细化和补充编制。

本补充标准共分 6 章。主要内容包括:总则、术语、基本规定、CRTS Ⅰ型轨道板充填砂浆层、CRTSI 型板式无砟轨道凸台树脂、CRTS Ⅱ型轨道板充填砂浆层。

在执行本补充标准的过程中,希望各单位结合工程实践,认真总结经验,积累资料。如发现需要修改和补充之处,请及时将意见及有关资料寄交中铁十七局集团有限公司(山西省太原市南城区平阳路 266 号,邮政编码:030006),并抄送铁道部经济规划研究院(北京市海淀区羊坊店路甲 8 号,邮政编码:100038),供今后修订时参考。

本补充标准由铁道部建设管理司负责解释。

本补充标准主编单位:中铁十七局集团有限公司。

本补充标准参编单位:中国铁道科学研究院、中南大学、中铁四局集团有限公司、中铁八局集团有限公司。

本补充标准主要起草人:辛维克、沈东升、李怒放、冀聪明、刘世安、王智勇、祝和权、邓德华、李海燕、邵丕彦、郑新国、毛昆朋、杜存山、王宇峰。

CHINA RAILWAY PUBLISHING HOUSE

目　次

CHINA RAILWAY PUBLISHING HOUSE

1 总 则

1.0.1 为加强客运专线板式无砟轨道充填层施工质量管理,统一客运专线板式无砟轨道充填层施工质量的验收标准,保证工程质量,制定本补充标准。

1.0.2 本补充标准适用于旅客列车设计行车速度200~350km/h的标准轨距客运专线板式无砟轨道充填层施工质量的验收。其他铁路工程板式无砟轨道充填层施工质量验收可参照执行。

本补充标准未涉及的新材料、新技术、新设备、新工艺,其施工质量的验收应符合相关标准的规定。

1.0.3 客运专线板式无砟轨道充填层的施工质量必须达到设计要求的结构安全和使用功能,满足设计使用年限内正常运营的需要。

1.0.4 施工单位作为工程施工质量控制的主体,应建立健全质量保证体系及检验试验体系,对工程施工质量进行全过程控制,建设、监理、勘察设计和咨询单位等各方应按有关规定分工负责。

1.0.5 客运专线板式无砟轨道充填层工程应采用先进、成熟、科学的检验检测方法,取得的数据应真实可靠,全面反映工程质量状况。所用方法和仪器设备应符合《客运专线铁路CRTSⅠ型板式无砟轨道水泥乳化沥青砂浆暂行技术条件》、《客运专线铁路CRTSⅡ型板式无砟轨道水泥乳化沥青砂浆暂行技术条件》、《客运专线铁路CRTSⅠ型板式无砟轨道水泥乳化沥青砂浆和凸台树脂用灌注袋暂行技术条件》和《客运专线铁路CRTSⅠ型板式无砟轨道凸形挡台填充聚氨酯树脂(CPU)暂行技术条件》等相关标准的规定,质量检测人员必须具有规定的资格。

客运专线板式无砟轨道充填层工程应建立试验检测机构,并具备相应资质。

1.0.6 客运专线板式无砟轨道充填层工程施工应贯彻国民经济可持续发展战略,合理利用资源,做好环境保护、职业健康工作,应建立健全环境保护体系,合理排放废弃物。

1.0.7 客运专线板式无砟轨道充填层施工应积极采用技术先进、经济合理、安全可靠的装备、工艺、材料和方法。所采用的搅拌、灌注设备应满足相关技术条件的要求。

1.0.8 客运专线板式无砟轨道充填层施工应制定相应的安全技术措施,严格遵守安全技术规程。

1.0.9 客运专线板式无砟轨道充填层的各类质量检测报告、检查验收记录和其他工程技术管理资料,必须按规定及时填写,并且严格履行责任人签字确认制度。施工质量验收资料的归档整理应符合有关规定。检验批、分项工程质量验收记录,建设单位、施工单位、监理单位均应长期保存。其他资料应按相关规定保存。

1.0.10 客运专线无砟轨道铁路工程施工中所采用的承包合同文件和工程技术文件等对施工质量的要求不得低于本补充标准的规定。当设计要求的质量指标高于本补充标准的规定时,应按设计要求办理。

1.0.11 参加客运专线板式无砟轨道充填层施工及验收的各方技术、质量、监理和管理人员等,应经过本补充标准的专门培训,合格后方可上岗。

1.0.12 本补充标准应与现行的《客运专线无砟轨道铁路工程施工质量验收暂行标准》(铁建设〔2007〕85号)、《铁路混凝土工程施工质量验收补充标准》(铁建设〔2005〕160号)等标准配套使用。

1.0.13 客运专线无砟轨道充填层施工质量的验收除应符合本补充标准外,尚应符合国家和铁道部现行有关强制性标准的规定。

CHINA RAILWAY PUBLISHING HOUSE

2 术 语

2.0.1 充填层

轨道板与混凝土底座或支承层之间的砂浆层、凸形挡台与轨道板间的树脂层。

CHINA RAILWAY PUBLISHING HOUSE

3 基本规定

3.1 一般规定

3.1.1 客运专线板式无砟轨道充填层施工现场质量管理应有相应的施工技术标准、健全的质量管理体系和施工质量检验制度。

3.1.2 客运专线板式无砟轨道充填层应按下列规定进行施工质量控制：

1 采用的主要材料、设备，施工单位应对其外观、规格、型号和质量证明文件等进行验收，并经监理工程师检查认可。凡涉及结构安全和使用功能的，施工单位应按批次进行检验，监理单位应按规定进行见证取样检测或平行检验。其质量必须符合现行相关标准的规定，并应按品种、规格和检验状态分别标识存放。

2 各工序应按施工技术标准进行质量控制，每道工序完成后，施工单位应进行检查并形成记录。

3 在下列任意情况下之一者，应进行型式检验：

1）首批原材料进场时；

2）配合比选定时；

3）选用新材料时；

4）配合比、工艺改变时；

5）每施工 5 000 m^3 充填层砂浆时（不足时按一批计算）。

型式检验内容包括：相关技术条件要求的原材料性能、充填层砂浆或凸台树脂性能。只有型式检验合格后，才可进行充填层施工。

4 工序之间应进行交接检验，上道工序应满足下道工序的施工条件和技术要求。相关专业工序之间的交接检验应经监理工程师检查认可，未经检查或经检查不合格的不得进行下道工序施工。

3.1.3 充填层施工质量应满足下列要求：

1 施工质量应符合本补充标准、相关专业验收标准和设计文件的规定。

2 施工单位自行检查评定合格。

3 试件和现场检验项目合格。

4 砂浆、树脂、灌注袋型式检验、过程检验合格。

3.1.4 充填层验收工作应符合下列要求：

1 参加施工质量验收人员应具备规定的资格。各种检查记录签证人员应报建设单位确认、备案。

2 承担见证取样检测单位应具有相应的资质。

3 检验批的质量应按主控项目和一般项目验收。

CHINA RAILWAY PUBLISHING HOUSE

3.2 工程施工质量验收单元的划分

3.2.1 充填层作为板式无砟轨道分部工程的一个分项工程进行质量验收。

3.2.2 原材料检验批的划分应按批执行。

3.2.3 现场施工检验批按施工段划分,并应在该检验批完工后及时验收。

施工段是指一个班次或作业循环长度,检验批长度均按单线计算。

3.3 工程施工质量验收

3.3.1 检验批的质量验收包括如下内容:

1 实物检查,按下列方式进行:

1)原材料的检验应按进场的批次和本补充标准规定的抽样检验规则执行;

2)充填层砂浆和凸台树脂的检验应按本补充标准规定的抽样检验规则执行。

2 资料检查,包括原材料的质量证明文件(质量合格证及性能检测报告等)和检验报告、施工过程中重要工序的自检和交接检验记录、平行检验报告、见证取样检测报告等。

3.3.2 检验批合格质量应符合下列规定:

1 主控项目的质量经抽样检验应全部合格。

2 一般项目的质量经抽样检验全部合格;当采用计数检验时,有允许偏差的抽查点,除有专门要求外,80%及以上的抽查点应控制在规定的允许偏差内,最大偏差不得大于规定允许偏差的1.5倍。

3 具有完整的施工操作依据、质量检查记录。

3.3.3 当施工质量不符合要求时,应按以下规定进行处理:

1 经返工重做的检验批,应重新进行验收。

2 当对某施工段试件的试验结果有怀疑,或因试件丢失损坏、试验资料丢失等无法判断实体质量时,应由建设单位委托的机构进行揭板验证。

3.4 施工质量验收的程序和组织

3.4.1 检验批应由施工单位自检合格后报监理单位,由监理工程师组织施工单位专职质量检查员等进行验收。监理单位应对全部主控项目进行检查,对一般项目的检查内容和数量可根据具体情况确定。检验批质量验收应按规定填写记录。

3.4.2 分项工程应由监理工程师组织施工单位分项工程技术负责人等进行验收,并按规定填写记录。

CHINA RAILWAY PUBLISHING HOUSE

4 CRTS Ⅰ型板式无砟轨道充填层砂浆施工

4.1 原材料

主控项目

4.1.1 乳化沥青性能指标应符合《客运专线铁路CRTS Ⅰ型板式无砟轨道水泥乳化沥青砂浆暂行技术条件》(科技基〔2008〕74号)的要求。

检验项目:温度、颗粒极性、恩氏黏度、残留物含量、水泥混合性、筛上剩余量。

检验数量:同产地、同品种、同规格且连续进场的乳化沥青,每200 t为一批,不足上述数量时也按一批计。施工单位每批抽检一次;监理单位按施工单位抽检次数的10%见证检验,但至少一次。

检验方法:施工单位检查产品质量证明文件,并进行抽样试验检验;监理单位检查产品质量证明文件,并进行见证检验。

4.1.2 水泥的性能指标应符合《客运专线铁路CRTS Ⅰ型板式无砟轨道水泥乳化沥青砂浆暂行技术条件》(科技基〔2008〕74号)的要求。

检验项目:细度、凝结时间、安定性和强度。

检验数量:同产地、同品种、同规格且连续进场的水泥,散装每500 t为一批,袋装每200 t为一批,不足上述数量时按一批计。施工单位每批抽检一次;监理单位按施工单位抽检次数的10%见证检验,但至少一次。

检验方法:施工单位试验检验;监理单位见证检验。

4.1.3 细骨料的性能指标应符合《客运专线铁路CRTS Ⅰ型板式无砟轨道水泥乳化沥青砂浆暂行技术条件》(科技基〔2008〕74号)的要求。

检验项目:最大粒径、细度模数、吸水率、含水率、含泥量。

检验数量:同产地、同品种、同规格的细骨料,每400 m^3或600 t为一批,不足上述数量时也按一批计。施工单位每批抽检一次;监理单位按施工单位抽检次数的10%见证检验,但至少一次。

检验方法:施工单位试验检验;监理单位见证检验。

4.1.4 干料及其生产原材料性能指标应符合《客运专线铁路CRTS Ⅰ型板式无砟轨道水泥乳化沥青砂浆暂行技术条件》(科技基〔2008〕74号)的要求。

检验项目:最大粒径、颗粒级配。

检验数量:同产地、同品种、同规格的干料,每500 t为一批,不足上述数量时也按一批计。施工单位每批抽检一次,同时检查原材料质量证明书;监理单位按施工单位抽检次数的10%见证检验,但至少一次。

检验方法:施工单位试验检验;监理单位见证检验。

4.1.5 聚合物乳液性能指标应符合《客运专线铁路CRTS Ⅰ型板式无砟轨道水泥乳化沥

青砂浆暂行技术条件》(科技基〔2008〕74 号)的要求。

检验项目:密度、不挥发物、水泥混合性。

检验数量:同产地、同品种、同规格且连续进场的聚合物(P)乳液,每 50 t 为一批,不足上述数量时也按一批计。施工单位每批抽检一次;监理单位按施工单位抽检次数的 10% 见证检验,但至少一次。

检验方法:施工单位检查产品质量证明文件,并进行抽样试验检验;监理单位检查产品质量证明文件,并进行见证检验。

4.1.6 拌制用水的质量检验应符合《铁路混凝土工程施工质量验收补充标准》(铁建设〔2005〕160 号)第 6.2.6 条的规定。

4.1.7 铝粉的性能指标应符合《客运专线铁路 CRTS Ⅰ型板式无砟轨道水泥乳化沥青砂浆暂行技术条件》(科技基〔2008〕74 号)的要求。

检验数量:每批。

检验方法:施工单位、监理单位检查产品质量证明文件。

4.1.8 膨胀剂的性能指标应符合《客运专线铁路 CRTS Ⅰ型板式无砟轨道水泥乳化沥青砂浆暂行技术条件》(科技基〔2008〕74 号)的要求。

检验数量:每批。

检验方法:施工单位、监理单位检查产品质量证明文件。

4.1.9 消泡剂的主要技术指标应符合《客运专线铁路 CRTS Ⅰ型板式无砟轨道水泥乳化沥青砂浆暂行技术条件》(科技基〔2008〕74 号)的要求。

检验数量:每批。

检验方法:施工单位、监理单位检查产品质量证明文件。

4.1.10 引气剂的性能指标应符合《客运专线铁路 CRTS Ⅰ型板式无砟轨道水泥乳化沥青砂浆暂行技术条件》(科技基〔2008〕74 号)的要求。

检验数量:每批。

检验方法:施工单位、监理单位检查产品质量证明文件。

4.1.11 减水剂性能应符合《铁路混凝土工程施工质量验收补充标准》(铁建设〔2005〕160 号)的要求。

检验项目:减水率、含气量、凝结时间差。

检验数量:同厂家、同批号、同品种、同出厂日期的产品每 50 t 检验一次,不足 50 t 也按一批计。施工单位每批抽检一次;监理单位按施工单位抽检次数的 10% 见证检验,但至少一次。

检验方法:施工单位检查产品质量证明文件,并进行抽样检验;监理单位检查产品质量证明文件,并进行见证检验。

4.1.12 灌注袋的质量及检验方法应符合《客运专线铁路 CRTS Ⅰ型板式无砟轨道水泥乳化沥青砂浆和凸台树脂用灌注袋暂行技术条件》(科技基〔2008〕74 号)的要求。

检验项目:外观质量、外形尺寸、单位面积质量。

检验数量:同生产厂家、同批号、同品种、同出厂日期的灌注袋每 1 000 个为一批,不足上述数量时,也按一批计。施工单位每批抽检一次;监理单位按施工单位抽检次数的 10% 见证检验,但至少一次。

检验方法:施工单位检查产品质量证明文件,并进行抽样试验检验;监理单位检查产品质量证明文件，并进行见证检验。

4.2 充填层施工

主控项目

4.2.1 充填层砂浆的性能应符合设计和《客运专线铁路CRTSⅠ型板式无砟轨道水泥乳化沥青砂浆暂行技术条件》（科技基〔2008〕74号）的要求。

检验数量：同一基本配合比。

检验方法：施工单位试验检验；监理单位检查试验报告。

4.2.2 灌注前，应对充填层砂浆的流动度、温度、含气量进行检测，其指标及检验方法应符合《客运专线铁路CRTSⅠ型板式无砟轨道水泥乳化沥青砂浆暂行技术条件》（科技基〔2008〕74号）的要求。

检验数量：首罐、每10罐一次。

检验方法：施工单位试验检验；监理单位旁站。

4.2.3 灌注时，应制作试件检查砂浆泛浆率、膨胀率、分离度、抗压强度，其性能指标及检验方法应符合《客运专线铁路CRTSⅠ型板式无砟轨道水泥乳化沥青砂浆暂行技术条件》（科技基〔2008〕74号）的要求。

检验数量：每工作班至少检验一次。监理单位见证检验的次数为施工单位抽检次数的10%，但至少一次。

检验方法：施工单位试验检验；监理单位见证检验。

一般项目

4.2.4 充填层施工灌注前对灌注厚度进行检查，不应小于40 mm，不应大于100 mm。

检验数量：每块板。

检验方法：施工单位尺量。

4.2.5 充填层应灌注饱满，灌注袋U形边切线与轨道板边平齐，允许偏差为±10 mm，轨道板边缘与充填层间隙最大深度不应大于50 mm。

检验数量：每块板均布6个检测点。板的两侧各取3个检测点，检测点应分别布在板的两端及中部，在两端时不应取在最端头。

检验方法：施工单位用厚度1 mm的钢板尺量测。

4.2.6 灌注袋口切除后应密封。

检验数量：每块板。

检验方法：施工单位观察检查。

4.2.7 充填层砂浆应外观完整、无损伤。

检验数量：每块板。

检验方法：施工单位目测。

4.2.8 砂浆搅拌车的拌和记录数据符合施工配合比及拌和误差要求。

检验数量：每罐。

检查方法：施工单位检查；监理单位旁站。

CHINA RAILWAY PUBLISHING HOUSE

5　CRTS Ⅰ型板式无砟轨道凸台树脂施工

5.1　原材料

主控项目

5.1.1　施工单位、监理单位检查凸台树脂A、B组分材料和灌注袋的产品质量证明文件，A、B组分必须为聚氨酯材料。

5.1.2　灌注袋的质量及检验方法应符合《客运专线铁路CRTS Ⅰ型板式无砟轨道水泥乳化沥青砂浆和凸台树脂用灌注袋暂行技术条件》(科技基〔2008〕74号)要求。

检验项目:外观质量、外形尺寸、单位面积质量。

检验数量:同生产厂家、同批号、同品种、同出厂日期且连续进场的灌注袋每1 000个为一批,不足上述数量时,也按一批计。施工单位每批抽检一次;监理单位按施工单位抽检次数的10%见证检验,但至少一次。

检验方法:施工单位试验检验;监理单位见证检验。

5.2　凸台树脂施工

主控项目

5.2.1　树脂混合液的黏度、可使用时间和浇铸体的外观质量、硬度、弹性系数、剪切强度、粘结强度、耐热老化性应符合设计及《客运专线铁路CRTS Ⅰ型板式无砟轨道凸形挡台填充聚氨酯树脂(CPU)暂行技术条件》(科技基〔2008〕74号)要求。

检验数量:同生产厂家、同批号、同品种、同出厂日期且连续进场的材料每20 t为一批,不足20 t时,按一批计。施工单位每批抽检一次;监理单位按施工单位抽检次数的10%见证检验,但至少一次。

检验方法:施工单位委托检验;监理单位见证检验。

一般项目

5.2.2　树脂充填层顶面应低于轨道板顶面5～10 mm。

检验数量:每凸台。

检验方法:施工单位尺量。

5.2.3　树脂的灌注温度应满足设计要求。

检验数量:每凸台。

检验方法:施工单位温度计测量。

5.2.4　凸台与轨道板间距不应小于 30 mm，且不应大于 50 mm。

检验数量：每凸台。

检验方法：施工单位尺量。

CHINA RAILWAY PUBLISHING HOUSE

6 CRTS Ⅱ型板式无砟轨道充填层砂浆施工

6.1 原材料

主控项目

6.1.1 乳化沥青及其生产原材料的性能指标应符合《客运专线铁路 CRTS Ⅱ型板式无砟轨道水泥乳化沥青砂浆暂行技术条件》(科技基〔2008〕74 号)的要求。

检验项目:温度、颗粒极性、残留物含量、水泥适应性、筛上剩余量。

检验数量:同产地、同品种、同规格且连续进场的乳化沥青,每 200 t 为一批,不足上述数量时也按一批计。施工单位每批抽检一次,同时检查原材料质量证明书;监理单位按施工单位抽检次数的 10% 见证检验,但至少一次。

检验方法:施工单位检查产品质量证明文件,并进行抽样试验检验;监理单位检查产品质量证明文件,并进行见证检验。

6.1.2 干料及其生产原材料性能指标应符合《客运专线铁路 CRTS Ⅱ型板式无砟轨道水泥乳化沥青砂浆暂行技术条件》(科技基〔2008〕74 号)的要求。

检验项目:颗粒级配、膨胀率、扩展度、强度。

检验数量:同产地、同品种、同规格且连续进场的干料,每 500 t 为一批,不足上述数量时也按一批计。施工单位每批抽检一次,同时检查原材料质量证明书;监理单位按施工单位抽检次数的 10% 见证检验,但至少一次。

检验方法:施工单位检查产品质量证明文件,并进行抽样检验;监理单位检查产品质量证明文件,并进行见证检验。

6.1.3 拌制用水的质量检验应符合《铁路混凝土工程施工质量验收补充标准》(铁建设〔2005〕160 号)第 6.2.6 条的规定。

6.1.4 消泡剂性能指标应符合《客运专线铁路 CRTS Ⅱ型板式无砟轨道水泥乳化沥青砂浆暂行技术条件》(科技基〔2008〕74 号)的要求。

检验数量:全部检查。

检验方法:施工单位、监理单位检查产品质量证明文件。

6.1.5 减水剂性能指标应符合《客运专线铁路 CRTS Ⅱ型板式无砟轨道水泥乳化沥青砂浆暂行技术条件》(科技基〔2008〕74 号)的要求。

检验项目:减水率、含气量、凝结时间差。

检验数量:同厂家、同批号、同品种、同出厂日期的产品每 50 t 检验一次,不足 50 t 也按一批计。施工单位每批抽检一次;监理单位按施工单位抽检次数的 10% 见证检验,但至少一次。

检验方法:施工单位检查产品质量证明文件,并进行抽样检验;监理单位检查产品质量证明文件,并进行见证检验。

6.2 充填层施工

主控项目

6.2.1 施工前,应对充填层砂浆进行型式检验,检验结果应符合设计和《客运专线铁路 CRTSⅡ型板式无砟轨道水泥乳化沥青砂浆暂行技术条件》(科技基〔2008〕74 号)的要求。

检验数量:同一配合比。

检验方法:施工单位试验检验;监理单位检查试验报告。

6.2.2 灌注前,应对充填层砂浆的流动度、扩展度、温度、含气量、单位容积质量进行检测,其检验结果及检验方法应符合《客运专线铁路 CRTSⅡ型板式无砟轨道水泥乳化沥青砂浆暂行技术条件》(科技基〔2008〕74 号)的要求。

检验数量:首罐、每 10 罐一次。

检验方法:施工单位试验检验;监理单位旁站。

6.2.3 施工时,应制作试件检查砂浆膨胀率、分离度、抗压强度、抗折强度,检验结果及检验方法应符合《客运专线铁路 CRTSⅡ型板式无砟轨道水泥乳化沥青砂浆暂行技术条件》(科技基〔2008〕74 号)的要求。

检验数量:施工单位每工班检验一次;监理单位按施工单位抽检次数的 10% 见证试验,但至少一次。

检验方法:施工单位试验检验;监理单位见证试验。

6.2.4 充填层砂浆灌注时,灌注孔、观察孔砂浆表面高度应高于轨道板的底面高度,不得回落到轨道板底面最高处以下。

检验数量:全部检查。

检验方法:施工单位、监理单位目测。

一般项目

6.2.5 充填层厚度应符合设计要求,不应小于 20 mm,不宜超过 40 mm。

检验数量:每块板。

检验方法:施工单位尺量。

6.2.6 封边砂浆不得侵入板底,拆除封边砂浆时不得损伤充填层。

检验数量:每块板。

检验方法:施工单位观察。

6.2.7 充填层硬化后,灌注孔、观察孔中水泥沥青砂浆表面应低于轨道板顶面 100 ~ 150 mm。

检验数量:每块板。

检验方法:施工单位尺量。

6.2.8 砂浆应与轨道板、底座板粘结密贴。

检验数量:全部检查。

检验方法:施工单位、监理单位目测。

CHINA RAILWAY PUBLISHING HOUSE

6.2.9　砂浆搅拌车的拌和记录数据应符合施工配合比及拌和误差要求。

检验数量：每罐。

检验方法：施工单位检查；监理单位旁站。

CHINA RAILWAY PUBLISHING HOUSE
TB

本补充标准用词说明

执行本补充标准时，对于要求严格程度的用词说明如下，以便在执行中区别对待。

(1)表示很严格，非这样做不可的用词：

正面词采用“必须”；

反面词采用“严禁”。

(2)表示严格，在正常情况均应这样做的用词：

正面词采用“应”；

反面词采用“不应”或“不得”。

(3)表示允许稍有选择，在条件许可时首先应这样做的用词：

正面词采用“宜”；

反面词采用“不宜”。

表示有选择，在一定条件下可以这样做的用词，采用“可”。

CHINA RAILWAY PUBLISHING HOUSE

《客运专线铁路无砟轨道充填层施工质量验收补充标准》条文说明

本条文说明系对重点条文的编制依据、存在的问题以及在执行中应注意的事项等予以说明。为了减少篇幅,只列条文号,未抄录原条文。

1.0.1 由于在《客运专线无砟轨道铁路工程施工质量验收暂行标准》(铁建设〔2007〕85号)颁布时,水泥乳化沥青砂浆及配套相关技术条件等尚处于研究阶段,所以该标准对此内容的规定较少。技术条件颁布后,为指导工程质量验收,特制定本细则。

1.0.5 充填层砂浆所用检测仪器设备和试验方法较铁路工程的其他试验仪器设备和试验方法有较大的区别,而正确的方法和可靠的设备是工程质量检验的必备条件,故充填层砂浆施工前,应建立相应的试验检测机构。充填层砂浆试验检验的人员也必须通过专门的培训,才能从事试验检测工作,质量检验人员、参加验收的人员也必须通过培训掌握充填层验收标准。

1.0.6 充填层砂浆材料中包含化工的产品,应充分注意施工过程的环保及废弃物的合理排放,同时应防止物品进入眼睛内,做好职业健康工作。

1.0.7 充填层砂浆的性能指标除与自身配合比设计有关外,很大因素与搅拌设备有关,同一配合比不同的搅拌设备,其拌和物的性能指标不同。且有些设备是无法拌和出合格产品的,因此施工前应选定合格的设备,并进行工艺性搅拌试验。

1.0.11 充填层是板式无砟轨道重要的结构层,决定着板式无砟轨道的成败。要求参建各方必须进行专门培训,充分认识充填层结构的作用、施工、标准等,全面理解和掌握并遵照执行。

2.0.1 随着对无砟轨道不同结构型式和不同结构层认知水平的不断深入,本补充标准增加了充填层的概念,把轨道板与混凝土底座或支承层之间的砂浆层,凸形挡台与轨道板间的树脂层统称为充填层。其目的是为了规范充填层结构的范围,避免产生理解上的不同甚至歧义。

3.1.2 充填层施工用原材料和设备对充填层结构质量影响很大,因此强调对材料和设备的检验验证。特别强调了型式检验,只有型式检验合格后,才可进行充填层施工。

3.1.4 由于充填层砂浆和树脂专业性很强,要求参加验收的各方必须进行培训,持证上岗,参加验收的人员必须经建设单位确认、备案。承担见证取样检测的单位必须是取得中国国家认证认可监督管理委员会《计量认证证书》(CMA),并具备检测充填层砂浆和树脂的能力(查证书副本)。

3.2.3 考虑到同一工班是在同一环境下采用同一施工工艺进行施工,施工的砂浆质量波动很小，把同一工班施工的段落划为一检验批相对合理。

3.3.2　一般项目的质量抽样检验应全部合格，考虑到施工现场的复杂性，规定对于计数检验或有允许偏差的抽查点为80%及以上控制在规定的允许偏差内，是最低的要求，不能把达到80%作为控制质量的目标值。

3.3.3　强调充填层砂浆施工必须在每个环节和工序加强控制，任何环节和工序发生异常就应停止施工查明原因，只有解决了问题后才能再进行施工，一旦出现了不合格进行返工，会造成很大的浪费。

4.1.4　CRTS Ⅰ型板式无砟轨道水泥乳化沥青砂浆可以采用干料，但干料的级配应满足砂浆配合比的整体要求。

4.1.6　考虑到充填层砂浆组成成分复杂，在工程应用中一般不使用自来水。

4.1.11　当配合比中采用减水剂时，应进行该条文的相关检验，特别要关注外加剂与砂浆的适应性。

4.2.2　充填层砂浆拌和物性能指标对充填层质量影响很大，为保证充填层砂浆质量，必须对砂浆拌和物性能进行严格的控制，要求监理单位应实行旁站监理。

4.2.4　灌注袋是工厂生产的，其尺寸大小是一定的，当灌注厚度过小，灌注后的充填层就会超出轨道板的外缘；当灌注厚度过大，灌注后的充填层就会缩至轨道板内，使得轨道板边缘与充填层间隙超出50 mm。

4.2.5　灌注袋U形边切线与轨道板边平齐，所以理论上边部不可避免的会产生约30 mm深的间隙，角处会产生40 mm深的间隙，故本条较《客运专线无砟轨道铁路工程施工质量验收暂行标准》（铁建设〔2007〕85号）规定更为严格，施工时应注意保证。

4.2.6　灌注袋口切除后为保证充填层砂浆整体耐候性的一致性，因次应将袋口及时进行封闭。

4.2.8　砂浆搅拌车的计量误差对砂浆性能影响很大，为了加强过程控制，确保砂浆性能，要求监理旁站监督施工配合比及拌和误差。

5.1.1　由于树脂材料生产工艺稳定，因此施工单位、监理单位对每次进场的材料仅确认产品质量证明文件即可。

5.2.1　树脂混合液的可使用时间、外观质量施工单位自行检验，由于其他指标检验数量比较小，没有必要建设现场试验室，可委托相应的资质单位检验。

5.2.4　当设计的间距尺寸大于50 mm时，应满足设计的允许偏差范围。

6.1.3　充填层砂浆组成成分复杂，满足《铁路混凝土工程施工质量验收补充标准》（铁建设〔2005〕160号）第6.2.6条规定的同时，特别要检验拌和水对砂浆性能的影响。根据京津城际轨道交通工程、武广综合试验段、滨绥线成高子试验段、石太客运专线等工程实践，拌和水对砂浆拌和物性能影响很大，满足《铁路混凝土工程施工质量验收补充标准》（铁建设〔2005〕160号）第6.2.6条规定并不能保证对砂浆性能不产生影响，特别是自来水影响更大。

6.1.5　外加剂对砂浆影响很大，除对规定的指标进行检验外，为了防止在施工中出现问题，施工单位对每批外加剂都应当做适应性检验，作为内控指标。

6.2.1　本条指的同一配合比是指通过工艺性试验、性能测试和揭板检查，通过建设单位指定委托实验室的常规检验和型式检验验证的砂浆配合比。

6.2.2　为保证充填层砂浆拌和质量，及时检查砂浆的相应技术指标，监理单位应实行旁

CHINA RAILWAY PUBLISHING HOUSE

站监理。

6.2.4 该检验项目应在灌注结束后及时检查，并应在硬化前进行复查，当产生回落时应及时进行补灌，确保砂浆液面高度。

6.2.6 封边砂浆侵入轨道板底后，在列车动荷载作用下，封边砂浆产生脱落，对高速行驶的列车产生危险，因此在封边砂浆施工时要采取措施，不得使封边砂浆侵入轨道板底。

6.2.7 充填层砂浆在灌注过程中，为了确保砂浆的充盈度，砂浆的液面一般都比较高，在砂浆硬化前应当把多余的砂浆舀出，插入S形连接筋，但在曲线超高板往往难以实现，可先前插入连接筋，待砂浆硬化后凿出多余砂浆，达到本条规定值。

6.2.9 砂浆搅拌车的计量误差对砂浆性能影响很大，为了加强过程控制，确保砂浆性能，要求监理旁站监督施工配合比及拌和误差。

CHINA RAILWAY PUBLISHING HOUSE TB

中华人民共和国行业标准

铁建设函〔2009〕674 号

高速铁路无砟轨道工程施工精调作业指南

CHINA RAILWAY PUBLISHING HOUSE
TB

2009—05—22　发布　　　　2009—07—01　实施

中华人民共和国铁道部　发布

前　言

本指南是根据铁道部“关于印发《2009 年铁路工程建设标准编制计划》的通知”（铁建设函〔2009〕34 号）要求进行编制的。

本指南用于指导高速铁路无砟轨道施工精调作业。本指南依据现行的有关技术标准和相关设计资料，认真总结了我国前期引进技术及相关工程试验段的成果和经验，借鉴了国际先进标准，充分体现了高速铁路无砟轨道的技术特点和质量要求。

本指南围绕高速铁路无砟轨道施工精调作业的特点编写，体现了我国高速铁路无砟轨道施工精调作业所采用完全自主创新的新技术、新工艺、新设备、新材料，具有适用性、先进性、科学性和可操作性。

本指南共分 10 章，其主要内容包括：总则、术语、轨道控制网（CPⅢ）测设、CRTSⅠ型板式无砟轨道施工精调作业、CRTSⅡ型板式无砟轨道施工精调作业、CRTSⅠ型双块式无砟轨道施工精调作业、CRTSⅡ型双块式无砟轨道施工精调作业、长枕埋入式无砟道岔施工精调作业、板式无砟道岔施工精调作业、钢轨伸缩调节器施工精调作业等。

在执行本指南过程中，希望各单位结合工程实践，认真总结经验，积累资料。如发现需要修改和补充之处，请及时将意见及有关资料寄交中铁二十三局集团有限公司（成都市二环路西二段 10 号附 1 号，邮政编码：610072），并抄送铁道部经济规划研究院（北京市海淀区羊坊店路甲 8 号，邮政编码：100038），供今后修订时参考。

本指南由铁道部建设管理司负责解释。

本指南主编单位：中铁二十三局集团有限公司。

本指南参编单位：成都普罗米新科技有限公司。

本指南主要起草人：钱振地、付建斌、陈幼林、伍　林、陈心一、徐振龙、刘延龙、何义松、翟　勇、刘　扬、李　辉、张冠楠、汪永进、肖鸿章、杜新立、石春艳、于晓明、张吉毅、李秀华、张雪锋、王　彬、古新敏、周敬勇、杜　娟、姚云峰、杨　娱、蒋　书、刘国卫。

CHINA RAILWAY PUBLISHING HOUSE

目　次

CHINA RAILWAY PUBLISHING HOUSE

CHINA RAILWAY PUBLISHING HOUSE TB

1 总　则

1.0.1　为统一高速铁路无砟轨道施工精调作业技术要求,加强施工管理和过程控制,保证工程质量,制定本指南。

1.0.2　本指南适用于高速铁路无砟轨道施工精调作业。其他无砟轨道铁路可参照执行。

1.0.3　无砟轨道施工精调作业测量应符合铁道部现行测量标准的规定。

1.0.4　无砟轨道施工精调作业应积极采用新技术、新工艺、新设备,推行作业标准化、管理信息化。

1.0.5　无砟轨道施工精调作业应做好与相关工程施工的衔接配合工作。

1.0.6　需要对本指南主要工艺方案优化的,实施前应由建设单位组织评估、论证。

1.0.7　作业中应认真作好原始记录,积累资料,不断总结经验,提高无砟轨道施工精调作业技术水平。

1.0.8　无砟轨道施工精调作业除应符合本指南要求外,尚应符合国家和铁道部现行有关强制标准的规定。

CHINA RAILWAY PUBLISHING HOUSE

2 术　语

2.0.1　轨道控制网(CPⅢ)

沿线路两侧布设的三维控制网,平面控制起闭于基础平面控制网(CPⅠ)或线路控制网(CPⅡ),高程控制起闭于沿线路布设的二等水准网,一般在线下工程施工完成后施测,为无砟轨道铺设和运营维护的几何基准。

2.0.2　CPⅢ目标组件

轨道控制网(CPⅢ)点的实际空间物理位置的反射目标,由反射棱镜和预埋件等组成。

2.0.3　轨道几何状态测量仪

能够自动检测线路中线坐标、轨顶高程,轨距、水平、高低和方向等轨道静态参数,并自动进行记录整理的轻型轨道检测设备。

2.0.4　自定心螺孔适配器

适合不同孔径、固定在轨道板螺栓孔中心上的测量装置,能够反映轨道板承轨平面几何关系、精调轨道板和检测轨道板平整度的测量器件。

2.0.5　边模板适配器

安装在底座混凝土边模板边缘上的固定测量装置,能够反映边模板几何关系、精确测控边模板顶面高程和位置的测量器件。

2.0.6　凸形挡台钢模标架

安放于凸形挡台钢模上,能够反映凸形挡台钢模空间位置和姿态的测量器件。

2.0.7　轨道板粗铺定位架

安装在凸形挡台上,能够引导轨道板粗铺定位的机具。

2.0.8　轨道板测量标架

安放于轨道板上的固定位置,用于测量轨道板空间位置和姿态的装置。

2.0.9　棱镜三脚座

可强制对中、目标高为定值的棱镜支座。

2.0.10　强制对中三脚座

可放置全站仪和棱镜,高度固定、强制对中的三脚座。

2.0.11　底座混凝土找平尺

在混凝土浇筑抹面过程中,测量底座混凝土表面高程和断面形状的检测器具。

2.0.12　测钉

带90°锥凹的钉状测量点预埋标志。

2.0.13　水准尺适配器

吸附于水准尺底面,用于测钉锥凹处高程测量的辅助器具。

2.0.14　无线信息显示器

无线显示调整工位的调整量、具备简单请求功能的信息显示器。

CHINA RAILWAY PUBLISING HOUSE

2.0.15 精密棱镜

当棱镜绕横轴和竖轴转动时，棱镜反射中心保持固定，棱镜各向异性偏差不大于0.3 mm。

CHINA RAILWAY PUBLISHING HOUSE

3　轨道控制网(CPⅢ)测设

3.1　一 般 规 定

3.1.1　CPⅢ布设应符合下列规定:

1　沿线路两侧成对分布。

2　纵向间距宜为50~70 m。

3　安装高度宜高于外轨顶面30 cm。

4　桥上应设于固定支座端。

3.1.2　CPⅢ目标组件的质量应满足下列要求:

1　每个棱镜均需提供各向异性和棱镜加常数的检测报告。

2　重复设置或互换棱镜后坐标分量较差不得大于0.3 mm。

3　所有棱镜加常数互差不得大于0.2 mm。

3.1.3　CPⅢ点的预埋件宜通用、统一。

3.1.4　CPⅢ观测时应避免在气温变化剧烈、阳光直射、大风或能见度低等恶劣气候条件下进行,宜选择在阴天无风或日落2 h后,日出前、气象条件稳定的时段进行;测距应进行气象改正。

3.2　平面控制网测量

3.2.1　轨道控制网平面控制测量应采用自由设站边角交会法进行,控制网的主要技术指标应满足表3.2.1的要求。

表3.2.1　CPⅢ平面网的主要技术指标

控制网级别	测量方法	方向观测中误差	距离测量中误差	同精度测量限差	相对点位精度
CPⅢ	自由设站边角交会	±1.8″	±1.0 mm	3 mm	±1 mm

注:1　同精度测量限差指控制点两次测量,其X、Y方向坐标差的限差。

2　相对点位精度指的是相邻两点间相对点位误差椭圆长短轴平方和的平方根。

3.2.2　轨道控制网平面控制测量应使用自动跟踪的全站仪。仪器水平角测量方向中误差不应大于1″,距离测量中误差不应大于$1\ \text{mm}+2D\times10^{-6}$($D$为测距)。

3.2.3　轨道控制网平面控制测量应符合下列规定:

1　自由设站间距宜为120 m,每一测站应前后各观测3对CPⅢ控制点,下一测站应至少重复观测上一测站的3对CPⅢ控制点,每个CPⅢ控制点至少应在3个自由设站点上被观测过。

2　当设站间距为60 m时,每一测站应前后各观测2对CPⅢ控制点,下一测站应至少重复观测上一测站的2对CPⅢ控制点,每个CPⅢ控制点至少应在4个自由设站点上被观测过。

3 测量CPⅢ时,每隔500~800 m应与CPⅠ或CPⅡ联测,当CPⅠ或CPⅡ密度不能满足要求时,应加密CPⅡ控制点。

4 CPⅠ或CPⅡ点应至少在两个测站上进行联测,联测长度宜在200 m以内,最长不应超过300 m。当受观测条件限制,只能有一个测站点和CPⅠ或CPⅡ通视时,应设置辅助点。

5 自由设站水平角测量应采用全圆方向观测法,并满足表3.2.3的要求。

表3.2.3 方向测量法水平角测量精度表

仪器等级	测回数	半测回归零差	一测回内2C互差	同一方向值各测回互差
DJ05	3	6″	9″	6″
DJ1	4	9″	9″	6″

6 数据采集应在程序控制下全自动完成,数据采集软件应能对观测数据质量进行有效控制。

3.2.4 轨道控制网可分区段分别进行观测和平差计算,区段长度不宜低于4 km。每一区段两端应起止在上一级控制点上,且应有连续的三个自由测站与上一级控制网点联测。

3.2.5 轨道控制网应采用固定数据平差,并附合在CPⅠ或CPⅡ上。分段附合时,相邻段重叠长度应大于300 m。

3.2.6 平差软件应经铁道部主管部门正式评审鉴定。

3.2.7 CPⅢ平面网平差后的主要技术要求应符合表3.2.7的规定。

表3.2.7 CPⅢ平面网平差后的主要技术要求

控制网名称	与CPⅠ、CPⅡ联测		与CPⅢ联测		距离中误差	点位中误差
	方向改正数	距离改正数	方向改正数	距离改正数		
CPⅢ平面网	5.4″	4 mm	3.6″	2 mm	1 mm	2 mm

3.3 高程控制网测量

3.3.1 轨道控制网高程控制测量的主要精度指标应满足表3.3.1的要求。

表3.3.1 CPⅢ高程网的主要技术指标

控制网级别	测量方法	测量精度等级	M_Δ	M_W
CPⅢ	水准测量	精密水准	±2 mm	±4 mm

注:1 M_Δ 为根据水准测段往返测高差较差计算的每千米水准测量的高差偶然中误差。

2 M_W 为根据闭合环闭合差计算的每千米水准测量的高差全中误差。

3.3.2 轨道控制网高程控制测量外业观测应符合下列规定:

1 水准测量使用的水准仪等级不应低于DS_1级,水准尺应为铟瓦水准尺。起闭于线路水准基点。

2 高程测量应分区段进行,区段划分与平面测量一致。每一区段联测的线路水准点不应少于3个。

3　水准测量外业观测的主要技术标准和技术要求应满足表 3.3.2—1 和表 3.3.2—2 的规定。

表 3.3.2—1　水准测量的主要技术标准

等级	每千米高差全中误差(mm)	路线长度(km)	水准仪等级	水准尺	观测方法和次数		测段往返较差或闭合差(mm)
					与已知点联测	附合或环线	
精密水准	4	2	DS_{05} DS_1	铟瓦	往返	往返	$8\sqrt{L}$

表 3.3.2—2　水准测量外业观测主要技术要求

等级	水准仪等级	水准尺类型	视距长度(m)	视线高度(m)	前后视距差(m)	测段前后视距累积差(m)	基辅读数较差(mm)	基辅高差较差(mm)
精密水准	DS_{05}	铟瓦	≤65	下丝读数≥0.3	≤2.0	≤4.0	≤0.5	≤0.7
	DS_1		≤60					

4　水准测量应避免阳光直接照射仪器，扶尺时应使用尺撑，使水准尺的气泡居中以确保水准尺竖直。

3.3.3　水准测量作业结束后，应根据测段往返测高差不符值，计算每千米水准测量偶然中误差 M_{Δ}，并应符合表 3.3.1 的规定。

3.3.4　当地面二等水准点高程无法直接传递到桥面的 CPⅢ控制点上时，应选择桥面与地面间高差较小的地方，按附录 A 规定的方法将二等水准引测上桥。

3.4　测量成果整理与评估

3.4.1　CPⅢ平面网的平差计算取位，应符合表 3.4.1 的规定。

表 3.4.1　CPⅢ平面网平差计算取位

控制网名称	水平方向观测值(″)	水平距离观测值(mm)	方向改正数(″)	距离改正数(mm)	点位中误差(mm)	点位坐标(mm)
CPⅢ平面网	0.1	0.1	0.01	0.01	0.01	0.1

3.4.2　CPⅢ平面网测量成果资料应包括：

1　技术方案设计书。

2　平面控制网联测示意图。

3　外业观测原始数据。

4　平面控制网平差计算手簿。

5　平面控制网坐标成果表。

6　仪器检定资料。

7　测量技术总结报告。

3.4.3　CPⅢ高程网测量成果资料应包括：

1　技术方案设计书。

2　水准路线示意图。

3　外业观测的原始数据文件电子文本。

4　测段高差统计表。

CHINA RAILWAY PUBLISHING HOUSE

5　水准路线闭合差统计表。

6　CPⅢ点高程平差成果表。

7　水准仪和水准尺的检定资料。

3.4.4　测量成果评估应符合铁道部现行相关标准的规定。

CHINA RAILWAY PUBLISHING HOUSE
TB

4 CRTS Ⅰ型板式无砟轨道施工精调作业

4.1 精调作业流程

4.1.1 CRTS Ⅰ型板式无砟轨道施工精调作业流程见图4.1.1。

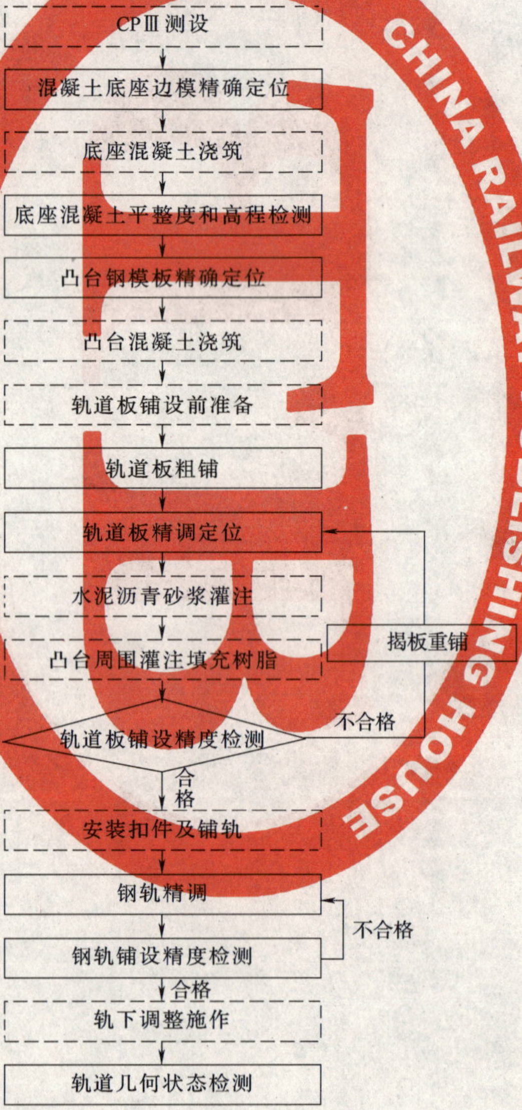

图4.1.1 CRTS Ⅰ型板式无砟轨道施工精调作业流程

注:实框为精调作业工序,虚框为其他施工工序。

CHINA RAILWAY PUBLISHING HOUSE

4.2 钢模检测

4.2.1 轨道板生产前,应检测钢模,钢模检测方法见附录 B。

4.2.2 轨道板钢模几何尺寸允许偏差应符合表 4.2.2 的规定。

表 4.2.2 轨道板钢模几何尺寸允许偏差

序 号	检 查 项 目		允许偏差(mm)
1	长 度		±1.5
2	宽 度		1.5
3	厚 度		$^{+1.5}_{0}$
4	保持轨距的两螺栓桩中心距		±0.75
5	螺栓桩的中心距板中心线		±0.5
5	保持同一铁垫板位置的两相邻螺栓桩的中心距		±0.5
6	半圆缺口部位的直径		±1.5
7	平整度	四角承轨面水平	±0.5
		单侧中央翘曲量	≤1.5
8	预埋套管	位 置	±0.5
		垂直度	≤0.5°

4.3 轨道板检测

4.3.1 轨道板出厂前应对每块轨道板的质量进行检测,并出具《轨道板制造技术证明书》,轨道板质量检测见附录 B。

4.3.2 轨道板几何尺寸允许偏差应符合表 4.3.2 的规定。

表 4.3.2 轨道板几何尺寸允许偏差

序号	检 查 项 目		允许偏差(mm)
1	长 度		±3
2	宽 度		±3
3	厚 度		+3/0
4	保持轨距的两螺栓孔中心距		±1.5
5	螺栓孔的中心距板中心线		±1
6	保持同一铁垫板位置的两相邻螺栓孔中心距		±1
7	半圆缺口部位的直径		±3
8	平整度	四角承轨面水平	±1
		单侧中央翘曲量	≤3
9	预埋套管	位 置	±1
		垂直度	≤1°

CHINA RAILWAY PUBLISHING HOUSE

4.4　底座混凝土边模精确定位及外形检测

4.4.1　底座混凝土边模精确定位流程见图 4.4.1。

4.4.2　凸台中心点平面放样坐标由计算得到，平面偏差不应大于 ± 5 mm。凸台中心平面位置见图 4.4.2。

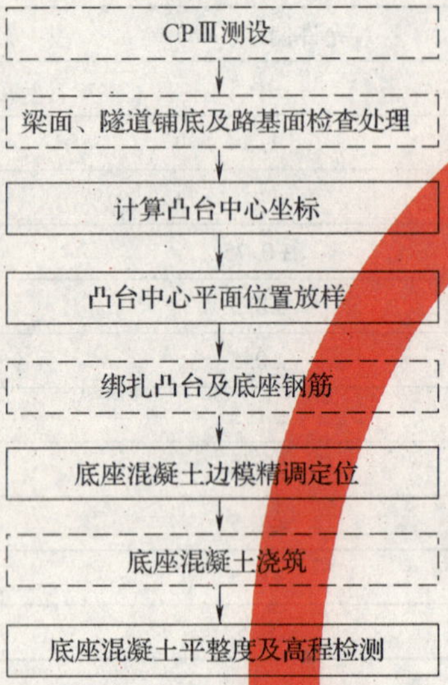

图 4.4.1　底座混凝土边模精确定位流程

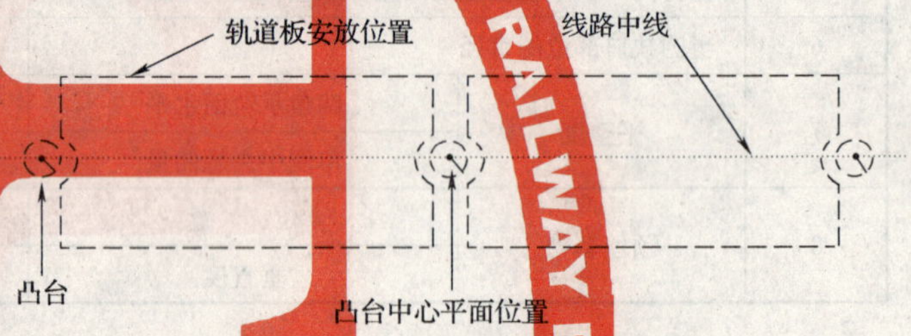

图 4.4.2　凸台中心平面位置示意图

CHINA RAILWAY PUBLISHING HOUSE

4.4.3　底座混凝土边模精确定位可采用以下方法：

1　方法一　利用 CPⅢ控制点、底座混凝土钢模板适配器和棱镜进行立模放样，作业流程见图 4.4.3—1。

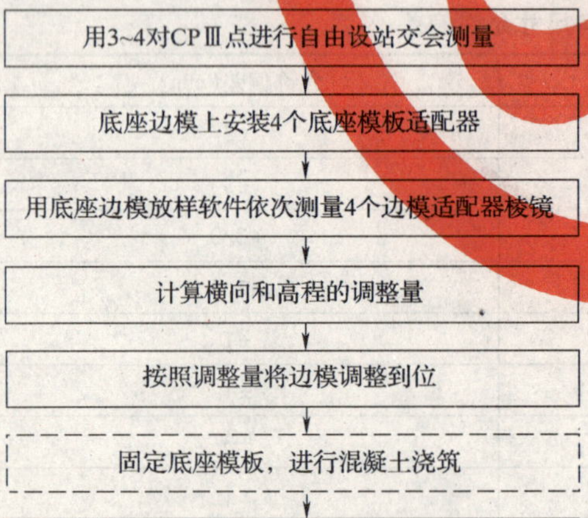

图 4.4.3—1　采用底座混凝土钢模板适配器进行立模放样的作业流程图

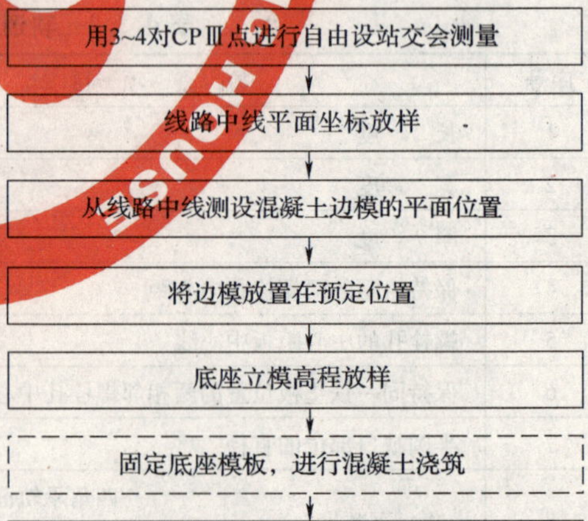

图 4.4.3—2　采用平面坐标和水准高程立模放样的作业流程图

2 方法二 利用CPⅢ控制点进行立模放样，平面采用坐标法，高程采用水准测量法，作业流程见图4.4.3—2。

4.4.4 底座混凝土边模精确定位的主要设备见表4.4.4—1和4.4.4—2。

表4.4.4—1 钢模板适配器法立模放样的主要设备表

序 号	设 备	数 量	用 途
1	边模适配器	4个	与边模定位板相互连接，放置底座边模放样的棱镜
2	棱镜	4只	置于边模板适配器上，用于放样点坐标测设
3	全站仪	1台	用于测量边模板的横向位置和高程
4	无线信息显示器	4台	显示各个调整工位的横向和高程调整量
5	气象量测仪器	1套	用于测距时温度、气压改正
6	CPⅢ目标棱镜	8个	全站仪自由设站边角交会的目标
7	底座混凝土找平尺	1把	用于浇筑后底座混凝土断面的检测
8	混凝土底座边模精调软件	1套	能够实时计算出混凝土底座边模的横向和高程的调整量

表4.4.4—2 平面坐标和水准高程法立模放样的主要设备表

序 号	设 备	数 量	用 途
1	棱镜三脚座	1个	用于放样中线点坐标测设棱镜
2	全站仪	1台	测设线路中桩点平面坐标
3	电子水准仪和条码铟瓦水准尺	1套	测量边模高程
4	CPⅢ目标棱镜	8个	全站仪自由设站边角交会的目标
5	底座混凝土找平尺	1把	用于浇筑后底座混凝土断面的检测

4.4.5 底座混凝土浇筑后，应采用专用的检测工具对底座混凝土进行平整度及高程检测。

4.4.6 全站仪设站应符合下列规定：

1 测站宜设在线路中线附近、两对CPⅢ控制点之间。

2 每一测站观测的CPⅢ点数为3～4对。

3 设站点的三维坐标分量偏差不应大于0.5 mm。

4 测量气象条件应符合本指南第3.1.4条的规定。

5 每次设站放样距离不应大于80 m。

4.4.7 底座混凝土边模精确定位的允许偏差应符合表4.4.7的规定。

表4.4.7 底座混凝土边模精确定位的允许偏差

项 次	项 目	允许偏差(mm)	检 验 数 量
1	顶面高程	$^{0}_{-3}$	每5 m检查1处
2	宽 度	±3	每5 m检查3处
3	中线位置	±2	每5 m检查3处
4	伸缩缝位置	5	每条伸缩缝检查一次

CHINA RAILWAY PUBLISHING HOUSE

4.4.8　底座混凝土外形尺寸检测应符合表 4.4.8 的规定。

表 4.4.8　底座混凝土外形尺寸允许偏差

项次	项　目	允许偏差(mm)	检 验 数 量
1	顶面高程	$^{0}_{-5}$	每 5 m 检查 1 处
2	宽　度	±5	
3	中线位置	3	
4	平整度	10/3 m	

4.5　凸形挡台精确定位

4.5.1　凸形挡台精确定位流程见图 4.5.1。

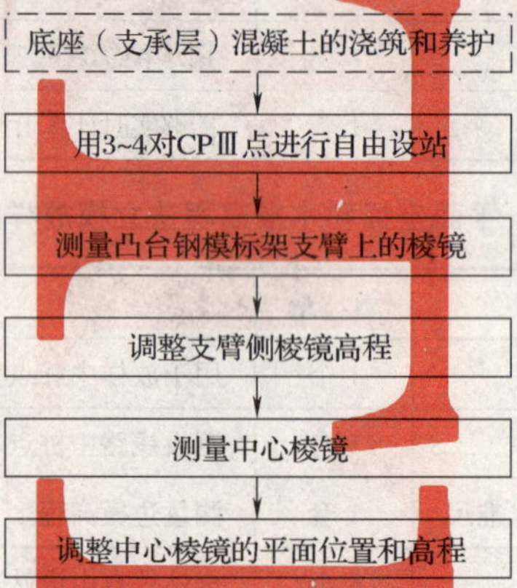

图 4.5.1　凸形挡台精确定位流程图

4.5.2　凸形挡台钢模板精确定位的主要设备见表 4.5.2。

表 4.5.2　凸形挡台钢模板精确定位的主要设备表

序　号	设　备	数　量	用　途
1	凸形挡台钢模标架	1 个	与凸台钢模适配的测量标架
2	棱镜	2 只	放置在凸台钢模标架上，测量凸台中心和边缘位置
3	全站仪	1 台	用于凸台平面位置、高程和水平(超高)坐标测设
4	CPⅢ目标棱镜	8 个	全站仪自由设站边角交会的目标
5	凸台钢模精调软件	1 套	进行凸台平面位置、高程和水平(超高)放样

4.5.3　凸形挡台钢模板精确定位应遵循以下步骤：

1　全站仪在线路一侧设站，安放凸形挡台钢模标架和棱镜。

2　测量钢模标架支臂上的棱镜获取凸台超高调整量，调整凸台钢模超高。

3　测量标架中心棱镜获取凸台中心的平面和高程调整量，调整凸台钢模。

4　重复 2、3 步骤直至凸台钢模允许偏差符合要求。

4.5.4　凸形挡台钢模板精确定位应符合下列规定：

1　全站仪设站应符合本指南第 4.4.6 条 1 ~ 4 款的规定。

2　每次设站放样距离不应大于 60 m。

CHINA RAILWAY PUBLISHING HOUSE

3　挡台施工可考虑安装轨道板防上浮侧移装置，其方法之一参见附录 C。

4.5.5　凸形挡台钢模精确放样的允许限差应符合表 4.5.5 的规定。

表 4.5.5　凸形挡台钢模板精确放样的允许限差

序　号	检　验　项　目	允许偏差(mm)
1	中线位置	2
2	中心间距	±2
3	顶面高程	$^{+2}_{0}$

4.6　轨道板精调作业

4.6.1　轨道板精调作业流程见图 4.6.1。

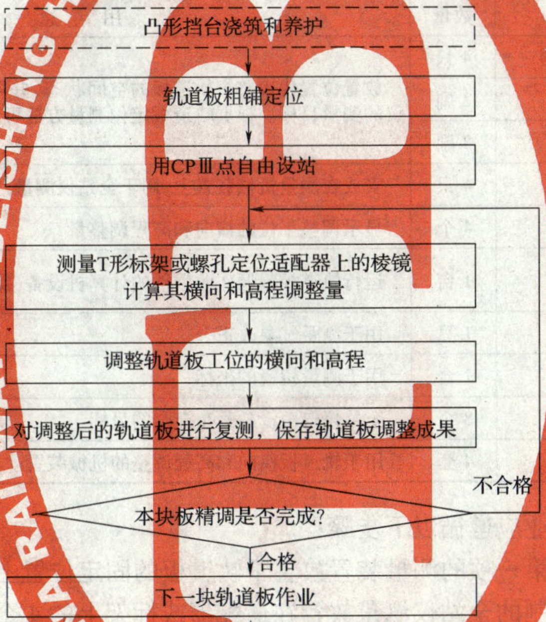

图 4.6.1　CRTS Ⅰ型轨道板精调作业流程

CHINA RAILWAY PUBLISHING HOUSE

4.6.2　轨道板粗铺主要设备见表 4.6.2。

表 4.6.2　轨道板粗铺定位的主要设备表

序号	设　备	数　量	用　途
1	轨道板铺设门吊	1 台	吊装轨道板
2	轨道板粗铺定位架	2 副	保护凸形挡台，保证轨道板与凸形挡台之间的安放间距
3	支撑垫木	4 块	尺寸宜为 50 mm×50 mm×300 mm，置于混凝土底座上，轨道板粗铺时支撑在轨道板下，便于安装轨道板调整机具

4.6.3　轨道板粗铺作业应符合下列规定：

1　在两挡台上放置轨道板粗铺定位架，保证轨道板与两凸形挡台之间的间距相同。轨道板与凸形挡台的间隙不得小于30 mm。

2　轨道板吊放作业时，轨道板与凸形挡台前后的调整间距应满足 $|A-B| \leq 5$ mm，见

图 4.6.3。

4.6.4 轨道板精调测量作业宜采用以下方法：

1 自定心螺孔适配器测量法，见附录 D。

2 T 形测量标架测量法，见附录 D。

3 螺栓孔速测标架测量法。

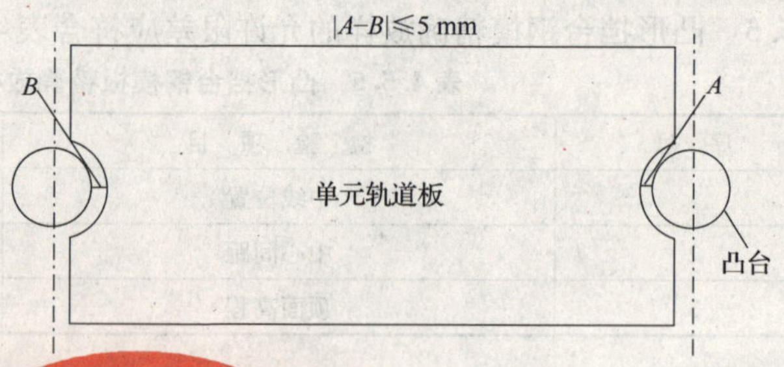

图 4.6.3　轨道板与凸形挡台位置关系

4.6.5 轨道板精调作业的主要设备见表 4.6.5。

表 4.6.5　轨道板精调作业的主要设备表

序号	设　备	数量	用　途
1	自定心螺孔适配器	4 只	放置位置代表整个轨道板的空间状态，并可安放反射棱镜，作为全站仪的测量目标。根据轨道板定位测量方法可从三种设备中选其一
	T 形测量标架	2 副	
	螺栓孔速测标架	2 副	
2	棱镜	4 只	安放在测量机械装置上，用于全站仪测量
3	无线信息显示器	4 个	显示调整工位的横向和高程调整量
4	测控计算机设备	1 台	运行轨道板精调作业软件的计算机设备，操控并完成轨道板测量
5	气象传感器	1 只	用于测距气象改正
6	全站仪	1 台	用于测量棱镜的坐标
7	CPⅢ目标棱镜	8 个	全站仪自由设站边角交会的目标
8	轨道板调整机具	4 套	用于轨道板横向和高程调整的机械装置

4.6.6 轨道板精调作业应遵循以下步骤：

1 将表 4.6.5 中第一项的测量装置放置于轨道板的固定位置上。

2 用已设程序控制的全站仪测量放置在适配器或标架上的 4 个棱镜，获取 4 个工位的调整量。

3 按照 4 个显示器上的调整量用轨道板调整机具作相应调整。

4 重复精调作业步骤 2 和 3，直至满足轨道板铺设允许偏差的要求。

4.6.7 轨道板精调作业应符合下列规定：

1 全站仪设站应符合本指南第 4.4.6 条 1 ~ 4 款的规定。

2 轨道板专用调整机具应具有横向和高低的精确调整功能。

3 轨道板精确定位的测量方向为单向后退测量，一个测站内的全站仪与轨道板之间的测量距离宜为 5 ~ 30 m。

4 砂浆灌注时应安装和使用轨道板防上浮和侧移专用机具，方法之一参见附录 C。

5 轨道板精调后应采取防护措施，严禁踩踏和撞击轨道板，并及时灌注砂浆。如果轨道板放置时间过长，或环境温度变化超过 10 ℃，或受到使轨道板位置发生变化的外部条件影响时，必须进行复测和必要的调整，确认满足要求后，方能灌注砂浆。

4.6.8 轨道板铺设精度检测应符合下列规定：

CHINA RAILWAY PUBLISHING HOUSE

1　轨道板平面位置检测应采用CPⅢ自由设站坐标测量，高程宜采用精密水准测量。

2　轨道板铺设精度检测的主要设备见表4.6.8。

表4.6.8　轨道板铺设精度检测的主要设备表

序号	设备	数量	用途
1	自定心螺栓孔适配器	4只	测量板两端实际板中心与设计中线的偏差。三种设备选其一
	T形测量标架	2副	
	螺栓孔速调标架	2副	
2	全站仪	1台	测量检测点的平面坐标
3	电子水准仪和条码铟瓦水准尺	1套	测量检测点的高程
4	专用轨道板水准尺垫	1个	放置水准尺检测高程
5	CPⅢ目标棱镜	8个	全站仪自由设站边角交会的目标

3　测量4个螺孔或中线V形槽上的棱镜坐标，计算板中心与设计中线的平面横向位置偏差。、

4　测量4个螺孔或V形槽所在承轨面的高程，计算设计高程与实际高程的高差。

4.6.9　轨道板铺设的允许偏差应符合表4.6.9的规定。

表4.6.9　轨道板铺设的允许偏差

序号	项目	允许偏差(mm)	检验数量
1	中线位置	2	每板检查2处(两端)
2	支撑点处承轨面高程	±1	全部检查
3	与两端凸形挡台间隙之差	±5	全部检查
4	相邻轨道板接缝处承轨台相对横向偏差	±2	5块板检查1处
5	相邻轨道板接缝处承轨台相对高差	±2	5块板检查1处

4.6.10　轨道板精调作业完成后，应提供下列数据文件：

1　单元轨道板测量点最后测量坐标文件。

2　单元轨道板测量点最后横向、高程偏差文件。

3　单元轨道板调整后中线横向、高程偏差精度评估文件。

4.7　钢轨精调作业

4.7.1　钢轨精调作业流程见图4.7.1。

4.7.2　钢轨精调作业的主要设备见表4.7.2。

表4.7.2　钢轨精调作业的主要设备表

序号	设备	数量	用途
1	轨道几何状态测量仪	1套	对钢轨进行轨距、水平(超高)、绝对坐标的测量
2	气象量测仪器	1套	用于测距时温度、气压改正
3	全站仪	1台	对轨道几何状态测量仪上的棱镜进行坐标测量

续上表

序　号	设　　备	数　量	用　　途
4	CPⅢ目标棱镜	8 个	全站仪自由设站边角交会的目标
5	钢轨调整支架	1 套	调整左右钢轨的横向和高程位置
6	钢轨整理垫块	若干	垫于钢轨下面，用于固定钢轨高程和横向位置及轨底坡

4.7.3　钢轨精调作业的轨向基本轨，曲线地段以外轨为准，直线地段同大里程方向下一个曲线。相对于轨向基本轨的另一轨为高低基本轨。

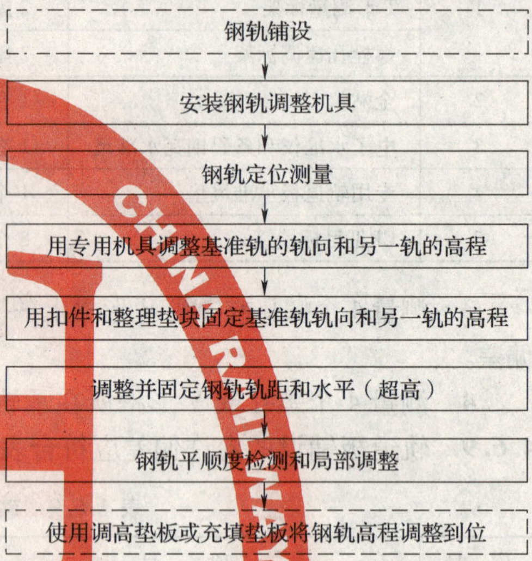

图 4.7.1　钢轨精调作业流程

4.7.4　钢轨精调作业应遵循以下步骤：

1　将轨道几何状态测量仪置于待调轨道上，启动测量程序。

2　用程序控制的全站仪，测量轨道几何状态测量仪上的棱镜，获得轨道几何状态数据。

3　通过对轨道几何状态数据的分析和合理的适算，得到每个扣件支点位置的调整量值。

4　依据适算结果，对每个扣件支点位置进行逐点调整，调整时应先调整轨向基本轨的平面位置和高低基本轨的高程，确保轨向平顺性指标和高低平顺性指标合格。再调两个基本轨相对应的另一根钢轨的平面位置和高程，使轨距和水平（超高）达标。

5　重复精调作业步骤 2、3 和 4，直至满足轨道几何状态静态检测精度及允许偏差的要求。

4.7.5　钢轨精调作业应符合下列规定：

1　全站仪设站应符合本指南第 4.4.6 条 1 ~ 4 款的规定，全站仪与轨道几何状态测量仪的观测距离宜为 5 ~ 60 m。

2　轨道几何状态测量应采用静态测量方式。

3　钢轨精调作业的测量方向为单向后退测量。

4　钢轨调整宜采用专用的调整机具。

5　换站后，应先对上站调整到位的最后 1 ~ 3 个调整点进行复测，同一点位的横向和高程的相对偏差均不应大于 2 mm。如果复测超限，应重新设站后再次复测。如果依然超限，须对换站前的所有钢轨调整点重新进行调整，直至满足要求后方能进行换站后的钢轨调整。对于小于 ±2 mm 的偏差，应使用线性或函数方式进行换站搭接平顺修正，顺接长度应遵循 1 mm/10 m 变化率原则。

4.8　轨道几何状态检测

4.8.1　轨道静态检测精度及允许偏差应符合下列规定：

1　轨道静态平顺度允许偏差应符合表 4.8.1 的规定。

表 4.8.1　轨道几何状态静态平顺度允许偏差及检验方法

序　号	项　　目		平顺度允许偏差(mm)	检测方法
1	轨　　距		±1	轨道几何状态测量仪
2	高低	弦长 10 m	2/10 m	
		弦长 30 m	2/5 m	
		弦长 300 m	10/150 m	
3	轨向	弦长 10 m	2/10 m	
		弦长 30 m	2/5 m	
		弦长 300 m	10/150 m	
4	扭曲	基长 6.25 m	2	
5	水　　平		1	

检验数量:施工单位连续检测;监理单位全部见证检验。

2　在满足轨道平顺度要求的情况下,轨面高程允许偏差为 +4/ −6 mm,紧靠站台为 +4/0 mm。

检验数量:施工单位每 1 km 抽查 2 处,每处各抽查 10 个测点。

检验方法:水准仪测量。

3　轨道中线与设计中线允许偏差为 10 mm;线间距允许偏差为 +10/0 mm。

检验数量:施工单位每 1 km 抽查 2 处,每处各抽查 10 个测点。

检验方法:轨道中线与设计中线允许偏差检验采用轨道几何状态测量仪;线间距检验采用尺量。

4.8.2　竣工测量完成后,应提交下列成果资料:

1　技术总结,包括执行标准、施测单位、施测日期、施测方法、使用仪器、精度评定和特殊情况处理等内容。

2　施工测量的原始观测记录。

CHINA RAILWAY PUBLISHING HOUSE

5　CRTS Ⅱ型板式无砟轨道施工精调作业

5.1　精调作业流程

5.1.1　CRTS Ⅱ型板式无砟轨道施工精调作业流程见图 5.1.1。

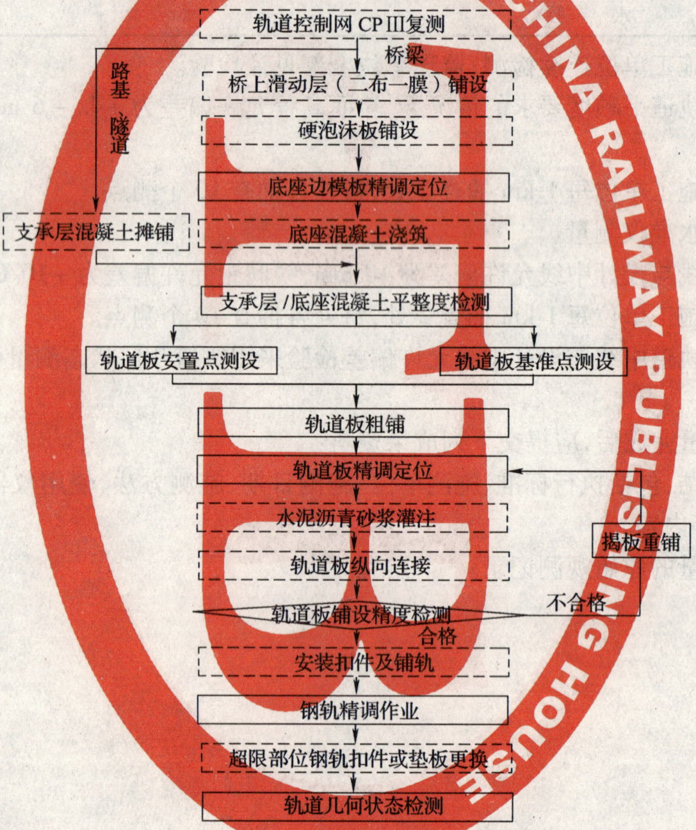

图 5.1.1　CRTS Ⅱ型板式无砟轨道施工精调作业流程图

CHINA RAILWAY PUBLISHING HOUSE

5.2　轨道板承轨台检测

5.2.1　检测打磨后轨道板承轨台并做好记录，其精度应符合有关技术条件的要求。

5.3　底座（支承层）混凝土边模精确定位及外形检测

5.3.1　底座（支承层）混凝土边模精确定位作业流程见图 5.3.1。

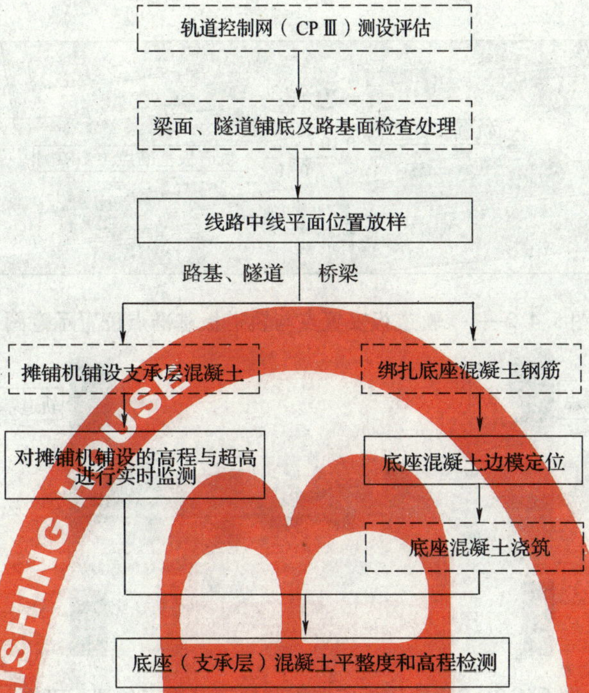

图 5.3.1 底座（支承层）混凝土边模精确定位作业流程图

5.3.2 底座混凝土边模的精确定位应符合本指南第 4.4.3 ~ 4.4.8 条的规定。

5.3.3 支承层混凝土采用摊铺机摊铺时，应采用全站仪进行测控，摊铺精度应符合表 5.3.3 的规定。

表 5.3.3 摊铺精度的验收标准

项 次	项 目	允许偏差（mm）	检 验 数 量
1	顶面高程	±5	每 5 m 检查 1 处
2	宽 度	$^{+15}_{0}$	每 5 m 检查 3 处
3	中线位置	10	每 5 m 检查 3 处

5.4 轨道板安置点与基准点测设

5.4.1 轨道板安置点测设作业流程见图 5.4.1。

5.4.2 轨道板安置点测设应符合下列规定：

1 轨道板安置点位于轨道板横接缝的中央、相应里程中心点的法线上，偏离轨道中线 0.10 m。曲线地段，安置点应置于轨道中线外侧；直线地段，安置点应置于线路中线同一侧。安置点的位置应以轨道中线为基准，垂直于钢轨顶面连线，投影到底座或支承层表面上，见图 5.4.2—1 和 5.4.2—2。

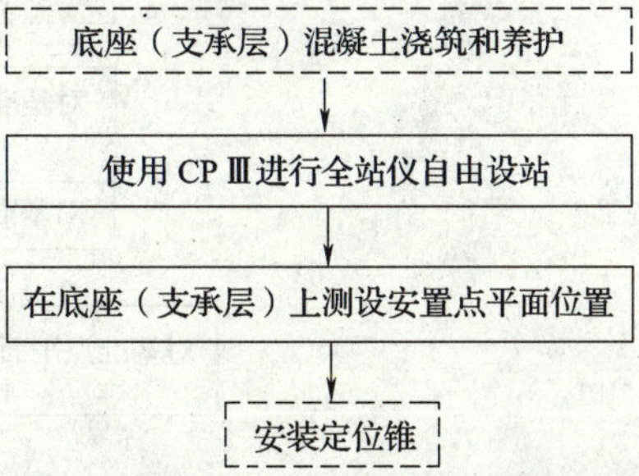

图 5.4.1 轨道板安置点测设作业流程图

CHINA RAILWAY PUBLISHING HOUSE

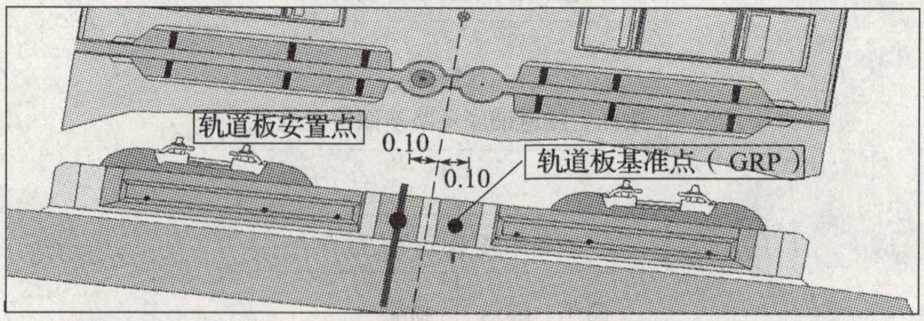

图 5.4.2—1　轨道板安置点与轨道板基准点位置示意图

图 5.4.2—2　轨道板安置点与轨道基准点位置示意图

2　轨道板安置点测设的主要设备见表 5.4.2。

表 5.4.2　轨道板安置点测设的主要设备表

序　号	设　　备	数　量	用　　途
1	棱镜三脚座	1 个	用于安置点放样
2	全站仪	1 台	用于安置点坐标测设
3	CPⅢ目标棱镜	8 个	反射目标

3　安置点测设时全站仪设站应符合本指南第 4.4.6 条的规定。

4　安置点平面位置允许偏差为 ±5 mm。

5.4.3　基准点测设应符合下列规定：

1　基准点测设作业流程见图 5.4.3。

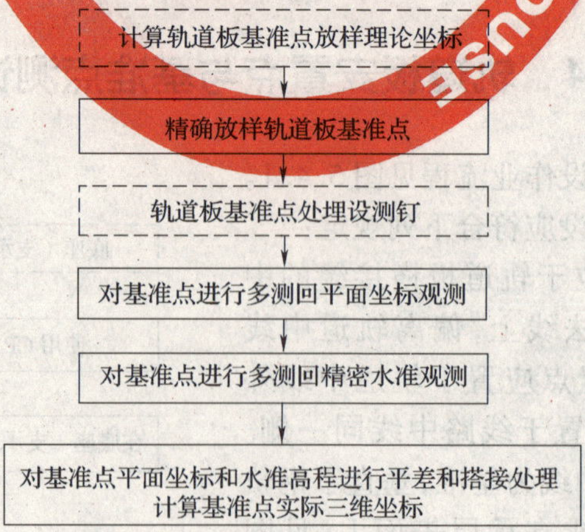

图 5.4.3　轨道基准点测设作业流程

CHINA RAILWAY PUBLISHING HOUSE

2　轨道板基准点放样测设的主要设备见表5.4.4。

表5.4.4　轨道板基准点测设的主要设备表

序　号	设　　备	数　量	用　　途
1	棱镜三脚座	1个	用于基准点平面坐标测设
2	全站仪	1台	测量被测点的平面坐标
3	电子水准仪和条码铟瓦水准尺	1套	测量被测点的高程
4	水准尺适配器	1个	放置水准尺
5	CPⅢ目标棱镜	8个	全站仪自由设站边角交会的目标

3　轨道板基准点测设应遵循以下步骤：

1)在两对CPⅢ点间设站，根据计算坐标测设轨道板基准点；

2)在基准点位置埋设测钉；

3)对基准点和CPⅢ点进行多测回平面坐标联测；

4)对基准点和CPⅢ点进行精密高程坐标联测；

5)将联测数据进行平差计算获得基准点的三维坐标。

4　轨道板基准点测设应按符合下列规定：

1)基准点位于轨道板横接缝的中央，与安置点对称分布，见图5.4.2—1；

2)全站仪设站应符合本指南第4.4.6条1～4款的规定，每次设站测量距离不应大于30 m；

3)埋设测钉时，轨道板基准点平面位置允许偏差为±5 mm；

4)依据CPⅢ进行基准点联测，观测3个测回；

5)基准点的高程测量应执行精密水准测量有关规定；

6)换站时，应对上一测站的至少5个相邻基准点进行重复观测；

7)对观测数据进行平差计算，平差后基准点之间的平面相对精度不应大于0.2 mm，高程相对精度不应大于0.1 mm。

5.5　轨道板铺设精调作业

5.5.1　轨道板铺设作业流程见图5.5.1。

5.5.2　轨道板粗铺定位应符合下列规定：

1　轨道板铺设前，按设计布板文件测量确定各编号轨道板位置，并在支承层或底座上用墨线标示安装边线，标注轨道板编号。

2　轨道板粗铺时，将轨道板紧靠定位锥置于支撑垫木上，侧面应与支承层或底座上的安装边线对齐，铺设横向位置偏差应小于5 mm。

5.5.3　轨道板精调作业流程见图5.5.3。

5.5.4　轨道板精调的主要设备见表5.5.4。

CHINA RAILWAY PUBLISHING HOUSE

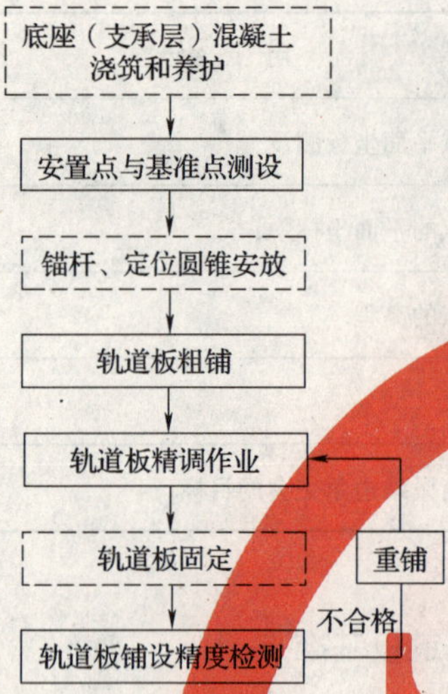

图 5.5.1　轨道板铺设作业流程

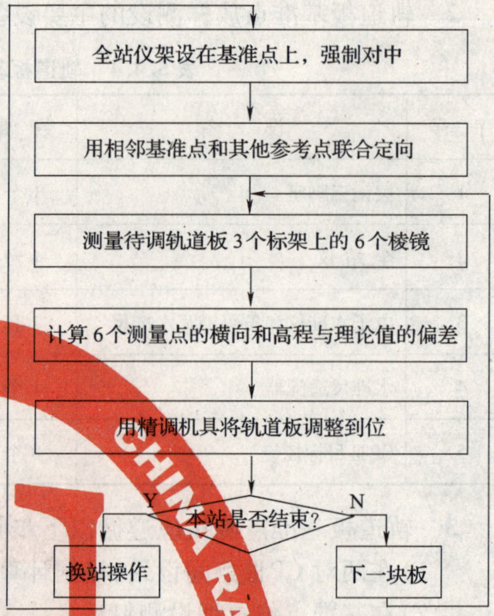

图 5.5.3　CRTS Ⅱ型轨道板精调作业流程图

表 5.5.4　轨道板精调的主要设备表

序　号	设　　备	数　量	用　　途
1	Ⅱ型板测量标架	5 个	轨道板精调作业的测量装置
2	强制对中三脚座	2 个	在基准点上架设全站仪和后视点棱镜的基座
3	精密棱镜	11 只	用于轨道板精调作业
4	测控计算机	1 台	运行轨道板精调作业软件,操控并完成轨道板测量
5	气象量测仪器	1 套	用于测距温度、气压改正
6	后视棱镜支架	1 只	放置后视棱镜
7	全站仪	1 台	测量Ⅱ型板测量标架上的 6 个棱镜坐标
8	无线信息显示器	6 个	显示 6 个调整工位的横向和高程的偏移量

5.5.5　轨道板精调作业应遵循以下步骤：

1　将测量标架放置于轨道板的固定位置,将全站仪和定向棱镜架设在强制对中三脚座上,并与基准点强制对中。

2　用程序控制的全站仪测量放置在标架上的 6 个棱镜,获取 6 个工位的调整量。

3　按照 6 个显示器上的调整量用双向千斤顶调整轨道板。

4　重复精调作业步骤 2 和 3,直至满足轨道板铺设允许偏差的要求。

5.5.6　轨道板精调作业应符合下列规定：

1　全站仪设站和后视棱镜安装应使用强制对中三脚座;全站仪的定向,应使用轨道板基准点和已调好的相邻轨道板上的两个棱镜。

2　为防止砂浆灌注时轨道板上浮和侧移,应安装和使用地锚及扣压装置。

3　轨道板精调后应采取防护措施,并应符合本指南第 4.6.7 条第 5 款的规定。

5.5.7　砂浆灌注后应进行轨道板铺设精度复测,并满足下列要求：

1　轨道板铺设精度复测评估的主要设备见表 5.5.7—1。

表 5.5.7—1　CRTS Ⅱ型轨道板精调复测评估的主要设备表

序　号	设　　备	数　量	用　　途
1	Ⅱ型板测量标架	1 个	轨道板精调作业的测量装置
2	全站仪	1 台	测量辅助测量标架上的棱镜坐标
3	强制对中三脚座	2 个	在基准点上架设全站仪和后视点棱镜的基座
4	精密棱镜	3 只	用于轨道板精调作业
5	气象量测仪器	1 套	用于测距温度、气压改正
6	后视棱镜支架	1 只	放置后视棱镜

2　检测方法：将Ⅱ型板测量标架置于承轨台上，测量 2 个棱镜的坐标，保存测量结果。

3　检测部位与精调作业相同。

4　用分析软件对轨道板所对应轨顶的轨向、高低和扭曲进行偏差计算和平顺度分析，给出超限部分的调整作业方案。

5　轨道板精调验收标准应符合表 5.5.7—2 的规定。

表 5.5.7—2　CRTS Ⅱ型轨道板精调验收标准表

项　次	项　　目		允许偏差(mm)	检验数量	检验方法
1	中线位置		0.5	全部检查	全站仪
2	顶面高程		±0.5	全部检查	全站仪
3	相邻轨道板接缝处承轨台	顶面相对高差	±0.3	10 块板抽查 1 处	专用量尺
4		平面位置	±0.3	10 块板抽查 1 处	专用量尺

5.6　钢轨精调作业

5.6.1　钢轨精调作业流程见图 5.6.1。

5.6.2　钢轨精调作业的主要设备见表 5.6.2。

5.6.3　钢轨精调作业应遵循以下步骤：

1　将轨道几何状态测量仪置于待调轨道上，启动测量程序。

2　用程序控制的全站仪测量轨道几何状态测量仪上的棱镜，计算和显示钢轨调整量。

3　钢轨平面位置超限时，应进行扣件更换；高程超限时，应增减调高垫板。

4　重复第 2、3 项步骤，使之达到验收标准。

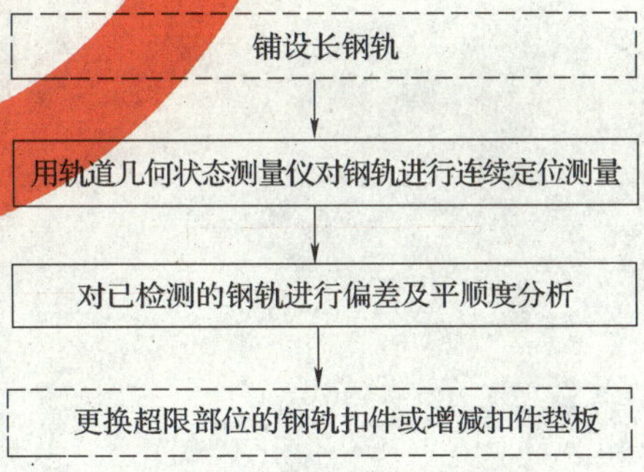

图 5.6.1　钢轨精调作业流程

5.6.4　钢轨精调作业应符合下列规定：

1　钢轨精调作业要求应符合本指南第 4.7.3 ~ 4.7.5 条的规定。

2　进行下一测站的钢轨精调作业时，应重测上一测站不少于一个轨道板的距离。同一点位的横向和高程的相对偏差均不应超过 ±2 mm。如果复测超限，重新设站后再次复

CHINA RAILWAY PUBLISHING HOUSE

表 5.6.2　钢轨精调的主要设备表

序　号	设　备	数　量	用　途
1	轨道几何状态测量仪	1套	对钢轨进行轨距、轨向、水平(超高)、绝对坐标的测量
2	气象量测仪器	1套	用于测距温度、气压改正
3	全站仪	1台	对轨道几何状态测量仪上的棱镜进行坐标测量
4	CPⅢ目标棱镜	8个	全站仪自由设站边角交会的目标

测。如果依然超限,应更换超限点扣件的轨距块或垫板,直至满足要求后方能换站。对于小于±2 mm的偏差,应使用线性或余弦函数进行换站搭接平顺修正,搭接长度不应小于10 m。

5.7　轨道几何状态检测

5.7.1　轨道几何状态检测应符合本指南第4.8节的规定。

CHINA RAILWAY PUBLISHING HOUSE

6 CRTS Ⅰ型双块式无砟轨道施工精调作业

6.1 精调作业流程

6.1.1 CRTS Ⅰ型双块式无砟轨道施工精调作业流程图见图6.1.1。

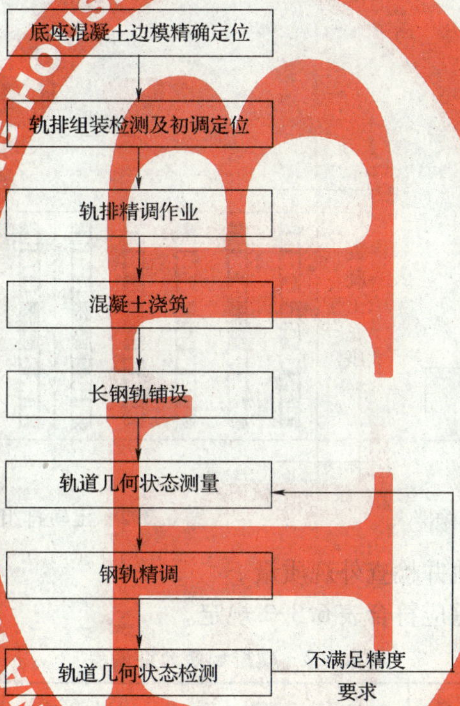

图6.1.1 CRTS Ⅰ型双块式无砟轨道施工精调作业流程图

CHINA RAILWAY PUBLISHING HOUSE

6.2 底座（支承层）混凝土边模精确定位及外形检测

6.2.1 底座（支承层）混凝土边模精确定位应符合本指南第5.3.1条和第4.4.3～4.4.7条的规定。

6.2.2 混凝土支承层外形尺寸检测应符合表6.2.2的规定。

表6.2.2 混凝土支承层外形尺寸允许偏差

项 次	项 目	允许偏差(mm)	检 验 数 量
1	顶面高程	+5 −15	摊铺机施工时每50 m检查1处 立模施工时每20 m检查1处
2	宽 度	+15 0	
3	中线位置	10	

6.3　标准轨排组装检测及粗调定位

6.3.1　轨排组装流程见图 6.3.1。

6.3.2　轨排组装检测应符合下列规定：

1　用墨线在底座板上弹出轨排组纵、横向位置。

2　双块式轨枕布枕允许偏差为 ±5 mm。

3　用钢尺丈量每两组轨排之间的纵向间距，在底座两边确定轨排的横向位置，见图 6.3.2。

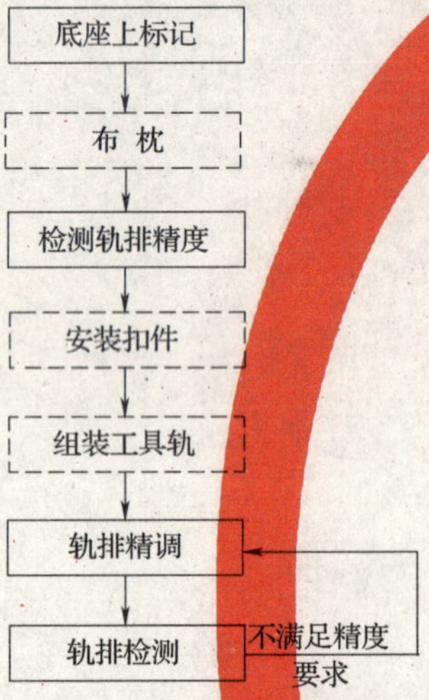

图 6.3.1　轨排组装流程图

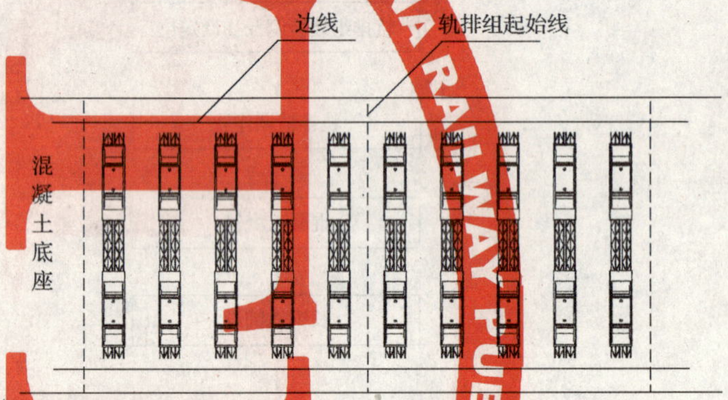

图 6.3.2　出轨排组位置示意图

4　安装扣件及工具轨并检查外观质量。

5　轨排组装允许偏差应符合表 6.3.2 规定。

表 6.3.2　轨排组装允许偏差

序　　号	项　　目	允许偏差(mm)
1	轨　　距	±1，变化率不得大于 1‰
2	轨枕间距	±5

6.3.3　轨排粗调定位流程见图 6.3.3。

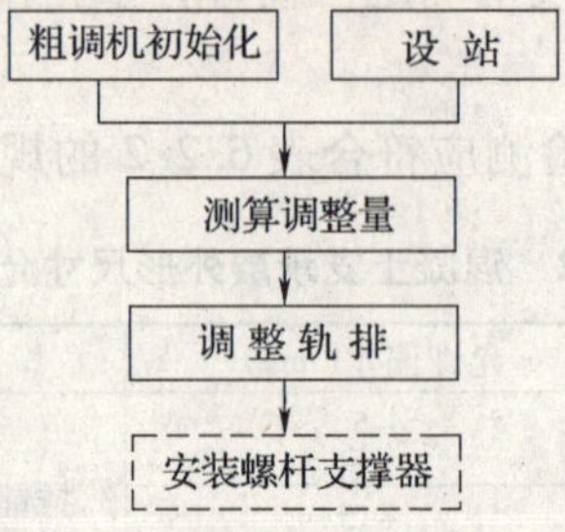

图 6.3.3　轨排粗调定位流程图

CHINA RAILWAY PUBLISHING HOUSE

6.3.4 轨排粗调定位设备见表6.3.4。

表6.3.4 轨排粗调定位设备表

序 号	设 备	数量	用 途
1	双块式轨排粗调机	1套	轨排粗调定位
2	全站仪	1台	测量轨排的位置
3	CPⅢ目标棱镜	8个	全站仪自由设站边角交会的目标
4	气象量测仪器	1套	用于测距温度、气压改正

6.3.5 轨排粗调定位测量与调整应遵循以下步骤：

1 粗调设备支撑轨排。

2 通过CPⅢ测量轨排。

3 计算获得轨排调整量。

4 按调整量调整轨排。

5 轨排粗调到位后，安装螺杆支撑器固定轨排。

6 螺杆支撑器安装的间距以2个轨枕距离为宜，每组轨排的端头应单独用螺杆支撑器加密。

7 安装轨排侧向固定装置。

6.3.6 轨排粗调定位允许偏差差应符合表6.3.6的规定。

表6.3.6 粗调定位允许偏差

序 号	项 目	允许偏差(mm)
1	钢轨横向位置	±3
2	钢轨顶面高程	$^{0}_{-3}$

6.4 轨排精调作业

6.4.1 轨排精调作业流程见图6.4.1。

6.4.2 轨排精调设备见表6.4.2。

表6.4.2 轨排精调设备表

序 号	设 备	数量	用 途
1	轨道几何状态测量仪	1套	测量轨道几何状态
2	全站仪	1台	自动测量轨道几何状态测量仪上的棱镜
3	CPⅢ目标棱镜	8个	全站仪自由设站边角交会的目标
4	气象量测仪器	1套	用于测距温度、气压改正
5	螺杆支撑调整体系	1组	调整轨排
6	测力扳手	若干	紧固扣件

6.4.3 轨排精调作业应遵循以下步骤：

1 将轨道几何状态测量仪置于待调轨道上，启动测量程序。

2 用程序控制的全站仪测量轨道几何状态测量仪上的棱镜，计算和显示轨道调整

CHINA RAILWAY PUBLISHING HOUSE

量。

3 在每个螺杆支撑点进行平面位置和高程的调整。

4 重复步骤 2 和 3，直至满足轨道几何状态静态检测精度及允许偏差的要求。

5 锁定侧向支撑装置，固定轨排。

6.4.4 轨排精调作业要求应符合下列规定：

1 精调作业应符合本指南第 4.7.5 条 1 ~3 款的规定。

2 进行下一测站钢轨精调作业时，应重测上一测站不少于 8 根轨枕的距离，同一点位的横向和高程的相对偏差均不应超过 ±2 mm。如果复测超限，应重新设站后再次复测。如果依然超限，应对换站前的所有钢轨支撑点重新进行调整，直至满足要求后方能换站。对于小于 ±2 mm 的偏差，应使用线性或函数进行换站搭接平顺修正，顺接长度应遵循1 mm/10 m 变化率原则。

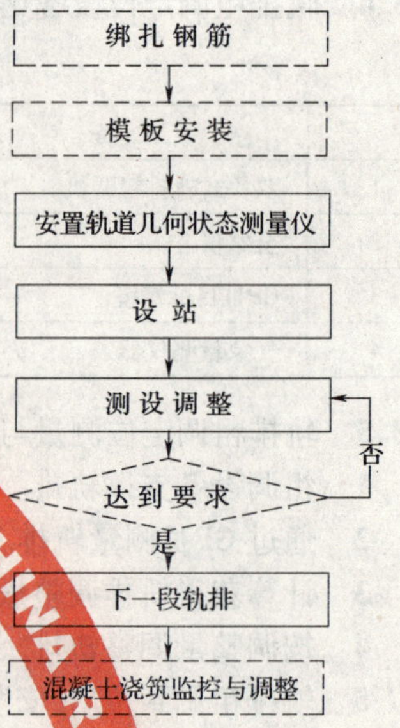

图 6.4.1 轨排精调作业流程图

3 路基地段须采用下锚型钢与轨枕桁架连接、桥梁地段须采用斜撑来固定轨排。

6.4.5 轨排精调允许偏差应符合表 6.4.5 的规定。

表 6.4.5 轨排精调允许偏差

项次	项目		允许偏差(mm)
1	中线位置		2
2	轨面高程	一般情况	±2
		紧靠站台	$^{+2}_{0}$
3	线间距		$^{+5}_{0}$

6.5 钢轨精调作业

6.5.1 钢轨精调作业流程、设备、步骤应符合本指南第5.6.1 ~5.6.3 条的规定。

6.5.2 钢轨精调作业应符合本指南第 4.7.3 ~4.7.5 条和第 5.6.4 条 2 款的规定。

6.6 轨道几何状态检测

6.6.1 轨道几何状态检测应符合本指南第 4.8 节的规定。

CHINA RAILWAY PUBLISHING HOUSE

7　CRTS Ⅱ型双块式无砟轨道施工精调作业

7.1　精调作业流程

7.1.1　CRTS Ⅱ型双块式无砟轨道施工精调作业流程见图 7.1.1。

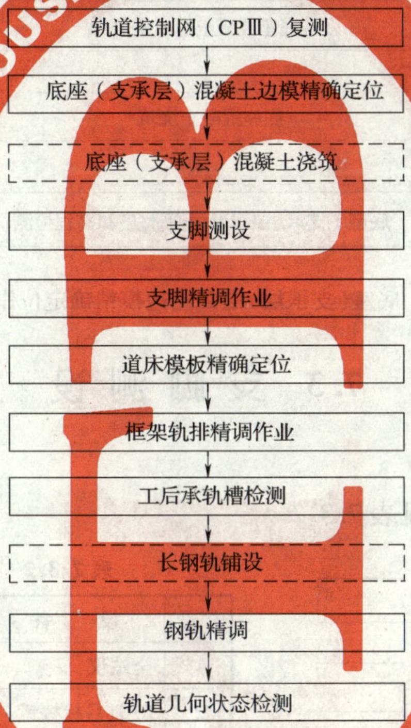

图 7.1.1　CRTS Ⅱ型双块式无砟轨道施工精调作业流程

7.2　底座（支承层）混凝土边模精确定位及外形检测

7.2.1　底座（支承层）混凝土边模精确定位作业流程见图 7.2.1。

7.2.2　底座（支承层）混凝土边模精确定位应符合本指南第 4.4.3 ~ 4.4.6 条的规定。

7.2.3　底座（支承层）的外形尺寸检测应符合表 7.2.3 的规定。

表 7.2.3　底座（支承层）的外形尺寸允许偏差

项　次	项　目	允许偏差(mm)	检 验 数 量
1	顶面高程	+5 −15	每 20 m 检查 1 处
2	宽　度	+15 0	
3	中线位置	10	

CHINA RAILWAY PUBLISHING HOUSE

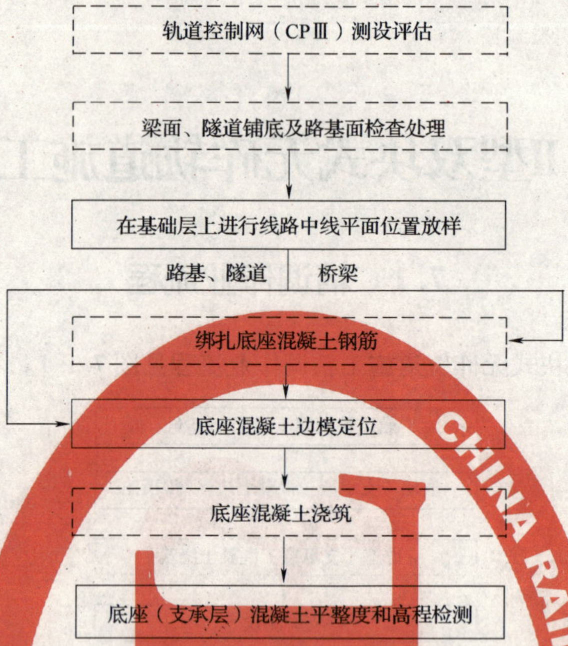

图 7.2.1　底座(支承层)混凝土边模精确定位作业流程图

7.3　支脚测设

7.3.1　支脚测设流程见图 7.3.1。

7.3.2　支脚测设主要设备见表 7.3.2。

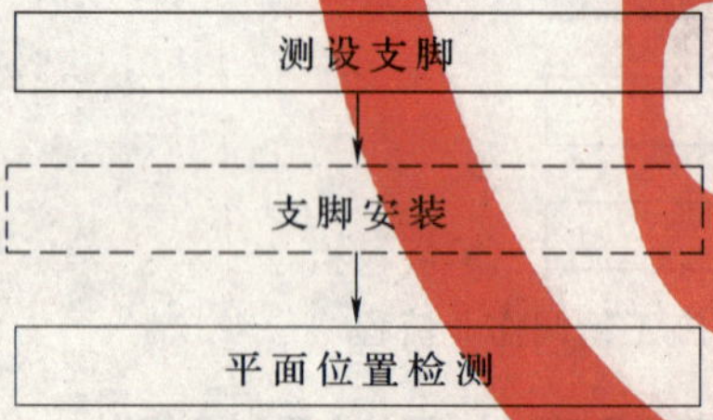

图 7.3.1　支脚测设流程图

表 7.3.2　支脚测设主要设备表

序号	设　备	数量	用　途
1	全站仪	1 台	对支脚进行坐标测量
2	CPⅢ目标棱镜	8 个	支脚坐标测量目标
3	钢卷尺	1 把	支脚点平面位置的检测
4	气象量测仪器	1 套	用于测距温度、气压改正

7.3.3　支脚测设应遵循以下步骤：

1　根据设计图和测量软件计算每个支脚坐标。

2　用全站仪进行支脚定位测量，测放支脚安装位置。

3　在测设好的点位标注“十”字线，用射钉枪打入钢钉或冲击电钻钻孔。

4　牢固安装支脚。

7.3.4　支脚测设应满足下列要求：

1　全站仪应置于相邻的 2 对 CPⅢ控制点之间，后视的CPⅢ控制点宜为 8 个，困难地段（如不通视等）不应少于 6 个，支脚测设工作区域见图 7.3.4。

2　支脚纵向间距为 3.27 m，横向距离为 3.2 m。

3　每放样 5 对支脚点，检查 1 ~3 个 CPⅢ点坐标，与原CPⅢ点坐标比较，其较差不应

CHINA RAILWAY PUBLISHING HOUSE

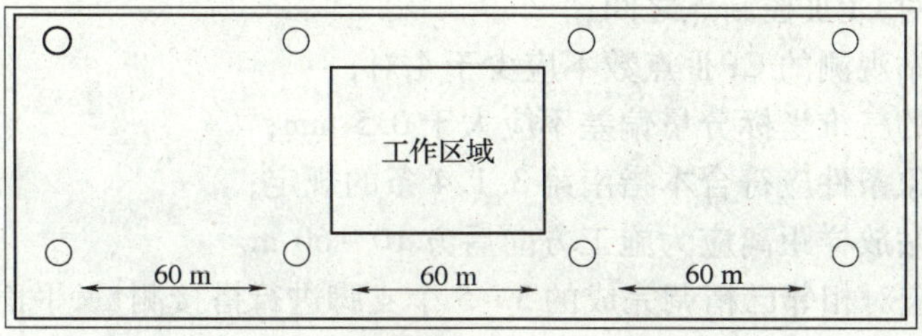

图 7.3.4 支脚测设工作区域示意图

注:圆点为 CPⅢ点。

大于 5 mm。

4 换站后,检测前一测站放样的 2 ~4 对支脚点,检测平面较差不应大于 5 mm。

5 放样点平面位置偏差不应大于 5 mm。

6 每放样 5 个支脚进行点位编号,并做好标记。

7.4 支脚精调作业

7.4.1 支脚精调作业流程见图 7.4.1。

7.4.2 支脚精调作业主要设备见表 7.4.2。

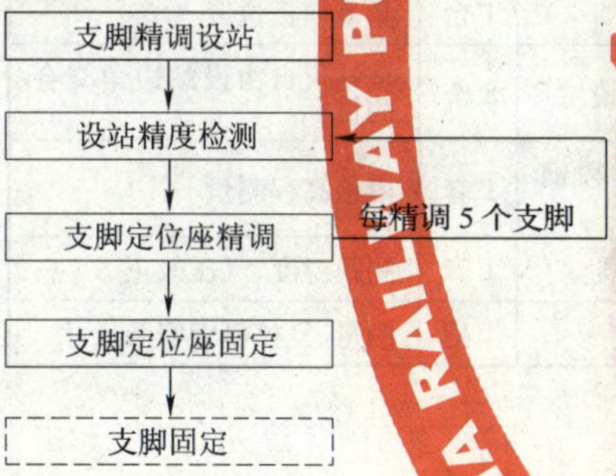

图 7.4.1 支脚精调作业流程图

表 7.4.2 支脚精调作业主要设备表

序号	设备名称	数量	用　途
1	全站仪	2 台	支脚精调、三维坐标检测
2	CPⅢ目标棱镜	8 个	全站仪自由设站边角交会的目标
3	棱镜	2 个	支脚三维坐标测量
4	微型棱镜	1 个	支脚及模板放样定位
5	专用道尺	1 把	检测支脚横向跨度及曲线地段超高
6	正矢绳　紧线器	1 套	检测支脚正矢

7.4.3 支脚精调作业应遵循以下步骤:

1 计算每个支脚上棱镜的三维坐标。

2 全站仪应设在固定端支脚上,曲线地段宜设在曲线外侧支脚上。

3 检测 1 ~3 个 CPⅢ点坐标,与原 CPⅢ点坐标比较,其较差不应大于 1 mm,否则重新设站。

4 松开支脚定位座上的所有紧固螺栓,将棱镜安放在定位座上,测量棱镜三维坐标,反复调整支脚高度和定位座平面位置,直至棱镜三维坐标与设计值较差不大于 0.5 mm,锁定所有紧固螺栓。

5 每调整 5 个支脚后,应对后视的任意一个 CPⅢ点进行检测,与原 CPⅢ点坐标比较,其较差不应大于 1 mm。

7.4.4 支脚精调作业应符合以下规定:

1 全站仪设站应符合下列规定。

1)设于两对 CPⅢ控制点之间；

2)每一测站观测的 CPⅢ点数不应少于 4 对；

3)设站点的三维坐标分量偏差不应大于 0.5 mm；

4)测量气象条件应符合本指南第 3.1.4 条的规定；

5)每次设站放样距离应为施工方向后方 10 ~60 m。

2 换站后，应对相邻已精调完成的 3 ~5 个支脚进行搭接测量，平面及高程偏差不应大于 2 mm。

3 支脚定位座纵向平行于线路中线，横向调整应在支脚中心 40 mm 内。当横向调整超限时，应整体移动支脚。

4 支脚平面位置允许偏差不应大于 0.5 mm，高程位置允许偏差不应大于 ±0.5 mm。

7.5 道床模板精确定位

7.5.1 道床模板精确定位流程见图 7.5.1。

7.5.2 道床模板精确定位主要设备见表 7.5.2。

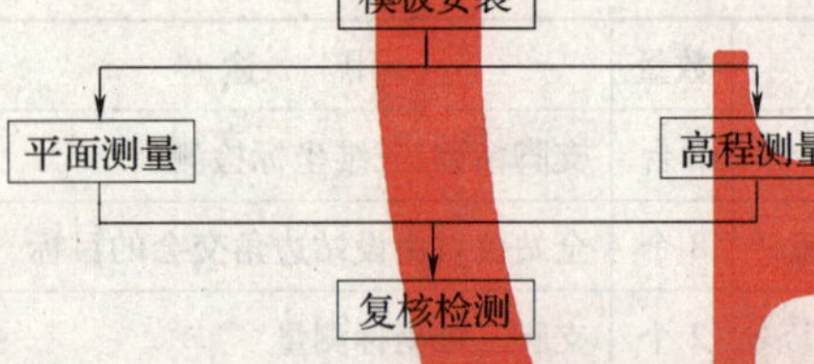

图 7.5.1 道床模板精确定位流程图

表 7.5.2 道床模板精确定位主要设备表

序号	设　备	数量	用　途
1	全站仪	1 台	测量模板位置
2	CPⅢ目标棱镜	8 个	全站仪自由设站边角交会的目标
3	电子水准仪和铟瓦水准尺	1 套	模板高程测量
4	气象量测仪器	1 套	测距温度、气压改正
5	钢卷尺	1 把	测量、复核模板安装尺寸

7.5.3 道床模板精确定位应遵循以下步骤：

1 用全站仪或钢卷尺依据支脚点测定模板平面位置。

2 用水准仪或钢卷尺依据支脚上两棱镜中心连线到设计道床顶面的高差，测定模板顶面高程；棱镜与模板几何关系见图 7.5.3。

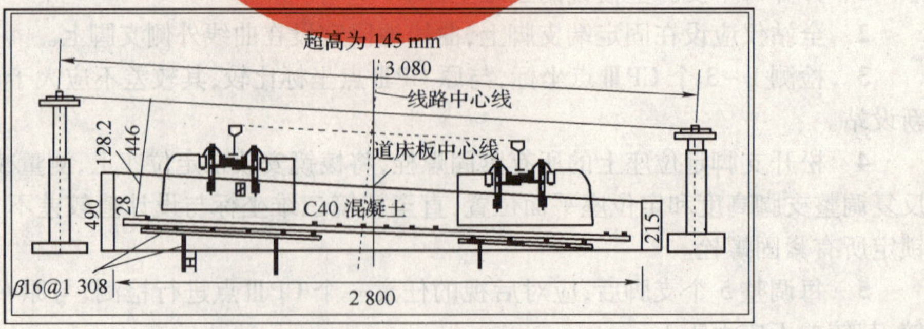

图 7.5.3 棱镜与模板几何关系示意图

3 模板定位后，采用钢卷尺进行复核。

CHINA RAILWAY PUBLISHING HOUSE

7.5.4 模板精确定位应符合下列规定：

1 全站仪设站应符合本指南第7.4.4条第1款第1)~4)项的规定。

2 模板定位中线允许偏差不应大于2 mm，高程允许偏差不应大于±5 mm。

7.5.5 道床模板精调完成后应及时浇筑混凝土。

7.6 框架轨排精调作业

7.6.1 框架轨排精调作业流程见图7.6.1。

7.6.2 框架轨排精调作业主要设备见表7.6.2。

表7.6.2 框架轨排精调作业主要设备表

序 号	设备名称	数 量	用 途
1	全站仪	2台	支脚棱镜三维坐标检测
2	CPⅢ目标棱镜	8个	全站仪自由设站边角交会的目标
3	棱镜	2个	支脚三维坐标测量
4	专用道尺	1把	检测支脚横向跨度及曲线地段超高
5	塞尺	2把	横梁安装及轨枕嵌入混凝土时框架检测
6	正矢绳 紧线器	1套	检测支脚正矢
7	框架轨排精调作业机组	1组	Ⅱ型双块式无砟轨道施工精调作业施工

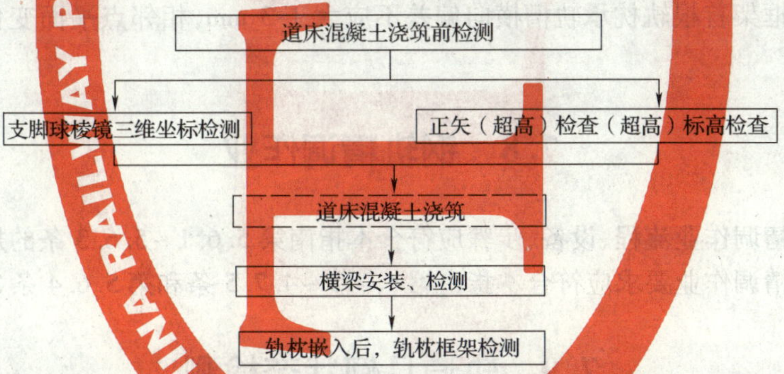

图7.6.1 框架轨排精调作业流程图

7.6.3 框架轨排精调作业应遵循以下步骤：

1 全站仪设在待检支脚范围，对待检支脚三维坐标进行检测。

2 用专用工具对检测段的支脚进行连续正矢检测，正矢检测平面位置见图7.6.3。

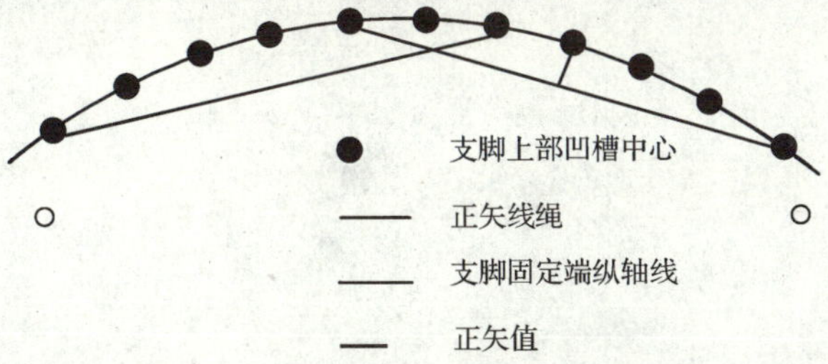

图7.6.3 支脚正矢检查平面示意图

CHINA RAILWAY PUBLISHING HOUSE

3 用专用道尺对支脚的超高进行检查,用钢卷尺进行横跨检测。

4 横梁安放在支脚上端凹槽位置后,用塞尺检查支脚顶部与横梁是否就位。

5 轨枕嵌入混凝土后,对横梁和框架的接触点进行检测。

7.6.4 框架轨排精调作业应符合以下规定:

1 全站仪后视不应少于 6 个 CPⅢ点,检测范围应为 10 ~ 90 m。

2 后视的 CPⅢ中的任意一点,与原 CPⅢ点坐标比较,其较差不应大于 1 mm。

3 支脚球顶与横梁凹槽、横梁上球顶与框架凹槽间隙不应大于 0.2 mm。

4 正矢检测平面位置允许偏差不应大于 1 mm。

7.7 工后承轨槽检测

7.7.1 工后承轨槽检测应符合下列规定:

1 全站仪观测 8 个 CPⅢ点。

2 用专用检测机具对承轨槽的三维坐标进行检测。

3 检测每个轨枕框架的第 1 根和第 5 根轨枕承轨槽的平面位置和高程,并记录数据。

4 换站后,对上一测站已检测的 3 ~5 根轨枕承轨槽进行重复测量。

7.7.2 检测允许偏差应符合下列规定:

1 相邻承轨台高程不应大于 0.5 mm。

2 相邻框架首根轨枕承轨槽横向偏差不应大于 3 mm,相邻点平面变化率不应大于 1 mm。

7.8 钢轨精调作业

7.8.1 钢轨精调作业流程、设备、步骤应符合本指南第 5.6.1 ~5.6.3 条的规定。

7.8.2 钢轨精调作业要求应符合本指南第 4.7.3 ~4.7.5 条和第 5.6.4 条 2 款的规定。

7.9 轨道几何状态检测

7.9.1 轨道几何状态检测应符合本指南第 4.8 节的规定。

CHINA RAILWAY PUBLISHING HOUSE

8　长枕埋入式无砟道岔施工精调作业

8.1　精调作业流程

8.1.1　预组装法、原位组装法精调作业流程见图 8.1.1。

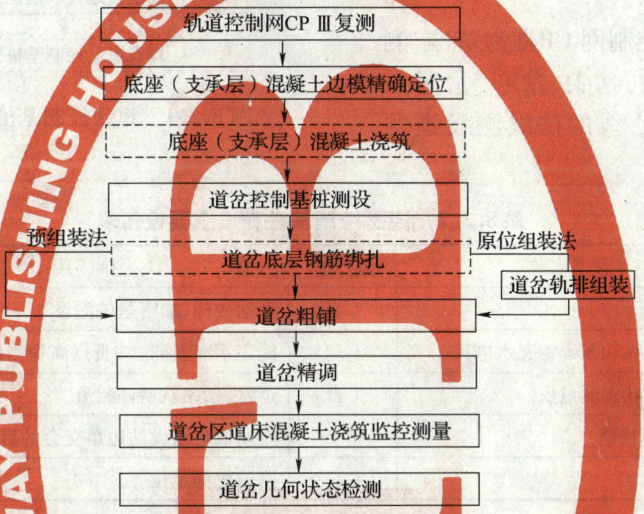

图 8.1.1　预组装法、原位组装法精调作业流程图

8.2　底座(支承层)混凝土边模精确定位

8.2.1　底座(支承层)混凝土边模精确定位作业流程见图 8.2.1。

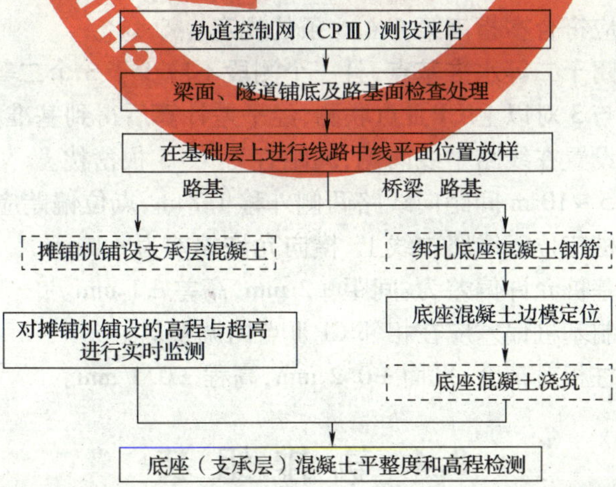

图 8.2.1　底座(支承层)混凝土边模精确定位作业流程图

CHINA RAILWAY PUBLISHING HOUSE

8.2.2　底座混凝土边模的精确定位应符合本指南第 4.4.3 ~ 4.4.8 条的规定。

8.2.3　支承层混凝土摊铺精度应符合本指南第 5.3.3 条的规定。

8.3　道岔控制基桩测设

8.3.1　道岔控制基桩测设流程见图 8.3.1。

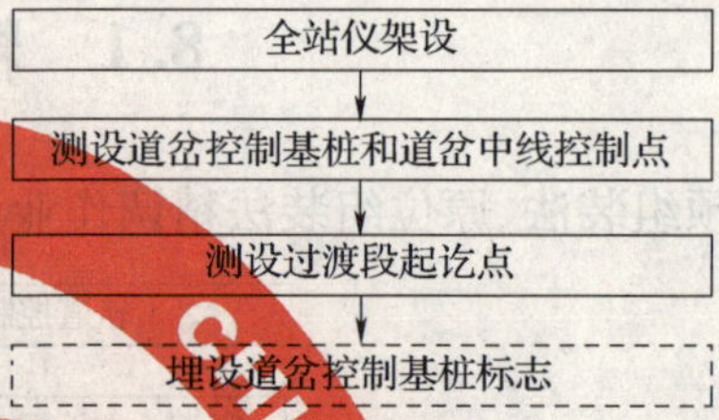

图 8.3.1　道岔控制基桩测设流程图

8.3.2　道岔控制基桩测设主要设备见表 8.3.2。

8.3.3　道岔控制基桩测设应遵循以下步骤：

1　以轨道控制网 CPⅢ为基准，测设道岔控制基桩（岔尖、岔心、岔尾），沿直股、曲股中心线的法线测设道岔各分段控制点。

表 8.3.2　道岔控制基桩测设主要设备表

序　号	设备名称	数　量	用　　途
1	全站仪	1 台	道岔放样、加密基桩测设
2	电子水准仪和条码铟瓦水准尺	1 套	施工水准复测、CPⅢ点高程测量
3	轨道几何状态测量仪	1 台	道岔、长钢轨精调测量
4	CPⅢ目标棱镜	8 个	全站仪自由设站边角交会的目标
5	微型棱镜	1 ~ 2 个	岔位放样定位

2　测设过渡段起讫点以及道岔前后 100 ~ 200 m 范围内直股、曲股的中线控制点及轨道加密基桩。

3　用电子水准仪测设道岔控制基桩高程。

4　在底座（支承层）上标记道岔控制基桩位置。

8.3.4　道岔控制基桩测设应符合下列规定：

1　全站仪设站应符合本指南第 4.4.6 条的规定。

2　高程测量起闭于二等水准基点，且一个测段不应少于 3 个二等水准点。

3　加密基桩应与 3 对以上 CPⅢ点联测，经平差计算后得到基准点的平面坐标。

4　加密基桩宜设置在线路中线两侧，间距宜为 3 ~ 5 根岔枕。

5　加密基桩按 5 ~ 10 m 间距向线路两侧外移 1.8 m，点位偏差应小于 1 mm。

6　道岔控制基桩应位于线路中线上，横向允许偏差为 ±1 mm。

7　相邻岔控制基桩允许偏差为：间距 ±2 mm，高差 ±1 mm。

8　相邻道岔控制基桩偏差应在相邻 CPⅢ点内调整。

9　相邻加密基桩相对精度：平面 ±0.2 mm，高程 ±0.1 mm。

8.4　轨 排 组 装

8.4.1　原位组装法轨排组装作业流程见图 8.4.1。

8.4.2 轨排组装主要设备见表8.4.2。

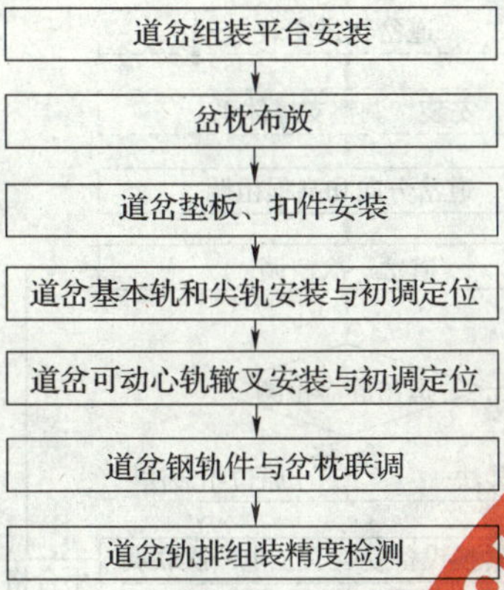

图8.4.1 原位组装法轨排组装作业流程图

表8.4.2 轨排组装主要设备表

序号	设备名称	数量	用途
1	道岔组装平台	1组	组装道岔
2	全站仪	1台	道岔放样
3	电子水准仪及铟瓦水准尺	1台	施工水准复测、CPⅢ基标高程测量
4	CPⅢ目标棱镜	8~12个	全站仪自由设站边角交会的目标
5	轨道尺	2把	检测轨距及水平辅助工具
6	支距尺	2把	检查道岔内部尺寸
7	轨道方尺	2把	方正轨枕
8	塞　尺	2把	道岔内部密贴检查
9	测力扳手	若干	拧紧扣件
10	100 m钢尺	2把	枕木位置及间距测量

8.4.3 轨排组装应遵循以下步骤：

1 根据测设的道岔控制桩位置安装组装平台。

2 布放岔枕。

3 道岔扣件、垫板安装。

4 道岔基本轨和尖轨安装与粗调定位。

5 道岔可动心轨辙叉安装与粗调定位。

6 道岔钢轨件与岔枕联调。

8.4.4 轨排组装精度应符合铁道部现行无砟轨道施工质量验收的有关规定。

8.5 道岔精调作业

8.5.1 道岔精调作业流程见图8.5.1。

8.5.2 道岔精调作业主要设备见表8.5.2。

表8.5.2 道岔精调作业主要设备表

序 号	设备名称	数 量	用 途
1	全站仪	1台	道岔精调作业
2	电子水准仪和铟瓦水准尺	1套	CPⅢ高程测量
3	轨道几何状态测量仪	1台	道岔精调，及轨距、水平检测调整
4	CPⅢ目标棱镜	8~12个	全站仪自由设站边角交会的目标
5	轨道尺	2把	检测轨距及水平辅助工具
6	支距尺	2把	检查道岔内部尺寸
7	轨道方尺	2把	方正轨枕
8	塞　尺	2把	道岔内部密贴检查
9	测力扳手	若干	紧固扣件

CHINA RAILWAY PUBLISHING HOUSE

8.5.3 道岔精调作业应遵循以下步骤：

1 调整轨距、支距。

2 调整尖轨、可动心轨密贴和顶铁间隙。

3 整组道岔精调完毕对弹条螺栓、岔枕螺栓副、限位器螺栓、翼轨间隔铁螺栓副、长短心轨、间隔铁螺栓副进行复拧，复拧扭矩应达到设计值。

4 调整支撑螺杆高度、精调起平道岔。

5 调整侧向支撑螺杆，对道岔方向不符合限差要求点进行局部精调。

8.5.4 道岔精调作业应符合下列规定：

1 采用不少于6～8个CPⅢ点和轨道几何状态测量仪对道岔进行精调。

2 设站坐标分量中误差不应大于0.7 mm，定向中误差不应大于1.4″。

3 道岔钢轨平面位置和高程偏差不应大于0.7 mm，超高偏差不应大于0.5 mm；相邻两根轨枕钢轨平面和高程偏差之差不应大于0.5 mm，超高偏差之差不应大于0.5 mm。

4 不同测站的重复测量应不少于8根轨枕，重复测量偏差应小于2 mm，平顺性搭接长度应遵循不大于1 mm/10 m变化率原则，并在下一站测量区间顺接。道岔精调允许偏差应符合表8.5.4的规定。

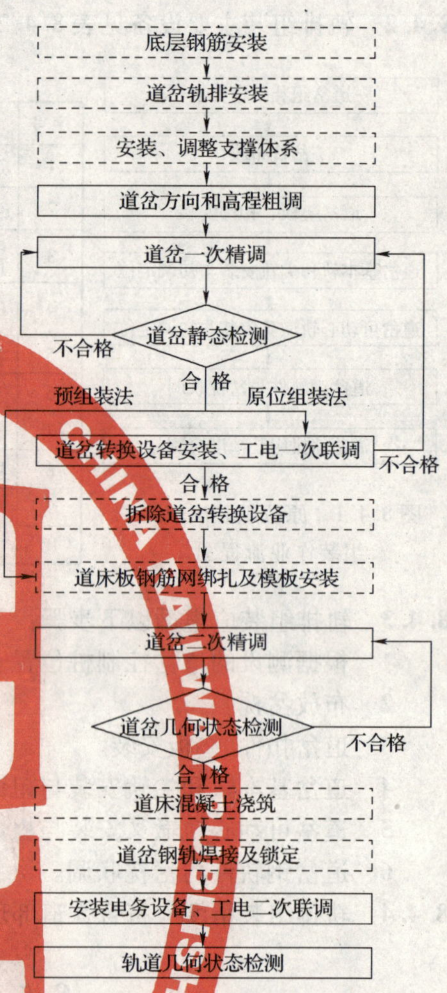

图8.5.1 道岔精调作业流程图

表8.5.4 道岔精调允许偏差

序号	检查项目	允许偏差(mm)	特性分类
1	道岔始端轨距	±1	B
2	尖轨尖端轨距	±1	A
3	直线尖轨轨头切削起点处轨距	±1	A
4	直尖轨第一牵引点前与曲基本轨密贴	缝隙≤0.2	A
5	直尖轨其余部分与基本轨密贴	缝隙≤0.8	B
6	直尖轨工作边直线度	密贴段0.2，全长1.5	A
7	直尖轨与曲基本轨间顶铁间隙	缝隙≤0.5	C
8	直尖轨各牵引点前后各一块滑床台板	缝隙≤0.5	B
9	直尖轨轨底与其余滑床台	缝隙≤1.0，不能连续出现缝隙	C
10	曲尖轨第一牵引点前与直基本轨密贴	缝隙≤0.2	A
11	曲尖轨其余部分与基本轨密贴	缝隙≤0.8	B
12	曲尖轨与直基本轨间顶铁间隙	缝隙≤0.5	C

CHINA RAILWAY PUBLISHING HOUSE

续上表

序　号	检查项目	允许偏差(mm)	特性分类
13	曲尖轨各牵引点前后各一块台板	缝隙≤0.5	B
14	曲尖轨轨底与其余滑床台	缝隙≤1.0,不能连续出现缝隙	C
15	转辙器部分最小论缘槽 65 mm	≥0	A
16	尖轨限位器两侧缝隙偏差	±0.5	B
17	直尖轨固定端支距	±1	B
18	曲尖轨固定端支距	±1	B
19	直尖轨跟端支距	±1	B
20	曲尖轨跟端支距	±1	B
21	尖轨跟端直股轨距	±1	B
22	尖端跟端曲股轨距	±1	C
23	可动心轨辙叉趾端开口距	±1	C
24	可动心轨辙叉咽喉宽	±1	B
25	心轨尖端至第一牵引点处密贴(直)	缝隙≤0.2	A
26	其余部位心轨与翼轨密贴(直)	缝隙≤0.8	B
27	心轨尖端至第一牵引点处密贴(曲)	缝隙≤0.2	A
28	其余部位心轨与翼轨密贴(曲)	缝隙≤0.8	B
29	叉跟尖轨尖端(100 mm)与短心轨密贴	缝隙≤0.5	B
30	叉跟尖轨其余部位与短心轨密贴	缝隙≤1.0	C
31	心轨牵引点处轨底与台板间缝隙	缝隙≤0.5	B
32	心轨轨底与其余台板缝隙	缝隙≤0.1,不能连续出现缝隙	C
33	心轨直股工作边直线度	0.3/1 m,全长(心轨尖端500 至可弯中心后 500)2.0,不允许抗线	B
34	长心轨轨腰与顶铁的缝隙	≤0.5	C
35	短心轨轨腰与顶铁的缝隙	≤0.5	C
36	叉跟尖轨轨腰与顶铁的缝隙	≤0.5	C
37	心轨实际尖端至直股翼轨趾端的距离	+4 0	B
38	可动心轨尖端前 1 m 轨距	±1	C
39	可动心轨可弯中心后 500 mm 轨距	±1	C
40	护轨轮缘槽宽度	+1 -0.5	B
41	查照间隔 1 391 mm	≥0	A
42	可动心轨跟端开口距	±1	C
43	导曲线部分轨距(尖轨跟端至导曲线终点或辙叉趾端总长的 1/4、1/2、3/4 共 3 处)	±1	C
44	辙叉跟端轨距	±1	B
45	辙叉趾端轨距	±1	B
46	尖轨各牵引点处开口值	±2	B
47	可动心轨辙叉第一牵引点处开口值	±1	B
48	道岔全长	±10	C

注:项点分类判定规则为,A 类项点合格率 100%;B 类项点合格率 90%;C 类项点合格率 80%。

5 浇筑混凝土前，道岔轨排不允许有任何扰动。

6 最后一次精调和浇筑的时间差超过 12 h，或气温变化大于 15 ℃，或轨排受到任何干扰时，应重新复测。

8.5.5 道岔系统工电联调要求应符合下列规定：

1 道岔转辙机及相关设备安装应与精调同步。

2 电务转换设备应保证道岔可动机构在转换过程中动作平稳、灵活，无卡阻现象。

3 整组道岔调试完毕，安装尖轨和可动心轨电务转辙机构，应进行各项密贴和行程指标检查，锁闭装置正确锁闭，信号表示正确。

4 道岔系统工电联调检测过程中，应对转换装置、锁闭装置工作性能检测值和道岔轨距、方向、密贴和间隔等几何尺寸检测值进行详细记录；调整到位后，作定位标记。

8.6　道岔区道床混凝土浇筑监控测量

8.6.1 混凝土浇筑前应满足道岔铺设验收要求。

8.6.2 混凝土浇筑过程中应随时对道岔平面位置及高程进行监测，若有异常及时处理。

8.7　道岔几何状态检测

8.7.1 道岔几何状态检测允许偏差应符合表 8.7.1 的规定。

表 8.7.1　道岔几何状态允许偏差

序　号	指　　标		允许偏差	检测方法	备　注
1	轨　距		±1 mm	道尺，轨道几何状态测量仪	
2	轨距变化率		1.5‰		
3	水　平		±1 mm	道尺，轨道几何状态测量仪	
4	水平变化率		2 mm/2.5 m		三角坑
5	轨向(短波)		2 mm/30 m 弦	轨道几何状态测量仪	
			2 mm/10 m 弦	弦　线	
6	轨向(长波)		10 mm/300 m 弦	轨道几何状态测量仪	
7	高低(短波)		2 mm/30 m 弦	轨道几何状态测量仪	
			2 mm/10 m 弦	弦　线	
8	高低(长波)		10 mm/300 m 弦	轨道几何状态测量仪	
9	轨底外侧与轨距块缝隙		0.5 mm	塞　尺	
10	轨枕挡肩与轨距块缝隙		0.3 mm	塞　尺	
11	扣件扭力矩		180～250 N·m	测力扳手	满足设计要求
12	弹条中部与挡座间缝隙		0.5 mm	塞　尺	
13	焊缝	顶　面	0～+0.2 mm	1 m 平直度尺及塞尺	
		工作边	0～−0.2 mm	1 m 平直度尺及塞尺	
		圆弧面	0～−0.2 mm	1 m 平直度尺及塞尺	
		轨底焊筋	0～+0.5 mm		

CHINA RAILWAY PUBLISHING HOUSE

9 板式无砟道岔施工精调作业

9.1 精调作业流程

9.1.1 板式无砟道岔施工精调作业流程见图9.1.1。

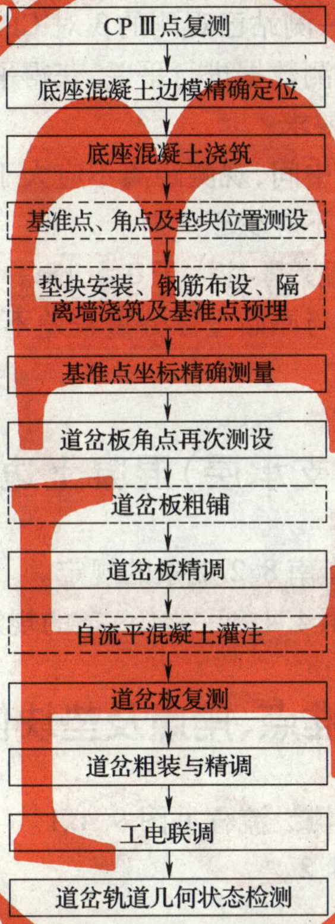

图9.1.1 板式无砟道岔施工精调作业流程

9.2 CPⅢ点复测

9.2.1 CPⅢ点复测流程见图9.2.1。

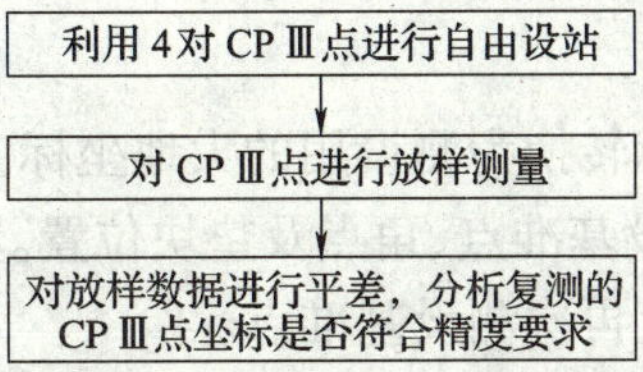

图9.2.1 CPⅢ点复测流程图

CHINA RAILWAY PUBLISHING HOUSE

9.2.2　CPⅢ点复测主要设备见表 9.2.2。

表 9.2.2　CPⅢ点复测主要设备表

序　号	设　　备	数　量	用　　途
1	全站仪	1 台	进行坐标测量
2	CPⅢ目标棱镜	8 个	全站仪自由设站边角交会的目标
3	气象量测仪器	1 套	用于测距温度、气压改正

9.2.3　CPⅢ点复测应遵循以下步骤：

1　用 4 对 CPⅢ点进行自由设站。

2　用获得的测站坐标对 8 个 CPⅢ点进行对比测量，每一测站的观测应少于 3 个测回。

3　下一测站应重复观测上一测站已观测的 3 对 CPⅢ点，观测 1 对新的 CPⅢ点。

4　对同一 CPⅢ点的多组复测数据进行平差，获得平差后的 CPⅢ点复测坐标。

9.2.4　CPⅢ点复测应符合下列要求：

1　测站宜设在两对 CPⅢ点中间，观测距离不应大于150 m。

2　每个测站观测的 CPⅢ点不应少于 3 对。

3　自由设站三维坐标分量偏差不应大于 0.5 mm。

4　平差后 CPⅢ点复测坐标与原始坐标分量较差不应大于1 mm，高程较差不应大于 0.5 mm。

9.3　底座（支承层）混凝土边模精确定位

9.3.1　精确定位流程应符合本指南 8.2.1 条的规定。

9.3.2　精确定位应符合本指南第 4.4.3～4.4.8 条的规定。

9.4　基准点、角点及垫块位置测设

9.4.1　基准点、角点及垫块位置测设流程见图 9.4.1。

9.4.2　测设的主要设备见表 9.4.2。

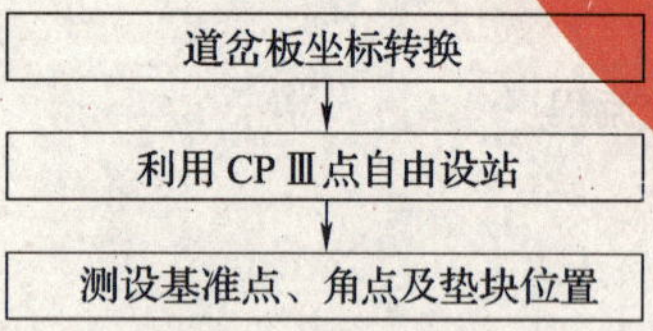

图 9.4.1　测设流程图

表 9.4.2　测设的主要设备表

序号	设　备	数量	用　途
1	全站仪	1 台	坐标测设
2	测钉	若干	基准点标志
3	棱镜三脚座	1 副	坐标测设
4	棱镜	1 个	反射目标

9.4.3　测设应遵循以下步骤：

1　将各放样点的设计坐标转换为测设用的大地坐标。

2　在底座（支承层）上测设基准点、角点及垫块位置。

3　在浇筑完成的隔离墙上再次测设基准点。

9.4.4　测设距离不应大于 50 m，测设偏差不应大于 5 mm。

9.4.5　基准点坐标精确测量应符合本指南第 5.4.3 条的规定。

CHINA RAILWAY PUBLISHING HOUSE

9.4.6 道岔板角点再次测设流程应符合本指南第9.4.1条的规定。

9.4.7 道岔板角点再次测设所需设备应符合本指南第9.4.2条的规定。

9.4.8 道岔板角点再次测设应符合9.4.3条的第1、2款的规定。

9.4.9 道岔板角点再次测设全站仪设站应符合本指南第4.4.6条的规定。

9.5 道岔板精调作业

9.5.1 道岔板精调测量作业流程见图9.5.1。

9.5.2 道岔板精调作业主要设备见表9.5.2。

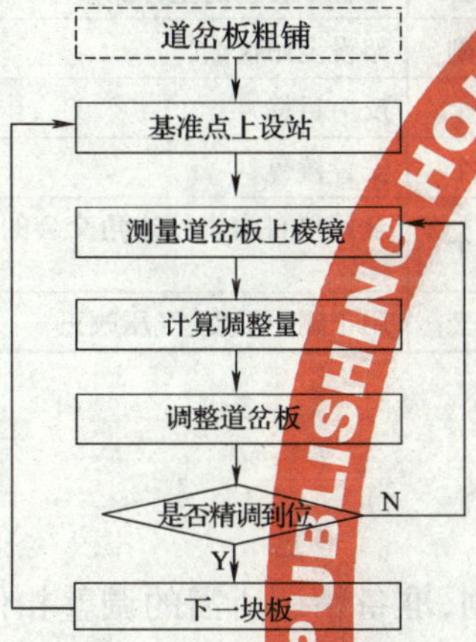

图9.5.1 道岔板精调测量作业流程图

表9.5.2 道岔板精调作业主要设备表

序号	设 备	数量	用 途
1	全站仪	1台	坐标放样测量
2	强制对中三脚座	2副	架设全站仪和后视点棱镜
3	球 棱 镜	7个	反射目标
4	棱镜套筒	6个	安置棱镜
5	棱镜支架及转换套筒	1套	后视定向用
6	气象量测仪器	1套	用于测距温度、气压改正

9.5.3 精调作业应遵循以下步骤：

1 将道岔板上的设计坐标转换为精调用的大地坐标。

2 用强制对中三脚座在基准点上架设全站仪和后视点棱镜。

3 用后视点棱镜和已调道岔板上的定位棱镜联合定向。

4 测量道岔板上4个(或6个)棱镜。

5 计算待调道岔板的调整量，用三维调整机具调整道岔板。

6 重复精调作业步骤4、5直至符合道岔板铺设允许偏差的规定。

9.5.4 精调作业应符合下列要求：

1 全站仪设站应符合下列规定：

1)全站仪设站应使用强制对中三脚座；

2)测站点坐标应为强制对中的基准点坐标；

3)调整第一块道岔板时，应采用相邻道岔板的基准点定向。以后每块道岔板的调整，应以调整到位道岔板直股侧的定位棱镜和基准点进行联合定向。

2 道岔板精调作业允许偏差应符合表9.5.4的规定。

表9.5.4 道岔板精调精度指标

序 号	项 目	允许偏差(mm)	序 号	项 目	允许偏差(mm)
1	横 向	±0.3	3	高 程	±0.3
2	纵 向	±0.3	4	道岔板中部高程	±0.5

CHINA RAILWAY PUBLISHING HOUSE

3　为防止砂浆灌注时道岔板上浮和侧移,应安装和使用地锚及扣压装置。

9.6　道岔板复测

9.6.1　道岔板复测流程见图 9.6.1

9.6.2　道岔板复测主要设备见表 9.6.2。

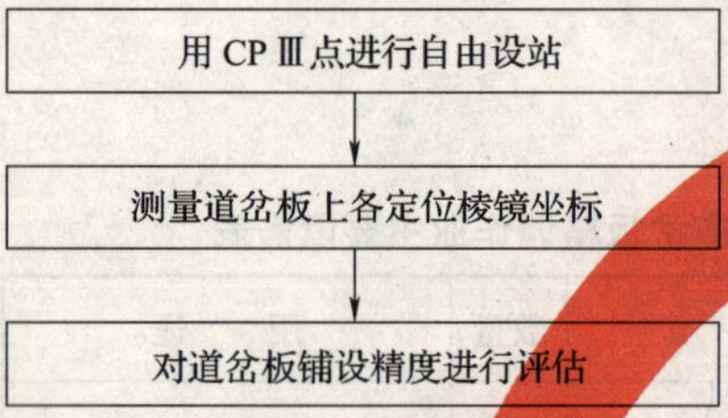

图 9.6.1　道岔板复测流程图

表 9.6.2　道岔板复测主要设备表

序　号	设　　备	数　量	用　　途
1	全站仪	1 台	对各个棱镜的坐标测量
2	三脚架	1 副	架设全站仪
3	球 棱 镜	6 个	反射目标
4	球棱镜套筒	6 个	安置棱镜
5	CPⅢ目标棱镜	8 个	全站仪自由设站边角交会的目标
6	气象量测仪器	1 套	用于测距温度、气压改正

9.6.3　道岔板复测应遵循以下步骤:

1　利用 CPⅢ点自由设站。

2　测量道岔板上各定位棱镜坐标。

3　根据测量值评估道岔板铺设精度,制定道岔组装计划,准备精调所需的调整扣件。

9.6.4　道岔板复测应符合下列要求:

1　全站仪设站应符合本指南第 4.4.6 的规定。

2　测站间应有足够的重复测量点,据此判定搭接误差和测量精度。

9.7　道岔精调作业

9.7.1　道岔精调作业流程见图 9.7.1。

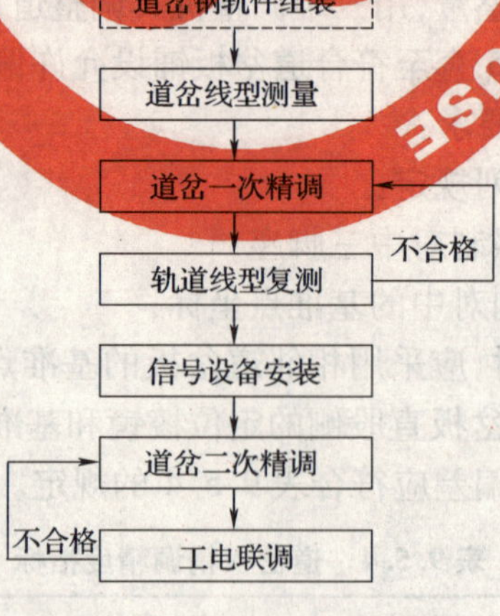

图 9.7.1　道岔精调作业流程图

9.7.2　道岔精调主要设备见表 9.7.2。

CHINA RAILWAY PUBLISHING HOUSE

表 9.7.2 道岔精调主要设备表

序号	设备名称	数 量	用 途
1	全站仪	1 台	CPⅢ点复测、坐标放样、道岔板精调等
2	电子水准仪和条码铟瓦水准尺	1 套	CPⅢ点高程测量、GRP 点高程测量
3	轨道几何状态测量仪	1 台	道岔、长钢轨精调测量
4	CPⅢ目标棱镜	8 ~ 12 个	全站仪自由设站边角交会的目标
5	轨道尺	2 把	检测轨距及水平辅助工具
6	支距尺	2 把	检查道岔内部尺寸
7	塞 尺	2 把	道岔内部密贴检查
8	1 m 平直度	2 把	检查钢轨焊缝表面平顺度
9	弦线	2 根	短波轨向、高度检查
10	钢板尺	2 把	与弦线配合进行测量
11	测力扳手	若干	检查扣件螺栓扭矩值

9.7.3 道岔精调作业应符合本指南附录 E 的规定。

9.7.4 道岔精调允许偏差应符合本指南表 8.5.4 的规定。

9.7.5 道岔系统工电联调应符合本指南第 8.5.5 条的规定。

9.8 道岔几何状态检测

9.8.1 道岔几何状态检测应符合表 8.7.1 的规定。

CHINA RAILWAY PUBLISHING HOUSE

10　钢轨伸缩调节器施工精调作业

10.1　精调作业流程

10.1.1　钢轨伸缩调节器施工精调作业流程见图 10.1.1。

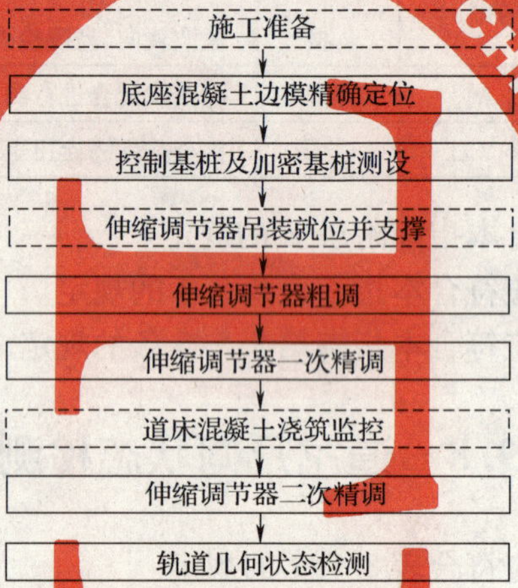

图 10.1.1　钢轨伸缩调节器施工精调作业流程图

10.2　底座混凝土边模精确定位

10.2.1　底座混凝土边模精确定位流程见图 10.2.1。

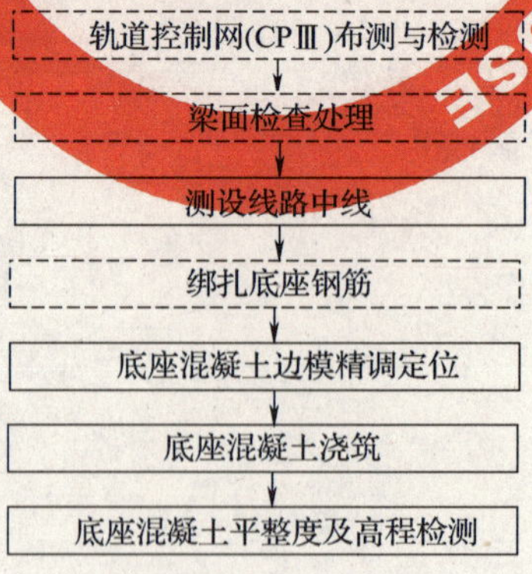

图 10.2.1　底座混凝土边模精确定位流程

10.2.2　底座混凝土边模精确定位应符合本指南第 4.4.3 ~4.4.7 条的规定。

CHINA RAILWAY PUBLISHING HOUSE

10.3 控制基桩及加密基桩测设

10.3.1 控制基桩及加密基桩测设流程见图 10.3.1。

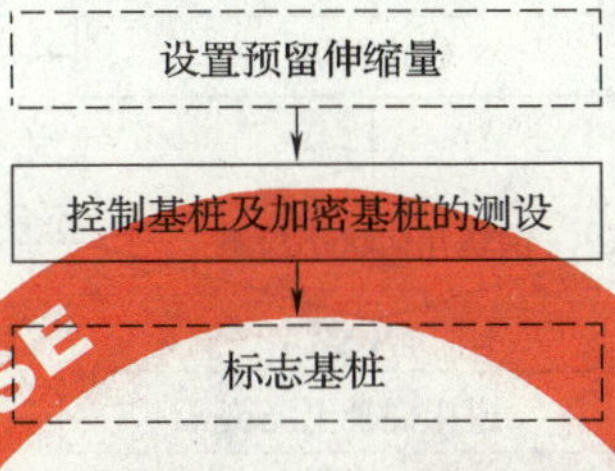

图 10.3.1 控制基桩及加密基桩测设流程图

10.3.2 控制基桩及加密基桩测设主要设备见表 10.3.2。

10.3.3 控制基桩及加密基桩测设应遵循以下步骤：

1 铺设前，应根据锁定时的轨温计算并预留伸缩量。

2 以 CPⅢ轨道控制网为基准，测设控制基桩和加密基桩。

3 测设过渡段起讫点以及伸缩调节器前后 100～200 m 范围内中线控制点及轨道加密基桩。

4 测设伸缩调节器控制基桩高程。

5 在底座上标注伸缩调节器控制基桩位置。

表 10.3.2 控制基桩及加密基桩测设主要设备表

序号	设备	数量	用途
1	棱镜三脚座	1 个	放置放样点坐标测设棱镜
2	全站仪	1 台	测量被测点的平面坐标
3	气象量测仪器	1 套	用于测距温度、气压改正
4	电子水准仪和条码铟瓦水准尺	1 台	测量被测点的高程
5	CPⅢ目标棱镜	8 个	CPⅢ基标的目标棱镜

10.3.4 控制基桩测设要求应符合下列规定：

1 全站仪设站应符合本指南第 4.4.6 条的规定。

2 高程测量起闭于二等水准基点，一个测段不应少于 3 个二等水准点。

3 加密基桩应与 3 对以上 CPⅢ点联测，经平差计算后得到基准点的平面坐标。

4 加密基桩宜设置在线路中线两侧，间距宜为 3～5 根轨枕。

5 控制基桩应位于线路中线上，横向允许偏差为 ±1 mm。

6 轨道中心线应与线路中心线一致，允许偏差为 10 mm。

10.4 轨排组装及精调

10.4.1 轨排组装及精调流程见图 10.4.1。

CHINA RAILWAY PUBLISHING HOUSE

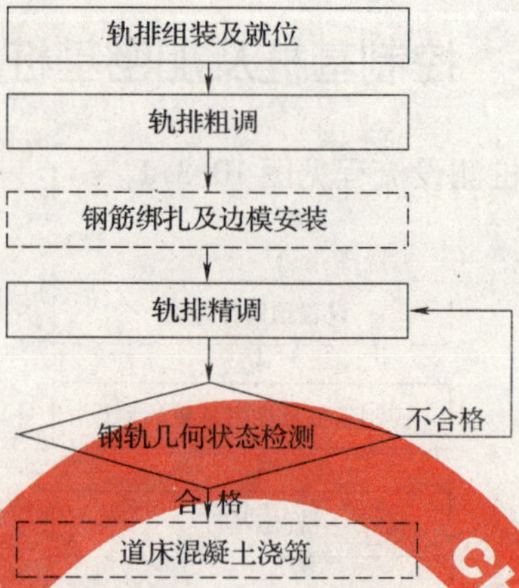

图 10.4.1　轨排组装及精调流程图

10.4.2　轨排组装及精调主要设备见表 10.4.2。

表 10.4.2　轨排组装及精调主要设备表

序　号	设　备	数　量	用　途
1	棱镜三脚座	1 个	放置放样点坐标测设棱镜
2	全　站　仪	1 台	测量被测点的平面坐标
3	气象量测仪器	1 套	用于测距温度、气压改正
4	电子水准仪和条码铟瓦水准尺	1 台	测量被测点的高程
5	CPⅢ目标棱镜	8 个	CPⅢ基标的目标棱镜
6	测力扳手	若干	紧固扣件

10.4.3　轨排组装及精调应遵循以下步骤：

1　用墨线在底座上弹出轨排组纵、横向位置。

2　布放伸缩调节器轨枕。

3　安装垫板及扣件。

4　安装伸缩调节器钢轨组件。

5　安装螺杆支撑体系固定轨排。

6　通过 CPⅢ及轨道几何状态检测仪精调轨排。

10.4.4　轨排精调应符合下列规定：

1　轨面高程允许偏差 ±5 mm。

2　钢轨平面位置允许偏差 ±5 mm。

10.5　伸缩调节器精调

10.5.1　伸缩调节器精调按符合本指南附录 F 的规定。

10.6　伸缩调节器区道床混凝土浇筑监控测量

10.6.1　伸缩调节器区道床混凝土浇筑监控测量应符合本指南第 8.6 节的规定。

CHINA RAILWAY PUBLISHING HOUSE

10.7 轨道几何状态检测

10.7.1 轨道几何状态检测符合表 10.7.1 的规定。

表 10.7.1 轨道静态检测及调整标准

序号	指 标	允许偏差	检测方法	备 注
1	轨 距	±1 mm	道尺,轨道几何状态测量仪	
2	轨距变化率	1.5‰		
3	水 平	±1 mm	道尺,轨道几何状态测量仪	
4	水平变化率	2 mm/2.5 m		三角坑
5	轨向(短波)	2 mm/30 m 弦	轨道几何状态测量仪	
		2 mm/10 m 弦	弦 线	
6	高低(短波)	2 mm/30 m 弦	轨道几何状态测量仪	
		2 mm/10 m 弦	弦 线	
7	扣件扭力矩	180~250 N·m	测力扳手	满足设计要求

CHINA RAILWAY PUBLISHING HOUSE

附录 A　二等水准引测上桥实施方法

A. 1　竖向测距高程传递法

A. 1. 1　全站仪测定垂向的距离，获得两点高差将二等水准引测上桥。

A. 1. 2　所需设备见表 A. 1. 2。

表 A. 1. 2　所需的设备表

序　号	设 备 名 称	数　量	主要技术参数
1	全站仪	1 台	测距中误差不大于 1 mm + $2D\times10^{-6}$（D 为测距），测角中误差不大于 1″，具有自动搜索目标，自动照准目标功能
2	弯管目镜	1 副	将瞄准天顶的视线转换到水平方向观测
3	水准仪	1 台	每公里往返测高差中数中误差不大于 0. 4 mm
4	棱镜	1 个	各向异性差别不大于 0. 3 mm 和加常数互差不大于 0. 2 mm
5	木三脚架	1 副	
6	棱镜支撑钢板	1 块	特制
7	水准尺适配器	1 个	
8	测钉	1 个	
9	直立套管预埋件	4 个	

A. 1. 3　现场实施布置如图 A. 1. 3—1 和图 A. 1. 3—2。

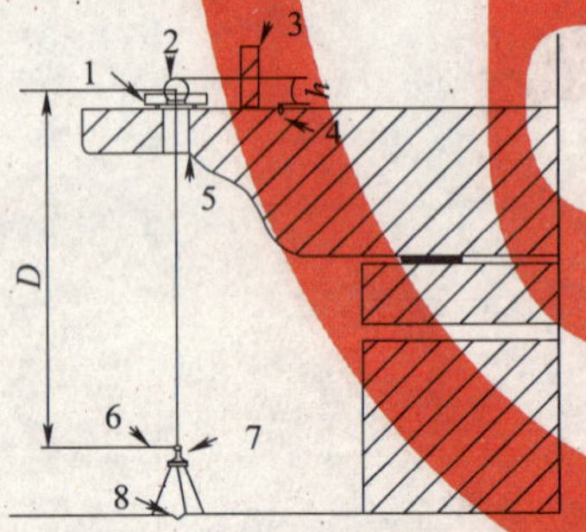

图 A. 1. 3—1　立面观测示意图

1—棱镜支撑钢板；2—棱镜；3—防撞墙；
4—待测高程点 m；5—泄水孔；6—高程 H；
7—全站仪；8—投影点 P。

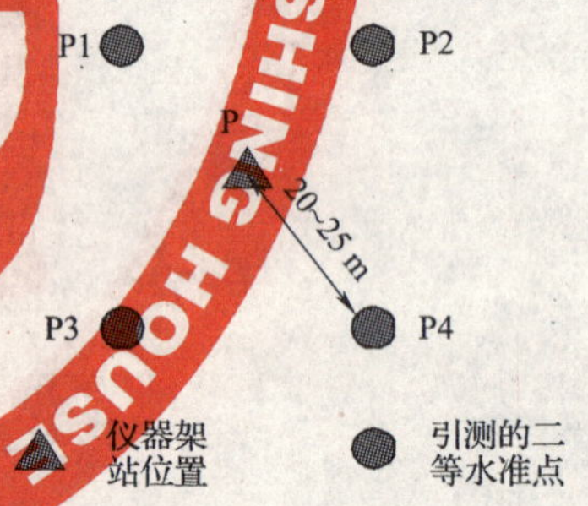

图 A. 1. 3—2　地面测点分布图

A. 1. 4　在梁的固定端选择一个泄水孔或梁缝，并与地面通视。以泄水孔为例，实施步骤如下：

1　使用垂球或全站仪的激光对点器将泄水孔有效孔径的中心点 2 投射到地面（见图 A. 1. 3—1），预埋测钉，使测钉的中心与泄水孔有效孔径的中心在一条铅垂线上，其偏差不应大于20 mm，设此点为 P。在 P 点四周均匀预埋 4 个安放棱镜的直立套管预埋件，设点为 P1、P2、P3、P4（见图 A. 1. 3—2）。

CHINA RAILWAY PUBLISHING HOUSE

2 安放棱镜，使用水准仪从就近的二等水准点引测，获得 P1、P2、P3、P4 点的高程，计为 H_{P1}、H_{P2}、H_{P3}、H_{P4}。

3 在 P 点正上方架设全站仪，顺序观测 P1、P2、P3、P4 点，获得全站仪中心的高程，计为 H。

4 在全站仪目镜上安装弯管目镜，将全站仪指向天顶，并保证全站仪及其望远镜固定不动。

5 使桥上泄水孔处钢板的圆孔位于泄水孔中央，在钢板圆孔处放置反射面向下的棱镜，使棱镜中心与全站仪的十字丝中心重合。

6 观测 6 次，各次观测值的互差不应大于 0.2 mm，取其平均值计为 d。

7 用水准仪观测钢板上棱镜顶面到梁上固定端处水准点 m 的高差，计为 h。

8 计算 m 点的高程 H_m：

$$H_m = H + D + r + h$$

$$D = d + A + d \times B$$

式中 r——棱镜的半径；

A——全站仪鉴定报告中的加常数；

B——全站仪鉴定报告中的乘常数。

A.2 对向三角高程测量法

A.2.1 所需设备见表 A.2.1。

表 A.2.1 所需设备

序号	设备名称	数量	主要技术参数
1	全站仪	1台	测距中误差不大于 1 mm + 1$D \times 10^{-6}$（D 为测距），测角中误差不大于 0.5″，具有自动搜索目标，自动照准目标功能
2	水准仪	1台	每公里往返测高差中数中误差不大于 0.4 mm
3	棱镜	2个	各向异性差别不大于 0.3mm，加常数互差不大于 0.2 mm
4	木三脚架	2副	
5	水准尺适配器	1个	
6	测钉	2个	
7	直立套管预埋件	8个	

A.2.2 现场实施布置如图 A.2.2—1 和图 A.2.2—2。

A.2.3 对向三角高程测量法应遵循以下步骤：

1 见图 A.2.2—1，在 A、B 点埋设测钉，其他辅助点埋设安放棱镜的直立套管预埋件。

2 安放球型棱镜，使用水准仪就近引测，分别获得 B1、B2、B3、B4 和 A1、A2、A3、A4 的高程。

3 往测：首先在 B 点正上方架设棱镜，使用全站仪采用对边测量的

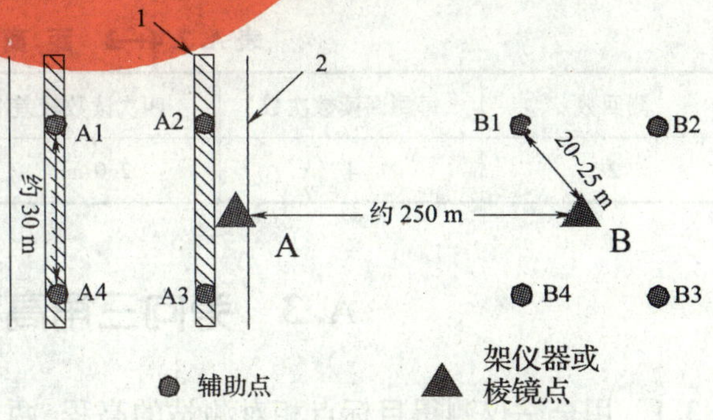

图 A.2.2—1 测点平面分布图

1—防撞墙；2—梁边缘。

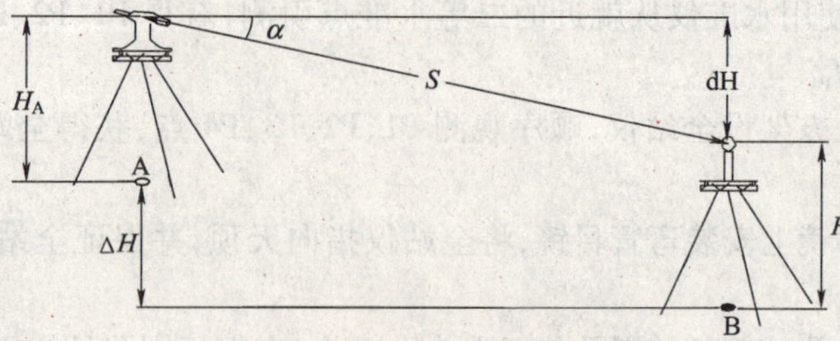

图 A. 2. 2—2　立面观测示意图

方法，分别以 B1、B2、B3、B4 为参考点，获得 B 点棱镜中心的四个高程，其平均值减去 B 点高程后，可获得 B 点处棱镜高，计为 H_B^1。然后在梁上 A 点正上方架设全站仪，获得 A 点处仪器高，计为 H'_A。使用正倒镜方法观测 B 点棱镜 6 个测回，记录天顶距 α^1 和斜距 S^1。见图 A. 2. 2—2，在不计大气折光的影响下可以得出下式：

$$\Delta H + H_A^1 - dH^1 = H_B^1$$

$$dH^1 = S^1 \times \sin\alpha^1$$

4　返测：将 B 点上的棱镜搬至 A 点架设，使用全站仪采用对边测量的方法，分别以 A1、A2、A3、A4 为参考点，获得 A 点的 4 个高程，其平均值即为 A 点棱镜高，计为 H_A^2。然后在 B 点架设全站仪，获得 B 点处仪器高，计为 H_B^2，用正倒镜方法观测 A 点棱镜 6 个测回，记录天顶距 α^2 和斜距 S^2。同样在不计大气折光的影响下可以得出下式：

$$H_A^2 + \Delta H = H_B^2 + dH^2$$

$$dH^2 = S^2 \times \cos\alpha^2$$

5　计算 A 点的高程 H：

$$H = H_B + \Delta H$$

$$\Delta H = \frac{1}{2}(H_B^1 - H_A^1 + dH^1 + H_B^2 - H_A^2 + dH^2)$$

A. 2. 4　垂直角和距离测量的允许偏差应符合表 A. 2. 4—1 和 A. 2. 4—2 的规定。

表 A. 2. 4—1　垂直角测量

测回数	两次读数差	指标差互差	测回互差	备　注
6	1. 0″	6. 0″	4. 0″	

表 A. 2. 4—2　距 离 测 量

测回数	每测回读数次数	四次读数较差	测回互差	备　注
2	4	2. 0 mm	2. 0 mm	

A. 3　旁向三角高程测量法

A. 3. 1　用全站仪测得目标点相对测站的高程，两个目标点观测的高程之差即为两个目标点的高差。

A. 3. 2　所需设备见表 A. 3. 2。

CHINA RAILWAY PUBLISHING HOUSE

表 A.3.2　所需设备表

序　号	设备名称	数　量	主　要　技　术　参　数
1	全站仪	1台	测距中误差不大于 1 mm + $1D \times 10^{-6}$（D 为测距），测角中误差不大于0.5″，具有自动搜索目标，自动照准目标功能
2	水准仪	1台	每公里往返测高差中数中误差不大于0.4 mm
3	棱镜	2个	各向异性差别不大于0.3 mm和加常数互差不大于0.2 mm
4	木三脚架	1副	
5	直立套管预埋件	2个	

A.3.3　现场实施布置见图 A.3.3。

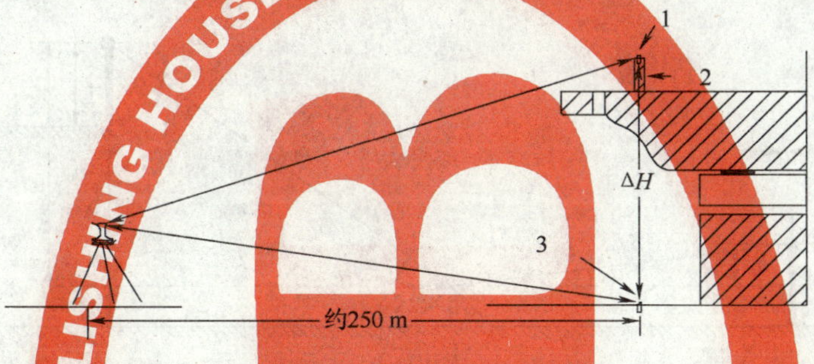

图 A.3.3　立面观测示意图

1—棱镜 B；2—防撞墙；3—棱镜 A。

A.3.4　旁向三角高程测量因遵循以下步骤：

1　在梁固定端埋设安放球型棱镜的直立套管预埋件，假设此点为 B。

2　在 B 点下方埋设一个安放球型棱镜的直立套管预埋件，假设此点为 A。

3　使用水准仪就近引测获得 A 点的高程，计为 H_A。

4　距 A 点约 250 m 的地方架设全站仪。

5　在正镜位置顺序观测 A 点和 B 点，获得 A 点和 B 点的高程，计为 H_A^1、H_B^1，则 A 点到 B 点的高差为：$\Delta H = H_B^1 - H_A^1$。

6　在倒镜位置顺序观测 B 点和 A 点，获得 B 点和 A 点的高程，计为 H_A^2、H_B^2，则 A 点到 B 点的高差为：$\Delta H = H_B^2 - H_A^2$。正倒镜获得的高差值取平均后即为该测回的高差观测值。

7　以上第 5、6 步骤的观测为一个测回，一般应观测 2 个测回，两个测回的高差互差不应大于 1.5 mm，两个测回的高差平均值即为 A 点到 B 点的高差。

8　在距 A 点约 250 m 处重新架设全站仪，重复 4～7 的步骤；所获得的 A 点到 B 点的高差与第一次设站获得的高差之差不应大于 1 mm，两次高差的平均值即为 A 点到 B 点的高差。

A.4　不量仪器高和棱镜高的三角高程测量法

A.4.1　当高程上桥测量困难时，可采用不量仪器高和棱镜高（采用同一个对中杆）的中间设站三角高程测量与几何水准测量相结合的方法进行，中间设站三角高程测量方法，就是在没有仪器高和棱镜高量取误差的情况下，求出点 A 和点 B 的高差。

CHINA RAILWAY PUBLISHING HOUSE

A. 4. 2　所需设备见表 A. 4. 2。

表 A. 4. 2　所需设备表

序　号	设备名称	数　量	主　要　技　术　参　数
1	全站仪	1 台	测距中误差不大于 1 mm + 1$D\times10^{-6}$（D 为测距），测角中误差不大于0.5″，具有自动搜索目标，自动照准目标功能
2	水准仪	1 台	每公里往返测高差中数中误差不大于0.3 mm
3	棱镜 + 对中杆	1 个	
4	三脚架	1 副	

A. 4. 3　现场实施布置见图 A. 4. 3：

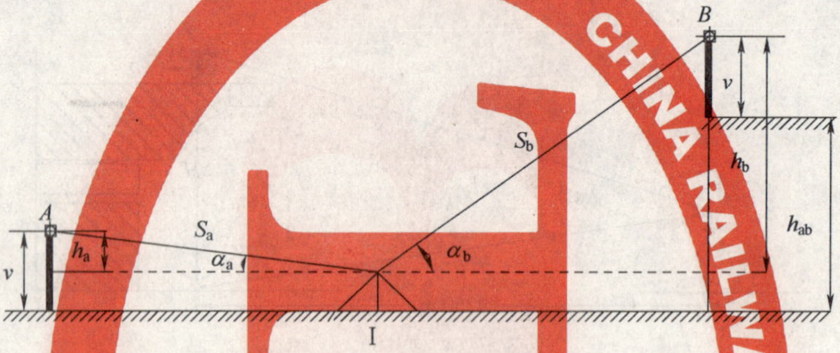

图 A. 4. 3　不量仪器高、棱镜高的中间设站三角高程测量原理示意图

A. 4. 4　中间设站三角高程测量应满足表 A. 4. 4 的主要技术要求。采用该方法传递高程时，前后视必须使用同一个棱镜，且观测过程必须确保棱镜高度不变。仪器到棱镜的距离宜小于 30 m，最大不应超过 50 m；仪器到前视棱镜和后视棱镜的距离应尽量相等，一般差值不宜超过 5 m，垂直角应小于 28°；观测时，要准确测量温度、气压值，以便进行边长改正。

表 A. 4. 4　不量仪器高和棱镜高的三角高程测量技术要求

垂直角测量				距离测量			
测回数	两次读数差″	测回间指标差互差″	测回差″	测回数	每测回读数次数	四次读数差 mm	测回差 mm
4	≤ ±4.0	≤ ±5.0	≤ ±5.0	4	4	≤ ±3.0	≤ ±5.0

A. 4. 5　不量仪器高、棱镜高三角高程测量遵循以下步骤：

1　全站仪置于 A、B 两点中间，严格整平仪器，控制全站仪的到 A、B 两点的距离以及仰俯角。

2　采用对中杆及棱镜置于 A 点，全站仪测量 A 点的垂直角及斜距，计算出 h_a。

3　将 A 点对中杆及棱镜移至桥上 B 点，对中整平，全站仪测量 B 点的垂直角及斜距，计算出 h_b。

4　A、B 两点的高差 $h_{ab}=h_b-h_a$，即可计算出 A、B 两点间的高差。

CHINA RAILWAY PUBLISHING HOUSE

附录 B　CRTS Ⅰ型轨道板及钢模检测

B.1　轨道板检测

B.1.1　在每排螺孔中插入安放了棱镜的自定心螺栓孔适配器，并将 T 形测量标架放置到位。

B.1.2　用全站仪依次测量适配器上的棱镜和两个 T 形测量标架上的 6 个棱镜，得到三维坐标。

B.1.3　依次观测每排螺栓孔上的棱镜。

B.1.4　将检测数据导入处理软件，计算分析螺孔顶面的共面性、螺孔的对称性、平行性和直线性。

B.1.5　获得每块轨道板的检测结果，见图 B.1.5—1、图 B.1.5—2、图 B.1.5—3。

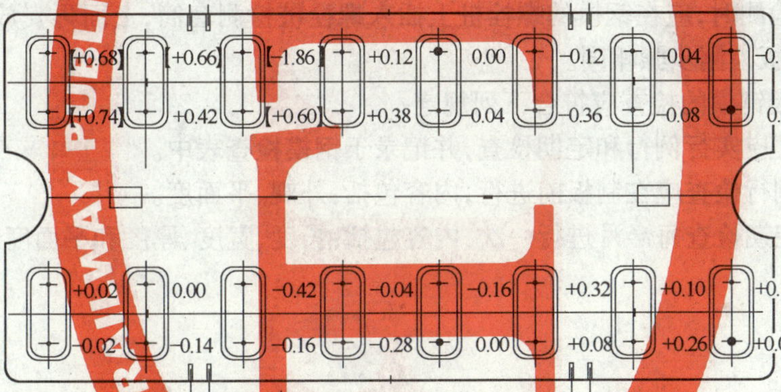

B.1.5—1　共面性分析结果

注：阴影三角形表示所有螺栓孔顶面最佳拟合平面。其余各螺栓孔旁的数字表示其顶面距离上述平面的垂直距离；方括号内的数字表示超限值。

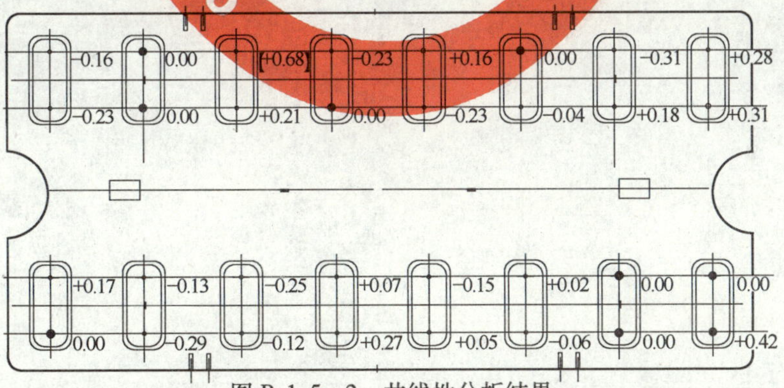

图 B.1.5—2　共线性分析结果

注：两粗点表示最佳拟合直线所代表的方向点。其余各点旁的数字表示该点偏离直线的垂距，从仪器放置点方向面对轨道板左负右正。方括号内的数字表示超限值。

CHINA RAILWAY PUBLISHING HOUSE

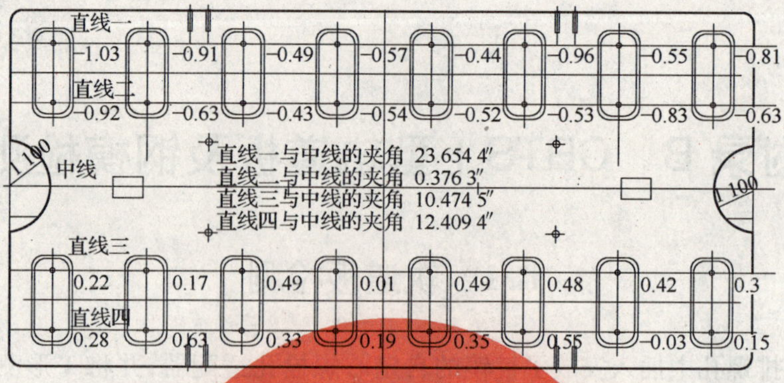

图 B. 1. 5—3　螺孔对称性分析结果

注:图中方括号外数字表示相应螺栓孔中心与轨中线的距离与标准距离的差值。大于标准值为正小于为负。方括号内的数字表示超限值。中间文字说明是四列螺栓孔形成的直线与轨中线的夹角。

B. 1. 6　每批次生产的轨道板应进行全面检测。检测内容为平整度、螺栓孔的相对位置。

B. 2　钢模检测方法

B. 2. 1　钢模检测时,应在钢模的螺栓桩上插入螺栓桩检测套筒,上面再安放棱镜。其检测步骤与轨道板检测步骤相同。

B. 2. 2　轨道板钢模的检查应符合下列规定:

1　对钢模应实行例行和定期检查,并记录于钢模检查表中。

2　钢模例行检查应在制板前进行,内容包括:外观、平面度。

3　钢模定期检查每半月进行一次,内容包括:长度、宽度、厚度和平面度、螺栓桩位置相互关系。

附录 C　轨道板防上浮侧移的措施

C.1　防上浮侧移措施

C.1.1　为保持轨道板的精调结果，可采用在凸形挡台内制作贯穿孔，用于轨道板灌注砂浆时安装防上浮侧移装置，见图 C.1.1—1 和图 C.1.1—2。

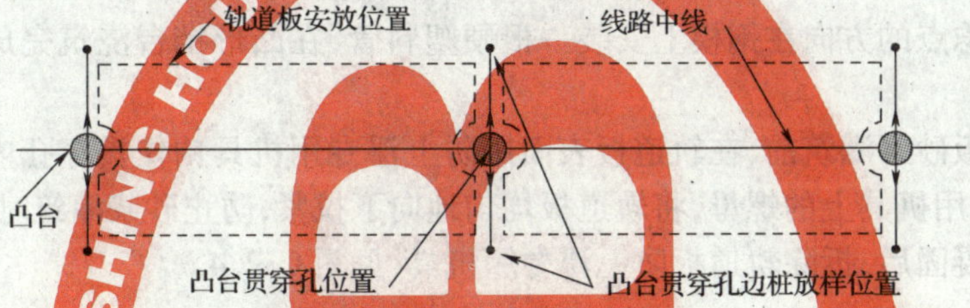

图 C.1.1—1　凸形挡台贯穿孔放样位置示意图

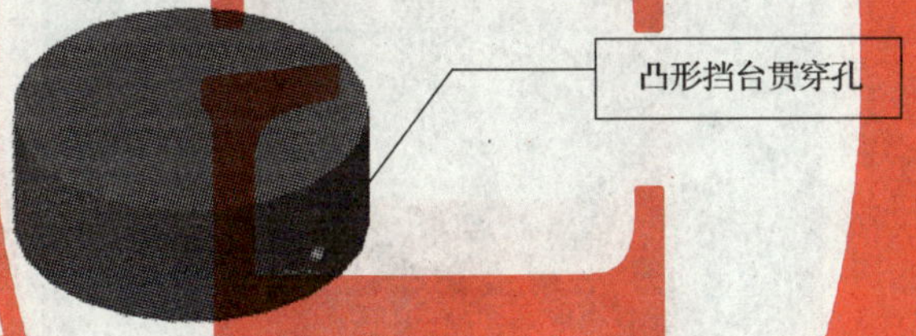

图 C.1.1—2　凸形挡台上的贯穿孔示意图

C.2　作 业 流 程

C.2.1　凸形挡台贯穿孔位置测设作业流程见图 C.2.1。

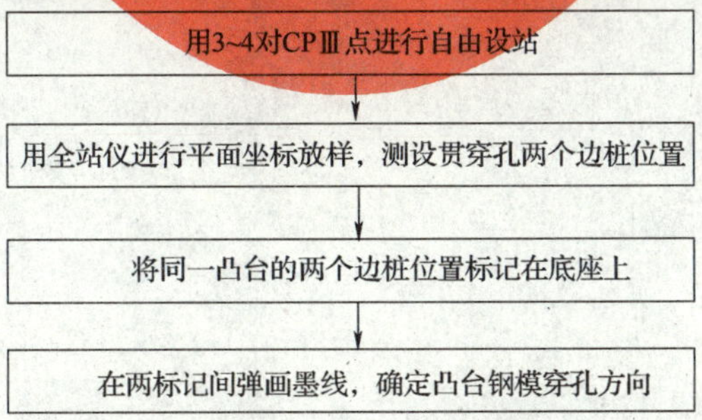

图 C.2.1　凸形挡台贯穿孔位置测设作业流程

C.2.2　凸形挡台贯穿孔位置测设的主要设备见表 C.2.2。

CHINA RAILWAY PUBLISHING HOUSE

表 C. 2. 2　凸形挡台贯穿孔位置测设的主要设备表

序　号	设　　备	数　量	用　　途
1	棱镜三脚座	1 个	放置放样点坐标测设棱镜
2	全站仪	1 台	进行贯穿孔两个边桩平面位置放样
3	CPⅢ目标棱镜	8 个	全站仪自由设站边角交会的目标

C. 2. 3　凸形挡台贯穿孔位置测设应符合下列规定：

1　全站仪设站应符合本指南第 4. 4. 6 的规定。

2　凸形挡台贯穿孔位置测设的定位允许偏差为 ±5 mm。

C. 2. 4　安装轨道板防上浮专用机具应遵循以下步骤：

1　用全站仪测设贯穿孔方向的两个标志点，并标注在底座上。

2　沿标志点的方向在钢模上安装一根硬塑料管，在凸形挡台浇筑完成后，形成一个横向贯穿孔。

3　轨道板砂浆灌筑前，在轨道板表面用防上浮专用机具钩住贯穿孔内钢筋的两端，拧紧防上浮专用机具上的螺母，将轨道板均匀地向下拉紧，防止砂浆灌筑时轨道板上浮。

4　砂浆凝固后，拆除轨道板防上浮专用机具，见图 C. 2. 4。

图 C. 2. 4　轨道板防上浮专用机具

CHINA RAILWAY PUBLISHING HOUSE

附录 D　CRTS Ⅰ型轨道板精调作业的测量装置

D.1　自定心螺栓孔适配器

D.1.1　自定心螺栓孔适配器能够在一定范围内自动适应不同型号轨道板上不同孔径的螺栓孔，并保持棱镜中心与螺栓孔中心一致，棱镜中心至轨道板承轨面的高度固定，见图 D.1.1。

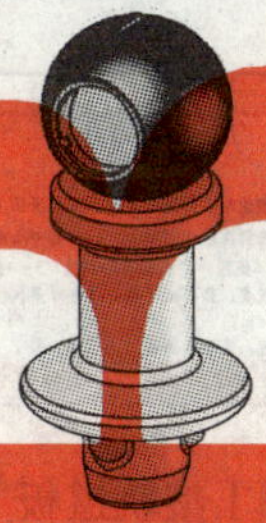

图 D.1.1　自定心螺栓孔适配器

D.1.2　自定心螺栓孔适配器在轨道板精调作业时安放位置见图 D.1.2。

图 D.1.2　自定心螺栓孔适配器在轨道板上的安放示意图

D.2　T 形测量标架

D.2.1　放置在轨道板的固定位置，其上安置棱镜，用于测量轨道板空间位置和姿态的测量装置。见图 D.2.1。

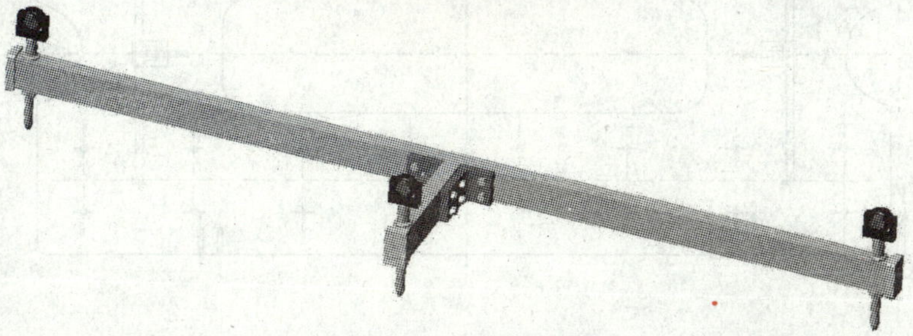

图 D.2.1　T 形测量标架

CHINA RAILWAY PUBLISHING HOUSE

D. 2. 2　用 T 形测量标架精调的轨道板，应预先在轨道板上制作 V 型槽标记，见图 D. 2. 2。

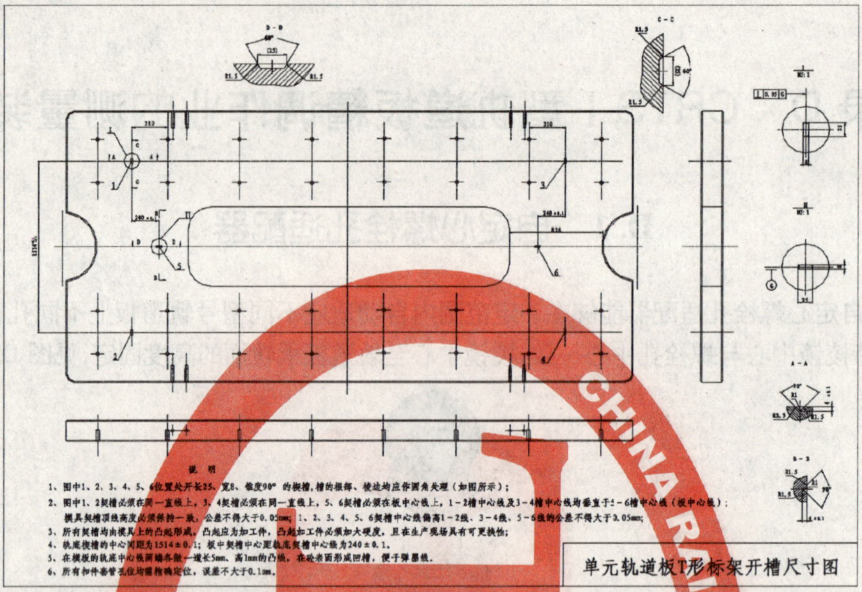

图 D. 2. 2　CRTS Ⅰ 型轨道板上的 V 型槽标志

D. 2. 3　T 形测量标架在轨道板上的安放位置见图 D. 2. 3—1 和图 D. 2. 3—2。

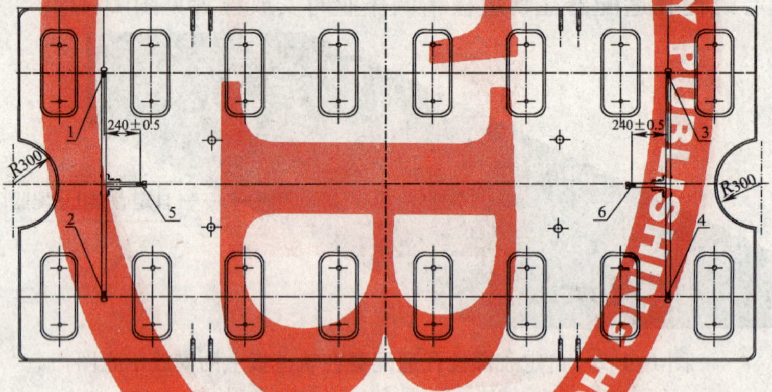

图 D. 2. 3—1　T 形测量标架在实心轨道板上的安放位置示意图

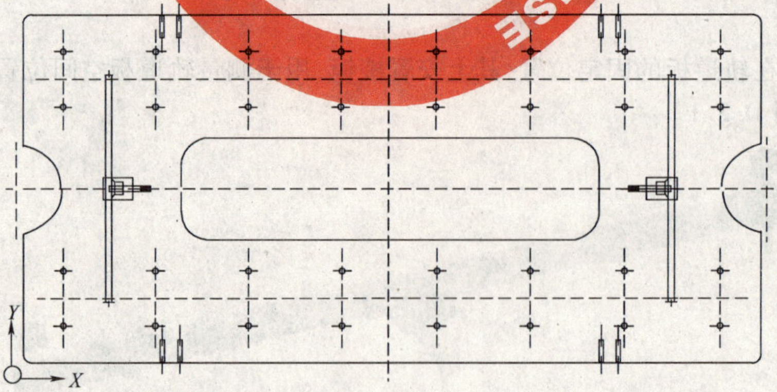

图 D. 2. 3—2　T 形测量标架在框架轨道板上的安放位置示意图

附录 E 道岔精调作业

E.1 道岔线形测量

E.1.1 用轨道几何状态测量仪测量道岔线型,测量范围包括道岔前后各 30 m 范围。

E.1.2 全站仪依据 CPⅢ点在中线位置设站,对扣件螺栓对应的轨道位置进行逐点测量,全站仪测量范围宜为 5~80 m,两次设站重复测量不应少于 5 点,重复测量区应避开转辙器及辙叉区。

E.1.3 先测量直线段线型,后测量曲线段线性,并对承轨台位置按岔枕编号的方式进行标记。

E.2 数据评估及调整量计算

E.2.1 数据评估应符合以下规定:

1 道岔线型几何状态可通过测量数据进行评估,评估标准应符合本指南表 8.5.4 的规定。

2 将道岔转辙器 FAKOP 区线路实测的轨距和轨向值,与设计值之差以优先直向兼顾曲向的原则单独评估。

E.2.2 调整量计算应符合以下规定:

1 道岔线型良好、超差点少时,可直接判定道岔线型的调整量;否则用软件计算调整量。

2 调整量计算应遵循"先保证直股,再兼顾曲股;转辙器及辙叉区少动,两端线路顺接"的原则。

E.3 道 岔 精 调

E.3.1 道岔精调作业应遵循"先方向,后水平;先直股,后曲股;先整体,后局部"的原则。

E.3.2 第一次精调应遵循以下步骤:

1 按照调整量优先调整道岔直基本轨的岔前缝及与导轨相连的位置,为道岔转辙器调整确定基本方向。

2 沿道岔直基本轨外侧在转辙器全长范围张拉 30 m 以上的钢弦线,使用钢板尺检查扣件螺栓处弦线距 FAKOP 区拉槽的距离,对偏差大于 1 mm 的点通过更换偏心锥的方式予以调整。

3 对照设计图,用支距尺检查曲基本轨与直基本轨间距,对偏差大于 1 mm 的点通过更换偏心锥的方式调整曲基本轨轨向。

4 用塞尺检查曲尖轨与直基本轨、直尖轨与曲基本轨间隔铁间隙,对间隙大于 1 mm

的点进行调整。

5 用轨距尺或轨道几何状态测量仪检查转辙器区段直向轨距，对偏差超过 1 mm 的点通过更换偏心锥的方式调整曲基本轨及直尖轨轨向。

6 30 m 钢弦线向岔后方向平移，两次张线时搭接区不应小于 10 m，用钢板尺检查扣件螺栓处弦线距导轨外侧的距离，对偏差大于 1 mm 的点通过更换偏心锥的方式予以调整。

7 以直向轨距控制尖轨后导轨方向的调整，以支距控制曲向尖轨后导轨轨向的调整，以曲向轨距控制曲向基本轨后导轨轨向的调整。

8 辙叉区原则上不作调整。

9 直向调整时，同时完成道岔前 10 m 及道岔后 30 m 线路轨向的调整。

10 直向调整完成后，将道岔尖轨、心轨转到曲向位置。

11 以轨距控制辙叉区段曲向基本轨后导轨轨向的调整。

12 调整完成后，用轨道几何状态测量仪复测道岔轨道线型数据，并评估和计算新的线型调整量。

E.3.3 第二次精调应遵循以下步骤：

1 对照调整量清单，按直接更换偏心锥的方式完成拟定的轨距、轨向超差点的调整，通过 30 m 弦线、支距尺和轨距尺检查调整效果。

2 每调整完成一次，用轨道几何状态测量仪复测道岔轨道线型数据，重新评估和计算线型调整量，再重新调整和复测，重复以上过程直到评估结果显示道岔轨距、轨向合格。

3 高程调整时，以尖轨侧为基准轨，对照调整量清单直接更换调高垫板，以水平变化值控制调整量，用电子水准仪复测调整效果，不合格处重复调整及复测，再以水平控制另一股钢轨高程的调整。

E.4 轨道内部几何状态检查及调整

E.4.1 道岔轨道内部几何状态检查和调整项目是尖轨与基本轨密贴，尖轨与滑床板密贴，尖轨跟端限位器等。

E.4.2 道岔轨道内部几何状态的检查和调整，应安排在道岔线型调整的后期同步进行。

E.4.3 尖轨与滑床板间存在较大间隙的调整，应优先使用调高垫板，然后用滚轮调整片调整。

E.5 道岔轨道长波平顺性调整

E.5.1 在道岔轨道短波平顺性调整合格的基础上，基本保持道岔区轨道的几何状态，用调整道岔前后轨道线型，完成道岔轨道长波平顺性的调整。

CHINA RAILWAY PUBLISHING HOUSE

附录 F 钢轨伸缩调节器精调

F.1 伸缩调节器一次精调

F.1.1 用高精度水准仪、全站仪进行伸缩调节器一次精调。

F.1.2 伸缩调节器一次精调前应完成道床模板、竖向调整支撑螺杆及横向调整支架的安装。

F.1.3 用水准仪对伸缩调节器轨面逐点测量,计算调整量,调整支撑螺杆高度。

F.1.4 用全站仪以线路中线基准点为准,测量计算横向调整量,调整横向螺杆并固定,再以轨道两侧张拉的钢弦线复核轨道中线。

F.1.5 以基本轨一侧为基准调整轨距,尖轨检测点轨距允许偏差应符合设计要求。

F.1.6 调整尖轨应与基本轨密贴,直线度应满足设计要求。

F.2 伸缩调节器二次精调

F.2.1 用轨道几何状态测量仪测量伸缩调节器的几何状态,根据测量数据计算调整量。

F.2.2 根据调整量进行轨向、高程、水平、轨距的调整。

F.2.3 道床混凝土浇筑前,伸缩调节器几何状态的允许偏差应符合铁道部现行检测验收规定。

F.3 伸缩调节器精调要求

F.3.1 伸缩调节器精调应满足以下要求:

1 全站仪应使用边角交会法设站,至少应使用 6 个 CPⅢ点。

2 设站坐标分量中误差不应大于 0.7 mm,定向中误差不应大于 1.4″。

3 用 CPⅢ点复核轨面高程时,应用高程残差最小的 CPⅢ点。

4 全站仪测量范围应为 5 ~ 60 m。

5 最后一次精调和浇筑的时间差超过 12 h,需要重新复测;气温变化大于 15 ℃时,需要重新复测;轨排受到任何不允许的外力干扰,需要重新复测。

F.3.2 伸缩调节器精调允许偏差应符合以下规定:

1 平面位置和高程偏差控制在 0.7 mm 以内;超高偏差控制在 0.5 mm 以内;相邻两个螺杆调节器平面和高程偏差之差不超过 0.5 mm,超高偏差之差不超过 0.5 mm。

2 伸缩调节器精调技术指标应符合表 F.3.2 的规定。

表 F. 3. 2　伸缩调节器精调技术指标

序号	检测项目	偏差要求(mm)
1	伸缩调节器铺架(设)水平、高低	水平≤2,高低用 10 m 弦量≤2
2	伸缩调节器方向	目视成直线,用 10 m 弦量≤1
3	伸缩调节器始端轨距	+1, -2
4	尖轨尖端轨距	+1, -2
5	尖轨轨头切削起点处轨距	+1, -2
6	尖轨(在尖轨刨切范围内)与基本轨密贴	间隙≤0.2
7	尖轨其余部分与基本轨密贴	间隙≤0.5
8	尖轨工作边直线度	机加工段 0.2,全长 1
9	尖轨跟端轨距	±1
10	伸缩调节器全长	±5
11	伸缩调节器轨枕位置偏差	±3
12	标记正确齐全	

本指南用词说明

执行本指南条文时，对于要求严格程度的用词说明如下，以便在执行中区别对待。

(1)表示很严格，非这样做不可的用词：

正面词采用“必须”；

反面词采用“严禁”。

(2)表示严格，在正常情况均应这样做的用词：

正面词采用“应”；

反面词采用“不应”或“不得”。

(3)表示允许稍有选择，在条件许可时首先应这样做的用词：

正面词采用“宜”；

反面词采用“不宜”；

表示有选择，在一定条件下可以这样做的用词，采用“可”。

CHINA RAILWAY PUBLISHING HOUSE